UG NX 数控工程师宝典
（适合 8.5/8.0 版）

北京兆迪科技有限公司　编著

中国水利水电出版社
www.waterpub.com.cn

内 容 提 要

本书是从零开始全面、系统学习和运用 UG NX 软件进行数控加工与编程的宝典类书籍，全书分为 3 篇，第一篇为数控工程师必备的数控基本知识，包括数控加工技术介绍、数控编程与加工工艺；第二篇为数控工程师必备的 UG NX 知识，包括 UG NX 安装方法、使用前的准备与配置、二维草图、零件设计、曲面设计、装配、工程图等；第三篇为 UG NX 数控加工与编程，包括 UG NX 数控加工与编程快速入门、平面铣、轮廓铣、多轴加工、孔加工、车削加工、线切割、后置处理、UG NX 其他数控加工与编程功能和 UG NX 数控加工与编程实际综合应用等。

本书根据北京兆迪科技有限公司为国内外众多著名公司提供的培训教案整理而成，具有很强的实用性和广泛的适用性。本书附 2 张多媒体 DVD 学习光盘，制作了 322 个数控加工与编程和具有针对性的范例教学视频，并进行了详细的语音讲解，长达 14 个小时（840 分钟），光盘还包含本书所有的教案文件、范例文件及练习素材文件（2 张 DVD 光盘教学文件容量共计 6.7GB）；另外，为方便 UG 低版本用户和读者学习，光盘中特提供了 UG NX 8.0 版本的素材源文件。读者在系统学习本书后，能够迅速地运用 UG 软件来完成复杂产品的数控加工与编程工作。

本书可作为机械数控加工与编程人员的 UG NX 8.5 自学教程和参考书籍，也可供大专院校师生教学参考。

图书在版编目（C I P）数据

UG NX数控工程师宝典 : 适合8.5/8.0版 / 北京兆迪
科技有限公司编著. -- 北京 : 中国水利水电出版社,
2013.8
　　ISBN 978-7-5170-1073-9

　　Ⅰ．①U… Ⅱ．①北… Ⅲ．①数控机床－程序设计－
应用软件 Ⅳ．①TG659

中国版本图书馆CIP数据核字(2013)第168606号

策划编辑：杨庆川/杨元泓　责任编辑：宋俊娥　加工编辑：宋　杨　封面设计：李　佳

书　　名	UG NX 数控工程师宝典（适合 8.5/8.0 版）
作　　者	北京兆迪科技有限公司　编著
出版发行	中国水利水电出版社
	（北京市海淀区玉渊潭南路 1 号 D 座　100038）
	网址：www.waterpub.com.cn
	E-mail：mchannel@263.net（万水）
	sales@waterpub.com.cn
	电话：（010）68367658（发行部）、82562819（万水）
经　　售	北京科水图书销售中心（零售）
	电话：（010）88383994、63202643、68545874
	全国各地新华书店和相关出版物销售网点
排　　版	北京万水电子信息有限公司
印　　刷	北京蓝空印刷厂
规　　格	184mm×260mm　16 开本　46.5 印张　895 千字
版　　次	2013 年 8 月第 1 版　2013 年 8 月第 1 次印刷
印　　数	0001—3000 册
定　　价	89.80 元（附 2DVD）

本书导读

为了能更好地学习本书的知识，请您仔细阅读下面的内容。

读者对象

本书可作为机械数控加工与编程人员的 UG NX 8.5 自学教程和参考书籍，也可供大专院校师生教学参考。由于本书内容具有完整性和实用性等特点，使其成为意欲进入数控加工行业读者的一本不可多得的快速入门、快速见效的指南。

写作环境

本书使用的操作系统为 Windows XP，对于 Windows 2000/Server 操作系统，本书的内容和范例也同样适用。本书的写作蓝本是 UG NX 8.5 版，也同样适用于 UG NX 8.0 版。

光盘使用

由于随书光盘中有完整的素材源文件和全程语音讲解视频，读者学习本书时如果配合光盘使用，将达到最佳学习效果。

为方便读者练习，特将本书所有素材文件、已完成的实例文件、配置文件和视频语音讲解文件等放入随书附带的光盘中，读者在学习过程中可以打开相应素材文件进行操作和练习。

本书附有 2 张多媒体 DVD 光盘，建议读者在学习本书前，先将 2 张 DVD 光盘中的所有文件复制到计算机 D 盘中，然后再将第二张光盘 ug85nc-video2 文件夹中的所有文件复制到第一张光盘的 video 文件夹中。在 D 盘上 ug85nc 目录下共有 4 个子目录。

（1）ugnx85_system_file 子目录：包含一些系统文件。

（2）work 子目录：包含本书的全部素材文件和已完成的范例、实例文件。

（3）video 子目录：包含本书讲解中的视频录像文件（含语音讲解）。读者学习时，可在该子目录中按顺序查找所需的视频文件。

（4）before 子目录：为方便 UG 低版本用户和读者的学习，光盘中特提供了 UG NX 8.0 版本的素材源文件。

光盘中带有 ok 扩展名的文件或文件夹表示已完成的范例。

本书约定

● 本书中有关鼠标操作的简略表述说明如下：

　　☑ 单击：将鼠标指针移至某位置处，然后按一下鼠标的左键。

- ☑ 双击：将鼠标指针移至某位置处，然后连续快速地按两次鼠标的左键。
- ☑ 右击：将鼠标指针移至某位置处，然后按一下鼠标的右键。
- ☑ 单击中键：将鼠标指针移至某位置处，然后按一下鼠标的中键。
- ☑ 滚动中键：只是滚动鼠标的中键，而不能按中键。
- ☑ 选择（选取）某对象：将鼠标指针移至某对象上，单击以选取该对象。
- ☑ 拖移某对象：将鼠标指针移至某对象上，然后按下鼠标的左键不放，同时移动鼠标，将该对象移动到指定的位置后再松开鼠标的左键。
- ● 本书中的操作步骤分为 Task、Stage 和 Step 三个级别，说明如下：
  - ☑ 对于一般的软件操作，每个操作步骤以 Step 字符开始，例如，下面是草绘环境中绘制矩形操作步骤的表述：

    Step 1 单击 ⬜ 按钮。

    Step 2 在图形区某位置单击，放置矩形的第一个角点，此时矩形呈"橡皮筋"样变化。

    Step 3 单击 XY 按钮，再次在图形区某位置单击，放置矩形的另一个角点。此时，系统即在两个角点间绘制一个矩形。

  - ☑ 每个 Step 操作视其复杂程度，其下面可含有多级子操作，例如 Step1 下可能包含（1）、（2）、（3）等子操作，（1）子操作下可能包含①、②、③等子操作，①子操作下可能包含 a)、b)、c)等子操作。
  - ☑ 如果操作较复杂，需要几个大的操作步骤才能完成，则每个大的操作冠以 Stage1、Stage2、Stage3 等，Stage 级别的操作下再分 Step1、Step2、Step3 等操作。
  - ☑ 对于多个任务的操作，则每个任务冠以 Task1、Task2、Task3 等，每个 Task 操作下则可包含 Stage 和 Step 级别的操作。
- ● 由于已建议读者将随书光盘中的所有文件复制到计算机 D 盘中，所以书中在要求设置工作目录或打开光盘文件时，所述的路径均以 D:开始。

技术支持

本书根据北京兆迪科技有限公司为国内外众多著名公司（含国外独资和合资公司）提供的培训教案整理而成，具有很强的实用性，其主编和参编人员均来自北京兆迪科技有限公司，该公司专门从事 CAD/CAM/CAE 技术的研究、开发、咨询及产品设计与制造服务，并提供 UG、ANSYS、ADAMS 等软件的专业培训及技术咨询，读者在学习本书的过程中如果遇到问题，可通过访问该公司的网站 http://www.zalldy.com 来获得技术支持。

咨询电话：010-82176248，010-82176249。

前　　言

UG 是由美国 UGS 公司推出的功能强大的三维 CAD/CAM/CAE 软件系统，其内容涵盖产品从概念设计、工业造型设计、三维模型设计、分析计算、动态模拟与仿真、工程图输出，到生产加工成产品的全过程，应用范围涉及航空航天、汽车、机械、造船、通用机械、数控（NC）加工、医疗器械和电子等诸多领域。UG NX 8.5 是目前功能最强、最新的 UG 版本，对以前版本进行了数百项以客户为中心的改进。本书是从零开始全面、系统学习和运用 UG NX 软件进行数控加工与编程的宝典类书籍，其特色如下：

- 内容全面。本书一本书中就包含了数控工程师必备的数控基本知识、UG NX 知识以及数控加工与编程所有知识和技能；书中融入 UG 一线数控高手多年的经验和技巧，因而本书具有很强的实用性。
- 前呼后应，浑然一体。书中后面章节大部分的产品数控编程范例，都在前面的零件设计、曲面设计等章节中详细讲述过这些产品的三维建模的方法和过程，这样的安排有利于提升数控工程师产品的三维建模能力，使其具有更强的职业竞争力。
- 范例丰富。对软件中的主要命令和功能，先结合简单的范例进行讲解，然后安排一些较复杂的综合范例和实际应用帮助读者深入理解、灵活运用。
- 讲解详细，条理清晰，保证自学的读者能独立学习和运用 UG NX 软件。
- 写法独特。采用 UG NX 中文版中真实的对话框和按钮等进行讲解，使初学者能够直观、准确地操作软件，从而大大地提高学习效率。
- 附加值高，本书附有 2 张多媒体 DVD 学习光盘，制作了 322 个数控加工与编程和具有针对性的实例教学视频，并进行了详细的语音讲解，长达 14 个小时（840 分钟）。2 张 DVD 光盘的教学文件容量共计 6.7GB，可以帮助读者轻松、高效地学习。

本书根据北京兆迪科技有限公司为国内外众多著名公司（含国外独资和合资公司）提供的培训教案整理而成，具有很强的实用性，其主编和主要参编人员主要来自北京兆迪科技有限公司，该公司专门从事 CAD/CAM/CAE 技术的研究、开发、咨询及产品设计与制造服务，并提供 UG、ANSYS、ADAMS 等软件的专业培训及技术咨询，在编写过程中得到了该公司的大力帮助，在此表示衷心的感谢。

本书由北京兆迪科技有限公司编著，主要编写人员为展迪优，参加编写的人员还有冯元超、刘江波、周涛、詹路、刘静、雷保珍、刘海起、魏俊岭、任慧华、赵枫、邵为龙、侯俊飞、龙宇、施志杰、詹棋、高政、孙润、李倩倩、黄红霞、尹泉、李行、詹超、尹佩文、赵磊、王晓萍、陈淑童、周攀、吴伟、王海波、高策、冯华超、周思思、黄光辉、党辉、冯峰、詹聪、平迪、管璇、王平、李友荣、杨慧、龙保卫、李东梅、杨泉英和彭伟辉。本书已经过多次审核，如有疏漏之处，恳请广大读者予以指正。电子邮箱为：zhanygjames@163.com。

编　者

2013 年 4 月

目　　录

本书导读

前言

第一篇　数控工程师必备的数控基本知识

第1章　数控加工技术介绍 ……………… 2

1.1　数控加工 ……………………………… 2

1.1.1　数控加工概述 …………………… 2

1.1.2　数控加工的基本原理 …………… 3

1.2　数控机床 ……………………………… 3

1.2.1　数控机床的产生 ………………… 3

1.2.2　数控机床的组成 ………………… 3

1.2.3　数控机床的特点 ………………… 4

1.2.4　数控机床的分类 ………………… 6

1.2.5　数控机床的坐标系 ……………… 7

1.2.6　数控机床的工作原理 …………… 8

第2章　数控编程与加工工艺 ………… 10

2.1　关于数控编程 ………………………… 10

2.2　数控编程的内容及要求 ……………… 10

2.3　数控编程的方法 ……………………… 11

2.4　数控编程坐标系 ……………………… 12

2.5　数控加工程序 ………………………… 12

2.5.1　数控加工程序结构 ……………… 12

2.5.2　数控指令 ………………………… 13

2.6　数控加工工艺 ………………………… 17

2.6.1　数控加工工艺的特点 …………… 17

2.6.2　数控加工工艺的主要内容 ……… 18

2.6.3　数控加工工艺参数 ……………… 19

2.7　数控加工工艺分析与规划 …………… 20

2.8　加工刀具的选择和切削用量的确定 … 25

2.8.1　数控加工常用刀具的种类及特点 … 25

2.8.2　数控加工刀具的材料 …………… 26

2.8.3　数控加工刀具的选择 …………… 27

2.8.4　切削用量的确定 ………………… 29

2.9　高度与安全高度 ……………………… 30

2.10　走刀路线的选择 ……………………… 31

2.11　对刀点与换刀点的选择 ……………… 33

2.12　数控加工的补偿 ……………………… 34

2.12.1　刀具半径补偿 …………………… 34

2.12.2　刀具长度补偿 …………………… 35

2.12.3　夹具偏置补偿 …………………… 36

2.13　轮廓控制 ……………………………… 36

2.14　顺铣与逆铣 …………………………… 37

2.15　切削液 ………………………………… 37

2.16　加工精度 ……………………………… 38

第二篇　数控工程师必备的 UG NX 知识

第3章　UG NX 概述和安装 …………… 41

3.1　UG NX 软件的特点 ………………… 41

3.2　UG NX 的安装 ……………………… 42

3.2.1　安装要求 ………………………… 42

3.2.2　UG NX 安装前的准备 ………… 43

3.2.3　UG NX 安装的一般过程 ……… 44

第4章　UG NX 工作界面与基本操作 … 46

4.1　创建用户工作文件目录 ……………… 46

4.2　启动 UG NX 软件 …………………… 46

4.3　UG NX 工作界面 …………………… 47

4.3.1　用户界面简介 …………………… 47

4.3.2　用户界面的定制 ………………… 49

4.4　UG NX 的鼠标操作 ·············51

第 5 章　二维草图设计 ···············52

5.1　进入与退出 UG NX 草图环境 ···52

5.2　UG NX 坐标系的介绍 ·············54

5.3　草图环境的设置 ···················55

5.4　草图的绘制 ························56

　　5.4.1　草图绘制概述 ··············56

　　5.4.2　绘制直线 ··················58

　　5.4.3　绘制圆弧 ··················59

　　5.4.4　绘制圆 ····················59

　　5.4.5　绘制圆角 ··················60

　　5.4.6　绘制矩形 ··················61

　　5.4.7　绘制轮廓线 ··············62

　　5.4.8　绘制派生直线 ··············63

　　5.4.9　绘制样条曲线 ··············64

　　5.4.10　将草图对象转化成参考线 ···64

　　5.4.11　点的创建 ················65

5.5　草图的编辑 ························67

　　5.5.1　直线的操纵 ··············67

　　5.5.2　圆的操纵 ··················67

　　5.5.3　圆弧的操纵 ··············68

　　5.5.4　样条曲线的操纵 ··········68

　　5.5.5　制作拐角 ··················69

　　5.5.6　删除对象 ··················69

　　5.5.7　复制/粘贴对象 ···········70

　　5.5.8　快速修剪 ··················70

　　5.5.9　快速延伸 ··················70

　　5.5.10　镜像 ····················71

　　5.5.11　偏置曲线 ················72

　　5.5.12　编辑定义截面 ············73

　　5.5.13　相交曲线 ················74

　　5.5.14　投影曲线 ················75

5.6　草图的约束 ························76

　　5.6.1　草图约束概述 ··············76

　　5.6.2　添加几何约束 ··············79

　　5.6.3　添加尺寸约束 ··············81

5.7　修改草图约束 ·····················84

　　5.7.1　显示/移除约束 ···········84

　　5.7.2　尺寸的移动 ··············86

　　5.7.3　编辑尺寸值 ··············86

5.8　草图范例 1 ·······················87

5.9　草图范例 2 ·······················89

5.10　草图范例 3 ······················90

第 6 章　零件设计 ···················93

6.1　UG NX 文件的操作 ·············93

　　6.1.1　新建文件 ··················93

　　6.1.2　打开文件 ··················93

　　6.1.3　保存文件 ··················95

　　6.1.4　关闭部件和退出 UG NX ···95

6.2　创建体素 ·························96

6.3　三维建模的布尔操作 ············100

　　6.3.1　布尔操作概述 ············100

　　6.3.2　布尔求和操作 ············100

　　6.3.3　布尔求差操作 ············101

　　6.3.4　布尔求交操作 ············102

　　6.3.5　布尔出错消息 ············102

6.4　拉伸特征 ························103

　　6.4.1　拉伸特征概述 ············103

　　6.4.2　创建基础特征——拉伸 ···103

　　6.4.3　添加其他特征 ············108

6.5　回转特征 ························110

　　6.5.1　回转特征概述 ············110

　　6.5.2　关于"矢量"对话框 ·······111

　　6.5.3　创建回转特征的一般过程 ···112

6.6　倒斜角 ··························113

6.7　边倒圆 ··························114

6.8　UG NX 的部件导航器 ···········117

　　6.8.1　部件导航器概述 ··········117

　　6.8.2　部件导航器界面简介 ······117

　　6.8.3　部件导航器的作用与操作 ···119

6.9　对象操作 ························121

　　6.9.1　控制对象模型的显示 ······121

6.9.2 删除对象 ……………… 123

6.9.3 隐藏与显示对象 ……… 123

6.9.4 编辑对象的显示 ……… 124

6.10 基准特征 ………………… 125

6.10.1 基准平面 ……………… 125

6.10.2 基准轴 ………………… 129

6.10.3 基准点 ………………… 131

6.10.4 基准坐标系 …………… 132

6.11 孔特征 …………………… 135

6.12 螺纹特征 ………………… 138

6.13 拔模特征 ………………… 140

6.14 抽壳特征 ………………… 142

6.15 特征的编辑 ……………… 144

6.15.1 编辑参数 ……………… 144

6.15.2 特征重排序 …………… 145

6.15.3 特征的抑制与取消抑制 … 146

6.16 扫掠特征 ………………… 148

6.17 凸台特征 ………………… 149

6.18 垫块 ……………………… 150

6.19 键槽 ……………………… 151

6.20 槽 ………………………… 152

6.21 缩放体 …………………… 154

6.22 模型的关联复制 ………… 155

6.22.1 抽取几何体 …………… 155

6.22.2 阵列特征 ……………… 158

6.22.3 镜像特征 ……………… 160

6.22.4 实例几何体 …………… 161

6.23 UG 机械零件设计实际应用 1 … 162

6.24 UG 机械零件设计实际应用 2 … 169

6.25 UG 机械零件设计实际应用 3 … 176

6.26 UG 机械零件设计实际应用 4 … 184

6.27 UG 机械零件设计实际应用 5 … 187

第 7 章 产品的曲面造型设计 …… 191

7.1 曲线线框设计 …………… 191

7.1.1 基本空间曲线 ………… 191

7.1.2 高级空间曲线 ………… 193

7.1.3 来自曲线集的曲线 …… 196

7.1.4 来自体的曲线 ………… 200

7.2 创建简单曲面 …………… 203

7.2.1 曲面网格显示 ………… 203

7.2.2 创建拉伸和回转曲面 … 204

7.2.3 创建有界平面 ………… 205

7.2.4 曲面的偏置 …………… 206

7.2.5 曲面的抽取 …………… 207

7.3 曲面分析 ………………… 209

7.3.1 曲面连续性分析 ……… 209

7.3.2 反射分析 ……………… 210

7.4 曲面的编辑 ……………… 211

7.4.1 曲面的修剪 …………… 212

7.4.2 曲面的缝合与实体化 … 216

7.5 曲面倒圆 ………………… 218

7.5.1 边倒圆 ………………… 218

7.5.2 面倒圆 ………………… 219

7.6 UG 曲面零件设计实际应用 1 … 220

7.7 UG 曲面零件设计实际应用 2 … 225

7.8 UG 曲面零件设计实际应用 3 … 227

第 8 章 装配设计 ………………… 231

8.1 装配设计概述 …………… 231

8.2 装配导航器 ……………… 232

8.2.1 装配导航器功能概述 … 232

8.2.2 预览面板和相关性面板 … 233

8.3 装配约束 ………………… 234

8.3.1 "装配约束"对话框 … 234

8.3.2 "接触对齐"约束 …… 236

8.3.3 "角度"约束 ………… 236

8.3.4 "平行"约束 ………… 236

8.3.5 "垂直"约束 ………… 237

8.3.6 "中心"约束 ………… 237

8.3.7 "距离"约束 ………… 237

8.4 UG 装配的一般过程 …… 238

8.4.1 概述 …………………… 238

8.4.2 添加第一个部件 ……… 238

8.4.3 添加第二个部件 ············ 240

8.5 编辑装配体中的部件 ············ 241

第9章 模型的测量与分析 ············ 242

9.1 模型的测量与分析 ············ 242

9.1.1 测量距离 ············ 242

9.1.2 测量角度 ············ 244

9.1.3 测量面积及周长 ············ 245

9.2 模型的基本分析 ············ 246

9.2.1 模型的质量属性分析 ············ 246

9.2.2 模型的几何对象检查 ············ 246

9.2.3 装配干涉检查 ············ 247

第10章 二维工程图制作 ············ 248

10.1 UG NX 图样管理 ············ 248

10.1.1 新建工程图 ············ 248

10.1.2 编辑已存在的图样 ············ 249

10.2 视图的创建与编辑 ············ 249

10.2.1 基本视图 ············ 249

10.2.2 局部放大图 ············ 251

10.2.3 全剖视图 ············ 253

10.2.4 半剖视图 ············ 254

10.2.5 旋转剖视图 ············ 254

10.2.6 阶梯剖视图 ············ 255

10.2.7 局部剖视图 ············ 256

10.2.8 显示与更新视图 ············ 257

10.2.9 视图对齐 ············ 257

10.2.10 编辑视图 ············ 259

10.3 工程图标注与符号 ············ 261

10.3.1 尺寸标注 ············ 261

10.3.2 注释编辑器 ············ 264

10.3.3 表面粗糙度符号 ············ 266

10.3.4 基准特征符号 ············ 267

10.3.5 形位公差 ············ 268

第三篇 UG NX 数控加工与编程

第11章 UG NX 数控加工与编程快速入门 ····· 271

11.1 UG NX 数控加工与编程的工作流程 ··· 271

11.2 进入 UG NX 加工与编程模块 ······ 272

11.3 新建加工程序 ············ 273

11.4 创建几何体 ············ 273

11.4.1 创建机床坐标系 ············ 274

11.4.2 创建安全平面 ············ 276

11.4.3 创建工件几何体 ············ 277

11.4.4 创建切削区域几何体 ············ 279

11.5 创建加工刀具 ············ 280

11.6 创建加工方法 ············ 281

11.7 创建工序 ············ 282

11.8 生成刀路轨迹并确认 ············ 287

11.9 生成车间文档 ············ 290

11.10 输出 CLSF 文件 ············ 290

11.11 后处理 ············ 291

11.12 CAM 加工工具 ············ 292

11.12.1 加工装夹图 ············ 292

11.12.2 加工工单 ············ 293

11.13 工序导航器 ············ 294

11.13.1 程序顺序视图 ············ 295

11.13.2 几何视图 ············ 296

11.13.3 机床视图 ············ 296

11.13.4 加工方法视图 ············ 296

第12章 平面铣加工 ············ 297

12.1 概述 ············ 297

12.2 平面铣类型 ············ 297

12.3 底面壁加工 ············ 298

12.3.1 一般底面壁 ············ 299

12.3.2 底面壁 IPW ············ 315

12.4 面铣加工 ············ 317

12.5 手工面铣削加工 ············ 326

12.6 平面铣加工 ············ 332

12.7 平面轮廓铣加工 ············ 339

12.8 清角铣加工 ············ 345

12.9 精铣侧壁加工 ·············348

12.10 精铣底面 ································ 351

12.11 孔铣削加工 ···························· 353

12.12 铣螺纹加工 ···························· 359

第13章 轮廓铣削加工 ··············· 364

13.1 概述 ····································· 364

    13.1.1 轮廓铣削简介 ············· 364

    13.1.2 轮廓铣削的子类型 ······· 364

13.2 型腔粗加工 ···························· 366

    13.2.1 型腔铣 ·····················366

    13.2.2 拐角粗加工 ··············· 372

    13.2.3 剩余铣加工 ··············· 375

13.3 插铣 ····································· 378

13.4 深度加工铣 ···························· 382

    13.4.1 深度加工轮廓 ············· 382

    13.4.2 深度加工拐角 ············· 387

13.5 固定轴轮廓铣 ························· 390

    13.5.1 边界驱动 ·················· 390

    13.5.2 区域驱动 ·················· 393

    13.5.3 流线驱动 ·················· 396

13.6 清根切削 ······························ 398

    13.6.1 单刀路清根 ··············· 398

    13.6.2 多刀路清根 ··············· 401

    13.6.3 清根参考刀具 ············· 402

13.7 3D 轮廓加工 ·························· 404

13.8 刻字 ····································· 407

第14章 多轴加工 ······················ 411

14.1 概述 ····································· 411

14.2 多轴加工的子类型 ··················· 411

14.3 可变轴轮廓铣 ························· 412

14.4 可变轴流线铣 ························· 417

14.5 外形轮廓铣 ···························· 424

第15章 孔加工 ························· 429

15.1 概述 ····································· 429

    15.1.1 孔加工简介 ··············· 429

    15.1.2 孔加工的子类型 ········· 429

15.2 钻孔加工 ······························ 430

15.2.1 定心钻孔 ·················· 431

15.2.2 标准钻孔 ·················· 441

15.2.3 啄钻深孔 ·················· 444

15.3 铰孔加工 ······························ 448

15.4 埋头孔加工 ···························· 451

15.5 螺纹孔加工 ···························· 454

15.6 UG 钻孔加工实际综合应用 ········· 457

第16章 车削加工 ······················ 473

16.1 车削概述 ······························ 473

    16.1.1 车削加工简介 ············· 473

    16.1.2 车削加工的子类型 ······· 473

16.2 粗车外形加工 ························· 475

    16.2.1 外径粗车 ·················· 475

    16.2.2 退刀粗车 ·················· 484

16.3 沟槽车削加工 ························· 486

16.4 内孔车削加工 ························· 490

16.5 螺纹车削加工 ························· 494

16.6 示教模式 ······························ 497

16.7 车削加工综合应用 ··················· 503

第17章 线切割加工 ··················· 520

17.1 概述 ····································· 520

17.2 两轴线切割加工 ······················ 522

17.3 四轴线切割加工 ······················ 532

第18章 UG NX 后置处理 ··········· 536

18.1 概述 ····································· 536

18.2 创建后处理器文件 ··················· 536

    18.2.1 进入 NX 后处理构造器工作环境 ··· 536

    18.2.2 新建一个后处理器文件 ··· 537

    18.2.3 机床的参数设置值 ······· 539

    18.2.4 程序和刀轨参数的设置 ··· 540

    18.2.5 NC 数据定义 ············· 544

    18.2.6 输出设置 ·················· 546

    18.2.7 虚拟 N/C 控制器 ········· 548

18.3 定制后处理器综合范例 ············· 548

第19章 UG NX 其他数控加工与编程功能 ····564

19.1 NC 助理 ······························ 564

19.2 刀轨平行生成 ················· 568

19.3 刀轨过切检查 ················· 570

19.4 报告最短刀具 ················· 572

19.5 刀轨批量处理 ················· 574

19.6 刀轨变换 ····················· 575

   19.6.1 平移 ··················· 576

   19.6.2 缩放 ··················· 577

   19.6.3 绕点旋转 ··············· 578

   19.6.4 绕直线旋转 ············· 579

   19.6.5 通过一直线镜像 ········· 581

   19.6.6 通过一平面镜像 ········· 582

   19.6.7 圆形阵列 ··············· 583

   19.6.8 矩形阵列 ··············· 584

   19.6.9 CSYS 到 CSYS ·········· 586

第 20 章 UG NX 数控加工与编程实际

     综合应用 ················· 588

20.1 应用 1——含多孔与凹腔的底板加工

   与编程 ················· 588

   20.1.1 应用概述 ··············· 588

   20.1.2 工艺分析及制定 ········· 588

   20.1.3 加工准备 ··············· 590

   20.1.4 创建工序参数 ··········· 590

   20.1.5 创建型腔粗加工刀路 ····· 593

   20.1.6 创建孔粗加工刀路 ······· 600

   20.1.7 创建精加工刀路 ········· 610

20.2 应用 2——含多组叶片的泵轮加工

   与编程 ················· 618

   20.2.1 应用概述 ··············· 618

20.2.2 工艺分析及制定 ··········· 618

20.2.3 加工准备 ················· 618

20.2.4 创建工序参数 ············· 620

20.2.5 创建粗加工刀路 ··········· 622

20.2.6 创建半精加工刀路 ········· 628

20.2.7 创建精加工刀路 ··········· 634

20.3 应用 3——某造型复杂的玩具模具

   加工与编程 ··············· 642

   20.3.1 概述 ··················· 642

   20.3.2 工艺分析及制定 ········· 643

   20.3.3 加工准备 ··············· 644

   20.3.4 创建工序参数 ··········· 646

   20.3.5 创建粗加工刀路 ········· 649

   20.3.6 创建半精加工刀路（一）··· 654

   20.3.7 创建半精加工刀路（二）··· 662

   20.3.8 创建精加工刀路（一）····· 672

   20.3.9 创建精加工刀路（二）····· 687

20.4 应用 4——含复杂曲面的导流轮加工

   与编程 ··················· 699

   20.4.1 概述 ··················· 699

   20.4.2 工艺分析及制定 ········· 700

   20.4.3 加工准备 ··············· 701

   20.4.4 创建工序参数 ··········· 703

   20.4.5 创建粗加工刀路 ········· 705

   20.4.6 创建半精加工刀路（一）··· 709

   20.4.7 创建半精加工刀路（二）··· 714

   20.4.8 创建精加工刀路（一）····· 717

   20.4.9 创建精加工刀路（二）····· 725

第一篇
数控工程师必备的数控
基本知识

1

数控加工技术介绍

数控技术即数字控制技术（Numerical Control Technology），是指用计算机以数字指令的方式控制机床动作的技术。

数控加工具有产品精度高、自动化程度高、生产效率高以及生产成本低等特点，在制造业中，数控加工是所有生产技术中相当重要的一环。尤其对于汽车或航天产业零部件，其几何外形复杂且精度要求较高，更突出了数控加工技术的优点。

数控加工技术集传统的机械制造、计算机、信息处理、现代控制、传感检测等光机电技术于一体，是现代机械制造技术的基础。它的广泛应用使机械制造业的生产方式及产品结构发生了深刻的变化。

近年来，由于计算机技术的迅速发展，数控技术的发展相当迅速。数控技术的水平和普及程度，已经成为衡量一个国家综合国力和工业现代化水平的重要标志。

1.1 数控加工

计算机自动编程为编程人员提供了很大的帮助，但作为一位数控编程员，有必要了解数控技术和数控机床的有关概念。

1.1.1 数控加工概述

20世纪最伟大的发明之一——计算机的出现和应用，使人类实现了机械加工工艺过程自动化的理想。当科技人员首次把计算机作为一种信息处理装置移植到机床时，一种先进的机械加工设备——数控机床诞生了。随着计算机的发展，数控机床得到迅速的发展和广泛的应用。

在加工机床中得到广泛应用的数控技术是 20 世纪 40 年代后期发展起来的一种自动化加工技术，它综合了计算机、自动控制、电机、电气传动、测量、监控和机械制造等学科内容。该技术主要采用计算机对机械加工过程中各种控制信息进行数字化运算、处理，并通过高性能驱动单元对机械执行的构件进行自动化控制。

1.1.2　数控加工的基本原理

数控系统由加工程序输入工具、译码器、数据处理器和处理软件、数据存储器和脉冲电流输出工具等组成。加工程序通过输入工具输入到数控系统，由译码器翻译成处理系统能识别的数据，经软件分析计算变成智能的加工数据，存放在存储器中；加工时用输出工具将加工数据变成脉冲电流，输送给 X、Y、Z 方向的电动机和主轴电动机，电动机通过传动机构形成切削主运动和进给运动。测量装置随时监测实际主运动和进给运动与加工程序所要求运动量之间的误差，并反馈到数控系统，及时修正电动机的转速，从而精确控制刀具和工件之间的切削运动，实现自动切削，使由半人工操作的金属切削变成用程序控制的切削，这就是数控加工的基本原理。

1.2　数控机床

数控机床是一种装有程序控制系统的机床，其控制系统能逻辑处理具有特定代码或其他符号编码指令规定的程序。自从第一台数控铣床诞生后，数控加工技术在全世界各国得到迅速发展，对现代机械制造加工技术的发展起到很大的推动作用。

1.2.1　数控机床的产生

第一台数控机床是为了适应航空工业制造复杂工件的需要而产生的。1952 年美国麻省理工学院和柏森公司合作研制成功了世界第一台具有信息存储及信息处理功能的新型机床，这台新型机床就是数控机床。随着电子技术和计算机技术的发展，数控机床也不断更新换代。

数控机床的发展至今可划分为五代：第一代从 1952～1959 年，其数控系统采用电子管元件；第二代从 1959 年开始，其数控系统采用晶体管元件；第三代从 1965 年开始，其数控系统采用集成电路；第四代从 1970 年开始，其数控系统采用大规模集成电路及小型通用计算机；第五代从 1974 年开始，其数控系统采用微处理器和微型计算机。

1.2.2　数控机床的组成

数控机床的种类很多，但是任何一种数控机床都主要由数控系统、伺服系统和机床主体三大部分以及辅助控制系统等组成。

1. 数控系统

数控系统是数控机床的核心，是数控机床的"指挥系统"，其主要作用是对输入的零件加工程序进行数字运算和逻辑运算，然后向伺服系统发出控制信号。现代数控系统通常是一台带有专门系统软件的计算机系统，开放式数控系统就是将 PC 机配以数控系统软件而构成的。

2. 伺服系统

伺服系统（也称驱动系统）是数控机床的执行机构，由驱动和执行两大部分组成。它包括位置控制单元、速度控制单元、执行电动机和测量反馈单元等部分，主要用于实现数控机床的进给伺服控制和主轴伺服控制。它接受数控系统发出的各种指令信息，经功率放大后，严格按照指令信息的要求控制机床运动部件的进给速度、方向和位移。目前数控机床的伺服系统中，常用的位移执行机构有步进电动机、液压马达、直流伺服电动机和交流伺服电动机，其中，后两者均带有光电编码器等位置测量元件。一般来说，数控机床的伺服系统，要求有快速响应和灵敏而准确的跟踪指令功能。

3. 机床主体

机床主体是加工运动的实际部件，除了机床基础件以外，还包括主轴部件、进给部件、实现工件回转与定位的装置和附件、辅助系统和装置（如液压、气压、防护等装置）、刀库和自动换刀装置（Automatic Tools Changer，ATC）、自动托盘交换装置（Automatic Pallet Changer，APC）。机床基础件通常是指床身或底座、立柱、横梁和工作台等，它是整台机床的基础和框架。加工中心则还应具有 ATC，有的还有双工位 APC 等。与传统机床相比，数控机床的本体结构发生了很大变化，普遍采用滚珠丝杠、滚动导轨，传动效率更高。由于现代数控机床减少了齿轮的使用数量，使得传动系统更加简单。数控机床可根据自动化程度、可靠性要求和特殊功能需要，选用各种类型的刀具破损监控系统、机床与工件精度检测系统、补偿装置和其他附件等。

1.2.3　数控机床的特点

随着科学技术和市场经济的不断发展，对机械产品的质量、生产率和新产品的开发周期提出了越来越高的要求。1970 年首次展出了第一台用计算机控制的数控机床（Computer Numerical Control，CNC）。图 1.2.1 所示为 CNC 数控铣床，图 1.2.2 所示为数控加工中心。

数控机床自问世以来得到了高速发展，并逐渐为各国生产组织和管理者所接受，这与它在加工中表现出来的特点是分不开的。数控机床具有以下主要特点：

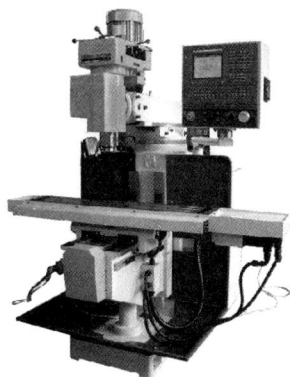

图 1.2.1　CNC 数控铣床

图 1.2.2　数控加工中心

- 高精度，加工重复性高。目前，普通数控加工的尺寸精度通常可达到 ±0.005mm。数控装置的脉冲当量（即机床移动部件的移动量）一般为 0.001mm，高精度的数控系统可达 0.0001mm。数控加工过程中，机床始终都在指定的控制指令下工作，消除了人工操作所引起的误差，不仅提高了同一批加工零件尺寸的统一性，而且使产品质量得到保证，废品率也大为降低。

- 高效率。机床自动化程度高，工序、刀具可自行更换、检测。例如，加工中心在一次装夹后，除定位表面不能加工外，其余表面均可加工；生产准备周期短，加工对象变化时，一般不需要专门的工艺装备设计制造时间；切削加工中可采用最佳切削参数和走刀路线。数控铣床一般不需要使用专用夹具和工艺装备。在更换工件时，只需调用储存于计算机的加工程序、装夹工件和调整刀具数据即可，大大缩短了生产周期。更主要的是，数控铣床的万能性提高了效率，如一般的数控铣床都具有铣床、镗床和钻床的功能，工序高度集中，提高了劳动生产率，并减少了工件的装夹误差。

- 高柔性。数控机床最大的特点是高柔性，即通用、灵活、万能，可以适应加工不同形状的工件。如数控铣床一般能完成铣平面、铣斜面、铣槽、铣削曲面、钻孔、镗孔、铰孔、攻螺纹和铣削螺纹等加工工序，而且一般情况下，可以在一次装夹中完成所需的所有加工工序。加工对象改变时，除了相应地更换刀具和解决工件装夹方式外，只需改变相应的加工程序即可，特别适应于目前多品种、小批量和变化快的生产特征。

- 大大减轻操作者的劳动强度。数控铣床对零件加工是根据加工前编好的程序自动完成的。操作者除了操作键盘、装卸工件、中间测量及观察机床运行外，不需要进行繁重的重复性手工操作，大大减轻了劳动强度。

Chapter 1

- 易于建立计算机通信网络。数控机床使用数字信息作为控制信息，易于与 CAD 系统连接，从而形成 CAD/CAM 一体化系统，它是 FMS、CIMS 等现代制造技术的基础。

- 初期投资大，加工成本高。数控机床的价格一般是普通机床的若干倍，且机床备件的价格也高；另外，加工首件需要进行编程、程序调试和试加工，时间较长，因此使零件的加工成本也大大高于普通机床。

1.2.4　数控机床的分类

数控机床的分类有多种方式，分别介绍如下。

1. 按工艺用途划分

按工艺用途分类，数控机床可分为数控钻床、车床、铣床、磨床和齿轮加工机床等，还有压床、冲床、电火花切割机、火焰切割机和点焊机等也都采用数字控制。加工中心是带有刀库及自动换刀装置的数控机床，它可以在一台机床上实现多种加工。工件只需一次装夹，就可以完成多种加工，这样既节省了工时，又提高了加工精度。加工中心特别适用于箱体类和壳类零件的加工。车削加工中心可以完成所有回转体零件的加工。

2. 按机床数控运动轨迹划分

点位控制数控机床（PTP）：是指在刀具运动时，不考虑两点间的轨迹，只控制刀具相对于工件位移的准确性的数控机床。这种控制方法用于数控冲床、数控钻床及数控点焊设备，还可以用在数控坐标镗铣床上。

点位直线控制数控机床：是指要求在点位准确控制的基础上，还要保证刀具的运动轨迹是一条直线，并且刀具在运动过程中还要进行切削加工的数控机床。采用这种控制的机床有数控车床、数控铣床和数控磨床等，一般用于加工矩形和台阶形零件。

轮廓控制数控机床（CP）。轮廓控制（亦称连续控制）是对两个或两个以上的坐标运动进行控制（多坐标联动），刀具运动轨迹可为空间曲线。它不仅能保证各点的位置，而且还能控制加工过程中的位移速度，即刀具的轨迹，既要保证尺寸的精度，还要保证形状的精度。在运动过程中，同时向两个坐标轴分配脉冲，使它们能走出要求的形状来，这就称为插补运算。轮廓控制数控机床采用软仿形加工，而不是硬仿形（靠模），并且这种软仿形加工的精度比硬仿形加工的精度高很多。这类机床主要有数控车床、数控铣床、数控线切割机和加工中心等。在模具行业中，对于一些复杂曲面的加工多使用这类机床，如三坐标以上的数控铣床或加工中心。

3. 按伺服系统控制方式划分

开环控制是无位置反馈的一种控制方法，它采用的控制对象、执行机构多半是步进式电动机或液压转矩放大器。因为没有位置反馈，所以其加工精度及稳定性差，但其结构及控制方法简单、价格低廉。对于精度要求不高且功率需求不大的情况，这种数控机床还是比较适用的。

半闭环控制在丝杠上装有角度测量装置作为间接的位置反馈。因为这种系统未将丝杠螺母副和齿轮传动副等传动装置包含在反馈系统中，因而称为半闭环控制系统。它不能补偿传动装置的传动误差，但却可以获得稳定的控制特性。这类系统介于开环与闭环之间，精度没有闭环高，调试比闭环方便。

闭环控制系统对机床移动部件的位置直接用直线位置检测装置进行检测，再把实际测量出的位置反馈到数控装置中去，与输入指令比较看是否有差值，然后把这个差值经过放大和变换，最后驱动工作台向减少误差的方向移动，直到差值符合精度要求为止。这类控制系统，因为把机床工作台纳入了位置控制环，故称为闭环控制系统。该系统可以消除包括工作台传动链在内的运动误差，因而定位精度高，调节速度快。但由于该系统受到进给丝杠的拉压刚度、扭转刚度、摩擦阻尼特性和间隙等非线性因素的影响，给调试工作造成较大的困难。如果各种参数匹配不当，将会引起系统振荡，造成系统不稳定，影响定位精度。由于闭环伺服系统复杂和成本高，故适用于精度要求很高的数控机床，如超精密数控车床和精密数控镗铣床等。

4．按联动坐标轴数划分

按联动坐标轴数可将数控机床划分为：

（1）两轴联动数控机床。主要用于三轴以上控制的机床，其中任意两轴作插补联动，第三轴作单独的周期进给，常称 2.5 轴联动。

（2）三轴联动数控机床。X、Y、Z 三轴可同时进行插补联动。

（3）四轴联动数控机床。

（4）五轴联动数控机床。除了同时控制 X、Y、Z 三个直线坐标轴联动以外，还同时控制围绕这些直线坐标轴旋转的 A、B、C 坐标轴中的两个坐标，即同时控制五个坐标轴联动。这时刀具可以被定位在空间的任意位置。

1.2.5 数控机床的坐标系

数控机床的坐标系统包括坐标系、坐标原点和运动方向，它对于数控加工及编程是一个十分重要的概念。每一个数控编程员和操作者，都必须对数控机床的坐标系有一个很清晰的认识。为了使数控系统规范化及简化数控编程，ISO 对数控机床的坐标系统做了若干规定。关于数控机床坐标和运动方向命名的详细内容，可参阅 GB/T 19660—2005 的规定。

　　机床坐标系是机床上固有的坐标系，是机床加工运动的基本坐标系。它是考察刀具在机床上的实际运动位置的基准坐标系。对于具体机床来说，有的是刀具移动工作台不动，有的则是刀具不动而工作台移动。然而不管是刀具移动还是工件移动，机床坐标系永远假定刀具相对于静止的工件运动，同时，运动的正方向是增大工件和刀具之间距离的方向。为了编程方便，一律规定为工件固定、刀具运动。

　　标准的坐标系是一个右手直角坐标系，如图 1.2.3 所示。拇指指向为 X 轴正方向，食指指向为 Y 轴正方向，中指指向为 Z 轴正方向。一般情况下，主轴的方向为 Z 坐标，而工作台的两个运动方向分别为 X、Y 坐标。

　　若有旋转轴时，规定绕 X、Y、Z 轴的旋转轴分别为 A、B、C 轴，其方向为右旋螺纹方向，如图 1.2.4 所示。旋转轴的原点一般定在水平面上。

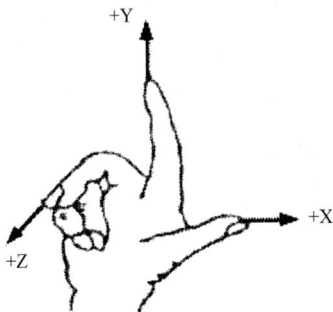

图 1.2.3　右手直角坐标系　　　　图 1.2.4　旋转坐标系

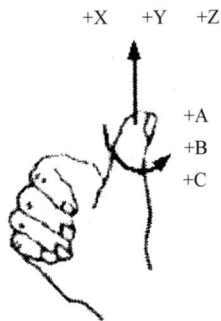

　　图 1.2.5 是典型的单立柱立式数控铣床加工运动坐标系示意图。刀具沿与地面垂直的方向上下运动，工作台带动工件在与地面平行的平面内运动。机床坐标系的 Z 轴是刀具的运动方向，并且刀具向上（即远离工件的方向）运动为正方向。当面对机床进行操作时，刀具相对工件的左右运动方向为 X 轴，并且刀具相对工件向右运动（即工作台带动工件向左运动）时为 X 轴的正方向。Y 轴的方向可用右手法则确定。若以 X′、Y′、Z′ 表示工作台相对于刀具的运动坐标轴，而以 X、Y、Z 表示刀具相对于工件的运动坐标轴，则显然有 X′=-X、Y′=-Y、Z′=-Z。

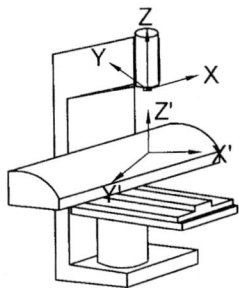

图 1.2.5　铣床坐标系示意图

1.2.6　数控机床的工作原理

　　在数控机床工作之前，要先根据被加工零件的要求，确定零件加工工艺过程、工艺参数，并按一定的规则形成数控系统能理解的加工程序。也就是要将被加工零件的几何信息和工艺信息数字化，按规定的代码和格式编制成数控加工程序，然后用适当的方式将此加工程序输入到数控机床的数控装置中，此时可启动机床运行数控加工程序。在运行数控加工程序过程中，数控装置会根据数控加工程序的内容，发出各种控制指令，如启动主轴电机、打开冷却液、进行刀具轨迹计算及同时向特定的执行单元发出数字位移脉冲并进行进给速度控制等，正常情况下可直到程序运行结束，零件加工完毕为止。当改变加工零件时，只要在数控机床中改变加工程序，就可继续加工新零件。

2

数控编程与加工工艺

2.1 关于数控编程

数控加工程序编制简称数控编程。在第 1 章中介绍了数控机床的工作及原理，现代数控机床是按照事先编制好的加工程序自动对工件进行加工的高效设备，因此理想的加工程序不仅应保证加工出符合图样要求的合格工件，同时应能使数控机床的功能得到合理的应用与充分的发挥，以使数控机床能安全、可靠和高效地工作。

在数控机床上加工工件时，首先要将被加工工件的全部工艺过程及其他辅助动作（如变速、换刀、冷却、夹紧等）按运动顺序，用规定的指令代码程序格式记录在控制介质上，通过人－机交互设备送入数控装置，以此为根据自动控制机械加工部件完成工件的全部加工过程。从工件图样开始，到获得数控机床所需控制介质（如穿孔带）的过程称为程序编制。

2.2 数控编程的内容及要求

UG NX 8.5 数控模块提供了多种加工类型，用于各种复杂零件的粗精加工，用户可以根据零件结构、加工表面形状和加工精度要求选择合适的加工类型。

数控编程的主要内容有：图样分析及工艺处理、数值处理、编写加工程序单、输入数控系统、程序检验及试切。

（1）图样分析及工艺处理。在确定加工工艺过程时，编程人员首先应根据零件图样对工件的形状、尺寸和技术要求等进行分析，然后选择合适的加工方案，确定加工顺序和路线、装夹方式、刀具以及切削参数。为了充分发挥机床的功用，还应该考虑所用机床的指令功能，选择最短的加工路线，选择合适的对刀点和换刀点，以减少换刀次数。

（2）数值处理。根据图样的几何尺寸、确定的工艺路线及设定的坐标系，计算工件粗、精加工的运动轨迹，得到刀位数据。零件图样坐标系与编程坐标系不一致时，需要对坐标进行换算。对形状比较简单的零件的轮廓进行加工时，需要计算出几何元素的起点、终点及圆弧的圆心，及两几何元素的交点或切点的坐标值，有的还需要计算刀具中心运动轨迹的坐标值。对于形状比较复杂的零件，需要用直线段或圆弧段逼近，根据要求的精度计算出各个节点的坐标值。

（3）编写加工程序单。确定加工路线、工艺参数及刀位数据后，编程人员可以根据数控系统规定的指令代码及程序段格式，逐段编写加工程序单。此外，还应填写有关的工艺文件，如数控刀具卡片、数控刀具明细表和数控加工工序卡片等。随着数控编程技术的发展，现在大部分的机床已经直接采用自动编程。

（4）输入数控系统。即把编制好的加工程序，通过某种介质传输到数控系统。过去我国数控机床的程序输入一般使用穿孔纸带，穿孔纸带的程序代码通过纸带阅读器输入到数控系统。随着计算机技术的发展，现代数控机床主要利用键盘将程序输入到计算机中。随着网络技术进入工业领域，通过 CAM 生成的数控加工程序可以通过数据接口直接传输到数控系统中。

（5）程序检验及试切。程序单必须经过检验和试切才能正式使用。检验的方法是直接将加工程序输入到数控系统中，让机床空运转，即以笔代刀，以坐标纸代替工件，画出加工路线，以检查机床的运动轨迹是否正确。若数控机床有图形显示功能，可以采用模拟刀具切削过程的方法进行检验。但这些过程只能检验出运动是否正确，不能检查被加工零件的精度，因此必须进行零件的首件试切。试切时，应该以单程序段的运行方式进行加工，监视加工状况，调整切削参数和状态。

从以上内容来看，作为一名数控编程人员，不但要熟悉数控机床的结构、功能及标准，而且必须熟悉零件的加工工艺、装夹方法、刀具以及切削参数的选择等方面的知识。

2.3　数控编程的方法

数控编程一般可以分为手工编程和自动编程两大类。

手工编程是指从零件图样分析、工艺处理、数值计算、编写程序单到程序校核等各步骤的数控编程工作均由人工完成。该方法适用于零件形状不太复杂、加工程序较短的情况，而复杂形状的零件，如具有非圆曲线、列表曲面和组合曲面的零件，或形状虽不复杂但是程序很长的零件，则比较适合于自动编程。

自动数控编程是从零件的设计模型（即参考模型）直接获得数控加工程序，其主要任务是计算加工进给过程中的刀位点（Cutter Location Point，CLP），从而生成 CL 数据文件。自动编程技术可以帮助人们解决复杂零件的数控加工编程问题，其大部分工作由计算机来完成，使编程效率大大提高，还能解决手工编程无法解决的许多复杂形状零件的加工编程问题。

2.4　数控编程坐标系

在 CAM 中，为了方便编制加工程序，确定被加工零件的位置，通常使用加工坐标系（MCS）。加工坐标系决定了刀轨的零点，刀轨中的坐标值均相对于加工坐标系。另外，在定义轴方向时，默认的刀轴方向为 MCS+ZM。在每个被加工工件中可以定义多个 MCS。

MCS 原点在机床坐标系中称为调整点。加工时，工件随夹具在机床上安装后，测量加工原点与机床原点之间的距离，这个距离称为加工原点偏置。该偏置值需要预存到数控系统中，加工时，工作原点偏置值能自动附加到加工坐标系上，使数控系统可按机床坐标系确定加工时的坐标值。因此，编程人员可以不考虑工件在机床上安装位置和安装精度，直接利用数控系统的原点偏置功能，通过工作原点偏置来补偿工件的安装误差，这样使用起来非常方便。

2.5　数控加工程序

2.5.1　数控加工程序结构

数控加工程序由为使机床运转而给予数控装置的一系列指令的有序集合所构成。一个完整的程序由程序起始符、程序号、程序内容、程序结束和程序结束符五部分组成。例如：

```
程序起始符  %
程序号      O 0001
            N01    G92 X30 Y30;
            N02    G90 G00 X30 T01 M03;
            N03    G01 X8 Y8 F200;
程序内容     N04    XO   YO;
            .........
            N07    G00 X40;
程序结束     N08    M30
程序结束符  %
```

- 程序起始符。程序起始符位于程序的第一行，一般是"％"、"$"等。不同的数控机床，起始符也有可能不同，应根据具体数控机床说明书使用。

- 程序号。程序号也称为程序名，是每个程序的开始部分。为了区别存储器中的程序，每个程序都要有程序编号。程序号单列一行，一般有两种形式：一种是以规定的英文字母（通常为 O）为首，后面接若干位数字（通常为 2 位或 4 位），如 O 0001；另一种是以英文字母、数字和符号"_"混合组成，比较灵活。程序名具体采用何种形式，由数控系统决定。

- 程序内容。程序内容是整个程序的核心，由多个程序段（Block）组成。程序段是数控加工程序中的一句，单列一行，用于指挥机床完成某一个动作。每个程序段又由若干个指令组成，每个指令表示数控机床要完成的动作。指令由字（word）和"；"组成。而字由地址符和数值构成，如 X（地址符）100.0（数值）、Y（地址符）50.0（数值）。字首是一个英文字母，称为字的地址，它决定了字的功能类别。一般字的长度和顺序不固定。

- 程序结束。在程序末尾一般有程序结束指令，如 M30 或 M02，用于停止主轴、切削液和进给，并使控制系统复位。M30 还可以使程序返回到开始状态，一般在换工件时使用。

- 程序结束符。程序结束符是指程序结束的标记符，一般与程序起始符相同。

根据系统本身的特点及编程的需要，每种数控系统都有一定的程序格式。对于不同的机床，其程序格式也不同。因此编程人员必须严格按照机床说明书规定的格式进行编程，靠这些指令使刀具按直线、圆弧或其他曲线运动，控制主轴的回转和停止、切削液的开关、自动换刀装置和工作台自动交换装置等动作。

2.5.2　数控指令

数控加工程序的指令由一系列的程序字组成，而程序字通常由地址（address）和数值（number）两部分组成，地址通常是某个大写字母。数控加工程序中地址代码的意义如表 2.5.1 所示。

表 2.5.1　地址代码的意义

功能	地址	意义
程序号	O(EIA)	程序序号
顺序号	N	顺序序号
准备功能	G	动作模式
尺寸字	X、Y、Z	坐标移动指令
	A、B、C、U、V、W	附加轴移动指令
	R	圆弧半径
	I、J、K	圆弧中心坐标

功能	地址	意义
主轴旋转功能	S	主轴转速
进给功能	F	进给速率
刀具功能	T	刀具号、刀具补偿号
辅助功能	M	辅助装置的接通和断开
补偿号	H、D	补偿序号
暂停	P、X	暂停时间
子程序重复次数	L	重复次数
子程序号指定	P	子程序序号
参数	P、Q、R	固定循环

一般的数控机床可以选择米制单位毫米（mm）或英制单位英寸（in）为数值单位。米制可以精确到 0.001mm，英制可以精确到 0.0001in，这也是一般数控机床的最小移动量。表 2.5.2 列出了一般数控机床能输入的指令数值范围，而数控机床实际使用范围受到机床本身的限制，因此需要参考数控机床的操作手册而定。例如，表 2.5.2 中的 X 轴可以移动±99999.999mm，但实际上数控机床的 X 轴行程可能只有 650mm；进给速率 F 最大可输入 10000.0mm/min，但实际上数控机床的进给速率可能限制在 3000mm/min 以下。因此，在编制数控加工程序时，一定要参照数控机床的使用说明书。

表 2.5.2 编码字符的数值范围

功能	地址	米制单位	英制单位
程序号	：(ISO)，O(ETA)	1～9999	1～9999
顺序号	N	1～9999	1～9999
准备功能	G	0～99	0～99
尺寸字	X、Y、Z、Q、R、I、J、K	±99999.999mm	±9999.9999in
	A、B、C	±99999.999°	±9999.9999°
进给功能	F	1～10000.0mm/min	0.01～400.0in/min
主轴转速功能	S	0～9999	0～9999
刀具功能	T	0～99	0～99
辅助功能	M	0～99	0～99
子程序号	P	1～9999	1～9999
暂停	X、P	0～99999.999s	0～99999.999s
重复次数	L	1～9999	1～9999
补偿号	D、H	0～32	0～32

下面简要介绍各种数控指令的意义。

1. 语句号指令

语句号指令也称程序段号，用以识别程序段的编号。它位于程序段之首，以字母 N 开头，其后为一个 2～4 位的数字。需要注意的是，数控加工程序是按程序段的排列次序执行的，与顺序段号的大小次序无关，即程序段号实际上只是程序段的名称，而不是程序段执行的先后次序。

2. 准备功能指令

准备功能指令以字母 G 开头，后接一个两位数字，因此又称为 G 代码，它是控制机床运动的主要功能类别。G 指令从 G00～G99 共 100 种，如表 2.5.3 所示。

表 2.5.3　JB/T 3208—1999 准备功能 G 代码

G 代码	功能	G 代码	功能
G00	点定位	G01	直线插补
G02	顺时针方向圆弧插补	G03	逆时针方向圆弧插补
G04	暂停	G05	不指定
G06	抛物线插补	G07	不指定
G08	加速	G09	减速
G10～G16	不指定	G17	XY 平面选择
G18	ZX 平面选择	G19	YZ 平面选择
G20～G32	不指定	G33	螺纹切削，等螺距
G34	螺纹切削，增螺距	G35	螺纹切削，减螺距
G36～G39	永不指定	G40	刀具补偿/刀具偏置注销
G41	刀具半径左补偿	G42	刀具半径右补偿
G43	刀具正偏置	G44	刀具负偏置
G45	刀具偏置+/+	G46	刀具偏置+/–
G47	刀具偏置–/–	G48	刀具偏置–/+
G49	刀具偏置 0/+	G50	刀具偏置 0/–
G51	刀具偏置+/0	G52	刀具偏置–/0
G53	直线偏移，注销	G54	直线偏移 X
G55	直线偏移 Y	G56	直线偏移 Z
G57	直线偏移 XY	G58	直线偏移 XZ
G59	直线偏移 YZ	G60	准确定位 1（精）
G61	准确定位 2（中）	G62	快速定位（粗）
G63	攻螺纹	G64～G67	不指定
G68	刀具偏置，内角	G69	刀具偏置，外角
G70～G79	不指定	G80	固定循环注销
G81～G89	固定循环	G90	绝对尺寸

Chapter 2

G 代码	功能	G 代码	功能
G91	增量尺寸	G92	预置寄存
G93	时间倒数，进给率	G94	每分钟进给
G95	主轴每转进给	G96	恒线速度
G97	每分钟转数	G98～G99	不指定

3. 辅助功能指令

辅助功能指令也称作 M 功能或 M 代码，一般由字符 M 及随后的两位数字组成。它是控制机床或系统辅助动作及状态的功能。JB/T 3208—1999 标准中规定的 M 代码从 M00～M99 共 100 种。表 2.5.4 所示的是部分辅助功能的 M 代码。

表 2.5.4　部分辅助功能的 M 代码

M 代码	功能	M 代码	功能
M00	程序停止	M01	计划停止
M02	程序结束	M03	主轴顺时针旋转
M04	主轴逆时针旋转	M05	主轴停止旋转
M06	换刀	M08	切削液开
M09	切削液关	M30	程序结束并返回
M74	错误检测功能打开	M75	错误检测功能关闭
M98	子程序调用	M99	子程序调用返回

4. 其他常用功能指令

- 尺寸指令——主要用来指令刀位点坐标位置。如 X、Y、Z 主要用于表示刀位点的坐标值，而 I、J、K 用于表示圆弧刀轨的圆心坐标值。

- F 功能——进给功能。以字符 F 开头，因此又称为 F 指令，用于指定刀具插补运动（切削运动）的速度，称为进给速度。在只有 X、Y、Z 三坐标运动的情况下，F 代码后面的数值表示刀具的运动速度，单位是 mm/min（数控车床还可为 mm/r）。如果运动坐标有转角坐标 A、B、C 中的任何一个，则 F 代码后的数值表示进给率，即 $F=1/\triangle t$，$\triangle t$ 为走完一个程序段所需要的时间，F 的单位为 1/min。

- T 功能——刀具功能。以字符 T 开头，因此又称为 T 指令，用于指定采用的刀具号，该指令在加工中心上使用。Tnn 代码用于选择刀具库中的刀具，但并不执行换刀操作，M06 用于启动换刀操作。Tnn 不一定要放在 M06 之前，只要放在同一程序段中即可。T 指令只有在数控车床上，才具有换刀功能。

- S 功能——主轴转速功能。以字符 S 开头，因此又称为 S 指令，主轴的转速，以其后的数字给出，要求为整数，单位是 r/min。速度范围从 1 r/min 到最大的主轴转速。对于数控车床，可以指定恒表面切削速度。

2.6　数控加工工艺

2.6.1　数控加工工艺的特点

数控加工工艺与普通加工工艺基本相同，在设计零件的数控加工工艺时，首先要遵循普通加工工艺的基本原则与方法，同时还需要考虑数控加工本身的特点和零件编程的要求。由于数控机床本身自动化程度较高，控制方式不同，设备费用也高，所以使数控加工工艺具有以下几个特点。

1．工艺内容具体、详细

数控加工工艺与普通加工工艺相比，在工艺文件的内容和格式上都有较大区别，如加工顺序、刀具的配置及使用顺序、刀具轨迹和切削参数等方面，都要比普通机床加工工艺中的工序内容更详细。在用通用机床加工时，许多具体的工艺问题，如工艺中各工步的划分与顺序安排、刀具的几何形状、走刀路线及切削用量等，在很大程度上都是由操作工人根据自己的实践经验和习惯自行考虑决定的，一般无需工艺人员在设计工艺规程时进行过多的规定。而在数控加工时，上述这些具体的工艺问题，必须由编程人员在编程时给予预先确定。也就是说，在普通机床加工时，本来由操作工人在加工中灵活掌握并可通过适时调整来处理的许多具体工艺问题和细节，在数控加工时就转变为必须由编程人员事先设计和安排的内容。

2．工艺要求准确、严密

数控机床虽然自动化程度较高，但自适性差。它不能像通用机床那样在加工时根据加工过程中出现的问题，自由地进行人为调整。例如，在数控机床上进行深孔加工时，它就不知道孔中是否已挤满了切屑，何时需要退刀，也不能待清除切屑后再进行加工，而是一直到加工结束为止。所以在数控加工的工艺设计中，必须注意加工过程中的每一个细节，尤其是对图形进行数学处理、计算和编程时，一定要力求准确无误，以使数控加工顺利进行。在实际工作中，由于一个小数点或一个逗号的差错就可能酿成重大机床事故和质量事故。

3．应注意加工的适应性

由于数控加工自动化程度高、可多坐标联动、质量稳定、工序集中，但价格昂贵、操作技术要求高等特点均比较突出，因此要注意数控加工的特点，在选择加工方法和对象时更要特别慎重，甚至有时还要在基本不改变工件原有性能的前提下，对其形状、尺寸和结构等做适应数控加工的修改，这样才能既充分发挥出数控加工的优点，又达到较好的经济效益。

4. 可自动控制加工复杂表面

在进行简单表面的加工时，数控加工与普通加工没有太大的差别。但是对于一些复杂曲面或有特殊要求的表面，数控加工就表现出与普通加工根本不同的加工方法。例如，对一些曲线或曲面的加工，普通加工是通过画线、靠模、钳工和成型加工等方法进行加工，这些方法不仅生产效率低，而且还很难保证加工精度；而数控加工则采用多轴联动进行自动控制加工，用这种方法所得到的加工质量是普通加工方法所无法比拟的。

5. 工序集中

由于现代数控机床具有精度高、切削参数范围广、刀具数量多、多坐标以及多工位等特点，因此，在工件的一次装夹中可以完成多道工序的加工，甚至可以在工作台上装夹几个相同的工件进行加工，这样就大大缩短了加工工艺路线和生产周期，减少了加工设备和工件的运输量。

6. 采用先进的工艺装备

数控加工中广泛采用先进的数控刀具和组合夹具等工艺装备，以满足数控加工中高质量、高效率和高柔性的要求。

2.6.2　数控加工工艺的主要内容

工艺安排是进行数控加工的前期准备工作，它必须在编制程序之前完成，因为只有在确定工艺设计方案以后，编程才有依据，否则，如果加工工艺设计考虑不周全，往往会成倍增加工作量，有时甚至出现加工事故。可以说，数控加工工艺分析决定了数控加工程序的质量。因此，编程人员在编程之前，一定要先把工艺设计做好。

概括起来，数控加工工艺主要包括如下内容：

- 选择适合在数控机床上加工的零件，并确定零件的数控加工内容。
- 分析零件图样，明确加工内容及技术要求。
- 确定零件的加工方案，制定数控加工工艺路线，如工序的划分及加工顺序的安排等。
- 数控加工工序的设计，如零件定位基准的选取、夹具方案的确定、工步的划分、刀具的选取及切削用量的确定等。
- 数控加工程序的调整，对刀点和换刀点的选取，确定刀具补偿，确定刀路轨迹。
- 分配数控加工中的容差。
- 处理数控机床上的部分工艺指令。

- 数控加工专用技术文件的编写。

数控加工专用技术文件不仅是进行数控加工和产品验收的依据，同时也是操作者遵守和执行的规程，还为产品零件重复生产积累了必要的工艺资料，并进行了技术储备。这些由工艺人员做出的工艺文件，是编程人员在编制加工程序单时依据的相关技术文件。

不同的数控机床，其工艺文件的内容也有所不同。一般来讲，数控铣床的工艺文件应包括如下几项：

- 编程任务书。
- 数控加工工序卡片。
- 数控机床调整单。
- 数控加工刀具卡片。
- 数控加工进给路线图。
- 数控加工程序单。

其中最为重要的是数控加工工序卡片和数控加工刀具卡片。前者说明了数控加工的顺序和加工要素，后者是刀具使用的依据。

为了加强技术文件管理，数控加工工艺文件也应向标准化、规范化方向发展。但目前尚无统一的国家标准，各企业可根据本部门的特点制订上述有关工艺文件。

2.6.3　数控加工工艺参数

加工工艺参数的选择是数控加工的关键因素之一，它直接影响到加工效率、刀具寿命或零件精度等问题。初步选择切削用量要根据经验和刀具切削用量的推荐值确定，而最终的切削用量要根据数控程序调试的结果和实际加工情况来确定。

合理确定加工工艺参数的原则是：粗加工时，为了提高效率，在保证刀具、夹具和机床刚性足够的条件下，首先把切削深度选大一些，其次选择较大的进给量，然后选择适当的切削速度；精加工时，加工余量小，为了保证工件的表面粗糙度，尽可能增加切削速度，可适当减少进给量。

粗加工：大体积切除工件材料，表面质量要求很低。工件表面粗糙度 Ra 要达到 12.5～25（μm），切削深度可为 3～6（mm），径向切深为 2.5～5（mm），为后续半精加工留 1～2（mm）的加工余量。如果粗加工后直接精加工，则留 0.5～1（mm）的加工余量。

半精加工：把粗加工后的表面加工得光滑一点，同时切除凸角的残余材料，给精加工留厚度均匀的加工余量。半精加工后工件表面的粗糙度 Ra 要达到 3.2～12.5（μm），轴向切削深度和径向切削深度可取 1.5～2（mm），给后续精加工留 0.3～0.5（mm）的加工余量。

精加工：是指最后达到尺寸精度和表面粗糙度要求的加工。工件的表面粗糙度 Ra 要达到 0.8～3.2（μm），轴向切削深度可取 0.5～1（mm），径向切削深度可取 0.3～0.5（mm）。

2.7 数控加工工艺分析与规划

数控加工工艺路线的设计思路为：首先找出零件所有的加工表面并逐一确定各表面的加工方法，其每一步相当于一个工步；其次将所有工步内容按一定原则排列出先后顺序；规划哪些相邻工步可以划分一个工序，即进行工序的划分；最后再将所需的其他工序如常规工序、辅助工序、热处理工序等插入，衔接于数控加工工序序列之中，即可得到所需的工艺路线。

1. 工序划分的原则

在数控机床上加工零件，工序可以比较集中，尽量一次装夹完成全部工序。与普通机床加工相比，加工工序划分有其自身的特点，常用的工序划分有以下两项原则。

● 保证精度的原则：数控加工要求工序尽可能集中，通常粗、精加工在一次装夹下完成，为减少热变形和切削力变形对工件的形状精度、位置精度、尺寸精度和表面粗糙度的影响，应将粗、精加工分开进行。对轴类或盘类零件，应该先粗加工，留少量余量精加工，来保证表面质量要求。同时，对一些箱体工件，为保证孔的加工精度，应先加工表面而后加工孔。

● 提高生产效率的原则：数控加工中，为减少换刀次数、节省换刀时间，应将需用同一把刀加工的加工部位全部完成后，再换另一把刀来加工其他部位。同时应尽量减少空行程，用同一把刀加工工件的多个部位时，应以最短的路线到达各加工部位。

实际生产中，数控加工工序要根据具体零件的结构特点和技术要求等情况综合考虑。

2. 工序划分的方法

在数控机床上加工零件，工序应比较集中，在一次装夹中应该尽可能完成尽量多的工序。首先应根据零件图样，考虑被加工零件是否可以在一台数控机床上完成整个零件的加工工作。若不能，则应该选择哪一部分零件表面需要用数控机床加工。根据数控加工的特点，一般工序划分可按如下方法进行：

● 按零件装卡定位方式进行划分。

对于加工内容很多的零件，可按其结构特点将加工部位分成几个部分，如内形、外形、曲面或平面等。一般加工外形时，以内形定位；加工内形时，以外形定位。因而可以根据定位方式的不同来划分工序。

● 按同一把刀具加工的内容划分。

为了减少换刀次数，压缩空程时间，减少不必要的定位误差，可按刀具集中工序的方法加工零件。虽然有些零件能在一次安装加工出很多待加工面，但考虑到程序太长，会受到某些限制，如控制系统的限制（主要是内存容量）、机床连续工作时间的限制（如一道工序在一个班内不能结束）等，此外，程序太长会增加出错率，查错与检索也相应比较困难，因此程序不能太长，一道工序的内容也不能太多。

● 按粗、精加工划分。

根据零件的加工精度、刚度和变形等因素划分工序时，可按粗、精加工分开的原则来进行工序划分，即先进行粗加工再进行精加工。特别对于易发生加工变形的零件，由于粗加工后可能发生较大的变形而需要进行校形，因此一般来说，凡要进行粗、精加工的工件都要将工序分开。此时可用不同的机床或不同的刀具进行加工。通常在一次装夹中，不允许将零件某一部分表面加工完后，再加工零件的其他表面。

综上所述，在划分工序时，一定要根据零件的结构与工艺性、机床的功能、零件数控加工的内容、装夹次数及本单位生产组织状况等灵活协调。

3．加工工序安排

对于加工顺序的安排，还应根据零件的结构和毛坯状况，以及定位安装与夹紧的需要来考虑，重点是工件的刚性不被破坏。顺序安排一般应按下列原则进行。

（1）要综合考虑上道工序的加工是否影响下道工序的定位与夹紧，中间穿插有通用机床加工工序等因素。

（2）先安排内形加工工序，后安排外形加工工序。

（3）在同一次安装中进行多道工序时，应先安排对工件刚性破坏小的工序。

（4）在安排以相同的定位和夹紧方式或用同一把刀具完成加工工序时，最好连续进行，以减少重复定位次数、换刀次数与挪动压板次数。

4．数控加工工序与普通工序的衔接

这里所说的普通工序是指常规的加工工序、热处理工序和检验等辅助工序。数控加工工序前后一般都穿插其他普通工序，若衔接不好就容易产生矛盾，因此需要建立工序间的相互状态联系，例如是否预留加工余量，留多少、定位基准的要求、零件的热处理等，这些问题都需要前后衔接、统筹兼顾。

5．工件的定位和夹紧

（1）工件的定位。

精基准方案的确定应遵循以下原则：相互位置要求原则、加工余量合理分配原则、重要表现原则、不重复使用原则及便于装夹原则。精基准的选择原则：精准重合原则、基准统一原则、自为基准原则、互为基准反复加工原则及便于装夹原则。辅助基准：辅助基准是为了便于装夹或易于实现基准统一而人为制成的一种定位基准。

（2）工件的夹紧。

夹紧装置由力源部分和夹紧机构两部分组成。

（3）夹紧力方向的确定。

夹紧力的作用方向应垂直指向主要的定位基准；应使所需夹紧力尽可能小；应使工件变形尽可能小。夹紧力作用点的选择：夹紧力的作用点应施加于工件刚性较好的部位上；应尽量靠近工件加工面；应落在定位元件的支撑范围内。一般按静力平衡原理，计算所需的理论夹紧力，乘上安全系数即为实际所需夹紧力。

6．铣削刀具

铣刀是一种在回转体表面上或端面上分布有多个刀齿的多刃刀具。铣刀在金属切削加工中是应用很广泛的一种刀具。它的种类很多，主要用于在卧式铣床、立式铣床、数控铣床、加工中心机床上加工平面、台阶面、沟槽、切断、齿轮和成型表面等。铣刀是多齿刀具，每一个刀齿相当于一把刀，因此采用铣刀加工工件的效率高。目前铣刀是属于粗加工和半精加工刀具，其加工精度为 IT8、IT9，表面粗糙度能达到 $Ra1.6 \sim 6.3\mu m$。

按用途分类，铣刀大致可分为：面铣刀、立铣刀、键槽铣刀、盘形铣刀、锯片铣刀、角度铣刀、模具铣刀和成型铣刀。下面对部分常用的铣刀进行简要的说明，供读者参考。

（1）面铣刀。

面铣刀又称端铣刀，主要用于在立式铣床上加工平面以及台阶面等。面铣刀的主切削刃分布在铣刀的圆锥面上或圆柱面上，副切削刃分布在铣刀的端面上。

面铣刀按结构可以分为硬质合金整体焊接式面铣刀、硬质合金机夹焊接式面铣刀、硬质合金可转位式面铣刀以及整体式面铣刀等形式。图 2.7.1 所示为硬质合金整体焊接式面铣刀。这种铣刀是由合金钢刀体与硬质合金刀片经焊接而成，其结构紧凑、切削效率高，并且制造比较方便。但是，刀齿损坏后很难修复，所以这种铣刀应用不多。

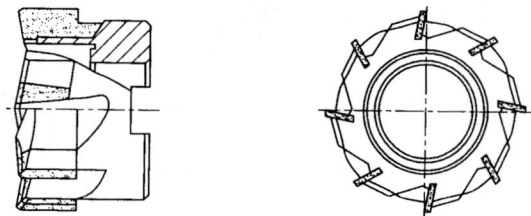

图 2.7.1　硬质合金整体焊接式面铣刀

（2）圆柱铣刀。

圆柱铣刀主要用于在卧式铣床加工平面，圆柱铣刀一般为整体式，材料为高速钢，主切削刃分布在圆柱上，无副切削刃，如图 2.7.2 所示。该铣刀有粗齿和细齿之分。粗齿铣刀齿数少，刀齿强度大，容屑空间大，重磨次数多，适用于粗加工；细齿铣刀齿数多，工作较平稳，适用于精加工，也可在刀体上镶焊硬质合金刀条。

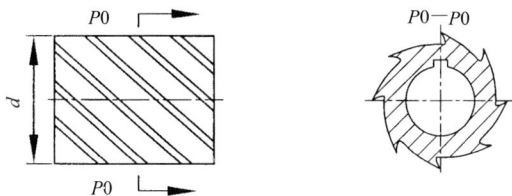

图 2.7.2　圆柱铣刀

圆柱铣刀直径范围为 $\phi 50 \sim \phi 100$mm，齿数 z=6～14，螺旋角 β=30°～45°。当螺旋角 β=0°时，螺旋刀齿即为直刀齿，目前很少应用于生产。

（3）键槽铣刀。

键槽铣刀主要用于在立式铣床上加工圆头封闭键槽等，如图 2.7.3 所示。该铣刀只有两个刀瓣，端面无顶尖孔，端面刀齿从外圆开至轴心，且螺旋角较小，增强了端面刀齿强度。加工键槽时，每次先沿铣刀轴向进给较小的量，此时端面刀齿上的切削刃为主切削刃，圆柱面上的切削刃为副切削刃。然后再沿径向进给，此时端面刀齿上的切削刃为副切削刃，圆柱面上的切削刃为主切削刃，这样反复多次，就可完成键槽的加工。这种铣刀加工键槽精度较高，铣刀寿命较长。键槽铣刀的直径范围为 $\phi 2 \sim \phi 63$mm，柄部有直柄和莫氏锥柄两种形式。

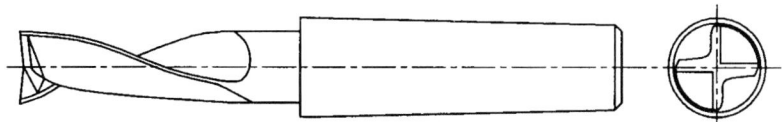

图 2.7.3　键槽铣刀

（4）立铣刀。

立铣刀主要用于在立式铣床上加工凹槽、台阶面和成型面（利用靠模）等。图 2.7.4 所示为立铣刀，其主切削刃分布在铣刀的圆柱面上，副切削刃分布在铣刀的端面上，且端面中心有顶尖孔。该立铣刀有粗齿和细齿之分，粗齿齿数为 3～6，适用于粗加工；细齿齿数为 5～10，适用于半精加工。该立铣刀的直径范围是 $\phi 2 \sim \phi 80$mm，其柄部有直柄、莫氏锥柄和 7:24 锥柄等多种形式。该立铣刀应用较广，但切削效率较低。

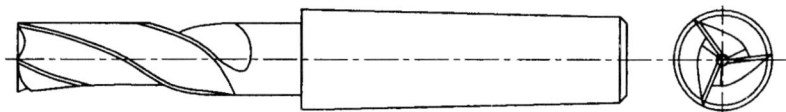

图 2.7.4　高速钢立铣刀

加工中心上用的立铣刀主要有三种形式：球头刀（$R=D/2$）、端铣刀（$R=0$）和 R 刀（$R<D/2$）（俗称"牛鼻刀"或"圆鼻刀"），其中 D 为刀具的直径，R 为刀角半径。某些刀具还可能带有一定的锥度 A。

（5）盘形铣刀。

盘形铣刀包括槽铣刀、两面刃铣刀和三面刃铣刀。槽铣刀仅在圆柱表面上有刀齿，此种铣刀只适用于加工浅槽。两面刃铣刀在圆柱表面和一个侧面上做有刀齿，适用于加工台阶面。三面刃铣刀在两侧面都有刀齿，主要用于在卧式铣床上加工槽和台阶面等。三面刃铣刀的主切削刃分布在铣刀的圆柱面上，副切削刃分布在两端面上。三面刃铣刀按刀齿结构可分为直齿、错齿和镶齿三种形式。图 2.7.5 所示为直齿三面刃铣刀。该铣刀结构简单，制造方便，但副切削刃前角为零度，切削条件较差。该铣刀直径范围是 $\phi50\sim\phi200$mm，宽度 $B=4\sim40$mm。

（6）角度铣刀。

角度铣刀主要用于在卧式铣床上加工各种斜槽和斜面等。根据本身外形不同，角度铣刀可分为单角铣刀、不对称双角铣刀和对称双角铣刀三种。图 2.7.6 所示为单角铣刀。圆锥面上的切削刃是主切削刃，端面上的切削刃是副切削刃。该铣刀直径范围是 $\phi40\sim\phi100$mm，角度 $\theta=18°\sim90°$。角度铣刀的材料一般是高速钢。

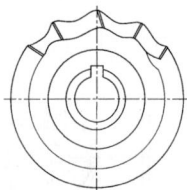 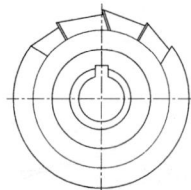

图 2.7.5　直齿三面刃铣刀　　　　　图 2.7.6　单角铣刀

（7）模具铣刀。

模具铣刀主要用于在立式铣床上加工模具型腔。按工作部分形状不同，模具铣刀可分为圆柱形球头铣刀（如图 2.7.7 所示）、圆锥形球头铣刀（如图 2.7.8 所示）和圆锥形立铣刀（如图 2.7.9 所示）三种形式。在前两种铣刀的圆柱面、圆锥面和球面上的切削刃均为主切削刃，铣削时不仅能沿铣刀轴向做进给运动，也能沿铣刀径向做进给运动，而且球头与工件接触往往为一点，这样在数控铣床的控制下，该铣刀就能加工出各种复杂的成型表面，所以其用途独特，很有发展前途。

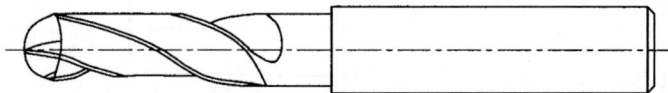

图 2.7.7　圆柱形球头铣刀

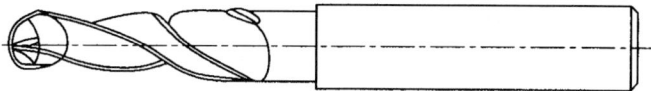

图 2.7.8　圆锥形球头铣刀

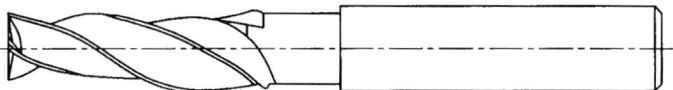

图 2.7.9　圆锥形立铣刀

圆锥形立铣刀的作用与立铣刀基本相同，只是该铣刀可以利用本身的圆锥体，方便地加工出模具型腔的拔模斜度。

（8）成型铣刀。

成型铣刀的切屑刃廓形是根据工件轮廓形状来设计的，其主要在通用铣床上用于工件形状复杂表面的加工，成型铣刀还可用来加工直沟和螺旋沟成型表面。使用成型铣刀加工可保证加工工件尺寸和形状的一致性，生产效率高，使用方便，目前广泛应用于生产加工中。常见的成型铣刀（如凸半圆铣刀和凹半圆铣刀）已有通用标准，但大部分成型铣刀属于专用刀具，需自行设计。

2.8　加工刀具的选择和切削用量的确定

加工刀具的选择和切削用量的确定是数控加工工艺中的重要内容，它不仅影响数控机床的加工效率，而且直接影响加工质量。CAD/CAM 技术的发展，使得在数控加工中直接利用 CAD 的设计数据成为可能，特别是微机与数控机床的连接，使得设计、工艺规划及编程的整个过程可以全部在计算机上完成，一般不需要输出专门的工艺文件。

现在，许多 CAD/CAM 软件包都提供自动编程功能，这些软件一般是在编程界面中提示工艺规划的有关问题，比如刀具选择、加工路径规划和切削用量设定等。编程人员只要设置了有关的参数，就可以自动生成 NC 程序并传输至数控机床完成加工。因此，数控加工中的刀具选择和切削用量的确定是在人机交互状态下完成的，这与普通机床加工形成鲜明的对比，同时也要求编程人员必须掌握刀具选择和切削用量确定的基本原则，在编程时充分考虑数控加工的特点。

2.8.1　数控加工常用刀具的种类及特点

数控加工刀具必须适应数控机床高速、高效和自动化程度高的特点，一般应包括通用刀具、通用连接刀柄及少量专用刀柄。刀柄要连接刀具并装在机床动力头上，因此已逐渐标准化和系列化。数控刀具的分类有多种方法。根据切削工艺可分为：车削刀具（分外圆、内孔、螺纹和切割刀具等多种）、钻削刀具（包括钻头、铰刀和丝锥等）、镗削刀具、铣削刀具等。根据刀具结构可分为：整体式、镶嵌式、采用焊接和机夹式连接，机夹式又可分为不转位和可转位两种。根据制造刀具所用的材料可分为：高速钢刀具、硬质合金刀具、金刚石刀具及其他材料刀具（如陶瓷刀具、立方氮化硼刀具等）。为了适应数控机床对刀具耐用、稳定、易调、可换等的要求，近几年机夹式可转位刀具得到了广泛的应用，在数量上达到全部数控刀具的 30%～40%，金属切削量占总数的 80%～90%。

数控刀具与普通机床上所用的刀具相比，有许多不同的要求，主要有以下特点。

- 刚性好、精度高、抗振及热变形小。
- 互换性好，便于快速换刀。
- 寿命高，切削性能稳定、可靠。
- 刀具的尺寸便于调整，以减少换刀调整时间。
- 刀具应能可靠地断屑或卷屑，以利于切屑的排除。
- 系列化、标准化，以利于编程和刀具管理。

2.8.2 数控加工刀具的材料

刀具材料对刀具使用寿命、加工效率、加工质量和加工成本都有很大影响，因此需要合理选择刀具材料。常用的刀具材料主要包括以下几种。

（1）高速钢。

高速钢全称高速合金工具钢，也称为白钢，19 世纪研制而成。高速钢是含有较多钨、钼、铬、钒等元素的高合金工具钢。其具有较高的硬度（热处理硬度达 HRC62-67）和耐热性（切削温度可达 550℃～600℃），切削速度比碳素工具钢和合金工具钢高 1～3 倍，刀具耐用度高 10～40 倍，甚至更多，可以加工从有色金属到高温合金的范围广泛的材料。

（2）硬质合金。

硬质合金是用高耐热性和高耐磨性的金属碳化物（碳化钨、碳化铁、碳化钽、碳化铌等）与金属粘结剂（钴、镍、钼等）在高温下烧结而成的粉末冶金制品。常用的硬质合金有钨、钴（YG）类、钨钛钴（YT）类和通用硬质合金（YW）类 3 类。

钨钴类硬质合金（YG）类：主要由碳化钨和钴组成，抗弯强度和冲击韧性比较好，不易崩刃，很适宜切削切屑呈崩碎状的铸铁等脆性材料。YG 类硬质合金的刃磨性好，刃口可以磨得比较锋利，故切削有色金属及合金的效果也较好。

钨钛钴硬质合金（YT）类：主要由碳化钨、碳化钛和钴组成。由于 YT 类硬质合金的抗弯强度和冲击韧性比较差，主要用于切削一般呈带状的普通碳钢及合金钢等塑性材料。

钨钛钽（铌）类硬质合金（YW）类：在普通硬质合金中加入了碳化钽或碳化铌从而提高了硬质合金的韧性和耐热性，使其具有较好的综合切削性能，主要用于不锈钢、耐热钢、高锰钢的加工，也适用于普通碳钢和铸铁的加工，因此被称为通用型硬质合金。

（3）陶瓷材料。

陶瓷材料是以氧化铝为主要成分，经压制成型后烧结而成的一种刀具材料。它的硬度可达 HRA91-95，在 1200℃的切削温度下仍可保持 HRA80 的硬度。另外，它的化学惰性大、摩擦系数小、耐磨性好，加工钢件时的寿命为硬质合金的 10～12 倍。其最大缺点是脆性大，抗弯强度和冲击韧性低。因此，主要用于半精加工和精加工高硬度、高强度钢和冷硬铸铁等材料。常用的陶瓷刀具材料有氧化铝、复合氧化铝以及复合氧化硅等。

（4）人造金刚石。

人造金刚石是通过合金触媒的作用，在高温高压下由石墨转化而成。人造金刚石具有极高的硬度（显微硬度可达 HV10000）和耐磨性，其摩擦系数小，切削刃可以做得非常锋利。因此，用人造金刚石做刀具可以获得很高的加工表面质量，多用于在高速下精细车削或镗削有色金属及非金属材料。尤其是用它切削加工硬质合金、陶瓷、高硅铝合金及耐磨塑料等高硬度、高耐磨性的材料时，具有很大的优越性。

2.8.3　数控加工刀具的选择

刀具的选择是在数控编程的人机交互状态下进行的。应根据机床的加工能力、加工工序、工件材料的性能、切削用量以及其他相关因素正确选用刀具和刀柄。刀具选择的总原则是：适用、安全和经济。适用是指要求所选择的刀具能达到加工的目的，完成材料的去除，并达到预定的加工精度。安全是指在有效去除材料的同时，不会产生刀具的碰撞和折断等，要保证刀具及刀柄不会与工件相碰撞或挤擦，造成刀具或工件的损坏。经济是指能以最小的成本完成加工。在同样可以完成加工的情形下，选择相对综合成本较低的方案，而不是选择最便宜的刀具；在满足加工要求的前提下，尽量选择较短的刀柄，以提高刀具加工的刚性。

选取刀具时，要使刀具的尺寸与被加工工件的表面尺寸相适应。生产中，平面零件周边轮廓的加工，常采用立铣刀；铣削平面时，应选硬质合金刀片铣刀；加工凸台、凹槽时，选用高速钢立铣刀；加工毛坯表面或粗加工孔时，可选取镶硬质合金刀片的玉米铣刀；对一些立体型面和变斜角轮廓外形的加工，常采用球头铣刀、环形铣刀、盘形铣刀和锥形铣刀。

在生产过程中，铣削零件周边轮廓时，常采用立铣刀，所用的立铣刀的刀具半径一定要小于零件内轮廓的最小曲率半径。一般取最小曲率半径的 0.8～0.9 倍即可。零件的加工高度（Z 方向的背吃刀量）最好不要超过刀具的半径。

平面铣削时，应选用不重磨硬质合金端铣刀、立铣刀或可转位面铣刀。一般采用二次进给，第一次进给最好用端铣刀粗铣，沿工件表面连续进给。选好每次进给的宽度和铣刀的直径，使接痕不影响精铣精度。因此，加工余量大且不均匀时，铣刀直径要选得小些。精加工时，一般用可转位密齿面铣刀，铣刀直径要选得大些，最好能够包容加工面的整个宽度，可以设置 6～8 个刀齿，密布的刀齿使进给速度大大提高，从而提高切削效率，同时可以达到理想的表面加工质量，甚至可以实现以铣代磨。

加工凸台、凹槽和箱口面时，选取高速钢立铣刀、镶硬质合金刀片的端铣刀和立铣刀。在加工凹槽时应采用直径比槽宽小的铣刀，先铣槽的中间部分，然后再利用刀具半径补偿（或称直径补偿）功能对槽的两边进行铣加工，这样可以提高槽宽的加工精度，减少铣刀的种类。

加工毛坯表面时，最好选用硬质合金波纹立铣刀，它在机床、刀具和工件系统允许的情况下，可以进行强力切削。对一些立体型面和变斜角轮廓外形的加工，常采用球头铣刀、锥形铣刀和盘形铣刀。加工孔时，应该先用中心钻刀打中心孔，用以引正钻头。然后再用较小的钻头钻孔至所需深度，之后用扩孔钻头进行扩孔，最后加工至所需尺寸并保证孔的精度。在加工较深的孔时，特别要注意钻头的冷却和排屑问题，可以利用深孔钻削循环指令 G83 进行编程，即让钻头攻进一段后，快速退出工件进行排屑和冷却；再攻进，再进行冷却和排屑，循环直至孔深钻削完成。

在进行自由曲面加工时，由于球头刀具的端部切削速度为零，因此，为保证加工精度，切削行距一般取得很密，故球头常用于曲面的精加工。而平头刀具在表面加工质量和切削效率方面都优于球头刀，因此只要在保证不过切的前提下，无论是曲面的粗加工还是精加工，都应优先选择平头刀。另外，刀具的耐用度和精度与刀具价格关系极大，必须引起注意的是，在大多数情况下，虽然选择好的刀具增加了刀具成本，但由此带来的加工质量和加工效率的提高，则可以使整个加工成本大大降低。

在加工中心上，各种刀具分别装在刀库上，按程序规定随时进行选刀和换刀动作。因此必须采用标准刀柄，以便使钻、镗、扩、铣等工序用的标准刀具迅速、准确地装到机床主轴或刀库中去。编程人员应了解机床上所用刀柄的结构尺寸、调整方法以及调整范围，以便在编程时确定刀具的径向和轴向尺寸。目前我国的加工中心采用 TSG 工具系统，其刀柄分为直柄（三种规格）和锥柄（四种规格）两类，共包括十六种不同用途的刀柄。

在经济型数控加工中，由于刀具的刃磨、测量和更换多为人工手动进行，占用辅助时间较长，因此必须合理安排刀具的排列顺序。一般应遵循以下原则：尽量减少刀具数量；一把刀具装夹后，应完成其所能进行的所有加工；粗精加工的刀具应分开使用，即使是相同尺寸规格的刀具；先铣后钻；先进行曲面精加工，后进行二维轮廓精加工；在可能的情况下，应尽可能利用数控机床的自动换刀功能，以提高生产效率等。

2.8.4 切削用量的确定

合理选择切削用量的原则如下：粗加工时，一般以提高生产率为主，但也应考虑经济性和加工成本；半精加工和精加工时，应在保证加工质量的前提下，兼顾切削效率、经济性和加工成本。具体数值应根据机床说明书和切削用量手册，并结合经验而定。

1. 背吃刀量 a_p

背吃刀量 a_p 也称为切削深度，在机床、工件和刀具刚度允许的情况下，其就等于加工余量，这是提高生产率的一个有效措施。为了保证零件的加工精度和表面粗糙度，一般应留一定的余量进行精加工。数控机床的精加工余量可略小于普通机床。

2. 切削宽度 L

切削宽度称为步距，一般切削宽度 L 与刀具直径 D 成正比，与背吃刀量成反比。在经济型数控加工中，一般 L 的取值范围为 $L=(0.6\sim0.9)D$。在粗加工中，大步距有利于加工效率的提高。使用圆鼻刀进行加工，实际参与加工的部分是刀具直径扣除刀尖的圆角部分，即实际加工宽度 $d=D–2r$（D 为刀具直径，r 为刀尖圆角半径），L 可以取$(0.8\sim0.9)d$。使用球头刀进行精加工时，步距的确定应首先考虑所能达到的精度和表面粗糙度。

3. 切削线速度 v_c

切削线速度 v_c，单位为 m/min。提高 v_c 值也是提高生产率的一个有效措施，但 v_c 与刀具寿命的关系比较密切。随着 v_c 的增大，刀具寿命急剧下降，故 v_c 的选择主要取决于刀具寿命。另外，切削速度与加工材料也有很大关系，例如用立铣刀铣削合金钢30CrNi2MoVA 时，v_c 可采用 8m/min 左右；而用同样的立铣刀铣削铝合金时，v_c 可选200m/min 以上。一般好的刀具供应商都会在其手册或刀具说明书中提供刀具的切削速度推荐参数 v_c。

此外，在确定精加工、半精加工的切削速度时，应注意避开积屑瘤和鳞刺产生的区域；在易发生振动的情况下，切削速度应避开自激振动的临界速度；在加工带硬皮的铸锻件时或加工大件、细长件和薄壁件，以及断切削时，应选用较低的切削速度。

4. 主轴转速 n

主轴转速的单位是 r/min，一般应根据切削速度 v_c，刀具或工件直径来选定。计算公式为

$$n = \frac{1000v_c}{\pi D_c}$$

式中，D_c 是刀具直径，单位为 mm。在使用球头铣刀时要做一些调整，球头铣刀的计算直径 D_{eff} 要小于铣刀直径 D_c，故其实际转速不应按铣刀直径 D_c 计算，而应按计算直径 D_{eff} 计算。

$$D_{eff} = \left[D_c^2 - (D_c - 2t)^2 \right] \times 0.5$$

$$n = \frac{1000v_c}{\pi D_{eff}}$$

数控机床的控制面板上一般备有主轴转速修调（倍率）开关，可在加工过程中对主轴转速进行整倍数调整。

5. 进给速度 v_f

进给速度 v_f 是指机床工作台在做插位时的进给速度，单位为 mm/min。v_f 应根据零件的加工精度和表面粗糙度要求以及刀具和工件材料来选择。v_f 的增加可以提高生产效率，但是刀具寿命也会降低。加工表面粗糙度要求低时，v_f 可选择得大些。在加工过程中，v_f 也可通过机床控制面板上的修调开关进行人工调整，但是最大进给速度要受到设备刚度和进给系统性能等的限制。进给速度可以按以下公式进行计算：

$$v_f = nzf_z$$

式中，v_f 是工作台进给速度，单位为 mm/min；n 表示主轴转速，单位为 r/min；z 表示刀具齿数；f_z 表示进给量，单位为 mm/齿，f_z 值由刀具供应商提供。

在数控编程中，还应考虑在不同情形下选择不同的进给速度。如在初始切削进给时，特别是在 Z 轴下刀时，因为进行端铣，受力较大，同时考虑程序的安全性问题，所以应以相对较慢的速度进给。

随着数控机床在实际生产中的广泛应用，数控编程已经成为数控加工中的关键问题之一。在数控加工程序的编制过程中，要在人机交互状态下及时选择刀具、确定切削用量。因此，编程人员必须熟悉刀具的选择方法和切削用量的确定原则，从而保证零件的加工质量和加工效率，充分发挥数控机床的优点，提高企业的经济效益和生产水平。

2.9　高度与安全高度

安全高度是为了避免刀具碰撞工件或夹具而设定的高度，即在主轴方向上的偏移值。在铣削过程中，如果刀具需要转移位置，将会退到这一高度，然后再进行 G00 插补到下一个进刀位置。一般情况下这个高度应大于零件的最大高度（即高于零件的最高表面）。起止高度是指在程序开始时，刀具将先到达这一高度，同时在程序结束后，刀具也将退回到这一高度。起止高度大于或等于安全高度，如图 2.9.1 所示。

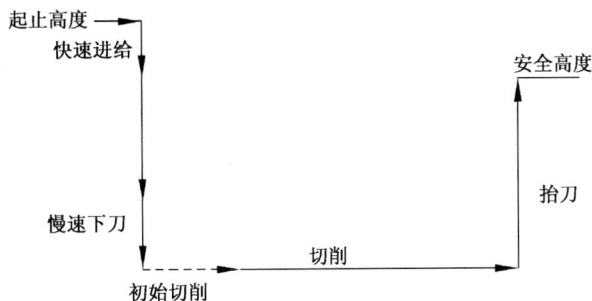

图 2.9.1　起止高度与安全高度示意图

　　刀具从起止高度到接近工件开始切削，需要经过快速进给和慢速下刀两个过程。刀具先以 G00 快速进给到指定位置，然后慢速下刀到加工位置。如果刀具不是经过先快速再慢速的过程接近工件，而是以 G00 的速度直接下刀到加工位置，这样就很不安全。因为假使该加工位置在工件内或工件上，在采用垂直下刀方式的情况下，刀具很容易与工件相碰，这在数控加工中是不允许的。即使是在空的位置下刀，如果不采用先快后慢的方式下刀，由于惯性的作用也很难保证下刀所到位置的准确性。但是慢速下刀的距离不宜取得太大，因为此时的速度往往比较慢，太长的慢速下刀距离将影响加工效率。

　　在加工过程中，当刀具在两点间移动而不切削时，如果设定为抬刀，刀具将先提高到安全高度平面，再在此平面上移动到下一点，这样虽然延长了加工时间，但比较安全。特别是在进行分区加工时，可以防止两区域之间有高于刀具移动路线的部分与刀具碰撞事故的发生。一般来说，在进行大面积粗加工时，通常建议使用抬刀，以便在加工时可以暂停，对刀具进行检查；在精加工或局部加工时，通常使用不抬刀以提高加工速度。

2.10　走刀路线的选择

　　在数控加工中，刀具（严格说是刀位点）相对于工件的运动轨迹和方向称为加工路线，即刀具从对刀点开始运动起，直至结束加工程序所经过的路径，包括切削加工的路径及刀具引入、返回等非切削空行程。走刀路线是刀具在整个加工工序中相对于工件的运动轨迹，不但包括了工序的内容，而且也反映出工序的顺序。走刀路线是编写程序的依据之一。确定加工路线时首先必须保证被加工零件的尺寸精度和表面质量，其次应考虑数值计算简单、走刀路线尽量短、效率较高等。

　　工序顺序是指同一道工序中各个表面加工的先后次序。工序顺序对零件的加工质量、加工效率和数控加工中的走刀路线有直接影响，应根据零件的结构特点和工序的加工要求等合理安排。工序的划分与安排一般可随走刀路线来进行，在确定走刀路线时，主要考虑以下几点。

（1）对点位加工的数控机床，如钻床、镗床，要考虑尽可能使走刀路线最短，减少刀具空行程时间，提高加工效率。

如图 2.10.1a 所示，按照一般习惯，总是先加工均布于外圆周上的八个孔，再加工内圆周上的四个孔。但是对点位控制的数控机床而言，要求定位精度高，定位过程应该尽可能快，因此这类机床应按空程最短来安排走刀路线，以节省时间，如图 2.10.1b 所示。

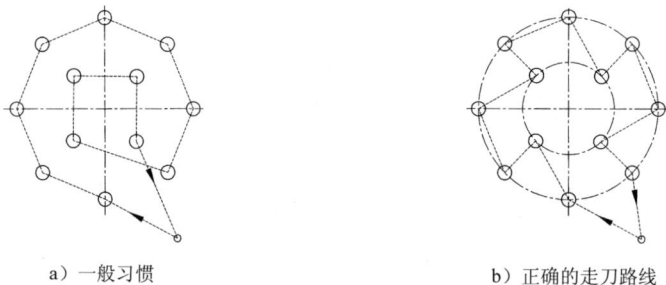

a）一般习惯   b）正确的走刀路线

图 2.10.1 走刀路线示意图

（2）应能保证零件的加工精度和表面粗糙度要求。

当铣削零件外轮廓时，一般采用立铣刀侧刃切削。刀具切入工件时，应沿外轮廓曲线延长线的切向切入，避免沿零件外轮廓的法向切入，以免在切入处产生刀具的刻痕而影响表面质量，保证零件外轮廓曲线平滑过渡。同理，在切离工件时，应该沿零件轮廓延长线的切向逐渐切离工件，避免在工件的轮廓处直接退刀影响表面质量，如图 2.10.2 所示。

铣削封闭的内轮廓表面时，如果内轮廓曲线允许外延，则应沿切线方向切入或切出。若内轮廓曲线不允许外延，则刀具只能沿内轮廓曲线的法向切入或切出，此时刀具的切入切出点应尽量选在内轮廓曲线两几何元素的交点处。若内部几何元素相切无交点时，刀具切入切出点应远离拐角，以防刀补取消时在轮廓拐角处留下凹口，如图 2.10.3 所示。

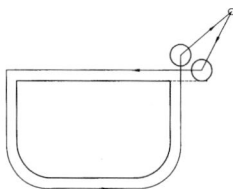

图 2.10.2 外轮廓铣削走刀路线   图 2.10.3 内轮廓铣削走刀路线

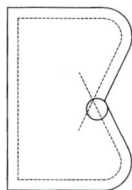

对于边界敞开的曲面加工，可采用两种走刀路线。第一种走刀路线如图 2.10.4a 所示，每次沿直线加工，刀位点计算简单，程序少，加工过程符合直纹面的形成，以保证母线的直线度。第二种走刀路线如图 2.10.4b 所示，便于加工后检验，曲面的准确度较高，但程序较多。由于曲面零件的边界是敞开的，没有其他表面限制，所以边界曲面可以延伸，球

头铣刀应由边界外开始加工。

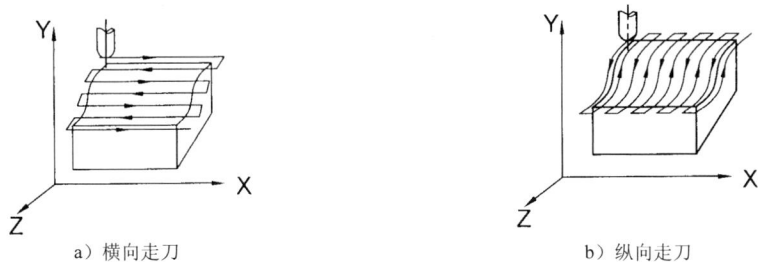

图 2.10.4　曲面铣削走刀路线

图 2.10.5a、b 所示分别为用行切法加工和环切法加工凹槽的走刀路线，而图 2.10.5c 为先用行切法，最后环切一刀光整轮廓表面的走刀路线。所谓行切法是指刀具与零件轮廓的切点轨迹是一行一行的，而行间的距离是按零件加工精度的要求确定的；环切法则是指刀具与零件轮廓的切点轨迹是一圈一圈的。图 2.10.5 三种方案中，图 2.10.5a 所示方案在周边留有大量的残余，表面质量最差；图 2.10.5b 所示方案和图 2.10.5c 所示方案都能保证精度，但图 2.10.5b 所示方案走刀路线稍长，程序计算量大。

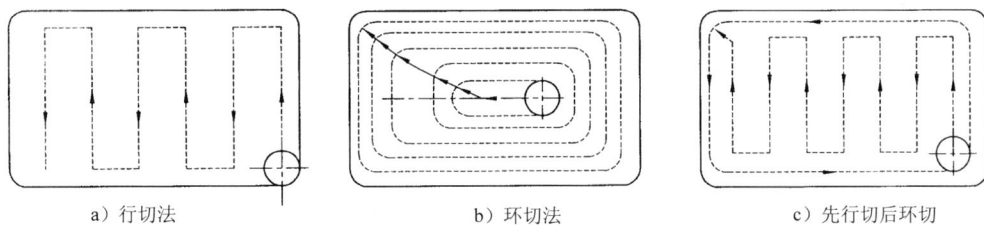

图 2.10.5　凹槽的走刀路线

此外，轮廓加工中应避免进给停顿。因为加工过程中的切削力会使工艺系统产生弹性变形并处于相对平衡状态，进给停顿时，切削力突然减小会改变系统的平衡状态，刀具会在进给停顿处的零件轮廓上留下刻痕。为提高工件表面的精度和减小表面粗糙度，可以采用多次走刀的方法，精加工余量一般以 0.2～0.5mm 为宜。而且精铣时宜采用顺铣，以减小零件被加工表面粗糙度的值。

2.11　对刀点与换刀点的选择

"对刀点"是数控加工时刀具相对零件运动的起点，又称"起刀点"，也是程序的开始。在加工时，工件可以在机床加工尺寸范围内任意安装，要正确执行加工程序，必须确定工件在机床坐标系的确切位置。确定对刀点的位置，也就确定了机床坐标系和零件坐标系之间的相互位置关系。对刀点是工件在机床上定位装夹后，再设置在工件坐标系中的。

对于数控车床、加工中心等多刀具加工的数控机床，在加工过程中需要进行换刀，所以在编程时应考虑不同工序之间的换刀位置，即"换刀点"。换刀点应选择在工件的外部，避免换刀时刀具与工件及夹具发生干涉，损坏刀具或工件。

对刀点的选择原则，主要是考虑对刀方便，对刀误差小，编程方便，加工时检查方便、可靠。对刀点的设置没有严格规定，可以设置在工件上，也可以设置在夹具上，但在编程坐标系中必须有确定的位置，如图 2.11.1 所示的 X_1 和 Y_1。对刀点既可以与编程原点重合，也可以不重合，主要取决于加工精度和对刀的方便性。当对刀点与编程原点重合时，$X_1=0$，$Y_1=0$。

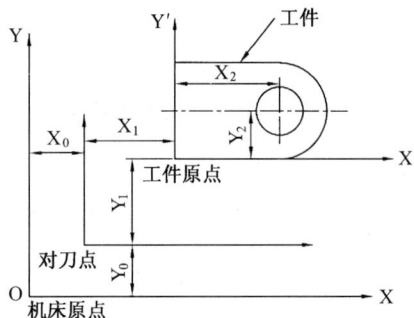

图 2.11.1　对刀点选择示意图

为了提高零件的加工精度，对刀点要尽可能选择在零件的设计基准或工艺基准上。例如，零件上孔的中心点或两条相互垂直的轮廓边的交点都可以作为对刀点，有时零件上没有合适的部位，可以加工出工艺孔来对刀。生产中常用的对刀工具有百分表、中心规和寻边器等，对刀操作一定要仔细，对刀方法一定要与零件的加工精度相适应。

2.12　数控加工的补偿

在二十世纪六七十年代的数控加工中没有补偿的概念，所以编程人员不得不围绕刀具的理论路线和实际路线的相对关系来进行编程，容易产生错误。补偿的概念出现以后，大大地提高了编程的工作效率。

在数控加工中有刀具半径补偿、刀具长度补偿和夹具补偿。这三种补偿基本上能解决在加工中因刀具形状而产生的轨迹问题。下面简单介绍一下这三种补偿在一般加工编程中的应用。

2.12.1　刀具半径补偿

在数控机床进行轮廓加工时，由于刀具有一定的半径（如铣刀半径），因此在加工时，刀具中心的运动轨迹必须偏离实际零件轮廓一个刀具半径值，否则实际需要的尺寸将与加工出的零件尺寸相差一个刀具半径值或一个刀具直径值。此外，在零件加工时，有时还需要考虑加工余量和刀具磨损等因素的影响。有了刀具半径补偿后，在编程时就可以不考虑太多刀具的直径大小了。刀具半径补偿一般只用于铣刀类刀具，当铣刀在内轮廓加工时，刀具中心向零件内偏离一个刀具半径值；在外轮廓加工时，刀具中心向零件外偏离一个刀具半径值。当数控机床具备刀具半径补偿功能时，数控编程只需按工件轮廓进行，然后再加上刀具半径补偿值，此值可以在机床上设定。程序中通常使用 G41/G42 指令来执行，其中 G41 为刀具半径左补偿，G42 为刀具半径右补偿。根据 ISO 标准，沿刀具前进方向看去，当刀具中心轨迹位于零件轮廓右边时，称为刀具半径右补偿；反之，称为刀具半径左补偿。

在使用 G41/G42 进行半径补偿时，应采取如下步骤：设置刀具半径补偿值；让刀具移动来使补偿有效（此时不能切削工件）；正确地取消半径补偿（此时也不能切削工件）。当然要注意的是，在切削完成而刀具补偿结束时，一定要用 G40 使补偿无效。G40 的使用同样遇到和使补偿有效相同的问题，一定要等刀具完全切削完毕并安全地退出工件后，才能执行 G40 命令来取消补偿。

2.12.2　刀具长度补偿

根据加工情况，有时不仅需要对刀具半径进行补偿，还要对刀具长度进行补偿。程序员在编程的时候，首先要指定零件的编程中心，然后才能建立工件编程的坐标系，而此坐标系只是一个工件坐标系，零点一般在工件上。长度补偿只是和 Z 坐标有关，因为刀具由主轴锥孔定位而不改变，对于 Z 坐标的零点就不一样了。每一把刀的长度都是不同的，例如，要钻一个深为 60mm 的孔，然后攻螺纹长度为 55mm，分别用一把长为 250mm 的钻头和一把长为 350mm 的丝锥。先用钻头钻深 60mm 的孔，此时机床已经设定了工件零点。当换上丝锥攻螺纹时，如果两把刀都设定从零点开始加工，丝锥因为比钻头长而攻螺纹过长，会损坏刀具和工件。这时就需要进行刀具长度补偿，铣刀的长度补偿与控制点有关。一般用一把标准刀具的刀头作为控制点，则该刀具称为零长度刀具。长度补偿的值等于所换刀具与零长度刀具的长度差。另外，当把刀具长度的测量基准面作为控制点，则刀具长度补偿始终存在。无论用哪一把刀具都要进行刀具的绝对长度补偿。

在进行刀具长度补偿前，必须先进行刀具参数的设置。设置的方法有机内试切法、机内对刀法和机外对刀法。对数控车床来说，一般采用机内试切法和机内对刀法。对数控铣床而言，采用机外对刀法为宜。不管采用哪种方法，所获得的数据都必须通过手动输入数据方式将刀具参数输入到数控系统的刀具参数表中。

程序中通常使用指令 G43/G44 和 H3 来执行刀具长度补偿。使用指令 G49 可以取消刀具长度补偿，其实不必使用这个指令，因为每把刀具都有自己的长度补偿。当换刀时，利用 G43/G44 和 H3 指令同样可以赋予刀具自身刀长补偿而自动取消前一把刀具的长度补偿。在加工中心上，刀具长度补偿的使用，一般是将刀具长度数据输入到机床的刀具数据表中，当机床调用刀具时，自动进行长度的补偿。刀具的长度补偿值也可以在设置机床工作坐标系时进行补偿。

2.12.3　夹具偏置补偿

刀具半径补偿和刀具长度补偿一样，让编程人员可以不用考虑刀具的长短和大小，夹具偏置补偿可以让编程人员不考虑工件夹具的位置。当用加工中心加工小型工件时，工装上一次可以装夹几个工件，编程人员可以不用考虑每一个工件在编程时的坐标零点，而只需按照各自的编程零点进行编程，然后使用夹具偏置来移动机床在每一个工件上的编程零点。夹具偏置是使用夹具偏置指令 G54～G59 来执行或使用 G92 指令设定坐标系。当一个工件加工完成之后，加工下一个工件时使用 G92 来重新设定新的工件坐标系。

上述三种补偿是在数控加工中常用的，它给编程和加工带来很大的方便，能大大地提高工作效率。

2.13　轮廓控制

在数控编程中，有时候需要通过轮廓来限制加工范围，而某些刀轨的生成中，轮廓是必不可少的因素，缺少轮廓将无法生成刀路轨迹。轮廓线需要设定其偏置补偿的方向，对于轮廓线会有三种参数选择，即刀具在轮廓上、轮廓内或轮廓外。

（1）刀具在轮廓上：刀具中心线始终完全处于轮廓上，如图 2.13.1a 所示。

（2）刀具在轮廓内：刀具中心线与轮廓边，相差一个刀具半径，如图 2.13.1b 所示。

（3）刀具在轮廓外：刀具完全越过轮廓线，超过轮廓线一个刀具半径，如图 2.13.1c 所示。

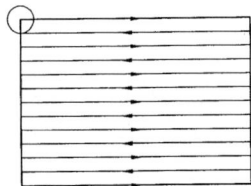

a）刀具在轮廓上　　　　　　　b）刀具在轮廓内　　　　　　　c）刀具在轮廓外

图 2.13.1　轮廓控制

2.14　顺铣与逆铣

在加工过程中，铣刀的进给方向有两种，即顺铣和逆铣。对着刀具的进给方向看，如果工件位于铣刀进给方向的左侧，则进给方向称为顺时针，当铣刀旋转方向与工件进给方向相同，即为顺铣，如图 2.14.1a 所示。如果工件位于铣刀进给方向的右侧时，则进给方向定义为逆时针，当铣刀旋转方向与工件进给方向相反，即为逆铣，如图 2.14.1b 所示。顺铣时，刀齿开始和工件接触时切削厚度最大，且从表面硬质层开始切入，刀齿受到很大的冲击载荷，铣刀变钝较快，刀齿切入过程中没有滑移现象。逆铣时，切削由薄变厚，刀齿从已加工表面切入，对铣刀的磨损较小。逆铣时，铣刀刀齿接触工件后不能马上切入金属层，而是在工件表面滑动一小段距离，且在滑动过程中，由于强烈的摩擦产生大量的热量，同时在待加工表面易形成硬化层，降低了刀具的耐用度，影响工件表面粗糙度，给切削带来不利因素。因此一般情况下应尽量采用顺铣加工，以降低被加工零件表面粗糙度，保证尺寸精度，并且顺铣的功耗要比逆铣小，在同等切削条件下，顺铣功耗比逆铣功耗要低 5%～15%，同时顺铣也更有利于排屑。但是在切削面上有硬质层、积渣以及工件表面凹凸不平较显著的情况下，应采用逆铣法，例如加工锻造毛坯。

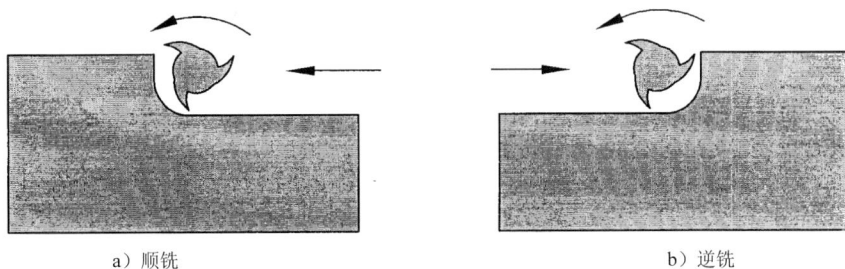

a）顺铣　　　　　　　　　　　　　　　　b）逆铣

图 2.14.1　顺铣和逆铣示意图

2.15　切削液

合理地选用切削液，可以带走大量的切屑，降低切削温度，减少刀具磨损，抑制积屑瘤和鳞刺产生，降低功耗，提高加工表面的质量。因而合理选用切削液是提高金属切削效率既经济又简单的一种方法。

切削液主要有润滑、冷却、清洗和防锈作用；切削液主要可分为水溶液、乳化液和切削油三大类；另外切削液开关在数控编程中可以自动设定，对自动换刀的数控加工中心，可以按需要开启切削液。

2.16　加工精度

机械加工精度是指零件加工后的实际几何参数（尺寸、形状及相互位置）与理想几何参数符合的程度，符合程度越高，精度愈高。两者之间的差异即加工误差。加工误差是指加工后得到的零件实际几何参数偏离理想几何参数的程度（图 2.16.1），加工后的实际型面与理论型面之间存在着一定的误差。"加工精度"和"加工误差"是评定零件几何参数准确程度这一问题的两个方面。加工误差越小，则加工精度越高。实际生产中，加工精度的高低往往是以加工误差的大小来衡量的。在生产过程中，任何一种加工方法所能达到的加工精度和表面粗糙度都是有一定范围的，不可能也没必要把零件做得绝对准确，只要把这种加工误差控制在性能要求的允许（公差）范围之内即可，通常称之为"经济加工精度"。

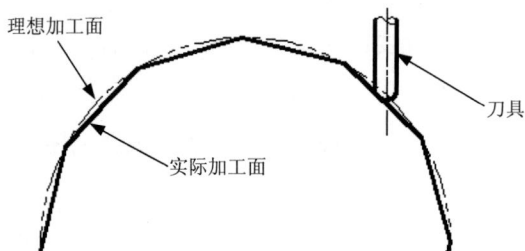

图 2.16.1　加工精度示意图

零件的加工精度包括尺寸精度、形状位置精度和表面粗糙度三个方面的内容。通常形状公差应限制在位置公差之内，而位置误差也应限制在尺寸公差之内。当尺寸精度高时，相应的位置精度、形状精度也高。但是当形状精度要求高时，相应的位置精度和尺寸精度不一定高，这需要根据零件加工的具体要求来决定。一般情况下，零件的加工精度越高，则加工成本相应地也越高，生产效率则会相应地越低。

数控加工的特点之一就是具有较高的加工精度，因此对于数控加工的误差必须加以严格控制，以达到加工要求。首先要了解在数控加工中可能造成加工误差的因素及其影响规律。

由机床、夹具、刀具和工件组成的机械加工工艺系统（简称工艺系统）会有各种各样的误差产生，这些误差在各种不同的具体工作条件下都会以各种不同的方式（或扩大或缩小）反映为工件的加工误差。工艺系统的原始误差主要有工艺系统的原理误差、几何误差、调整误差、装夹误差、测量误差、夹具的制造误差与磨损、机床的制造误差、安装误差及磨损、工艺系统的受力变形引起的加工误差、工艺系统的受热变形引起的加工误差以及工件内应力重新分布引起的变形等。

在交互图形自动编程中，一般仅考虑两个主要误差：插补计算误差和残余高度。

刀轨是由圆弧和直线组成的线段集合近似地取代刀具的理想运动轨迹，两者之间存在着一定的误差，称为插补计算误差。插补计算误差是刀轨计算误差的主要组成部分，它与插补周期成正比，插补周期越大，插补计算误差越大。一般情况下，在 CAM 软件上通过设置公差带来控制插补计算误差，即实际刀轨相对理想刀轨的偏差不超过公差带的范围。

残余高度是指在数控加工中相邻刀轨间所残留的未加工区域的高度，它的大小决定了所加工表面的表面粗糙度，同时决定了后续的抛光工作量，是评价加工质量的一个重要指标。在利用 CAM 软件进行数控编程时，对残余高度的控制是刀轨行距计算的主要依据。在控制残余高度的前提下，以最大的行间距生成数控刀轨是高效率数控加工所追求的目标。

第二篇
数控工程师必备的
UG NX 知识

3

UG NX 概述和安装

3.1 UG NX 软件的特点

UG NX 8.5 系统在数字化产品的开发设计领域具有以下几大特点。

● 创新性的用户界面将高端功能与易用性和易学性相结合。

UG NX 8.5 建立在 UG NX 5.0 中引入的基于角色的用户界面基础之上，把此方法的覆盖范围扩展到整个应用程序，以确保在核心产品领域里的一致性。

为了提供一个能够随着用户技能水平增长而成长并且保持用户效率的系统，UG NX 8.5 以可定制的、可移动弹出的工具条为特征。移动弹出工具条减少了用户的鼠标移动，并且使其能够把他们常用的功能集成到由简单操作过程所控制的动作之中。

● 完整统一的全流程解决方案。

UG 产品开发解决方案完全受益于 Teamcenter 的工程数据和过程管理功能。通过 UG NX 8.5，进一步扩展了 UG 和 Teamcenter 之间的集成。利用 UG NX 8.5，能够在 UG 中查看来自 Teamcenter Product Structure Editor（产品结构编辑器）的更多数据，为用户提供了关于结构以及相关数据更加全面的表示。

UG NX 8.5 系统无缝集成的应用程序能快速传递产品和工艺信息的变更，从概念设计到产品的制造加工，可使用一套统一的方案把产品开发流程中涉及的学科融合到一起。在 CAD 和 CAM 方面，大量吸收逆向软件 Imageware 的操作方式以及曲面方面的命令；在钣金设计等方面，吸收 SolidEdge 先进的操作方式；在 CAE 方面，增加 I-DEAS 的前后处理程序及 NX Nastran 求解器；同时 UG NX 8.5 使用户在产品开发过程中，在 UGS 先进的 PLM（产品生命周期管理）Teamcenter 环境的管理下，可以随时与系统进行数据交流。

● 可管理的开发环境。

UG NX 8.5 系统可以通过 NX Manager 和 Teamcenter 工具把所有的模型数据进行紧密集成，并实施同步管理，进而实现在一个结构化的协同环境中转换产品的开发流程。UG NX 8.5 采用的可管理的开发环境，增强了产品开发应用程序的性能。

Teamcenter 项目支持。利用 UG NX 8.5，用户能够在创建或保存文件时分配项目数据（既可以是单一项目，也可以是多个项目）。扩展的 Teamcenter 导航器，使用户能够立即把 Project（项目）分配到多个条目（Item）。可以过滤 Teamcenter 导航器，以便只显示基于 Project 的对象，使用户能够清楚了解整个设计的内容。

● 知识驱动的自动化。

使用 UG NX 8.5 系统，用户可以在产品开发的过程中获取产品及其设计制造过程的信息，并将其重新用到开发过程中，以实现产品开发流程的自动化，最大程度地重复利用知识。

● 数字化仿真、验证和优化。

利用 UG NX 8.5 系统中的数字化仿真、验证和优化工具，可以减少产品的开发费用，实现产品开发的一次成功。用户在产品开发流程的每一个阶段，通过使用数字化仿真技术，核对概念设计与功能要求的差异，以确保产品的质量、性能和可制造性符合设计标准。

● 系统的建模能力。

UG NX 8.5 基于系统的建模，允许在产品概念设计阶段快速创建多个设计方案并进行评估，特别是对于复杂的产品，利用这些方案能有效地管理产品零部件之间的关系。在开发过程中还可以创建高级别的系统模板，在系统和部件之间建立关联的设计参数。

3.2 UG NX 的安装

3.2.1 安装要求

1. 硬件要求

UG NX 8.5 软件系统可在工作站（Workstation）或个人计算机（PC）上运行，如果安装在个人计算机上，为了保证软件安全和正常使用，对计算机硬件的要求如下：

● CPU 芯片：一般要求 Pentium 3 以上，推荐使用 Intel 公司生产的 Pentium 4/1.3GHz 以上的芯片。

● 内存：一般要求为 256MB 以上。如果要装配大型部件或产品，进行结构、运动仿真分析或产生数控加工程序，则建议使用 1024MB 以上的内存。

● 显卡：一般要求支持 Open GL 的 3D 显卡，分辨率为 1024×768 以上，推荐使用

64MB 以上的显卡。如果显卡性能太低，打开软件后，其会自动退出。

- 网卡：以太网卡。
- 硬盘：安装 UG NX 8.5 软件系统的基本模块，需要 3.5GB 左右的硬盘空间，考虑到软件启动后虚拟内存及获取联机帮助的需要，建议在硬盘上准备 4.2GB 以上的空间。
- 鼠标：强烈建议使用三键（带滚轮）鼠标，如果使用二键鼠标或不带滚轮的三键鼠标，会极大地影响工作效率。
- 显示器：一般要求使用 15in 以上的显示器。
- 键盘：标准键盘。

2. 操作系统要求

- 操作系统：Windows 2000 以上的 Workstation 或 Server 版均可，要求安装 SP3（Windows 补丁）以上版本，XP 系统要求安装 SP1 以上版本。对于 UNIX 系统，要求 HP-UX（64bit）的 11 版、Sun Solaris（64bit）的 Solaris 8 2/02、IBM AIX 4.3.3、Maintenance Lecel 8 和 SGI IRIX 的 6.5.11。
- 硬盘格式：建议 NTFS 格式，FAT 也可。
- 网络协议：TCP/IP 协议。
- 显卡驱动程序：分辨率为 1024×768 以上，真彩色。

3.2.2　UG NX 安装前的准备

1. 安装前的计算机设置

为了更好地使用 UG NX 8.5，在软件安装前需要对计算机系统进行设置，主要是操作系统的虚拟内存设置。设置虚拟内存的目的是为软件系统进行几何运算预留临时存储数据的空间。各类操作系统的设置方法基本相同，下面以 Windows XP Professional 操作系统为例说明设置过程。

Step 1　选择 Windows 的 开始 ➡ 设置(S) ➡ 控制面板(C) 命令。

Step 2　在"控制面板"窗口中双击 系统 图标。

Step 3　在"系统属性"对话框中单击 高级 选项卡，在 性能 区域中单击 设置(S) 按钮。

Step 4　在"性能选项"对话框中单击 高级 选项卡，在 虚拟内存 区域中单击 更改(C) 按钮。

Step 5　系统弹出"虚拟内存"对话框，可在 初始大小(MB)(I): 文本框中输入虚拟内存的最小值，在 最大值(MB)(X): 文本框中输入虚拟内存的最大值。虚拟内存的大小可根据计算机硬盘空间的大小进行设置，但初始大小至少要达到物理内存的 2 倍，最大值可达到物理内存的 4 倍以上。例如，用户计算机的物理内存为 256MB，初始值一般设置为 512MB，最大值可设置为 1024MB；如果装配大型部件或产品，建议将初始值设置为 1024MB，最大值设置为 2048MB。单击 设置(S) 和 确定 按钮后，计算机会提示用户重新启动计算机后设置才生效，然后一直单击 确定 按钮。重新启动计算机后，完成设置。

2. 查找计算机的名称

下面介绍查找计算机名称的操作。

Step 1 选择 Windows 的 ∅ 开始 ➡ ☑ 设置(S) ▶ ➡ ☑ 控制面板(C) 命令。

Step 2 在"控制面板"窗口中双击 ⚙ 系统 图标。

Step 3 在图 3.2.1 所示的"系统属性"对话框中单击 计算机名 选项卡，即可看到在 完整的计算机名称: 位置显示出当前计算机的名称。

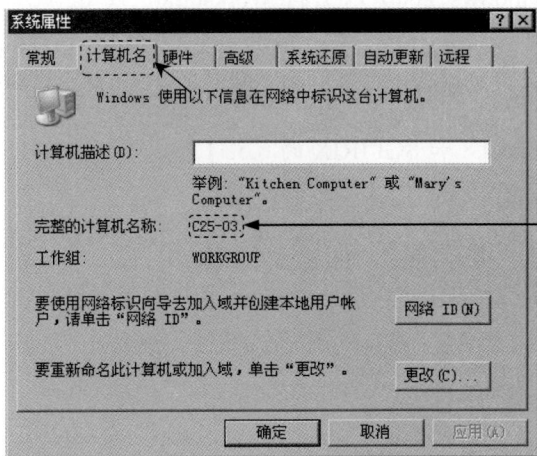

图 3.2.1　"系统属性"对话框

3.2.3　UG NX 安装的一般过程

Stage1．在服务器上准备好许可证文件

Step 1 首先将合法获得的 UG NX 8.5 许可证文件 NX8.5.lic 复制到计算机中的某个位置，例如 C:\ug85nc\NX8.5.lic。

Step 2 修改许可证文件并保存，如图 3.2.2 所示。

Stage2．安装许可证管理模块

Step 1 将 UG NX 8.5 软件（NX 8.5.0.23 版本）的安装光盘放入光驱内（如果已经将系统安装文件复制到硬盘上，可双击系统安装目录下的 🔲 Launch.exe 文件），等待片刻后，会弹出 NX 8.5 Software Installation 对话框，在此对话框中单击 Install License Server 按钮。

此处的字符
已替换为本
机的计算机
名称（有
"."）。

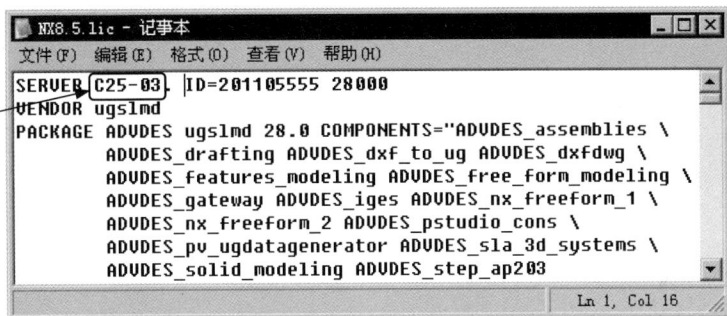

```
NX8.5.lic - 记事本                                    _ □ ×
文件(F)  编辑(E)  格式(O)  查看(V)  帮助(H)
SERVER C25-03, ID=201105555 28000
VENDOR ugslmd
PACKAGE ADVDES ugslmd 28.0 COMPONENTS="ADVDES_assemblies \
        ADVDES_drafting ADVDES_dxf_to_ug ADVDES_dxfdwg \
        ADVDES_features_modeling ADVDES_free_form_modeling \
        ADVDES_gateway ADVDES_iges ADVDES_nx_freeform_1 \
        ADVDES_nx_freeform_2 ADVDES_pstudio_cons \
        ADVDES_pv_ugdatagenerator ADVDES_sla_3d_systems \
        ADVDES_solid_modeling ADVDES_step_ap203
                                            Ln 1, Col 16
```

图 3.2.2   修改许可证文件

Step 2 系统弹出 "选择语言" 对话框，接受系统默认的语言 简体中文 ▾ ，单击 确定 按钮。

Step 3 在系统弹出的 Siemens PLM License Server v5.3.1.7 对话框中单击 下一步(N) 按钮。

Step 4 接受系统默认的安装路径，单击 下一步(N) > 按钮。

Step 5 单击 选择(O)... 按钮，找到目录 C:\ug85nc 下的许可证文件 NX8.5.lic，单击 下一步(N) > 按钮。

Step 6 单击 安装(I) 按钮。

Step 7 系统显示安装进度，等待片刻后，在 Siemens PLM License Server v5.3.1.7 对话框中单击 完成(F) 按钮，完成许可证的安装。

Stage3. 安装 UG NX 8.5 软件主体

Step 1 在 NX 8.5 Software Installation 对话框中单击 Install NX 按钮。

Step 2 系统弹出 Siemens NX 8.5-InstallShield Wizard 对话框，接受系统默认的语言 中文（简体） ▾ ，单击 确定(O) 按钮。

Step 3 数秒钟后，单击其中的 下一步(N) > 按钮。

Step 4 采用系统默认的安装类型 ⦿ 典型 单选项，单击 下一步(N) > 按钮。

Step 5 接受系统默认的路径，单击 下一步(N) > 按钮。

Step 6 系统弹出 Siemens NX 8.5-InstallShield Wizard 对话框，确认 输入服务器名或许可证文件。 文本框中的 "28000@" 后面已是本机的计算机名称，单击 下一步(N) > 按钮。

Step 7 选中 ⦿ 简体中文 单选按钮，单击 下一步(N) > 按钮。

Step 8 单击 安装(I) 按钮。

Step 9 系统显示安装进度，等待片刻后，在 "Siemens NX 8.5-InstallShield 向导" 对话框中单击 完成(F) 按钮，完成安装。

Chapter
3

4

UG NX 工作界面与基本操作

4.1　创建用户工作文件目录

　　使用 UG NX 8.5 软件时，应该注意文件的目录管理。如果文件管理混乱，会造成系统找不到正确的相关文件，从而严重影响 UG NX 8.5 软件的全相关性，同时也会使文件的保存、删除等操作产生混乱，因此应按照操作者的姓名、产品名称（或型号）建立用户文件目录，如本书要求在 E 盘上创建一个名为 ug-course 的文件目录（如果用户的计算机上没有 E 盘，在 C 盘或 D 盘上创建也可）。

4.2　启动 UG NX 软件

　　一般来说，有两种方法可启动并进入 UG NX 8.5 软件环境。

　　方法一：双击 Windows 桌面上的 UG NX 8.5 软件的快捷图标。

　　说明：*如果软件安装完毕后，桌面上没有 UG NX 8.5 软件快捷图标，请参考采用下面介绍的方法二启动软件。*

　　方法二：从 Windows 系统"开始"菜单进入 UG NX 8.5，操作方法如下：

`Step 1` 单击 Windows 桌面左下角的 开始 按钮。

`Step 2` 选择 程序(P) ➤ Siemens NX 8.5 ➤ NX 8.5 命令，进入 UG NX 8.5 软件环境。

4.3 UG NX 工作界面

4.3.1 用户界面简介

在学习本节时，请先打开文件 D:\ug85nc\work\ch04\base_board.prt。

UG NX 8.5 用户界面包括标题栏、下拉菜单区、顶部工具条按钮区、消息区、图形区、部件导航器区、资源工具条区及底部工具条按钮区，如图 4.3.1 所示。

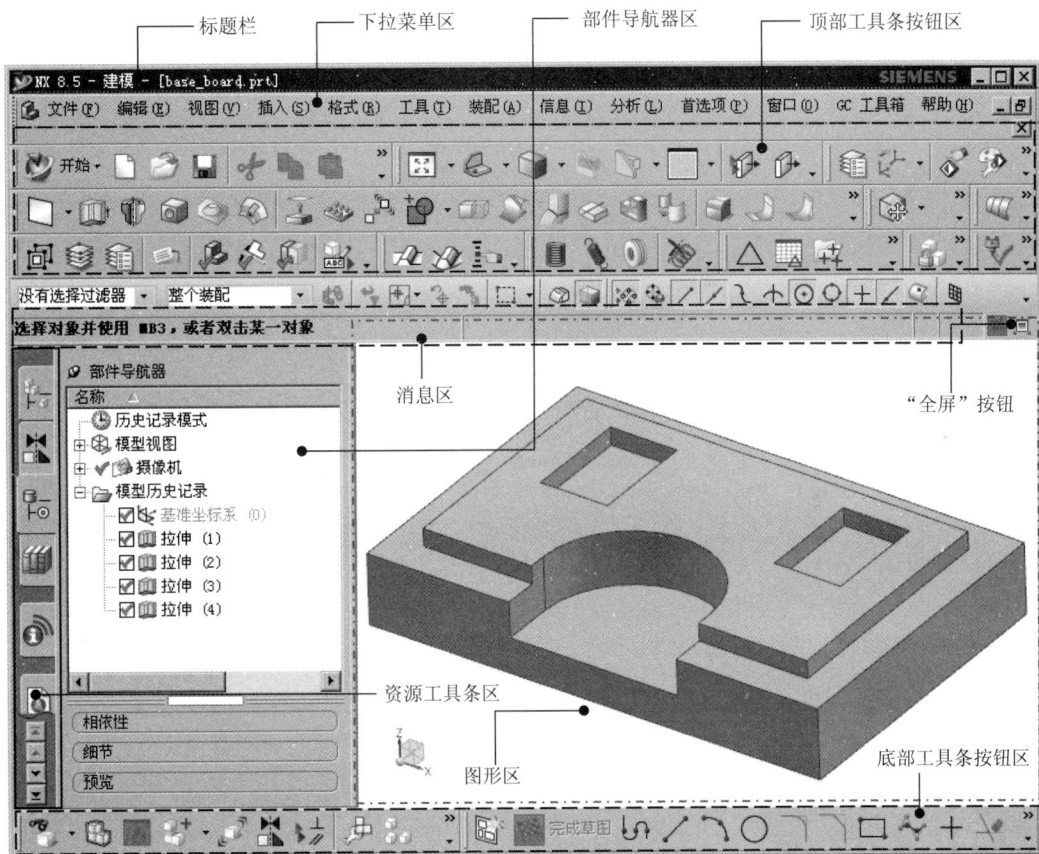

图 4.3.1 UG NX 8.5 中文版界面

1. 工具条按钮区

工具条中的命令按钮为快速选择命令及设置工作环境提供了极大的方便，用户可以根据具体情况定制工具条。

注意：用户会看到有些菜单命令和按钮处于非激活状态（呈灰色，即暗色），这是因为它们目前还没有处在发挥功能的环境中，一旦它们进入有关的环境，便会自动激活。

2. 下拉菜单区

下拉菜单中包含创建、保存、修改模型和设置 UG NX 8.5 环境的所有命令。

3. 资源工具条区

资源工具条区包括"装配导航器"、"约束导航器"、"部件导航器"、Internet Explorer、"历史记录"和"系统材料"等导航工具。用户通过该工具条可以方便地进行一些操作。对于每一种导航器，都可以直接在其相应的项目上右击，快速地进行各种操作。

资源工具条区主要选项的功能说明如下：

- "装配导航器"：用于显示装配的层次关系。

- "约束导航器"：用于显示装配的约束关系。

- "部件导航器"：用于显示建模的先后顺序和父子关系。父对象（活动零件或组件）显示在模型树的顶部，其子对象（零件或特征）位于父对象之下。在"部件导航器"中右击，从弹出的快捷菜单中选择 时间戳记顺序 命令，则按"模型历史"显示。"模型历史树"中列出了活动文件中的所有零件及特征，并按建模的先后顺序显示模型结构。若打开多个 UG NX 8.5 模型，则"部件导航器"只反映活动模型的内容。

- Internet Explorer：用于直接浏览网站。

- "历史记录"：用于显示曾经打开过的部件。

- "系统材料"：用于设定模型的材料。

说明：本书在编写过程中用 首选项(P) ➡ 用户界面(I)... 命令，将"资源工具条"显示在左侧。

4. 图形区

图形区是 UG NX 8.5 用户主要的工作区域，建模的主要过程、绘制前后的零件图形、分析结果和模拟仿真过程等都在这个区域内显示。用户可以直接在图形区中选取相关对象进行操作。

同时还可以选择多种视图操作方式：

方法一：右击图形区，弹出快捷菜单，如图 4.3.2 所示。

方法二：在图形区中按住右键，弹出挤出式菜单，如图 4.3.3 所示。

5. 消息区

执行有关操作时，与该操作有关的系统提示信息会显示在消息区。消息区中间有一个可见的边线，左侧是提示栏，用来提示用户如何操作；右侧是状态栏，用来显示系统或图形当前的状态，例如显示选取结果信息等。执行每个操作时，系统都会在提示栏中显示用户必须执行的操作，或者提示下一步操作。对于大多数的命令，用户都可以利用提示栏的提示来完成操作。

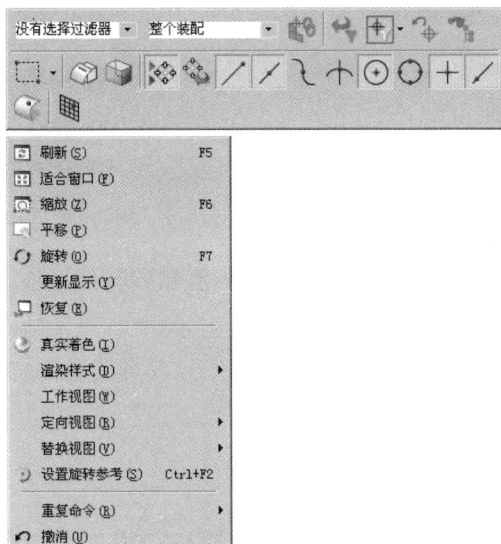

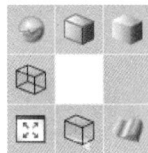

图 4.3.2　快捷菜单　　　　　　　　　图 4.3.3　挤出式菜单

6．"全屏"按钮

在 UG NX 8.5 中使用"全屏"按钮 ▣，允许用户将可用图形窗口最大化。在最大化窗口模式下再次单击"全屏"按钮 ▣，即可切换到普通模式。

4.3.2　用户界面的定制

进入 UG NX 8.5 系统后，在建模环境下选择下拉菜单 工具(T) ➡ 定制(Z)... 命令，系统弹出"定制"对话框（图 4.3.4），可对用户界面进行定制。

1．工具条设置

在图 4.3.4 所示的"定制"对话框中单击 工具条 选项卡，即可打开工具条定制选项卡。通过此选项卡可改变工具条的布局，可以将各类工具条按钮放在屏幕的顶部、左侧或下侧。下面以图 4.3.4 所示的□ 标准 选项（控制基本操作类工具按钮的选项）为例说明定制过程。

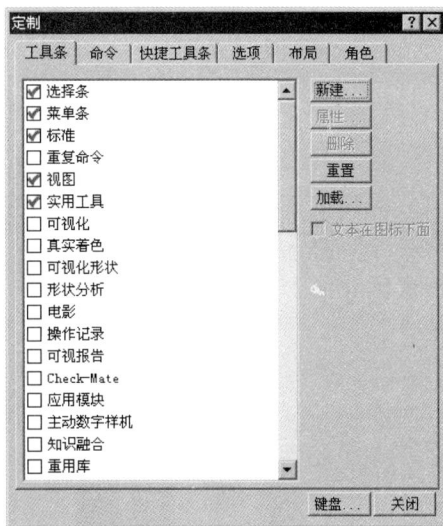

图 4.3.4　"定制"对话框

Step 1　单击□ 标准 选项中的□，出现 √ 号，此时可看到标准类的命令按钮出现在界面上。

Step 2　单击 关闭 按钮。

Step 3　添加工具按钮。

（1）单击工具条中的 " 按钮（图 4.3.5），系统弹出图 4.3.6 所示的工具条。

图 4.3.5 "工具条选项"按钮

图 4.3.6 工具条

（2）单击 添加或移除按钮▾ 按钮，弹出一个下拉列表，把鼠标移到相应的列表项（一般是当前工具条的名称），会在后面显示出列表项包含的工具按钮（图 4.3.7），单击每个按钮可以对该按钮进行显示或隐藏操作。

图 4.3.7 显示或隐藏按钮

Step 4 拖动工具条到合适的位置，完成设置。

2. 在下拉菜单中定制（添加）命令

在图 4.3.8 所示的"定制"对话框中单击 命令 选项卡，即可打开定制命令的选项卡。通过此选项卡可改变下拉菜单的布局，可以将各类命令添加到下拉菜单中。

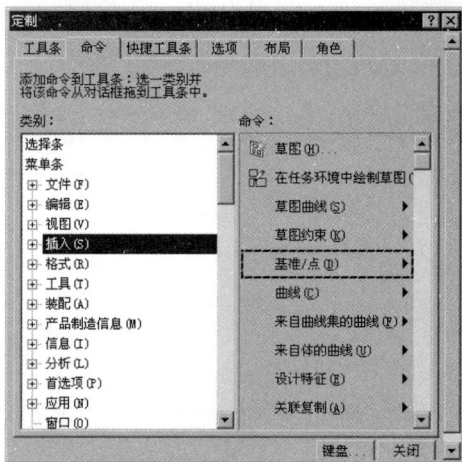

图 4.3.8 "命令"选项卡

下面以下拉菜单 插入(S) ➡ 基准/点(D)▸ ➡ ◣ 平面(L)... 命令为例说明定制过程。

Step 1 在图 4.3.8 中的 类别: 列表中选择按钮的种类 插入(S)，在 命令: 区域中出现该种类的所有按钮。

Step 2 右击 基准/点(D) ▶ 选项，在弹出的快捷菜单中选择 添加或移除按钮 ▶ 中的 ＼ 平面(L)... 命令。

Step 3 单击 关闭 按钮，完成设置。

Step 4 选择下拉菜单 插入(S) ➡ 基准/点(D) ▶ 选项，可以看到 ＼ 平面(L)... 命令已被添加。

说明："定制"对话框弹出后，可将下拉菜单中的命令添加到工具条中成为按钮，方法是单击下拉菜单中的某个命令，并按住左键不放，将鼠标指针拖到屏幕的工具条中。

3. 选项设置

在"定制"对话框中单击 选项 选项卡，可以对菜单的显示、工具条图标大小以及菜单图标大小进行设置。

4. 布局设置

在"定制"对话框中单击 布局 选项卡，可以保存和恢复菜单、工具条的布局，还可以设置提示/状态的位置以及窗口融合优先级。

5. 角色设置

在"定制"对话框中单击 角色 选项卡，可以载入和创建角色（角色就是满足用户需求的工作界面）。

6. 图标下面的文本

在"定制"对话框的列表框中，单击其中任意一个选项（如 ☑标准），可激活 ☑ 文本在图标下面 复选框，勾选该复选框可以使文本在工具条中进行显示，如图 4.3.9 所示。

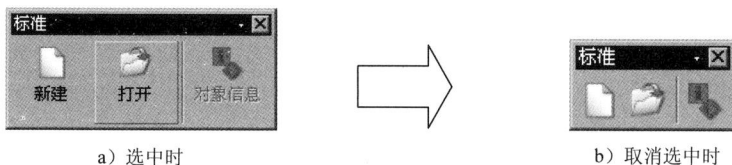

a）选中时　　　　　　　　　　b）取消选中时

图 4.3.9　图标下面的文本显示

4.4　UG NX 的鼠标操作

用鼠标可以控制图形区中模型的显示状态。

● 滚动中键滚轮，可以缩放模型：向前滚，模型缩小；向后滚，模型变大。

● 按住中键，移动鼠标，可旋转模型。

● 先按住 Shift 键，然后按住中键，移动鼠标可移动模型。

注意：采用以上方法对模型进行缩放和移动操作时，只是改变模型的显示状态，而不能改变模型的真实大小和位置。

5

二维草图设计

UG NX 数控加工编程是在零件的三维模型基础上进行的，而二维草图的设计是创建许多零件特征的基础，例如在创建拉伸、回转和扫描等特征时，都需要先绘制所建特征的剖面（截面）形状，其中扫掠特征还需要通过绘制草图以定义扫掠轨迹，由此可见二维草图设计是 UG NX 数控工程师所必备的基本技能。

5.1 进入与退出 UG NX 草图环境

1. 进入草图环境的操作方法

Step 1 打开 UG NX 8.5 后，选择下拉菜单 文件(F) ➡ 新建(N)... 命令（或单击"新建"按钮 ），系统弹出"新建"对话框，在 模板 选项卡中选取模板类型为 模型 ，在 名称 文本框中输入文件名（如 modell.prt），在 文件夹 文本框中输入模型的保存目录，然后单击 确定 按钮，进入 UG NX 8.5 建模环境。

Step 2 选择下拉菜单 插入(S) ➡ 在任务环境中绘制草图(V)... 命令，系统弹出"创建草图"对话框，选择"XY 平面"为草图平面，单击对话框中的 确定 按钮，系统进入草图环境。

2. 选择草图平面

进入草图工作环境后，在创建新草图之前，一个特别要注意的事项就是要为新草图选择草图平面，也就是要确定新草图在三维空间的放置位置。草图平面是草图所在的某个空间平面，它可以是基准平面，也可以是实体的某个表面。

"创建草图"对话框用于选择草图平面，在对话框中选择某个平面作为草图平面，然后单击 确定 按钮予以确认。

"创建草图"对话框中部分选项说明如下:

- **类型** 区域:

    ☑ **在平面上**: 选取该选项后,用户可以在图形区选择任意平面为草图平面(此选项为系统默认选项)。

    ☑ **基于路径**: 选取该选项后,系统在用户指定的曲线上建立一个与该曲线垂直的平面,作为草图平面。

- **草图平面** 区域:

    ☑ **现有平面**: 选取该选项后,用户可以选择基准面或者图形中现有的平面作为草图平面。进入草图环境后,系统默认的平面为 XY 平面,单击 **确定** 按钮后,系统默认 XY 平面为草图平面。

    ☑ **创建平面**: 选取该按钮后,用户可以通过"平面"按钮 ⬜,创建一个基准面作为草图平面。

    ☑ **创建基准坐标系**: 选取该按钮后,可通过"创建基准坐标系"按钮 ⬚,创建一个坐标系,用户可以选取该坐标系中的基准面作为草图平面。

    ☑ **⬙**(反向): 单击该按钮可以切换基准轴法线的方向。

- **草图方位** 区域:

    ☑ **水平**: 选取该选项后,用户可定义参考平面与草图平面的位置关系为水平。

    ☑ **竖直**: 选取该选项后,用户可定义参考平面与草图平面的位置关系为竖直。

3. 退出草图环境的操作方法

单击 **完成草图** 按钮,退出草图环境。

4. 直接草图工具

在 UG NX 8.5 中,系统还提供了另一种草图创建的环境——直接草图,进入直接草图环境的具体操作步骤如下。

Step 1 新建模型文件,进入 UG NX 8.5 建模环境。

Step 2 选择下拉菜单 **插入(S)** ➡ **草图(H)...** 命令,系统弹出"创建草图"对话框,选择 XY 平面为草图平面,单击对话框中的 **< 确定 >** 按钮,系统进入直接草图环境,此时可以使用屏幕下方的"直接草图"工具条(图 5.1.1)绘制草图。

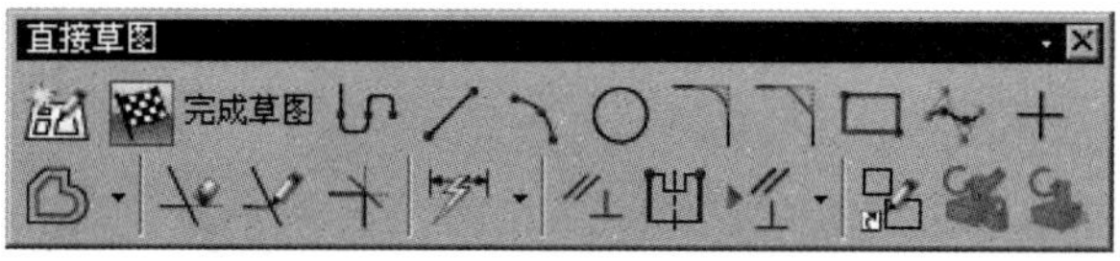

图 5.1.1 "直接草图"工具条

Step 3 单击工具条中的"完成草图"按钮 **完成草图**,即可退出直接草图环境。

说明：

- "直接草图"工具创建的草图，在部件导航器中同样会显示为一个独立的特征，也能作为特征的截面草图使用。此方法本质上与"任务环境中的草图"没有区别，只是实现方式较为"直接"。

- 在"直接草图"创建环境中，系统不会自动将草图平面与屏幕对齐，需要将草图平面旋转到大致与屏幕对齐的位置，然后使用快捷键 F8 对齐草图平面。

- 单击"直接草图"工具条中的"在草图任务环境中打开"按钮，系统即可进入"任务环境中的草图"环境。

- 在三维建模环境下，双击已绘制的草图也能直接进入草图环境。

为保证内容的一致性，本书中的草图均以"任务环境中的草图"来创建。

5.2 UG NX 坐标系的介绍

UG NX 8.5 中有三种坐标系：绝对坐标系、工作坐标系和基准坐标系。在使用软件的过程中经常要用到坐标系，下面对这三种坐标系做简单的介绍。

1. 绝对坐标系（ACS）

绝对坐标系是指原点在（0，0，0）的坐标系，是固定不变的。

2. 工作坐标系（WCS）

工作坐标系包括坐标原点和坐标轴，如图 5.2.1 所示。它的轴通常是正交的（即相互间为直角），并且遵守右手定则。

a）俯视图　　　　　b）正二测视图

图 5.2.1 工作坐标系（WCS）

说明：

- 工作坐标系不受修改操作（删除、平移等）的影响，但允许非修改操作，如隐藏和分组。

- UG NX 8.5 的部件文件可以包含多个坐标系，但是其中只有一个是 WCS。

- 用户可以随时挑选一个坐标系作为"工作坐标系"（WCS）。系统用 XC、YC 和 ZC 表示工作坐标系的坐标。工作坐标系的 XC-YC 平面称为工作平面。

3. 基准坐标系（CSYS）

基准坐标系（CSYS）由单独的可选组件组成，如图 5.2.2 所示。

● 整个基准 CSYS。

● 三个基准平面。

● 三个基准轴。

● 原点。

可在基准 CSYS 中选择单个基准平面、基准轴或
原点。可隐藏基准 CSYS 以及其单个组成部分。

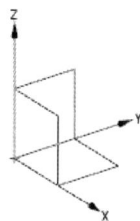

图 5.2.2　基准坐标系（CSYS）

4. 右手定则

● 常规的右手定则。

如果坐标系的原点在右手掌，拇指向上延伸的方向对应于某个坐标轴的方向，则可以
利用常规的右手定则确定其他坐标轴的方向。例如，假设拇指指向 ZC 轴的正方向，食指
伸直的方向对应于 XC 轴的正方向，中指向外延伸的方向则为 YC 轴的正方向。

● 旋转的右手定则。

旋转的右手定则用于将矢量和旋转方向关联起来。

当拇指伸直并且与给定的矢量对齐时，则弯曲的其他四指就能确定该矢量关联的旋转
方向。反过来，当弯曲手指表示给定的旋转方向时，则伸直的拇指就确定关联的矢量。

例如，如果要确定当前坐标系的旋转反时针方向，那么拇指就应该与 ZC 轴对齐，并
指向其正方向，这时逆时针方向即为四指从 XC 轴正方向向 YC 轴正方向旋转。

5.3　草图环境的设置

进入草图环境后，选择下拉菜单 首选项(P) ➡ 草图(S)... 命令，弹出"草图首选项"对
话框，在该对话框中可以设置草图的显示参数和默认名称前缀等参数。

"草图首选项"对话框的 草图样式 和 会话设置 选项卡的主要选项及其功能说明如下：

● 尺寸标签 下拉列表：控制草图标注文本的显示方式。

● 文本高度 文本框：控制草图尺寸数值的文本高度。在标注尺寸时，可以根据图形大
小适当的在该文本框中输入数值来调整文本高度，以便于用户观察。

● 捕捉角 文本框：绘制直线时，如果起点与光标位置连线接近水平或垂直，捕捉功能
会自动捕捉到水平或垂直位置。捕捉角是自动捕捉的最大角度，例如捕捉角为 3，
当起点与光标位置连线，与 XC 轴或 YC 轴夹角小于 3 时，会自动捕捉到水平或
垂直位置。

- 　☐ 保持图层状态 复选框：如果选中该复选框，当进入某一草图对象时，该草图所在图层自动设置为当前工作图层，退出时恢复原图层为当前工作图层；否则，退出时保持草图所在图层为当前工作图层。

- 　☑ 显示自由度箭头 复选框：如果选中该复选框，当进行尺寸标注时，在草图曲线端点处用箭头显示自由度，否则不显示。

- 　☑ 动态约束显示 复选框：如果选中该复选框，当相关几何体很小时，则不会显示约束符号。如果要忽略相关几何体的尺寸查看约束，则可以取消该复选框。

- 　名称前缀 区域：在此区域中可以指定多种草图几何元素的名称前缀。默认前缀及其相应几何元素类型，如图 5.3.1 所示。

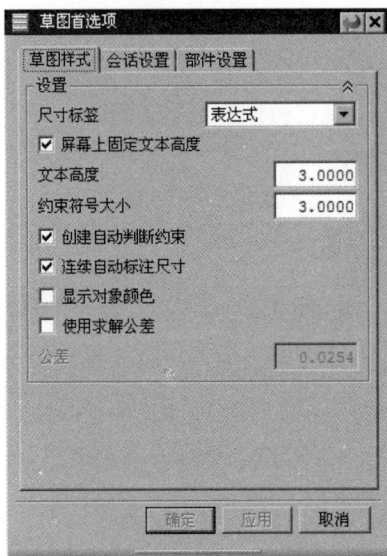

a）"草图样式"选项卡　　　　　　　　　b）"会话设置"选项卡

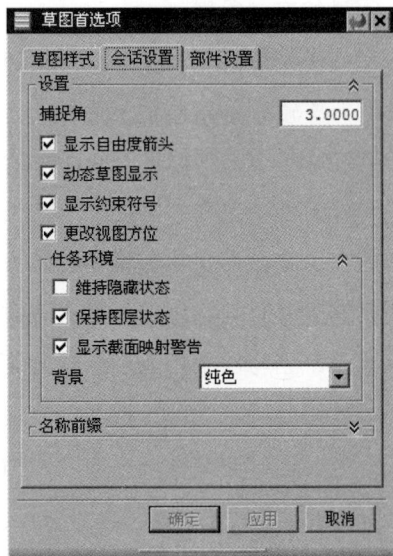

图 5.3.1　"草图首选项"对话框

"草图首选项"对话框中的 部件设置 选项卡包含曲线、尺寸和参考曲线等的颜色设置，这些设置和用户默认设置中的草图生成器的颜色相同。一般情况下，我们都采用系统默认的颜色设置。

5.4　草图的绘制

5.4.1　草图绘制概述

进入草图环境后，屏幕上会出现图 5.4.1 所示绘制草图时所需要的"草图工具"工具条。

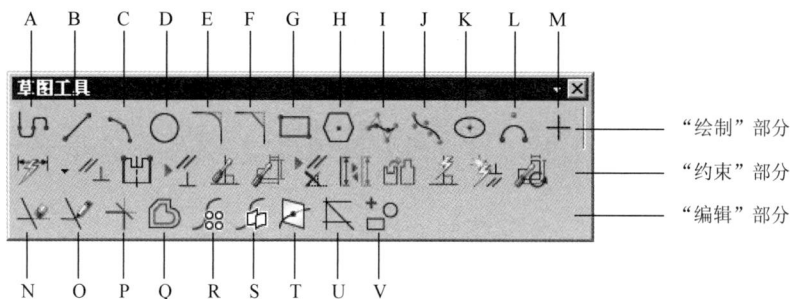

图 5.4.1 "草图工具"工具条

图 5.4.1 所示的"草图工具"工具条中各工具按钮的说明如下：

- A（轮廓）：单击该按钮，可以创建一系列相连的直线或线串模式的圆弧，即上一条曲线的终点作为下一条曲线的起点。

- B（直线）：绘制直线。

- C（圆弧）：绘制圆弧。

- D（圆）：绘制圆。

- E（圆角）：在两曲线间创建圆角。

- F（倒斜角）：在两曲线间创建倒斜角。

- G（矩形）：绘制矩形。

- H（多边形）：绘制多边形。

- I（艺术样条）：通过定义点或者极点来创建样条曲线。

- J（拟合样条）：通过已经存在的点创建样条曲线。

- K（椭圆）：根据中心点和尺寸创建椭圆。

- L（二次曲线）：创建二次曲线。

- M（点）：绘制点。

- N（快速修剪）：单击该按钮，则可将一条曲线修剪至任一方向上最近的交点。如果曲线没有交点，可以将其删除。

- O（快速延伸）：快速延伸曲线到最近的边界。

- P（制作拐角）：延伸或修剪两条曲线到一个交点处创建制作拐角。

- Q（偏置曲线）：偏置位于草图平面上的曲线链。

- R（阵列曲线）：阵列现有草图，创建草图副本。

- S（镜像曲线）：通过现有的草图，创建草图几何的副本。

- T（交点）：在曲线和草图平面之间创建一个交点。

- U（派生直线）：单击该按钮，则可以从已存在的直线复制得到新的直线。

- V（添加现有曲线）：将现有的共面曲线和点添加到草图中。

5.4.2　绘制直线

Step 1　进入草图环境后，采用默认的平面（XY 平面）为草图平面，单击 确定 按钮。

说明：

● 进入草图工作环境后，如果是创建新草图，则首先必须选取草图平面，也就是要确定新草图在空间的哪个平面上绘制。

● 以后在创建新草图时，如果没有特别的说明，则草图平面为默认的 XY 平面。

Step 2　选择命令。选择下拉菜单 插入(S) ➡ 曲线(C)▶ ➡ 直线(L)... 命令，系统弹出图 5.4.2 所示的"直线"工具条。

图 5.4.2 所示的"直线"工具条的说明如下：

● XY（坐标模式）：选中该按钮（默认），系统弹出图 5.4.3 所示的动态输入框（一），可以通过输入 XC 和 YC 的坐标值来精确绘制直线，坐标值以工作坐标系（WCS）为参照。要在动态输入框的选项之间进行切换，可按 Tab 键。要输入值，可在文本框内输入值，然后按 Enter 键。

● （参数模式）：选中该按钮，系统弹出图 5.4.4 所示的动态输入框（二），可以通过输入长度值和角度值来绘制直线。

图 5.4.2　"直线"工具条　　图 5.4.3　动态输入框（一）　　图 5.4.4　动态输入框（二）

Step 3　定义直线的起始点。在系统 选择直线的第一点 的提示下，在图形区中的任意位置单击，以确定直线的起始点，此时可看到一条"橡皮筋"线附着在鼠标指针上。

说明：系统提示 选择直线的第一点 显示在消息区，有关消息区的具体介绍请参见 4.3.1 节"用户界面简介"的相关内容。

Step 4　定义直线的终止点。在系统 选择直线的第二点 的提示下，在图形区中的另一位置单击，以确定直线的终止点，系统便在两点间创建一条直线（在终点处再次单击，在直线的终点处出现另一条"橡皮筋"线）。

Step 5　单击中键，结束直线创建。

说明：

● 直线的精确绘制可以利用动态输入框实现，其他曲线的精确绘制也一样。

● "橡皮筋"是指操作过程中的一条临时虚构线段，它始终是当前鼠标光标的中心点与前一个指定点的连线。因为它可以随着光标的移动而拉长或缩短并可绕前一点转动，所以形象地称其为"橡皮筋"。

● 在绘制或编辑草图时，单击"标准"工具条上的 ↶ 按钮，可撤消上一个操作；单击 ↷ 按钮（或者选择下拉菜单 编辑(E) ➡ ↷ 重做(R) 命令），可以重新执行被撤消的操作。

5.4.3 绘制圆弧

选择下拉菜单 插入(S) ➡ 曲线(C)▶ ➡ ↷ 圆弧(A)... 命令，系统弹出图 5.4.5 所示的"圆弧"工具条，有以下两种绘制圆弧的方法。

方法一：通过三点的圆弧——确定圆弧的两个端点和弧上的一个附加点来创建一个三点圆弧。其一般操作步骤如下：

Step 1 选择方法。选中"三点定圆弧"按钮 ↷ 。

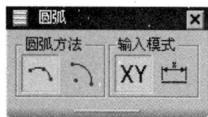
图 5.4.5 "圆弧"工具条

Step 2 定义端点。在系统 选择圆弧的起点 的提示下，在图形区中的任意位置单击，以确定圆弧的起点；在系统 选择圆弧的终点 的提示下，在另一位置单击，放置圆弧的终点。

Step 3 定义附加点。在系统 在圆弧上选择一个点 的提示下，移动鼠标，圆弧呈"橡皮筋"样变化，在图形区另一位置单击以确定圆弧。

Step 4 单击中键，完成圆弧的创建。

方法二：用中心和端点确定圆弧。其一般操作步骤如下：

Step 1 选择方法。选中"中心和端点决定的圆弧"按钮 ↷ 。

Step 2 定义圆心。在系统 选择圆弧的中心点 的提示下，在图形区中的任意位置单击，以确定圆弧中心点。

Step 3 定义圆弧的起点。在系统 选择圆弧的起点 的提示下，在图形区中的任意位置单击，以确定圆弧的起点。

Step 4 定义圆弧的终点。在系统 选择圆弧的终点 的提示下，在图形区中的任意位置单击，以确定圆弧的终点。

Step 5 单击中键，结束圆弧的创建。

5.4.4 绘制圆

选择下拉菜单 插入(S) ➡ 曲线(C)▶ ➡ ○圆(C)... 命令，系统弹出图 5.4.6 所示的"圆"工具条，有以下两种绘制圆的方法。

图 5.4.6 "圆"工具条

方法一：中心和直径决定的圆——通过选取中心点和圆上一点来创建圆。其一般操作步骤如下：

Step 1 选择方法。选中"圆心和直径定圆"按钮 ⊙。

Step 2 定义圆心。在系统 选择圆的中心点 的提示下，在某位置单击，放置圆的中心点。

Step 3 定义圆的半径。在系统 在圆上选择一个点 的提示下，拖动鼠标至另一位置，单击确定圆的大小。

Step 4 单击中键，结束圆的创建。

方法二：通过三点的圆——通过确定圆上的三个点来创建圆。

5.4.5 绘制圆角

选择下拉菜单 插入(S) ➡ 曲线(C)▶ ➡ 圆角(F)... 命令，系统弹出图 5.4.7 所示的"圆角"工具条。可以在指定的两条或三条曲线之间创建一个圆角。该工具条中包括四个按钮："修剪"按钮 ⌐、"取消修剪"按钮 ⌐、"删除第三条曲线"按钮 ⋋ 和"创建备选圆角"按钮 ⟳₂。

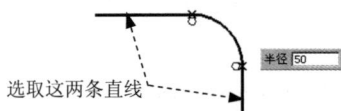

创建圆角的一般操作步骤如下。

Step 1 在"圆角"工具条中单击"修剪"按钮 ⌐。

Step 2 定义圆角曲线。单击选取图 5.4.8 所示的两条直线。

Step 3 定义圆角半径。拖动鼠标至适当位置，单击确定圆角的大小（或者在动态输入框中输入圆角半径，以确定圆角的大小）。

Step 4 单击中键，结束圆角的创建。

说明：

● 如果选中"取消修剪"按钮 ⌐，则绘制的圆角如图 5.4.9 所示。

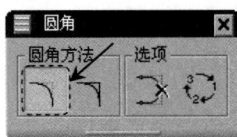

图 5.4.7 "圆角"工具条   图 5.4.8 "修剪"的圆角   图 5.4.9 "取消修剪"的圆角

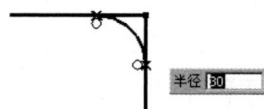

● 如果选中"创建备选圆角"按钮 ⟳₂，则可以生成每一种可能的圆角（或按 Page Down 键选择所需的圆角），如图 5.4.10 和图 5.4.11 所示。

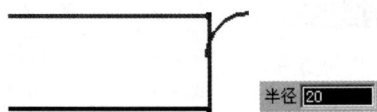

图 5.4.10 "创建备选圆角"的选择（一）   图 5.4.11 "创建备选圆角"的选择（二）

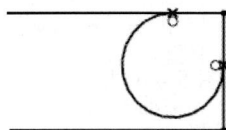

5.4.6 绘制矩形

选择下拉菜单 插入(S) ➡ 曲线(C)▶ ➡ □ 矩形(R)...命令，系统弹出图 5.4.12 所示的"矩形"工具条，可以在草图平面上绘制矩形。在绘制草图时，使用该命令可省去绘制四条线段的麻烦。共有三种绘制矩形的方法，分别介绍如下。

"按 2 点"按钮

图 5.4.12 "矩形"工具条

方法一：按两点——通过选取两对角点来创建矩形，其一般操作步骤如下：

Step 1 选择方法。选中"按 2 点"按钮 ↳。

Step 2 定义第一个角点。在图形区某位置单击，放置矩形的第一个角点。

Step 3 定义第二个角点。单击 XY 按钮，再次在图形区另一位置单击，放置矩形的另一个角点。

Step 4 单击中键，结束矩形的创建，结果如图 5.4.13 所示。

第一个角点

第二个角点

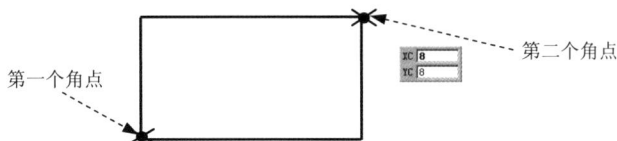

图 5.4.13 两点方式

方法二：通过三点来创建矩形，其一般操作步骤如下：

Step 1 选择方法。单击"按 3 点"按钮 ◇。

Step 2 定义第一个顶点。在图形区某位置单击，放置矩形的第一个顶点。

Step 3 定义第二个顶点。单击 XY 按钮，在图形区另一位置单击，放置矩形的第二个顶点（第一个顶点和第二个顶点之间的距离即矩形的宽度），此时矩形呈"橡皮筋"样变化。

Step 4 定义第三个顶点。单击 XY 按钮，再次在图形区单击，放置矩形的第三个顶点（第二个顶点和第三个顶点之间的距离即矩形的高度）。

Step 5 单击中键，结束矩形的创建，结果如图 5.4.14 所示。

方法三：从中心——通过选取中心点、一条边的中点和顶点来创建矩形，其一般操作步骤如下：

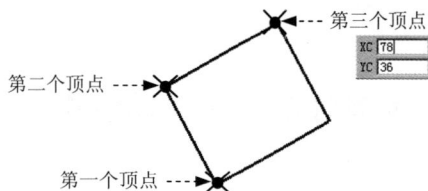

图 5.4.14　三点方式

Step 1 选择方法。单击"从中心"按钮。

Step 2 定义中心点。在图形区某位置单击，放置矩形的中心点。

Step 3 定义第二个点。单击 XY 按钮，在图形区另一位置单击，放置矩形的第二个点（一条边的中点），此时矩形呈"橡皮筋"样变化。

Step 4 定义第三个点。单击 XY 按钮，再次在图形区单击，放置矩形的第三个点。

Step 5 单击中键，结束矩形的创建，结果如图 5.4.15 所示。

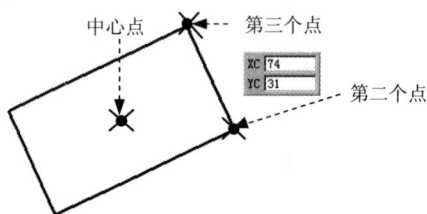

图 5.4.15　从中心方式

5.4.7　绘制轮廓线

选择下拉菜单 插入(S) ➞ 曲线(C)▶ ➞ 轮廓(O)... 命令，系统弹出图 5.4.16 所示的"轮廓"工具条。

图 5.4.16　"轮廓"工具条

具体操作过程参照前面直线和圆弧的绘制，不再赘述。

绘制轮廓线的说明：

● 轮廓线与直线和圆弧的区别在于，轮廓线可以绘制连续的对象，如图 5.4.17 所示。

● 绘制时，按下、拖动并释放鼠标左键，直线模式变为圆弧模式，如图 5.4.18 所示。

● 利用动态输入框可以绘制精确的轮廓线。

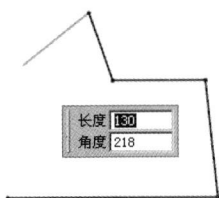

图 5.4.17　绘制连续的对象

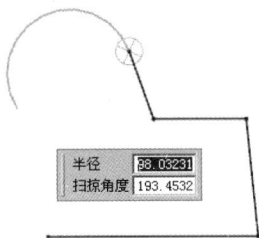

图 5.4.18　用"轮廓"命令绘制圆弧

5.4.8　绘制派生直线

派生直线的绘制是将现有的参考直线偏置生成另外一条直线，或者通过选择两条参考直线，可以在此两条直线之间创建角平分线。

选择下拉菜单 插入(S) ➡ 来自曲线集的曲线(F)▶ ➡ ↖ 派生直线(I)... 命令，可绘制派生直线，其一般操作步骤如下。

Step 1　打开文件 D:\ug85nc\work\ch05\ch05.04\derive_line.prt。

Step 2　进入草绘环境，在部件导航器中右击 ☑ 草图 (1)，选择 可回滚编辑... 命令。

Step 3　选择下拉菜单 插入(S) ➡ 来自曲线集的曲线(F)▶ ➡ ↖ 派生直线(I)... 命令。

Step 4　定义参考直线。单击选取直线为参考。

Step 5　定义派生直线的位置。拖动鼠标至另一位置单击，以确定派生直线的位置。

Step 6　单击中键，结束派生直线的创建，结果如图 5.4.19 所示。

说明：

● 如需要偏置多条直线，可以如上述 Step5 中的讲解，在图形区合适的位置继续单击，然后单击中键完成，结果如图 5.4.20 所示。

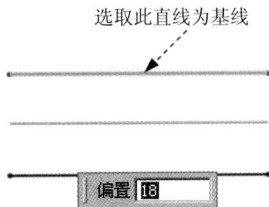

图 5.4.19　直线的偏置（一）

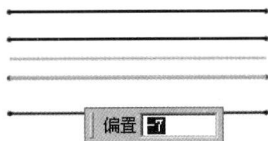

图 5.4.20　直线的偏置（二）

● 如果选择两条平行线，系统会在这两条平行线的中点处创建一条直线。可以通过拖动鼠标以确定直线长度，也可以在动态输入框中输入值，如图 5.4.21 所示。

● 如果选择两条不平行的直线时（不需要相交），系统将构造一条角平分线。可以通过拖动鼠标以确定直线长度（或在动态输入框中输入一个值），也可以在成角度两条直线的任意象限放置平分线，如图 5.4.22 所示。

图 5.4.21　派生两平行线中间的直线　　　　图 5.4.22　派生角平分线

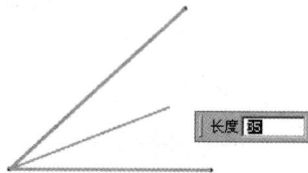

5.4.9　绘制样条曲线

　　样条曲线是指利用给定的若干个点拟合出的多项式曲线，样条曲线采用的是近似拟和的方法，但可以很好地满足工程需求，因此得到较为广泛的应用。下面通过创建图 5.4.23a 所示的曲线来说明创建艺术样条的一般过程。

a）"通过点"方式　　　　　　　　　　　　b）"根据极点"方式

图 5.4.23　创建样条曲线

Step 1　选择命令。选择下拉菜单 插入(S) ➡ 曲线(C)▶ ➡ ✦ 艺术样条(D)... 命令，系统弹出"艺术样条"对话框。

Step 2　选择方法。单击"通过点"按钮 通过点 ，依次在图 5.4.23a 所示的各点位置单击，系统生成图 5.4.23a 所示的"通过点"方式创建的样条。

　　说明：如果单击"根据极点"按钮 根据极点 ，依次在图 5.4.23b 所示的各点位置单击，系统则生成图 5.4.23b 所示的"根据极点"方式创建的样条。

Step 3　在"艺术样条"对话框中单击 确定 按钮（或单击中键）完成样条曲线的创建。

5.4.10　将草图对象转化成参考线

　　在为草图对象添加几何约束和尺寸约束的过程中，有些草图对象是作为基准、定位来使用的，或者有些草图对象在创建尺寸时可能引起约束冲突，此时可利用"草图约束"工具条中的"转换至/自参考对象"按钮将草图对象转换为参考线；当然必要时，也可利用该按钮将其激活，即从参考线转化为草图对象。下面以图 5.4.24 为例，说明其操作方法及作用。

Step 1　打开文件 D:\ug85nc\work\ch05\ch05.04\reference.prt。

Step 2　进入草图工作环境。在部件导航器中右击 ☑□草图 (1)，选择 可回滚编辑... 命令。

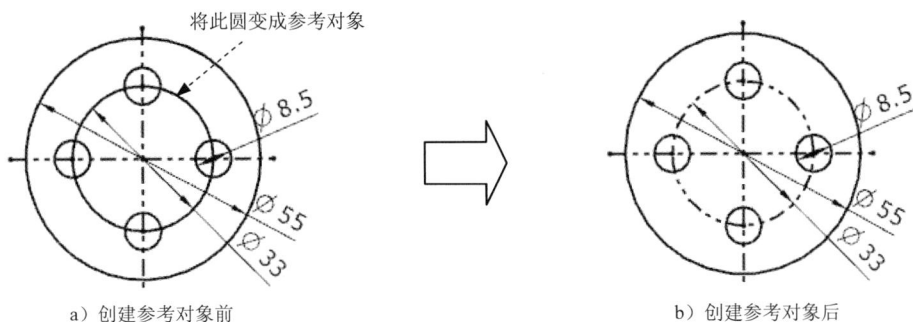

将此圆变成参考对象

a）创建参考对象前

b）创建参考对象后

图 5.4.24 转换参考对象

Step 3 选择下拉菜单 工具(T) ➡ 约束(T) ➡ 转换至/自参考对象(V)... 命令，系统弹出"转换至/自参考对象"对话框，选中 ⊙ 参考曲线或尺寸 单选按钮。

Step 4 根据系统 选择要转换的曲线或尺寸 的提示，选取图 5.4.24a 中的圆，单击 应用 按钮，被选取的对象将转换成参考对象，结果如图 5.4.24b 所示。

Step 5 在"转换至/自参考对象"对话框中选中 ⊙ 活动曲线或驱动尺寸 单选按钮，然后选取图 5.4.24b 中创建的参考对象，单击 应用 按钮，参考对象被激活，变回图 5.4.24a 所示的形式，然后单击 取消 按钮。

5.4.11 点的创建

使用 UG NX 8.5 软件绘制草图时，经常需要构造点来定义草图平面上的某一位置。下面通过图 5.4.25 所示图形来说明点的创建过程。

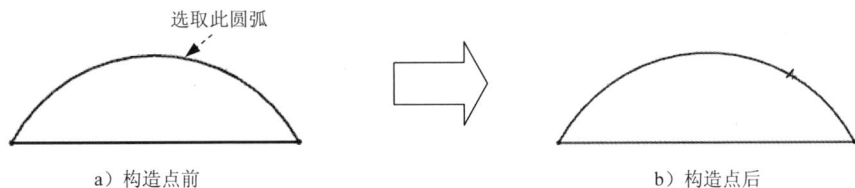

选取此圆弧

a）构造点前

b）构造点后

图 5.4.25 构造点

Step 1 打开文件 D:\ug85nc\work\ch05\ch05.04\point.prt。

Step 2 进入草图环境。在部件导航器中右击☑草图 (1)，选择 可回滚编辑... 命令。

Step 3 选择命令。选择下拉菜单 插入(S) ➡ 基准/点(D)▶ ➡ + 点(P)... 命令，系统弹出"草图点"对话框。

Step 4 选择构造点。在"草图点"对话框中单击"点对话框"按钮 +，系统弹出图 5.4.26 所示的"点"对话框，在"点"对话框中的 类型 下拉列表中选择 圆弧/椭圆上的角度 选项。

Step 5 定义点的位置。根据系统 选择圆弧或椭圆用作角度参考 的提示，选取图 5.4.25a 所示的圆弧，在"点"对话框的 角度 文本框中输入数值 60。

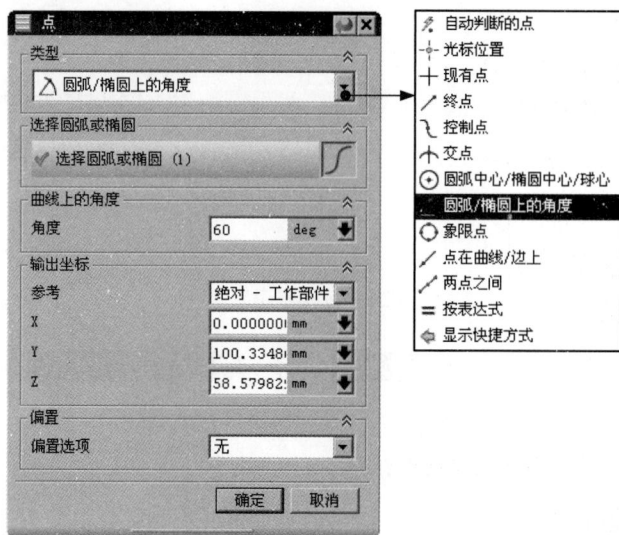

图 5.4.26 "点"对话框

Step 6 单击"点"对话框中的 确定 按钮，完成点的构造，结果如图 5.4.27 所示。

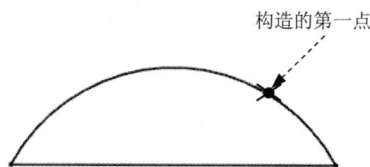

图 5.4.27 构造第一点

Step 7 单击 完成草图(K) 命令（或单击 完成草图 按钮），完成草图并退出草图环境。

图 5.4.26 所示的"点"对话框中的下拉列表各选项说明如下：

- 自动判断的点：根据光标的位置自动判断所选的点。它包括了下面介绍的所有点的选择方式。

- 光标位置：将光标移至图形区某位置并单击，系统则在单击的位置处创建一个点。如果创建点是在一个草图中进行，则创建的点位于当前草图平面上。

- 现有点：在图形区选择已经存在的点。

- 终点：通过选取已存在曲线（如线段、圆弧、二次曲线及其他曲线）的端点创建一个点。在选取端点时，光标的位置对端点的选取有很大的影响，一般系统会选取曲线上离光标最近的端点。

- 控制点：通过选取曲线的控制点创建一个点。控制点与曲线类型有关，可以是存在点、线段的中点或端点，开口圆弧的端点、中点或中心点，二次曲线的端点和样条曲线的定义点或控制点。

- **交点**：通过选取两条曲线的交点、一曲线和一曲面或一平面的交点创建一个点。在选取交点时，若两对象的交点多于一个，系统会在靠近第二个对象的交点创建一个点；若两段曲线并未实际相交，则系统会选取两者延长线上的相交点；若选取的两段空间曲线并未实际相交，则系统会选取最靠近第一个对象处创建一个点或规定新点的位置。

- **圆弧中心/椭圆中心/球心**：通过选取圆/圆弧、椭圆或球的中心点创建一个点。

- **圆弧/椭圆上的角度**：沿圆弧或椭圆的一个角度（与坐标轴 XC 正向所成的角度）位置上创建一个点。

- **象限点**：通过选取圆弧或椭圆弧的象限点，即四分点创建一个点。创建的象限点是离光标最近的那个四分点。

- **点在曲线/边上**：通过选取曲线或物体边缘创建一个点。

- **两点之间**：在两点之间指定一个位置。

- **按表达式**：使用点类型的表达式指定点。

5.5 草图的编辑

5.5.1 直线的操纵

UG NX 8.5 提供了对象操纵功能，可方便地旋转、拉伸和移动对象。

操纵 1 的操作流程，如图 5.5.1 所示：在图形区，把鼠标指针移到直线端点上，按下左键不放，同时移动鼠标，此时直线以远离鼠标指针的那个端点为圆心转动，达到绘制意图后，松开左键。

操纵 2 的操作流程，如图 5.5.2 所示：在图形区，把鼠标指针移到直线上，按下左键不放，同时移动鼠标，此时会看到直线随着鼠标移动，达到绘制意图后，松开左键。

图 5.5.1　操纵 1：直线的转动和拉伸　　　　图 5.5.2　操纵 2：直线的移动

5.5.2 圆的操纵

操纵 1 的操作流程，如图 5.5.3 所示：把鼠标指针移到圆的边线上，按下左键不放，同时移动鼠标，此时会看到圆在变大或缩小，达到绘制意图后，松开左键。

操纵 2 的操作流程，如图 5.5.4 所示：把鼠标指针移到圆心上，按下左键不放，同时移动鼠标，此时会看到圆随着指针一起移动，达到绘制意图后，松开左键。

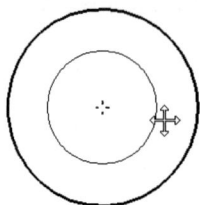

图 5.5.3　操纵 1：圆的缩放　　　　　图 5.5.4　操纵 2：圆的移动

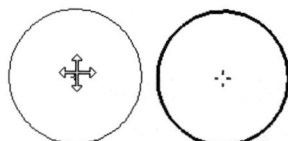

5.5.3　圆弧的操纵

操纵 1 的操作流程，如图 5.5.5 所示：把鼠标指针移到圆弧上，按下左键不放，同时移动鼠标，此时会看到圆弧半径变大或变小，达到绘制意图后，松开左键。

操纵 2 的操作流程，如图 5.5.6 所示：把鼠标指针移到圆弧的某个端点上，按下左键不放，同时移动鼠标，此时会看到圆弧以另一端点为固定点旋转，并且圆弧的包角也在变化，达到绘制意图后，松开左键。

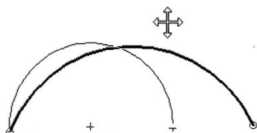

图 5.5.5　操纵 1：改变弧的半径　　　　图 5.5.6　操纵 2：改变弧的位置

操纵 3 的操作流程，如图 5.5.7 所示：把鼠标指针移到圆心上，按下左键不放，同时移动鼠标，此时圆弧随着指针一起移动，达到绘制意图后，松开左键。

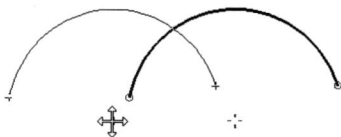

图 5.5.7　操纵 3：弧的移动

5.5.4　样条曲线的操纵

操纵 1 的操作流程，如图 5.5.8 所示：把鼠标指针移到样条曲线的某个端点或定位点上，按下左键不放，同时移动鼠标，此时样条线拓扑形状（曲率）不断变化，达到绘制意图后，松开左键。

操纵 2 的操作流程，如图 5.5.9 所示：把鼠标指针移到样条曲线上，按下左键不放，同时移动鼠标，此时样条曲线随着鼠标移动，达到绘制意图后，松开左键。

图 5.5.8　操纵 1：改变曲线的形状　　　　图 5.5.9　操纵 2：曲线的移动

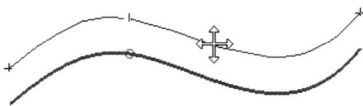

5.5.5　制作拐角

"制作拐角"命令是指通过两条曲线延伸或修剪到公共交点来创建拐角。此命令适用于直线、圆弧、开放式二次曲线和开放式样条等，其中开放式样条仅限修剪。创建"制作拐角"的一般操作步骤如下。

Step 1 选择方法。选中"制作拐角"按钮 ┼。

Step 2 定义要制作拐角的两条曲线。选取图 5.5.10 所示的两条直线。

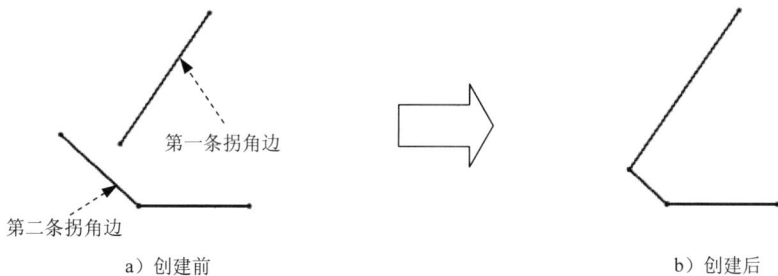

第一条拐角边

第二条拐角边

a）创建前　　　　　　　　　　　　　　　　b）创建后

图 5.5.10　制作拐角

Step 3 单击中键，完成制作拐角的创建。

5.5.6　删除对象

Step 1 在图形区单击或框选要删除的对象（框选时要框住整个对象），此时可看到选中的对象变为蓝色。

Step 2 按 Delete 键，所选对象即被删除。

说明：要删除所选的对象，还有下面四种方法。

● 在图形区右击，在弹出的快捷菜单中选择 ✕ 删除(D) 命令。

● 选择 编辑(E) 下拉菜单中的 ✕ 删除(D)... 命令。

● 单击"标准"工具条中的 ✕ 按钮。

● 按 Ctrl+D 组合键。

注意：如要恢复已删除的对象，可使用 Ctrl+Z 组合键来完成。

5.5.7　复制/粘贴对象

Step 1　在图形区单击或框选要复制的对象（框选时要框住整个对象）。

Step 2　先选择下拉菜单 编辑(E) ➡ ❑ 复制(C) 命令，然后选择下拉菜单 编辑(E) ➡
❑ 粘贴(P) 命令，则图形区出现图 5.5.11 所示的对象。

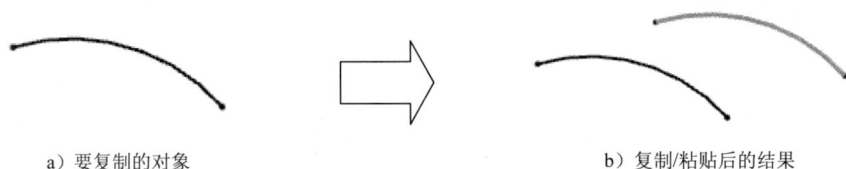

a）要复制的对象　　　　　　　　　　　　　　　b）复制/粘贴后的结果

图 5.5.11　对象的复制/粘贴

5.5.8　快速修剪

Step 1　选择命令。选择下拉菜单 编辑(E) ➡ 曲线(V)▶ ➡ ✕ 快速修剪(Q)... 命令。

Step 2　定义修剪对象。依次单击图 5.5.12a 所示的需要修剪的部分。

Step 3　单击中键。完成对象的修剪，结果如图 5.5.12b 所示。

选取要修剪的部分

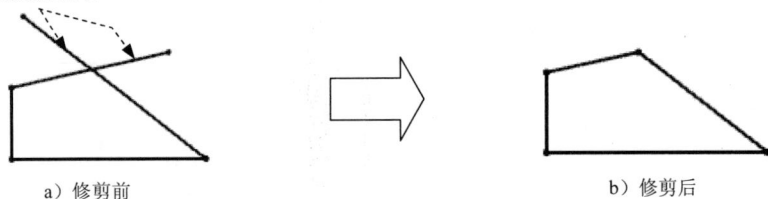

a）修剪前　　　　　　　　　　　　　　　　　　b）修剪后

图 5.5.12　快速修剪

5.5.9　快速延伸

Step 1　选择下拉菜单 编辑(E) ➡ 曲线(V)▶ ➡ ✕ 快速延伸(X)... 命令。

Step 2　选取图 5.5.13a 中所示的曲线，完成曲线到下一个边界的延伸，单击中键。

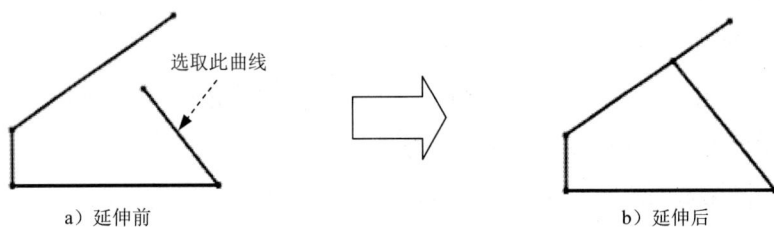

选取此曲线

a）延伸前　　　　　　　　　　　　　　　　　　b）延伸后

图 5.5.13　快速延伸

说明：在延伸时，系统自动选择最近的曲线作为延伸边界。

5.5.10 镜像

镜像操作是指将草图对象以一条直线为对称中心，将所选取的对象以这条对称中心为轴进行复制，生成新的草图对象。镜像拷贝的对象与原对象形成一个整体，并且保持相关性。"镜像"操作在绘制对称图形时是非常有用的。下面以图 5.5.14 所示的实例来说明"镜像"的一般操作步骤。

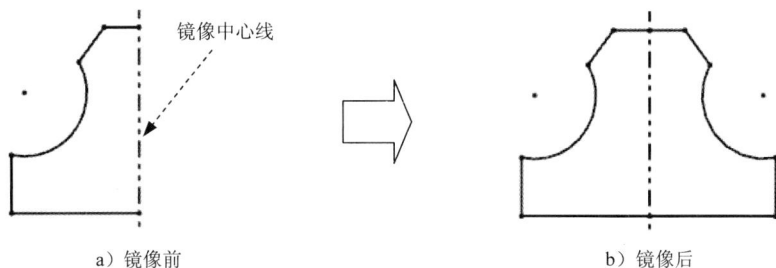

a）镜像前　　　　　　　　　　b）镜像后

图 5.5.14　镜像操作

Step 1 打开文件 D:\ug85nc\work\ch05\ch05.05\mirror.prt，如图 5.5.14a 所示。

Step 2 进入草图环境。在部件导航器中右击 ☑🔧草图 (1)，选择 🔧 可回滚编辑... 命令。

Step 3 选择命令。选择下拉菜单 插入(S) ➡ 来自曲线集的曲线(F)▶ ➡ 🔧 镜像曲线(M)... 命令，系统弹出图 5.5.15 所示的"镜像曲线"对话框。

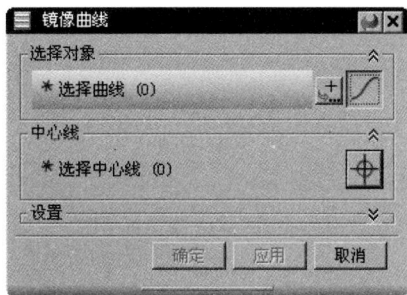

图 5.5.15　"镜像曲线"对话框

Step 4 定义镜像对象。在"镜像曲线"对话框中单击"曲线"按钮 ∫，选取图形区中的所有草图曲线。

Step 5 定义中心线。单击"镜像曲线"对话框中的"中心线"按钮 ⊕，选取图 5.5.14a 所示的中心线作为镜像中心线。

Step 6 单击 < 确定 > 按钮，完成镜像操作，结果如图 5.5.14b 所示。

图 5.5.15 所示的"镜像曲线"对话框中各选项的功能说明如下：

- ⊕（镜像中心线）：用于选择直线或轴作为镜像的中心线。选择草图中的直线作为镜像中心线时，所选的直线会变成参考线，暂时失去作用。如果要将其转化为正常的草图对象，可用"草图约束"工具条中的"转换为参考的/激活的"功能。

- ∫（要镜像的曲线）：用于选择一个或多个要镜像的草图对象。在选取镜像中心线后，用户可以在草图中选取要进行"镜像"操作的草图对象。

5.5.11 偏置曲线

"偏置曲线"是指对当前草图中的曲线进行偏移，从而产生与源曲线相关联、形状相似的新的曲线。可偏移的曲线包括基本绘制的曲线、投影曲线、边缘曲线等。创建图 5.5.16 所示的偏置曲线的具体步骤如下。

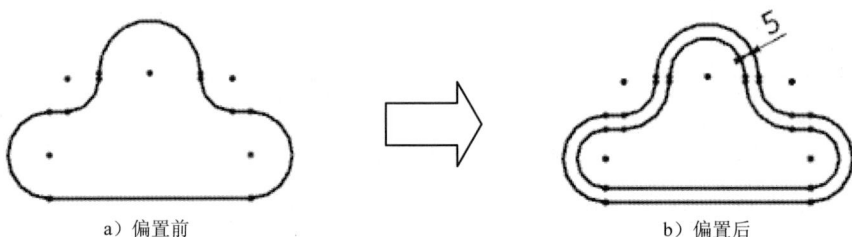

a）偏置前   b）偏置后

图 5.5.16　偏置曲线

Step 1　打开文件 D:\ug85nc\work\ch05\ch05.05\offset.prt。

Step 2　双击草图，单击 按钮，进入草图环境。

Step 3　选择命令。选择下拉菜单 插入(S) ➡ 来自曲线集的曲线(F)▶ ➡ 偏置曲线(V)... 命令，系统弹出图 5.5.17 所示的"偏置曲线"对话框。

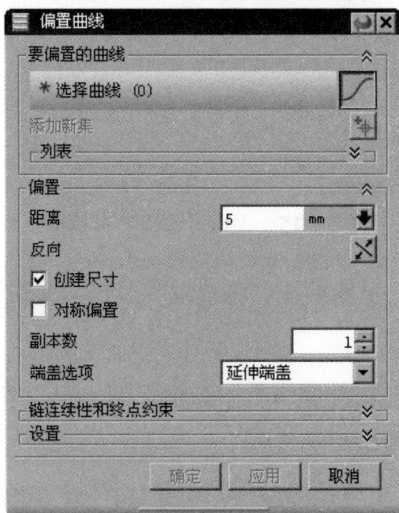

图 5.5.17　"偏置曲线"对话框

Step 4 定义偏置曲线。在图形区选取图 5.5.16a 所示的草图。

Step 5 定义偏置参数。在 距离 文本框中输入偏置距离值为 5，单击"反向"按钮⚎。

Step 6 定义阶次。接受 阶次 文本框中默认的偏置曲线阶次。

Step 7 定义公差。接受 公差 文本框中默认的偏置曲线精度值，单击 <确定> 按钮，完成偏置曲线操作，结果如图 5.5.16b 所示。

5.5.12　编辑定义截面

草图曲线一般可用于拉伸、旋转和扫掠等特征的剖面，如果要改变特征截面的形状，可以通过"编辑定义截面"功能来实现。图 5.5.18 所示的编辑定义截面的具体操作步骤如下。

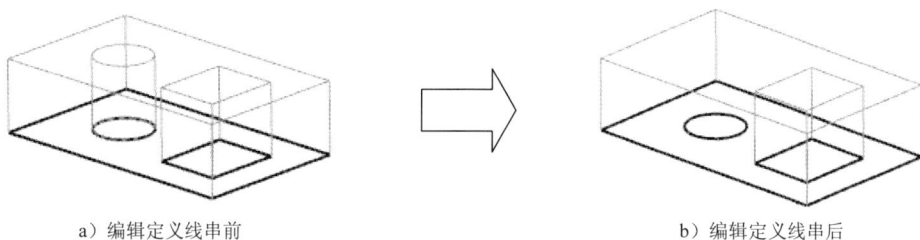

a）编辑定义线串前　　　　　　　　　　b）编辑定义线串后

图 5.5.18　编辑定义截面

Step 1 打开文件 D:\ug85nc\work\ch05\ch05.05\edit_defined_curve.prt。

Step 2 在特征树中右击草图，在弹出的快捷菜单中选择🔲可回滚编辑...命令，进入草图编辑环境。选择下拉菜单 编辑(E) ➡ 🔳编辑定义截面(F)...命令，系统弹出图 5.5.19 所示的"编辑定义截面"对话框（一）（如果当前草图中没有曲线经过拉伸、旋转等操作来生成几何体，系统弹出图 5.5.20 所示的"编辑定义截面"对话框（二））。

图 5.5.19　"编辑定义截面"对话框（一）

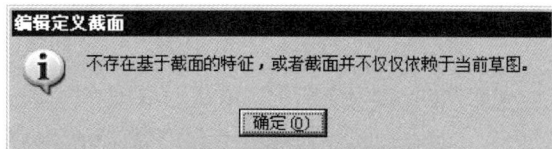

图 5.5.20　"编辑定义截面"对话框（二）

注意："编辑定义截面"操作只适合于经过拉伸、旋转生成特征的曲线，如果不符合此要求，该操作就不能实现。

Step 3 按住 Shift 键，在草图中选取图 5.5.21 所示的所有曲线（两个矩形和一个圆），系统则排除整个草图曲线；再选取图 5.5.21 所示的两个矩形（此时不用按住 Shift 键）作为新的草图截面，单击对话框中的"替换助理"按钮 [图]。

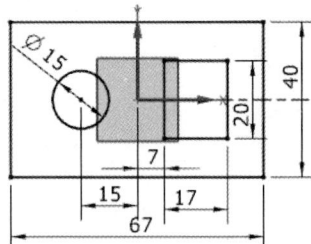

图 5.5.21　添加选中的曲线

说明：用 Shift+左键选择要移除的对象；用左键选择要添加的对象。

Step 4 单击 确定 按钮，完成草图截面的编辑。单击 [完成草图] 按钮，退出草图环境。

说明：此处如果无法看到编辑后的结果，可以选择下拉菜单 工具(T) ➡ 更新(U) ▶ ➡ 更新以获取外部更改(E) 命令对模型进行更新。

5.5.13　相交曲线

"相交曲线"命令可以通过用户指定的面与草图基准平面相交产生一条曲线。如图 5.5.22 所示的相交操作的步骤如下。

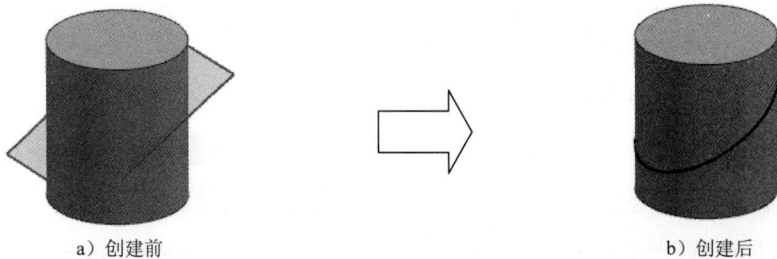

a）创建前　　　　　　　　　　　　　b）创建后

图 5.5.22　相交操作

Step 1 打开文件 D:\ug85nc\work\ch05\ch05.05\intersect.prt。

Step 2 进入草图环境。选择下拉菜单 插入(S) ➡ [在任务环境中绘制草图(V)...] 命令，系统弹出"创建草图"对话框，选取基准平面为草图平面，单击对话框中的 确定 按钮，进入草图环境。

Step 3 选择命令。选择下拉菜单 插入(S) ➡ 处方曲线(U) ▶ ➡ [相交曲线(U)...] 命令，系统弹出图 5.5.23 所示的"相交曲线"对话框。

Step 4 选取要相交的面。依次选取图 5.5.22a 所示的圆柱面为相交对象，即产生图 5.5.22 所示的相交曲线链，接受系统默认的 距离公差 和 角度公差 值。

Step 5 单击"相交曲线"对话框中的 < 确定 > 按钮，完成相交曲线的创建。

图 5.5.23 所示的"相交曲线"对话框中工具按钮的功能说明如下：

● [图] （面）：用于选择草图相交的面。

图 5.5.23 "相交曲线"对话框

- ☑ **忽略孔** 复选框：当选取的"要相交的面"上有孔特征时，勾选此复选框后，系统会在曲线遇到的第一个孔处停止相交曲线。
- ☐ **连结曲线** 复选框：用于多个"相交曲线"之间的连结。勾选此复选框后，系统会自动将多个相交曲线连结成一个整体。

5.5.14 投影曲线

"投影曲线"功能是指将选取的对象按垂直于草图工作平面的方向投影到草图中，使之成为草图对象。创建图 5.5.24 所示的投影曲线的步骤如下。

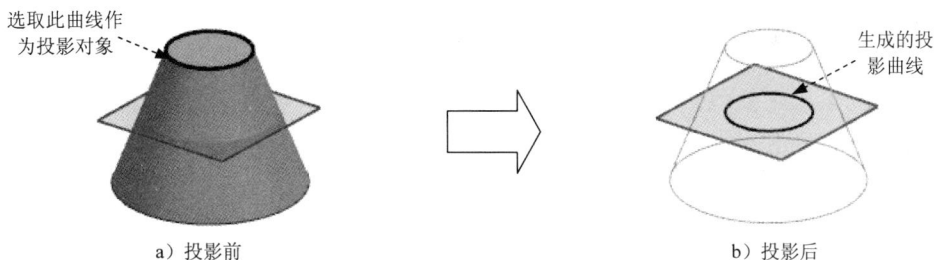

图 5.5.24 投影曲线

Step 1 打开文件 D:\ug85nc\work\ch05\ch05.05\projection.prt。

Step 2 进入草图环境。选择下拉菜单 插入(S) ➡ 任务环境中的草图(S)... 命令，选取基准平面为草图平面，单击 确定 按钮。

Step 3 选择命令。选择下拉菜单 插入(S) ➡ 处方曲线(U)▶ ➡ 投影曲线(T)... 命令，系统弹出图 5.5.25 所示的"投影曲线"对话框。

Step 4 定义要投影的对象。在"投影曲线"对话框中单击"曲线"按钮 ⊕，选取图 5.5.24a 所示的曲线为要投影的对象。

Step 5 单击 确定 按钮，完成图 5.5.24b 所示的投影曲线。

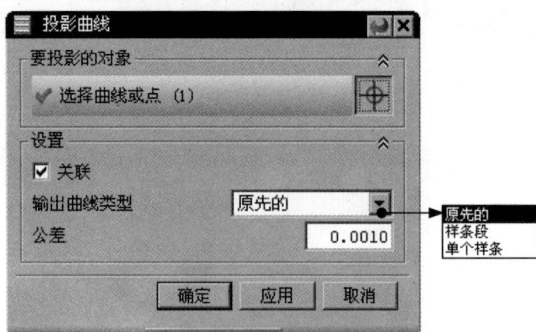

图 5.5.25　"投影曲线"对话框

图 5.5.25 所示的"投影曲线"对话框中按钮的功能说明如下：

- ⊕ （曲线）：用于选择要投影的对象，默认情况下为按下状态。
- ⊞ （点）：单击该按钮后，系统将弹出"点"对话框。
- ☑关联 复选框：定义投影曲线与投影对象之间的关联性。选中该复选框时，投影曲线与投影对象将存在关联性。即投影对象发生改变时，投影曲线也随之改变。
- 输出曲线类型 下拉列表：该下拉列表包括 原先的、样条段 和 单个样条 三个选项。

5.6　草图的约束

5.6.1　草图约束概述

　　"草图约束"主要包括"几何约束"和"尺寸约束"两种类型。"几何约束"用来定位草图对象和确定草图对象之间的相互关系，而"尺寸约束"是用来驱动、限制和约束草图几何对象的大小和形状的。

　　进入草图环境后，屏幕上会出现绘制草图时所需要的"草图工具"工具条，如图 5.6.1 所示。

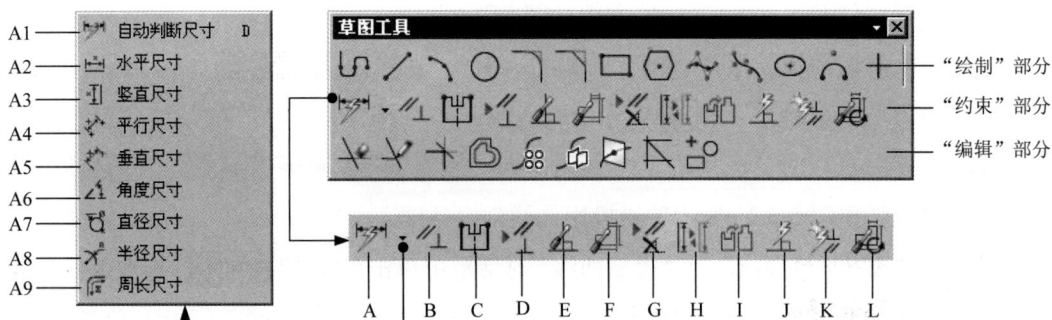

图 5.6.1　"草图工具"工具条

图 5.6.1 所示的 "草图工具" 工具条中 "约束" 部分各工具按钮的说明如下:

- A1: 自动判断尺寸。通过基于选定的对象和光标的位置自动判断尺寸类型来创建尺寸约束。

- A2: 水平尺寸。该按钮对所选对象进行水平尺寸约束。

- A3: 竖直尺寸。该按钮对所选对象进行竖直尺寸约束。

- A4: 平行尺寸。该按钮对所选对象进行平行于指定对象的尺寸约束。

- A5: 垂直尺寸。该按钮对所选的点到直线的垂直距离进行垂直尺寸约束。

- A6: 角度尺寸。该按钮对所选的两条直线进行角度约束。

- A7: 直径尺寸。该按钮对所选的圆进行直径尺寸约束。

- A8: 半径尺寸。该按钮对所选的圆进行半径尺寸约束。

- A9: 周长尺寸。该按钮对所选的多个对象进行周长尺寸约束。

- B: 约束。用户自己对存在的草图对象指定约束类型。

- C: 设为对称。将两个点或曲线约束为相对于草图上的对称线对称。

- D: 显示所有约束。显示施加到草图上的所有几何约束。

- E: 自动约束。单击该按钮,系统会弹出图 5.6.2 所示的 "自动约束" 对话框,用于自动地添加约束。

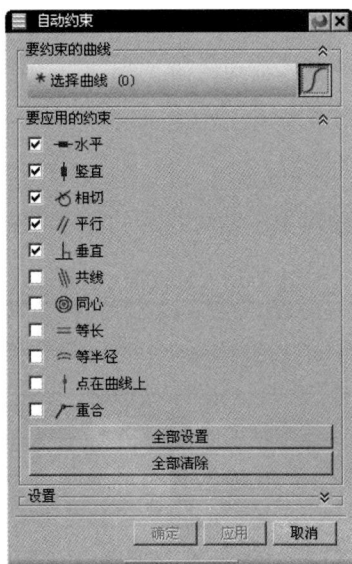

图 5.6.2　"自动约束" 对话框

- F: 自动标注尺寸。根据设置的规则在曲线上自动创建尺寸。

- G: 显示/移除约束。显示与选定的草图几何图形关联的几何约束,并移除所有这些约束或列出信息。

- H：转换至/自参考对象。将草图曲线或草图尺寸从活动转换为参考，或者反过来。下游命令（如拉伸）不使用参考曲线，并且参考尺寸不控制草图几何体。
- I：备选解。备选尺寸或几何约束解算方案。
- J：自动判断约束和尺寸。控制哪些约束或尺寸在曲线构造过程中被自动判断。
- K：创建自动判断约束。在曲线构造过程中启用自动判断约束。
- L：连续自动标注尺寸。在曲线构造过程中启用自动标注尺寸。

在草图绘制过程中，读者可以自己设定自动约束的类型，单击"自动约束"按钮，系统弹出"自动约束"对话框，如图 5.6.2 所示，在对话框中可以设定自动约束类型。

图 5.6.2 所示的"自动约束"对话框中所建立的都是几何约束，它们的用法如下：

- （水平）：约束直线为水平直线（即平行于 XC 轴）。
- （竖直）：约束直线为竖直直线（即平行于 YC 轴）。
- （相切）：约束所选的两个对象相切。
- （平行）：约束两直线互相平行。
- （垂直）：约束两直线互相垂直。
- （共线）：约束多条直线对象位于或通过同一直线。
- （同心）：约束多个圆弧或椭圆弧的中心点重合。
- （等长）：约束多条直线为同一长度。
- （等半径）：约束多个弧有相同的半径。
- （点在曲线上）：约束所选点在曲线上。
- （重合）：约束多点重合。

在草图中，被添加完约束的对象中约束符号的显示方式如表 5.6.1 所示。

表 5.6.1　约束符号列表

约束名称	约束显示符号
固定/完全固定	⅂
固定长度	↔
水平	→
竖直	↑
固定角度	∠
等半径	⌒
相切	+
同心	◉
中点	+-
点在曲线上	⊬

约束名称	约束显示符号
垂直的	⊥
平行的	∦
共线	∥
等长	＝
重合	⌐

在一般的绘图过程中，我们习惯先绘制出对象的大概形状，然后通过添加"几何约束"来定位草图对象和确定草图对象之间的相互关系，再添加"尺寸约束"来驱动、限制和约束草图几何对象的大小和形状，下面将先介绍如何添加"几何约束"，再介绍添加"尺寸约束"的具体方法。

5.6.2　添加几何约束

在二维草图中，添加几何约束主要有两种方法：手工添加几何约束和自动产生几何约束。一般在添加几何约束时，要先单击"显示所有约束"按钮▸⊿，则二维草图中存在的所有约束都显示在图中。

方法一：手工添加约束。手工添加约束是指对所选对象由用户自己来指定某种约束。在"草图约束"工具条中单击⊿按钮，系统弹出"几何约束"对话框，在对话框中选择需要添加的几何约束类型，然后选取需要添加几何约束的对象，即可完成约束的添加。

根据所选对象的几何关系，在几何约束类型中选择一个或多个约束类型，则系统会添加指定类型的几何约束到所选草图对象上，这些草图对象会因所添加的约束而不能随意移动或旋转。

下面通过图 5.6.3 所示的相切约束来说明创建约束的一般操作步骤。

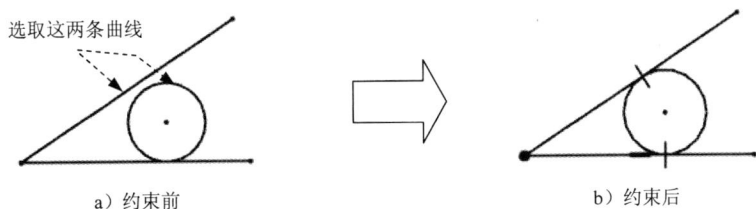

选取这两条曲线

a）约束前　　　　　　　　　　　b）约束后

图 5.6.3　添加相切约束

Step 1　打开文件 D:\ug85nc\work\ch05\ch05.06\add_1.prt。

Step 2　双击已有草图，单击🔒按钮，进入草图工作环境，单击"显示所有约束"按钮▸⊿和"约束"按钮⊿，系统弹出图 5.6.4 所示的"几何约束"对话框。

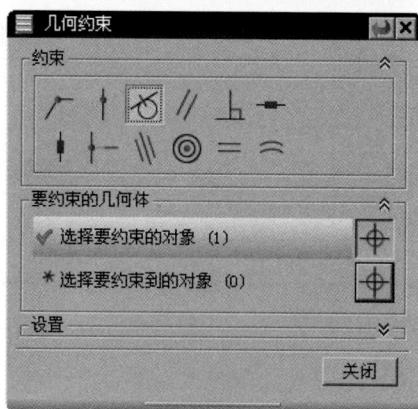

图 5.6.4　"几何约束"对话框

Step 3　定义约束类型。单击 ⊘ 按钮，即可添加"相切"约束。

Step 4　定义约束对象。根据系统 选择要约束的对象 的提示，选取图 5.6.3a 所示的直线作为约束对象，单击中键，然后选取圆作为约束到的对象。

Step 5　单击 关闭 按钮，完成约束的添加，草图中会自动添加约束符号，如图 5.6.3b 所示。

下面通过图 5.6.5 所示的约束来说明创建多个约束的一般操作步骤。

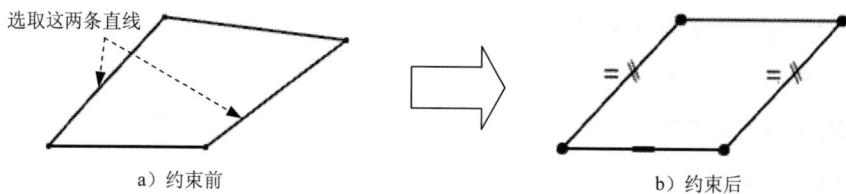

a）约束前　　　　　　　　　　　　　　　b）约束后

图 5.6.5　添加多个约束

Step 1　打开文件 D:\ug85nc\work\ch05\ch05.06\add_2.prt。

Step 2　双击已有草图，单击 品 按钮，进入草图工作环境，单击"显示所有约束"按钮 和"约束"按钮 ⊥，系统弹出"几何约束"对话框，单击"等长"按钮 =，根据系统 选择要约束的对象 的提示，选取图 5.6.5a 所示的两条直线，则直线之间会添加"等长"约束，单击"平行"按钮 //，再单击选取图 5.6.5a 所示的两条直线，则直线之间会添加"平行"约束。

Step 3　单击 关闭 按钮，完成约束的创建，草图中会自动添加约束符号，如图 5.6.5b 所示。

关于其他类型约束的创建，与以上两个范例的创建过程相似，这里就不再赘述，读者可以自行研究。

方法二：自动产生几何约束。自动产生几何约束是指系统根据选择的几何约束类型以及草图对象间的关系，自动添加相应约束到草图对象上。一般都利用"自动约束"按钮 ⚓ 来让系统自动添加约束。其操作步骤如下。

Step 1 单击"约束"工具条中的"自动约束"按钮 ⚓，系统弹出"自动约束"对话框。

Step 2 在"自动约束"对话框中单击要自动创建的约束的相应按钮，然后单击 确定 按钮。通常用户都选择自动创建所有的约束，这样只需在对话框单击 全部设置 按钮，则对话框中的约束复选框全部被选中，单击 确定 按钮，完成自动创建约束的设置。

这样，在草图中画任意曲线，系统会自动添加相应的约束，而系统没有自动添加的约束就需要用户利用手工添加约束的方法自行添加。

5.6.3　添加尺寸约束

尺寸约束是指在草图上标注尺寸，并设置尺寸标注线的形式与尺寸大小，来驱动、限制和约束草图几何对象。选择下拉菜单 插入(S) ➡ 尺寸(M) 中的命令。主要包括以下几种标注方式。

1. 标注水平距离

标注水平距离是指标注直线或两点之间的水平投影长度。下面通过标注图 5.6.6b 所示的尺寸来说明创建水平距离的一般操作步骤。

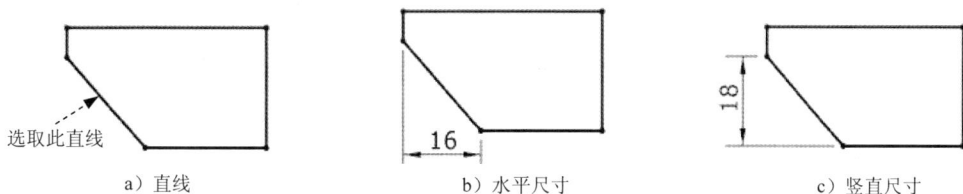

　a) 直线　　　　　　　　b) 水平尺寸　　　　　　　　c) 竖直尺寸

图 5.6.6　水平和竖直尺寸的标注

Step 1 打开文件 D:\ug85nc\work\ch05\ch05.06\add_dimension_1.prt。

Step 2 双击图 5.6.6a 所示的直线，单击 按钮，进入草图工作环境，选择下拉菜单 插入(S) ➡ 尺寸(M) ▸ 水平(H)... 命令。

Step 3 定义标注尺寸的对象。选取图 5.6.6a 所示的直线，系统生成水平尺寸。

Step 4 定义尺寸放置的位置。移动鼠标至合适位置，单击放置尺寸。如果要改变直线尺寸，则可以在弹出的动态输入框中输入所需的数值。

Step 5 单击中键完成水平尺寸的标注，如图 5.6.6b 所示。

2. 标注竖直距离

标注竖直距离是指标注直线或两点之间的竖直投影长度。下面通过标注图 5.6.6c 所示的尺寸来说明创建竖直距离的步骤。

Step 1 选择刚标注的水平距离右击，在弹出的快捷菜单中选择 ✕ 删除(D) 命令，删除该水平距离。

Step 2 选择下拉菜单 插入(S) ➡ 尺寸(M) ➡ 竖直(V)... 命令，单击选取图 5.6.6a 所示的直线，系统生成竖直尺寸。

Step 3 移动鼠标至合适位置，单击放置尺寸。如果要改变距离数值，则可以在弹出的动态输入框中输入所需的数值。

Step 4 单击中键完成竖直尺寸的标注，如图 5.6.6c 所示。

3. 标注平行距离

标注平行距离是指标注所选直线两端点之间的平行投影长度。下面通过标注图 5.6.7b 所示的尺寸来说明创建平行距离的步骤。

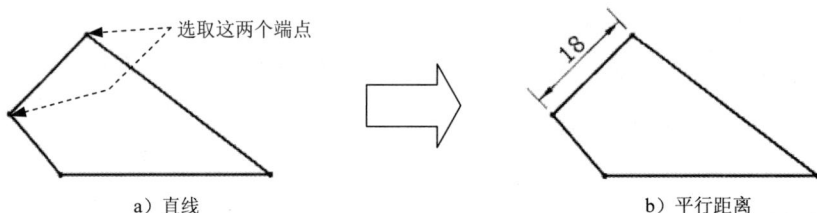

图 5.6.7　平行距离的标注

Step 1 打开文件 D:\ug85nc\work\ch05\ch05.06\add_dimension_2.prt。

Step 2 双击图 5.6.7a 所示的直线，单击 按钮，进入草图工作环境。选择下拉菜单 插入(S) ➡ 尺寸(M) ➡ 平行(P)... 命令，选择两条直线的两个端点，系统生成平行尺寸。

Step 3 移动鼠标至合适位置，单击放置尺寸。

Step 4 单击中键完成平行尺寸的标注，如图 5.6.7b 所示。

4. 标注垂直距离

标注垂直距离是指标注所选点与直线之间的垂直距离。下面通过标注图 5.6.8 所示的尺寸来说明创建垂直距离的步骤。

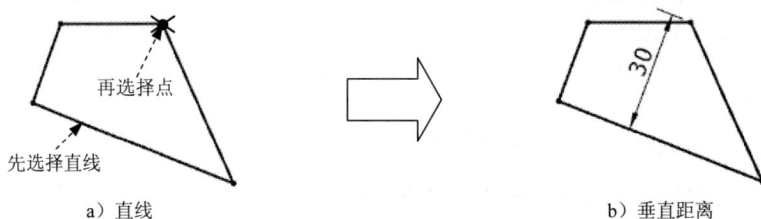

图 5.6.8　垂直距离的标注

Step 1 打开文件 D:\ug85nc\work\ch05\ch05.06\add_dimension_3.prt。

Step 2 双击图 5.6.8a 所示的直线，单击 ⌘ 按钮，进入草图工作环境，选择下拉菜单 插入(S) ➡ 尺寸(M) ➡ 垂直(E)...命令，标注点到直线的距离，先选择直线，然后再选择点，系统生成垂直尺寸。

Step 3 移动鼠标至合适位置，单击放置尺寸。

Step 4 单击中键完成垂置距离的标注，如图 5.6.8b 所示。

5. 标注两条直线间的角度

标注两条直线间的角度是指标注所选直线之间夹角的大小，且角度有锐角和钝角之分。下面通过标注图 5.6.9 所示的角度来说明标注直线间角度的步骤。

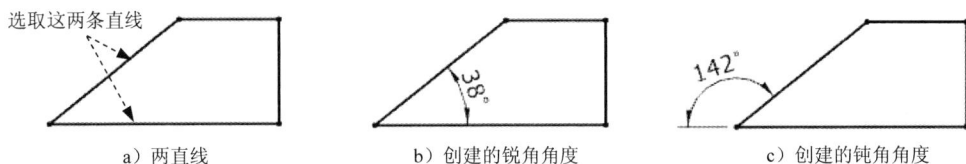

a）两直线　　　　b）创建的锐角角度　　　　c）创建的钝角角度

图 5.6.9　角度的标注

Step 1 打开文件 D:\ug85nc\work\ch05\ch05.06\add_angle.prt。

Step 2 双击已有草图，单击 ⌘ 按钮，进入草图工作环境，选择下拉菜单 插入(S) ➡ 尺寸(M) ➡ 角度(A)...命令，选取两条直线（图 5.6.9a），系统生成角度。

Step 3 移动鼠标至合适位置（移动的位置不同,生成的角度可能是锐角或钝角,如图 5.6.9 所示），单击放置尺寸。

Step 4 单击中键完成角度的标注，如图 5.6.9b、c 所示。

6. 标注直径

标注直径是指标注所选圆直径的大小。下面通过标注如图 5.6.10 所示圆的直径来说明标注直径的步骤。

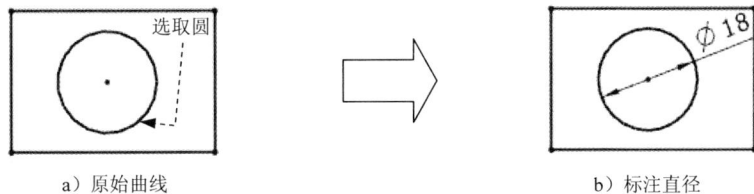

a）原始曲线　　　　　　b）标注直径

图 5.6.10　直径的标注

Step 1 打开文件 D:\ug85nc\work\ch05\ch05.06\add_diameter.prt。

Step 2 双击已有草图，单击 ⌘ 按钮，进入草图工作环境，选择下拉菜单 插入(S) ➡ 尺寸(M) ➡ 直径(D)...命令，选取图 5.6.10a 所示的圆，系统生成直径尺寸。

Step 3 移动鼠标至合适位置，单击放置尺寸。

Step 4 　单击中键完成直径的标注，如图 5.6.10b 所示。

7. 标注半径

标注半径是指标注所选圆或圆弧半径的大小。下面通过标注图 5.6.11 所示圆弧的半径来说明标注半径的步骤。

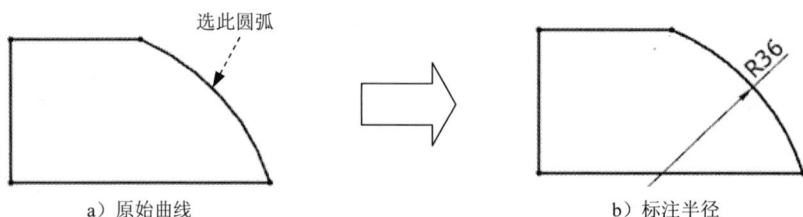

a）原始曲线　　　　　　　　　　　　　　b）标注半径

图 5.6.11　半径的标注

Step 1 　打开文件 D:\ug85nc\work\ch05\ch05.06\add_radius.prt。

Step 2 　双击已有草图，单击 按钮，进入草图工作环境，选择下拉菜单 插入(S) ➡ 尺寸(M) ➡ 半径(R)... 命令，选择圆弧（图 5.6.11a），系统生成半径尺寸。

Step 3 　移动鼠标至合适位置，单击放置尺寸。如果要改变圆的半径尺寸，则可在弹出的动态输入框中输入所需的数值。

Step 4 　单击中键完成半径的标注，如图 5.6.11b 所示。

5.7　修改草图约束

5.7.1　显示/移除约束

"显示/移除约束"主要是用来查看现有的几何约束，设置查看的范围、查看类型和列表方式以及移除不需要的几何约束。

单击"草图约束"工具条中的 按钮，显示施加到草图上的所有几何约束，然后单击"草图约束"工具条中的 按钮，系统弹出图 5.7.1 所示的"显示/移除约束"对话框。

图 5.7.1 所示的"显示/移除约束"对话框中各选项用法的说明如下：

● 列出以下对象的约束 区域：控制在显示约束列表窗口中要列出的约束。它包含 3 个单选按钮。

    ☑　◉ 选定的一个对象：每次仅允许选择一个对象。选择其他对象将自动取消选择以前选定的对象。"显示约束"列表中显示与选定对象相关的约束。这是默认设置。

    ☑　◉ 选定的对象：可选择多个对象，选择其他对象不会取消选择以前选定的对象，它允许用户选取多个草图对象，"显示约束"列表中将显示所有选定对象包含的全部几何约束。

图 5.7.1　"显示/移除约束"对话框

☑　⊙ 活动草图中的所有对象：在"显示约束"列表中列出当前草图对象中所有的约束。

● 约束类型 下拉列表：选择需要显示的约束类型。当选择此下拉列表时，系统会列出可选的约束类型（图 5.7.1），用户从中选择要显示的约束类型名称即可。在"约束类型"的 ⊙ 包含 和 ⊙ 排除 两个单选按钮中只能选一个，通常都选中 ⊙ 包含 单选按钮。

● 显示约束 下拉列表：控制"显示约束"列表中显示指定类型的约束，还是显示指定类型以外的所有其他约束。显示约束 下拉列表包含三个选项，分别介绍如下。

☑　Explicit：显示所有由用户显示或非显示创建的约束，包括所有非自动判断的重合约束，但不包括所有系统在曲线创建期间自动判断的重合约束。

☑　自动判断：显示所有自动判断的重合约束，它们是在曲线创建期间由系统自动创建的。

☑　两者皆是：显示包括 Explicit 和 自动判断 两种类型的约束。

● 显示约束 列表：该列表用于显示当前选定的草图几何对象的几何约束。当在该列表中选择某约束时，约束对应的草图对象在图形区中会呈高亮显示，并显示出草图对象的名称。列表右侧的上下箭头用于按顺序选择约束。

● 移除高亮显示的 按钮：用于移除一个或多个约束，方法是在"显示约束"列表中选择需要移除的约束，然后单击此按钮。

● 移除所列的 按钮：用于移除在"显示约束"列表中的所有约束。

● 信息 按钮：在"信息"窗口中显示有关活动的草图的所

有几何约束信息。如果要保存或打印出约束信息，该按钮很有用。

5.7.2 尺寸的移动

为了使草图的布局更清晰合理，可以移动尺寸文本的位置，操作步骤如下。

Step 1 将鼠标移至要移动的尺寸处，按住左键。

Step 2 左右或上下移动鼠标，可以移动尺寸箭头和文本框的位置。

Step 3 在合适的位置松开左键，完成尺寸位置的移动。

5.7.3 编辑尺寸值

修改草图的标注尺寸有如下两种方法。

打开文件 D:\ug85nc\work\ch05\ch05.07\edit_dimension.prt。

方法一：

Step 1 双击要修改的尺寸，如图 5.7.2 所示。

Step 2 系统弹出动态输入框，如图 5.7.3 所示。在动态输入框中输入新的尺寸值，并按中键（按 Enter 键）完成尺寸的修改，如图 5.7.4 所示。

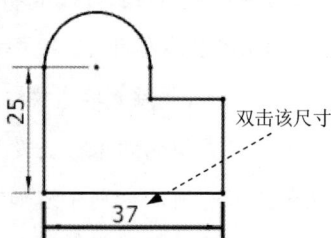

图 5.7.2　标注尺寸（一）　　　　图 5.7.3　标注尺寸（二）

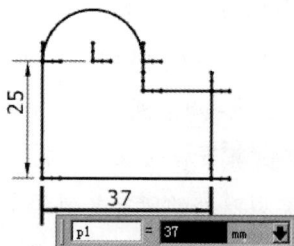

方法二：

Step 1 将鼠标移至要修改的尺寸处右击。

Step 2 在弹出的快捷菜单中选择 编辑值(U)... 命令（图 5.7.5）。

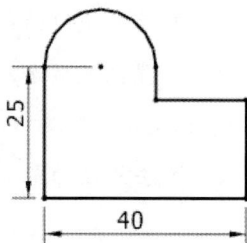

图 5.7.4　标注尺寸（三）　　　　图 5.7.5　快捷菜单

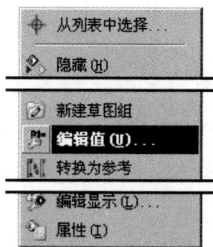

Step 3 在弹出的动态输入框中输入新的尺寸值，单击中键完成尺寸的修改。

5.8 草图范例 1

范例概述：

本范例主要介绍草图的绘制、编辑和标注的过程，读者要重点掌握约束与尺寸的标注。如图 5.8.1 所示，其绘制过程如下。

注意：在后面要数控加工的零件三维建模中，将会用到该草图范例。

Step 1 新建一个文件。

（1）选择下拉菜单 文件(F) ➡ 新建(N)... 命令，系统弹出"新建"对话框。

（2）在"新建"对话框中的 模板 选项栏中，选取模板类型为 模型 ，在 名称 文本框中输入文件名为 sketch01，然后单击 确定 按钮。

Step 2 选择下拉菜单 插入(S) ➡ 在任务环境中绘制草图(V)... 命令，系统弹出"创建草图"对话框，选择 XY 平面为草图平面，单击该对话框中的 确定 按钮，系统进入草图环境。

Step 3 选择下拉菜单 插入(S) ➡ 曲线(C)▶ ➡ 轮廓(O)... 命令，大致绘制图 5.8.2 所示的草图。

Step 4 添加几何约束。

（1）单击"显示草图约束"按钮 和"约束"按钮 ，系统弹出图 5.8.3 所示的"几何约束"对话框，单击 按钮，选取图 5.8.4 所示的直线端点和 X 轴，则在直线端点和 X 轴之间添加图 5.8.5 所示的"点在曲线上"约束。

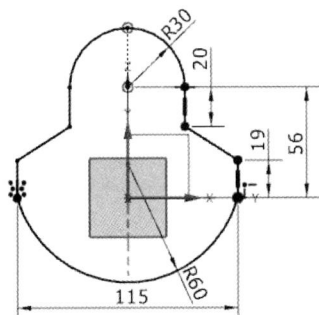

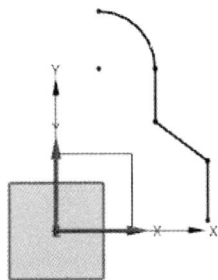

图 5.8.1 范例 1　　　　图 5.8.2 绘制草图　　　　图 5.8.3 "几何约束"对话框

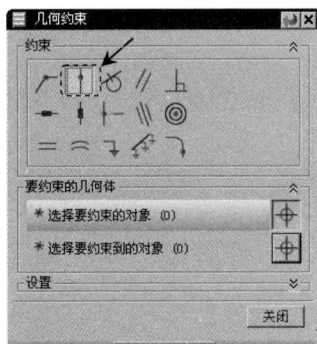

（2）参照上述步骤完成图 5.8.6 和图 5.8.7 所示的"点在曲线上"约束。

（3）镜像曲线特征。选择下拉菜单 插入(S) ➡ 来自曲线集的曲线(F)▶ ➡ 镜像曲线(M)... 命令。系统弹出"镜像曲线"对话框，选取图 5.8.8a 所示的相连曲线为要镜像的曲线，选取图 5.8.8a 中的竖直轴线为镜像中心线，单击对话框中的 〈 确定 〉 按钮，完成镜像曲线特征的操作。

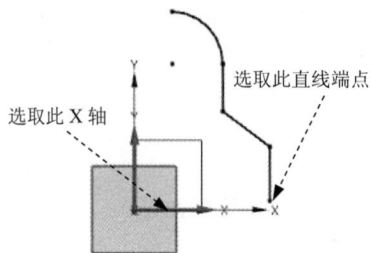

图 5.8.4　定义约束对象

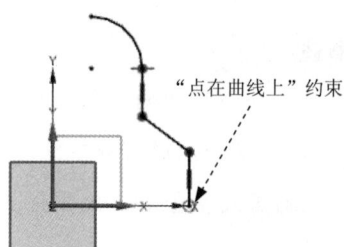

图 5.8.5　添加约束（一）

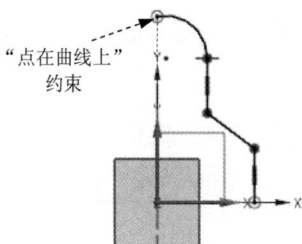

图 5.8.6　添加约束（二）

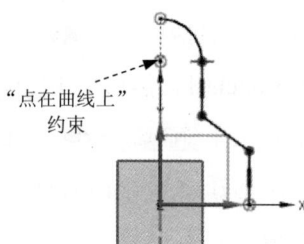

图 5.8.7　添加约束（三）

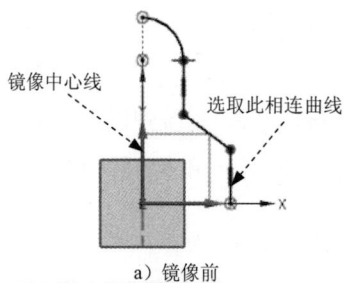

a）镜像前

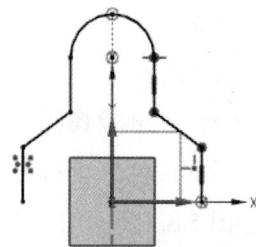

b）镜像后

图 5.8.8　镜像特征 1

Step 5　绘制圆弧。选择下拉菜单 插入(S) ➡ 曲线(C)▶ ➡ 圆弧(A)... 命令，绘制图 5.8.9 所示的圆弧。

Step 6　添加尺寸约束。选择下拉菜单 插入(S) ➡ 尺寸(M) ▶ ➡ 自动判断(I)... 命令，标注图 5.8.10 所示的尺寸。

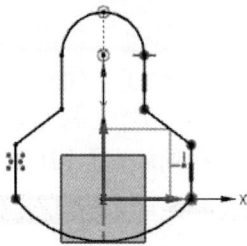

图 5.8.9　绘制圆弧

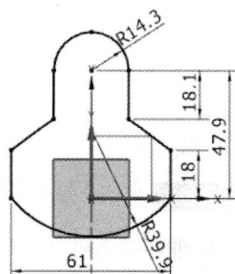

图 5.8.10　添加尺寸

说明： 若草图没有完成约束，此时要检查几何约束是否添加完全。

Step 7　修改尺寸。分别双击每个尺寸，修改后如图 5.8.1 所示。

5.9　草图范例 2

范例概述：

本范例详细地介绍草图的绘制、编辑、标注过程和镜像特征，重点在于对简单特征的综合运用，练习本范例使读者收到循序渐进的学习效果。本节主要绘制图 5.9.1 所示的图形，其具体绘制过程如下。

注意： 在后面要数控加工的零件三维建模中，将会用到该草图范例。

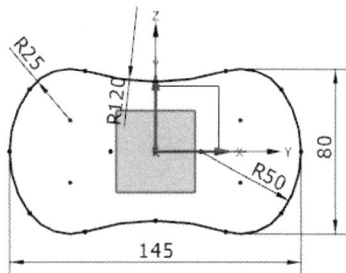

图 5.9.1　范例 2

Step 1　新建文件。选择下拉菜单 文件(F) ➡ 新建(N)... 命令，系统弹出"新建"对话框，在 模板 选项栏中，选取模板类型为 模型 ，在 名称 文本框中输入文件名为 sketch02，单击 确定 按钮。

Step 2　选择下拉菜单 插入(S) ➡ 在任务环境中绘制草图(V)... 命令，系统弹出"创建草图"对话框，选择 XY 平面为草图平面，单击对话框中的 确定 按钮，进入草图环境。

Step 3　选择下拉菜单 插入(S) ➡ 曲线(C)▶ ➡ 圆弧(A)... 命令，大致绘制图 5.9.2 所示的草图。

Step 4　添加几何约束。单击"显示所有约束"按钮 和"约束"按钮 。然后添加图 5.9.3 所示的"点在曲线上"和"相切"约束（具体操作参见录像）。

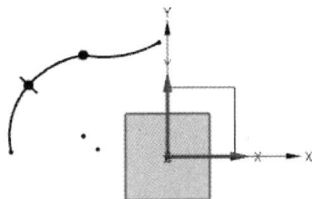

图 5.9.2　绘制草图

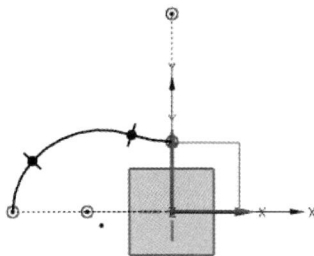

图 5.9.3　添加几何约束

Step 5　镜像曲线特征 1 。选择下拉菜单 插入(S) ➡ 来自曲线集的曲线(F)▶ ➡ 镜像曲线(M)... 命令。选取图 5.9.4a 所示的相连曲线为要镜像的曲线，选取图 5.9.4a 中的竖直轴线为镜像中心线，单击对话框中的 < 确定 > 按钮，完成镜像曲线特征 1 的操作。

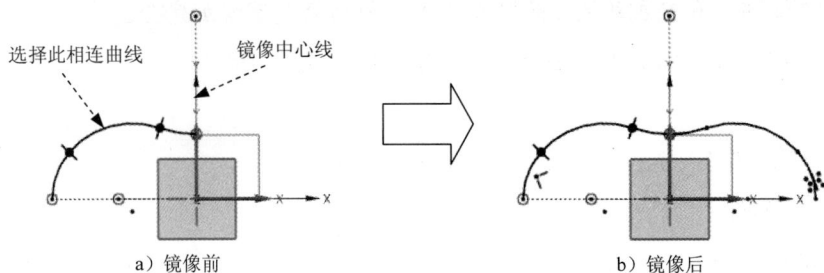

a）镜像前　　　　　　　　　　　　　　　　b）镜像后

图 5.9.4　镜像特征 1

Step 6　参照上一步创建如图 5.9.5 所示的镜像曲线特征 2。

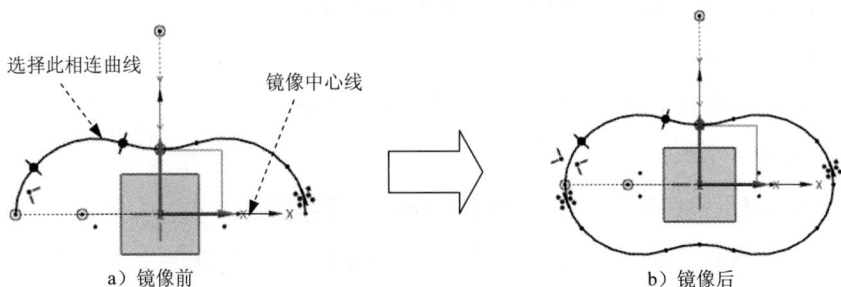

a）镜像前　　　　　　　　　　　　　　　　b）镜像后

图 5.9.5　镜像特征 2

Step 7　添加尺寸约束。选择下拉菜单 插入(S) ➡ 尺寸(M) ▶ ➡ 自动判断(I)... 命令，标注图 5.9.6 所示的尺寸。

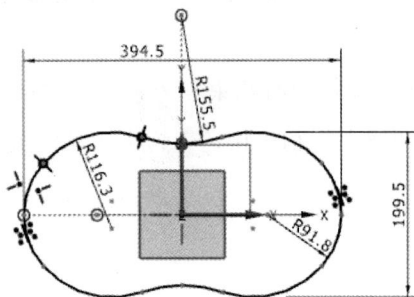

图 5.9.6　添加尺寸

Step 8　修改尺寸。分别双击每个尺寸，修改后如图 5.9.1 所示。

5.10　草图范例 3

范例概述：

本范例从新建一个草图开始，详细介绍草图的绘制、编辑和标注的过程及镜像特征，要重点掌握绘图前的设置、约束的处理、镜像特征的操作过程与细节。本节主要绘制图

5.10.1 所示的图形，其具体绘制过程如下。

　　注意：在后面要数控加工的零件三维建模中，将会用到该草图范例。

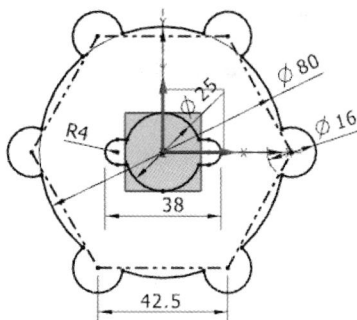

图 5.10.1   范例 3

Step 1　新建文件。选择下拉菜单 文件(F) ━━━▶
　　　　 新建(N)... 命令，系统弹出"新建"对话框，
　　　　在 模板 选项栏中，选取模板类型为 模型 ，在
　　　　 名称 文本框中输入文件名为 sketch03，单击
　　　　 确定 按钮。

Step 2　选择下拉菜单 插入(S) ━━━▶ 在任务环境中绘制草图(V)... 命令，系统弹出"创建草图"对
　　　　话框，选择 XY 平面为草图平面，单击对话框中的 确定 按钮，进入草图环境。

Step 3　通过使用直线、圆及多边形命令，大致绘制图 5.10.2 所示的草图。

Step 4　转换为参考线。选择图 5.10.2 中的正六边形，然后在系统弹出的快捷工具条中单
　　　　击 按钮，结果如图 5.10.3 所示。

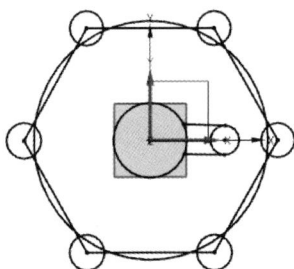

图 5.10.2   绘制草图

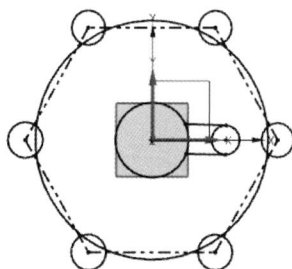

图 5.10.3   转换为参考线

Step 5　修剪曲线 1。选择下拉菜单 编辑(E) ━━━▶ 曲线(V) ━━━▶ 快速修剪(Q)... 命令，然后
　　　　单击要剪切的部分，修剪后的图形如图 5.10.4 所示。

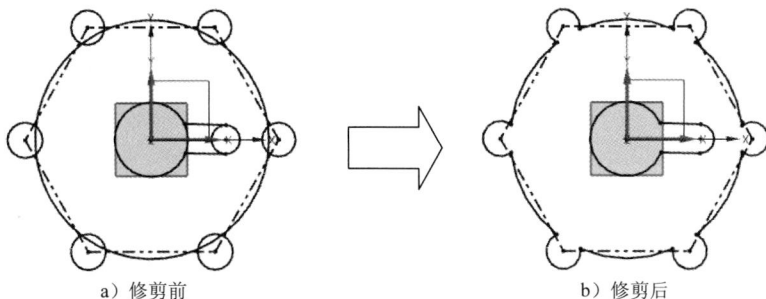

a）修剪前　　　　　　　　　　　　　　　　　　　　b）修剪后

图 5.10.4   修剪曲线 1

Step 6　添加几何约束。单击"显示所有约束"按钮 和"约束"按钮 。然后添加图
　　　　5.10.5 所示的约束（具体操作参见录像）。

Step 7 镜像曲线特征。选择下拉菜单 插入(S) ➡ 来自曲线集的曲线(F)▶ ➡ 镜像曲线(M)... 命令。系统弹出"镜像曲线"对话框，选取图 5.10.5 所示的曲线为要镜像的曲线，选取图 5.10.5 中的竖直轴线为镜像中心线，单击对话框中的 〈 确定 〉 按钮，完成镜像曲线特征的操作，结果如图 5.10.6 所示。

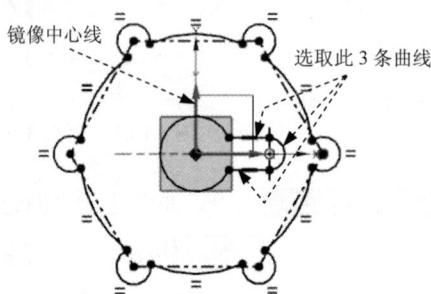

图 5.10.5　添加约束　　　　　图 5.10.6　镜像曲线特征

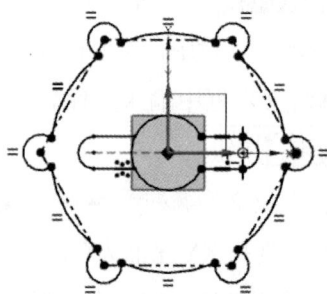

Step 8 参照 Step5 的详细操作步骤，创建修剪曲线 2，结果如图 5.10.7 所示。

Step 9 添加尺寸约束。选择下拉菜单 插入(S) ➡ 尺寸(M)▶ ➡ 自动判断(I)... 命令，标注图 5.10.8 所示的尺寸，然后修改尺寸结果如图 5.10.1 所示。

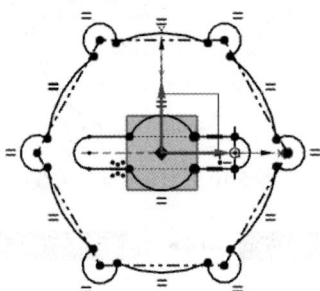

图 5.10.7　修剪曲线 2　　　　　图 5.10.8　添加尺寸

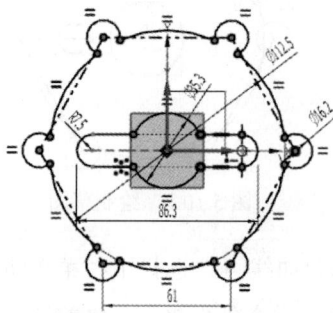

6

零件设计

6.1 UG NX 文件的操作

6.1.1 新建文件

新建一个部件文件，可以采用以下步骤。

Step 1 选择下拉菜单 文件(F) ➡ 新建(N)... 命令。

Step 2 系统弹出"新建"对话框；在 模板 选项栏中，选取模板类型为 模型，在 名称 文本框中输入文件名称（如 aaa.prt），单击"名称"文本框后方的"打开"按钮，设置文件存放路径（或者在 文件夹 文本框中直接输入文件保存路径。

Step 3 单击 确定 按钮，完成新部件的创建。

注意：UG NX 8.5 不支持含中文字符的目录，即在保存和打开文件时文件的路径不能含有任何中文字符。

6.1.2 打开文件

打开一个部件文件，一般采用以下步骤。

Step 1 选择下拉菜单 文件(F) ➡ 打开(O)... 命令，系统弹出如图 6.1.1 所示的"打开"对话框。

Step 2 在对话框的 查找范围(I): 下拉列表框中，选择打开文件所在的目录（如 D:\ug85nc\work\ch06\ch06.01），在 文件名(N): 文本框中输入部件名称（如 base_board.prt），文件类型(T): 下拉列表框中保持系统默认选项。

Step 3 单击 OK 按钮，即可打开部件文件。

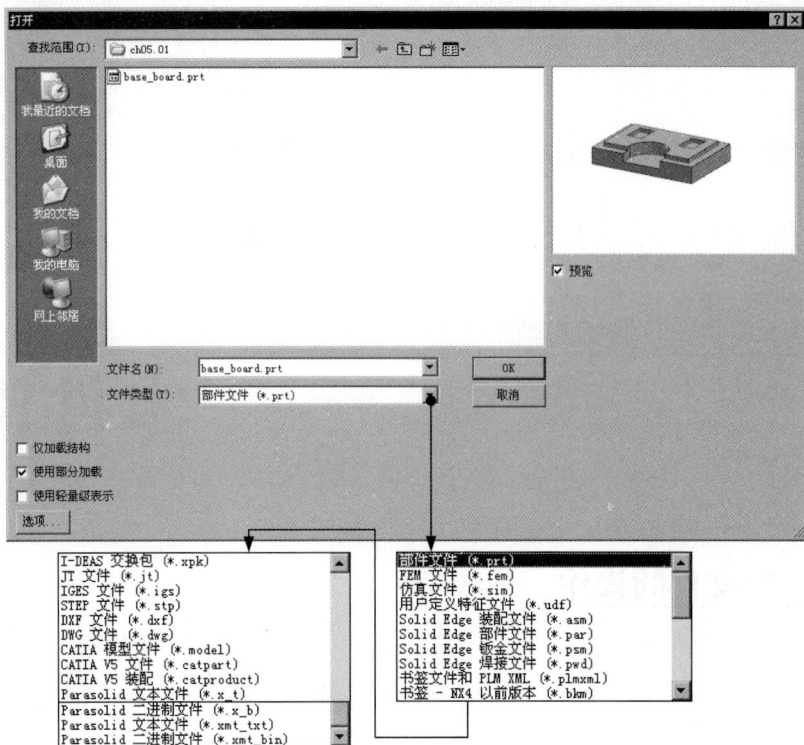

图 6.1.1　"打开"对话框

图 6.1.1 所示的"打开"对话框中主要选项的说明如下：

- ☑ 预览 复选框：选中该复选框，将显示选择部件文件的预览图像。利用此功能观看部件文件而不必在 UG NX 8.5 软件中一一打开，这样可以很快地找到所需要的部件文件。"预览"功能仅支持存储在 UG NX 8.5 中的部件，在 Windows 平台上有效。如果不想预览，取消选中该复选框即可。

- 文件名(N)：文本框：显示选择的部件文件，也可以输入一部件文件的路径名，路径名长度最多为 256 个字符。

- 文件类型(T)：下拉列表框：用于选择文件的类型。选择某类型后，在"打开"对话框的列表中仅显示该类型的文件，系统也自动地用显示在此区域中的扩展名存储部件文件。

- 选项...：单击此按钮，系统弹出"装配加载选项"对话框，利用该对话框可以对加载方式、加载组件和搜索路径等进行设置。

在同一进程中，UG NX 8.5 允许同时创建和打开多个部件文件，可以在几个文件中不断切换并进行操作，很方便地同时创建彼此有关系的零件。选择下拉菜单 窗口(O) ➡ 1. base_board.prt 命令（或其他选项），每次选中不同的文件即可互相切换，如果打开的文件超过 10 个，选择下拉菜单 窗口(O) ➡ 更多(M)...命令，则系统弹出"更改窗口"对话框，可以在该对话框中选择所需的部件。

6.1.3 保存文件

1. 保存

在 UG NX 8.5 中，选择下拉菜单 文件(F) ➡ 🖫 保存(S) 命令，即可保存文件。

2. 另存为

选择下拉菜单 文件(F) ➡ 另存为(A)... 命令，系统弹出"另存为"对话框，可以利用不同的文件名存储一个已有的部件文件作为备份。

6.1.4 关闭部件和退出 UG NX

选择下拉菜单 文件(F) ➡ 关闭(C)▶ ➡ 选定的部件(P)... 命令，系统弹出图 6.1.2 所示的"关闭部件"对话框，通过此对话框可以关闭选择的一个或多个打开的部件文件，也可以通过单击 关闭所有打开的部件 按钮，关闭系统当前打开的所有部件，此方式关闭部件文件时不存储部件，它仅从工作站的内存中清除部件文件。

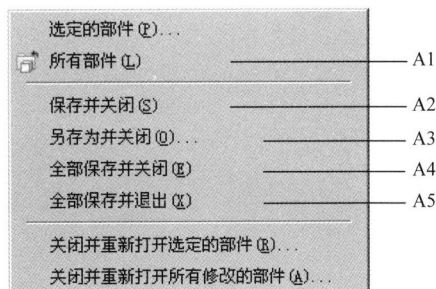

注意：

● 选择下拉菜单 文件(F) ➡ 关闭(C)▶ 命令后，系统弹出图 6.1.3 所示的"关闭"子菜单。

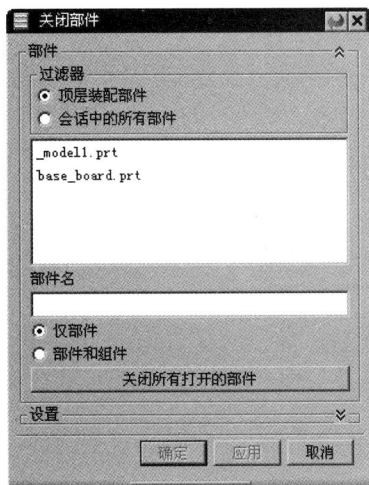

图 6.1.2　"关闭部件"对话框　　　　图 6.1.3　"关闭"子菜单

● 对于旧的 UG NX 版本中保存的部件，在新版本中加载时，系统将其作为已修改的部件来处理，因为在加载过程中对其进行了基本的转换，而这个转换是自动的。这意味着当从先前的版本中加载部件且未曾保存该部件，在关闭该文件时将得到一条信息，指出该部件已修改，即使根本就没有修改过文件也是如此。

图 6.1.3 所示的"关闭"子菜单中相关命令的说明如下：

- A1：关闭当前所有的部件。
- A2：以当前名称和位置保存并关闭当前显示的部件。
- A3：以不同的名称和（或）不同的位置保存并关闭当前显示的部件。
- A4：以当前名称和位置保存并关闭所有打开的部件。
- A5：保存所有修改过的已打开部件（不包括部分加载的部件），然后退出 UG NX 8.5。

6.2 创建体素

特征是组成零件的基本单元。一般而言，长方体、圆柱体、圆锥体和球体四个基本体素特征常常作为零件模型的第一个特征（基础特征）使用，然后在基础特征之上通过添加新的特征，以得到所需的模型，因此体素特征对零件的设计而言是最基本的特征。下面分别介绍以上四种基本体素特征的创建方法。

1. 创建长方体

进入建模环境后，选择下拉菜单 插入(S) ➡ 设计特征(E)▶ ➡ 长方体(K)... 命令（或单击工具条中的 按钮），系统弹出图 6.2.1 所示的"块"对话框，在该对话框的 类型 区域的下拉列表中可以选择三种创建长方体的方法。

图 6.2.1 "块"对话框

注意：如果下拉菜单 插入(S) ➡ 设计特征(E)▶ 中没有 长方体(K)... 命令，则需要定制，具体定制过程请参见 4.3.2 节"用户界面的定制"的相关内容。在后面的章节中如有类似情况，将不再做具体说明。

下面以图 6.2.2 所示的长方体为例，来说明使用"原点和边长"方法创建长方体的一般过程。

Step 1 新建一个三维零件文件，文件名为 cuboid_01。

Step 2 选择命令。选择下拉菜单 插入(S) ➡ 设计特征(E)▶ ➡ 长方体(K)... 命令，系统弹出图 6.2.1 所示的"块"对话框。

Step 3 选择创建长方体的方法。在 类型 下拉列表中选择 原点和边长 选项（图 6.2.1）。

Step 4 定义长方体的原点（即长方体的一个顶点）。选择坐标原点为长方体顶点（系统默认选择坐标原点为长方体原点）。

Step 5 定义长方体的参数。在 长度(XC) 文本框中输入数值 200，在 宽度(YC) 文本框中输入数值 80，在 高度(ZC) 文本框中输入数值 20。

Step 6 单击 确定 按钮，完成长方体的创建。

说明：长方体创建完成后，如果要对其进行修改，可直接双击该长方体，然后根据系统信息提示编辑其参数。

2. 创建圆柱体

"轴、直径和高度"方法要求确定一个矢量方向作为圆柱体的轴线方向，再设置圆柱体的直径和高度参数，以及设置圆柱体底面中心的位置。下面以图 6.2.3 所示的圆柱体为例来说明使用"轴、直径和高度"方法创建圆柱体的一般操作过程。

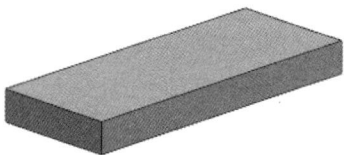

图 6.2.2 长方体特征 1   图 6.2.3 圆柱体 1

Step 1 新建一个三维零件文件，文件名为 cylinder_01。

Step 2 选择命令。选择下拉菜单 插入(S) ➡ 设计特征(E)▶ ➡ 圆柱体(C)... 命令，系统弹出图 6.2.4 所示的"圆柱"对话框。

Step 3 选择创建圆柱体的方法。在 类型 下拉列表框中选取圆柱的创建类型为 轴、直径和高度 。

Step 4 定义圆柱体的轴线方向。单击"圆柱"对话框的 按钮，系统弹出图 6.2.5 所示的"矢量"对话框。在"矢量"对话框的 类型 下拉列表框中选择 ZC 轴 选项，单击 确定 按钮。

图 6.2.4　"圆柱"对话框

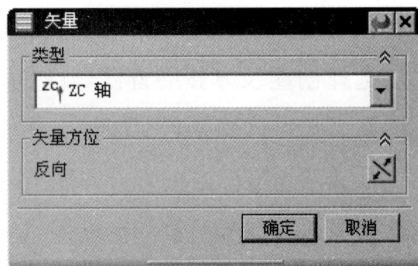

图 6.2.5　"矢量"对话框

Step 5　定义圆柱体参数。在"圆柱"对话框中的 直径 文本框中输入数值 60，在 高度 文本框中输入数值 90。

Step 6　单击 确定 按钮，完成圆柱体的创建。

3. 创建圆锥体

"直径和高度"方法是指通过设置圆锥体的底部直径、顶部直径、高度以及圆锥轴线方向来创建圆锥体。下面以图 6.2.6 所示的圆锥体 1 为例，来说明使用"直径和高度"方法创建圆锥体的一般操作过程。

Step 1　新建一个三维零件文件，文件名为 cone_01。

Step 2　选择命令。选择下拉菜单 插入(S) ➝ 设计特征(E)▸ ➝ ⚠ 圆锥(O)... 命令，系统弹出图 6.2.7 所示的"圆锥"对话框。

图 6.2.6　圆锥体 1

图 6.2.7　"圆锥"对话框

Step **3**　选择创建圆锥体的方法。在 类型 下拉列表中选择 ▲ 直径和高度 选项。

Step **4**　定义圆锥体轴线方向。在"圆锥"对话框中单击 ↕ 按钮，系统弹出"矢量"对话框，在"矢量"对话框的 类型 下拉列表中选择 ZC 轴 选项。

Step **5**　定义圆锥体底面原点（圆心）。接受系统默认的原点（0，0，0）为底圆原点。

Step **6**　定义圆锥体参数。在 底部直径 文本框中输入数值 100，在 顶部直径 文本框中输入数值 0，在 高度 文本框中输入数值 80，单击 确定 按钮。

　　4.　创建球体

　　"中心点和直径"方法是指通过设置球体的直径和球体圆心点位置的方法创建球特征。下面以图 6.2.8 所示的零件基础特征——球体 1 为例，说明使用"中心点和直径"方法创建球体的一般操作过程。

Step **1**　新建一个三维零件文件，文件名为 sphere_01。

Step **2**　选择命令。选择下拉菜单 插入(S) ➡ 设计特征(E)▶ ➡ ⚪ 球(S)... 命令，系统弹出如图 6.2.9 所示的"球"对话框。

图 6.2.8　球体 1

图 6.2.9　"球"对话框

Step **3**　选择创建球体的方法。在 类型 下拉列表中选择 ⊕ 中心点和直径 选项。

Step **4**　定义球中心点位置。在"球"对话框中单击 📍 按钮，系统弹出"点"对话框，接受系统默认的坐标原点（0，0，0）为球心。

Step **5**　定义球体直径。在 直径 文本框中输入数值 50。单击 确定 按钮，完成球体特征的创建。

6.3　三维建模的布尔操作

6.3.1　布尔操作概述

布尔操作可以对两个或两个以上已经存在的实体进行求和、求差及求交运算（注意：编辑拉伸、旋转、变化的扫掠特征时，用户可以直接进行布尔运算操作），可以将原先存在的多个独立的实体进行运算以产生新的实体。进行布尔运算时，首先选择目标体（即被执行布尔运算的实体，只能选择一个），然后选择工具体（即在目标体上执行操作的实体，可以选择多个），运算完成后工具体成为目标体的一部分，而且如果目标体和工具体具有不同的图层、颜色、线型等特性，产生的新实体具有与目标体相同的特性。如果部件文件中已存在实体，当建立新特征时，新特征可以作为工具体，已存在的实体作为目标体。布尔操作主要包括以下三部分内容：

- 布尔求和操作。
- 布尔求差操作。
- 布尔求交操作。

6.3.2　布尔求和操作

布尔求和操作用于将工具体和目标体合并成一体。下面以图 6.3.1 所示的模型为例，来介绍布尔求和操作的一般过程。

Step 1　打开文件 D:\ug85nc\work\ch06\ch06.03\unite.prt。

Step 2　选择下拉菜单 插入(S) ➡ 组合(B) ▶ ➡ 求和(U)... 命令，系统弹出图 6.3.2 所示的"求和"对话框。

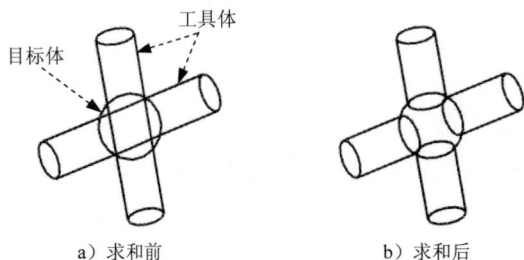

图 6.3.1　布尔求和操作

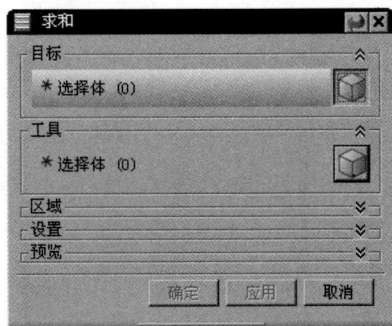

图 6.3.2　"求和"对话框

Step 3　定义目标体和工具体。在图 6.3.1a 中，依次选择目标体（球体）和工具体（圆柱体），单击 确定 按钮，完成该布尔操作，结果如图 6.3.1b 所示。

注意：布尔求和操作要求目标体和工具体必须在空间上接触才能进行运算，否则提示出错。

图 6.3.2 所示的"求和"对话框中各复选框的功能说明如下：

- ☑ 保存工具 复选框：为求和操作保存工具体。如果需要在一个未修改的状态下保存所选工具体的副本时，选中该复选框。在编辑"求和"特征时，取消选中该复选框。

- ☑ 保存目标 复选框：为求和操作保存目标体。如果需要在一个未修改的状态下保存所选目标体的副本时，选中该复选框。

6.3.3　布尔求差操作

布尔求差操作用于将工具体从目标体中移除。下面以图 6.3.3 所示的模型为例，介绍布尔求差操作的一般过程。

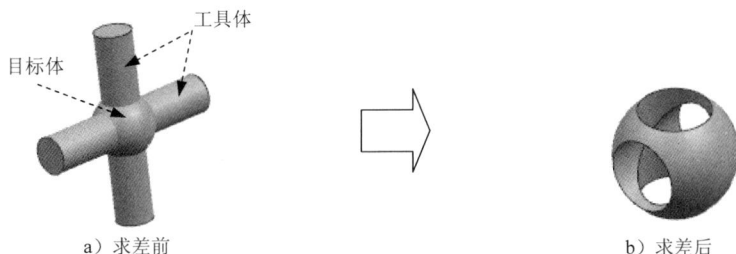

a）求差前　　　　　　　b）求差后

图 6.3.3　布尔求差操作

Step 1 打开文件 D:\ug85nc\work\ch06\ch06.03\subtract.prt。

Step 2 选择下拉菜单 插入(S) ➡ 组合(B) ▶ ➡ 求差(S)... 命令，系统弹出图 6.3.4 所示的"求差"对话框。

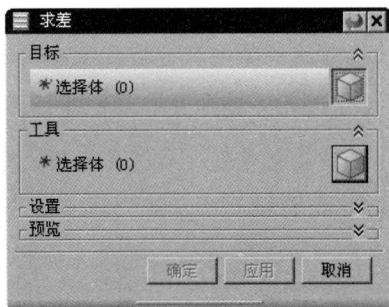

图 6.3.4　"求差"对话框

Step 3 定义目标体和工具体。依次选取图 6.3.3a 所示的目标体和工具体，单击 确定 按钮，完成该布尔操作。

6.3.4 布尔求交操作

布尔求交操作用于创建包含工具体和目标体的共有部分。进行布尔求交运算时，工具体与目标体必须相交。下面以图 6.3.5 所示的模型为例，介绍布尔求交操作的一般过程。

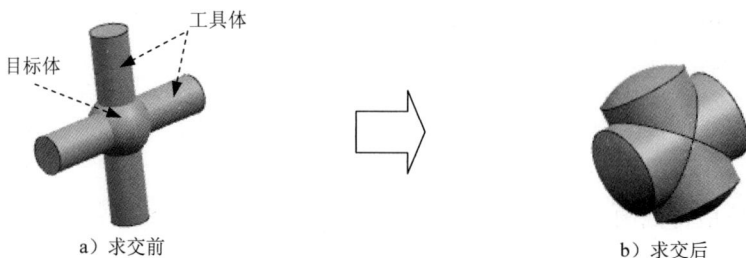

a）求交前　　　　　　　　　　　　　　　　b）求交后

图 6.3.5　布尔求交操作

Step 1 打开文件 D:\ug85nc\work\ch06\ch06.03\intersection.prt。

Step 2 选择下拉菜单 插入(S) ➡ 组合(B) ▶ ➡ 求交(I)... 命令，系统弹出"求交"对话框。

Step 3 定义目标体和工具体。依次选取如图 6.3.5a 所示的实体作为目标体和工具体，单击 确定 按钮，完成该布尔操作。

6.3.5 布尔出错消息

如果布尔运算的使用不正确，可能出现错误，其出错信息如下：

● 在进行实体的求差和求交运算时，所选工具体必须与目标体相交，否则系统会发布警告信息："工具体完全在目标体外"。

● 如果刀具横断目标体，将目标体一分为二，则系统会发布警告信息："操作使产生的实体非参数化"。

● 在进行操作时，如果没有使用复制目标，且没有创建一个或多个特征，则系统会发布警告信息："仅为选定的（数量）刀具创建了（数量）特征"。

● 在进行操作时，如果使用复制目标，且没有创建一个或多个特征，则系统会发布警告信息："不能创建任何特征"。

● 在进行操作时，如果不能创建任何特征，则系统会发布警告信息："不能创建任何特征"。

● 如果在执行一个片体与另一个片体求差操作时，则系统会发布警告信息："非歧义实体"。

● 如果在执行一个片体与另一个片体求交操作时，则系统会发布警告信息："无法执行布尔运算"。

注意：如果创建的是第一个特征，此时不会存在布尔运算，"布尔操作"的列表框为灰色。从创建第二个特征开始，以后加入的特征都可以选择"布尔操作"，而且对于一个独立的部件，每一个添加的特征都需要选择"布尔操作"，系统默认选中"创建"类型。

6.4　拉伸特征

6.4.1　拉伸特征概述

拉伸特征是指将截面沿着某一特定方向拉伸而成的特征，它是最常用的零件建模方法。下面以一个简单的零件实体三维模型（图 6.4.1）为例，说明拉伸特征的基本概念及其创建方法，同时介绍用 UG 软件创建零件三维模型的一般过程。

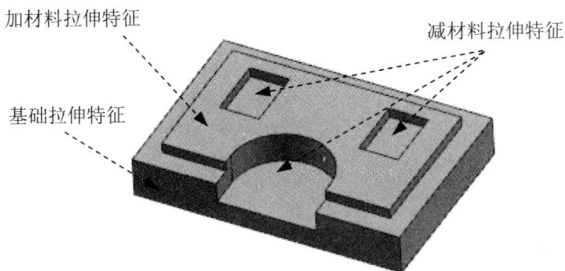

图 6.4.1　实体三维模型

6.4.2　创建基础特征——拉伸

下面以创建图 6.4.2 所示的拉伸特征为例，说明创建拉伸特征的一般步骤。创建前请先新建一个模型文件命名为 base_board。

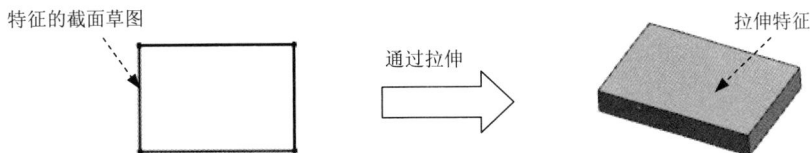

图 6.4.2　拉伸特征

1. 选取拉伸特征命令

选取拉伸特征命令一般有如下两种方法。

方法一：从下拉菜单中获取特征命令。选择下拉菜单 插入(S) ➡ 设计特征(E) ➡ 拉伸(E)... 命令。

方法二：从工具条中获取特征命令。直接单击"成型特征"工具条中的 按钮。

2. 定义拉伸特征的截面草图

定义拉伸特征截面草图的方法有两种：选择已有草图作为截面草图；创建新草图作为截面草图。本例中，介绍定义拉伸特征截面草图的第二种方法，具体定义过程如下。

Step 1 选取新建拉伸命令。选择特征命令后，系统弹出图 6.4.3 所示的"拉伸"对话框，在该对话框中单击 ⬛ 按钮，创建新草图。

图 6.4.3 "拉伸"对话框

Step 2 定义草图平面。

对草图平面的概念和有关选项介绍如下：

● 草图平面是特征截面或轨迹的绘制平面。

● 选择的草图平面可以是 XC-YC 平面、YC-ZC 平面和 ZC-XC 平面中的一个，也可以是模型的某个表面。

完成上步操作后，选取（XC-YC 平面）作为草图平面，单击 确定 按钮，进入草图环境。

图 6.4.3 所示的"拉伸"对话框中相关选项的功能说明如下：

● ⬛（曲线）：选择已有的草图或几何体边缘作为拉伸特征的截面。

● ⬛（草图截面）：创建一个新草图作为拉伸特征的截面。完成草图并退出草图环境后，系统自动选择该草图作为拉伸特征的截面。

- ● 体类型 下拉列表：用于指定拉伸生成的是片体（即曲面）特征还是实体特征。

Step **3** 绘制截面草图。

基础拉伸特征的截面草图图形是图 6.4.4 所示的几何形状。绘制特征截面草图图形的一般步骤如下。

（1）设置草图环境，调整草图区。

① 进入草图环境后，若图形被移动至不方便绘制的方位，应单击"草图生成器"工具条中的"定向视图到草图"按钮📐，调整到正视于草图的方位（即使草图基准面与屏幕平行）。

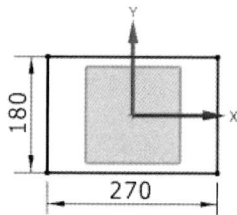

图 6.4.4　基础特征的截面草图

② 除可以移动和缩放草图区外，如果用户想在三维空间绘制草图或希望看到模型截面图在三维空间的方位，可以旋转草图区，方法是按住中键并移动鼠标，此时可看到图形跟着鼠标旋转。

（2）创建截面草图。下面将介绍创建截面草图的一般流程，在以后的章节中，创建截面草图时，可参照这里的内容。

① 绘制截面几何图形的大体轮廓。

注意：绘制草图时，开始没有必要很精确地绘制截面的几何形状、位置和尺寸，只要大概的形状与图 6.4.5 相似就可以。

② 建立几何约束。建立图 6.4.6 所示的对称约束。

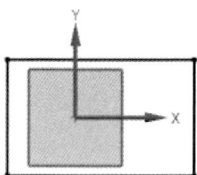

图 6.4.5　草图截面的初步图形

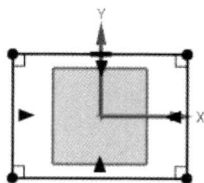

图 6.4.6　建立几何约束

③ 建立尺寸约束。单击"草图工具"工具条中的"自动判断的尺寸"按钮✍，标注图 6.4.7 所示的两个尺寸，建立尺寸约束。

④ 修改尺寸。将尺寸修改为设计要求的尺寸，如图 6.4.8 所示。其操作提示与注意事项如下：

- ● 尺寸的修改应安排在建立完约束以后进行。
- ● 注意修改尺寸的顺序，先修改对截面外观影响不大的尺寸。

Step **4** 完成草图绘制后，选择下拉菜单 任务(K) ➡ 完成草图(K) 命令（或单击工具条中的 完成草图 按钮）退出草图环境。

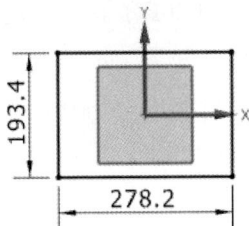

图 6.4.7 建立尺寸约束

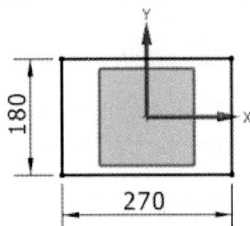

图 6.4.8 修改尺寸

3．定义拉伸类型

退出草图环境后，图形区出现拉伸的预览，在对话框中不进行选项操作，创建系统默认的实体类型。

说明：

利用"拉伸"对话框可以创建实体和薄壁两种类型的特征，分别介绍如下。

● 实体类型：创建实体类型时，实体特征的草图截面完全由材料填充，如图 6.4.9 所示。

● 薄壁类型：在"拉伸"对话框 偏置 下拉列表中，通过设置起始值与结束值可以创建拉伸薄壁类型特征（图 6.4.10），起始值与结束值之差的绝对值为薄壁的厚度。

4．定义拉伸深度属性

Step 1 定义拉伸方向。拉伸方向采用系统默认的矢量方向（图 6.4.11）。

图 6.4.9 实体类型

图 6.4.10 薄壁类型

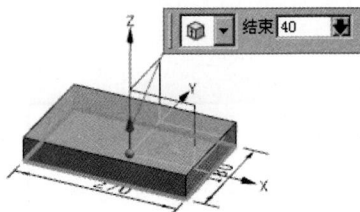

图 6.4.11 定义拉伸方向

说明："拉伸"对话框中的 选项用于指定拉伸的方向，单击对话框中的 按钮，从系统弹出的下拉列表中选取相应的方式，即可指定拉伸的矢量方向，单击 按钮，系统就会自动使当前的拉伸方向反向。

Step 2 定义拉伸深度类型。在"拉伸"对话框的 限制 区域的 开始 下拉列表框中选择 值 选项。

Step 3 定义拉伸深度值。在 结束 的 距离 文本框中输入数值 40。

说明：

● 限制 区域：包括六种拉伸控制方式。

☑ 值：在 开始 / 结束 文本框中输入具体的数值（可以为负值）来确定拉伸的高

度，起始值与结束值之差的绝对值为拉伸的高度。

☑ **对称值**：特征将在截面所在平面的两侧进行拉伸，且两侧的拉伸深度值相等。

☑ **直至下一个**：特征拉伸至下一个障碍物的表面处终止。

☑ **直至选定**：特征拉伸到选定的实体、平面、辅助面或曲面为止。

☑ **直至延伸部分**：把特征拉伸到选定的曲面，但是选定面的大小不能与拉伸体完全相交，系统就会自动按照面的边界延伸面的大小，然后再切除生成拉伸体。

☑ **贯通**：沿指定方向，使其完全贯通所有。

● 图 6.4.12 显示了应用不同拉伸控制方式，凸台特征的有效深度。

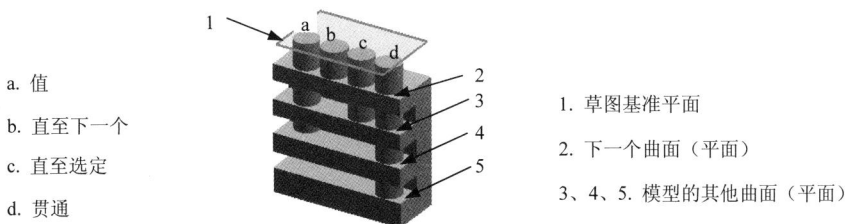

a. 值
b. 直至下一个
c. 直至选定
d. 贯通

1. 草图基准平面
2. 下一个曲面（平面）
3、4、5. 模型的其他曲面（平面）

图 6.4.12　拉伸深度选项示意图

● **布尔**区域：如果图形区在拉伸之前已经创建了其他实体，则可以在进行拉伸的同时，与这些实体进行布尔操作，包括创建、求和、求差和求交。

● **拔模**区域：对拉伸体沿拉伸方向进行拔模。角度大于 0 时，沿拉伸方向向内拔模；角度小于 0 时，沿拉伸方向向外拔模。

☑ **从起始限制**：该方式将直接从设置的起始位置开始拔模。

☑ **从截面**：该方式用于设置拉伸特征拔模的起始位置为拉伸截面处。

☑ **从截面 - 不对称角**：用于在拉伸截面两侧进行不对称的拔模。

☑ **从截面 - 对称角**：用于在拉伸截面两侧进行对称的拔模。

☑ **从截面匹配的终止处**：用于在拉伸截面两侧进行拔模，输入的角度为"结束"侧的拔模角度，且起始面与结束面的大小相同。

● **偏置**区域：通过设置起始值与结束值，可以创建拉伸薄壁类型特征，起始值与结束值之差的绝对值为薄壁的厚度。

5. 完成拉伸特征的定义

Step 1 特征的所有要素被定义完毕后，预览所创建的特征，以检查各要素的定义是否正确。

说明：预览时，可按住中键进行旋转查看，如果所创建的特征不符合设计意图，可选择对话框中的相关选项重新定义。

Step **2** 预览完成后，单击"拉伸"对话框中的〈 确定 〉按钮，完成特征的创建。

6.4.3 添加其他特征

1. 添加加材料拉伸特征

在创建零件的基本特征后，可以增加其他特征。下面接着上一小节的内容添加图 6.4.13 所示的加材料拉伸特征 1，操作步骤如下。

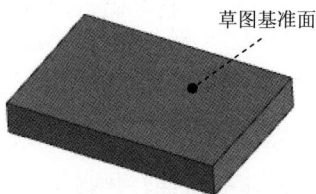

Step **1** 选择下拉菜单 插入(S) ➡ 设计特征(E)▶ ➡ Ⅲ 拉伸(E)... 命令，系统弹出"拉伸"对话框。

Step **2** 创建截面草图。

（1）选取草图基准面。在"拉伸"对话框中单击 按钮，然后选取图 6.4.14 所示的模型表面作为草图基准面，单击 确定 按钮，进入草图环境。

（2）绘制特征的截面草图。

① 绘制草图轮廓。绘制图 6.4.15 所示的截面草图。

图 6.4.13　添加加材料拉伸特征 1　　图 6.4.14　选取草图基准面　　图 6.4.15　截面草图

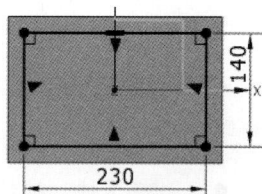

② 建立约束。建立图 6.4.15 所示的矩形的边线关于基准轴对称的约束，并标注图 6.4.15 所示的尺寸。

③ 完成草图绘制后，单击"草图生成器"工具条中的 完成草图 按钮，退出草图环境。

Step **3** 定义拉伸属性。

（1）定义拉伸深度类型。在"拉伸"对话框的 开始 / 结束 下拉列表框中选择 值 选项。

（2）定义拉伸深度值。在 开始 的 距离 文本框中输入数值 0，在 结束 的 距离 文本框中输入数值 10。在布尔区域中选择 求和 选项，采用系统默认的求和对象。

注意：此处进行布尔操作是将基础拉伸特征与加材料拉伸特征合并为一体，如果不进行此操作，基础拉伸特征与加材料拉伸特征将是两个独立的实体。

Step **4** 单击"拉伸"对话框中的〈 确定 〉按钮，完成特征的创建。

2. 添加减材料拉伸特征

减材料拉伸特征的创建方法与加材料拉伸基本一致，只不过加材料拉伸是增加实体，而减材料拉伸则是减去实体。现在要添加图 6.4.16 所示的减材料拉伸特征 1，具体操作步骤如下。

Step 1 选择命令。选择下拉菜单 插入(S) ➡ 设计特征(E)▶ ➡ ▥ 拉伸(E)... 命令，系统弹出"拉伸"对话框。

Step 2 创建截面草图。

（1）选取草图基准面。在"拉伸"对话框中单击▦按钮，然后选取图 6.4.17 所示的模型表面作为草图基准面，单击 确定 按钮，进入草图环境。

（2）绘制特征的截面草图。

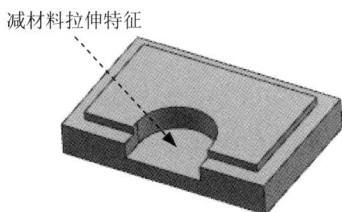

图 6.4.16　添加减材料拉伸特征 1

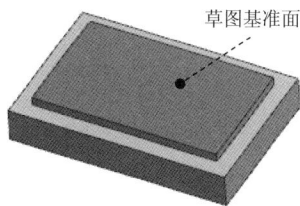

图 6.4.17　选取草图基准面

① 绘制草图轮廓。绘制图 6.4.18 所示的截面草图的大体轮廓。

② 建立尺寸约束。标注图 6.4.18 所示的两个尺寸。

③ 完成草图绘制后，选择下拉菜单 ⧉ 任务(K) ➡

▨ 完成草图(K) 命令（或单击工具条中的 ▨ 完成草图 按钮）退出草图环境。

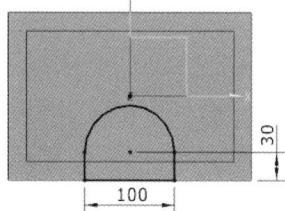

图 6.4.18　截面草图

Step 3 定义拉伸属性。

（1）定义拉伸深度方向。单击对话框中的 ↗ 按钮，反转深度方向。

（2）定义拉伸深度类型和深度值。在"拉伸"对话框的 开始 下拉列表框中选择 值 选项，并在其下的 距离 文本框中输入数值 0；在 结束 下拉列表框中选择 值 选项，并在其下的 距离 文本框中输入数值 30。在 布尔 下拉列表框中选择 求差 选项，进行求差操作。

注意：此处进行布尔操作是将已有实体与减材料拉伸特征合并为一体，如果不进行此操作，已有实体与减材料拉伸特征将是两个独立的实体，系统也不会进行减材料操作。

Step 4 单击"拉伸"对话框中的 ＜ 确定 ＞ 按钮，完成特征的创建。

Step 5 参照上述详细操作步骤，选取图 6.4.19 所示的模型表面为草图平面，绘制图 6.4.20 所示的草图，拉伸深度值为 10，然后添加减材料拉伸特征 2，结果如图 6.4.19 所示。

Step 6 选择下拉菜单 文件(F) ➡ ▯ 保存(S) 命令，保存模型文件。

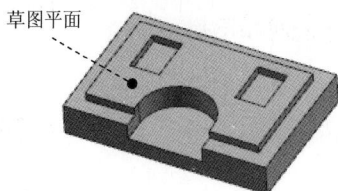

图 6.4.19　添加减材料拉伸特征 2

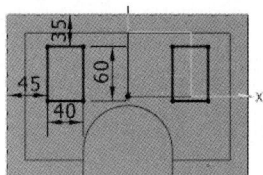

图 6.4.20　截面草图

6.5　回转特征

6.5.1　回转特征概述

　　回转特征是指将截面绕着一条中心轴线旋转一定的角度形成的特征（图 6.5.1）。选择
下拉菜单 插入(S) ➡ 设计特征(E)▶ ➡ 回转(R)... 命令，系统弹出图 6.5.2 所示的"回转"
对话框。

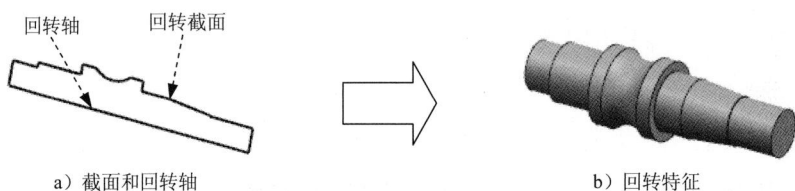

a）截面和回转轴　　　　　　　　　　　　b）回转特征

图 6.5.1　回转特征

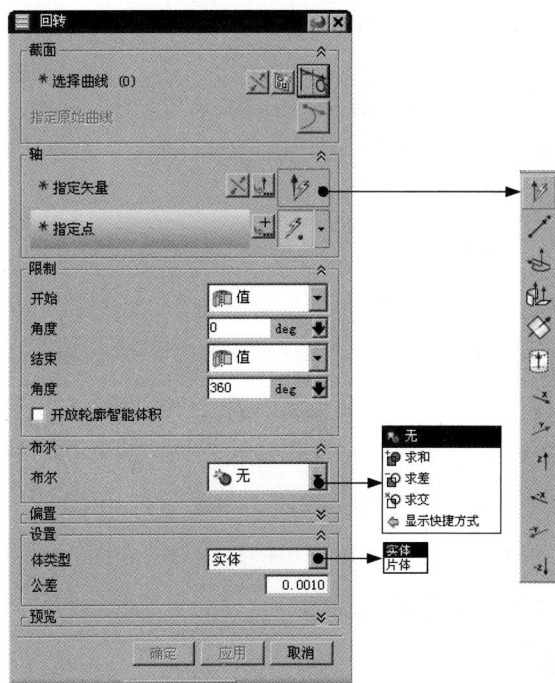

图 6.5.2　"回转"对话框

图 6.5.2 所示的"回转"对话框中各选项的功能说明如下：

- ▢（选择截面）：选择已有的草图或几何体边缘作为回转特征的截面。

- ▤（草图截面）：创建一个新草图作为回转特征的截面。完成草图并退出草图环境后，系统自动选择该草图作为回转特征的截面。

- 限制区域：包含 开始 和 结束 两个下拉列表及两个位于其下的 角度 文本框。

  - ☑ 开始 下拉列表：用于设置回转的类项，角度 文本框用于设置回转的起始角度，其值的大小是相对于截面所在的平面而言的，其方向以与回转轴成右手定则的方向为准。在 开始 下拉列表中选择 值 选项，则需设置起始角度和终止角度；在 开始 下拉列表中选择 直至选定对象 选项，则需选择要开始或停止回转的面或相对基准平面。

  - ☑ 结束 下拉列表：用于设置回转的类项，角度 文本框用于设置回转对象回转的终止角度，其值的大小也是相对于截面所在的平面而言的，其方向也是以与回转轴成右手定则为准。

- 偏置区域：利用该区域可以创建回转薄壁类型特征。

- ☑预览复选框：使用预览可确定创建回转特征之前参数的正确性。系统默认选中该复选框。

- ↦按钮：可以选取已有的直线或者轴作为回转轴矢量，也可以使用"矢量构造器"方式构造一个矢量作为回转轴矢量。

- ✗按钮：如果用于指定回转轴的矢量方法需要单独再选定一点，例如用于平面法向时，此选项将变为可用。

- 布尔区域：创建回转特征时，如果已经存在其他实体，则可以与其进行布尔操作，包括创建、求和、求差和求交。

注意：在如图 6.5.2 所示的"回转"对话框中单击↥按钮，系统将弹出"矢量"对话框，其应用将在下一节中详细介绍。

6.5.2 关于"矢量"对话框

在建模的过程中，"矢量"对话框的应用十分广泛，如对定义对象的高度方向、投影方向和回转中心轴等进行设置。单击"矢量对话框"按钮↥，系统弹出图 6.5.3 所示的"矢量"对话框，下面将对"矢量"对话框的使用进行详细的介绍。

图 6.5.3 所示的"矢量"对话框中的 类型 下拉列表中的部分选项功能说明如下：

- ⚡自动判断的矢量：可以根据选取的对象自动判断所定义矢量的类型。

- 两点：利用空间两点创建一个矢量，矢量方向为由第一点指向第二点。

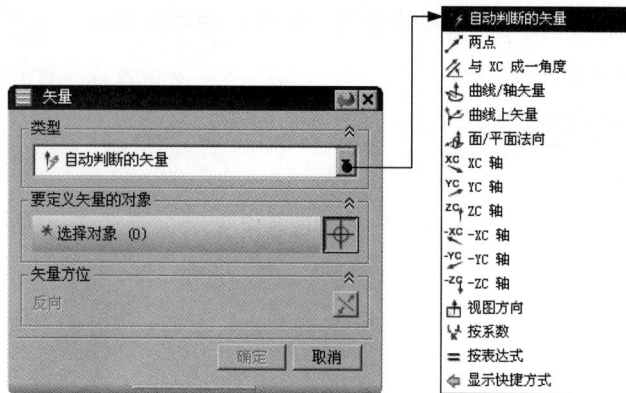

图 6.5.3　"矢量"对话框

- **与 XC 成一角度**：用于在 XC-YC 平面上创建与 XC 轴成一定角度的矢量。

- **曲线/轴矢量**：通过选取曲线上某点的切向矢量来创建一个矢量。

- **曲线上矢量**：在曲线上的任一点指定一个与曲线相切的矢量。可按照圆弧长或百分比圆弧长指定位置。

- **面/平面法向**：用于创建与实体表面（必须是平面）法线或圆柱面的轴线平行的矢量。

- **XC 轴**：用于创建与 XC 轴平行的矢量。注意这里的"与 XC 轴平行的矢量"不是 XC 轴，例如，在定义回转特征的回转轴时，如果选择此项，只是表示回转轴的方向与 XC 轴平行，并不表示回转轴就是 XC 轴，所以这时要完全定义回转轴还必须再选取一点定位回转轴。下面五项与此项相同。

- **YC 轴**：用于创建与 YC 轴平行的矢量。

- **ZC 轴**：用于创建与 ZC 轴平行的矢量。

- **-XC 轴**：用于创建与-XC 轴平行的矢量。

- **-YC 轴**：用于创建与-YC 轴平行的矢量。

- **-ZC 轴**：用于创建与-ZC 轴平行的矢量。

- **视图方向**：指定与当前工作视图平行的矢量。

- **按系数**：按系数指定一个矢量。

- **按表达式**：使用矢量类型的表达式来指定矢量。

6.5.3　创建回转特征的一般过程

下面以图 6.5.4 所示的回转特征为例，说明创建回转特征的一般操作过程。

Step 1　打开文件 D:\ug85nc\work\ch06\ch06.05\revolve.prt。

Step 2　选择 插入(S) ➡ 设计特征(E) ➡ 回转(R)... 命令，系统弹出"回转"对话框。

Step 3　定义回转截面。单击 按钮，选取图 6.5.5 所示的曲线为回转截面。

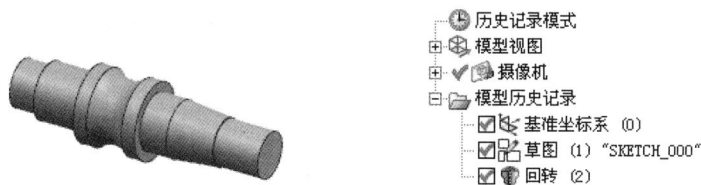

图 6.5.4   模型及模型树

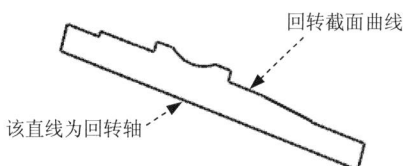

图 6.5.5   定义回转截面和回转轴

Step 4 定义回转轴。单击 ⬆ 按钮，在"矢量"对话框中的 类型 下拉列表中选择 曲线/轴矢量 选项，选取图 6.5.5 所示的直线为回转轴，单击"矢量"对话框中的 确定 按钮。

Step 5 确定回转角度的开始值和结束值。在"回转"对话框 开始 下的 角度 文本框中输入数值 0，在 结束 下的 角度 文本框中输入数值 360。

Step 6 单击 确定 按钮，完成回转特征的创建。

6.6   倒斜角

构建特征不能单独生成，只能在其他特征上生成，孔特征、倒角特征和圆角特征等都是典型的构建特征。使用"倒斜角"命令可以在两个面之间创建用户需要的倒角。下面以图 6.6.1 所示的实例说明创建倒斜角的一般过程。

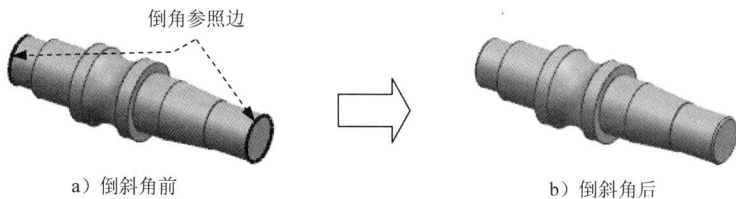

a）倒斜角前   b）倒斜角后

图 6.6.1   创建倒斜角

Step 1 打开文件 D:\ug85nc\work\ch06\ch06.06\chamfer.prt。

Step 2 选择下拉菜单 插入(S) ➡ 细节特征(L) ➡ 倒斜角(C)... 命令，系统弹出图 6.6.2 所示的"倒斜角"对话框。

图 6.6.2 所示的"倒斜角"对话框中部分选项的说明如下：

● 横截面：该下拉列表用于定义横截面的形状。

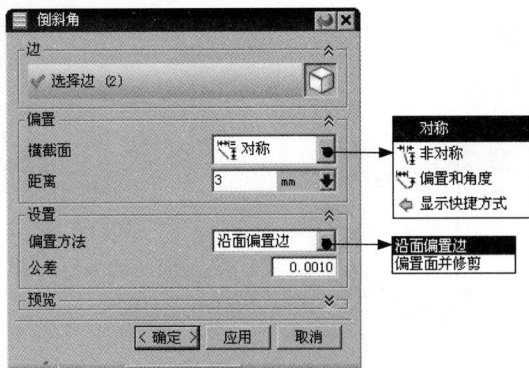

图 6.6.2 "倒斜角"对话框

- ☑ **对称**：用于创建沿两个表面的偏置值相同的斜角。

- ☑ **非对称**：用于创建指定不同偏置值的斜角，对于不对称偏置可利用 ⚡ 按钮反转倒角偏置顺序从边缘一侧到另一侧。

- ☑ **偏置和角度**：用于创建由偏置值和角度决定的斜角。

- ● **偏置方式**：该下拉列表用于定义偏置面的方式。

  - ☑ **偏置面并修剪**：倒角的面很复杂，此选项可延伸用于修剪原始曲面的每个偏置曲面。

Step 3 选择倒斜角方式。选中 **对称** 选项，如图 6.6.2 所示。

Step 4 选取图 6.6.1a 所示的边线为倒角的参照边。

Step 5 定义倒角参数。在弹出的动态输入框中，输入偏置值为 2（可拖动屏幕上的拖拽手柄至用户需要的偏置值）。

Step 6 单击"倒斜角"对话框中的 < 确定 > 按钮，完成偏置倒角的创建。

6.7 边倒圆

如图 6.7.1 所示，使用"边倒圆"（倒圆角）命令可以使多个面共享的边缘变光滑。既可以创建圆角的边倒圆（对凸边缘则去除材料），也可以创建倒圆角的边倒圆（对凹边缘则添加材料）。

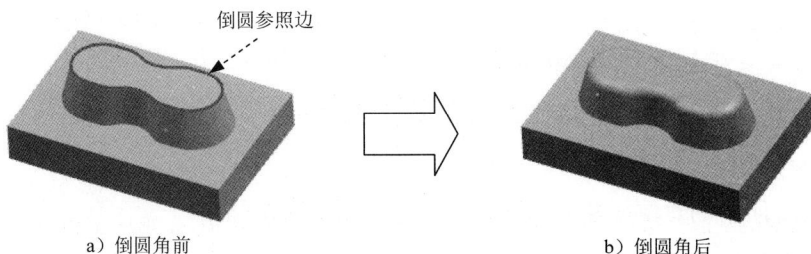

a）倒圆角前　　　　　　　　　　　　b）倒圆角后

图 6.7.1 "边倒圆"模型

1. 创建等半径边倒圆

下面以图 6.7.1 所示的模型为例，说明创建等半径边倒圆的一般操作过程。

Step 1 打开文件 D:\ug85nc\work\ch06\ch06.07\round_01.prt。

Step 2 选择下拉菜单 插入(S) ➡ 细节特征(L) ➡ 边倒圆(E)... 命令，系统弹出图
6.7.2 所示的"边倒圆"对话框。

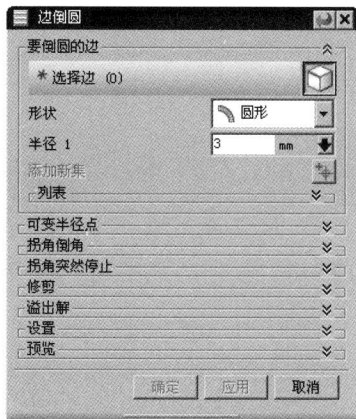

图 6.7.2   "边倒圆"对话框

Step 3 定义圆角形状。在对话框中的 形状 下拉列表中选择 圆形 选项。

Step 4 选取要倒圆的边。单击 要倒圆的边 区域中的 按钮，输入倒圆参数，输入圆角半
径值 3。

Step 5 单击 确定 按钮，完成圆角特征的创建。

图 6.7.2 所示的"边倒圆"对话框中部分选项及按钮的说明如下：

- （边）：该按钮用于创建一个恒定半径的圆角，恒定半径的圆角是最简单的、
  也是最容易生成的圆角。

- 形状 下拉列表：用于定义倒圆角的形状，包括以下两个形状：

  ☑ 圆形：选择此选项，倒圆角的截面形状为圆形。

  ☑ 二次曲线：选择此选项，倒圆角的截面形状为二次曲线。

- 可变半径点：通过定义边缘上的点，然后输入各点的圆角半径值，沿边缘的长度改
  变倒圆半径。在改变圆角半径时，必须至少已指定了一个半径恒定的边缘，才能
  使用该选项对它添加可变半径点。

- 拐角倒角：添加回切点到一倒圆拐角，通过调整每一个回切点到顶点的距离，对拐
  角应用其他的变形。

- 拐角突然停止：通过添加突然停止点，可以在非边缘端点处停止倒圆，进行局部边
  缘段倒圆。

Chapter 6

2. 创建变半径边倒圆

下面以图 6.7.3 所示的模型为例，说明创建变半径边倒圆的一般操作过程。

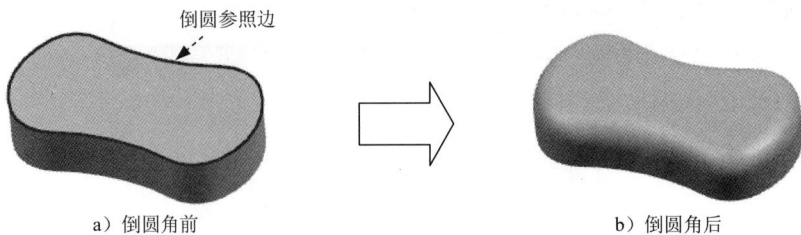

a) 倒圆角前　　　　　　　　　　　　　　b) 倒圆角后

图 6.7.3　变半径边倒圆

Step 1 打开文件 D:\ug85nc\work\ch06\ch06.07\round_02.prt。

Step 2 选择下拉菜单 插入(S) ➡ 细节特征(L) ➡ 边倒圆(E)... 命令，系统弹出"边倒圆"对话框。

Step 3 定义倒圆对象。单击图 6.7.3a 所示的倒圆参照边。

Step 4 选择边倒圆类型。在对话框中的 可变半径点 区域中单击"点对话框"按钮 ，如图 6.7.4 所示。

Step 5 定义变半径点。单击参照边上点 1 处，在动态文本框的 弧长百分比 文本框中输入数值 50，如图 6.7.5 所示。

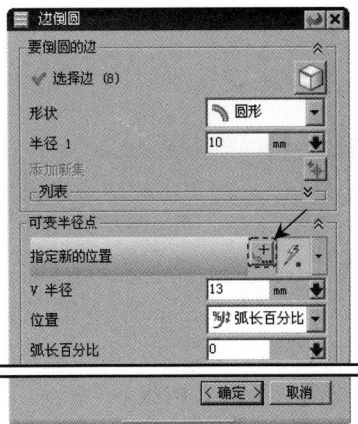

图 6.7.4　选取倒圆参照边

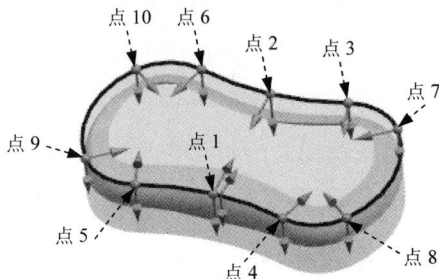

图 6.7.5　创建"变半径点"

Step 6 输入参数。在弹出的动态输入框中输入半径值 16。

Step 7 参照 Step4～Step5 详细操作步骤，定义其他半径点；点 2 处其圆角半径值为 16，弧长百分比值 50；点 3 和点 4 处其圆角半径值为 13，弧长百分比值 100；点 5 和点 6 处其圆角半径值为 13，弧长百分比值 0；点 7、点 8、点 9 和点 10 处其圆角半径值为 12，弧长百分比 100。

Step 8　单击"边倒圆"对话框中的 < 确定 > 按钮，完成可变半径倒圆特征的创建。

6.8　UG NX 的部件导航器

6.8.1　部件导航器概述

部件导航器提供了在工作部件中特征父—子关系的可视化表示，允许在那些特征上执行各种编辑操作。

单击资源板中的 [图标] 按钮，可以打开部件导航器。部件导航器是 UG NX 8.5 资源板中的一个部分，它可以用来组织、选择和控制数据的可见性，以及通过简单浏览来理解数据，也可以在其中更改现存的模型参数以得到所需的形状和定位表达，另外，"制图"和"建模"数据也包括在"部件导航器"中。

"部件导航器"被分隔成四个面板："名称"面板、"相依性"面板、"细节"面板以及"预览"面板。构造模型或图纸时，数据被填充到这些面板窗口中，使用这些面板导航部件，并执行各种操作。

6.8.2　部件导航器界面简介

部件导航器"名称"面板提供了最全面的部件视图。可以使用它的树状结构（简称"模型树"）查看和访问实体、实体特征和所依附的几何体、视图、图样、表达式、快速检查以及模型中的引用集。打开文件 D:\ug85nc\work\ch06\ch06.08\base_board.prt，模型如图 6.8.1 所示，在与之相应的模型树（图 6.8.2）中，圆括号内的时间戳记跟在各特征名称的后面。"部件导航器名称面板"有两种模式："时间戳记顺序"和"设计视图"模式。

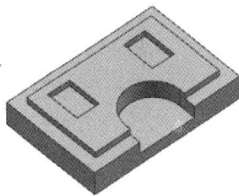

图 6.8.1　参照模型

（1）在部件导航器中右击，在弹出的快捷菜单中选择 ☑ 时间戳记顺序 命令，可以在两种模式间进行切换，如图 6.8.3 所示。

（2）在"设计视图"模式下，工作部件中的所有特征在模型节点下显示，包括它们的特征和操作，先显示最近创建的特征（按相反的时间戳记顺序）；在"时间戳记顺序"模式下，工作部件中的所有特征都按它们创建的时间戳记显示为一个节点的线性列表，"时间戳记顺序"模式不包括"设计视图"模式中可用的所有节点。

部件导航器"相依性"面板可用来查看部件中特征几何体的父子关系，可以帮助用户了解要执行的修改对部件的潜在影响。单击 相依性 选项，可以打开和关闭该面板，选择其中一个特征，其界面如图 6.8.4 所示。

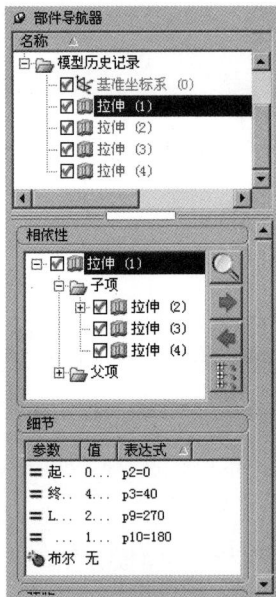

图 6.8.2　"部件导航器"界面　　　　图 6.8.3　"部件导航器"内右击后弹出的菜单

部件导航器"细节"面板显示属于当前所选特征的特征和定位参数。如果特征被表达式抑制，则特征抑制也将显示。单击 细节 选项，可以打开和关闭该面板，选择其中一个特征，其界面如图 6.8.5 所示。

图 6.8.4　部件导航器"相依性"面板　　　　图 6.8.5　部件导航器"细节"面板

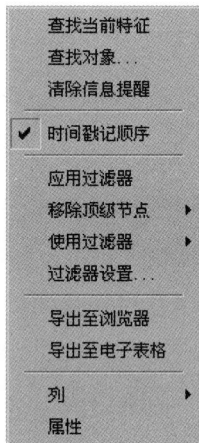

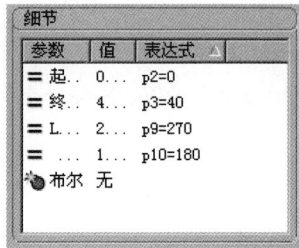

"细节"面板有三列：参数 、值 和 表达式 。在此仅显示单个特征的参数，可以直接在"细节"面板中编辑相应值：双击要编辑的值进入编辑模式，可以更改表达式的值，按回车键结束编辑。可以通过右击，在弹出的快捷菜单中选择 导出至浏览器 或导出到电子表格命令，将"细节"面板的内容导出至浏览器或电子表格，并且可以按任意列排序。

部件导航器"预览"面板显示可用的预览对象的图像。单击 预览 选项，可以打开和关闭该面板。"预览"面板的性质与上述部件导航器"细节"面板类似，不再赘述。

6.8.3 部件导航器的作用与操作

1. 部件导航器的作用

部件导航器可以用来抑制或释放特征和改变它们的参数或定位尺寸等，部件导航器在所有 UG NX 应用环境中都是有效的，而不只是在建模环境中。可以在建模环境执行特征编辑操作。在部件导航器中，编辑特征可以引起一个在模型上执行的更新。

在部件导航器中使用时间戳记顺序，可以按时间序列排列建模所用到的每个步骤，并且可以对其进行参数编辑、定位编辑、显示设置等各种操作。

部件导航器中提供了正等测、前、后和右等八个模型视图，用于选择当前视图的方向，以方便从各个视角观察模型。

2. 部件导航器的显示操作

部件导航器对识别模型特征是非常有用的。在部件导航器窗口中选择一个特征，该特征将在图形区高亮显示，并在部件导航器窗口中高亮显示其父特征和子特征。反之，在图形区中选择一特征，该特征和它的父、子层级也会在部件导航器窗口中高亮显示。

为了显示部件导航器，可以在图形区右侧的资源条上单击 按钮，弹出部件导航器界面。当光标离开部件导航器窗口时，部件导航器窗口立即关闭，以方便图形区的操作，如果需要固定部件导航器窗口的显示，单击 按钮，使之变为 状态，则窗口始终固定显示，直到再次单击 按钮。

如果需要以某个方向观察模型，可以在部件导航器中双击 模型视图 下的选项，可以得到图 6.8.6 中八个方向的视角，当前应用视图后有"（工作）"字样。

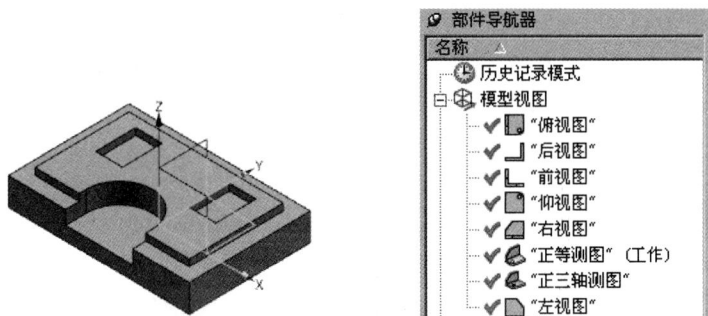

图 6.8.6 "模型视图"中的选项

3. 在部件导航器中编辑特征

在"部件导航器"中，有多种方法可以选择和编辑特征，在此列举两种。

方法一：

Step 1 双击树列表中的特征，打开其编辑对话框。

Step 2 在创建时的对话框控制中编辑其特征。

方法二：

Step 1 在树列表中选择一个特征。

Step 2 右击，在弹出的快捷菜单中选择 编辑参数(P)... 命令，打开其编辑对话框。

Step 3 在创建时的对话框控制中编辑其特征。

4. 显示表达式

在部件导航器中会显示"用户表达式"文件夹内定义的表达式，且其名称前会显示表达式的类型（即距离、长度或角度等）。

5. 抑制与取消抑制

通过抑制（Suppressed）功能可使已显示的特征临时从图形区中移去。取消抑制后，该特征显示在图形区中，例如，图 6.8.7a 中的拉伸特征处于抑制的状态，此时其模型树如图 6.8.8a 所示；图 6.8.7b 中的拉伸特征处于取消抑制的状态，此时其模型树如图 6.8.8b 所示。

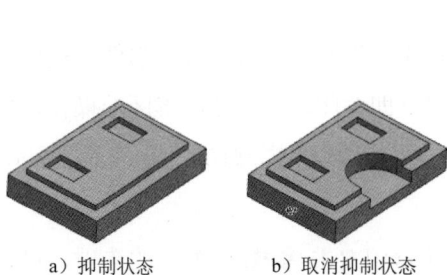

a）抑制状态　　b）取消抑制状态

图 6.8.7　特征的抑制（模型）

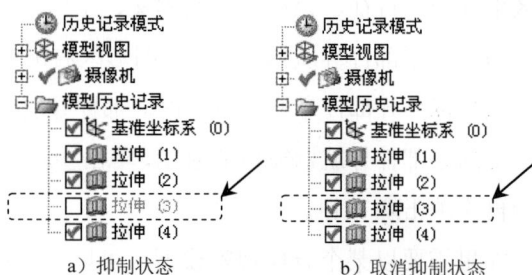

a）抑制状态　　b）取消抑制状态

图 6.8.8　特征的抑制（模型树）

说明：

● 选取 抑制(S) 命令可以使用另外一种方法，即在模型树中选择某个特征后，右击，在弹出的快捷菜单中选择 抑制(S) 命令。

● 抑制某个特征时，其子特征也将被抑制；在取消抑制某个特征时，其父特征也将被取消抑制。

6. 特征回放

用户使用下拉菜单 编辑(E) → 特征(F)▶ → 回放(B)... 命令，可以一次显示一个特征，逐步表示模型的构造过程。

注意：被抑制的特征在回放的过程中是不显示的；如果草图是在特征内部创建的，则在回放过程中不显示，否则草图会显示。

7. 信息获取

"信息"（Information）下拉菜单提供了获取有关模型信息的选项。

"信息"窗口显示所选特征的详细信息,包括特征名、特征表达式、特征参数和特征的父子关系等。特征信息的获取方法:在部件导航器中选择特征并右击,然后选择 ⊑ 信息(I) 命令,系统弹出"信息"窗口。

说明:

● 在"信息"窗口中可以选择下拉菜单 文件(F) ➡ 另存为...(A) 命令或 打印...(P) 命令。 另存为...(A) 命令用于以文本格式保存在"信息"窗口中列出的所有信息, 打印...(P) 命令用于将信息列表打印。

● 编辑(E) 下拉菜单中的 查找...(F) 命令用于搜索特定表达式。

8. 细节

在模型树中选择某个特征后,在"细节"面板中会显示该特征的参数、值和表达式,对某个表达式右击,在弹出的快捷菜单中选择 编辑 命令,可以对表达式进行编辑,以便对模型进行修改。例如,在图 6.8.9 所示的"细节"面板中显示的是一个拉伸特征的细节,右击表达式 p3＝40,选择 编辑 命令,在文本框中输入新值 60 并按回车键,则该拉伸特征会立即变化。

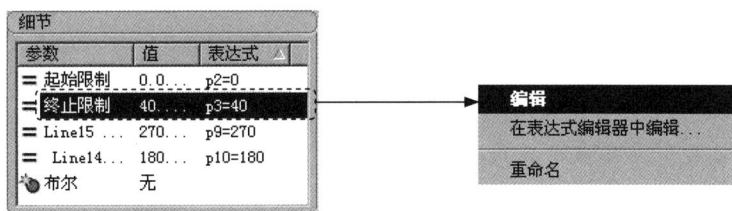

图 6.8.9 表达式的编辑操作

6.9 对象操作

通常在对模型特征进行操作时,需要对目标对象进行显示、隐藏、分类和删除等操作,使用户能更快捷、更容易地达到目的。

6.9.1 控制对象模型的显示

模型的显示控制主要通过图 6.9.1 所示的"视图"工具条来实现,也可通过 视图(V) 下拉菜单中的命令来实现。

图 6.9.1 所示的"视图"工具条中部分按钮的说明如下:

A: 适合窗口。调整工作视图的中心和比例以显示所有对象。

B1: 正三轴测图。   B2: 俯视图。

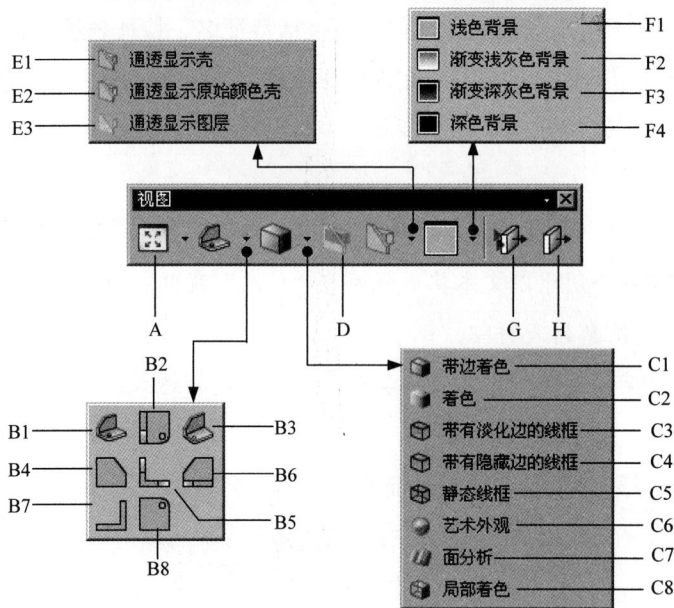

图 6.9.1　"视图"工具条

B3：正等测图。　　　　　　　　　　B4：左视图。

B5：前视图。　　　　　　　　　　　B6：右视图。

B7：后视图。　　　　　　　　　　　B8：仰视图。

C1：以带线框的着色图显示。　　　　C2：以纯着色图显示。

C3：不可见边用虚线表示的线框图。　C4：隐藏不可见边的线框图。

C5：可见边和不可见边都用实线表示的线框图。

C6：艺术外观。在此显示模式下，选择下拉菜单 视图(V) ➡ 可视化(V) ➡ 材料/纹理(M)... 命令，可以给它们指定的材料和纹理特性进行实际渲染。没有指定材料或纹理特性的对象，看起来与"着色"渲染样式下所进行的着色相同。

C7：在"面分析"渲染样式下，选定的曲面对象由小平面几何体表示并渲染小平面以指示曲面分析数据，剩余的曲面对象由边缘几何体表示。

C8：在"局部着色"渲染样式下，选定的曲面对象由小平面几何体表示，这些几何体通过着色和渲染显示，剩余的曲面对象由边缘几何体显示。

D：全部通透显示。

E1：使用指定的颜色将已取消着重的着色几何体显示为透明壳。

E2：将已取消着重的着色几何体显示为透明壳，并保留原始的着色几何体颜色。

E3：使用指定的颜色将已取消着重的着色几何体显示为透明图层。

F1：浅色背景。　F2：渐变浅灰色背景。　F3：渐变深灰色背景。　F4：深色背景。

G：剪切工作截面。　　　　　　　　　H：编辑工作截面。

6.9.2   删除对象

利用 编辑(E) 下拉菜单中的 ╳ 删除(D)... 命令可以删除一个或多个对象。下面以图 6.9.2 所示的模型为例，来说明删除对象的一般操作过程。

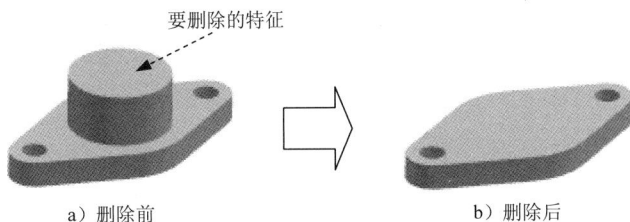

a）删除前   b）删除后

图 6.9.2   删除对象

Step 1   打开文件 D:\ug85nc\work\ch06\ch06.09\delete.prt。

Step 2   选择命令。选择下拉菜单 编辑(E) ➡ ╳ 删除(D)... 命令，系统弹出"类选择"对话框。

Step 3   定义删除对象。选取图 6.9.2 a 所示的实体。

Step 4   单击 确定 按钮，完成对象的删除。

6.9.3   隐藏与显示对象

对象的隐藏是指通过一些操作，使该对象在零件模型中不显示。下面以图 6.9.3 所示的模型为例，来说明隐藏与显示对象的一般操作过程。

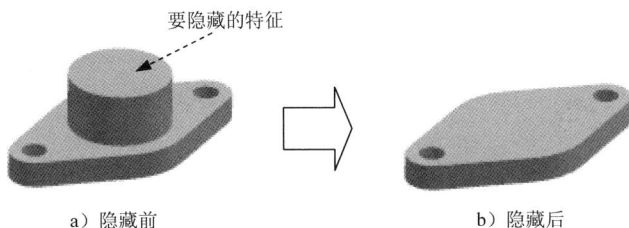

a）隐藏前   b）隐藏后

图 6.9.3   隐藏对象

Step 1   打开文件 D:\ug85nc\work\ch06\ch06.09\hide.prt。

Step 2   选择命令。选择下拉菜单 编辑(E) ➡ 显示和隐藏(H) ➡ 隐藏(H)... 命令，系统弹出"类选择"对话框。

Step 3   定义隐藏对象。单击图 6.9.3 a 所示的实体。

Step 4   单击 确定 按钮，完成对象的隐藏。

说明：显示被隐藏的对象。选择下拉菜单 编辑(E) ➡ 显示和隐藏(H) ➡ 显示(S)... 命令（或按快捷键 Ctrl+Shift+U），选择要显示的对象，即可将隐藏的对象显示。

6.9.4　编辑对象的显示

编辑对象的显示是指修改对象的层、颜色、线型和宽度等。下面以图 6.9.4 所示的模型为例，来说明编辑对象显示的一般过程。

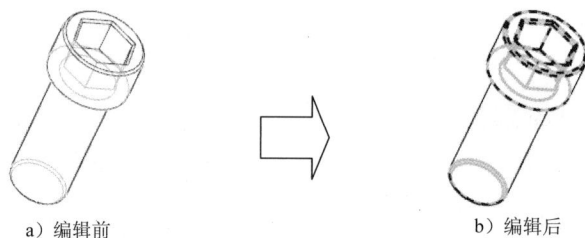

a）编辑前　　　　　　　　　　　b）编辑后

图 6.9.4　编辑对象的显示

Step 1　打开文件 D:\ug85nc\work\ch06\ch06.09\display.prt。

Step 2　选择命令。选择下拉菜单 编辑(E) ➡ 对象显示(J)... 命令，系统弹出"类选择"对话框。

Step 3　定义需编辑的对象。选取图 6.9.4a 所示的实体，单击 确定 按钮，系统弹出"编辑对象显示"对话框。

Step 4　修改对象显示属性。在"编辑对象显示"对话框中单击 颜色 右侧的色块，在弹出的"颜色"对话框中选择 ■ 选项，在 线型 下拉列表框中选择 ┌─────┐ 选项，在 宽度 下拉列表框中选择 ▇▇ 0.25 mm 选项，如图 6.9.5 所示。

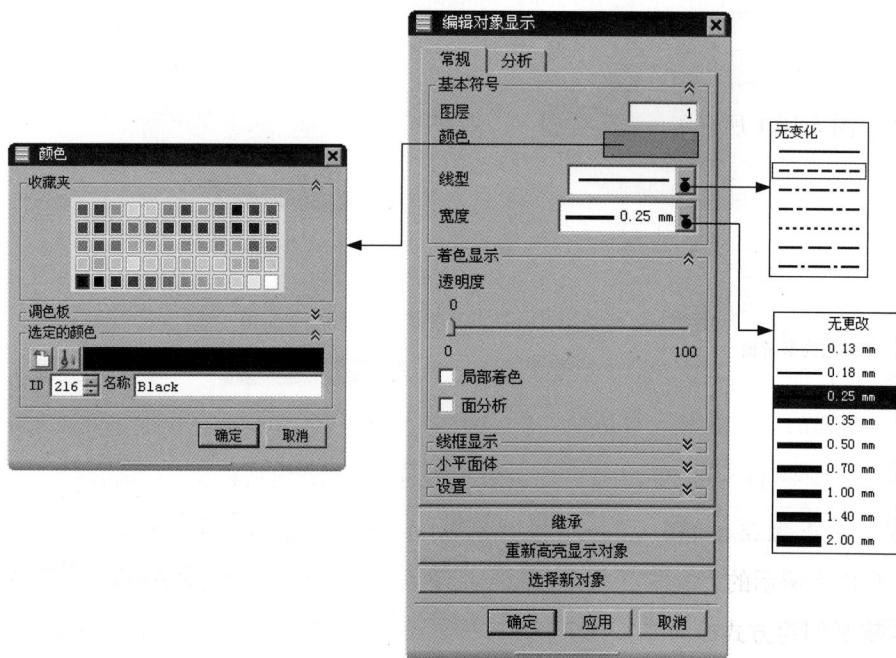

图 6.9.5　"编辑对象显示"对话框

Step **5** 单击 确定 按钮，完成对象显示的编辑。

6.10 基准特征

6.10.1 基准平面

基准平面也称基准面。是用户在创建特征时的一个参考面，同时也一个载体。如果在创建一般特征时，模型上没有合适的平面，用户可以创建基准平面作为特征截面的草图平面或参照平面；也可以根据一个基准平面进行标注，此时它就好像是一条边。并且基准平面的大小是可以调整的，以使其看起来更适合零件、特征、曲面、边、轴或半径。UG NX 8.5 中有两种类型的基准平面：相对的和固定的。

相对基准平面：相对基准平面是根据模型中的其他对象而创建的。可使用曲线、面、边缘、点及其他基准作为基准平面的参考对象，可创建跨过多个实体的相对基准平面。

固定基准平面：固定基准平面不参考，也不受其他几何对象的约束，在用户定义特征中使用除外。可使用任意相对基准平面方法创建固定基准平面，方法是：取消选择"基准平面"对话框中的 ☑关联 复选框；还可根据 WCS 和绝对坐标系并通过改变方程式中的系数，使用一些特殊方法创建固定基准平面。

要选择一个基准平面，可以在模型树中单击其名称，也可在图形区中选择它的一条边界。

1. 基准平面的创建方法：成一角度

下面以图 6.10.1 所示的实例来说明创建基准平面的一般过程。

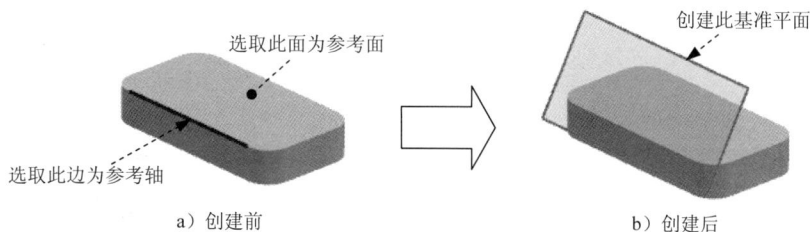

图 6.10.1　创建基准平面

Step **1** 打开文件 D:\ug85nc\work\ch06\ch06.10\ch06.10.01\datum_plane_01.prt。

Step **2** 选择下拉菜单 插入(S) ➡ 基准/点(D)▶ ➡ 基准平面(D)... 命令，系统弹出图 6.10.2 所示的"基准平面"对话框（可创建各种形式的基准平面）。

Step **3** 定义创建方式。在"基准平面"对话框中的 类型 下拉列表中，选择 成一角度 选项（图 6.10.2）。

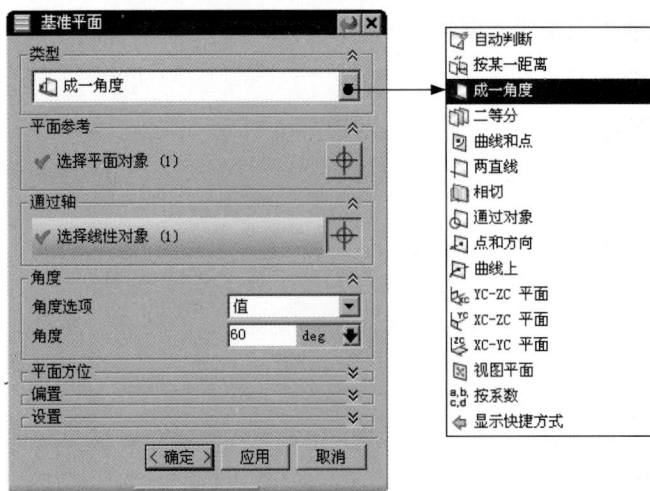

图 6.10.2　"基准平面"对话框

Step 4　定义参考对象。分别选取图 6.10.1a 所示的平面和边线为基准平面的参考平面和参考轴。

Step 5　定义参数。在弹出的 **角度** 动态输入框中输入数值 60，单击"基准平面"对话框中的 < **确定** > 按钮，完成基准平面的创建。

图 6.10.2 所示的"**基准平面**"对话框中部分选项及按钮的功能说明如下：

● **自动判断**：通过选择的对象自动判断约束条件。例如选取一个表面或基准平面时，系统自动生成一个预览基准平面，可以输入偏置值和数量来创建基准平面。

● **按某一距离**：通过输入偏置值创建与已知平面（基准平面或零件表面）平行的基准平面。

● **成一角度**：通过输入角度值创建与已知平面成一角度的基准平面。先选择一个平面或基准平面，然后选择一个与所选面平行的线性曲线或基准轴，以定义旋转轴。

● **曲线和点**：用此方法创建基准平面的步骤为：先指定一个点，然后指定第二个点或者一条直线、线性边、基准轴、面等。如果选择直线、基准轴、线性曲线或特征的边缘作为第二个对象，则基准平面同时通过这两个对象；如果选择一般平面或基准平面作为第二个对象，则基准平面通过第一个点，但与第二个对象平行；如果选择两个点，则基准平面通过第一个点并垂直于这两个点所定义的方向；如果选择三个点，则基准平面通过这三个点。

● **两直线**：通过选择两条现有直线，或直线与线性边、面的法向向量或基准轴的组合，创建的基准平面包含第一条直线且平行于第二条线。如果两条直线共面，则创建的基准平面将同时包含这两条直线。否则，还会有下面两种可能的情况。

☑　这两条线不垂直。创建的基准平面包含第二条直线且平行于第一条直线。

☑ 这两条线垂直。创建的基准平面包含第一条直线且垂直于第二条直线，或是包含第二条直线且垂直于第一条直线（可以使用循环解实现）。

- **通过对象**：根据选定的对象创建基准平面，对象包括曲线、边缘、面、基准、平面、圆柱、圆锥或回转面的轴、基准坐标系、坐标系以及球面和回转曲面。如果选择圆锥面或圆柱面，则在该面的轴线上创建基准平面。

- **点和方向**：通过定义一个点和一个方向来创建基准平面。定义的点可以是使用点构造器创建的点，也可以是曲线或曲面上的点；定义的方向可以通过选取的对象自动判断，也可以使用矢量构造器来构建。

- **曲线上**：创建一个过曲线上的点并在此点与曲线法向方向垂直或相切的基准平面。

- **XC-YC 平面**：沿工作坐标系（WCS）或绝对坐标系（ACS）的 XC-YC 轴创建一个固定的基准平面。

- **XC-ZC 平面**：沿工作坐标系（WCS）或绝对坐标系（ACS）的 XC-ZC 轴创建一个固定的基准平面。

- **YC-ZC 平面**：沿工作坐标系（WCS）或绝对坐标系（ACS）的 YC-ZC 轴创建一个固定的基准平面。

- **视图平面**：创建平行于视图平面并穿过绝对坐标系（ACS）原点的固定基准平面。

- **按系数**：通过使用系数 a、b、c 和 d 指定一个方程的方式，创建固定基准平面，该基准平面由方程 $ax+by+cz=d$ 确定。

2. 基准平面的创建方法：点和方向

用"点和方向"创建基准平面是指通过定义一点和平面的法向方向来创建基准平面。下面通过一个实例来说明用"点和方向"创建基准平面的一般过程。

Step 1 打开文件 D:\ug85nc\work\ch06\ch06.10\ch06.10.01\datum_plane_02.prt。

Step 2 选择命令。选择下拉菜单 插入(S) ➡ 基准/点(D) ➡ 基准平面(D)... 命令，系统弹出"基准平面"对话框。

Step 3 定义创建方式。在 类型 区域的下拉列表中选择 点和方向 选项，选取图 6.10.3a 所示的圆心，在 指定矢量 下拉列表框中选择 ZC 选项为平面的法向方向，单击 < 确定 > 按钮，完成基准平面的创建，如图 6.10.3b 所示。

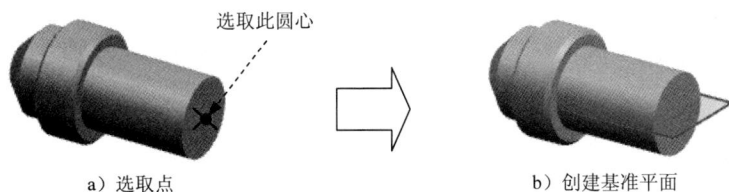

a）选取点　　　　　　　　　b）创建基准平面

图 6.10.3　利用"点和方向"创建基准平面

3. 基准平面的创建方法：按某一距离

用"按某一距离"创建基准平面是指创建一个与指定平面平行且相距一定距离的基准平面。下面通过一个实例说明用"按某一距离"创建基准平面的一般过程。

Step 1 打开文件 D:\ug85nc\work\ch06\ch06.10\ch06.10.01\datum_plane_04.prt。

Step 2 选择命令。选择下拉菜单 插入(S) ➡ 基准/点(D) ➡ 基准平面(D)... 命令，系统弹出"基准平面"对话框。

Step 3 定义创建方式。在 类型 区域的下拉列表中选择 按某一距离 选项，选取图 6.10.4a 所示的平面为参考面。

Step 4 在弹出的 距离 动态输入框内输入数值 14，单击"基准平面"对话框的 < 确定 > 按钮，完成基准平面的创建，如图 6.10.4b 所示。

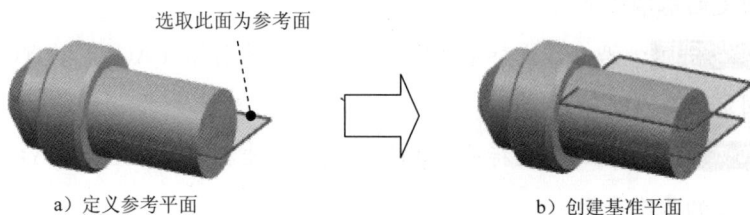

a）定义参考平面   b）创建基准平面

图 6.10.4 利用"按某一距离"创建基准平面

4. 基准平面的创建方法：平分平面

用"平分平面"创建基准平面是指创建一个与指定两平面相距相等距离的基准平面。下面通过一个实例说明用"平分平面"创建基准平面的一般过程。

Step 1 打开文件 D:\ug85nc\work\ch06\ch06.10\ch06.10.01\datum_plane_05.prt。

Step 2 选择命令。选择下拉菜单 插入(S) ➡ 基准/点(D) ➡ 基准平面(D)... 命令，系统弹出"基准平面"对话框。

Step 3 定义创建方式。在 类型 区域的下拉列表中选择 自动判断 选项，选取图 6.10.5a 所示的平面为参考面。

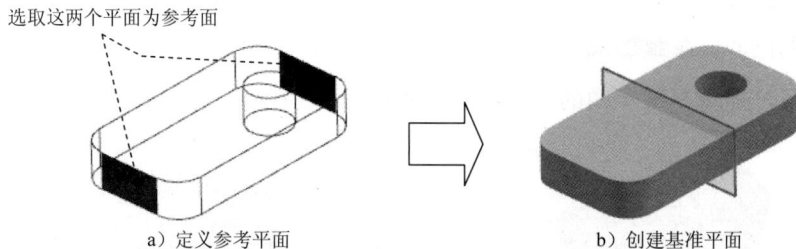

a）定义参考平面   b）创建基准平面

图 6.10.5 利用"平分平面"创建基准平面

Step 4 单击 < 确定 > 按钮，完成基准平面的创建，如图 6.10.5b 所示。

5.调整基准平面的显示大小

尽管基准平面实际上是一个无穷大的平面，但在默认情况下，系统根据模型大小对其进行缩放显示。显示的基准平面的大小随零件尺寸而改变。除了那些即时生成的平面以外，其他所有基准平面的大小都可以调整，以适应零件、特征、曲面、边、轴或半径。改变基准平面大小的方法是：双击基准平面，拖动基准平面的控制点即可改变其大小（图 6.10.6）。

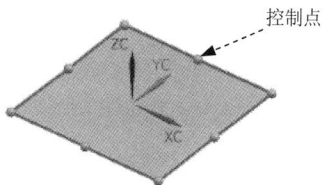

图 6.10.6　调整基准平面的大小

6.10.2　基准轴

基准轴既可以是相对的，也可以是固定的。以创建的基准轴为参考对象，可以创建其他对象，比如基准平面、回转体和拉伸特征等。

1.基准轴的创建方法：两点

下面通过图 6.10.7 所示的实例说明创建基准轴的一般操作步骤。

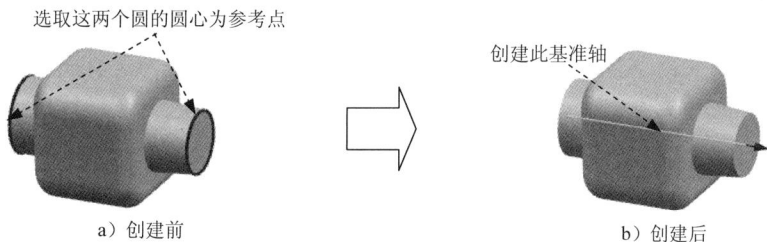

a）创建前　　　　　　　　b）创建后

图 6.10.7　创建基准轴

Step 1 打开文件 D:\ug85nc\work\ch06\ch06.10\ch06.10.02\datum_axis01.prt。

Step 2 选择下拉菜单 插入(S) ➡ 基准/点(D) ➡ 基准轴(A)... 命令，系统弹出图 6.10.8 所示的"基准轴"对话框。

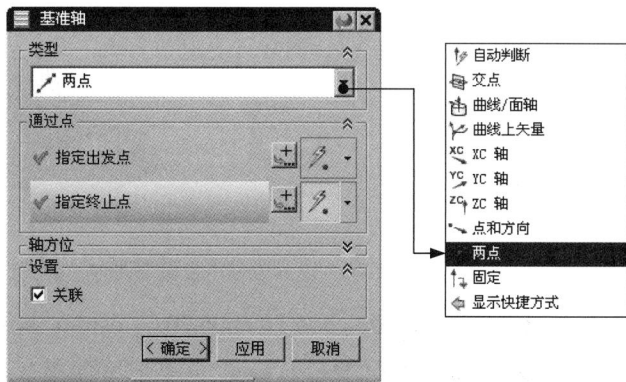

图 6.10.8　"基准轴"对话框

Step 3 在"基准轴"对话框 类型 下拉列表中选取 两点 选项，选择"两点"方式创建基准轴（图 6.10.8）。

Step 4 定义参考点。选取图 6.10.7a 所示的两个圆的圆心为参考点。

注意：创建的基准轴与选择点的先后顺序有关，可以通过单击"基准轴"对话框中的"反向"按钮 调整其方向。

Step 5 单击 < 确定 > 按钮，完成基准轴的创建。

图 6.10.8 所示的"基准轴"对话框中有关选项功能的说明如下：

- 自动判断：根据所选的对象自动判断基准轴类型。
- 点和方向：通过定义一个点和一个矢量方向来创建基准轴。通过曲线、边或曲面上的一点，可以创建一条平行于线性几何体或基准轴、面轴，或垂直于一个曲面的基准轴。
- 两点：通过定义轴通过的两点来创建基准轴。第一点为基点，第二点定义了从第一点到第二点的方向。
- 交点：通过两个平面相交，在相交处产生的基准轴。
- 曲线/面轴：创建一个起点在选择曲线上的基准轴。
- 曲线上矢量：通过选择曲线上一点并确定与曲线的方位关系（法向垂直或相切或与某一对象平行或垂直等）而创建基准轴。
- XC 轴：用于通过沿 XC 轴创建固定基准轴。
- YC 轴：用于通过沿 YC 轴创建固定基准轴。
- ZC 轴：用于通过沿 ZC 轴创建固定基准轴。

2. 基准轴的创建方法：点和方向

用"点和方向"创建基准轴是指通过定义一个点和矢量方向来创建基准轴，下面通过图 6.10.9 所示的范例来说明用"点和方向"创建基准轴的一般过程。

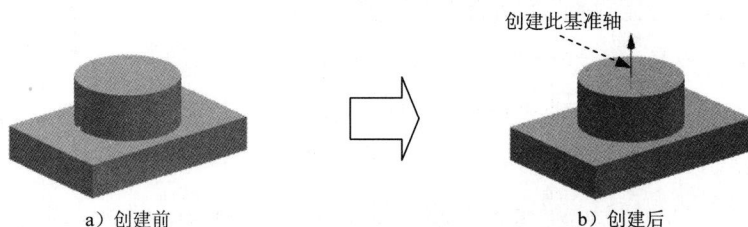

a）创建前　　　　b）创建后

图 6.10.9　利用"点和方向"创建基准轴

Step 1 打开文件 D:\ug85nc\work\ch06\ch06.10\ch06.10.02\datum_axis02.prt。

Step 2 选择下拉菜单 插入(S) → 基准/点(D) → 基准轴(A)... 命令，系统弹出"基准轴"对话框。

Step 3 在"基准轴"对话框 类型 下拉列表中选取 点和方向 选
项，选择图 6.10.10 所示的点作为参考对象。

Step 4 在对话框 方向 区域的 方位 下拉列表中选择 平行于矢量 选
项；在 ✓ 指定矢量 下拉列表中选择 ZC↑ 选项。

Step 5 单击 < 确定 > 按钮，完成基准轴的创建。

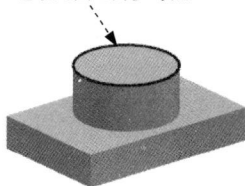
图 6.10.10　定义参考点

6.10.3　基准点

基准点用来为网格生成加载点、在绘图中连接基准目标和注释、创建坐标系及管道特
征轨迹，也可以在基准点处放置轴、基准平面、孔和轴肩。

默认情况下，UG NX 8.5 将一个基准点显示为加号"+"，其名称显示为 point（n），其
中 n 是基准点的编号。要选取一个基准点，可选择基准点自身或其名称。

1．通过给定坐标值创建点

无论用哪种方式创建点，得到的点都有唯一的坐标值与之相对应。只是不同方式的操
作步骤和简便程度不同。在可以通过其他方式方便快捷的创建点时，就没有必要再通过给
定点的坐标值来创建。仅在读者确定点的坐标值时推荐使用此方式。

本节将创建如下几个点，坐标值分别是（40.0，40.0，0.0）、（–40.0，–40.0，0.0）、（40.0，
–40.0，40.0）和（–40.0，40.0，40.0），操作步骤如下。

Step 1 打开文件 D:\ug85nc\work\ch06\ch06.10\ch06.10.03\point_01.prt。

Step 2 选择下拉菜单 插入(S) ➡ 基准/点(D)▶ ➡ ＋ 点(P)... 命令，系统弹出"点"对
话框。

Step 3 在"点"对话框的 X 、 Y 、 Z 文本框中输
入相应的坐标值，单击 < 确定 > 按钮，完成
四个点的创建，结果如图 6.10.11 所示。

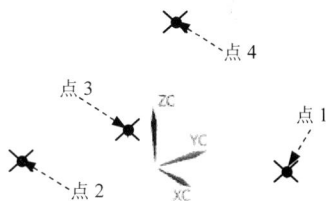
图 6.10.11　利用坐标值创建点

2．在端点上创建点

在端点上创建点是指在直线或曲线的末端创建
点。下面以图 6.10.12 所示的范例说明在端点创建点的一般过程。现要在模型的顶点处创
建一个点，其操作步骤如下。

Step 1 打开文件 D:\ug85nc\work\ch06\ch06.10\ch06.10.03\point_02.prt。

Step 2 选择下拉菜单 插入(S) ➡ 基准/点(D)▶ ➡ ＋ 点(P)... 命令，系统弹出"点"对
话框（在对话框 设置 区域中默认的设置是 ☑ 关联 复选框被选中，即所创建的点与所
选对象参数相关）。

Step 3 选择以"端点"的方式创建点。在对话框 类型 下拉列表中选择 终点 选项，选

取图 6.10.12a 所示的模型边线，单击 < 确定 > 按钮，完成点的创建，如图 6.10.12b 所示。

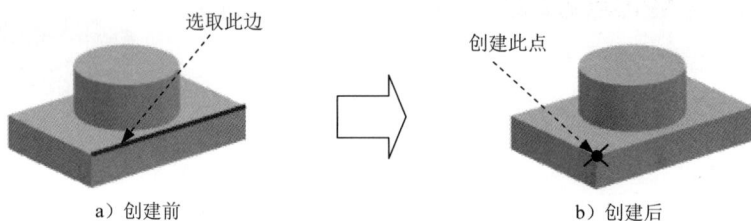

a）创建前　　　　　　　　　　b）创建后

图 6.10.12　通过端点创建点

说明：系统默认的线的端点是离点选位置最近的点，读者在选取边线时应注意点选位置，以免所创建的点不是所需的点。

6.10.4　基准坐标系

坐标系是可以增加到零件和装配件中的参照特征，它可用于：

- 计算质量属性。
- 装配元件。
- 为有限元分析（FEA）放置约束。
- 为刀具轨迹提供制造操作参照。
- 用于定位其他特征的参照（坐标系、基准点、平面和轴线、输入的几何等）。

在 UG NX 8.5 系统中，可以使用下列三种形式的坐标系：

- 绝对坐标系（ACS）。系统默认的坐标系，其坐标原点不会变化，在新建文件时系统会自动产生绝对坐标系。
- 工作坐标系（WCS）。系统提供给用户的坐标系，用户可根据需要移动它的位置来设置自己的工作坐标系。
- 基准坐标系（CSYS）。该坐标系常用于模具设计和数控加工等操作。

1. 使用三个点创建坐标系

根据所选的三个点来定义坐标系，X 轴是从第一点到第二点的矢量，Y 轴是从第一点到第三点的矢量，原点是第一点。下面以一个范例说明用三点创建坐标系的一般过程，其操作步骤如下。

Step 1　打开文件 D:\ug85nc\work\ch06\ch06.10\ch06.10.04\csys_create_01.prt。

Step 2　选择下拉菜单 插入(S) ➞ 基准/点(D) ➞ 基准 CSYS... 命令，系统弹出图 6.10.13 所示的"基准 CSYS"对话框。

Step 3　在"基准 CSYS"对话框的 类型 下拉列表中选择 原点,X 点,Y 点 选项，选取图

6.10.14a 所示的三点，其中 X 轴是从第一点到第二点的矢量，Y 轴是从第一点到第三点的矢量，原点是第一点。

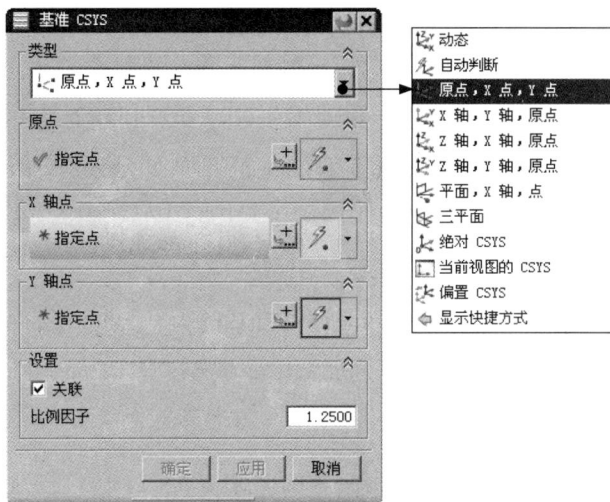

图 6.10.13 "基准 CSYS"对话框

Step 4 单击 **确定** 按钮，完成基准坐标系的创建，如图 6.10.14b 所示。

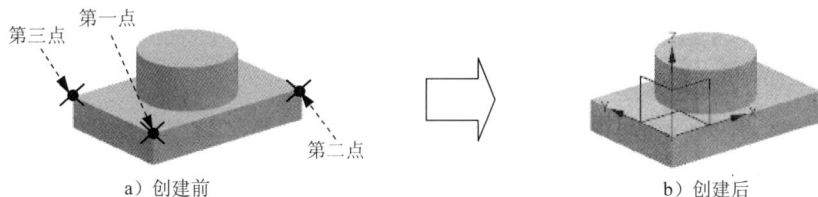

图 6.10.14 创建基准坐标系（一）

图 6.10.13 所示的"基准 CSYS"对话框中部分选项功能的说明如下：

- **自动判断**：创建一个与所选对象相关的 CSYS，或通过 x、y 和 z 分量的增量来创建 CSYS。实际所使用的方法是基于所选择的对象和选项。要选择当前的 CSYS，可选择自动判断的方法。

- **原点，X 点，Y 点**：根据选择的三个点或创建三个点来创建 CSYS。要想指定三个点，可以使用点方法选项或使用相同功能的菜单，打开"点构造器"对话框。X 轴是从第一点到第二点的矢量；Y 轴是从第一点到第三点的矢量；原点是第一点。

- **三平面**：根据所选择的三个平面来创建 CSYS。X 轴是第一个"基准平面/平的面"的法线；Y 轴是第二个"基准平面/平的面"的法线；原点是这三个"基准平面/平的面"的交点。

- **X 轴，Y 轴，原点**：根据所选择或定义的一点和两个矢量来创建 CSYS。选择的两个矢量作为坐标系的 X 轴和 Y 轴；选择的点作为坐标系的原点。

133

- **Z轴,X轴,原点**：根据所选择或定义的一点和两个矢量来创建 CSYS。选择的两个矢量作为坐标系的 Z 轴和 X 轴；选择的点作为坐标系的原点。

- **Z轴,Y轴,原点**：根据所选择或定义的一点和两个矢量来创建 CSYS。选择的两个矢量作为坐标系的 Z 轴和 Y 轴；选择的点作为坐标系的原点。

- **平面,X轴,点**：根据所选择的一个平面、X 轴和原点来创建 CSYS。其中选择的平面为 Z 轴平面，选取的 X 轴方向即为 CSYS 中 X 轴方向，选取的原点为 CSYS 的原点。

- **绝对 CSYS**（绝对坐标系）：指定模型空间坐标系作为坐标系。X 轴和 Y 轴是"绝对 CSYS"的 X 轴和 Y 轴，原点为"绝对 CSYS"的原点。

- **当前视图的 CSYS**：将当前视图的坐标系设置为坐标系。X 轴平行于视图底部；Y 轴平行于视图的侧面；原点为视图的原点（图形屏幕中间）。如果通过名称来选择，CSYS 将不可见或在不可选择的层中。

- **偏置 CSYS**：根据所选择的现有基准 CSYS 的 x、y 和 z 的增量来创建 CSYS。

- **比例因子**：使用此文本框更改基准 CSYS 的显示尺寸。每个基准 CSYS 都可具有不同的显示尺寸。显示大小由比例因子参数控制，1 为基本尺寸。如果指定比例因子为 0.5，则得到的基准 CSYS 将是正常大小的一半；如果指定比例因子为 2，则得到的基准 CSYS 将是正常比例大小的两倍。

说明：在建模过程中，经常需要对工作坐标系进行操作，以便于建模。选择下拉菜单 **格式(R)** → **WCS** → **定向(N)...** 命令，系统弹出图 6.10.15 所示的 CSYS 对话框，对所建的工作坐标系进行操作。该对话框的上部为创建坐标系的各种方式的选项，其余为涉及到的参数。其创建的操作步骤和创建基准坐标系一致。

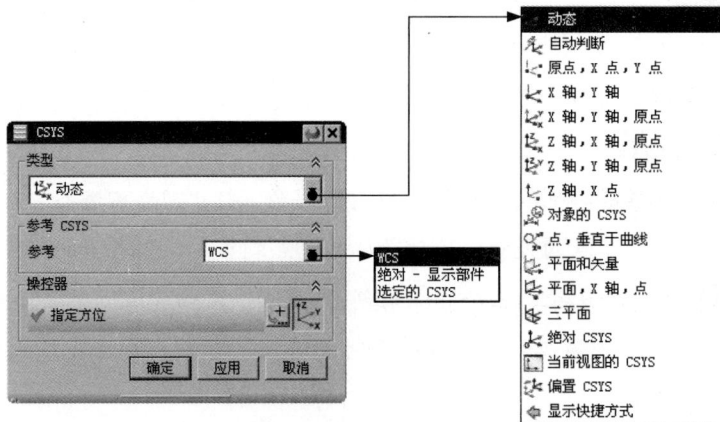

图 6.10.15　CSYS 对话框

图 6.10.15 所示的 CSYS 对话框的 **类型** 下拉列表中部分选项说明如下：

- ⚡ **自动判断**：通过选择的对象或输入坐标分量值来创建一个坐标系。

- **原点，X 点，Y 点**：通过三个点来创建一个坐标系。这三点依次是原点、X 轴方向上的点和 Y 轴方向上的点。第一点到第二点的矢量方向为 X 轴正向，Z 轴正向由第二点到第三点按右手法则确定。

- **X 轴，Y 轴**：通过两个矢量来创建一个坐标系。坐标系的原点为第一矢量与第二矢量的交点，XC-YC 平面为第一矢量与第二矢量所确定的平面，X 轴正向为第一矢量方向，从第一矢量至第二矢量按右手螺旋法则确定 Z 轴的正向。

- **X 轴，Y 轴，原点**：创建一点作为坐标系原点，再选取或创建两个矢量来创建坐标系。X 轴正向平行于第一矢量方向，XC-YC 平面平行于第一矢量与第二矢量所在平面，Z 轴正向由从第一矢量在 XC-YC 平面上的投影矢量至第二矢量在 XC-YC 平面上的投影矢量，按右手法则确定。

- **Z 轴，X 点**：通过选择或创建一个矢量和一个点来创建一个坐标系。Z 轴正向为矢量的方向，X 轴正向为沿点和矢量的垂线指向定义点的方向，Y 轴正向由从 Z 轴至 X 轴按右手螺旋法则确定，原点为三个矢量的交点。

- **对象的 CSYS**：用选择的平面曲线、平面或工程图来创建坐标系，XC-YC 平面为对象所在的平面。

- **点，垂直于曲线**：利用所选曲线的切线和一个点的方法来创建一个坐标系。原点为切点，曲线切线的方向即为 Z 轴矢量，X 轴正向为沿点到切线的垂线指向点的方向，Y 轴正向由从 Z 轴至 X 轴矢量按右手螺旋法则确定。

- **平面和矢量**：通过选择一个平面、选择或创建一个矢量来创建一个坐标系。X 轴正向为面的法线方向，Y 轴为矢量在平面上的投影，原点为矢量与平面的交点。

- **三平面**：通过依次选择三个平面来创建一个坐标系。三个平面的交点为坐标系的原点，第一个平面的法向为 X 轴，第一个平面与第二个平面的交线为 Z 轴。

- **绝对 CSYS**：在绝对坐标原点（0，0，0）处创建一个坐标系，即与绝对坐标系重合的新坐标系。

- **当前视图的 CSYS**：用当前视图来创建一个坐标系。当前视图的平面即为 XC-YC 平面。

说明：CSYS 对话框中的一些选项与"基准 CSYS"对话框中的相同，此处不再赘述。

6.11 孔特征

在 UG NX 8.5 中，可以创建以下三种类型的孔（Hole）特征。

- 简单孔：具有圆截面的切口，它始于放置曲面并延伸到指定的终止曲面或用户定义的深度。创建时要指定"直径"、"深度"和"尖端尖角"。
- 埋头孔：该选项允许用户创建指定"孔直径"、"孔深度"、"尖角"、"埋头直径"和"埋头深度"的埋头孔。
- 沉头孔：该选项允许用户创建指定"孔直径"、"孔深度"、"尖角"、"沉头直径"和"沉头深度"的沉头孔。

下面以图 6.11.1 所示的零件为例，说明在一个模型上添加孔特征（简单孔）的一般操作过程。

图 6.11.1　创建孔特征

Stage1．打开一个已有的零件模型

打开文件 D:\ug85nc\work\ch06\ch06.11\hole.prt。

Stage2．添加孔特征（简单孔）

Step 1　选择下拉菜单 插入(I) ➞ 设计特征(E)▶ ➞ 孔(H)... 命令（或在"成型特征"工具条中单击 按钮），系统弹出"孔"对话框，如图 6.11.2 所示。

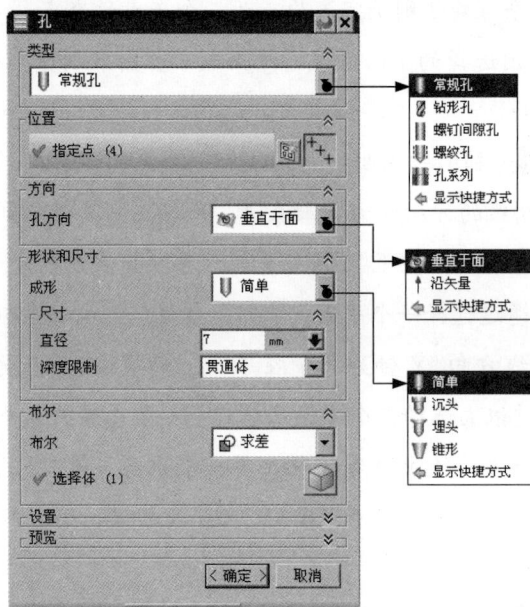

图 6.11.2　"孔"对话框

Step 2　选取孔的类型。在"孔"对话框的 类型 下拉列表中选择 常规孔 选项。

Step 3　定义孔的放置面。单击 按钮，选取图 6.11.3 所示的端面为放置面，然后绘制图 6.11.4 所示的截面草图，绘制完成后系统以当前默认值自动生成孔的轮廓。

Step 4　输入参数。在 成形 的下拉列表中选择 简单 选项，在"孔"对话框的 直径 文本框中输入数值 7，在 深度限制 下拉列表中选择 贯通体 选项。

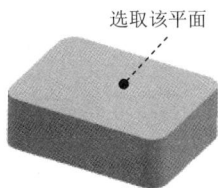

图 6.11.3　选取放置面

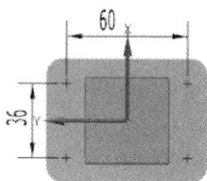

图 6.11.4　截面草图

Step 5　完成孔的创建。对话框中的其余设置保持系统默认，单击 < 确定 > 按钮，完成孔特征的创建。

图 6.11.2 所示的"孔"对话框中部分选项的功能说明如下：

- 类型 下拉列表：
  - ☑ 常规孔：创建指定尺寸的简单孔、沉头孔、埋头孔或锥孔特征等，常规孔可以是盲孔、通孔或指定深度条件的孔。
  - ☑ 钻形孔：根据 ANSI 或 ISO 标准创建简单钻形孔特征。
  - ☑ 螺钉间隙孔：创建简单、沉头或埋头通孔，它们是为具体应用而设计的，例如螺钉间隙孔。
  - ☑ 螺纹孔：创建螺纹孔，其尺寸标注由标准、螺纹尺寸和径向进给等参数控制。
  - ☑ 孔系列：创建起始、中间和结束孔尺寸一致的多形状、多目标体的对齐孔。
- 位置 区域：
  - ☑ 图 按钮：单击此按钮，打开"创建草图"对话框，并通过指定放置面和方位来创建中心点。
  - ☑ + 按钮：可使用现有的点来指定孔的中心。可以是"选择条"工具条中提供的选择意图下的现有点或点特征。
- 孔方向 下拉列表：此下拉列表用于指定将创建的孔的方向，有 垂直于面 和 沿矢量 两个选项。
  - ☑ 垂直于面：沿着与公差范围内每个指定点最近的面法向的反向定义孔的方向。
  - ☑ 沿矢量：沿指定的矢量定义孔方向。
- 成形 下拉列表：用于指定孔特征的形状，有 简单、沉头、埋头 和 锥形 四个选项。
  - ☑ 简单：创建具有指定直径、深度和尖端顶锥角的简单孔。
  - ☑ 沉头：创建具有指定直径、深度、顶锥角、沉头孔径和沉头孔深度的沉头孔。

☑ ▮埋头：创建具有指定直径、深度、顶锥角、埋头孔径和埋头孔角度的埋头孔。

☑ ▮锥形：创建具有指定斜度和直径的孔，此项只有在 类型 下拉列表中选择 ▮常规孔 选项时可用。

● 直径 文本框：用于控制孔直径的大小，可直接输入数值。

● 深度限制 下拉列表：用于控制孔的深度类型，包括 值、直至选定对象、直至下一个 和 贯通体 四个选项。

☑ 值：给定孔的具体深度值。

☑ 直至选定对象：创建一个深度为直至选定对象的孔。

☑ 直至下一个：对孔进行扩展，直至孔到达下一个面。

☑ 贯通体：创建一个通孔，贯通所有特征。

● 布尔 下拉列表：用于指定创建孔特征的布尔操作，包括 ▮无 和 ▮求差 两个选项。

☑ ▮无：创建孔特征的实体表示，而不是将其从工作部件中减去。

☑ ▮求差：从工作部件或其组件的目标体减去工具体。

6.12 螺纹特征

在 UG NX 8.5 中，可以创建两种类型的螺纹。

● 符号螺纹：以虚线圆的形式显示在要攻螺纹的一个或几个面上。符号螺纹可使用外部螺纹表文件（可以根据特殊螺纹要求来定制这些文件），以确定其参数。

● 详细螺纹：比符号螺纹看起来更真实，但由于其几何形状的复杂性，创建和更新都需要较长的时间。详细螺纹是完全关联的，如果特征被修改，则螺纹也相应更新。可以选择生成部分关联的符号螺纹，或指定固定的长度。部分关联是指如果螺纹被修改，则特征也将更新（但反过来则不行）。

在产品设计时，当需要制作产品的工程图时，应选择符号螺纹；如果不需要制作产品的工程图，而是需要反映产品的真实结构（如产品的广告图、效果图），则选择详细螺纹。

说明：详细螺纹每次只能创建一个，而符号螺纹可以创建多组，而且创建时需要的时间较少。

下面以图 6.12.1 所示的零件为例，说明在一个模型上添加螺纹特征（符号螺纹）的一般操作过程。

Stage1. 打开一个已有的零件模型

打开文件 D:\ug85nc\work\ch06\ch06.12\thread.prt。

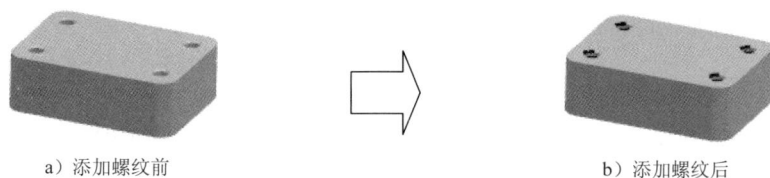

a）添加螺纹前　　　　　　　　　　　　　　　　b）添加螺纹后

图 6.12.1　添加螺纹特征

Stage2．添加螺纹特征（符号螺纹）

Step 1　选择下拉菜单 插入(I) ➡ 设计特征(E)▶ ➡ 螺纹(T)... 命令，系统弹出"螺纹"对话框。

Step 2　选取螺纹的类型。在图 6.12.2 所示的"螺纹"对话框（一）中选中 ⊙ 符号 单选按钮。

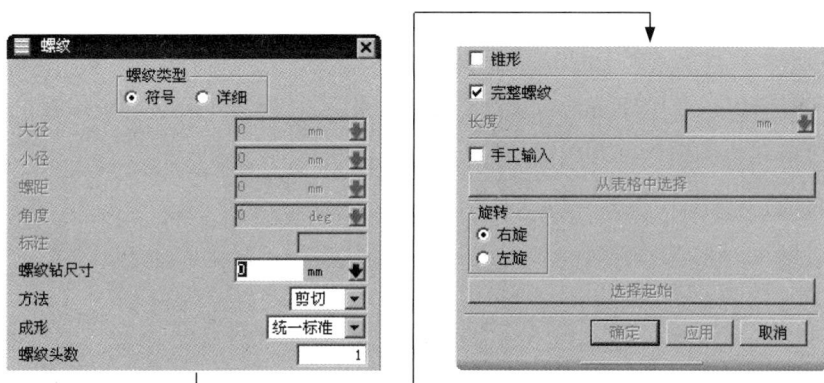

图 6.12.2　"螺纹"对话框（一）

Step 3　定义螺纹的放置。

（1）定义螺纹的放置面。选取图 6.12.3 所示的柱面为放置面。

（2）定义螺纹的起始面。此时系统自动生成螺纹的方向矢量，系统弹出"螺纹"对话框（二），如图 6.12.4 所示，选取图 6.12.5 所示的表面为螺纹的起始面，弹出"螺纹"对话框（三），如图 6.12.6 所示。

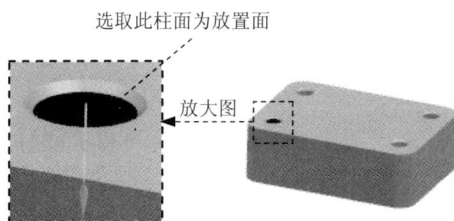

图 6.12.3　选取放置面

图 6.12.4　"螺纹"对话框（二）

Step 4　采用系统默认的参数值，单击 确定 按钮，然后单击"螺纹"对话框中的 确定按钮，完成螺纹特征的创建。

选取此端面为起始面

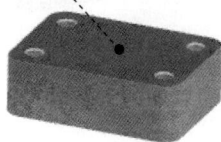

图 6.12.5　选取起始面

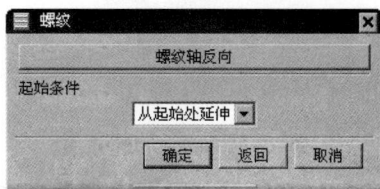

图 6.12.6　"螺纹"对话框（三）

6.13　拔模特征

使用"拔模"命令可以使面相对于指定的拔模方向成一定的角度。拔模通常用于对模型、部件、模具或冲模的竖直面添加斜度，以便借助拔模面将部件或模型与其模具或冲模分开。用户可以为拔模操作选择一个或多个面，但它们必须都是同一实体的一部分。下面分别以面拔模和边拔模为例介绍拔模过程。

1.　面拔模

下面以图 6.13.1 所示的模型为例，来说明面拔模的一般操作过程。

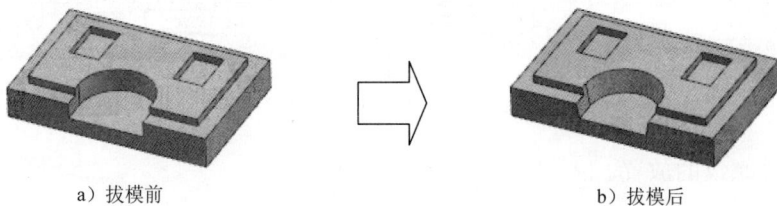

a）拔模前

b）拔模后

图 6.13.1　创建面拔模

Step 1　打开文件 D:\ug85nc\work\ch06\ch06.13\draft_01.prt。

Step 2　选择下拉菜单 插入(S) ➡ 细节特征(L) ➡ 拔模(T)... 命令，系统弹出图 6.13.2 所示的"拔模"对话框。

图 6.13.2 所示的"拔模"对话框中有关按钮的说明如下：

- 类型区域：该区域用于定义拔模类型。

   ☑ 从平面或曲面：选择该选项，在静止平面上实体的横截面通过拔模操作维持不变。

   ☑ 从边：选择该选项，使整个面在回转过程中保持通过部件的横截面是平的。

   ☑ 与多个面相切：在拔模操作之后，拔模的面仍与相邻的面相切。此时，固定边未被固定，而是移动的，以保持与选定面之间的相切约束。

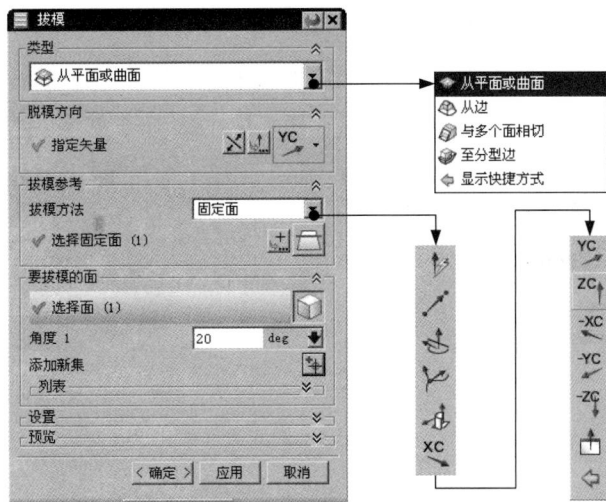

图 6.13.2 "拔模"对话框

☑ **至分型边**：在整个面回转过程中保留通过该部件中平的横截面，并且根据需要在分型边缘创建突出部分。

- （自动判断的矢量）：单击该按钮，可以从所有的 NX 矢量创建选项中进行选择，如图 6.13.2 所示。

- （固定平面）：单击该按钮，允许通过选择的平面、基准平面或与拔模方向垂直的平面所通过的一点来选择该面。此选择步骤仅可用于从固定平面拔模和拔模到分型边缘这两种拔模类型。

- （要拔模的面）：单击该按钮，允许选择要拔模的面。此选择步骤仅在创建从固定平面拔模类型时可用。

- （反向）：单击该按钮，将显示的方向矢量反向。

Step 3 选择拔模方式。在对话框中的 **类型** 下拉列表中，选取 **从平面或曲面** 选项。

Step 4 指定开模（拔模）方向。单击 按钮下的子按钮 ，选取 ZC 正向作为拔模方向。

Step 5 定义拔模固定平面。选取图 6.13.3 所示的模型的一个表面作为拔模固定平面。

Step 6 定义拔模面。选取图 6.13.4 所示的侧面（共 3 个）作为要加拔模角的面。

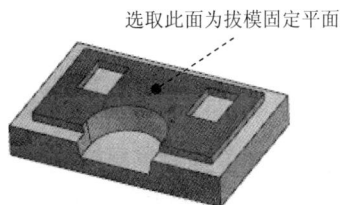

选取此面为拔模固定平面

选取此面为拔模面

图 6.13.3 定义拔模固定平面   图 6.13.4 定义拔模面

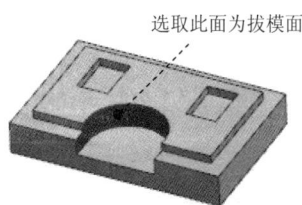

Step 7 定义拔模角。系统将弹出设置拔模角的动态文本框，输入拔模角度值 10（也可拖

动拔模手柄至需要的拔模角度）。

Step 8 单击 < 确定 > 按钮，完成拔模操作。

2. 边拔模

下面以图 6.13.5 所示的模型为例，来说明边拔模的一般操作过程。

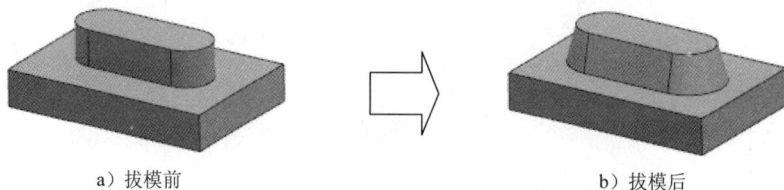

a）拔模前   b）拔模后

图 6.13.5 创建边拔模

Step 1 打开文件 D:\ug85nc\work\ch06\ch06.13\draft_02.prt。

Step 2 选择下拉菜单 插入(S) ➡ 細节特征(L) ➡ 拔模(T)... 命令，系统弹出"拔模"对话框。

Step 3 选择拔模类型。在对话框中的 类型 下拉列表中，选取 从边 选项。

Step 4 指定开模（拔模）方向。单击 按钮下的子按钮 ZC。

Step 5 定义拔模边缘。选取图 6.13.6 所示立体的一个边线作为要拔模的边缘线。

Step 6 定义拔模角。系统弹出设置拔模角的动态文本框，在动态文本框内输入拔模角度值 15（也可拖动拔模手柄至需要的拔模角度），如图 6.13.7 所示。

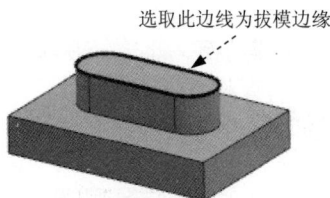

图 6.13.6 选择拔模边缘线   图 6.13.7 输入拔模角

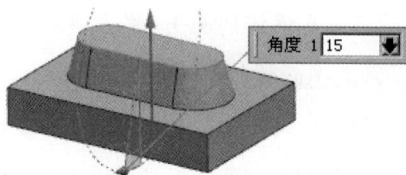

Step 7 单击 < 确定 > 按钮，完成拔模操作。

6.14 抽壳特征

使用"抽壳"命令可以利用指定的壁厚值来抽空一实体，或绕实体建立一壳体。可以指定不同表面的厚度，也可以移除单个面。图 6.14.1 所示为长方体底面抽壳和体抽壳后的模型。

1. 面抽壳操作

下面以图 6.14.2 所示的模型为例，说明面抽壳的一般操作过程。

a）表面抽壳　　　　　　　　b）体抽壳

图 6.14.1　抽壳特征

Step 1　打开文件 D:\ug85nc\work\ch06\ch06.14\shell_01.prt。

Step 2　选择下拉菜单 插入(S) ➡ 偏置/缩放(O)▶ ➡ 抽壳(H)... 命令，系统弹出图 6.14.3 所示的"抽壳"对话框。

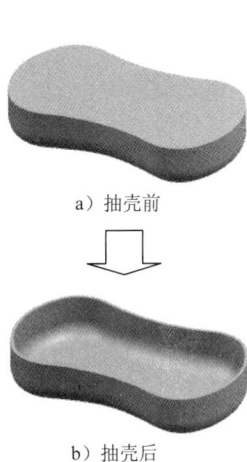

a）抽壳前

b）抽壳后

图 6.14.2　创建面抽壳　　　　图 6.14.3　"抽壳"对话框

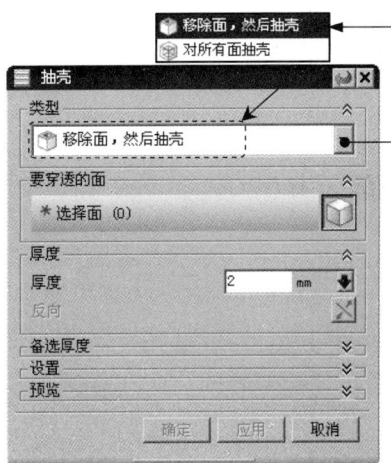

图 6.14.3 所示的"抽壳"对话框中有关选项的说明如下：

- **移除面，然后抽壳**：指对几何实体中指定的面进行抽壳，且不保留抽壳面。
- **对所有面抽壳**：指对几何实体的所有面进行抽壳，且保留抽壳面。

Step 3　在对话框中的 类型 下拉列表中选取 移除面，然后抽壳 选项（图 6.14.3）。

Step 4　选取要抽壳的表面，如图 6.14.4 所示。

Step 5　输入参数。在"抽壳"对话框中的 厚度 文本框内输入数值 2，或者拖动抽壳手柄至需要的数值，如图 6.14.5 所示。

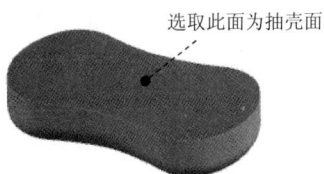

选取此面为抽壳面　　　抽壳手柄

图 6.14.4　选取抽壳表面　　　　图 6.14.5　定义抽壳厚度

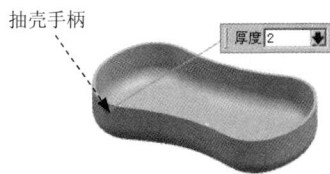

Step 6 单击< 确定 >按钮，完成抽壳操作。

2. 体抽壳操作

下面以图 6.14.6 所示的模型为例，说明体抽壳的一般操作过程。

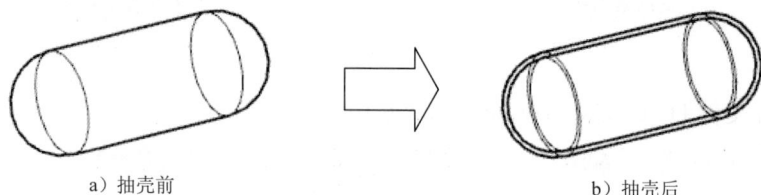

a）抽壳前　　　　　　　　　　　b）抽壳后

图 6.14.6　创建体抽壳

Step 1 打开文件 D:\ug85nc\work\ch06\ch06.14\shell_02.prt。

Step 2 选择下拉菜单 插入(S) ➡ 偏置/缩放(O)▶ ➡ 抽壳(H)...命令，系统弹出"抽壳"
对话框。

Step 3 在对话框中的 类型 下拉列表中选取 对所有面抽壳 选项。

Step 4 定义抽壳对象。选择图形区的实体为要抽壳的体。

Step 5 输入参数。在 厚度 文本框中输入厚度值 2（或者可以
拖动抽壳手柄至需要的数值），如图 6.14.7 所示。

Step 6 单击< 确定 >按钮，完成抽壳操作。

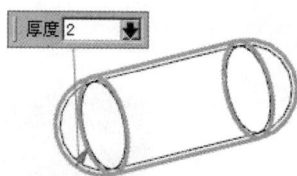

图 6.14.7　定义抽壳厚度

6.15　特征的编辑

特征的编辑是指在完成特征的创建以后，对其中的一些参数进行修改的操作。可以对
特征的尺寸、位置和先后次序等参数进行重新编辑，在一般情况下，保留其与别的特征建
立起来的关联性质。它包括编辑参数、特征重排序、抑制特征和取消抑制特征。

6.15.1　编辑参数

编辑参数用于在创建特征时使用的方式和参数值的基础上编辑特征。选择下拉菜单
编辑(E) ➡ 特征(F)▶ ➡ 编辑参数(P)...命令，在系统弹出的"编辑参数"对话框中选取
需要编辑的特征或在已绘图形中选择需要编辑的特征，系统会由用户所选择的特征弹出不
同的对话框来完成对该特征的编辑。下面以一个范例来说明编辑参数的过程，如图
6.15.1 所示。

Step 1 打开文件 D:\ug85nc\work\ch06\ch06.15\edit_01.prt。

Step 2 选择下拉菜单 编辑(E) ➡ 特征(F)▶ ➡ 编辑参数(P)...命令，弹出图 6.15.2 所

示的"编辑参数"对话框。

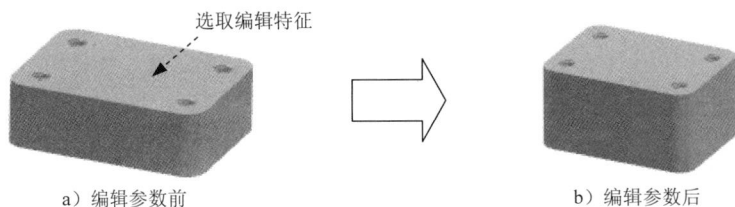

选取编辑特征

a）编辑参数前　　　　　　　　　　　　　　　　b）编辑参数后

图 6.15.1　编辑参数

Step 3 定义编辑对象。从图形区或"编辑参数"对话框中选择要编辑的第一个拉伸特征，然后单击对话框中的 确定 按钮，特征参数值显示在图形区域（图 6.15.3），系统弹出"拉伸"对话框。

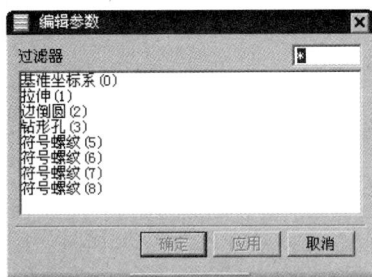

图 6.15.2　"编辑参数"对话框

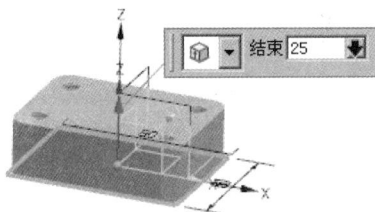

结束 25

图 6.15.3　特征参数值

Step 4 编辑特征参数。在"拉伸"对话框的 开始 下拉列表中选择值选项，并在其下的 距离 文本框中输入数值 0，在结束下拉列表中选择值选项，并在其下的 距离 文本框中输入数值 40，并按 Enter 键。

Step 5 依次单击"拉伸"对话框和"编辑参数"对话框中的 确定 按钮，完成编辑参数的操作。

6.15.2　特征重排序

特征重排序可以改变特征应用于模型的次序，即将重定位特征移至选定的参考特征之前或之后。对具有关联性的特征重排序以后，与其关联的特征也被重排序。下面以一个范例说明"特征重排序"的操作步骤，如图 6.15.4 所示。

Step 1 打开文件 D:\ug85nc\work\ch06\ch06.15\edit_02.prt。

Step 2 选择下拉菜单编辑(E) ➡ 特征(E)▶ ➡ 重排序(R)...命令，弹出"特征重排序"对话框，如图 6.15.5 所示。

Step 3 根据系统选择参考特征的提示，在该对话框中的过滤器列表中选取钻形孔(3)选项为参考特征（图 6.15.5），或在图形中选择需要的特征（图 6.15.6），在 选择方法 区域中选中 ⊙ 之后 单选按钮。

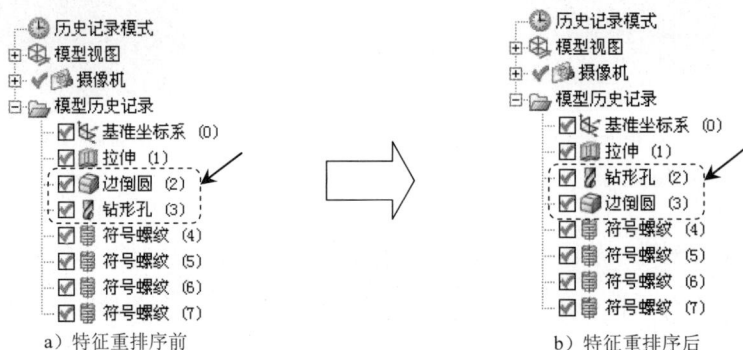

a）特征重排序前   b）特征重排序后

图 6.15.4 模型树

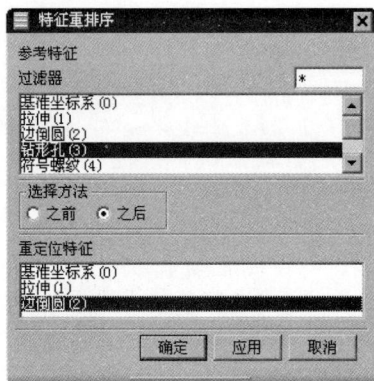

图 6.15.5 "特征重排序"对话框   图 6.15.6 选取要重排序的特征

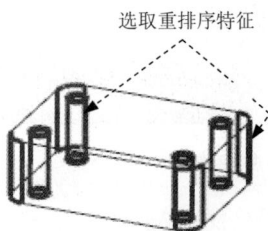

Step 4 在 重定位特征 列表框中将会出现位于该特征后面的所有特征，根据系统 选择重定位特征 的提示，在该列表框中选取 边倒圆(2) 选项为需要重排序的特征（图 6.15.5）。

Step 5 单击 确定 按钮，完成特征的重排序。

图 6.15.5 所示的"特征重排序"对话框中 选择方法 区域的选项说明如下：

● ⊙ 之前 单选按钮：选中的重定位特征被移动到参考特征之前。

● ⊙ 之后 单选按钮：选中的重定位特征被移动到参考特征之后。

6.15.3 特征的抑制与取消抑制

特征的抑制操作可以从目标特征中移除一个或多个特征，当抑制相互关联的特征时，关联的特征也将被抑制。当取消抑制后，特征及与之关联的特征将显示在图形区。下面以一个范例来说明应用抑制特征和取消抑制操作的过程，如图 6.15.7 所示。

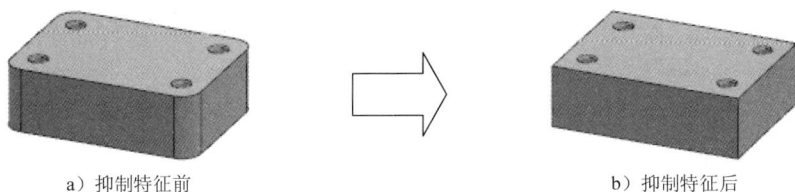

a）抑制特征前　　　　　　　　　　　　b）抑制特征后

图 6.15.7　抑制特征

Stage1. 抑制特征

Step 1　打开文件 D:\ug85nc\work\ch06\ch06.15\repress.prt。

Step 2　选择下拉菜单 编辑(E) ➡ 特征(F)▸ ➡ 抑制(S)... 命令，系统弹出"抑制特征"对话框（图 6.15.8）。

Step 3　定义抑制对象。选取图 6.15.9 所示的特征。

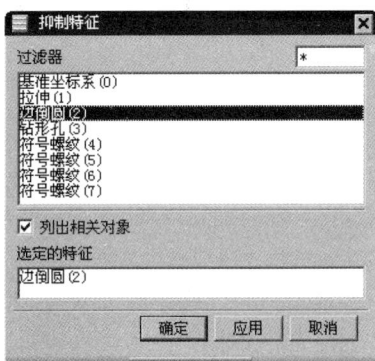

图 6.15.8　"抑制特征"对话框

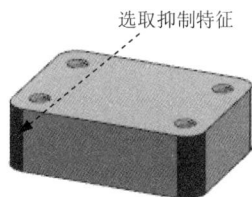

图 6.15.9　选取抑制特征

Step 4　单击 确定 按钮，完成抑制特征的操作，如图 6.15.7b 所示。

Stage2. 取消抑制特征

Step 1　选择下拉菜单 编辑(E) ➡ 特征(F)▸ ➡ 取消抑制(U)... 命令，系统弹出"取消抑制特征"对话框，如图 6.15.10 所示。

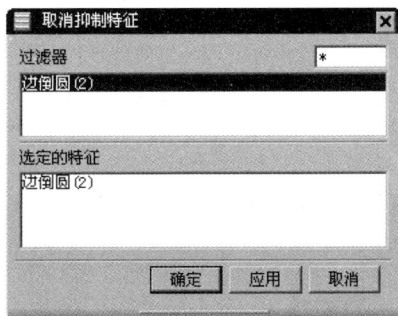

图 6.15.10　"取消抑制特征"对话框

Step **2** 在该对话框中选取需要取消抑制的特征，单击 确定 按钮，完成取消抑制特征
的操作，如图 6.15.7a 所示，模型恢复到初始状态。

6.16 扫掠特征

扫掠特征是指用规定的方法沿一条空间的路径移动一条曲线而产生的实体。移动曲线
称为截面线串，其路径称为引导线串。下面以图 6.16.1 所示的模型为例，说明创建扫掠特
征的一般操作过程。

Stage1．打开一个已有的零件模型

打开文件 D:\ug85nc\work\ch06\ch06.16\sweep.prt。

Stage2．添加扫掠特征

Step **1** 选择下拉菜单 插入(S) ➡ 扫掠(W) ➡ 扫掠(S)… 命令，弹出图 6.16.2 所示
的"扫掠"对话框。

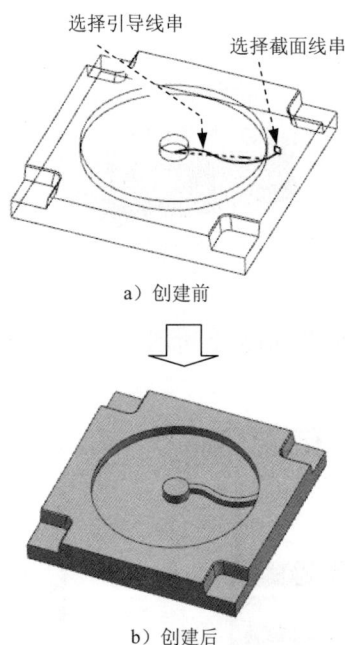

选择引导线串　选择截面线串

a）创建前

b）创建后

图 6.16.1　创建扫掠特征

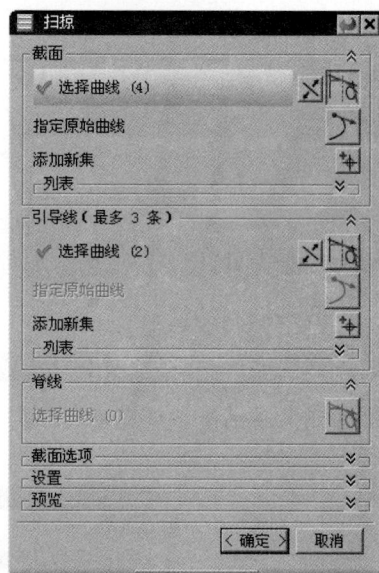

图 6.16.2　"扫掠"对话框

图 6.16.2 所示的"扫掠"对话框中相关按钮的说明如下：

● 截面区域中的相关按钮：

☑ 　：用于选取截面曲线。

☑ 　：选择封闭环时，用于改变起始曲线。

☑ 　🔧：可以重新排序或删除线串来修改现有截面串集。

- 引导线（最多 3 条）区域中的相关按钮：

  ☑ 　：用于选取引导线。

  ☑ 　：选择封闭环时，用于改变起始曲线。

  ☑ 　🔧：可以重新排序或删除线串来修改现有截面串集。

Step 2　定义截面线串。在对话框中的截面区域中单击　选取图 6.16.1a 所示的截面线串。

Step 3　定义引导线串。在对话框中的引导线（最多 3 条）区域中单击　选取图 6.16.1a 所示的引导线串。

Step 4　在"扫掠"对话框中选用系统默认的设置，单击< 确定 >按钮或者单击中键，完成扫掠特征的操作。

6.17　凸台特征

"凸台"功能用于在一个已经存在的实体面上创建一圆形凸台。下面以图 6.17.1 所示的凸台为例，说明创建凸台的一般操作步骤。

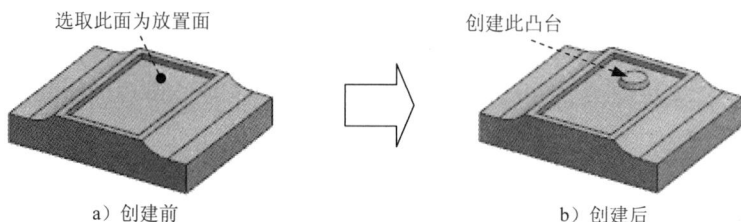

a）创建前　　　b）创建后

图 6.17.1　创建凸台

Step 1　打开文件 D:\ug85nc\work\ch06\ch06.17\protruding.prt。

Step 2　选择下拉菜单插入(I) ➡ 设计特征(E)▶ ➡ 🔘 凸台 (B)...命令，系统弹出图 6.17.2 所示的"凸台"对话框。

Step 3　选取图 6.17.1a 所示的实体表面为放置面。

Step 4　输入圆台参数。在"凸台"对话框中输入直径值 30、高度值 6、锥角值 20（图 6.17.2）单击 确定 按钮，系统弹出图 6.17.3 所示的"定位"对话框。

Step 5　创建定位尺寸来确定凸台放置位置。

（1）定义参照 1。单击　按钮，选取图 6.17.4 所示的边线作为基准 1，然后在"定位"对话框中输入数值 50，单击 应用 按钮。

（2）定义参照 2。单击　按钮，选取图 6.17.5 所示的边线作为基准 2，然后在"定位"对话框中输入数值 40，单击 确定 按钮完成凸台的创建。

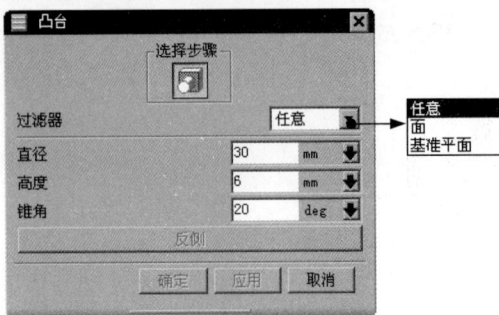

图 6.17.2　"凸台"对话框

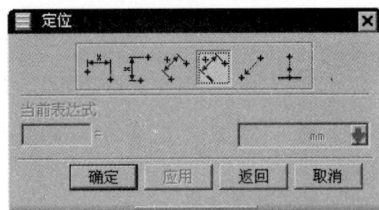

图 6.17.3　"定位"对话框

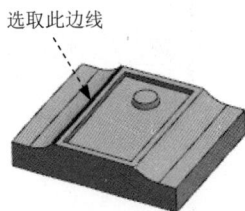

图 6.17.4　选取定位基准 1

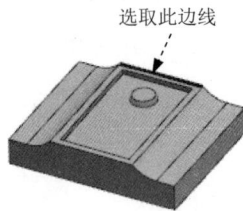

图 6.17.5　选取定位基准 2

6.18　垫块

选择下拉菜单 插入(I) ➡ 设计特征(E)▶ ➡ 垫块(A)...命令（或在"特征"工具条中单击 按钮），系统弹出图 6.18.1 所示的"垫块"对话框。可以创建两种类型的垫块：矩形垫块和一般垫块。

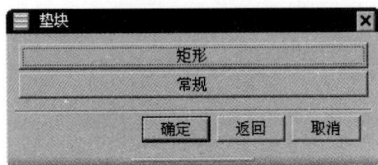

图 6.18.1　"垫块"对话框

垫块和腔体基本上是一致的，唯一的区别就是一个是添加，一个是切除。其操作方法可以参考 6.20 节中创建腔体的操作方法。操作结果如图 6.18.2 所示。

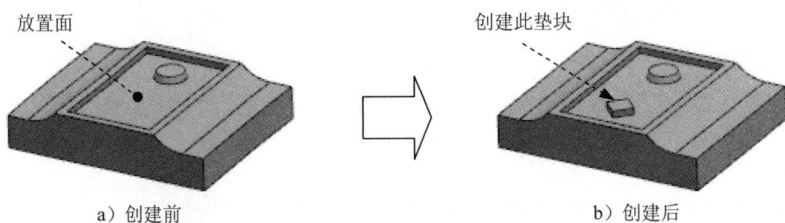

a）创建前　　　b）创建后

图 6.18.2　创建垫块

6.19　键槽

用户可以使用"键槽"命令创建一个直槽穿过实体或通到实体内部，而且在当前目标实体上自动执行布尔运算。可以创建五种类型的键槽：矩形键槽、球形键槽、U 形键槽、T 型键槽和燕尾形键槽。其创建方法类似，下面以图 6.19.1 所示的矩形键槽为例，说明其创建的一般操作过程。

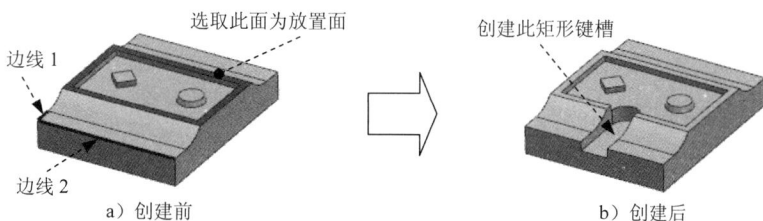

选取此面为放置面
创建此矩形键槽
边线 1
边线 2
a）创建前
b）创建后

图 6.19.1　创建矩形键槽

Step 1 打开文件 D:\ug85nc\work\ch06\ch06.19\slot.prt。

Step 2 选择下拉菜单 插入(I) ➡ 设计特征(E)▶ ➡ 键槽(L)... 命令（或在"成型特征"工具条中单击 按钮），系统弹出图 6.19.2 所示的"键槽"对话框。

Step 3 选择键槽类型。在"键槽"对话框中选中 ⊙ 矩形槽 单选按钮，单击 确定 按钮。

Step 4 定义放置面和水平参考。选取图 6.19.1a 所示的面为放置面，边线 1 为水平参考，系统弹出图 6.19.3 所示的"矩形键槽"对话框。

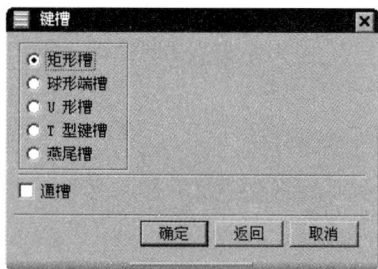

图 6.19.2　"键槽"对话框

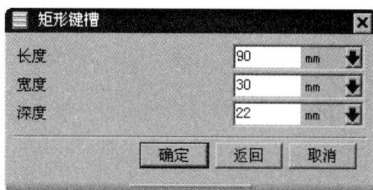

图 6.19.3　"矩形键槽"对话框

说明：水平参考方向即为矩形键槽的长度方向。

图 6.19.3 所示的"矩形键槽"对话框中各项的说明如下：

- 长度 文本框：用于设置矩形键槽的长度。按照平行于水平参考的方向测量。长度值必须是正的。

- 宽度 文本框：用于设置矩形键槽的宽度，即形成键槽的刀具宽度。

- 深度 文本框：用于设置矩形键槽的深度。按照与槽的轴相反的方向测量，是从原点到槽底面的距离。深度值必须是正的。

Step 5 定义键槽参数。在"矩形键槽"对话框中输入图 6.19.3 所示的数值，单击 确定 按钮，系统弹出"定位"对话框。

Step 6 确定放置位置。单击"定位"对话框中的 ⚒ 按钮，选取图 6.19.1a 所示的边线 1，选取图形区中与边线 1 平行的虚线，在弹出的"创建表达式"对话框的文本框中输入数值 80，单击 确定 按钮，系统重新弹出"定位"对话框；单击 ⚒ 按钮，选取图 6.19.1a 所示的边线 2，选取图形区中与边线 2 平行的虚线，在弹出的"创建表达式"对话框的文本框中输入数值 30，单击 确定 按钮，系统重新弹出"定位"对话框；单击 确定 按钮，完成键槽的创建。

6.20 槽

用户可以使用"槽"命令在实体上创建一个沟槽，如同车削的操作一样，将一个成型工具在回转部件上向内（从外部定位面）或向外（从内部定位面）移动来形成沟槽。在 UG NX 中可以创建三种类型的沟槽：矩形沟槽、球形沟槽和 U 形沟槽。其创建方法类似，下面以图 6.20.1 所示的矩形沟槽为例，说明创建槽特征的一般操作过程。

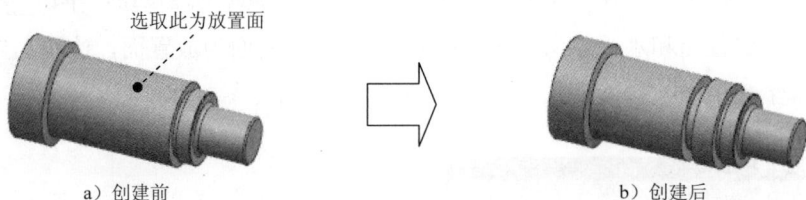

选取此为放置面

a）创建前　　　　　　　　　　　　　　b）创建后

图 6.20.1　创建矩形沟槽

Step 1 打开文件 D:\ug85nc\work\ch06\ch06.20\groove.prt。

Step 2 选择下拉菜单 插入(I) ➡ 设计特征(E)▶ ➡ 🗄 槽(G)... 命令（或在"成型特征"工具条中单击 🗄 按钮），系统弹出"槽"对话框，如图 6.20.2 所示。

Step 3 选择槽类型。单击 矩形 按钮，系统弹出"矩形槽"对话框（一），如图 6.20.3 所示。

图 6.20.2　"槽"对话框

图 6.20.3　"矩形槽"对话框（一）

Step 4 定义放置面。选取图 6.20.1a 所示的放置面，此时弹出"矩形槽"对话框（二），如图 6.20.4 所示。

Step 5 输入参数。在"矩形槽"对话框（二）中输入图 6.20.4 所示的参数，单击 确定 按钮，系统弹出图 6.20.5 所示的"定位槽"对话框，并且沟槽预览将显示为一个圆盘，如图 6.20.6 所示。

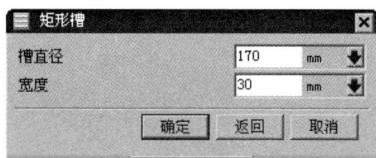

图 6.20.4   "矩形槽"对话框（二）   图 6.20.5   "定位槽"对话框

Step 6 定义目标边和刀具边。选取图 6.20.6 所示的目标边和刀具边，系统弹出图 6.20.7 所示的"创建表达式"对话框。

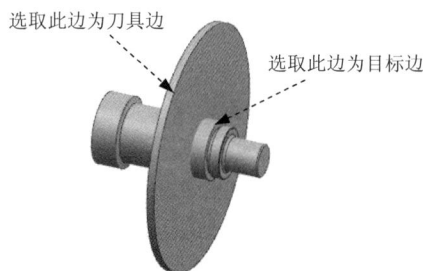

图 6.20.6   沟槽预览   图 6.20.7   "创建表达式"对话框

Step 7 定义表达式参数。输入定位值 60，单击 确定 按钮，完成沟槽的创建。

球形端槽和 U 形槽的创建与矩形沟槽相似，不再赘述。

关于创建沟槽的几点说明：

● 槽只能在圆柱形或圆锥形面上创建。回转轴是选中面的轴。在选择该面的位置(选择点)附近创建槽，并自动连接到选中的面上。

● 槽的定位面可以是实体的外表面，也可以是实体的内表面。

● 槽的轮廓垂直于回转轴，并对称于通过选择点的平面。

● 槽的定位和其他成型特征的定位稍有不同。只能在一个方向上定位槽，即沿着目标实体的轴，并且不能利用"定位"对话框定位槽，而是通过选择目标实体的一条边及工具（即槽）的边或中心线来定位槽。

6.21 缩放体

使用"缩放体"命令可以在"工作坐标系"（WCS）中按比例缩放实体和片体。可以使用均匀比例，也可以在 XC、YC 和 ZC 方向上独立地调整比例。比例类型有均匀、轴对称和通用比例。下面以图 6.21.1 所示的模型，说明使用"缩放体"命令的一般操作过程。

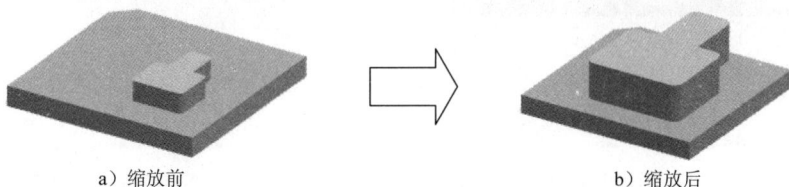

a）缩放前　　　　　　　　　　　　b）缩放后

图 6.21.1　比例操作

Step 1 打开文件 D:\ug85nc\work\ch06\ch06.21\scale.prt。

Step 2 选择下拉菜单 插入(S) ➡ 偏置/缩放(D) ➡ 缩放体(S)... 命令，系统弹出图 6.21.2 所示的"缩放体"对话框。

图 6.21.2　"缩放体"对话框

图 6.21.2 所示的"缩放体"对话框中有关选项的说明如下：

- 类型 区域：比例类型有四个基本选择步骤，但对每一种比例"类型"方法而言，不是所有的步骤都可用。
  - ☑ 均匀：在所有方向上均匀地按比例缩放。
  - ☑ 轴对称：以指定的比例因子（或乘数）沿指定的轴对称缩放。
  - ☑ 常规：在 X、Y 和 Z 三个方向上以不同的比例因子缩放。
- （选择体）：允许用户为比例操作选择一个或多个实体或片体。三种"类型"方法都要求此步骤。

Step 3 选择类型。在 类型 区域中选择 ⬜ 均匀 选项（图 6.21.2）。

Step 4 定义"缩放体"对象。选择图 6.21.3 所示的立方体。

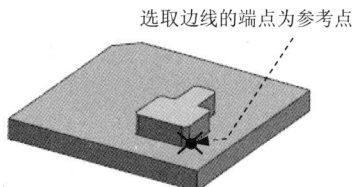

Step 5 定义参考点。单击 ✛ 按钮，然后选取图 6.21.4 所示的点。

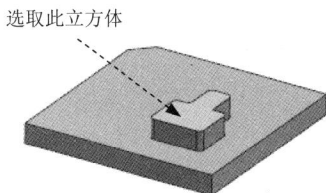

图 6.21.3　选择体　　　　　图 6.21.4　选择参考点

Step 6 输入参数。在 均匀 文本框中输入比例因子 2，单击 应用 按钮，完成均匀比例操作。

6.22　模型的关联复制

模型的关联复制主要包括 🔧 抽取几何体(E)... 和 ⚙ 阵列特征(A)... 两种，这两种方式都是对已有的模型特征进行操作，可以创建与已有模型特征相关联的目标特征，从而减少许多重复的操作，节约大量的时间。

6.22.1　抽取几何体

抽取几何体用来创建所选取特征的关联副本。抽取几何体操作的对象包括复合曲线、点、面、面区域和体等。如果抽取一个面或一个区域，则创建一个片体；如果抽取一个体，则新体的类型将与原先的体相同（实体或片体）。当更改原来的特征时，可以决定抽取后得到的特征是否需要更新。在零件设计中，常会用到抽取模型特征的功能，它可以充分地利用已有的模型，大大地提高工作效率。下面以几个实例说明如何进行抽取几何体操作。

1. 抽取面特征

图 6.22.1 所示的抽取面的操作过程如下（图 6.22.1b 中的实体模型已被隐藏）。

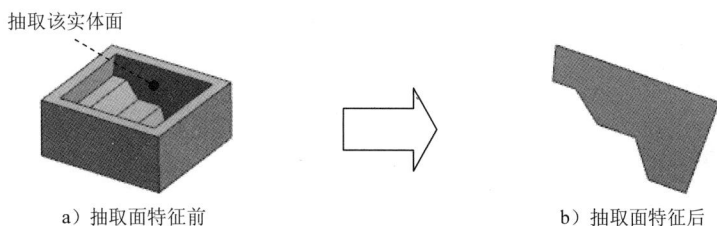

a）抽取面特征前　　　　b）抽取面特征后

图 6.22.1　抽取面特征

Step 1 打开文件 D:\ug85nc\work\ch06\ch06.22\ch06.22.01\extracted_01.prt。

Step 2 选择下拉菜单 插入(S) ➡ 关联复制(A) ➡ 抽取几何体(E)... 命令，系统弹出图 6.22.2 所示的"抽取几何体"对话框。

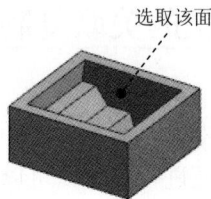

Step 3 定义抽取类型。在 类型 下拉列表中选取 面 选项。

Step 4 定义抽取对象范围。在 面选项 下拉列表中选取 单个面 选项，选取图 6.22.3 所示的面，其他设置如图 6.22.2 所示。

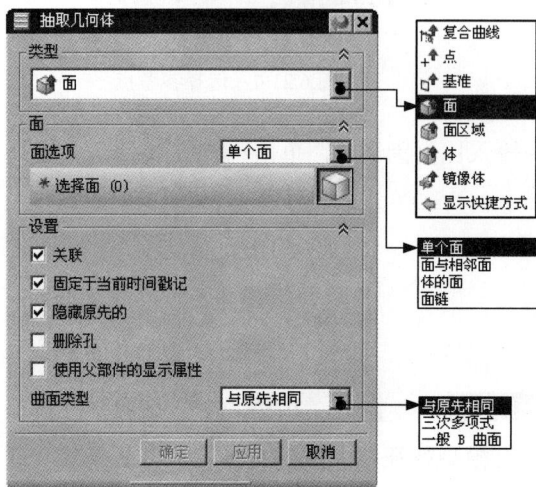

图 6.22.2　"抽取几何体"对话框　　　图 6.22.3　选取面特征

Step 5 单击 < 确定 > 按钮，完成对面的抽取。

图 6.22.2 所示的"抽取几何体"对话框中部分选项功能的说明如下：

● 类型 下拉列表：用于选择生成曲面的类型。

☑ 复合曲线：用来复制实体上的边线或要抽取的曲线。

☑ 点：用来复制点对象。

☑ 基准：用来复制基准对象。

☑ 面：用于从实体或片体模型中抽取曲面特征，能生成三种类型的曲面。

☑ 面区域：抽取区域曲面时，通过定义种子曲面和边界曲面来创建片体，创建的片体是从种子面开始向四周延伸到边界面的所有曲面构成的片体（其中包括种子曲面，但不包括边界曲面）。

☑ 体：用于生成与整个所选特征相关联的实体。

☑ 镜像体：用来对选定的对象进行镜像操作。

● 面选项 下拉列表：用于选择生成曲面的类型。

☑ 单个面：用于从模型中选取单独面进行抽取（可以是多个单独面）。

☑　面与相邻面：定义一个面从而选中与它相连的面进行抽取。

☑　体的面：定义抽取对象未选取体的表面。

- ☐ 删除孔：用于表示是否删除选择曲面中的破孔（即未连接面）。

- ☐ 固定于当前时间戳记：用于决定在改变特征编辑过程中，是否影响在此之前发生的特征抽取。

- ☐ 隐藏原先的：用于决定在生成抽取特征时，是否隐藏原来的实体。

- ☑ 使用父部件的显示属性：选中该复选框，则父特征显示该抽取特征，子特征也显示，父特征隐藏该抽取特征，子特征也隐藏。

- 曲面类型 下拉列表：用于选择生成曲面的类型。

　　☑　与原先相同：用于从模型中抽取的曲面特征保留原来的曲面类型。

　　☑　三次多项式：用于将模型的选中面抽取为三次多项式自由曲面类型。

　　☑　一般 B 曲面：用于将模型的选中面抽取为一般的自由曲面类型。

2. 抽取区域特征

抽取区域特征用于创建一个片体，该片体是一组和"种子面"相关的且被边界面限制的面。

用户根据系统提示选取种子面和边界面后，系统会自动选取从种子面开始向四周延伸直到边界面的所有曲面（包括种子面，但不包括边界面）。

抽取区域特征的具体操作在本书第 7 章曲面零件设计中有详细的介绍，在此就不再赘述。

3. 抽取体特征

抽取几何体可以创建整个体的关联副本，并将各种特征添加到抽取体特征上，而不在原先的体上出现。当更改原先的体时，还可以决定"抽取几何体"特征是否更新。

Step 1　打开文件 D:\ug85nc\work\ch06\ch06.22\ch06.22.01\extracted_02.prt。

Step 2　选择下拉菜单 插入(S) ➡ 关联复制(A)▶ ➡ 抽取几何体(E)... 命令，系统弹出"抽取几何体"对话框。

Step 3　定义抽取对象。在 类型 下拉列表中选取 体 选项，选取图 6.22.4 所示的体特征。

Step 4　隐藏源特征。选中 ☑ 隐藏原先的 复选框，单击 <确定> 按钮，完成对体特征的抽取。结果如图 6.22.1a 所示（建模窗口中所显示特征是原来特征的关联副本）。

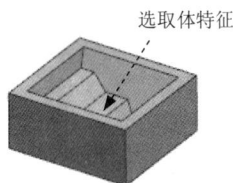
图 6.22.4　选取体特征

注意：所抽取的体特征与原特征相互关联，类似于复制功能。

4. 复合曲线特征

复合曲线用来复制实体上的边线和要抽取的曲线。下面以图 6.22.5 所示的模型，说明使用"复合曲线"命令的一般操作过程。

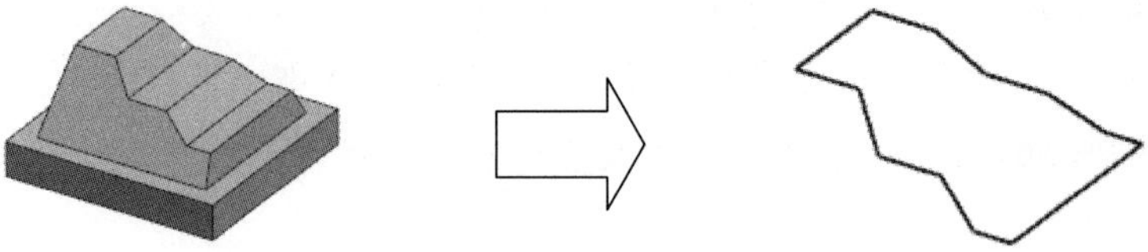

a）复合曲线特征前　　　　b）复合曲线特征后

图 6.22.5　复合曲线特征

图 6.22.5 所示的抽取曲线的操作过程如下（图 6.22.5b 中的实体模型已被隐藏）。

Step 1　打开文件 D:\ug85nc\work\ch06\ch06.22\ch06.22.01\rectangular.prt。

Step 2　选择下拉菜单 插入(S) ➡ 关联复制(A)▶ ➡ 抽取几何体(E)... 命令，系统弹出"抽取几何体"对话框。

Step 3　定义抽取类型。在 类型 下拉列表中选取 复合曲线 选项，选取图 6.22.6 所示的曲线对象。

Step 4　单击〈确定〉按钮，完成复合曲线特征的创建。

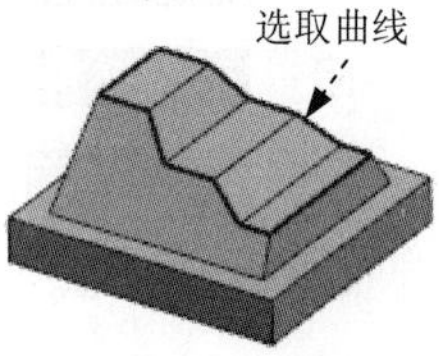

选取曲线

图 6.22.6　选取曲线特征

6.22.2　阵列特征

"阵列特征"操作是对模型特征的关联复制，类似于副本。可以生成一个或者多个特征组，而且对于一个特征来说，其所有的实例都是相互关联的，可以通过编辑原特征的参数来改变其所有的实例。对特征形成图样功能可以定义线性阵列、圆形阵列、多边形阵列、螺旋式阵列、沿曲线阵列、常规阵列和参考阵列等。

1．线性阵列

线性阵列功能可以把一个或者多个所选的模型特征生成实例的线性阵列。下面以一个范例说明创建线性阵列的过程，如图 6.22.7 所示。

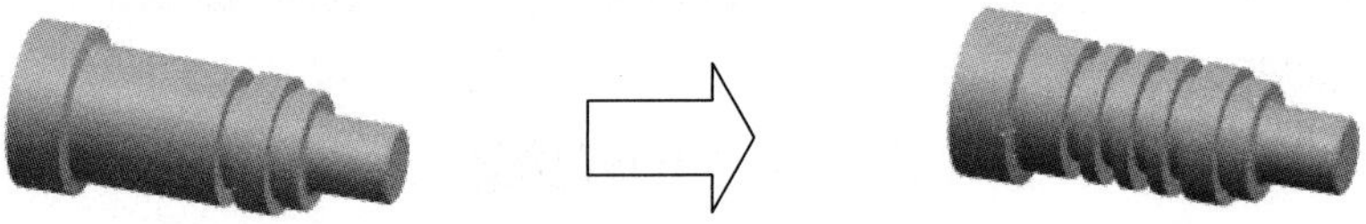

a）线性阵列前　　　　b）线性阵列后

图 6.22.7　创建线性阵列

Step 1　打开文件 D:\ug85nc\work\ch06\ch06.22\ch06.22.02\array_01.prt。

Step 2　选择下拉菜单 插入(S) ➡ 关联复制(A)▶ ➡ 阵列特征(A)... 命令，系统弹出图 6.22.8 所示的"阵列特征"对话框。

Step 3　定义阵列对象。在 阵列定义 下的 布局 下拉列表中选择 线性，选取矩形槽特征为要阵列的特征。

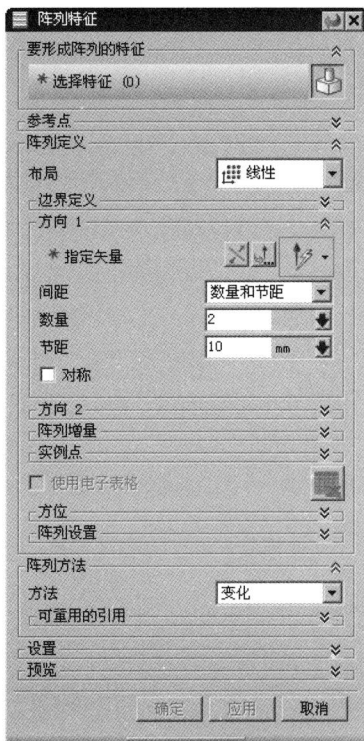

图 6.22.8　"阵列特征"对话框

Step 4　定义方向 1 阵列参数。在对话框中的 方向 1 区域中单击 ⚡ 按钮，选择-XC 轴为第一阵列方向；在 间距 下拉列表中选择数量和节距选项，然后在 数量 文本框中输入阵列数量为 4，在 节距 文本框中输入阵列节距为 60。

Step 5　在"阵列特征"对话框阵列方法区域方法下拉列表中选择简单选项。单击 确定 按钮，完成线性阵列的创建。

图 6.22.8 所示的"阵列特征"对话框中部分选项功能的说明如下：

● 布局下拉列表：用于定义阵列方式。

☑ 线性选项：选中此选项，可以根据指定的一个或两个线性方向进行阵列。

☑ 圆形选项：选中此选项，可以绕着一根指定的旋转轴进行圆形阵列，阵列实例绕着旋转轴圆周分布。

☑ 多边形选项：选中此选项，可以沿着一个正多边形进行阵列。

☑ 螺旋式选项：选中此选项，可以沿着螺旋线进行阵列。

☑ 沿选项：选中此选项，可以沿着一条曲线路径进行阵列。

☑ 常规选项：选中此选项，可以根据空间的点或由坐标系定义的位置点进行阵列。

☑ 参考选项：选中此选项，可以参考模型中已有的阵列方式进行阵列。

- **间距**下拉列表：用于定义各阵列方向的数量和间距。

  ☑ **数量和节距**选项：选中此选项，通过输入阵列的数量和每两个实例的中心距离进行阵列。

  ☑ **数量和跨距**选项：选中此选项，通过输入阵列的数量和每两个实例的间距进行阵列。

  ☑ **节距和跨距**选项：选中此选项，通过输入阵列的数量和每两个实例的中心距离及间距进行阵列。

  ☑ **列表**选项：选中此选项，通过定义的阵列表格进行阵列。

2. 圆形阵列

圆形阵列功能可以把一个或者多个所选的模型特征生成实例的圆周阵列。下面以一个范例来说明创建圆形实例阵列的过程，如图 6.22.9 所示。

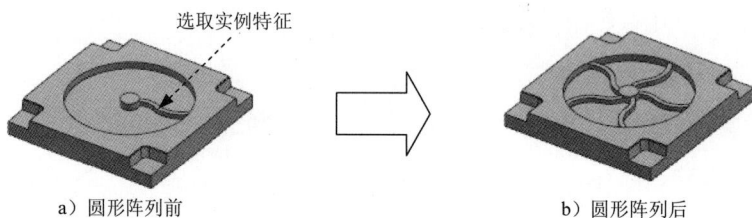

选取实例特征

a）圆形阵列前　　　　　　　　　　b）圆形阵列后

图 6.22.9　创建圆形阵列

Step 1 打开文件 D:\ug85nc\work\ch06\ch06.22\ch06.22.02\array_02.prt。

Step 2 选择下拉菜单 插入(S) ➡ 关联复制(A) ➡ 阵列特征(A)... 命令，系统弹出"阵列特征"对话框。

Step 3 选取阵列的对象。在特征树中选取图 6.22.9 所示的特征为要阵列的特征。

Step 4 定义阵列方法。在对话框的 布局 下拉列表中选择 圆形 选项。

Step 5 定义旋转轴和中心点。在对话框的 旋转轴 区域中单击 *指定矢量 后面的 ZC 按钮，选择 ZC 轴为旋转轴，然后选取坐标系原点为指定点。

Step 6 定义阵列参数。在对话框的 角度方向 区域的 间距 下拉列表中选择 数量和跨距 选项，然后在 数量 文本框中输入阵列数量为 5，在 跨角 文本框中输入阵列角度为 360。

Step 7 单击 确定 按钮，完成圆形阵列的创建。

6.22.3　镜像特征

镜像特征功能可以将所选的特征相对于一个平面或基准平面（称为镜像中心平面）进行镜像，从而得到所选特征的一个副本。使用此命令时，镜像平面可以是模型的任意表面，也可以是基准平面。下面以一个范例来说明创建镜像特征的一般过程，如图 6.22.10 所示。

a）镜像特征前   b）镜像特征后

图 6.22.10   镜像特征

Step 1   打开文件 D:\ug85nc\work\ch06\ch06.22\ch06.22.03\mirror.prt。

Step 2   选择下拉菜单 插入(S) ➡ 关联复制(A)▸ ➡ ▨ 镜像特征(M)... 命令，系统弹出 "镜像特征"对话框。

Step 3   定义镜像对象。选取图 6.22.10a 所示的矩形键槽特征为要镜像的特征。

Step 4   定义镜像基准面。在 平面 下拉列表中选择 现有平面 选项，单击 "平面"按钮 ▢，选取图 6.22.10a 所示的 YZ 基准平面为镜像平面。

Step 5   单击对话框中的 确定 按钮，完成镜像特征的操作。

6.22.4   实例几何体

用户可以通过使用 "生成实例几何特征"命令创建对象的副本，其可以复制几何体、面、边、曲线、点、基准平面和基准轴。可以在镜面、线性、圆形和不规则图样中沿相切连续截面创建副本。通过它，可以轻松地复制几何体和基准，并保持引用与其原始体之间的关联性。当图样关联时，编辑父对象可以重新放置引用。下面以一个范例来说明创建实例几何体特征的一般过程，如图 6.22.11 所示。

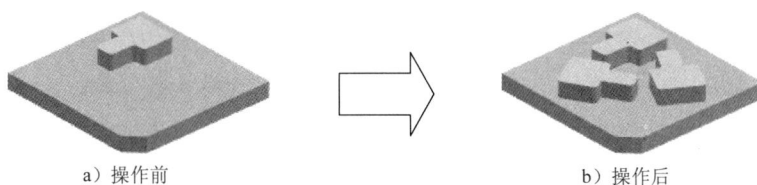

a）操作前   b）操作后

图 6.22.11   实例几何体

Step 1   打开文件 D:\ug85nc\work\ch06\ch06.22\ch06.22.04\adduction_geometry.prt。

Step 2   选择下拉菜单 插入(S) ➡ 关联复制(A)▸ ➡ ▱ 生成实例几何特征(G)... 命令，系统弹出图 6.22.12 所示的 "实例几何体"对话框。

Step 3   定义引用类型。在 类型 下拉列表中选择 旋转 选项。

Step 4   定义引用几何体对象。选取图 6.22.13 所示的实体为要引用的几何体。

Step 5   定义旋转轴。选取图 6.22.13 所示的基准轴为旋转轴。

Step 6   定义旋转角度、偏移距离和副本数。在 角度 文本框中输入角度值 120，在 距离文本框中输入偏移距离 0，在 副本数 文本框中输入副本数量值 2。

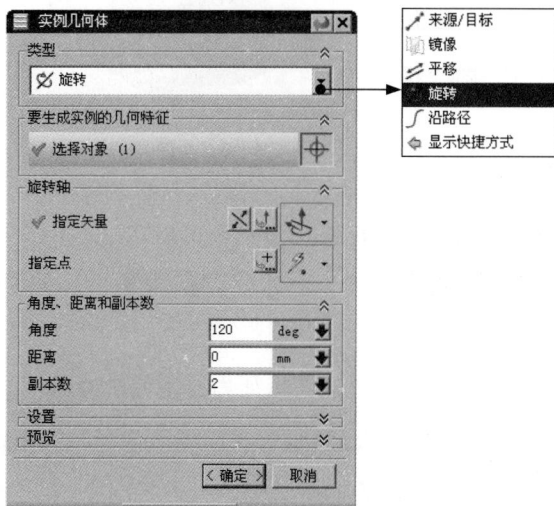

图 6.22.12　"实例几何体"对话框

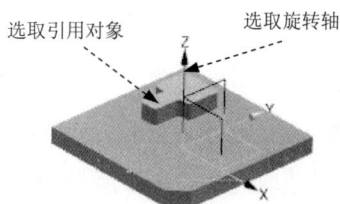

图 6.22.13　定义旋转轴和引用对象

Step 7　单击对话框中的 〈确定〉 按钮，完成操作。

图 6.22.12 所示的"实例几何体"对话框中，各选项的功能说明如下：

- 类型 下拉列表：
  - ☑ 来源/目标 选项：用于通过将对象从原先位置复制到指定位置的这种方式来创建引用几何体。
  - ☑ 镜像 选项：用于通过镜像的方式来创建引用几何实体。
  - ☑ 平移 选项：用于通过一个指定的方向来复制对象从而创建引用几何实体。
  - ☑ 旋转 选项：用于通过围绕指定旋转轴旋转产生副本。
  - ☑ 沿路径 选项：用于沿指定的曲线或边的路径复制对象。
- 角度 文本框：用于定义围绕旋转轴旋转的角度值。
- 距离 文本框：用于定义偏移的距离。
- 副本数 文本框：用于定义副本的数量值。

6.23　UG 机械零件设计实际应用 1

应用概述：

本应用介绍了一款支承座的三维模型设计过程。主要是讲述实体拉伸、镜像、沉头孔、简单孔、边倒圆等特征命令的应用。本应用模型的难点在于"孔"特征的创建，希望通过本应用的学习使读者对该命令有更好的理解。零件模型及相应的模型树如图 6.23.1 所示。

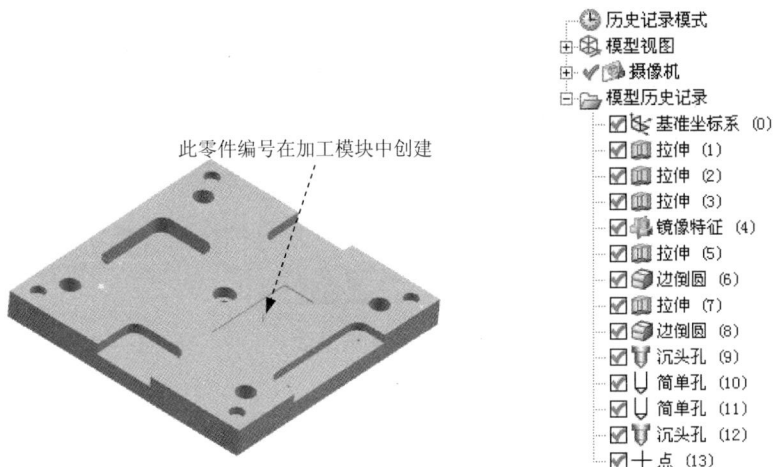

图 6.23.1 零件模型及模型树

注意：在后面的数控部分，将会介绍该三维模型零件的数控加工与编程。

Step 1 新建文件。选择下拉菜单 文件(F) ➡ □ 新建(N)... 命令，系统弹出"新建"对话框。在 模型 选项卡的 模板 区域中选取模板类型为 模型，在 名称 文本框中输入文件名称 mold_board，单击 确定 按钮，进入建模环境。

Step 2 创建图 6.23.2 所示的拉伸特征 1。

（1）选择命令。选择下拉菜单 插入(S) ➡ 设计特征(E) ➡ 拉伸(E)... 命令（或单击 按钮），系统弹出"拉伸"对话框。

（2）单击"拉伸"对话框中的"绘制截面"按钮，系统弹出"创建草图"对话框。

① 定义草图平面。单击 按钮，选取 XY 基准平面为草图平面，选中 设置 区域的 ☑ 创建中间基准 CSYS 复选框，单击 确定 按钮。

② 进入草图环境，绘制图 6.23.3 所示的截面草图。

图 6.23.2 拉伸特征 1

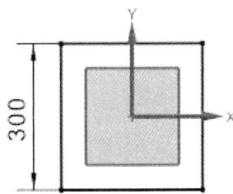

图 6.23.3 截面草图

③ 选择下拉菜单 任务(K) ➡ 完成草图(K) 命令（或单击 完成草图 按钮），退出草图环境。

（3）定义拉伸开始值和结束值。在"拉伸"对话框 限制 区域的 开始 下拉列表中选择 值 选项，并在其下的 距离 文本框中输入值 0；在 限制 区域的 结束 下拉列表中选择 值 选项，并在其下的 距离 文本框中输入值 31；采用系统默认的拉伸方向。

（4）单击 < 确定 > 按钮，完成拉伸特征 1 的创建。

Step **3** 创建图 6.23.4 所示的拉伸特征 2。

（1）选择命令。选择下拉菜单 插入(S) ━━➤ 设计特征(E)▶ ━━➤ 🛗 拉伸(E)... 命令（或单击🛗按钮），系统弹出"拉伸"对话框。

（2）单击"拉伸"对话框中的"绘制截面"按钮🔖，系统弹出"创建草图"对话框。

① 定义草图平面。单击✚按钮，选取图 6.23.4 所示的模型表面为草图平面，取消选中 设置 区域的 □ 创建中间基准 CSYS 复选框，单击 确定 按钮。

② 进入草图环境，绘制图 6.23.5 所示的截面草图。

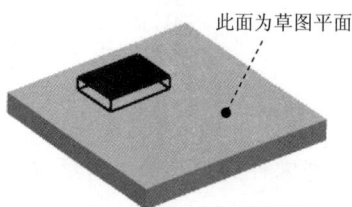

图 6.23.4 拉伸特征 2

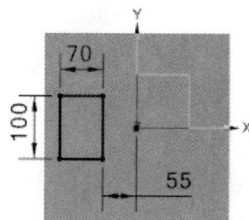

图 6.23.5 截面草图

③ 选择下拉菜单 任务(K) ━━➤ 📝 完成草图(K) 命令（或单击 📝 完成草图 按钮），退出草图环境。

（3）定义拉伸开始值和终点值。在"拉伸"对话框 限制-区域的 开始 下拉列表中选择 🛗 值 选项，并在其下的 距离 文本框中输入值 0；在 限制-区域的 结束 下拉列表中选择 🛗 值 选项，并在其下的 距离 文本框中输入值 18，并单击"反向"按钮 ⤢；在 布尔 区域中选择 🛗 求差 选项，采用系统默认的求差对象。

（4）单击 < 确定 > 按钮，完成拉伸特征 2 的创建。

Step **4** 创建图 6.23.6 所示的拉伸特征 3。选择下拉菜单 插入(S) ━━➤ 设计特征(E)▶ ━━➤ 🛗 拉伸(E)... 命令；选取图 6.23.6 所示的模型表面为草图平面，绘制图 6.23.7 所示的截面草图；在"拉伸"对话框 限制-区域的 开始 下拉列表中选择 🛗 值 选项，并在其下的 距离 文本框中输入值 0；在 限制-区域的 结束 下拉列表中选择 🛗 值 选项，并在其下的 距离 文本框中输入值 12，并单击"反向"按钮 ⤢；在 布尔 区域中选择 🛗 求差 选项，采用系统默认的求差对象；单击 < 确定 > 按钮，完成拉伸特征 3 的创建。

Step **5** 创建图 6.23.8 所示的镜像特征 1。

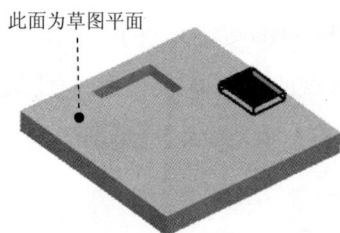

图 6.23.6 拉伸特征 3

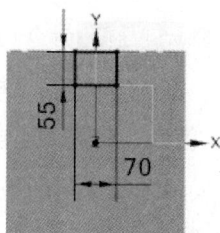

图 6.23.7 截面草图

图 6.23.8 镜像特征 1

（1）选择命令。选择下拉菜单 插入(S) ➡ 关联复制(A)▶ ➡ 镜像特征(M)... 命令，系统弹出"镜像特征"对话框。

（2）定义镜像特征。选取 Step4 创建的拉伸特征为镜像特征，并单击中键确认；选取 XZ 基准平面为镜像平面。

（3）单击 确定 按钮，完成镜像特征 1 的创建。

Step 6 创建图 6.23.9 所示的拉伸特征 4。选择下拉菜单 插入(S) ➡ 设计特征(E)▶ ➡ 拉伸(E)... 命令；选取图 6.23.9 所示的模型表面为草图平面，绘制图 6.23.10 所示的截面草图；在"拉伸"对话框 限制-区域的 开始 下拉列表中选择 值 选项，并在其下的 距离 文本框中输入值 0；在 限制-区域的 结束 下拉列表中选择 值 选项，并在其下的 距离 文本框中输入值 10，并单击"反向"按钮 ；在 布尔 区域中选择 求差 选项，采用系统默认的求差对象；单击 < 确定 > 按钮，完成拉伸特征 4 的创建。

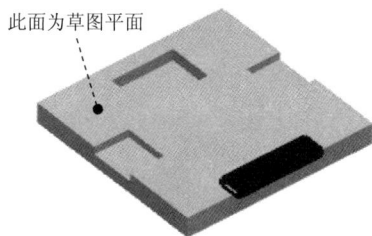

图 6.23.9　拉伸特征 4

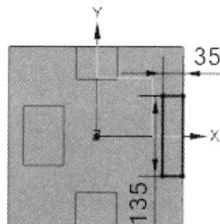

图 6.23.10　截面草图

Step 7 创建图 6.23.11b 所示的边倒圆特征 1。

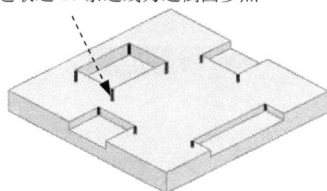

a）倒圆角前

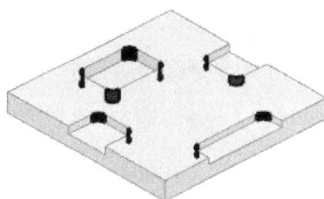

b）倒圆角后

图 6.23.11　边倒圆特征 1

（1）选择命令。选择下拉菜单 插入(S) ➡ 细节特征(L)▶ ➡ 边倒圆(E). 命令（或单击 按钮），系统弹出"边倒圆"对话框。

（2）定义边倒圆参照。在 要倒圆的边 区域中单击 按钮，选择图 6.23.11a 所示的 10 条边线为边倒圆参照，并在 半径 1 文本框中输入值 13。

（3）单击 确定 按钮，完成边倒圆特征 1 的创建。

Step 8 创建图 6.23.12 所示的拉伸特征 5。选择下拉菜单 插入(S) ➡ 设计特征(E)▶ ➡ 拉伸(E)... 命令；选取图 6.23.12 所示的模型表面为草图平面，绘制图 6.23.13 所示的截面草图；在"拉伸"对话框 限制-区域的 开始 下拉列表中选择 值 选项，并在其下的 距离 文本框中输入值 0；在 限制-区域的 结束 下拉列表中选择 值 选项，并在其下的 距离 文本框中输入值 1.5，并单击"反向"按钮 ；在 布尔 区域中选择 求差 选项，采用系统默认的求差对象；单击 < 确定 > 按钮，完成拉伸特征 5 的创建。

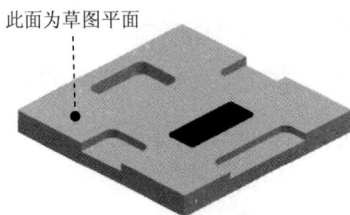

图 6.23.12　拉伸特征 5

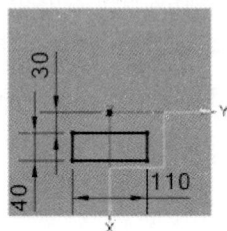

图 6.23.13　截面草图

Step 9　创建边倒圆特征 2。选取图 6.23.14 所示的边线为边倒圆参照，其圆角半径值为 3。

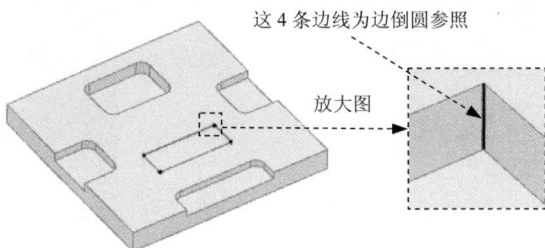

图 6.23.14　边倒圆特征 2

Step 10　创建图 6.23.15 所示的沉头孔特征 1。

（1）选择命令。选择下拉菜单 插入(S) ➡ 设计特征(E) ➡ 孔(H)... 命令（或在工具条中单击 按钮），系统弹出"孔"对话框。

（2）定义孔的类型及位置。在 类型 下拉列表中选择 常规孔 选项；单击 指定点 (0) 右方的 按钮，选取图 6.23.15 所示的草图平面，绘制图 6.23.16 所示的截面草图，完成孔中心点的指定。

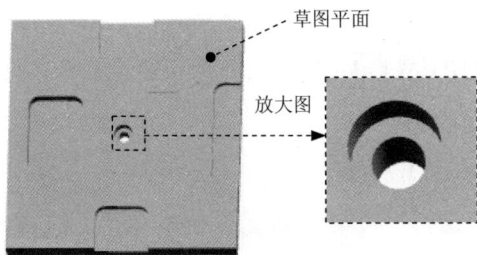

图 6.23.15　沉头孔特征 1

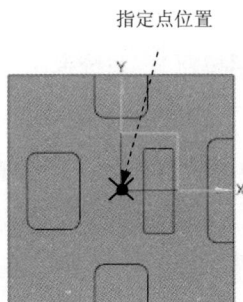

图 6.23.16　定义孔位置

（3）定义孔的形状和尺寸。在 成形 下拉列表中选择 沉头 选项，在 沉头直径 文本框中输入值 24，在 沉头深度 文本框中输入值 12.5，在 直径 文本框中输入值 13.8，在 深度限制 下拉列表中选择 贯通体 选项，其余参数采用系统默认设置。

（4）单击 确定 按钮，完成沉头孔特征 1 的创建。

Step 11　创建图 6.23.17 所示的简单孔特征 1。

（1）选择命令。选择下拉菜单 插入(S) ➡ 设计特征(E) ➡ 孔(H)... 命令（或单击 按钮），系统弹出"孔"对话框。

（2）定义孔的类型及位置。在 类型 下拉列表中选择 常规孔 选项；单击 ＊指定点 (0) 右方的 按钮，选取图 6.23.17 所示的草图平面，绘制图 6.23.18 所示截面草图，完成孔中心点的指定。

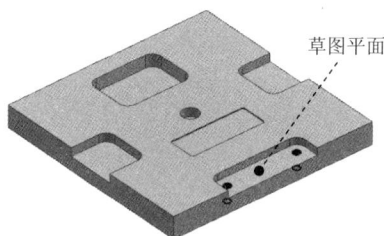

草图平面

图 6.23.17　简单孔特征 1

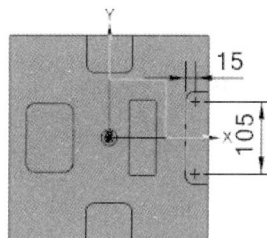

图 6.23.18　定义孔位置

（3）定义孔的形状和尺寸。在 成形 下拉列表中选择 简单 选项，在 直径 文本框中输入值 3，在 深度限制 下拉列表中选择 贯通体 选项，其余参数采用系统默认设置。

（4）单击 < 确定 > 按钮，完成简单孔特征 1 的创建。

Step 12　创建图 6.23.19 所示的简单孔特征 2。

（1）选择命令。选择下拉菜单 插入(S) ➡ 设计特征(E) ➡ 孔(H)... 命令（或单击 按钮），系统弹出"孔"对话框。

（2）定义孔的类型及位置。在 类型 下拉列表中选择 常规孔 选项；单击 ＊指定点 (0) 右方的 按钮，选取图 6.23.19 所示的草图平面，绘制图 6.23.20 所示截面草图，完成孔中心点的指定。

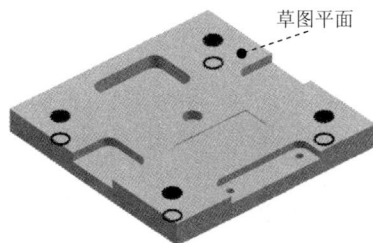

草图平面

图 6.23.19　简单孔特征 2

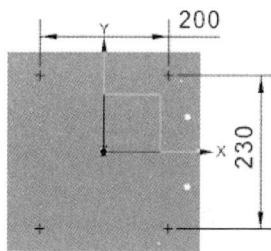

图 6.23.20　定义孔位置

（3）定义孔的形状和尺寸。在成形下拉列表中选择 简单 选项，在直径文本框中输入值 22，在深度限制下拉列表中选择贯通体选项，其余参数采用系统默认设置。

（4）单击 < 确定 > 按钮，完成简单孔特征 2 的创建。

Step 13 创建图 6.23.21 所示的沉头孔特征 2。

（1）选择命令。选择下拉菜单 插入(S) ➡ 设计特征(E) ➡ 孔(H)... 命令（或在工具条中单击 按钮），系统弹出"孔"对话框。

（2）定义孔的类型及位置。在类型下拉列表中选择 常规孔 选项；单击 * 指定点 (0) 右方的 按钮，选取图 6.23.21 所示的草图平面，绘制图 6.23.22 所示的截面草图，完成孔中心点的指定。

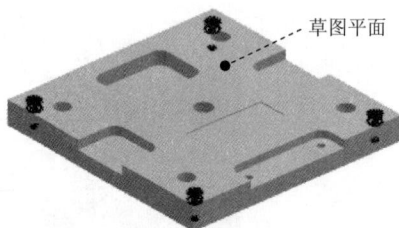

图 6.23.21　沉头孔特征 2

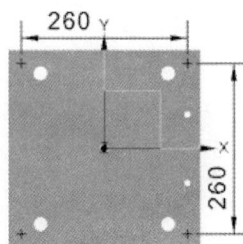

图 6.23.22　定义孔位置

（3）定义孔的形状和尺寸。在成形下拉列表中选择 沉头 选项，在沉头直径文本框中输入值 17，在沉头深度文本框中输入值 9，在直径文本框中输入值 8，在深度限制下拉列表中选择贯通体选项，其余参数采用系统默认设置。

（4）单击 确定 按钮，完成沉头孔特征 2 的创建。

Step 14 创建图 6.23.23 所示的点。

（1）选择命令。选择下拉菜单 插入(S) ➡ 基准/点(D) ➡ 十 点(P)... 命令，系统弹出"点"对话框。

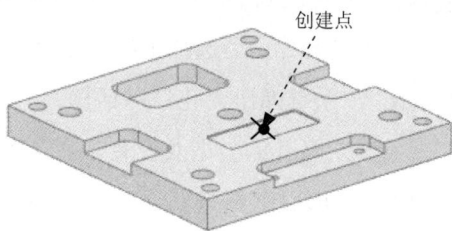

图 6.23.23　创建点

（2）定义点的类型及位置。在类型区域的下拉列表中选择 光标位置 选项；在输出坐标区域的参考下拉列表中选择绝对 - 工作部件选项，在 X 文本框中输入 50，在 Y 文本框中输入 0，在 Z 文本框中输入 31。

（3）单击 < 确定 > 按钮，完成点的创建。

说明：该点用来定义在加工模块中零件编号的中心位置。

Step 15 保存零件模型。选择下拉菜单 文件(F) ➡ 保存(S) 命令，即可保存零件模型。

6.24　UG 机械零件设计实际应用 2

应用概述：

本应用介绍了一个圆形箱体的设计过程（从结构上看该圆形箱体可归类为套类零件）。主要讲述拉伸、创建基准面、简单孔、钻形孔、镜像等特征命令的应用。本应用模型的难点在于"孔"特征的创建，希望通过对本应用的学习使读者对该命令有更好的理解。零件模型及相应的模型树如图 6.24.1 所示（在后面的数控部分，将会介绍该三维模型零件的数控加工与编程）。

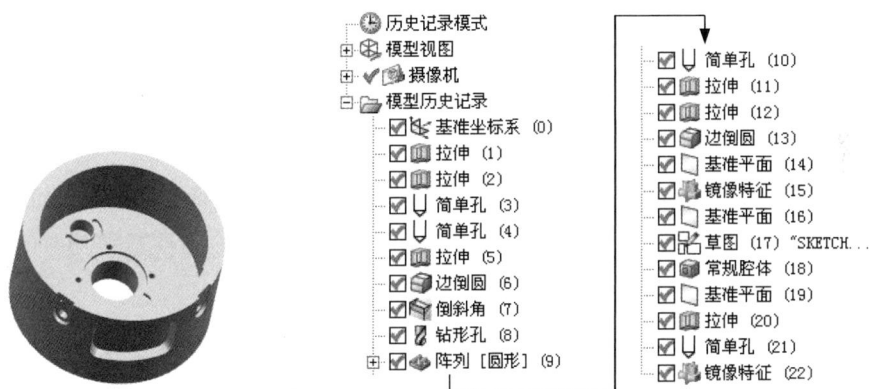

图 6.24.1　零件模型及模型树

说明：本应用前面的详细操作过程请参见随书光盘中 video\ch06\ch06.24\reference\文件下的语音讲解文件 auto_part01.avi。

Step 1　打开文件 D:\ug85nc\work\ch06\ch06.24\auto_part_ex.prt。

Step 2　创建图 6.24.2 所示的钻形孔。

（1）选择命令。选择下拉菜单 插入(S) ➡ 设计特征(E) ➡ 孔(H)... 命令（或单击 按钮），系统弹出"孔"对话框。

（2）定义孔的类型及放置位置。在 类型 下拉列表中选择 钻形孔 选项，单击"孔"对话框中的"绘制截面"按钮 ，然后在图形区中选取图 6.24.3 所示的孔的放置面，单击 确定 按钮，系统弹出"草图点"对话框。

（3）定义孔的放置位置。在图 6.24.3 所示的孔的放置面上单击，然后单击 关闭 按钮退出"草图点"对话框；标注图 6.24.4 所示的尺寸；然后单击 完成草图 按钮，退出草图环境。

（4）定义孔的形状和尺寸。在 大小 文本框中输入值 3.5，在 深度限制 下拉列表中选择 值选项，在 深度 文本框中输入值 8，其余参数采用系统默认设置，完成钻形孔的创建。

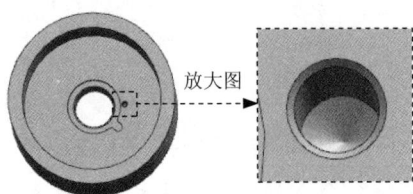

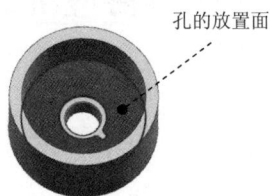

图 6.24.2　钻形孔　　　　图 6.24.3　定义孔的放置面　　　　图 6.24.4　孔定位

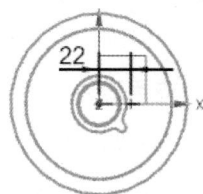

Step 3　创建图 6.24.5 所示的阵列特征 1。

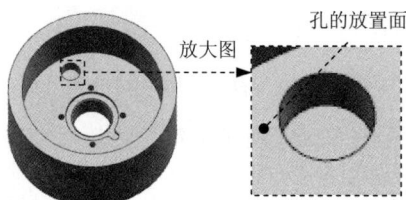

（1）选择命令。选择下拉菜单 插入(S) ➡ 关联复制(A)▶ ➡ 阵列特征(A)...命令（或单击 按钮），系统弹出"阵列特征"对话框。

（2）在模型树中选取钻形孔为要形成阵列的特征。

（3）定义阵列类型。在"阵列特征"对话框中 阵列定义 区域的 布局 下拉列表中选择 圆形 选项。

（4）指定旋转轴。在 旋转轴 区域中，激活 *指定矢量 区域，在图形中选取 Z 轴为旋转轴。

（5）在"阵列特征"对话框 角度方向 区域中的 间距 下拉列表中选择 数量和跨距 选项，在 数量 文本框中输入值 4。

（6）单击"阵列特征"对话框中的 确定 按钮，完成阵列特征的创建。

Step 4　创建图 6.24.6 所示的孔特征 3。

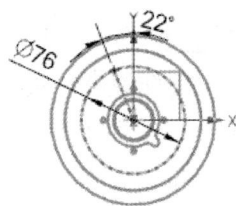

（1）选择命令。选择下拉菜单 插入(S) ➡ 设计特征(E) ➡ 孔(H)...命令（或单击 按钮），系统弹出"孔"对话框。

（2）定义孔的类型及放置位置。在 类型 下拉列表中选择 常规孔 选项，单击"孔"对话框中的"绘制截面"按钮 ，然后在图形区中选取图 6.24.6 所示的孔的放置面，单击 确定 按钮，系统弹出"草图点"对话框。

（3）定义孔的放置位置。在图 6.24.6 所示的孔的放置面上单击，然后单击 关闭 按钮退出"草图点"对话框；标注图 6.24.7 所示的尺寸；然后单击 完成草图 按钮，退出草图环境。

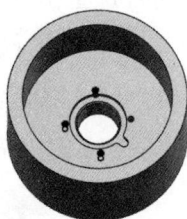

图 6.24.5　阵列特征 1　　　　图 6.24.6　孔特征 3　　　　图 6.24.7　孔定位

（4）定义孔的形状和尺寸。在 **成形** 下拉列表中选择 **▮ 简单** 选项，在 **直径** 文本框中输入值 14，在 **深度限制** 下拉列表中选择 **值** 选项，在 **深度** 文本框中输入值 10，在 **顶锥角** 文本框中输入值 0，其余参数采用系统默认设置，完成孔特征 1 的创建。

Step 5 创建图 6.24.8 所示的拉伸特征 4。

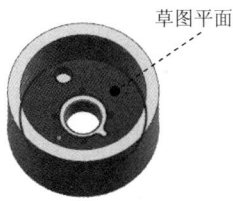

（1）选择命令。选择下拉菜单 **插入(S)** ➡ **设计特征(E)▸** ➡ **▥ 拉伸(E)...** 命令（或单击 **▥** 按钮），系统弹出"拉伸"对话框。

（2）单击"拉伸"对话框中的"绘制截面"按钮 **▣**，系统弹出"创建草图"对话框。

① 定义草图平面。选取图 6.24.9 所示的模型表面为草图平面，取消选中 **设置** 区域的 **☐ 创建中间基准 CSYS** 复选框，单击 **确定** 按钮。

② 进入草图环境，绘制图 6.24.10 所示的截面草图。

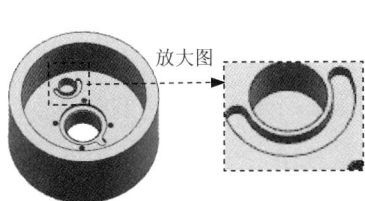

图 6.24.8 拉伸特征 4   图 6.24.9 定义草图平面   图 6.24.10 截面草图

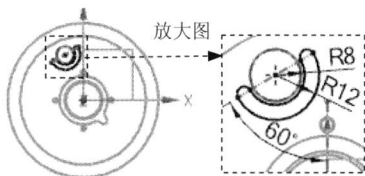

③ 选择下拉菜单 **任务(K)** ➡ **▨ 完成草图(K)** 命令（或单击 **▨ 完成草图** 按钮），退出草图环境。

（3）确定拉伸开始值和结束值。在"拉伸"对话框 **限制-** 区域的 **开始** 下拉列表中选择 **▥ 值** 选项，并在其下的 **距离** 文本框中输入值 0；在 **限制-** 区域的 **结束** 下拉列表中选择 **▥ 值** 选项，并在其下的 **距离** 文本框中输入值–2.5；在 **布尔** 区域的下拉列表中选择 **▬ 求差** 选项，选择整个模型作为布尔求差运算的对象；其他参数采用系统默认设置。

（4）单击 **< 确定 >** 按钮，完成拉伸特征 4 的创建。

Step 6 创建图 6.24.11 所示的拉伸特征 5。

（1）选择命令。选择下拉菜单 **插入(S)** ➡ **设计特征(E)▸** ➡ **▥ 拉伸(E)...** 命令（或单击 **▥** 按钮），系统弹出"拉伸"对话框。

（2）单击"拉伸"对话框中的"绘制截面"按钮 **▣**，系统弹出"创建草图"对话框。

① 定义草图平面。选取图 6.24.11 所示的模型表面为草图平面，取消选中 **设置** 区域的 **☐ 创建中间基准 CSYS** 复选框，单击 **确定** 按钮。

② 进入草图环境，绘制图 6.24.12 所示的截面草图。

③ 选择下拉菜单 **任务(K)** ➡ **▨ 完成草图(K)** 命令（或单击 **▨ 完成草图** 按钮），退出草图环境。

（3）确定拉伸开始值和结束值。在"拉伸"对话框 限制-区域的 开始 下拉列表中选择 值 选项，并在其下的 距离 文本框中输入值 0；在 限制-区域的 结束 下拉列表中选择 直至延伸部分 选项，选取图 6.24.13 所示的面，在 布尔 区域的下拉列表中选择 求差 选项，采用系统默认求差对象。

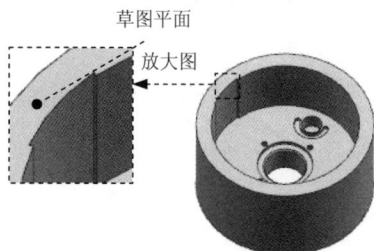

图 6.24.11 拉伸特征 5

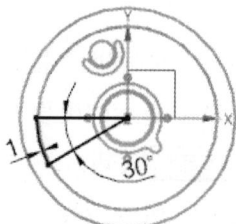

图 6.24.12 截面草图

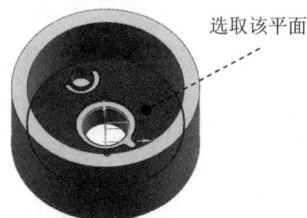

图 6.24.13 定义拉伸终止面

（4）单击 〈 确定 〉 按钮，完成拉伸特征 5 的创建。

Step 7 创建图 6.24.14b 所示的边倒圆特征 2。选取图 6.24.14a 所示的边为边倒圆参照，其圆角半径值为 2。

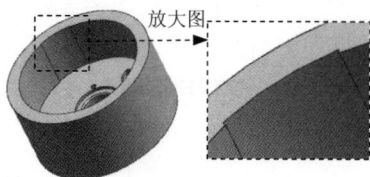

a）倒圆角前

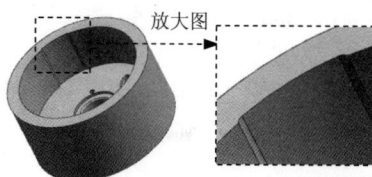

b）倒圆角后

图 6.24.14 边倒圆特征 2

Step 8 创建图 6.24.15 所示的基准平面 1。

（1）选择命令。选择下拉菜单 插入(S) ➡ 基准/点(D) ➡ 基准平面(D)... 命令，系统弹出"基准平面"对话框。

（2）定义基准平面。在 类型 区域的下拉列表中选择 成一角度 选项。在 平面参考 区域单击 ✛ 按钮，选取 ZX 基准平面为参考平面。

（4）定义基准轴。在 通过轴 区域单击 ✛ 按钮，选取 Z 轴为旋转轴，旋转角度为–75。

（5）单击 〈 确定 〉 按钮完成基准平面 1 的创建。

Step 9 创建图 6.24.16 所示的镜像特征 1。

（1）选择命令。选择下拉菜单 插入(S) ➡ 关联复制(A) ➡ 镜像特征(M)... 命令，系统弹出"镜像特征"对话框。

（2）定义镜像体。选取 Step6 与 Step7 创建的拉伸 5 及边倒圆 2 为镜像特征，并单击中键确认；选取基准平面 1 为镜像平面。

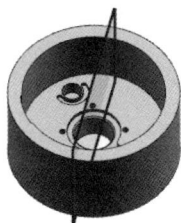

图 6.24.15 基准平面 1

a）镜像前

b）镜像后

图 6.24.16 镜像特征 1

（3）单击 ▢确定 按钮，完成镜像特征 1 的创建。

Step 10 创建图 6.24.17 所示的基准平面 2。

（1）选择命令。选择下拉菜单 插入(S) ➡ 基准/点(D)▸ ➡ ▢ 基准平面(D)...命令（或单击▢按钮），系统弹出"基准平面"对话框。

（2）定义基准平面参照。在 类型 区域的下拉列表中选择 ◥ 自动判断 选项，在图形区中选取 ZX 基准平面，在 距离 文本框中输入值–60。

（3）在"基准平面"对话框中单击 〈 确定 〉 按钮，完成基准平面 2 的创建。

Step 11 创建草图 1。

（1）选择命令。选择下拉菜单 插入(S) ➡ 品 在任务环境中绘制草图(V)... 命令，系统弹出"创建草图"对话框。

（2）定义草图平面。选取基准平面 2 为草图平面，单击"创建草图"对话框中的 ▢确定 按钮。

（3）进入草图环境，绘制图 6.24.18 所示的草图。

图 6.24.17 基准平面 2

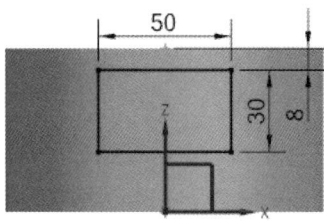

图 6.24.18 草图 1

（4）选择下拉菜单 任务(K) ➡ ✖ 完成草图(K) 命令（或单击✖ 完成草图按钮），退出草图环境。

Step 12 创建图 6.24.19 所示的常规腔体。

（1）选择命令。选择下拉菜单 插入(S) ➡ 设计特征(E)▸ ➡ ▢ 腔体(P)...命令。

（2）定义腔体类型。在"腔体"对话框中选择 常规 选项。

（3）定义放置面，选择图 6.24.20 所示的模型表面为腔体放置面，单击中键确认。

（4）定义放置面轮廓，选择草图 1 为放置面轮廓，单击中键确认。

图 6.24.19　常规腔体

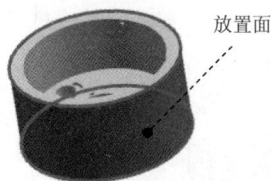

图 6.24.20　定义放置面

（5）定义底面属性。在 从放置面起 文本框中输入 6，单击中键确认，在 锥角 文本框中输入 0，在 拐角半径 文本框中输入 6。

（6）单击 确定 按钮，完成常规腔体的创建。

Step 13　创建图 6.24.21 所示的基准平面 3。

（1）选择命令。选择下拉菜单 插入(S) ➡ 基准/点(D) ➡ □ 基准平面(D)... 命令（或单击 □ 按钮），系统弹出"基准平面"对话框。

（2）定义基准平面参照。在 类型 区域的下拉列表中，选择 ▥ 相切 选项，选取图 6.24.22 所示的面为相切面，再选择 YZ 基准平面为平面参照，设置旋转角度为 225°。

图 6.24.21　基准平面 3

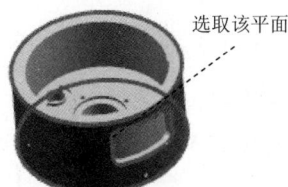

图 6.24.22　选取相切面

（3）在"基准平面"对话框中单击 〈 确定 〉 按钮，完成基准平面 3 的创建。

Step 14　创建图 6.24.23 所示的拉伸特征 6。

（1）选择命令。选择下拉菜单 插入(S) ➡ 设计特征(E)▶ ➡ ▥ 拉伸(E)... 命令（或单击 ▥ 按钮），系统弹出"拉伸"对话框。

（2）单击"拉伸"对话框中的"绘制截面"按钮 ▧，系统弹出"创建草图"对话框。

① 定义草图平面。选取基准平面 3 为草图平面，取消选中 设置 区域的 □ 创建中间基准 CSYS 复选框，单击 确定 按钮。

② 进入草图环境，绘制图 6.24.24 所示的截面草图。

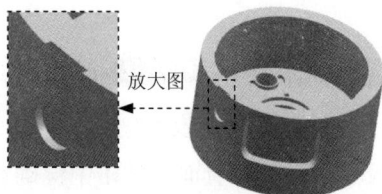

图 6.24.23　拉伸特征 6

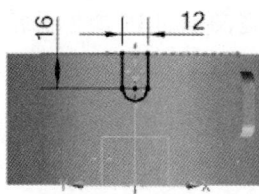

图 6.24.24　截面草图

③ 选择下拉菜单 任务(K) ➡ ✖️完成草图(K) 命令，退出草图环境。

（3）确定拉伸开始值和结束值。在"拉伸"对话框 限制-区域的 开始 下拉列表中选择🔲值 选项，并在其下的 距离 文本框中输入值 0；在 限制-区域的 结束 下拉列表中选择🔲值 选项，并在其下的 距离 文本框中输入值-2；在 布尔 区域的下拉列表中选择🔲求差 选项，选择整个模型作为布尔求差运算的对象；其他参数采用系统默认设置。

（4）单击 ⟨ 确定 ⟩ 按钮，完成拉伸特征 6 的创建。

Step 15　创建图 6.24.25 所示的孔特征 4。

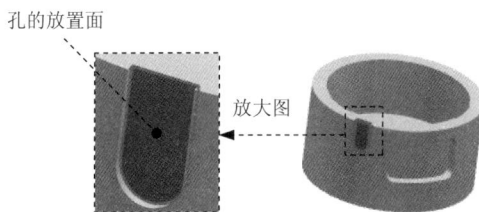

（1）选择命令。选择下拉菜单 插入(S) ➡ 设计特征(E) ➡ 🔲孔(H)... 命令（或单击🔲按钮），系统弹出"孔"对话框。

（2）定义孔的类型及放置位置。在 类型 下拉列表中选择🔲常规孔 选项，单击"孔"对话框中的"绘制截面"按钮🔲，然后在图形区中选取图 6.24.26 所示的孔的放置面，单击 确定 按钮；单击"草图点"对话框中的➕按钮，创建一个点并添加图 6.24.27 所示的约束，单击 ✖️完成草图 按钮，退出草图环境。

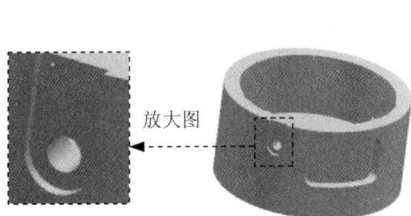

图 6.24.25　孔特征 4　　　　　　　　图 6.24.26　定义孔的放置面

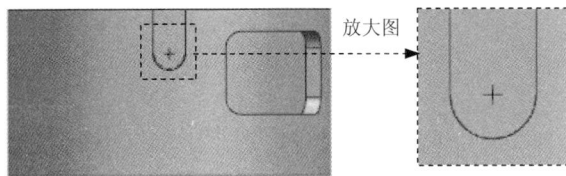

图 6.24.27　孔定位

（3）定义孔的形状和尺寸。在 成形 下拉列表中选择🔲简单 选项，在 直径 文本框中输入值 6，在 深度限制 下拉列表中选择🔲直至下一个 选项，其余参数采用系统默认设置，完成孔特征 4 的创建。

Step 16　创建图 6.24.28 所示的镜像特征 2。

（1）选择命令。选择下拉菜单 插入(S) ➡ 关联复制(A) ➡ 🔲镜像特征(M)... 命令，系统弹出"镜像特征"对话框。

（2）定义镜像体。选取 Step14 与 Step15 创建的拉伸 6 及孔 4 为镜像特征，并单击中键确认；选取 YZ 基准平面为镜像平面。

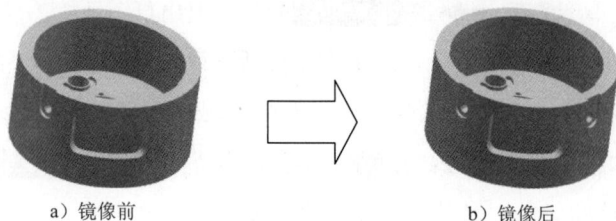

a）镜像前　　　　　　　　　　b）镜像后

图 6.24.28　镜像特征 2

（3）单击 确定 按钮，完成镜像特征 2 的创建。

Step 17　保存零件模型。选择下拉菜单 文件(F) ➡ 📙保存(S)命令，即可保存零件模型。

6.25　UG 机械零件设计实际应用 3

应用概述：

本应用介绍了连接轴的设计过程。主要介绍了回转、基准特征、拉伸、阵列、边倒圆、倒斜角、扫掠等特征命令的应用。本应用模型的难点在于"扫掠"、"阵列"特征的创建，希望通过对本应用的学习使读者对上述命令有更好的理解。零件模型及相应的模型树如图 6.25.1 所示。

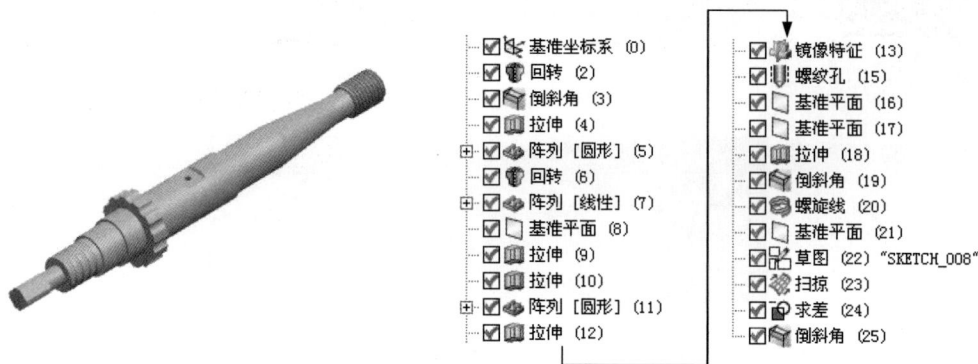

图 6.25.1　零件模型及模型树

说明：本应用前面的详细操作过程请参见随书光盘中 video\ch06\ch06.25\reference\文件下的语音视频讲解文件 connect_axis01.avi。

Step 1　打开文件 D:\ug85nc\work\ch06\ch06.25\connect_axis_ex.prt。

Step 2　创建图 6.25.2 所示的基准平面 1。

（1）选择命令。选择下拉菜单 插入(S) ➡ 基准/点(D)▶ ➡ 📄基准平面(D)...命令（或单击 📄 按钮），系统弹出"基准平面"对话框。

（2）定义基准平面参照。在 类型 区域的下拉列表中选择 🔲自动判断 选项，在图形区中选取 ZX 基准平面，在 距离 文本框中输入值 250。

（3）在"基准平面"对话框中单击 < 确定 > 按钮，完成基准平面 1 的创建。

Step 3 创建图 6.25.3 所示的拉伸特征 2。选择下拉菜单 插入(S) ➡ 设计特征(E)▶ ➡

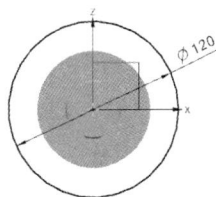

📖拉伸(E)...命令；选取基准平面 1 为草图平面，绘制图 6.25.4 所示的截面草图；在"拉伸"对话框 限制-区域的 开始 下拉列表中选择📐值选项，并在其下的 距离 文本框中输入值 0；在 限制-区域的 结束 下拉列表中选择📐值选项，并在其下的 距离 文本框中输入值 30；在 布尔 区域中选择 📎求和选项，采用系统默认的求和对象；单击"反向"按钮 ⤢；单击 < 确定 > 按钮，完成拉伸特征 2 的创建。

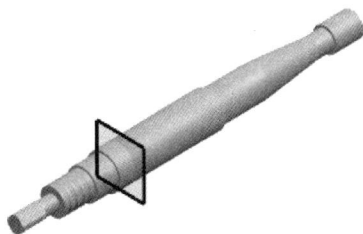

图 6.25.2　基准平面 1　　　　　　图 6.25.3　拉伸特征 2　　　　　图 6.25.4　截面草图

Step 4 创建图 6.25.5 所示的拉伸特征 3。选择下拉菜单 插入(S) ➡ 设计特征(E)▶ ➡

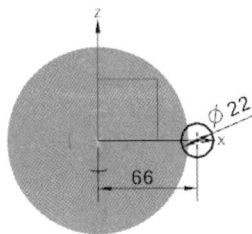

📖拉伸(E)...命令；选取基准平面 1 为草图平面，绘制图 6.25.6 所示的截面草图；在"拉伸"对话框 限制-区域的 开始 下拉列表中选择📐值选项，并在其下的 距离 文本框中输入值 0；在 限制-区域的 结束 下拉列表中选择 📎直至下一个选项；在 布尔 区域中选择 📎求差选项，采用系统默认的求差对象；单击 < 确定 > 按钮，完成拉伸特征 3 的创建。

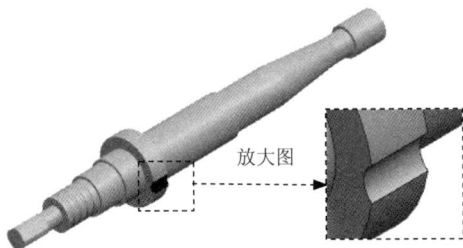

放大图

图 6.25.5　拉伸特征 3　　　　　　　　　　　图 6.25.6　截面草图

Step 5 创建图 6.25.7 所示的阵列特征 3。

（1）选择命令。选择下拉菜单 插入(S) ➡ 关联复制(A)▶ ➡ 📀阵列特征(A)...命令（或单击📀按钮），系统弹出"阵列特征"对话框。

（2）在模型树中选取拉伸特征 3 为要形成阵列的特征。

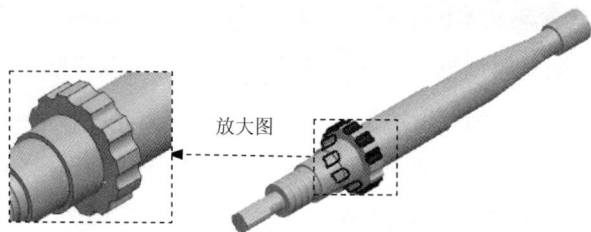

图 6.25.7　阵列特征 3

（3）定义阵列类型。在"阵列特征"对话框中 阵列定义 区域的 布局 下拉列表中选择
○ 圆形 选项。

（4）指定旋转轴和指定点。在 旋转轴 区域中，激活 * 指定矢量 区域，在图形区中选取 Y
轴为旋转轴，定义坐标原点为指定点。

（5）在"阵列特征"对话框 角度方向 区域中的 间距 下拉列表中选择 数量和节距 选项，在 数量
文本框中输入值 12，在 节距角 文本框中输入值 30。

（6）单击"阵列特征"对话框中的 确定 按钮，完成阵列特征的创建。

Step 6　创建图 6.25.8 所示的拉伸特征 4。选择下拉菜单 插入(S) ➡ 设计特征(E) ➡
拉伸(E)... 命令；选取 YZ 基准平面为草图平面，绘制图 6.25.9 所示的截面草图；
在"拉伸"对话框 限制-区域的 开始 下拉列表中选择 贯通 选项；在 限制-区域的 结束
下拉列表中选择 贯通 选项；在 布尔 区域中选择 求差 选项，选择回转特征 1 作
为布尔求差运算的对象；单击 < 确定 > 按钮，完成拉伸特征 4 的创建。

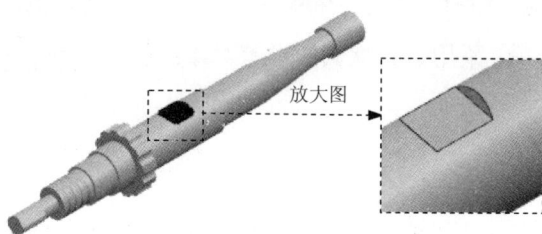

图 6.25.8　拉伸特征 4

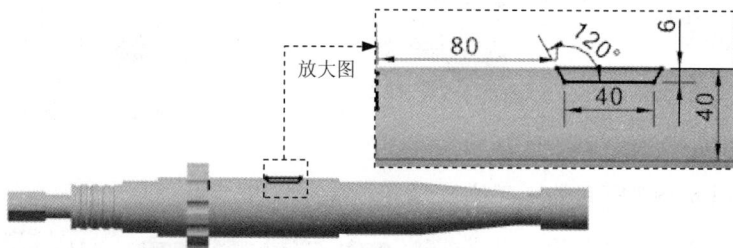

图 6.25.9　截面草图

Step 7　创建镜像特征 1。

（1）选择命令。选择下拉菜单 插入(S) ➡ 关联复制(A)▶ ➡ 🪞 镜像特征(M)... 命令，系统弹出"镜像特征"对话框。

（2）定义镜像特征。选取 Step6 创建的拉伸特征为镜像特征，并单击中键确认；选取 XY 基准平面为镜像平面。

（3）单击 确定 按钮，完成镜像特征 1 的创建。

Step 8 创建图 6.25.10 所示的孔特征 1。

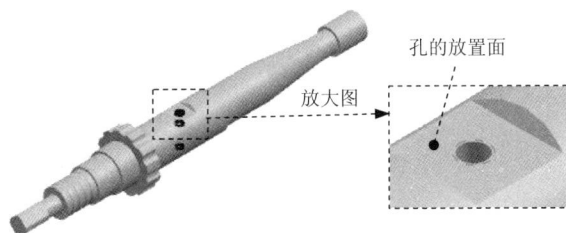

图 6.25.10 孔特征 1

（1）选择命令。选择下拉菜单 插入(S) ➡ 设计特征(E) ➡ 🔲 孔(H)... 命令（或单击 🔲 按钮），系统弹出"孔"对话框。

（2）在"孔"对话框的 类型 下拉列表中选择 🔩 螺纹孔 选项。

（3）定义孔的放置面。选取图 6.25.10 所示的端面为放置面，然后绘制图 6.25.11 所示的截面草图，绘制完成后系统以当前默认值自动生成孔的轮廓。

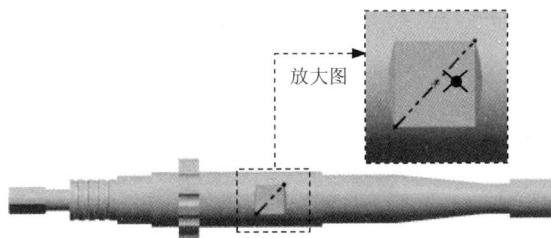

图 6.25.11 截面草图

（4）输入参数。在"孔"对话框 大小 下拉列表中选择 M14 x 2 选项，在 径向进刀 下拉列表中选择 0.75，在 深度类型 下拉列表中选择 定制 选项，输入深度值为 21，在 深度限制 下拉列表中选择 贯通体 选项。

（5）完成孔的创建。对话框中的其余设置保持系统默认，单击 < 确定 > 按钮，完成孔特征的创建。

Step 9 创建图 6.25.12 所示的基准平面 2。

（1）选择命令。选择下拉菜单 插入(S) ➡ 基准/点(D)▶ ➡ 🔲 基准平面(D)... 命令（或

单击 ⬜ 按钮），系统弹出"基准平面"对话框。

（2）定义基准平面参照。在 类型 区域的下拉列表中选择 ▥ 相切 选项，在 相切子类型 区域的 子类型 下拉列表中选择 一个面 选项，然后选取图 6.25.13 所示的面为相切面。

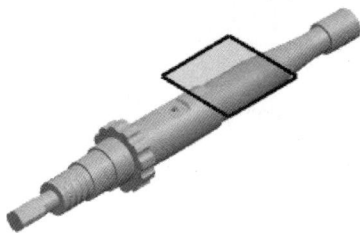

图 6.25.12　基准平面 2

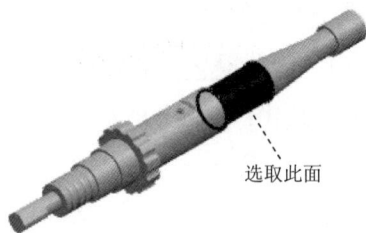

选取此面

图 6.25.13　定义参考面

（3）在"基准平面"对话框中单击 < 确定 > 按钮，完成基准平面 2 的创建。

Step 10　创建图 6.25.14 所示的基准平面 3。选择下拉菜单 插入(S) ➡ 基准/点(D)▶ ➡ ⬜ 基准平面(D)... 命令，在 类型 区域的下拉列表中选择 ⚡ 自动判断 选项，在图形区中选取基准平面 2 为参考平面，在 距离 文本框中输入值 63；在"基准平面"对话框中单击 < 确定 > 按钮，完成基准平面 3 的创建。

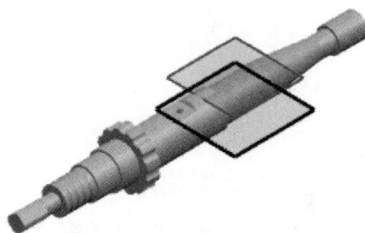

图 6.25.14　基准平面 3

Step 11　创建图 6.25.15 所示的拉伸特征 5。选择下拉菜单 插入(S) ➡ 设计特征(E)▶ ➡ ⬜ 拉伸(E)... 命令；选取基准平面 3 为草图平面，绘制图 6.25.16 所示的截面草图；在"拉伸"对话框 限制 区域的 开始 下拉列表中选择 ⬜ 值 选项，并在其下的 距离 文本框中输入值 0；在 限制 区域的 结束 下拉列表中选择 ⬜ 贯通 选项；在 布尔 区域中选择 ⬜ 求差 选项，采用系统默认的求差对象；单击 < 确定 > 按钮，完成拉伸特征 5 的创建。

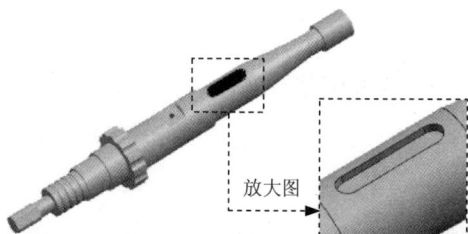

放大图

图 6.25.15　拉伸特征 5

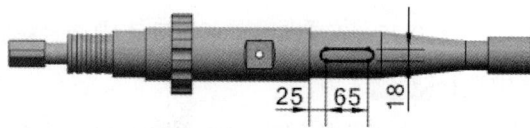

25　65　18

图 6.25.16　截面草图

Step 12　创建图 6.25.17 所示的倒斜角特征 1。选择下拉菜单 插入(S) ➡ 细节特征(L)▶ ➡ ⬜ 倒斜角(C)... 命令；选择图 6.25.17a 所示的边线为倒斜角参照，在 偏置 区域的

下拉列表中选择 对称 选项；并在 距离 文本框中输入值 2；单击 < 确定 > 按钮，完成倒斜角特征的创建。

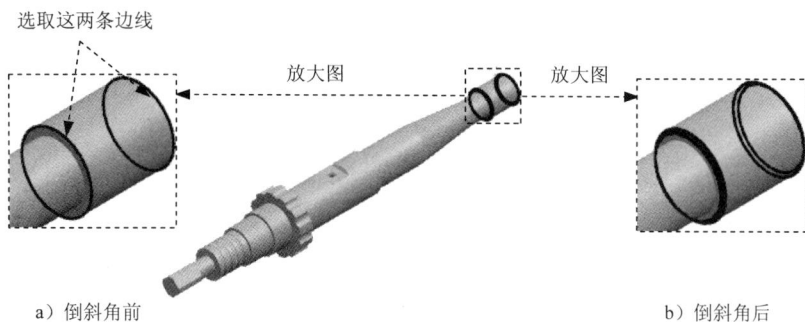

选取这两条边线

放大图   放大图

a）倒斜角前   b）倒斜角后

图 6.25.17   倒斜角特征 1

Step 13   创建图 6.25.18 所示的工作坐标系。

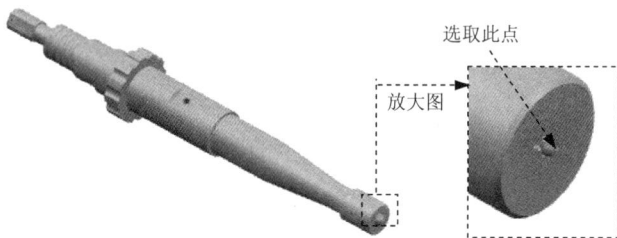

（1）选择命令。选择下拉菜单 格式(R) ➡ WCS ➡ 原点(0)... 命令，系统弹出"点"对话框。

（2）定义参考点。在图形区选取图 6.25.19 所示的端面圆心点为工作坐标系的参考原点，完成效果如图 6.25.20 所示。

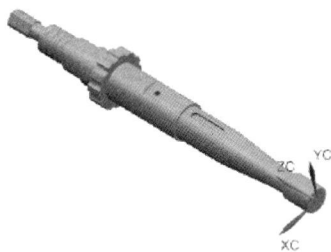

选取此点

放大图

图 6.25.18   工作坐标系   图 6.25.19   定义参考点

（3）旋转工作坐标系。选择下拉菜单 格式(R) ➡ WCS ➡ 动态(D)... 命令，将工作坐标系绕 XC 轴旋转 90°，完成效果如图 6.25.21 所示。

图 6.25.20   效果图   图 6.25.21   旋转后效果图

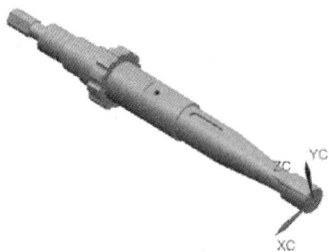

（4）移动工作坐标系。选择下拉菜单 格式(R) ➡ WCS ➡ 原点(0)... 命令，

Chapter 6

在"点"对话框中的 ZC 文本框中输入–2.0。

（5）单击 < 确定 > 按钮，完成工作坐标系的变换。

Step 14 创建图 6.25.22 所示的螺旋线特征。

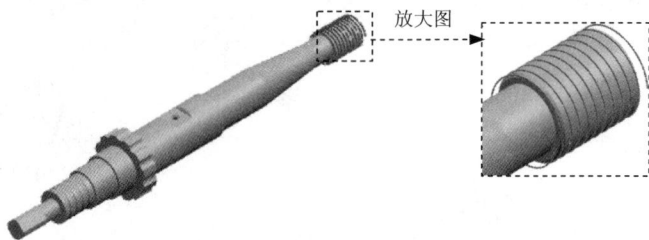

图 6.25.22　螺旋线特征

（1）选择命令。选择下拉菜单 插入(S) ➡ 曲线(C)▶ ➡ 螺旋线(X)... 命令，系统弹出"螺旋线"对话框。

（2）设置类型。在"螺旋线"对话框 类型 下拉列表中选择 沿矢量 选项。

（3）设置参数。在 大小 区域选中 ⊙ 半径 单选按钮，在 规律类型 下拉列表中选择 恒定 选项，然后输入值为 28；在 螺距 区域 规律类型 下拉列表中选择 恒定 选项，然后输入值为 7.0，在 圈数 文本框中输入 11，其余参数接受系统默认设置。

Step 15 创建图 6.25.23 所示的基准平面 4。选择下拉菜单 插入(S) ➡ 基准/点(D)▶ ➡ □ 基准平面(D)... 命令，在 类型 区域的下拉列表中选择 曲线和点 选项，在 曲线和点子类型 区域的 子类型 下拉列表中选择 一点 选项，然后选取图 6.25.23 所示的点为参考点。在"基准平面"对话框中单击 < 确定 > 按钮，完成基准平面 4 的创建。

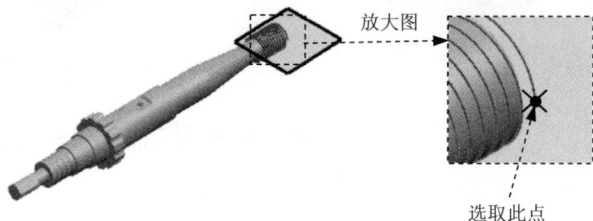

图 6.25.23　基准平面 4

Step 16 创建图 6.25.24 所示的草图 1（建模环境）。

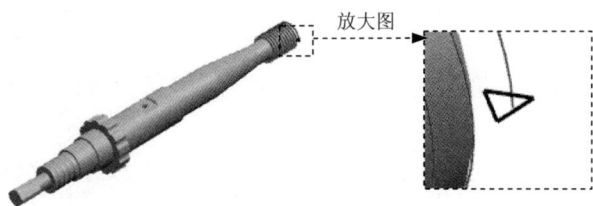

图 6.25.24　草图 1（建模环境）

（1）选择命令。选择下拉菜单 插入(S) ➡ 🗗 在任务环境中绘制草图(V)... 命令，系统弹出"创建草图"对话框。

（2）定义草图平面。选取基准平面 4 为草图平面，单击 确定 按钮。

（3）进入草图环境，绘制图 6.25.25 所示的草图 1（草图环境）。

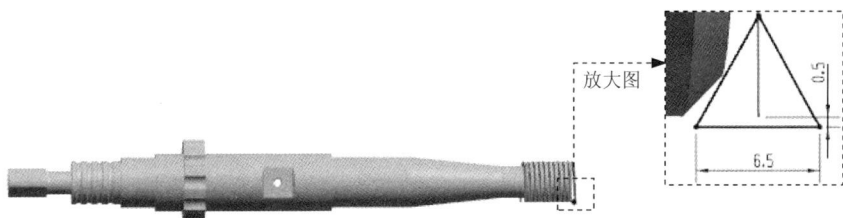

图 6.25.25　草图 1（草图环境）

（4）选择下拉菜单 任务(K) ➡ 🗙 完成草图(K) 命令（或单击 🗙 完成草图 按钮），退出草图环境。

Step 17　创建图 6.25.26 所示的扫掠特征 1。

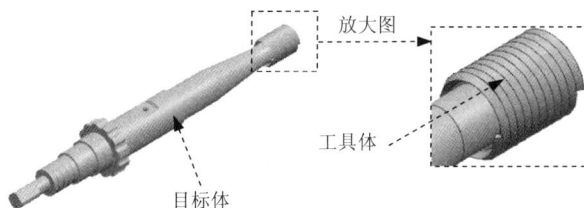

图 6.25.26　扫掠特征 1

（1）选择命令。选择下拉菜单 插入(S) ➡ 扫掠(W) ➡ ◇ 扫掠(S)... 命令，弹出"扫掠"对话框。

（2）定义截面线串。在对话框中 截面 区域中单击 🔖 选取 Step16 中创建的草图 1 为截面线串。

（3）定义引导线串。在对话框中的 引导线（最多 3 条） 区域中单击 🔖 选取 Step14 中创建的螺旋线为引导线串。

（4）在"扫掠"对话框中选用系统默认的设置，单击 < 确定 > 按钮或者单击中键，完成扫掠特征的操作。

Step 18　创建图 6.25.27 所示的布尔求差 1。

（1）选择命令。选择下拉菜单 插入(S) ➡ 组合(B) ▶ ➡ 🗗 求差(S)... 命令，系统弹出"求差"对话框。

（2）定义目标体和工具体。依次选取图 6.25.26 所示的目标体和工具体，单击 < 确定 > 按钮，完成该布尔操作。

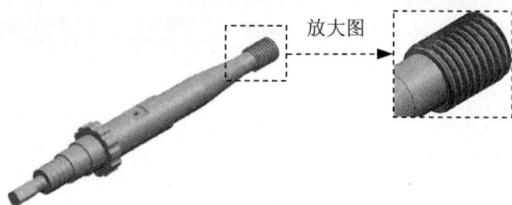

图 6.25.27　布尔求差 1

Step 19　创建图 6.25.28 所示的倒斜角特征 2。选择下拉菜单 插入(S) ➡️ 细节特征(L) ▶ ➡️ 🔶 倒斜角(C)...命令；选择图 6.25.28a 所示的边线为倒斜角参照，在偏置区域的 横截面 下拉列表中选择 对称 选项；并在距离 文本框中输入值 2；单击 〈 确定 〉 按钮，完成倒斜角特征的创建。

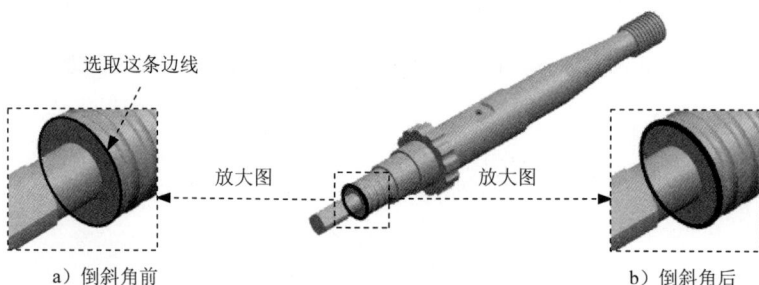

选取这条边线

放大图　　　　　放大图

a）倒斜角前　　　　　　　　　　　　　　b）倒斜角后

图 6.25.28　倒斜角特征 2

Step 20　保存零件模型。选择下拉菜单 文件(F) ➡️ 🖫 保存(S)命令，即可保存零件模型。

6.26　UG 机械零件设计实际应用 4

应用概述：

本应用介绍了定位盘的设计过程。主要讲述实体拉伸、创建基准面、阵列、键槽与孔特征命令的应用。希望通过对本应用的学习使读者对这些命令有更好的理解。零件模型及相应的模型树如图 6.26.1 所示。

☑ 基准坐标系 (0)
☑ 拉伸 (1)
☑ 拉伸 (2)
☑ 拉伸 (3)
☑ 拉伸 (4)
☑ 阵列 [圆形] (5)
☑ T 型键槽 (6)
☑ T 型键槽 (7)
☑ 简单螺纹孔 (8)
☑ 阵列 [线性] (9)

图 6.26.1　零件模型及模型树

注意： 在后面的数控部分，将会介绍该三维模型零件的数控加工与编程。

说明：本应用前面的详细操作过程请参见随书光盘中 video\ch06\ch06.26\reference\文件下的语音视频讲解文件 fixed plate01.avi。

Step 1 打开文件 D:\ug85nc\work\ch06\ch06.26\fixed plate_ex.prt。

Step 2 创建图 6.26.2 所示的拉伸特征 4。选择下拉菜单 插入(S) ➡ 设计特征(E)▶ ➡ 拉伸(E)... 命令，选取图 6.26.2 所示的模型表面为草图平面，绘制图 6.26.3 所示的截面草图，在"拉伸"对话框 限制-区域的 开始 下拉列表中选择 值 选项，并在其下的 距离 文本框中输入值 0，在 限制-区域的 结束 下拉列表中选择 值 选项，并在其下的 距离 文本框中输入值 5；在 布尔 区域中选择 求和 选项，采用系统默认的求和对象；单击 〈 确定 〉 按钮，完成拉伸特征 4 的创建。

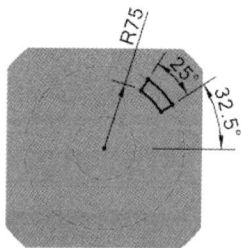

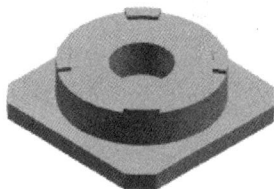

Step 3 创建图 6.26.4 所示的阵列特征 1。

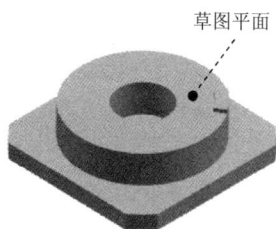

图 6.26.2　拉伸特征 4　　　　图 6.26.3　截面草图　　　　图 6.26.4　阵列特征 1

（1）选择命令。选择下拉菜单 插入(S) ➡ 关联复制(A)▶ ➡ 阵列特征(A)... 命令（或单击 按钮），系统弹出"阵列特征"对话框。

（2）在模型树中选取拉伸特征 4 为要阵列的特征。

（3）定义阵列类型。在"阵列特征"对话框中 阵列定义 区域的 布局 下拉列表中选择 圆形 选项。

（4）指定旋转轴和指定点。在 旋转轴 区域中，激活 指定矢量 区域，在图形区中选取 Z 轴为旋转轴，定义坐标原点为指定点。

（5）在"阵列特征"对话框 角度方向 区域中的 间距 下拉列表中选择 数量和节距 选项，在 数量 文本框中输入值 4，在 节距角 文本框中输入值 30。

（6）单击"阵列特征"对话框中的 确定 按钮，完成阵列特征的创建。

Step 4 创建图 6.26.5 所示的 T 型键槽 1。

（1）选择命令。选择下拉菜单 插入(I) ➡ 设计特征(E)▶

图 6.26.5　T 型键槽 1

➡ 键槽(L)... 命令（或在"成型特征"工具条中单击 按钮），系统弹出"键槽"对话框。

（2）选择键槽类型。在"键槽"对话框中选中 ⊙ T型键槽 单选按钮，单击 确定 按钮。

（3）定义放置面和水平参考。选取图 6.26.6 所示的面为放置面，选取图 6.26.6 所示的水平参考边线为水平参考，系统弹出"T型键槽数"对话框。

（4）定义键槽参数。在"T型键槽"对话框中输入图 6.26.7 所示的数值，单击 确定 按钮，系统弹出"定位"对话框。

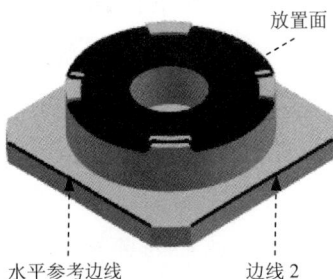

图 6.26.6　定义放置面与参考

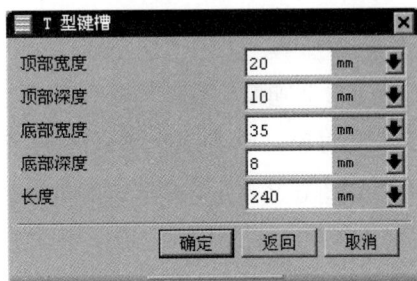

图 6.26.7　"T型键槽"对话框

（5）确定放置位置。单击"定位"对话框中的 ⚡ 按钮，选取图 6.26.6 所示的水平参考边线，选取图形区中与水平参考边线平行的虚线，在弹出的"创建表达式"对话框的文本框中输入数值 110，单击 确定 按钮，系统重新弹出"定位"对话框；单击 ⚡ 按钮，选取图 6.26.6 所示的边线 2，选取图形区中与边线 2 平行的虚线，在弹出的"创建表达式"对话框的文本框中输入数值 110，单击 确定 按钮，系统重新弹出"定位"对话框；单击 确定 按钮，完成键槽的创建。

Step 5　创建图 6.26.8 所示的 T 型键槽 2，具体操作可参考上一步。

Step 6　创建图 6.26.9 所示的简单螺纹孔特征 1。

（1）选择命令。选择下拉菜单 插入(S) ➡ 设计特征(E)▶ ➡ 🔲 孔(H)... 命令（或在工具条中单击 🔲 按钮），系统弹出"孔"对话框。

（2）定义孔的类型及位置。在 类型 下拉列表中选择 螺钉间隙孔 选项；单击 ✱ 指定点 (0) 右方的 🔲 按钮，选取图 6.26.9 所示的草图平面，绘制图 6.26.10 所示截面草图，完成孔中心点的指定。

图 6.26.8　T 型键槽 2

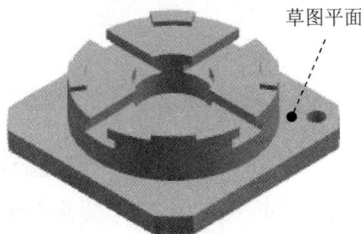

图 6.26.9　简单螺纹孔特征 1

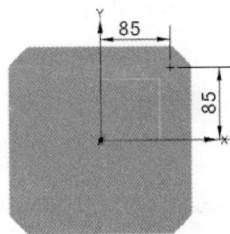

图 6.26.10　截面草图

（3）定义孔的形状和尺寸。在 **成形** 下拉列表中选择 **简单** 选项，在 **螺钉尺寸** 下拉列表中选择 M16，其余参数采用系统默认设置。

（4）单击 **< 确定 >** 按钮，完成简单螺纹孔特征的创建。

说明： 本应用后面的详细操作过程请参见随书光盘中 video\ch06\ch06.26\reference\文件下的语音视频讲解文件 fixed plate02.avi。

6.27　UG 机械零件设计实际应用 5

应用概述：

本应用介绍了壳体的设计过程。主要讲述实体回转、创建基准面、基准轴、特征分组、阵列、抽壳与孔等特征命令的应用。希望通过对本应用的学习使读者对这些命令有更好的理解。零件模型及相应的模型树如图 6.27.1 所示。

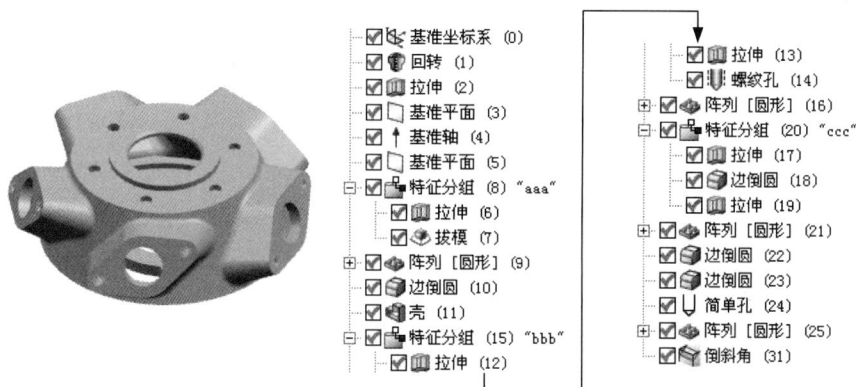

图 6.27.1　零件模型及模型树

说明： 本应用前面的详细操作过程请参见随书光盘中 video\ch06\ch06.27\reference\文件下的语音视频讲解文件 shell_part01.avi。

Step 1　打开文件 D:\ug85nc\work\ch06\ch06.27\shell_part_ex.prt。

Step 2　创建图 6.27.2 所示的基准平面 1。选择下拉菜单 **插入(S)** → **基准/点(D)** → **基准平面(D)...** 命令；在 **类型** 区域的下拉列表中选择 **自动判断** 选项，在图形区中选取 ZX 基准平面，在 **距离** 文本框中输入值 130；单击 **< 确定 >** 按钮，完成基准平面 1 的创建。

Step 3　创建图 6.27.3 所示的基准轴 1。选择下拉菜单 **插入(S)** → **基准/点(D)** → **基准轴(A)...** 命令；在 **类型** 区域的下拉列表中选择 **交点** 选项，在图形区中选取 XY 基准平面与基准平面 1 为要相交的对象；单击 **< 确定 >** 按钮，完成基准轴 1 的创建。

Step 4 创建图 6.27.4 所示的基准平面 2。选择下拉菜单 插入(S) ➡ 基准/点(D)▶ ➡ 基准平面(D)... 命令；在 类型 区域的下拉列表中选择 成一角度 选项，在图形区中选取基准平面 1 为平面参考，选取基准轴 1 为轴参考，在 角度 文本框中输入值 160；单击 〈确定〉 按钮，完成基准平面 2 的创建。

图 6.27.2　基准平面 1　　　　图 6.27.3　基准轴 1　　　　图 6.27.4　基准平面 2

Step 5 创建图 6.27.5 所示的拉伸特征 2。选择下拉菜单 插入(S) ➡ 设计特征(E)▶ ➡ 拉伸(E)... 命令；选取基准平面 2 为草图平面，绘制图 6.27.6 所示的截面草图；在"拉伸"对话框 限制-区域的 开始 下拉列表中选择 值 选项，并在其下的 距离 文本框中输入值 0；在 限制-区域的 结束 下拉列表中选择 直至下一个 选项，单击 按钮调整拉伸方向；在 布尔 区域中选择 求和 选项，采用系统默认的求和对象；单击 〈确定〉 按钮，完成拉伸特征 2 的创建。

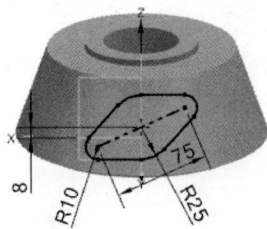

图 6.27.5　拉伸特征 2　　　　图 6.27.6　截面草图

Step 6 创建图 6.27.7 所示的拔模特征 1。

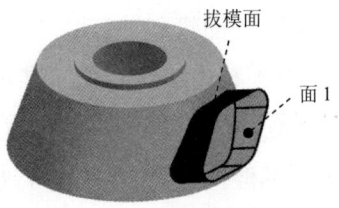

（1）选择命令。选择下拉菜单 插入(S) ➡ 细节特征(L) ➡ 拔模(T)... 命令，系统弹出"拔模"对话框。

（2）选择拔模方式。在对话框中的 类型 下拉列表中，选取 从平面或曲面 选项。

（3）指定开模（拔模）方向。选取图 6.27.8 所示的面 1 作为开模方向参考平面。

图 6.27.7　拔模特征 1　　　　图 6.27.8　定义参考面

（4）定义拔模固定平面。选取图 6.27.8 所示的面 1 作为拔模固定平面。

（5）定义拔模面。选取图 6.27.8 所示的侧面（共 8 个）作为要加拔模角的面。

（6）定义拔模角。系统将弹出设置拔模角的动态文本框，输入拔模角度值 10。

（7）单击< 确定 >按钮，完成拔模操作。

Step 7　创建特征分组 1。在模型树中选中拉伸特征 2 与拔模特征 1 右击选择 特征分组(F) 命令，系统弹出"特征分组"对话框，在特征组名称文本框中输入 aaa，单击 确定 按钮，完成特征分组的创建。

Step 8　创建图 6.27.9 所示的阵列特征 1。

（1）选择命令。选择下拉菜单 插入(S) ➡ 关联复制(A) ➡ 阵列特征(A)...命令（或单击 按钮），系统弹出"阵列特征"对话框。

图 6.27.9　阵列特征 1

（2）在模型树中选取特征分组 1 为要形成阵列的特征。

（3）定义阵列类型。在"阵列特征"对话框中阵列定义区域的 布局 下拉列表中选择 圆形选项。

（4）指定旋转轴和指定点。在旋转轴区域中，激活* 指定矢量区域，在图形区中选取 Z 轴为旋转轴，定义坐标原点为指定点。

（5）在"阵列特征"对话框角度方向区域中的 间距 下拉列表中选择数量和节距选项，在数量文本框中输入值 5，在节距角文本框中输入值 72。

（6）单击"阵列特征"对话框中的 确定 按钮，完成阵列特征的创建。

Step 9　创建边倒圆特征 1。选取图 6.27.10 所示的边线为边倒圆参照，其圆角半径值为 5。

这 5 条边链为边倒圆参照

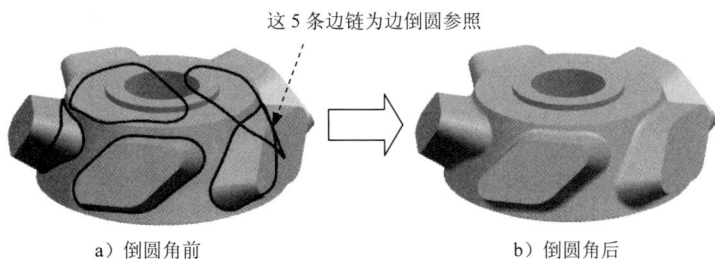

a）倒圆角前　　　　　　　　　b）倒圆角后

图 6.27.10　边倒圆特征 1

Step 10　创建图 6.27.11 所示的抽壳特征 1。

（1）选择命令。选择下拉菜单 插入(S) ➡ 偏置/缩放(O) ➡ 抽壳(H)... 命令（或单击 按钮），系统弹出"抽壳"对话框。

（2）定义抽壳类型。在类型区域的下拉列表中选择 移除面，然后抽壳 选项。

（3）在要穿透的面区域单击 按钮，选取图 6.27.12 所示的面为移除面，并在厚度文本框中输入值 5.0，采用系统默认方向。

图 6.27.11　抽壳特征 1

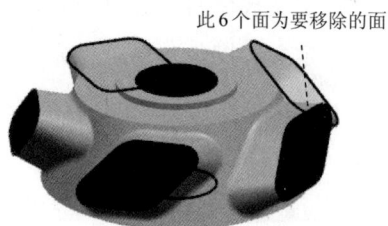

此 6 个面为要移除的面

图 6.27.12　选取移除面

（4）单击 〈 确定 〉 按钮，完成抽壳特征的创建。

说明：本应用后面的详细操作过程请参见随书光盘中 video\ch06\ch06.27\reference\文件下的语音视频讲解文件 shell_part02.avi。

7

产品的曲面造型设计

7.1 曲线线框设计

曲线是曲面的基础，是曲面造型设计中必须用到的基础元素，并且曲线质量的好坏直接影响到曲面质量的高低。因此，了解和掌握曲线的创建方法，是学习曲面设计的基本要求。利用 UG 的曲线功能可以建立多种曲线，其中基本曲线包括点及点集、直线、圆及圆弧、倒圆角、倒斜角等，特殊曲线包括样条曲线、二次曲线、螺旋线和规律曲线等。

7.1.1 基本空间曲线

UG 基本曲线的创建包括直线、圆弧、圆等规则曲线的创建，以及曲线的倒圆角等操作。下面将进行介绍。

1. 直线

使用 ✏ 直线(点-点)(P)... 命令绘制直线时，用户可以在系统弹出的动态输入框中输入起始点和终点相对于原点的坐标值来完成直线的创建。下面以创建图 7.1.1 所示的直线为例说明利用"直线（点－点）"命令创建直线的一般过程。

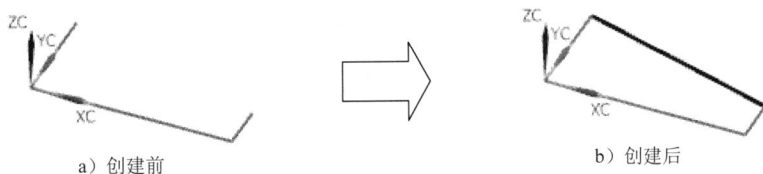

a）创建前　　　　　　　　　　　　　b）创建后

图 7.1.1 直线的创建

Step 1 打开文件 D:\ug85nc\work\ch07\ch07.01\ch07.01.01\line.prt。

Step 2 选择下拉菜单 插入(S) ➡ 曲线(C) ➡ 直线和圆弧(A) ▶ ➡ ✏ 直线(点-点)(P)... 命令，系统弹出"直线（点－点）"对话框和动态文本框。

Step 3 在图形区依次选取图 7.1.2 所示的点 1 和点 2，分别作为直线的起点与终点。

Step 4 按鼠标中键（或 Esc 键），退出"直线（点－点）"命令。

2. 圆弧/圆

选择下拉菜单 插入(S) ➡ 曲线(C) ➡ 圆弧/圆(C)... 命令，系统弹出"圆弧/圆"对话框。通过该对话框可以创建多种类型的圆弧或圆，创建的圆弧或圆的类型取决于对与圆弧或圆相关的点的不同约束。

下面通过图 7.1.3 所示的例子来介绍利用"三点画圆弧"方式创建圆的一般过程。

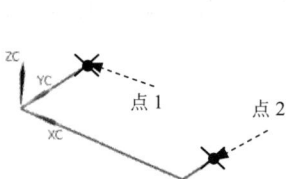

图 7.1.2 定义直线的起点与终点

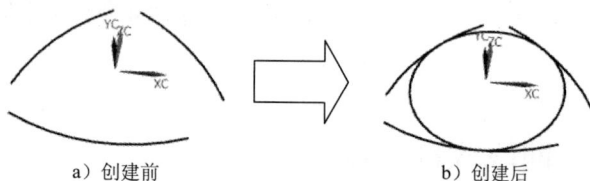

a）创建前   b）创建后

图 7.1.3 圆弧/圆的创建

Step 1 打开文件 D:\ug85nc\work\ch07\ch07.01\ch07.01.01\circul.prt。

Step 2 选择下拉菜单 插入(S) ➡ 曲线(C) ➡ 圆弧/圆(C)... 命令，系统弹出"圆弧/圆"对话框。

Step 3 设置类型。在"圆弧/圆"对话框 类型 区域的下拉列表中选择 三点画圆弧 选项。

Step 4 选择起点参照。在 起点 区域的 起点选项 下拉列表中选择 相切 选项，如图 7.1.4 所示（或者在图形区右击，在弹出的图 7.1.5 所示的快捷菜单中选择 ✔ 相切 命令）；然后选取图 7.1.6 所示的曲线 1。

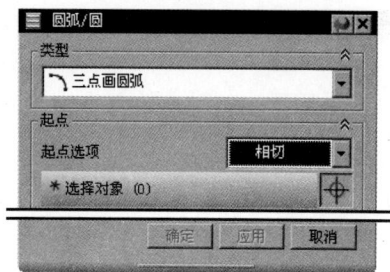

图 7.1.4 "圆弧/圆"对话框

图 7.1.5 快捷菜单

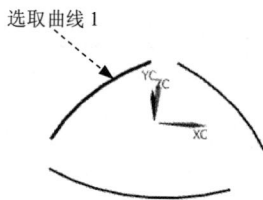

选取曲线 1

图 7.1.6 选取曲线 1

Step 5 选择端点参照。在 端点 区域的 终点选项 下拉列表中选择 相切 选项，然后选取图 7.1.7 所示的曲线 2。

Step 6 选择中点参照。在 中点 区域的 中点选项 下拉列表中选择 相切 选项，然后选取图 7.1.8 所示的曲线 3。

Step 7 设置圆周类型。选中对话框 限制 区域的 ☑ 整圆 复选框。

Step 8 完成圆弧的创建。单击对话框的 < 确定 > 按钮，完成圆弧的创建，如图 7.1.9 所示。

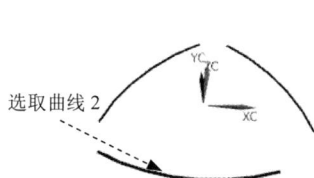

图 7.1.7　选取曲线 2　　　　　图 7.1.8　选取曲线 3　　　　　图 7.1.9　创建完成的圆弧

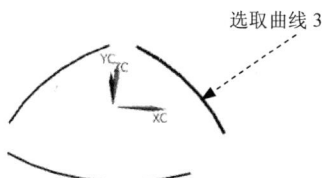

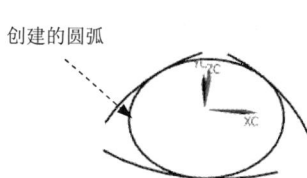

7.1.2　高级空间曲线

在曲面建模中高级空间曲线创建得非常频繁，主要包括螺旋线、样条曲线和文本曲线等。下面将对其一一进行介绍。

1. 样条曲线

艺术样条曲线的创建方法有两种：根据极点和通过点。下面将对"根据极点"和"通过点"两种方法进行说明，通过下面的两个例子可以观察出两种方法——"根据极点"和"通过点"两个命令对曲线形状控制的不同。

方法一：根据极点

"根据极点"是指艺术样条曲线不通过极点，其形状由极点形成的多边形控制。用户可以对曲线类型、曲线阶次等相关参数进行编辑。下面通过创建图 7.1.10 所示的样条曲线，来说明使用"根据极点"命令创建样条曲线的一般过程。

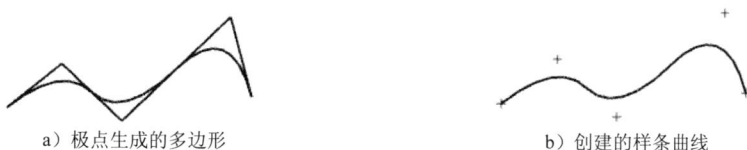

a）极点生成的多边形　　　　　　　b）创建的样条曲线

图 7.1.10　使用"根据极点"命令

Step 1　打开文件 D:\ug85nc\work\ch07\ch07.01\ch07.01.02\spline_01.prt。

Step 2　选择命令。选择下拉菜单 插入(S) ➡ 曲线(C) ➡ 艺术样条(D)... 命令，系统弹出"艺术样条"对话框。

Step 3　定义曲线类型。在对话框的 类型 下拉列表中选择 根据极点 选项，依次在图 7.1.11 所示的各点位置单击（点 1、点 2、点 3、点 4 和点 5，点的顺序不同生成的曲线形状也不同，如图 7.1.12 所示）。

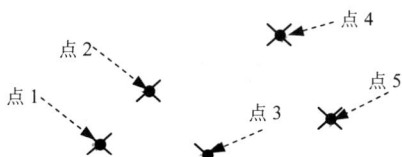

图 7.1.11　定义极点　　　　　　　图 7.1.12　选点顺序不同生成的样条曲线

Step 4 定义曲线阶次。在对话框的 **参数化** 区域的 **次数** 文本框中输入值 2。

Step 5 在"艺术样条"对话框中单击 **< 确定 >** 按钮，完成样条曲线的创建。

说明：本例中的极点是通过现有点选取的，同样可以通过输入点的坐标值来确定点的位置。

方法二：通过点

艺术样条曲线的形状除了可以通过极点来控制外，还可以通过样条曲线所通过的点（即样条曲线的定义点）来更精确地控制。下面通过创建图 7.1.13 所示的艺术样条曲线来说明利用"通过点"命令创建艺术样条曲线的一般步骤。

图 7.1.13 创建样条曲线

Step 1 打开文件 D:\ug85nc\work\ch07\ch07.01\ch07.01.02\spline_02.prt。

Step 2 选择命令。选择下拉菜单 **插入(S)** ➡ **曲线(C)** ➡ **艺术样条(D)...** 命令，系统弹出"艺术样条"对话框。

Step 3 定义曲线类型。在对话框中的 **类型** 下拉列表中选择 **通过点** 选项，依次在图 7.1.14 所示的各点位置单击（点 1、点 2、点 3、点 4 和点 5，点的顺序不同生成的曲线形状也不同，如图 7.1.15 所示）。

图 7.1.14 定义点   图 7.1.15 选点顺序不同

Step 4 定义曲线阶次。在对话框的 **参数化** 区域的 **次数** 文本框中输入值 2。

Step 5 在"艺术样条"对话框中单击 **< 确定 >** 按钮，完成样条曲线的创建。

2. 螺旋线

在建模或者造型过程中，螺旋线经常被用到。UG NX 8.5 通过定义圈数、螺距、半径方式、旋转方向和方位等参数来生成螺旋线。下面具体介绍沿矢量方式创建螺旋线的方法。

图 7.1.16 所示螺旋线的一般创建过程如下。

Step 1 打开文件 D:\ug85nc\work\ch07\ch07.01\ch07.01.02\helix.prt。

Step 2 选择命令。选择下拉菜单 **插入(S)** ➡ **曲线(C)** ➡ **螺旋线(X)...** 命令，系统弹出图 7.1.17 所示的"螺旋线"对话框。

Step 3 设置参数。在"螺旋线"对话框 **类型** 下拉列表中选择 **沿矢量** 选项，单击 **方位** 区域中的"CSYS 对话框"按钮，系统弹出 CSYS 对话框，在 CSYS 对话框 **参考 CSYS** 区域 **参考** 下拉列表中选择 **绝对 - 显示部件** 选项，单击 **确定** 按钮，返回到"螺旋线"对话框，设置图 7.1.17 所示的参数，其他参数采用系统默认设置，单击 <确定> 按钮，完成螺旋线的创建。

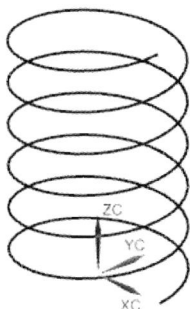

图 7.1.16 螺旋线

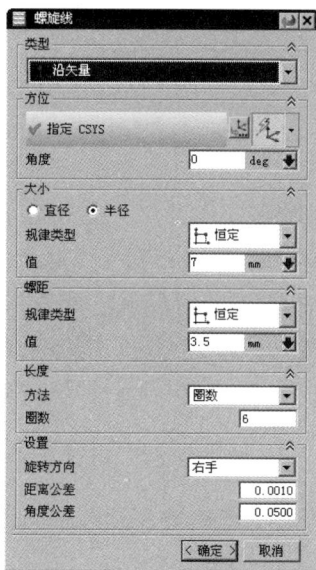

图 7.1.17 "螺旋线"对话框

说明：因为本例中使用当前的 WCS 作为螺旋线的方位，使用当前的 XC=0、YC=0 和 ZC=0 作为默认基点，所以在此没有定义方位和基点的操作。

3. 文本曲线

使用 **A** 命令，可将本地的 Windows 字体库中的 True Type 字体中的"文本"生成 NX 曲线。无论何时需要文本，都可以将此功能作为部件模型中的一个设计元素使用。在"文本"对话框中，允许用户选择 Windows 字体库中的任何字体，指定字符属性（粗体、斜体、类型、字母）；在"文本"对话框字段中输入文本字符串，并立即在 NX 部件模型内将字符串转换为几何体。文本将跟踪所选 True Type 字体的形状，并使用线条和样条生成文本字符串的字符外形，可以在平面、曲线或曲面上放置生成的几何体。下面通过创建图 7.1.18 所示的文本曲线来说明创建文本曲线的一般步骤。

图 7.1.18 创建的文本曲线

Step 1 打开文件 D:\ug85nc\work\ch07\ch07.01\ch07.01.02\text_line.prt。

Step 2 选择下拉菜单 插入(S) ➔ 曲线(C) ➔ **A** 文本(T)... 命令，系统弹出图 7.1.19 所示的"文本"对话框。

Step 3 定义类型。在 类型 区域的下拉列表中选择 曲线上 选项；选取图 7.1.20 所示的曲线为文本放置曲线。

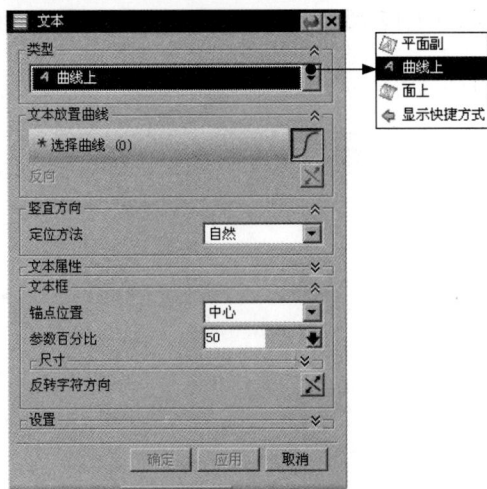

图 7.1.19　"文本"对话框　　　　　　　　图 7.1.20　定义放置曲线

图 7.1.19 所示的"文本"对话框中的部分按钮说明如下：

● **类型** 区域：该区域的下拉列表中包括 **平面副**、**曲线上** 和 **面上** 三个选项，用于定义文本的放置类型。

　　☑ **平面副**：该选项用于创建在平面上的文本。

　　☑ **曲线上**：该选项用于沿曲线创建文本。

　　☑ **面上**：该选项用于在一个或多个相连面上创建文本。

Step 4　定义文本属性。在对话框 **文本属性** 区域的文本框中输入文本字符串"北京兆迪科技有限公司"；在 **线型** 下拉列表中选择 **仿宋_GB2312** 选项。

Step 5　定义文本尺寸大小。在对话框中 **尺寸** 区域的 **偏置** 文本框中输入值 10，在 **长度** 文本框中输入值 300，在 **高度** 文本框中输入值 30，其他设置保持系统默认参数设置值。

Step 6　单击对话框中的 **< 确定 >** 按钮，完成文本曲线的创建。

7.1.3　来自曲线集的曲线

　　来自曲线集的曲线是指利用现有的曲线，通过不同的方式而创建的新曲线。在 UG NX 8.5 中，主要通过在 **插入(S)** 下拉菜单的 **来自曲线集的曲线(F)** ▶ 子菜单中选择相应的命令来进行操作。下面将分别对镜像、偏置、在面上偏置和投影等方法进行介绍。

　　1. 镜像

　　曲线的镜像是指利用一个平面或基准平面（称为镜像中心平面）将源曲线进行复制，从而得到一个与源曲线关联或非关联的曲线。下面通过图 7.1.21b 所示的例子来说明创建镜像曲线的一般过程。

Step 1　打开文件 D:\ug85nc\work\ch07\ch07.01\ch07.01.03\mirror_curves.prt。

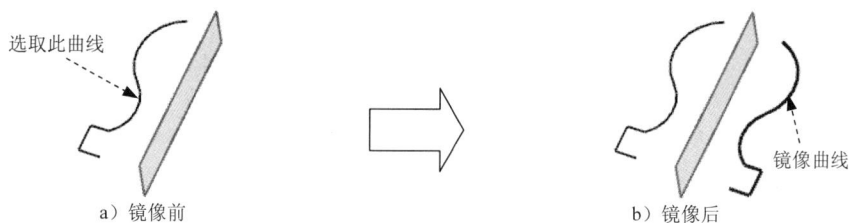

a）镜像前　　　　　　　　　　　　　　　　b）镜像后

图 7.1.21　镜像曲线

Step 2　选择下拉菜单 插入(S) ➡ 来自曲线集的曲线(F) ▸ ➡ 镜像(M)... 命令，系统弹出"镜像曲线"对话框。

Step 3　定义镜像曲线。在图形区选取图 7.1.21a 所示的曲线，单击鼠标中键确认。此时对话框中的 平面 下拉列表被激活。

Step 4　选取镜像平面。在对话框中的 平面 下拉列表中选择 现有平面 选项，定义图中平面为镜像平面。

Step 5　单击 确定 按钮（或单击中键），完成镜像曲线的创建。

2. 偏置

偏置曲线是通过移动选中的曲线对象来创建新的曲线。使用下拉菜单 插入(S) ➡ 来自曲线集的曲线(F) ▸ ➡ 偏置(O)... 命令可以偏置由直线、圆弧、二次曲线、样条及边缘组成的线串。

通过图 7.1.22 所示的例子来说明用"拔模"方式创建偏置曲线的一般过程。

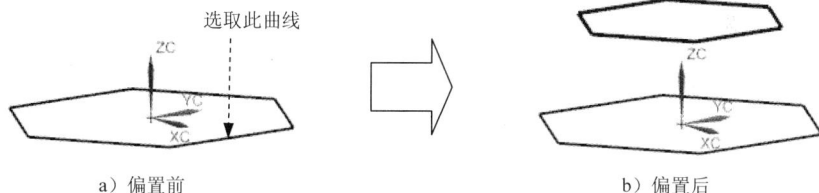

a）偏置前　　　　　　　　　　　　　　　　b）偏置后

图 7.1.22　偏置曲线的创建

Step 1　打开文件 D:\ug85nc\work\ch07\ch07.01\ch07.01.03\offset_curve.prt。

Step 2　选择下拉菜单 插入(S) ➡ 来自曲线集的曲线(F) ▸ ➡ 偏置(O)... 命令，系统弹出"偏置曲线"对话框。

Step 3　在对话框 类型 区域的下拉列表中选择 拔模 选项；选取图 7.1.22a 所示的曲线为偏置对象。

Step 4　在对话框 偏置 区域的 高度 文本框中输入数值 20；在 角度 文本框中输入数值 20；在 副本数 文本框中输入数值 1。

注意：可以单击对话框中的 ⚡ 按钮改变偏置的方向。

Step 5　在对话框中，单击 < 确定 > 按钮完成偏置曲线的创建。

3. 在面上偏置曲线

在面上偏置曲线是指通过偏置片体上的曲线或片体边界而创建曲线的方法。通过创建图 7.1.23 所示的曲线来说明在面上偏置曲线的一般过程。

Step 1　打开文件 D:\ug85nc\work\ch07\ch07.01\ch07.01.03\offset_surface.prt。

Step 2　选择下拉菜单 插入(S) ➡ 来自曲线集的曲线(F) ▸ ➡ 在面上偏置... 命令，系统弹出图 7.1.24 所示的"在面上偏置曲线"对话框。

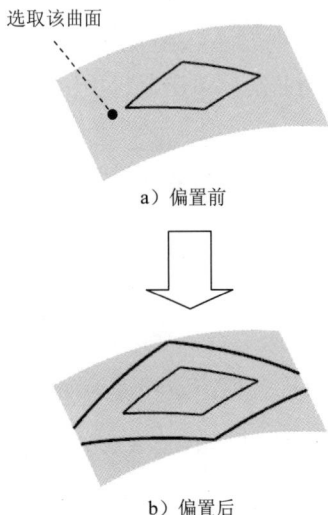

选取该曲面

a）偏置前

b）偏置后

图 7.1.23　在面上偏置曲线

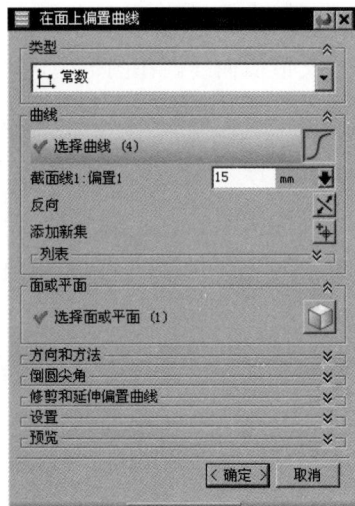

图 7.1.24　"在面上偏置曲线"对话框

Step 3　选择面上的曲线为偏置对象；在对话框 曲线 区域的 截面线1:偏置1 文本框中输入偏置值 15，在 面或平面 区域选取图 7.1.23a 所示的曲面为参照。

注意：可以单击对话框中的 按钮改变偏置的方向，以达到用户想要的方向。

Step 4　在 修剪和延伸偏置曲线 区域选中所有复选框，单击 < 确定 > 按钮，完成曲线的偏置。

图 7.1.24 所示的"在面上偏置曲线"对话框中部分选项的功能说明如下：

● 修剪和延伸偏置曲线 区域：此区域包括 ☑ 在截面内修剪至彼此 、 ☑ 在截面内延伸至彼此 、 ☑ 修剪至面的边 、 ☑ 延伸至面的边 和 ☑ 移除偏置曲线内的自相交 五个复选框，分别介绍如下。

　☑ ☑ 在截面内修剪至彼此：用于偏置的曲线相互之间进行修剪。

　☑ ☑ 在截面内延伸至彼此：用于偏置的曲线相互之间进行延伸。

　☑ ☑ 修剪至面的边：用于偏置曲线裁剪到边缘。

　☑ ☑ 延伸至面的边：用于偏置曲线延伸到曲面边缘。

　☑ ☑ 移除偏置曲线内的自相交：将偏置曲线中出现自相交的部分移除。

4. 投影

投影可以将曲线、边缘和点映射到片体、面、平面和基准平面上。投影曲线在孔或面边缘处都要进行修剪，投影之后，可以自动合并输出的曲线。创建图 7.1.25 所示的投影曲线的一般操作过程如下。

Step 1 打开文件 D:\ug85nc\work\ch07\ch07.01\ch07.01.03\project_01.prt。

Step 2 选择下拉菜单 插入(S) ➡ 来自曲线集的曲线(F) ➡ 投影(P)... 命令，系统弹出图 7.1.26 所示的"投影曲线"对话框。

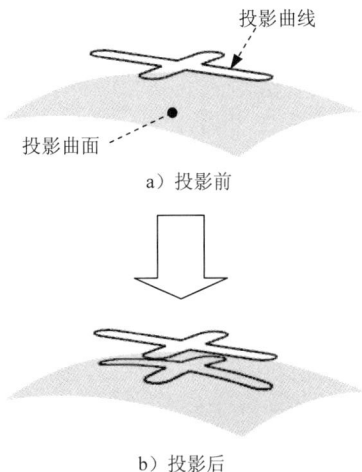

图 7.1.25 投影曲线的创建   图 7.1.26   "投影曲线"对话框

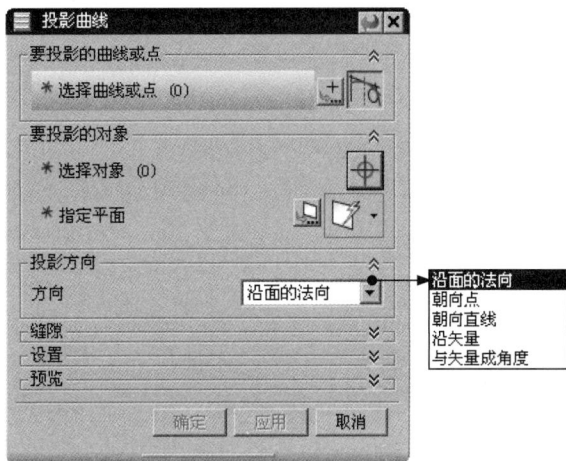

图 7.1.26 所示的"投影曲线"对话框的 投影方向 下拉列表中的选项的说明如下：

● 沿面的法向：沿所选投影面的法向，向投影面投影曲线。

● 朝向点：用于从原定义曲线朝着一个点，向选取的投影面投影曲线。

● 朝向直线：用于从原定义曲线朝着一条现有曲线，向选取的投影面投影曲线。

● 沿矢量：用于沿设定的矢量方向，向选取的投影面投影曲线。

● 与矢量成角度：用于沿与设定矢量方向成一角度的方向，向选取的投影面投影曲线。

Step 3 在图形区选取图 7.1.25a 所示的曲线，单击中键确认。

Step 4 定义投影面。在对话框 投影方向 区域的 方向 下拉列表中选择 沿面的法向 选项，然后选取图 7.1.25a 所示的曲面作为投影曲面。

Step 5 在"投影曲线"对话框中单击 < 确定 > 按钮，完成投影曲线的创建。

5. 组合投影

组合投影曲线是将两条不同的曲线沿着指定的方向进行投影和组合，而得到的第三条曲线。两条曲线的投影必须相交。在创建过程中，可以指定新曲线是否与输入曲线关联，以及对输入曲线作保留、隐藏等方式的处理。创建图 7.1.27 所示的组合投影曲线的一般过程如下。

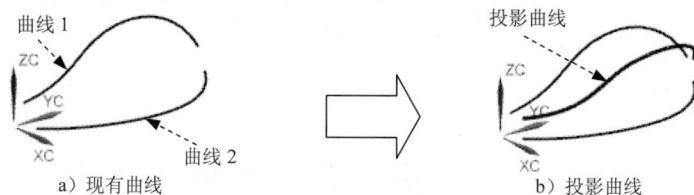

a）现有曲线　　　　　　　　　　　　　b）投影曲线

图 7.1.27　组合投影

Step 1　打开文件 D:\ug85nc\work\ch07\ch07.01\ch07.01.03\project_02.prt。

Step 2　选择下拉菜单 插入(S) ➡ 来自曲线集的曲线(F) ▶ ➡ 组合投影(C)... 命令，系统弹出"组合投影"对话框。

Step 3　在图形区选取图 7.1.27a 所示的曲线 1 作为第一曲线串，单击鼠标中键确认。

Step 4　选取图 7.1.27a 所示的曲线 2 作为第二曲线串。

Step 5　定义投影矢量。在投影方向 1 和投影方向 2 下拉列表中选择 垂直于曲线平面 选项。

Step 6　单击 确定 按钮，完成组合投影曲线的创建。

7.1.4　来自体的曲线

来自体的曲线主要是从已有模型的边、相交线等提取出来的曲线，主要类型包括相交曲线、截面曲线和抽取曲线等。

1．相交曲线

利用 求交(I)... 命令可以创建两组对象之间的相交曲线。相交曲线可以是关联的或不关联的，关联的相交曲线会根据其定义对象的更改而更新。用户可以选择多个对象来创建相交曲线。下面以图 7.1.28 所示的例子来介绍创建相交曲线的一般过程。

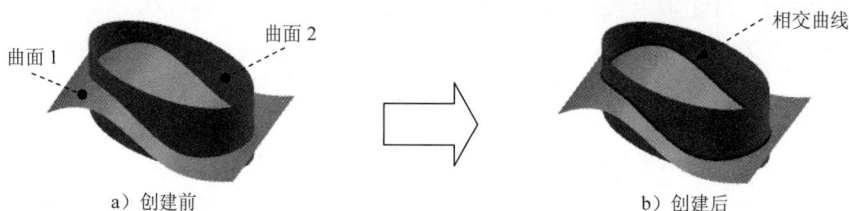

a）创建前　　　　　　　　　　　　　b）创建后

图 7.1.28　相交曲线的创建

Step 1　打开文件 D:\ug85nc\work\ch07\ch07.01\ch07.01.04\inter_curve.prt。

Step 2　选择下拉菜单 插入(S) ➡ 来自体的曲线(U)▶ ➡ 求交(I)... 命令，系统弹出"相交曲线"对话框。

Step 3　定义相交曲面。在图形区选取图 7.1.28a 所示的曲面 1，单击中键确认；然后选取曲面 2，其他选项均采用默认值。

Step 4　单击"相交曲线"对话框中的 < 确定 > 按钮，完成相交曲线的创建。

2. 截面曲线

使用 截面(S). 命令可以在指定平面与体、面、平面和（或）曲线之间创建相关或不相关的相交曲线。平面与曲线相交可以创建一个或多个点。下面以图 7.1.29 所示的例子来介绍创建截面曲线的一般过程。

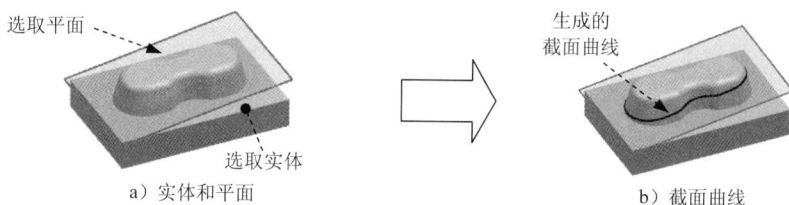

图 7.1.29　创建截面曲线

Step 1　打开文件 D:\ug85nc\work\ch07\ch07.01\ch07.01.04\section_curve.prt。

Step 2　选择下拉菜单 插入(S) ➡ 来自体的曲线(U) ➡ 截面(S). 命令，系统弹出"截面曲线"对话框，如图 7.1.30 所示。

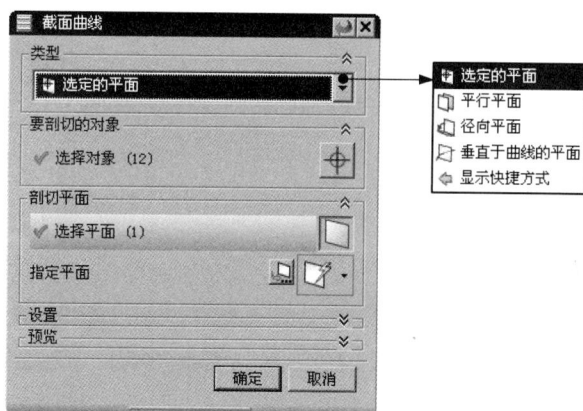

图 7.1.30　"截面曲线"对话框

Step 3　在图形区选取图 7.1.29a 所示的实体，单击中键。

Step 4　在对话框剖切平面区域中单击 ✱ 指定平面 按钮，选取图 7.1.29a 所示的平面，其他选项均采用默认设置。

Step 5　单击"截面曲线"对话框中的 确定 按钮，完成截面曲线的创建。

图 7.1.30 所示的"截面曲线"对话框中的部分选项的说明如下：

● 类型 区域：该区域的下拉列表中包括 选定的平面 选项、 平行平面 选项、 径向平面 选项和 垂直于曲线的平面 选项，用于设置创建截面曲线的类型，分别介绍如下。

☑ 选定的平面 选项：该方法可以通过选定的单个平面或基准平面来创建截面曲线。

☑ 平行平面 选项：使用该方法可以通过指定平行平面集的基本平面、步长值和起始及终止距离来创建截面曲线。

☑ ▌径向平面选项：使用该方法可以指定定义基本平面所需的矢量和点、步长值以及径向平面集的起始角和终止角。

☑ ▌垂直于曲线的平面选项：该方法允许用户通过指定多个垂直于曲线或边缘的剖截平面来创建截面曲线。

● 设置区域的☑关联复选框：如果选中该复选框，则创建的截面曲线与其定义对象和平面相关联。

3．抽取曲线

使用 ▋抽取(E)... 命令可以通过一个或多个现有体的边或面创建直线、圆弧、二次曲线和样条曲线，而体不发生变化。大多数抽取曲线是非关联的，但也可选择创建相关的等斜度曲线或阴影外形曲线。

下面以图 7.1.31 所示的例子来介绍利用"抽取"命令创建抽取曲线的一般过程。

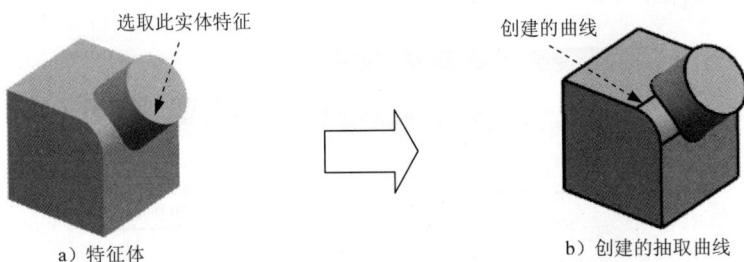

图 7.1.31　抽取曲线

Step 1　打开文件 D:\ug85nc\work\ch07\ch07.01\ch07.01.04\solid_curve.prt。

Step 2　选择下拉菜单 插入(S) ➡ 来自体的曲线(U) ➡ ▋抽取(E)...命令，系统弹出"抽取曲线"对话框。

Step 3　单击 边曲线 按钮，弹出图 7.1.32 所示的"单边曲线"对话框。

Step 4　在"单边曲线"对话框中单击 实体上所有的 按钮，弹出图 7.1.33 所示的"实体中的所有边"对话框，选取图 7.1.31a 所示的实体。

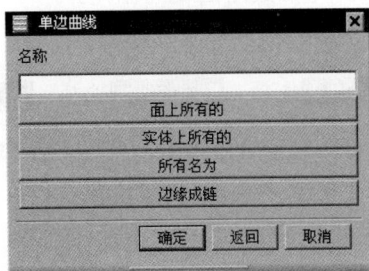

图 7.1.32　"单边曲线"对话框

图 7.1.33　"实体中的所有边"对话框

Step 5 单击 确定 按钮，返回"单边曲线"对话框。

Step 6 单击 确定 按钮，完成抽取曲线的创建。单击 取消 按钮退出对话框。

图 7.1.32 所示的"单边曲线"对话框中各按钮的说明如下：

- | 面上所有的 |：所选表面的所有边。
- | 实体上所有的 |：所选实体的所有边。
- | 所有名为 |：所有命名相似的曲线。
- | 边缘成链 |：所选链的起始边与结束边按某一方向连接而成的曲线。

7.2 创建简单曲面

UG NX 8.5 具有强大的曲面功能，并且对曲面的修改、编辑等非常方便。本节主要介绍一些简单曲面的创建，主要内容包括：曲面网格显示、有界平面的创建、拉伸/旋转曲面的创建、偏置曲面的创建以及曲面的抽取。

7.2.1 曲面网格显示

曲面的显示样式除了常用的着色、线框等外，还可以用网格线的形式显示出来，与其他显示样式相同，网格显示仅仅是对特征的显示，而对特征没有丝毫的修改或变动。下面以图 7.2.1 所示的模型为例，来说明曲面网格显示的一般操作过程。

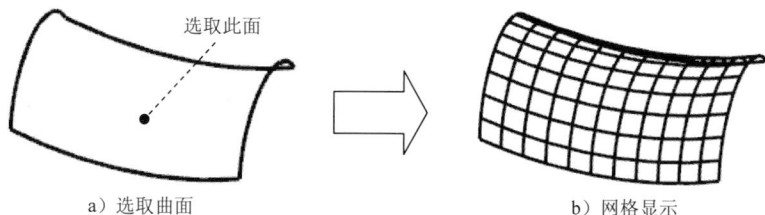

a）选取曲面　　　　　　　　　　　　　b）网格显示

图 7.2.1　曲面网格的显示

Step 1 打开文件 D:\ug85nc\work\ch07\ch07.02\ch07.02.01\static_wireframe.prt。

Step 2 调整视图显示。在图形区右击，在弹出的快捷菜单中选择 渲染样式(D) ➡ 静态线框(W) 命令，图形区中的模型变成线框状态。

说明：模型在"着色"状态下是不显示网格线的，网格线只在"静态线框"、"面分析"和"局部着色"三种状态下才可以显示出来。

Step 3 选择命令。选择下拉菜单 编辑(E) ➡ 对象显示(J)... 命令，系统弹出"类选择"对话框。

Step **4**　选取网格显示的对象。在图形区选取图 7.2.1a 所示的曲面，单击"类选择"对话框中的 确定 按钮，系统弹出"编辑对象显示"对话框。

Step **5**　定义参数。在"编辑对象显示"对话框 线框显示 区域的 U 文本框中输入 8，在 V 文本框中输入 10，其他参数采用默认设置值。

Step **6**　单击"编辑对象显示"对话框中的 确定 按钮，完成曲面网格显示的设置。

7.2.2　创建拉伸和回转曲面

拉伸曲面和回转曲面的创建方法与相应的实体特征相同，只是要求生成特征的类型不同。下面将对这两种方法作简单介绍。

1. 创建拉伸曲面

拉伸曲面是将截面草图沿着某一方向拉伸而成的曲面（拉伸方向多为草图平面的法线方向）。下面以图 7.2.2 所示的模型为例，来说明创建拉伸曲面特征的一般操作过程。

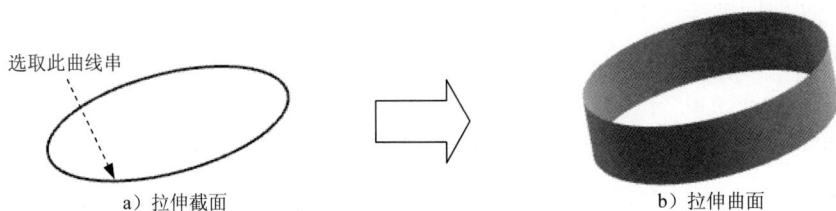

a）拉伸截面　　　　　　　　　　b）拉伸曲面

图 7.2.2　创建拉伸曲面

Step **1**　打开文件 D:\ug85nc\work\ch07\ch07.02\ch07.02.02\extrude_surf.prt。

Step **2**　选择下拉菜单 插入(S) ➡ 设计特征(E) ➡ 拉伸(E)... 命令，系统弹出"拉伸"对话框。

Step **3**　定义拉伸截面。在图形区选取图 7.2.2a 所示的曲线串为拉伸截面。

Step **4**　确定拉伸开始值和终点值。在"拉伸"对话框的 极限 区域中的 开始 下拉列表中选择 值 选项，并在其下的 距离 文本框中输入数值 0；在 极限 区域的 结束 下拉列表中选择 值 选项，并在其下的 距离 文本框中输入数值 36。

Step **5**　定义拉伸特征的体类型。在对话框 设置 区域的 体类型 下拉列表中选择 片体 选项，其他选用默认设置。

Step **6**　单击"拉伸"对话框中的 < 确定 > 按钮，完成拉伸曲面的创建。

说明：在设置拉伸方向时可以与草图平面成一定的角度，如图 7.2.3b 的拉伸特征所示。

2. 创建回转曲面

图 7.2.4 所示的回转曲面特征的创建过程如下。

Step **1**　打开文件 D:\ug85nc\work\ch07\ch07.02\ch07.02.02\rotate_surf.prt。

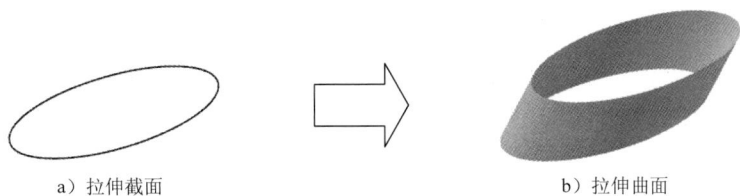

a）拉伸截面   b）拉伸曲面

图 7.2.3   拉伸曲面

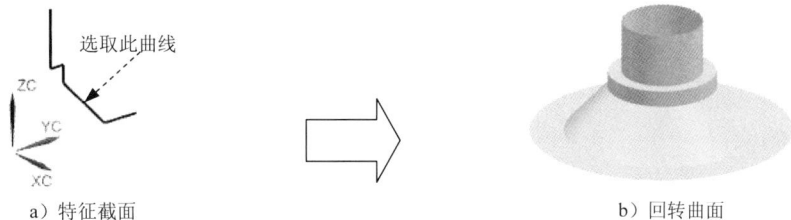

选取此曲线

a）特征截面   b）回转曲面

图 7.2.4   回转曲面

Step 2   选择 插入(S) ➡ 设计特征(E) ➡ 🗇 回转(R)...命令，系统弹出"回转"对话框。

Step 3   定义回转截面。在图形区选取图 7.2.4a 所示的曲线为回转截面。

Step 4   定义回转轴。在图形区选择 ZC 轴为回转轴。选取坐标系原点为指定点。

Step 5   定义回转角度。在 极限 区域的 开始 下拉列表中选择 🗇 值 选项，并在其下的 角度 文本框中输入数值 0；在 结束 下拉列表中选择 🗇 值 选项，并在其下的 角度 文本框中输入数值 360。

Step 6   定义回转特征的体类型。在对话框 设置 区域的 体类型 下拉列表中选择 片体 选项，其他选用默认参数设置值。

Step 7   单击"回转"对话框中的 < 确定 > 按钮，完成回转曲面的创建。

说明：在定义回转轴时如果选择系统的基准轴，则不需要再选取定义点，而可以直接创建回转曲面特征。

7.2.3   创建有界平面

使用"有界平面"命令可以创建平整曲面，利用拉伸也可以创建曲面，但拉伸创建的是有深度参数的二维或三维曲面，而有界平面创建的是没有深度参数的二维曲面。下面以图 7.2.5a 所示的模型为例，来说明创建有界平面的一般操作过程。

a）有界平面   b）相同的特征截面   c）拉伸曲面

图 7.2.5   有界平面与拉伸曲面的比较

Step 1 打开文件 D:\ug85nc\work\ch07\ch07.02\ch07.02.03\ambit_surf.prt。

Step 2 选择命令。选择下拉菜单 插入(S) ➡ 曲面(R) ➡ 有界平面(B)... 命令，系统弹出"有界平面"对话框。

Step 3 在图形区选取图 7.2.5b 所示的曲线串，在"有界曲面"对话框中单击 < 确定 > 按钮，完成有界曲面的创建。

说明：在创建"有界平面"时所选取的曲线串必须由同一个平面作为载体，即"有界平面"的边界线要求共面。否则不能创建曲面。

7.2.4 曲面的偏置

曲面的偏置用于创建一个或多个现有面的偏置曲面，从而得到新的曲面。下面分别对创建偏置曲面和偏移曲面进行介绍。

1. 偏置曲面

下面以图 7.2.6 所示的偏置曲面为例，来说明其一般创建过程。

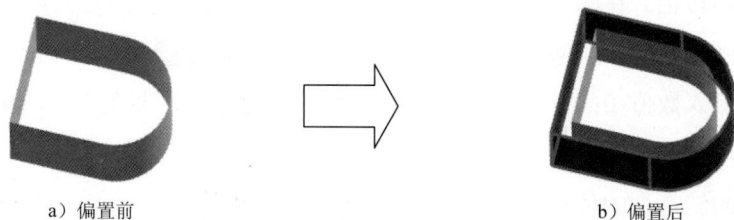

a）偏置前　　　　　　　　　　　b）偏置后

图 7.2.6　偏置曲面的创建

Step 1 打开文件 D:\ug85nc\work\ch07\ch07.02\ch07.02.04\offset_surface.prt。

Step 2 选择下拉菜单 插入(S) ➡ 偏置/缩放(O) ➡ 偏置曲面(O)... 命令，系统弹出图 7.2.7 所示的"偏置曲面"对话框。

Step 3 在图形区选取图 7.2.8 所示的曲面，系统弹出 偏置 1 文本框，同时图形区中出现曲面的偏置方向（图 7.2.8）。

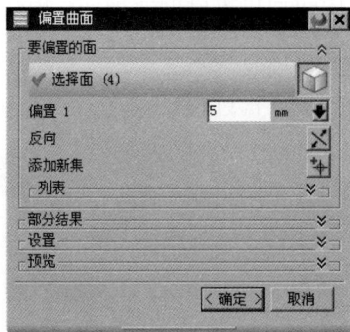

图 7.2.7　"偏置曲面"对话框

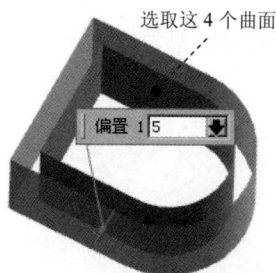

选取这 4 个曲面

图 7.2.8　偏置方向

Step 4 定义偏置的距离。在弹出的 **偏置 1** 文本框中输入偏置距离值 5，单击鼠标中键确认，在"偏置曲面"对话框中单击 **< 确定 >** 按钮，完成偏置曲面的创建。

2. 偏置面

偏置面是将用户选定的面沿着其法向方向偏移一段距离，这一过程不会产生新的曲面。下面以图 7.2.9 所示的模型为例，来说明偏置面的一般操作过程。

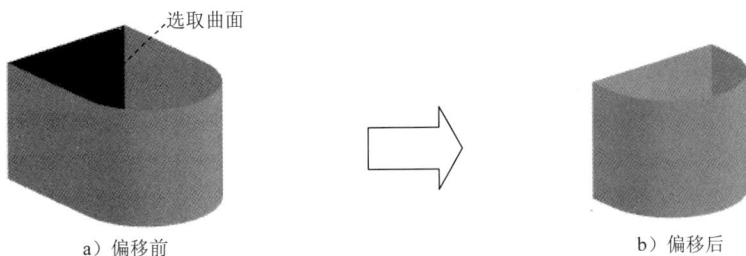

a）偏移前   b）偏移后

图 7.2.9   偏移曲面

Step 1 打开文件 D:\ug85nc\work\ch07\ch07.02\ch07.02.04\offset_surf.prt。

Step 2 选择下拉菜单 **插入(S)** ➞ **偏置/缩放(O)** ➞ **偏置面(F)...** 命令，系统弹出"偏置面"对话框。

Step 3 在图形区选取图 7.2.9 所示的曲面，然后在"偏置面"对话框中的 **偏置** 文本框中输入数值 19，单击 按钮，单击 **< 确定 >** 按钮，完成曲面的偏移操作。

7.2.5   曲面的抽取

曲面的抽取即从一个实体或片体抽取曲面来创建片体，曲面的抽取就是复制曲面的过程。抽取独立曲面时，只需单击此面即可；抽取区域曲面时，是通过定义种子曲面和边界曲面来创建片体，这种方法在加工中定义切削区域时特别重要。下面分别介绍抽取独立曲面和抽取区域曲面。

1. 抽取独立曲面

下面以图 7.2.10 所示的模型为例，来说明创建抽取独立曲面的一般操作过程（图 7.2.10b 中的实体模型已被隐藏）。

Step 1 打开文件 D:\ug85nc\work\ch07\ch07.02\ch07.02.05\extracted_region_01.prt。

Step 2 选择下拉菜单 **插入(S)** ➞ **关联复制(A)** ➞ **抽取几何体(E)...** 命令，系统弹出"抽取几何体"对话框。

Step 3 定义抽取类型。在对话框 **类型** 区域的下拉列表中选择 **面** 选项。

Step 4 定义选取类型。在对话框 **面** 区域中的 **面选项** 下拉列表中选择 **单个面** 选项。

Step 5 选取图 7.2.11 所示的曲面。

Chapter 7

a）抽取前　　　　　　　　　　　　　b）抽取后　　　　　　　　　　　选取此面

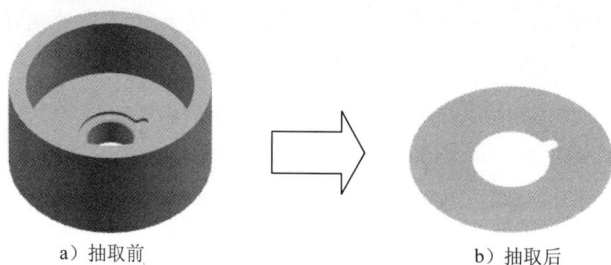

图 7.2.10　抽取独立曲面　　　　　　　　　　　图 7.2.11　选取曲面

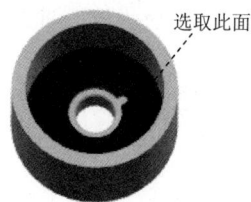

Step 6　在对话框 设置 区域中选中 ☑ 隐藏原先的 复选框，其他接受系统默认设置，单击对话框中的 ＜确定＞ 按钮，完成抽取独立曲面的操作。

2．抽取区域曲面

抽取区域曲面就是通过定义种子曲面和边界曲面来选择曲面，这种方法将选取从种子曲面开始向四周延伸，直到边界曲面的所有曲面（其中包括种子曲面，但不包括边界曲面）。下面以图 7.2.12 所示的模型为例，来说明创建抽取区域曲面的一般操作过程（图 7.2.12b 中的实体模型已被隐藏）。

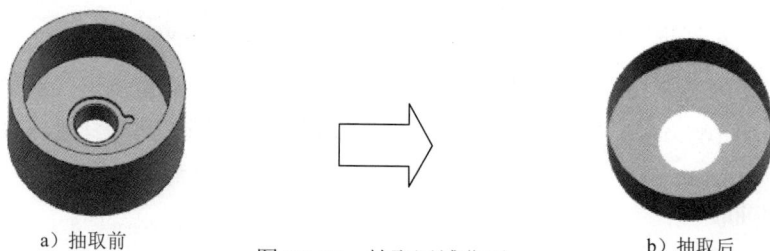

a）抽取前　　　　　　　　　　　　　　　　　　b）抽取后

图 7.2.12　抽取区域曲面

Step 1　打开文件 D:\ug85nc\work\ch07\ch07.02\ch07.02.05\extracted_region_02.prt。

Step 2　选择下拉菜单 插入(S) ➡ 关联复制(A)▶ ➡ 抽取几何体(E)... 命令，系统弹出"抽取几何体"对话框。

Step 3　定义抽取类型。在对话框 类型 区域的下拉列表中选择 面区域 选项。

Step 4　定义种子面。在图形区选取图 7.2.13 所示的曲面作为种子面。

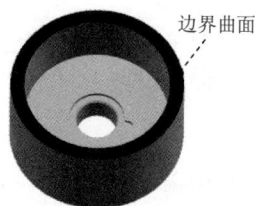

Step 5　定义边界曲面。选取图 7.2.14 所示的边界曲面。

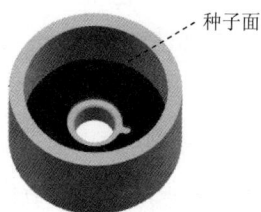

种子面　　　　　　　　　　　　　　　　　　边界曲面

图 7.2.13　选取种子面　　　　　　　　　　　图 7.2.14　选取边界曲面

Step 6 在对话框 设置 区域中选中 ☑ 隐藏原先的 复选框，其他参数采用默认设置值。单击
〈 确定 〉按钮，完成抽取区域曲面的操作。

7.3　曲面分析

　　曲面设计过程中或设计完成后要对曲面进行必要的分析，以检查是否达到设计过程的
要求以及设计完成后的要求。曲面分析工具用于评估曲面品质，找出曲面的缺陷位置，从
而方便修改和编辑曲面，以保证曲面的质量。下面将具体介绍 UG NX 8.5 中的一些曲面分
析功能。

7.3.1　曲面连续性分析

　　曲面的连续性分析功能主要用于分析曲面之间的位置连续、斜率连续、曲率连续和曲
率斜率的连续性。下面以图 7.3.1 所示的曲面为例，介绍如何分析曲面连续性。

Step 1 打开文件 D:\ug85nc\work\ch07\ch07.03\continuity_analysis.prt。

Step 2 选择下拉菜单 分析(L) ➡ 形状(H)▶ ➡ 曲面连续性(C)... 命令，系统弹出图 7.3.2
所示的 "曲面连续性" 对话框。

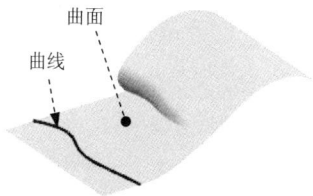

图 7.3.1　曲面模型　　　　图 7.3.2　 "曲面连续性" 对话框

图 7.3.2 所示的 "曲面连续性" 对话框的选项及按钮说明如下：

● **类型** 区域：包括 "边到边" 选项和 "边到面" 选项，用于设置偏差类型。

　　☑ 边到边：分析边缘与边缘之间的连续性。

　　☑ 边到面：分析边缘与曲面之间的连续性。

● **连续性检查** 区域：包括 "位置" 复选框 G0（位置）、"相切" 复选框 G1（相切）、"曲率"
复选框 G2（曲率）和 "加速度" 复选框 G3（流），用于设置连续性检查的类型。

　　☑ G0（位置）（位置）：分析位置连续性，显示两条边缘线之间的距离分布。

- ☑ G1（相切）（相切）：分析斜率连续性，检查两组曲面在指定边缘处的斜率连续性。
- ☑ G2（曲率）（曲率）：分析曲率连续性，检查两组曲面之间的曲率误差分布。
- ☑ G3（流）（加速度）：分析曲率的斜率连续性，显示曲率变化率的分布。
- 曲率检查 下拉列表：当检查 G2（曲率）连续性时，用于指定曲率分析的类型。

Step 3 在"曲面连续性"对话框中，选中 类型 区域下拉列表中的 边到面。

Step 4 在图形区选取图 7.3.1 所示的曲线作为第一个边缘集，单击中键，然后选取图 7.3.1 所示的曲面作为第二个边缘集。

Step 5 定义连续性分析类型。在 连续性检查 区域中，取消选中 G0（位置）复选框，取消位置连续性分析；勾选 G2（曲率）复选框，开启曲率连续性分析。

Step 6 定义显示方式。在 显示标签 区域中，选择 按钮，则两曲面的交线上自动显示曲率梳，单击 确定 按钮完成曲面连续性分析，如图 7.3.3 所示。

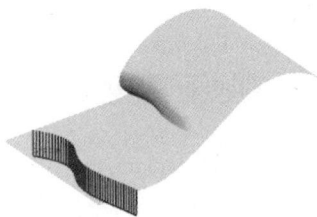
图 7.3.3 曲率连续性分析

说明：在图 7.3.3 所示的曲面连续性分析中可对针显示的针比例及针数进行适当调整，以便进行观察。

7.3.2 反射分析

反射分析主要用于分析曲面的反射特性（从面的反射图中我们能观察曲面的光顺程度，通俗的理解是：面的光顺度越好，面的质量就越高），使用反射分析可显示从指定方向观察曲面上自光源发出的反射线。下面以图 7.3.4 所示的曲面为例，介绍反射分析的方法。

Step 1 打开文件 D:\ug85nc\work\ch07\ch07.03\reflection.prt。

Step 2 选择下拉菜单 分析（L）➞ 形状（H）➞ 反射（F）...命令，系统弹出图 7.3.5 所示的"面分析－反射"对话框。

图 7.3.5 所示的"面分析－反射"对话框中的部分选项及按钮说明如下：

- 图像类型 区域：用于指定图像显示的类型，包括 、 和 三种类型。
  - ☑ （直线图像）：用直线图形进行反射分析。
  - ☑ （场景图像）：使用场景图像进行反射分析。
  - ☑ （用户指定的图像）：使用用户自定义的图像进行反射分析。
- 面反射度 滑块：拖动其后的滑块，可以改变曲面反射的强度。
- 移动图像 滑块：拖动其后的滑块，可以对反射图像进行水平、竖直的移动或旋转。
- 图像大小 下拉列表：用于指定图像的大小。

图 7.3.4　曲面模型

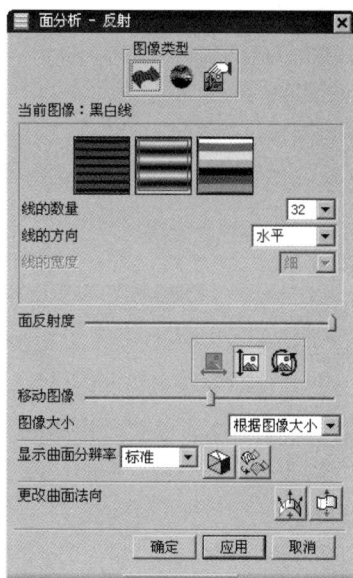

图 7.3.5　"面分析－反射"对话框

- 显示曲面分辨率下拉列表：用于设置面分析显示的公差。

- ▦（显示小平面边缘）：使用高亮显示边界来显示所选择的面。

- ▨（重新高亮显示面）：重新高亮显示被选择的面。

- 更改曲面法向区域：设置分析面的法向方向。

  - ☑　▨（指定内部位置）：使用单点定义全部所选的分析面的面法向。

  - ☑　▯（面法向反向）：反向分析面的法向矢量。

Step 3　选取图 7.3.4 所示的曲面作为反射分析的对象。

Step 4　选中图像类型区域中的"直线图像"选项▨，然后在颜色条纹类型中选择条纹▨，其他选项均采用系统默认设置值。

Step 5　在"面分析－反射"对话框中单击 确定 按
钮，完成反射分析（图 7.3.6）。

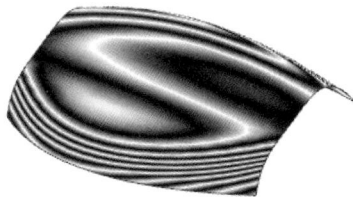

说明：图 7.3.6 所示的结果与其所处的视图方位有关，
如果调整模型的方位，会得到不同的显示结果。

图 7.3.6　反射分析

7.4　曲面的编辑

完成曲面的分析，我们只是对曲面的质量有了了解。要想真正得到高质量、符合要求
的曲面，就要在进行完分析后对面进行修剪，这就涉及到了曲面的编辑。本节我们将学习
UG NX 8.5 中曲面编辑的几种工具。

7.4.1　曲面的修剪

曲面的修剪（Trim）就是将选定曲面上的某一部分去除。曲面的修剪有多种方法，下面将分别介绍。

1.　一般的曲面修剪

一般的曲面修剪就是在进行拉伸、旋转等操作时，通过布尔求差运算将选定曲面上的某部分去除。下面以图 7.4.1 所示的曲面的修剪为例，说明一般的曲面修剪的操作过程。

Step 1　打开文件 D:\ug85nc\work\ch07\ch07.04\ch07.04.01\trim.prt。

Step 2　选择下拉菜单 插入(S) ➡ 设计特征(E)▶ ➡ 拉伸(E)... 命令，系统弹出"拉伸"对话框。

Step 3　在"拉伸"对话框中，单击 截面 区域中的"草图"按钮，选取 XY 基准平面为草图平面，接受系统默认的方向。单击"创建草图"对话框中的 确定 按钮，进入草图环境。

Step 4　绘制图 7.4.2 所示的截面草图。

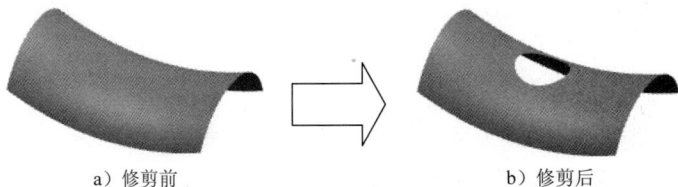

a）修剪前　　　　　　　　　　b）修剪后

图 7.4.1　一般的曲面修剪

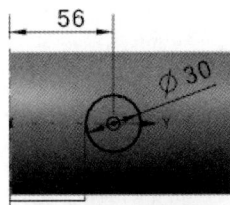

图 7.4.2　截面草图

Step 5　选择下拉菜单 任务 ➡ 完成草图(K) 命令。

Step 6　在"拉伸"对话框 限制 区域的 开始 下拉列表中选择 值 选项，并在其下的 距离 文本框中输入数值 0；在 限制 区域的 结束 下拉列表中选择 贯通 选项，在 方向 区域的 * 指定矢量 (0) 下拉列表中选择 ZC 选项；在布尔区域的下拉列表中选择 求差 选项，单击 < 确定 > 按钮完成曲面的修剪。

说明：用"旋转"命令也可以对曲面进行修剪，读者可以参照"拉伸"命令自行操作，这里就不再赘述。

2.　修剪片体

修剪片体就是通过一些曲线和曲面作为边界，对指定的曲面进行修剪，形成新的曲面边界。所选的边界可以在将要修剪的曲面上，也可以在曲面之外通过投影方向来确定修剪的边界。图 7.4.3 所示的修剪片体的一般过程如下。

Step 1　打开文件 D:\ug85nc\work\ch07\ch07.04\ch07.04.01\trim_surface.prt。

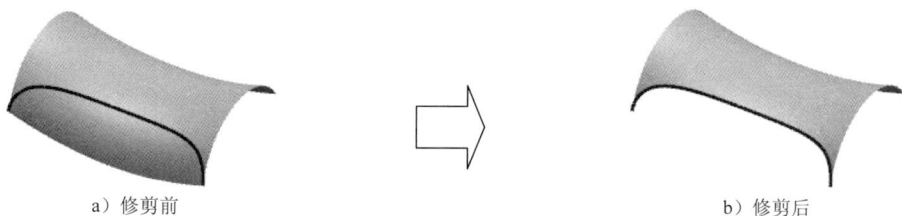

a）修剪前   b）修剪后

图 7.4.3 修剪片体

Step 2 选择命令。选择下拉菜单 插入(S) ➞ 修剪(T) ➞ 修剪片体(R)... 命令，系统弹出图 7.4.4 所示的"修剪片体"对话框。

Step 3 设置对话框选项。在"修剪片体"对话框中 投影方向 区域的 投影方向 下拉列表中选择 垂直于面 选项，选择 区域 区域中的 舍弃 单选按钮（图 7.4.4）。

Step 4 定义目标片体和修剪边界。在图形区选取图 7.4.5 所示的曲面作为目标片体，然后选取图 7.4.5 所示的曲线作为修剪边界。

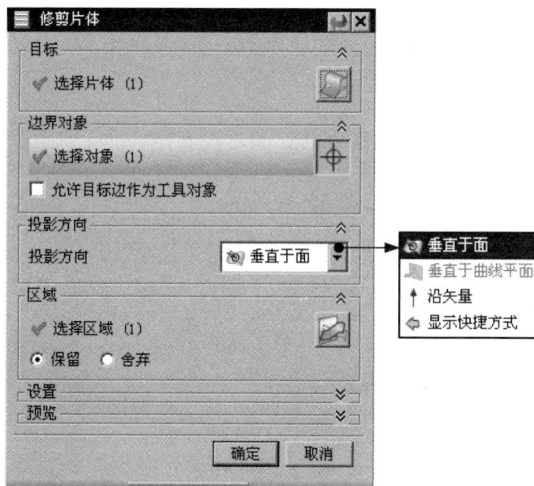

图 7.4.4 "修剪片体"对话框

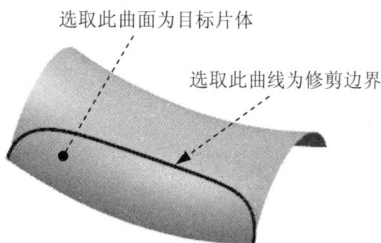

图 7.4.5 选取曲面和修剪曲线

图 7.4.4 所示的"修剪片体"对话框中的部分选项说明如下：

* 投影方向 下拉列表：定义要做标记的曲面的投影方向。该下拉列表包含 垂直于面、垂直于曲线平面 和 沿矢量 选项。

  ☑ 垂直于面：定义修剪边界的投影方向垂直于选定曲面。

  ☑ 垂直于曲线平面：定义修剪边界的投影方向垂直于曲线所在的平面。

  ☑ 沿矢量：定义修剪边界的投影方向沿用户指定的矢量方向。

* 区域 区域：定义所选的区域是被保留还是被舍弃。

  ☑ 保留：定义选定的曲面区域将被保留。

  ☑ 舍弃：定义选定的曲面区域将被舍弃。

Step 5 在"修剪片体"对话框中单击 确定 按钮，完成曲面的修剪操作（图 7.4.3）。

3. 分割表面

分割表面就是用多个分割对象，如曲线、边缘、面、基准平面或实体，将现有体的一个面或多个面进行分割。在这个操作中，要分割的面和分割对象是关联的，即如果任一输入对象被更改，那么结果也会随之更新。图 7.4.6 所示的曲面分割的一般操作步骤讲解如下。

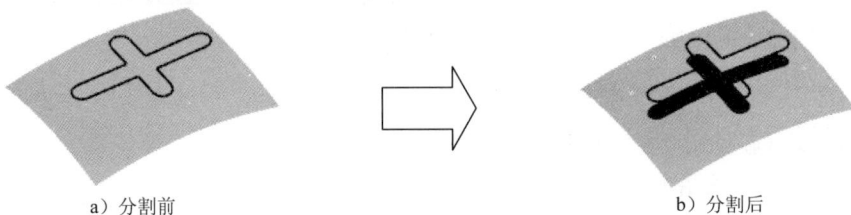

a）分割前　　　　　　　　　　　　　　　　b）分割后

图 7.4.6　分割表面

Step 1 打开文件 D:\ug85nc\work\ch07\ch07.04\ch07.04.01\divide_face.prt。

Step 2 选择下拉菜单 插入(S) ➡ 修剪(T)▶ ➡ 分割面(D)... 命令，系统弹出图 7.4.7 所示的"分割面"对话框。

Step 3 定义需要分割的面。在图形区选取图 7.4.8 所示的曲面为被分割的曲面，单击鼠标中键确认。

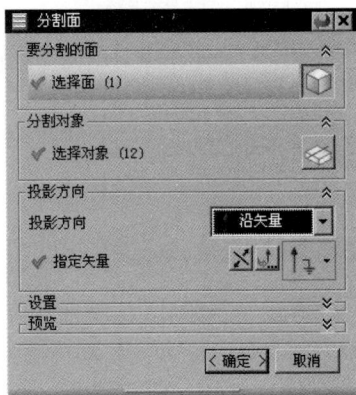

图 7.4.7　"分割面"对话框

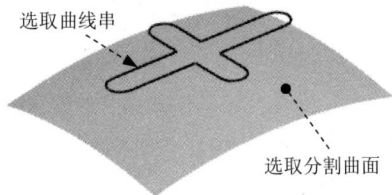

选取曲线串

选取分割曲面

图 7.4.8　定义分割

Step 4 定义分割对象。在图形区选取图 7.4.8 所示的曲线串为分割对象。

Step 5 定义投影方向。在 投影方向 区域中 投影方向 下拉列表中选择 沿矢量 选项，在 * 指定矢量 (0) 下拉列表中选择 ZC 选项。

Step 6 在"分割面"对话框中单击 <确定> 按钮，完成曲面的分割操作。

4. 修剪与延伸

使用 修剪与延伸(N)... 命令可以创建修剪曲面，也可以通过延伸所选定的曲面创建拐角,以达到修剪或延伸的效果。选择下拉菜单 插入(S) ➡ 修剪(T)▶ ➡ 修剪与延伸(N)... 命令,系统弹出图 7.4.9 所示的"修剪和延伸"对话框。该对话框提供了"按距离"、"已测量百分比"、"直至选定"和"制作拐角"四种修剪与延伸方式。下面将以图 7.4.10 所示的修剪与延伸曲面为例,来说明"制作拐角"修剪与延伸方式的一般操作过程。

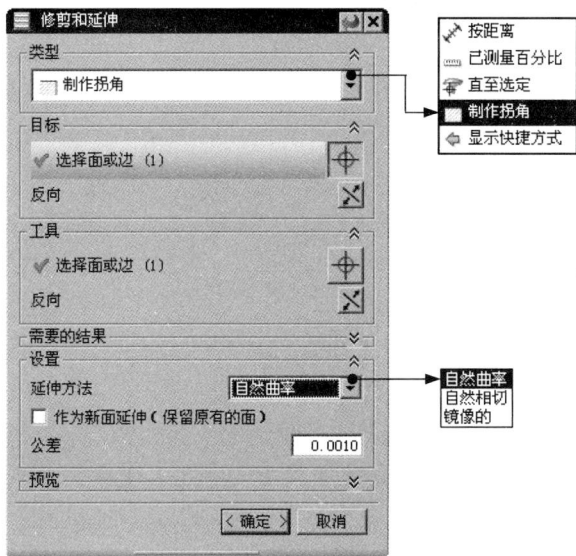

图 7.4.9   "修剪和延伸"对话框

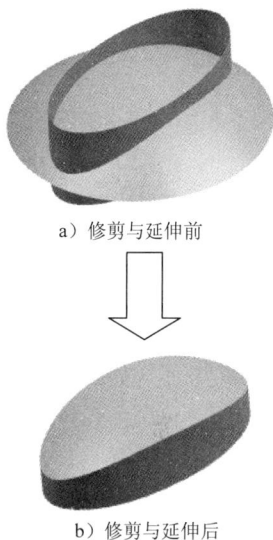

图 7.4.10   修剪与延伸曲面

Step 1   打开文件 D:\ug85nc\work\ch07\ch07.04\ch07.04.01\trim_extend.prt。

Step 2   选择下拉菜单 插入(S) ➡ 修剪(T)▶ ➡ 修剪与延伸(N)... 命令,系统弹出"修剪和延伸"对话框,如图 7.4.9 所示。

Step 3   设置对话框选项。在 类型 区域的下拉列表中选择 制作拐角 选项,在 设置 区域 延伸方法 下拉列表中选择 自然曲率 选项,如图 7.4.9 所示。

Step 4   定义目标。在图形区选取图 7.4.11 所示的目标曲面,单击中键确定。

Step 5   定义工具。在图形区选取图 7.4.11 所示的工具曲面。

Step 6   定义修剪方向。在图形区中出现了修剪与延伸预览和修剪方向箭头。双击箭头,定义修剪的方向如图 7.4.12 所示。在"修剪和延伸"对话框中单击 〈确定〉 按钮,完成曲面的修剪与延伸操作(图 7.4.10b)。

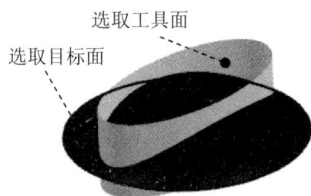

图 7.4.11   定义修剪与延伸

图 7.4.12   改变修剪与延伸的方向

215

7.4.2　曲面的缝合与实体化

1. 曲面的缝合

曲面的缝合功能可以将两个或两个以上的曲面连接形成一张曲面。图 7.4.13 所示的曲面缝合的一般过程如下。

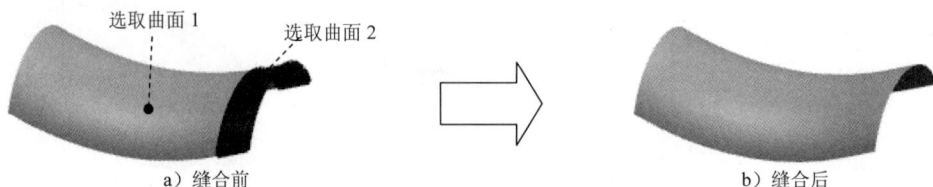

a) 缝合前　　　　　　　　　　　　　　　　b) 缝合后

图 7.4.13　曲面的缝合

Step 1　打开文件 D:\ug85nc\work\ch07\ch07.04\ch07.04.02\sew.prt。

Step 2　选择下拉菜单 插入(S) ➡ 组合(B) ▶ ➡ 缝合(W)… 命令，系统弹出"缝合"对话框。

Step 3　定义目标片体和工具片体。在图形区选取图 7.4.13a 所示的曲面 1 作为目标片体，选取曲面 2 为工具片体。

Step 4　单击 确定 按钮，完成曲面的缝合操作。

2. 曲面的实体化

曲面的创建最终是为了生成实体，所以曲面的实体化在设计过程中是非常重要的。曲面的实体化有多种类型，下面将分别介绍。

类型一：封闭曲面的实体化

封闭曲面的实体化就是将一组封闭的曲面转化为实体特征。图 7.4.14 所示的封闭曲面实体化的操作过程介绍如下。

Step 1　打开文件 D:\ug85nc\work\ch07\ch07.04\ch07.04.02\surface_solid.prt。

Step 2　选择下拉菜单 视图(V) ➡ 截面(S) ▶ ➡ 新建截面(T)… 命令，系统弹出"视图截面"对话框。在 类型 区域中选取 一个平面 选项；然后单击 剖切平面 区域的"设置平面至 X"按钮 ⎇x，此时可看到在图形区中显示的特征为片体（图 7.4.15）。单击此对话框中的 取消 按钮。

图 7.4.14　实体化

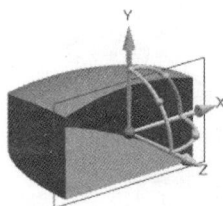

图 7.4.15　剖面视图

Step **3** 选择下拉菜单 插入(S) ➡ 组合(B) ▶ ➡ 📖 缝合(W)... 命令，系统弹出"缝合"对话框。在图形区选取图 7.4.16 所示的曲面和片体特征，其他均采用默认设置值。单击"缝合"对话框中的 确定 按钮，完成实体化操作。

Step **4** 选择下拉菜单 视图(V) ➡ 截面(S) ▶ ➡ 📐 新建截面(T)... 命令，系统弹出"视图截面"对话框。在 类型 区域中选取 🌐 一个平面 选项；在 剖切平面 区域中单击 📐x 按钮，此时可看到在图形区中显示的特征为实体(图 7.4.17)。单击此对话框中的 取消 按钮。

图 7.4.16 选取特征

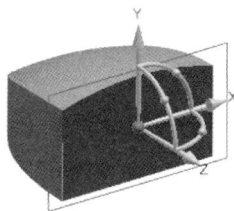

图 7.4.17 剖面视图

类型二：使用补片创建实体

曲面的补片功能就是使用片体替换实体上的某些面，或者将一个片体补到另一个片体上。图 7.4.18 所示的使用补片创建实体的一般过程介绍如下。

Step **1** 打开文件 D:\ug85nc\work\ch07\ch07.04\ch07.04.02\surface_solid_replace.prt。

Step **2** 选择下拉菜单 插入(S) ➡ 组合(B) ▶ ➡ 🔘 补片(C)... 命令，系统弹出"补片"对话框。

Step **3** 在图形区选取图 7.4.18a 所示的实体为要修补的体特征，选取图 7.4.18a 所示的片体为用于修补的体特征。单击"反向"按钮 ⚡，使移除方向与图 7.4.19 所示的方向一致。

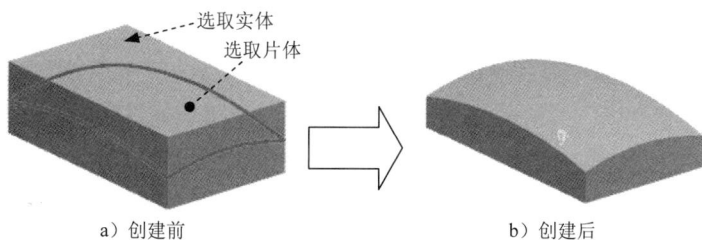

a) 创建前　　　　　　　b) 创建后

图 7.4.18 创建补片实体

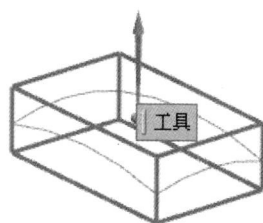

图 7.4.19 移除方向

Step **4** 单击"补片"对话框中的 确定 按钮，完成补片操作。

注意：在进行补片操作时，工具片体的所有边缘必须在目标体的面上，而且工具片体必须在目标体上创建一个封闭的环，否则系统会提示出错。

类型三：开放曲面的加厚

曲面加厚功能可以将曲面进行偏置生成实体，并且生成的实体可以和已有的实体进行布尔运算。图 7.4.20 所示的曲面加厚的一般过程介绍如下。

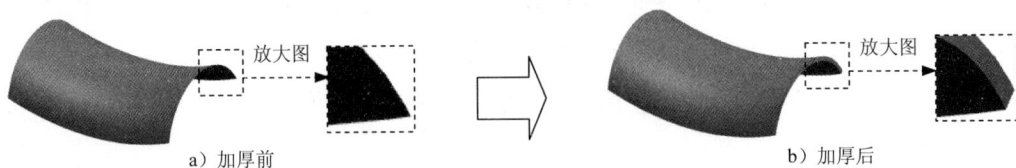

a）加厚前　　　　　　　　　　　　　　b）加厚后

图 7.4.20　曲面的加厚

Step 1　打开文件 D:\ug85nc\work\ch07\ch07.04\ch07.04.02\thicken.prt。

Step 2　选择下拉菜单 插入(S) ➡ 偏置/缩放(O) ➡ 加厚(T)... 命令，系统弹出"加厚"对话框。

Step 3　在"加厚"对话框中的 偏置 1 文本框中输入数值 2.5，选取图 7.4.20a 所示的曲面为加厚的面，加厚方向采用默认设置，单击 〈 确定 〉 按钮，完成曲面加厚操作。

7.5　曲面倒圆

倒圆角在曲面建模中具有相当重要的地位。倒圆角功能可以在两组曲面或者实体表面之间建立光滑连接的过渡曲面，创建过渡曲面的截面线可以是圆弧、二次曲线和等参数曲线等。在创建圆角时应注意：为了避免创建从属于圆角特征的子项，标注时，不要以圆角创建的边或相切边为参照；在设计中要尽可能晚些添加圆角特征。

倒圆角的类型主要包括边倒圆、面倒圆、软倒圆和样式圆角四种。下面介绍两种常用倒圆角的具体用法。

7.5.1　边倒圆

边倒圆可以使至少由两个面共享的选定边缘变光滑。倒圆时，就像是沿着被倒圆角的边缘滚动一个球（球的半径为圆角半径），同时使球始终与在此边缘处相交的各个面接触。边倒圆的方式有以下四种：恒定半径方式、变半径方式、空间倒圆方式和突然停止点边倒圆方式。

下面对前两种方式进行说明。

1. 恒定半径方式

创建图 7.5.1 所示的恒定半径边倒圆的一般过程如下。

Step 1　打开文件 D:\ug85nc\work\ch07\ch07.05\blend.prt。

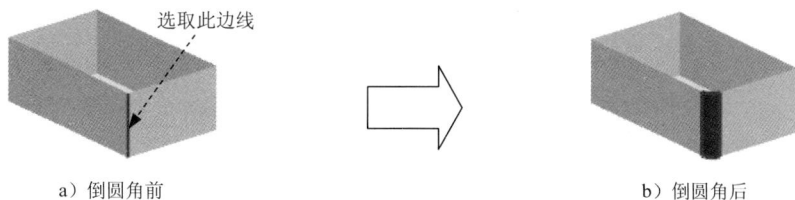

a）倒圆角前　　　　　　　　　　　　　　　b）倒圆角后

图 7.5.1　恒定半径方式边倒圆

Step 2　选择下拉菜单 插入(S) ➡ 细节特征(L) ▶ ➡ 边倒圆(E).命令，系统弹出"边倒圆"对话框。

Step 3　在对话框的 形状 下拉列表中选择 圆形 选项，在图形区选取图 7.5.1a 所示的边线，在 要倒圆的边 区域中 半径 1文本框中输入数值 5。

Step 4　单击"边倒圆"对话框中的 < 确定 > 按钮，完成恒定半径方式的边倒圆操作。

2．变半径方式

下面通过变半径方式创建图 7.5.2 所示的边倒圆（接上例继续操作）。

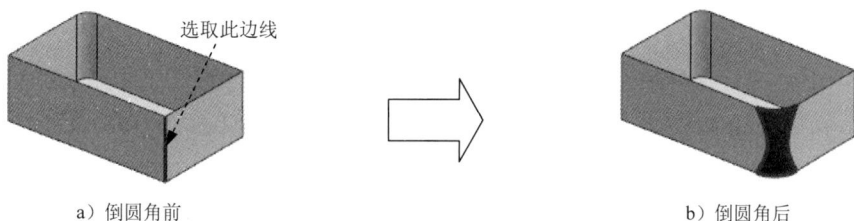

a）倒圆角前　　　　　　　　　　　　　　　b）倒圆角后

图 7.5.2　变半径方式边倒圆

Step 1　选择下拉菜单 插入(S) ➡ 细节特征(L) ▶ ➡ 边倒圆(E).命令，系统弹出"边倒圆"对话框。

Step 2　在图形区选取图 7.5.2a 所示的边线，在 可变半径点 区域中单击 指定新的位置 (0) 按钮，选取图 7.5.2a 所示的边线的上端点，在 V 半径 文本框中输入数值 10，在 位置 文本框中选择 弧长百分比 选项，在 弧长百分比 文本框中输入数值 0。

Step 3　单击图 7.5.2a 所示的边线的中点，在系统弹出的 V 半径 文本框中输入数值 5，在 弧长百分比 文本框中输入数值 50。

Step 4　单击图 7.5.2a 所示的边线的下端点，在系统弹出的 V 半径 文本框中输入数值 10，在 弧长百分比 文本框中输入数值 100。

Step 5　单击"边倒圆"对话框中的 < 确定 > 按钮，完成变半径边倒圆操作。

7.5.2　面倒圆

面倒圆(F)...命令可用于创建复杂的圆角面，该圆角面与两组输入曲面相切，并且可以对两组曲面进行裁剪和缝合。圆角面的横截面可以是圆弧或二次曲线。

创建图 7.5.3 所示的圆形横截面面倒圆的一般步骤如下。

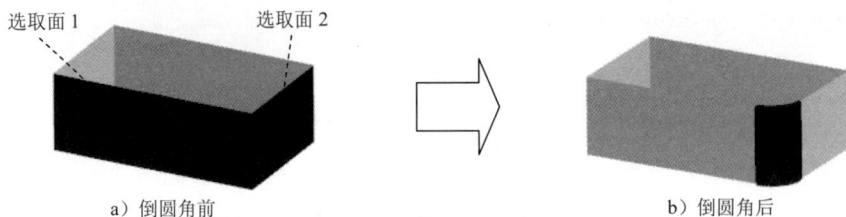

a）倒圆角前   b）倒圆角后

图 7.5.3　面倒圆特征

Step 1　打开文件 D:\ug85nc\work\ch07\ch07.05\face_blend.prt。

Step 2　选择下拉菜单 插入(S) ➡ 细节特征(L) ▶ ➡ 面倒圆(F)... 命令，系统弹出"面倒圆"对话框。

Step 3　定义面倒圆类型。在"面倒圆"对话框的 类型 下拉列表中选择 两个定义面链 选项。

Step 4　在图形区选取图 7.5.3a 所示的曲面 1 和曲面 2。

Step 5　定义面倒圆横截面。在 截面方向 下拉列表中选择 滚球 选项，在 形状 下拉列表中选择 圆形 选项，在 半径方法 下拉列表中选择 恒定 选项，在 半径 文本框中输入数值 10。

Step 6　单击"面倒圆"对话框中的 < 确定 > 按钮，完成面倒圆的创建。

7.6　UG 曲面零件设计实际应用 1

应用概述：

本应用介绍了导流轮曲面设计过程。本应用在建模过程中主要使用了回转、简单孔、螺旋线、扫掠、修剪体和实例几何体等命令。其中扫掠和实例几何体的相关操作及技巧需读者用心体会。零件模型和模型树如图 7.6.1 所示。

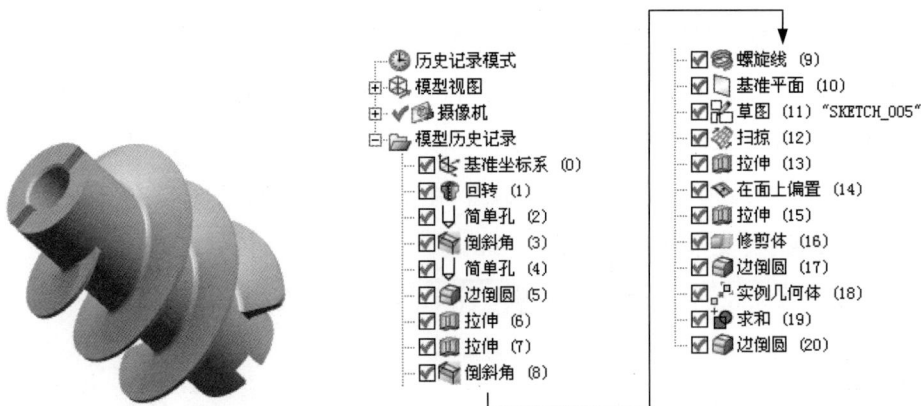

图 7.6.1　零件模型及模型树

注意：在后面的数控部分，将会介绍该三维模型零件的数控加工与编程。

说明：本应用前面的详细操作过程请参见随书光盘中 video\ch07\ch07.06\reference\文件下的语音视频讲解文件 diveraxes01.avi。

Step 1　打开文件 D:\ug85nc\work\ch07\ch07.06\diveraxes_ex.prt。

Step 2　创建图 7.6.2 所示的螺旋线。

（1）选择命令。选择下拉菜单 插入(S) ➡ 曲线(C) ➡ 螺旋线(X)...命令，系统弹出"螺旋线"对话框。

（2）定义螺旋线的起点。单击"CSYS 对话框"按钮，在弹出的 CSYS 对话框中单击"操控器"按钮，在 输出坐标 区域中的 Z 文本框中输入 9，单击 确定 按钮，完成螺旋线起点的定义，单击 CSYS 对话框中的 确定 按钮。

（3）定义起始角度。在"螺旋线"对话框中的 角度 文本框中输入 45。

（4）定义螺旋线参数。在 大小 区域选择 半径 单选按钮，在 值 文本框中输入 20；在 螺距 区域的 值 文本框中输入 30；在 长度 区域的 方法 下拉菜单中选择 圈数 选项，在 圈数 文本框中输入 1.375。

（5）在"螺旋线"对话框中单击 < 确定 > 按钮，完成螺旋线的创建。

Step 3　创建图 7.6.3 所示的基准平面 1。

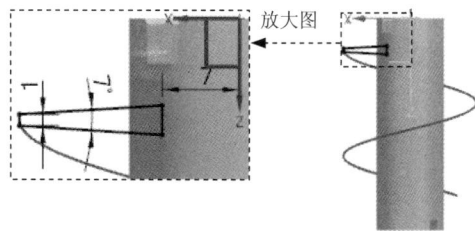

（1）选择命令。选择下拉菜单 插入(S) ➡ 基准/点(D) ➡ 基准平面(D)...命令（或单击 按钮），系统弹出"基准平面"对话框。

（2）定义基准平面参照。在 类型 区域的下拉列表中选择 自动判断 选项，在图形区中选取 YZ 基准平面为参考平面，再选取 Z 轴为旋转轴，在 角度 文本框中输入 45。

（3）在"基准平面"对话框中单击 < 确定 > 按钮，完成基准平面 1 的创建。

Step 4　创建草图 1。

（1）选择命令。选择下拉菜单 插入(S) ➡ 在任务环境中绘制草图(V)...命令，系统弹出"创建草图"对话框。

（2）定义草图平面。选取基准平面 1 为草图平面，单击"创建草图"对话框中的 确定 按钮。

（3）进入草图环境，绘制图 7.6.4 所示的草图。

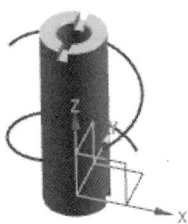

图 7.6.2　螺旋线　　　图 7.6.3　基准平面 1　　　图 7.6.4　草图 1

（4）选择下拉菜单 任务(K) ➡ 🏁 完成草图(K) 命令（或单击 🏁 完成草图 按钮），退出草图环境。

Step 5 创建图 7.6.5 所示的扫掠特征 1。

（1）选择命令。选择下拉菜单 插入(S) ➡ 扫掠(W)▶ ➡ ◇ 扫掠(S)… 命令，系统弹出"扫掠"对话框。

（2）定义截面线串。在 截面 区域中单击 🔲 按钮，选择图 7.6.6 所示的草图 1 为截面曲线，并单击两次中键确认。

（3）定义引导线串。在 引导线 区域中单击 🔲 按钮，选取图 7.6.7 所示的螺旋线为引导线，并单击中键确认；在 截面选项 区域选中 ☑ 保留形状 复选框。

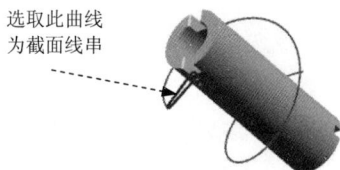
选取此曲线
为截面线串

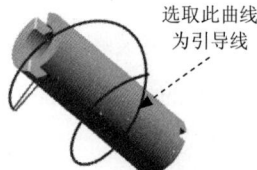
选取此曲线
为引导线

图 7.6.5　扫掠特征 1　　　　图 7.6.6　定义截面线串　　　　图 7.6.7　定义引导线

（4）定义定位方法。在 定位方法 区域中的 方向 下拉菜单中选择 强制方向 选项；在 ✳指定矢量 后的下拉列表中选择 ᶻᶜᵗ 选项。

（5）单击 〈 确定 〉 按钮完成扫掠特征 1 的创建。

Step 6 创建图 7.6.8 所示的拉伸特征 3。

a）拉伸前

⇨

b）拉伸后

图 7.6.8　拉伸特征 3

（1）选择命令。选择下拉菜单 插入(S) ➡ 设计特征(E)▶ ➡ 🔳 拉伸(E)… 命令（或单击 🔳 按钮），系统弹出"拉伸"对话框。

（2）单击"拉伸"对话框中的"绘制截面"按钮 🖼，系统弹出"创建草图"对话框。

① 定义草图平面。选取图 7.6.9 所示的模型表面为草图平面，单击 确定 按钮。

② 进入草图环境，绘制图 7.6.10 所示的截面草图。

③ 选择下拉菜单 任务(K) ➡ 🏁 完成草图(K) 命令（或单击 🏁 完成草图 按钮），退出草图环境。

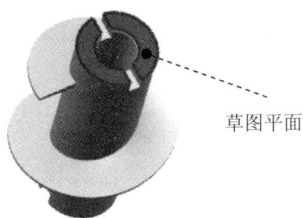

图 7.6.9　选取草图平面

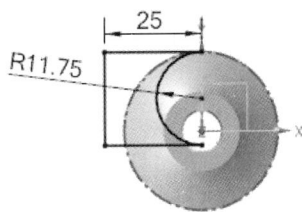

图 7.6.10　截面草图

（3）确定拉伸开始值和结束值。在"拉伸"对话框 限制-区域的 开始 下拉列表中选择 值 选项，并在其下的 距离 文本框中输入值 0；在 限制-区域的 结束 下拉列表中选择 值 选项，并在其下的 距离 文本框中输入值–25；在 布尔 区域的下拉列表中选择 求差 选项，选择扫掠特征作为布尔求差运算的对象；其他参数采用系统默认设置。

（4）单击 < 确定 > 按钮，完成拉伸特征 3 的创建。

Step 7　如图 7.6.11 所示在面上偏置曲线。

（1）选择命令。选择下拉菜单 插入(S) ➡ 来自曲线集的曲线(F) ➡ 在面上偏置... 命令。

（2）选择要偏置的曲线。选取图 7.6.12 所示的模型边线作为要偏置的曲线；在 截面线1:偏置1 文本框中输入偏距值 1。

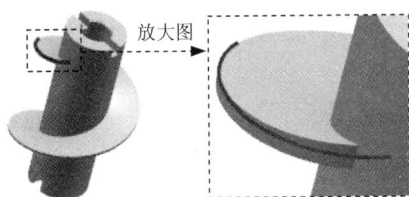

图 7.6.11　在面上偏置曲线

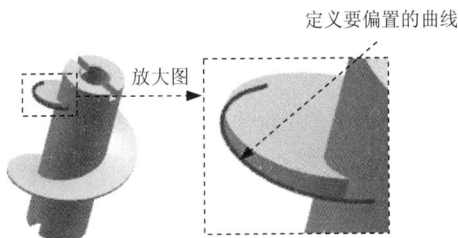

图 7.6.12　定义要偏置的曲线

（3）定义附着面。在 面或平面 区域单击"面或平面"按钮，选择图 7.6.13 所示的面。

（4）定义偏置曲线参数。在 修剪和延伸偏置曲线 区域中选中 ☑ 在截面内修剪至彼此 、☑ 在截面内延伸至彼此 、☑ 修剪至面的边 、☑ 延伸至面的边 及 ☑ 移除偏置曲线内的自相交 五个复选框。

（5）单击 < 确定 > 按钮，完成在面上偏置曲线的创建。

Step 8　创建图 7.6.14 所示的拉伸特征 4。

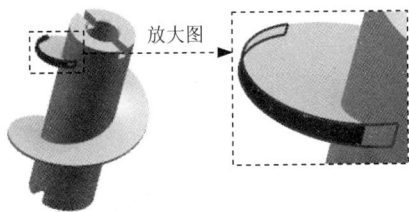

图 7.6.13　定义附着面

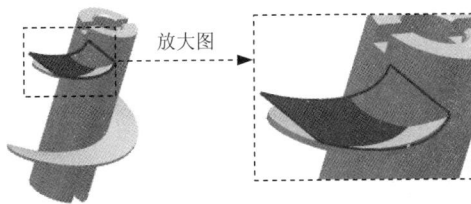

图 7.6.14　拉伸特征 4

（1）选择命令。选择下拉菜单 插入(S) ➡ 设计特征(E)▶ ➡ 拉伸(E)... 命令（或单击 按钮），系统弹出"拉伸"对话框。

（2）选择截面曲线。选择 Step7 所创建的在面上偏置的曲线。

（3）选择拉伸方向。单击 方向 区域下的"矢量对话框"按钮 ，在 类型 下拉列表中选择 XC 轴 选项。

（4）定义拉伸开始值和结束值。在"拉伸"对话框 限制-区域的 开始 下拉列表中选择 值 选项，并在其下的 距离 文本框中输入值 0；在 限制-区域的 结束 下拉列表中选择 值 选项，并在其下的 距离 文本框中输入值 15；采用系统默认的拉伸方向。

（5）单击 < 确定 > 按钮，完成拉伸特征 4 的创建。

Step 9 创建图 7.6.15 所示的修剪体 1。

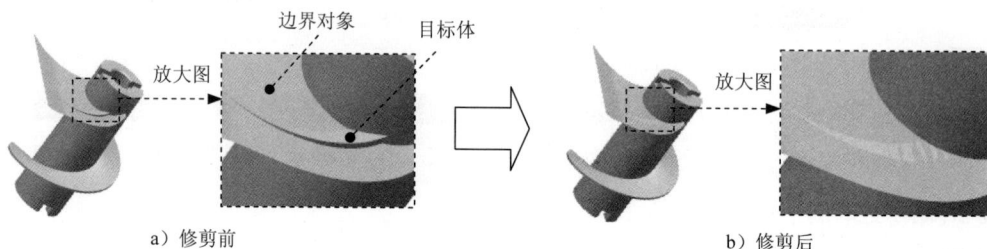

图 7.6.15 修剪体 1

（1）选择命令。选择下拉菜单 插入(S) ➡ 修剪(T) ➡ 修剪体(T)... 命令，系统弹出"修剪片体"对话框。

（2）定义目标体和修剪工具。选择图 7.6.15a 所示的目标体和边界对象；其他参数采用系统默认设置。

（3）单击 确定 按钮，完成修剪体 1 的创建。

Step 10 创建图 7.6.16b 所示的边倒圆特征 2。选取图 7.6.16a 所示的边为边倒圆参照，其圆角半径值为 2。

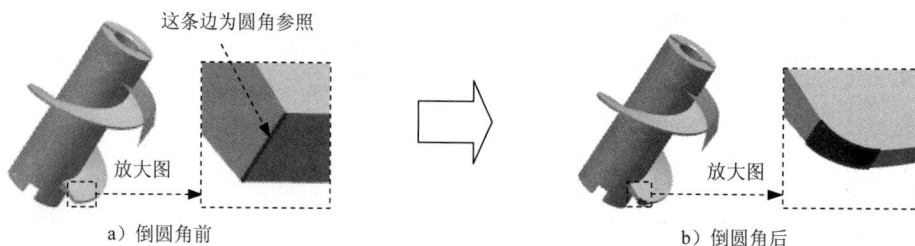

图 7.6.16 边倒圆特征 2

Step 11 创建图 7.6.17 所示的实例几何体。

（1）选择命令。选择下拉菜单 插入(S) ➡ 关联复制(A)▶ ➡ 生成实例几何特征(G)... 命令，系统弹出"实例几何体"对话框。

（2）定义类型。在"实例几何体"对话框中 类型 下拉列表中选择 旋转 选项。

（3）选取对象。选取扫掠特征 1 为要生成实例的几何特征。

（4）指定旋转轴。在 旋转轴 区域中，激活 * 指定矢量 区域，在图形区中选取 Z 轴为旋转轴。

（5）在"实例几何体"对话框 角度、距离和副本数 区域中的 角度 下拉列表中选择 数量和跨距 选项，在 副本数 文本框中输入值 180。

（6）单击"实例几何体"对话框中的 < 确定 > 按钮，完成实例几何体的创建。

Step 12　创建求和特征。选择下拉菜单 插入(S) ➡ 组合(B) ➡ 🔲 求和(U)... 命令，选择图 7.6.18 所示的目标体，选择图 7.6.18 所示的工具体；单击 确定 按钮，完成求和特征的创建。

图 7.6.17　实例几何体　　　　　图 7.6.18　求和特征

Step 13　创建图 7.6.19b 所示的边倒圆特征 3。选取图 7.6.19a 所示的边为边倒圆参照，其圆角半径值为 1。

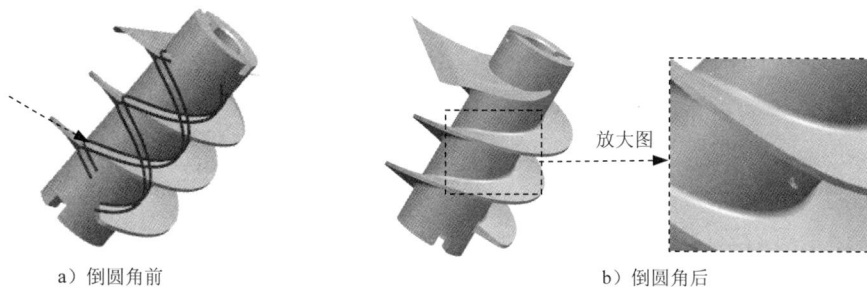

a）倒圆角前　　　　　　　　　b）倒圆角后

图 7.6.19　边倒圆特征 3

Step 14　保存零件模型。选择下拉菜单 文件(F) ➡ 🔲 保存(S) 命令，即可保存零件模型。

7.7　UG 曲面零件设计实际应用 2

应用概述：

本应用介绍了泵轮的设计过程。本应用在建模过程中主要使用了回转、通过曲线组、拔模和阵列等命令。其中通过曲线组的相关操作和技巧需读者用心体会。零件模型和模型树如图 7.7.1 所示。

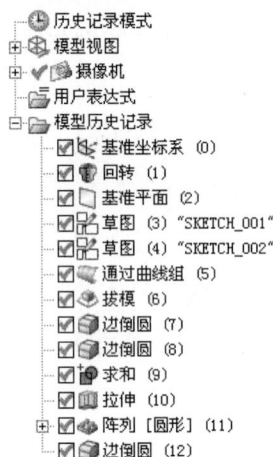

图 7.7.1　零件模型及模型树

注意：在后面的数控部分，将会介绍该三维模型零件的数控加工与编程。

说明：本应用前面的详细操作过程请参见随书光盘中 video\ch07\ch07.07\reference\文件下的语音视频讲解文件 pump_wheel01.avi。

Step 1　打开文件 D:\ug85nc\work\ch07\ch07.07\pump_wheel_ex.prt。

Step 2　创建图 7.7.2 所示的基准平面 1。

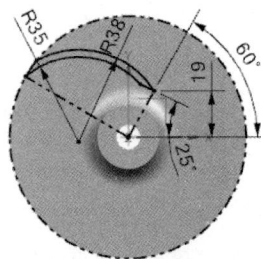

（1）选择命令。选择下拉菜单 插入(S) ➡ 基准/点(D) ➡ 基准平面(D)... 命令（或单击 按钮），系统弹出"基准平面"对话框。

（2）定义基准平面参照。在 类型 区域的下拉列表中，选择 按某一距离 选项，在图形区选取 XY 基准平面为参考面，在 距离 文本框中输入值 6。

（3）在"基准平面"对话框中单击 < 确定 > 按钮，完成基准平面 1 的创建。

Step 3　创建图 7.7.3 所示的草图 1。选择下拉菜单 插入(S) ➡ 在任务环境中绘制草图(V)... 命令，系统弹出"创建草图"对话框；选取基准平面 1 为草图平面，取消选中 设置 区域的 创建中间基准 CSYS 复选框；绘制图 7.7.3 所示的草图，单击 完成草图 按钮，退出草图环境。

图 7.7.2　基准平面 1

图 7.7.3　草图 1

Step 4　创建图 7.7.4 所示的草图 2。选择下拉菜单 插入(S) ➡ 在任务环境中绘制草图(V)... 命令，系统弹出"创建草图"对话框；选取图 7.7.5 所示的模型表面为草图平面；绘制图 7.7.4 所示的草图，单击 [🏁 完成草图] 按钮，退出草图环境。

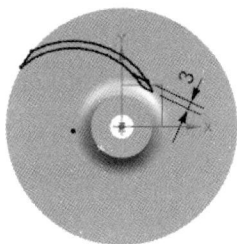

图 7.7.4　草图 2

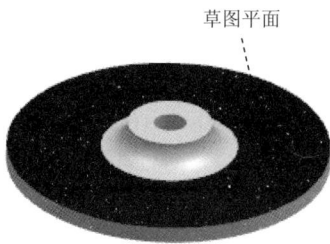

图 7.7.5　定义草图平面

Step 5　创建图 7.7.6 所示的通过曲线组特征 1。

（1）选择命令。选择下拉菜单 [插入(S)] ➡ [网格曲面(M)▶] ➡ [🌀 通过曲线组(T)...] 命令，系统弹出"通过曲线组"对话框。

（2）定义截面曲线。依次选取草图 1、草图 2 为截面曲线，并分别单击中键确认，其结果如图 7.7.7 所示。

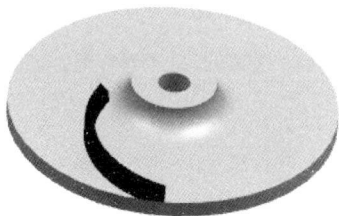

图 7.7.6　通过曲线组特征 1

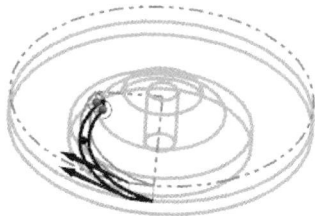

图 7.7.7　定义截面曲线

（3）定义特征属性。在"通过曲线组"对话框的 [对齐] 区域选中 [☑ 保留形状] 复选框。

（3）单击 [< 确定 >] 按钮，完成特征的创建。

说明：本应用后面的详细操作过程请参见随书光盘中 video\ch07\ch07.07\reference\文件下的语音视频讲解文件 pump_wheel02.avi。

7.8　UG 曲面零件设计实际应用 3

应用概述：

本应用介绍了一款底板的设计过程。本应用在建模过程中主要使用了通过曲线组、缝合、偏置曲面、修剪体和布尔求差等命令。其中通过曲线组和布尔求差的相关操作和技巧需读者用心体会。零件模型和模型树如图 7.8.1 所示。

说明：本应用前面的详细操作过程请参见随书光盘中 video\ch07\ch07.08\reference\文件下

的语音视频讲解文件 bottom_board01.avi。

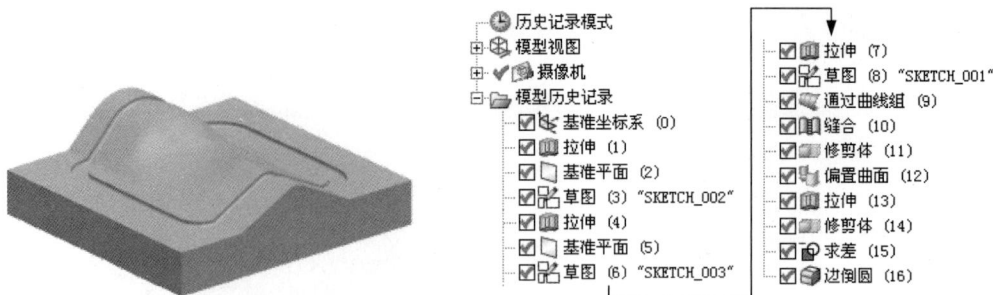

图 7.8.1　零件模型及模型树

Step 1 打开文件 D:\ug85nc\work\ch07\ch07.08\bottom_board_ex.prt。

Step 2 创建图 7.8.2 所示的基准平面 1。选择下拉菜单 插入(S) ➡ 基准/点(D) ➡ □ 基准平面(D)... 命令；在 类型 区域的下拉列表框中选择 按某一距离 选项，在图形区选取 YZ 基准平面，输入偏移值 70；单击 < 确定 > 按钮，完成基准平面 1 的创建。

Step 3 创建图 7.8.3 所示的草图 1。选择下拉菜单 插入(S) ➡ 在任务环境中绘制草图(V)... 命令；选取基准平面 1 为草图平面；取消选中 设置 区域的 □ 创建中间基准 CSYS 复选框，进入草图环境绘制草图。绘制完成后单击 完成草图 按钮，完成草图 1 的创建。

Step 4 创建图 7.8.4 所示的拉伸特征 2。选择下拉菜单 插入(S) ➡ 设计特征(E)▶ ➡ 拉伸(E)... 命令，系统弹出"拉伸"对话框；选取草图 1 为截面轮廓；在"拉伸"对话框 限制 区域的 开始 下拉列表中选择 值 选项，并在其下的 距离 文本框中输入值 0；在 限制 区域的 结束 下拉列表中选择 值 选项，并在其下的 距离 文本框中输入值 80；采用系统默认的拉伸方向；单击 < 确定 > 按钮，完成拉伸特征 2 的创建。

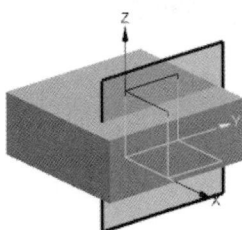

图 7.8.2　基准平面 1

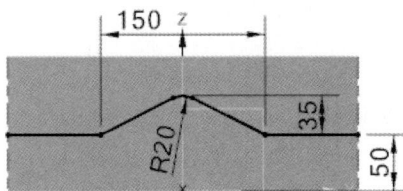

图 7.8.3　草图 1

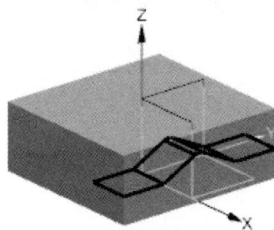

图 7.8.4　拉伸特征 2

Step 5 创建图 7.8.5 所示的基准平面 2。选择下拉菜单 插入(S) ➡ 基准/点(D) ➡ □ 基准平面(D)... 命令；在 类型 区域的下拉列表框中选择 按某一距离 选项，在图形区选取 YZ 基准平面，输入偏移值 -70；单击 < 确定 > 按钮，完成基准平面 2 的创建。

Step 6 创建图 7.8.6 所示的草图 2。选择下拉菜单 插入(S) ➡ 在任务环境中绘制草图(V)... 命令；选取基准平面 2 为草图平面；进入草图环境绘制草图。绘制完成后单击 完成草图 按钮，完成草图 2 的创建。

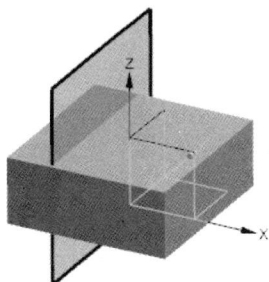

图 7.8.5　基准平面 2

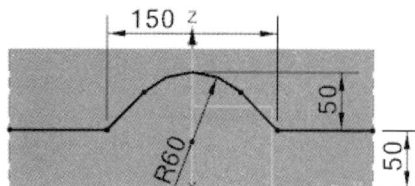

图 7.8.6　草图 2

Step 7　创建图 7.8.7 所示的拉伸特征 3。选择下拉菜单 插入(S) ➡ 设计特征(E)▶ ➡ 拉伸(E)... 命令；选取草图 2 为截面轮廓；在"拉伸"对话框 限制-区域的 开始 下拉列表中选择 值 选项，并在其下的 距离 文本框中输入值 0；在 限制-区域的 结束 下拉列表中选择 值 选项，并在其下的 距离 文本框中输入值 80，采用系统默认的拉伸方向；单击 < 确定 > 按钮，完成拉伸特征 3 的创建。

Step 8　创建图 7.8.8 所示的草图 3。选择下拉菜单 插入(S) ➡ 在任务环境中绘制草图(V)... 命令；选取 YZ 平面为草图平面；进入草图环境绘制草图。绘制完成后单击 完成草图 按钮，完成草图 3 的创建。

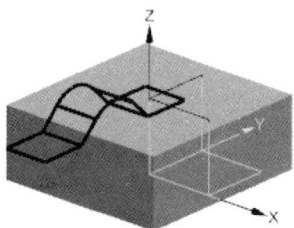

图 7.8.7　拉伸特征 3

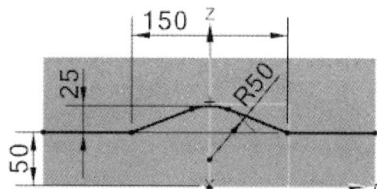

图 7.8.8　草图 3

Step 9　创建图 7.8.9 所示的通过曲线组特征 1。选择下拉菜单 插入(S) ➡ 网格曲面(M)▶ ➡ 通过曲线组(T)... 命令；依次选取草图 2、草图 3 和草图 1 为截面曲线，并分别单击中键确认，其结果如图 7.8.10 所示；在"通过曲线组"对话框 连续性 区域的 第一截面 下拉列表中选择 G1 (相切) 选项，选取曲面"拉伸特征 3"为相切对象；在 最后截面 下拉列表中选择 G1 (相切) 选项，选取曲面"拉伸特征 2"为相切对象；在 流向 下拉列表中选择 等参数 选项；在 对齐 区域选中 ☑ 保留形状 复选框；单击 < 确定 > 按钮，完成特征的创建。

Step 10　创建缝合特征 1 （隐藏实体）。选择下拉菜单 插入(S) ➡ 组合(B) ▶ ➡ 缝合(W)... 命令，选取图 7.8.11 所示的目标体和工具体。单击 确定 按钮，完成缝合特征 1 的创建。

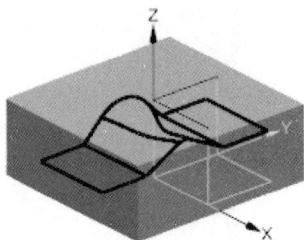

图 7.8.9　通过曲线组特征 1

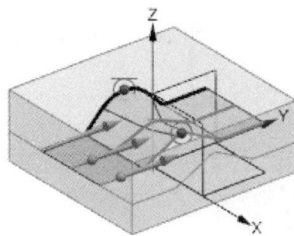

图 7.8.10　定义截面曲线

Step 11　创建图 7.8.12 所示的修剪体特征（显示实体）1。选择下拉菜单 插入(S) ➡ 修剪(T) ▶ ➡ 修剪体(T)... 命令；选取实体为修剪的目标体，并单击中键确认，选取缝合特征 1 为修剪的工具；单击 ✕ 按钮调整修剪方向；单击 < 确定 > 按钮，完成修剪体特征 1 的创建。

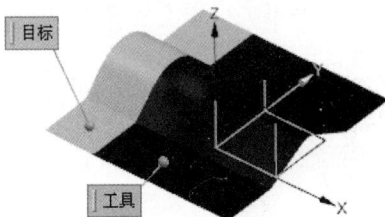

图 7.8.11　缝合特征 1

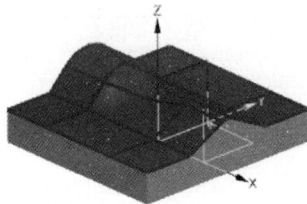

图 7.8.12　修剪体特征 1

说明：本应用后面的详细操作过程请参见随书光盘中 video\ch07\ch07.08\reference\文件下的语音视频讲解文件 bottom_board02.avi。

8

装配设计

8.1 装配设计概述

一个产品（组件）往往是由多个部件组合（装配）而成的，装配模块用来建立部件间的相对位置关系，从而形成复杂的装配体。部件间位置关系的确定主要通过添加约束实现。

一般的 CAD/CAM 软件包括两种装配模式：多组件装配和虚拟装配。多组件装配是一种简单的装配，其原理是将每个组件的信息复制到装配体中，然后将每个组件放到对应的位置。虚拟装配是建立各组件的链接，装配体与组件是一种引用关系。

相对于多组件装配，虚拟装配有明显的优点：

● 虚拟装配中的装配体是引用各组件的信息，而不是拷贝复制其本身，因此改动组件时，相应的装配体也自动更新；这样当对组件进行变动时，就不需要对与之相关的装配体进行修改，同时也避免了修改过程中可能出现的错误，提高了效率。

● 虚拟装配中，各组件通过链接应用到装配体中，比复制节省了存储空间。

● 虚拟装配可以通过引用集的引用，来控制部件的显示，抑制下层部件在装配体中显示，从而提高显示速度。

UG NX 8.5 的装配模块具有下面一些特点：

● 利用装配导航器可以清晰地查询、修改和删除组件以及约束。

● 提供了强大的爆炸图工具，可以方便地生成装配体的爆炸图。

● 提供了很强的虚拟装配功能，有效地提高了工作效率。提供了方便的组件定位方法，可以快捷地设置组件间的位置关系。系统提供了八种约束方式，通过对组件添加多个约束，可以准确地把组件装配到位。

相关术语和概念

装配：是指在装配过程中建立部件之间的相对位置关系，由部件和子装配组成。

组件：在装配中按特定位置和方向使用的部件。组件可以是独立的部件，也可以是由其他较低级别的组件组成的子装配。装配中的每个组件仅包含一个指向其主几何体的指针，在修改组件的几何体时，装配体将随之发生变化。

部件：任何 prt 文件都可以作为部件添加到装配文件中。

工作部件：可以在装配模式下编辑的部件。在装配状态下，一般不能对组件直接进行修改，要修改组件，需要将该组件设为工作部件。部件被编辑后，所作的修改会反映到所有引用该部件的组件。

子装配：是指在高一级装配中被用作组件的装配，子装配也可以拥有自己的子装配。子装配是相对于引用它的高一级装配来说的，任何一个装配部件可在更高级装配中用作子装配。

引用集：定义在每个组件中的附加信息，其内容包括该组件在装配时显示的信息。每个部件可以有多个引用集，供用户在装配时选用。

8.2　装配导航器

为了便于用户管理装配组件，UG NX 8.5 提供了装配导航器功能。装配导航器在一个单独的对话框中以图形的方式显示出部件的装配结构，并提供了在装配中操控组件的快捷方法。可以使用装配导航器选择组件进行各种操作，以及执行装配管理功能，如更改工作部件、更改显示部件、隐藏和不隐藏组件等。

装配导航器将装配结构显示为对象的树型图。每个组件都显示为装配树结构中的一个节点。

8.2.1　装配导航器功能概述

新建装配文件后，单击部件导航器区中的"装配导航器"选项卡，显示"装配导航器"窗口。在装配导航器的第一栏，可以方便地查看和编辑装配体和各组件的信息。

1. 装配导航器的按钮

装配导航器的模型树中各部件名称前后有很多图标，不同的图标表示不同的信息。

● ☑：选中此复选标记，表示组件至少已部分打开且未隐藏。

● ☑：取消此复选标记，表示组件至少已部分打开，但不可见。不可见的原因可能是由于被隐藏、在不可见的层上或在排除引用集中。单击该复选框，系统将完全显示该组件及其子项，图标变成☑。

● □：此复选标记表示组件关闭，在装配体中将看不到该组件，该组件的图标将变为

▢（当该组件为非装配或子装配时）或▨（当该组件为子装配时）。单击该复选框，系统将完全或部分加载组件及其子项，组件在装配体中显示，该图标变成☑。

- ▢：此标记表示组件被抑制。不能通过单击该图标编辑组件状态，如果要消除抑制状态，可右击，在快捷菜单中选择 🔧抑制... 命令，在弹出的"抑制"对话框中选择 ◉从不抑制 单选按钮，然后进行相应操作。

- ⬡：此标记表示该组件是装配体。

- ▢：此标记表示装配体中的单个模型。

2. 装配导航器的操作

- 装配导航器窗口的操作。

  ☑ 显示模式控制：通过单击右上角的 ⊞ 按钮，可以使装配导航器窗口在浮动和固定之间切换。

  ☑ 列设置：装配导航器默认的设置只显示几列信息，大多数都被隐藏了。在装配导航器空白区域右击，在快捷菜单中选择 列 ▶ ，系统会展开所有列选项供用户选择。

- 组件操作。

  ☑ 选择组件：单击组件的节点，可以选择单个组件。按住 Ctrl 键可以在装配导航器中选择多个组件。如果要选择的组件是相邻的，可以按住 Shift 键单击选择第一个组件和最后一个组件，则这中间的组件全部被选中。

  ☑ 拖放组件：可在按住鼠标左键的同时选择装配导航器中的一个或多个组件，将它们拖到新位置。松开鼠标左键，目标组件将成为包含该组件的装配体，其按钮也将变为 ⬡ 。

  ☑ 将组件设为工作组件：双击某一组件，可以将该组件设为工作组件，装配体中的非工作组件将变为浅蓝色，此时可以对工作组件进行编辑（这与在图形区双击某一组件的效果是一样的）。要取消工作组件状态，只需在根节点处双击即可。

8.2.2　预览面板和相关性面板

1. 预览面板

在"装配导航器"窗口中单击 预览 标题栏，可展开或折叠面板。选择装配导航器中的组件，可以在预览面板中查看该组件的预览。添加新组件时，如果该组件已加载到系统中，预览面板也会显示该组件的预览。

2. 依附性面板

在"装配导航器"窗口中单击 相依性 标题栏，可展开或折叠面板。选择装配导航器中的组件，可以在依附性面板中查看该组件的相关性关系。

在依附性面板中，每个装配组件下都有两个文件夹：子级和父级。以选中组件为基础组件，定位其他组件时所建立的约束和配对对象属于子级；以其他组件为基础组件，定位选中的组件时所建立的约束和配对对象属于父级。单击"局部放大图"按钮 🔍，系统详细列出了其中所有的约束条件和配对对象。

8.3 装配约束

配对条件用于在装配中定位组件，可以指定一个部件相对于装配体中另一个部件（或特征）的放置方式和位置。例如，可以指定一个螺栓的圆柱面与一个螺母的内圆柱面共轴。UG NX 8.5 中配对条件的类型包括配对、对齐和中心等。每个组件都有惟一的配对条件，这个配对条件由一个或多个约束组成。每个约束都会限制组件在装配体中的一个或几个自由度，从而确定组件的位置。用户可以在添加组件的过程中添加配对条件，也可以在添加完成后添加约束。如果组件的自由度被全部限制，可称为完全约束；如果组件的自由度没有被全部限制，则称为欠约束。

8.3.1 "装配约束"对话框

在 UG NX 8.5 中，配对条件是通过"装配约束"对话框中的操作来实现的，下面对"装配约束"对话框进行介绍。

打开文件 D:\ug85nc\work\ch08\ch08.03\ch08.03.01\align_asm.prt，选择下拉菜单 装配(A) ➡️ 组件位置(P) ▶ ➡️ 装配约束(N)... 命令，系统弹出图 8.3.1 所示的"装配约束"对话框。

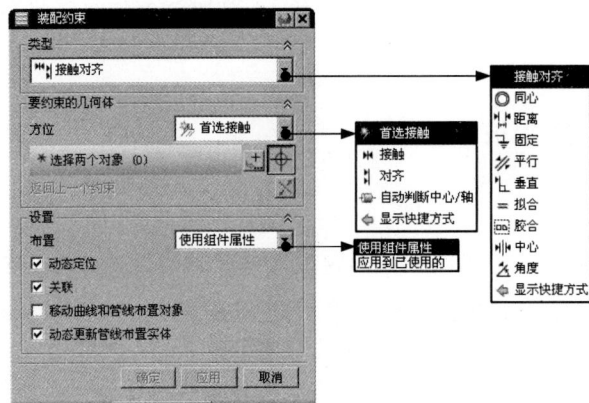

图 8.3.1 "装配约束"对话框

"装配约束"对话框中主要包括三个区域:"类型"区域、"要约束的几何体"区域和"设置"区域。

图 8.3.1 所示的"装配约束"对话框的 类型 区域中各约束类型选项的说明如下:

- **接触对齐**:该约束用于两个组件,使其彼此接触或对齐。当选择该选项后,**要约束的几何体** 区域的 **方位** 下拉列表中出现四个选项:

  ☑ **首选接触**:若选择该选项,则当接触和对齐都可能时显示接触约束(在大多数模型中,接触约束比对齐约束更常用);当接触约束过度约束装配时,将显示对齐约束。

  ☑ **接触**:若选择该选项,则约束对象的曲面法向在相反方向上。

  ☑ **对齐**:若选择该选项,则约束对象的曲面法向在相同方向上。

  ☑ **自动判断中心/轴**:该选项主要用于定义两圆柱面、两圆锥面或圆柱面与圆锥面的同轴约束。

- **同心**:该约束用于定义两个组件的圆形边界或椭圆边界的中心重合,并使边界的面共面。

- **距离**:该约束用于设定两个接触对象间的最小 3D 距离。选择该选项,并选定接触对象后,**距离** 区域的 **距离** 文本框被激活,可以直接输入数值。

- **固定**:该约束用于将组件固定在其当前位置,一般用在第一个装配元件上。

- **平行**:该约束用于使两个目标对象的矢量方向平行。

- **垂直**:该约束用于使两个目标对象的矢量方向垂直。

- **拟合**:该约束用于将半径相等的两个圆柱面拟合在一起。此约束对确定孔中销或螺栓的位置很有用。如果以后半径变为不等,则该约束无效。

- **胶合**:该约束用于将组件"焊接"在一起。

- **中心**:该约束用于使一对对象之间的一个或两个对象居中,或使一对对象沿另一个对象居中。当选取该选项时,**要约束的几何体** 区域的 **子类型** 下拉列表中出现三个选项:

  ☑ **1 对 2**:用于定义在后两个所选对象之间使第一个所选对象居中。

  ☑ **2 对 1**:用于定义将两个所选对象沿第三个所选对象居中。

  ☑ **2 对 2**:用于定义将两个所选对象在其他两个所选对象之间居中。

- **角度**:用于约束两对象间的旋转角。选取角度约束后,**要约束的几何体** 区域的 **子类型** 下拉列表中出现两个选项:

  ☑ **3D 角**:用于约束需要"源"几何体和"目标"几何体。不指定旋转轴;可以任意选择满足指定几何体之间角度的位置。

☑ 方向角度：用于约束"源"几何体和"目标"几何体，还特别需要一个定义
旋转轴的预先约束，否则创建定位角约束失败。为此，希望尽可能创建 3D 角
度约束，而不创建方向角度约束。

8.3.2 "接触对齐"约束

"接触对齐"约束可使两个装配部件中的两个平面（图 8.3.2a）重合并且朝向相同方
向，如图 8.3.2b 所示；同样，"接触对齐"约束也可以使其他对象对齐（相应的模型在
D:\ug85nc\work\ ch08\ch08.03\02 中可以找到）。

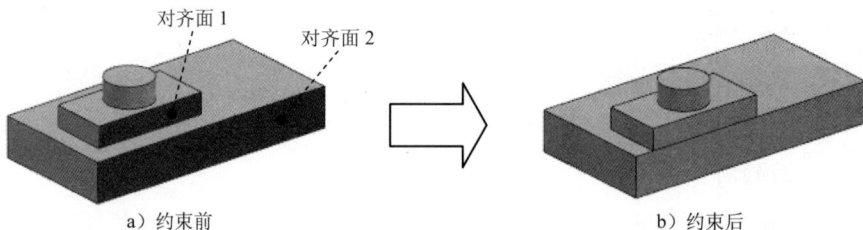

图 8.3.2 "接触对齐"约束

8.3.3 "角度"约束

"角度"约束可使两个装配部件中的两个平面或实体以固定角度约束，如图 8.3.3 所
示（相应的模型在 D:\ug85nc\work\ch08\ch08.03\03 中可以找到）。

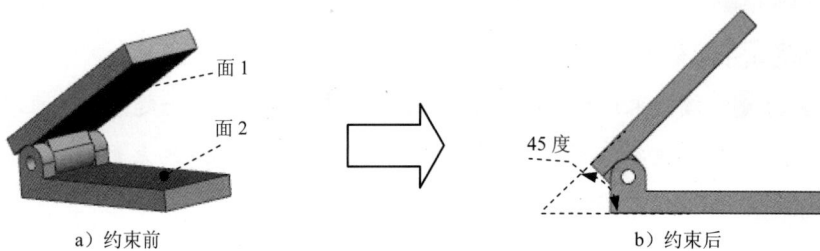

图 8.3.3 "角度"约束

8.3.4 "平行"约束

"平行"约束可使两个装配部件中的两个平面进行平行约束，如图 8.3.4 所示（相应
的模型在 D:\ug85nc\work\ch08\ch08.03\04 中可以找到）。

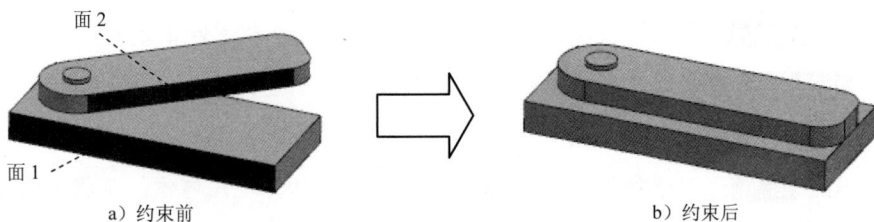

图 8.3.4 "平行"约束

说明：图 8.3.4b 所示的约束状态，除添加了"平行"约束以外，还添加了"接触"和"对齐"约束，以便能更清楚地表示出"平行"约束。

8.3.5　"垂直"约束

"垂直"约束可使两个装配部件中的两个平面进行垂直约束，如图 8.3.5 所示（相应的模型在 D:\ug85nc\work\ch08\ch08.03\05 中可以找到）。

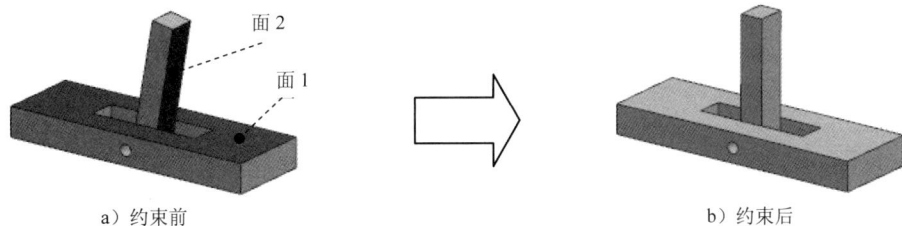

a）约束前　　　　　　　　　　　　　　　　　b）约束后

图 8.3.5　　"垂直"约束

8.3.6　"中心"约束

"中心"约束可使两个装配部件中的两个旋转面的轴线重合，如图 8.3.6 所示（相应的模型在 D:\ug85nc\work\ch08\ch08.03\06 中可以找到）。

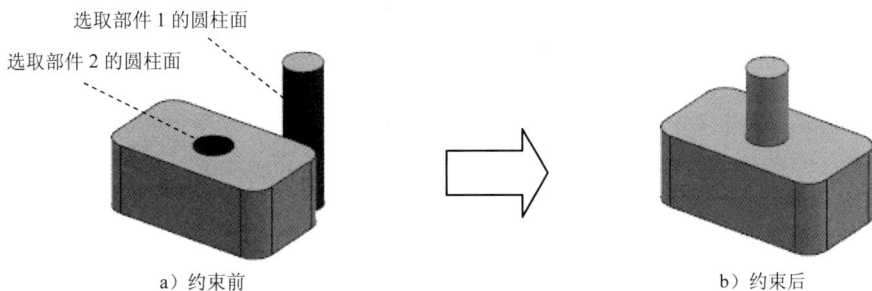

a）约束前　　　　　　　　　　　　　　　　　b）约束后

图 8.3.6　　"中心"约束

注意：两个旋转曲面的直径不要求相等。当轴线选取无效或不方便选取时，可以用此约束。

8.3.7　"距离"约束

"距离"约束可使两个装配部件中的两个平面保持一定的距离，可以直接输入距离值，如图 8.3.7 所示（相应的模型在 D:\ug85nc\work\ch08\ch08.03\07 中可以找到）。

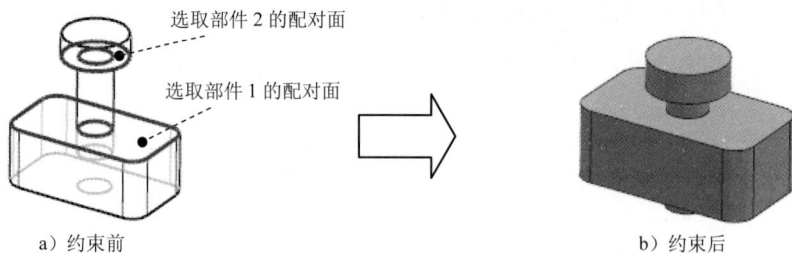

选取部件 2 的配对面

选取部件 1 的配对面

a) 约束前　　　　　　　　图 8.3.7　"距离" 约束　　　　　　b) 约束后

8.4　UG 装配的一般过程

8.4.1　概述

部件的装配一般有两种基本方式：自底向上装配和自顶向下装配。如果首先设计好全部部件，然后将部件作为组件添加到装配体中，则称之为自底向上装配；如果首先设计好装配体模型，然后在装配体中创建组件模型，最后生成部件模型，则称之为自顶向下装配。

UG NX 8.5 提供了自底向上和自顶向下装配功能，并且两种方法可以混合使用。自底向上装配是一种常用的装配模式，本书主要介绍自底向上装配。

下面以两个套类部件为例，说明自底向上创建装配体的一般过程。

8.4.2　添加第一个部件

Step 1　新建文件。单击 ▯ ➡ ▮装配，在 名称 后面的文本框中输入 process_asm，在 文件夹 后面的文本框中输入 D:\ug85nc\work\ch08\ch08.04，单击 确定 按钮。系统弹出图 8.4.1 所示的 "添加组件" 对话框。

Step 2　添加第一个部件。在 "添加组件" 对话框中单击▮按钮，选择 D:\ug85nc\work\ch08\ch08.04\down_base.prt，然后单击 OK 按钮。

Step 3　定义放置定位。在 "添加组件" 对话框的 放置 区域的 定位 下拉列表中选取 绝对原点 选项，单击 应用 按钮。

Step 4　阶梯轴模型 down_base.prt 被添加到 process_asm 中。

关于 "添加组件" 对话框的说明如下：

- 在 "添加组件" 对话框中，系统提供了两种添加方式：一种是按照 Step2 中的方法，可以选择没有载入 UG NX 系统中的文件，由用户从硬盘中选择；另一种方式是选择已载入的部件，在对话框中列出了所有已载入的部件，可以直接选取。

- 部件 区域：用于显示已加载的部件、最近访问的部件和选择的部件。

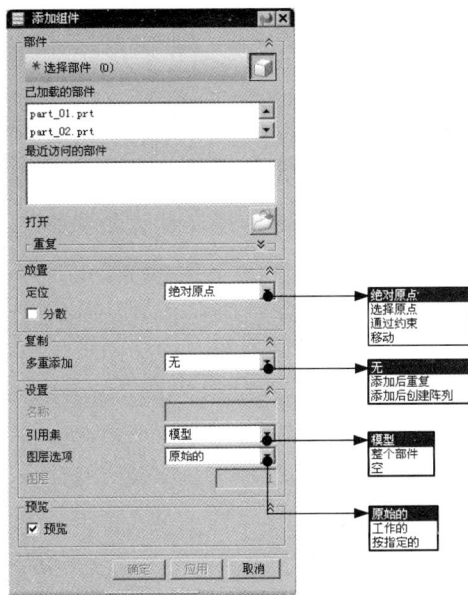

图 8.4.1　"添加组件"对话框

☑　**已加载的部件**：此列表中显示的部件是已经加载到本软件中的部件。

☑　**最近访问的部件**：此列表中的部件是在装配模式下本软件最近访问过的部件。

☑　![icon]：用于从硬盘中选取要装配的部件。

☑　**重复**：是指把同一零件（部件）多次装配到装配体中。

☑　**数量**：在此文本框中输入重复装配部件的个数。

● 　**放置**区域：用于将部件在装配体中定位。

☑　**定位**：用于确定部件放置在装配体中的具体位置。该下拉列表中包含四个选
项：**绝对原点**、**选择原点**、**通过约束**和**移动**。

　　➤　**绝对原点**：是指在绝对坐标系下对载入部件进行定位，如果需要添加约
束，可以在添加组件完成后设定。

　　➤　**选择原点**：是指在坐标系中给出一定点位置对部件进行定位。

　　➤　**通过约束**：是指把添加组件和添加约束放在一个命令中进行，选择该选项
后，新加的组件会直接根据设定的约束定位到装配体中。

　　➤　**移动**：是指重新指定载入部件的位置。

● 　**复制**区域：用于将选中的部件在装配体中复制多个相同部件或创建此部件的阵列
特征。

☑　**多重添加**下拉列表：包含**添加后重复**和**添加后创建阵列**选项。

　　➤　**添加后重复**：是指添加此部件后再重复添加此部件。

　　➤　**添加后创建阵列**：是指添加此部件后再阵列此部件。

- **设置** 区域：用于设置部件的 **名称** 、 **引用集** 、 **图层选项** 。
  - ☑ **名称** 文本框：用于更改部件的名称。
  - ☑ **引用集** 下拉列表：包含 **空** 、 **模型** 和 **整个部件** 三个选项。
  - ☑ **图层选项** 下拉列表：包含 **原始的** 、 **工作** 和 **按指定的** 三个选项。
    - ➤ **原始的** ：用于将新部件放到设计时所在的层。
    - ➤ **工作** ：用于将新部件放到当前工作层。
    - ➤ **按指定的** ：用于将载入部件放入指定的层中，选择 **按指定的** 选项后，其下方的 **图层** 文本框被激活，可以输入层名。
- **预览** 区域：其中的复选框功能介绍如下：
  - ☑ **预览** 复选框：选中此复选框，单击"应用"按钮后，系统会自动弹出选中部件的预览对话框。

8.4.3　添加第二个部件

Step 1　添加第二个部件。在"添加组件"对话框中单击 按钮，选择 D:\ug85nc\work\ch08\ch08.04\shaft_bush.prt，然后单击 **OK** 按钮。系统弹出"添加组件"对话框。

Step 2　定义放置定位。在"添加组件"对话框的 **放置** 区域的 **定位** 下拉列表中选取 **通过约束** 选项；选中 **预览** 区域的 ☑ **预览** 复选框；单击 **应用** 按钮。此时系统弹出图 8.4.2 所示的"装配约束"对话框和图 8.4.3 所示的"组件预览"界面。

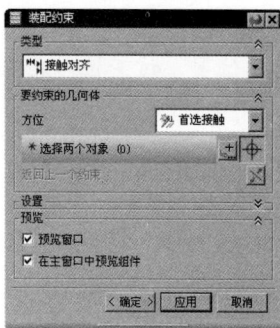

图 8.4.2　"装配约束"对话框　　　　图 8.4.3　"组件预览"界面

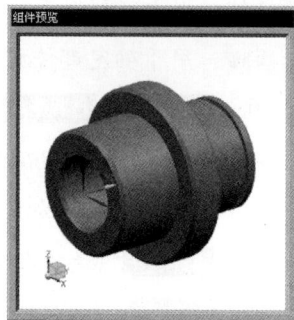

说明：在图 8.4.3 所示的"组件预览"界面中可单独对要装入的部件进行缩放、旋转和平移，这样就可以将要装配的部件调整到方便选取装配约束参照的位置。

Step 3　添加"接触"约束。在"装配约束"对话框 **类型** 下拉列表中选择 **接触对齐** 选项，在 **要约束的几何体** 区域的 **方位** 下拉列表中选择 **首选接触** 选项；在"组件预览"界面中选取图 8.4.4 所示的平面 1，然后在主窗口中选取图 8.4.4 所示的平面 2。单击 **应用** 按钮，结果如图 8.4.5 所示。

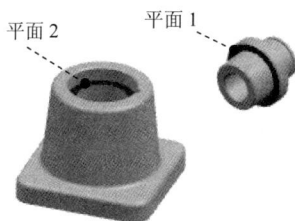

图 8.4.4　选取配对面

图 8.4.5　配对结果

Step 4 添加"自动判断中心/轴"约束。在"装配约束"对话框 要约束的几何体 区域的 方位 下拉列表中选择 自动判断中心/轴 选项，然后在"组件预览"界面中选取图 8.4.6 所示的圆柱面 1，在主窗口中选取圆柱面 2，单击 < 确定 > 按钮，结果如图 8.4.7 所示。

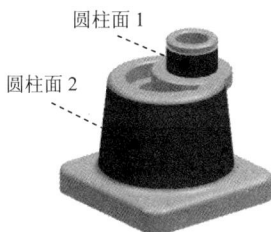

图 8.4.6　选择"中心/轴"约束对象

图 8.4.7　"中心/轴"约束结果

8.5　编辑装配体中的部件

装配体完成后，可以对该装配体中的任何部件（包括零件和子装配件）进行特征建模、修改尺寸等编辑操作。编辑装配体中部件的一般操作过程如下。

Step 1 打开文件 D:\ug85nc\work\ch08\ch08.05\process_asm.prt。

注意：定义工作部件。选择图 8.5.1 所示的工作组件 shaft_bush.prt 为要编辑的组件（如果编辑的部件不是固定在绝对原点上，则双击该组件，将该组件设为工作组件）。

Step 2 选择命令。选择下拉菜单 插入(S) ➡ 设计特征(E)▶ ➡ 拉伸(E)...命令。

Step 3 定义编辑参数。添加图 8.5.2 所示的拉伸特征。

图 8.5.1　设置工作组件

图 8.5.2　添加特征

9

模型的测量与分析

9.1 模型的测量与分析

9.1.1 测量距离

下面以一个简单的模型为例，来说明测量距离的方法以及相应的操作过程。

Step 1 打开文件 D:\ug85nc\work\ch09\ch09.01\distance.prt。

Step 2 选择下拉菜单 分析(L) ➡ 测量距离(D) 命令，系统弹出图 9.1.1 所示的"测量距离"对话框。

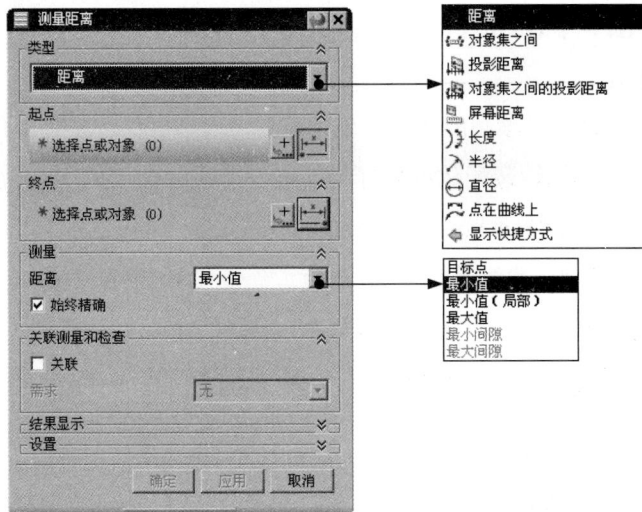

图 9.1.1 "测量距离"对话框

图 9.1.1 所示的"测量距离"对话框中的 类型 下拉列表中的部分选项说明如下：

- 距离：用于测量点、线、面之间的任意距离。

- 投影距离：用于测量空间上的点、线投影到同一个面上，它们之间的距离。

- 长度：用于测量任意线段的长度。

- **半径**：用于测量任意圆的半径值。
- **屏幕距离**：用于测量图形区的任意位置距离。
- **点在曲线上**：用于测量在曲线上两点之间的最短距离。

Step 3 测量面到面的距离。

（1）定义测量类型。在对话框 **类型** 下拉列表中，接受系统默认的 **距离** 选项（图 9.1.1）。

（2）定义测量几何对象。选取图 9.1.2a 所示的模型表面 1，再选取模型表面 2，测量结果如图 9.1.2b 所示。

a）测量平面距离　　　　　b）测量结果

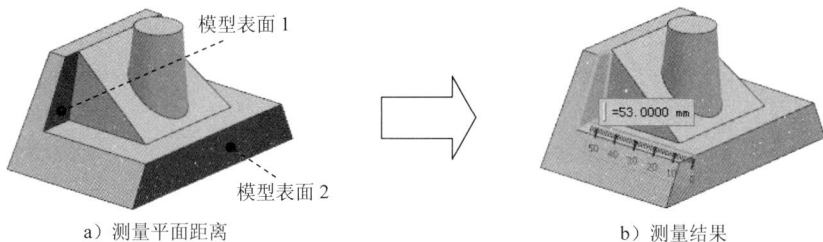

图 9.1.2　测量面与面的距离

Step 4 测量点到面的距离（图 9.1.3），操作方法参见 Step3，先选取点 1，后选取模型表面。

注意：选取要测量的几何对象的先后顺序不同，测量结果就不相同。

Step 5 测量点到线的距离（图 9.1.4），操作方法参见 Step3，先选取点 1，后选取边线。

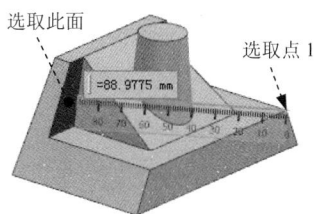

图 9.1.3　点到面的距离　　　　　图 9.1.4　点到线的距离

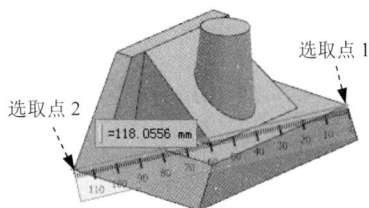

Step 6 测量线到线的距离（图 9.1.5），操作方法参见 Step3，先选取边线 1，后选取边线 2。

Step 7 测量点到点的距离（图 9.1.6），操作方法参见 Step3，先选取点 1，后选取点 2。

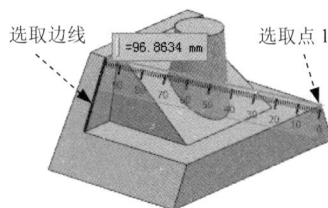

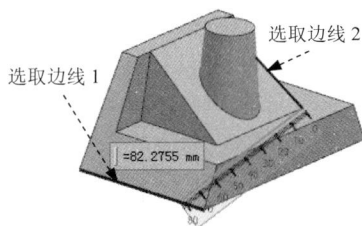

图 9.1.5　线到线的距离　　　　　图 9.1.6　点到点的距离

Step 8 测量点与点的投影距离（投影参照为平面）。

（1）定义测量类型。在"测量距离"对话框的 类型 下拉列表中选取 ⬛投影距离 选项。

（2）定义投影表面。选取图 9.1.7a 中的模型表面 1。

（3）定义测量几何对象。先选取图 9.1.7a 所示的模型点 1，然后选取图 9.1.7a 所示的模型点 2，测量结果如图 9.1.7b 所示。

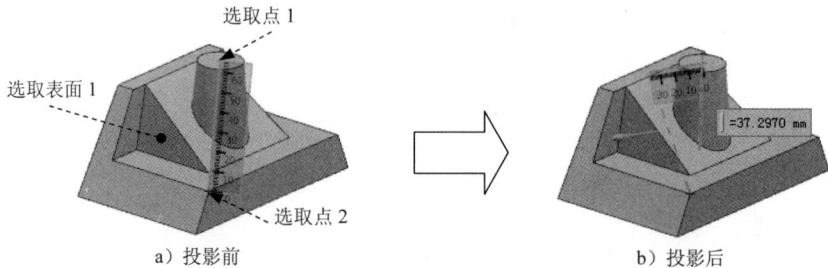

a）投影前　　　　　　　b）投影后

图 9.1.7　测量点与点的投影距离

9.1.2　测量角度

下面以一个简单的模型为例，说明测量角度的方法以及相应的操作过程。

Step 1　打开文件 D:\ug85nc\work\ch09\ch09.01\angle.prt。

Step 2　选择下拉菜单 分析(L) ➡ 测量角度(A)... 命令，系统弹出图 9.1.8 所示的"测量角度"对话框。

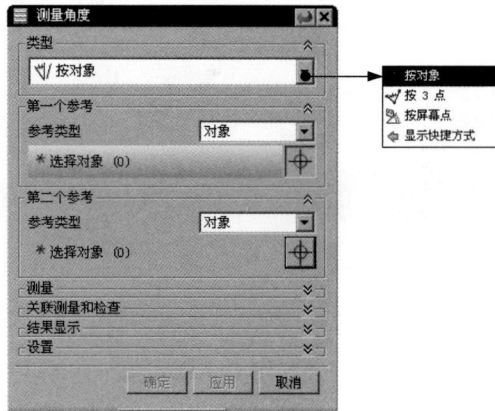

图 9.1.8　"测量角度"对话框

Step 3　测量面与面间的角度。

（1）定义测量类型。在"测量角度"对话框的 类型 下拉列表中，接受系统默认的 按对象 选项。

（2）定义测量的几何对象。选取图 9.1.9a 所示的模型表面 1，再选取图 9.1.9a 所示的模型表面 2，测量结果如图 9.1.9b 所示。

Step 4　测量线与面间的角度。选取图 9.1.10a 所示的边线 1，再选取图 9.1.10a 所示的模型表面 1，测量结果如图 9.1.10b 所示。

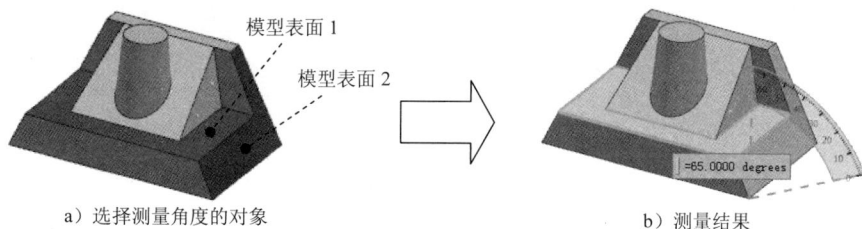

a）选择测量角度的对象　　　　　　　　　　b）测量结果

图 9.1.9　测量面与面间的角度

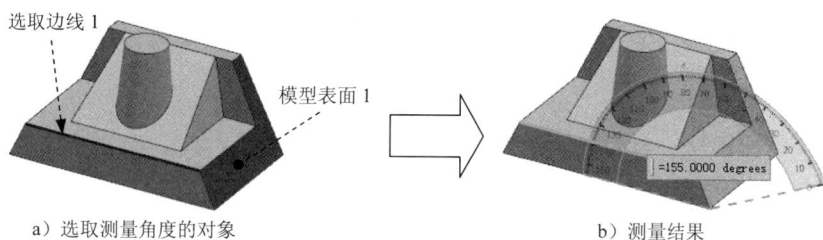

a）选取测量角度的对象　　　　　　　　　　b）测量结果

图 9.1.10　测量线与面间的角度

注意：选取线的位置不同，即线上标示的箭头方向不同，所显示的角度值可能也会不同，两个方向的角度值之和为 180°。

Step 5　测量线与线间的角度。选取图 9.1.11a 所示的边线 1，再选取图 9.1.11a 所示的边线 2，测量结果如图 9.1.11b 所示。

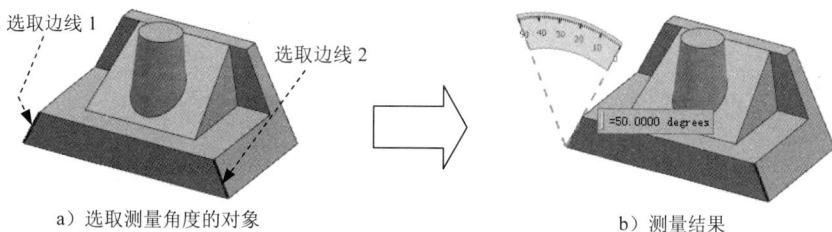

a）选取测量角度的对象　　　　　　　　　　b）测量结果

图 9.1.11　测量线与线间的角度

9.1.3　测量面积及周长

下面以一个简单的模型为例，说明测量面积及周长的方法以及相应的操作过程。

Step 1　打开文件 D:\ug85nc\work\ch09\ch09.01\area.prt。

Step 2　选择下拉菜单 分析(L) ➡ 测量面(F)... 命令，系统弹出"测量面"对话框。

Step 3　测量模型表面面积。选取图 9.1.12 所示的模型表面 1，系统显示这个曲面面积的结果。

Step 4　测量曲面的周长。在图 9.1.13 显示的结果中，选择 面积 下拉列表框中的 周长 选项，测量周长的结果如图 9.1.13 所示。

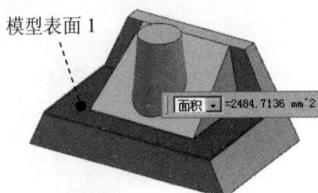

图 9.1.12　测量面积　　　　　　　　　图 9.1.13　测量周长

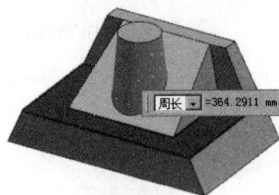

9.2　模型的基本分析

9.2.1　模型的质量属性分析

通过模型质量属性分析，可以获得模型的体积、曲面区域、质量、回转半径和重量等数据。下面以一个模型为例，简要说明其操作过程。

Step 1　打开文件 D:\ug85nc\work\ch09\ch09.02\mass.prt。

Step 2　选择下拉菜单 分析(L) ➡ 📐 测量体(B)... 命令，系统弹出"测量体"对话框。

Step 3　根据系统 选择实体来测量质量属性 的提示，选取图 9.2.1a 所示的模型实体 1，体积分析结果如图 9.2.1b 所示。

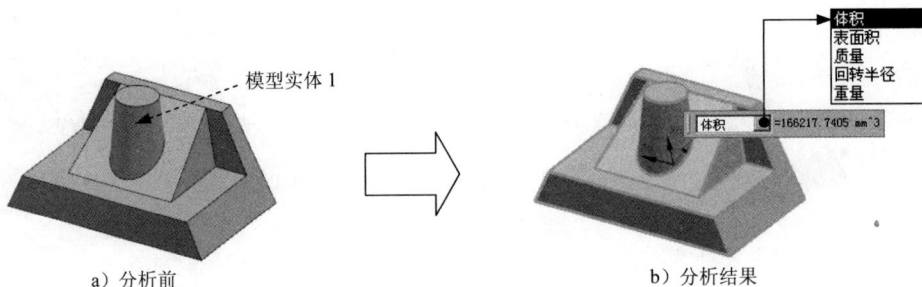

a）分析前　　　　　　　　　　　　　　b）分析结果

图 9.2.1　体积分析

Step 4　选择 体积 ▼ 下拉列表框中的 表面积 选项，系统显示该模型的曲面区域的面积。

Step 5　选择 体积 ▼ 下拉列表框中的 质量 选项，系统显示该模型的质量。

Step 6　选择 体积 ▼ 下拉列表框中的 回转半径 选项，系统显示该模型的回转半径。

Step 7　选择 体积 ▼ 下拉列表框中的 重量 选项，系统显示该模型的重量。

9.2.2　模型的几何对象检查

使用"模型的几何对象检查"功能可以分析各种类型的几何对象，找出错误的或无效的几何体；也可以分析面和边等几何对象，找出其中无用的几何对象和错误的数据结构。下面以一个模型为例，简要说明其操作过程。

Step 1 打开文件 D:\ug85nc\work\ch09\ch09.02\examgeo.prt。

Step 2 选择下拉菜单 分析(L) ➡️ 检查几何体(X)... 命令，系统弹出"检查几何体"对话框。

Step 3 定义检查项。按 Ctrl+A 组合键选择模型中的所有对象，单击 全部设置 按钮，选择所有的检查项，单击"检查几何体"对话框中的 检查几何体 按钮。

Step 4 单击"信息"按钮 ⓘ，系统弹出"信息"窗口，可查看检查后的结果。

9.2.3　装配干涉检查

在实际的产品设计中，当产品中的各个零部件组装完成后，设计人员往往比较关心产品中各个零部件间的干涉情况：有无干涉？哪些零件间有干涉？干涉量是多大？下面以一个简单的装配体模型为例，说明干涉分析的一般操作过程。

Step 1 打开文件 D:\ug85nc\work\ch09\ch09.02\ch09.02.03\intervene_asm.prt。

Step 2 在装配模块中，选择下拉菜单 分析(L) ➡️ 简单干涉(I)... 命令，系统弹出"简单干涉"对话框。

Step 3 创建"干涉体"简单干涉检查。

（1）在"简单干涉"对话框 干涉检查结果 区域的 结果对象 下拉列表中选择 干涉体 选项。

（2）依次选取图 9.2.2a 所示的对象 1 和对象 2，单击"简单干涉"对话框中的 应用 按钮，完成创建"干涉体"简单干涉检查。

Step 4 创建"高亮显示的面对"简单干涉检查。

（1）在"简单干涉"对话框 干涉检查结果 区域的 结果对象 下拉列表中选择 高亮显示的面对 选项。

（2）在"简单干涉"对话框 干涉检查结果 区域的 要高亮显示的面 下拉列表中选择 仅第一对 选项，依次选取图 9.2.2a 所示的对象 1 和对象 2。模型中将显示图 9.2.2b 所示的干涉平面。

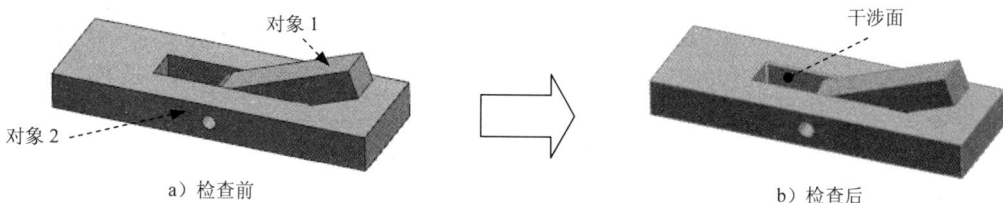

图 9.2.2 "高亮显示的面对"干涉检查

（3）在"简单干涉"对话框中的 干涉检查结果 区域的 要高亮显示的面 下拉列表中选择 在所有对之间循环 选项，系统将显示 显示下一对 按钮，单击 显示下一对 按钮，模型中将依次显示所有干涉平面。

（4）单击"简单干涉"对话框中的 取消 按钮，完成简单干涉检查操作。

10

二维工程图制作

10.1 UG NX 图样管理

UG NX 8.5 工程图环境中的图样管理包括工程图样的创建、打开、删除和编辑；下面主要对新建和编辑工程图进行简要介绍。

10.1.1 新建工程图

Step 1 打开零件模型。打开文件 D:\ug85nc\work\ch10\ch10.01\drawing_modle.prt。

Step 2 选择命令。选择下拉菜单 🎨 开始 ▾ ➡ 🖊 制图(D)... 命令，系统进入工程图环境。

Step 3 选择图纸类型。选择下拉菜单 插入(S) ➡ 📄 图纸页(H)... 命令，系统弹出"图纸页"对话框，在对话框中选择图 10.1.1 所示的选项。

Step 4 单击 确定 按钮，完成图样的创建。

说明：在 Step4 中，单击 确定 按钮之前每单击一次 应用 按钮都会多新建一张图样。

图 10.1.1 所示的"图纸页"对话框中的选项和按钮说明如下：

● 图纸页名称 文本框：指定新图样的名称，可以在该文本框中输入图样名；图样名最多可以包含 30 个字符；不允许在名称中使用空格，并且所有名称都自动转换为大写。默认的图纸名是 SHT1。

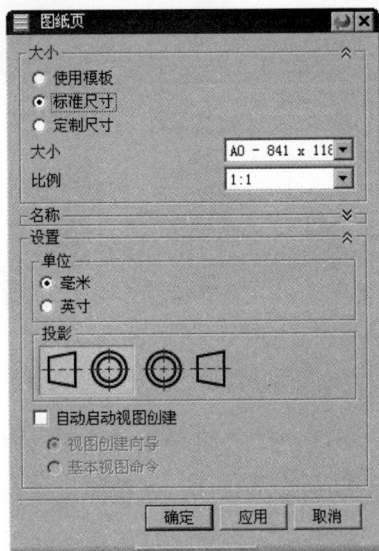

图 10.1.1 "图纸页"对话框

- **大小**下拉列表: 用于选择图样大小, 系统提供了 A4、A3、A2、A1 和 A0 五种型号的图纸。
- **比例**: 为添加到图样中的所有视图设定比例。
- **单位**: 指定○ **英寸** 或⊙ **毫米** 单位。
- **投影**: 指定第一视角投影⊟◎或第三视角投影◎⊟; 按照国标, 应选择⊙ **毫米** 和第一视角投影⊟◎。

10.1.2　编辑已存在的图样

在部件导航器中选择图样并右击, 在弹出的图 10.1.2 所示的快捷菜单中选择 **编辑图纸页 (H)...** 命令, 系统弹出图 10.1.3 所示的 "图纸页" 对话框, 利用该对话框可以编辑已存在图样的参数。

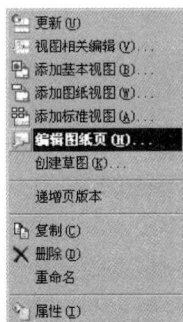

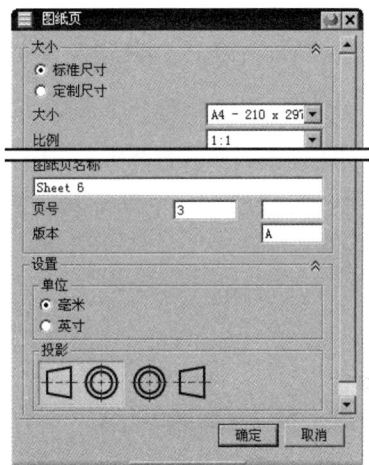

图 10.1.2　快捷菜单　　　　图 10.1.3　"图纸页" 对话框

10.2　视图的创建与编辑

视图是按照三维模型的投影关系生成的, 主要用来表达部件模型的外部结构及形状。视图分为基本视图、局部放大图、剖视图、半剖视图、旋转剖视图、其他剖视图和局部剖视图。下面分别以具体的实例来说明各种视图的创建方法。

10.2.1　基本视图

下面创建图 10.2.1 所示的基本视图, 操作过程如下。

Step 1　打开零件模型。打开文件 D:\ug85nc\work\ch10\ch10.02.01\basic_view.prt, 进入建模环境, 零件模型如图 10.2.2 所示。

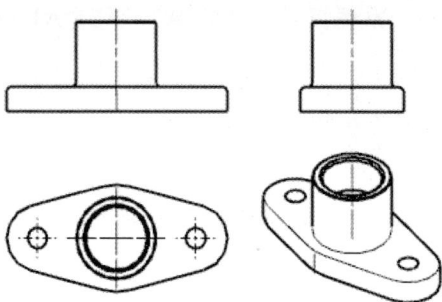

图 10.2.1　零件的基本视图

图 10.2.2　零件模型

Step 2　插入图纸页。选择下拉菜单 开始▼ ➡ 制图(D)... 命令，系统进入工程图环境；选择下拉菜单 插入(S) ➡ 图纸页(H)... 命令，系统弹出"图纸页"对话框，在对话框中选择图 10.2.3 所示的选项，然后单击 确定 按钮。

Step 3　设置视图显示。选择下拉菜单 首选项(P) ➡ 视图(V)... 命令，系统弹出"视图首选项"对话框；在 隐藏线 选项卡中设置隐藏线为不可见；单击 确定 按钮。

Step 4　选择视图类型。选择下拉菜单 插入(S) ➡ 视图(W) ➡ 基本(B)... 命令，系统弹出图 10.2.4 所示的"基本视图"对话框。在"基本视图"对话框 模型视图 区域的 要使用的模型视图 下拉列表中选择 前视图 选项，在 比例 区域的 比例 下拉列表中选择 1:1 选项。

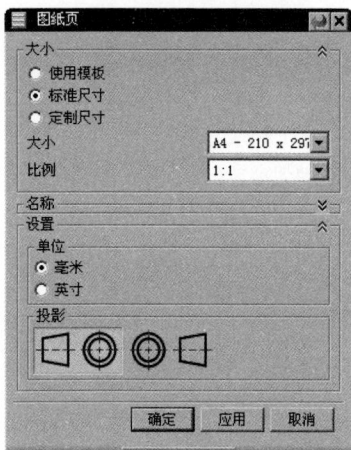

图 10.2.3　"图纸页"对话框

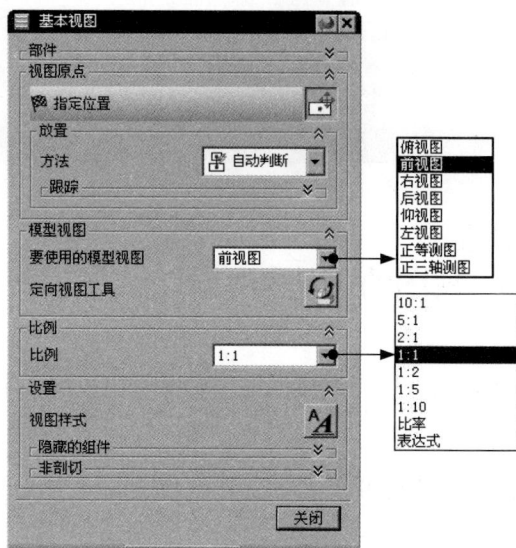

图 10.2.4　"基本视图"对话框

图 10.2.4 所示的"基本视图"对话框中的选项说明如下：

- 部件 区域：用于加载部件、显示已加载部件和最近访问的部件。
- 视图原点 区域：主要用于定义视图在图形区的摆放位置，例如水平、垂直、鼠标在图形区的点击位置或系统的自动判断等。

- **模型视图** 区域：用于定义视图的方向，例如仰视图、前视图、右视图等；单击该区域的"定向视图工具"按钮，系统弹出"定向视图工具"对话框，通过该对话框，可以创建自定义的视图方向。

- **比例** 区域：用于在添加视图之前，为基本视图指定一个特定的比例。默认的视图比例值等于图样比例。

- **设置** 区域：主要用于完成视图样式的设置，单击该区域的 按钮，系统弹出"视图样式"对话框。

Step 5 放置视图。在图 10.2.5 所示的三个位置单击以生成主视图、俯视图和左视图。

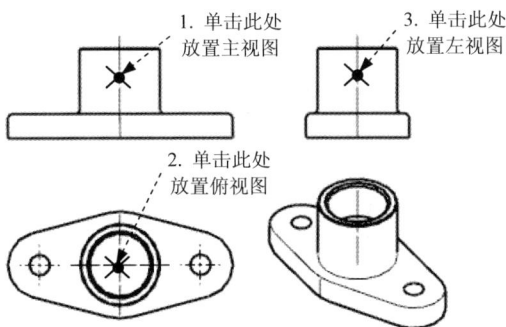

图 10.2.5　视图的放置

Step 6 创建正等测视图。

（1）选择命令。选择下拉菜单 **插入(S)** ➡ **视图(W)** ➡ **基本(B)...** 命令，系统弹出"基本视图"对话框。

（2）选择视图类型。在"基本视图"对话框 **模型视图** 区域的 **要使用的模型视图** 下拉列表中选择 **正等测图** 选项。

（3）定义视图比例。在 **比例** 区域的 **比例** 下拉列表中选择 **1:1** 选项。

（4）放置视图。选择合适的放置位置并单击，结果如图 10.2.5 所示。

10.2.2　局部放大图

下面创建图 10.2.6 所示的局部放大图，操作过程如下。

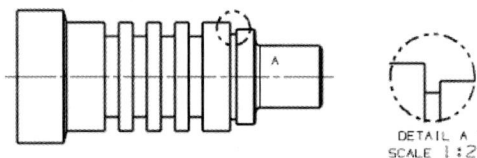

图 10.2.6　局部放大图

Step 1 打开文件 D:\ug85nc\work\ch10\ch10.02.02\magnify_view.prt。

Step 2 选择命令。选择下拉菜单 插入(S) ➡ 视图(W) ➡ 局部放大图(D)... 命令，系统弹出图 10.2.7 所示的"局部放大图"对话框。

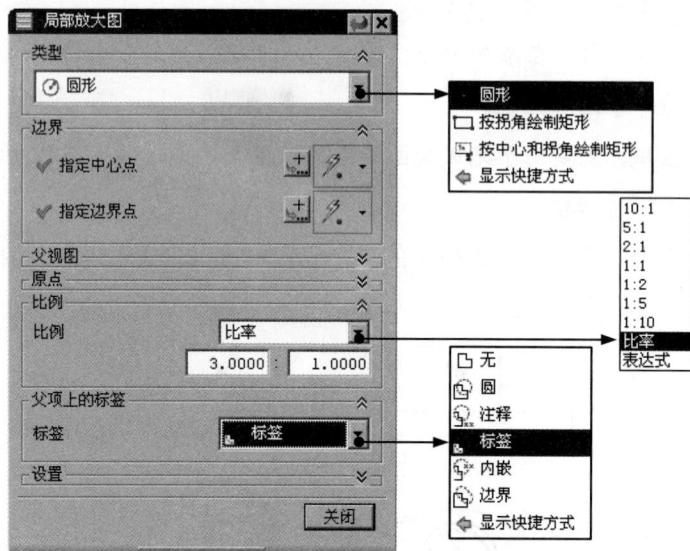

图 10.2.7   "局部放大图"对话框

Step 3 选择边界类型。在"局部放大图"对话框的 类型 下拉列表中选择 圆形 选项（图 10.2.7）。

图 10.2.7 所示的"局部放大图"对话框的选项说明如下：

- 类型 区域：用于定义绘制局部放大图边界的类型，包括"圆形"、"按拐角绘制矩形"和"按中心和拐角绘制矩形"。
- 边界 区域：用于定义创建局部放大图的边界位置。
- 父项上的标签 区域：用于定义父视图边界上的标签类型，包括"无"、"圆"、"注释"、"标签"、"内嵌"和"边界"。

Step 4 绘制放大区域的边界（图 10.2.8）。

Step 5 指定放大图比例。在"局部放大图"对话框 比例 区域的 比例 下拉列表中选择 比率 选项，输入 1:2。

Step 6 定义父视图上的标签。在对话框 父项上的标签 区域的 标签 下拉列表中选择 标签 选项。

Step 7 放置视图。选择合适的位置（图 10.2.8）并单击以放置放大图，然后单击 关闭 按钮。

Step 8 设置视图标签样式。双击父视图上放大区域的边界，系统弹出"视图标签样式"对话框，设置图 10.2.9 所示的参数，完成设置后单击 确定 按钮。

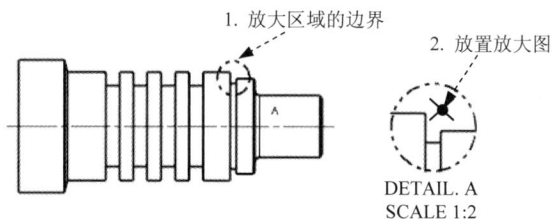

图 10.2.8　局部放大图的放置

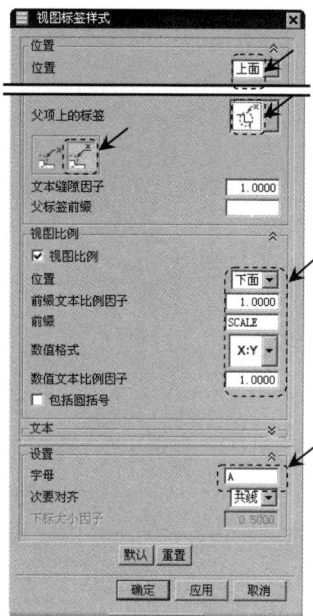

图 10.2.9　"视图标签样式"对话框

10.2.3　全剖视图

下面创建图 10.2.10 所示的全剖视图，操作过程如下。

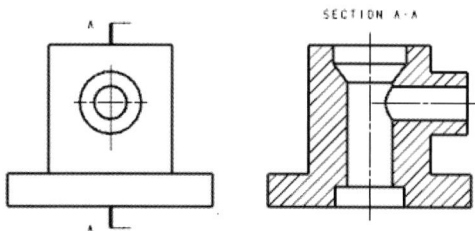

图 10.2.10　全剖视图

Step 1　打开文件 D:\ug85nc\work\ch10\ch10.02.03\section_cut.prt。

Step 2　选择命令。选择菜单 插入(S) ➡ 视图(W) ➡ 截面(S) ➡ 简单/阶梯剖(S)...
命令，系统弹出"剖视图"对话框。

Step 3　在系统 选择父视图 的提示下，选择主视图作为创建全剖视图的父视图（图 10.2.11）。

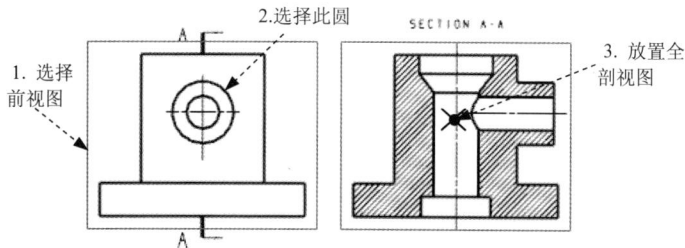

图 10.2.11　放置剖面视图

Step 4 选择剖切位置。确认"捕捉方式"工具条中的 ⊙ 按钮被按下，选取图 10.2.11 所示的圆，系统自动捕捉圆心位置。

Step 5 放置剖视图。在系统 指示图纸页上剖视图的中心 的提示下，在图 10.2.11 所示的位置单击放置剖视图，然后按 Esc 键结束，完成全剖视图的创建。

10.2.4 半剖视图

创建图 10.2.12 所示的半剖视图的操作过程如下。

Step 1 打开文件 D:\ug85nc\work\ch10\ch10. 02.04\half-section_cut.prt。

Step 2 选择命令。选择下拉菜单 插入(S) ➡ 视图(W) ➡ 截面(S) ➡ 半剖(H)... 命令，系统弹出"半剖视图"对话框。

Step 3 选择俯视图为创建半剖视图的父视图（图 10.2.12）。

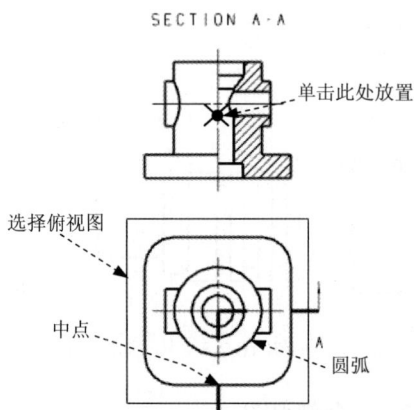

图 10.2.12 半剖视图

Step 4 选择剖切位置。确认"捕捉方式"工具条中的 ⊙ 按钮被按下，选取图 10.2.12 所示的圆弧和中点，系统自动捕捉圆心位置。

Step 5 放置半剖视图。移动鼠标到合适的位置单击，完成视图的放置。

10.2.5 旋转剖视图

下面创建图 10.2.13 所示的旋转剖视图，操作过程如下：

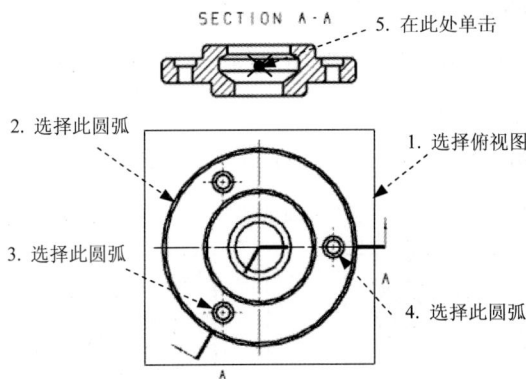

图 10.2.13 旋转剖视图

Step 1 打开文件 D:\ug85nc\work\ch10\ch10.02.05\revolved_section_cut.prt。

Step **2** 选择命令。选择菜单 插入(S) ➡ 视图(W) ➡ 截面(S) ➡ 🔄 旋转剖(R)... 命令，系统弹出"旋转剖视图"对话框。

Step **3** 选择俯视图为创建旋转剖视图的父视图（图 10.2.13）。

Step **4** 选择剖切位置。单击选中"捕捉方式"工具条中的 ⊙ 按钮，选取图 10.2.13 中的 2 所指示的圆弧；然后选取图 10.2.13 中的 3 所指示的圆弧，再选取图 10.2.13 中 4 指示的圆弧。

Step **5** 放置剖视图。在系统 指示图纸页上剖视图的中心 的提示下，单击图 10.2.13 所示的位置 5，完成视图的放置。

10.2.6 阶梯剖视图

下面创建阶梯视图，操作过程如下。

Step **1** 打开文件 D:\ug85nc\work\ch10\ch10.02.06\stepped_section_cut.prt。

Step **2** 选择命令。选择下拉菜单 插入(S) ➡ 视图(W) ➡ 截面(S) ➡ 🔄 轴测剖(P)... 命令，系统弹出"轴测图中的全剖/阶梯剖"对话框（图 10.2.14）。

Step **3** 选择图形区中的视图为阶梯剖的父视图。

Step **4** 定义剖切线。

（1）定义箭头方向矢量。选取图 10.2.14 所示的下拉列表中的 ↗ᵞᶜ，单击对话框中的 应用 按钮。

（2）定义剖切方向矢量。选取图 10.2.14 所示的下拉列表中的 ↑ᶻᶜ，单击对话框中的 应用 按钮，系统弹出"剖面线创建"对话框。

（3）定义剖切位置。选中"剖面线创建"对话框中的 ⊙ 剖切位置 单选按钮；然后在 选择点 后的下拉列表中选择 ⊙ 选项；依次选取图 10.2.15 所示的圆 1 和圆 2；单击"剖面线创建"对话框中的 确定 按钮。

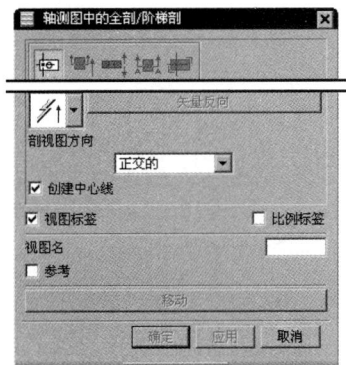

图 10.2.14 "轴测图中的全剖/阶梯剖"对话框

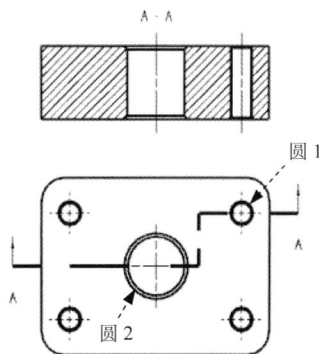

图 10.2.15 阶梯剖视图

Step 5　放置阶梯剖视图。选择合适的位置并单击以放置阶梯剖视图。

Step 6　单击"轴测图中的全剖/阶梯剖"对话框中的 取消 按钮或按 Esc 键退出，完成阶梯剖视图的创建。

10.2.7　局部剖视图

下面创建图 10.2.16 所示的局部剖视图，操作过程如下。

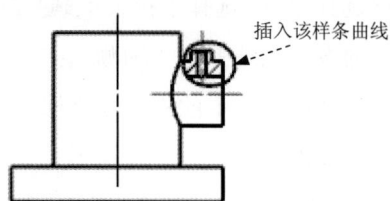

Step 1　打开文件 D:\ug85nc\work\ch10\ch10.02.07\breakout-section.prt。

Step 2　绘制局部剖视图的边界。

（1）在前视图的边界上右击，在系统弹出的快捷菜单中选择 品 活动草图视图 命令，此时将激活前视图为草图视图。

（2）单击"草图工具"工具条中的"艺术样条"按钮 ，系统弹出"艺术样条"对话框，选择 通过点 类型，绘制图 10.2.17 所示的样条曲线，单击对话框中的 < 确定 > 按钮。

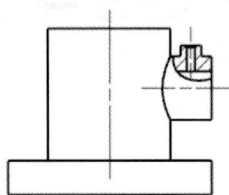

图 10.2.16　局部剖视图　　　　　图 10.2.17　绘制曲线

（3）单击"草图工具"工具条中的 完成草图 按钮，完成草图绘制。

Step 3　选择命令。选择下拉菜单 插入(S) ➡ 视图(W) ➡ 截面(S) ➡ 局部剖(O)... 命令，系统弹出"局部剖"对话框（图 10.2.18）。

Step 4　创建局部剖视图。

（1）选择生成局部剖的视图。在图形区选取前视图。

（2）定义基点。单击"捕捉方式"工具条中的 按钮；选取图 10.2.19 所示的基点。

图 10.2.18　"局部剖"对话框　　　　　图 10.2.19　选取基点

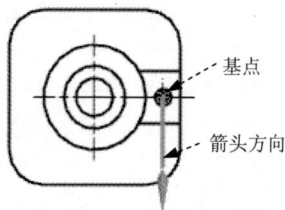

（3）定义拉出的矢量方向。接受系统的默认方向。

（4）选择剖切线。单击"局部剖"对话框中的"选择曲线"按钮 ；选择样条曲线为剖切线；单击 应用 按钮；再单击 取消 按钮，完成局部剖视图的创建。

10.2.8 显示与更新视图

1. 视图的显示

选择下拉菜单 视图(V) ➡ 显示图纸页(I) 命令，系统会在模型的三维图形和二维工程图之间进行切换。

说明： 显示图纸页(I) 命令可从工具定制中加载。

2. 视图的更新

选择下拉菜单 编辑(E) ➡ 视图(W) ➡ 更新(U)... 命令，可更新图形区中的视图。选择该命令后，系统弹出图 10.2.20 所示的"更新视图"对话框。

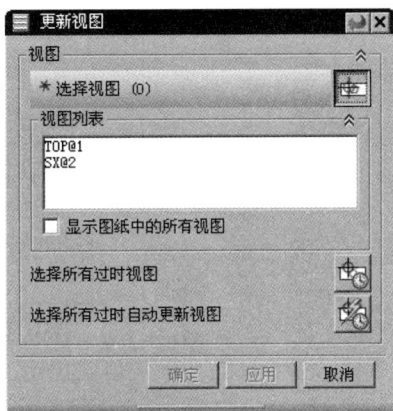

图 10.2.20 "更新视图"对话框

图 10.2.20 所示的"更新视图"对话框的按钮及选项说明如下：

● □ 显示图纸中的所有视图：列出当前存在于部件文件中所有图样页面上的所有视图，当该复选框被选中时，部件文件中的所有视图都在该对话框中可见并可供选择；如果取消选中该复选框，则只能选择当前显示的图样上的视图。

● 选择所有过时视图 按钮 ：用于选择工程图中的过期视图。单击 应用 按钮之后，这些视图将进行更新。

● 选择所有过时自动更新视图 按钮 ：用于选择工程图中的所有过期视图并自动更新。

10.2.9 视图对齐

UG NX 8.5 提供了比较方便的视图对齐功能。将鼠标移至视图的视图边界上并按住左键，然后移动，系统会自动判断用户的意图，显示可能的对齐方式，当移动到适合的位置时，松开鼠标左键即可。如果这种方法不能满足要求，用户还可以利用 对齐(I)... 命令来对齐视图。下面以图 10.2.21 为例，说明利用该命令来使视图对齐的一般过程。

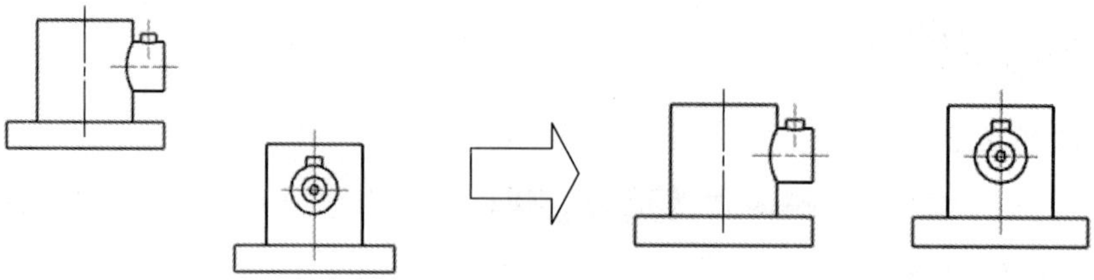

a）对齐前　　　　　　　　　　　　　　b）对齐后

图 10.2.21　视图对齐

Step 1　打开文件 D:\ug85nc\work\ch10\ch10.02.09\align_view.prt。

Step 2　选择命令。选择下拉菜单 编辑(E) ➡ 视图(W) ➡ 对齐(I)... 命令，系统弹出图 10.2.22 所示的"视图对齐"对话框。

Step 3　选择要对齐的视图。这里选择图 10.2.23 所示的视图为要对齐的视图。

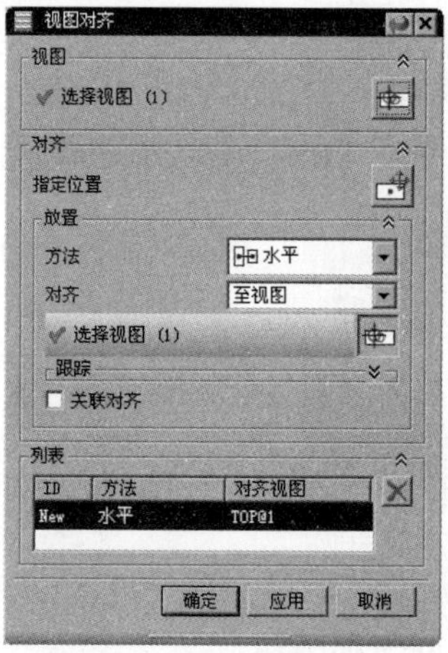

图 10.2.22　"视图对齐"对话框 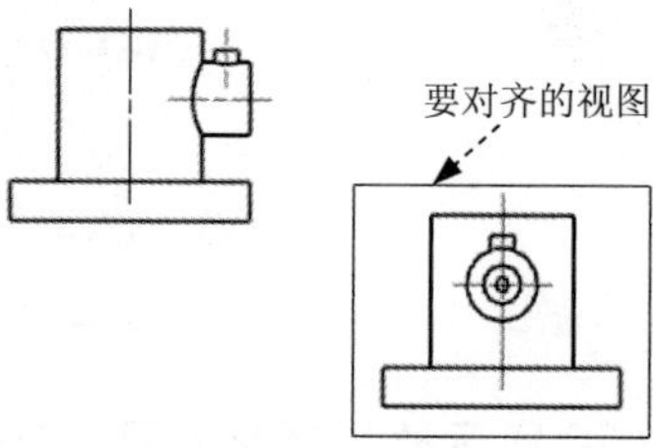　　　　图 10.2.23　选择对齐要素

图 10.2.22 所示的"视图对齐"对话框中的选项及按钮说明如下：

- 自动判断：自动判断两个视图可能的对齐方式。
- 水平：将选定的视图水平对齐。
- 竖直：将选定的视图竖直对齐。
- 垂直于直线：将选定视图与指定的参考线垂直对齐。
- 叠加：同时水平和竖直对齐视图，以便使它们重叠在一起。
- 铰链：将选定的视图对齐到任意选定的位置。

Step 4　定义对齐方式。在"视图对齐"对话框的 方法 下拉列表中选择 水平 选项。

Step 5　选择对齐视图。这里选择主视图为对齐视图。

Step 6　单击对话框中的 确定 按钮，完成视图的对齐。

10.2.10 编辑视图

1. 编辑整个视图

打开文件 D:\ug85nc\work\ch10\ch10.02.10\edit_view.prt；在视图的边框上右击，从弹出的快捷菜单中选择 **样式(Y)...** 命令（图 10.2.24），系统弹出图 10.2.25 所示的"视图样式"对话框，使用该对话框可以改变视图的显示。

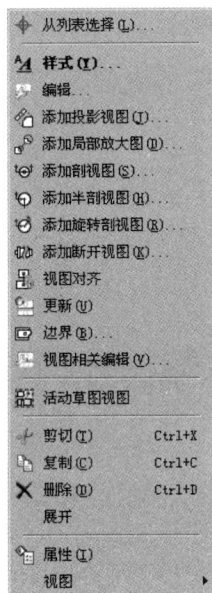

图 10.2.24 选择"样式"命令   图 10.2.25 "视图样式"对话框

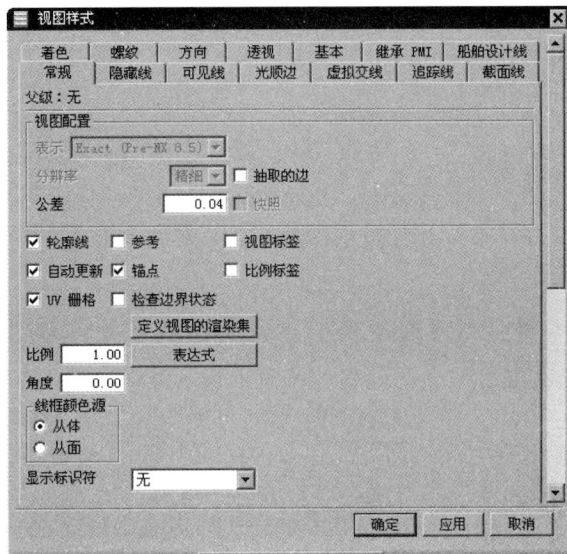

"视图样式"对话框和"视图首选项"对话框基本一致，在此不作具体介绍。

2. 视图细节的编辑

（1）编辑剖切线。

下面以图 10.2.26 为例，来说明编辑剖切线的一般过程。

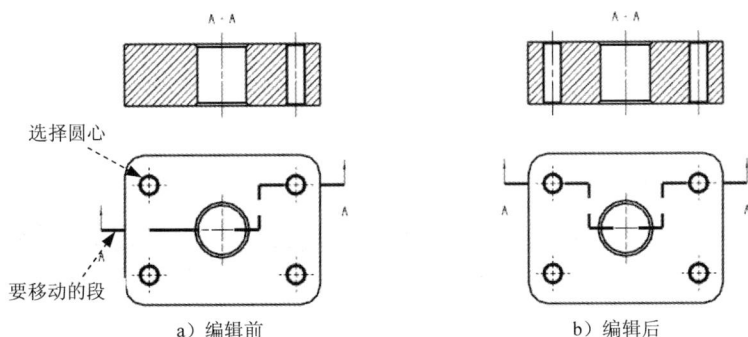

a）编辑前   b）编辑后

图 10.2.26 编辑剖切线

Step 1 打开文件 D:\ug85nc\work\ch10\ch10.02.10\edit_section_01.prt。

Step 2 选择命令。选择下拉菜单 编辑(E) ➡ 视图(W) ➡ 截面线(L)... 命令，系统弹出图 10.2.27 所示的"截面线"对话框。

Step 3 单击对话框中的 选择剖视图 按钮，选取图 10.2.26a 所示的剖视图，在对话框中选中 ⊙ 移动段 单选按钮。

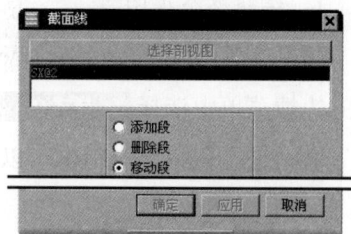

Step 4 选择要移动的段（图 10.2.26a 所示的一段剖切线）。

图 10.2.27 "截面线"对话框

Step 5 选择放置位置。选取图 10.2.26a 所示的圆心。

说明：利用"截面线"对话框不仅可以增加、删除和移动剖切线，还可重新定义铰链线、剖切矢量和箭头矢量等。

Step 6 单击"截面线"对话框中的 应用 按钮，再单击 取消 按钮，完成剖切线的编辑操作。

说明：如果此时视图未更新，用户可选择下拉菜单 编辑(E) ➡ 视图(W) ➡ 更新(U)... 命令，弹出"更新视图"对话框；单击"选择所有过时视图"按钮 ，选择全部视图；再单击 确定 按钮，完成视图的更新。

（2）定义剖面线。

在工程图环境中，用户可以选择现有剖面线或自定义的剖面线来填充剖面。与产生剖视图的结果不同，填充剖面不会产生新的视图。下面以图 10.2.28 为例，来说明定义剖面线的一般操作过程。

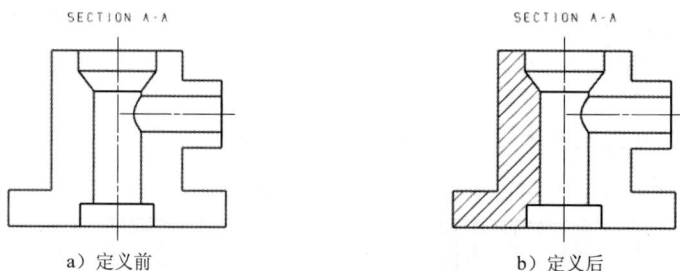

SECTION A-A   SECTION A-A

a）定义前   b）定义后

图 10.2.28 定义剖面线

Step 1 打开文件 D:\ug85nc\work\ch10\ch10.02.10\edit_section_02.prt。

Step 2 选择命令。选择下拉菜单 插入(S) ➡ 注释(A) ➡ 剖面线(D)... 命令，弹出图 10.2.29 所示的"剖面线"对话框，在该对话框 边界-区域的 选择模式 下拉列表中选择 边界曲线 选项。

Step 3 定义剖面线边界。依次选取图 10.2.30 所示的曲线为剖面线边界。

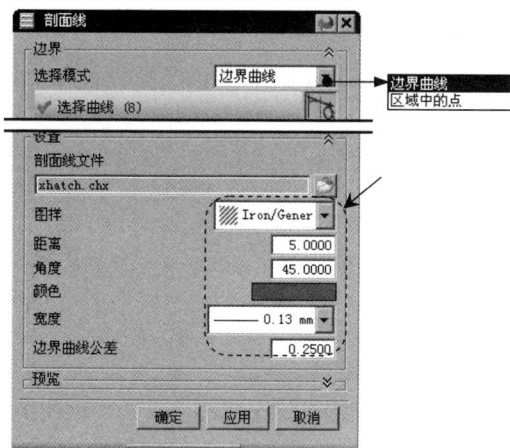

图 10.2.29　"剖面线"对话框

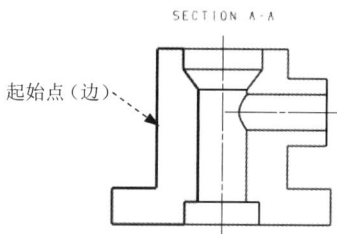

图 10.2.30　选择边线要素

起始点（边）

SECTION A-A

Step 4 定义剖面线样式。剖面线样式设置如图 10.2.29 所示。

Step 5 单击 确定 按钮，完成剖面线的定义。

图 10.2.29 所示的"剖面线"对话框 选择模式 下拉列表中各选项说明如下：

● 边界曲线 选项：若选择该选项，则在图形上选取一个封闭的边界曲线得到剖面线。

● 区域中的点 选项：若选择该选项，则在创建剖面线时，只需要在一个封闭的边界曲线内部单击，系统自动选取此封闭边界作为创建剖面线的边界。

10.3　工程图标注与符号

10.3.1　尺寸标注

尺寸标注是绘制工程图中的一个重要环节，本节将介绍尺寸标注的方法以及注意事项。主要通过图 10.3.1 所示的"尺寸"工具条进行尺寸标注（工具条中没有的按钮可以定制）。

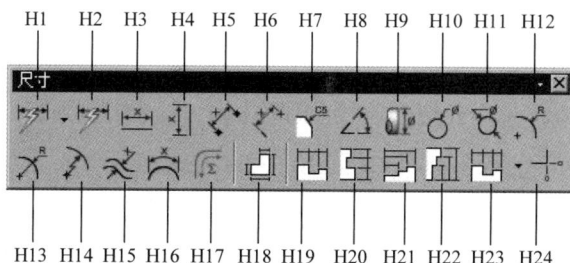

H1　H2　H3　H4　H5　H6　H7　H8　H9　H10　H11　H12

H13　H14　H15　H16　H17　H18　H19　H20　H21　H22　H23　H24

图 10.3.1　"尺寸"工具条

图 10.3.1 所示的"尺寸"工具条的说明如下：

H1：允许用户使用系统功能创建尺寸，以便根据用户选取的对象以及光标位置智能地判断尺寸类型，其下拉列表中包括下面的所有标注方式。

H2：允许用户使用系统功能创建尺寸，以便根据用户选取的对象以及光标位置智能地判断尺寸类型。

H3：在两个选定对象之间创建一个水平尺寸。

H4：在两个选定对象之间创建一个竖直尺寸。

H5：在两个选定对象之间创建一个平行尺寸。

H6：在一条直线或中心线与一个定义的点之间创建一个垂直尺寸。

H7：创建倒斜角尺寸。

H8：在两条不平行的直线之间创建一个角度尺寸。

H9：创建一个等于两个对象或点位置之间的线性距离的圆柱尺寸。

H10：创建孔特征的直径尺寸。

H11：标注圆或弧的直径尺寸。

H12：创建一个半径尺寸，此半径尺寸使用一个从尺寸值到弧的短箭头。

H13：创建一个半径尺寸，此半径尺寸从弧的中心绘制一条延伸线。

H14：对极大的半径圆弧创建一条折叠的指引线半径尺寸，其中心可以在图形区之外。

H15：创建厚度尺寸，该尺寸测量两个圆弧或两个样条之间的距离。

H16：创建一个测量圆弧周长的圆弧长尺寸。

H17：创建周长约束以控制选定直线和圆弧的集体长度。

H18：将孔和螺纹的参数（以标注的形式）或草图尺寸继承到图纸页。

H19：允许用户创建一组水平尺寸，其中每个尺寸都与相邻尺寸共享其端点。

H20：允许用户创建一组竖直尺寸，其中每个尺寸都与相邻尺寸共享其端点。

H21：允许用户创建一组水平尺寸，其中每个尺寸都共享一条公共基准线。

H22：允许用户创建一组竖直尺寸，其中每个尺寸都共享一条公共基准线。

H23：表示尺寸组，包含 H19 至 H22 中的创建尺寸类型。

H24：包含允许用户创建坐标尺寸的选项。

下面以图 10.3.2 为例，来介绍创建尺寸标注的一般操作过程。

Step 1　打开文件 D:\ug85nc\work\ch10\ch10.03.01\dimension.prt。

Step 2　标注竖直尺寸。选择下拉菜单 插入(S) ➡ 尺寸(M)▶ ➡ ┃ 竖直(V)... 命令，系统弹出图 10.3.3 所示的"竖直尺寸"工具条。

图 10.3.3 所示的"竖直尺寸"工具条的按钮说明如下：

● ᴬ▲：单击该按钮，系统弹出"尺寸样式"对话框，用于设置尺寸显示和放置等参数。

● 1▾：用于设置尺寸精度。

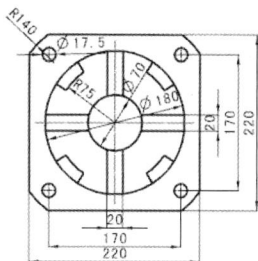

图 10.3.2　尺寸的创建

图 10.3.3　"竖直尺寸"工具条

- **1.00**：用于设置尺寸公差。
- **A**：单击该按钮，系统弹出"注释编辑器"对话框，用于添加注释文本。
- ：用于重置所有设置，即恢复默认状态。

Step 3　单击"捕捉方式"工具条中的　按钮，选取图 10.3.4 所示的边线 1 和边线 2，系统自动显示活动尺寸，单击合适的位置放置尺寸；确认"捕捉方式"工具条中的 ⊙ 按钮被按下，然后选取图 10.3.4 所示的圆 1 和圆 2，系统自动显示活动尺寸，单击合适的位置放置尺寸，结果如图 10.3.5 所示。

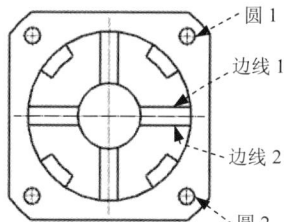

图 10.3.4　选取尺寸线参照

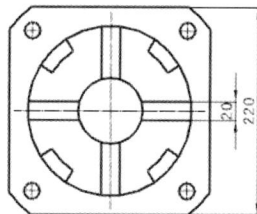

图 10.3.5　创建竖直尺寸

Step 4　标注水平尺寸。选择下拉菜单 插入(S) ➡ 尺寸(M)▶ ➡ 水平(H)... 命令，系统弹出"水平尺寸"工具条。

Step 5　单击"捕捉方式"工具条中的　按钮，选取图 10.3.6 所示的边线 1 和边线 2，系统自动显示活动尺寸，单击合适的位置放置尺寸；确认"捕捉方式"工具条中的 ⊙ 按钮被按下，然后选取图 10.3.6 所示的边线 3 和边线 4，系统自动显示活动尺寸，单击合适的位置放置尺寸，结果如图 10.3.7 所示。

Step 6　标注半径尺寸。选择下拉菜单 插入(S) ➡ 尺寸(M)▶ ➡ 半径(R)... 命令，系统弹出"半径尺寸"工具条。

Step 7　选取图 10.3.8 所示的圆弧，单击合适的位置放置半径尺寸，结果如图 10.3.9 所示。

Step 8　标注直径尺寸。选择下拉菜单 插入(S) ➡ 尺寸(M)▶ ➡ 直径(D)... 命令，系统弹出"直径尺寸"工具条。

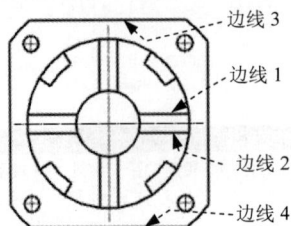

图 10.3.6　选取尺寸线参照

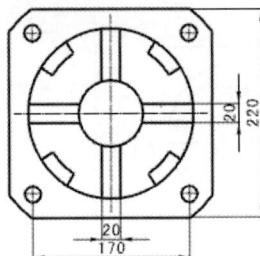

图 10.3.7　创建水平尺寸

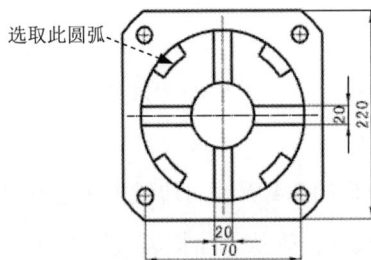

图 10.3.8　选取尺寸线参照

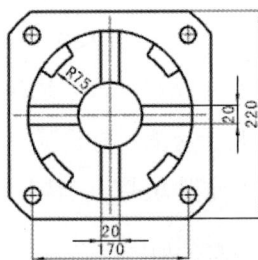

图 10.3.9　创建半径尺寸

Step 9　选取图 10.3.10 所示的圆，单击合适的位置放置直径尺寸，结果如图 10.3.11 所示。

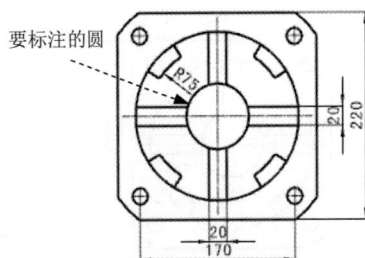

图 10.3.10　选取尺寸线参照

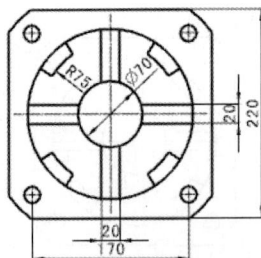

图 10.3.11　创建直径尺寸

Step 10　选取其他图元创建尺寸标注，使其完全约束，结果结果如图 10.3.2 所示。

10.3.2　注释编辑器

制图环境中的形位公差和文本注释都是通过注释编辑器来标注的，因此，在这里先介绍一下注释编辑器的用法。

选择下拉菜单 插入(S) ➡ 注释(A) ➡ A 注释(N)... 命令（或单击"注释"工具条中的 A 按钮），弹出图 10.3.12 所示的"注释"对话框。

图 10.3.12 所示的"注释"对话框中各按钮、选择的说明如下：

● 编辑文本-区域：该区域（"编辑文本"工具条）用于编辑注释，其主要功能和 Word 等软件的功能相似。

● 格式化-区域：该区域包括"文本字体设置"下拉列表 alien ▼、"文本大小设置"下拉列表 `0.25` 、"编辑文本"按钮和多行文本输入区。

● 符号 区域：该区域的 类别 下拉列表中主要包括"制图"、"形位公差"、"分数"、
"定制符号"、"用户定义"和"关系"几个选项，分别介绍如下。

☑ 制图 选项：使用图 10.3.12 所示的 制图 选项可以将制图符号的控制字符
输入到编辑窗口。

☑ 形位公差 选项：图 10.3.13 所示的 形位公差 选项可以将形位公差符号的控
制字符输入到编辑窗口和检查形位公差符号的语法。形位公差选项下方有四
个按钮，它们位于一排。这些按钮用于输入下列形位公差符号的控制字符：
插入单特征控制框、插入复合特征控制框、开始下一个框和插入框分隔线。
这些按钮的下方是各种公差特征符号按钮、材料条件按钮和其他形位公差符
号按钮。

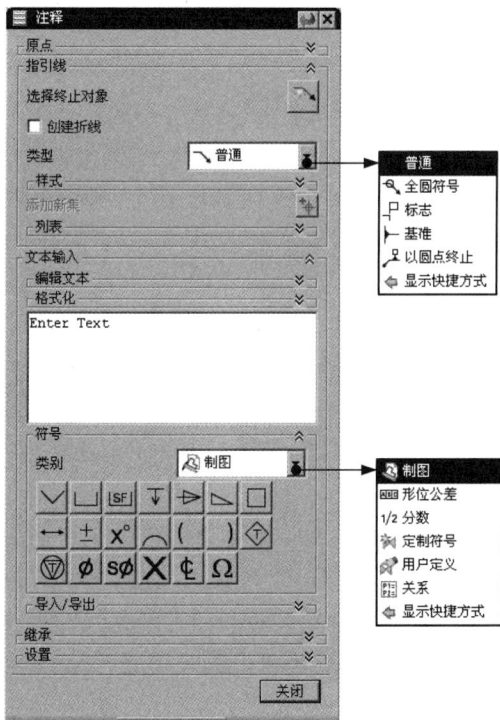

图 10.3.12　"注释"对话框（一）　　　　图 10.3.13　"注释"对话框（二）

☑ 分数 选项：图 10.3.14 所示的 分数 选项分为上部文本和下部文本，通过
更改分数类型，可以分别在上部文本和下部文本中插入不同的分数类型。

☑ 定制符号 选项：选择此选项后，可以在符号库中选取用户自定义的符号。

☑ 用户定义 选项：图 10.3.15 所示为 用户定义 选项。该选项的 符号库 下拉列表
中提供了"显示部件"、"当前目录"和"实用工具目录"选项。单击"插入

符号"按钮 后，在文本窗口中显示相应的符号代码，符号文本将显示在预览区域中。

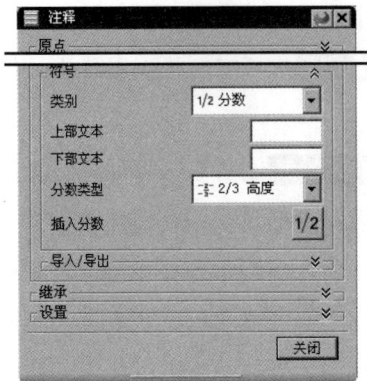

图 10.3.14　"注释"对话框（三）

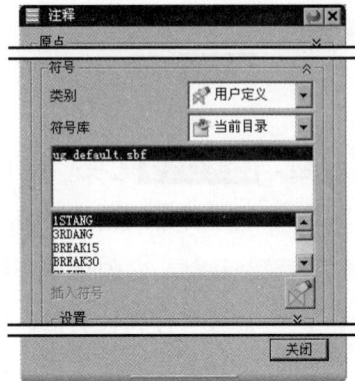

图 10.3.15　"注释"对话框（四）

☑　 关系 选项：图 10.3.16 所示的 关系 选项包括四种： 用于插入控制字符，以在文本中显示表达式的值； 用于插入控制字符，以显示对象的字符串属性值； 用于插入控制字符，以在文本中显示部件属性值； 用于插入控制字符，以显示图纸页的属性值。

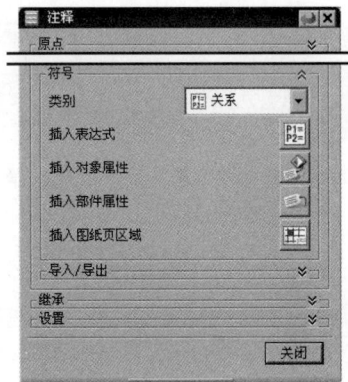

图 10.3.16　"注释"对话框（五）

10.3.3　表面粗糙度符号

在 UG NX 8.5 安装后默认的设置中，表面粗糙度符号选项命令是没有被激活的，因此首先要激活表面粗糙度符号选项命令。在 UG NX 8.5 的安装目录 C:\Program Files\Siemens\NX 8.5\UGII 中找到 ugii_env.dat 文件；用"记事本"程序将其打开；将其中的环境变量 UGII_ SURFACE_FINISH 的值改为 ON，然后保存文件；再次启动 UG NX 8.5 后，表面粗糙度符号命令已激活。下面将介绍标注表面粗糙度的一般操作过程。

Step 1　打开文件 D:\ug85nc\work\ch10\ch10.03.03\surface_finish_symbol.prt。

Step 2　选择命令。选择下拉菜单 插入(S) ➡ 注释(A) ➡ 表面粗糙度符号(S)... 命令，系统弹出"表面粗糙度"对话框。

Step 3　在"表面粗糙度"对话框中，设置图 10.3.17 所示的表面粗糙度参数。

Step 4　标注表面粗糙度符号。选取图 10.3.18 所示的边线放置符号。

图 10.3.17 所示的"表面粗糙度"对话框中部分选项的说明如下：

● 原点 区域：用于设置原点位置和表面粗糙度符号的对齐方式。

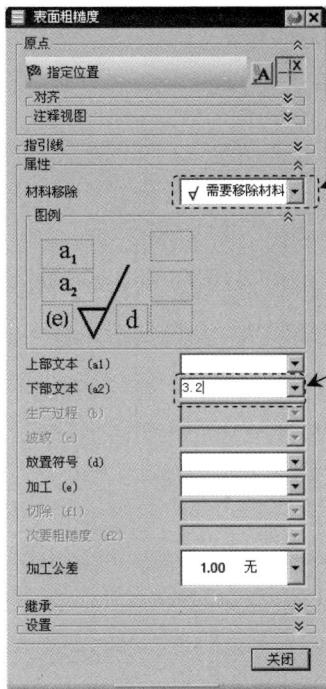

图 10.3.17 "表面粗糙度"对话框

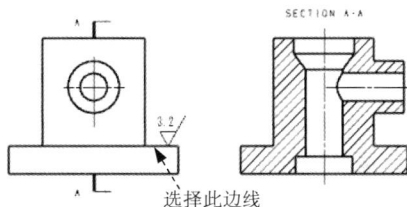

图 10.3.18 表面粗糙度的创建步骤

- 指引线区域：用于创建带指引线的表面粗糙度符号，单击该区域中的 选择终止对象 按钮，可以选择指示位置。

- 属性区域：用于设置表面粗糙度符号的类型和值属性。UG NX 8.5 提供了九种类型的表面粗糙度符号。要创建表面粗糙度，首先要选择相应的类型，选择的符号类型将显示在"图例"区域中。

- 设置区域：用于设置表面粗糙度符号的文本样式、旋转角度、圆括号及文本反转。

10.3.4 基准特征符号

利用基准符号命令可以创建用户所需的各种基准符号。下面将介绍创建基准符号的一般操作过程。

Step 1 打开文件 D:\ug85nc\work\ch10\ch10.03.04\benchmark.prt。

Step 2 选择命令。选择下拉菜单 插入(S) ➞ 注释(A) ➞ 基准特征符号(R)命令，系统弹出"基准特征符号"对话框，如图 10.3.19 所示。

Step 3 在"基准特征符号"对话框中的基准标识符下的字母文本框中输入 A。

Step 4 放置基准特征符号。捕捉图 10.3.20 所示的边线，然后按下鼠标左键并拖动，将基准特征符号放在如图 10.3.20 所示的位置。

Step 5 单击 关闭 按钮，完成基准特征符号的创建。

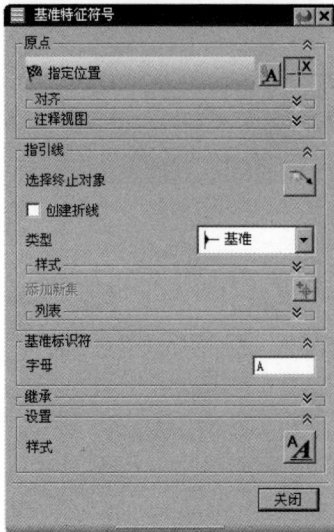

图 10.3.19　"基准特征符号"对话框　　　　图 10.3.20　创建基准特征符号

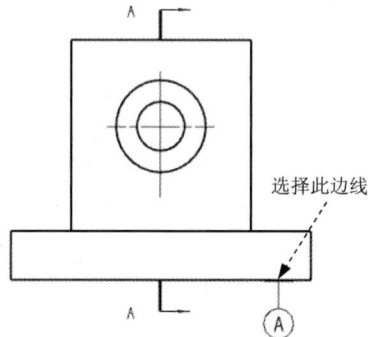

10.3.5　形位公差

利用"特征控制框"命令可以创建用户所需的各种形位公差符号。下面介绍创建公差符号的一般操作过程。

Step 1　打开文件 D：\ug85nc\work\ch10\ch10.03.05\geometric_tolerance.prt。

Step 2　选择命令。选择下拉菜单 插入(S) ➞ 注释(A) ➞ 特征控制框(E) 命令，系统弹出"特征控制框"对话框，如图 10.3.21 所示。

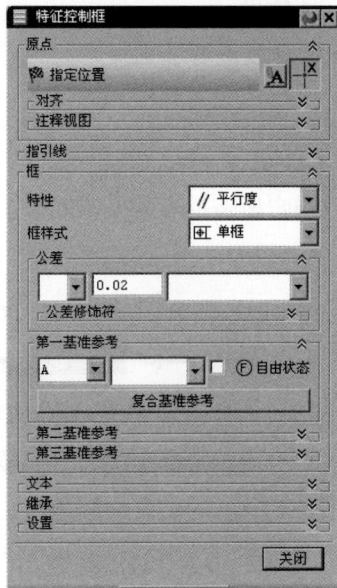

图 10.3.21　"特征控制框"对话框

Step 3 设置公差符号的参数。在 **特征** 下拉列表中选择 **平行度**，在 **公差** 区域的文本框中输入数值 0.02，在 **第一基准参考** 区域的第一个下拉列表中选择第一基准参考字母为 A。

Step 4 指定指引线。在 **指引线** 中单击 按钮，选取图 10.3.22 所示的边线为引线的放置点，在图纸中选择适当的位置单击，单击 **关闭** 按钮，完成形位公差符号的创建。

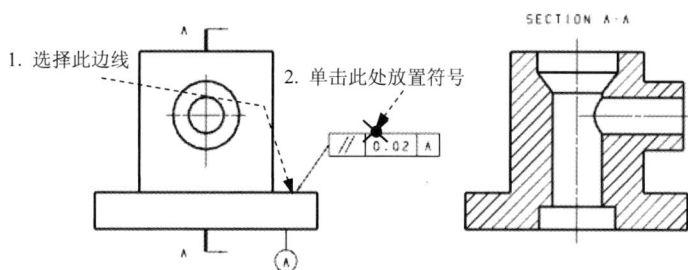

图 10.3.22　创建形位公差符号

第三篇
UG NX 数控加工与编程

11

UG NX 数控加工与
编程快速入门

11.1 UG NX 数控加工与编程的工作流程

UG NX 能够模拟数控加工的全过程，其一般流程（图 11.1.1）为：

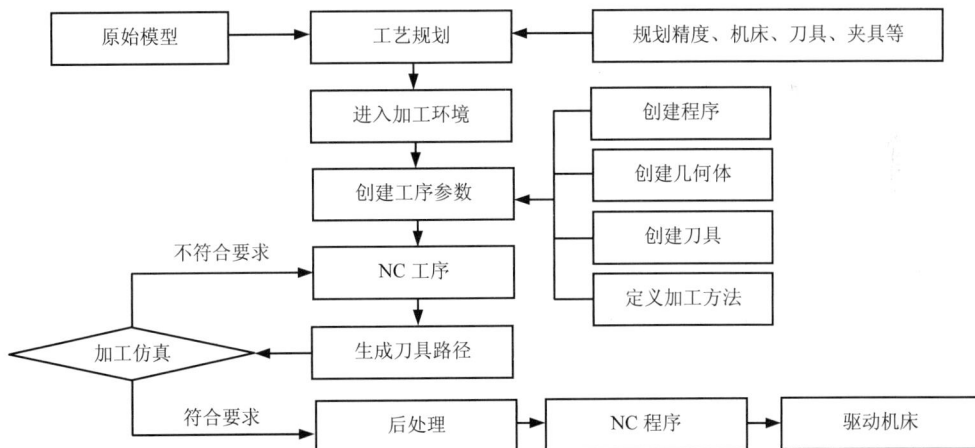

图 11.1.1 UG NX 数控加工流程图

（1）创建制造模型，包括创建或获取设计模型以及工件规划。

（2）进入加工环境。

（3）进行 NC 操作（如创建程序、几何体、刀具等）。

（4）创建刀具路径文件，进行加工仿真。

（5）利用后处理器生成 NC 代码。

11.2　进入 UG NX 加工与编程模块

在创建数控加工工序之前首先需要进入 UG NX 数控加工环境，其操作如下。

Step 1　打开模型文件 D:\ug85nc\work\ch11\core.prt，系统进入建模环境。

Step 2　进入加工环境。选择下拉菜单 ⚙ 开始 ▼ ➡ ⌘ 加工(N)... 命令，系统弹出图 11.2.1 所示的"加工环境"对话框。

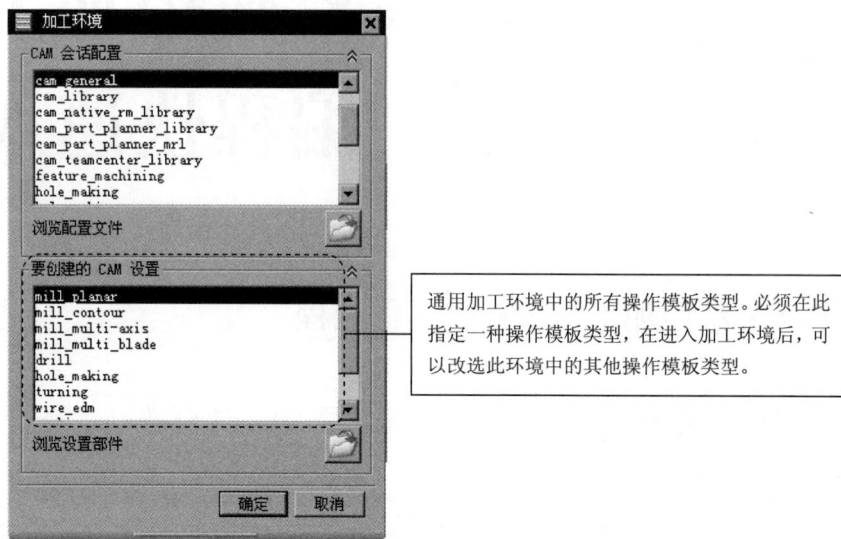

通用加工环境中的所有操作模板类型。必须在此指定一种操作模板类型，在进入加工环境后，可以改选此环境中的其他操作模板类型。

图 11.2.1　"加工环境"对话框

图 11.2.1 所示的"加工环境"对话框中"CAM 设置"选项说明如下：

- mill_planar：平面铣加工模板。

- mill_contour：轮廓铣加工模板。

- mill_multi-axis：多轴铣加工模板。

- mill_multi_blade：多轴铣叶片模板。

- drill：钻加工模板。

- hole_making：钻孔模板。

- turning：车加工模板。

- wire_edm：电火花线切割加工模板。

- probing：探测模板。

- solid_tool：整体刀具模板。

- machining_knowledge：加工知识模板。

Step 3　选择操作模板类型。在"加工环境"对话框 要创建的 CAM 设置 列表中选择 mill_contour 选项，单击 确定 按钮，进入加工环境。

说明：当加工零件第一次进入加工环境时，系统将弹出"加工环境"对话框，在 要创建的 CAM 设置 列表中选择好操作模板类型之后，在"加工环境"对话框中单击 确定 按钮，系统将根据指定的操作模板类型，调用相应的模块和相关的数据进行加工环境的设置。在以后的操作中，选择下拉菜单 工具(T) ➡ 工序导航器(O) ▶ ➡ 删除设置(S) 命令，在系统弹出的"设置删除确认"对话框中单击 确定(O) 按钮，此时系统将再次弹出"加工环境"对话框，可以重新进行操作模板类型的选择。

11.3　新建加工程序

程序主要用于管理各加工工序的先后顺序，某种程度上相当于一个文件夹。例如，一个复杂零件的所有加工工序（包括粗加工、半精加工、精加工等）需要在不同的机床上完成，将在同一机床上的加工工序放置在同一个程序组，就可以直接选取父节点程序组进行后处理。

下面还是以模型 core.prt 为例，紧接上节的操作来继续说明创建程序的一般步骤。

Step 1　选择下拉菜单 插入(S) ➡ 程序(P)...命令（单击"插入"工具栏中的按钮），系统弹出图 11.3.1 所示的"创建程序"对话框。

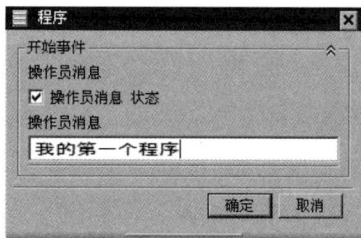

Step 2　在"创建程序"对话框中采用默认参数，单击 确定 按钮，系统弹出"程序"对话框。

Step 3　在"程序"对话框中设置操作员消息（图 11.3.2 所示），单击 确定 按钮，完成程序的创建。

图 11.3.1　"创建程序"对话框　　　　图 11.3.2　"程序"对话框

11.4　创建几何体

创建几何体主要是定义要加工的几何对象（包括部件几何体、毛坯几何体、切削区域、检查几何体、修剪几何体）和指定零件几何体在数控机床上的机床坐标系（MCS）。几何体一般应在创建工序之前定义，也可以在创建工序过程中指定。

11.4.1　创建机床坐标系

在创建加工工序前，应首先创建机床坐标系，并检查机床坐标系与参考坐标系的位置和方向是否正确，要尽可能地将参考坐标系、机床坐标系、绝对坐标系统一到同一位置。下面以前面的模型 core.prt 为例，紧接着上节的操作继续说明创建机床坐标系的一般步骤。

Step 1　选择下拉菜单 插入(S) ➡ 几何体(G)... 命令，系统弹出图 11.4.1 所示的"创建几何体"对话框。

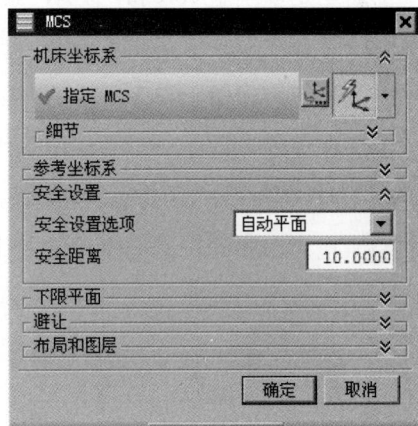

Step 2　在"创建几何体"对话框 几何体子类型 区域中单击 MCS 按钮 ，在 位置 区域 几何体 下拉列表中选择 GEOMETRY 选项，在 名称 文本框中输入 CAVITY_MCS。

Step 3　单击"创建几何体"对话框中的 确定 按钮，系统弹出图 11.4.2 所示的 MCS 对话框。

图 11.4.1　"创建几何体"对话框　　　图 11.4.2　MCS 对话框

图 11.4.1 所示的"创建几何体"对话框各选项说明如下。

● 几何体子类型 区域提供六种几何体子类型，分别介绍如下：

☑ （MCS 机床坐标系）：单击选中此按钮可以建立 MCS（机床坐标系）和 RCS（参考坐标系）、设置安全距离和下限平面以及避让参数等。

☑ （WORKPIECE 工件几何体）：用于定义部件几何体、毛坯几何体、检查几何体和部件的偏置。所不同的是，它通常位于"MCS_MILL"父级组下，只关联"MCS_MILL"中指定的坐标系、安全平面、下限平面和避让等。

☑ （MILL_AREA 切削区域几何体）：单击选中此按钮可以定义部件、检查及切削区域、壁和修剪等几何体。切削区域也可以在以后的操作对话框中指定。

- ☑ （MILL_BND 边界几何体）：单击选中此按钮可以指定部件边界、毛坯边界、检查边界、修剪边界和底平面几何体。在某些需要指定加工边界的操作，如表面区域铣削、3D 轮廓加工和清根切削等操作中会用到此按钮。

- ☑ **A**（MILL_TEXT 文字加工几何体）：选中此按钮可以指定 planar_text 和 contour_text 工序中的雕刻文本。

- ☑ （MILL_GEOM 铣削几何体）：选中此选项可以通过选择模型中的体、面、曲线和切削区域来定义部件几何体、毛坯几何体、检查几何体，还可以定义零件的偏置、材料，存储当前的视图布局与层。

- 在 位置 区域 几何体 下拉列表中提供了如下选项：
  - ☑ GEOMETRY：几何体中的最高节点，由系统自动产生。
  - ☑ MCS_MILL：选择加工模板后系统自动生成，一般是工件几何体的父节点。
  - ☑ NONE：未用项。当选择此选项时，表示没有任何要加工的对象。
  - ☑ WORKPIECE：选择加工模板后，系统在 MCS_MILL 下自动生成的工件几何体。

图 11.4.2 所示的 MCS 对话框中的主要选项、区域说明如下：

- **机床坐标系**区域：单击此区域中的"CSYS 对话框"按钮，系统弹出 CSYS 对话框，在此对话框中可以对机床坐标系的参数进行设置。机床坐标系即加工坐标系，它是所有刀路轨迹输出点坐标值的基准，刀路轨迹中所有点的数据都是根据机床坐标系生成的。在一个零件的加工工艺中，可能会创建多个机床坐标系，但在每个工序中只能选择一个机床坐标系。系统默认的机床坐标系定位在绝对坐标系的位置。

- **参考坐标系**区域：选中该区域中的 ☑ 链接 RCS 与 MCS 复选框，即指定当前的参考坐标系为机床坐标系，此时 指定 RCS 选项将不可用；取消选中 □ 链接 RCS 与 MCS 复选框，单击 指定 RCS 右侧的"CSYS 对话框"按钮，系统弹出 CSYS 对话框，在此对话框中可以对参考坐标系的参数进行设置。参考坐标系主要用于确定所有刀具轨迹以外的数据，如安全平面、对话框中指定的起刀点、刀轴矢量以及其他矢量数据等，当正在加工的工件从工艺各截面移动到另一个截面时，将通过搜索已经存储的参数，使用参考坐标系重新定位这些数据。系统默认的参考坐标系定位在绝对坐标系上。

- **安全设置**区域：用于定义安全平面等安全设置参数，详见其他章节的介绍。

- **下限平面**区域：此区域中的设置可以采用系统的默认值，不影响加工工序。

说明：在设置机床坐标系时，该对话框中的设置可以采用系统的默认值。

Step 4　在 MCS 对话框**机床坐标系**区域中单击"CSYS 对话框"按钮，系统弹出图 11.4.3

所示的 CSYS 对话框，在 类型 下拉列表中选择 动态 。

说明：系统弹出 CSYS 对话框的同时，在图形区会出现图 11.4.4 所示的待创建坐标系，可以通过移动原点球来确定坐标系原点位置，拖动圆弧边上的圆点可以分别绕相应轴进行旋转以调整角度。

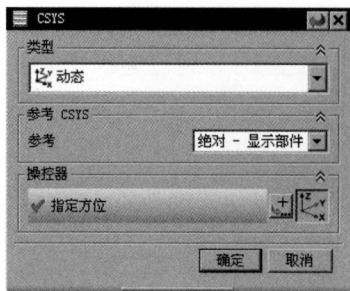

图 11.4.3　CSYS 对话框

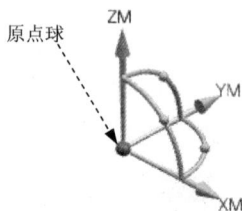

图 11.4.4　创建坐标系

Step 5　单击 CSYS 对话框 操控器 区域中的"操控器"按钮 ，系统弹出图 11.4.5 所示的"点"对话框，在"点"对话框的 Z 文本框中输入值 20.0，单击 确定 按钮，此时系统返回至 CSYS 对话框，在该对话框中单击 确定 按钮，完成图 11.4.6 所示的机床坐标系的创建，系统返回到 MCS 对话框。

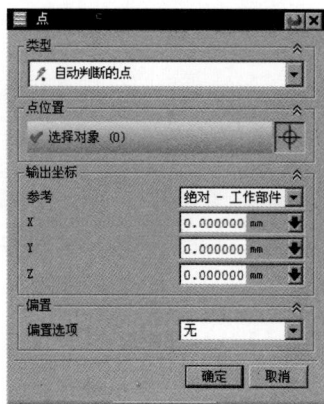

图 11.4.5　"点"对话框

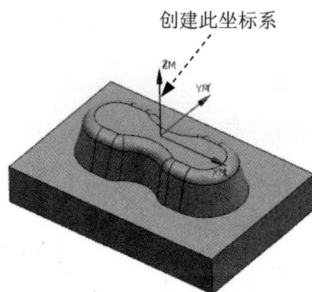

图 11.4.6　机床坐标系

11.4.2　创建安全平面

设置安全平面可以避免在创建每一工序时都设置避让参数，设定时可以选取模型的表面或者直接选择基准面作为参考平面，然后设定安全平面相对于所选平面的距离。下面以前面的模型 core.prt 为例，紧接上节的操作，说明创建安全平面的一般步骤。

Step 1　在 MCS 对话框 安全设置 区域 安全设置选项 的下拉列表中选择 平面 选项。

Step 2　单击"平面对话框"按钮 ，系统弹出图 11.4.7 所示的"平面"对话框，选取图

11.4.8 所示的模型表面为参考平面，在"平面"对话框 偏置 区域的 距离 文本框中
输入值 10.0。

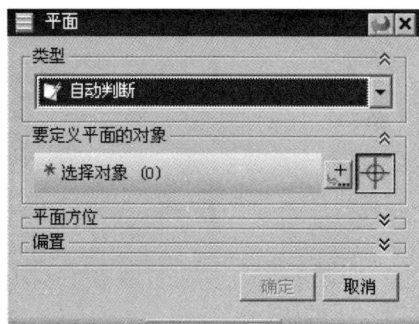

图 11.4.7　"平面"对话框

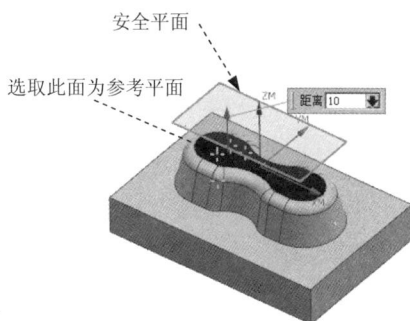

图 11.4.8　创建安全平面

Step 3　单击"平面"对话框中的 确定 按钮，完成图 11.4.8 所示的安全平面的创建。

Step 4　单击 MCS 对话框中的 确定 按钮，完成安全平面的创建。

11.4.3　创建工件几何体

下面以模型 core.prt 为例，紧接着上节的操作，说明创建工件几何体的一般步骤。

Step 1　选择下拉菜单 插入(S) ➡ 几何体(G)...命令，系统弹出"创建几何体"对话框。

Step 2　在"创建几何体"对话框 几何体子类型 区域中单击 WORKPIECE 按钮，在 位置 区域 几何体 下拉列表中选择 GEOMETRY 选项，在 名称 文本框中输入 CAVITY_WORKPIECE，然后单击 确定 按钮，系统弹出图 11.4.9 所示的"工件"对话框。

Step 3　创建部件几何体。

（1）单击"工件"对话框中的 按钮，系统弹出图 11.4.10 所示的"部件几何体"对话框。

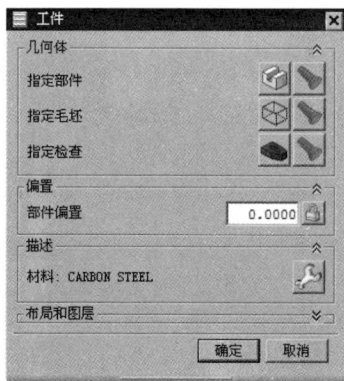

图 11.4.9　"工件"对话框

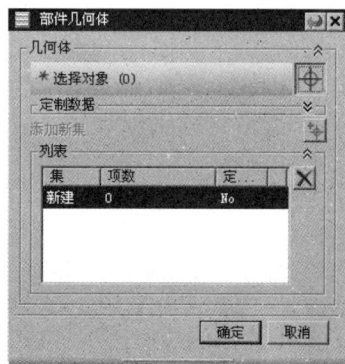

图 11.4.10　"部件几何体"对话框

图 11.4.9 所示的"工件"对话框中的主要按钮及选项说明如下：

- ⬚ 按钮：单击此按钮，在弹出的"部件几何体"对话框中可以定义加工完成后的几何体，即最终的零件，可以通过设置选择过滤器来选择特征、几何体（实体、面、曲线）和小平面体来定义部件几何体。

- ⬚ 按钮：单击此按钮，在弹出的"毛坯几何体"对话框中可以定义将要加工的原材料，可以设置选择过滤器来选择特征、几何体（实体、面、曲线）以及偏置部件几何体来定义毛坯几何体。

- ⬚ 按钮：单击此按钮，在弹出的"检查几何体"对话框中可以定义刀具在切削过程中要避让的几何体，如夹具和其他已加工过的重要表面。

- ⬚ 按钮：当部件几何体、毛坯几何体或检查几何体被定义后，其后的 ⬚ 按钮将高亮度显示，此时单击此按钮，已定义的几何体对象将以不同的颜色高亮度显示。

- 部件偏置 文本框：用于设置在零件实体模型上增加或减去指定的厚度值。正的偏置值在零件上增加指定的厚度，负的偏置值在零件上减去指定的厚度。

- ⬚ 按钮：单击该按钮，系统弹出"搜索结果"对话框，在此对话框中列出了材料数据库中的所有材料类型，材料数据库由配置文件指定。选择合适的材料后，单击 确定 按钮，则为当前创建的工件指定材料属性。

（2）在图形区选取整个零件实体（图 11.4.11 所示）为部件几何体，单击 确定 按钮，系统返回"工件"对话框。

Step 4 创建毛坯几何体。

（1）在"工件"对话框中单击 ⬚ 按钮，系统弹出图 11.4.12 所示的"毛坯几何体"对话框。在 类型 下拉列表中选择 ⬚ 包容块 选项，设置图 11.4.13 所示的参数，此时毛坯几何体如图 11.4.14 所示。

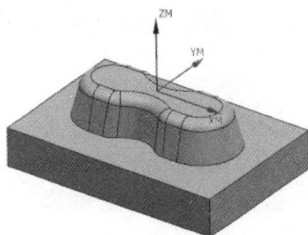

图 11.4.11 部件几何体

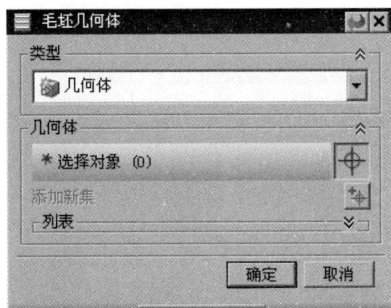

图 11.4.12 "毛坯几何体"对话框（一）

（3）单击"毛坯几何体"对话框中的 确定 按钮，系统返回到"工件"对话框。

Step 5 单击"工件"对话框中的 确定 按钮，完成工件的设置。

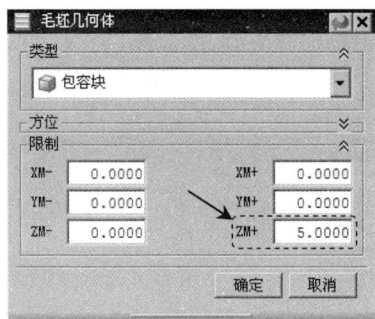

图 11.4.13　"毛坯几何体"对话框（二）

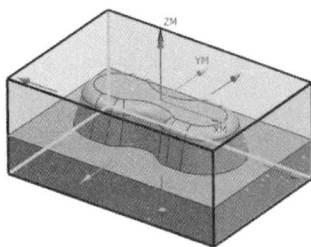

图 11.4.14　毛坯几何体

11.4.4　创建切削区域几何体

Step 1　选择下拉菜单 插入(S) ➡ 几何体(G)... 命令，系统弹出"创建几何体"对话框。

Step 2　在"创建几何体"对话框 几何体子类型 区域中单击 MILL_AREA 按钮，在 位置 区域 几何体 下拉列表中选择 CAVITY_WORKPIECE 选项，在 名称 文本框中输入 CAVITY_AREA，然后单击 确定 按钮，系统弹出图 11.4.15 所示的"铣削区域"对话框。

Step 3　在"铣削区域"对话框中单击 指定切削区域 右侧的 按钮，系统弹出图 11.4.16 所示的"切削区域"对话框。

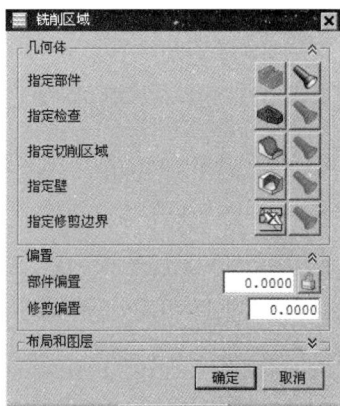

图 11.4.15　"铣削区域"对话框

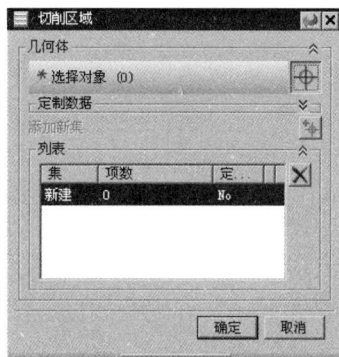

图 11.4.16　"切削区域"对话框

图 11.4.15 所示的"铣削区域"对话框中各按钮的说明如下：

- （选择或编辑检查几何体）：检查几何体是否为在切削加工过程中要避让的几何体，如夹具或重要加工平面。

- （选择或编辑切削区域几何体）：单击选中该按钮可以指定具体要加工的区域，可以是零件几何的部分区域；如果不指定，系统将认为是整个零件的所有区域。

- （选择或编辑壁几何体）：通过设置侧壁几何体来替换工件余量，表示除了加工面以外的全局工件余量。

- ◙（选择或编辑修剪边界）：单击选中该按钮可以进一步控制需要加工的区域，一般是通过设定剪切侧来实现的。

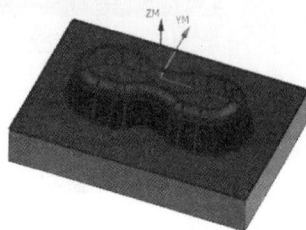

图 11.4.17　指定切削区域

Step 4 选取图 11.4.17 所示的模型表面（共 26 个面）为切削区域，然后单击"切削区域"对话框中的 确定 按钮，系统返回到"铣削区域"对话框。

Step 5 单击"铣削区域"对话框中的 确定 按钮，完成切削区域几何体的创建。

11.5　创建加工刀具

在创建工序前，必须设置合理的刀具参数或从刀具库中选取合适的刀具。下面以模型 core.prt 为例，紧接着上节的操作，说明创建刀具的一般步骤。

Step 1 选择下拉菜单 插入(S) ➡ 刀具(T) 命令（单击"插入"工具栏中的 按钮），系统弹出图 11.5.1 所示的"创建刀具"对话框。

Step 2 在"创建刀具"对话框 刀具子类型 区域中单击 MILL 按钮 ，在 名称 文本框中输入刀具名称 D10，然后单击 确定 按钮，系统弹出图 11.5.2 所示的"铣刀-5 参数"对话框。

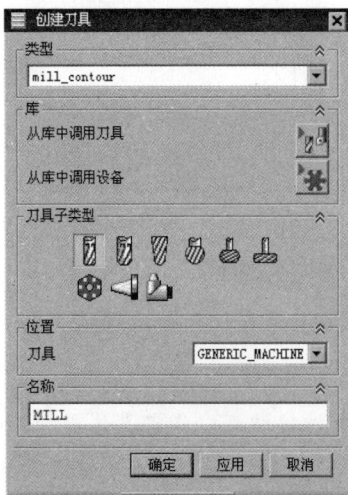

图 11.5.1　"创建刀具"对话框

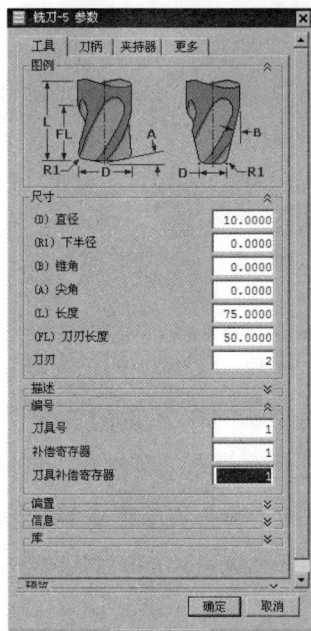

图 11.5.2　"铣刀-5 参数"对话框

Step **3** 设置刀具参数。在"铣刀-5 参数"对话框中
设置刀具参数如图 11.5.2 所示，在图形区可
以观察所设置的刀具，如图 11.5.3 所示。

Step **4** 单击 确定 按钮，完成刀具的设定。

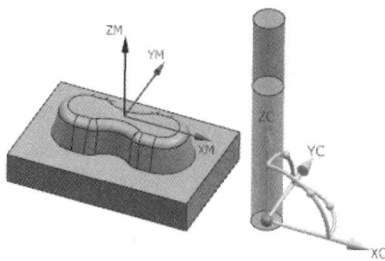

图 11.5.3　刀具预览

11.6　创建加工方法

在零件加工过程中，通常需要经过粗加工、半精加工、精加工几个步骤，而它们的主
要差异在于加工后残留在工件上的余料的多少以及表面精度。在加工方法中可以通过对加
工余量、几何体的内外公差和进给速度等选项进行设置，从而控制加工残留余量。下面紧
接着上节的操作，说明创建加工方法的一般步骤。

Step **1** 选择下拉菜单 插入(S) ➡ 方法(M)... 命令（单击"插入"工具栏中的 按钮），
系统弹出图 11.6.1 所示的"创建方法"对话框。

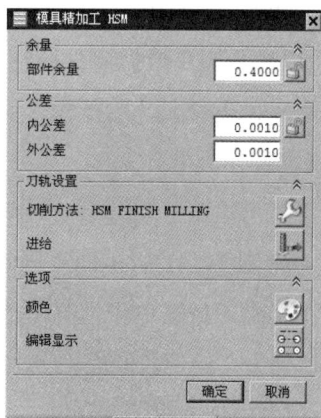

Step **2** 在"创建方法"对话框 方法子类型 区域中单击 MOLD_FINISH_HSM 按钮 ，在
位置 区域 方法 下拉列表中选择 MILL_SEMI_FINISH 选项，在 名称 文本框中输入 FINISH；
然后单击 确定 按钮，系统弹出图 11.6.2 所示的"模具精加工 HSM"对话框。

图 11.6.1　"创建方法"对话框

图 11.6.2　"模具精加工 HSM"对话框

Step **3** 设置部件余量。在"模具精加工 HSM"对话框 余量 区域的 部件余量 文本框中输入值
0.4，其他参数采用系统默认值。

Step **4** 单击"模具精加工 HSM"对话框中的 确定 按钮，完成加工方法的设置。

图 11.6.2 所示的"模具精加工 HSM"对话框中各选择的说明如下：

● 部件余量 文本框：为当前所创建的加工方法指定全局的部件余量。

● 内公差 文本框：用于设置切削过程中（不同的切削方式含义略有不同）刀具穿透

曲面的最大量。

- 外公差 文本框：用于设置切削过程中（不同的切削方式含义略有不同）刀具避免接触曲面的最大量。

- ⚙ （切削方法）：单击该按钮，在系统弹出的"搜索结果"对话框中系统为用户提供了七种切削方法，分别是 FACE MILLING（面铣）、END MILLING（端铣）、SLOTING（台阶加工）、SIDE/SLOT MILL（边和台阶铣）、HSM ROUTH MILLING（高速粗铣）、HSM SEMI FINISH MILLING（高速半精铣）、HSM FINISH MILLING（高速精铣）。

- ⬛ （进给）：单击该按钮，可以在弹出的"进给"对话框中设置切削进给量。

- ⬛ （颜色）：单击该按钮，可以在弹出的"刀轨显示颜色"对话框中对刀轨的颜色显示进行设置。

- ⬛ （编辑显示）：单击该按钮，系统弹出"显示选项"对话框，可以设置刀具显示方式、刀轨显示方式等。

11.7　创建工序

在 UG NX 8.5 加工中，每个加工工序所产生的加工刀具路径、参数形态及适用状态有所不同，所以用户需要根据零件图样及工艺技术状况，选择合理的加工工序。下面以模型 core.prt 为例，紧接着上节的操作，说明创建工序的一般步骤。

Step 1　选择操作类型。

（1）选择下拉菜单 插入(S) ➡ ⬛ 工序(E)... 命令（或单击"插入"工具栏中的 ⬛ 按钮），系统弹出图 11.7.1 所示的"创建工序"对话框。

（2）在 类型 下拉菜单中选择 mill_contour 选项，在 工序子类型 区域中单击"型腔铣"按钮 ⬛，在 程序 下拉列表中选择 PROGRAM_1 选项，在 刀具 下拉列表中选择 D10 (铣刀-5 参数) 选项，在 几何体 下拉列表中选择 CAVITY_AREA 选项，在 方法 下拉列表中选择 FINISH 选项，接受系统默认的名称。

（3）单击"创建工序"对话框中的 ⬛ 确定 ⬛ 按钮，系统弹出图 11.7.2 所示的"型腔铣"对话框。

图 11.7.2 所示的"型腔铣"对话框部分区域中的部分选项说明如下：

- 刀轨设置 区域的部分选项介绍如下：

  - ☑ 切削模式 下拉列表中提供了如下七种切削方式。

    - ➤ 🔲 跟随部件：根据整个部件几何体并通过偏置来产生刀轨。"跟随部件"

方式根据整个部件中的几何体生成并偏移刀轨，它可以根据部件的外轮廓生成刀轨，也可以根据岛屿和型腔的外围环生成刀轨，所以无需进行"岛清理"的设置。另外，"跟随部件"方式无需指定步距的方向，一般来讲，型腔的步距方向总是向外的，岛屿的步距方向总是向内的。此方式也十分适合带有岛屿和内腔零件的粗加工，一般优先选择"跟随部件"方式进行加工。

图 11.7.1　"创建工序"对话框　　　　　图 11.7.2　"型腔铣"对话框

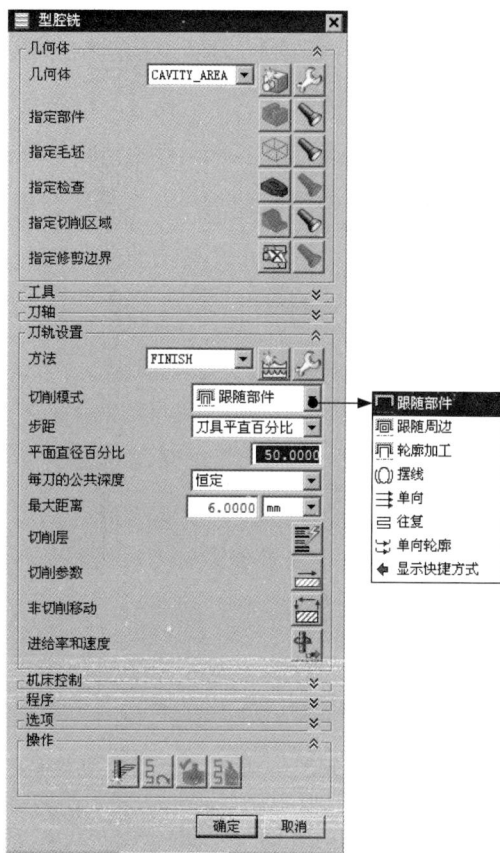

➤ **跟随周边**：沿切削区域的外轮廓生成刀轨，并通过偏移该刀轨形成一系列的同心刀轨，并且这些刀轨都是封闭的。当内部偏移的形状重叠时，这些刀轨将被合并成一条轨迹，然后再重新偏移产生下一条轨迹。和往复式切削一样，也能在步距运动间连续的进刀，因此效率也较高。设置参数时需要设定步距的方向是"向内"（外部进刀，步距指向中心）还是"向外"（中间进刀，步距指向外部）。此方式常用于带有岛屿和内腔零件的粗加工，比如模具的型芯和型腔等。

➤ **轮廓加工**：用于创建一条或者几条指定数量的刀轨来完成零件侧壁或外形轮廓的加工，主要以精加工或半精加工为主。

➤ **摆线**：刀具会以圆形回环模式运动，生成的刀轨是一系列相交且外部相连的圆环，像一个拉开的弹簧。它控制了刀具的切入，限制了步距，以免在切削时因刀具完全切入受冲击过大而断裂。选择此项，需要设置步距（刀轨中相邻两圆环的圆心距）和摆线的路径宽度（刀轨中圆环的直径）。此方式比较适合部件中的狭窄区域，岛屿和部件及两岛屿之间区域的加工。

➤ **单向**：刀具在切削轨迹的起点进刀，切削到切削轨迹的终点，然后抬刀至转换平面高度，平移到下一行轨迹的起点，刀具开始以同样的方向进行下一行切削。切削轨迹始终维持一个方向的顺铣或者逆铣切削，在连续两行平行刀轨间没有沿轮廓的切削运动，从而会影响切削效率，此方式常用于岛屿的精加工和无法运用往复式加工的场合，例如一些陡壁的筋板。

➤ **往复**：指刀具在同一切削层内不抬刀，在步距宽度的范围内沿着切削区域的轮廓维持连续往复的切削运动。往复式切削方式生成的是多条平行直线刀轨，连续两行平行刀轨的切削方向相反，但步进方向相同，所以在加工中会交替出现顺铣切削和逆铣切削。在加工策略中指定顺铣或逆铣不会影响此切削方式，但会影响其中的"壁清根"的切削方向（顺铣和逆铣是会影响加工精度的，逆铣的加工质量比较高）。这种方法在加工时刀具在步进的时候始终保持进刀状态，能最大化的对材料进行切除，是最经济和高效的切削方式，通常用于型腔的粗加工。

➤ **单向轮廓**：与"单向"切削方式类似，但是在进刀时将进刀在前一行刀轨的起始点位置，然后沿轮廓切削到当前行的起点进行当前行的切削，切削到端点时，仍然沿轮廓切削到前一行的端点，然后抬刀转移平面，再返回到起始边当前行的起点进行下一行的切削。其中抬刀回程是快速横越运动，在连续两行平行刀轨间会产生沿轮廓的切削壁面刀轨（步距），因此壁面加工的质量较高。此方法切削比较平稳，对刀具冲击很小，常用于粗加工后对要求余量均匀的零件进行精加工，比如一些对侧壁要求较高的零件和薄壁零件等。

☑ **步距**：是指两个切削路径之间的水平间隔距离，在环形切削方式中是指两个环之间的距离。其方式分别是 **恒定**、**残余高度**、**刀具平直百分比** 和 **多个** 四种。

➤ **恒定**：选择该选项后，用户需要定义切削刀路间的固定距离。如果指

定的刀路间距不能平均分割所在区域，系统将减小这一刀路间距以保持
恒定步距。

> 残余高度：选择该选项后，用户需要定义两个刀路间剩余材料的高度，从而在连续切削刀路间确定固定距离。

> 刀具平直百分比：选择该选项后，用户需要定义刀具直径的百分比，从而在连续切削刀路之间建立起固定距离。

> 多个：选择该选项后，可以设定几个不同步距大小的刀路数以提高加工效率。

☑ 平面直径百分比：在步距下拉列表中选择刀具平直百分比时，该文本框可用，用于定义切削刀路之间的距离为刀具直径的百分比。

☑ 每刀的公共深度：用于定义每一层切削的公共深度。

● 选项区域中的选项说明如下。

☑ 编辑显示选项：单击此选项后的"编辑显示"按钮⊞，系统弹出图 11.7.3 所示的"显示选项"对话框，在此对话框中可以进行刀具显示、刀轨显示以及其他选项的设置。

说明：在系统默认情况下，刀轨生成选项区域中的☐显示切削区域、☐显示后暂停、☐显示前刷新和☐抑制刀轨显示四个复选框均为取消选中状态，选中这四个复选框，在"型腔铣"对话框操作区域中单击"生成"按钮┣后，系统会弹出图 11.7.4 所示的"刀轨生成"对话框。

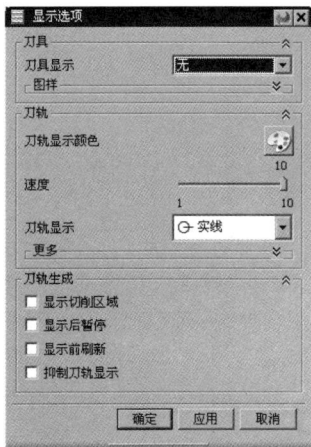

图 11.7.3　"显示选项"对话框　　　　图 11.7.4　"刀轨生成"对话框

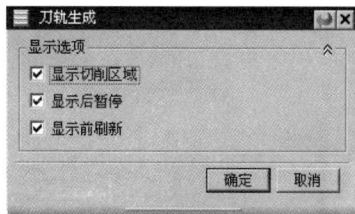

图 11.7.4 所示的"刀轨生成"对话框中各复选框的说明如下：

● ☑显示切削区域：若选中该复选框，在切削仿真时，则会显示切削加工的切削区域，但从实践效果来看，选中或不选中，仿真时候的区别不是很大。为了测试选中和

不选中之间的区别，可以选中 ☑ 显示前刷新 复选框，这样可以很明显地看出选中和
不选中之间的区别。

- ☑ 显示后暂停：若选中该复选框，处理器将在显示每个切削层的可加工区域和刀轨
  之后暂停。此复选框只对平面铣、型腔铣和固定可变轮廓铣三种加工方法有效。
- ☑ 显示前刷新：若选中该复选框，系统将移除所有临时屏幕显示。此复选框只对平
  面铣、型腔铣和固定可变轮廓铣三种加工方法有效。

Step 2 设置一般参数。在"型腔铣"对话框 切削模式 下拉列表中选择 跟随部件 选项，
在 步距 下拉列表中选择 刀具平直百分比 选项，在 平面直径百分比 文本框中输入值 50.0，
在 每刀的公共深度 下拉列表中选择 恒定 选项，在 最大距离 文本框中输入值 1.0。

Step 3 设置切削参数。

（1）单击"型腔铣"对话框中的"切削参数"按钮，系统弹出图 11.7.5 所示的"切
削参数"对话框。

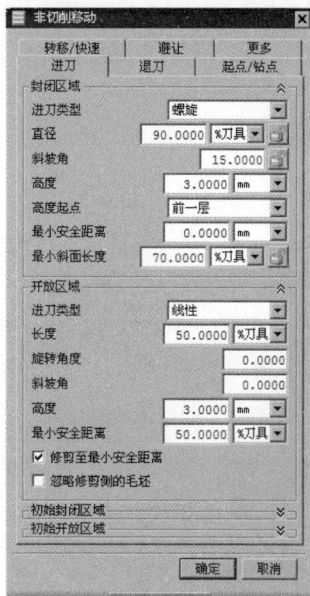

（2）单击"切削参数"对话框中的 余量 选项卡，取消选中 ☑ 使底面余量与侧面余量一致 复选
框，在 部件底面余量 文本框中输入值 0.1，其他参数的设置采用系统默认值。

（3）单击"切削参数"对话框中的 确定 按钮，完成切削参数的设置，系统返回
到"型腔铣"对话框。

Step 4 设置非切削移动参数。

（1）单击"型腔铣"对话框中的"非切削移动"按钮，系统弹出图 11.7.6 所示的
"非切削移动"对话框。

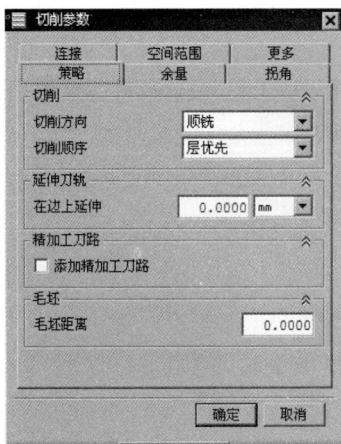

图 11.7.5　"切削参数"对话框

图 11.7.6　"非切削移动"对话框

（2）单击"非切削移动"对话框中的 进刀 选项卡，在 开放区域 区域 最小安全距离 文本框中输入 60，其他参数采用系统默认的设置，单击 确定 按钮，完成非切削移动参数的设置。

Step 5　设置进给率和速度。

（1）单击"型腔铣"对话框中的"进给率和速度"按钮 ，系统弹出"进给率和速度"对话框。

（2）在图 11.7.7 所示的"进给率和速度"对话框中选中 ☑ 主轴速度（rpm）复选框，然后在其文本框中输入值 1500.0，在 进给率 区域的 切削 文本框中输入值 400.0，并单击该文本框右侧的 按钮计算表面速度和每齿进给量，其他参数采用系统默认设置值。

（3）单击"进给率和速度"对话框中的 确定 按钮，完成进给率和速度参数的设置，系统返回到"型腔铣"对话框。

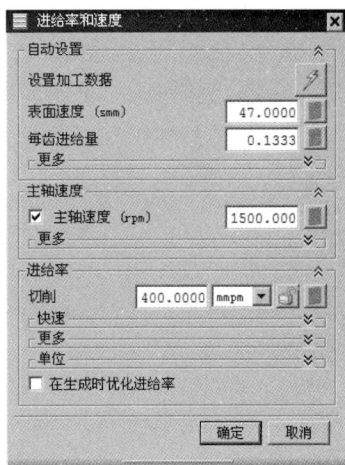

图 11.7.7　"进给率和速度"对话框

11.8　生成刀路轨迹并确认

刀路轨迹是指在图形窗口中显示的已生成的刀具运动路径。刀路确认是指在计算机屏幕上对已经生成的刀路轨迹进行播放或者去除材料的动态模拟。下面还是紧接上节的操作，说明生成刀路轨迹并确认的一般步骤。

Step 1　在"型腔铣"对话框中 操作 区域中单击"生成"按钮 ，在图形区中生成图 11.8.1 所示的刀路轨迹。

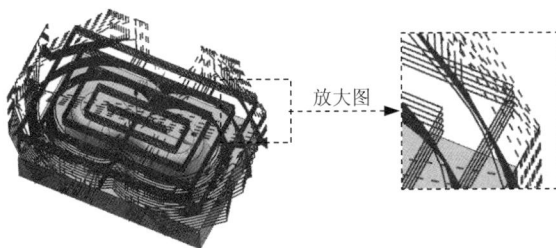

放大图

图 11.8.1　刀路轨迹

Step 2　在"型腔铣"对话框中 操作 区域中单击"确认"按钮 ，系统弹出图 11.8.2 所示的"刀轨可视化"对话框。

Step 3　单击"刀轨可视化"对话框中的 2D 动态 选项卡，然后单击"播放"按钮 ，即可进行 2D 动态仿真，完成仿真后的模型如图 11.8.3 所示。

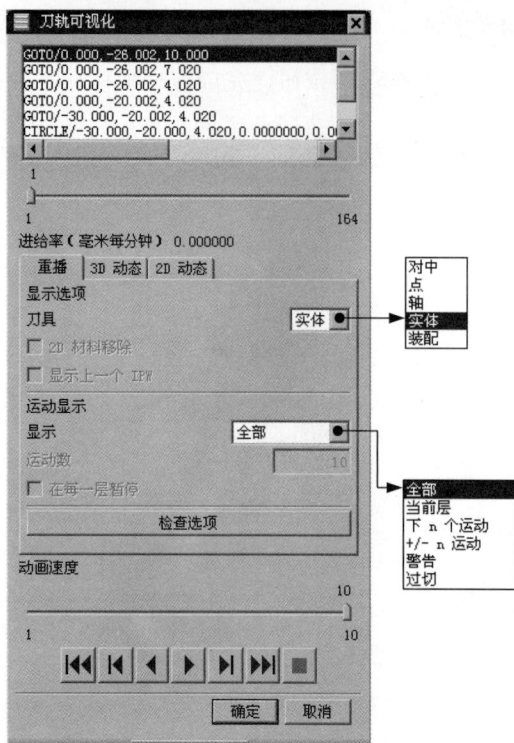

图 11.8.2 "刀轨可视化"对话框

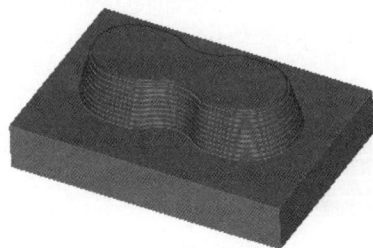

图 11.8.3 2D 仿真结果

Step 4 单击"刀轨可视化"对话框中的 确定 按钮，系统返回到"型腔铣"对话框，单击 确定 按钮完成型腔铣操作。

图 11.8.2 所示的"刀轨可视化"对话框中各选项说明如下：

● **刀具** 下拉列表：用于指定刀具在图形窗口中的显示形式。

☑ **对中**：刀具以线框形式显示。

☑ **点**：刀具以点形式显示。

☑ **轴**：刀具以轴线形式显示。

☑ **实体**：刀具以三维实体形式显示。

☑ **装配**：在一般情况下与实体类似，不同之处在于，当前位置的刀具显示是一个从数据库中加载的 NX 部件。

● **显示** 下拉列表：用于指定在图形窗口显示所有刀具路径运动的那一部分。

☑ **全部**：在图形窗口中显示所有刀具路径运动。

☑ **当前层**：在图形窗口中显示属于当前切削层的刀具路径运动。

☑ **下 n 个运动**：在图形窗口中显示从当前位置起的 n 个刀具路径运动。

☑ **+/- n 运动**：仅显示当前刀位前后指定数目的刀具路径运动。

☑ **警告**：显示引起警告的刀具路径运动。

☑ **过切**: 在图形窗口中只显示过切的刀具路径运动。如果已找到过切，选择
该选项，则只显示产生过切的刀具路径运动。

● **运动数**: 显示刀具路径运动的个数，该文本框只有在"显示"下拉列表中选择
为**下 n 个运动**时才激活。

● **检查选项**: 该按钮用于

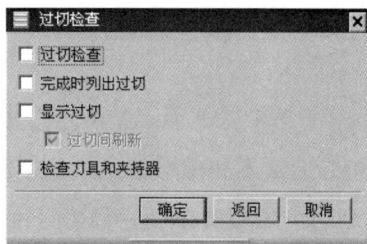

设置过切检查的相关选项，单击该按钮后，系
统会弹出图 11.8.4 所示的"过切检查"对话框，
其中各复选框的介绍如下。

图 11.8.4 "过切检查"对话框

☑ **过切检查**: 选中该复选框后，可以进行
过切检查。

☑ **完成时列出过切**: 若选中该复选框，在检查结束后，刀具路径列表中将列出
所有找到的过切。

☑ **显示过切**: 选中该复选框后，图形窗口中将高亮显示发生过切的刀具路径。

☑ **过切间刷新**: 若选中该复选框，则检查刀具路径存在过切时，只高亮显示
最近找到的刀具路径。该选项只有在选中**显示过切**复选框时才被激活。

☑ **检查刀具和夹持器**: 若选中该复选框，则可以检查刀具夹持器间的碰撞。

● **动画速度**: 该区域用于改变刀具路径仿真的速度。可以通过移动其滑块的位置调
整动画的速度，"1"表示速度最慢；"10"表示速度最快。

刀具路径模拟有三种方式：刀具路径重播、动态切削过程和静态显示加工后的零件形
状，它们分别对应于图 11.8.2 对话框中的 **重播** 、 **3D 动态** 和 **2D 动态** 选项卡。

1. 刀具路径重播

刀具路径重播是指沿一条或几条刀具路径显示刀具的运动过程。通过刀具路径模拟中
的重播，用户可以完全控制刀具路径的显示，即可查看程序所对应的加工位置，可查看各
个刀位点的相应程序。

当在图 11.8.2 所示的"刀轨可视化"对话框中选择 **重播** 选项卡时，对话框上部的路径
列表列出了当前操作所包含的刀具路径命令语句。在列表中选择某一行命令语句时，则在
图形区中显示对应的刀具位置；反之在图形区中用鼠标选取任何一个刀位点，则刀具自动
在所选位置显示，同时在刀具路径列表中高亮显示相应的命令语句行。

2. 3D 动态切削

3D 动态模式以三维实体方式仿真刀具的切削过程，非常直观，并且播放时允许用户
在图形窗口中通过放大、缩小、旋转、移动等功能显示细节部分。

3．2D 动态切削

2D 动态模式采用固定视角模拟，播放时不支持图形的缩放和旋转。

11.9　生成车间文档

UG NX 提供了一个车间工艺文档生成器，它从 NC part 文件中提取对加工车间有用的 CAM 的文本和图形信息，包括数控程序中用到的刀具参数清单、加工工序、加工方法清单和切削参数清单。它们可以用文本文件（TEXT）或超文本链接语言（HTML）两种格式输出。操作工、刀具仓库的工人或其他需要了解有关信息的人员都可方便地在网上查询、使用车间工艺文档。这些文件多半用于提供给生产现场的机床操作人员，免除了手工撰写工艺文件的麻烦。创建车间文档的一般步骤如下。

Step 1　单击"操作"工具栏中的"车间文档"按钮，系统弹出图 11.9.1 所示的"车间文档"对话框。

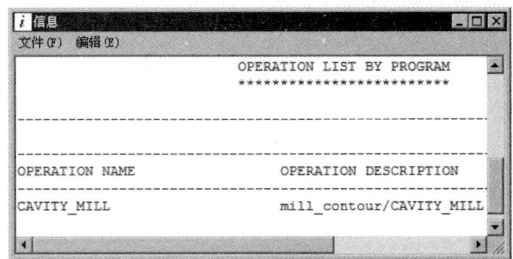

Step 2　在"车间文档"对话框 报告格式 区域选择 Operation List Select (TEXT) 选项。

Step 3　单击"车间文档"对话框中的 确定 按钮，系统弹出图 11.9.2 所示的"信息"对话框，并在当前模型所在的文件夹中生成一个记事本文件，该文件即车间文档。

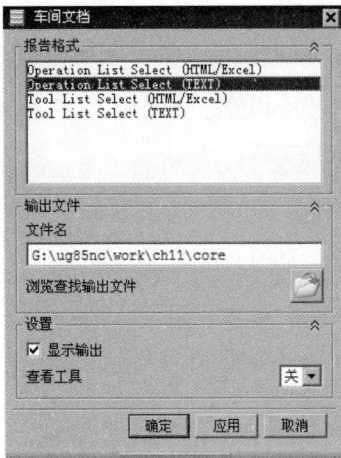

图 11.9.1　"车间文档"对话框　　　图 11.9.2　车间文档

11.10　输出 CLSF 文件

CLSF 也称为刀具位置源文件，是一个可用第三方后置处理程序进行后置处理的独立文件。它是一个包含标准 APT 命令的文本文件，其扩展名为 cls。在输出刀具路径的 CLSF

文件前，应确保使同一机床的刀具路径处于同一个程序组中。

输出 CLSF 文件的一般步骤如下。

Step 1 在工序导航器中选择 CAVITY_MILL 节点，然后单击"操作"工具栏中的"输出 CLSF"按钮 ，系统弹出图 11.10.1 所示的"CLSF 输出"对话框。

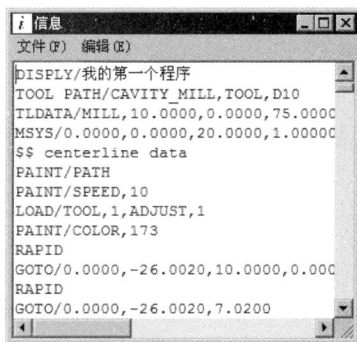

Step 2 在"CLSF 输出"对话框 CLSF 格式 区域选择系统默认的 CLSF_STANDARD 选项。

Step 3 单击"CLSF 输出"对话框中的 确定 按钮，系统弹出"信息"对话框，如图 11.10.2 所示，在当前模型所在的文件夹中生成一个名为 core.cls 的 CLSF 文件，可以用记事本打开该文件。

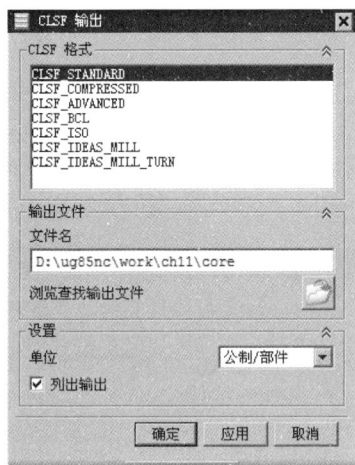

图 11.10.1　"CLSF 输出"对话框　　　　图 11.10.2　"信息"对话框

说明： 输出 CLSF 时，可以根据需要指定 CLSF 文件的名称和路径，或者单击 按钮，指定输出文件的名称路径。

11.11　后处理

在工序导航器中选中一个操作或者一个程序组后，用户可以利用系统提供的后处理器来处理程序，将刀具路径生成合适的机床 NC 代码。用 NX/Post 进行后置处理时，可在 NX 加工环境下进行，也可在操作系统环境下进行。后处理的一般操作步骤如下。

Step 1 在工序导航器中选择 CAVITY_MILL 节点，然后单击"操作"工具栏中的"后处理"按钮 ，系统弹出图 11.11.1 所示的"后处理"对话框。

Step 2 在"后处理"对话框 后处理器 区域中选择 MILL 3 AXIS 选项，在 单位 下拉列表中选择 公制/部件 选项。

Step 3 单击"后处理"对话框中的 确定 按钮，系统弹出"后处理"警告对话框，单

击 确定(0) 按钮，系统弹出"信息"窗口，如图 11.11.2 所示。并在当前模型所在的文件夹中生成一个名为 core.ptp 的加工代码文件。

<table>
<tr><td>图 11.11.1   "后处理"对话框</td><td>图 11.11.2   NC 代码</td></tr>
</table>

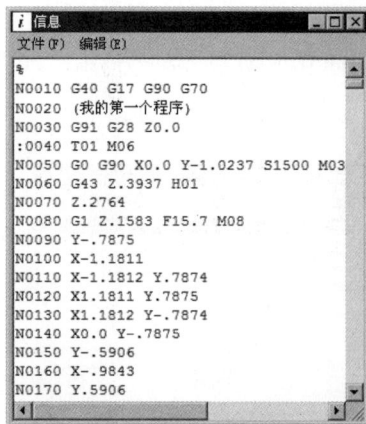

Step 4 保存文件。关闭"信息"窗口，选择下拉菜单 文件(F) ➡ 💾 保存(S) 命令，即可保存文件。

11.12 CAM 加工工具

11.12.1 加工装夹图

使用"加工装夹图"命令可以为当前所加工的工件生成装夹图，从而帮助数控机床操作者了解工件的整体尺寸、加工坐标系、Z 轴零点等信息，整个装夹图纸的生成过程完全是自动的。下面紧接上节的操作，说明生成加工装夹图的一般操作步骤。

Step 1 调整机床坐标系。在工序导航器中切换到几何视图，使用鼠标拖动 🔧 CAVITY_MCS 节点到新的位置（具体操作参见视频录像），结果如图 11.12.1 所示。

Step 2 选择下拉菜单 GC 工具箱 ➡ CAM 加工工具 ▶ ➡ 🖼 加工装夹图 命令，系统开始生成加工装夹图，完成后图形区显示如图 11.12.2 所示。

Step 3 选择下拉菜单 🔨 开始▾ ➡ 🔨 制图(D)... 命令，系统进入工程图环境，在图形区可以查看图 11.12.3 所示的加工装夹图。

Step 4 选择下拉菜单 🔨 开始▾ ➡ 🔧 加工(N)... 命令，系统返回到加工环境。

11 Chapter

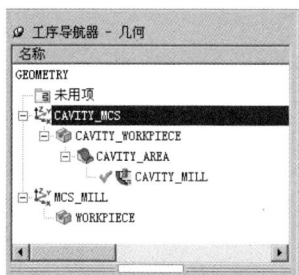

图 11.12.1　调整机床坐标系

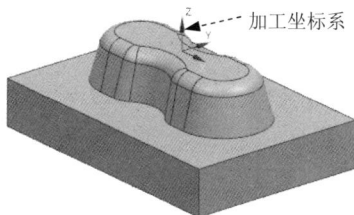

图 11.12.2　创建加工装夹图后

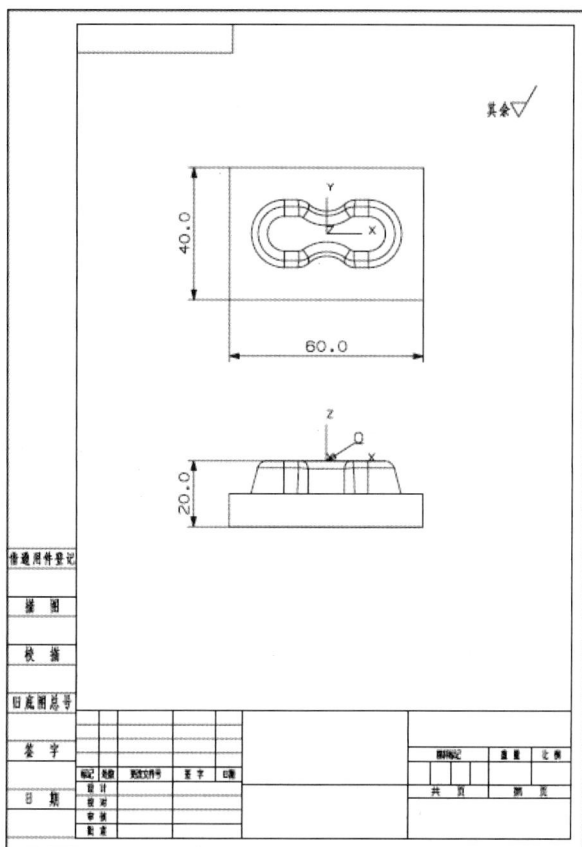

图 11.12.3　查看加工装夹图

11.12.2　加工工单

使用"加工工单"命令可以为当前所加工的工件生成加工工单，其中可以包含有各个工序的标准参数，比如加工程序名称、切削模式、刀具直径等，也可以包含用户自定义的属性信息，比如最大 Z 值、最小 Z 值等参数，还可以包含与加工操作无关的参数，比如编程员、日期等。用户可以通过修改相应的 Excel 模板或者制图模板，得到一个符合企业要求的输出样板，这在实际数控加工中是非常有意义的。下面紧接上节的操作，说明生成加工工单的一般操作步骤。

Step 1　在工序导航器中切换到程序顺序视图，选中 PROGRAM_1 节点，然后选择下拉菜单 GC 工具箱 ➡ CAM 加工工具 ▶ 加工工单… 命令，系统弹出图 11.12.4 所示的"加工工单"对话框。

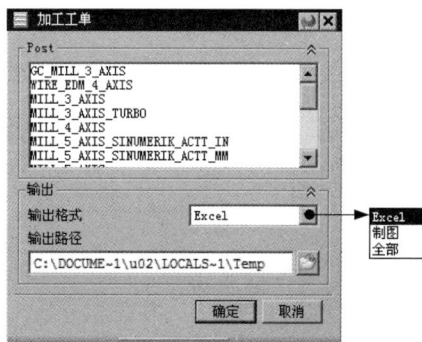

图 11.12.4　"加工工单"对话框

293

说明：

- 如果所选择的程序组节点下包含有子级程序组节点，此时会按照最下一级的程序组节点输出工单。如果同时选择了程序组节点和工序节点，在输出工单时工序节点将被忽略。

- 如果选择输出格式为 **Excel** 类型，则只输出 excel 工单；如果选择输出格式为 **制图** 类型，则只输出制图工单；如果选择输出格式为 **全部** 类型，则同时输出 Excel 工单和制图工单。

- 如果选择输出格式为 **制图** 类型，则会在当前的部件中添加新的图纸页，并同时生成表格格式的加工工单，用户需要选择下拉菜单 **开始** ➡ **制图(D)...** 命令来查看其结果，读者可参照上述操作步骤自行完成，此处不再赘述。

- NX 系统中默认的加工工单模板文件存放在 C:\Program Files\Siemens\NX 8.5\LOCALIZATION\prc\gc_tools\configuration\work_order 中，其中 workorder_template.xls 为 Excel 工单模板文件，workorder_template.prt 为制图工单模板文件，用户可对其进行必要的修改。

Step 2 在"加工工单"对话框中选择 **GC_MILL_3_AXIS** 选项，在 **输出格式** 下拉列表中选择 **Excel** 选项，单击 按钮，在系统弹出的"打开"对话框中选择 D:\ug85nc\work\ch11\ 并返回到"加工工单"对话框，单击 **确定** 按钮，系统弹出图 11.12.5 所示的 Microsoft Excel-core_ok.xls 对话框。

Step 3 关闭 Microsoft Excel-core_ok.xls 对话框，可以看到 NX 系统同时弹出图 11.12.6 所示的"信息"对话框，提示用户该加工工序中没有定义刀柄参数。

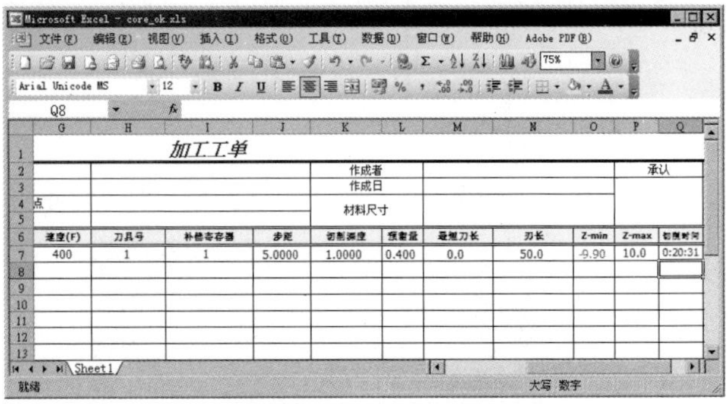

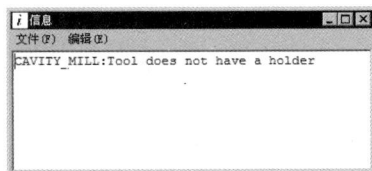

图 11.12.5　Excel 加工工单

图 11.12.6　"信息"对话框

11.13　工序导航器

工序导航器是一种图形化的用户界面，它用于管理当前部件的加工工序和工序参数。

在 NX 工序导航器的空白区域右击，系统会弹出图 11.13.1 所示的快捷菜单，用户可以在此菜单中选择显示视图的类型，分别为程序顺序视图、机床视图、几何视图和加工方法视图；用户可以在不同的视图下方便快捷地设置操作参数，从而提高工作效率。

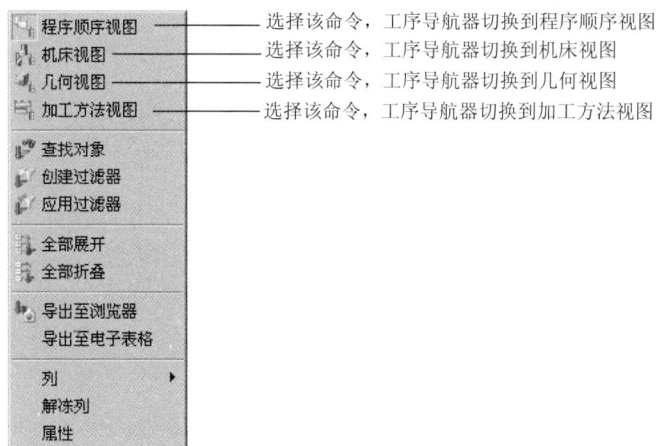

图 11.13.1　快捷菜单

11.13.1　程序顺序视图

程序顺序视图按刀具路径的执行顺序列出当前零件的所有工序，显示每个工序所属的程序组和每个工序在机床上的执行顺序。图 11.13.2 所示为程序顺序视图。在工序导航器中任意选择某一对象并右击，系统弹出图 11.13.3 所示的快捷菜单，可以通过编辑、剪切、复制、删除和重命名等操作来管理复杂的编程刀路，还可以创建刀具、工序、几何体、程序组和方法。

图 11.13.2　程序顺序视图

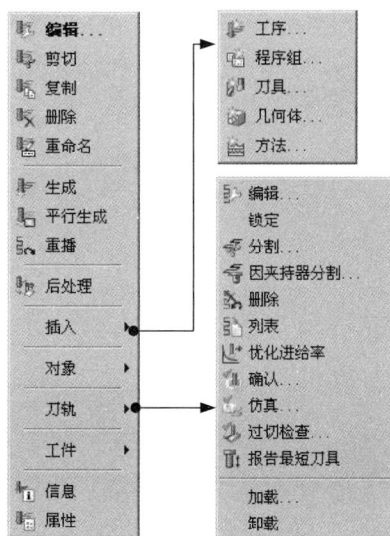

图 11.13.3　快捷菜单

11.13.2 几何视图

几何视图是以几何体为主线来显示加工工序的，该视图列出了当前零件中存在的几何体和坐标系，以及使用这些几何体和坐标系的操作名称。图 11.13.4 所示为几何视图，图中包含坐标系、几何体。

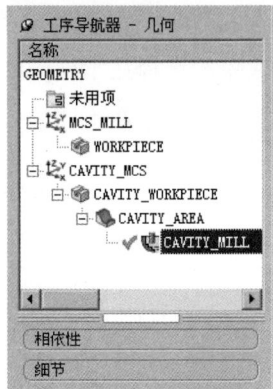

图 11.13.4 几何视图

11.13.3 机床视图

机床视图用切削刀具来组织各个操作，列出了当前零件中存在的各种刀具以及使用这些刀具的操作名称。在图 11.13.5 所示的机床视图中的 GENERIC_MACHINE 选项处右击，在弹出的快捷菜单中选择 编辑… 命令，系统弹出"通用机床"对话框。在此对话框中可以进行调用机床、调用刀具、调用设备和编辑刀具安装等操作。

11.13.4 加工方法视图

加工方法视图列出当前零件中的加工方法，以及使用这些加工方法的操作名称。在图 11.13.6 所示的加工方法视图中，显示了根据加工方法分组在一起的操作。通过这种组织方式，可以很轻松地选择操作中的方法。

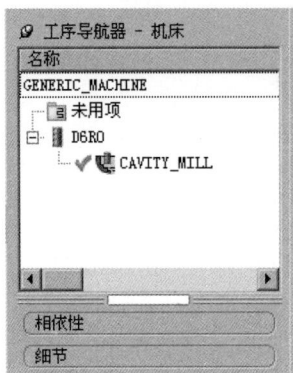

图 11.13.5 机床视图

图 11.13.6 加工方法视图

12

平面铣加工

12.1　概述

本章通过介绍平面铣加工的基本概念，阐述了平面铣加工的基本原理和主要用途，详细讲解了平面铣加工的一些主要方法，包括面铣、平面铣、平面轮廓铣以及精铣底面等，并且通过一些典型的应用，介绍了上述方法的主要操作过程。在学习完本章后，读者将会熟练掌握上述加工方法，深刻领会到各种加工方法的特点。

"平面铣"加工即移除零件平面层中的材料。多用于加工零件的基准面、内腔的底面、内腔的垂直侧壁及敞开的外形轮廓等，对于加工直壁，并且岛屿顶面和槽腔底面为平面的零件尤为适用。平面铣是一种 2.5 轴的加工方式，在加工过程中水平方向的 XY 两轴联动，而 Z 轴方向只在完成一层加工后进入下一层时才单独运动。当设置不同的切削方法时，平面铣也可以加工槽和轮廓外形。平面铣的优点在于它可以不作出完整的造型，而依据 2D 图形直接进行刀具路径的生成，它可以通过边界和不同的材料侧方向，创建任意区域的任一切削深度。

12.2　平面铣类型

在创建平面铣工序时，系统会弹出图 12.2.1 所示的"创建工序"对话框，在此对话框中显示出了所有平面铣工序的子类型，下面将对其中的子类型作简要介绍。

图 12.2.1 所示的"创建工序"对话框中的按钮说明如下：

- A1 （FLOOR_WALL）：底面壁。
- A2 （FLOOR_WALL_IPW）：底面壁 IPW。

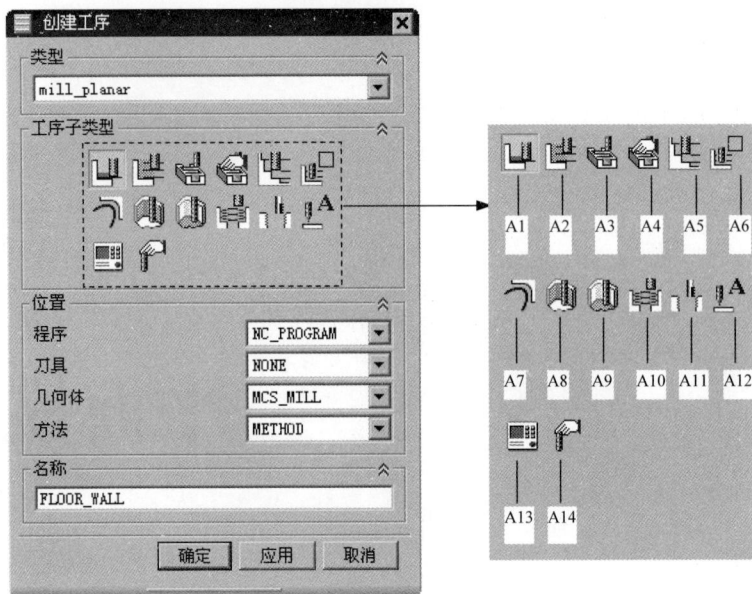

图 12.2.1　"创建工序"对话框

- A3 ![icon]（FACE_MILLING）：使用边界的面铣削。
- A4 ![icon]（FACE_MILLING_MANUAL）：手工面铣削。
- A5 ![icon]（PLANAR_MILL）：平面铣。
- A6 ![icon]（PLANAR_PROFILE）：平面轮廓铣削。
- A7 ![icon]（CLEANUP_CORNERS）：清理拐角。
- A8 ![icon]（FINISH_WALLS）：精加工壁。
- A9 ![icon]（FINISH_FLOOR）：精加工底面。
- A10 ![icon]（HOLE_MILLING）：铣削孔。
- A11 ![icon]（THREAD_MILLING）：螺纹铣。
- A12 ![icon]（PLANAR_TEXT）：平面文本。
- A13 ![icon]（MILL_CONTROL）：铣削控制。
- A14 ![icon]（MILL_USER）：用户定义的铣削。

12.3　底面壁加工

底面壁是平面铣工序中比较常用的铣削方式之一，它通过选择加工平面来指定加工区域；一般选用端铣刀，且底面壁铣削既可以进行粗加工，也可以进行精加工。其分为一般底面壁和底面壁 IPW 两种类型。

12.3.1　一般底面壁

下面以图 12.3.1 所示的零件来介绍创建底面壁加工的一般步骤。

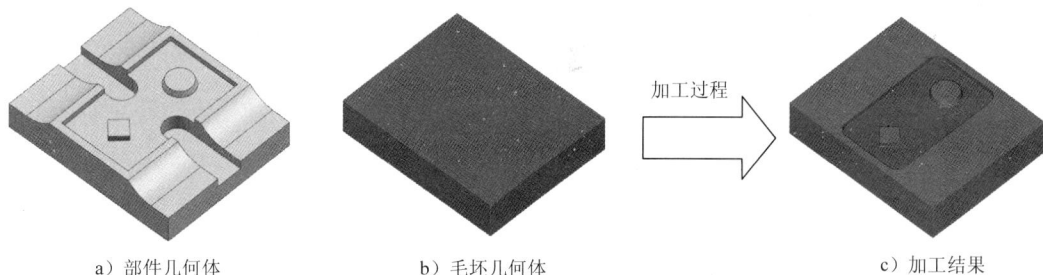

a）部件几何体　　　　　　　　b）毛坯几何体　　　　　　　　c）加工结果

图 12.3.1　底面壁

Task1.　打开模型文件并进入加工模块

Step 1　打开文件 D:\ug85nc\work\ch12\ch12.03\floor_wall.prt。

Step 2　进入加工环境。选择下拉菜单 📝 开始 ▾ ➡ ┣ 加工(N)... 命令，在系统弹出的 "加工环境" 对话框 要创建的 CAM 设置 列表中选择 mill_planar 选项，然后单击 确定 按钮，进入加工环境。

Task2.　创建几何体

Stage1.　创建机床坐标系和安全平面

Step 1　进入几何视图。在工序导航器的空白处右击，在系统弹出的快捷菜单中选择 ⬛ 几何视图 命令，在工序导航器中双击节点 ⊞ ✍ MCS_MILL，系统弹出图 12.3.2 所示的 "MCS 铣削" 对话框。

Step 2　创建机床坐标系。

（1）在 "MCS 铣削" 对话框 机床坐标系 区域中单击 "CSYS 对话框" 按钮 ⬚，系统弹出 CSYS 对话框，确认在 类型 下拉列表中选择 ⬚ 动态 选项。

（2）单击 CSYS 对话框 操控器 区域中的 "操控器" 按钮 ⬚，系统弹出 "点" 对话框，在 "点" 对话框 Z 文本框中输入值 42.0，单击 确定 按钮，此时系统返回至 CSYS 对话框。单击 确定 按钮，完成图 12.3.3 所示机床坐标系的创建，系统返回到 "MCS 铣削" 对话框。

图 12.3.2　"MCS 铣削" 对话框

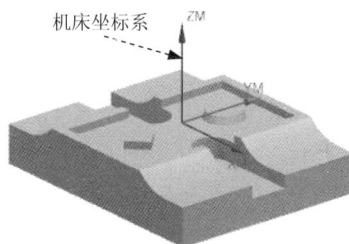

图 12.3.3　创建机床坐标系

Step 3 创建安全平面。在"MCS 铣削"对话框中 安全设置 区域 安全设置选项 的下拉列表中选择 自动平面 选项，在 安全距离 文本框中输入值 30.0，单击 确定 按钮，完成安全平面的创建。

Stage2．创建部件几何体

Step 1 在工序导航器中双击⊞ ⊑ MCS_MILL 节点下的 ⚙ WORKPIECE，系统弹出"工件"对话框。

Step 2 选取部件几何体。在"工件"对话框中单击 🗂 按钮，系统弹出"部件几何体"对话框。在"选择条"工具条中确认"类型过滤器"设置为"实体"，在图形区选取整个零件为部件几何体。

Step 3 在"部件几何体"对话框中单击 确定 按钮，完成部件几何体的创建，同时系统返回到"工件"对话框。

Stage3．创建毛坯几何体

Step 1 在"工件"对话框中单击 ⬡ 按钮，系统弹出"毛坯几何体"对话框。

Step 2 在"毛坯几何体"对话框的 类型 下拉列表中选择 ▢ 包容块 选项，采用系统默认参数。单击 确定 按钮，系统返回到"工件"对话框。

Step 3 单击"工件"对话框中的 确定 按钮，完成毛坯几何体的创建。

Task3．创建刀具

Step 1 选择下拉菜单 插入(S) ➡ ▫刀具(T)... 命令，系统弹出图 12.3.4 所示的"创建刀具"对话框。

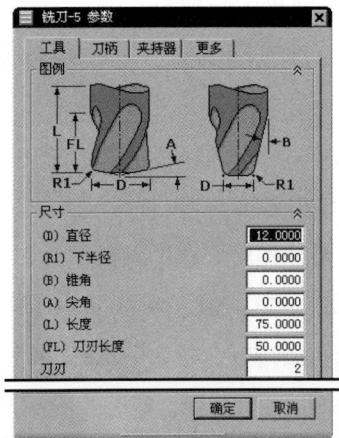

Step 2 确定刀具类型。在"创建刀具"对话框 类型 下拉列表中选择 mill_planar 选项，在 刀具子类型 区域中单击 MILL 按钮 🗓，在 位置 区域 刀具 下拉列表中选择 GENERIC_MACHINE 选项，在 名称 文本框中输入刀具名称 D12，单击 确定 按钮，系统弹出图 12.3.5 所示的"铣刀-5 参数"对话框。

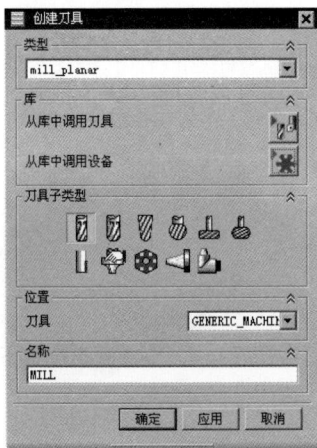

图 12.3.4 "创建刀具"对话框

图 12.3.5 "铣刀-5 参数"对话框

Step 3 设置刀具参数。在"铣刀-5 参数"对话框中设置图 12.3.5 所示的刀具参数，单击 确定 按钮完成刀具的创建。

图 12.3.4 所示的"创建刀具"对话框中刀具子类型的说明如下：

- （端铣刀）：在大多数的加工中均可以使用此种刀具。
- （倒斜铣刀）：带有倒斜角的端铣刀。
- （球头铣刀）：多用于曲面以及圆角处的加工。
- （球形铣刀）：多用于曲面以及圆角处的加工。
- （T 形键槽铣刀）：多用于键槽加工。
- （桶形铣刀）：多用于平面和腔槽的加工。
- （螺纹刀）：用于铣螺纹。
- （用户自定义铣刀）：用于创建用户特制的铣刀。
- （刀库）：用于刀具的管理，可将每把刀具设定一个唯一的刀号。
- （刀座）：用于装夹刀具。
- （动力头）：为刀具提供动力。

注意：如果在加工的过程中，需要使用多把刀具，比较合理的方式是一次性把所需要的刀具全部创建完毕，这样在后面的加工中，直接选取创建好的刀具即可，有利于后续工作的快速完成。

Task4．创建一般底面壁铣工序

Stage1．插入工序

Step 1 选择下拉菜单 插入(S) ➡ 工序(E)...命令，系统弹出"创建工序"对话框。

Step 2 确定加工方法。在"创建工序"对话框的 类型 下拉列表中选择 mill_planar 选项，在 工序子类型 区域中单击"底面和壁"按钮，在 程序 下拉列表中选择 PROGRAM 选项，在 刀具 下拉列表中选择 D12 (铣刀-5 参数) 选项，在 几何体 下拉列表中选择 WORKPIECE 选项，在 方法 下拉列表中选择 MILL ROUGH 选项，采用系统默认的名称。

Step 3 在"创建工序"对话框中单击 确定 按钮，系统弹出图 12.3.6 所示的"底面壁"对话框。

Stage2．指定切削区域

Step 1 在 几何体 区域中单击"选择或编辑切削区域几何体"按钮，系统弹出图 12.3.7 所示的"切削区域"对话框。

Step 2 选取图 12.3.8 所示的面为切削区域，在"切削区域"对话框中单击 确定 按钮，完成切削区域的创建，同时系统返回到"底面壁"对话框。

Step 3 在 几何体 区域中选中 ☑ 自动壁 复选框。

图 12.3.7　"切削区域"对话框

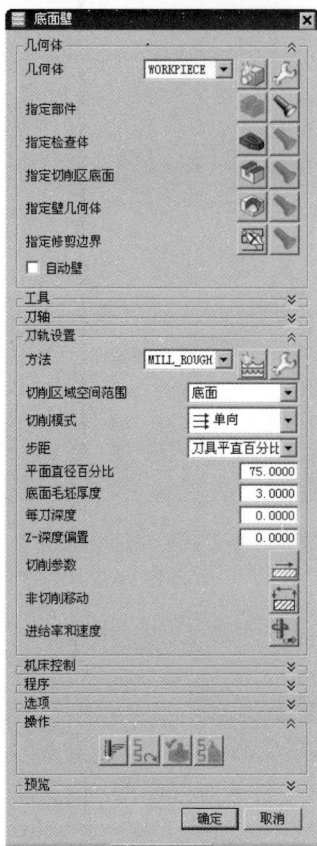

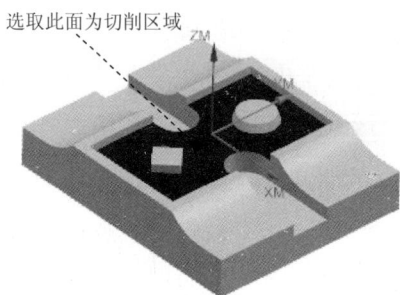

图 12.3.6　"底面壁"对话框

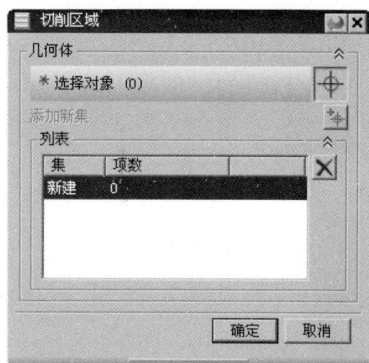

图 12.3.8　指定切削区域

图 12.3.6 所示的"底面壁"对话框中各按钮说明如下：

- （新建）：用于创建新的几何体。
- （编辑）：用于对部件几何体进行编辑。
- （选择或编辑切削区域几何体）：指定部件几何体中需要加工的区域，该区域可以是部件几何体中的几个重要部分，也可以是整个部件几何体。
- （选择或编辑壁几何体）：通过设置侧壁几何体来替换工件余量，表示除了加工面以外的全局工件余量。
- （选择或编辑检查几何体）：检查几何体是在切削加工过程中需要避让的几何体，例如夹具或重要的加工平面。
- （切削参数）：用于切削参数的设置。
- （非切削移动）：用于进刀、退刀等参数的设置。
- （进给率和速度）：用于主轴速度、进给率等参数的设置。

Stage3．显示几何体和刀具

Step 1　显示几何体。在 几何体 区域中单击"显示"按钮，在图形区中会显示当前的部件几何体、切削区域和壁几何体。

Step 2 显示刀具。展开 **工具** 区域，单击"编辑/显示"按钮 🛠，系统弹出"铣刀-5 参数"对话框，同时在图形区会显示当前刀具，然后在弹出的对话框中单击 **取消** 按钮。

说明：这里显示刀具和几何体是用于确认前面的设置是否正确，如果能保证前面的设置无误，可以省略 Stage3 的操作。

Stage4．设置刀具路径参数

Step 1 设置切削空间范围。在 **刀轨设置** 区域 **切削区域空间范围** 下拉列表中选择 **壁** 选项。

Step 2 设置切削模式。在 **刀轨设置** 区域 **切削模式** 下拉列表中选择 **跟随周边** 选项。

Step 3 设置步进方式。在 **步距** 下拉列表中选择 **刀具平直百分比** 选项，在 **平面直径百分比** 文本框中输入值 50.0，在 **底面毛坯厚度** 文本框中输入值 6.0，在 **每刀深度** 文本框中输入值 1.0。

Stage5．设置切削参数

Step 1 单击"底面壁"对话框 **刀轨设置** 区域中的"切削参数"按钮 ➡，系统弹出"切削参数"对话框。在"切削参数"对话框中单击 **策略** 选项卡，设置参数如图 12.3.9 所示。

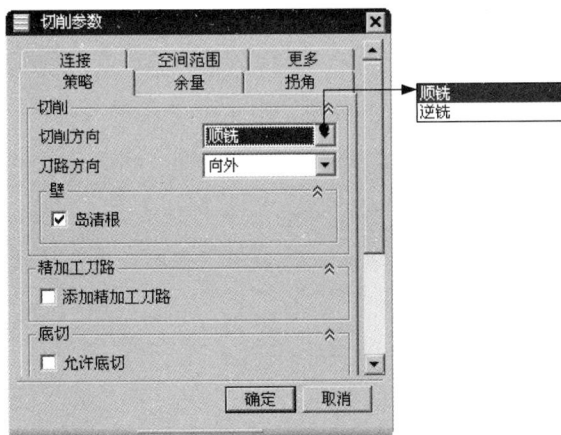

图 12.3.9 "策略"选项卡

图 12.3.9 所示的"切削参数"对话框"策略"选项卡中各选项说明如下：

● **切削方向**：用于指定刀具的切削方向，包括 **顺铣** 和 **逆铣** 两种方式。
  ☑ **顺铣**：沿刀轴方向向下看，主轴的旋转方向与运动方向一致。
  ☑ **逆铣**：沿刀轴方向向下看，主轴的旋转方向与运动方向相反。

说明：关于顺铣和逆铣的更多内容，可参阅本书第 2.14 节的内容。

● 选中 **精加工刀路** 选项区域的 ☑ **添加精加工刀路** 复选框，系统会出现如下选项：
  ☑ **刀路数**：用于指定精加工走刀的次数。

303

☑ 精加工步距：用于指定精加工两道切削路径之间的距离，可以是一个固定的距离值，也可以是以刀具直径的百分比表示的值。在本例中，首先选中☑延伸到部件轮廓复选框和☑岛清根复选框，取消选中☐添加精加工刀路复选框，零件中岛屿侧面的刀路轨迹如图 12.3.10a 所示；选中☑添加精加工刀路复选框，并在刀路数文本框中输入值 2.0，此时零件中岛屿侧面的刀路轨迹如图 12.3.10b 所示。

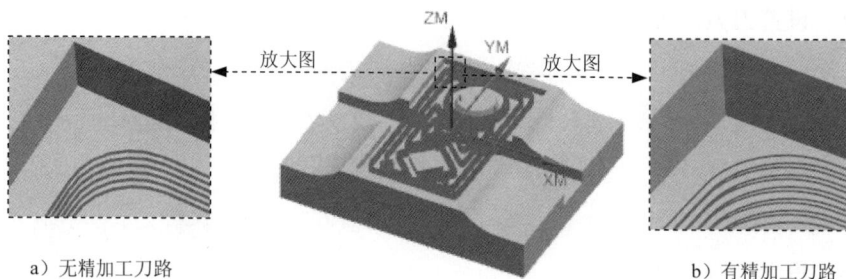

a) 无精加工刀路   b) 有精加工刀路

图 12.3.10　设置精加工刀路

● ☐允许底切复选框：取消选中该复选框可防止刀柄与工件或检查几何体碰撞。

Step 2　在"切削参数"对话框中单击 余量 选项卡，设置参数如图 12.3.11 所示。

图 12.3.11 所示的"切削参数"对话框"余量"选项卡中各选项说明如下：

● 部件余量：用于创建在当前平面铣削结束时，留在零件周壁上的余量。通常在粗加工或半精加工时会留有一定的部件余量用于精加工。

● 壁余量：用于创建零件侧壁面上剩余的材料，该余量在每个切削层上沿垂直于刀轴的方向测量，应用于所有能够进行水平测量的部件的表面上。

● 最终底面余量：用于创建当前加工操作后保留在腔底和岛屿顶部的余量。

● 毛坯余量：指刀具定位点与所创建的毛坯几何体之间的距离。

● 检查余量：用于创建刀具与已创建的检查边界之间的余量。

● 内公差：用于创建切削零件时允许刀具切入零件的最大偏距。

● 外公差：用于创建切削零件时允许刀具离开零件的最大偏距。

Step 3　在"切削参数"对话框中单击 拐角 选项卡，设置参数如图 12.3.12 所示。

图 12.3.12 所示的"切削参数"对话框"拐角"选项卡中各选项说明如下：

● 凸角：用于设置刀具在零件拐角处的切削运动方式，有绕对象滚动、延伸并修剪和延伸三个选项。

● 光顺：用于添加并设置拐角处的圆弧刀路，有所有刀路和无两个选项。添加圆弧拐角刀路可以减少刀具突然转向对机床造成的冲击，一般实际加工中都将此参数设置为所有刀路。此参数生成的刀路轨迹如图 12.3.13b 所示。

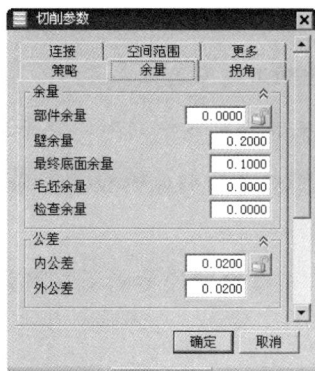

图 12.3.11　"余量"选项卡

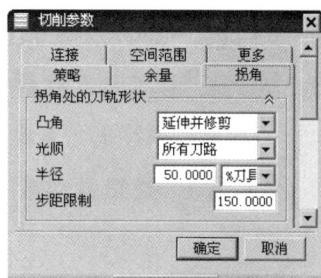

图 12.3.12　"拐角"选项卡

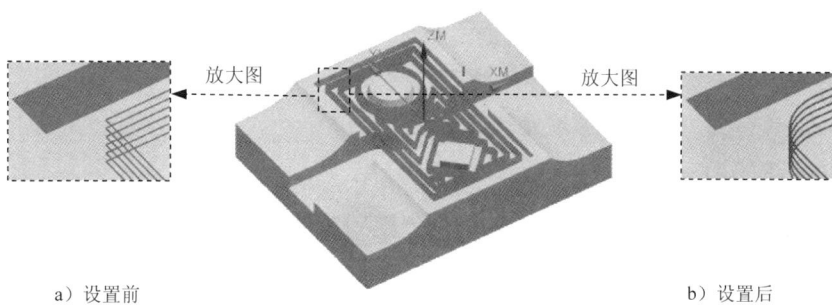

a）设置前　　　　　　　　　　　b）设置后

图 12.3.13　设置光顺拐角

Step 4　在"切削参数"对话框中单击 连接 选项卡，设置参数如图 12.3.14 所示。

Step 5　在"切削参数"对话框中单击 空间范围 选项卡，设置参数如图 12.3.15 所示；单击 确定 按钮，系统返回到"底面壁"对话框。

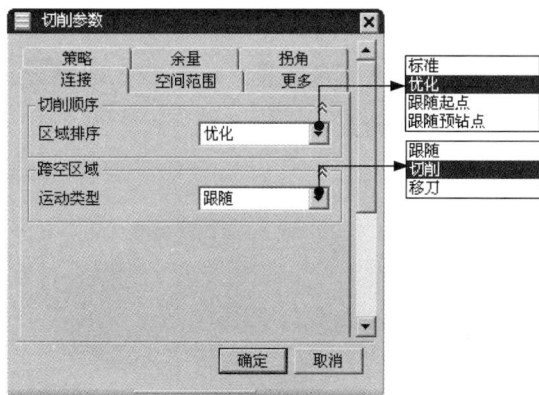

图 12.3.14　"连接"选项卡

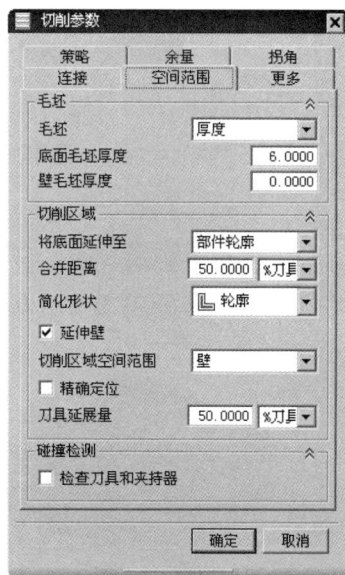

图 12.3.15　"精加工壁"对话框

图 12.3.14 所示的"切削参数"对话框"连接"选项卡中各选项说明如下：

● 切削顺序 区域的 区域排序 下拉列表中提供了四种加工顺序的方式。

　☑ 标准：根据切削区域的创建顺序来确定各切削区域的加工顺序。

　☑ 优化：根据抬刀后横越运动最短的原则决定切削区域的加工顺序，效率比"标准"顺序高，系统默认为此选项。

　☑ 跟随起点：将根据创建"切削区域起点"时的顺序来确定切削区域的加工顺序。

　☑ 跟随预钻点：将根据创建"预钻进刀点"时的顺序来确定切削区域的加工顺序。

● 跨空区域 区域中的 运动类型 下拉列表：用于创建在 跟随周边 切削模式中跨空区域的刀路类型，共有三种运动方式。

　☑ 跟随：刀具跟随跨空区域形状移动。

　☑ 切削：在跨空区域做切削运动。

　☑ 移刀：在跨空区域中移刀。

图 12.3.15 所示的"切削参数"对话框"空间范围"选项卡中部分选项说明如下：

● 毛坯 区域的各选项说明如下。

　☑ 毛坯 下拉列表：用于设置毛坯的加工类型，包括三种类型。

　　➤ 厚度：选择此选项后，将会激活其下的 底面毛坯厚度 和 壁毛坯厚度 文本框。用户可以输入相应的数值以分别确定底面和侧壁的毛坯厚度值。

　　➤ 毛坯几何体：选择此选项后，将会按照工件几何体或铣削几何体中已提前定义的毛坯几何体来进行计算和预览。

　　➤ 3D IPW：选择此选项后，将会按照前面工序加工后的 IPW 进行计算和预览。

● 切削区域 区域的各选项说明如下。

　☑ 将底面延伸至：用于设置刀路轨迹是否根据部件的整体外部轮廓来生成。选中 部件轮廓 选项，刀路轨迹则延伸到部件的最大外部轮廓，如图 12.3.16 所示。选中 无 选项，刀路轨迹只在所选切削区域内生成，如图 12.3.17 所示。选中 毛坯轮廓 选项，刀路轨迹则延伸到毛坯的最大外部轮廓。

图 12.3.16　刀路延伸到部件的外部轮廓　　　　图 12.3.17　刀路在加工区域内生成

☑　合并距离：用于设置加工多个等高的平面区域时，相邻刀路轨迹之间的合并距离值。如果两条刀路轨迹之间的最小距离小于合并距离值，那么这两条刀路轨迹将合并成为一条连续的刀路轨迹，合并距离值越大，合并的范围也越大。读者可以打开文件 D:\ug85nc\work\ch12\ch12.03\Merge_distance.prt 进行查看，当合并距离值设置为 0 时，两区域间的刀路轨迹是独立的，如图 12.3.18 所示；合并距离值设置为 10mm 时，两区域间的刀路轨迹部分合并，如图 12.3.19 所示；合并距离值设置为 30mm 时，两区域间的刀路轨迹完全合并，如图 12.3.20 所示。

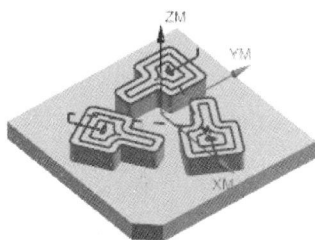 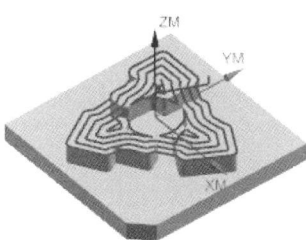 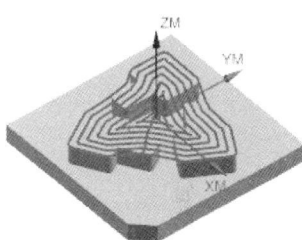

图 12.3.18　刀路轨迹（一）　　　图 12.3.19　刀路轨迹（二）　　　图 12.3.20　刀路轨迹（三）

☑　简化形状：用于设置刀具的走刀路线相对于加工区域轮廓的简化形状，系统提供了 轮廓 、 凸包 和 最小包围盒 三种走刀路线。当合并距离值设置为 10mm 时，分别选择 轮廓 、 凸包 和 最小包围盒 选项，其刀路轨迹如图 12.3.21 所示。

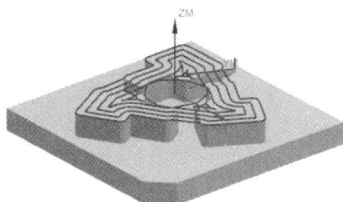 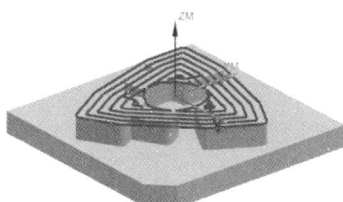 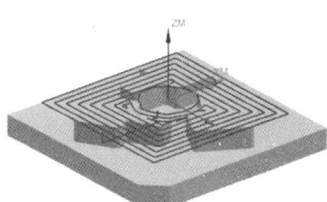

a）轮廓　　　　　　　　　　　b）凸包　　　　　　　　　c）最小包围盒

图 12.3.21　"简化形状"的刀路轨迹

☑　刀具延展量：用于设置刀具延展到毛坯边界外的距离，该距离可以是一个固定值也可以是刀具直径的百分比值。

☑　切削区域空间范围：用于设置刀具的切削范围。当选择 底面 选项时，刀具只在底面边界的垂直范围内进行切削，此时侧壁上的余料将被忽略。当选择 壁 选项时，刀具在底面和侧壁围成的空间范围内进行切削。

☑　☐ 精确定位 复选框：用于设置在计算刀具路径时是否忽略刀具的尖角半径值。选中该复选框，将会精确计算刀具的位置；否则，将忽略刀具的尖角半径值，此时在倾斜的侧壁上将会留下较多的余料。

Stage6. 设置非切削移动参数

Step 1 单击"底面壁"对话框 刀轨设置 区域中的"非切削移动"按钮 ⬚，系统弹出"非切削移动"对话框。

Step 2 单击"非切削移动"对话框中的 进刀 选项卡，其参数设置如图 12.3.22 所示。

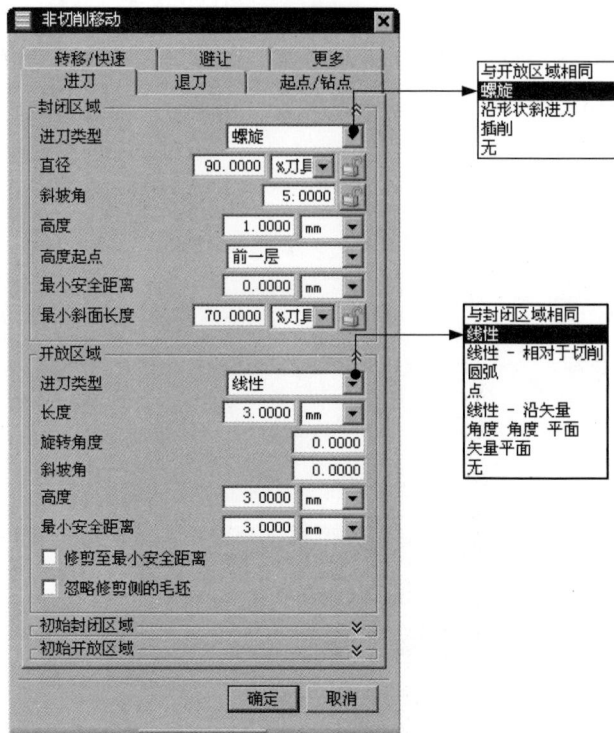

图 12.3.22　"进刀"选项卡

图 12.3.22 所示的"非切削移动"对话框"进刀"选项卡中各选项说明如下：

- **封闭区域**：设置部件或毛坯边界之内区域的进刀方式。

  - ☑ **进刀类型**：用于设置刀具在封闭区域中进刀时切入工件的类型。

    - ➢ **螺旋**：刀具沿螺旋线切入工件，刀具轨迹（刀具中心的轨迹）是一条螺旋线，此种进刀方式可以减少切削时对刀具的冲击力。

    - ➢ **沿形状斜进刀**：刀具按照一定的倾斜角度切入工件，能减少刀具的冲击力。

    - ➢ **插削**：刀具沿直线垂直切入工件，进刀时刀具的冲击力较大，一般不选这种进刀方式。

    - ➢ **无**：没有进刀运动。

  - ☑ **斜坡角**：刀具斜进刀进入部件表面的角度，即刀具切入材料前的最后一段进刀轨迹与部件表面的角度。一般应选取较小的角度，以防止刀具损坏。

  - ☑ **高度**：刀具沿形状斜进刀或螺旋进刀时的进刀点与切削点的垂直距离，即进刀点与部件表面的垂直距离。

☑ 　高度起点　：用于定义前面　高度　选项的计算参照。

☑ 　最大宽度　：用于定义斜进刀时相邻两拐角间的最大宽度。

☑ 　最小安全距离　：用于定义沿形状斜进刀或螺旋进刀时，工件内非切削区域与刀具之间的最小安全距离。

☑ 　最小斜面长度　：用于定义沿形状斜进刀或螺旋进刀时最小倾斜面的水平长度。

☑ 　开放区域　：用于设置在部件或毛坯边界之外的区域，刀具靠近工件时的进刀方式。

☑ 　进刀类型　：用于设置刀具在开放区域中进刀时切入工件的类型。

➤ 　与封闭区域相同　：用于定义刀具的走刀类型与封闭区域的相同。

➤ 　线性　：用于定义刀具按照指定的线性长度以及旋转的角度等参数进行移动，刀具逼近切削点时的刀轨是一条直线或斜线。

➤ 　线性 - 相对于切削　：用于定义刀具相对于衔接的切削刀路呈直线移动。

➤ 　圆弧　：用于定义刀具按照指定的圆弧半径以及圆弧角度进行移动，刀具逼近切削点时的刀轨是一段圆弧。

➤ 　点　：用于定义从指定点开始移动。选取此选项后，可以用下方的"点构造器"和"自动判断点"来指定进刀开始点。

➤ 　线性 - 沿矢量　：用于定义指定一个矢量和一个距离来确定刀具的运动矢量、运动方向和运动距离。

➤ 　角度 角度 平面　：用于定义刀具按照指定的两个角度和一个平面进行移动，其中，角度可以确定进刀的运动方向，平面可以确定进刀开始点。

➤ 　矢量平面　：用于定义刀具按照指定的一个矢量和一个平面进行移动，矢量确定进刀方向，平面确定进刀开始点。

注意：选择不同的进刀类型时，"进刀"选项卡中参数的设置会不同，应根据加工工件的具体加工部位来选择合适的进刀类型，并进行各参数的设置。

Step 3　单击"非切削移动"对话框中的　转移/快速　选项卡，其参数的设置如图 12.3.23 所示。

Step 4　单击"非切削移动"对话框中的　起点/钻点　选项卡，其参数的设置如图 12.3.24 所示，其他选项卡中的参数设置值采用系统的默认值，单击　　确定　　按钮完成非切削移动参数的设置。

图 12.3.23 所示的"非切削移动"对话框"转移/快速"选项卡中各选项说明如下：

● 　安全设置　区域：用于设置加工工序的安全设置类型及参数。

☑ 　安全设置选项　下拉列表：用于设置加工工序的安全设置类型。

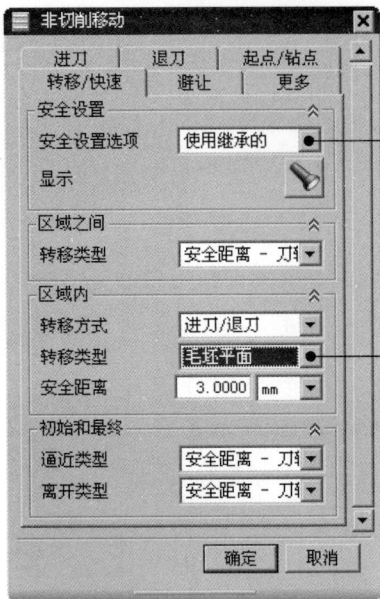

图 12.3.23 "转移/快速"选项卡　　　　图 12.3.24 "起点/钻点"选项卡

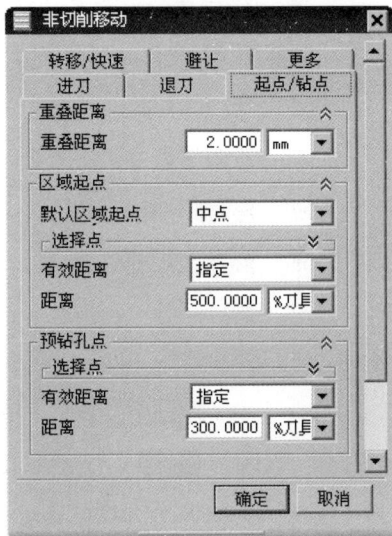

> **使用继承的**：选择此选项，将继承上级父几何节点中的安全设置类型和参数。

> **无**：选择此选项，将不使用安全平面，一般不能选择此选项。

> **自动平面**：选择此选项，系统将根据几何体中的定义参数来确定一个沿 ZM 方向的安全平面，用户可设置安全距离的数值。

> **平面**：选择此选项，用户需要指定一个参考平面，并指定距离此平面的安全距离，系统依此来创建一个安全平面。

> **点**：选择此选项，用户需要指定一个点，刀轨的转移路径将经过该点。

> **包容圆柱体**：选择此选项，系统创建一个沿 ZM 方向放置的圆柱体形状的安全几何体，此时用户可设置安全距离的数值。

> **圆柱**：选择此选项，系统将依据用户指定的点、方向矢量和半径参数，创建一个无限长的圆柱体形状作为安全几何体。

> **球**：选择此选项，系统将依据用户指定的点和半径参数，创建一个圆球体的安全几何体。

> **包容块**：选择此选项，系统将依据用户指定的安全距离，创建一个包容部件的长方体形状的安全几何体。

☑ **显示** 按钮：在图形区可以观察安全设置的结果。

● **区域之间** 区域：用于设置两个切削区域之间的刀具转移和快速的类型及参数。

☑ **转移类型**：用于设置两个切削区域之间的刀具转移和快速的类型。

☑ **安全距离 - 刀轴**：用于定义转移刀轨将沿刀轴方向返回到安全几何体。

- ☑ **安全距离 - 最短距离**：用于定义转移刀轨将根据最短距离沿刀轴方向返回到已经标识的安全几何体。

- ☑ **安全距离 - 切割平面**：用于定义转移刀轨将在切割平面内移动并返回到安全几何体。

- ☑ **前一平面**：用于定义转移刀轨将在前一个切削层内移动。

- ☑ **直接**：用于定义转移刀轨将沿直线运动来连接两个位置。

- ☑ **最小安全值 Z**：用于定义转移刀轨将按此最小安全值移动。

- ☑ **毛坯平面**：用于定义转移刀轨将返回到毛坯几何体的最高平面。

● **区域内**：用于设置单个切削区域内的转移刀轨的类型及参数。

- ☑ **转移方式**：用于设置转移刀轨的类型。

  - ➢ **进刀/退刀**：选择此选项，将按照默认的进刀和退刀生成转移刀轨。

  - ➢ **抬刀和插削**：选择此项，刀具将竖直移动来产生进刀和退刀。

  - ➢ **无**：选择此项，将不在区域内产生进刀和退刀。

- ☑ **转移类型**：用于设置单个切削区域内的刀具转移和快速的类型，参看"区域之间"的类型介绍。

- ☑ **安全距离**：用于设置转移类型中的安全距离数值。

● **初始和最终**：用于设置初始和最终的转移刀轨类型及参数。

- ☑ **逼近类型**：用于设置刀具的逼近刀轨的类型。

- ☑ **离开类型**：用于设置刀具的离开刀轨的类型。

图 12.3.24 所示的"非切削移动"对话框"起点/钻点"选项卡中各选项说明如下：

● **重叠距离** 区域：用于定义进刀和退刀之间的总体重叠距离。

- ☑ **重叠距离**：用于设置进刀和退刀的重叠距离数值，目的是将材料清理干净。

● **区域起点** 区域：用于设置切削运动的起点位置。

- ☑ **默认区域起点** 下拉列表：用于设置默认的区域起点的类型。包括 **中点** 和 **拐角** 两种类型。默认为 **中点** 选项，此时系统将在切削区域中的最长边中点进刀。选择 **拐角** 选项，系统将在指定边界的起点开始进刀。用户可以选择多个点，并添加到列表中。

- ☑ **有效距离** 下拉列表：用于设置区域起点的有效距离值。选择 **指定** 选项，超出指定距离的点将被系统忽略；选择 **无** 选项，系统将可以使用用户所指定的任何点。

- ☑ **距离**：用于设置起点有效的距离数值。

● **预钻孔点** 区域：用于设置在本工序中的预钻孔参数。用户可以选择多个点并添加到列表中，刀具将下降到该孔位置并开始加工。其中参数含义可参考"默认区域起点"的说明。

Stage7. 设置进给率和速度

Step 1 单击"底面壁"对话框中的"进给率和速度"按钮 ，系统弹出图 12.3.25 所示的"进给率和速度"对话框。

Step 2 选中"进给率和速度"对话框 主轴速度 区域中的 ☑ 主轴速度 (rpm) 复选框，在其右侧的文本框中输入值 1500.0，在 进给率 区域 切削 文本框中输入值 200.0，按下 Enter键，然后单击 按钮，其他参数的设置如图 12.3.25 所示。

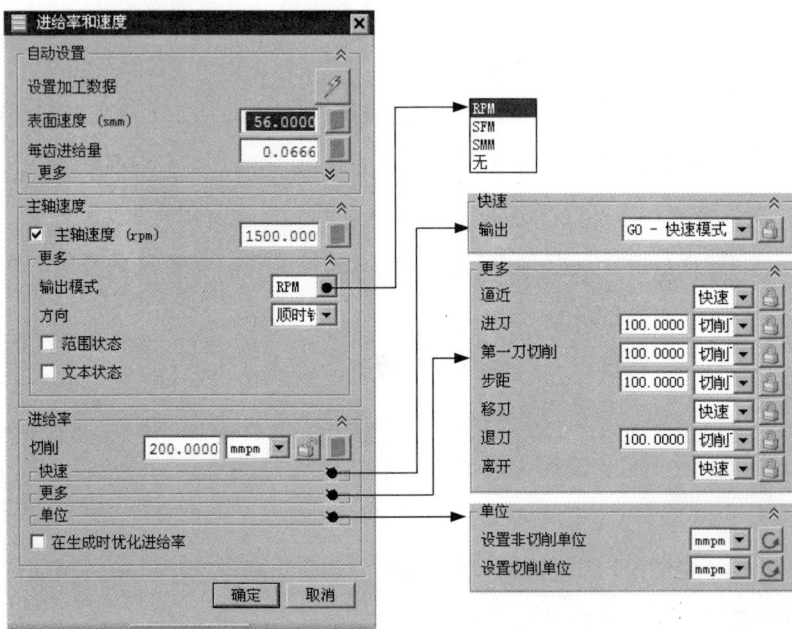

图 12.3.25   "进给率和速度"对话框

Step 3 单击"进给率和速度"对话框中的 确定 按钮，系统返回"底面壁"对话框。

图 12.3.25 所示的"进给率和速度"对话框中各选项说明如下：

- 自动设置 区域：其中的部分选项介绍如下：
  - ☑ 设置加工数据 ：用于自动设置加工数据，单击其后的 按钮，系统将依据加工数据库来设置主轴转速和切削速度等加工参数。
  - ☑ 表面速度 (smm) ：用于设置表面速度。表面速度即刀具在旋转切削时与工件的相对运动速度，与机床的主轴速度和刀具直径相关。
  - ☑ 每齿进给量 ：刀具每个切削齿切除材料量的度量。
- 更多 区域：
  - ☑ 输出模式 ：系统提供了以下三种主轴速度输出模式。

> ➤ 　RPM　：以每分钟转数为单位创建主轴速度。

> ➤ 　SFM　：以每分钟曲面英尺为单位创建主轴速度。

> ➤ 　SMM　：以每分钟曲面米为单位创建主轴速度。

> ➤ 　无　：没有主轴输出模式。

- ☑ 　☑范围状态　复选框：选中该复选框以激活 范围 文本框，范围 文本框用于创建主轴的速度范围。

- ☑ 　☑文本状态　复选框：选中该复选框以激活其下的文本框可输入必要的字符。在 CLSF 文件输出时，此文本框中的内容将添加到 LOAD 或 TURRET 中；在后处理时，此文本框中的内容将存储在 mom 变量中。

- ● 　进给率　区域：

- ☑ 　切削　文本框：用于设置切削过程中的进给量，即正常进给时的速度。

- ☑ 　快速　区域：用于设置快速运动时的速度，即刀具从开始点到下一个前进点的移动速度，有 G0 - 快速模式 、 G1 - 进给模式 两种选项可选。

- ☑ 　进给率　区域的 更多 区域中各选项的说明如下（刀具的进给率和速度示意图如图 12.3.26 所示）。

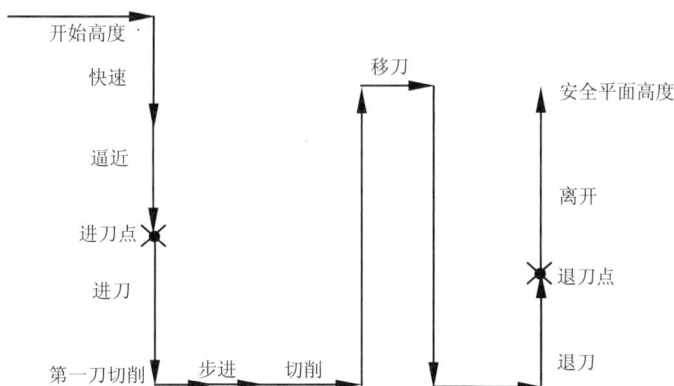

图 12.3.26　进给率和速度示意图

> ➤ 　逼近　：用于设置刀具接近时的速度，即刀具从起刀点到进刀点的进给速度。在多层切削加工中，它控制刀具从一个切削层到下一个切削层的移动速度。默认为 快速 模式，可通过其后的下拉列表选择 无 、 mmpm （毫米/分钟）、 mmpr （毫米/转）、 快速 、 切削百分比 等模式。

注意：以下几处进给率设定方法与此类似，故不再赘述。

> ➤ 　进刀　：用于设置刀具从进刀点到初始切削点时的进给率。

> ➤ 　第一刀切削　：用于设置第一刀切削时的进给率。

> ➤ 　步距　：用于设置刀具进入下一个平行刀轨切削时的横向进给速度，即铣

削宽度，多用于往复式的切削方式。

➤ 移刀：用于设置刀具从一个切削区域跨越到另一个切削区域时作水平非切削移动时刀具的移动速度。移刀时，刀具先抬刀至安全平面高度，然后作横向移动，以免发生碰撞。

➤ 退刀：用于设置退刀时，刀具切出部件的速度，即刀具从最终切削点到退刀点之间的速度。

➤ 离开：设置离开时的进给率，即刀具退出加工部位到返回点的移动速度。在钻孔加工和车削加工中，刀具由里向外退出时和加工表面有很小的接触，因此速度会影响加工表面的表面粗糙度。

➤ 进给率 区域的 单位 区域中各选项的说明如下：

➤ 设置非切削单位：单击其后的"更新"按钮 ，可将所有的"非切削进给率"单位设置为下拉列表中的 无 、 mmpm （毫米/分钟）、 mmpr （毫米/转）或 快速 等类型。

➤ 设置切削单位：单击其后的"更新"按钮 ，可将所有的"切削进给率"单位设置为下拉列表中的 无 、 mmpm （毫米/分钟）、 mmpr （毫米/转）或 快速 等类型。

Task5. 生成刀路轨迹并仿真

Step 1 在"底面壁"对话框中单击"生成"按钮 ，在图形区中生成图 12.3.27 所示的刀路轨迹。

Step 2 在"底面壁"对话框中单击"确认"按钮 ，系统弹出"刀轨可视化"对话框。单击 2D 动态 选项卡，调整动画速度后单击"播放"按钮 ▶ ，即可演示 2D 动态仿真加工，完成演示后的模型如图 12.3.28 所示，仿真完成后单击 确定 按钮，完成刀轨确认操作。

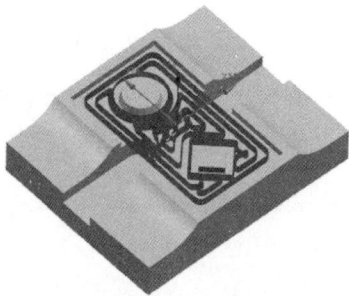

图 12.3.27 刀路轨迹

图 12.3.28 2D 仿真结果

Step 3 单击"底面壁"对话框中的 确定 按钮，完成操作。

12.3.2　底面壁 IPW

底面壁 IPW 是基于底面壁工序的加工工序，其加工时通过所选几何体和 IPW 来决定所要移除的材料，一般用于通过 IPW 跟踪未切削材料的加工中。

下面继续以上一小节创建的模型为例，来介绍创建底面壁 IPW 的一般创建步骤，加工过程如图 12.3.29 所示。

a）待加工的毛坯　　　　　　　　　　　　　b）加工结果

图 12.3.29　底面壁 IPW

Task1.　创建底面壁 IPW 工序

Stage1.　创建工序

Step 1　选择下拉菜单 插入(S) ➡ ⬚ 工序(E)... 命令，系统弹出"创建工序"对话框。

Step 2　确定加工方法。在"创建工序"对话框 类型 下拉列表中选择 mill_planar 选项，在 工序子类型 区域中单击"带 IPW 的底面和壁"按钮 ⬚，在 程序 下拉列表中选择 PROGRAM 选项，在 刀具 下拉列表中选择 D12 (铣刀-5 参数) 选项，在 几何体 下拉列表中选择 WORKPIECE 选项，在 方法 下拉列表中选择 MILL ROUGH 选项，采用系统默认的名称。

Step 3　单击"创建工序"对话框中的 确定 按钮，系统弹出图 12.3.30 所示的"底面壁 IPW"对话框。

Stage2.　指定切削区域

Step 1　指定底面。单击"底面壁 IPW"对话框中的"选择或编辑切削区域几何体"按钮 ⬚，系统弹出"切削区域"对话框。在模型中选取图 12.3.31 所示的模型平面，然后单击 确定 按钮，返回到"底面壁 IPW"对话框。

Step 2　显示自动壁。在"底面壁 IPW"对话框中的 几何体 区域确认 ☑ 自动壁 复选框被选中，然后单击 指定壁几何体 右侧的 ⬚ 按钮，此时在模型中显示图 12.3.32 所示的壁几何体。

Stage3.　设置刀具路径参数

Step 1　设置切削模式。在"底面壁 IPW"对话框中 刀轨设置 区域的 切削区域空间范围 下拉列表中选择 壁 选项，在 切削模式 下拉列表中选择 ⬚ 跟随部件 选项。

Step 2　设置步进方式。在 步距 下拉列表中选择 刀具平直百分比 选项，在 平面直径百分比 文本框中输入值 50.0，在 每刀深度 文本框中输入值 1.0。

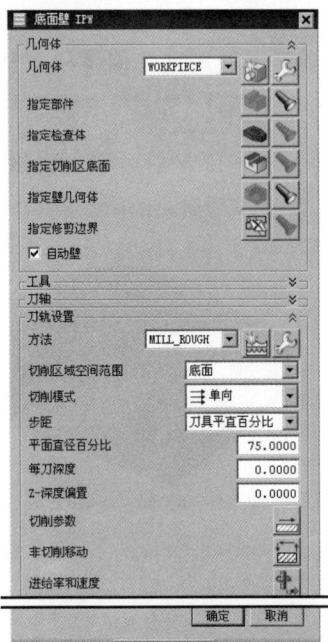

图 12.3.30　"底面壁 IPW" 对话框

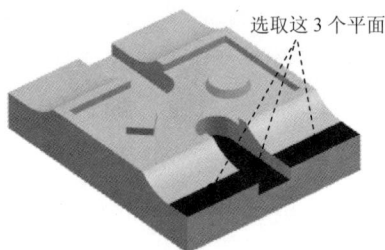

选取这 3 个平面

图 12.3.31　指定底面

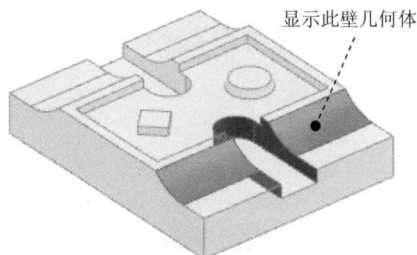

显示此壁几何体

图 12.3.32　显示壁几何体

Stage4. 设置切削参数

Step 1　单击 "底面壁 IPW" 对话框中的 "切削参数" 按钮，系统弹出 "切削参数" 对话框。

Step 2　单击 "切削参数" 对话框中的 余量 选项卡，在 部件余量 文本框中输入值 0.2，在 壁余量 文本框中输入值 0.2，在 最终底面余量 文本框中输入值 0.1。

Step 3　单击 "切削参数" 对话框中的 空间范围 选项卡，设置如图 12.3.33 所示的参数。

Step 4　其他选项卡参数采用系统默认设置值，单击 确定 按钮，返回到 "底面壁 IPW" 对话框。

Stage5. 设置非切削移动参数

Step 1　单击 "底面壁 IPW" 对话框中的 "非切削移动" 按钮，系统弹出 "非切削移动" 对话框。

Step 2　单击 "非切削移动" 对话框中的 进刀 选项卡，在 开放区域 区域选中 ☑ 修剪至最小安全距离 复选框，其他参数采用系统默认设置值。

Step 3　单击 "非切削移动" 对话框中的 转移/快速 选项卡，在 区域内 区域的 转移类型 下拉列

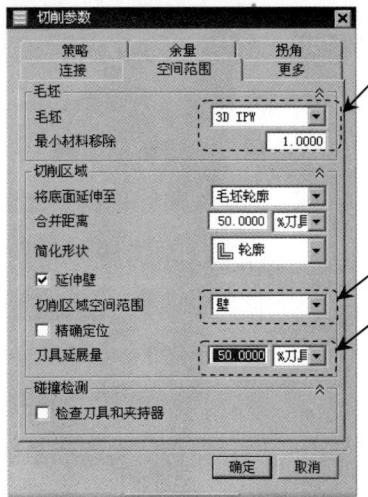

图 12.3.33　"空间范围" 选项卡

表中选择 前一平面 选项，其他参数采用系统默认设置值。

Step 4 单击 确定 按钮，返回到"底面壁 IPW"对话框。

Stage6．设置进给率和速度

Step 1 在"底面壁 IPW"对话框中单击"进给率和速度"按钮，系统弹出"进给率和速度"对话框。

Step 2 在"进给率和速度"对话框中选中 ☑ 主轴速度 (rpm) 复选框，然后在其右侧的文本框中输入值 1500.0，在 切削 文本框中输入值 200.0，按下 Enter 键，然后单击 按钮，其他选项采用系统默认参数设置值。

Step 3 单击 确定 按钮，完成进给率和速度的设置，系统返回"底面壁 IPW"对话框。

Task2．生成刀路轨迹并仿真

生成的刀路轨迹如图 12.3.34 所示，2D 动态仿真加工后的零件模型如图 12.3.35 所示。

图 12.3.34 显示刀路轨迹　　　　图 12.3.35 2D 仿真结果

Task3．保存文件

选择下拉菜单 文件(F) ➡ 保存(S) 命令，保存文件。

12.4 面铣加工

面铣是指通过垂直于平面定义区域的固定刀轴进行铣削；一般用于线框模型，在定义边界时可以通过面，或者面上的曲线以及一系列的点来得到开放或封闭的边界几何体。

下面以图 12.4.1 所示的零件介绍创建面铣加工的一般步骤。

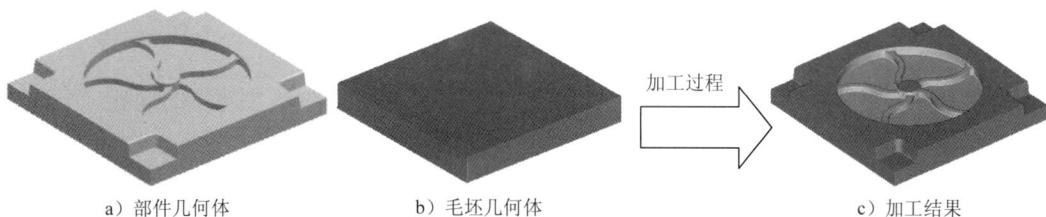

a）部件几何体　　　　b）毛坯几何体　　加工过程　　c）加工结果

图 12.4.1 面铣

Task1. 打开模型文件并进入加工模块

Step 1 打开文件 D:\ug85nc\work\ch12\ch12.04\face_milling.prt。

Step 2 进入加工环境。选择下拉菜单 ⚙ 开始 ▾ ➡ ⚒ 加工(N)... 命令，在系统弹出的"加工环境"对话框的 要创建的 CAM 设置 列表中选择 mill_planar 选项，然后单击 确定 按钮，进入加工环境。

Task2. 创建几何体

Stage1. 创建机床坐标系

Step 1 在工序导航器中将视图调整到几何视图状态，双击坐标系节点⊞ ⫠ MCS_MILL，系统弹出"MCS 铣削"对话框。

Step 2 创建机床坐标系。

（1）在"MCS 铣削"对话框的 机床坐标系 区域中单击"CSYS 对话框"按钮 ⫠，系统弹出 CSYS 对话框，确认在 类型 下拉列表中选择 动态 选项。

（2）单击 CSYS 对话框 操控器 区域中的"操控器"按钮 ⊹，系统弹出"点"对话框，在"点"对话框 Z 文本框中输入值 50.0，单击 确定 按钮，此时系统返回至 CSYS 对话框，在该对话框中单击 确定 按钮，完成图 12.4.2 所示的机床坐标系的创建。

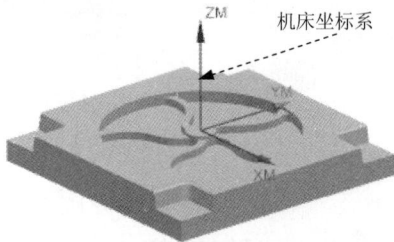

图 12.4.2　创建机床坐标系

Stage2. 创建安全平面

Step 1 在"MCS 铣削"对话框 安全设置 区域 安全设置选项 的下拉列表中选择 自动平面 选项，在 安全距离 文本框中输入值 30.0，单击 确定 按钮，系统返回到"MCS 铣削"对话框，完成安全平面的创建。

Step 2 单击"MCS 铣削"对话框中的 确定 按钮。

Stage3. 创建部件几何体

Step 1 在工序导航器中双击⊞ ⫠ MCS_MILL 节点下的 ⬡ WORKPIECE，系统弹出"工件"对话框。

Step 2 选取部件几何体。在"工件"对话框中单击 ⬢ 按钮，系统弹出"部件几何体"对话框。确认"选择条"工具条中的"类型过滤器"设置为"实体"类型，在图形区选取整个零件为部件几何体。

Step 3 在"部件几何体"对话框中单击 确定 按钮，完成部件几何体的创建，同时系统返回到"工件"对话框。

Stage4. 创建毛坯几何体

Step 1 在"工件"对话框中单击 ⬢ 按钮，系统弹出"毛坯几何体"对话框。

Step 2　在"毛坯几何体"对话框的 类型 下拉列表中选择 包容块 选项，采用系统默认参数。

Step 3　单击"毛坯几何体"对话框中的 确定 按钮，然后单击"工件"对话框中的 确定 按钮。

Task3．创建刀具

Step 1　选择下拉菜单 插入(S) ➡ 刀具(T)... 命令，系统弹出"创建刀具"对话框。

Step 2　确定刀具类型。在"创建刀具"对话框 类型 下拉列表中选择 mill_planar 选项，在 刀具子类型 区域中单击 MILL 按钮 ，在 位置 区域 刀具 下拉列表中选择 GENERIC_MACHINE 选项，在 名称 文本框中输入刀具名称 D12，然后单击 确定 按钮，系统弹出"铣刀-5 参数"对话框。

Step 3　设置刀具参数。在"铣刀-5 参数"对话框的 (D) 直径 文本框中输入值 12.0，其他参数采用系统默认设置值，单击 确定 按钮，完成刀具参数的设置。

Task4．创建面铣工序（使用面定义平面边界）

Stage1．创建工序

Step 1　选择下拉菜单 插入(S) ➡ 工序(E)... 命令，系统弹出"创建工序"对话框。

Step 2　确定加工方法。在"创建工序"对话框的 类型 下拉列表中选择 mill_planar 选项，在 工序子类型 区域中单击"使用边界面铣削"按钮 ，在 程序 下拉列表中选择 PROGRAM 选项，在 刀具 下拉列表中选择 D12 (铣刀-5 参数) 选项，在 几何体 下拉列表中选择 WORKPIECE 选项，在 方法 下拉列表中选择 MILL_SEMI_FINISH 选项，采用系统默认的名称，如图 12.4.3 所示。

Step 3　在"创建工序"对话框中单击 确定 按钮，此时系统弹出图 12.4.4 所示的"面铣"对话框。

图 12.4.3 所示的"创建工序"对话框中各选项说明如下：

- 程序 下拉列表中提供了 NC_PROGRAM、NONE 和 PROGRAM 三种选项。
  - ☑ NC_PROGRAM：采用系统默认的加工程序根目录。
  - ☑ NONE：系统将提供一个不含任何程序的加工目录。
  - ☑ PROGRAM：采用系统提供的一个加工程序的根目录。
- 刀具 下拉列表：用于选取该操作所用的刀具。
- 方法 下拉列表：用于确定该操作的加工方法。
  - ☑ METHOD：采用系统给定的加工方法。
  - ☑ MILL_FINISH：铣削精加工方法。
  - ☑ MILL_ROUGH：铣削粗加工方法。
  - ☑ MILL_SEMI_FINISH：铣削半精加工方法。

☑ NONE ：选取此选项后，系统不提供任何的加工方法。

● 名称 文本框：用户可以在该文本框中定义工序的名称。

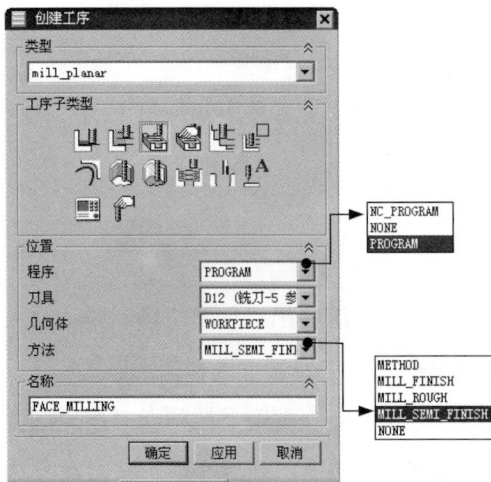

图 12.4.3 "创建工序"对话框

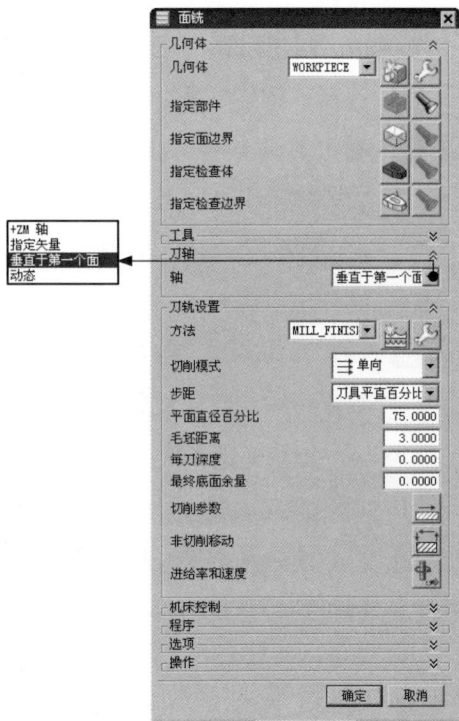

图 12.4.4 "面铣"对话框

图 12.4.4 所示的"面铣"对话框 刀轴 区域中各选项说明如下：

● 轴 下拉列表中提供了三种刀轴方向的设置方法。

   ☑ +ZM 轴 ：设置刀轴方向为机床坐标系 ZM 轴的正方向。

   ☑ 指定矢量 ：选择或创建一个矢量作为刀轴方向。

   ☑ 垂直于第一个面 ：设置刀轴方向垂直于第一个面，此为默认选项。

   ☑ 动态 ：通过动态坐标系来调整刀轴的方向。

Stage2．指定面边界

Step 1 在"面铣"对话框中的 几何体 区域中单击"选择或编辑面几何体"按钮 📦 ，系统弹出图 12.4.5 所示的"指定面几何体"对话框。

Step 2 确认该对话框 过滤器类型 区域中的"面边界"按钮 📦 被按下，其余选项采用系统默认的参数设置值，选取图 12.4.6 所示的模型表面。

Step 3 单击"指定面几何体"对话框中的 确定 按钮，系统返回到"面铣"对话框。

Stage3．设置刀具路径参数

Step 1 选择切削模式。在"面铣"对话框 切削模式 下拉列表中选择 跟随部件 选项。

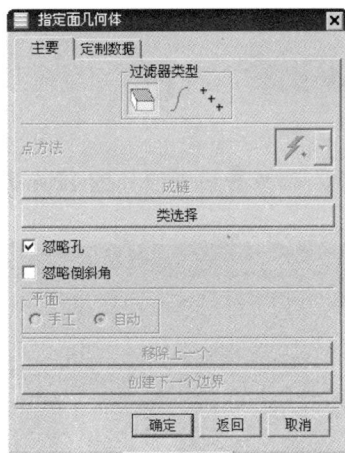

图 12.4.5 "指定面几何体"对话框

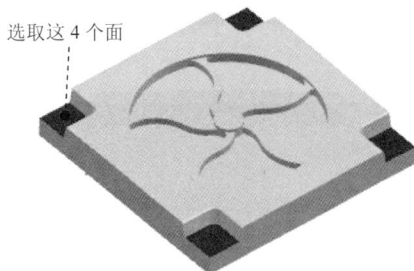

选取这 4 个面

图 12.4.6 选择面边界几何

Step 2 设置一般参数。在 步距 下拉列表中选择 刀具平直百分比 选项，在 平面直径百分比 文本框中输入值 50.0，在 毛坯距离 文本框中输入值 22，在 每刀深度 文本框中输入值 1.0，在 最终底面余量 文本框中输入值 0.1，其他参数采用系统默认设置值。

Stage4．设置切削参数

Step 1 在 刀轨设置 区域中单击"切削参数"按钮 ，系统弹出"切削参数"对话框。

Step 2 在"切削参数"对话框中单击 策略 选项卡，设置参数如图 12.4.7 所示。

Step 3 在"切削参数"对话框中单击 余量 选项卡，设置参数如图 12.4.8 所示。

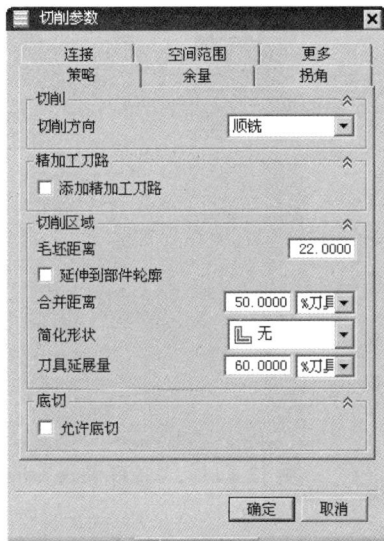

图 12.4.7 "策略"选项卡

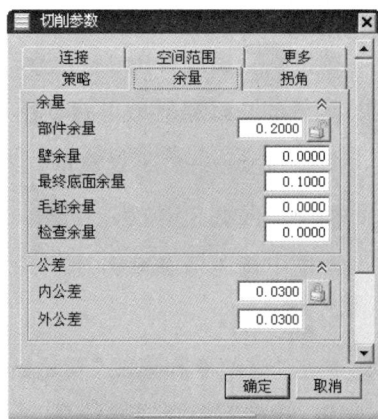

图 12.4.8 "余量"选项卡

Step 4 在"切削参数"对话框中单击 连接 选项卡，设置参数如图 12.4.9 所示，单击 确定 按钮回到"面铣"对话框。

Stage5. 设置非切削移动参数

Step 1 在"面铣"对话框 刀轨设置 区域中单击"非切削移动"按钮，系统弹出"非切削移动"对话框。

Step 2 单击"非切削移动"对话框中的 进刀 选项卡，其参数设置值如图 12.4.10 所示。

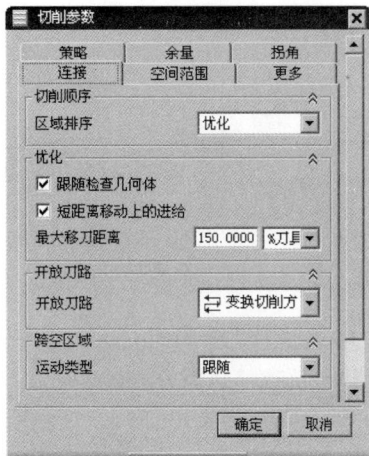

图 12.4.9 "连接"选项卡

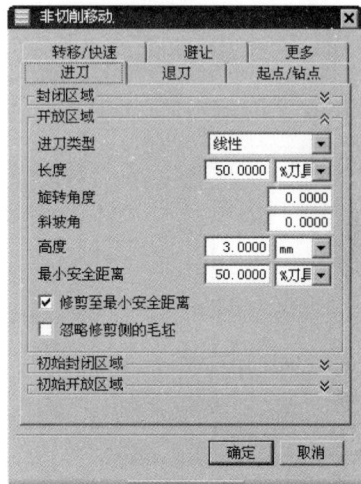

图 12.4.10 "进刀"选项卡

Step 3 单击"非切削移动"对话框中的 转移/快速 选项卡，其参数设置值如图 12.4.11 所示，其他选项卡中的设置采用系统的默认值，单击 确定 按钮完成非切削移动参数的设置。

Stage6. 设置进给率和速度

Step 1 单击"面铣"对话框中的"进给率和速度"按钮，系统弹出"进给率和速度"对话框。

Step 2 在"进给率和速度"对话框 主轴速度 区域中选中 ☑ 主轴速度 (rpm) 复选框，在其右侧的文本框中输入值 1500.0，在 进给率 区域的 切削 文本框中输入值 200.0，按下 Enter 键，然后单击 按钮。

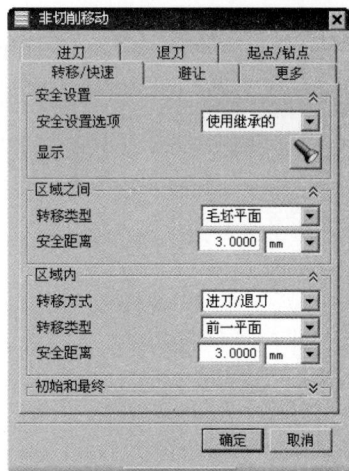

图 12.4.11 "转移/快速"选项卡

Step 3 单击"进给率和速度"对话框的 确定 按钮。

Task5. 生成刀路轨迹并仿真

Step 1 生成刀路轨迹。在"面铣"对话框中单击"生成"按钮，在图形区中生成图 12.4.12 所示的刀路轨迹。

Step 2 使用 2D 动态仿真。完成演示后的模型如图 12.4.13 所示。

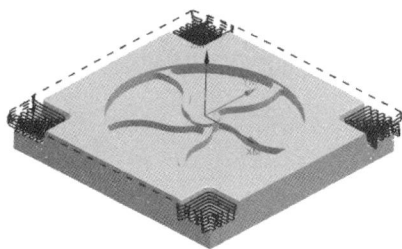

图 12.4.12　刀路轨迹

图 12.4.13　2D 仿真结果

Task6. 创建面铣工序（使用曲线定义平面边界）

Stage1. 创建工序

Step 1　选择下拉菜单 插入(S) ➡ 工序(E)... 命令，系统弹出"创建工序"对话框。

Step 2　确定加工方法。在"创建工序"对话框的 类型 下拉列表中选择 mill_planar 选项，在 工序子类型 区域中单击"使用边界面铣削"按钮 ，在 程序 下拉列表中选择 PROGRAM 选项，在 刀具 下拉列表中选择 D12 (铣刀-5 参数) 选项，在 几何体 下拉列表中选择 WORKPIECE 选项，在 方法 下拉列表中选择 MILL_SEMI_FINISH 选项，采用系统默认的名称。

Step 3　在"创建工序"对话框中单击 确定 按钮，此时系统弹出"面铣"对话框。

Stage2. 指定面边界

Step 1　在 几何体 区域中单击"选择或编辑面几何体"按钮 ，系统弹出"指定面几何体"对话框。

Step 2　确认该对话框 过滤器类型 区域中的"曲线边界"按钮 ∫ 被按下，选取图 12.4.14 所示的模型边线，在 平面 区域选中 ⊙ 手工 单选按钮，系统弹出"平面"对话框。

Step 3　在"平面"对话框的 类型 区域的下拉列表中选中 自动判断 选项，并选取图 12.4.15 所示的模型平面，单击 确定 按钮回到"指定面几何体"对话框。

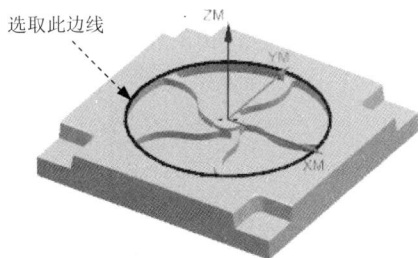

图 12.4.14　选择曲线边界几何

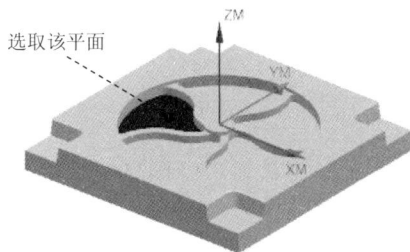

图 12.4.15　定义参考平面

Step 4　单击 确定 按钮，完成指定面边界的创建，返回至"面铣"对话框。

Stage3. 设置刀轴及刀具路径参数

Step 1　设置刀轴方向。在"面铣"对话框 刀轴 区域的 轴 下拉列表中选择 +ZM 轴 选项。

Step 2 选择切削模式。在"面铣"对话框 切削模式 下拉列表中选择 跟随周边 选项。

Step 3 设置一般参数。在 步距 下拉列表中选择 刀具平直百分比 选项，在 平面直径百分比 文本框中输入值 50.0，在 毛坯距离 文本框中输入值 15，在 每刀深度 文本框中输入值 1.0，在 最终底面余量 文本框中输入值 0.1，其他参数采用系统默认设置值。

Stage4. 设置切削参数

Step 1 在 刀轨设置 区域中单击"切削参数"按钮，系统弹出"切削参数"对话框。

Step 2 在"切削参数"对话框中单击 策略 选项卡，设置参数如图 12.4.16 所示。

Step 3 在"切削参数"对话框中单击 余量 选项卡，设置参数如图 12.4.17 所示，单击 确定 按钮回到"面铣"对话框。

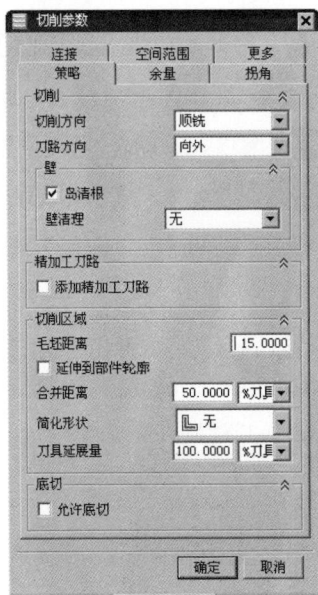

图 12.4.16 "策略"选项卡   图 12.4.17 "余量"选项卡

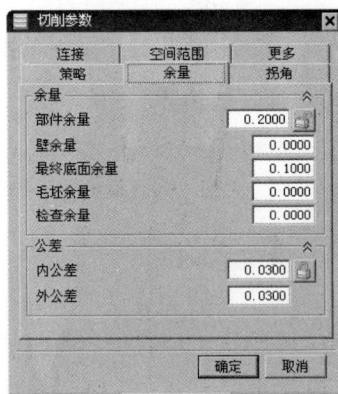

图 12.4.16 所示的"切削参数"对话框"策略"选项卡的部分选项说明如下：

● 刀路方向：用于设置刀路轨迹沿部件的周边向中心（或沿相反方向）切削，系统默认选中"向外"选项。

● ☑ 岛清根 复选框：选中该复选框后将在每个岛区域都包含一个沿该岛的完整清理刀路，可确保在岛的周围不会留下多余的材料。

● 壁清理：用于创建清除切削平面的侧壁上多余材料的刀路，系统提供了以下四种类型。

　☑ 无：不移除侧壁上多余材料，此时侧壁的留量小于步距值。

　☑ 在起点：在切削各个层时，先在周边进行清壁加工，然后再切削中心区域。

　☑ 在终点：在切削各个层时，先切削中心区域，然后再进行清壁加工。

☑　**自动**：在切削各个层时，系统自动计算何时添加清壁加工刀路。

Stage5. 设置非切削移动参数

Step 1　在"面铣"对话框 **刀轨设置** 区域中单击"非切削移动"按钮 🔲，系统弹出"非切削移动"对话框。

Step 2　单击"非切削移动"对话框中的 **进刀** 选项卡，其参数设置值如图 12.4.18 所示。

Step 3　单击"非切削移动"对话框中的 **转移/快速** 选项卡，其参数设置值如图 12.4.19 所示，其他选项卡中的设置采用系统的默认值，单击 **确定** 按钮完成非切削移动参数的设置。

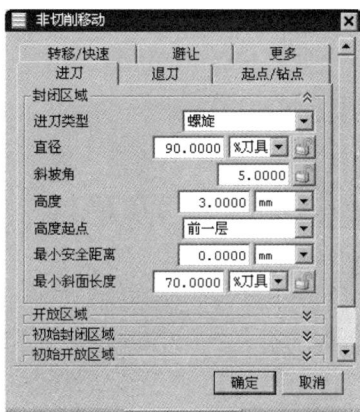

图 12.4.18　"进刀"选项卡　　　　　图 12.4.19　"转移/快速"选项卡

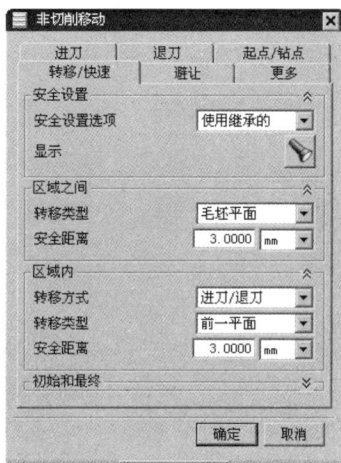

Stage6. 设置进给率和速度

Step 1　单击"面铣"对话框中的"进给率和速度"按钮 ➕，系统弹出"进给率和速度"对话框。

Step 2　在"进给率和速度"对话框 **主轴速度** 区域中选中 ☑ **主轴速度（rpm）** 复选框，在其右侧的文本框中输入值 1500.0，在 **进给率** 区域的 **切削** 文本框中输入值 200.0，按下 Enter 键，然后单击 🔲 按钮，其他参数的设置采用系统的默认值。

Step 3　单击"进给率和速度"对话框中的 **确定** 按钮。

Task7. 生成刀路轨迹并仿真

Step 1　生成刀路轨迹。在"面铣"对话框中单击"生成"按钮 💡，在图形区中生成图 12.4.20 所示的刀路轨迹。

Step 2　使用 2D 动态仿真。完成演示后的模型如图 12.4.21 所示。

Task8. 保存文件

选择下拉菜单 **文件(F)** ━━▶ **保存(S)** 命令，保存文件。

图 12.4.20 刀路轨迹   图 12.4.21 2D 仿真结果

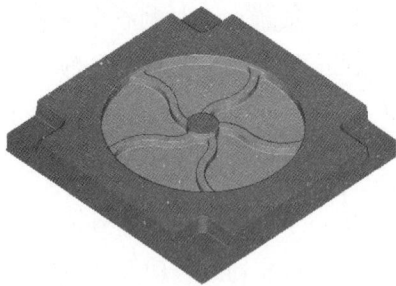

12.5 手工面铣削加工

手工面铣削又称为混合铣削，也是面铣的一种。创建该操作时，系统会自动选用混合切削模式加工零件。在该模式中，需要对零件中的多个加工区域分别指定不同的切削模式，并且每个区域的切削参数可以单独地进行编辑。

下面以图 12.5.1 所示的零件为例介绍创建手工面铣削加工的一般步骤。

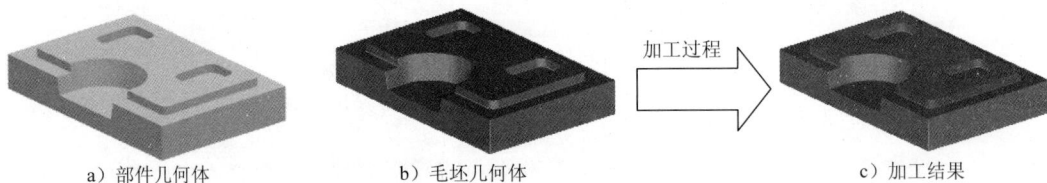

a）部件几何体   b）毛坯几何体   加工过程   c）加工结果

图 12.5.1 手工面铣削

Task1. 打开模型文件并进入加工环境

Step 1 打开文件 D:\ug85nc\work\ch12\ch12.05\face_milling_manual.prt。

Step 2 进入加工环境。选择下拉菜单 开始 ➡ 加工(N)... 命令，在系统弹出的"加工环境"对话框 要创建的 CAM 设置 列表中选择 mill_planar 选项，然后单击 确定 按钮，进入加工环境。

Task2. 创建几何体

Stage1. 创建机床坐标系和安全平面

Step 1 在工序导航器中将视图调整到几何视图状态，双击坐标系节点 MCS_MILL，系统弹出"MCS 铣削"对话框。

Step 2 创建机床坐标系。

（1）在"MCS 铣削"对话框 机床坐标系 区域中单击"CSYS 对话框"按钮，系统弹出 CSYS 对话框，确认在 类型 下拉列表中选择 动态 选项。

（2）单击 CSYS 对话框 操控器 区域中的"操控器"按钮，系统弹出"点"对话框，在"点"对话框 **Z** 文本框中输入值 50.0，单击 **确定** 按钮，此时系统返回至 CSYS 对话框。单击 **确定** 按钮，完成图 12.5.2 所示机床坐标系的创建，系统返回到"MCS 铣削"对话框。

Step 3 创建安全平面。

（1）在"MCS 铣削"对话框 **安全设置** 区域 **安全设置选项** 的下拉列表中选择 **平面** 选项，单击"平面对话框"按钮 ，系统弹出"平面"对话框。

（2）选取图 12.5.3 所示的平面参照，在 **偏置** 区域的 **距离** 文本框中输入值 10.0，单击 **确定** 按钮，系统返回到"MCS 铣削"对话框，完成安全平面的创建。

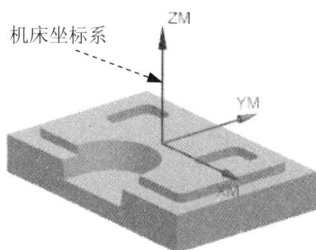

图 12.5.2　创建机床坐标系　　　　　图 12.5.3　创建安全平面

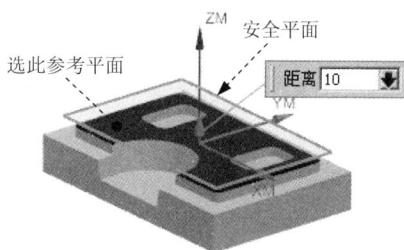

（3）单击"MCS 铣削"对话框中的 **确定** 按钮。

Stage2．创建部件几何体

Step 1 在工序导航器中双击 **MCS_MILL** 节点下的 **WORKPIECE**，系统弹出"工件"对话框。

Step 2 选取部件几何体。在"工件"对话框中单击 按钮，系统弹出"部件几何体"对话框。确认"选择条"工具条中的"类型过滤器"设置为"实体"，在图形区选取整个零件为部件几何体。

Step 3 单击 **确定** 按钮，完成部件几何体的创建，同时系统返回到"工件"对话框。

Stage3．创建毛坯几何体

Step 1 在"工件"对话框中单击 按钮，系统弹出"毛坯几何体"对话框。

Step 2 在"毛坯几何体"对话框的 **类型** 下拉列表中选择 **部件的偏置** 选项，在 **偏置** 文本框中输入值 0.2。单击 **确定** 按钮，然后单击"工件"对话框中的 **确定** 按钮。

Task3．创建刀具

Step 1 选择下拉菜单 **插入(S)** ➡ **刀具(T)...** 命令，系统弹出"创建刀具"对话框。

Step 2 确定刀具类型。在"创建刀具"对话框中 **刀具子类型** 区域单击 MILL 按钮 ，在 **名称** 文本框中输入 D10R1，然后单击 **确定** 按钮，系统弹出"铣刀-5 参数"对话框。

Step 3 设置刀具参数。在"铣刀-5 参数"对话框的 **(D) 直径** 文本框中输入值 10.0，在 **(R1) 下半径** 文本框中输入值 1.0，其他参数采用系统默认设置值，设置完成后单击

确定 按钮，完成刀具参数的设置。

Task4. 创建手工面铣工序

Stage1. 创建工序

Step 1 选择下拉菜单 插入(S) ➜ 工序(E)... 命令，系统弹出"创建工序"对话框。

Step 2 确定加工方法。在"创建工序"对话框的 类型 下拉列表中选择 mill_planar 选项，在 工序子类型 区域中单击"手工面铣削"按钮 ，在 程序 下拉列表中选择 PROGRAM 选项，在 刀具 下拉列表中选择 D10R1 (铣刀-5 参数) 选项，在 几何体 下拉列表中选择 WORKPIECE 选项，在 方法 下拉列表中选择 MILL FINISH 选项，采用系统默认的名称。

Step 3 在"创建工序"对话框中单击 确定 按钮，此时，系统弹出图 12.5.4 所示的"手工面铣削"对话框。

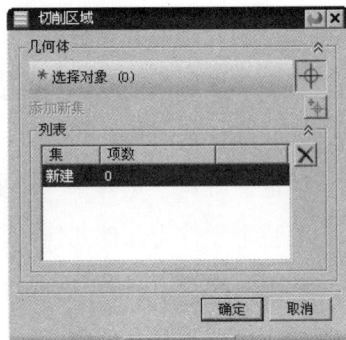

Stage2. 指定切削区域

Step 1 在 几何体 区域中单击"选择或编辑切削区域几何体"按钮 ，系统弹出图 12.5.5 所示的"切削区域"对话框；依次选取图 12.5.6 所示的面 1、面 2、面 3 和面 4 为切削区域，在"切削区域"对话框中单击 确定 按钮，返回到"手工面铣削"对话框。

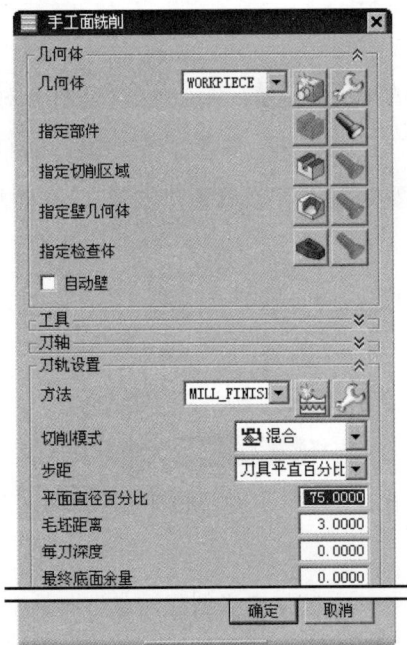

图 12.5.4 "手工面铣削"对话框

图 12.5.5 "切削区域"对话框

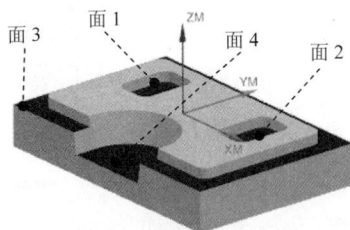

图 12.5.6 指定切削区域

Step 2 显示自动壁。在"手工面铣削"对话框中的 几何体 区域确认 ☑ 自动壁 复选框选中，然后单击 指定壁几何体 右侧的 按钮，此时在模型中显示壁几何体。

Stage3．设置刀具路径参数

Step **1**　选择切削模式。在"手工面铣削"对话框 切削模式 下拉列表中选择 混合 选项。

Step **2**　设置一般参数。在 步距 下拉列表中选择 刀具平直百分比 选项，在 平面直径百分比 文本框中输入值 60.0，在 毛坯距离 文本框中输入值 0.2，其他参数采用系统默认设置值。

Stage4．设置切削参数

Step **1**　在 刀轨设置 区域中单击"切削参数"按钮 ，系统弹出"切削参数"对话框。

Step **2**　单击"切削参数"对话框中的 策略 选项卡，在 切削区域 区域的 刀具延展量 文本框中输入值 60，其他参数采用系统默认设置值。

Step **3**　单击"切削参数"对话框中的 余量 选项卡，在 公差 区域的 内公差 和 外公差 文本框中均输入值 0.01，其他参数采用系统默认设置值。

Step **4**　单击"切削参数"对话框中的 拐角 选项卡，在 拐角处的刀轨形状 区域的 凸角 下拉列表中选择 延伸并修剪 选项；其他选项卡参数采用系统默认设置值，单击 确定 按钮，返回到"手工面铣削"对话框。

Stage5．设置非切削移动参数

Step **1**　单击"手工面铣削"对话框中的"非切削移动"按钮 ，系统弹出"非切削移动"对话框。

Step **2**　单击"非切削移动"对话框中的 进刀 选项卡，在 封闭区域 区域 斜坡角 文本框中输入 5.0，在 高度 文本框中输入 1.0；在 开放区域 区域 高度 文本框中输入值 1.0，并选中 ☑ 修剪至最小安全距离 复选框；其他参数采用系统默认设置值。

Step **3**　单击"非切削移动"对话框中的 起点/钻点 选项卡，在 重叠距离 区域的 重叠距离 文本框中输入值 2.0；其他参数采用系统默认设置值。

Step **4**　单击"非切削移动"对话框中的 转移/快速 选项卡，在 区域之间 区域的 转移类型 下拉列表中选择 毛坯平面 选项；在 区域内 区域的 转移类型 下拉列表中选择 前一平面 选项，其他参数采用系统默认设置值。

Step **5**　单击"非切削移动"对话框中的 更多 选项卡，在 刀具补偿 区域的 刀具补偿位置 下拉列表中选择 最终精加工刀路 选项，并选中 ☑ 如果小于最小值，则抑制刀具补偿 、☑ 输出平面 和 ☑ 输出接触/跟踪数据 复选框，其他参数采用系统默认设置值。

Step **6**　单击 确定 按钮，返回到"手工面铣削"对话框。

Stage6．设置进给率和速度

Step **1**　在"手工面铣削"对话框中单击"进给率和速度"按钮 ，系统弹出"进给率和速度"对话框。

Step **2**　选中"进给率和速度"对话框 主轴速度 区域中的 ☑ 主轴速度 (rpm) 复选框，在其右侧的文本框中输入值 1500.0，在 进给率 区域的 切削 文本框中输入值 100.0，按回车键，然后单击■按钮，单击"进给率和速度"对话框中的 确定 按钮。

Task5. 生成刀路轨迹并仿真

Stage1. 生成刀路轨迹

Step 1 进入区域切削模式。在"手工面铣削"对话框中单击"生成"按钮，系统弹出图 12.5.7 所示的"区域切削模式"对话框。

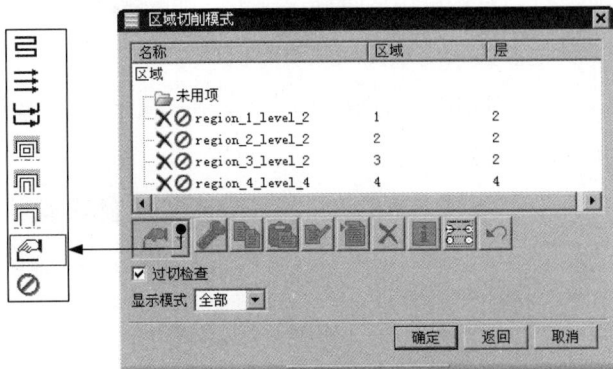

图 12.5.7 "区域切削模式"对话框

注意：加工区域在"区域切削模式"对话框中排列的顺序与选取切削区域时的顺序一致。

Step 2 定义各加工区域的切削模式。

（1）设置第 1 个加工区域的切削模式。在"区域切削模式"对话框中 显示模式 下拉列表中选择 选定的 选项，单击X⊘region_1_level_2选项，此时图形区显示该加工区域，如图 12.5.8 所示；在 ⊡ 下拉列表中选择"跟随周边"选项 回 ；单击 ✦ 按钮，系统弹出"跟随周边 切削参数"对话框，在该对话框中设置图 12.5.9 所示的参数，然后单击 确定 按钮。

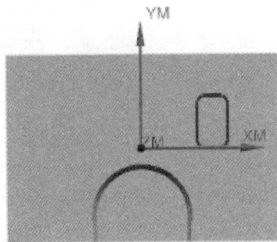

图 12.5.8 显示加工区域

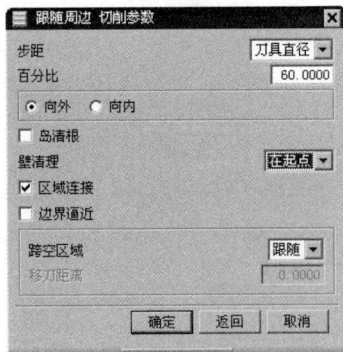

图 12.5.9 "跟随周边 切削参数"对话框

（2）设置第 2 个加工区域的切削模式。在"区域切削模式"对话框中单击

✗⊘ region_2_level_2 选项，此时图形区显示该加工区域，如图 12.5.10 所示；在 ▣▾ 下拉列表中选择"往复"选项 ⊟ ，单击 🔧 按钮，系统弹出"往复 切削参数"对话框，在该对话框中设置图 12.5.11 所示的参数，然后单击 确定 按钮。

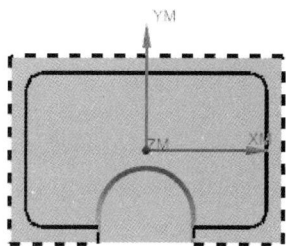

图 12.5.10 显示加工区域

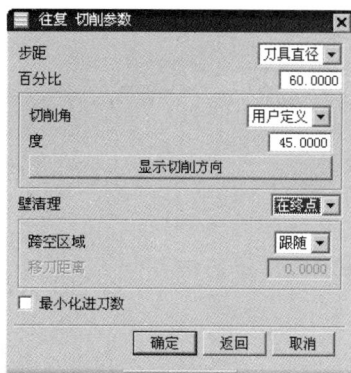

图 12.5.11 "往复 切削参数"对话框

（3）设置第 3 个加工区域的切削模式。在"区域切削模式"对话框中单击 ✗⊘ region_3_level_2 选项；在 ▣▾ 下拉列表中选择"跟随周边"选项 ▣ ，单击 🔧 按钮，系统弹出"跟随周边 切削参数"对话框，在该对话框中设置图 12.5.12 所示的参数，然后单击 确定 按钮。

（4）设置第 4 个加工区域的切削模式。在"区域切削模式"对话框中单击 ✗⊘ region_4_level_4 选项；在 ▣▾ 下拉列表中选择"跟随部件"选项 ▣ ，单击 🔧 按钮，系统弹出"跟随部件 切削参数"对话框，在该对话框中设置图 12.5.13 所示的参数，然后单击 确定 按钮。

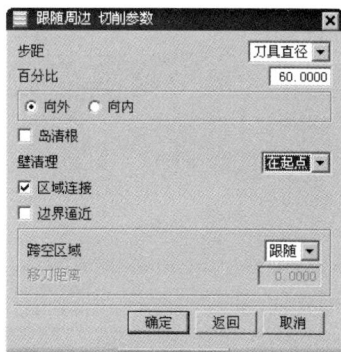

图 12.5.12 "跟随周边 切削参数"对话框

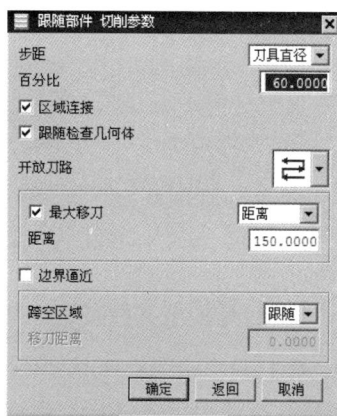

图 12.5.13 "跟随部件 切削参数"对话框

（5）在"区域切削模式"对话框 显示模式 下拉列表中选择 全部 选项，图形区中显示所有加工区域正投影方向下的刀路轨迹，如图 12.5.14 所示。

Step 3 生成刀路轨迹。在"区域切削模式"对话框中单击 确定 按钮，系统返回到"手工面铣削"对话框，并在图形区中显示 3D 状态下的刀路轨迹，如图 12.5.15 所示。

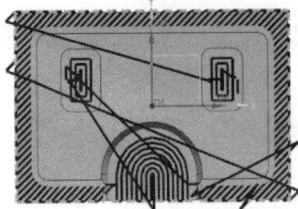

图 12.5.14　刀路轨迹（一）

图 12.5.15　刀路轨迹（二）

Stage2．2D 动态仿真

在"手工面铣削"对话框中单击"确认"按钮 ，然后在系统弹出的"刀轨可视化"对话框中进行 2D 动态仿真，单击两次 确定 按钮完成操作。

Task6．保存文件

选择下拉菜单 文件(F) ➡ 保存(S) 命令，保存文件。

12.6　平面铣加工

平面铣是使用边界来定义切削范围的平面铣削方式，既可用于粗加工，也可用于精加工零件表面和垂直于底平面的侧壁。与面铣不同的是，平面铣是通过生成多层刀轨逐层切削材料来完成的，其中增加了切削层的设置，读者在学习时要重点关注。下面以图 12.6.1 所示的零件介绍创建平面铣加工的一般步骤。

a）部件几何体　　　　　　　b）毛坯几何体　　　　　　　c）加工结果

图 12.6.1　平面铣

Task1．打开模型文件并进入加工环境

打开文件 D:\ug85nc\work\ch12\ch12.06\planar_mill.prt，选择下拉菜单 开始 ➡ 加工(N)... 命令，将初始化的 CAM 设置为 mill_planar 选项。

Task2．创建几何体

Stage1．创建机床坐标系

Step 1 在工序导航器中将视图调整到几何视图状态，双击坐标系节点 MCS_MILL，系统弹出"MCS 铣削"对话框。

Step 2 创建机床坐标系。设置机床坐标系与系统默认机床坐标系位置在 `Z` 方向的偏距值为 30.0，如图 12.6.2 所示。

Stage2．创建安全平面

在"MCS 铣削"对话框 `安全设置` 区域 `安全设置选项` 下拉列表中选择 `自动平面` 选项，并在 `安全距离` 文本框中输入值为 30，单击 `确定` 按钮。

Stage3．创建部件几何体

Step 1 在工序导航器中双击 `MCS_MILL` 节点下的 `WORKPIECE`，在系统弹出的"工件"对话框中单击 按钮，系统弹出"部件几何体"对话框。

Step 2 确认"选择条"工具条中的"类型过滤器"设置为"实体"，在图形区选取整个零件为部件几何体，单击 `确定` 按钮，系统返回到"工件"对话框。

Stage4．创建毛坯几何体

Step 1 在"工件"对话框中单击 按钮，系统弹出图 12.6.3 所示的"毛坯几何体"对话框。

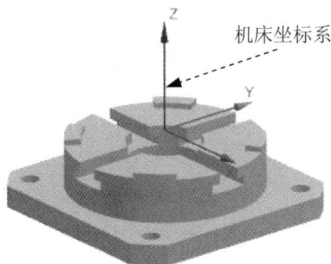

图 12.6.2　创建机床坐标系

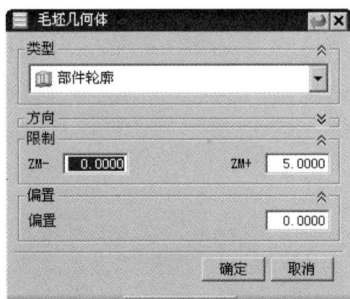

图 12.6.3　"毛坯几何体"对话框

Step 2 在对话框中设置图 12.6.3 所示的参数，单击 `确定` 按钮，系统返回到"工件"对话框，单击"工件"对话框中的 `确定` 按钮。

Task3．创建刀具

Step 1 选择下拉菜单 `插入(S)` ➝ `刀具(T)...` 命令，系统弹出"创建刀具"对话框。

Step 2 确定刀具类型。在"创建刀具"对话框中 `刀具子类型` 区域中单击 MILL 按钮 ，在 `名称` 文本框中输入 D20，然后单击 `确定` 按钮，系统弹出"铣刀-5 参数"对话框。

Step 3 设置刀具参数。在"铣刀-5 参数"对话框 `尺寸` 区域的 `(D) 直径` 文本框中输入值 20.0，在 `(R1) 下半径` 文本框中输入值 0.0，其他参数采用系统默认设置值，单击 `确定` 按钮，完成刀具的创建。

Task4. 创建平面铣工序

Stage1. 创建工序

Step 1 选择下拉菜单 插入(S) ➡ 工序(E)... 命令，系统弹出"创建工序"对话框。

Step 2 确定加工方法。在"创建工序"对话框的 类型 下拉列表中选择 mill_planar 选项，在 工序子类型 区域中单击"平面铣"按钮 ，在 程序 下拉列表中选择 PROGRAM 选项，在 刀具 下拉列表中选择 D20 (铣刀-5 参数) 选项，在 几何体 下拉列表中选择 WORKPIECE 选项，在 方法 下拉列表中选择 MILL_SEMI_FINISH 选项，采用系统默认的名称。

Step 3 在"创建工序"对话框中单击 确定 按钮，系统弹出图 12.6.4 所示的"平面铣"对话框。

Stage2. 定义边界几何体

Step 1 定义部件边界。

（1）在"平面铣"对话框 几何体 区域中单击"选择或编辑部件边界"按钮 ；系统弹出图 12.6.5 所示的"边界几何体"对话框。

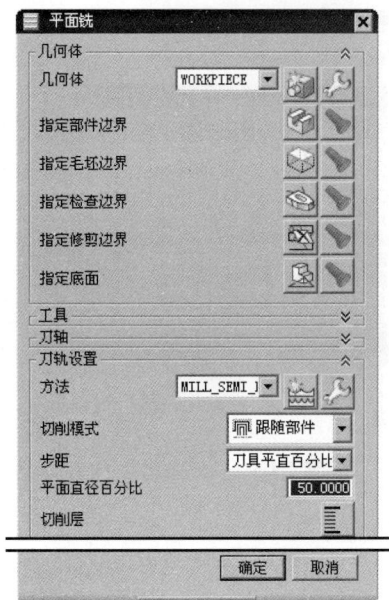

图 12.6.4 "平面铣"对话框

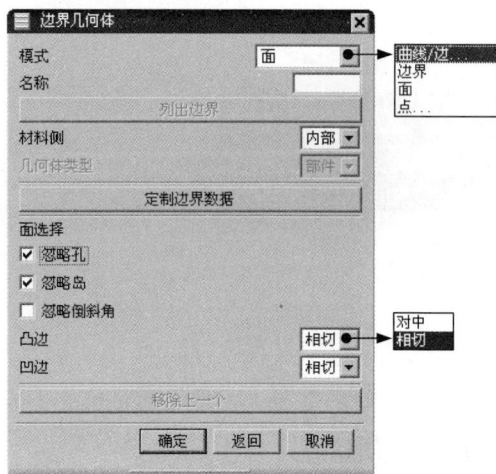

图 12.6.5 "边界几何体"对话框

图 12.6.4 所示的"平面铣"对话框中的部分选项说明如下：

- ：用于创建完成后部件几何体的边界。
- ：用于创建毛坯几何体的边界。
- ：用于创建不希望破坏几何体的边界，比如夹具等。
- ：用于指定修剪边界进一步约束切削区域的边界。
- ：用于创建底部面最低的切削层。

图 12.6.5 所示的"边界几何体"对话框中的部分选项说明如下：

- 模式 下拉列表：提供了四种选择边界的方法。

- 名称：用于输入边界几何体的名称。

- 材料侧 下拉列表：用于指定部件的材料处于边界几何体的哪一侧。

- ☑ 忽略孔 复选框：选中该复选框后，系统将忽略用户所选择边界面上的孔。

- ☑ 忽略岛 复选框：选中该复选框后，系统将忽略用户所选择边界面上的岛。

- ☑ 忽略倒斜角 复选框：选中该复选框后，系统将忽略用户所选择边界面上的倒角及
  圆角。

- 凸边：用于设置刀具沿着所选面的凸边边界的位置。

  ☑ 对中：使刀具中心处于凸边边界上。

  ☑ 相切：使刀具中心与凸边边界相切。

- 凹边：此选项与"凸边"功能相似。

（2）在"边界几何体"对话框中设置如图 12.6.5 所示的参数，选取图 12.6.6 所示的
模型表面，单击 确定 按钮，返回到"平面铣"对话框。

Step 2 定义毛坯边界。

（1）在"平面铣"对话框 几何体 区域中单击"选择或编辑毛坯边界"按钮 ；系统
弹出"边界几何体"对话框。

（2）在"边界几何体"对话框 模式 下拉列表中选择 曲线/边... 选项，系统弹出"创建边
界"对话框。

① 在"创建边界"对话框的 类型 下拉列表中选择 封闭的 选项，选取图 12.6.7 所示的模
型边线。

② 在 平面 下拉列表中选择 用户定义 选项，此时系统弹出"平面"对话框，在 类型 下拉
列表中选择 自动判断 选项，选取图 12.6.8 所示的模型表面为参照，并在 距离 文本框中输入
值为 5，单击 确定 按钮，返回到"创建边界"对话框。

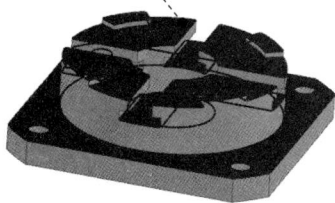

图 12.6.6 边界参照

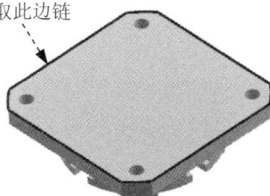

图 12.6.7 创建边界

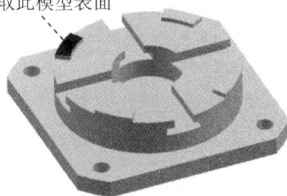

图 12.6.8 定义平面参考

③ 在"创建边界"对话框的 刀具位置 下拉列表中选择 对中 选项，单击 确定 按钮返回到"边界几何体"对话框，此时图形区显示如图 12.6.9 所示的边界几何体。

（3）单击 确定 按钮，完成毛坯边界的定义。

Step 3 定义底面。

（1）在"平面铣"对话框 几何体 区域中单击"选择或编辑底平面几何体"按钮 ；系统弹出"平面"对话框。

（2）选取图 12.6.10 所示的模型表面为参照，单击 确定 按钮，完成底面的指定，返回到"平面铣"对话框。

Stage3. 设置刀具路径参数

Step 1 设置一般参数。在 切削模式 下拉列表框中选择 跟随部件 选项，在 步距 下拉列表中选择 刀具平直百分比 选项，在 平面直径百分比 文本框中输入值 50.0，其他参数采用系统默认设置值。

Step 2 设置切削层。

（1）在"平面铣"对话框中单击"切削层"按钮 ，系统弹出图 12.6.11 所示的"切削层"对话框。

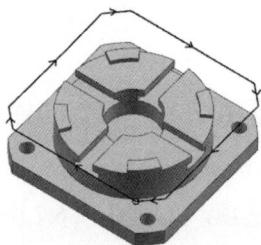

图 12.6.9　创建毛坯边界

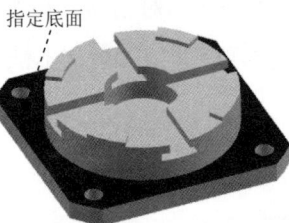
指定底面

图 12.6.10　指定底面

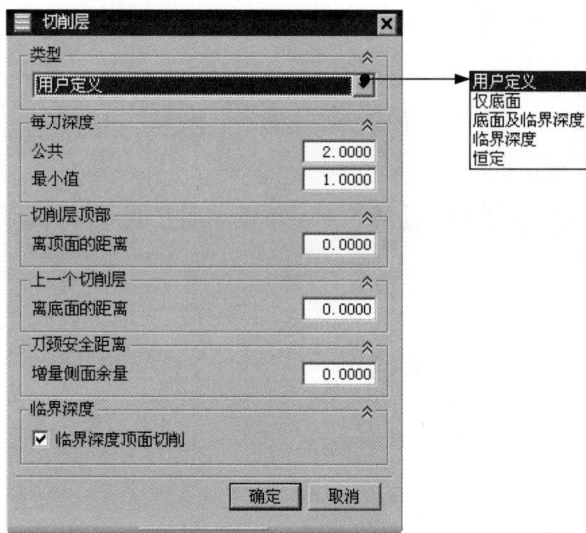

图 12.6.11　"切削层"对话框

（2）在"切削层"对话框 类型 下拉列表中选择 用户定义 选项，其他参数设置如图 12.6.11 所示，单击 确定 按钮，系统返回到"平面铣"对话框。

图 12.6.11 所示的"切削层"对话框中部分选项的说明如下：

● 类型：用于设置切削层的定义方式，共有 5 个选项。

　　☑ 用户定义：选择该选项，可以激活相应的参数文本框，需要用户输入具体的数值来定义切削深度参数。

☑ **仅底面**：选择该选项，系统仅在指定底平面上生成单个切削层。

☑ **底面及临界深度**：选择该选项，系统不仅在指定底平面上生成单个切削层，并且会在零件中的每个岛屿的顶部区域生成一条清除材料的刀轨。

☑ **临界深度**：选择该选项，系统会在零件中每个岛屿的顶部生成切削层，同时也会在底平面上生成切削层。

☑ **恒定**：选择该选项，系统会以恒定的深度生成多个切削层。

● **公共**：用于设置全局的每个切削层允许的最大切削深度。

● **最小值**：用于设置全局的每个切削层允许的最小切削深度。

● **离顶面的距离**：用于设置切削层第一层与顶面之间的距离数值。

● **离底面的距离**：用于设置上一个切削层距离底面的距离数值。

● **增量侧面余量**：用于设置多层切削中连续层的侧面余量增加值，该选项常用在多层切削的粗加工操作中。设置此参数后，每个切削层移除材料的范围会随着侧面余量的递增而相应减少。当切削深度较大时，设置一定的增量值可以减轻刀具压力。

● ☑ **临界深度顶面切削**：选择该复选框，可额外在每个岛屿的顶部区域生成一条清除材料的刀轨。

Stage4. 设置切削参数

Step 1　在"平面铣"对话框中单击"切削参数"按钮，系统弹出"切削参数"对话框。

Step 2　在"切削参数"对话框中单击 **余量** 选项卡，在**最终底面余量**文本框中输入值 0.1。

Step 3　在"切削参数"对话框中单击 **拐角** 选项卡，在**拐角处进给减速**区域的**减速距离**下拉列表中选择**当前刀具**选项。

Step 4　在"切削参数"对话框中单击 **连接** 选项卡，设置图 12.6.12 所示的参数。

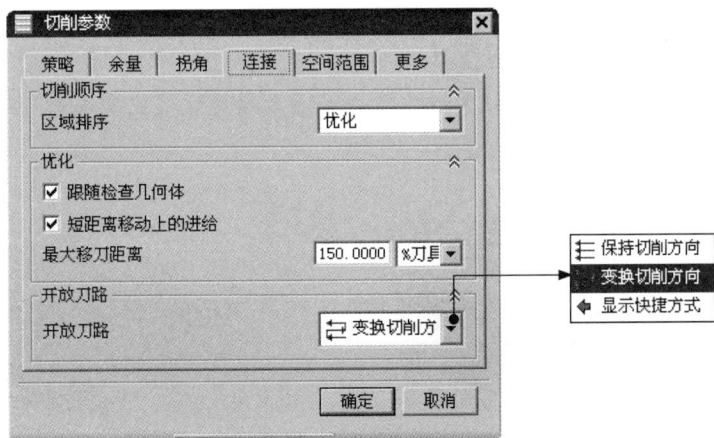

图 12.6.12　"连接"选项卡

图 12.6.12 所示的"切削参数"对话框"连接"选项卡部分选项的说明如下：

- ☑ 跟随检查几何体 复选框：选中该复选框后，刀具将不抬刀绕开"检查几何体"进行切削，否则刀具将使用传递的方式进行切削。

- 开放刀路 下拉列表：用于创建在"跟随部件"切削模式中开放形状部位的刀路类型。
    - ☑ 保持切削方向：在切削过程中，保持切削方向不变。
    - ☑ 变换切削方向：在切削过程中，切削方向可以改变。

- ☑ 短距离移动上的进给 复选框：只有当选择 变换切削方向 选项后，此复选框才可用，选中该复选框时 最大移刀距离 文本框可用，在此文本框中设置变换切削方向时的最大移刀距离。

Step 5　在"切削参数"对话框中单击 确定 按钮，系统返回到"平面铣"对话框。

Stage5．设置非切削移动参数

Step 1　在"平面铣"对话框 刀轨设置 区域中单击"非切削移动"按钮，系统弹出"非切削移动"对话框。

Step 2　单击"非切削移动"对话框中的 进刀 选项卡，在 封闭区域 区域 斜坡角 文本框中输入 5.0；在 开放区域 区域的 最小安全距离 文本框中输入 60.0，单击 确定 按钮，完成非切削移动参数的设置。

Stage6．设置进给率和速度

Step 1　单击"平面铣"对话框中的"进给率和速度"按钮，系统弹出"进给率和速度"对话框。

Step 2　选中"进给率和速度"对话框 主轴速度 区域中的 ☑ 主轴速度 (rpm) 复选框，在其右侧的文本框中输入值 800.0，在 进给率 区域的 切削 文本框中输入值 200.0，按回车键，然后单击 按钮，其他参数采用系统默认设置值。

Step 3　单击"进给率和速度"对话框中的 确定 按钮。

Task5．生成刀路轨迹并仿真

生成的刀路轨迹如图 12.6.13 所示，2D 动态仿真完成后的模型如图 12.6.14 所示。

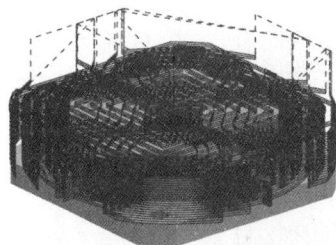

图 12.6.13　刀路轨迹　　　图 12.6.14　2D 仿真结果

Task6. 保存文件

选择下拉菜单 文件(F) ➡ 🔲 保存(S) 命令，保存文件。

12.7 平面轮廓铣加工

平面轮廓铣是平面铣操作中比较常用的铣削方式之一，多用于修边和精加工处理。平面轮廓铣与其他平面铣子类型的不同之处在于，不需要指定切削驱动方式，它是通过指定部件边界和底面来实现切削的单刀路沿轮廓进行的铣削方式。下面以图 12.7.1 所示的零件来介绍创建平面轮廓铣加工的一般步骤。

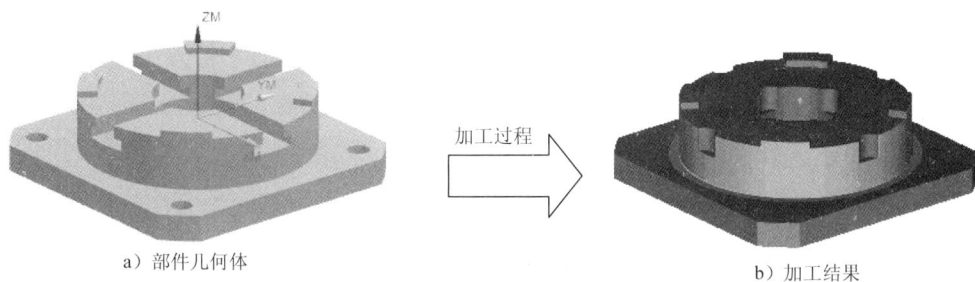

a）部件几何体   加工过程   b）加工结果

图 12.7.1 平面轮廓铣

Task1. 打开模型

打开文件 D:\ug85nc\work\ch12\ch12.07\planar_profile.prt，系统自动进入加工模块。

说明：本节模型是利用上节的模型继续加工的，所以工件坐标系等沿用模型文件中所创建的。

Task2. 创建刀具

Step 1 选择下拉菜单 插入(S) ➡ 🔩刀具(T)...命令，系统弹出"创建刀具"对话框。

Step 2 确定刀具类型。在"创建刀具"对话框 类型 下拉列表中选择 mill_planar 选项，在 刀具子类型 区域中单击 MILL 按钮 🔩，在 位置 区域 刀具 下拉列表中选择 GENERIC_MACHINE 选项，在 名称 文本框中输入 D8，单击 确定 按钮，系统弹出"铣刀 -5 参数"对话框。

Step 3 在"铣刀-5 参数"对话框中的 (D) 直径 文本框中输入值 8.0，其他参数采用系统默认设置值，单击 确定 按钮，完成刀具参数的设置。

Task3. 创建平面轮廓铣工序（开放边界）

Stage1. 创建工序

Step 1 选择下拉菜单 插入(S) ➡ 📄工序(E)...命令，系统弹出"创建工序"对话框。

Step 2 确定加工方法。在"创建工序"对话框 类型 下拉列表中选择 mill_planar 选项，在工序子类型区域中单击"平面轮廓铣"按钮 ⬚，在 刀具 下拉列表中选择 D8 (铣刀-5 参数) 选项，在 几何体 下拉列表中选择 WORKPIECE 选项，在 方法 下拉列表中选择 MILL_FINISH 选项，采用系统默认的名称。

Step **3**　在"创建工序"对话框中单击 确定 按钮，此时，系统弹出图 12.7.2 所示的"平面轮廓铣"对话框。

Step **4**　创建部件边界。

（1）在"平面轮廓铣"对话框 几何体 区域中单击 ⬚ 按钮，系统弹出"边界几何体"对话框。

（2）在"边界几何体"对话框 模式 下拉列表中选择 曲线/边... 选项，系统弹出图 12.7.3 所示的"创建边界"对话框。

（3）在"创建边界"对话框的 类型 下拉列表中选择 开放的 选项，其他参数采用系统默认选项。选取图 12.7.4 所示的边线串 1 为几何体边界，单击"创建边界"对话框中的 创建下一个边界 按钮；参照之前的方法依次选取图 12.7.4 所示的边线串 2、3、4 为几何体边界。单击 确定 按钮，系统返回到"边界几何体"对话框。

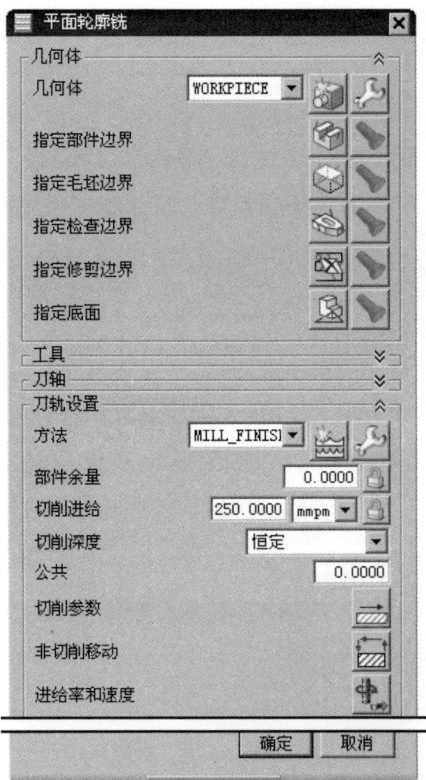

图 12.7.2　"平面轮廓铣"对话框

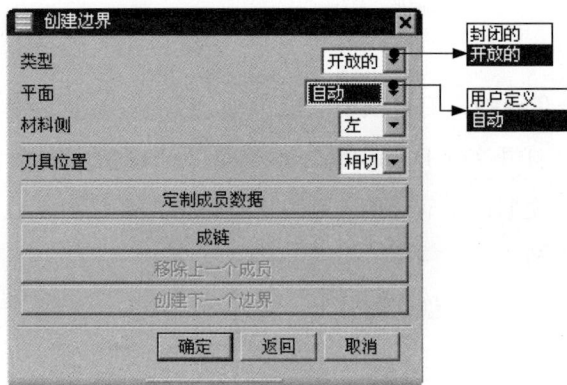

图 12.7.3　"创建边界"对话框

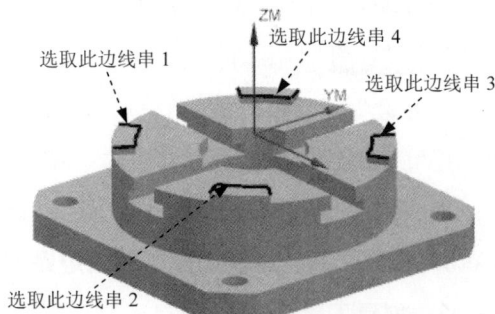

图 12.7.4　创建边界

说明：在选取曲线时，应注意选取的先后顺序，保证材料侧在正确的一侧，否则将得不到正确的刀路轨迹。具体可参看操作视频录像。

图 12.7.3 所示的"创建边界"对话框中部分选项的说明如下：

● 类型：用于创建边界的类型，包括 封闭的 和 开放的 两种类型。

　　☑ 封闭的：一般创建的是一个加工区域，可以通过选择线和面的方式来创建加工区域。

　　☑ 开放的：一般创建的是一条加工轨迹，通常是通过选择加工曲线创建加工区域。

● 平面：用于创建工作平面，可以通过用户创建，也可以通过系统自动选择。

　　☑ 用户定义：可以通过手动的方式选择模型现有的平面或者通过构建的方式创建平面。

　　☑ 自动：系统根据所选择的定义边界的元素自动计算出工作平面。

● 材料侧：用于指定边界哪一侧的材料被保留。

● 刀具位置：决定刀具在逼近边界成员时将如何放置。可以为边界成员指定两种刀位，对中 或 相切。

● 成链 按钮：在选择"曲线/边"选项时，可以通过单击该按钮，选择起始边和终止边，快速选取连续曲线而形成边界。

（4）单击 确定 按钮，系统返回到"平面轮廓铣"对话框，完成部件边界的创建。

Step 5 指定底面。

（1）在"平面轮廓铣"对话框中单击 按钮，系统弹出图 12.7.5 所示的"平面"对话框，在 类型 下拉列表中选择 自动判断 选项。

（2）在模型上选取图 12.7.6 所示的模型平面，单击 确定 按钮，完成底面的指定。

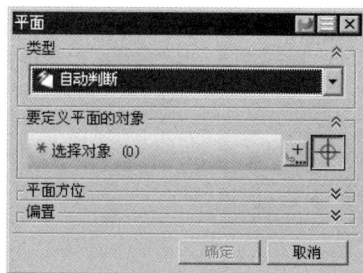

图 12.7.5　"平面"对话框

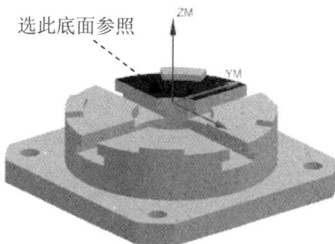

图 12.7.6　指定底面

Stage2．显示刀具和几何体

Step 1 显示刀具。在 刀具 区域中单击"编辑/显示"按钮，系统弹出"铣刀-5 参数"对话框，同时在图形区会显示当前刀具的形状及大小，单击 确定 按钮。

Step 2 显示几何体边界。在"平面轮廓铣"对话框 几何体 区域中逐一单击"显示"按钮，在图形区会显示当前创建的部件边界和底面。

Stage3．创建刀具路径参数

Step 1 在 刀轨设置 区域中 部件余量 文本框中输入值 0.0，在 切削进给 文本框中输入值 600.0，在其后的下拉列表中选择 mmpm 选项。

Step 2 在 切削深度 下拉列表中选择 恒定 选项，在 公共 文本框中输入值 0.0，其他参数采用系统默认设置值。

Stage4．设置切削参数

Step 1 单击"平面轮廓铣"对话框中的"切削参数"按钮 📷，系统弹出"切削参数"对话框，单击 策略 选项卡，设置参数如图 12.7.7 所示。

图 12.7.7 "策略"选项卡

图 12.7.7 所示的"策略"选项卡中部分选项的说明如下：

- 深度优先：是指切削完工件上某个区域的所有切削层后，再进入下一切削区域进行切削。

- 层优先：是指将全部切削区域中的同一高度层切削完后，再对下一个切削层进行切削。

Step 2 在"切削参数"对话框中单击 余量 选项卡，在 内公差 和 外公差 文本框中均输入值 0.01。

Step 3 在"切削参数"对话框中单击 拐角 选项卡，在 拐角处的刀轨形状 区域的 凸角 下拉列表中选择 延伸并修剪 选项，单击 确定 按钮，系统返回到"平面轮廓铣"对话框。

Stage5．设置非切削移动参数

Step 1 单击"平面轮廓铣"对话框 刀轨设置 区域中的"非切削移动"按钮 📷，系统弹出"非切削移动"对话框。

Step 2 单击"非切削移动"对话框中的 进刀 选项卡，在 开放区域 区域的 最小安全距离 文本框中输入 10.0，其他参数采用系统默认设置值。

Step 3 单击"非切削移动"对话框中的 转移/快速 选项卡，在 区域之间 区域的 转移类型 下拉列表中选择 毛坯平面 选项，在 区域内 区域的 转移类型 下拉列表中选择 毛坯平面 选项，其他

参数采用系统默认设置值。

Step 4　单击 确定 按钮，完成非切削移动参数的设置。

Stage6．设置进给率和速度

Step 1　单击"平面轮廓铣"对话框中的"进给率和速度"按钮，系统弹出"进给率和速度"对话框。

Step 2　在"进给率和速度"对话框中选中 ☑ 主轴速度 (rpm) 复选框，然后在其右侧的文本框中输入值 2500.0，在 切削 文本框中输入值 600.0，按回车键，然后单击 按钮，其他参数的设置采用默认。

Step 3　单击 确定 按钮，完成进给率和速度的设置，系统返回到"平面轮廓铣"对话框。

Task4．生成刀路轨迹并仿真

生成的刀路轨迹如图 12.7.8 所示，2D 动态仿真加工后的模型如图 12.7.9 所示。

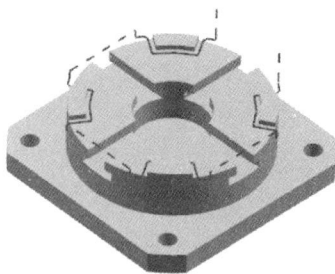

图 12.7.8　刀路轨迹

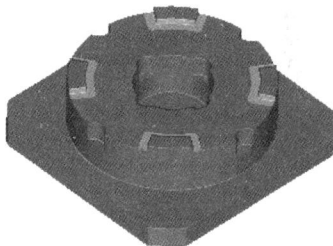

图 12.7.9　2D 仿真结果

Task5．创建平面轮廓铣工序（封闭边界）

Stage1．创建工序

Step 1　复制平面轮廓铣操作。在工序导航器的程序顺序视图中右击 PLANAR_PROFILE 节点，在弹出的快捷菜单中选择 复制 命令，然后右击 PROGRAM 节点，在弹出的快捷菜单中选择 内部粘贴 命令。

Step 2　双击 PLANAR_PROFILE_COPY 节点，系统弹出"平面轮廓铣"对话框。

Step 3　创建部件边界。

（1）在"平面轮廓铣"对话框 几何体 区域中单击 按钮，系统弹出"编辑边界"对话框。

（2）在"编辑边界"对话框中单击 全部重选 按钮，系统弹出"全部重选"对话框，单击 确定(O) 按钮，重新指定部件边界。

（3）在系统弹出的"边界几何体"对话框的 模式 下拉列表中选择 曲线/边... 选项，系统弹出"创建边界"对话框。

（4）在"创建边界"对话框的 类型 下拉列表中选择 封闭的 选项，选取图 12.7.10 所示的模型边线。

（5）在 平面 下拉列表中选择 用户定义 选项，此时系统弹出 "平面"对话框，在其 类型 下拉列表中选择 自动判断 选项，选取图 12.7.11 所示的模型表面为参照，单击 确定 按钮，系统返回到"创建边界"对话框。

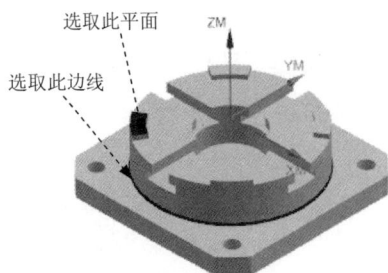

图 12.7.10　创建部件边界

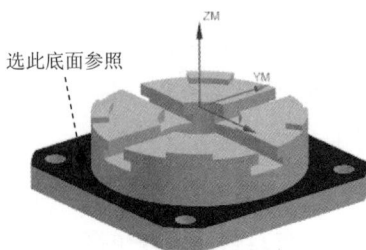

图 12.7.11　指定底面

（6）单击 确定 按钮，直至返回到"平面轮廓铣"对话框，完成部件边界的创建。

Step 4　指定底面。

（1）在"平面轮廓铣"对话框中单击 按钮，系统弹出"平面"对话框。

（2）在模型上选取图 12.7.11 所示的模型平面，单击 确定 按钮，完成底面的指定。

Stage2．创建刀具路径参数

在"平面轮廓铣"对话框 刀轨设置 区域的 切削深度 下拉列表中选择 恒定 选项，在 公共 文本框中输入值 5.0，其他参数选项均不需调整。

Stage3．设置非切削移动参数

Step 1　单击"平面轮廓铣"对话框 刀轨设置 区域中的"非切削移动"按钮 ，系统弹出 "非切削移动"对话框。

Step 2　单击"非切削移动"对话框中的 转移/快速 选项卡，在 区域内 区域的 转移类型 下拉列表中选择 前一平面 选项，其他参数均不调整。

Step 3　单击 确定 按钮，完成非切削移动参数的设置。

Task6．生成刀路轨迹并仿真

生成的刀路轨迹如图 12.7.12 所示，2D 动态仿真加工后的模型如图 12.7.13 所示。

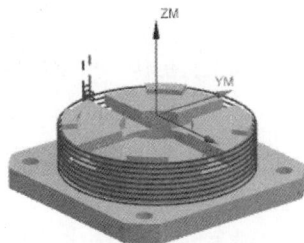

图 12.7.12　刀路轨迹

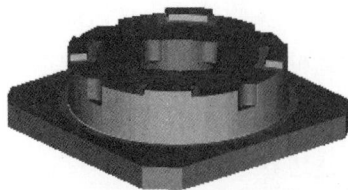

图 12.7.13　2D 仿真结果

Task7. 保存文件

选择下拉菜单 文件(F) ➡ 🔲 保存(S) 命令，保存文件。

12.8 清角铣加工

清角铣用来切削零件中的拐角部分，由于粗加工中采用的刀具直径较大，会在零件的小拐角处残留下较多的余料，所以在后续加工前有必要安排清理拐角的工序，需要注意的是清角铣需要指定合适的参考刀具。

下面以图 12.8.1 所示的零件来介绍创建清角铣的一般步骤。

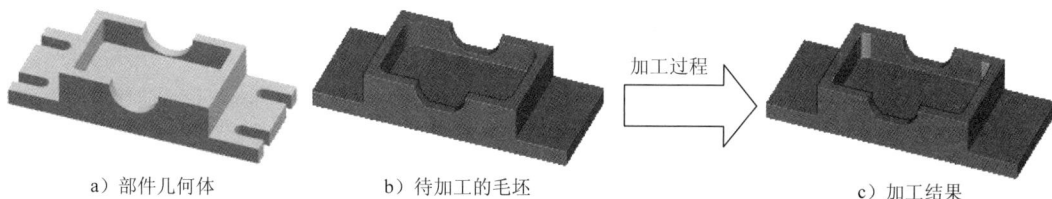

a）部件几何体　　　　　b）待加工的毛坯　　　　　c）加工结果

图 12.8.1　清角铣

Task1. 打开模型文件

打开文件 D:\ug85nc\work\ch12\ch12.08\clean_corner.prt，系统自动进入加工环境。

Task2. 设置刀具

Step 1　选择下拉菜单 插入(S) ➡ 刀具(T)... 命令，系统弹出"创建刀具"对话框。

Step 2　在"创建刀具"对话框 类型 下拉列表中选择 mill_planar 选项，在 刀具子类型 区域中单击MILL按钮，在 位置 区域的 刀具 下拉列表中选择 GENERIC_MACHINE 选项，在 名称 文本框中输入 D5，单击 确定 按钮，系统弹出"铣刀-5 参数"对话框。

Step 3　在"铣刀-5 参数"对话框的 (D) 直径 文本框中输入值 5.0，在 刀具号 文本框中输入值 2，其他参数采用系统默认设置值，单击 确定 按钮完成刀具的设置。

Task3. 创建清角铣工序

Stage1. 创建工序

Step 1　选择下拉菜单 插入(S) ➡ 工序(E)... 命令，系统弹出"创建工序"对话框。

Step 2　确定加工方法。在"创建工序"对话框的 类型 下拉列表中选择 mill_planar 选项，在 工序子类型 区域中单击"清理拐角"按钮，在 程序 下拉列表中选择 PROGRAM 选项，在 刀具 下拉列表中选择 D5 (铣刀-5 参数) 选项，在 几何体 下拉列表中选择 WORKPIECE 选项，在 方法 下拉列表中选择 MILL_SEMI_FINISH 选项，采用系统默认的名称。

Step 3　单击"创建工序"对话框中的 确定 按钮，系统弹出"清理拐角"对话框。

Stage2．指定切削区域

Step **1** 指定部件边界。

（1）单击"清理拐角"对话框中的 指定部件边界 右侧的 ⬦ 按钮，系统弹出"边界几何体"对话框。

（2）在"边界几何体"对话框 模式 下拉列表中选择 曲线/边... 选项，系统弹出"创建边界"对话框。

（3）在"创建边界"对话框的 类型 下拉列表中选择 封闭的 选项，在 材料侧 下拉列表中选择 外部 选项，在模型中选取图 12.8.2 所示的边线为几何体边界，单击 确定 按钮，返回到"边界几何体"对话框。

（4）单击 确定 按钮，系统返回到"清理拐角"对话框，完成部件边界的创建。

Step **2** 指定底面。单击"清理拐角"对话框中的 指定底面 右侧的 ▣ 按钮，系统弹出"平面"对话框，在模型中选取图 12.8.3 所示的面为底面，在 偏置 区域的 距离 文本框中输入值 0.0，单击 确定 按钮，返回到"清理拐角"对话框。

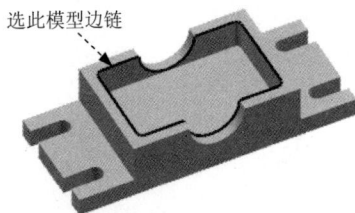

选此模型边链

选此平面

图 12.8.2　指定部件边界　　　　　　　图 12.8.3　指定底面

Stage3．创建刀具路径参数

Step **1** 设置切削模式。在 刀轨设置 区域 切削模式 下拉列表中选择 ⬚跟随部件 选项。

Step **2** 设置步进方式。在 步距 下拉列表中选择 刀具平直百分比 选项，在 平面直径百分比 文本框中输入值 55.0。

Stage4．设置切削层参数

Step **1** 在"清理拐角"对话框中单击"切削层"按钮 ☰，系统弹出"切削层"对话框。

Step **2** 在"切削层"对话框 类型 下拉列表中选择 用户定义 选项，在 公共 文本框中输入值 1.0，在 最小值 文本框中输入值 0.1，单击 确定 按钮，系统返回到"清理拐角"对话框。

Stage5．设置切削参数

Step **1** 在 刀轨设置 区域中单击"切削参数"按钮 ⬚，系统弹出"切削参数"对话框。

Step **2** 在"切削参数"对话框中单击 策略 选项卡，在 切削顺序 下拉列表中选择 深度优先 选项。

Step 3 在"切削参数"对话框中单击 余量 选项卡，在 最终底面余量 文本框中输入值 0.2，其他参数采用系统默认设置值。

Step 4 在"切削参数"对话框中单击 拐角 选项卡，在 圆弧上进给调整 区域的 调整进给率 下拉列表中选择 在所有圆弧上 选项；在 拐角处进给减速 区域的 减速距离 下拉列表中选择 当前刀具 选项，在 步数 文本框中输入值 2.0，其他参数均采用系统默认设置值。

Step 5 在"切削参数"对话框中单击 空间范围 选项卡，在 处理中的工件 下拉列表中选择 使用参考刀具 选项，然后在 参考刀具 下拉列表中选择 D30 (铣刀-5 参数) 选项，在 重叠距离 文本框中输入值 4.0，单击 确定 按钮，系统返回到"清理拐角"对话框。

说明：这里选择的参考刀具一般是前面粗加工使用的刀具，也可以通过单击 参考刀具 下拉列表右侧的"新建"按钮 来创建新的参考刀具。注意创建参考刀具时的刀具直径不能小于实际的粗加工的刀具直径。

Stage6．设置非切削移动参数

Step 1 在 刀轨设置 区域中单击"非切削移动"按钮 ，系统弹出"非切削移动"对话框。

Step 2 单击"非切削移动"对话框中的 进刀 选项卡，在 开放区域 区域的 最小安全距离 文本框中输入 5.0，其他参数采用系统默认设置值。

Step 3 单击"非切削移动"对话框中的 转移/快速 选项卡，在 区域之间 区域的 转移类型 下拉列表中选择 毛坯平面 选项；在 区域内 区域的 转移类型 下拉列表中选择 前一平面 选项，并在 安全距离 文本框中输入值 1.0，其他参数采用系统默认设置值。

Step 4 单击 确定 按钮，完成非切削移动参数的设置。

Stage7．设置进给率和速度

Step 1 在"清理拐角"对话框中单击"进给率和速度"按钮 ，系统弹出"进给率和速度"对话框。

Step 2 在"进给率和速度"对话框中选中 ☑ 主轴速度 (rpm) 复选框，然后在其右侧的文本框中输入值 3000.0，在 切削 文本框中输入值 400.0，按回车键，然后单击 按钮，其他选项采用系统默认参数设置值。

Step 3 单击 确定 按钮，完成进给率和速度的设置，系统返回"清理拐角"对话框。

Task4．生成刀路轨迹

生成的刀路轨迹如图 12.8.4 所示，2D 动态仿真加工后的零件模型如图 12.8.5 所示。

Task5．保存文件

选择下拉菜单 文件(F) ➡ 保存(S) 命令，保存文件。

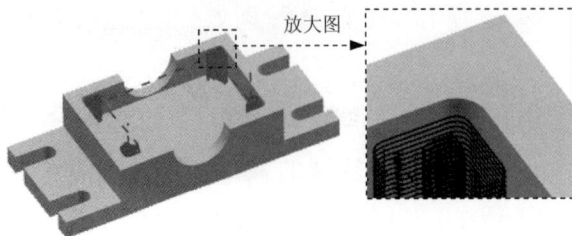

图 12.8.4　显示刀路轨迹　　　　　　　　图 12.8.5　2D 仿真结果

12.9　精铣侧壁加工

精铣侧壁是仅用于侧壁加工的一种平面切削方式，通过使用"轮廓"切削模式来精加工壁，且要求留出底面上的余量以防止刀具与底面接触。下面介绍创建精铣侧壁加工的一般步骤。

Task1．打开模型

打开文件 D:\ug85nc\work\ch12\ch12.09\finish_walls.prt，系统自动进入加工模块。

Task2．创建刀具

Step 1　选择下拉菜单 插入(S) ➡ 刀具(T)... 命令，系统弹出"创建刀具"对话框。

Step 2　确定刀具类型。在"创建刀具"对话框 类型 下拉列表中选择 mill_planar 选项，在 刀具子类型 区域中单击 MILL 按钮 ，在 位置 区域的 刀具 下拉列表中选择 GENERIC_MACHINE 选项，在 名称 文本框中输入 D6，然后单击 确定 按钮，系统弹出"铣刀-5 参数"对话框。

Step 3　设置刀具参数。在"铣刀-5 参数"对话框尺寸区域的 (D) 直径 文本框中输入值 6.0，其他参数采用系统默认设置值，单击 确定 按钮，完成刀具的创建。

Task3．创建精铣侧壁操作

Stage1．创建边界几何体

Step 1　选择下拉菜单 插入(S) ➡ 几何体(G)... 命令，系统弹出图 12.9.1 所示的"创建几何体"对话框。

Step 2　在"创建几何体"对话框 几何体子类型 区域中单击 MILL_BND 按钮 ，在 位置 区域的 几何体 下拉列表中选择 WORKPIECE 选项，采用系统默认的名称。

Step 3　单击"创建几何体"对话框中的 确定 按钮，系统弹出图 12.9.2 所示的"铣削边界"对话框。

Step 4　单击"铣削边界"对话框 指定部件边界 右侧的 按钮，系统弹出图 12.9.3 所示的"部件边界"对话框。

图 12.9.1   "创建几何体"对话框

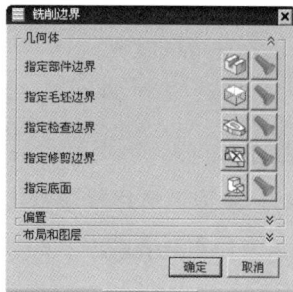

图 12.9.2   "铣削边界"对话框

Step 5   单击"部件边界"对话框的"面边界"按钮 ，在 材料侧 区域中选择 ⊙ 外部 单选按钮，在图形区选取图 12.9.4 所示的模型表面。

Step 6   单击 确定 按钮，完成边界的创建，返回到"铣削边界"对话框。

Step 7   单击 指定底面 右侧的 按钮，系统弹出"平面"对话框，在图形区中选取图 12.9.5 中所示底面参照。在"平面"对话框中单击 确定 按钮，完成底面的指定，返回到"铣削边界"对话框。

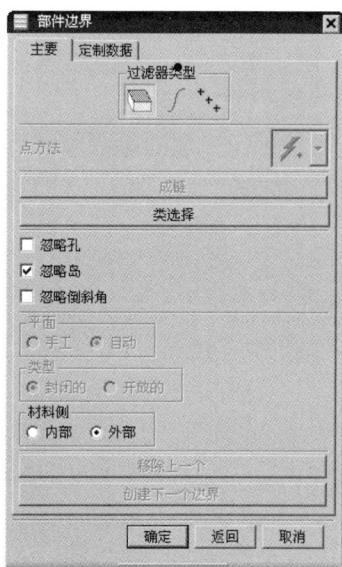

图 12.9.3   "部件边界"对话框

选取这 5 个模型表面

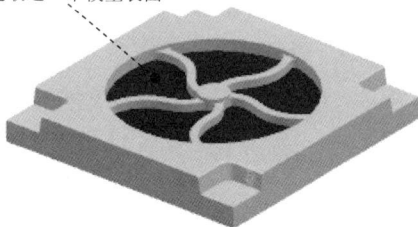

图 12.9.4   定义部件边界

底面参照

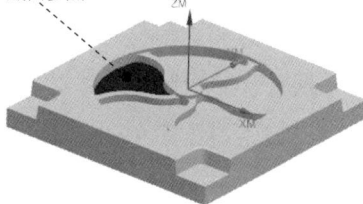

图 12.9.5   定义底面参照

Step 8   单击 确定 按钮，完成边界几何体的创建。

Stage2. 创建工序

Step 1   选择下拉菜单 插入(S) —— 工序(E)... 命令，系统弹出"创建工序"对话框。

Step 2   确定加工方法。在"创建工序"对话框 类型 下拉列表中选择 mill_planar 选项，在 工序子类型 区域中单击"精加工壁"按钮 ，在 程序 下拉列表中选择 PROGRAM 选项，在 刀具 下拉列表中选择 D6 (铣刀-5 参数) 选项，在 几何体 下拉列表中选择 MILL_BND 选项，在 方法 下拉列表中选择 MILL_FINISH 选项，采用系统默认的名称 FINISH_WALLS。

Step **3** 在"创建工序"对话框中单击 确定 按钮，系统弹出图 12.9.6 所示的"精加工壁"对话框。

Stage3．设置刀具路径参数

在 刀轨设置 区域 切削模式 下拉列表中采用系统默认的 轮廓加工 选项，在 步距 下拉列表中选择 恒定 选项，在 最大距离 文本框中输入值 0.1，在 附加刀路 文本框中输入值 1；其他参数采用系统默认设置值。

Stage4．设置切削层参数

Step **1** 在 刀轨设置 区域中单击"切削层"按钮，系统弹出"切削层"对话框。

Step **2** 在 类型 下拉列表中选择 仅底面 选项，其他参数采用系统默认设置值，单击 确定 按钮，完成切削层参数的设置。

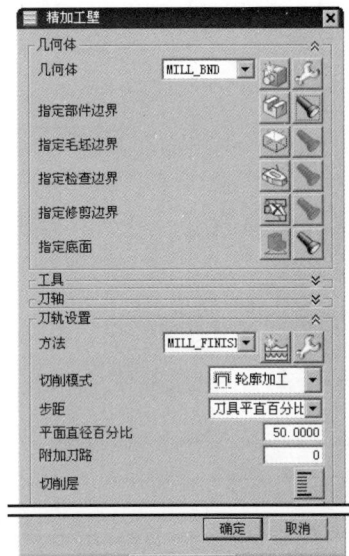

图 12.9.6　"精加工壁"对话框

Stage5．设置切削参数

Step **1** 在 刀轨设置 区域中单击"切削参数"按钮，系统弹出"切削参数"对话框。

Step **2** 在"切削参数"对话框中单击 策略 选项卡，在 切削顺序 下拉列表中选择 深度优先 选项。

Step **3** 在"切削参数"对话框中单击 余量 选项卡，在 内公差 文本框中均输入值 0，在 外公差 文本框中均输入值 0.01；单击 确定 按钮，系统返回到"精加工壁"对话框。

Stage6．设置非切削移动参数

采用系统默认的非切削移动参数。

Stage7．设置进给率和速度

Step **1** 在"精加工壁"对话框 刀轨设置 区域中单击"进给率和速度"按钮，系统弹出"进给率和速度"对话框。

Step **2** 在"进给率和速度"对话框中选中 ☑ 主轴速度 (rpm) 复选框，然后在其右侧的文本框中输入值 3500.0，在 切削 文本框中输入值 500.0，按回车键，然后单击 按钮，其他参数采用系统默认设置值。

Step **3** 单击"进给率和速度"对话框中的 确定 按钮，完成进给率和速度的设置。

Task4．生成刀路轨迹并仿真

生成的刀路轨迹如图 12.9.7 所示，2D 动态仿真加工后的零件模型如图 12.9.8 所示。

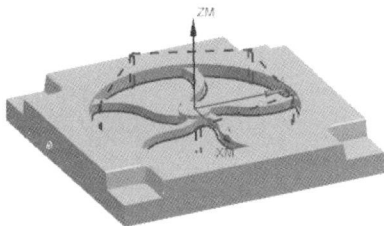

图 12.9.7　刀路轨迹

图 12.9.8　2D 仿真结果

Task5. 保存文件

选择下拉菜单 文件(F) ➡ 🖫 保存(S) 命令，保存文件。

12.10　精铣底面

精铣底面是一种只切削底平面的切削方式，在系统默认的情况下是以刀具的切削刃和部件边界相切来进行切削的，对于有直角边的部件一般情况下是不完整切削，必须设置刀具偏置，多用于底面的精加工。下面介绍创建精铣底面加工的一般步骤。

Task1. 打开模型

打开文件 D:\ug85nc\work\ch12\ch12.10\finish_floor.prt，系统自动进入加工环境。

Task2. 创建精铣底面操作

Stage1. 创建工序

Step 1　选择下拉菜单 插入(S) ➡ 工序(E)... 命令，系统弹出"创建工序"对话框。

Step 2　确定加工方法。在"创建工序"对话框 类型 下拉列表中选择 mill_planar 选项，在 工序子类型 区域中单击"精加工底面"按钮 🔲，在 程序 下拉列表中选择 PROGRAM 选项，在 刀具 下拉列表中选择 D6 (铣刀-5 参数) 选项，在 几何体 下拉列表中选择 MILL_BND 选项，在 方法 下拉列表中选择 MILL_FINISH 选项，采用系统默认的名称 FINISH_FLOOR。

Step 3　在"创建工序"对话框中单击 确定 按钮，系统弹出图 12.10.1 所示的"精加工底面"对话框。

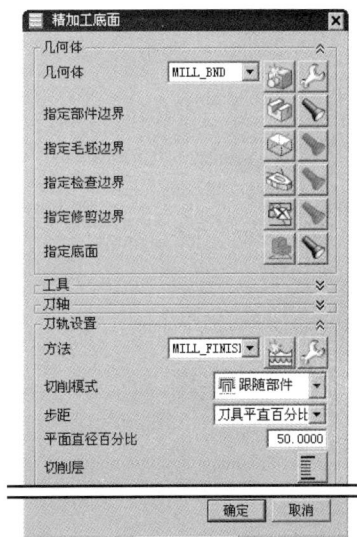

图 12.10.1　"精加工底面"对话框

Stage2. 设置刀具路径参数

在 刀轨设置 区域 切削模式 下拉列表中选择 🔲 跟随部件 选项，在 步距 下拉列表中选择刀具平直百分比选项，在平面直径百分比文本框中输入值 50.0，其他参数采用系统默认设置值。

Stage3.设置切削层参数

Step **1** 在"精加工底面"对话框的刀轨设置区域中单击"切削层"按钮▤，系统弹出"切削层"对话框。

Step **2** 在类型下拉列表中选择仅底面选项，其他参数采用系统默认设置值，单击 确定 按钮，完成切削层参数的设置。

Stage4.设置切削参数

采用系统默认的切削参数。

Stage5.设置非切削移动参数

Step **1** 在刀轨设置区域中单击"非切削移动"按钮▧，系统弹出"非切削移动"对话框。

Step **2** 单击"非切削移动"对话框中的进刀选项卡，在封闭区域区域斜坡角文本框中输入 3.0，在高度文本框中输入 1.0，其他参数采用系统默认设置值。

Step **3** 单击"非切削移动"对话框中的起点/钻点选项卡，在重叠距离区域重叠距离文本框中输入 2.0。

Step **4** 单击 确定 按钮，完成非切削移动参数的设置。

Stage6.设置进给率和速度

Step **1** 在"精加工底面"对话框中单击"进给率和速度"按钮♣，系统弹出"进给率和速度"对话框。

Step **2** 在"进给率和速度"对话框中选中 ☑ 主轴速度 (rpm) 复选框，然后在其右侧的文本框中输入值 3500.0，在切削文本框中输入值 500.0，按回车键，然后单击 ▣ 按钮，其他参数采用系统默认设置值。

Step **3** 单击"进给率和速度"对话框中的 确定 按钮，系统返回到"精加工底面"对话框。

Task3.生成刀路轨迹并仿真

生成的刀路轨迹如图 12.10.2 所示，2D 动态仿真加工后的零件模型如图 12.10.3 所示。

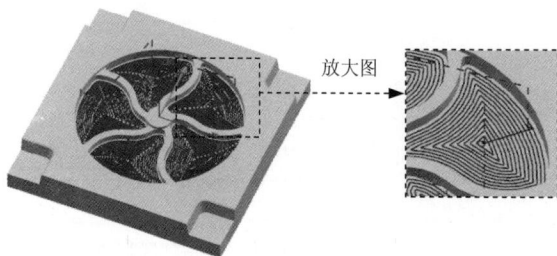

放大图

图 12.10.2　刀路轨迹

图 12.10.3　2D 仿真结果

Task4. 保存文件

选择下拉菜单 文件(F) ➡ 💾 保存(S) 命令，保存文件。

12.11 孔铣削加工

孔铣削就是利用小直径的端铣刀以螺旋的方式加工大直径的内孔或凸台的高效率铣削方式。下面以图 12.11.1 所示的零件来介绍创建孔铣削的一般步骤。

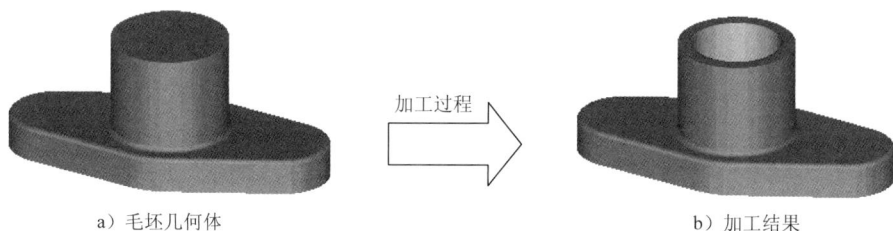

加工过程

a）毛坯几何体   b）加工结果

图 12.11.1 孔铣削

Task1. 打开模型文件并进入加工模块

Step 1 打开文件 D:\ug85nc\work\ch12\ch12.11\hole.prt。

Step 2 进入加工环境。选择下拉菜单 开始▾ ➡ ⚙ 加工(N)... 命令，在系统弹出的"加工环境"对话框 要创建的 CAM 设置 列表框中选择 mill_planar 选项，然后单击 确定 按钮，进入加工环境。

Task2. 创建几何体

Stage1. 创建机床坐标系和安全平面

Step 1 进入几何视图。在工序导航器的空白处右击，在系统弹出的快捷菜单中选择 ⚙ 几何视图 命令，在工序导航器中双击节点⊞ 🔧MCS_MILL，系统弹出"MCS 铣削"对话框。

Step 2 创建机床坐标系。

（1）在"MCS 铣削"对话框 机床坐标系 区域中单击"CSYS 对话框"按钮 🔧，系统弹出 CSYS 对话框，确认在 类型 下拉列表中选择 🔧 动态 选项。

（2）单击 CSYS 对话框 操控器 区域中的"操控器"按钮 ➕，系统弹出"点"对话框，在"点"对话框 Z 文本框中输入值 55.0，单击 确定 按钮，此时系统返回至 CSYS 对话框。单击 确定 按钮，完成图 12.11.2 所示机床坐标系的创建，系统返回到"MCS 铣削"对话框。

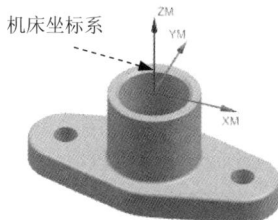

图 12.11.2 创建机床坐标系

Step 3 创建安全平面。

（1）在"MCS 铣削"对话框 安全设置 区域 安全设置选项 下拉列表中选择 自动平面 选项，在 安全距离 文本框中输入值 30.0，单击 确定 按钮，系统返回到"MCS 铣削"对话框，完成安全平面的创建。

（2）单击"MCS 铣削"对话框中的 确定 按钮。

Stage2．创建部件几何体

Step 1 在工序导航器中双击 ⊞ ↳ MCS_MILL 节点下的 ◈ WORKPIECE，系统弹出"工件"对话框。

Step 2 选取部件几何体。在"工件"对话框中单击 ◈ 按钮，系统弹出"部件几何体"对话框。在"选择条"工具条中确认"类型过滤器"设置为"实体"，在图形区选取"体 1"为部件几何体。

Step 3 在"部件几何体"对话框中单击 确定 按钮，完成部件几何体的创建，同时系统返回到"工件"对话框。

Stage3．创建毛坯几何体

Step 1 在"工件"对话框中单击 ◈ 按钮，系统弹出"毛坯几何体"对话框。

Step 2 在"毛坯几何体"对话框中的 类型 下拉列表中选择 ◈ 几何体 选项，在图形区选取"体 3"为毛坯几何体。单击 确定 按钮，系统返回到"工件"对话框。

Step 3 单击"工件"对话框中的 确定 按钮，完成毛坯几何体的创建。

Task3．创建刀具

Step 1 选择下拉菜单 插入(S) ➡ ⚒ 刀具(T)... 命令，系统弹出"创建刀具"对话框。

Step 2 确定刀具类型。在"创建刀具"对话框 类型 下拉列表中选择 mill_planar 选项，在 刀具子类型 区域中单击 MILL 按钮 ⚒ ，在 位置 区域 刀具 下拉列表中选择 GENERIC_MACHINE 选项，在 名称 文本框中输入 D12，单击 确定 按钮，系统弹出"铣刀-5 参数"对话框。

Step 3 设置刀具参数。在"铣刀-5 参数"对话框 尺寸 区域的 (D) 直径 文本框中输入值 12.0，在 刀具号 文本框中输入值 1，其他参数采用系统默认设置值，单击 确定 按钮，完成刀具的创建。

Task4．创建孔铣削工序（粗加工）

Stage1．插入工序

Step 1 选择下拉菜单 插入(S) ➡ ⚒ 工序(E)... 命令，系统弹出"创建工序"对话框。

Step 2 确定加工方法。在"创建工序"对话框 类型 下拉列表中选择 mill_planar 选项，在 工序子类型 区域中单击"铣削孔"按钮 ⚒ ，在 程序 下拉列表中选择 PROGRAM 选项，在 刀具 下拉列表中选择 D12 (铣刀-5 参数) 选项，在 几何体 下拉列表中选择 WORKPIECE 选项，在 方法 下拉列表中选择 MILL ROUGH 选项，采用系统默认的名称。

Step 3　单击"创建工序"对话框中的　确定　按钮，系统弹出图 12.11.3 所示的"铣削孔"
对话框。

Stage2. 定义几何体

Step 1　单击"铣削孔"对话框 几何体 区域中的 指定孔或凸台 右侧的 🖐 按钮，系统弹出图
12.11.4 所示的"孔或凸台几何体"对话框。

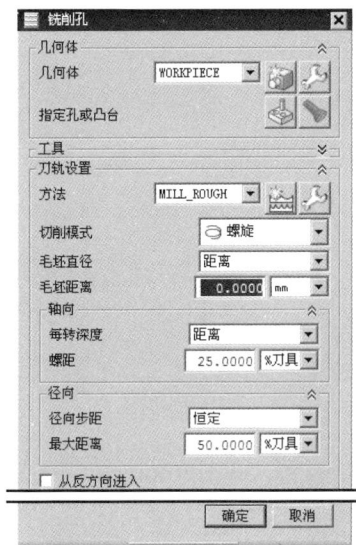

图 12.11.3　"铣削孔"对话框　　　　图 12.11.4　"孔或凸台几何体"对话框

图 12.11.3 所示的"铣削孔"对话框中部分选项的说明如下：

- 切削模式：定义孔铣削的切削模式，包括 螺旋式 、 螺旋 和 螺旋/螺旋式 3 个选
  项，选择某个选项后会激活相应的文本框。

  ☑ 螺旋式：选择此选项，激活 毛坯直径 文本框，通过定义毛坯孔的直径来控制
  平面螺旋线的起点，刀具在每个深度都按照螺旋渐开线的轨迹来切削直至圆
  柱面，此时的刀路从刀轴方向看是螺旋渐开线，此模式的刀路轨迹如图
  12.11.5 所示。

  ☑ 螺旋：选择此选项，激活 毛坯直径 文本框，通过定义毛坯孔的直径来控制空
  间螺旋线的起点，刀具由此起点以空间螺旋线的轨迹进行切削，直至底面，
  然后抬刀，在径向增加一个步距值继续按空间螺旋线的轨迹进行切削，重复
  此过程直至切削结束，此时的刀路从刀轴方向看是一系列同心圆，此模式的
  刀路轨迹如图 12.11.6 所示。

  ☑ 螺旋/螺旋式：选择此选项，激活 螺旋线直径 文本框，通过定义螺旋线的直径来
  控制空间螺旋线的起点，刀具先以空间螺旋线的轨迹切削到一个深度，然后再

按照螺旋渐开线的轨迹来切削其余的壁厚材料，因此该刀路从刀轴方向看是既有一系列同心圆，又有螺旋渐开线，此模式的刀路轨迹如图 12.11.7 所示。

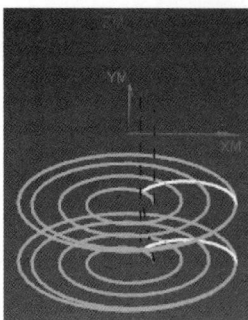

图 12.11.5 "螺旋式"刀路　　图 12.11.6 "螺旋"刀路　　图 12.11.7 "螺旋/螺旋式"刀路

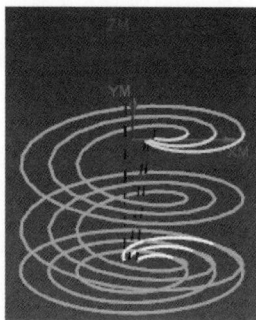

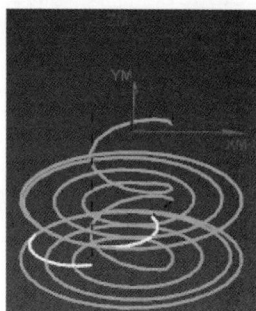

- **轴向** 区域：定义刀具沿轴向进刀的参数，在不同切削模式下包含不同的设置选项。

  - ☑ **每转深度**：只在 **螺旋式**、**螺旋** 切削模式下被激活，包括 **距离** 和 **斜坡角** 2 个选项，选择某个选项后会激活相应的文本框。

    - ➤ **距离**：定义刀具沿轴向进刀的螺距数值。
    - ➤ **斜坡角**：定义刀具沿轴向进刀的螺旋线角度数值。

  - ☑ **轴向步距**：只在 **螺旋/螺旋式** 切削模式下被激活，定义刀具沿轴向进刀的步距值，包括 **恒定**、**多个**、**刀路** 和 **刀刃长度百分比** 4 种选项，选择某个选项后会激活相应的文本框。

    - ➤ **恒定**：选择此选项，激活 **最大距离** 文本框，输入固定的轴向切削深度值。
    - ➤ **多个**：选择此选项，激活相应列表，可以指定多个不同的轴向步距。
    - ➤ **刀路**：选择此选项，激活 **刀路数** 文本框，输入固定的轴向刀路数值。
    - ➤ **刀刃长度百分比**：选择此选项，激活 **百分比** 文本框，输入轴向步距占刀刃长度的百分比数值。

- **径向** 区域：定义刀具沿径向进刀的参数，其部分选项介绍如下：

  - ☑ **径向步距**：定义刀具沿径向进刀的步距值，包括 **恒定** 和 **多个** 2 个选项，选择某个选项后会激活相应的文本框。

    - ➤ **恒定**：选择此选项，激活 **最大距离** 文本框，用于输入固定的径向切削深度值。
    - ➤ **多个**：选择此选项，激活相应列表，可以指定多个不同的径向步距。

- ☑ **从反方向进入** 复选框：定义刀具沿径向进刀的方向，默认为从顶部进刀，选中该复选框则从底部进刀。

Step 2 选择几何体。在"孔或凸台几何体"对话框中的 **类型** 下拉列表中选择 **孔** 选项，然后单击 **位置** 区域的 按钮，在图形区中选取图 12.11.8 所示的孔的内圆柱面，此时系统自动提取该孔的直径和深度信息，并在 深度限制 下拉列表中选择 通孔 选项。

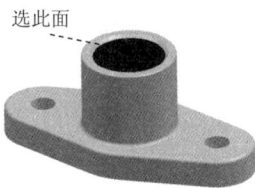

选此面

Step 3 单击 确定 按钮返回到"铣削孔"对话框。

图 12.11.8　定义孔位置

Stage3. 定义刀轨参数

Step 1 在"铣削孔"对话框 刀轨设置 区域的 切削模式 下拉列表中选择 螺旋 选项，在 毛坯直径 下拉列表中选择 直径 选项，在 起始直径 文本框中输入值 0.0。

Step 2 定义轴向参数。在"铣削孔"对话框 轴向 区域 每转深度 下拉列表中选择 斜坡角 选项，在 斜坡角 文本框中输入值 5.0。

Step 3 定义径向参数。在 径向 区域 径向步距 下拉列表中选择 恒定 选项，在 最大距离 文本框中输入值 40.0，在其右侧的下拉列表中选择 %刀具 选项。

Stage4. 定义切削参数

Step 1 单击"铣削孔"对话框中的"切削参数"按钮 ，系统弹出"切削参数"对话框。

Step 2 在"切削参数"对话框中单击 策略 选项卡，设置参数如图 12.11.9 所示。

Step 3 单击"切削参数"对话框中的 确定 按钮，系统返回到"铣削孔"对话框。

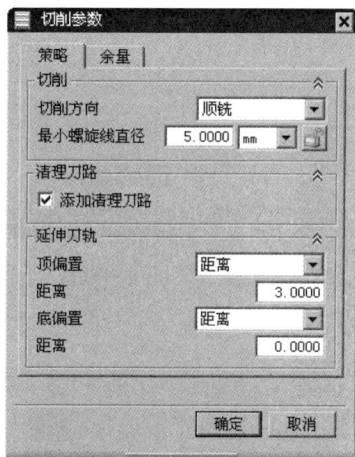

图 12.11.9　"策略"选项卡

Stage5. 设置非切削移动参数

Step 1 单击"铣削孔"对话框 刀轨设置 区域中的"非切削移动"按钮 ，系统弹出"非切削移动"对话框。

Step 2 单击"非切削移动"对话框中的 进刀 选项卡，其参数的设置如图 12.11.10 所示。

Step 3 其他选项卡中的参数采用系统的默认设置值，单击 确定 按钮完成非切削移动参数的设置。

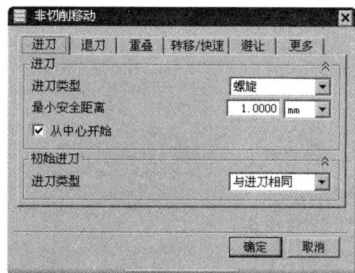

Stage6. 设置进给率和速度

图 12.11.10　"进刀"选项卡

Step 1 单击"铣削孔"对话框中的"进给率和速度"按钮 ，系统弹出"进给率和速度"对话框。

Step 2 选中"进给率和速度"对话框 主轴速度 区域中的 ☑ 主轴速度 (rpm) 复选框，在其右侧的文本框中输入值 1500.0，在 进给率 区域 切削 文本框中输入值 300.0，按回车键，然后单击圆按钮，其他参数的设置采用系统默认设置值。

Step 3　单击"进给率和速度"对话框中的 确定 按钮，系统返回"铣削孔"对话框。

Task5．生成刀路轨迹并仿真

生成的刀路轨迹如图 12.11.11 所示，2D 动态仿真加工后的零件模型如图 12.11.12 所示。

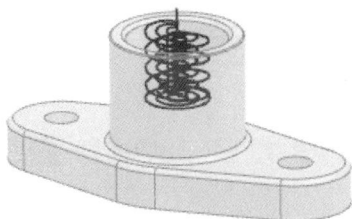

图 12.11.11　刀路轨迹

图 12.11.12　2D 仿真结果

Task6．创建孔铣削工序（精加工）

Stage1．插入工序

Step 1　复制孔铣削操作。在工序导航器的程序顺序视图中右击 HOLE_MILLING 节点，在弹出的快捷菜单中选择 复制 命令，然后右击 PROGRAM 节点，在弹出的快捷菜单中选择 内部粘贴 命令。

Step 2　双击 HOLE_MILLING_COPY 节点，系统弹出"孔铣削"对话框。

Stage2．定义刀轨参数

Step 1　在"铣削孔"对话框 刀轨设置 区域的 方法 下拉列表中选择 MILL_FINISH 选项。

Step 2　在"铣削孔"对话框 刀轨设置 区域的 切削模式 下拉列表中选择 螺旋 选项，在 毛坯直径 下拉列表中选择 距离 选项，在 毛坯距离 文本框中输入值 1.0。

Step 3　定义轴向参数。在"铣削孔"对话框的 轴向 区域 每转深度 下拉列表中选择 斜坡角 选项，在 斜坡角 文本框中输入值 5.0。

Step 4　定义径向参数。在 径向 区域 径向步距 下拉列表中选择 恒定 选项，在 最大距离 文本框中输入值 0.4，在其右侧的下拉列表中选择 mm 选项。

Stage3．定义切削参数

Step 1　单击"铣削孔"对话框中的"切削参数"按钮，系统弹出"切削参数"对话框。

Step 2　在"切削参数"对话框中单击 余量 选项卡，在 内公差 和 外公差 文本框中均输入值 0.01。

Step 3　单击"切削参数"对话框中的 确定 按钮，系统返回到"铣削孔"对话框。

Stage4．设置非切削移动参数

Step 1　单击"铣削孔"对话框 刀轨设置 区域中的"非切削移动"按钮，系统弹出"非切削移动"对话框。

Step **2** 单击"非切削移动"对话框中的 进刀 选项卡，取消选中 □ 从中心开始 复选框。

Step **3** 单击"非切削移动"对话框中的 更多 选项卡，在 刀具补偿 区域的 刀具补偿位置 下拉列
表 中 选 择 最终刀路 选 项，在 最小移动 文 本 框 中 输 入 3.0，并 选 中
☑ 如果小于最小值，则抑制刀具补偿 和 ☑ 输出平面 复选框。

Step **4** 单击 确定 按钮，完成非切削移动参数的设置。

Stage5. 设置进给率和速度

Step **1** 单击"铣削孔"对话框中的"进给率和速度"按钮 🥄，系统弹出"进给率和速度"
对话框。

Step **2** 选中"进给率和速度"对话框 主轴速度 区域中的 ☑ 主轴速度 (rpm) 复选框，在其右侧
的文本框中输入值 2000.0，在 进给率 区域 切削 文本框中输入值 300.0，按回车键，
然后单击 🔲 按钮，其他参数的设置采用系统默认设置值。

Step **3** 单击"进给率和速度"对话框中的 确定 按钮，系统返回"铣削孔"对话框。

Task7. 生成刀路轨迹并仿真

生成的刀路轨迹如图 12.11.13 所示，2D 动态仿真加工后的零件模型如图 12.11.14
所示。

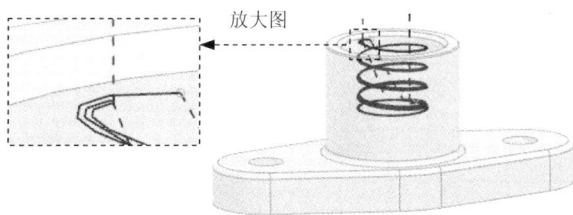

图 12.11.13　刀路轨迹

图 12.11.14　2D 仿真结果

Task8. 保存文件

选择下拉菜单 文件(F) ➡ 🔲 保存(S) 命令，保存文件。

12.12　铣螺纹加工

铣螺纹是利用螺纹铣刀加工大直径的内、外螺纹的铣削方式，在创建此工序时，应保
证刀具牙型参数和部件几何体中的螺纹参数一致，否则将不能得到正确的刀路轨迹。下面
以图 12.12.1 所示的零件来介绍创建铣螺纹的一般步骤。

Task1. 打开模型文件

打开文件 D:\ug85nc\work\ch12\ch12.12\thread_mill.prt，系统自动进入加工环境。

说明：打开的模型文件中已经包含了铣削底孔的加工工序。

Task2. 创建刀具

Step 1 选择下拉菜单 插入(S) ➡ 刀具(T)... 命令，系统弹出"创建刀具"对话框。

Step 2 确定刀具类型。在"创建刀具"对话框 类型 下拉列表中选择 mill_planar 选项，在 刀具子类型 区域中单击 THREAD_MILL 按钮 ，在 位置 区域 刀具 下拉列表中选择 GENERIC_MACHINE 选项，采用系统默认的名称，单击 确定 按钮，系统弹出"螺纹铣"对话框。

Step 3 设置刀具参数。在"螺纹铣"对话框中设置图 12.12.2 所示的参数，单击 确定 按钮，完成刀具的创建。

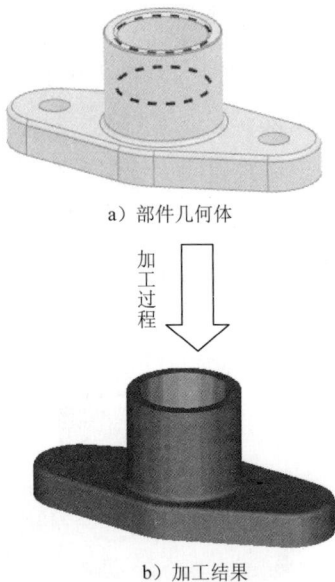

a）部件几何体

加工过程

b）加工结果

图 12.12.1　铣螺纹

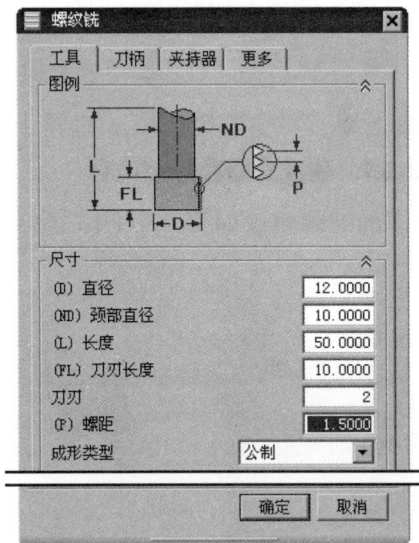

图 12.12.2　"螺纹铣"对话框

Task3. 创建铣螺纹工序

Stage1. 创建工序

Step 1 选择下拉菜单 插入(S) ➡ 工序(E)... 命令，系统弹出"创建工序"对话框。

Step 2 确定加工方法。在"创建工序"对话框 类型 下拉列表中选择 mill_planar 选项，在 工序子类型 区域中单击"螺纹铣"按钮 ，在 程序 下拉列表中选择 PROGRAM 选项，在 刀具 下拉列表中选择 THREAD_MILL (螺纹铣) 选项，在 几何体 下拉列表中选择 WORKPIECE 选项，在 方法 下拉列表中选择 MILL_FINISH 选项，采用系统默认的名称。

Step 3 单击"创建工序"对话框中的 确定 按钮，系统弹出图 12.12.3 所示的"螺纹铣"对话框。

Stage2. 定义螺纹几何体

Step 1 单击"螺纹铣"对话框中的 指定孔或凸台 右侧的 按钮，系统弹出图 12.12.4 所示的"孔或凸台几何体"对话框。

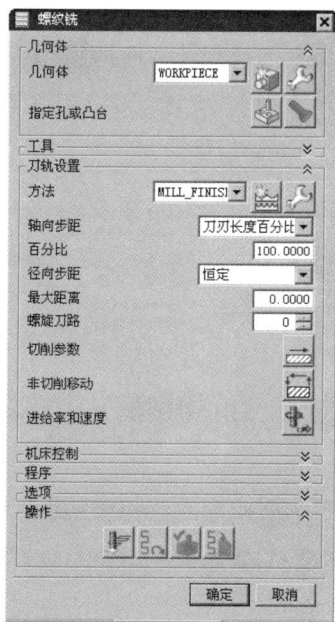

图 12.12.3 "螺纹铣"对话框

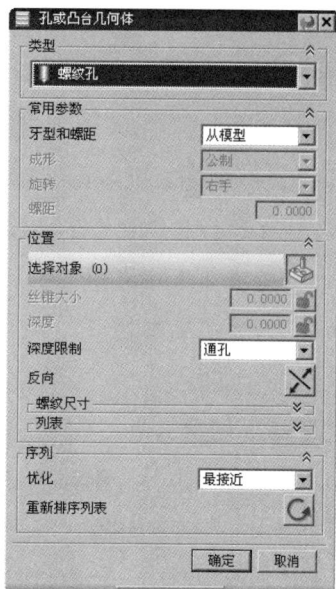

图 12.12.4 "孔或凸台几何体"对话框

图 12.12.3 所示的"螺纹铣"对话框中部分选项的说明如下：

● 轴向步距：定义刀具沿轴线进刀的步距值，包括 牙数 、刀刃长度百分比 、刀路 和 螺纹长度百分比 4 个选项，选择某个选项后会激活相应的文本框。

    ☑ 牙数：选择此选项，激活 牙数 文本框，牙数×螺距=轴向步距。

    ☑ 刀刃长度百分比：选择此选项，激活 百分比 文本框，输入数值定义轴向步距相对于螺纹刀刃口长度的百分比数值。

    ☑ 刀路：选择此选项，激活 刀路数 文本框，输入数值定义刀路数。

    ☑ 螺纹长度百分比：选择此选项，激活 百分比 文本框，输入数值定义轴向步距相对于螺纹长度的百分比数值。

● 径向步距：定义刀具沿径向进刀的步距值，包括 恒定 、多个 和 剩余百分比 3 个选项，选择某个选项后会激活相应的文本框。

    ☑ 恒定：选择此选项，激活 最大距离 文本框，输入固定的径向切削深度值。

    ☑ 多个：选择此选项，激活相应列表，可以指定多个不同的径向步距。

    ☑ 剩余百分比：可以指定每个径向刀路占剩余径向切削总深度的比例。

● 螺旋刀路：定义在铣螺纹最终时添加的刀路数，用来减小刀具偏差等因素对螺纹尺寸的影响。

Step 2 选择螺纹几何体。在"孔或凸台几何体"对话框 类型 下拉列表中选择 螺纹孔 选项，在 常用参数 区域的 牙型和螺距 下拉列表中选择 从模型 选项，然后单击 位置 区域的 按钮，在图形区中选取螺纹特征所在的孔内圆柱面，此时系统自动提取螺纹牙型参数并显示螺纹轴的方向；再次在 牙型和螺距 下拉列表中选择 从刀具 选项，此时系统弹出"类型更改"对话框，单击 确定(O) 按钮，在图形区中选取螺纹特征所在的孔内圆柱面，并在 丝锥大小 文本框中输入 38.376。

Step 3 单击 确定 按钮返回到"螺纹铣"对话框。

说明：这里的模型中包含了螺纹参数，因此选取 从模型 选项可以快速得到螺纹参数。如果直接选择选项，此时需要用户逐一准确定义螺纹的各项参数。

Stage3. 定义刀轨参数

Step 1 定义轴向步距。在"螺纹铣"对话框 刀轨设置 区域中 轴向步距 下拉列表中选择 螺纹长度百分比 选项，在 百分比 文本框中输入值 5.0。

Step 2 定义径向步距。在 径向步距 下拉列表中选择 剩余百分比 选项，在 剩余百分比 文本框中输入值 40.0，在 最大距离 文本框中输入值 0.3，在 最小距离 文本框中输入值 0.1。

Step 3 定义螺旋刀路数。在 螺旋刀路 文本框中输入值 1。

Stage4. 设置切削参数

Step 1 单击"螺纹铣"对话框 刀轨设置 区域中的"切削参数"按钮 ，系统弹出"切削参数"对话框。

Step 2 在"切削参数"对话框中单击 策略 选项卡，设置参数如图 12.12.5 所示。

Step 3 在"切削参数"对话框中单击 余量 选项卡，在 内公差 和 外公差 文本框中均输入值 0.005。

Step 4 单击 确定 按钮，系统返回到"螺纹铣"对话框。

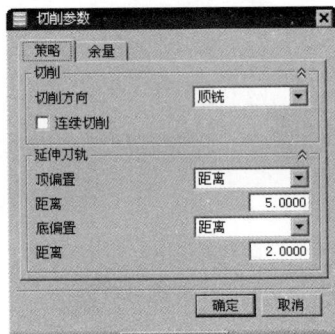

图 12.12.5　"策略"选项卡

Stage5. 设置非切削移动参数

Step 1 单击"螺纹铣"对话框 刀轨设置 区域中的"非切削移动"按钮 ，系统弹出"非切削移动"对话框。

Step 2 在"非切削移动"对话框中单击 进刀 选项卡，其参数的设置如图 12.12.6 所示。

Step 3 在"非切削移动"对话框中单击 重叠 选项卡，其参数的设置如图 12.12.7 所示。

Step 4 在"非切削移动"对话框中单击 更多 选项卡，

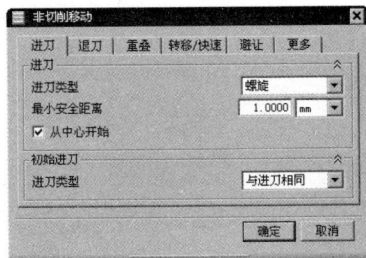

图 12.12.6　"进刀"选项卡

其参数的设置如图 12.12.8 所示。

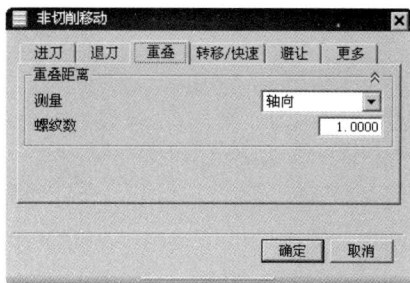

图 12.12.7 "重叠"选项卡

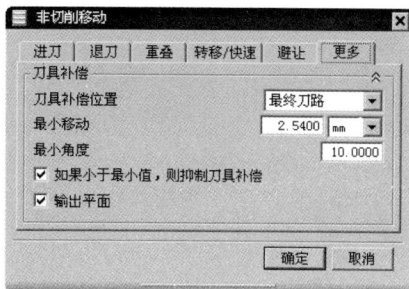

图 12.12.8 "更多"选项卡

Step 5 其他选项卡中的参数采用系统的默认设置值,单击 确定 按钮,完成非切削移动参数的设置。

Stage6. 设置进给率和速度

Step 1 单击"螺纹铣"对话框中的"进给率和速度"按钮，系统弹出"进给率和速度"对话框。

Step 2 选中"进给率和速度"对话框 主轴速度 区域中的 ☑ 主轴速度 (rpm) 复选框,在其右侧的文本框中输入值 1500.0,按 Enter 键;然后单击 按钮,在 进给率 区域的 切削 文本框中输入值 400.0,按 Enter 键,然后单击 按钮;其他参数采用系统默认设置值。

Step 3 单击"进给率和速度"对话框中的 确定 按钮,系统返回"螺纹铣"对话框。

Task4. 生成刀路轨迹并仿真

生成的刀路轨迹如图 12.12.9 所示,2D 动态仿真加工后的零件模型如图 12.12.10 所示。

图 12.12.9 刀路轨迹

图 12.12.10 2D 仿真结果

Task5. 保存文件

选择下拉菜单 文件(F) ➡ 保存(S) 命令,保存文件。

13

轮廓铣削加工

13.1 概述

13.1.1 轮廓铣削简介

UG NX 轮廓铣削加工包括型腔粗加工、插铣、深度加工铣、固定轴轮廓铣、清根切削、轮廓 3D 加工以及曲面刻字等铣削方式。本章将通过典型应用来介绍轮廓铣削加工的各种加工类型，详细描述各种加工类型的操作步骤，并且对于其中的细节和关键的地方也给予详细的说明。

型腔铣在数控加工应用中最为广泛，用于大部分的粗加工，以及直壁或者斜度不大的侧壁的精加工。型腔轮廓铣加工的特点是刀具路径在同一高度内完成一层切削，遇到曲面时将其绕过，下降一个高度进行下一层的切削。系统按照零件在不同深度的截面形状，计算各层的刀路轨迹。型腔铣在每一个切削层上，根据切削层平面与毛坯和零件几何体的交线来定义切削范围。通过限定高度值，只作一层切削，型腔铣可用于平面的精加工，以及清角加工等。

13.1.2 轮廓铣削的子类型

进入加工模块后，选择下拉菜单 插入(S) ➡ 工序(E)... 命令，系统弹出图 13.1.1 所示的"创建工序"对话框。在"创建工序"对话框 类型 下拉列表中选择 mill_contour 选项，此时，对话框中出现轮廓铣削加工的 20 种子类型。

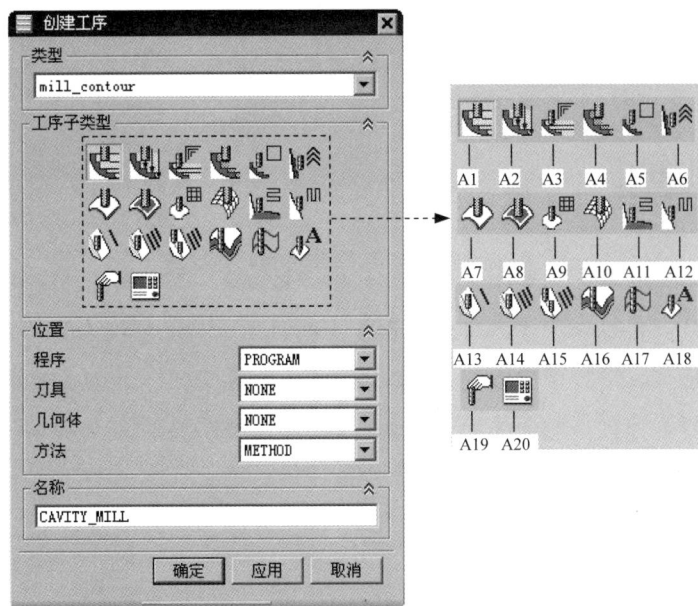

图 13.1.1　"创建工序"对话框

图 13.1.1 所示的"创建工序"对话框 工序子类型 区域中各按钮说明如下：

- A1 ⬚（CAVITY_MILL）：型腔铣。

- A2 ⬚（PLUNGE_MILLING）：插铣。

- A3 ⬚（CORNER_ROUGH）：拐角粗加工。

- A4 ⬚（REST_MILLING）：剩余铣。

- A5 ⬚（ZLEVEL_PROFILE）：深度加工轮廓。

- A6 ⬚（ZLEVEL_CORNER）：深度加工拐角。

- A7 ⬚（FIXED_CONTOUR）：固定轮廓铣。

- A8 ⬚（COUNTOUR_AREA）：固定轮廓区域铣。

- A9 ⬚（CONTOUR_SURFACE_AREA）：固定轮廓表面积铣。

- A10 ⬚（STREAMLINE）：流线铣。

- A11 ⬚（CONTOUR_AREA_NON_STEEP）：非陡峭区域轮廓铣。

- A12 ⬚（CONTOUR_AREA_DIR_STEEP）：陡峭区域轮廓铣。

- A13 ⬚（FLOWCUT_SINGLE）：单刀路清根铣。

- A14 ⬚（FLOWCUT_MULTIPLE）：多刀路清根铣。

- A15 ⬚（FLOWCUT_REF_TOOL）：参考刀具清根铣。

- A16 ⬚（SOLID_PROFILE_3D）：实体轮廓 3D 铣。

- A17 ⬚（PROFILE_3D）：轮廓 3D 铣。

- A18 ⬚（CONTOUR_TEXT）：曲面文本铣削。

- A19 ✍ （MILL_USER）：用户定义的铣削。
- A20 ▦ （MILL_CONTROL）：铣削控制。

13.2 型腔粗加工

型腔铣（标准型腔铣）主要用于粗加工，可以切除大部分毛坯材料，几乎适用于加工任意形状的几何体，可以应用于大部分的粗加工和直壁或者是斜度不大的侧壁的精加工，也可以用于清根操作。型腔铣以固定刀轴快速而高效地粗加工平面和曲面类的几何体。型腔铣和平面铣一样，刀具是侧面的刀刃对垂直面进行切削，底面的刀刃切削工件底面的材料，不同之处在于定义切削加工材料的方法不同。

13.2.1 型腔铣

下面以图 13.2.1 所示的模型为例，讲解创建型腔铣的一般操作步骤。

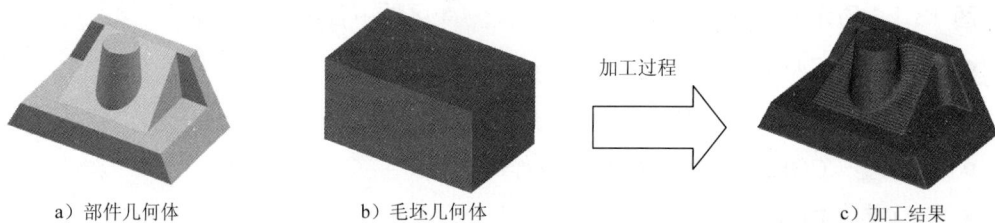

a）部件几何体   b）毛坯几何体   加工过程   c）加工结果

图 13.2.1   型腔铣

Task1. 打开模型文件并进入加工环境

Step 1 打开模型文件 D:\ug85nc\work\ch13\ch13.02\ch13.02.01\CAVITY_MILL.prt。

Step 2 进入加工环境。选择下拉菜单 ⚙ 开始 ▾ ━━▶ ▶ 加工(N)... 命令，系统弹出图 13.2.2 所示的"加工环境"对话框，在"加工环境"对话框 要创建的 CAM 设置 列表框中选择 mill_contour 选项，单击 确定 按钮，进入加工环境。

Task2. 创建几何体

Stage1. 创建机床坐标系和安全平面

Step 1 创建机床坐标系。

（1）选择下拉菜单 插入(S) ━━▶ 🔧 几何体(G)... 命令，系统弹出图 13.2.3 所示的"创建几何体"对话框。

（2）在"创建几何体"对话框 类型 下拉列表中选择 mill_contour 选项，在 几何体子类型 区域中选择 ⊥ᴹᶜˢ，在 几何体 下拉列表中选择 GEOMETRY 选项，在 名称 文本框中采取系统默认名称 MCS。

（3）单击"创建几何体"对话框中的 确定 按钮，系统弹出 MCS 对话框。

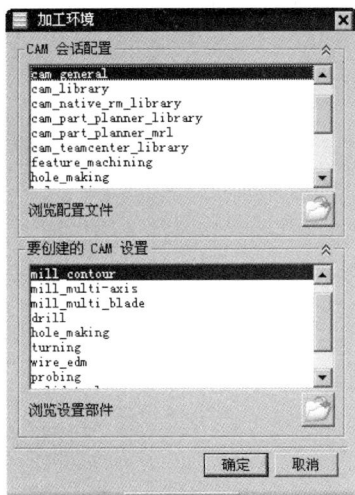

图 13.2.2 "加工环境"对话框

图 13.2.3 "创建几何体"对话框

Step 2 在 MCS 对话框**机床坐标系**区域中单击"CSYS 对话框"按钮 ，在系统弹出的 CSYS 对话框**类型**下拉列表中选择 **动态** 选项。

Step 3 定义坐标系原点。选取图 13.2.4 所示的圆，系统自动判断为圆的圆心，单击 **确定** 按钮，完成机床坐标系的创建，结果如图 13.2.5 所示。

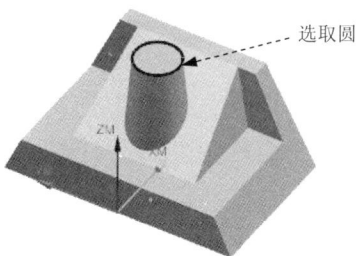

图 13.2.4 选取参照

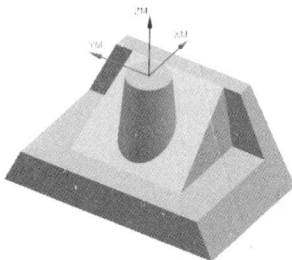

图 13.2.5 机床坐标系

Step 4 创建安全平面。

（1）在 MCS 对话框**安全设置**区域的**安全设置选项**下拉列表中选择**自动平面**选项，然后在**安全距离**文本框中输入 30.0。

（2）单击 MCS 对话框中 **确定** 按钮。

Stage2. 创建部件几何体

Step 1 选择下拉菜单 **插入(S)** → **几何体(G)...** 命令，系统弹出"创建几何体"对话框。

Step 2 在"创建几何体"对话框**类型**下拉列表中选择 **mill_contour** 选项，在**几何体子类型**区域中选择 WORKPIECE 按钮 ，在**几何体**下拉列表中选择 **MCS** 选项，在**名称**文本框中采用系统默认名称 WORKPIECE_1。单击 **确定** 按钮，系统弹出"工件"对话框。

Step **3** 在"工件"对话框中单击"选择或编辑部件几何体"按钮 🐼，系统弹出"部件几何体"对话框，在图形区选取整个零件实体为部件几何体，结果如图 13.2.6 所示。单击"部件几何体"对话框中的 确定 按钮，系统返回到"工件"对话框。

Stage3．创建毛坯几何体

Step **1** 在"工件"对话框中单击"选择或编辑毛坯几何体"按钮 🐼，系统弹出"毛坯几何体"对话框。

Step **2** 确定毛坯几何体。在"毛坯几何体"对话框 类型 下拉列表中选择 🔲 部件轮廓 选项，在 限制 区域 ZM+ 文本框中输入 2.0，在 偏置 区域 偏置 文本框中输入 2.0；然后在图形区中显示图 13.2.7 所示的毛坯几何体，单击 确定 按钮完成毛坯几何体的创建，系统返回到"工件"对话框。

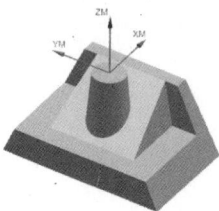

图 13.2.6　部件几何体　　　　　　　图 13.2.7　毛坯几何体

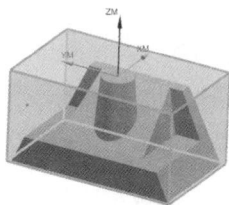

Step **3** 单击"工件"对话框中的 确定 按钮。

Task3．创建刀具

Step **1** 选择下拉菜单 插入(S) ➡ 刀具(T)... 命令，系统弹出"创建刀具"对话框。

Step **2** 确定刀具类型。在"创建刀具"对话框 类型 下拉列表中选择 mill_contour 选项，在 刀具子类型 区域中选择 MILL 按钮 🗹，在 刀具 下拉列表中选择 GENERIC_MACHINE 选项，在 名称 文本框中输入 D12R1，单击 确定 按钮，系统弹出"铣刀-5 参数"对话框。

Step **3** 设置刀具参数。在"铣刀-5 参数"对话框的 (D) 直径 文本框中输入值 12.0，在 (R1) 下半径 文本框中输入值 1.0，其他参数采用系统默认设置值，单击 确定 按钮，完成刀具的创建。

Task4．创建型腔铣操作

Stage1．创建工序

Step **1** 选择下拉菜单 插入(S) ➡ 工序(E)... 命令，系统弹出"创建工序"对话框。

Step **2** 确定加工方法。在图 13.2.8 所示的"创建工序"对话框的 类型 下拉列表中选择 mill_contour 选项，在 工序子类型 区域中选择"型腔铣"按钮 🗹，在 程序 下拉列表中选择 PROGRAM 选项，在 刀具 下拉列表中选择 D12R1 (铣刀-5 参数) 选项，在 几何体 下拉列表中选择 WORKPIECE_1 选项，在 方法 下拉列表中选择 MILL_ROUGH 选项，单击 确定 按钮，系统弹出图 13.2.9 所示的"型腔铣"对话框。

图 13.2.8　"创建工序"对话框

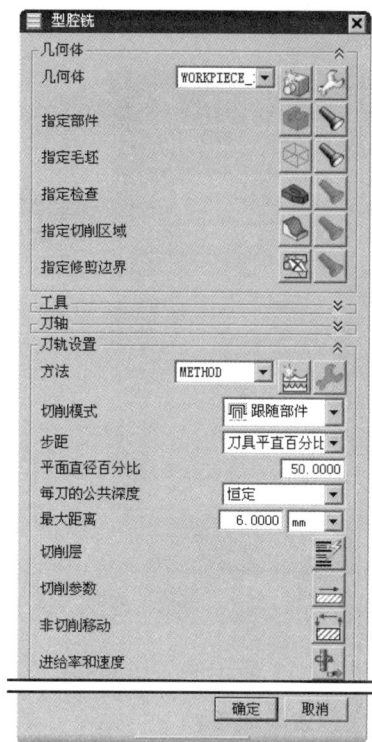

图 13.2.9　"型腔铣"对话框

Stage2．设置刀具路径参数

在"型腔铣"对话框 切削模式 下拉列表中选择 跟随周边 选项，在 步距 下拉列表中选择 刀具平直百分比 选项，在 平面直径百分比 文本框中输入值 50.0，在 每刀的公共深度 下拉列表中选择 恒定 选项，然后在 最大距离 文本框中输入值 1.0。

Stage3．设置切削参数

Step 1　单击"型腔铣"对话框中的"切削参数"按钮，系统弹出"切削参数"对话框。

Step 2　在"切削参数"对话框中单击 策略 选项卡，设置图 13.2.10 所示的参数。

Step 3　在"切削参数"对话框中单击 余量 选项卡，在 余量 区域中取消选中 □ 使底面余量与侧面余量一致 复选框，在 部件底面余量 文本框中输入 0.2。

Step 4　在"切削参数"对话框中单击 拐角 选项卡，在 圆弧上进给调整 区域 调整进给率 下拉列表中选择 在所有圆弧上 选项，在 拐角处进给减速 区域 减速距离 下拉列表中选择 当前刀具 选项。

Step 5　在"切削参数"对话框中单击 连接 选项卡，其参数设置值如图 13.2.11 所示，单击 确定 按钮，系统返回到"型腔铣"对话框。

图 13.2.10 所示的"切削参数"对话框中 策略 选项卡 切削 区域 切削顺序 下拉列表中的 层优先 和 深度优先 选项的说明如下：

- **深度优先**：每次将一个切削区中的所有层切削完再进行下一个切削区的切削。
- **层优先**：每次切削完工件上所有的同一高度的切削层再进入下一层的切削。

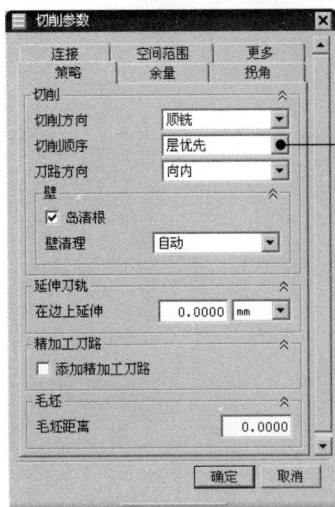

图 13.2.10　"策略"选项卡

图 13.2.11　"连接"选项卡

图 13.2.11 所示的"切削参数"对话框中 连接 选项卡 切削顺序 区域 区域排序 下拉列表中部分选项的说明如下：

- **标准**：根据切削区域的创建顺序来确定各切削区域的加工顺序，如图 13.2.12 所示。读者可打开 D:\ug85nc\work\ch13\ch13.02\ch13.02.01\CAVITY_MILL01.prt，来观察相应的模型，如图 13.2.13 所示。

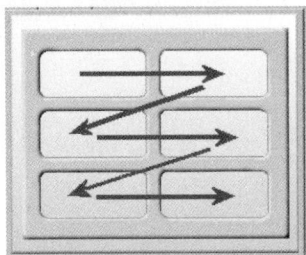

图 13.2.12　效果图

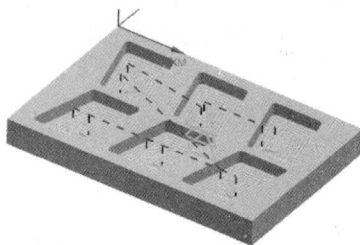

图 13.2.13　示例图

- **优化**：根据抬刀后横越运动最短的原则决定切削区域的加工顺序，效率比"标准"顺序高，系统默认此选项，如图 13.2.14 所示。读者可打开 D:\ug85nc\work\ch13\ch13.02\ch13.02.01\CAVITY_MILL02.prt，来观察相应的模型，如图 13.2.15 所示。

Stage4．设置非切削移动参数

Step 1　在"型腔铣"对话框中单击"非切削移动"按钮，系统弹出"非切削移动"对话框。

Step 2 单击"非切削移动"对话框中的 进刀 选项卡，在 进刀类型 下拉列表中选择 螺旋 选
项，在 封闭区域 中的 高度 文本框中输入值 3.0。

Step 3 单击"非切削移动"对话框中的 转移/快速 选项卡，在 区域内 的 转移类型 下拉列表中
选择 毛坯平面 选项，单击 确定 按钮完成非切削移动参数的设置。

Stage5. 设置进给率和速度

Step 1 单击"型腔铣"对话框中的"进给率和速度"按钮 ，系统弹出"进给率和速
度"对话框。

Step 2 在"进给率和速度"对话框中选中 ☑ 主轴速度 (rpm) 复选框，然后在其文本框中输
入值 1200.0，按下 Enter 键，然后单击 按钮，在 切削 文本框中输入值 250.0，
其他参数采用系统默认设置值。

Step 3 单击"进给率和速度"对话框中的 确定 按钮，完成进给率和速度的设置，系
统返回到"型腔铣"对话框。

Task5. 生成刀路轨迹并仿真

Step 1 在"型腔铣"对话框中单击"生成"按钮 ，在图形区中生成图 13.2.16 所示的
刀路轨迹。

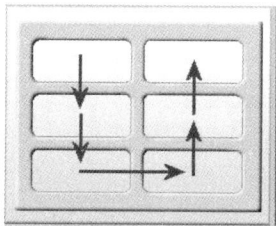

图 13.2.14 效果图 　　　　图 13.2.15 示例图 　　　　图 13.2.16 刀路轨迹

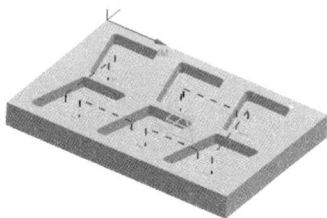

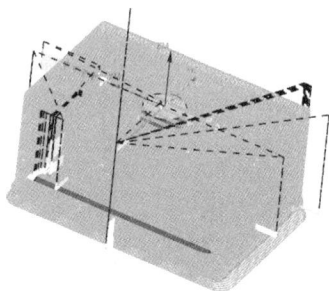

Step 2 在"型腔铣"对话框中单击"确认"按钮 ，系统弹出"刀轨可视化"对话框。
在"刀轨可视化"对话框中单击 2D 动态 选项卡，调整
动画速度后单击"播放"按钮 ▶，即可演示刀具按
刀轨运行，完成演示后的模型如图 13.2.17 所示，仿
真完成后单击 确定 按钮，完成仿真操作。

Step 3 在"型腔铣"对话框中单击 确定 按钮，完成操作。

Task6. 保存文件

图 13.2.17 2D 仿真结果

选择下拉菜单 文件(F) ➡ 保存(S) 命令，保存文件。

13.2.2 拐角粗加工

拐角粗加工是参考前一把直径较大的刀具计算模型中拐角处的余料，并使用小直径刀具来生成清理刀轨的铣加工方式。下面以图 13.2.18 所示的模型为例，讲解创建拐角粗加工的一般操作步骤。

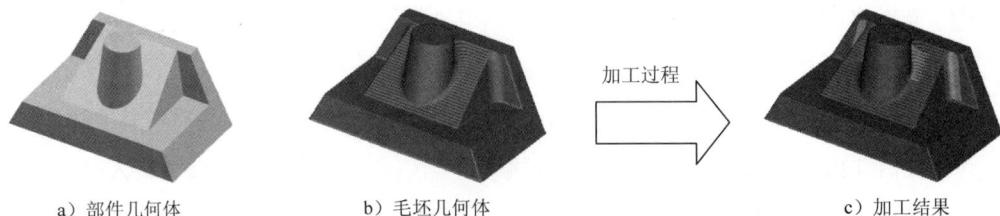

<table>
<tr><td>a）部件几何体</td><td>b）毛坯几何体</td><td>c）加工结果</td></tr>
</table>

图 13.2.18　拐角粗加工

Task1. 打开模型文件并进入加工环境

打开模型文件 D:\ug85nc\work\ch13\ch13.02\ch13.02.02\CORNER_ROUGH.prt。

Task2. 创建刀具

Step 1　选择下拉菜单 插入(S) ➡ 刀具(T)...命令，系统弹出"创建刀具"对话框。

Step 2　确定刀具类型。在"创建刀具"对话框 类型 下拉列表中选择 mill_contour 选项，在 刀具子类型 区域中选择 MILL 按钮 ，在 名称 文本框中输入 D5，单击 确定 按钮，系统弹出"铣刀-5 参数"对话框。

Step 3　设置刀具参数。在"铣刀-5 参数"对话框中尺寸区域的 (D) 直径 文本框中输入值 5.0，其余采用默认参数设置，单击 确定 按钮，完成刀具的创建。

Task3. 创建拐角粗加工操作

Stage1. 创建工序

Step 1　选择下拉菜单 插入(S) ➡ 工序(E)...命令，系统弹出"创建工序"对话框。

Step 2　在"创建工序"对话框 类型 下拉列表中选择 mill_contour 选项，在 工序子类型 区域中单击"拐角粗加工"按钮 ，在 程序 下拉列表中选择 PROGRAM 选项，在 刀具 下拉列表中选择前面设置的刀具 D5 (铣刀-5 参数) 选项，在 几何体 下拉列表中选择 WORKPIECE_1 选项，在 方法 下拉列表中选择 MILL_ROUGH 选项，使用系统默认的名称。

Step 3　单击"创建工序"对话框中的 确定 按钮，系统弹出"拐角粗加工"对话框。

Stage2. 设置刀具路径参数

Step 1　设置参考刀具。在 参考刀具 区域的 参考刀具 下拉列表中选择 D12R1 (铣刀-5 参数) 选项。

Step 2　设置切削模式。在 刀轨设置 区域 切削模式 下拉列表中选择 跟随部件 选项。

Step 3　设置步进方式。在 步距 下拉列表中选择 刀具平直百分比 选项，在 平面直径百分比 文本框中输入值 20.0，在 每刀的公共深度 下拉列表中选择 恒定 选项，在 最大距离 文本框中输入值 1.0。

Stage3. 设置切削参数

Step 1 在 刀轨设置 区域中单击 "切削参数" 按钮 ，系统弹出 "切削参数" 对话框。

Step 2 在 "切削参数" 对话框中单击 策略 选项卡，在 切削顺序 下拉列表框中选择 深度优先 选项，在 延伸刀轨 区域 在边上延伸 文本框中输入 1.0，其他参数采用系统默认设置值。

Step 3 在 "切削参数" 对话框中单击 拐角 选项卡，在 圆弧上进给调整 区域 调整进给率 下拉列表中选择 在所有圆弧上 选项，在 拐角处进给减速 区域 减速距离 下拉列表中选择 上一个刀具 选项。

Step 4 在 "切削参数" 对话框中单击 余量 选项卡，取消选中 □ 使底面余量与侧面余量一致 复选框，在 部件底面余量 文本框中输入值 0.2，其他参数采用系统默认设置值。

Step 5 在 "切削参数" 对话框中单击 连接 选项卡，在 开放刀路 下拉列表中选择 变换切削方向 选项。

Step 6 在 "切削参数" 对话框中单击 空间范围 选项卡，在 毛坯 区域的 最小材料移除 文本框中输入值 1.0，在 陡峭 区域 陡峭空间范围 下拉列表中选择 仅陡峭的 选项，并在 角度 文本框中输入值 65.0，如图 13.2.19 所示。

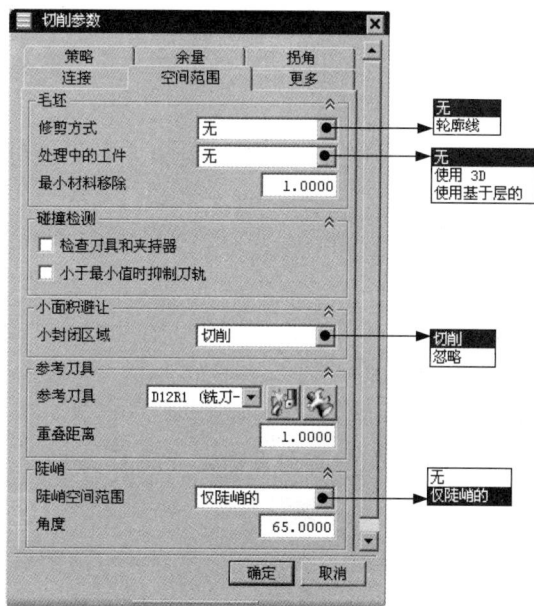

图 13.2.19   "空间范围" 选项卡

图 13.2.19 所示的 "切削参数" 对话框 空间范围 选项卡中部分选项的说明如下：

- 毛坯 区域：用于定义毛坯之外刀路的修剪和处理中的工件等参数。

    ☑ 修剪方式 下拉列表：用于定义毛坯之外刀路是否通过轮廓线进行修剪。

☑ 处理中的工件 下拉列表：用于定义处理中工件（即 IPW）的类型。

> 无 ：选择此选项，此时 IPW 是由前面定义的毛坯几何体来确定，如果没有定义几何体系统将切削整个型腔。通常第一个粗加工工序选择此选项。

> 使用 3D ：选择此选项，此时 IPW 是由前面创建的加工工序共同作用后的小平面体。系统计算刀路轨迹将更加准确，但同时计算时间也将更长，通常用于识别前面工序后遗留的材料，避免刀具碰撞等。

> 使用基于层的 ：选择此选项，此时 IPW 是由前面创建的工序的切削层来确定的 2D 切削区域，通常用于清理前面工序留下的拐角或阶梯面。

> 最小材料移除 文本框：用于设置一个数值，系统将把小于此值的刀路部分进行抑制。

● 碰撞检测 区域：用于设置是否进行碰撞检测。

☑ □检查刀具和夹持器 复选框：选中该复选框，在计算刀路时，系统将检查刀柄和夹持器是否发生碰撞。

☑ □小于最小值时抑制刀轨 复选框：选中该复选框，其下会出现 最小体积百分比 文本框，需要定义此工序必须切除的最小材料百分比。如果工序不满足此百分比时此刀路将被抑制。

● 小面积避让 区域：用于设置对于小面积区域的切削方法。

☑ 小封闭区域 下拉列表：用于设置小的封闭区域是否切削。选择 切削 选项，系统将依据其他参数来确定是否切削小封闭区域；选择 忽略 选项，系统将忽略指定面积的小封闭区域。

● 参考刀具 区域：用于设置参考刀具的参数。

☑ 参考刀具 下拉列表：用于选取本工序的参考刀具。通常可以选择前面工序中使用的刀具，用户也可以创建一把新的参考刀具，以便取得更好的切削效果。

☑ 重叠距离 文本框：用于设置当前工序中刀具和参考刀具的重叠距离值。

● 陡峭 区域：用于设置是否区分加工区域是否陡峭。

☑ 陡峭空间范围 下拉列表：选择 无 选项，表示不区分陡峭空间，全部进行切削；选择 仅陡峭的 选项，表示只加工大于指定陡峭角度的区域。

☑ 角度 文本框：用于指定区分陡峭的角度数值。

Step 7 单击"切削参数"对话框中的 确定 按钮，系统返回到"拐角粗加工"对话框。

Stage4. 设置非切削移动参数

Step 1 单击"拐角粗加工"对话框 刀轨设置 区域中的"非切削移动"按钮，系统弹出"非切削移动"对话框。

Step 2 单击"非切削移动"对话框中的 进刀 选项卡，在 封闭区域 区域 斜坡角 文本框中输入 5.0，在 最小安全距离 文本框中输入 1.0；在 开放区域 区域 最小安全距离 文本框中输入 3.0，并在其后的下拉列表中选择 mm 选项，然后选中 ☑ 修剪至最小安全距离 复选框。

Step 3 单击"非切削移动"对话框中的 转移/快速 选项卡，在 区域内 区域的 安全距离 文本框中输入 1.0，其他参数采用系统默认设置值。

Step 4 单击 确定 按钮，完成非切削移动参数的设置。

Stage5．设置进给率和速度

Step 1 单击"拐角粗加工"对话框中的"进给率和速度"按钮 🖑，系统弹出"进给率和速度"对话框。

Step 2 选中"进给率和速度"对话框 主轴速度 区域中的 ☑ 主轴速度（rpm）复选框，在其后的文本框中输入值 1800.0，按 Enter 键；然后单击 🖳 按钮，在 进给率 区域的 切削 文本框中输入值 300.0，按 Enter 键，然后单击 🖳 按钮；其他参数采用系统默认设置值。

Step 3 单击 确定 按钮，完成进给率和速度的设置，系统返回"拐角粗加工"对话框。

Task4．生成的刀路轨迹并仿真

生成的刀路轨迹如图 13.2.20 所示，2D 动态仿真加工后的模型如图 13.2.21 所示。

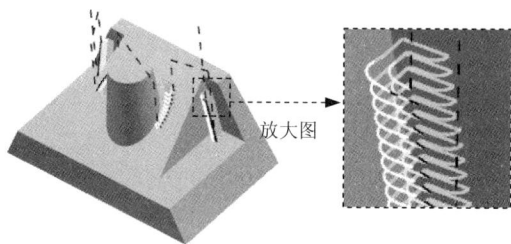

放大图

图 13.2.20　刀路轨迹

图 13.2.21　2D 仿真结果

13.2.3　剩余铣加工

剩余铣加工是基于前面创建工序的切削层来确定的 2D 切削区域的切削方式，通常用于清理前面工序留下的拐角或阶梯面。下面以图 13.2.22 所示的模型为例，讲解创建剩余铣加工的一般操作步骤。

Task1．打开模型文件并进入加工环境

打开模型文件 D:\ug85nc\work\ch13\ch13.02\ch13.02.03\REST_MILLING.prt。

Task2．创建刀具

Step 1 选择下拉菜单 插入(S) ➡ 刀具(T)... 命令，系统弹出"创建刀具"对话框。

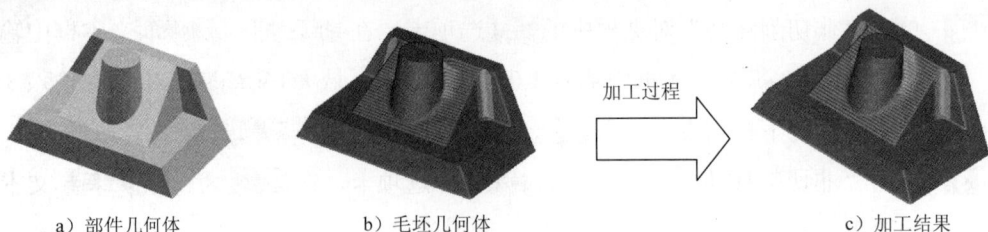

a）部件几何体   b）毛坯几何体   加工过程   c）加工结果

图 13.2.22　剩余铣加工

Step 2　确定刀具类型。在"创建刀具"对话框 类型 下拉列表中选择 mill_contour 选项，在 刀具子类型 区域中单击 BALL_MILL 按钮，在 名称 文本框中输入 B4，单击 确定 按钮，系统弹出"铣刀－球头铣"对话框。

Step 3　在"铣刀－球头铣"对话框中 尺寸 区域的 (D) 球直径 文本框中输入值 4.0，在 编号 区域 刀具号、补偿寄存器 和 刀具补偿寄存器 文本框中分别输入 3，单击 确定 按钮，完成刀具的创建。

Task3. 创建剩余铣操作

Stage1. 创建工序

Step 1　选择下拉菜单 插入(S) ➡ 工序(E)... 命令，系统弹出"创建工序"对话框。

Step 2　在"创建工序"对话框 类型 下拉列表中选择 mill_contour 选项，在 工序子类型 区域中单击"剩余铣"按钮，在 程序 下拉列表中选择 PROGRAM 选项，在 刀具 下拉列表中选择前面设置的刀具 B4 (铣刀-球头铣) 选项，在 几何体 下拉列表中选择 WORKPIECE_1 选项，在 方法 下拉列表中选择 MILL_ROUGH 选项，使用系统默认的名称。

Step 3　单击"创建工序"对话框中的 确定 按钮，系统弹出"剩余铣"对话框。

Stage2. 创建切削区域

Step 1　单击"剩余铣"对话框 指定切削区域 右侧的 按钮，系统弹出"切削区域"对话框。

Step 2　在图形区中选取图 13.2.23 所示的切削区域，单击 确定 按钮，系统返回到"剩余铣"对话框。

Stage3. 设置刀具路径参数

Step 1　设置切削模式。在 刀轨设置 区域 切削模式 下拉列表中选择 跟随周边 选项。

Step 2　设置步进方式。在 步距 下拉列表中选择 刀具平直百分比 选项，在 平面直径百分比 文本框中输入值 20.0，在 每刀的公共深度 下拉列表中选择 恒定 选项，在 最大距离 文本框中输入值 1.0。

Stage4. 设置切削层

Step 1　单击"剩余铣"对话框中的"切削层"按钮 ，系统弹出"切削层"对话框。

Step 2　在"切削层"对话框 范围 区域 范围类型 下拉列表中选择 单个 选项。激活 范围 1 的顶部

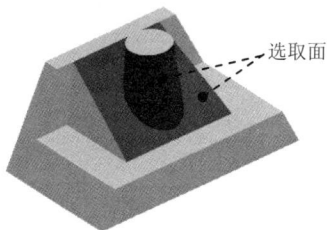

区域中的选择对象 (O) 选项，然后选取图 13.2.24 所示的面。

图 13.2.23　指定切削区域　　　　　图 13.2.24　选取顶部参考

Step 3 在"切削层"对话框范围定义区域的范围深度文本框中输入 10.0，单击 确定 按钮，系统返回到"剩余铣"对话框。

Stage5．设置切削参数

Step 1 在刀轨设置区域中单击"切削参数"按钮，系统弹出"切削参数"对话框。

Step 2 在"切削参数"对话框中单击策略选项卡，在切削顺序下拉列表框中选择层优先选项，在刀路方向下拉列表中选择向内选项，在壁区域中选中☑ 岛清根复选框。

Step 3 在"切削参数"对话框中单击空间范围选项卡，在毛坯区域的最小材料移除文本框中输入值 0.5，在参考刀具区域的重叠距离文本框中输入 2.0，其他参数采用系统默认设置值。

Step 4 单击"切削参数"对话框中的 确定 按钮，系统返回到"剩余铣"对话框。

Stage6．设置非切削移动参数。

Step 1 单击"剩余铣"对话框刀轨设置区域中的"非切削移动"按钮，系统弹出"非切削移动"对话框。

Step 2 单击"非切削移动"对话框中的进刀选项卡，在开放区域区域的进刀类型下拉列表中选择圆弧选项；单击转移/快速选项卡，在区域之间 和区域内区域的转移类型下拉列表中均选择毛坯平面选项。

Step 3 单击 确定 按钮，完成非切削移动参数的设置。

Stage7．设置进给率和速度

Step 1 单击"剩余铣"对话框中的"进给率和速度"按钮，系统弹出"进给率和速度"对话框。

Step 2 选中"进给率和速度"对话框主轴速度区域中的☑ 主轴速度 (rpm)复选框，在其后的文本框中输入值 2400.0，按 Enter 键，然后单击按钮，在进给率区域的切削文本框中输入值 400.0，按 Enter 键，然后单击按钮，其他参数采用系统默认设置值。

Step 3 单击 确定 按钮，完成进给率和速度的设置，系统返回"剩余铣"对话框。

Stage8. 生成的刀路轨迹并仿真

生成的刀路轨迹如图 13.2.25 所示，2D 动态仿真加工后的模型如图 13.2.26 所示。

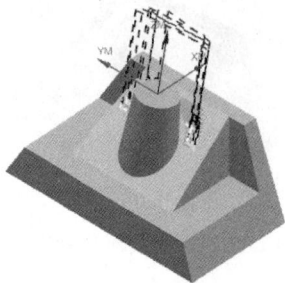

图 13.2.25　刀路轨迹

图 13.2.26　2D 仿真结果

13.3　插铣

插铣是一种独特的铣削操作，该操作使刀具竖直连续运动，高效地对毛坯进行粗加工。在切除大量材料（尤其在非常深的区域）时，插铣比型腔铣削的效率更高。插铣加工的径向力较小，这样就有可能使用更细长的刀具，而且保持较高的材料切削速度。它是金属切削最有效的加工方法之一，对于难加工材料的曲面加工、切槽加工以及刀具悬伸长度较大的加工，插铣的加工效率远远高于常规的层铣削加工。

下面以图 13.3.1 所示的模型为例，讲解创建插铣的一般步骤。

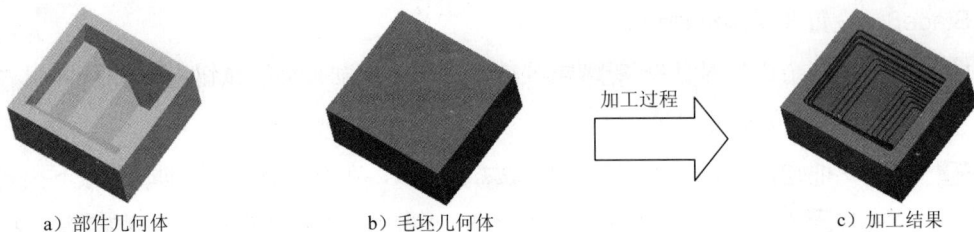

a）部件几何体　　　b）毛坯几何体　　　加工过程　　　c）加工结果

图 13.3.1　插铣

Task1. 打开模型文件并进入加工模块

Step 1　打开模型文件 D:\ug85nc\work\ch13\ch13.03\plunge.prt。

Step 2　进入加工环境。选择下拉菜单 开始 ➡ 加工(N)... 命令，系统弹出"加工环境"对话框，在此对话框 要创建的 CAM 设置 列表中选择 mill_contour 选项，然后单击 确定 按钮，进入加工环境。

Task2. 创建几何体

Stage1. 创建机床坐标系

Step 1　进入几何视图。在工序导航器的空白处右击，在系统弹出的快捷菜单中选择

几何视图命令，在工序导航器中双击节点⊞**MCS_MILL**，系统弹出"MCS 铣削"对话框。

Step 2 在"MCS 铣削"对话框**机床坐标系**区域中单击"CSYS 对话框"按钮，系统弹出 CSYS 对话框，确认在**类型**下拉列表中选择**动态**选项。

Step 3 单击 CSYS 对话框**操控器**区域中的**+**按钮，系统弹出"点"对话框，在"点"对话框**参考**下拉列表中选择**WCS**选项，然后在**XC**文本框中输入值 0.0，在**YC**文本框中输入值 0.0，在**ZC**文本框中输入值 70.0，单击**确定**按钮，此时系统返回至 CSYS 对话框，单击**确定**按钮，完成机床坐标系的创建，系统返回到"MCS 铣削"对话框。

Stage2．创建安全平面

Step 1 在"MCS 铣削"对话框**安全设置**区域**安全设置选项**下拉列表中选择**自动平面**选项，然后在**安全距离**文本框中输入 30.0。

Step 2 单击"MCS 铣削"对话框中的**确定**按钮，完成安全平面设置。

Stage3．创建部件几何体

Step 1 在工序导航器中双击⊞**MCS_MILL**节点下的**WORKPIECE**，系统弹出"工件"对话框。

Step 2 在"工件"对话框中单击**按钮，系统弹出"部件几何体"对话框，在图形区选取整个零件实体为部件几何体。在"部件几何体"对话框中单击**确定**按钮，完成部件几何体的创建。

Stage4．创建毛坯几何体

Step 1 在"工件"对话框中单击**按钮，系统弹出"毛坯几何体"对话框。

Step 2 在"毛坯几何体"对话框**类型**下拉列表中选择**包容块**选项，然后单击**确定**按钮，返回到"工件"对话框，单击**确定**按钮，完成工件的创建。

Task3．创建刀具

Step 1 选择下拉菜单**插入(S)** ➡ **刀具(T)...**命令，系统弹出"创建刀具"对话框。

Step 2 确定刀具类型。在"创建刀具"对话框**类型**下拉列表中选择**mill_contour**选项，在**刀具子类型**区域中单击 MILL 按钮，在**刀具**下拉列表中选择**GENERIC_MACHINE**选项，在**名称**文本框中输入 D10，单击**确定**按钮，系统弹出"铣刀-5 参数"对话框。

Step 3 在"铣刀-5 参数"对话框中**尺寸**区域的**(D) 直径**文本框中输入值 10.0，在**(R1) 下半径**文本框中输入值 0.0，在**编号**区域的**刀具号**、**补偿寄存器**和**刀具补偿寄存器**文本框中分别输入 1，单击**确定**按钮，完成刀具的创建。

Task4．创建插铣操作

Stage1．创建工序类型

Step 1 选择下拉菜单**插入(S)** ➡ **工序(E)...**命令，系统弹出"创建工序"对话框。

Step 2 确定加工方法。在"创建工序"对话框 类型 下拉列表中选择 mill_contour 选项，在 工序子类型 区域中选择"插铣"按钮 📳，在 程序 下拉列表中选择 PROGRAM 选项，在 刀具 下拉列表中选择 D10（铣刀-5 参数）选项，在 几何体 下拉列表中选择 WORKPIECE 选项，在 方法 下拉列表中选择 MILL_ROUGH 选项，单击 确定 按钮，系统弹出图 13.3.2 所示的"插铣"对话框。

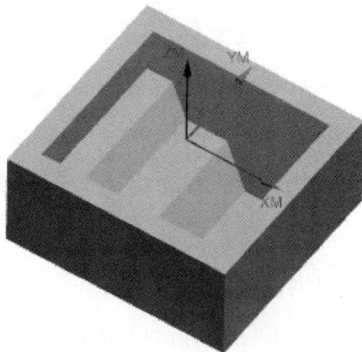

Stage2. 显示刀具和几何体

Step 1 显示几何体。在 几何体 区域中单击 指定部件 右侧的"显示"按钮 🔍，在图形区会显示与之相对应的几何体，如图 13.3.3 所示。

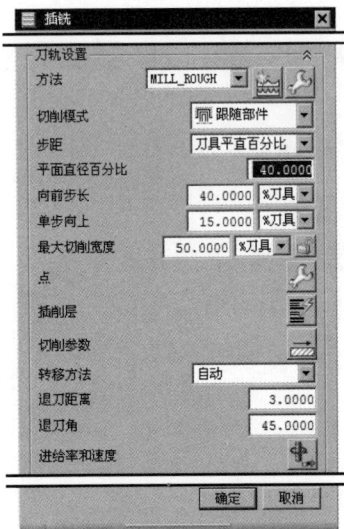

图 13.3.2　"插铣"对话框

图 13.3.3　显示几何体

Step 2 显示刀具。在 刀具 区域中单击"编辑/显示"按钮 🔧，系统弹出"铣刀-5 参数"对话框，同时在图形区显示当前刀具的形状及大小，然后在弹出的对话框中单击 确定 按钮。

图 13.3.2 所示的"插铣"对话框中部分选项的说明如下：

● 向前步长：指定刀具从一次插铣到下一次插铣时向前移动的步长。可以是刀具直径的百分比值，也可以是指定的步进值。在一些切削工况中，横向步长距离或向前步长距离必须小于指定的最大切削宽度值。必要时，系统会减小应用的向前步长，以使其在最大切削宽度值内。

● 单步向上：是指切削层之间的最小距离，用来控制插削层的数目。

● 最大切削宽度：是指刀具可切削的最大宽度（俯视刀轴时），通常由刀具制造商决定。

● 点 后面的"点"按钮 🔧：用于设置插铣削的进刀点以及切削区域的起点。

● 插削层 后面的 ▤ 按钮：用来设置插削深度，默认是到工件底部。

- **转移方法**：每次进刀完毕后刀具退刀至设置的平面上，然后进行下一次的进刀。此下拉列表有如下两种选项可供选择。

  - ☑ **安全平面**：每次都退刀至设置的安全平面高度。
  - ☑ **自动**：自动退刀至最低安全高度，即在刀具不过切且不碰撞时 ZC 轴轴向高度和设置的安全距离之和。

- **退刀距离**：用于设置退刀时刀具的退刀距离。

- **退刀角**：用于设置退刀时刀具的倾角（切出材料时的刀具倾角）。

Stage3．设置刀具路径参数

Step 1 设置切削方式。在"插铣"对话框 **切削模式** 下拉列表中选择 **跟随部件** 选项。

Step 2 设置切削步进方式。在 **步距** 下拉列表中选择 **刀具平直百分比** 选项，在 **平面直径百分比** 文本框中输入 40.0。

Step 3 设置步长参数。在 **向前步长** 文本框中输入值 40.0，在其后面的单位下拉列表中选择 **%刀具** 选项；在 **单步向上** 文本框中输入值 15.0，在其后面的单位下拉列表中选择 **%刀具** 选项。

Step 4 设置最大切削宽度。在 **最大切削宽度** 文本框中输入值 50.0，在其后面的单位下拉列表中选择 **%刀具** 选项。

Stage4．设置钻孔点

Step 1 在"插铣"对话框 **点** 右侧单击 🔧 按钮，系统弹出"控制几何体"对话框，在该对话框 **预钻孔进刀点** 右侧区域中单击 **编辑** 按钮，系统弹出"预钻孔进刀点"对话框。

Step 2 在"预钻孔进刀点"对话框的 **深度** 文本框中输入 55.0，单击 **一般点** 按钮，系统弹出"点"对话框，然后在 **XC** 文本框中输入值 40.0，在 **YC** 文本框中输入值 0.0，在 **ZC** 文本框中输入值 70.0，单击两次 **确定** 按钮。

Step 3 系统返回至"预钻孔进刀点"对话框，然后单击两次 **确定** 按钮，系统返回到"插铣"对话框。

Stage5．设置切削参数

Step 1 在"插铣"对话框 **刀轨设置** 区域中单击"切削参数"按钮 ➡，系统弹出"切削参数"对话框。

Step 2 在"切削参数"对话框中单击 **型材** 选项卡，在 **部件底面余量** 文本框中输入值 0.2，单击 **确定** 按钮。

Stage6．设置退刀参数

在 **刀轨设置** 区域的 **转移方法** 下拉列表中选择 **自动** 选项，在 **退刀距离** 文本框中输入值 3.0，在 **退刀角** 文本框中输入值 45.0。

Stage7．设置进给率和速度

Step 1 在"插铣"对话框中单击"进给率和速度"按钮 ，系统弹出"进给率和速度"对话框。

Step 2 在"进给率和速度"对话框中选中 ☑ 主轴速度 (rpm) 复选框，然后在其文本框中输入值 1200.0，在 切削 文本框中输入值 200.0，按下回车键，然后单击 按钮。

Step 3 单击 确定 按钮，完成进给率和速度的设置，系统返回到"插铣"对话框。

Task5．生成刀路轨迹并仿真

生成的刀路轨迹如图 13.3.4 所示，将模型调整为后视图查看刀路轨迹，如图 13.3.5 所示；2D 动态仿真加工后的模型如图 13.3.6 所示。

图 13.3.4　刀路轨迹（一）	图 13.3.5　刀路轨迹（二）	图 13.3.6　2D 仿真结果

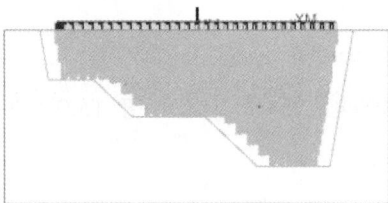

Task6．保存文件

选择下拉菜单 文件(F) ➡ 保存(S) 命令，保存文件。

13.4　深度加工铣

深度加工铣是一种固定的轴铣削操作，通过多个切削层来加工零件表面轮廓。在深度加工铣操作中，除了可以指定部件几何体外，还可以指定切削区域作为部件几何体的子集，方便限制切削区域。如果没有指定切削区域，则对整个零件进行切削。在创建深度加工铣削路径时，系统自动追踪零件几何，检查几何的陡峭区域，定制追踪形状，识别可加工的切削区域，并在所有的切削层上生成不过切的刀具路径。深度加工铣的一个重要功能就是能够指定"陡角"，以区分陡峭与非陡峭区域，因此可以分为深度加工轮廓和深度加工拐角铣。

13.4.1　深度加工轮廓

深度加工轮廓依据部件几何体的形状来计算刀路，通常用于半精加工或精加工。通过控制层到层之间的转移方式，对于封闭轮廓，可以以倾斜角度进刀到下一层，从而创建螺旋式的刀轨；对于开放轮廓，可以混合方式进行切削，形成往复式的刀轨。下面以图 13.4.1

所示的模型为例，讲解创建深度加工轮廓的一般步骤。

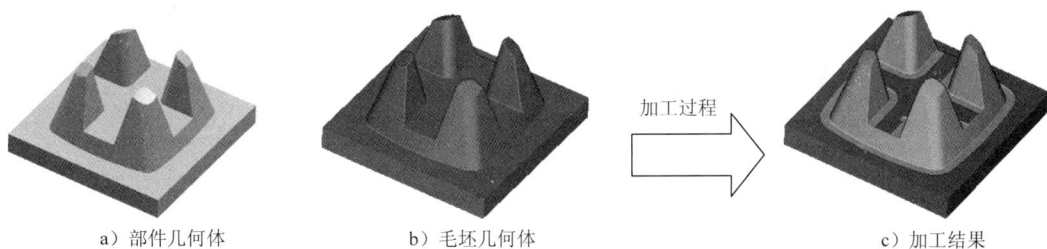

a）部件几何体   b）毛坯几何体   c）加工结果

图 13.4.1   深度加工轮廓

Task1. 打开模型文件

打开文件 D:\ug85nc\work\ch13\ch13.04\ch13.04.01\zlevel_profile.prt，系统进入加工环境。

Task2. 创建刀具

Step 1　选择下拉菜单 插入(S) ➡ 刀具(T)... 命令，系统弹出"创建刀具"对话框。

Step 2　确定刀具类型。在"创建刀具"对话框 类型 下拉列表中选择 mill_contour 选项，在 刀具子类型 区域中单击 MILL 按钮 ，在 名称 文本框中输入 D10R1，单击 确定 按钮，系统弹出"铣刀-5 参数"对话框。

Step 3　在"铣刀-5 参数"对话框 尺寸 区域的 (D) 直径 文本框中输入值 10.0，在 (R1) 下半径 文本框中输入值 1.0，在 编号 区域的 刀具号 、补偿寄存器 和 刀具补偿寄存器 文本框中分别输入 2，单击 确定 按钮，完成刀具的创建。

Task3. 创建深度加工轮廓铣操作

Stage1. 创建工序

Step 1　选择下拉菜单 插入(S) ➡ 工序(E)... 命令，系统弹出图 13.4.2 所示的"创建工序"对话框。

Step 2　在"创建工序"对话框 类型 下拉列表中选择 mill_contour 选项，在 工序子类型 区域中选择"深度加工轮廓"按钮 ，在 程序 下拉列表中选择 NC_PROGRAM 选项，在 刀具 下拉列表中选择 D10R1 (铣刀-5 参数) 选项，在 几何体 下拉列表中选择 WORKPIECE 选项，在 方法 下拉列表中选择 MILL_SEMI_FINISH 选项，单击 确定 按钮，此时，系统弹出图 13.4.3 所示的"深度加工轮廓"对话框。

图 13.4.3 所示的"深度加工轮廓"对话框中部分选项说明如下：

● 陡峭空间范围 下拉列表：是深度加工铣区别于其他型腔铣的一个重要参数。如果选择 仅陡峭的 选项，就可以在被激活的 角度 文本框中输入角度值，这个角度称为陡峭角。零件上任意一点的陡峭角是刀轴与该点处法向矢量所形成的夹角。选择 仅陡峭的 选项后，只有陡峭角度大于或等于给定角度的区域才能被加工。

图 13.4.2 "创建工序"对话框　　　　图 13.4.3 "深度加工轮廓"对话框

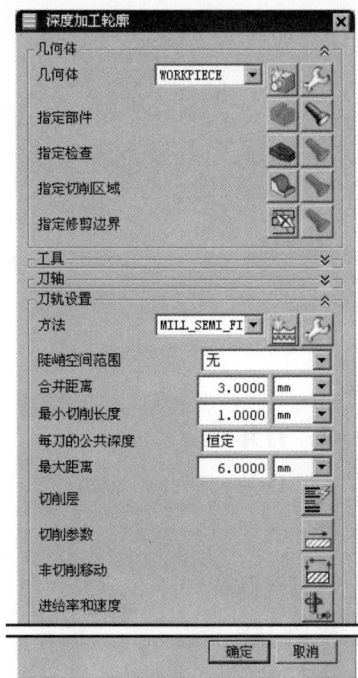

- 合并距离 文本框：用于定义在不连贯的切削运动切除时，在刀具路径中可以连接起来的缝隙距离。

- 最小切削长度 文本框：用于定义生成刀具路径时的最小长度值。当切削运动的距离比指定的最小切削长度值小时，系统不会在该处创建刀具路径。

- 每刀的公共深度 文本框：用于设置加工区域内每次切削的深度。系统将计算等于且不超出指定的 每刀的公共深度 值的实际切削层。

Stage2．指定修剪边界

Step 1 单击"深度加工轮廓"对话框 指定修剪边界 右侧的 按钮，系统弹出"修剪边界"对话框。

Step 2 在该对话框中选中 ☑ 忽略岛 复选框和 ⦿ 外部 单选按钮，单击 确定 按钮；在图形区中选取图 13.4.4 所示的切削区域，单击 确定 按钮，系统返回到"深度加工轮廓"对话框。

Stage3．设置刀具路径参数和切削层

Step 1 设置刀具路径参数。在"深度加工轮廓"对话框的 合并距离 文本框中输入值 3.0，在 最小切削长度 文本框中输入值 1.0，在 每刀的公共深度 下拉列表中选择 恒定 选项，然后在 最大距离 文本框中输入值 1.0。

Step 2 设置切削层。单击"深度加工轮廓"对话框中的"切削层"按钮 ，系统弹出图

13.4.5 所示的"切削层"对话框，这里采用系统默认参数，单击 确定 按钮，系统返回到"深度加工轮廓"对话框。

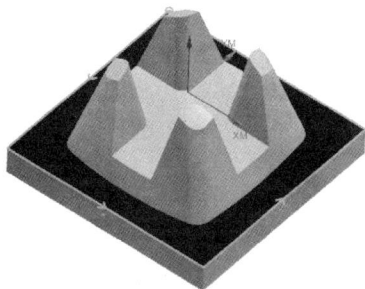

图 13.4.4 指定切削区域   图 13.4.5 "切削层"对话框

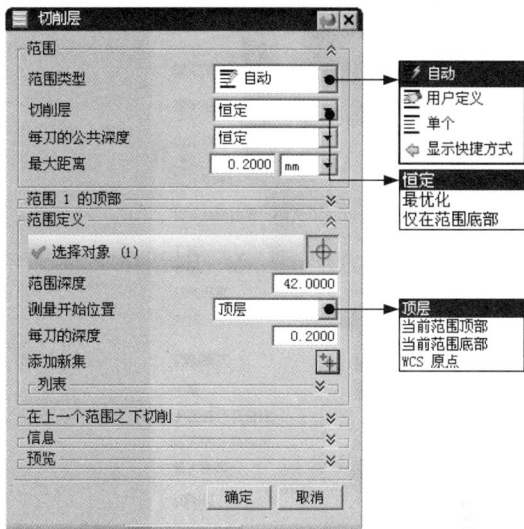

图 13.4.5 所示的"切削层"对话框中各选项的说明如下：

● 范围类型 下拉列表中提供了如下三种选项。

☑ 自动：使用此类型，系统将通过与零件有关联的平面自动生成多个切削深度区间。

☑ 用户定义：使用此类型，用户可以通过定义每一个区间的底面生成切削层。

☑ 单个：使用此类型，用户可以通过零件几何和毛坯几何定义切削深度。

● 每刀的公共深度：用于设置每个切削层的最大深度。通过对 每刀的公共深度 进行设置后，系统将自动计算分几层进行切削。

● 切削层 下拉列表中提供了如下三种选项。

☑ 恒定：将切削深度恒定保持在 每刀的公共深度 的设置值。

☑ 最优化：优化切削深度，以便在部件间距和残余高度方面更加一致。最优化在斜度从陡峭或几乎竖直变为表面或平面时创建其他切削，最大切削深度不超过全局每刀深度值，仅用于深度加工操作。

☑ 仅在范围底部：仅在范围底部切削不细分切削范围，选择此选项将使全局每刀深度选项处于非活动状态。

● 测量开始位置 下拉列表中提供了如下四种选项。

☑ 顶层：选择该选项后，测量切削范围深度从第一个切削顶部开始。

☑ 当前范围顶部：选择该选项后，测量切削范围深度从当前切削顶部开始。

☑ 当前范围底部：选择该选项后，测量切削范围深度从当前切削底部开始。

☑ WCS 原点：选择该选项后，测量切削范围深度从当前工作坐标系原点开始。

● 范围深度 文本框：在该文本框中，通过输入一个正值或负值距离，定义范围在指定测量位置的上部或下部，也可以利用范围深度滑块来改变范围深度，当移动滑块时，范围深度值跟着变化。

● 每刀的深度 文本框：用来定义当前范围的切削层深度。

Stage4．设置切削参数

Step 1 单击"深度加工轮廓"对话框中的"切削参数"按钮，系统弹出"切削参数"对话框。

Step 2 单击"切削参数"对话框中的 策略 选项卡，在 切削方向 下拉列表中选择 混合 选项，在 切削顺序 下拉列表中选择 始终深度优先 选项。

Step 3 单击"切削参数"对话框中的 连接 选项卡，参数设置值如图 13.4.6 所示，单击 确定 按钮，系统返回到"深度加工轮廓"对话框。

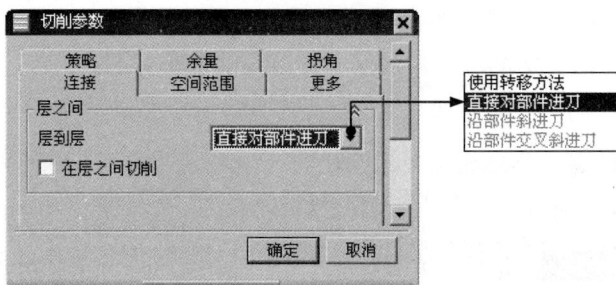

图 13.4.6 "连接"选项卡

图 13.4.6 所示的"切削参数"对话框中 连接 选项卡部分选项的说明如下：

● 层之间 区域：专门用于设置深度铣的切削参数。

☑ 使用转移方法：使用进刀/退刀的设定信息，每个刀路会抬刀到安全平面。

☑ 直接对部件进刀：将以跟随部件的方式来定位移动刀具。

☑ 沿部件斜进刀：将以跟随部件的方式，从一个切削层到下一个切削层，需要指定 斜坡角，此时刀路较完整。

☑ 沿部件交叉斜进刀：与 沿部件斜进刀 相似，不同的是在斜削进下一层之前完成每个刀路。

☑ ☑ 在层之间切削：可在深度铣中的切削层间存在间隙时创建额外的切削，消除在标准层到层加工操作中留在浅区域中的非常大的残余高度。

Stage5．设置非切削移动参数

Step 1 在"深度加工轮廓"对话框中单击"非切削移动"按钮，系统弹出"非切削移

动"对话框。

Step 2 单击"非切削移动"对话框中的 起点/钻点 选项卡,在 重叠距离 区域的 重叠距离 文本框中输入 1.0。

Step 3 单击"非切削移动"对话框中的 转移/快速 选项卡,在 区域之间 区域的 转移类型 下拉列表中选择 毛坯平面 选项,在 区域内 区域的 转移类型 下拉列表中选择 毛坯平面 选项,其他参数采用默认的设置,单击 确定 按钮,完成非切削移动参数的设置。

Stage6. 设置进给率和速度

Step 1 在"深度加工轮廓"对话框中单击"进给率和速度"按钮,系统弹出"进给率和速度"对话框。

Step 2 在"进给率和速度"对话框中选中 ☑ 主轴速度 (rpm) 复选框,然后在其文本框中输入值 1800.0,在 切削 文本框中输入值 400.0,按下回车键,然后单击 按钮。

Step 3 单击 确定 按钮,完成进给率和速度的设置,系统返回到"深度加工轮廓"对话框。

Task4. 生成刀路轨迹并仿真

生成的刀路轨迹如图 13.4.7 所示,2D 动态仿真加工后的模型如图 13.4.8 所示。

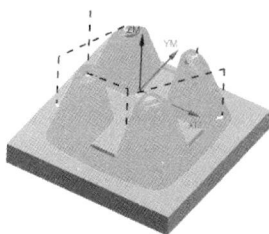

图 13.4.7   刀路轨迹   图 13.4.8   2D 仿真结果

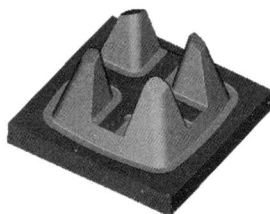

Task5. 保存文件

选择下拉菜单 文件(F) ➡ 保存(S) 命令,保存文件。

13.4.2   深度加工拐角

深度加工拐角是用于加工前面刀具无法加工到位的拐角部分的深度加工铣,通过定义参考刀具,系统能识别到要加工几何体中未清理干净的余料,通常需要指定一个合适的陡峭角度。下面以图 13.4.9 所示的模型为例,讲解创建深度加工拐角的一般步骤。

Task1. 打开模型文件并进入加工模块

打开文件 D:\ug85nc\work\ch13\ch13.04\ch13.04.02\zlevel_corner.prt。

Task2. 创建刀具

Step 1 选择下拉菜单 插入(S) ➡ 刀具(T)...命令,系统弹出"创建刀具"对话框。

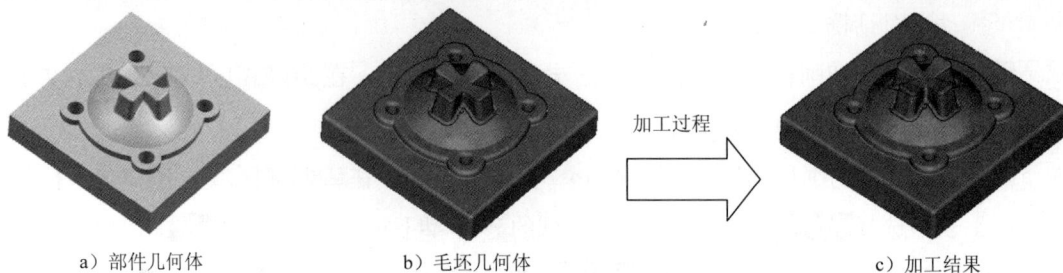

a）部件几何体　　　　　　b）毛坯几何体　　　　　　c）加工结果

图 13.4.9　深度加工拐角

Step 2　确定刀具类型。在"创建刀具"对话框 类型 下拉列表中选择 mill_contour 选项，在 刀具子类型 区域中单击 BALL_MILL 按钮 ⚂，在 名称 文本框中输入 B1，单击 确定 按钮，系统弹出"铣刀－球头铣"对话框。

Step 3　在"铣刀－球头铣"对话框中尺寸区域的 (D) 球直径 文本框中输入值 1.0，在 编号 区域 刀具号 、补偿寄存器 和 刀具补偿寄存器 文本框中分别输入 2，单击 确定 按钮，完成刀具的创建。

Task3. 创建深度加工拐角铣操作

Stage1. 创建工序

Step 1　选择下拉菜单 插入(S) ➡ 工序(E)... 命令，系统弹出"创建工序"对话框。

Step 2　确定加工方法。在"创建工序"对话框 类型 下拉列表中选择 mill_contour 选项，在 工序子类型 区域中单击"深度加工拐角"按钮 🔧，在 刀具 下拉列表中选择 B1 (铣刀-球头铣) 选项，在 几何体 下拉列表中选择 WORKPIECE 选项，在 方法 下拉列表中选择 MILL_SEMI_FINISH 选项，采用系统默认的名称。

Step 3　单击"创建工序"对话框中的 确定 按钮，系统弹出"深度加工拐角"对话框。

Stage2. 创建切削区域几何体

Step 1　单击"深度加工拐角"对话框 指定切削区域 右侧的 🔩 按钮，系统弹出"切削区域"对话框。

Step 2　在图形区中选取图 13.4.10 所示的切削区域，单击 确定 按钮，系统返回到"深度加工拐角"对话框。

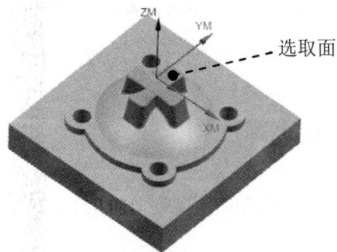

选取面

图 13.4.10　指定切削区域

Stage3. 设置参考刀具

在 参考刀具 区域的 参考刀具 下拉列表中选择 B3 (铣刀-球头铣) 选项。

Stage4. 设置刀具路径参数和切削层

Step 1　设置刀具路径参数。在"深度加工拐角"对话框 每刀的公共深度 下拉列表中选择 恒定 选项，然后在 最大距离 文本框中输入值 0.2。

Step **2** 设置切削层。单击"深度加工拐角"对话框中的"切削层"按钮▤，系统弹出"切
　　　　削层"对话框。

Step **3** 在"切削层"对话框 范围 区域的 范围类型 下拉列表中选择 单个 选项，在 范围定义 区
　　　　域的 范围深度 下拉列表中输入 11.0。

Step **4** 单击 确定 按钮，系统返回到"深度加工拐角"对话框。

Stage5．设置切削参数

Step **1** 单击"深度加工拐角"对话框中的"切削参数"按钮➡，系统弹出"切削参数"
　　　　对话框。

Step **2** 在"切削参数"对话框中单击 拐角 选项卡，在 圆弧上进给调整 区域的 调整进给率 下拉
　　　　列表中选择 在所有圆弧上 选项，在 拐角处进给减速 区域的 减速距离 下拉列表中选择 当前刀具
　　　　选项。

Step **3** 单击 确定 按钮，返回"深度加工拐角"对话框。

Stage6．设置非切削移动参数

Step **1** 在"深度加工拐角"对话框中单击"非切削移动"按钮，系统弹出"非切削移
　　　　动"对话框。

Step **2** 单击"非切削移动"对话框中的 起点/钻点 选项卡，在 重叠距离 区域的 重叠距离 文本
　　　　框中输入 1.0，单击 确定 按钮，完成非切削移动参数的设置。

Stage7．设置进给率和速度

Step **1** 在"深度加工拐角"对话框中单击"进给率和速度"按钮，系统弹出"进给率
　　　　和速度"对话框。

Step **2** 在"进给率和速度"对话框中选中 ☑ 主轴速度 (rpm) 复选框，然后在其文本框中输
　　　　入值 16000.0，在 切削 文本框中输入值 800.0，按下回车键，然后单击 按钮。

Step **3** 单击 确定 按钮，完成进给率和速度的设置，系统返回"深度加工拐角"对
　　　　话框。

Task4．生成刀路轨迹并仿真

生成的刀路轨迹如图 13.4.11 所示，2D 动态仿真加工后的模型如图 13.4.12 所示。

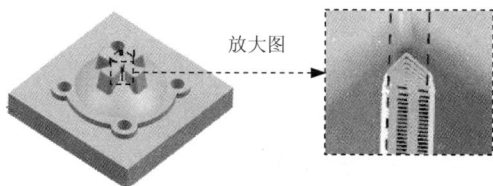

图 13.4.11　刀路轨迹　　　　　图 13.4.12　2D 仿真结果

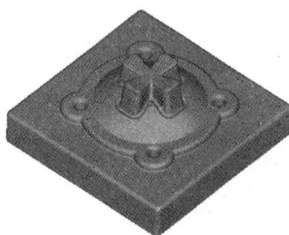

Task5. 保存文件

选择下拉菜单 文件(F) ➡️ 💾 保存(S) 命令，保存文件。

13.5 固定轴轮廓铣

固定轴轮廓铣是一种用于精加工由轮廓曲面所形成区域的加工方式，它通过精确控制刀具轴和投影矢量，使刀具沿着非常复杂曲面的复杂轮廓运动。固定轴轮廓铣通过定义不同的驱动几何体来产生驱动点阵列，并沿着指定的投影矢量方向投影到部件几何体上，然后将刀具定位到部件几何体以生成刀轨。固定轴轮廓铣常用的驱动方法有边界驱动、区域驱动和流线驱动等，下面将分别进行介绍。

13.5.1 边界驱动

下面以图 13.5.1 所示的模型为例，讲解通过边界驱动创建固定轴轮廓铣的一般步骤。

a）部件几何体　　　　b）毛坯几何体　　　　c）加工结果

图 13.5.1　边界驱动

Task1. 打开模型文件并进入加工模块

Step 1 打开模型文件 D:\ug85nc\work\ch13\ch13.05\ch13.05.01\fixed_contour_01.prt。

Step 2 进入加工环境。选择下拉菜单 开始 ➡️ 加工(N)... 命令，系统弹出"加工环境"对话框，在"加工环境"对话框 要创建的 CAM 设置 列表框中选择 mill_contour 选项。单击 确定 按钮，进入加工环境。

Task2. 创建几何体

Stage1. 创建机床坐标系和安全平面

Step 1 进入几何体视图。在工序导航器中右击，在快捷菜单中选择 几何视图 命令，双击节点 MCS_MILL，系统弹出"MCS 铣削"对话框。

Step 2 创建机床坐标系。在"MCS 铣削"对话框 机床坐标系 区域中单击"CSYS 对话框"按钮 ，在系统弹出的 CSYS 对话框 类型 下拉列表中选择 动态 选项。

Step 3 单击 CSYS 对话框 操控器 区域中的 按钮，系统弹出"点"对话框。在"点"对话框的 参考 下拉列表中选择 WCS 选项，在 ZC 文本框中输入值 105.0，单击 确定 按

钮，然后在 CSYS 对话框中单击 确定 按钮，完
成图 13.5.2 所示的机床坐标系的创建。

Step 4 创建安全平面。在 安全设置 区域的 安全设置选项 下拉
列表中选择 自动平面 选项，然后在 安全距离 文本框中
输入 10.0，在"MCS 铣削"对话框中单击 确定
按钮。

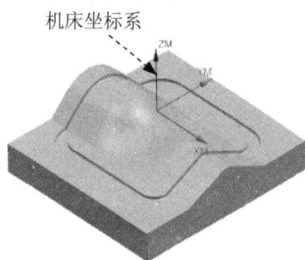
机床坐标系

图 13.5.2　创建机床坐标系

Stage2．创建部件几何体

Step 1 在工序导航器中单击 ⊞ MCS_MILL 节点前的"+"，双击节点 WORKPIECE，系统弹
出"工件"对话框。

Step 2 选取部件几何体。在"工件"对话框中单击 按钮，系统弹出"部件几何体"对
话框，在图形区选取整个零件实体为部件几何体。在"部件几何体"对话框中
单击 确定 按钮，完成部件几何体的创建，同时系统返回到"工件"对话框。

Stage3．创建毛坯几何体

Step 1 在"工件"对话框中单击 按钮，系统弹出"毛坯几何体"对话框。

Step 2 确定毛坯几何体。在"毛坯几何体"对话框 类型 下拉列表中选择 部件的偏置 选项，
在 偏置 文本框中输入值 1.0。单击 确定 按钮，然后单击"工件"对话框中的 确定
按钮，完成毛坯几何体的定义。

Task3．创建刀具

Step 1 选择下拉菜单 插入(S) ➡ 刀具(T)... 命令，系统弹出"创建刀具"对话框。

Step 2 确定刀具类型。在"创建刀具"对话框 类型 下拉列表中选择 mill_contour 选项，在
刀具子类型 区域中单击 BALL_MILL 按钮 ，在 名称 文本框中输入 B10，单击
确定 按钮，系统弹出"铣刀－球头铣"对话框。

Step 3 在"铣刀－球头铣"对话框中 尺寸 区域的 (D) 球直径 文本框中输入值 1.0，在 编号 区
域 刀具号、补偿寄存器 和 刀具补偿寄存器 文本框中分别输入 1，单击 确定 按钮，完成
刀具的创建。

Task4．创建边界区域铣操作

Stage1．创建边界几何

Step 1 调整视图方位。将视图调整至俯视图的状态。

Step 2 选择命令。选择下拉菜单 插入(S) ➡ 曲线(C) ▶ ➡ 矩形(R)... 命令，系统弹
出"点"对话框。

Step 3 定义矩形大小。在"点"对话框 输出坐标 区域的 参考 下拉列表中选择 绝对 - 工作部件 选
项，分别在 X、Y 和 Z 文本框中输入 100、-75 和 120，单击 确定 按钮；然

后分别在 X 、 Y 和 Z 文本框中输入-100、75 和
120，单击 确定 按钮；在"点"对话框中单击
取消 按钮，完成矩形的定义，结果如图 13.5.3
所示。

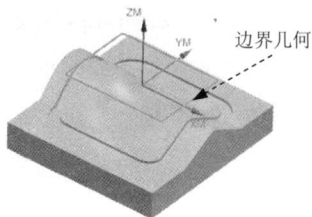

图 13.5.3　创建边界几何

Stage2．创建工序

Step 1 选择下拉菜单 插入(S) ➡ 工序(E)... 命令，系统弹出"创建工序"对话框。

Step 2 确定加工方法。在"创建工序"对话框 类型 下拉列表中选择 mill_contour 选项，在 工序子类型 区域中单击"固定轮廓铣"按钮 ，在 刀具 下拉列表中选择 B10 (铣刀-球头铣) 选项，在 几何体 下拉列表中选择 WORKPIECE 选项，在 方法 下拉列表中选择 MILL_FINISH 选项，单击 确定 按钮，系统弹出"固定轮廓铣"对话框。

Stage3．设置驱动几何体

Step 1 设置驱动方式。在"固定轮廓铣"对话框 驱动方法 区域的 方法 下拉列表中选择 边界 选项。

Step 2 定义边界。

（1）在 驱动方法 区域右侧单击 按钮，系统弹出"边界驱动方法"对话框，在 驱动几何体 区域单击 指定驱动几何体 右侧的 按钮，系统弹出"边界几何体"对话框。

（2）在"边界几何体"对话框的 模式 下拉列表中选择 曲线/边... 选项，系统弹出"创建边界"对话框，然后在 刀具位置 下拉列表中选择 对中 选项。

（3）选取图 13.5.3 所示的边界几何，单击 创建下一个边界 按钮，然后单击 确定 按钮，然后在返回至的"边界几何体"对话框中单击 确定 按钮。

（4）在"边界驱动方法"对话框的 平面直径百分比 文本框中输入 10.0，在 切削角 下拉列表中选择 指定 选项，然后在 与 XC 的夹角 文本框中输入 45.0。

（5）在"边界驱动方法"对话框中单击 确定 按钮，返回至"固定轮廓铣"对话框。

Stage4．设置切削参数

Step 1 单击"固定轮廓铣"对话框中的"切削参数"按钮 ，系统弹出"切削参数"对话框。

Step 2 在"切削参数"对话框中单击 多刀路 选项卡，其参数设置值如图 13.5.4 所示。

Step 3 在"切削参数"对话框中单击 余量 选项卡，其参数设置值如图 13.5.5 所示，单击 确定 按钮。

Stage5．设置非切削移动参数

这里采用默认的非切削移动参数。

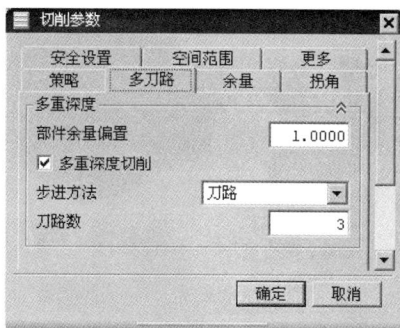

图 13.5.4 "多刀路"选项卡

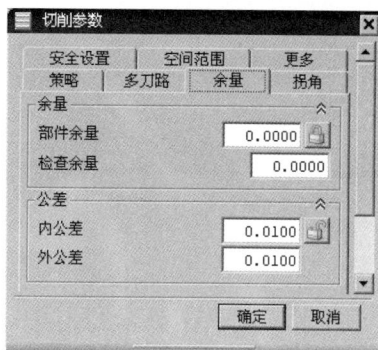

图 13.5.5 "余量"选项卡

Stage6. 设置进给率和速度

Step 1 在"固定轮廓铣"对话框中单击"进给率和速度"按钮，系统弹出"进给率和速度"对话框。

Step 2 在"进给率和速度"对话框中选中 ☑ 主轴速度 (rpm) 复选框，然后在其文本框中输入值 1600.0，按下回车键，然后单击 按钮；在 切削 文本框中输入值 500.0，按下回车键，然后单击 按钮。

Step 3 单击 确定 按钮，系统返回"固定轮廓铣"对话框。

Task5. 生成刀路轨迹并仿真

生成的刀路轨迹如图 13.5.6 所示，2D 动态仿真加工后的模型如图 13.5.7 所示。

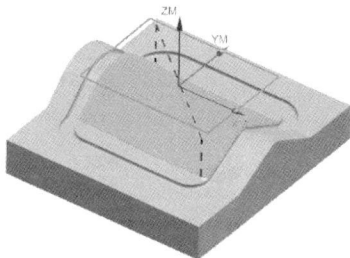

图 13.5.6 刀路轨迹

图 13.5.7 2D 仿真结果

Task6. 保存文件

选择下拉菜单 文件(F) ➡️ 保存(S) 命令，保存文件。

13.5.2 区域驱动

下面以图 13.5.8 所示的模型为例，讲解通过区域驱动创建固定轴轮廓铣的一般步骤。

Task1. 打开模型文件并进入加工模块

打开模型文件 D:\ug85nc\work\ch13\ch13.05\ch13.05.02\fixed_contour_02.prt。

a）部件几何体　　　　　　　　b）毛坯几何体　　　　　　　　c）加工结果

图 13.5.8　区域驱动

Task2．创建区域驱动铣操作

Stage1．创建工序

Step 1　选择下拉菜单 插入(S) ➡ 工序(E)... 命令，系统弹出"创建工序"对话框。

Step 2　确定加工方法。在"创建工序"对话框 类型 下拉列表中选择 mill_contour 选项，在 工序子类型 区域中单击"轮廓区域"按钮 ，在 刀具 下拉列表中选择 B10 (铣刀-球头铣) 选项，在 几何体 下拉列表中选择 WORKPIECE 选项，在 方法 下拉列表中选择 MILL_FINISH 选项，单击 确定 按钮，系统弹出"轮廓区域"对话框。

Stage2．创建切削区域

Step 1　在"轮廓区域"对话框中单击 按钮，系统弹出"切削区域"对话框。

Step 2　采用系统默认的选项，选取图 13.5.9 所示的切削区域（共 6 个面），单击 确定 按钮，系统返回至"轮廓区域"对话框。

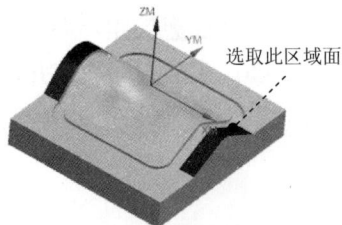

选取此区域面

图 13.5.9　选取切削区域

Stage3．设置驱动方法

Step 1　设置驱动方式。在"轮廓区域"对话框 驱动方法 区域的 方法 下拉列表中选择 区域铣削 选项。

Step 2　在 驱动方法 区域右侧单击 按钮，系统弹出"区域铣削驱动方法"对话框，在 平面直径百分比 文本框中输入 10.0，在 步距已应用 下拉列表中选择 在部件上 选项，在 切削角 下拉列表中选择 指定 选项，然后在 与 XC 的夹角 文本框中输入 45.0。

Step 3　在"区域铣削驱动方法"对话框中单击 确定 按钮，返回至"轮廓区域"对话框。

Stage4．设置切削参数

Step 1　单击"轮廓区域"对话框中的"切削参数"按钮 ，系统弹出"切削参数"对话框。

Step 2　在"切削参数"对话框中单击 策略 选项卡，其参数设置值如图 13.5.10 所示。

Step 3　在"切削参数"对话框中单击 余量 选项卡，其参数设置值如图 13.5.11 所示，单击 确定 按钮。

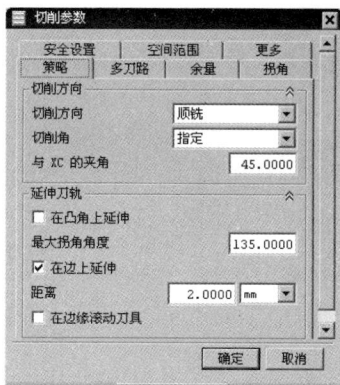

图 13.5.10　"策略"选项卡

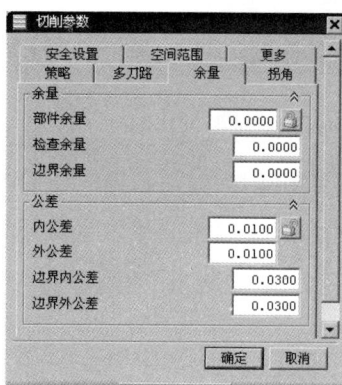

图 13.5.11　"余量"选项卡

Stage5．设置非切削移动参数

Step 1　单击"轮廓区域"对话框中的"非切削移动"按钮，系统弹出"非切削移动"对话框。

Step 2　在"非切削移动"对话框中单击 转移/快速 选项卡，在 区域之间 区域 安全设置选项 下拉列表中选择 自动平面 选项，在 安全距离 文本框中输入 3.0。

Step 3　在"非切削移动"对话框中单击 确定 按钮，返回至"轮廓区域"对话框。

Stage6．设置进给率和速度

Step 1　在"轮廓区域"对话框中单击"进给率和速度"按钮，系统弹出"进给率和速度"对话框。

Step 2　在"进给率和速度"对话框中选中 ☑ 主轴速度 (rpm) 复选框，然后在其文本框中输入值 1600.0，按下回车键，然后单击 按钮；在 切削 文本框中输入值 500.0，按下回车键，然后单击 按钮。

Step 3　单击 确定 按钮，系统返回"轮廓区域"对话框。

Task3．生成刀路轨迹并仿真

生成的刀路轨迹如图 13.5.12 所示，2D 动态仿真加工后的模型如图 13.5.13 所示。

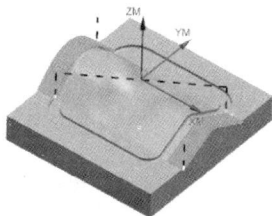

图 13.5.12　刀路轨迹

图 13.5.13　2D 仿真结果

Task4．保存文件

选择下拉菜单 文件(F) ➞ 保存(S) 命令，保存文件。

13.5.3 流线驱动

流线驱动铣削也是一种曲面轮廓铣。创建工序时，需要指定流曲线和交叉曲线来形成网格驱动。加工时刀具沿着曲面的 U-V 方向或是曲面的网格方向进行加工，其中流曲线确定刀具的单个行走路径，交叉曲线确定刀具的行走范围。下面以图 13.5.14 所示的模型为例，讲解通过流线驱动创建固定轴轮廓铣的一般步骤。

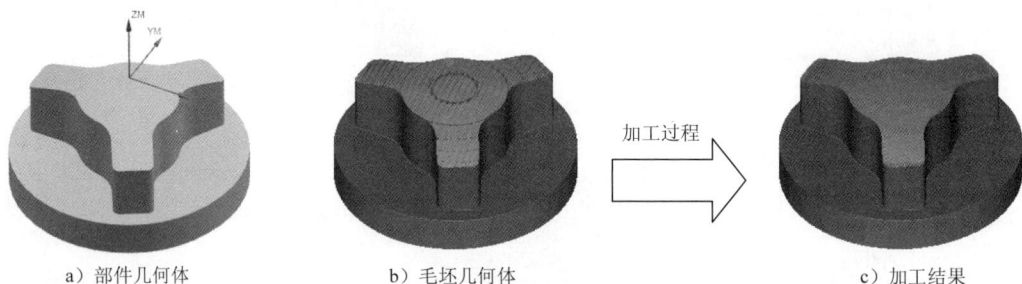

a）部件几何体　　　　　b）毛坯几何体　加工过程　　　　c）加工结果

图 13.5.14　流线驱动

Task1. 打开模型文件并进入加工模块

打开模型文件 D:\ug85nc\work\ch13\ch13.05\ch13.05.03\streamline.prt，系统进入加工环境。

Task2. 创建流线驱动铣操作

Stage1. 创建工序

Step 1 选择下拉菜单 插入(S) ➡ 工序(E)... 命令，系统弹出"创建工序"对话框。

Step 2 在"创建工序"对话框 类型 下拉列表中选择 mill_contour 选项，在 工序子类型 区域中单击"流线"按钮 ，在 程序 下拉列表中选择 PROGRAM 选项，在 刀具 下拉列表中选择 B10 (铣刀-球头铣) 选项，在 几何体 下拉列表中选择 WORKPIECE 选项，在 方法 下拉列表中选择 MILL_FINISH 选项，使用系统默认的名称。

Step 3 单击"创建工序"对话框中的 确定 按钮，系统弹出"流线"对话框。

Stage2. 指定切削区域

在"流线"对话框中单击 按钮，系统弹出"切削区域"对话框，采用系统默认的选项，选取图 13.5.15 所示的切削区域，单击 确定 按钮，系统返回到"流线"对话框。

图 13.5.15　切削区域

Stage3. 设置驱动几何体

Step 1 单击"流线"对话框中 驱动方法 区域 流线 右侧的"编辑"按钮 ，系统弹出图 13.5.16 所示的"流线驱动方法"对话框。

Step 2 单击"流线驱动方法"对话框中 流曲线 区域的 *选择曲线 (0) 按钮，在图形区中选取图

13.5.17 所示的曲线 1，单击鼠标中键确定；然后再选取曲线 2，单击鼠标中键确定。

Step 3 单击"流线驱动方法"对话框中 交叉曲线 区域的 * 选择曲线 ⑴ 按钮，在图形区中选取图 13.5.18 所示的曲线 3，单击鼠标中键确定；然后再选取曲线 4，单击鼠标中键确定，结果如图 13.5.19 所示。

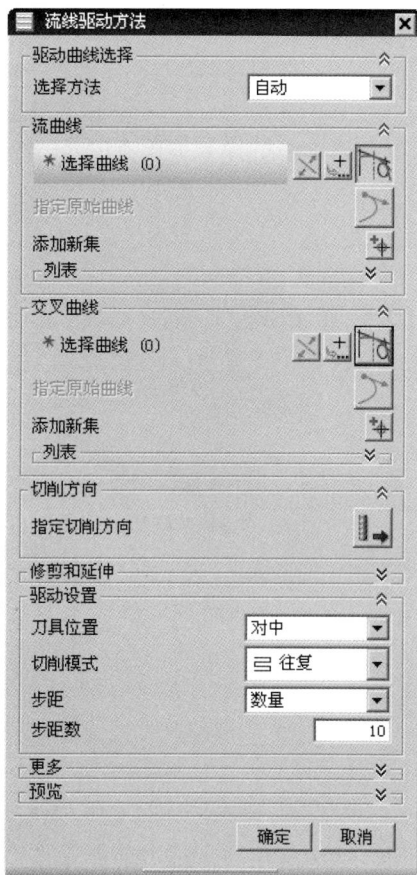

图 13.5.16　"流线驱动方法"对话框

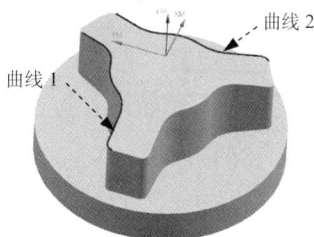

图 13.5.17　选择流曲线

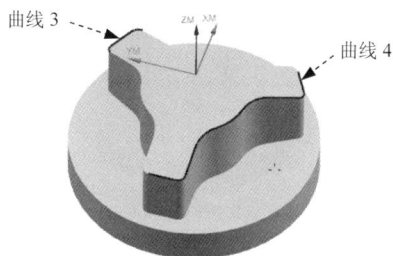

图 13.5.18　选择交叉曲线

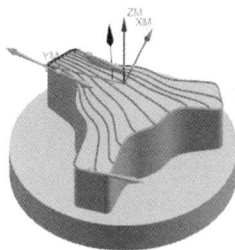

图 13.5.19　生成的流曲线

说明：选取曲线 1 和曲线 2 时，需要靠近相同的一端选取，此时曲线上的箭头方向才会一致。

Step 4 在"流线驱动方法"对话框 刀具位置 下拉列表中选择 对中 选项，在 切削模式 下拉列表中选择 往复 选项，在 步距 下拉列表中选择 数量 选项，在 步距数 文本框中输入值 50.0，单击 确定 按钮，系统返回到"流线"对话框。

Stage4. 设置投影矢量和刀轴

在"流线"对话框 投影矢量 区域的 矢量 下拉菜单中选择 刀轴 选项，在 刀轴 区域的 轴 下拉列表中选择 +ZM 轴 选项。

Stage5. 设置进给率和速度

Step 1 单击"流线"对话框中的"进给率和速度"按钮 ⊞，系统弹出"进给率和速度"对话框。

Step 2 在"进给率和速度"对话框中选中 ☑ 主轴速度 (rpm) 复选框，然后在其文本框中输入值 1800.0，按下回车键，然后单击 ⊟ 按钮，在 切削 文本框中输入值 400.0，按下回车键，然后单击 ⊟ 按钮，其他选项采用系统默认参数设置值。

Step 3 单击 确定 按钮，系统返回"流线"对话框。

Task3. 生成刀路轨迹并仿真

生成的刀路轨迹如图 13.5.20 所示，2D 动态仿真加工后的模型如图 13.5.21 所示。

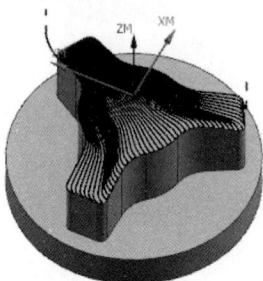

图 13.5.20　刀路轨迹

图 13.5.21　2D 仿真结果

Task4. 保存文件

选择下拉菜单 文件(F) ➡ 📄 保存(S) 命令，保存文件。

13.6　清根切削

清根一般用于加工零件加工区域的边缘和凹处，以清除这些区域中前面操作未切削的材料。这些材料通常是由于前面操作中刀具直径较大而残留下来的，必须用直径较小的刀具来清除它们。需要注意的是，只有当刀具与零件表面同时有两个接触点时，才能产生清根切削刀轨。在清根切削中，系统会自动根据部件表面的凹角来生成刀轨，主要包括单刀路清根、多刀路清根和清根参考刀具三种方式，下面将分别进行介绍。

13.6.1　单刀路清根

下面以图 13.6.1 所示的模型为例，讲解创建单刀路清根切削的一般步骤。

Task1. 打开模型文件并进入加工模块

打开模型文件 D:\ug85nc\work\ch13\ch13.06\FLOWCUT.prt，系统进入加工环境。

a）部件几何体　　　　　　　　　b）毛坯几何体　　　加工过程　　　　　c）加工结果

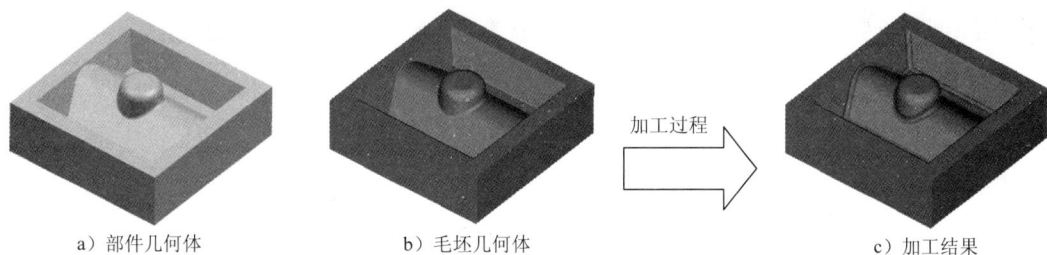

图 13.6.1　单刀路清根

Task2. 创建刀具

Step 1　创建第一把刀具。

（1）选择下拉菜单 插入(S) ➡ 刀具(T)... 命令，系统弹出"创建刀具"对话框。

（2）确定刀具类型。在"创建刀具"对话框 类型 下拉列表中选择 mill_contour 选项，在刀具子类型 区域中单击 BALL_MILL 按钮 ，在 名称 文本框中输入 B8_REF，单击 确定 按钮，系统弹出"铣刀－球头铣"对话框。

（3）在"铣刀－球头铣"对话框中尺寸区域的(D) 球直径 文本框中输入值 8.0，在编号区域刀具号、补偿寄存器 和 刀具补偿寄存器 文本框中分别输入 1，单击 确定 按钮，完成刀具的创建。

Step 2　创建第二把刀具。

参照 Step1 的操作，将刀具命名为 B4，直径为 4.0，编号为 2。

Step 3　创建第三把刀具。

参照 Step1 操作，将刀具命名为 B2，直径为 2.0，编号为 3。

Task3. 创建几何体 1

Stage1. 创建机床坐标系和安全平面

Step 1　进入几何体视图。在工序导航器中右击，在快捷菜单中选择 几何视图 命令，双击节点 MCS_MILL，系统弹出"MCS 铣削"对话框。

Step 2　创建机床坐标系。在"MCS 铣削"对话框 机床坐标系 区域中单击"CSYS 对话框"按钮 ，在系统弹出的 CSYS 对话框 类型 下拉列表中选择 动态 选项。

Step 3　选取图 13.6.2 所示的点作为参考点，然后在 CSYS 对话框中单击 确定 按钮，完成图 13.6.3 所示的机床坐标系的创建。

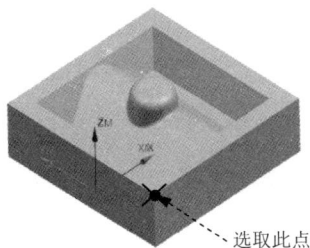

图 13.6.2　选取参考点　　　　　　　　　图 13.6.3　创建机床坐标系

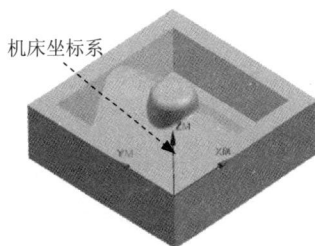

Step 4 创建安全平面。在 安全设置 区域的 安全设置选项 下拉列表中选择 自动平面 选项，然后在 安全距离 文本框中输入 10.0，在"MCS 铣削"对话框中单击 确定 按钮。

Stage2．创建部件几何体

Step 1 在工序导航器中单击 MCS_MILL 节点前的"+"，双击节点 WORKPIECE，系统弹出"工件"对话框。

Step 2 选取部件几何体，在"工件"对话框中单击 按钮，系统弹出"部件几何体"对话框，在图形区选取整个零件实体为部件几何体。在"部件几何体"对话框中单击 确定 按钮，完成部件几何体的创建，同时系统返回到"工件"对话框。

Stage3．创建毛坯几何体

Step 1 在"工件"对话框中单击 按钮，系统弹出"毛坯几何体"对话框。

Step 2 确定毛坯几何体。在"毛坯几何体"对话框 类型 下拉列表中选择 部件的偏置 选项，在 偏置 文本框中输入值 0.2，单击 确定 按钮，然后单击"工件"对话框中的 确定 按钮，完成毛坯几何体的定义。

Task4．创建几何体 2

Step 1 复制几何。在几何体视图区域右击 WORKPIECE 选项，然后在弹出的快捷菜单中选择 复制 命令。

Step 2 粘贴几何。在几何体视图区域右击 WORKPIECE 选项，然后在弹出的快捷菜单中选择 粘贴 命令，此时会在 MCS_MILL 节点下出现一个新的几何体 WORKPIECE_COPY。

说明：这里复制多个工件是为了在 2D 模拟时方便对比刀路。

Task5．创建几何体 3

在几何体视图区域右击 WORKPIECE_COPY 选项，然后在弹出的快捷菜单中选择 粘贴 命令，此时会在 MCS_MILL 节点下出现一个新的几何体 WORKPIECE_COPY_1。

Task6．创建单刀路清根操作

Stage1．创建工序

Step 1 选择下拉菜单 插入(S) ➡ 工序(E)... 命令，系统弹出"创建工序"对话框。

Step 2 确定加工方法。在"创建工序"对话框 类型 下拉列表中选择 mill_contour 选项，在 工序子类型 区域中选择"单刀路清根"按钮 ，在 程序 下拉列表中选择 PROGRAM 选项，在 刀具 下拉列表中选择 B4 (铣刀-球头铣) 选项，在 几何体 下拉列表中选择 WORKPIECE 选项，在 方法 下拉列表中选择 MILL_FINISH 选项，单击 确定 按钮，系统弹出"单刀路清根"对话框。

Stage2．设置切削参数

Step 1 单击"单刀路清根"对话框中的"切削参数"按钮 🔲，系统弹出"切削参数"对话框。

Step 2 在"切削参数"对话框中单击 策略 选项卡，在 切削方向 区域的 切削方向 下拉列表中选择混合选项，其他参数设置采用默认。

Step 3 单击 确定 按钮，系统返回到"单刀路清根"对话框。

Stage3．设置进给率和速度

Step 1 单击"单刀路清根"对话框中的"进给率和速度"按钮 ⬆，系统弹出"进给率和速度"对话框。

Step 2 在"进给率和速度"对话框中选中 ☑ 主轴速度 (rpm) 复选框，然后在其文本框中输入值 4500.0，按下回车键，然后单击 按钮，在 切削 文本框中输入值 600.0，按下回车键，然后单击 按钮，其他选项均采用系统默认的参数设置值。

Step 3 单击"进给率和速度"对话框中的 确定 按钮，系统返回到"单刀路清根"对话框。

Task7．生成刀路轨迹并仿真

生成的刀路轨迹如图 13.6.4 所示，2D 动态仿真加工后的零件模型如图 13.6.5 所示。

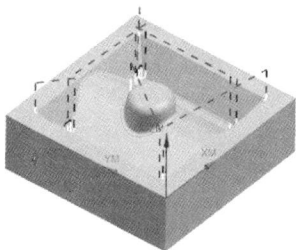

图 13.6.4　刀路轨迹

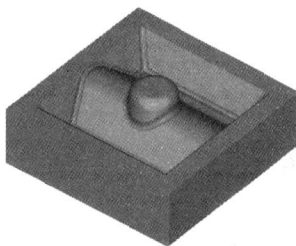

图 13.6.5　2D 仿真结果

13.6.2　多刀路清根

下面继续以上面的模型操作为例，讲解创建多刀路清根切削的一般步骤。

Task1．创建多刀路清根操作

Stage1．创建工序

Step 1 选择下拉菜单 插入(S) ➡ 工序(E)... 命令，系统弹出"创建工序"对话框。

Step 2 确定加工方法。在"创建工序"对话框 类型 下拉列表中选择mill_contour选项，在工序子类型 区域中选择"多刀路清根"按钮 🔳，在 程序 下拉列表中选择PROGRAM选项，在 刀具 下拉列表中选择B2 (铣刀-球头铣)选项，在 几何体 下拉列表中选择WORKPIECE_COPY选项，在 方法 下拉列表中选择MILL_FINISH选项，单击 确定 按钮，系统弹出"多刀路清根"对话框。

Stage2. 设置驱动参数

在"多刀路清根"对话框 驱动设置 区域的 非陡峭切削模式 下拉列表中选择 往复 选项，在 步距 文本框中输入 0.2，在 每侧步距数 文本框中输入 3，在 顺序 下拉列表中选择 先陡 选项，其他参数设置采用默认。

Stage3. 设置非切削移动参数

Step **1** 单击"多刀路清根"对话框中的"非切削移动"按钮 ▨ ，系统弹出"非切削移动"对话框。

Step **2** 单击"非切削移动"对话框中的 进刀 选项卡，在 开放区域 区域的 进刀类型 下拉列表中选择 圆弧 - 平行于刀轴 选项。

Step **3** 单击"非切削移动"对话框中的 确定 按钮，完成非切削移动参数的设置。

Stage4. 设置进给率和速度

Step **1** 单击"多刀路清根"对话框中的"进给率和速度"按钮 ⊕，系统弹出"进给率和速度"对话框。

Step **2** 在"进给率和速度"对话框中选中 ☑ 主轴速度 (rpm) 复选框，然后在其文本框中输入值 8500.0，按下回车键，然后单击 🗐 按钮，在 切削 文本框中输入值 1000.0，按下回车键，然后单击 🗐 按钮，其他选项均采用系统默认的参数设置值。

Step **3** 单击"进给率和速度"对话框中的 确定 按钮，系统返回到"多刀路清根"对话框。

Task2. 生成刀路轨迹并仿真

生成的刀路轨迹如图 13.6.6 所示，2D 动态仿真加工后的零件模型如图 13.6.7 所示。

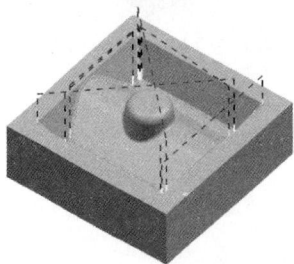

图 13.6.6 刀路轨迹

图 13.6.7 2D 仿真结果

13.6.3 清根参考刀具

清根参考刀具通过设定合适的参考刀具，由系统自动计算各个凹部或拐角处的余料多少，依此使用更小的刀具来创建清理刀轨。下面继续以上面的模型操作为例，讲解创建清根参考刀具的一般步骤。

Task1. 创建清根参考刀具操作

Stage1. 创建工序

Step **1** 选择下拉菜单 插入(S) ➡ 工序(E)... 命令，系统弹出"创建工序"对话框。

Step **2** 确定加工方法。在"创建工序"对话框 类型 下拉列表中选择 mill_contour 选项，在 工序子类型 区域中选择"清根参考刀具"按钮 👋，在 程序 下拉列表中选择 PROGRAM 选项，在 刀具 下拉列表中选择 B2 (铣刀-球头铣) 选项，在 几何体 下拉列表中选择 WORKPIECE_COPY_1 选项，在 方法 下拉列表中选择 MILL_FINISH 选项，单击 确定 按钮，系统弹出"清根参考刀具"对话框。

Stage2. 设置驱动方法

Step **1** 在"清根参考刀具"对话框 驱动方法 区域 方法 的右侧单击 🔧 按钮，系统弹出"清根驱动方法"对话框。

Step **2** 在"清根驱动方法"对话框 非陡峭切削 区域的 顺序 下拉列表中选择 先陡 选项。

Step **3** 在"清根驱动方法"对话框 参考刀具 区域的 参考刀具 下拉列表中选择 B8_REF (铣刀-球头铣) 选项。

Step **4** 单击"清根驱动方法"对话框中的 确定 按钮，系统返回至"清根参考刀具"对话框。

Stage3. 设置非切削移动参数

Step **1** 单击"清根参考刀具"对话框中的"非切削移动"按钮 🗂，系统弹出"非切削移动"对话框。

Step **2** 单击"非切削移动"对话框中的 进刀 选项卡，在 开放区域 区域的 进刀类型 下拉列表中选择 圆弧 - 平行于刀轴 选项。

Step **3** 单击"非切削移动"对话框中的 确定 按钮，完成非切削移动参数的设置。

Stage4. 设置进给率和速度

Step **1** 单击"多刀路清根"对话框中的"进给率和速度"按钮 🐾，系统弹出"进给率和速度"对话框。

Step **2** 在"进给率和速度"对话框中选中 ☑ 主轴速度 (rpm) 复选框，然后在其文本框中输入值 8500.0，按下回车键，然后单击 🔒 按钮，在 切削 文本框中输入值 1000.0，按下回车键，然后单击 🔒 按钮，其他选项均采用系统默认的参数设置值。

Step **3** 单击"进给率和速度"对话框中的 确定 按钮，系统返回到"清根参考刀具"对话框。

Task2. 生成刀路轨迹并仿真

生成的刀路轨迹如图 13.6.8 所示，2D 动态仿真加工后的零件模型如图 13.6.9 所示。

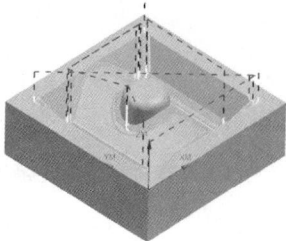

图 13.6.8　刀路轨迹　　　　　　　　图 13.6.9　2D 仿真结果

Task3. 保存文件

选择下拉菜单 文件(F) ➡ 保存(S) 命令，保存文件。

13.7　3D 轮廓加工

3D 轮廓加工是一种特殊的三维轮廓铣削，常用于修边，它的切削路径取决于模型中的边或曲线。刀具到达指定的边或曲线时，通过设置刀具在 ZC 方向的偏置来确定加工深度。下面以图 13.7.1 所示的模型为例，来讲解创建 3D 轮廓加工操作的一般步骤。

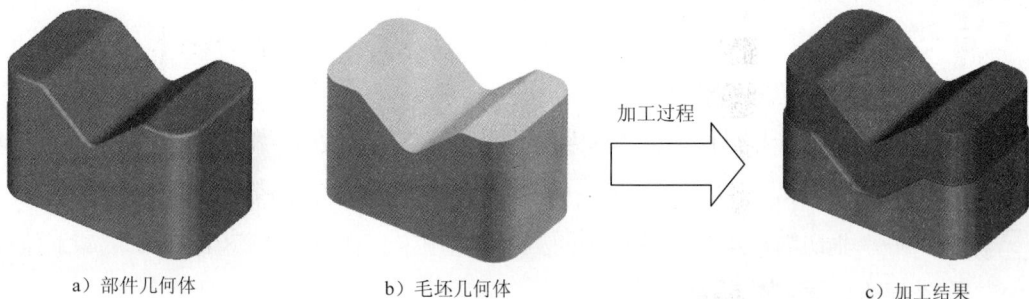

a）部件几何体　　　　b）毛坯几何体　　　　　　　c）加工结果

图 13.7.1　3D 轮廓加工

Task1. 打开模型文件并进入加工模块

打开模型文件 D:\ug85nc\work\ch13\ch13.07\profile_3d.prt。

Step 1　进入加工环境。选择下拉菜单 开始 ➡ 加工(N)... 命令，系统弹出"加工环境"对话框，在此对话框 要创建的 CAM 设置 列表框中选择 mill_contour 选项，然后单击 确定 按钮，进入加工环境。

Task2. 创建几何体

Stage1. 创建机床坐标系

Step 1　进入几何视图。在工序导航器的空白处右击，在系统弹出的快捷菜单中选择 几何视图 命令，在工序导航器中双击节点 MCS_MILL，系统弹出"MCS 铣削"对话框。

Step 2 在 "MCS 铣削" 对话框机床坐标系区域中单击 "CSYS 对话框" 按钮 ，系统弹出
CSYS 对话框，确认在类型下拉列表中选择 动态 选项。

Step 3 单击 CSYS 对话框操控器区域中的 按钮，系统弹出 "点" 对话框，在 "点" 对话框
的参考下拉列表中选择WCS选项，然后在 XC 文本框中输入值 0.0，在 YC 文本框中输入
值 0.0，在 ZC 文本框中输入值 12.5，单击 确定 按钮，此时系统返回至 CSYS 对话框，
单击 确定 按钮，完成机床坐标系的创建，系统返回到 "MCS 铣削" 对话框。

Stage2．创建安全平面

Step 1 在安全设置区域安全设置选项下拉列表中选择自动平面选项，然后在安全距离文本框中
输入 10.0。

Step 2 单击 "MCS 铣削" 对话框中 确定 按钮。

Stage3．创建部件几何体

Step 1 在工序导航器中单击 MCS_MILL 节点前的 "+"，双击节点 WORKPIECE，系统弹
出 "工件" 对话框。

Step 2 选取部件几何体，在 "工件" 对话框中单击 按钮，系统弹出 "部件几何体" 对
话框，在图形区选取整个零件实体为部件几何体。在 "部件几何体" 对话框中
单击 确定 按钮，完成部件几何体的创建，同时系统返回到 "工件" 对话框。

Stage4．创建毛坯几何体

Step 1 在 "工件" 对话框中单击 按钮，系统弹出 "毛坯几何体" 对话框。

Step 2 确定毛坯几何体。在 "毛坯几何体" 对话框类型下拉列表中选择 部件的偏置 选项，
在偏置文本框中输入值 0.5，然后单击 "工件" 对话框中的 确定 按钮，完成毛
坯几何体的定义。

Task3．创建刀具

Step 1 选择下拉菜单插入(S) ➡ 刀具(T)...命令，系统弹出 "创建刀具" 对话框。

Step 2 在 "创建刀具" 对话框类型下拉列表中选择mill_contour选项，在刀具子类型区域中选
择 MILL 按钮 ，在名称文本框中输入 D5，单击 确定 按钮，系统弹出 "铣刀
-5 参数" 对话框。

Step 3 设置刀具参数。在 "铣刀-5 参数" 对话框(D) 直径文本框中输入值 5.0，在编号区
域刀具号、补偿寄存器和刀具补偿寄存器文本框中分别输入 1，单击 确定 按钮，完成
刀具的创建。

Task4．创建 3D 轮廓加工操作

Stage1．创建工序

Step 1 选择下拉菜单插入(S) ➡ 工序(E)...命令，系统弹出 "创建工序" 对话框。

Step 2 确定加工方法。在"创建工序"对话框 类型 下拉列表中选择 mill_contour 选项，在 工序子类型 区域中单击"轮廓 3D"按钮 ，在 刀具 下拉列表中选择 D5（铣刀-5 参数）选项，在 几何体 下拉列表中选择 WORKPIECE 选项，在 方法 下拉列表中选择 MILL_FINISH 选项，单击 确定 按钮，系统弹出图 13.7.2 所示的"轮廓 3D"对话框。

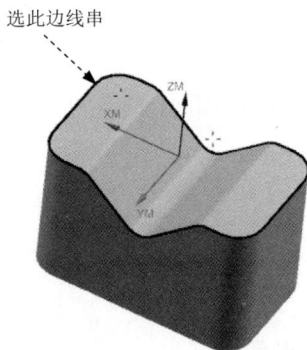

Stage2．指定部件边界

Step 1 单击"轮廓 3D"对话框中的"指定部件边界"右侧的 按钮，系统弹出"边界几何体"对话框。

Step 2 在"边界几何体"对话框 模式 下拉列表中选择 曲线/边... 选项，系统弹出"创建边界"对话框；在 材料侧 下拉列表中选择 内部 选项，其余参数采用默认设置，在模型中选取图 13.7.3 所示的边线串为边界，单击 创建下一个边界 按钮，然后单击 确定 按钮，返回到"边界几何体"对话框。

Step 3 单击"边界几何体"对话框中的 确定 按钮，返回到"轮廓 3D"对话框。

Stage3．设置深度偏置

在"轮廓 3D"对话框 部件余量 文本框中输入值 0.0，在 Z-深度偏置 文本框中输入值 10.0。

Stage4．设置切削参数

Step 1 单击"轮廓 3D"对话框中的"切削参数"按钮 ，系统弹出"切削参数"对话框。

Step 2 单击"切削参数"对话框中的 多刀路 选项卡，其参数设置值如图 13.7.4 所示。

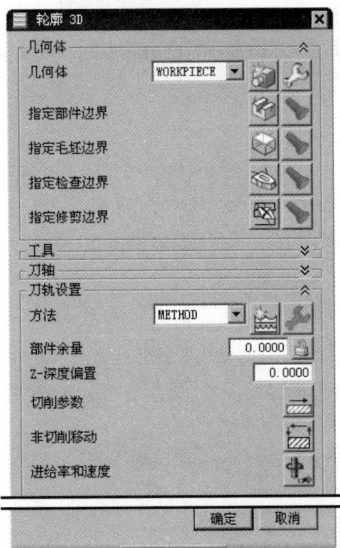

图 13.7.2 "轮廓 3D"对话框　　图 13.7.3 指定边界曲线　　图 13.7.4 "多刀路"选项卡

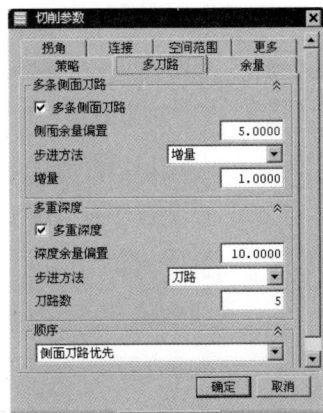

Step 3 单击"切削参数"对话框中的 余量 选项卡，在 公差 区域 内公差 和 外公差 文本框中均

输入 0.01。单击"切削参数"对话框中的 **确定** 按钮，系统返回到"轮廓 3D"
对话框。

Stage5．设置非切削移动参数

Step 1 单击"轮廓 3D"对话框中的"非切削移动"按钮🔲，系统弹出"非切削移动"
对话框。

Step 2 单击"非切削移动"对话框中的 **起点/钻点** 选项卡，在 **重叠距离** 区域的 **重叠距离** 文本
框中输入 2.0。

Step 3 单击"非切削移动"对话框中的 **转移/快速** 选项卡，在 **区域内** 的 **转移类型** 下拉列表中
选择 **前一平面** 选项。

Step 4 单击"非切削移动"对话框中的 **确定** 按钮，完成非切削移动参数的设置。

Stage6．设置进给率和速度

Step 1 单击"轮廓 3D"对话框中的"进给率和速度"按钮🔲，系统弹出"进给率和速度"
对话框。

Step 2 在"进给率和速度"对话框中选中 ☑ **主轴速度 (rpm)** 复选框，然后在其文本框中输
入值 2000.0，按下回车键，然后单击🔲按钮，在 **切削** 文本框中输入值 500.0，按
下回车键，然后单击🔲按钮，其他参数采用系统默
认设置值。

Step 3 单击"进给率和速度"对话框中的 **确定** 按钮，
完成进给率和速度的设置，系统返回到"轮廓 3D"
对话框。

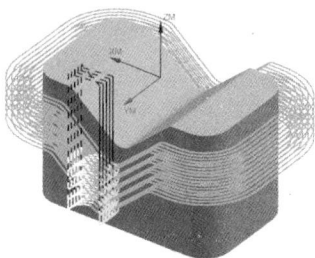

图 13.7.5 刀路轨迹

Task5．生成刀路轨迹并仿真

生成的刀路轨迹如图 13.7.5 所示，2D 动态仿真加工后
的零件模型如图 13.7.6 所示。

Task6．保存文件

选择下拉菜单 **文件(F)** ➡ **保存(S)** 命令，保存文件。

图 13.7.6 2D 仿真结果

13.8 刻字

在很多情况下，需要在产品的表面上雕刻零件信息和标识，即刻字。UG NX 8.5 中的
刻字操作提供了这个功能，它使用制图模块中注释编辑器定义的文字，来生成刀路轨迹。
创建刻字操作应注意，如果加入的字是实心的，那么一个笔画可能是由好几条线组成的一
个封闭的区域，这时候如果刀尖半径很小，那么这些封闭的区域很可能不被完全切掉。下

面以图 13.8.1 所示的模型为例，讲解创建刻字铣削的一般步骤。

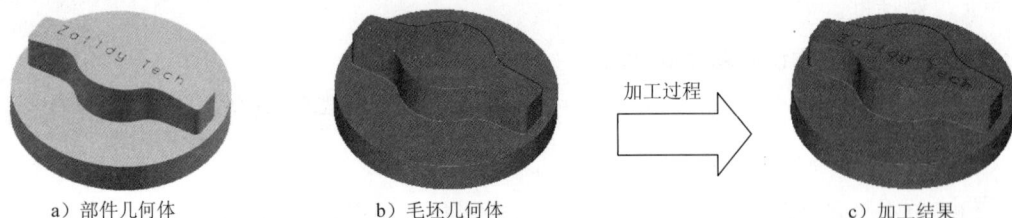

a）部件几何体　　　　　　b）毛坯几何体　　加工过程　　　　c）加工结果

图 13.8.1　刻字

Task1. 打开模型文件并进入加工模块

打开模型文件 D:\ug85nc\work\ch13\ch13.08\text.prt，系统进入加工环境。

Task2. 创建文本

Step 1　调整视图方位。将视图调整至俯视图的状态。

Step 2　选择下拉菜单 插入(S) ➝ A 注释(N)... 命令，弹出"注释"对话框。

Step 3　在"注释"对话框的文字输入区中清除已有文字，然后输入文字"Zalldy Tech"。

Step 4　确认"注释"对话框中的 指定位置 被激活，单击"原点工具"按钮 A，在弹出的"原点工具"对话框中单击 按钮，然后在 原点位置 下拉列表中选择 选项，系统弹出"点"对话框。

Step 5　在"点"对话框 偏置 区域的 偏置选项 下拉列表中选择 直角坐标系 选项，然后在 Z 增量 文本框中输入 25.0，单击 确定 按钮。

Step 6　在"注释"对话框中单击 关闭 按钮，完成文本的创建，结果如图 13.8.2 所示。

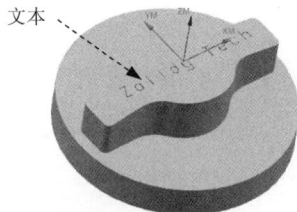

图 13.8.2　创建文本

Task3. 创建刀具

Step 1　选择下拉菜单 插入(S) ➝ 刀具(T)... 命令，系统弹出"创建刀具"对话框。

Step 2　设置刀具类型和参数。在"创建刀具"对话框 类型 下拉列表中选择 mill_contour 选项，在 刀具子类型 区域中单击 BALL_MILL 按钮，在 名称 文本框中输入刀具名称 B1，单击 确定 按钮，系统弹出"铣刀－球头铣"对话框。

Step 3　在对话框中尺寸区域的 (D) 球直径 文本框中输入值 1.0，在 (B) 锥角 文本框中输入值 5.0，其他参数采用系统默认的设置值，设置完成后单击 确定 按钮，完成刀具的创建。

Task4. 创建刻字操作

Stage1. 创建工序

Step 1　选择下拉菜单 插入(S) ➝ 工序(E)... 命令，系统弹出"创建工序"对话框。

Step 2 确定加工方法。在"创建工序"对话框 类型 下拉列表中选择 mill_contour 选项，在 工序子类型 区域中单击"轮廓文本"按钮 ⭐A，在 程序 下拉列表中选择 PROGRAM 选项，在 刀具 下拉列表中选择 B1 (铣刀-球头铣) 选项，在 几何体 下拉列表中选择 WORKPIECE 选项，在 方法 下拉列表中选择 MILL_FINISH 选项，单击 确定 按钮，系统弹出图 13.8.3 所示的"轮廓文本"对话框。

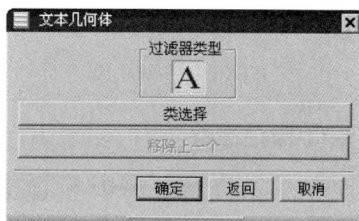

Stage2. 指定制图文本

Step 1 在"轮廓文本"对话框中单击 指定制图文本 右侧的 A 按钮，系统弹出图 13.8.4 所示的"文本几何体"对话框。

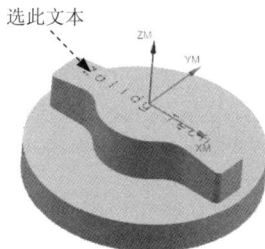

Step 2 在图形区中选取图 13.8.5 所示的文本，单击 确定 按钮返回到"轮廓文本"对话框。

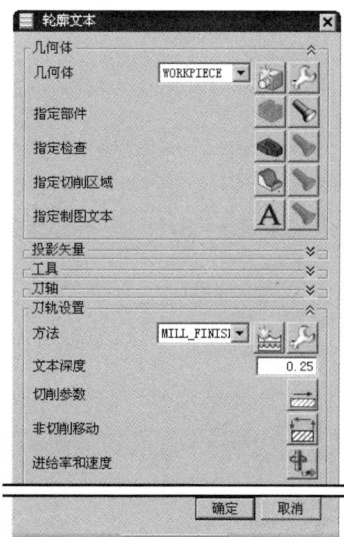

图 13.8.3 "轮廓文本"对话框

图 13.8.4 "文本几何体"对话框

图 13.8.5 选取制图文本

Step 3 设置文本深度。在"轮廓文本"对话框的 文本深度 文本框中输入值 0.4。

Stage3. 设置切削参数

Step 1 单击"轮廓文本"对话框中的"切削参数"按钮 ⇄，系统弹出"切削参数"对话框。

Step 2 在"切削参数"对话框中单击 多刀路 选项卡，其参数设置值如图 13.8.6 所示，单击 确定 按钮。

图 13.8.6 "多刀路"选项卡

Stage4. 设置进给率和速度

Step 1 在"轮廓文本"对话框中单击"进给率和速度"按钮 ♣，系统弹出"进给率和速度"对话框。

Step 2 在"进给率和速度"对话框中选中 ☑ 主轴速度 (rpm) 复选框，然后在其文本框中输

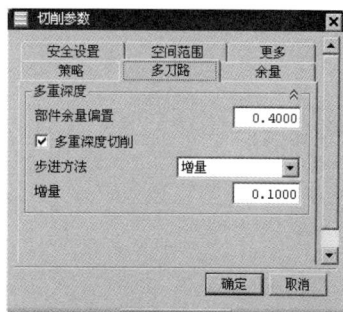

入值 15000，按下回车键，然后单击 ▤ 按钮。

Step 3　在 切削 文本框中输入值 1000.0，按下回车键，然后单击 ▤ 按钮，其他选项均采用系统默认设置值。

Step 4　单击 确定 按钮，完成进给率和速度的设置，系统返回到"轮廓文本"对话框。

Task5.　生成刀路轨迹并仿真

生成的刀路轨迹如图 13.8.7 所示，2D 动态仿真加工后的零件模型如图 13.8.8 所示。

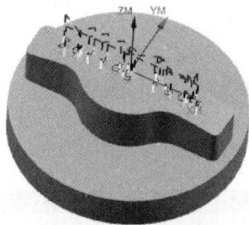

图 13.8.7　刀路轨迹

图 13.8.8　2D 仿真结果

Task6.　保存文件

选择下拉菜单 文件(F) ➡ ▤ 保存(S) 命令，保存文件。

14

多轴加工

14.1　概述

　　多轴加工也称为可变轴加工，是在切削加工中，加工轴矢量不断变化的一种加工方式。本章通过典型的应用讲解了 UG NX 中多轴加工的一般流程及操作方法，读者从中不仅可以领会 UG NX 中多轴加工的方法，并可学习到多轴加工的基本概念。

　　多轴加工是指使用运动轴数为四轴或五轴以上的机床进行的数控加工，具有加工结构复杂，控制精度高，加工程序复杂等特点。多轴加工适用于加工复杂的曲面、斜轮廓以及不同平面上的孔系等。由于在加工过程中刀具与工件的位置是可以随时调整的，刀具与工件能达到最佳切削状态，从而提高机床加工效率。多轴加工能够提高复杂机械零件的加工精度，因此，它在制造业中发挥着重要的作用。在多轴加工中，五轴加工应用范围最为广泛，所谓五轴加工是指在一台机床上至少有五个运动轴（三个直线轴和两个旋转轴），而且可在计算机数控系统（CNC）的控制下协调运动进行加工。五轴联动数控技术对工业制造特别是对航空、航天、军事工业有重要影响，由于其特殊的地位，国际上把五轴联动数控技术作为衡量一个国家生产设备自动化水平的标志。

14.2　多轴加工的子类型

　　进入加工环境后，选择下拉菜单 插入(S) ➡ 工序(E)... 命令，系统弹出"创建工序"对话框。在"创建工序"对话框 类型 下拉列表框中选择 mill_multi-axis 选项，系统显示多轴加工操作的 6 种操作子类型，如图 14.2.1 所示。

　　图 14.2.1 所示的"创建工序"对话框中各按钮的说明如下：

- A1 ✎ （ VARIABLE_CONTOUR ）：可变轮廓铣。

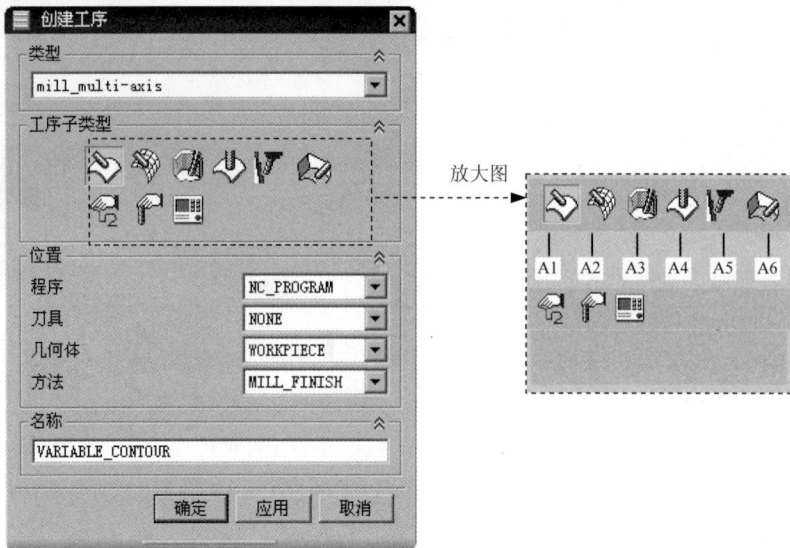

图 14.2.1   "创建工序"对话框

- A2 （VARIABLE_STREAMLINE）：可变流线铣。
- A3 （CONTOUR_PROFILE）：外形轮廓铣。
- A4 （FIXED_CONTOUR）：固定轴轮廓铣。
- A5 （ZLEVEL_5AXIS）：深度加工 5 轴铣。
- A6 （SEQUENTIAL_MILL）：顺序铣。

14.3   可变轴轮廓铣

可变轴轮廓铣可以精确地控制刀轴和投影矢量，使刀具沿着非常复杂的曲面运动。其中刀轴的方向是指刀具的中心指向夹持器的矢量方向，它可以通过输入坐标值、指定几何体、设置刀轴与零件表面的法向矢量的关系，或设置刀轴与驱动面法向矢量的关系来确定。

下面以图 14.3.1 所示的模型来说明创建可变轴轮廓铣操作的一般步骤。

a）毛坯几何体   加工过程   b）加工结果

图 14.3.1   可变轴轮廓铣

Task1. 打开模型文件并进入加工模块

Step 1   打开模型文件 D:\ug85nc\work\ch14\ch14.03\VARIABLE_CONTOUR.prt。

Step **2**　进入加工环境。选择下拉菜单 🐢 开始▾ ━━━➡ ⌨ 加工(N)... 命令，在系统弹出的"加工环境"对话框 要创建的 CAM 设置 列表框中选择 mill_multi-axis 选项，然后单击 确定 按钮，进入多轴加工环境。

Task2. 创建几何体

Stage1. 创建机床坐标系和安全平面

Step **1**　进入几何视图。在工序导航器的空白处右击，在系统弹出的快捷菜单中选择 🔖 几何视图 命令，在工序导航器中双击节点 ⊞ 🔩 MCS，系统弹出 MCS 对话框。

Step **2**　创建机床坐标系。

（1）在 MCS 对话框的 机床坐标系 区域中单击"CSYS 对话框"按钮 🔩，系统弹出 CSYS 对话框，在 类型 下拉列表中选择 ↕ 动态 选项。

（2）然后在图形区 Z 的文本框中输入–175，单击 确定 按钮，此时系统返回至 MCS 对话框，结果如图 14.3.2 所示。

Step **3**　创建安全平面。在 MCS 对话框 安全设置 区域 安全设置选项 下拉列表中选择 自动平面 选项，然后在 安全距离 文本框中输入值 30.0，单击 MCS 对话框中的 确定 按钮，完成安全平面的创建。

Stage2. 创建毛坯几何体

Step **1**　在工序导航器中双击 🔩 MCS 节点下的 🔘 WORKPIECE ，系统弹出"工件"对话框。

Step **2**　在"工件"对话框中单击 🗂 按钮，系统弹出"部件几何体"对话框。在图形区选取图 14.3.3 所示的几何体为部件几何体，单击 确定 按钮。

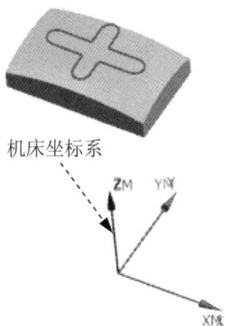

机床坐标系

选取此几何体

图 14.3.2　创建机床坐标系　　　　图 14.3.3　部件/毛坯几何体

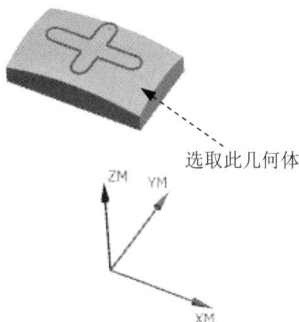

Step **3**　在"工件"对话框中单击 🔷 按钮，系统弹出"毛坯几何体"对话框。在"毛坯几何体"对话框的 类型 下拉列表中选择 ⬛ 几何体 选项，在图形区选取图 14.3.3 所示的几何体为毛坯几何体。

Step **4**　单击"毛坯几何体"对话框中的 确定 按钮，然后单击"工件"对话框中的 确定 按钮。

Task3. 创建刀具

Step 1 选择下拉菜单 插入(S) ➡ 🔧 刀具(T)... 命令，系统弹出"创建刀具"对话框。

Step 2 确定刀具类型。在"创建刀具"对话框 类型 下拉列表中选择 mill_multi-axis 选项，在 刀具子类型 区域中单击 MILL 按钮 🔧，在 名称 文本框中输入刀具名称 D5R2，单击 确定 按钮，系统弹出"铣刀-5 参数"对话框。

Step 3 设置刀具参数。在"铣刀-5 参数"对话框 尺寸 区域的 (D) 直径 文本框中输入值 5.0，在 (R1) 下半径 文本框中输入 2，在 刀具号 、补偿寄存器 、刀具补偿寄存器 文本框中分别输入 1，其他参数采用系统默认设置值。

Step 4 在"铣刀-5 参数"对话框中单击 确定 按钮，完成刀具的创建。

Task4. 创建工序

Stage1. 插入操作

Step 1 选择下拉菜单 插入(S) ➡ 🔧 工序(E)... 命令，系统弹出"创建工序"对话框。

Step 2 确定加工方法。在"创建工序"对话框的 类型 下拉列表中选择 mill_multi-axis 选项，在 工序子类型 区域中单击"可变轮廓铣"按钮 🔧，在 程序 下拉列表中选择 PROGRAM 选项，在 刀具 下拉列表中选择 D5R2 (铣刀-5 参数) 选项，在 几何体 下拉列表中选择 WORKPIECE 选项，在 方法 下拉列表中选择 MILL_SEMI_FINISH 选项，单击 确定 按钮，系统弹出"可变轮廓铣"对话框，如图 14.3.4 所示。

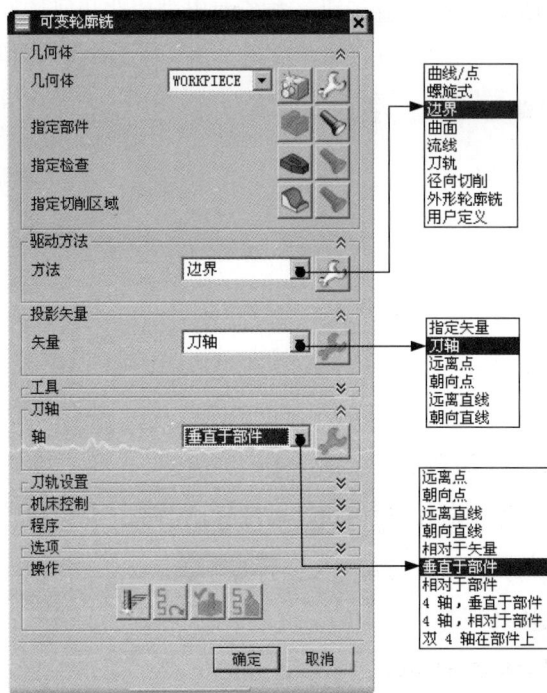

图 14.3.4 "可变轮廓铣"对话框

Stage2. 设置驱动方法

Step 1 在"可变轮廓铣"对话框 驱动方法 区域中的 方法 下拉列表中选择 边界 选项，单击其后的按钮，系统弹出图 14.3.5 所示的"边界驱动方法"对话框。

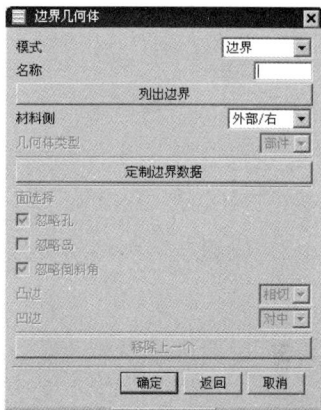

Step 2 在"边界驱动方法"对话框中单击 按钮，系统弹出图 14.3.6 所示的"边界几何体"对话框。

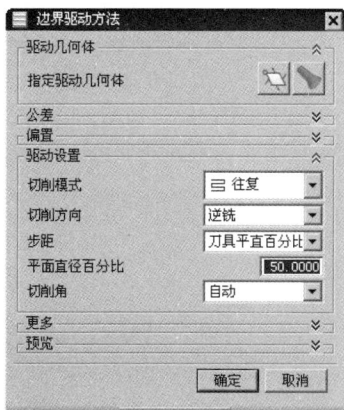

图 14.3.5　"边界驱动方法"对话框　　　图 14.3.6　"边界几何体"对话框

Step 3 在"边界几何体"对话框 模式 右侧的下拉列表中选择 曲线/边... 选项，然后选择图 14.3.7 所示的曲线，然后单击 创建下一个边界 按钮，单击 确定 按钮，完成边界的创建。

说明：为了选择曲线方便，可在"曲线规则"下拉列表中选择"相连曲线"。

图 14.3.7　选取驱动曲线

选取此曲线

Step 4 其他采用系统默认设置值，单击 确定 按钮，系统返回到"边界驱动方法"对话框。

Step 5 设置驱动参数。在 公差 区域 边界内公差 和 边界外公差 文本框中分别输入 0.01；在 驱动设置 区域 切削模式 下拉列表中选择 跟随周边 选项，在 刀路方向 下拉列表中选择 向外 选项，在 平面直径百分比 文本框中输入 20，单击 确定 按钮，系统返回到"可变轮廓铣"对话框。

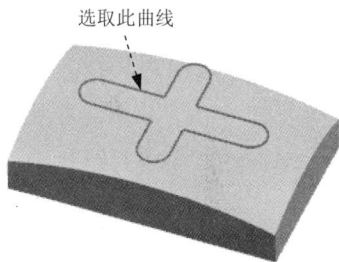

Stage3. 设置刀轴与投影矢量

Step 1 设置刀轴。在"可变轮廓铣"对话框 刀轴 区域的 轴 下拉列表中选择 远离点 选项，然后单击"点对话框"按钮，在系统弹出的"点"对话框的 Z 文本框中输入–175，然后单击 确定 按钮。

Step 2 设置投影矢量。在"可变轮廓铣"对话框 投影矢量 区域的 矢量 下拉列表中选取 刀轴 选项。

Stage4．设置切削参数

Step 1 在"可变轮廓铣"对话框的 刀轨设置 区域中单击"切削参数"按钮 ⇄ ，系统弹出 "切削参数"对话框。

Step 2 在"切削参数"对话框中单击 多刀路 选项卡，在 部件余量偏置 文本框中输入 2，然 后选中 ☑ 多重深度切削 复选框，在 增量 文本框中输入 0.5。

Step 3 在"切削参数"对话框中单击 余量 选项卡，在 余量 区域 部件余量 文本框中输入–2。

Step 4 在"切削参数"对话框中单击 拐角 选项卡，然后在 拐角处进给减速 区域 减速距离 下拉 列表中选择 当前刀具 选项。

Step 5 其他选项卡采用系统默认参数，单击 确定 按钮，完成切削参数的设置，系统 返回到"可变轮廓铣"对话框。

Stage5．设置非切削移动参数

采用系统默认的非切削移动参数。

Stage6．设置进给率和速度

Step 1 单击"可变轮廓铣"对话框中的"进给率和速度"按钮 🔧 ，系统弹出"进给率和 速度"对话框。

Step 2 选中 主轴速度 区域中的 ☑ 主轴速度 (rpm) 复选框，在其后的文本框中输入值 3500.0， 在 进给率 区域的 切削 文本框中输入值 300.0，并单击 📋 按钮，在 进刀 文本框中输 入值 300.0。

Step 3 单击"进给率和速度"对话框中的 确定 按钮。

Task5．生成刀路轨迹并仿真

Step 1 单击"可变轮廓铣"对话框中的"生成"按钮 ⫼ ，在图形区中生成图 14.3.8 所示 的刀路轨迹。

Step 2 在"可变轮廓铣"对话框中单击"确认"按钮 ⫼ ，在系统弹出的"刀轨可视化" 对话框中单击 2D 动态 选项卡，单击"播放"按钮 ▶ ，即可演示刀具按刀轨运行， 完成演示后的结果如图 14.3.9 所示，单击 确定 按钮，完成操作。

图 14.3.8　刀路轨迹　　　　　　　　图 14.3.9　2D 仿真结果

Task6．保存文件

选择下拉菜单 文件(F) ➡ 🖫 保存(S) 命令，保存文件。

14.4 可变轴流线铣

在可变轴加工中，流线铣是比较常见的铣削方式。下面以图 14.4.1 所示的模型来说明创建可变轴流线铣操作的一般步骤。

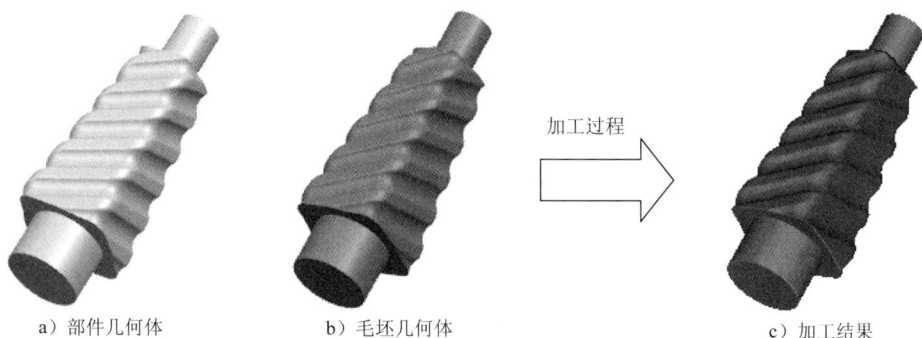

a）部件几何体　　　　b）毛坯几何体　　　　c）加工结果

图 14.4.1　可变轴流线铣

Task1. 打开模型文件并进入加工模块

Step 1　打开模型文件 D:\ug85nc\work\ch14\ch14.04\vc_stream.prt。

Step 2　进入加工环境。选择下拉菜单 开始 ➡ 加工(N)... 命令，在系统弹出的"加工环境"对话框 要创建的 CAM 设置 列表框中选择 mill_multi-axis 选项，然后单击 确定 按钮，进入多轴加工环境。

Task2. 创建几何体

Stage1. 创建机床坐标系和安全平面

Step 1　进入几何视图。在工序导航器的空白处右击，在系统弹出的快捷菜单中选择 几何视图 命令，在工序导航器中双击节点 MCS，系统弹出 MCS 对话框。

Step 2　创建机床坐标系。

（1）在 MCS 对话框 机床坐标系 区域中单击"CSYS 对话框"按钮，系统弹出 CSYS 对话框，在 类型 下拉列表中选择 动态 选项。

（2）拖动图 14.4.2 所示基准坐标系的旋转小球来调整坐标系的方位，如图 14.4.3 所示，单击 确定 按钮，完成机床坐标系的创建，此时系统返回至 MCS 对话框。

说明：在定义机床坐标系时，应保证与实际装夹方位一致，此处以 A 轴为旋转轴。

Step 3　创建安全平面。

（1）在 MCS 对话框 安全设置 区域 安全设置选项 下拉列表中选择 圆柱 选项，单击 按钮，系统弹出"点"对话框。采用默认的原点坐标值，单击 确定 按钮。

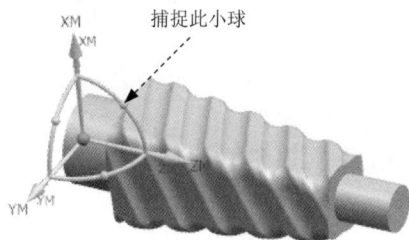

图 14.4.2　定义参照对象　　　　　　　　图 14.4.3　创建机床坐标系

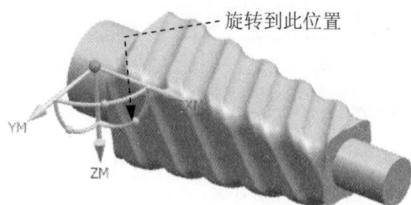

（2）单击 指定矢量 区域将其激活，然后在图形区选取图 14.4.4 所示的矢量方向，在 半径 文本框中输入值 50.0，然后单击 确定 按钮，完成安全平面的创建。

图 14.4.4　定义矢量方向

Stage2.　创建部件几何体

Step 1　在工序导航器中双击 MCS 节点下的 WORKPIECE 节点，系统弹出"工件"对话框。

Step 2　选取部件几何体。在"工件"对话框中单击 按钮，系统弹出"部件几何体"对话框。

Step 3　在图形区选取整个零件实体为部件几何体，单击 确定 按钮，完成部件几何体的创建，同时系统返回到"工件"对话框。

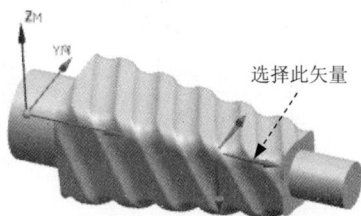

Stage3.　创建毛坯几何体

Step 1　在"工件"对话框中单击 按钮，系统弹出"毛坯几何体"对话框。

Step 2　在"毛坯几何体"对话框的 类型 下拉列表中选择 部件的偏置 选项，在 偏置 文本框中输入值 0.2。

Step 3　单击"毛坯几何体"对话框中的 确定 按钮，然后单击"工件"对话框中的 确定 按钮。

Task3.　创建刀具

Step 1　选择下拉菜单 插入(S) ➞ 刀具(T)... 命令，系统弹出"创建刀具"对话框。

Step 2　确定刀具类型。在"创建刀具"对话框 类型 下拉列表中选择 mill_multi-axis 选项，在 刀具子类型 区域中单击 BALL_MILL 按钮 ，在 名称 文本框中输入刀具名称 B3，单击 确定 按钮，系统弹出"铣刀－球头铣"对话框。

Step 3　设置刀具参数。在"铣刀－球头铣"对话框 尺寸 区域的 (D) 球直径 文本框中输入值 3.0，在 刀具号 、 补偿寄存器 、 刀具补偿寄存器 文本框中分别输入 1，其他参数采用系统默认设置值。

Step 4　在"铣刀－球头铣"对话框中单击 确定 按钮，完成刀具的创建。

Task4. 创建工序

Stage1. 插入工序

Step 1 选择下拉菜单 插入(S) ➞ 工序(E)...命令，系统弹出"创建工序"对话框。

Step 2 确定加工方法。在"创建工序"对话框 类型 下拉列表中选择 mill_multi-axis 选项，在 工序子类型 区域中单击"可变流线铣"按钮 🐚，在 刀具 下拉列表中选择 B3 (铣刀-球头铣) 选项，在 几何体 下拉列表中选择 WORKPIECE 选项，在 方法 下拉列表中选择 MILL_FINISH 选项，单击 确定 按钮，系统弹出"可变流线铣"对话框，如图 14.4.5 所示。

Stage2. 设置驱动方法

Step 1 在"可变流线铣"对话框 驱动方法 区域中单击 🔧 按钮，系统弹出图 14.4.6 所示的"流线驱动方法"对话框。然后选择图 14.4.7a 所示的曲线 1，单击中键，选择图 14.4.7b 所示的曲线 2。

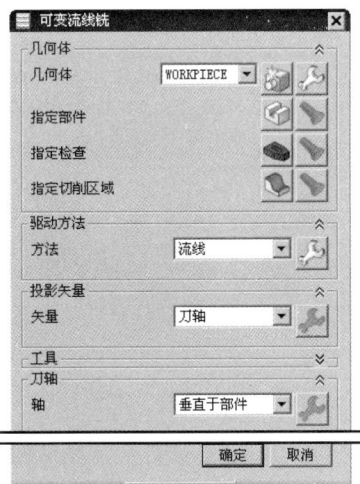

图 14.4.5 "可变流线铣"对话框

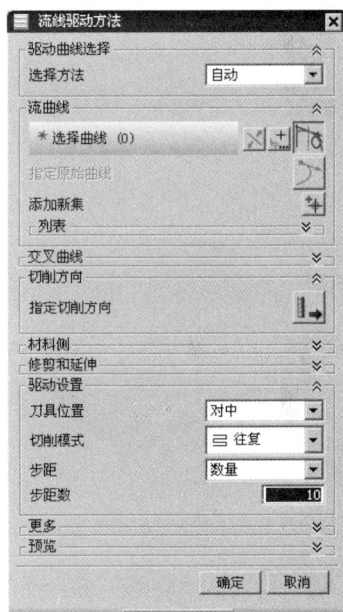

图 14.4.6 "流线驱动方法"对话框

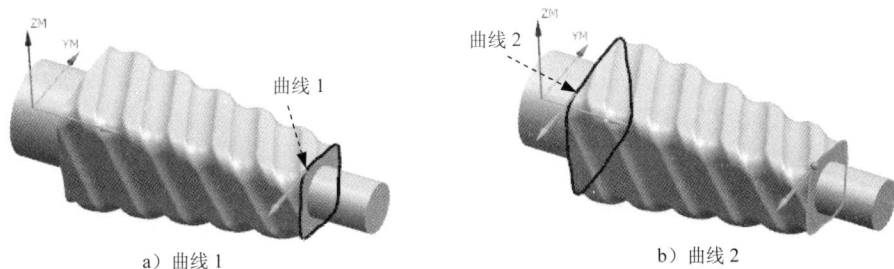

a）曲线 1

b）曲线 2

图 14.4.7 选择驱动流线

Step **2** 查看两条流曲线的方向。如有必要，可以在方向箭头上右击，选择 反向 命令，调整两条流曲线的方向相同。

Step **3** 指定切削方向。在 切削方向 区域中单击"指定切削方向"按钮 ⬛，在图形区中选取图 14.4.8 所示的箭头方向。

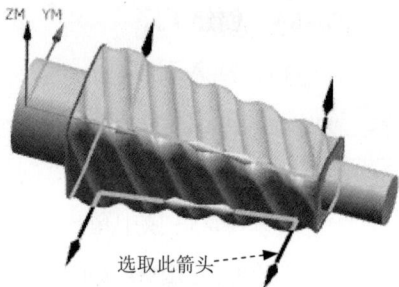

选取此箭头

图 14.4.8 指定切削方向

Step **4** 设置驱动参数。在图 14.4.6 所示的"流线驱动方法"对话框 刀具位置 下拉列表中选择 对中 选项，在 切削模式 下拉列表中选择 螺旋或螺旋式 选项，在 步距 下拉列表中选择 数量 选项，在 步距数 文本框中输入值 100，单击 确定 按钮，系统返回到"可变流线铣"对话框。

图 14.4.5 所示的"可变流线铣"对话框中的 轴 下拉列表各选项说明如下：

注意：轴 下拉列表的选项会根据所选择的驱动方法的不同而有所不同，同时 投影矢量 下拉列表的选项也会有所变化。

● 远离点：选择此选项后，系统弹出"点"对话框，可以通过"点"对话框创建一个聚焦点，所有刀轴矢量均以该点为起点并指向刀具夹持器，如图 14.4.9、图 14.4.10 所示。参考文件路径：D:\ug85nc\work\ch14\ch14.04\point_from.prt。

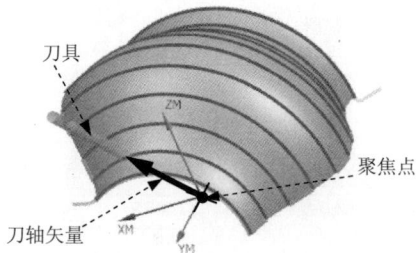

图 14.4.9 "远离点"刀轴矢量（一）

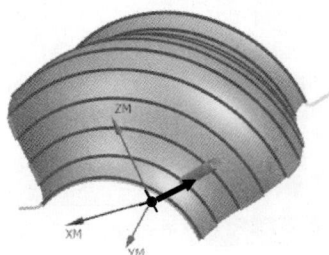

图 14.4.10 "远离点"刀轴矢量（二）

● 朝向点：选择此选项后，系统弹出"点"对话框，可以通过"点"对话框创建一个聚焦点，所有刀轴的矢量均指向该点，如图 14.4.11、图 14.4.12 所示。参考文件路径：D:\ug85nc\work\ch14\ch14.04\ point_to.prt。

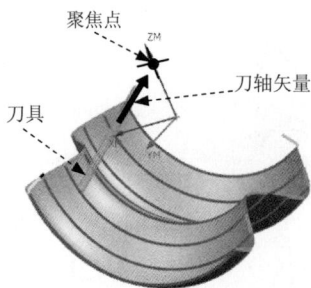

图 14.4.11 "朝向点"刀轴矢量（一）

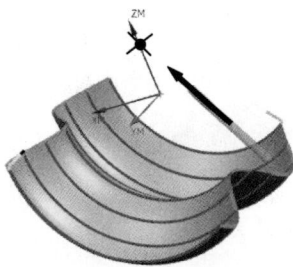

图 14.4.12 "朝向点"刀轴矢量（二）

● 远离直线: 选择此选项后，系统弹出 "直线定义" 对话框，可以通过此对话框创建一条直线，刀轴矢量沿着聚焦线运动并与该聚焦线保持垂直，矢量方向从聚焦线离开并指向刀具夹持器，如图 14.4.13、图 14.4.14 所示。参考文件路径：D:\ug85nc\work\ch14\ch14.04\line_from.prt。

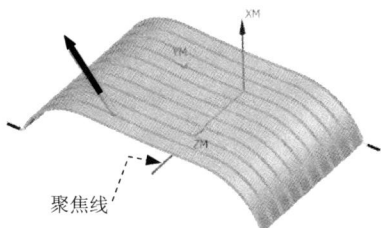

聚焦线

图 14.4.13　"远离直线"刀轴矢量（一）　　　图 14.4.14　"远离直线"刀轴矢量（二）

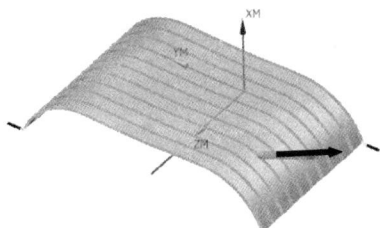

● 朝向直线: 选择此选项后，系统弹出 "直线定义" 对话框，可以通过此对话框创建一条直线，刀轴矢量沿着聚焦线运动并与该聚焦线保持垂直，矢量方向指向聚焦线并指向刀具夹持器，如图 14.4.15、图 14.4.16 所示。参考文件路径：D:\ug85nc\work\ch14\ch14.04\line_to.prt。

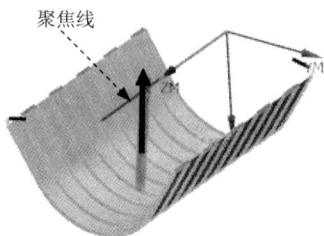

聚焦线

图 14.4.15　"朝向直线"刀轴矢量（一）　　　图 14.4.16　"朝向直线"刀轴矢量（二）

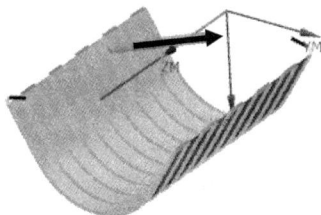

● 相对于矢量: 选择此选项后，系统弹出 "相对于矢量" 对话框，可以创建或指定一个矢量，并设置刀轴矢量的前倾角和侧倾角与该矢量相关联。其中 "前倾角" 定义了刀具沿刀轨前倾或后倾的角度，正前倾角表示刀具相对于刀轨方向向前倾斜，负前倾角表示刀具相对于刀轨方向向后倾斜，由于前倾角基于刀具的运动方向，因此往复切削模式将使刀具在单向刀路中向一侧倾斜，而在回转刀路中向相反的另一侧倾斜。侧倾角定义了刀具从一侧到另一侧的角度，正侧倾角将使刀具向右倾斜，负侧倾角将使刀具向左倾斜。与前倾角不同的是，侧倾角是固定的，它与刀具的运动方向无关，如图 14.4.17、图 14.4.18 所示。参考文件路径：D:\ug85nc\work\ch14\ch14.04\relatively_vector.prt。

● 垂直于部件: 选择此选项后，刀轴矢量将在每一个刀具与部件的接触点处垂直于部件表面，如图 14.4.19、图 14.4.20 所示。参考文件路径：D:\ug85nc\work\ch14\ch14.04\per_workpiece.prt。

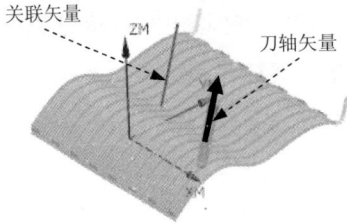

图 14.4.17　"相对于矢量"刀轴矢量（一）

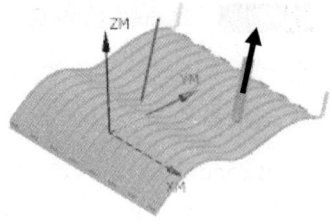

图 14.4.18　"相对于矢量"刀轴矢量（二）

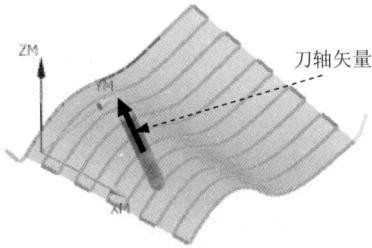

图 14.4.19　"垂直于部件"刀轴矢量（一）

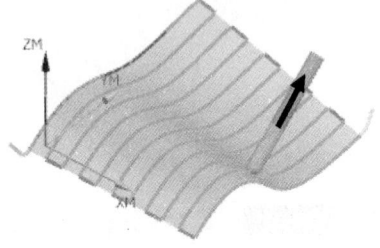

图 14.4.20　"垂直于部件"刀轴矢量（二）

● **相对于部件**：选择此选项后，系统弹出图 14.4.21 所示的"相对于部件"对话框，可以在此对话框中设置刀轴的前倾角和侧倾角与部件表面的法向矢量相关联，并可以设置前倾角和侧倾角的变化范围。参考文件路径：D:\ug85nc\work\ch14\ch14.04\relatively_workpiece.prt。刀轴矢量如图 14.4.22 所示。将模型视图切换到右视图，查看前倾角的设置，如图 14.4.23 所示；将模型视图切换到前视图，查看侧倾角的设置，如图 14.4.24 所示。

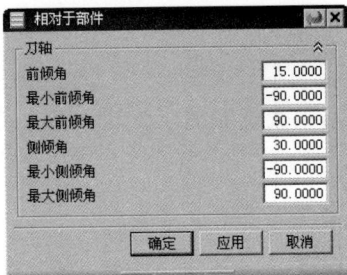

图 14.4.21　"相对于部件"对话框

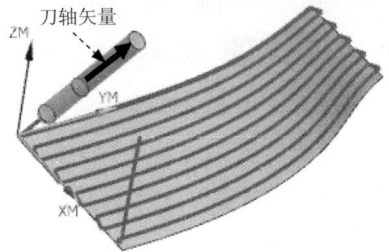

图 14.4.22　"相对于部件"刀轴矢量

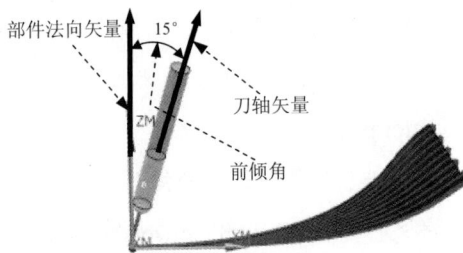

图 14.4.23　查看前倾角

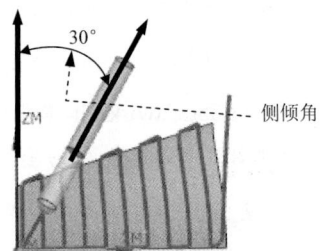

图 14.4.24　查看侧倾角

- **4 轴，垂直于部件**：选择此选项后，系统弹出"4 轴，垂直于部件"对话框，可以用来设置旋转轴及其旋转角度，刀具绕着指定的轴旋转，并始终和旋转轴垂直。

- **4 轴，相对于部件**：选择此选项后，系统弹出"4 轴，相对于部件"对话框，可以设置旋转轴及其旋转角度，同时可以设置刀轴的前倾角和侧倾角与该轴相关联，在 4 轴加工中，前倾角通常设置为 0。

- **双 4 轴在部件上**：选择此选项后，系统弹出"双 4 轴，相对于在部件"对话框，此时需要在单向切削和回转切削两个方向分别设置旋转轴及其旋转角度，同时可以设置刀轴的前倾角和侧倾角，因此它是一种 5 轴加工，多用于往复式切削方法。

- **插补矢量**：选择此选项后，系统弹出"插补矢量"对话框，可以选择某点并指定该点处矢量，其余刀轴矢量是由系统按照插值的方法得到的。

- **插补角度至部件**：选择此选项后，系统弹出"插补角度至部件"对话框，可以选择某点并指定该点处刀轴的前倾角和侧倾角，此时角度的计算是基于刀具和部件表面接触点的法向矢量，其余刀轴矢量是由系统按照插值的方法得到的。

- **插补角度至驱动**：选择此选项后，系统弹出"插补角度至驱动"对话框，可以选择某点并指定该点处刀轴的前倾角和侧倾角，此时角度的计算是基于刀具和驱动表面接触点的法向矢量，其余刀轴矢量是由系统按照插值的方法得到的。

- **优化后驱动**：选择此选项后，系统弹出"优化后驱动"对话框，可以使刀具的前倾角与驱动几何体的曲率相匹配，在凸起部分保持小的前倾角，以便移除更多材料。在下凹区域中增加前倾角以防止刀根过切，并使前倾角足够小以防止刀前端过切。

- **垂直于驱动体**：选择此选项后，刀轴矢量将在每一个接触点处垂直于驱动面。

- **侧刃驱动体**：选择此选项后，系统将按刀具侧刃来计算刀轴矢量，此时可指定侧刃方向、画线类型和侧倾角等参数。此刀轴允许刀具的侧面切削驱动面，刀尖切削部件表面。

- **相对于驱动体**：选择此选项后，同样需要设置前倾角和侧倾角，此时角度的计算是基于驱动体表面的法向矢量。

- **4 轴，垂直于驱动体**：选择此选项后，系统弹出"4 轴，垂直于驱动体"对话框，可以用来设置第 4 轴及其旋转角度，刀具绕着指定的轴旋转一定角度，并始终和驱动面垂直。

- **4 轴，相对于驱动体**：选择此选项后，系统弹出"4 轴，相对于驱动体"对话框，可以设置第 4 轴及其旋转角度，同时可以设置刀轴的前倾角和侧倾角与驱动面相关联。

- **双 4 轴在驱动体上**：选择此选项后，系统弹出"双 4 轴，相对于驱动体"对话框，此选项与 **双 4 轴在部件上** 唯一的区别是 **双 4 轴在驱动体上** 参考的是驱动曲面几何体，而不是部件表面几何体。

Stage3．设置投影矢量与刀轴

Step 1 设置投影矢量。在"可变流线铣"对话框 投影矢量 区域的 矢量 下拉列表中，选取 刀轴 选项。

Step 2 设置刀轴。在"可变流线铣"对话框 刀轴 区域的 轴 下拉列表中选择 远离直线 选项，系统弹出"远离直线"对话框。在图形区选择 Z 轴为矢量，然后单击 ⊕ 按钮，采用系统默认的原点，然后单击两次 确定 按钮。

Stage4．设置切削参数和非切削移动参数

采用系统默认的切削参数和非切削移动参数。

Stage5．设置进给率和速度

Step 1 单击"可变流线铣"对话框中的"进给率和速度"按钮 ，系统弹出"进给率和速度"对话框。

Step 2 选中"进给率和速度"对话框 主轴速度 区域中的 ☑ 主轴速度 (rpm) 复选框，在其后的文本框中输入值 7000，在 进给率 区域的 切削 文本框中输入值 800。

Step 3 单击"进给率和速度"对话框中的 确定 按钮。

Task5．生成刀路轨迹并仿真

生成的刀路轨迹如图 14.4.25 所示，2D 动态仿真加工后的模型如图 14.4.26 所示。

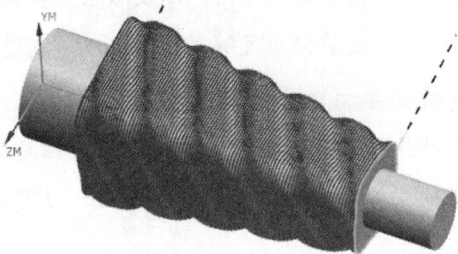

图 14.4.25　刀路轨迹

图 14.4.26　2D 仿真结果

Task6．保存文件

选择下拉菜单 文件(F) ➡ 保存(S) 命令，保存文件。

14.5　外形轮廓铣

外形轮廓铣是使用刀具的侧刃来加工倾斜壁的铣削操作，通过指定底面或壁几何体或辅助底面，由系统自动调整刀轴方向来获得光顺的刀轨。本应用讲述的是一个零件的外形轮廓铣加工操作，在学完本节后，希望能增加读者对多轴加工的认识。本应用所使用的部

件几何体及加工结果如图 14.5.1 所示，下面介绍其创建的一般操作步骤。

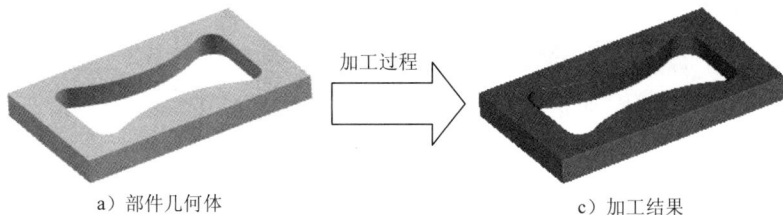

a）部件几何体　　　　　　　　　c）加工结果

图 14.5.1　外形轮廓铣

Task1. 打开模型文件并进入加工模块

Step 1　打开模型文件 D:\ug85nc\work\ch14\ch14.05\vc_profile.prt。

Step 2　进入加工环境。选择下拉菜单 开始 ➡ 加工(N)... 命令，在系统弹出的"加工环境"对话框 要创建的 CAM 设置 列表框中选择 mill_multi-axis 选项，然后单击 确定 按钮，进入多轴加工环境。

Task2. 创建几何体

Stage1. 创建机床坐标系和安全平面

Step 1　进入几何视图。在工序导航器的空白处右击，在系统弹出的快捷菜单中选择 几何视图 命令，在工序导航器中双击节点 MCS，系统弹出 MCS 对话框。

Step 2　创建机床坐标系。

（1）在 MCS 对话框 机床坐标系 区域中单击"CSYS 对话框"按钮，系统弹出 CSYS 对话框，在 类型 下拉列表中选择 动态 选项。

（2）然后在图形区 Z 的文本框中输入–100，单击 确定 按钮，此时系统返回至 MCS 对话框，结果如图 14.5.2 所示。

Step 3　创建安全平面。在 MCS 对话框 安全设置 区域 安全设置选项 下拉列表中选择 包容块 选项，然后在 安全距离 文本框中输入值 20.0，单击 MCS 对话框中的 确定 按钮，完成安全平面的创建。

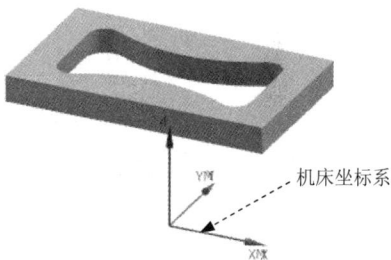

机床坐标系

图 14.5.2　创建机床坐标系

Stage2. 创建部件几何体

Step 1　在工序导航器中双击 WORKPIECE 节点，系统弹出"工件"对话框。

Step 2　选取部件几何体。在"工件"对话框中单击 按钮，系统弹出"部件几何体"对话框，在图形区选取图 14.5.1 a 所示的模型。

Step 3　在"部件几何体"对话框中单击 确定 按钮，完成部件几何体的创建，同时系统返回到"工件"对话框。

14
Chapter

Stage3．创建毛坯几何体

Step 1 在"工件"对话框中单击 ⬡ 按钮，系统弹出"毛坯几何体"对话框，在 类型 下拉列表中选择 ▬ 部件的偏置 选项，然后在 偏置 文本框中输入 0.2。

Step 2 单击"毛坯几何体"对话框中的 确定 按钮，然后单击"工件"对话框中的 确定 按钮。

Task3．创建刀具

Step 1 选择下拉菜单 插入(S) ➡ 🔧 刀具(T)... 命令，系统弹出"创建刀具"对话框。

Step 2 确定刀具类型。在"创建刀具"对话框 类型 下拉列表中选择 mill_multi-axis 选项，在 刀具子类型 区域中单击 MILL 按钮 🔧，在 名称 文本框中输入刀具名称 D10，单击 确定 按钮，系统弹出"铣刀-5 参数"对话框。

Step 3 设置刀具参数。在"铣刀-5 参数"对话框 尺寸 区域的 (D) 直径 文本框中输入值 10.0，在 刀具号、补偿寄存器、刀具补偿寄存器 文本框中分别输入 1，其他参数采用系统默认值。

Step 4 在"铣刀-5 参数"对话框中单击 确定 按钮，完成刀具的创建。

Task4．创建工序

Stage1．插入操作

Step 1 选择下拉菜单 插入(S) ➡ 🔧 工序(E)... 命令，系统弹出"创建工序"对话框。

Step 2 确定加工方法。在"创建工序"对话框 类型 下拉列表中选择 mill_multi-axis 选项，在 工序子类型 区域中单击"外形轮廓铣"按钮 🔧，在 程序 下拉列表中选择 PROGRAM 选项，在 刀具 下拉列表中选择 D10 (铣刀-5 参数) 选项，在 几何体 下拉列表中选择 WORKPIECE 选项，在 方法 下拉列表中选择 MILL_FINISH 选项，单击 确定 按钮，系统弹出"外形轮廓铣"对话框。

Stage2．指定壁

在"外形轮廓铣"对话框中取消选中 ☐ 自动壁 复选框，单击 ◈ 按钮，系统弹出"壁几何体"对话框，选取图 14.5.3 所示的相切面，单击 确定 按钮，系统返回到"外形轮廓铣"对话框。然后选中 ☑ 自动生成辅助底面 复选框，并在 距离 文本框中输入–1，结果如图 14.5.4 所示。

Stage3．设置驱动方法

Step 1 在"外形轮廓铣"对话框 驱动方法 区域中单击 🏃

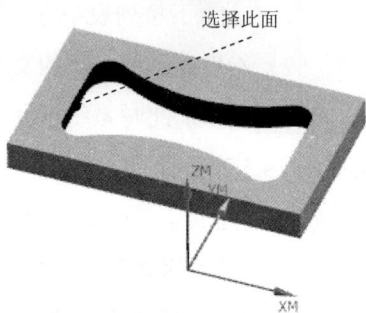
选择此面

图 14.5.3　指定壁

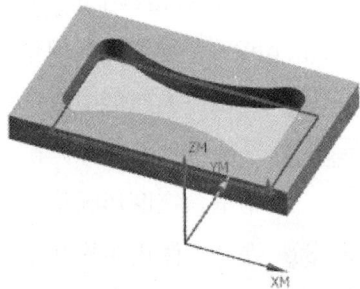

图 14.5.4　辅助底面

按钮，系统弹出图 14.5.5 所示的"外形轮廓铣驱动方法"对话框，然后设置图 14.5.5 所示的参数值。

Step 2 单击"外形轮廓铣驱动方法"对话框 预览 区域的 ⚲ 按钮，系统会生成图 14.5.6 所示的驱动曲线，单击 确定 按钮，系统返回到"外形轮廓铣"对话框。

Stage4. 设置切削参数

Step 1 在 刀轨设置 区域中单击"切削参数"按钮 ⇉，系统弹出"切削参数"对话框。

Step 2 在"切削参数"对话框中单击 多刀路 选项卡，参数设置值如图 14.5.7 所示。

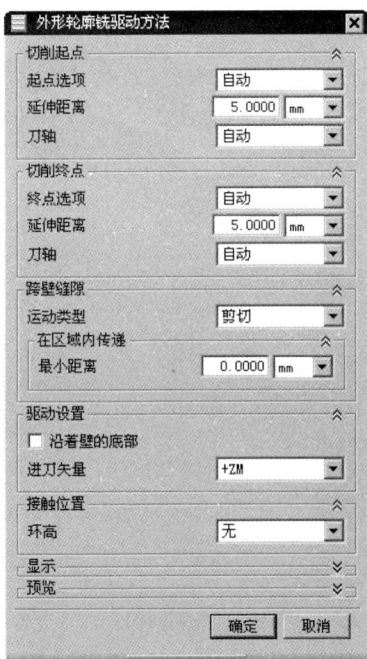

图 14.5.5　"外形轮廓铣驱动方法"对话框

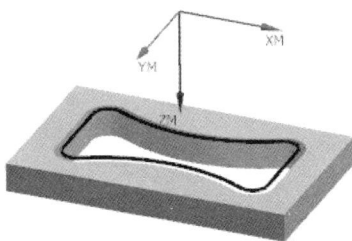

图 14.5.6　驱动曲线

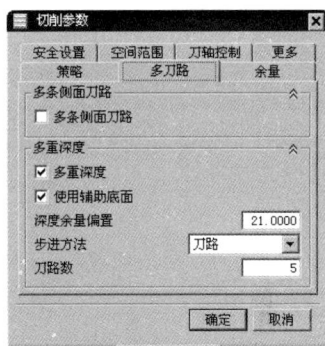

图 14.5.7　"多刀路"选项卡

Step 3 其他选项卡采用系统默认参数，然后单击 确定 按钮，系统返回到"外形轮廓铣"对话框。

Stage5. 设置非切削移动参数

Step 1 单击"外形轮廓铣"对话框中的"非切削移动"按钮 ⊟，系统弹出"非切削移动"对话框。

Step 2 单击"非切削移动"对话框中的 进刀 选项卡，设置图 14.5.8 所示的参数，完成后单击 确定 按钮，系统返回到"外形轮廓铣"对话框。

Stage6. 设置进给率和速度

Step 1 单击"外形轮廓铣"对话框中的"进给率和速度"

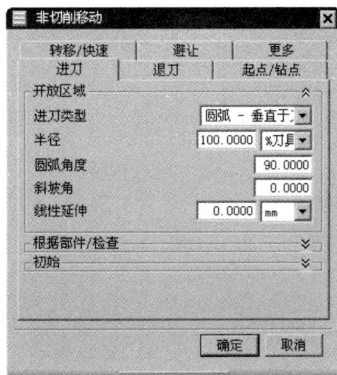

图 14.5.8　"进刀"选项卡

按钮，系统弹出"进给率和速度"对话框。

Step 2 选中"进给率和速度"对话框主轴速度区域中的 ☑ 主轴速度（rpm）复选框，在其后的文本框中输入值 1500.0，在进给率区域的切削文本框中输入值 200.0，按下回车键，然后单击按钮。

Step 3 单击"进给率和速度"对话框中的 确定 按钮。

Task5. 生成刀路轨迹并仿真

生成的刀路轨迹如图 14.5.9 所示，2D 动态仿真加工后的模型如图 14.5.10 所示。

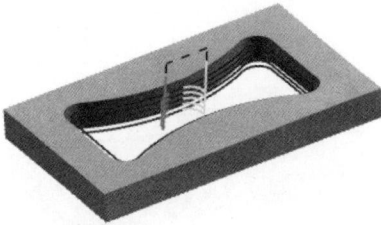

图 14.5.9 刀路轨迹

图 14.5.10 2D 仿真结果

孔加工

15.1 概述

UG NX 孔加工包含钻孔加工、沉孔加工和螺纹孔加工等，本章将通过一些应用来介绍 UG NX 孔加工的各种类型，希望读者阅读后，可以掌握孔加工的操作步骤以及技术参数的设置等。

15.1.1 孔加工简介

孔加工也称为点位加工，可以创建钻孔、攻螺纹、镗孔、平底扩孔和扩孔等加工操作。在孔加工中刀具首先快速移动至加工位置上方，然后切削零件，完成切削后迅速退回到安全平面。

钻孔加工的数控程序较为简单，通常可以直接在机床上输入程序。如果使用 UG 进行孔加工的编程，就可以直接生成完整的数控程序，然后传送到机床中进行加工。特别在零件的孔数目比较多、位置比较复杂时，可以大量节省人工输入所占用的时间，同时能大大降低人工输入产生的错误率，提高机床的工作效率。

15.1.2 孔加工的子类型

进入加工模块后，选择下拉菜单 插入(S) ➡ 工序(E)...命令，系统弹出"创建工序"对话框。在"创建工序"对话框 类型 下拉列表中选择 drill 选项，此时，对话框中出现孔加工的 14 种子类型，如图 15.1.1 所示。

图 15.1.1 所示的"创建工序"对话框 工序子类型 区域中各按钮说明如下：

- A1 （SPOT_FACING）：孔加工（锪平方式）。
- A2 （SPOT_DRILLING）：定心钻。

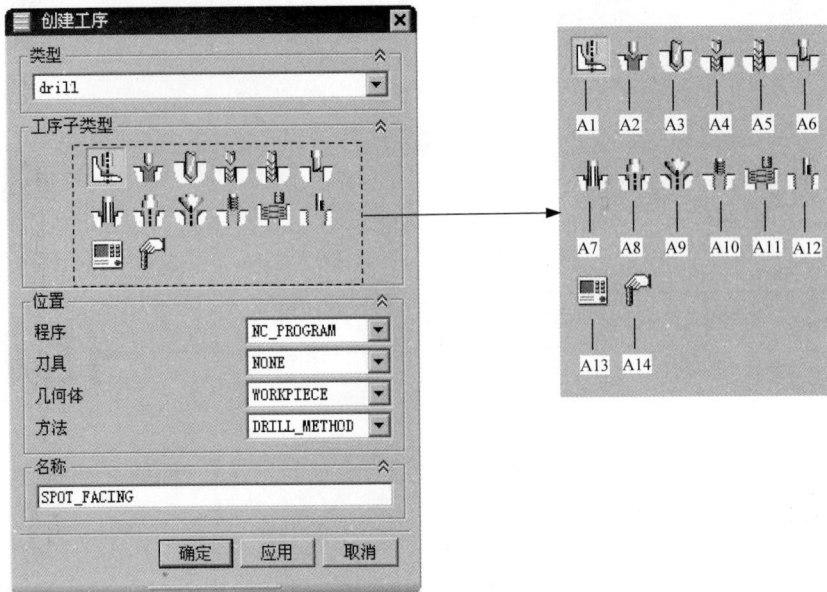

图 15.1.1 "创建工序"对话框

- A3 ⊍（DRILLING）：钻孔。
- A4 ⫚（PECK_DRILLING）：啄钻。
- A5 ⫚（BREAKCHIP_DRILLING）：断屑钻。
- A6 ⊣⊢（BORING）：镗孔。
- A7 ⊪⊪（REAMING）：铰孔。
- A8 ⫯⫯（COUNTERBORING）：沉头孔加工。
- A9 ⫰⫰（COUNTERSINKING）：埋头孔加工。
- A10 ⫯（TAPPING）：攻螺纹。
- A11 ⫚（HOLE_MILLING）：铣孔。
- A12 ⫯（THEAD_MILLING）：螺纹铣。
- A13 ▦（MILL_CONTROL）：铣削控制。
- A14 ⌐（MILL_USER）：用户自定义铣削。

15.2 钻孔加工

创建钻孔加工操作的一般步骤如下：

（1）创建几何体以及刀具。

（2）指定几何体，如选择点或孔、优化加工顺序、避让障碍等。

（3）设置参数，如循环类型、进给率、驻留时间、切削增量等。

（4）生成刀路轨迹及仿真加工。

15.2.1　定心钻孔

定心钻是使用中心钻切削至指定刀尖或刀肩深度的点对点钻孔工序，用来精确定位后续的钻孔工序。下面以图 15.2.1 所示的模型为例，说明创建定心钻孔加工操作的一般步骤。

a）目标加工零件　　　　　　b）毛坯零件　　　　　　c）加工结果

图 15.2.1　定心钻孔加工

Task1.　打开模型文件并进入加工模块

Step 1　打开模型文件 D:\ug85nc\work\ch15\ch15.02\drilling.prt。

Step 2　进入加工环境。选择下拉菜单 开始 ➡ 加工(N)... 命令，在系统弹出的"加工环境"对话框 要创建的 CAM 设置 列表框中选择 drill 选项，单击 确定 按钮，进入加工环境。

Task2.　创建几何体

Stage1.　创建机床坐标系

Step 1　在工序导航器中进入几何体视图，然后双击节点 MCS_MILL ，系统弹出"MCS 铣削"对话框。

Step 2　创建机床坐标系。在"MCS 铣削"对话框 机床坐标系 区域中单击"CSYS 对话框"按钮 ，在系统弹出的 CSYS 对话框 类型 下拉列表中选择 动态 。

Step 3　单击 CSYS 对话框 换控器 区域中的操控器按钮 ，在"点"对话框的 z 文本框中输入值 20.0，单击 确定 按钮，此时系统返回至 CSYS 对话框，单击 确定 按钮，完成机床坐标系的创建，如图 15.2.2 所示。

Step 4　创建安全平面。在"MCS 铣削"对话框 安全设置 区域 安全设置选项 下拉列表中选择 自动平面 选项，然后在 安全距离 文本框中输入值 30.0，单击"MCS 铣削"对话框中的 确定 按钮，完成安全平面的创建。

Stage2.　创建部件几何体

Step 1　在工序导航器中单击 MCS_MILL 节点前的"+"，双击节点 WORKPIECE ，系统弹出"工件"对话框。

Step 2　选取部件几何体。在"工件"对话框中单击 按钮，系统弹出"部件几何体"对话框。

Step 3 选取全部零件为部件几何体，然后在"部件几何体"对话框中单击 确定 按钮，完成部件几何体的创建，同时系统返回到"工件"对话框。

Step 4 在"工件"对话框中单击 按钮，系统弹出"毛坯几何体"对话框。在"毛坯几何体"对话框的 类型 下拉列表中选择 包容块 选项，结果如图 15.2.3 所示。

Step 5 然后分别单击"毛坯几何体"和"工件"对话框的 确定 按钮，完成毛坯几何体的创建。

Stage3. 创建钻加工几何体

Step 1 选择下拉菜单 插入(S) ➡ 几何体(G)... 命令，系统弹出图 15.2.4 所示的"创建几何体"对话框。

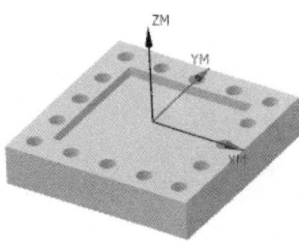

图 15.2.2 创建机床坐标系　　图 15.2.3 毛坯几何体　　图 15.2.4 "创建几何体"对话框

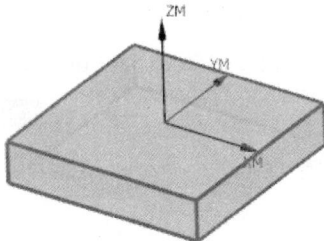

Step 2 在"创建几何体"对话框 几何体子类型 区域中单击 DRILL_GEOM 按钮 ，在 几何体 下拉列表中选择 WORKPIECE 选项，采用系统默认的名称，单击 确定 按钮，系统弹出"钻加工几何体"对话框。

Step 3 指定孔。

（1）单击"钻加工几何体"对话框中"指定孔"右侧的 按钮，系统弹出图 15.2.5 所示的"点到点几何体"对话框，单击 选择 按钮，系统弹出图 15.2.6 所示的"点位选择"对话框。

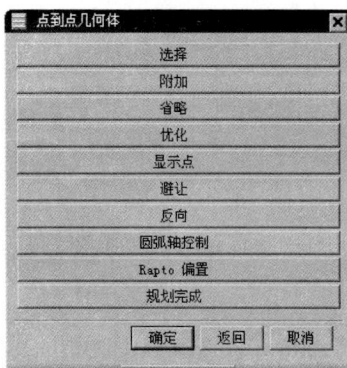

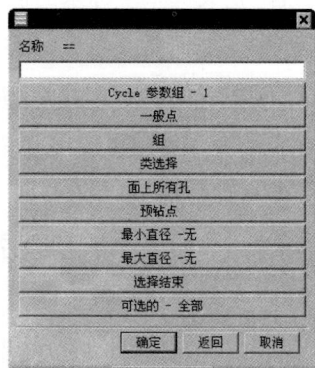

图 15.2.5 "点到点几何体"对话框　　　　图 15.2.6 "点位选择"对话框

图 15.2.5 所示的"点到点几何体"对话框中各按钮说明如下：

- **选择**：用于选择实体或曲面中的孔、点、圆弧和椭圆，所选择的几何对象将成为加工对象，系统默认这些几何对象的中心为加工位置点。选择的方法有两种，一种是直接在模型中指定，当模型较复杂或难以直接选中时，可以通过在"点位选择"对话框的 名称 == 文本框中输入名称来选择。

- **附加**：用于在已经选择部分孔位后添加新的孔位。如果先前没有选择任何特征作为加工对象，直接选择此项，系统会弹出"没有选择添加的点——选新点"消息对话框。

- **省略**：用于省略先前选定的加工位置，被省略的几何将不再作为加工对象。如果先前没有选择任何几何作为加工对象，直接选择此项，系统会弹出"没有要省略的点"消息对话框。

- **优化**：使用此选项，系统将根据用户的设定计算各孔的加工顺序，自动生成最短的刀轨，缩短加工的时间。优化后，为了关联夹具方位、工作台范围和机床行程等约束，选定的所有加工位置点可能会处于同一水平平面或竖直平面内，因此先前设置的避让参数已经不起作用，所以需要优化刀具路径时，一般是先优化，然后再设定避让参数。

- **显示点**：用于显示已选择加工对象的加工点位置，并且显示加工点的顺序号。

- **避让**：用于设定孔加工时刀具避让的动作，即避开夹具、工作台或其他障碍的距离。需要设定避让的开始点、结束点及安全距离三个参数。如果在优化刀具路径前设置了避让参数，则需要再次设定。

- **反向**：在完成刀具避让的设置后，可通过该按钮反向编排加工点顺序，但刀具的避让参数仍会保留。

- **圆弧轴控制**：该按钮可以显示并翻转先前选定的弧线和片体的轴线，可用于确定刀具方向。

- **Rapto 偏置**：用于设置刀具的快速移动位置偏置距离，可以为每个选定的对象设置一个偏置值。加工实体中的孔一般选择实体最上层的平面为部件表面，在加工某些沉孔或阶梯孔时，表面孔径较大，可以设置一个负的偏置值，即将刀具的快速移动轨迹延长至部件的表面内，使刀具能够快速地进入孔内，开始加工。

- **规划完成**：单击该按钮则表示"点到点几何体"对话框中的设置全部完成。

图 15.2.6 所示的"点位选择"对话框中各按钮说明如下：

- Cycle 参数组 - 1 ：该按钮用于选择已经设置好的循环参数组。这些参数包括孔的加工深度、刀具进给量、刀具停留时间和退刀距离等。对于不同类型的孔或者是直径相同而深度不同的孔，都需要设置关联一组循环参数。如果不进行设置，所选的加工位置则默认关联第一循环参数组。循环参数可以在"工序"对话框的 循环 区域中进行设置。

- 一般点 ：单击此按钮，系统弹出"点"对话框，可以通过自动判断点和构造点等方法来指定加工位置。

- 组 ：系统将通过用户指定组（点或圆弧组）中的所有的点或圆弧确定加工位置。读者可以通过选择下拉菜单 格式(R) ➡ 分组(G) 命令创建和编辑组。

- 类选择 ：单击此按钮，系统弹出"类选择"对话框，通过类选择方法指定加工位置。

- 面上所有孔 ：单击此按钮，系统弹出"选择面"对话框，在图形区中选择一个模型表面，系统将默认此表面中的所有孔作为加工对象，同时可以设置孔的最大直径和最小直径来进一步限制选择范围。

- 预钻点 ：将平面铣或型腔铣设置的预钻点指定为加工位置。

- 最小直径 -无 ：通过设置一个最小直径值，来使通过选择面选取到的孔大于该最小直径值。

- 最大直径 -无 ：通过设置一个最大直径值，来使通过选择面选取到的孔小于该最大直径值。

- 选择结束 ：完成选择后，返回上一级对话框。

- 可选的 - 全部 ：单击此按钮，系统弹出"类选择器"对话框，可以单击其中的 仅点 （只能选中点）按钮、 仅圆弧 （只能选中圆弧）按钮、 仅孔 （只能选中孔）按钮、 点和圆弧 （只能选中点和圆弧）按钮和 全部 （可以选中全部几何）按钮来设定选择范围为某一类几何或某一组几何，然后在这一类或一组几何中指定加工位置。

（2）单击"点位选择"对话框中的 面上所有孔 按钮，选择图 15.2.7 所示的面为参照，单击两次 确定 按钮，返回到"点到点几何体"对话框，结果如图 15.2.8 所示。

Step 4 优化孔。

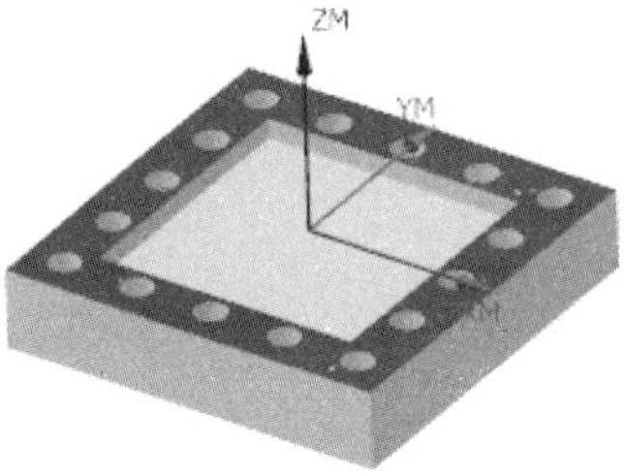

图 15.2.7　定义参照面

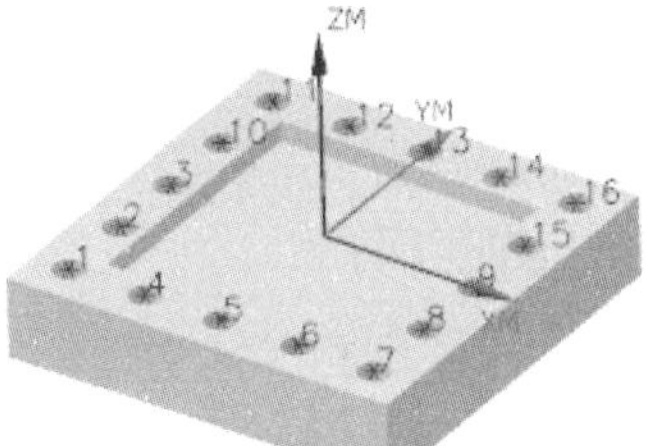

图 15.2.8　指定孔

（1）在“点到点几何体”对话框中单击 优化 按钮，此时系统弹出图 15.2.9 所示的“优化点”对话框。

（2）单击 最短刀轨 按钮，系统弹出图 15.2.10 所示的“优化参数”对话框。

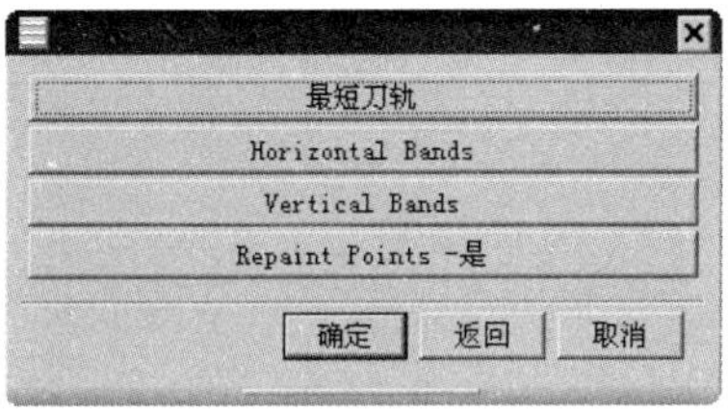

图 15.2.9　“优化点”对话框

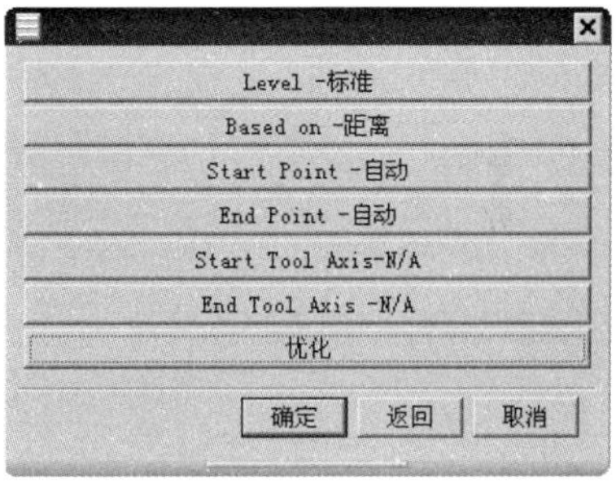

图 15.2.10　“优化参数”对话框

（3）单击“优化参数”对话框中的 优化 按钮，系统弹出图 15.2.11 所示的“优化结果”对话框。

（4）单击 接受 按钮，返回“点到点几何体”对话框，单击 确定 按钮，返回至“钻加工几何体”对话框。

Step 5　单击 确定 按钮，完成钻加工几何体的创建。

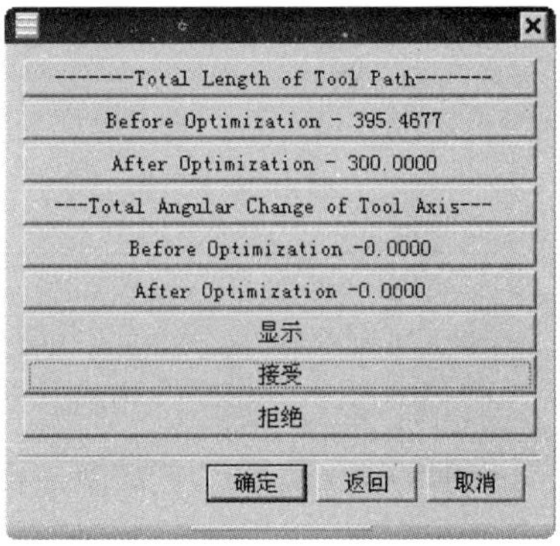

图 15.2.11　“优化结果”对话框

Task3. 创建刀具

Step 1　选择下拉菜单 插入(S) → 刀具(T)... 命令，系统弹出“创建刀具”对话框。

Step 2　在“创建刀具”对话框 类型 下拉列表中选择 drill 选项，在 刀具子类型 区域中选择 SPOTDRILLING_TOOL 按钮，在 名称 文本框中输入 SP3，单击 确定 按钮，系统弹出“钻刀”对话框。

Step 3　设置刀具参数。在“钻刀”对话框的 (D) 直径 文本框中输入值 3.0，在 刀具号 和 补偿寄存器文本框中输入值 1，其他参数采用系统默认设置值，单击 确定 按钮，完成刀具的创建。

Task4. 创建工序

Stage1. 插入工序

Step 1 选择下拉菜单 插入(S) ➡️ 工序(E)... 命令，系统弹出"创建工序"对话框。

Step 2 在"创建工序"对话框 类型 下拉列表中选择 drill 选项，在 工序子类型 区域中选择"定心钻"按钮 ，在 程序 下拉列表中选择 PROGRAM 选项，在 刀具 下拉列表中选择前面设置的刀具 SP3 (钻刀) 选项，在 几何体 下拉列表中选择 DRILL_GEOM 选项，在 方法 下拉列表中选择 DRILL_METHOD 选项，使用系统默认的名称。

Step 3 单击"创建工序"对话框中的 确定 按钮，系统弹出图 15.2.12 所示的"定心钻"对话框。

Stage2. 指定顶面

Step 1 单击"定心钻"对话框中 指定顶面 右侧的 按钮，系统弹出图 15.2.13 所示的"顶面"对话框。

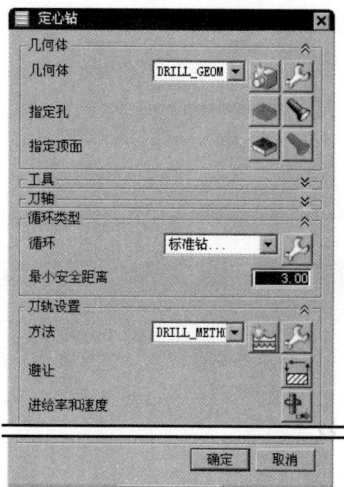

图 15.2.12 "定心钻"对话框

图 15.2.13 "顶面"对话框

图 15.2.13 所示的"顶面"对话框 顶面选项 下拉列表中的各选项说明如下：

- 面：用于选择零件的具体表面作为钻孔顶面，此时所选择的钻孔点需要位于该面的范围内，否则系统将忽略超出顶面范围的点。

- 平面：用于创建一个基准平面作为钻孔顶面，此时该面为无限大平面。

- ZC 常数：通过指定 ZC 坐标值来定义钻孔顶面，此时所定义的面和 XC-YC 平面平行。

- 无：用于取消先前指定的顶面。

Step 2 在"顶面"对话框中的 顶面选项 下拉列表中选择 面选项，然后选取图 15.2.14
所示的面。

Step 3 单击"顶面"对话框中的 确定 按钮，返回"定心钻"对话框。

Stage3. 设置循环控制参数

Step 1 在"定心钻"对话框 循环类型 区域的 循环 下拉列表中选择 标准钻... 选项，单击"编
辑参数"按钮 ，系统弹出图 15.2.15 所示的"指定参数组"对话框。

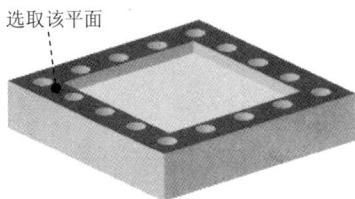

选取该平面

图 15.2.14　指定部件表面　　　　图 15.2.15　"指定参数组"对话框

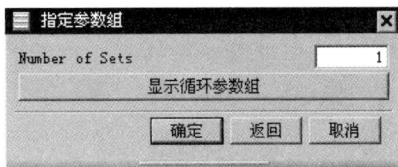

说明:

- 在孔加工中，不同类型的孔的加工需要采用不同的加工方式。这些加工方式有的
属于连续加工，有的属于断续加工，它们的刀具运动参数也各不相同，为了满足
这些要求，用户可以选择不同的循环类型（如啄钻循环、标准钻循环、标准镗循
环等）来控制刀具切削运动过程。对于同类型但深度不同，或者是同类型同深度
但加工精度要求不同的孔，它们的循环类型虽然相同，但加工深度或进给速度不
同，此时也需要设置不同的参数组来实现不同的切削运动。

- UG NX 8.5 提供了 14 种循环类型。根据不同类型的孔，首先在下拉列表中选择
合适的循环类型，系统弹出图 15.2.15 所示的"指定参数组"对话框，其中的
Number of Sets 文本框显示已经定义好循环参数组的总数，单击 确定 按钮进行每
一组循环参数的设置，每种循环类型都可以设置 5 组循环参数，设置好的循环参
数可以通过图 15.2.6 所示的"点位选择"对话框关联到每个加工对象。

Step 2 在"指定参数组"对话框中采用系统默认的参数组序号 1，单击 确定 按钮，系
统弹出图 15.2.16 所示的"Cycle 参数"对话框，单击 Depth (Tip) - 0.0000 按
钮，系统弹出图 15.2.17 所示的"Cycle 深度"对话框。

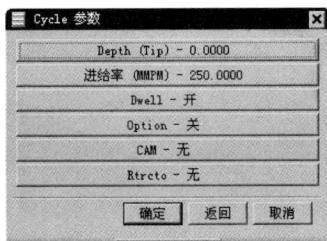

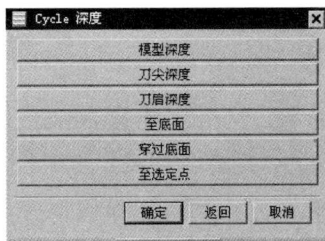

图 15.2.16　"Cycle 参数"对话框　　　图 15.2.17　"Cycle 深度"对话框

图 15.2.16 所示的"Cycle 参数"对话框中各按钮的说明如下：

- **Depth (Tip) - 0.0000**：用于设置钻孔加工的深度，即刀具退刀前零件表面与刀尖的距离。单击此按钮，系统弹出图 15.2.17 所示的"Cycle 深度"对话框，在此对话框中系统提供了 6 种设置加工深度的方法。

  ☑ **模型深度**：单击此按钮，系统设置模型中孔的深度为钻孔的加工深度。如果刀具的直径小于或等于加工孔的直径，并且加工孔的轴线方向和刀轴方向一致，系统会自动计算模型中孔的深度，并将这个深度默认为加工深度。

  ☑ **刀尖深度**：单击此按钮，系统弹出"深度"对话框，可以在此对话框中设置退刀前刀具刀尖沿刀轴方向与零件表面的距离，系统将默认此距离为加工深度。

  ☑ **刀肩深度**：单击此按钮，系统弹出"深度"对话框，可以在此对话框中设置退刀前刀具刀肩沿刀轴方向与零件表面的距离，系统将默认此距离为加工深度。

  ☑ **至底面**：单击此按钮，将根据刀尖刚好到达模型底面的距离来确定钻孔的加工深度。

  ☑ **穿过底面**：单击此按钮，将根据刀肩刚好到达模型底面的距离来确定钻孔的加工深度。如果需要刀肩完全穿透底面，可以在操作对话框的 通孔安全距离 文本框中设置刀肩穿过底面的穿透量。

  ☑ **至选定点**：单击此按钮，刀尖将到达指定孔位置时所选定的点。

- **进给率 (MMPM) - 250.0000**：用于设置刀具的进给量，可以通过毫米/分（mmpm）或毫米/转（mmpr）两种单位进行设置。

- **Dwell - 开**：单击此按钮，系统弹出 Cycle Dwell 对话框，可以设置刀具到达指定深度后的暂停参数。

  ☑ **关**：设置刀具到达指定深度后不停留。

  ☑ **开**：设置刀具到达指定深度后停留，仅用于各种标准循环。

  ☑ **秒**：单击此按钮，系统弹出"秒"对话框，可以设置刀具到达指定深度后停留的秒数。

  ☑ **转**：单击此按钮，系统弹出"转"对话框，可以设置刀具到达指定深度后停留期间的转数。

- Option - 关 : 激活使用机床的特有加工特征。
- CAM - 无 : 单击此按钮，系统弹出 CAM 对话框，可以在此对话框中指定一个预设的 CAM 停止位置时使用的数字。
- Rtrcto - 无 : 单击此按钮，系统弹出"安全高度设置类型"对话框，用于设置退刀距离。
  - ☑ 距离 : 单击此按钮，系统弹出"退刀"对话框，可以用于设置退刀距离。
  - ☑ 自动 : 设置刀具沿刀轴方向退回到安全平面设定的位置。
  - ☑ 设置为空 : 不使用 Rtrcto 选项设置退刀距离，此时刀具沿刀轴方向退回到进刀位置高度。

Step 3 在"Cycle 深度"对话框中单击 刀尖深度 按钮，系统弹出图 15.2.18 所示的"深度"对话框，在 深度 文本框中输入值 5.0，单击 确定 按钮，系统返回"Cycle 参数"对话框。

Step 4 单击"Cycle 参数"对话框中的 Rtrcto - 无 按钮，系统弹出图 15.2.19 所示的"安全高度设置类型"对话框。单击 自动 按钮，系统返回"Cycle 参数"对话框。

图 15.2.18　"深度"对话框

图 15.2.19　"安全高度设置类型"对话框

Step 5 在"Cycle 参数"对话框中单击 确定 按钮，系统返回"定心钻"对话框。

Stage4. 设置一般参数

Step 1 设置最小安全距离。在"定心钻"对话框的 最小安全距离 文本框中输入值 3.0。

Stage5. 避让设置

Step 1 单击"定心钻"对话框中的"避让"按钮，系统弹出图 15.2.20 所示的"避让几何体"对话框。

Step 2 单击"避让几何体"对话框中的 Clearance Plane -无 按钮，系统弹出图 15.2.21 所示的"安全平面"对话框。

图 15.2.20 所示的"避让几何体"对话框中各按钮的说明如下：

- From 点 - 无 : 用于指定加工轨迹起始段的出发点位置。

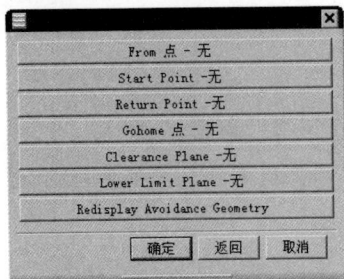

图 15.2.20 "避让几何体"对话框

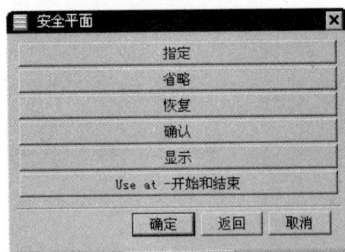

图 15.2.21 "安全平面"对话框

- Start Point -无 ：用于指定刀具移动到加工位置的开始点位置。这个刀具的起始加工位置的指定可以避让夹具或避免产生碰撞。

- Return Point -无 ：用于指定切削完成后，刀具返回到的位置。

- Gohome 点 - 无 ：用于指定刀路轨迹中的回零点。

- Clearance Plane -无 ：用于指定在切削的开始、切削的过程中或完成切削后，刀具为了避让所需要的安全平面。

- Lower Limit Plane -无 ：用于指定一个最低的安全平面，若刀具在运动过程中超过该平面则报警，并在刀位文件（CLSF 文件）中显示报警信息。

- Redisplay Avoidance Geometry ：用于在图形区中显示已经设置的避让几何体。

Step 3 单击"安全平面"对话框中的 指定 按钮，系统弹出"平面"对话框，选取图 15.2.22 所示的平面为参照，然后在 偏置 区域的 距离 文本框中输入值 5.0，单击 确定 按钮，系统返回"安全平面"对话框并创建一个安全平面，单击 显示 按钮，可以查看创建的安全平面，如图 15.2.23 所示。

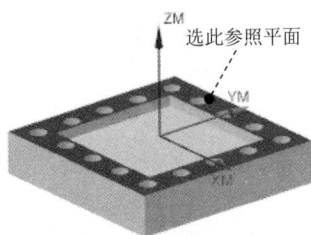

图 15.2.22 选取参照平面

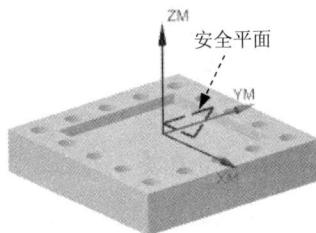

图 15.2.23 创建安全平面

Step 4 单击"安全平面"对话框中的 确定 按钮，返回"避让几何体"对话框，然后单击"避让几何体"对话框中的 确定 按钮，完成安全平面的设置，返回"定心钻"对话框。

Stage6. 设置进给率和速度

Step 1 单击"定心钻"对话框中的"进给率和速度"按钮，系统弹出"进给率和速度"

对话框。

Step 2 在"进给率和速度"对话框中选中 ☑ 主轴速度 (rpm) 复选框,然后在其后的文本框中输入值 2000.0,按回车键,然后单击 🔘 按钮,在 切削 文本框中输入值 120.0,按回车键,然后单击 🔘 按钮,其他选项采用系统默认设置值,单击 确定 按钮。

Task5. 生成刀路轨迹并仿真

生成的刀路轨迹如图 15.2.24 所示,2D 动态仿真加工后的结果如图 15.2.25 所示。

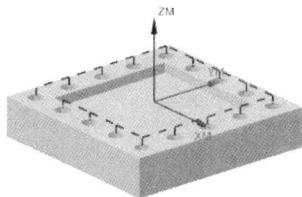

图 15.2.24 刀路轨迹   图 15.2.25   2D 仿真结果

15.2.2 标准钻孔

标准钻孔是钻刀送入至指定深度并快速退刀的点到点钻孔,常用来基础钻孔。下面继续以上一小节创建的模型为例,说明创建标准钻孔加工操作的一般步骤(图 15.2.26)。

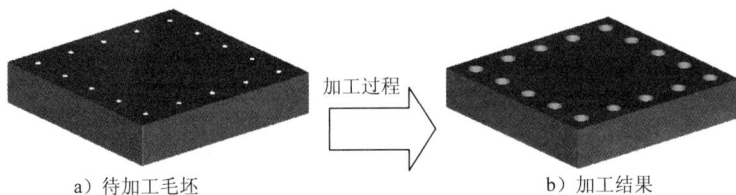

a)待加工毛坯   b)加工结果

图 15.2.26 标准钻孔加工

Task1. 创建刀具

Step 1 选择下拉菜单 插入(S) ➡ 🎵 刀具(T)... 命令,系统弹出"创建刀具"对话框。

Step 2 在"创建刀具"对话框 类型 下拉列表中选择 drill 选项,在 刀具子类型 区域中选择 DRILLING_TOOL 按钮 🔋,在 名称 文本框中输入 DR8,单击 确定 按钮,系统弹出"钻刀"对话框。

Step 3 设置刀具参数。在"钻刀"对话框中的 (D) 直径 文本框中输入值 8.0,在 刀具号 和 补偿寄存器 文本框中输入值 2,其他参数采用系统默认设置值,单击 确定 按钮,完成刀具的创建。

Task2. 创建工序

Stage1. 插入工序

Step 1 选择下拉菜单 插入(S) ➡ 🔧 工序(E)... 命令,系统弹出"创建工序"对话框。

Step 2 在"创建工序"对话框 `类型` 下拉列表中选择 `drill` 选项，在 `工序子类型` 区域中选择"钻"按钮 `钻`，在 `程序` 下拉列表中选择 `PROGRAM` 选项，在 `刀具` 下拉列表中选择前面设置的刀具 `DR8 (钻刀)` 选项，在 `几何体` 下拉列表中选择 `DRILL_GEOM` 选项，在 `方法` 下拉列表中选择 `DRILL_METHOD` 选项，使用系统默认的名称。

Step 3 单击"创建工序"对话框中的 `确定` 按钮，系统弹出图 15.2.27 所示的"钻"对话框。

Stage2. 指定顶面和底面

Step 1 指定顶面。单击"钻"对话框中 `指定顶面` 右侧的 `◆` 按钮，系统弹出"顶面"对话框，在"顶面"对话框中的 `顶面选项` 下拉列表中选择 `面` 选项，然后选取图 15.2.28 所示的面，单击 `确定` 按钮返回"钻"对话框。

Step 2 指定底面。单击"钻"对话框中 `指定底面` 右侧的 `◆` 按钮，系统弹出"底面"对话框；在"底面"对话框中的 `底面选项` 下拉列表中选择 `面` 选项，选取图 15.2.29 所示的面，单击 `确定` 按钮返回"钻"对话框。

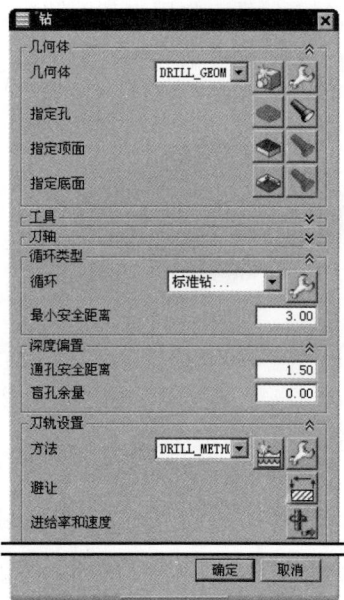

图 15.2.27　"钻"对话框

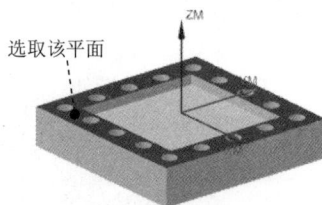

选取该平面

图 15.2.28　指定顶面

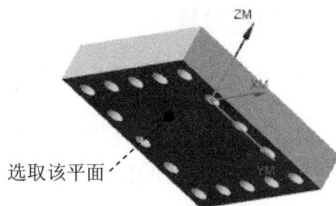

选取该平面

图 15.2.29　指定底面

Stage3. 设置循环控制参数

Step 1 在"钻"对话框 `循环类型` 区域的 `循环` 下拉列表中选择 `标准钻...` 选项，单击"编辑参数"按钮 `扳手`，系统弹出"指定参数组"对话框。

Step 2 在"指定参数组"对话框中采用系统默认的参数组序号 1，单击 `确定` 按钮，系统弹出"Cycle 参数"对话框，单击 `Rtrcto - 无` 按钮，在系统弹出的对话框中单击 `自动` 按钮，系统返回到"Cycle 参数"对话框。

Step 3 在"Cycle 参数"对话框中单击 确定 按钮，系统返回到"钻"对话框。

Stage4．设置一般参数

Step 1 设置最小安全距离。在"钻"对话框的 最小安全距离 文本框中输入值 3.0。

Step 2 设置通孔安全距离。在"钻"对话框的 通孔安全距离 文本框中输入值 1.5。

Stage5．避让设置

Step 1 单击"钻"对话框中的"避让"按钮 ，系统弹出图 15.2.30 所示的"避让几何体"对话框。

Step 2 单击"避让几何体"对话框中的 Clearance Plane -无 按钮，系统弹出"安全平面"对话框。

Step 3 单击"安全平面"对话框中的 指定 按钮，系统弹出"平面"对话框，选取图 15.2.31 所示的平面为参照，然后在 偏置 区域的 距离 文本框中输入值 5.0，单击 确定 按钮，系统返回到"安全平面"对话框并创建一个安全平面。

图 15.2.30 "避让几何体"对话框

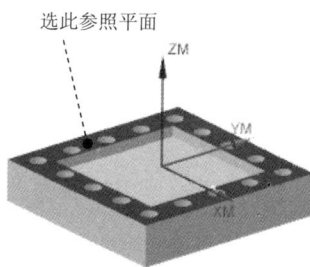

选此参照平面

图 15.2.31 选取参照平面

Step 4 单击"安全平面"对话框中的 确定 按钮，返回到"避让几何体"对话框，然后单击"避让几何体"对话框中的 确定 按钮，完成安全平面的设置，返回到"钻"对话框。

Stage6．设置进给率和速度

Step 1 单击"钻"对话框中的"进给率和速度"按钮 ，系统弹出"进给率和速度"对话框。

Step 2 在"进给率和速度"对话框中选中 ☑ 主轴速度 (rpm) 复选框，然后在其后的文本框中输入值 800.0，按回车键，然后单击 按钮，在 切削 文本框中输入值 50.0，按回车键，然后单击 按钮，其他选项采用系统默认设置值，单击 确定 按钮。

Task3．生成刀路轨迹并仿真

生成的刀路轨迹如图 15.2.32 所示，2D 动态仿真加工后的结果如图 15.2.33 所示。

Task4．保存文件

选择下拉菜单 文件(F) ➡ 保存(S) 命令，保存文件。

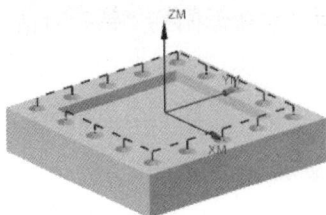

图 15.2.32　刀路轨迹

图 15.2.33　2D 仿真结果

15.2.3　啄钻深孔

啄钻是钻刀以增量深度进刀到一定深度断屑，然后从孔完全退刀的点对点钻孔工序，常常用来加工难以排屑的深长孔的加工。下面以图 15.2.34 所示的模型为例，说明创建啄钻深孔加工操作的一般步骤。

a）目标加工零件　　　　　b）毛坯零件　　加工过程　　c）加工结果

图 15.2.34　啄钻深孔加工

Task1．打开模型文件并进入加工模块

Step 1　打开模型文件 D:\ug85nc\work\ch15\ch15.02\PECK_DRILLING.prt。

Step 2　进入加工环境。选择下拉菜单 ⭐ 开始 ▾ ➡ 📁 加工(N)... 命令，在系统弹出的"加工环境"对话框 要创建的 CAM 设置 列表框中选择 drill 选项，单击 确定 按钮，进入加工环境。

Task2．创建几何体

Stage1．创建机床坐标系

Step 1　在工序导航器中进入几何体视图，然后双击节点 ⊞ 🐾 MCS_MILL，系统弹出"MCS 铣削"对话框。

Step 2　创建机床坐标系。在"MCS 铣削"对话框 机床坐标系 区域中单击"CSYS 对话框"按钮 🛒，系统弹出 CSYS 对话框。

Step 3　单击 CSYS 对话框 操控器 区域中的"操控器"按钮 ➕，系统弹出"点"对话框，在"点"对话框的"Z"文本框中输入值 100.0，单击 确定 按钮，系统返回 CSYS 对话框。

Step 4　单击 确定 按钮，完成机床坐标系的创建，系统返回到"MCS 铣削"对话框。

Step **5** 创建安全平面。在"MCS 铣削"对话框 安全设置 区域 安全设置选项 下拉列表中选择 自动平面 选项，然后在 安全距离 文本框中输入值 10.0，单击"MCS 铣削"对话框中的 确定 按钮，完成安全平面的创建。

Stage2. 创建工件几何体

Step **1** 在工序导航器中单击⊞ ꞏ MCS_MILL 节点前的"+"，双击节点 WORKPIECE，系统弹出"工件"对话框。

Step **2** 选取部件几何体。在"工件"对话框中单击 按钮，系统弹出"部件几何体"对话框。

Step **3** 选取"体 1"为部件几何体，然后在"部件几何体"对话框中单击 确定 按钮，完成部件几何体的创建，同时系统返回到"工件"对话框。

Step **4** 在"工件"对话框中单击 按钮，系统弹出"毛坯几何体"对话框。在"毛坯几何体"对话框的 类型 下拉列表中选择 几何体 选项，选取"体 2"为毛坯几何体。

Step **5** 然后分别单击"毛坯几何体"和"工件"对话框的 确定 按钮，完成毛坯几何体的创建。

Task3. 创建刀具

Step **1** 选择下拉菜单 插入(S) ➡ 刀具(T)... 命令，系统弹出"创建刀具"对话框。

Step **2** 在"创建刀具"对话框 类型 下拉列表中选择 drill 选项，在 刀具子类型 区域中选择 DRILLING_TOOL 按钮 ，在 名称 文本框中输入 DR3.6，单击 确定 按钮，系统弹出"钻刀"对话框。

Step **3** 设置刀具参数。在"钻刀"对话框的 (D) 直径 文本框中输入值 3.6，在 (L) 长度 文本框中输入值 100.0，在 (FL) 刀刃长度 文本框中输入值 70.0，在 刀具号 和 补偿寄存器 文本框中输入值 1，其他参数采用系统默认设置值，单击 确定 按钮，完成刀具的创建。

Task4. 创建工序

Stage1. 插入工序

Step **1** 选择下拉菜单 插入(S) ➡ 工序(E)... 命令，系统弹出"创建工序"对话框。

Step **2** 在"创建工序"对话框 类型 下拉列表中选择 drill 选项，在 工序子类型 区域中选择"啄钻"按钮 ，在 程序 下拉列表中选择 PROGRAM 选项，在 刀具 下拉列表中选择前面设置的刀具 DR3.6 (钻刀) 选项，在 几何体 下拉列表中选择 WORKPIECE 选项，在 方法 下拉列表中选择 DRILL_METHOD 选项，使用系统默认的名称。

Step **3** 单击"创建工序"对话框中的 确定 按钮，系统弹出图 15.2.35 所示的"啄钻"对话框。

Stage2．指定钻孔点

Step 1 指定钻孔点。单击"啄钻"对话框 指定孔 右侧的 按钮，系统弹出"点到点几何体"对话框，单击 选择 按钮，在系统弹出的"点位选择"对话框中单击 面上所有孔 按钮，并在图形区选取图 15.2.36 所示的模型表面，单击 确定 按钮，直至返回到"点到点几何体"对话框。

Step 2 定义优化设置。在"点到点几何体"对话框中单击 优化 按钮，此时，在系统依次弹出的对话框中单击 最短刀轨 按钮、优化 按钮和 接受 按钮，返回"点到点几何体"对话框，单击 确定 按钮，返回到"啄钻"对话框。

Step 3 指定顶面。单击"啄钻"对话框中 指定顶面 右侧的 按钮，系统弹出"顶面"对话框，在"顶面"对话框中的 顶面选项 下拉列表中选择 平面 选项，选取图 15.2.37 所示的面为参照，然后在 距离 文本框中输入值 0.0，单击 确定 按钮，返回"啄钻"对话框。

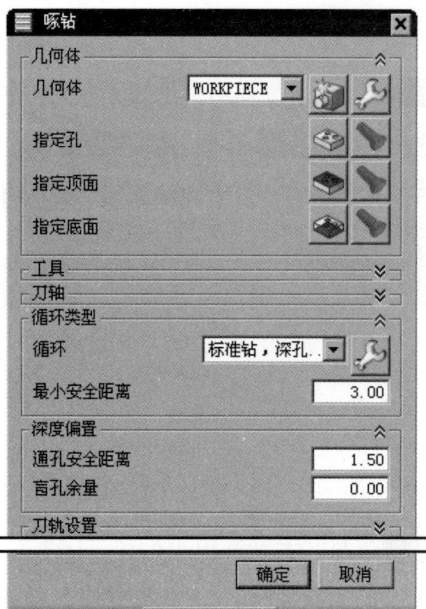

图 15.2.35 "啄钻"对话框

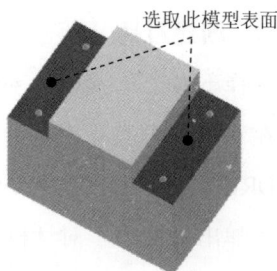

图 15.2.36 选取面

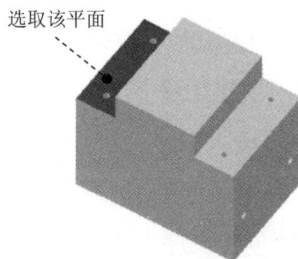

图 15.2.37 指定顶面

Stage3．设置刀轴

选择系统默认的 +ZM 轴 作为要加工孔的轴线方向。

Stage4．设置循环控制参数

Step 1 在"啄钻"对话框 循环类型 区域的 循环 下拉列表中选择 标准钻，深孔... 选项，单击

"编辑参数"按钮 ，系统弹出"指定参数组"对话框。

Step 2 在"指定参数组"对话框中采用系统默认的参数组序号 1，单击 确定 按钮，系统弹出"Cycle 参数"对话框，单击 Rtrcto - 无 按钮，在系统弹出的"安全高度设置类型"对话框中单击 自动 按钮，系统返回到"Cycle 参数"对话框。

Step 3 在"Cycle 参数"对话框中单击 Step 值 - 未定义 按钮，系统弹出图 15.2.38 所示的 Parameter Set 1 对话框，在 Step #1 文本框中输入值 5.0，单击 确定 按钮，系统返回"Cycle 参数"对话框。

Step 4 单击"Cycle 参数"对话框中的 确定 按钮，系统返回"啄钻"对话框。

说明：这里虽然可以设置 7 个 Step 值，但具体情况应取决于数控系统的支持程度，通常设置 Step#1 的数值即可，该数值对应于 NC 程序中钻孔指令中的 Q 值。

Stage5. 设置一般参数

Step 1 设置最小安全距离。在"啄钻"对话框的 最小安全距离 文本框中输入值 3.0。

Step 2 设置通孔安全距离。在"啄钻"对话框的 通孔安全距离 文本框中输入值 1.5。

Stage6. 避让设置

Step 1 单击"啄钻"对话框中的"避让"按钮 ，系统弹出"避让几何体"对话框。

Step 2 单击"避让几何体"对话框中的 Clearance Plane -无 按钮，系统弹出"安全平面"对话框。

Step 3 单击"安全平面"对话框中的 指定 按钮，系统弹出"平面"对话框，选取图 15.2.39 所示的平面为参照，然后在 偏置 区域的 距离 文本框中输入值 10.0，单击 确定 按钮，系统返回"安全平面"对话框并创建一个安全平面。

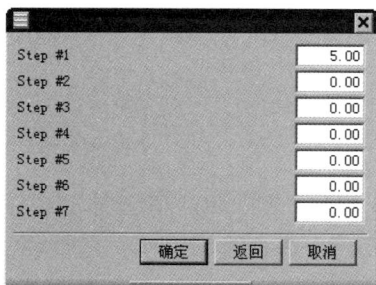

图 15.2.38 Parameter Set 1 对话框

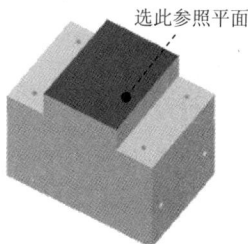

图 15.2.39 选取参照平面

Step 4 单击"安全平面"对话框中的 确定 按钮，返回到"避让几何体"对话框，然后单击"避让几何体"对话框中的 确定 按钮，完成安全平面的设置，返回"啄钻"对话框。

Stage7. 设置进给率和速度

Step 1 单击"啄钻"对话框中的"进给率和速度"按钮 ⌖，系统弹出"进给率和速度"对话框。

Step 2 在"进给率和速度"对话框中选中 ☑ 主轴速度 (rpm) 复选框，然后在其后的文本框中输入值 2000.0，按回车键，然后单击 ⬚ 按钮，在 切削 文本框中输入值 120.0，按回车键，然后单击 ⬚ 按钮，其他选项采用系统默认设置值，单击 确定 按钮。

Task5. 生成刀路轨迹并仿真

生成的刀路轨迹如图 15.2.40 所示，2D 动态仿真加工后的结果如图 15.2.41 所示。

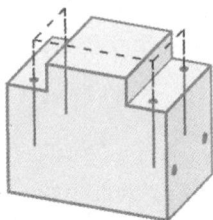

图 15.2.40   刀路轨迹   图 15.2.41   2D 仿真结果

15.3   铰孔加工

铰孔加工是使用铰刀对孔进行持续性的进刀和退刀的点到点钻孔工序，通常用于精加工。下面以图 15.3.1 所示的模型为例，说明创建铰孔操作的一般步骤。

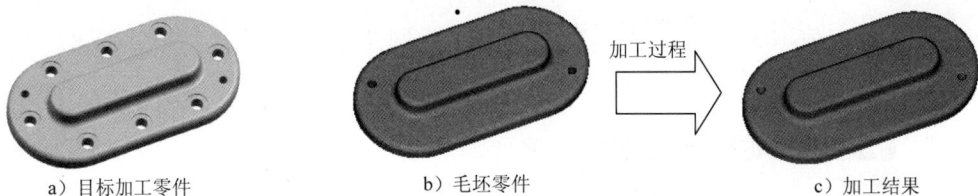

a）目标加工零件   b）毛坯零件   c）加工结果

图 15.3.1   铰孔加工

Task1. 打开模型文件

打开模型文件 D:\ug85nc\work\ch15\ch15.03\REAMING.prt，系统进入加工环境。

Task2. 创建刀具

Step 1 选择下拉菜单 插入(S) ➡ ⬚ 刀具(T)... 命令，系统弹出"创建刀具"对话框。

Step 2 在"创建刀具"对话框 类型 下拉列表中选择 drill 选项，在 刀具子类型 区域中选择 REAMER 按钮 ⬚，在 名称 文本框中输入 RE6，单击 确定 按钮，系统弹出"钻刀"对话框。

Step 3 设置刀具参数。在"钻刀"对话框的 **(D) 直径** 文本框中输入值 6.0，在 **(L) 长度** 文本框中输入值 100.0，在 **(FL) 刀刃长度** 文本框中输入值 75.0，在 **刀刃** 文本框中输入值 6，在 **刀具号** 文本框中输入值 6，其他参数采用系统默认设置值，单击 **确定** 按钮，完成刀具的创建。

Task3. 创建铰孔工序

Stage1. 创建工序

Step 1 选择下拉菜单 **插入(S)** ➡ **工序(E)...** 命令，系统弹出"创建工序"对话框。

Step 2 确定加工方法。在"创建工序"对话框 **类型** 下拉列表中选择 **drill** 选项，在 **工序子类型** 区域中选择"铰"按钮 ，在 **刀具** 下拉列表中选择前面设置的刀具 **RE6 (钻刀)** 选项，在 **几何体** 下拉列表中选择 **WORKPIECE** 选项，在 **方法** 下拉列表中选择 **DRILL_METHOD** 选项，其他参数采用系统默认设置值。

Step 3 单击"创建工序"对话框中的 **确定** 按钮，系统弹出图 15.3.2 所示的"铰"对话框。

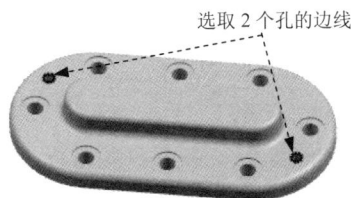

Stage2. 指定铰孔点

Step 1 指定铰孔点。单击"铰"对话框 **指定孔** 右侧的 按钮，系统弹出"点到点几何体"对话框，单击 **选择** 按钮，选取图 15.3.3 所示的孔边线，分别单击"点位选择"对话框和"点到点几何体"对话框中的 **确定** 按钮，返回"铰"对话框。

Step 2 指定顶面。单击"铰"对话框 **指定顶面** 右侧的 按钮，系统弹出"顶面"对话框，在"顶面"对话框中的 **顶面选项** 下拉列表中选择 **面** 选项，选取图 15.3.4 所示的面为顶面，单击 **确定** 按钮，返回"铰"对话框。

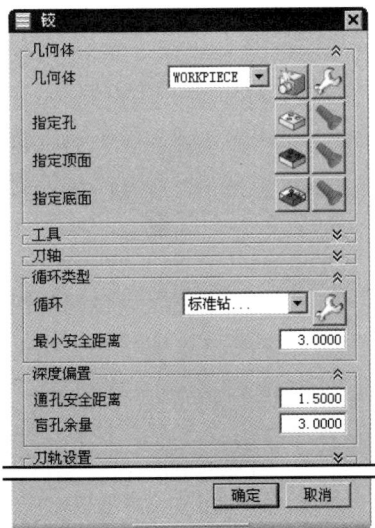

图 15.3.2 "铰"对话框

图 15.3.3 指定铰孔点

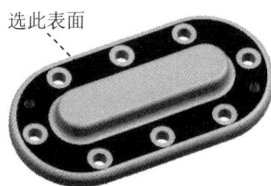

图 15.3.4 指定顶面

Stage3. 设置刀轴

选择系统默认的 +ZM 轴 作为要加工孔的轴线方向。

Stage4. 设置循环控制参数

Step 1 在"铰"对话框 循环类型 区域的 循环 下拉列表中选择 标准钻... 选项，单击"编辑参数"按钮 🔧，系统弹出"指定参数组"对话框。

Step 2 在"指定参数组"对话框中采用系统默认的参数设置，单击 确定 按钮，系统弹出"Cycle 参数"对话框，单击 Rtrcto - 无 按钮，在系统弹出的"安全高度设置类型"对话框中单击 自动 按钮，系统返回"Cycle 参数"对话框。

Step 3 在"Cycle 参数"对话框中单击 Dwell - 关 按钮，系统弹出 Cycle Dwell 对话框，单击 秒 按钮，此时系统弹出图 15.3.5 所示的"秒"对话框，在 秒 文本框中输入值 3.0，单击 确定 按钮，系统返回到"Cycle 参数"对话框。

图 15.3.5　"秒"对话框

Step 4 单击"Cycle 参数"对话框中的 确定 按钮，系统返回"铰"对话框。

Stage5. 设置一般参数

Step 1 设置最小安全距离。在"铰"对话框的 最小安全距离 文本框中输入值 3.0。

Step 2 设置通孔安全距离。在"铰"对话框的 通孔安全距离 文本框中输入值 1.5。

Step 3 设置盲孔余量。在 盲孔余量 文本框中输入值 3.0。

说明：在铰孔加工中应注意盲孔余量的大小，防止刀具进入深度过大而损伤刀具，注意此数值大小取决于刀具前端的引入部分。

Stage6. 避让设置

Step 1 单击"铰"对话框中的"避让"按钮 ▨，系统弹出"避让几何体"对话框。

Step 2 单击"避让几何体"对话框中的 Clearance Plane -无 按钮，系统弹出"安全平面"对话框。

Step 3 单击"安全平面"对话框中的 指定 按钮，系统弹出"平面"对话框，选取图 15.3.6 所示的平面为参照，然后在 偏置 区域的 距离 文本框中输入值 10.0，单击 确定 按钮，系统返回"安全平面"对话框并创建一个安全平面。

Step 4 单击"安全平面"对话框中的 确定 按钮，返回"避让几何体"对话框，然后单击"避让几何体"对话框中的 确定 按钮，完成安全平面的设置，返回"铰"对话框。

Stage7. 设置进给率和速度

Step **1**　单击"铰"对话框中的"进给率和速度"按钮，系统弹出"进给率和速度"对话框。

Step **2**　在"进给率和速度"对话框中选中 ☑ 主轴速度 (rpm) 复选框，然后在其后的文本框中输入值 800.0，按回车键，然后单击 按钮，在"进给率"区域的 切削 文本框中输入值 120.0，按回车键，然后单击 按钮，其他参数采用系统默认设置值，单击 确定 按钮。

Task4. 生成刀路轨迹

生成的刀路轨迹如图 15.3.7 所示。

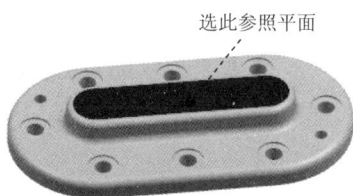

选此参照平面

图 15.3.6　选取参照平面

图 15.3.7　刀路轨迹

Task5. 保存文件

选择下拉菜单 文件(F) ➡ 保存(S) 命令，保存文件。

15.4　埋头孔加工

埋头孔加工是指以钻刀的圆锥面切削刃来扩大现有孔顶部的点到点钻孔工序，通常用于加工放置埋头螺钉紧固件的孔位或用于给其他加工后的孔位倒角。下面以图 15.4.1 所示的模型为例，说明创建埋头孔加工操作的一般步骤。

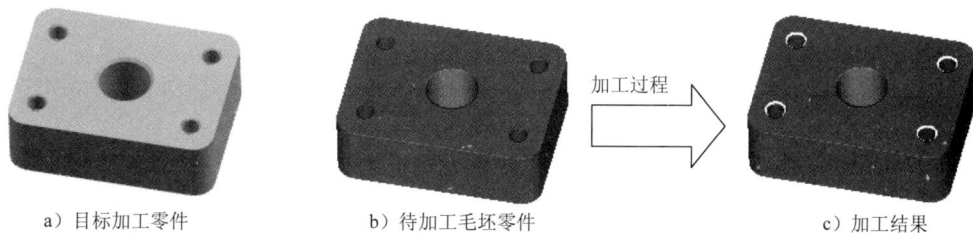

a）目标加工零件　　　　b）待加工毛坯零件　　加工过程　　c）加工结果

图 15.4.1　埋头孔加工

Task1. 打开模型文件并进入加工模块

打开文件 D:\ug85nc\work\ch15\ch15.04\COUNTERSINKING.prt，系统自动进入加工环境。

Task2. 创建刀具

Step 1 选择下拉菜单 插入(S) ➡ 刀具(T)... 命令，系统弹出"创建刀具"对话框。

Step 2 在"创建刀具"对话框 类型 下拉列表中选择 drill 选项，在 刀具子类型 区域中单击 COUNTERSINKING_TOOL 按钮 ，在 名称 文本框中输入 C30，单击 确定 按钮，系统弹出"铣刀-5 参数"对话框。

Step 3 在"铣刀-5 参数"对话框的 (D) 直径 文本框中输入值 30.0，在 刀具号 文本框中输入值 6，其他参数采用系统默认设置值，单击 确定 按钮，完成刀具的创建。

Task3. 创建埋头孔加工工序

Stage1. 创建工序

Step 1 选择下拉菜单 插入(S) ➡ 工序(E)... 命令，系统弹出"创建工序"对话框。

Step 2 确定加工方法。在"创建工序"对话框 类型 下拉列表中选择 drill 选项，在 工序子类型 区域中选择"钻埋头孔"按钮 ，在 刀具 下拉列表中选择前面设置的刀具 C30 (铣刀-5 参数) 选项，在 几何体 下拉列表中选择 WORKPIECE 选项，在 方法 下拉列表中选择 DRILL_METHOD 选项，其他参数采用系统默认设置值。

Step 3 单击"创建工序"对话框中的 确定 按钮，系统弹出图 15.4.2 所示的"钻埋头孔"对话框。

Stage2. 指定加工点

Step 1 指定钻孔点。单击"钻埋头孔"对话框 指定孔 右侧的 按钮，系统弹出"点到点几何体"对话框，单击 选择 按钮，在系统依次弹出的对话框中单击 面上所有孔 和 最大直径 -无 按钮，此时系统弹出图 15.4.3 所示的"直径"对话框，输入其最大直径为 10.0，单击 确定 按钮，并选取图 15.4.4 所示的模型表面，单击 确定 按钮，直至返回到"钻埋头孔"对话框。

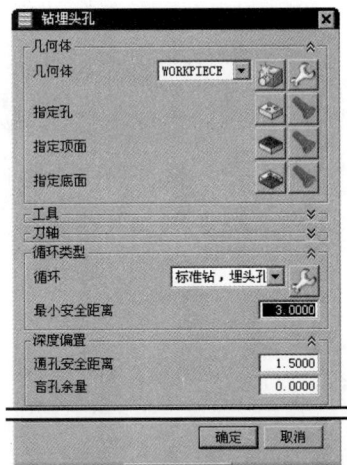

图 15.4.2 "钻埋头孔"对话框

图 15.4.3 "直径"对话框

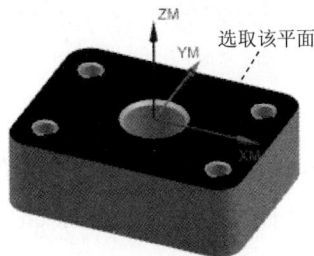

图 15.4.4 选取面

Step 2　指定顶面。单击"钻埋头孔"对话框 指定顶面 右侧的 ◆ 按钮，系统弹出"顶面"
　　　　对话框。在"顶面"对话框中的 顶面选项 下拉列表中选择 面选项，选取图 15.4.4
　　　　所示的面为顶面。单击 确定 按钮，返回"钻埋头孔"对话框。

Stage3．设置刀轴

选择系统默认的 +ZM 轴 作为要加工孔的轴线方向。

Stage4．设置循环控制参数

Step 1　在"钻埋头孔"对话框 循环类型 区域的 循环 下拉列表中选择 标准钻，埋头孔... 选项，
　　　　单击"编辑参数"按钮 🔧，系统弹出"指定参数组"对话框。

Step 2　在"指定参数组"对话框中采用系统默认的参数设置值，单击 确定 按钮，系
　　　　统弹出"Cycle 参数"对话框，单击 Csink 直径 - 0.0000 按钮，系统
　　　　弹出图 15.4.5 所示的"Csink 直径"对话
　　　　框，在 Csink 直径 文本框中输入值 8.2，单
　　　　击 确定 按钮，系统返回"Cycle 参数"
　　　　对话框。

图 15.4.5　"Csink 直径"对话框

Step 3　在"Cycle 参数"对话框中，单击 Rtrcto - 无 按钮，在系统弹出的
　　　　"安全高度设置类型"对话框中单击 自动 按钮，系统返回
　　　　"Cycle 参数"对话框。

Step 4　在"Cycle 参数"对话框单击 Dwell - 关 按钮，系统弹出 Cycle Dwell
　　　　对话框，单击 秒 按钮，系统弹出"秒"对话框，在 秒 文
　　　　本框中输入值 3.0，单击 确定 按钮，系统返回"Cycle 参数"对话框。

Step 5　在"Cycle 参数"对话框中单击 确定 按钮，系统返回"钻埋头孔"对话框。

Stage5．设置一般参数

Step 1　设置最小安全距离。在"钻埋头孔"对话框的 最小安全距离 文本框中输入值 3.0。

Step 2　设置通孔安全距离。在"钻埋头孔"对话框的 通孔安全距离 文本框中输入值 1.5。

Stage6．设置避让

Step 1　单击"钻埋头孔"对话框中的 ▨ 按钮，系统弹出"避让几何体"对话框。

Step 2　单击"避让几何体"对话框中的 Clearance Plane -无 按钮，系统弹出
　　　　"安全平面"对话框。

Step 3　单击"安全平面"对话框中的 指定 按钮，系统弹出"平
　　　　面"对话框，选取图 15.4.6 所示的平面为参照平面，在 偏置 区域的 距离 文本框中
　　　　输入值 10.0，单击 确定 按钮，系统返回"安全平面"对话框并创建一个安全
　　　　平面。

Step 4 单击"安全平面"对话框中的 确定 按钮，返回"避让几何体"对话框，然后单击"避让几何体"对话框中的 确定 按钮，完成安全平面的设置，返回"钻埋头孔"对话框。

Stage7．设置进给率和速度

Step 1 单击"埋头孔加工"对话框中的"进给率和速度"按钮 ，系统弹出"进给率和速度"对话框。

Step 2 在"进给率和速度"对话框中选中 ☑ 主轴速度 (rpm) 复选框，然后在其后的文本框中输入值 200.0，按回车键，然后单击 按钮，在 切削 文本框中输入值 20.0，按回车键，然后单击 按钮，其他参数采用系统默认设置值，单击 确定 按钮。

Stage8．生成刀路轨迹并仿真

生成的刀路轨迹如图 15.4.7 所示，2D 动态仿真加工后的结果如图 15.4.8 所示。

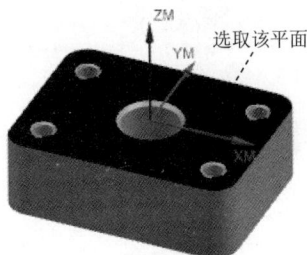

图 15.4.6　选取参照平面　　　图 15.4.7　刀路轨迹　　　图 15.4.8　2D 仿真结果

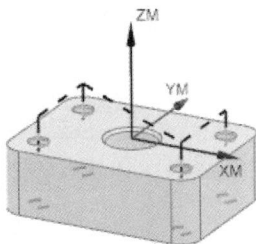

Task4．保存文件

选择下拉菜单 文件(F) ➡ 保存(S) 命令，保存文件。

15.5　螺纹孔加工

螺纹孔加工即用丝锥加工孔的内螺纹，适用于切削较小直径的螺纹孔。下面以图 15.5.1 所示的模型为例，说明创建螺纹孔加工操作的一般步骤。

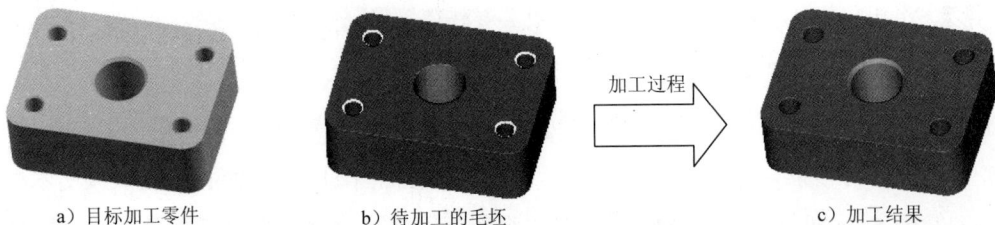

a）目标加工零件　　　b）待加工的毛坯　　加工过程　　　c）加工结果

图 15.5.1　螺纹孔加工

Task1. 打开模型文件并进入加工模块

打开文件 D:\ug85nc\work\ch15\ch15.05\tapping.prt，系统自动进入加工环境。

Task2. 创建刀具

Step 1 选择下拉菜单 插入(S) ➡ 刀具(T)命令，系统弹出"创建刀具"对话框。

Step 2 在"创建刀具"对话框 类型 下拉列表中选择 drill 选项，在 刀具子类型 区域中单击 TAP 按钮 ▓，在 名称 文本框中输入 TAP8，单击 确定 按钮，系统弹出"钻刀"对话框。

Step 3 在"钻刀"对话框的 (D) 直径 文本框中输入值 8.0，在 (P) 螺距 文本框中输入值 1.0，在 刀具号 文本框中输入值 1，其他参数采用系统默认设置值，单击 确定 按钮，完成刀具的设置。

Task3. 创建螺纹孔加工工序

Stage1. 创建工序

Step 1 选择下拉菜单 插入(S) ➡ 工序(E)...命令，系统弹出"创建工序"对话框。

Step 2 确定加工方法。在"创建工序"对话框 类型 下拉列表中选择 drill 选项，在 工序子类型 区域中选择"出屑"按钮 ▓，在 刀具 下拉列表中选择前面设置的刀具 TAP8 (钻刀) 选项，在 几何体 下拉列表中选择 WORKPIECE 选项，在 方法 下拉列表中选择 DRILL_METHOD 选项，其他参数采用系统默认设置值。

Step 3 单击"创建工序"对话框中的 确定 按钮，系统弹出图 15.5.2 所示的"出屑"对话框。

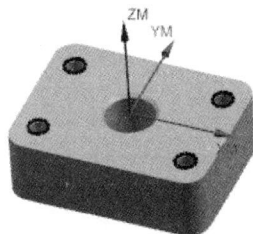

图 15.5.2　"出屑"对话框

Stage2. 指定加工点

Step 1 指定加工点。

（1）单击"出屑"对话框 指定孔 右侧的 ▓ 按钮，系统弹出"点到点几何体"对话框，单击 选择 按钮，系统弹出"点位选择"对话框。

（2）在图形中选取图 15.5.3 所示的孔，单击"点位选择"对话框中 确定 按钮，被选择的四个孔被编号，完成后单击"点到点几何体"对话框中的 确定 按钮，返回"出屑"对话框。

图 15.5.3　指定加工点

Step 2 指定顶面。单击"出屑"对话框 指定顶面 右侧的 ▓ 按钮，系统弹出"顶面"对话框；在"顶面"对话框中的 顶面选项 下拉列表中选择 ▓ 面选项，选取图 15.5.4 所

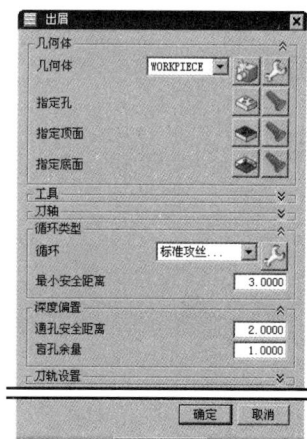

示的平面为部件表面；单击 确定 按钮，返回"出屑"对话框。

Step 3 指定底面。单击"出屑"对话框 指定底面 右侧的 按钮，系统弹出"底面"对话框。在"底面"对话框中的 底面选项 下拉列表中选择 面选项，选取图 15.5.5 所示的平面为部件表面；单击 确定 按钮，返回"出屑"对话框。

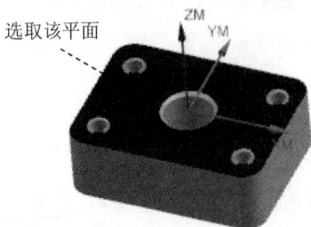

图 15.5.4　指定部件表面　　　　　　　　图 15.5.5　指定部件底面

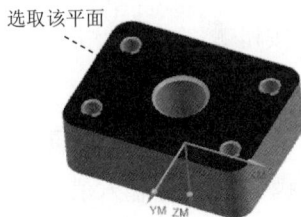

Stage3．设置刀轴

选择系统默认的 +ZM 轴 作为要加工孔的轴线方向。

Stage4．设置循环控制参数

Step 1 在"出屑"对话框 循环类型 区域的 循环 下拉列表中选择 标准攻丝... 选项，单击"编辑参数"按钮 ，系统弹出"指定参数组"对话框。

Step 2 在"指定参数组"对话框中采用系统默认的参数设置值，单击 确定 按钮，系统弹出"Cycle 参数"对话框，单击 Depth (Tip) - 0.0000 按钮，系统弹出"Cycle 深度"对话框。

Step 3 在"Cycle 深度"对话框中单击 穿过底面 按钮，系统返回到"Cycle 参数"对话框。

Step 4 在"Cycle 参数"对话框中单击 Rtrcto - 无 按钮，在系统弹出的"安全高度设置类型"对话框中单击 自动 按钮，系统返回"Cycle 参数"对话框。

Step 5 在"Cycle 参数"对话框中单击 确定 按钮，系统返回"出屑"对话框。

Stage5．设置一般参数

Step 1 定义最小安全距离。在"出屑"对话框的 最小安全距离 文本框中输入值 3.0。

Step 2 设置通孔安全距离。在"出屑"对话框的 通孔安全距离 文本框中输入值 3.0。

说明：在进行盲孔螺纹加工时应注意盲孔余量的大小，防止刀具进入深度过大而损伤刀具，注意此数值大小取决于丝锥刀具前端的引入部分。

Stage6．设置避让

Step 1 单击"出屑"对话框中的"避让"按钮 ，系统弹出"避让几何体"对话框。

Step 2 单击"避让几何体"对话框中的 Clearance Plane -无 按钮，系统弹出

"安全平面"对话框。

Step 3 单击"安全平面"对话框中的 [指定] 按钮，系统弹出"平面"对话框，选取图 15.5.6 所示的平面为参照平面，在 偏置 区域的 距离 文本框中输入值 5.0，单击 确定 按钮，系统返回"安全平面"对话框。

Step 4 单击"安全平面"对话框中的 确定 按钮，返回到"避让几何体"对话框，然后单击"避让几何体"对话框中的 确定 按钮，完成安全平面的设置，并返回"出屑"对话框。

Stage7. 设置进给率和速度

Step 1 单击"出屑"对话框中的"进给率和速度"按钮 ，系统弹出"进给率和速度"对话框。

Step 2 在"进给率和速度"对话框中选中 ☑ 主轴速度 (rpm) 复选框，然后在其后的文本框中输入值 200.0 并按回车键，然后单击 按钮，在 切削 文本框中输入值 200.0，然后单击 按钮，其他参数采用系统默认设置值，单击 确定 按钮。

Task4. 生成刀路轨迹

生成的刀路轨迹如图 15.5.7 所示。

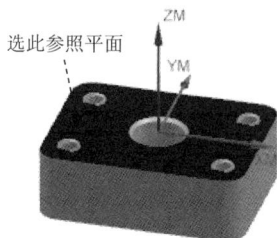

图 15.5.6　选取参照平面　　　　图 15.5.7　刀路轨迹

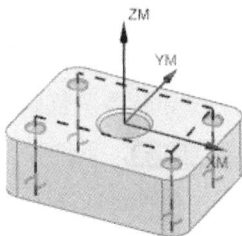

Task5. 保存文件

选择下拉菜单 文件(F) ➡ 保存(S) 命令，保存文件。

15.6　UG 钻孔加工实际综合应用

本应用讲述的是一个模板零件的完整钻孔加工过程，其中包括钻中心孔、标准钻孔、镗孔、钻埋头孔等加工内容，在学完本节后，希望读者能够举一反三，进一步了解钻孔加工各个参数的含义，灵活运用前面介绍的各种钻孔操作。下面介绍该零件车削加工的操作步骤。

Task1. 打开模型文件并进入加工模块

Step 1 打开模型文件 D:\ug85nc\work\ch15\ch15.06\drill_mold.prt。

Step 2 进入加工环境。选择下拉菜单 🔧 开始 ➡️ 🔧 加工(N)... 命令，在系统弹出的"加工环境"对话框 要创建的 CAM 设置 列表框中选择 drill 选项，单击 确定 按钮，进入加工环境。

Task2. 创建几何体

Stage1. 创建机床坐标系和安全平面

Step 1 在工序导航器中进入几何体视图，双击节点 🔧 MCS_MILL，系统弹出"MCS 铣削"对话框。

Step 2 在"MCS 铣削"对话框的 机床坐标系 区域中单击"CSYS 对话框"按钮 🔧，在系统弹出的 CSYS 对话框 类型 下拉列表中选择 🔧 动态 选项。

Step 3 单击 CSYS 对话框 操控器 区域中的"操控器"按钮 🔧，在弹出的"点"对话框的 Z 文本框中输入值 40.0，单击 确定 按钮，此时系统返回至 CSYS 对话框。单击 确定 按钮，完成图 15.6.1 所示机床坐标系的创建，系统返回到"MCS 铣削"对话框。

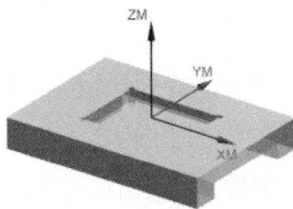

Step 4 在"MCS 铣削"对话框中的 安全设置 区域的 安全设置选项 下拉列表中选择 自动平面 选项，在 安全距离 文本框中输入值为 30。

Step 5 单击"MCS 铣削"对话框中的 确定 按钮，完成机床坐标系和安全平面的创建。

Stage2. 创建部件和毛坯几何体

Step 1 将工序导航器调整到几何视图状态，单击 🔧 MCS_MILL 节点前的"+"，双击节点 🔧 WORKPIECE，系统弹出"工件"对话框。

Step 2 在"工件"对话框中单击 🔧 按钮，系统弹出"部件几何体"对话框，选取全部零件为部件几何体，单击 确定 按钮，返回到"工件"对话框。

Step 3 在"工件"对话框中单击 🔧 按钮，系统弹出"毛坯几何体"对话框，在"毛坯几何体"对话框中的 类型 下拉列表中选择 🔧 几何体 选项，在图形区选取"体 13"为毛坯几何体，如图 15.6.2 所示，完成后单击 确定 按钮。

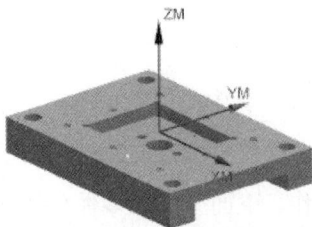

图 15.6.1　机床坐标系　　　　图 15.6.2　毛坯几何体

Step 4 单击"工件"对话框中的 确定 按钮，完成几何体的创建。

Task3. 创建刀具

Stage1. 创建刀具（一）

Step 1　选择下拉菜单 插入(S) ➡ 刀具(T)... 命令，系统弹出"创建刀具"对话框。

Step 2　确定刀具类型。在"创建刀具"对话框 类型 下拉列表中选择 drill 选项，在 刀具子类型 区域中单击 SPOTDRILLING_TOOL 按钮 ，在 名称 文本框中输入 SP3，然后单击 确定 按钮，系统弹出"钻刀"对话框。

Step 3　设置刀具参数。在"钻刀"对话框的 (D) 直径 文本框中输入值 3.0，在 刀具号 文本框中输入值 1，其他参数采用系统默认设置值，单击 确定 按钮，完成刀具的设置。

Stage2. 创建刀具（二）

参照 Stage1 的操作步骤，选择刀具类型为 drill 选项，选择 刀具子类型 为 DRILLING_TOOL，输入刀具名称为 DR8，设置刀具 (D) 直径 为 8.0，设置 刀具号 为 2。

Stage3. 创建刀具（三）

参照 Stage1 的操作步骤，选择刀具类型为 drill 选项，选择 刀具子类型 为 DRILLING_TOOL，输入刀具名称为 DR8.5，设置刀具 (D) 直径 为 8.5，设置 刀具号 为 3。

Stage4. 创建刀具（四）

参照 Stage1 的操作步骤，选择刀具类型为 drill 选项，选择 刀具子类型 为 DRILLING_TOOL，输入刀具名称为 DR11，设置刀具 (D) 直径 为 11.0，设置 刀具号 为 4。

Stage5. 创建刀具（五）

参照 Stage1 的操作步骤，选择刀具类型为 drill 选项，选择 刀具子类型 为 DRILLING_TOOL，输入刀具名称为 DR12，设置刀具 (D) 直径 为 12.0，设置 刀具号 为 5。

Stage6. 创建刀具（六）

参照 Stage1 的操作步骤，选择刀具类型为 drill 选项，选择 刀具子类型 为 COUNTERBORING_TOOL，输入刀具名称为 CT20，设置刀具 (D) 直径 为 20.0，设置 刀具号 为 6。

Stage7. 创建刀具（七）

参照 Stage1 的操作步骤，选择刀具类型为 drill 选项，选择 刀具子类型 为 BORING_BAR，输入刀具名称为 BOR30，设置刀具 (D) 直径 为 30.0，设置 刀具号 为 7。

Stage8. 创建刀具（八）

参照 Stage1 的操作步骤，选择刀具类型为 drill 选项，选择 刀具子类型 为 COUNTERSINKING_TOOL，输入刀具名称为 C16，设置刀具 (D) 直径 为 16.0，设置 刀具号 为 8。

Stage9. 创建刀具（九）

参照 Stage1 的操作步骤，选择刀具类型为 drill 选项，选择 刀具子类型 为 TAP，输入刀具名称为 TAP10，设置刀具 (D) 直径 为 10.0，设置 刀具号 为 9。

说明：本应用包括定心钻孔、标准钻孔、埋头孔加工和螺纹孔加工。提前设置九把不同参数的刀，在后面创建工序过程中直接调用即可。

Task4. 创建程序

Stage1. 重命名程序

Step 1　将工序导航器调整到程序顺序视图。右击 ✔ 🗐 PROGRAM 节点，在系统弹出的快捷菜单中选择 🔁 重命名 选项，并命名为 P-01。

Stage2. 创建其他程序

Step 1　选择下拉菜单 插入(S) ➡ 🗐 程序(P)... 命令，系统弹出"创建程序"对话框。在 程序 下拉列表中选择 NC_PROGRAM 选项，在 名称 文本框中输入 P-02，单击 确定 按钮，系统弹出"程序"对话框，单击 确定 按钮，完成程序的创建。

Step 2　参照 Step1 的操作创建程序 P-03，其结果如图 15.6.3 所示。

```
NC_PROGRAM
  🗐 未用项
  ✔ 🗐 P-01
  ✔ 🗐 P-02
  ✔ 🗐 P-03
```

图 15.6.3　创建结果

Task5. 创建定心钻孔工序 1

Stage1. 插入工序

Step 1　选择下拉菜单 插入(S) ➡ 🛠 工序(E)... 命令，系统弹出"创建工序"对话框。

Step 2　确定加工方法。在"创建工序"对话框 类型 下拉列表中选择 drill 选项，在 工序子类型 区域中选择"定心钻"按钮 🛠，在 程序 下拉列表中选择 P-01 选项，在 刀具 下拉列表中选择前面设置的刀具 SP3 (钻刀) 选项，在 几何体 下拉列表中选择 WORKPIECE 选项，在 方法 下拉列表中选择 DRILL_METHOD 选项，使用系统默认的名称，单击 确定 按钮，系统弹出"定心钻"对话框。

Stage2. 指定钻孔点

Step 1　单击"定心钻"对话框 指定孔 右侧的 ⬦ 按钮，系统弹出"点到点几何体"对话框，单击 选择 按钮，系统弹出"点位选择"对话框。

Step 2　单击 面上所有孔 按钮，选择图 15.6.4 所示的平面 1 为参照，单击 确定 按钮，然后单击 Cycle 参数组 - 1 按钮，系统弹出图 15.6.5 所示的"循环参数组"对话框。

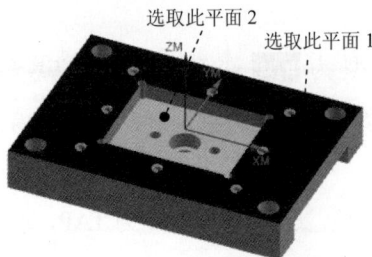

图 15.6.4　指定钻孔点

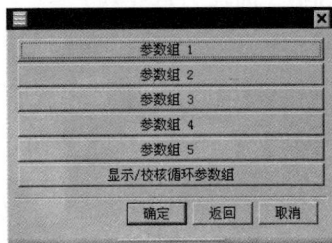

图 15.6.5　"循环参数组"对话框

Step **3** 单击 ███████ 参数组 2 ███████ 按钮，返回到"点位选择"对话框，单击
███████ 面上所有孔 ███████ 按钮，选择图 15.6.4 所示的平面 2 为参照，单击
███ 确定 ███ 按钮，直至系统返回"点到点几何体"对话框。

Step **4** 优化孔。在"点到点几何体"对话框中单击 ███████ 优化 ███████ 按钮，此
时，在系统依次弹出的对话框中单击 ███████ Horizontal Bands ███████ 按钮、
███████ 升序 ███████ 按钮，此时在系统 **定义在第一条直线上的点** 提示下，创建
图 15.6.6 所示的三条水平带（具体操作参见录像），单击 ███ 确定 ███ 按钮返回"点到
点几何体"对话框。

Step **5** 定义 Rapto 偏置。在"点到点几何体"对话框中单击 ███████ Rapto 偏置 ███████ 按
钮，系统弹出图 15.6.7 所示的"RAPTO 偏置"对话框，在 **RAPTO 偏置** 文本框中输
入值-13.0，选取图 15.6.8 所示的孔，单击 ███ 应用 ███ 和 ███ 确定 ███ 按钮，直至系统返回
到"定心钻"对话框。

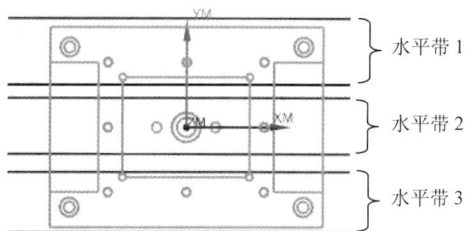

图 15.6.6　创建水平带

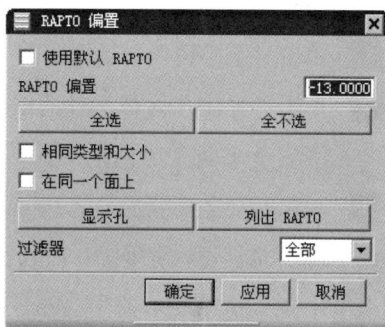

图 15.6.7　"RAPTO 偏置"对话框

Stage3. 指定部件顶面

Step **1** 单击"定心钻"对话框 **指定顶面** 右侧的 ◆ 按钮，系统弹出"顶面"对话框。

Step **2** 在"顶面"对话框中的 **顶面选项** 下拉列表中选择 █ **平面** 选项，选取图 15.6.9 所示
的平面 1 为参考平面，单击 ███ 确定 ███ 按钮，返回"定心钻"对话框。

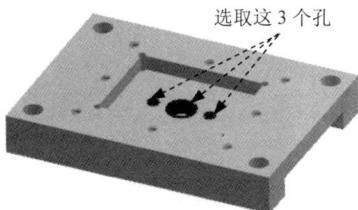

选取这 3 个孔

图 15.6.8　指定孔

选此参照平面

图 15.6.9　定义部件顶面

Stage4. 设置刀轴

选择系统默认的 **+ZM 轴** 作为要加工孔的轴线方向。

Stage5．设置循环控制参数

Step 1 在"定心钻"对话框 循环类型 区域的 循环 下拉列表中选择 标准钻... 选项，单击"编辑参数"按钮 🔧，系统弹出"指定参数组"对话框。

Step 2 在"指定参数组"对话框中采用系统默认的参数组序号 2，单击 确定 按钮，系统弹出"Cycle 参数"对话框，单击 Depth (Tip) - 0.0000 按钮，系统弹出"Cycle 深度"对话框。

Step 3 在"Cycle 深度"对话框单击 刀尖深度 按钮，系统弹出"深度"对话框，在文本框中输入值 5.0，单击两次 确定 按钮，系统返回"Cycle 参数"对话框。

Step 4 在"Cycle 参数"对话框中单击 确定 按钮，系统返回"定心钻"对话框。

Stage6．设置一般参数

在"定心钻"对话框中的 最小安全距离 文本框中输入值 3.0。

Stage7．避让设置

Step 1 单击"定心钻"对话框中的"避让"按钮 🔳，系统弹出"避让几何体"对话框。

Step 2 单击"避让几何体"对话框中的 Clearance Plane -无 按钮，系统弹出"安全平面"对话框。

Step 3 单击"安全平面"对话框中的 指定 按钮，系统弹出"平面"对话框，选取图 15.6.10 所示的平面为参照，然后在 偏置 区域的 距离 文本框中输入值 10.0，单击 确定 按钮，系统返回"安全平面"对话框并创建一个安全平面。

Step 4 单击"安全平面"对话框中的 确定 按钮，返回"避让几何体"对话框，然后单击"避让几何体"对话框中的 确定 按钮，完成安全平面的设置，返回"定心钻"对话框。

Stage8．设置进给率和速度

Step 1 单击"定心钻"对话框中的"进给率和速度"按钮 🔧，系统弹出"进给率和速度"对话框。

Step 2 在"进给率和速度"对话框中选中 ☑ 主轴速度 (rpm) 复选框，然后在其后的文本框中输入值 2000.0，按回车键，然后单击 📋 按钮，在 切削 文本框中输入值 100.0，按回车键，然后单击 📋 按钮，其他选项采用系统默认设置值，单击 确定 按钮。

Stage9．生成刀路轨迹并仿真

生成的刀路轨迹如图 15.6.11 所示。

图 15.6.10　选取参照平面

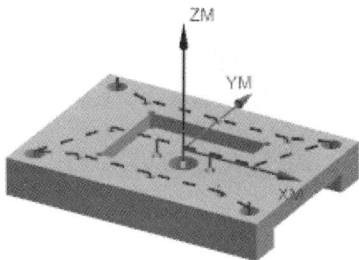

图 15.6.11　刀路轨迹

Task6. 创建标准钻孔工序 1

Stage1. 插入工序

Step 1 选择下拉菜单 插入(S) —— 工序(E)...命令，系统弹出"创建工序"对话框。

Step 2 确定加工方法。在"创建工序"对话框 类型 下拉列表中选择 drill 选项，在 工序子类型 区域中选择"钻"按钮，在 程序 下拉列表中选择 P-01 选项，在 刀具 下拉列表中选择前面设置的刀具 DR8 (钻刀) 选项，在 几何体 下拉列表中选择 WORKPIECE 选项，在 方法 下拉列表中选择 DRILL_METHOD 选项，使用系统默认的名称，单击 确定 按钮，系统弹出"钻"对话框。

Stage2. 指定钻孔点

Step 1 单击"钻"对话框 指定孔 右侧的 按钮，系统弹出"点到点几何体"对话框，单击 选择 按钮，系统弹出"点位选择"对话框。

Step 2 然后单击 面上所有孔 按钮，选择图 15.6.12 所示的平面为参照，单击两次 确定 按钮，返回到"点到点几何体"对话框。

Step 3 定义优化设置。在"点到点几何体"对话框中单击 优化 按钮，此时，在系统依次弹出的对话框中单击 最短刀轨 按钮、优化 按钮和 接受 按钮，返回"点到点几何体"对话框，单击 确定 按钮，返回"钻"对话框。

Stage3. 指定顶面和底面

Step 1 指定顶面。单击"钻"对话框 指定顶面 右侧的 按钮，系统弹出"顶面"对话框。在该对话框中的 顶面选项 下拉列表中选择 面选项，选取图 15.6.12 所示的面为顶面，单击 确定 按钮，返回"钻"对话框。

Step 2 指定底面。单击"钻"对话框中 指定底面 右侧的 按钮，系统弹出"底面"对话框，在"底面"对话框中的 底面选项 下拉列表中选择 面选项，选取图 15.6.13 所示的面，单击 确定 按钮返回"钻"对话框。

图 15.6.12　定义参照面

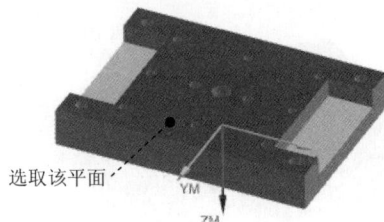

图 15.6.13　指定底面

Stage4．设置刀轴

选择系统默认的 +ZM 轴 作为要加工孔的轴线方向。

Stage5．设置循环控制参数

在"钻"对话框 循环类型 区域的 循环 下拉列表中选择 标准钻... 选项。

Stage6．设置一般参数

Step 1　设置最小安全距离。在 最小安全距离 文本框中输入值 3.0。

Step 2　设置通孔安全距离。在 通孔安全距离 文本框中输入值 1.5。

Stage7．避让设置

Step 1　单击"钻"对话框中的"避让"按钮 ，系统弹出"避让几何体"对话框。

Step 2　单击"避让几何体"对话框中的　Clearance Plane -无　按钮，系统弹出"安全平面"对话框。

Step 3　单击"安全平面"对话框中的　指定　按钮，系统弹出"平面"对话框，选取图 15.6.12 所示的平面为参照，然后在 偏置 区域的 距离 文本框中输入值 10.0，单击 确定 按钮，系统返回"安全平面"对话框并创建一个安全平面。

Step 4　单击"安全平面"对话框中的 确定 按钮，返回"避让几何体"对话框，然后单击"避让几何体"对话框中的 确定 按钮，完成安全平面的设置，返回"钻"对话框。

Stage8．设置进给率和速度

Step 1　单击"钻"对话框中的"进给率和速度"按钮 ，系统弹出"进给率和速度"对话框。

Step 2　在"进给率和速度"对话框中选中 ☑ 主轴速度 (rpm) 复选框，然后在其后的文本框中输入值 850.0，按回车键，然后单击 按钮，在 切削 文本框中输入值 60.0，按回车键，然后单击 按钮，其他选项采用系统默认设置值，单击 确定 按钮。

Stage9．生成刀路轨迹并仿真

生成的刀路轨迹如图 15.6.14 所示，2D 动态仿真加工后的结果如图 15.6.15 所示。

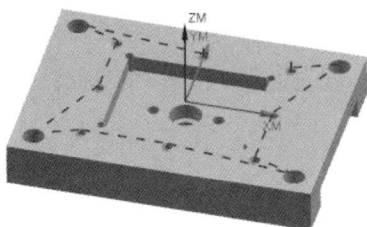

图 15.6.14　刀路轨迹

图 15.6.15　2D 仿真结果

Task7. 创建标准钻孔工序 2

Step 1　复制标准钻孔工序。在工序导航器的空白处右击，在弹出的快捷菜单中选择 🔲 程序顺序视图 选项，然后在 ☒ DRILLING 节点上右击，在弹出的快捷菜单中选择 🔲 复制 命令。

Step 2　粘贴钻孔工序。在工序导航器的 ☒ DRILLING 节点上右击，在弹出的快捷菜单中选择 🔲 粘贴 命令。

Step 3　修改操作名称。在工序导航器的 ⊘☒ DRILLING_COPY 节点上右击，在弹出的快捷菜单中选择 🔲 重命名 命令，将其名称改为 DRILLING_1。

Step 4　重新定义操作。

（1）双击 Step3 改名的 ⊘☒ DRILLING_1 节点，系统弹出"钻"对话框。

（2）在"钻"对话框中单击 指定孔 右侧的 ◈ 按钮，系统弹出"点到点几何体"对话框，单击 选择 按钮，系统消息区出现提示"省略现有点吗？"，此时在系统弹出的对话框中单击 是 按钮，系统弹出"点位选择"对话框。

（3）单击 面上所有孔 按钮，选择图 15.6.16 所示的平面为参照，单击两次 确定 按钮，返回到"点到点几何体"对话框，被选择的 3 个孔被自动编号。

（4）单击"点到点几何体"对话框中的 确定 按钮，返回"钻"对话框。

（5）单击"钻"对话框中 指定顶面 右侧的 ◈ 按钮，系统弹出"顶面"对话框，然后选取图 15.6.16 所示的面，单击 确定 按钮，返回"钻"对话框。

Step 5　单击"生成"按钮 🖉，生成的刀路轨迹如图 15.6.17 所示。

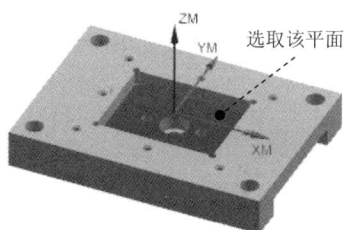

图 15.6.16　定义参照面

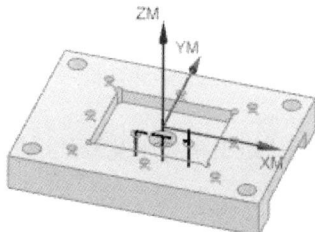

图 15.6.17　刀路轨迹

Task8. 创建标准钻孔工序 3

Step 1 参照 Task7 的操作步骤再次复制钻孔工序 ⬚ DRILLING 并粘贴，将复制粘贴后的操作名称改为 DRILLING_2。

Step 2 重新定义操作。

（1）双击 ⬚ DRILLING_2 节点，系统弹出"钻"对话框。

（2）在"钻"对话框 工具 区域的 刀具 下拉列表中选择 DR8.5 (钻刀) 选项。

（3）在"钻"对话框中单击 指定孔 右侧的 ⬚ 按钮，系统弹出"点到点几何体"对话框，单击 省略 按钮，系统消息区出现提示"选择点"，然后选取图 15.6.18 所示的孔所在点，单击两次 确定 按钮，返回"钻"对话框。

Step 3 其余参数均保持不变，故不再赘述。

Step 4 单击"生成"按钮 ⬚，生成的刀路轨迹如图 15.6.19 所示。

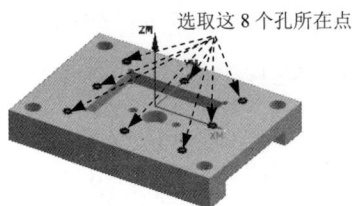

图 15.6.18　指定孔位置　　　　　图 15.6.19　刀路轨迹

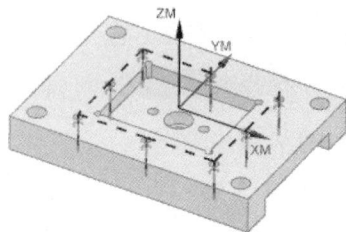

Task9. 创建标准钻孔工序 4

Step 1 复制标准钻孔工序。在工序导航器的程序顺序视图中右击 ⬚ DRILLING_1 节点，在弹出的快捷菜单中选择 复制 命令，然后右击 ⬚ P-02 节点，在弹出的快捷菜单中选择 内部粘贴 命令。

Step 2 修改操作名称。在工序导航器的 ⬚ DRILLING_1_COPY 节点上右击，在弹出的快捷菜单中选择 重命名 命令，将其名称改为 DRILLING_3。

Step 3 重新定义操作。

（1）双击 ⬚ DRILLING_3 节点，系统弹出"钻"对话框。

（2）在"钻"对话框 工具 区域的 刀具 下拉列表中选择 DR11 (钻刀) 选项。

（3）单击"钻"对话框中的"进给率和速度"按钮 ⬚，系统弹出"进给率和速度"对话框。

（4）在"进给率和速度"对话框中选中 ☑ 主轴速度 (rpm) 复选框，然后在其后方的文本框中输入值 650.0，按回车键，然后单击 ⬚ 按钮，在 切削 文本框中输入值 80.0，按回车键，然后单击 ⬚ 按钮，其他选项采用系统默认设置值，单击 确定 按钮。

Step 4 单击"生成"按钮 ![], 生成的刀路轨迹如图
15.6.20 所示。

Task10. 创建标准钻孔工序 5

Step 1 复制标准钻孔工序。在工序导航器的程序顺序
视图中右击 ![] DRILLING_2 节点, 在弹出的快捷
菜单中选择 ![] 复制 命令, 然后右击 ![] P-02 节
点, 在弹出的快捷菜单中选择 内部粘贴 命令。

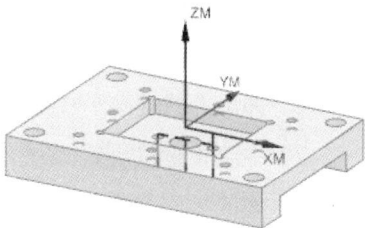

图 15.6.20 刀路轨迹

Step 2 修改操作名称。在工序导航器的 ![] DRILLING_2_COPY 节点上右击, 在弹出的快捷菜
单中选择 ![] 重命名 命令, 将其名称改为 DRILLING_4。

Step 3 重新定义操作。

（1）双击 ![] DRILLING_4 节点, 系统弹出"钻"对话框。

（2）在"钻"对话框 工具 区域的 刀具 下拉列表中选择 DR12 (钻刀) 选项。

（3）在"钻"对话框中单击 指定孔 右侧的 ![] 按钮, 系统弹出"点到点几何体"对话
框, 单击 选择 按钮, 系统消息区出现提示"省略现有点吗？",
此时在系统弹出的对话框中单击 是 按钮, 系统弹出"点位选
择"对话框。

（4）然后选取图 15.6.21 所示的四条孔的边线, 单击两次 确定 按钮, 返回到"点到
点几何体"对话框, 被选择的 4 个孔被自动编号。

（5）单击"点到点几何体"对话框中的 确定 按钮, 返回"钻"对话框。

（6）单击"钻"对话框中的"进给率和速度"按钮 ![], 系统弹出"进给率和速度"
对话框。

（7）在"进给率和速度"对话框中选中 ![] 主轴速度 (rpm) 复选框, 然后在其后方的文本
框中输入值 600.0, 按回车键, 然后单击 ![] 按钮, 在 切削 文本框中输入值 80.0, 按回车键,
然后单击 ![] 按钮, 其他选项采用系统默认设置值, 单击 确定 按钮。

Step 4 单击"生成"按钮 ![], 生成的刀路轨迹如图 15.6.22 所示。

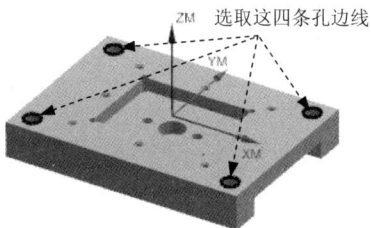

图 15.6.21 指定孔位置

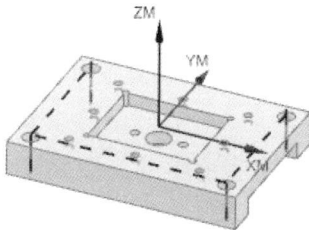

图 15.6.22 刀路轨迹

Task11. 创建标准钻孔工序 6

Step 1 复制标准钻孔工序。在工序导航器的程序顺序视图中右击 <kbd>DRILLING_4</kbd> 节点，在弹出的快捷菜单中选择 <kbd>复制</kbd> 命令，然后右击 <kbd>P-02</kbd> 节点，在弹出的快捷菜单中选择 <kbd>内部粘贴</kbd> 命令。

Step 2 修改操作名称。在工序导航器的 <kbd>DRILLING_4_COPY</kbd> 节点上右击，在弹出的快捷菜单中选择 <kbd>重命名</kbd> 命令，将其名称改为 DRILLING_5。

Step 3 重新定义操作。

（1）双击 <kbd>DRILLING_5</kbd> 节点，系统弹出"钻"对话框。

（2）在"钻"对话框 <kbd>工具</kbd> 区域的 <kbd>刀具</kbd> 下拉列表中选择 <kbd>CT20（铣刀-5 参数）</kbd> 选项。

（3）单击"钻"对话框中的"进给率和速度"按钮 <kbd>⊕</kbd>，系统弹出"进给率和速度"对话框。

（4）在"进给率和速度"对话框中选中 <kbd>☑ 主轴速度（rpm）</kbd> 复选框，然后在其后的文本框中输入值 500.0，按回车键，然后单击 <kbd>▤</kbd> 按钮，在 <kbd>切削</kbd> 文本框中输入值 100.0，按回车键，然后单击 <kbd>▤</kbd> 按钮，其他选项采用系统默认设置值，单击 <kbd>确定</kbd> 按钮。

Step 4 单击"生成"按钮 <kbd>▶</kbd>，生成的刀路轨迹如图 15.6.23 所示。

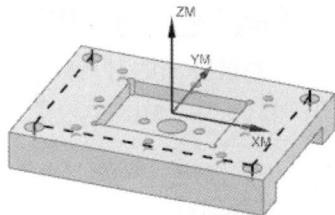

图 15.6.23　刀路轨迹

Task12. 创建标准钻孔工序 7

Step 1 复制标准钻孔工序。在工序导航器的程序顺序视图中右击 <kbd>DRILLING_5</kbd> 节点，在弹出的快捷菜单中选择 <kbd>复制</kbd> 命令，然后右击 <kbd>P-02</kbd> 节点，在弹出的快捷菜单中选择 <kbd>内部粘贴</kbd> 命令。

Step 2 修改操作名称。在工序导航器的 <kbd>DRILLING_5_COPY</kbd> 节点上右击，在弹出的快捷菜单中选择 <kbd>重命名</kbd> 命令，将其名称改为 DRILLING_6。

Step 3 重新定义操作。

（1）双击 <kbd>DRILLING_6</kbd> 节点，系统弹出"钻"对话框。

（2）在"钻"对话框中单击 <kbd>指定孔</kbd> 右侧的 <kbd>⬧</kbd> 按钮，系统弹出"点到点几何体"对话框，单击 <kbd>选择</kbd> 按钮，系统消息区出现提示"省略现有点吗？"，此时在系统弹出的对话框中单击 <kbd>是</kbd> 按钮，系统弹出"点位选择"对话框。

（3）然后选取图 15.6.24 所示的孔的边线，单击两次 <kbd>确定</kbd> 按钮，返回到"点到点几何体"对话框。

（4）单击"钻"对话框中 <kbd>指定顶面</kbd> 右侧的 <kbd>◆</kbd> 按钮，系统弹出"顶面"对话框，然后选取图 15.6.25 所示的面，单击 确定 按钮，返回"钻"对话框。

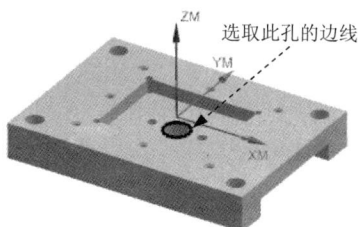

图 15.6.24 指定孔位置

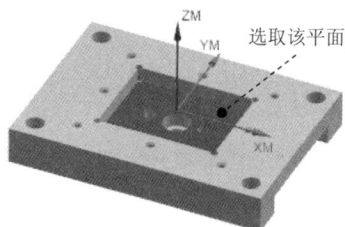

图 15.6.25 指定顶面

Step 4 单击"生成"按钮 ⤵，生成的刀路轨迹如图 15.6.26 所示。

Task13. 创建镗孔加工工序 1

Step 1 复制标准钻孔工序。在工序导航器的程序顺序视图中右击 ⚠️ DRILLING_6 节点，在弹出的快捷菜单中选择 📋 复制 命令，然后右击 ⚠️ P-02 节点，在弹出的快捷菜单中选择 内部粘贴 命令。

Step 2 修改操作名称。在工序导航器的 ⊘ DRILLING_6_COPY 节点上右击，在弹出的快捷菜单中选择 重命名 命令，将其名称改为 BORING。

Step 3 重新定义操作。

（1）双击 ⊘ BORING 节点，系统弹出"钻"对话框。

（2）在"钻"对话框 工具 区域的 刀具 下拉列表中选择 BOR30 (钻刀) 选项。

（3）在"钻"对话框 循环类型 区域的 循环 下拉列表中选择 标准镗... 选项，系统弹出"指定参数组"对话框，单击 确定 按钮，直至返回"钻"对话框。

（4）单击"钻"对话框中的"进给率和速度"按钮 ⬆，系统弹出"进给率和速度"对话框。

（5）在"进给率和速度"对话框中选中 ☑ 主轴速度 (rpm) 复选框，然后在其后的文本框中输入值 550.0，按回车键，然后单击 🔢 按钮，在 切削 文本框中输入值 80.0，按回车键，然后单击 🔢 按钮，其他选项采用系统默认设置值，单击 确定 按钮。

Step 4 单击"生成"按钮 ⤵，生成的刀路轨迹如图 15.6.27 所示。

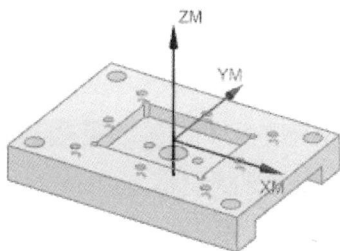

图 15.6.26 刀路轨迹

图 15.6.27 刀路轨迹

Task14. 创建埋头孔加工工序 1

Stage1. 创建工序

Step 1 选择下拉菜单 插入(S) ➡ ▶ 工序(E)... 命令，系统弹出"创建工序"对话框。

Step 2 确定加工方法。在"创建工序"对话框 类型 下拉列表中选择 drill 选项，在 工序子类型 区域中选择"钻埋头孔"按钮 ，在 程序 下拉列表中选择 P-03 选项，在 刀具 下拉列表中选择前面设置的刀具 C16 (铣刀-5 参数) 选项，在 几何体 下拉列表中选择 WORKPIECE 选项，在 方法 下拉列表中选择 DRILL_METHOD 选项，其他参数采用系统默认设置值。

Step 3 单击"创建工序"对话框中的 确定 按钮，系统弹出"钻埋头孔"对话框。

Stage2. 指定加工点

Step 1 指定钻孔点。单击"钻埋头孔"对话框 指定孔 右侧的 按钮，系统弹出"点到点几何体"对话框，单击 选择 按钮，在系统依次弹出的对话框中单击 面上所有孔 和 最大直径 -无 按钮，此时系统弹出"直径"对话框，输入其最大直径为 10.0，单击 确定 按钮，并选取图 15.6.28 所示的模型表面，单击 确定 按钮，直至返回到"点到点几何体"对话框。

选取该平面

图 15.6.28 定义参照面

Step 2 定义优化设置。在"点到点几何体"对话框中单击 优化 按钮，此时，在系统依次弹出的对话框中单击 最短刀轨 按钮、优化 按钮和 接受 按钮，返回"点到点几何体"对话框，单击 确定 按钮，返回"钻埋头孔"对话框。

Step 3 指定顶面。单击"钻埋头孔"对话框 指定顶面 右侧的 按钮，系统弹出"顶面"对话框。在"顶面"对话框中的 顶面选项 下拉列表中选择 面 选项，选取图 15.6.28 所示的面为顶面。单击 确定 按钮，返回"钻埋头孔"对话框。

Stage3. 设置刀轴

选择系统默认的 +ZM 轴 作为要加工孔的轴线方向。

Stage4. 设置循环控制参数

Step 1 在"钻埋头孔"对话框 循环类型 区域的 循环 下拉列表中选择 标准钻，埋头孔... 选项，单击"编辑参数"按钮 ，系统弹出"指定参数组"对话框。

Step 2 在"指定参数组"对话框中采用系统默认的参数设置值，单击 确定 按钮，系统弹出"Cycle 参数"对话框，单击 Csink 直径 - 0.0000 按钮，系统弹出

"Csink 直径"对话框，在 Csink 直径 文本框中输入值 10.0，单击 确定 按钮，直至返回到"钻埋头孔"对话框。

Stage5. 设置一般参数

Step 1 设置最小安全距离。在 最小安全距离 文本框中输入值 3.0。

Step 2 设置通孔安全距离。在 通孔安全距离 文本框中输入值 1.5。

Stage6. 设置避让

Step 1 单击"钻埋头孔"对话框中的 按钮，系统弹出"避让几何体"对话框。

Step 2 单击"避让几何体"对话框中的 Clearance Plane -无 按钮，系统弹出"安全平面"对话框。

Step 3 单击"安全平面"对话框中的 指定 按钮，系统弹出"平面"对话框，选取图 15.6.29 所示的平面为参照平面，在 偏置 区域的 距离 文本框中输入值 10.0，单击 确定 按钮，系统返回"安全平面"对话框并创建一个安全平面。

Step 4 单击"安全平面"对话框中的 确定 按钮，返回"避让几何体"对话框，然后单击"避让几何体"对话框中的 确定 按钮，完成安全平面的设置，返回"钻埋头孔"对话框。

Stage7. 设置进给率和速度

Step 1 单击"钻埋头孔"对话框中的"进给率和速度"按钮，系统弹出"进给率和速度"对话框。

Step 2 在"进给率和速度"对话框中选中 主轴速度 (rpm) 复选框，然后在其后的文本框中输入值 400.0，按回车键，然后单击 按钮，在 切削 文本框中输入值 50.0，按回车键，然后单击 按钮，其他参数采用系统默认设置值，单击 确定 按钮。

Stage8. 生成刀路轨迹并仿真

生成的刀路轨迹如图 15.6.30 所示。

图 15.6.29 定义参照面　　图 15.6.30 刀路轨迹

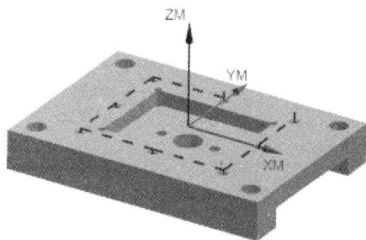

Task15. 创建螺纹孔加工工序 1

Step 1 复制埋头孔加工工序。在工序导航器的程序顺序视图中右击 COUNTERSINKING 节点，在弹出的快捷菜单中选择 复制 命令，然后右击 P-03 节点，在弹出的快

捷菜单中选择 内部粘贴 命令。

Step **2** 修改操作名称。在工序导航器的 ⊘Ŀ COUNTERSINKING_COPY 节点上右击，在弹出的快捷
菜单中选择 🔓 重命名 命令，将其名称改为 TAPPING。

Step **3** 重新定义操作。

（1）双击 ⊘Ŀ TAPPING 节点，系统弹出"钻埋头孔"对话框。

（2）在"钻埋头孔"对话框 工具 区域的 刀具 下拉列表中选择 TAP10 (钻刀) 选项。

（3）在"钻埋头孔"对话框 循环类型 区域的 循环 下拉列表中选择 标准攻丝... 选项，系统
弹出"指定参数组"对话框，单击 确定 按钮，系统弹出"Cycle 参数"对话框，依次单
击 | Depth -模型深度 |、| 刀尖深度 | 按
钮，在 深度 文本框中输入值 30，然后单击 确定 按钮，直至返回"钻埋头孔"对话框。

（4）单击"钻埋头孔"对话框中的"进给率和速度"按钮 ╬，系统弹出"进给率和
速度"对话框。

（5）在"进给率和速度"对话框中选中 ☑ 主轴速度 (rpm) 复选框，然后在其后的文本
框中输入值 200.0，按回车键，然后单击 ▣ 按钮，
在 切削 文本框中输入值 300，按回车键，然后单击
▣ 按钮，其他选项采用系统默认设置值，单击
确定 按钮。

Step **4** 单击"生成"按钮 ▶，生成的刀路轨迹如
图 15.6.31 所示。

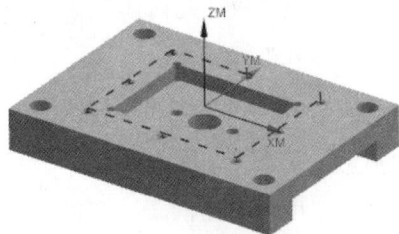

图 15.6.31 刀路轨迹

Task16. 保存文件

选择下拉菜单 文件(F) ➡ ▣ 保存(S) 命令，保存文件。

16

车削加工

16.1 车削概述

UG NX 车削加工包括粗车加工、沟槽车削、内孔加工和螺纹加工等。本章将通过一些应用来介绍 UG NX 车削加工的常用加工类型，希望读者阅读完本章后，可以了解车削加工的基本原理，掌握车削加工的主要操作步骤，并能熟练地对车削加工参数进行设置。

16.1.1 车削加工简介

车削加工是机加工中最为常用的加工方法之一，用于加工回转体的表面。由于科学技术的进步和提高生产率的必要性，用于车削作业的机械得到了飞速发展。新的车削设备在自动化、高效性以及与铣削和钻孔原理结合的普遍应用中得到了迅速成长。

在 UG NX 8.5 中，用户通过"车削"模块的工序导航器可以方便地管理加工操作方法及参数。例如，在工序导航器中可以创建粗加工、精加工、示教模式、中心线钻孔和螺纹等操作方法；加工参数（如主轴定义、工件几何体、加工方式和刀具）则按组指定，这些参数在操作方法中共享，其他参数在单独的操作中定义。当工件完成整个加工程序时，处理中的工件将跟踪计算并以图形方式显示所有移除材料后所剩余的材料。

16.1.2 车削加工的子类型

进入加工模块后，选择下拉菜单 插入(S) ➡ 工序(E)... 命令，系统弹出图 16.1.1 所示的"创建工序"对话框。在"创建工序"对话框 类型 下拉列表中选择 turning 选项，此时，对话框中出现车削加工的 21 种子类型。

图 16.1.1 所示的"创建工序"对话框 工序子类型 区域中各按钮的说明如下：

- A1 🔧（CENTERLINE_SPOTDRILL）：中心线点钻。

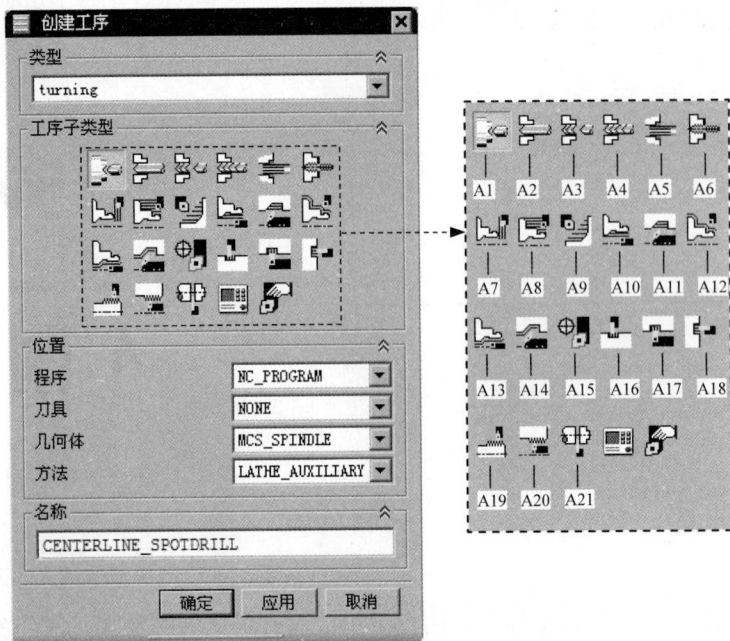

图 16.1.1 "创建工序"对话框

- A2 ▣ （CENTERLINE_DRILLING）：中心线钻孔。

- A3 ▣ （CENTERLINE_PECKDRILL）：中心线啄钻。

- A4 ▣ （CENTERLINE_BREAKCHIP）：中心线断屑钻。

- A5 ▣ （CENTERLINE_REAMING）：中心线铰孔。

- A6 ▣ （CENTERLINE_TAPPING）：中心线攻丝。

- A7 ▣ （FACING）：端面加工。

- A8 ▣ （ROUGH_TURN_OD）：粗车外形轮廓。

- A9 ▣ （ROUGH_BACK_TURN）：反向粗车外形轮廓。

- A10 ▣ （ROUGH_BORE_ID）：粗车内孔轮廓。

- A11 ▣ （ROUGH_BACK_BORE）：反向粗车内孔轮廓。

- A12 ▣ （FINISH_TURN_OD）：精车外形轮廓。

- A13 ▣ （FINISH_BORE_ID）：精车内孔轮廓。

- A14 ▣ （FINISH_BACK_BORE）：反向精车内孔轮廓。

- A15 ▣ （TEACH_MODE）：示教模式。

- A16 ▣ （GROOVE_OD）：车外沟槽。

- A17 ▣ （GROOVE_ID）：车内沟槽。

- A18 ▣ （GROOVE_FACE）：车端面槽。

- A19 ▣ （THREAD_OD）：车外螺纹。

- A20 ⬜ (THREAD_ID): 车内螺纹。

- A21 ⬜ (PARTOFF): 切断工件。

16.2 粗车外形加工

车削粗加工中提供了用于去除大量材料的许多切削策略，以及通过多种内置的进刀/退刀运动，从而获得较高的车削质量。车削粗加工依赖于系统的剩余材料自动去除功能。

16.2.1 外径粗车

下面以图 16.2.1 所示的零件为例，介绍正向粗车外形加工的一般操作步骤。

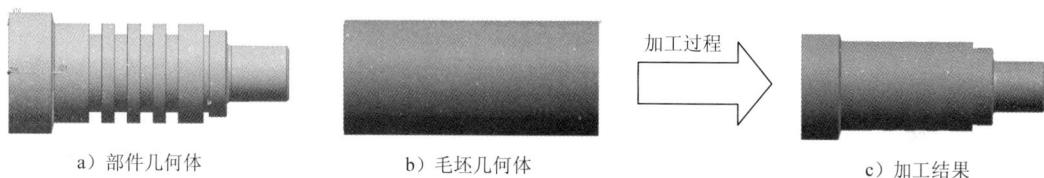

a）部件几何体   b）毛坯几何体   加工过程   c）加工结果

图 16.2.1 粗车外形加工

Task1. 打开模型文件并进入加工模块

Step 1 打开文件 D:\ug85nc\work\ch16\ch16.02\turning1.prt。

Step 2 选择下拉菜单 🎬 开始▾ ➡ ⬛ 加工(N)... 命令，系统弹出"加工环境"对话框，在"加工环境"对话框 要创建的 CAM 设置 列表中选择 turning 选项，单击 确定 按钮，进入加工环境。

Task2. 创建几何体

Stage1. 创建机床坐标系

Step 1 在工序导航器中调整到几何视图状态，双击节点⬛ MCS_SPINDLE，系统弹出"MCS 主轴"对话框，如图 16.2.2 所示。

Step 2 在图形区捕捉图 16.2.3 所示圆边线的圆心，其余参数采用默认设置，单击 确定 按钮，完成坐标系的创建。

Stage2. 创建部件几何体

Step 1 在工序导航器中双击⬛ MCS_SPINDLE 节点下的⬛ WORKPIECE，系统弹出图 16.2.4 所示的"工件"对话框。

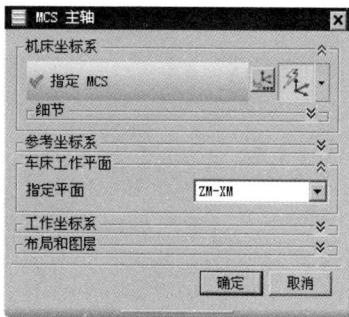

图 16.2.2 "MCS 主轴"对话框

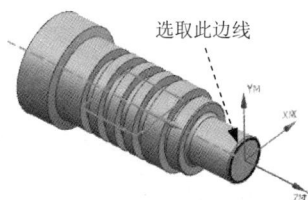

图 16.2.3 创建坐标系

Step 2 单击"工件"对话框中的 ⬚ 按钮，系统弹出"部件几何体"对话框，选取整个零件为部件几何体。

Step 3 依次单击"部件几何体"对话框和"工件"对话框中的 确定 按钮，完成部件几何体的创建。

Stage3. 创建车削工件

Step 1 在工序导航器中的几何视图状态下双击 ⬚ WORKPIECE 节点下的子菜单节点 ⬚ TURNING_WORKPIECE ，系统弹出图 16.2.5 所示的"车削工件"对话框。

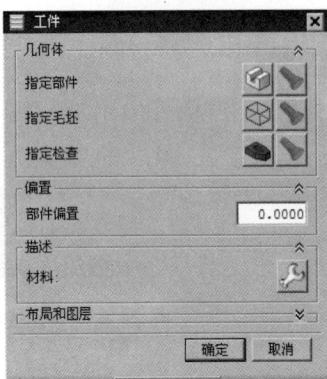

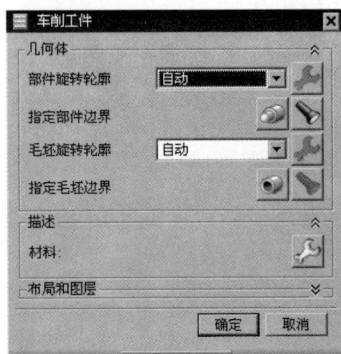

图 16.2.4 "工件"对话框　　　图 16.2.5 "车削工件"对话框

Step 2 单击"车削工件"对话框 指定部件边界 右侧的 ⬚ 按钮，系统弹出图 16.2.6 所示的"部件边界"对话框，此时系统会自动识别部件边界，并在图形区显示如图 16.2.7 所示，单击 确定 按钮完成部件边界的定义。

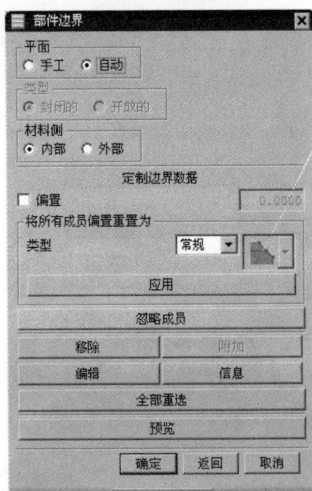

图 16.2.6 "部件边界"对话框　　　图 16.2.7 部件边界

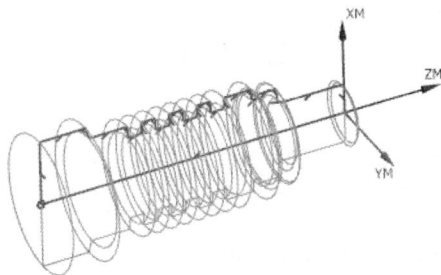

Step 3 单击"车削工件"对话框中的"指定毛坯边界"按钮 ⬚，系统弹出"选择毛坯"对话框，如图 16.2.8 所示。

Step **4**　在"选择毛坯"对话框中确认"棒料"按钮 ▭ 被选择，在 点位置 区域选择 ⊙ 在主轴箱处
单选按钮，单击 **选择** 按钮，系统弹出"点"对话框，在图形区中选择
图 16.2.9 所示的点为毛坯放置位置，单击 **确定** 按钮，完成安装位置的定义，并
返回"选择毛坯"对话框。

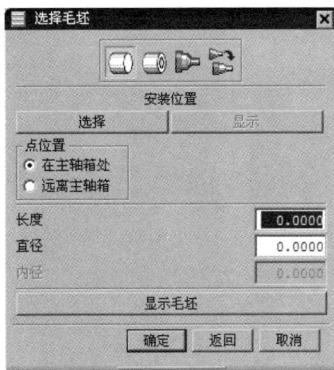

图 16.2.8　"选择毛坯"对话框　　　　　图 16.2.9　毛坯边界

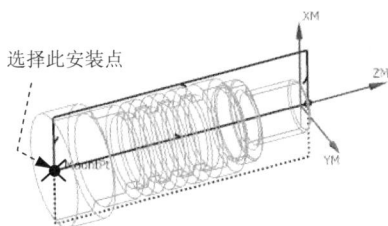

Step **5**　在"选择毛坯"对话框 长度 文本框中输入值 680.0，在 直径 文本框中输入值 300.0，
单击 **确定** 按钮，在图形区中显示毛坯边界，如图 16.2.9 所示。

Step **6**　单击"车削工件"对话框中的 **确定** 按钮，完成车削工件的定义。

图 16.2.8 所示的"选择毛坯"对话框中各选项的说明如下：

● ▭（棒料）：如果加工部件的几何体是实心的，则选择此按钮。

● ▭（管材）：如果加工部件带有中心通孔，则选择此按钮。

● ▭（从曲线）：如果毛坯作为模型部件存在，则选择此类型。

● ▭（从工作区）：从工作区中选择一个毛坯，这种方式可以选择上步加工后的工
件作为毛坯。

● 安装位置 区域：用于设置毛坯相对于工件的位置参考点。如果选取的参考点不在
工件轴线上，系统会自动找到该点在轴线上的投射点，然后将杆料毛坯一端的圆
心与该投射点对齐。

● 点位置 区域：用于确定毛坯相对于工件的放置方向。若选择 ⊙ 在主轴箱处 单选按钮，则
毛坯将沿坐标轴在正方向放置；若选择 ⊙ 远离主轴箱 单选按钮，则毛坯沿坐标轴的
负方向放置。

Task3. 创建刀具

Step **1**　选择下拉菜单 插入(S) ➡ ▭ 刀具(T)... 命令，系统弹出"创建刀具"对话框。

Step **2**　在图 16.2.10 所示的"创建刀具"对话框 类型 下拉列表中选择 turning 选项，在
刀具子类型 区域中单击 OD_55_L 按钮 ▭，在 位置 区域的 刀具 下拉列表中选择

GENERIC_MACHINE 选项，采用系统默认的名称，单击 确定 按钮，系统弹出"车刀－标准"对话框。

Step 3 在"车刀－标准"对话框中单击 工具 选项卡，设置图 16.2.11 所示的参数。

图 16.2.10 "创建刀具"对话框   图 16.2.11 "车刀－标准"对话框

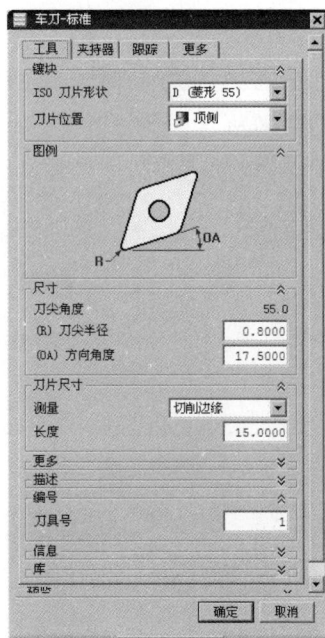

图 16.2.11 所示的"车刀－标准"对话框中各选项卡的说明如下：

- 工具 选项卡：用于设置车刀的刀片形状和尺寸参数。常见的车刀刀片按 ISO/ANSI/DIN 或刀具厂商标准划分。

- 夹持器 选项卡：用于设置车刀夹持器的参数。

- 跟踪 选项卡：用于设置跟踪点。系统使用刀具上的参考点来计算刀轨，这个参考点被称为跟踪点。跟踪点与刀具的拐角半径相关联，这样，当用户选择跟踪点时，车削处理器将使用关联拐角半径来确定切削区域、碰撞检测、刀轨、处理中的工件（IPW），并定位到避让几何体。

- 更多 选项卡：用于定义机床控制、仿真安装等参数。

Step 4 单击"车刀－标准"对话框中的 夹持器 选项卡，选中 ☑ 使用车刀夹持器 复选框，采用系统默认的参数设置值，此时图形区显示出刀具的形状，如图 16.2.12 所示。

Step 5 单击"车刀－标准"对话框中的 确定 按钮，完成刀具的创建。

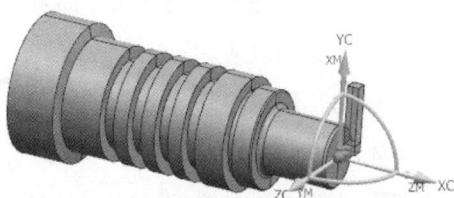

图 16.2.12 显示刀具

Task4. 指定车加工横截面

Step 1 选择下拉菜单 工具(T) ➡️ 车加工横截面(N)... 命令，系统弹出图 16.2.13 所示的"车加工横截面"对话框。

Step 2 单击 选择步骤 区域中的"体"按钮🛢️，在图形区中选取要加工的模型。

Step 3 单击 选择步骤 区域中的"剖切平面"按钮📄，单击"简单截面"按钮⊕后单击鼠标中键确定。

Step 4 单击 确定 按钮，完成车加工横截面的定义，结果如图 16.2.14 所示，然后单击 取消 按钮。

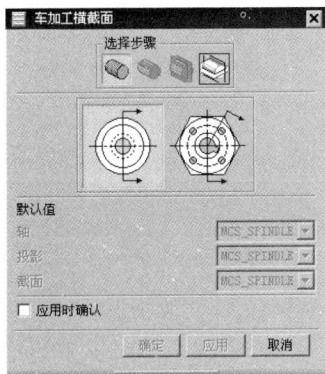

图 16.2.13 "车加工横截面"对话框

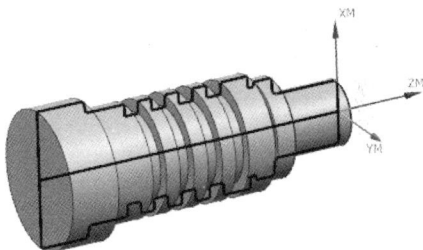

图 16.2.14 车加工横截面

说明：车加工横截面是通过定义截面，从实体模型创建 2D 横截面曲线。这些曲线可以用在所有车削中来创建边界。横截面曲线是关联曲线，这意味着如果实体模型的大小或形状发生变化，则该曲线也将发生变化。

Task5. 创建车削操作

Stage1. 创建工序

Step 1 选择下拉菜单 插入(S) ➡️ 工序(E)... 命令，系统弹出"创建工序"对话框。

Step 2 在图 16.2.15 所示的"创建工序"对话框 类型 下拉列表中选择 turning 选项，在 工序子类型 区域中单击"外侧粗车"按钮🔲，在 程序 下拉列表中选择 PROGRAM 选项，在 刀具 下拉列表中选择 OD_55_L (车刀-标准) 选项，在 几何体 下拉列表中选择 TURNING_WORKPIECE 选项，在 方法 下拉列表中选择 LATHE_ROUGH 选项，名称采用系统默认的名称。

Step 3 单击"创建工序"对话框中的 确定 按钮，系统弹出图 16.2.16 所示的"外侧粗车"对话框。

Stage2. 显示切削区域

单击"外侧粗车"对话框 切削区域 右侧的"显示"按钮🖉，在图形区中显示出切削区域，如图 16.2.17 所示。

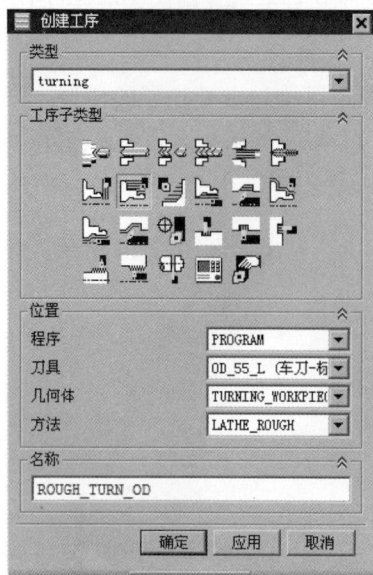

图 16.2.15 "创建工序"对话框

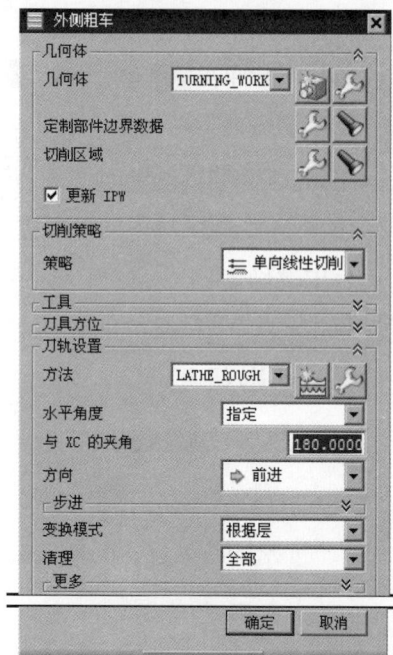

图 16.2.16 "外侧粗车"对话框

Stage3. 设置切削参数

Step 1 在"外侧粗车"对话框 步进 区域的 切削深度 下拉列表中选择 变量平均值 选项，在 最大值 文本框中输入值 2.0，在 变换模式 下拉列表中选择 省略 选项，单击"外侧粗车"对话框中的 更多 区域，选中 ☑ 附加轮廓加工 复选框，如图 16.2.18 所示。

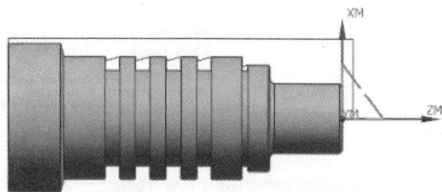

图 16.2.17 切削区域

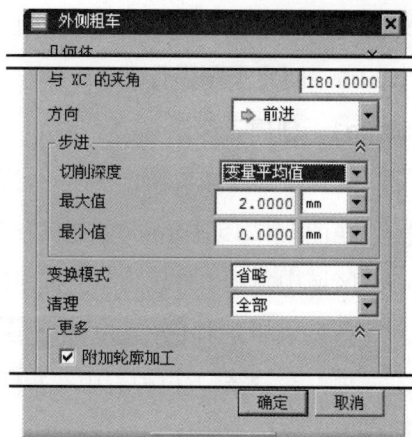

图 16.2.18 设置参数

Step 2 设置切削参数。

（1）单击"外侧粗车"对话框中的"切削参数"按钮 ⇛，系统弹出"切削参数"对话框，在该对话框中选择 余量 选项卡，设置如图 16.2.19 所示的参数。

（2）在"切削参数"对话框中选择 轮廓加工 选项卡，在 策略 下拉列表中选择 全部精加工
选项，其他参数采用系统默认设置值，如图 16.2.20 所示，单击 确定 按钮回到"外侧粗
车"对话框。

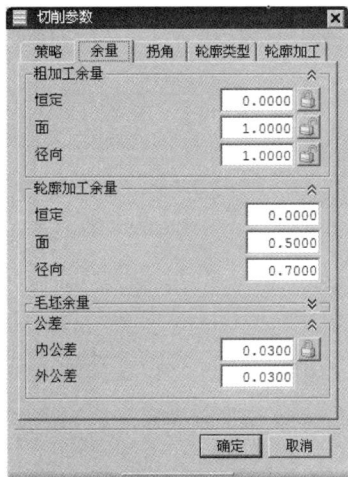

图 16.2.19 "余量"选项卡　　　　图 16.2.20 "轮廓加工"选项卡

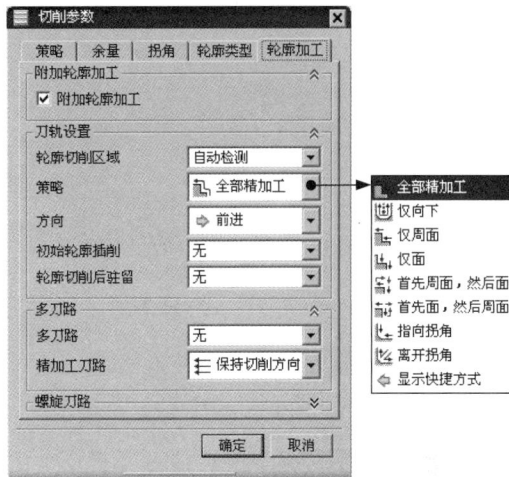

图 16.2.20 所示的"轮廓加工"选项卡中部分选项的说明如下：

- 附加轮廓加工 复选框：用来产生附加轮廓刀路，以便清理部件表面。
- 策略 下拉列表：用来控制附加轮廓加工的部位及加工策略。
  - ☑ 全部精加工 ：所有的表面都进行精加工。
  - ☑ 仅向下 ：只加工垂直于轴线方向的区域。
  - ☑ 仅周面 ：只对圆柱面区域进行加工。
  - ☑ 仅面 ：只对端面区域进行加工。
  - ☑ 首先周面，然后面 ：先加工圆柱面区域，然后对端面进行加工。
  - ☑ 首先面，然后周面 ：先加工端面区域，然后对圆柱面进行加工。
  - ☑ 指向拐角 ：从端面和圆柱面向夹角进行加工。
  - ☑ 离开拐角 ：从夹角向端面及圆柱面进行加工。

Stage4．设置非切削参数

Step 1 单击"外侧粗车"对话框中的"非切削移动"按钮，系统弹出图 16.2.21 所示
的"非切削移动"对话框。在 进刀 选项卡 轮廓加工 区域的 进刀类型 下拉列表中选
择 圆弧－自动 选项，其他参数采用系统默认的认设置值。

图 16.2.21 所示的"进刀"选项卡中部分选项的说明如下：

- 轮廓加工 区域：定义轮廓加工时的进刀方式。进刀类型包括圆弧—自动、线性—
  自动、线性—增量、线性、线性—相对于切削和点六种方式。

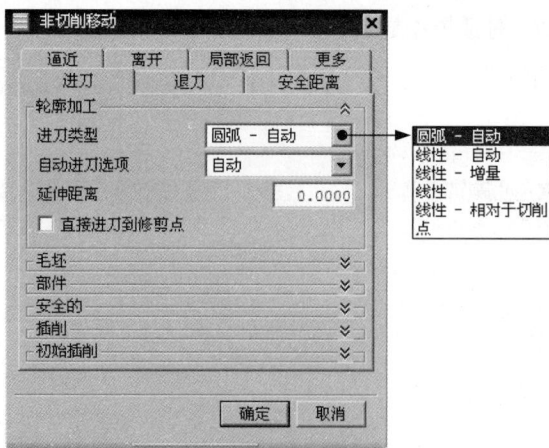

图 16.2.21　"非切削移动"对话框

- ☑ **圆弧 - 自动**：使刀具沿光滑的圆弧曲线切入工件，从而不产生刀痕，这种进刀方式十分适合精加工或加工表面质量要求较高的曲面加工。

- ☑ **线性 - 自动**：这种进刀方式使刀具沿工件或毛坯的起始点到终止点的方向，以直线方式进刀。

- ☑ **线性 - 增量**：这种进刀方式通过用户指定 X 值和 Y 值，来确定进刀位置及进刀方向。

- ☑ **线性**：这种进刀方式通过用户指定角度值和距离值，来确定进刀位置及进刀方向。

- ☑ **线性 - 相对于切削**：这种进刀方式通过用户指定距离值和角度值，来确定进刀方向及刀具的起始点。

- ☑ **点**：这种进刀方式需要指定进刀的起始点来控制进刀运动。

- ● **毛坯**区域：定义毛坯加工时的进刀方式。进刀类型包括线性—自动、线性—增量、线性、点和两个圆周五种方式。

- ● **部件**区域：定义沿部件几何体进刀的方式。进刀类型包括线性—自动、线性—增量、线性、点和两点相切五种方式。

- ● **安全的**区域：定义防止刀具碰到相邻部件表面的进刀方式。进刀类型包括线性—自动、线性—增量、线性和点四种方式。

Step 2　单击"非切削移动"对话框的 **安全距离** 选项卡，设置图 16.2.22 所示的参数。

Step 3　单击"非切削移动"对话框的 **逼近** 选项卡，此时对话框显示如图 16.2.23 所示，在 **出发点** 区域的 **点选项** 下拉列表中选择 **指定** 选项，单击 **指定点** 右侧的"点对话框"按钮 **+**，系统弹出"点"对话框。在"点"对话框的 **参考** 下拉列表中选择 **WCS** 选项，然后在 **XC** 文本框中输入值 60.0，在 **YC** 文本框中输入值 200.0，在 **ZC** 文本框中输入值 0.0，单击 确定 按钮，返回到"非切削移动"对话框。

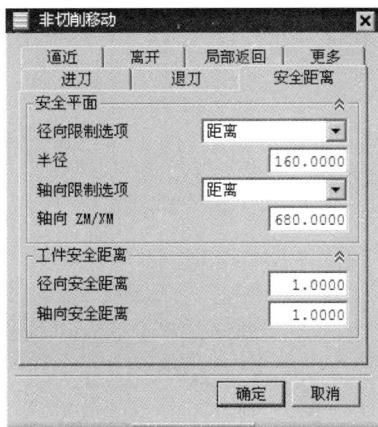

图 16.2.22　设置安全距离

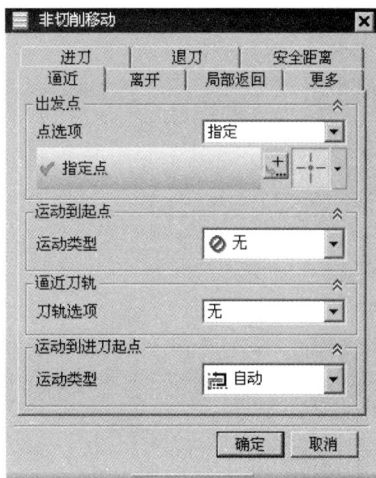

图 16.2.23　设置逼近参数

Step 4　单击"非切削移动"对话框的 离开 选项卡，在 离开刀轨 区域的 刀轨选项 下拉列表
　　　　中选择 点 选项，然后单击 指定点 右侧的"点对话框"按钮 +，系统弹出"点"
　　　　对话框。在"点"对话框的 参考 下拉列表中选择 WCS 选项，然后在 XC 文本框中输
　　　　入值 40.0，在 YC 文本框中输入值 200.0，在 ZC 文本框中输入值 0.0，单击 确定
　　　　按钮，返回到"非切削移动"对话框。

Step 5　在"非切削移动"对话框中单击 确定 按钮，返回到"外侧粗车"对话框。

Task6. 生成刀路轨迹

Step 1　单击"外侧粗车"对话框中的"生成"按钮 ，生成刀路轨迹如图 16.2.24 所示。

Step 2　在图形区通过旋转、平移、放大视图，再单击"重播"按钮 重新显示路径，可
　　　　以从不同角度对刀路轨迹进行查看，以判断其路径是否合理。

Task7. 3D 动态仿真

Step 1　在"外侧粗车"对话框中单击"确认"按钮 ，弹出"刀轨可视化"对话框。

Step 2　在"刀轨可视化"对话框中单击 3D 动态 选项卡，采用系统默认的参数设置值，调
　　　　整动画速度后单击"播放"按钮 ，即可观察到 3D 动态仿真加工，加工后的结
　　　　果如图 16.2.25 所示。

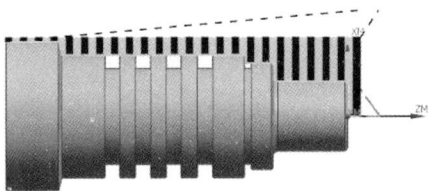

图 16.2.24　刀路轨迹

图 16.2.25　3D 仿真结果

Step **3**　分别在"刀轨可视化"对话框和"外侧粗车"对话框中单击　确定　按钮，完成
粗车加工。

Task8. 保存文件

选择下拉菜单 文件(F) ➡ ▣ 保存(S) 命令，保存文件。

16.2.2　退刀粗车

下面以图 16.2.26 所示的零件为例，介绍退刀粗车外形加工的一般操作步骤。

a）部件几何体　　　　　　　b）毛坯几何体　　　　加工过程　　　c）加工结果

图 16.2.26　退刀粗车外形加工

Task1. 打开模型文件并进入加工模块

打开文件 D:\ug85nc\work\ch16\ch16.02\turning1.prt，系统进入加工环境。

Task2. 创建刀具

Step **1**　选择下拉菜单 插入(S) ➡ 刀具(T)... 命令，系统弹出"创建刀具"对话框。

Step **2**　在"创建刀具"对话框 类型 下拉列表中选择 turning 选项，在 刀具子类型 区域中单击
OD_55_R 按钮 ，在 位置 区域的 刀具 下拉列表中选择 GENERIC_MACHINE 选项，采用
系统默认的名称，单击　确定　按钮，系统弹出"车刀－标准"对话框。

Step **3**　在"车刀－标准"对话框的 工具 选项卡中采用系
统默认的参数设置，单击 夹持器 选项卡，选中
☑ 使用车刀夹持器 复选框，此时图形区显示该刀具的
预览（图 16.2.27 所示），单击　确定　按钮，完成
刀具的创建。

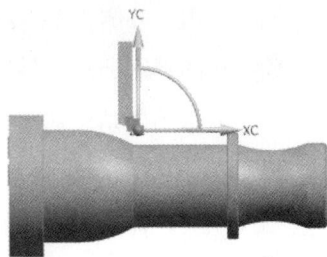

图 16.2.27　创建加工刀具

Task3. 创建车削操作

Stage1. 创建工序

Step **1**　选择下拉菜单 插入(S) ➡ 工序(E)... 命令，系统弹出"创建工序"对话框。

Step **2**　在"创建工序"对话框 类型 下拉列表中选择 turning 选项，在 工序子类型 区域中单击"退
刀粗车"按钮 ，在 程序 下拉列表中选择 PROGRAM 选项，在 刀具 下拉列表中选择
OD_55_R (车刀-标准) 选项，在 几何体 下拉列表中选择 TURNING_WORKPIECE 选项，在 方法 下
拉列表中选择 LATHE_ROUGH 选项，采用系统默认的名称。

Step **3**　单击"创建工序"对话框中的　确定　按钮，系统弹出图 16.2.28 所示的"退刀粗

车"对话框。

Stage2. 指定切削区域

Step 1 单击"退刀粗车"对话框 切削区域 右侧的"编辑"按钮 🔧，系统弹出图 16.2.29 所示的"切削区域"对话框。

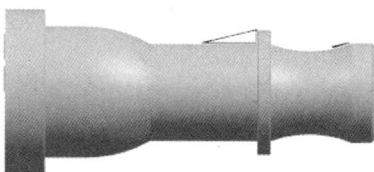

Step 2 在"切削区域"对话框 区域选择 区域的 区域加工 下拉列表中选择 多个 选项，单击"显示"按钮 🔍，显示出切削区域，如图 16.2.30 所示。

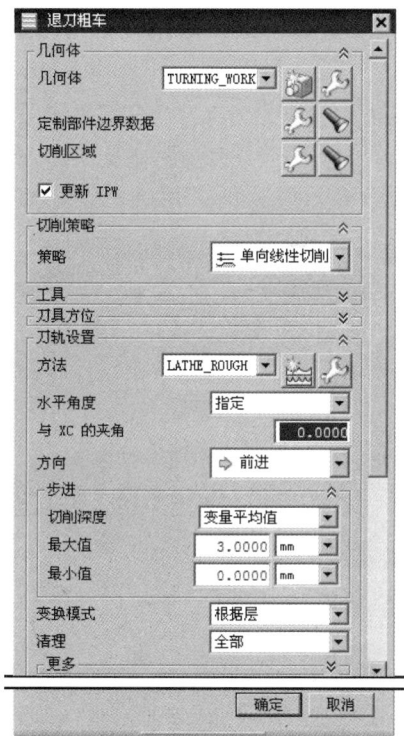

图 16.2.28 "退刀粗车"对话框

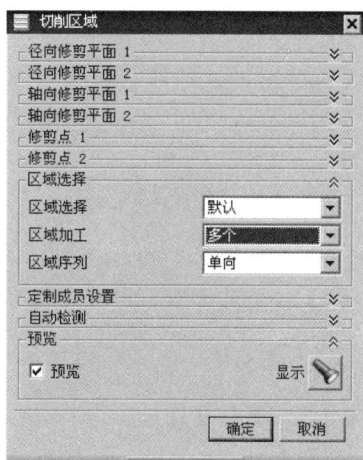

图 16.2.29 "切削区域"对话框

图 16.2.30 显示切削区域

Step 3 单击 确定 按钮，系统返回到"退刀粗车"对话框。

Stage3. 设置切削参数

Step 1 在"退刀粗车"对话框 步进 区域的 切削深度 下拉列表中选择 恒定 选项，在 深度 文本框中输入值 3.0。单击 更多 区域，选中 ☑ 附加轮廓加工 复选框。

Step 2 设置切削参数。

（1）单击"退刀粗车"对话框中的"切削参数"按钮 ➡，系统弹出"切削参数"对话框，在该对话框中选择 余量 选项卡，设置如图 16.2.31 所示的参数。

（2）在"切削参数"对话框中选择 轮廓加工 选项卡，在 轮廓切削区域 下拉列表中选择 与粗加工相同 选项，其他参数采用系统默认设置值，单击 确定 按钮回到"退刀粗车"对话框。

16
Chapter

Task4. 生成刀路轨迹并仿真

生成的刀路轨迹如图 16.2.32 所示，3D 动态仿真加工后的模型如图 16.2.33 所示。

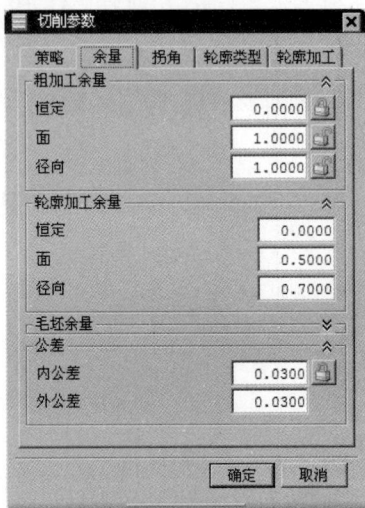

图 16.2.31　"余量"选项卡

图 16.2.32　刀路轨迹

图 16.2.33　3D 仿真结果

Task5. 保存文件

选择下拉菜单 文件(F) ➡ 保存(S) 命令，保存文件。

16.3　沟槽车削加工

沟槽车削加工可以用于切削内径、外径沟槽，在实际中多用于退刀槽的加工。在车内外沟槽时要求刀具轴线和回转体零件轴线要相互垂直，车端面沟槽时要求刀具轴线和回转体零件轴线平行。下面以图 16.3.1 所示的零件介绍沟槽车削加工的一般步骤。

a）部件几何体　　b）毛坯几何体　　加工过程　　c）加工结果

图 16.3.1　沟槽车削加工

Task1. 打开模型文件并进入加工模块

打开文件 D:\ug85nc\work\ch16\ch16.03\GROOVE_OD.prt，系统进入加工环境。

Task2. 创建刀具

Step 1　选择下拉菜单 插入(S) ➡ 刀具(T)... 命令，系统弹出"创建刀具"对话框。

Step 2　在"创建刀具"对话框 类型 下拉列表中选择 turning 选项，在 刀具子类型 区域中单击

OD_GROOVE_L 按钮 🔳，在 名称 文本框中输入 OD_GROOVE_L，单击 确定 按钮，系统弹出"槽刀－标准"对话框。

Step 3　在"槽刀－标准"对话框中单击 工具 选项卡，然后在 刀片形状 下拉列表中选择 标准 选项，设置图 16.3.2 所示的参数，其他参数采用系统默认的设置值。

Step 4　单击"槽刀－标准"对话框中的 夹持器 选项卡，选中 ☑ 使用车刀夹持器 复选框，设置图 16.3.3 所示的参数，其他参数采用系统默认设置值。

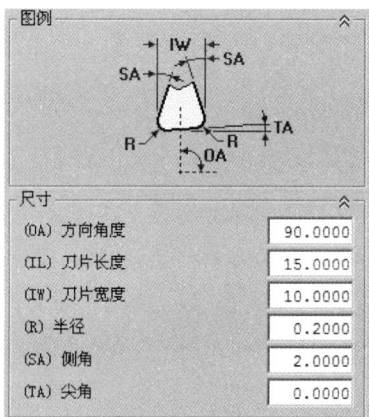

图 16.3.2　定义槽刀尺寸　　　　图 16.3.3　定义夹持器尺寸

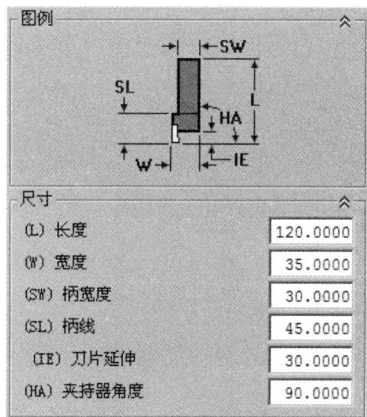

Step 5　单击"槽刀－标准"对话框中的 确定 按钮，完成刀具的创建。

Task3.　创建工序

Stage1.　创建工序

Step 1　选择下拉菜单 插入(S) ➡ 工序(E)... 命令，系统弹出"创建工序"对话框。

Step 2　在"创建工序"对话框 类型 下拉列表中选择 turning 选项，在 工序子类型 区域中单击"外侧开槽"按钮 🔳，在 程序 下拉列表中选择 PROGRAM 选项，在 刀具 下拉列表中选择 OD_GROOVE_L (槽刀－标准) 选项，在 几何体 下拉列表中选择 TURNING_WORKPIECE 选项，在 方法 下拉列表中选择 LATHE_GROOVE 选项，在 名称 文本框中输入 GROOVE_OD。

Step 3　单击"创建工序"对话框中的 确定 按钮，系统弹出"外侧开槽"对话框，如图 16.3.4 所示。

Stage2.　指定切削区域

Step 1　单击"外侧开槽"对话框 切削区域 右侧的"编辑"按钮 🔳，系统弹出"切削区域"对话框。

Step 2　设置径向修剪平面。在 "切削区域"对话框中设置图 16.3.5 所示的径向修剪平面参数。

Step 3　设置轴向修剪平面。在 "切削区域"对话框中 轴向修剪平面 1 区域的 限制选项 下拉列

表中选择 点 选项，然后在图形区选取图 16.3.6 所示的边线中点 1；在 轴向修剪平面 2
区域的 限制选项 下拉列表中选择 点 选项，然后在图形区选取图 16.3.6 所示的边线
中点 2。

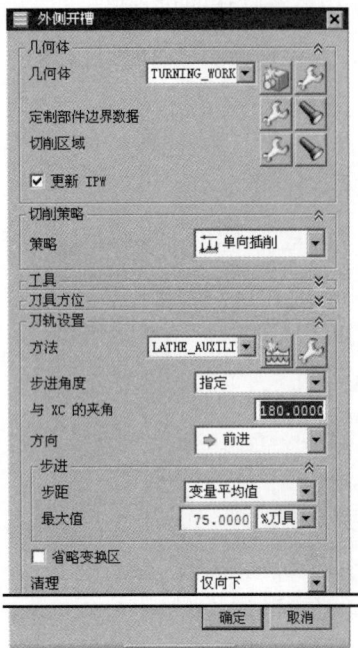

图 16.3.4　"外侧开槽"对话框

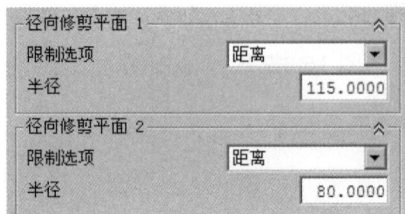

图 16.3.5　设置径向修剪平面

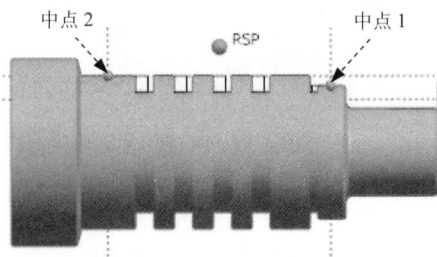

图 16.3.6　设置轴向修剪平面

Step 4　在"切削区域"对话框 区域选择 区域的 区域选择 下拉列表中选择 指定 选项，单击
　　　　＊ 指定点 区域，然后在图形区选取图 16.3.6 所示的 RSP 点（鼠标点击位置大致
　　　　相近即可）；在 区域加工 下拉列表中选择 多个 选项，在 区域序列 下拉列表中选择 双向
　　　　选项。

Step 5　单击　确定　按钮，系统返回到"外侧开槽"对话框。

Stage3. 设置切削参数

Step 1　在 切削策略 区域 策略 下拉列表中选择切削类型为　单向插削 ，在 步进 区域的 步距 下
　　　　拉列表中选择 变量平均值 选项，在 最大值 文本框中输入值 50.0，单击 更多 区域，选
　　　　中 附加轮廓加工 复选框，其他参数采用系统默认设置值。

Step 2　单击"切削参数"按钮，系统弹出"切削参数"对话框，单击 策略 选项卡，
　　　　设置图 16.3.7 所示的参数。

Step 3　单击"切削参数"对话框的 切屑控制 选项卡，设置图 16.3.8 所示的参数。

Step 4　单击"切削参数"对话框的 轮廓加工 选项卡，在 刀轨设置 区域的 距离 文本框中输入
　　　　值 1.0，其他参数采用系统默认设置值。

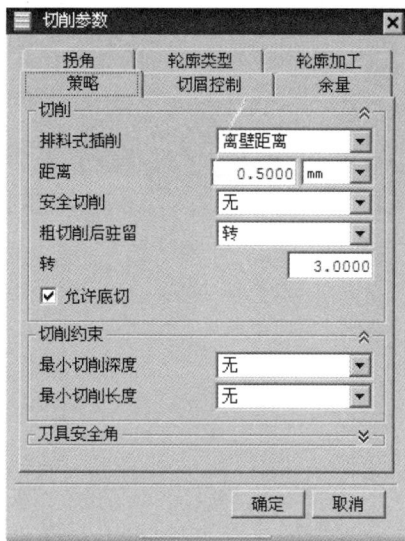

图 16.3.7　"策略"选项卡　　　　　图 16.3.8　"切屑控制"选项卡

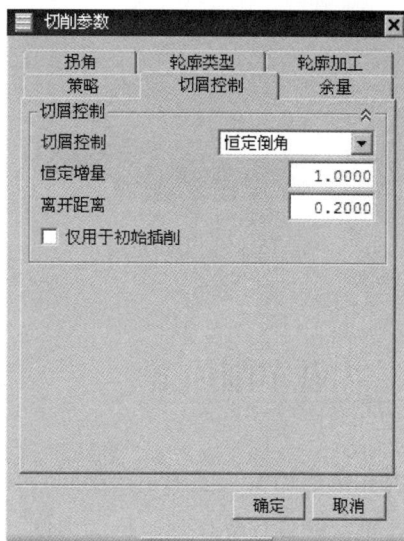

Step 5　单击 确定 按钮，系统返回到"外侧开槽"对话框。

Stage4．设置非切削参数

Step 1　单击"外侧开槽"对话框中的"非切削移动"按钮，系统弹出"非切削移动"对话框。单击 安全距离 选项卡，在 安全平面 区域的 径向限制选项 下拉列表中选择 距离 选项，在 半径 文本框中输入值 200.0，其他参数采用系统默认设置值。

Step 2　单击"非切削移动"对话框的 逼近 选项卡，在 出发点 区域的 点选项 下拉列表中选择 指定 选项，单击 指定点 右侧的"点对话框"按钮，系统弹出"点"对话框。在"点"对话框的 参考 下拉列表中选择 WCS 选项，然后在 XC 文本框中输入值 40.0，在 YC 文本框中输入值 220.0，在 ZC 文本框中输入值 0.0，单击 确定 按钮，返回到"非切削移动"对话框。

Step 3　单击"非切削移动"对话框的 离开 选项卡，在 离开刀轨 区域的 刀轨选项 下拉列表中选择 点 选项，然后单击 指定点 右侧的"点对话框"按钮，系统弹出"点"对话框。在"点"对话框的 参考 下拉列表中选择 WCS 选项，然后在 XC 文本框中输入值-180.0，在 YC 文本框中输入值 200.0，在 ZC 文本框中输入值 0.0，单击 确定 按钮，返回到"非切削移动"对话框。

Step 4　单击"非切削移动"对话框的 确定 按钮，返回到"外侧开槽"对话框。

Task4．生成刀路轨迹并仿真

生成的刀路轨迹如图 16.3.9 所示，3D 动态仿真加工后的模型如图 16.3.10 所示。

Task5．保存文件

选择下拉菜单 文件(F) ➡ 保存(S) 命令，保存文件。

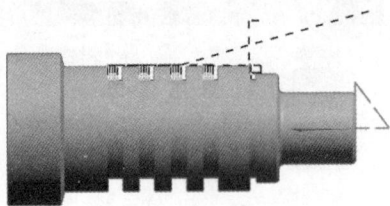

图 16.3.9　刀路轨迹　　　　　　　　图 16.3.10　3D 仿真结果

16.4　内孔车削加工

内孔车削加工一般用于车削回转体内径，加工时采用刀具中心线和回转体零件的中心线相互平行的方式来切削工件的内侧，这样还可以有效地避免在内部的曲面中生成残余波峰。如果车削的是内部端面，一般采用的方式是让刀具轴线和回转体零件的中心平行，而运动方式采用垂直于零件中心线的方式。下面以图 16.4.1 所示的零件介绍内孔车削加工的一般步骤。

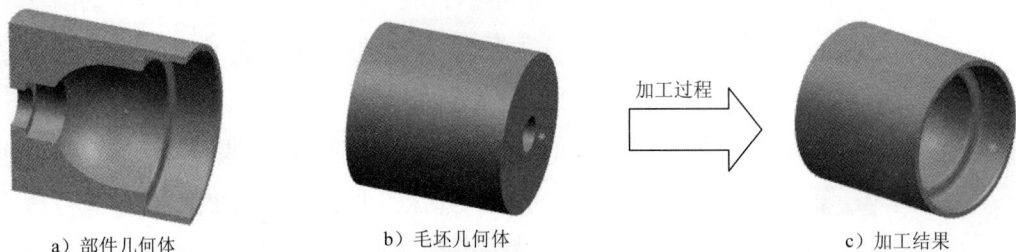

a）部件几何体　　　　　　b）毛坯几何体　　　　　　c）加工结果
图 16.4.1　内孔车削加工

Task1.　打开模型文件并进入加工模块

Step 1　打开文件 D:\ug85nc\work\ch16\ch16.04\borehole.prt。

Step 2　选择下拉菜单 开始 ➡ 加工(N)... 命令，系统弹出"加工环境"对话框；在"加工环境"对话框 要创建的 CAM 设置 列表中选择 turning 选项，单击 确定 按钮，进入加工环境。

Task2.　创建几何体

Stage1.　创建机床坐标系

Step 1　在工序导航器中调整到几何视图状态，双击节点 MCS_SPINDLE ，系统弹出"MCS 主轴"对话框。

Step 2　在图形区捕捉图 16.4.2 所示圆边线的圆心，确认坐标系方位如图 16.4.2 所示，单击 确定 按钮，完成坐标系的创建。

Stage2. 创建部件几何体

Step 1 在工序导航器中双击⊞ 🔧 MCS_SPINDLE 节点下的⊞ 🎁 WORKPIECE，系统弹出"工件"对话框。单击🎁按钮，系统弹出"部件几何体"对话框，选取整个零件为部件几何体。

Step 2 分别单击"部件几何体"对话框和"工件"对话框中的 确定 按钮，完成部件几何体的创建。

Stage3. 创建车削工件

Step 1 在工序导航器的几何视图中双击⊞ 🎁 WORKPIECE 节点下的子节点 ◎ TURNING_WORKPIECE，系统弹出"车削工件"对话框。

Step 2 单击"车削工件"对话框中的"指定部件边界"按钮◎右侧的"显示"按钮🔦，系统显示出图 16.4.3 所示的部件边界。

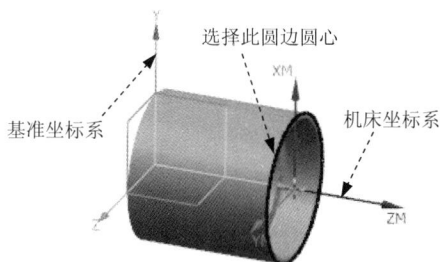

图 16.4.2 定义机床坐标系

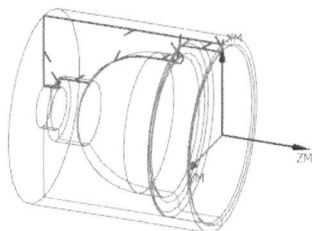

图 16.4.3 显示部件边界

Step 3 单击"车削工件"对话框中的"指定毛坯边界"按钮◎，系统弹出"选择毛坯"对话框。

Step 4 单击"选择毛坯"对话框中的 选择 按钮，系统弹出"点"对话框，在"点"对话框的 参考 下拉列表中选择 WCS 选项，然后在 XC 文本框中输入值 5.0，在 YC 文本框中输入值 0.0，在 ZC 文本框中输入值 0.0，单击"点"对话框中的 确定 按钮，返回"选择毛坯"对话框。

Step 5 在"选择毛坯"对话框中选择"管材"按钮◎，在 点位置 区域中选择 ◎ 远离主轴箱 单选按钮，然后在 长度 文本框中输入值 185.0，在 外径 文本框中输入值 180.0，在 内径 文本框中输入值 40.0，单击 确定 按钮，返回"车削工件"对话框，同时在图形区中显示毛坯边界，如图 16.4.4 所示。

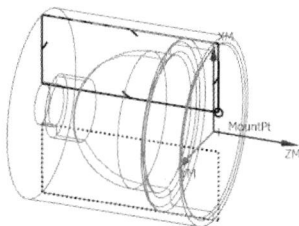

Step 6 单击"车削工件"对话框中的 确定 按钮，完成车削工件的定义。

图 16.4.4 显示毛坯边界

Task3. 创建刀具

Step 1 选择下拉菜单 插入(S) ➡ 🔧 刀具(T)... 命令，系统弹出"创建刀具"对话框。

Step 2 在"创建刀具"对话框 `类型` 下拉列表中选择 `turning` 选项，在 `刀具子类型` 区域中单击 ID_55_L 按钮，在 `位置` 区域的 `刀具` 下拉列表中选择 `GENERIC_MACHINE` 选项，接受系统默认的名称，单击 `确定` 按钮，系统弹出"车刀－标准"对话框。

Step 3 在"车刀－标准"对话框中单击 `夹持器` 选项卡，选中 ☑ `使用车刀夹持器` 复选框，设置图 16.4.5 所示的参数。

Step 4 单击"车刀－标准"对话框中的 `确定` 按钮，完成刀具的创建。

Task4. 创建内孔车削操作

Stage1. 创建工序

Step 1 选择下拉菜单 `插入(S)` ➡ `工序(E)...` 命令，系统弹出"创建工序"对话框。

Step 2 在"创建工序"对话框 `类型` 下拉列表中选择 `turning` 选项，在 `工序子类型` 区域中单击"内侧粗镗"按钮，在 `程序` 下拉列表中选择 `PROGRAM` 选项，在 `刀具` 下拉列表中选择 `ID_55_L (车刀-标准)` 选项，在 `几何体` 下拉列表中选择 `TURNING_WORKPIECE` 选项，在 `方法` 下拉列表中选择 `LATHE_ROUGH` 选项。

Step 3 单击"创建工序"对话框中的 `确定` 按钮，系统弹出"内侧粗镗"对话框，然后在 `切削策略` 区域的 `策略` 下拉列表中选择 `单向线性切削` 选项，如图 16.4.6 所示。

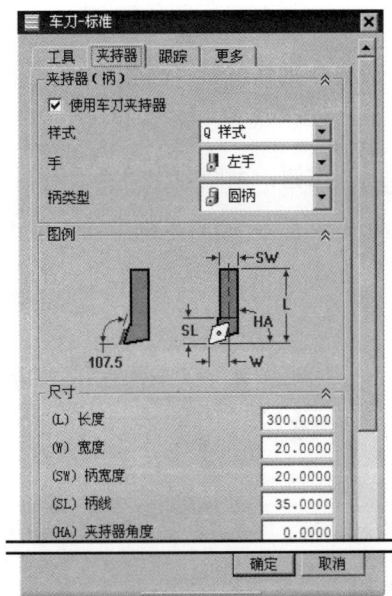

图 16.4.5 "夹持器"选项卡　　　　图 16.4.6 "内侧粗镗"对话框

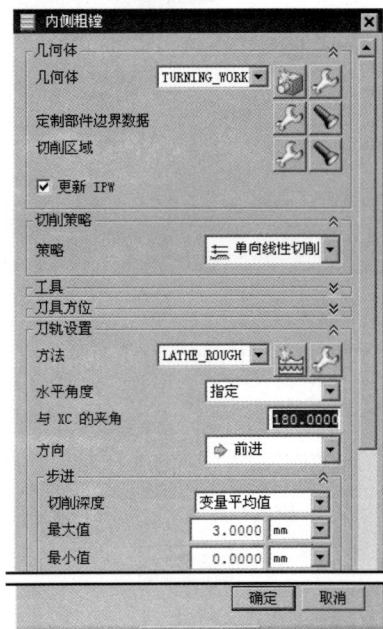

Stage2. 显示切削区域

单击"内侧粗镗"对话框 `切削区域` 右侧的"显示"按钮，在图形区中显示出切削区域，如图 16.4.7 所示。

Stage3．设置切削参数

Step 1　在"内侧粗镗"对话框 步进 区域的 切削深度 下拉列表中选择 恒定 选项，在 深度 文本框中输入值 1.5。

Step 2　单击"内侧粗镗"对话框中的 更多 区域，打开隐藏选项，选中 ☑ 附加轮廓加工 复选框。

Step 3　单击"内侧粗镗"对话框中的"切削参数"按钮 ⇉ ，系统弹出"切削参数"对话框，在该对话框中选择 余量 选项卡，设置如图 16.4.8 所示的参数。

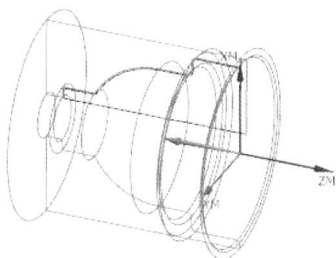

图 16.4.7　显示切削区域

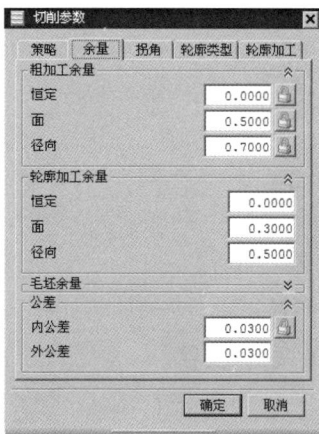

图 16.4.8　"余量"选项卡

Step 4　单击 确定 按钮，返回到"内侧粗镗"对话框。

Stage4．设置非切削移动参数

Step 1　单击"内侧粗镗"对话框中的"非切削移动"按钮 ⇄ ，系统弹出"非切削移动"对话框。

Step 2　设置逼近参数。

（1）在"非切削移动"对话框中选择 逼近 选项卡，然后在 出发点 区域的 点选项 下拉列表中选择 指定 选项，单击 指定点 右侧的"点对话框"按钮 ⊹ ，系统弹出"点"对话框。在"点"对话框的 参考 下拉列表中选择 WCS 选项，然后在 XC 文本框中输入值 90.0，在 YC 文本框中输入值 0.0，在 ZC 文本框中输入值 0.0，单击 确定 按钮，返回到"非切削移动"对话框。

（2）在"非切削移动"对话框 逼近 选项卡的 运动到起点 区域的 运动类型 下拉列表中选择 直接 选项，单击此区域的 指定点 右侧的"点对话框"按钮 ⊹ ，系统弹出"点"对话框。在"点"对话框的 参考 下拉列表中选择 WCS 选项，然后在 XC 文本框中输入值 20.0，在 YC 文本框中输入值 0.0，在 ZC 文本框中输入值 0.0，单击 确定 按钮，返回到"非切削移动"对话框，此时图形区显示图 16.4.9 所示的出发点和运动起点。

Step 3　设置离开参数。单击"非切削移动"对话框的 离开 选项卡，在 离开刀轨 区域的

刀轨选项 下拉列表中选择 点 选项，然后单击 指定点 右侧的 "点对话框" 按钮 ，系统弹出 "点" 对话框。在 "点" 对话框的 参考 下拉列表中选择 WCS 选项，然后在 XC 文本框中输入值 40.0，在 YC 文本框中输入值 0.0，在 ZC 文本框中输入值 0.0，单击 确定 按钮，返回到 "非切削移动" 对话框。

Step 4 单击 确定 按钮，完成非切削移动参数的设置。

Task5. 生成刀路轨迹并仿真

生成的刀路轨迹如图 16.4.10 所示，3D 动态仿真加工后的模型如图 16.4.11 所示。

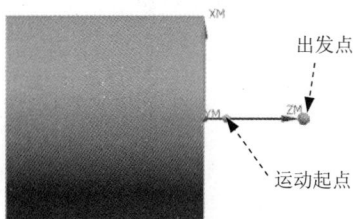

图 16.4.9 选取出发点和运动起点　　　图 16.4.10 刀路轨迹　　　图 16.4.11 3D 仿真结果

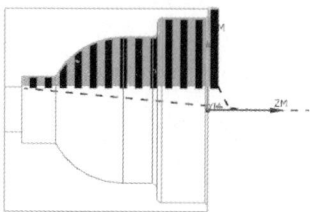

Task6. 保存文件

选择下拉菜单 文件(F) ➡ 保存(S) 命令，保存文件。

16.5 螺纹车削加工

螺纹车削允许进行直螺纹或锥螺纹切削。它们可能是单个或多个内部、外部或面螺纹。在车削螺纹时必须指定 "螺距"、"导程角" 或 "每毫米螺纹圈数"，并选择顶线和根线（或深度）以生成螺纹刀轨。下面以图 16.5.1 所示的零件为例来介绍外螺纹车削加工的一般步骤。

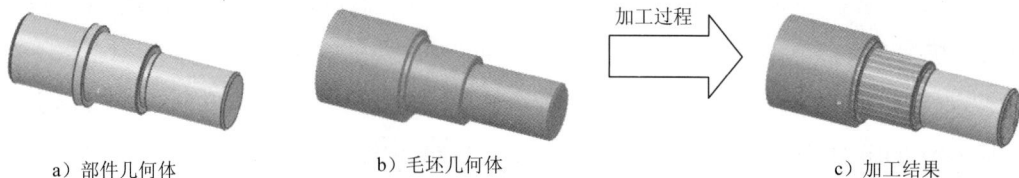

a）部件几何体　　　b）毛坯几何体　　　c）加工结果

图 16.5.1 外螺纹车削加工

Task1. 打开模型文件

打开模型文件 D:\ug85nc\work\ch16\ch16.05\thread.prt，系统自动进入加工模块。

说明：本节模型中已经创建了粗车外形和车槽操作，因此沿用前面设置的工件坐标系等几何体。

Task2. 创建刀具

Step 1 选择下拉菜单 插入(S) ➡ 刀具(T)... 命令，系统弹出 "创建刀具" 对话框。

Step 2 在"创建刀具"对话框 类型 下拉列表中选择 turning 选项，在 刀具子类型 区域中单击 OD_THREAD_L 按钮 █，单击 确定 按钮，系统弹出"螺纹刀－标准"对话框。

Step 3 在"螺纹刀－标准"对话框中设置图 16.5.2 所示的参数，单击 确定 按钮，完成刀具的创建。

Task3. 创建车削螺纹操作

Stage1. 创建工序

Step 1 选择下拉菜单 插入(S) ➡ 工序(E)... 命令，系统弹出"创建工序"对话框。

Step 2 在"创建工序"对话框 类型 下拉列表中选择 turning 选项，在 工序子类型 区域中单击"外侧螺纹加工"按钮 █，在 程序 下拉列表中选择 PROGRAM 选项，在 刀具 下拉列表中选择 OD_THREAD_L (螺纹刀-标准) 选项，在 几何体 下拉列表中选择 AVOIDANCE 选项，在 方法 下拉列表中选择 LATHE_THREAD 选项。

Step 3 单击"创建工序"对话框中的 确定 按钮，系统弹出"外侧螺纹加工"对话框，如图 16.5.3 所示。

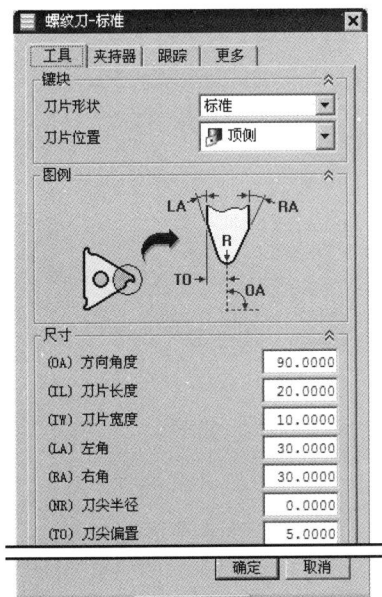

图 16.5.2 "螺纹刀－标准"对话框　　图 16.5.3 "外侧螺纹加工"对话框

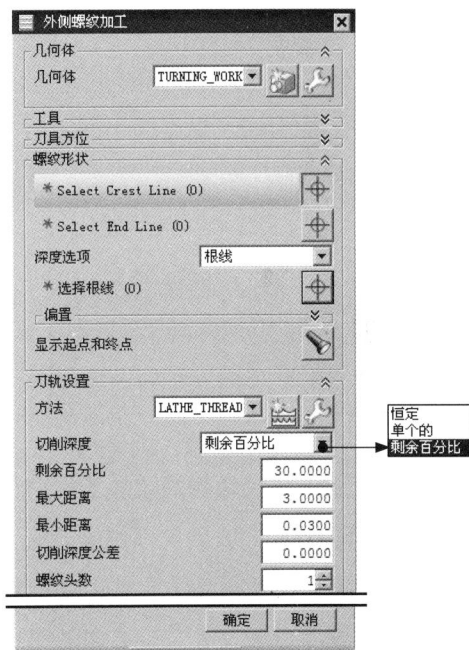

图 16.5.3 所示的"外侧螺纹加工"对话框中部分选项的说明如下：

● **Select Crest Line (0)**：即选择顶线，用来在图形区选取螺纹顶线，注意系统默认靠近鼠标选取的一端作为切削起点，另一端则为切削终点。

● **Select End Line (0)**：即选择终止线，当所选顶线部分不是全螺纹时，此选项用来选择螺纹的终止线。

- 深度选项：用于控制螺纹深度的方法。它包含 根线 、 深度和角度 两种方式。当选择 根线 方式时，需要通过下面的 * 选择根线 (0) 选项来选择螺纹的根线；当选择 深度和角度 方式时，其下面出现 深度 、 与 XC 的夹角 文本框，输入相应数值即可指定螺纹深度和角度。

- 切削深度：用于指定达到粗加工螺纹深度的方法，包括下面三个选项。

  - ☑ 恒定：可以指定数值进行每个深度的切削。

  - ☑ 单个的：可以指定增量组和每组的重复次数。

  - ☑ 剩余百分比：可以指定每个刀路占剩余切削总深度的比例。

Stage2．定义螺纹几何体

Step 1　选取螺纹起始线。单击"外侧螺纹加工"对话框的 * Select Crest Line (0) ，在模型上选取图 16.5.4 所示的边线。

Step 2　定义深度。在 深度选项 下拉列表中选择 深度和角度 选项，在 深度 文本框中输入数值 0.81，在 与 XC 的夹角 中输入值 180。

Stage3．设置螺纹参数

Step 1　单击 偏置 区域使其显示出来，然后设置图 16.5.5 所示的参数，单击"显示起点和终点"按钮 ，显示图 16.5.4 所示的起点和终点。

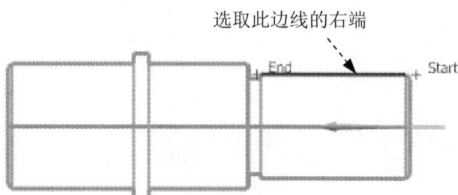

图 16.5.4　定义顶线

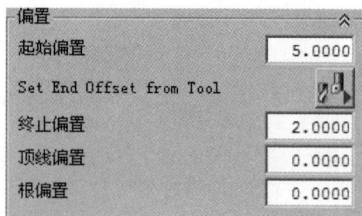

图 16.5.5　设置偏置参数

图 16.5.5 所示的"外侧螺纹加工"对话框中部分选项的说明如下：

- 起始偏置：用来控制车刀切入螺纹前的距离，一般为 1 倍以上的螺距。

- 终止偏置：用来控制车刀切出螺纹后的距离，应根据实际退刀槽等确定。

- 顶线偏置：用来偏置前面选定的螺纹顶线。

- 根偏置：用来偏置前面选定的螺纹根线。

Step 2　设置刀轨参数。在 切削深度 下拉列表中选择 剩余百分比 选项，在 剩余百分比 文本框中输入值 30.0，在 最大距离 文本框中输入值 0.3，在 最小距离 文本框中输入值 0.1，在 螺纹头数 文本框中输入值 1。

Step 3　设置螺距参数。单击"外侧螺纹加工"对话框中的"切削参数"按钮 ，系统弹出"切削参数"对话框，选择 螺距 选项卡，然后在 距离 文本框中输入值 1.5。

Step 4　设置附加刀路。单击"切削参数"对话框的 附加刀路 选项卡，然后在 刀路数 文本框中输入值 2，在 增量 文本框中输入值 0.05，在 螺纹（螺旋）刀路 文本框中输入值 2，单击 确定 按钮。

Task4. 设置进给率和速度

Step 1　单击"外侧螺纹加工"对话框中的"进给率和速度"按钮 ，系统弹出"进给率和速度"对话框。

Step 2　在"进给率和速度"对话框中选中 ☑ 主轴速度 (rpm) 复选框，然后在其后的文本框中输入值 500.0，在 切削 文本框中输入值 1.5，在其后的下拉列表中选择 mmpr 选项，其他参数采用系统默认设置值。

Step 3　单击"进给率和速度"对话框中的 确定 按钮，完成进给率和速度的设置，系统返回到"外侧螺纹加工"对话框。

Task5. 生成刀路轨迹并仿真

生成的刀路轨迹如图 16.5.6 所示，3D 动态仿真加工后的模型如图 16.5.7 所示。

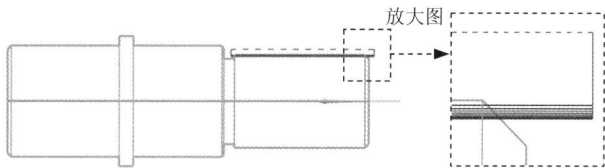

图 16.5.6　刀路轨迹

图 16.5.7　3D 仿真结果

说明：在车削螺纹加工仿真后看不到真实螺纹的形状。

Task6. 保存文件

选择下拉菜单 文件(F) ➡ ■ 保存(S) 命令，保存文件。

16.6　示教模式

车削示教模式是指在"车削"工作中控制执行精细加工的一种方法。创建此操作时，用户可以通过定义快速定位移动、进给定位移动、进刀/退刀设置以及连续刀路切削移动来建立刀轨，也可以在任意位置添加一些子操作。在定义连续刀路切削移动时，可以控制边界截面上的刀具，指定起始和结束位置，以及定义每个连续切削的方向。下面以图 16.6.1 所示的零件介绍车削示教模式加工的一般步骤。

Task1. 打开模型文件并进入加工模块

打开文件 D:\ug85nc\work\ch16\ch16.06\teach_mold.prt，系统自动进入加工环境。

a）部件几何体　　　　　　　b）毛坯几何体　　加工过程 →　　　c）加工结果

图 16.6.1　示教模式

Task2. 创建刀具

Step 1　选择下拉菜单 插入(S) ➡ 刀具(T)... 命令，系统弹出"创建刀具"对话框。

Step 2　在"创建刀具"对话框 类型 下拉列表中选择 turning 选项，在 刀具子类型 区域中单击 OD_GROOVE_L 按钮，采用默认名称，单击 确定 按钮，系统弹出"槽刀－标准"对话框，如图 16.6.2 所示。

Step 3　"槽刀－标准"对话框的 工具 选项卡的设置如图 16.6.2 所示。

Step 4　单击"槽刀－标准"对话框中的 夹持器 选项卡，选中 ☑ 使用车刀夹持器 复选框，设置图 16.6.3 所示的参数值。

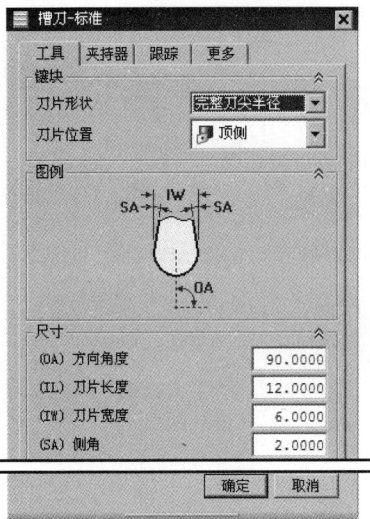

图 16.6.2　"槽刀－标准"对话框

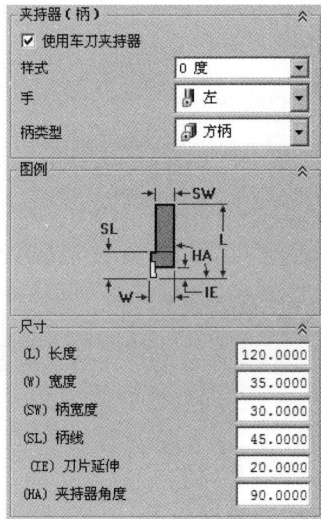

图 16.6.3　定义夹持器参数

Step 5　单击"槽刀－标准"对话框中的 跟踪 选项卡，在 点编号 下拉列表中选择 P9 选项，在 半径 文本框中输入值 3，在 刀具补偿寄存器 文本框中输入值 6，其余参数采用默认设置值。

Step 6　单击"槽刀－标准"对话框中的 确定 按钮，完成刀具的创建。

Task3. 创建示教模式操作

Stage1. 创建工序

Step 1　选择下拉菜单 插入(S) ➡ 工序(E)... 命令，系统弹出"创建工序"对话框。

Step 2 在"创建工序"对话框 类型 下拉列表中选择 turning 选项，在 工序子类型 区域中单击"示
教模式"按钮 ⊕, 在 程序 下拉列表中选择 PROGRAM 选项，在 刀具 下拉列表中选择
OD_GROOVE_L (槽刀-完整刀尖半径) 选项，在 几何体 下拉列表中选择 TURNING_WORKPIECE 选项，
在 方法 下拉列表中选择 LATHE_FINISH 选项，在 名称 文本框中输入 TEACH_MODE。

Step 3 单击"创建工序"对话框中的 确定 按钮，
系统弹出图 16.6.4 所示的"示教模式"对话框。

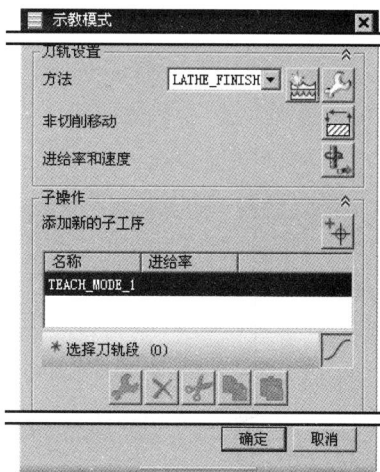

Stage2. 设置非切削移动参数

Step 1 单击"示教模式"对话框中的"非切削移动"
按钮 ▨, 系统弹出"非切削移动"对话框。

Step 2 设置逼近参数。

（1）单击"非切削移动"对话框的 逼近 选项卡，
在 出发点 区域的 点选项 下拉列表中选择 指定 选项，单击
指定点 右侧的"点对话框"按钮 ↑, 系统弹出"点"对
话框。在"点"对话框的 参考 下拉列表中选择 WCS 选项，
然后在 XC 文本框中输入值 160.0，在 YC 文本框中输入

图 16.6.4   "示教模式"对话框

值 50.0，在 ZC 文本框中输入值 0.0，单击 确定 按钮，返回到"非切削移动"对话框。

（2）在"非切削移动"对话框 逼近 选项卡的 运动到起点 区域 运动类型 下拉列表中选择
直接 选项，单击此区域的 指定点 右侧的"点对话框"按钮 ↑, 系统弹出"点"对话框。
在"点"对话框的 参考 下拉列表中选择 WCS 选项，然后在 XC 文本框中输入值 140.0，在 YC 文
本框中输入值 40.0，在 ZC 文本框中输入值 0.0，单击 确定 按钮，返回到"非切削移动"
对话框。

Step 3 设置离开参数。单击"非切削移动"对话框的 离开 选项卡，在 离开刀轨 区域的
刀轨选项 下拉列表中选择 点 选项，然后单击 指定点 右侧的"点对话框"按钮 ↑,
系统弹出"点"对话框。在"点"对话框的 参考 下拉列表中选择 WCS 选项，然后在
XC 文本框中输入值 50.0，在 YC 文本框中输入值 50.0，在 ZC 文本框中输入值 0.0，
单击 确定 按钮，返回到"非切削移动"对话框。

Step 4 单击"非切削移动"对话框的 确定 按钮，返回到"示教模式"对话框。

Stage3. 设置进给率和速度

Step 1 单击"示教模式"对话框中的"进给率和速度"按钮 ⊕, 系统弹出"进给率和速
度"对话框。

Step 2 在"进给率和速度"对话框 输出模式 下拉列表中选择 RPM 选项，选中 ☑ 主轴速度 复选
框，在其后的文本框中输入值 1000.0，在 切削 文本框中输入值 0.2，在其后的下

拉列表中选择 mmpr 选项，其他参数采用系统默认的设置值。

Step 3 单击"进给率和速度"对话框中的 确定 按钮，完成进给率和速度的设置，系统返回到"示教模式"对话框。

Stage4．添加进刀移动子工序

Step 1 单击"示教模式"对话框子操作区域中 添加新的子工序 右侧的"添加"按钮 ，系统弹出 "创建 Teachmode 子工序"对话框，在类型下拉列表中选择 线性移动 选项，接受系统默认（图 16.6.5 所示）的参数，然后单击 按钮，系统弹出"点"对话框。

Step 2 在"点"对话框的参考下拉列表中选择 WCS 选项，在 XC 文本框中输入值 110.0，在 YC 文本框中输入值 40.0，在 ZC 文本框中输入值 0.0。分别单击"点"对话框和"创建 Teachmode 子工序"对话框中的 确定 按钮，返回到"示教模式"对话框，同时在图形区中显示出图 16.6.6 所示的刀具位置。

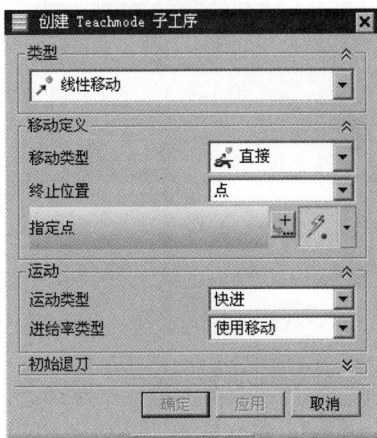

图 16.6.5　"创建 Teachmode 子工序"对话框

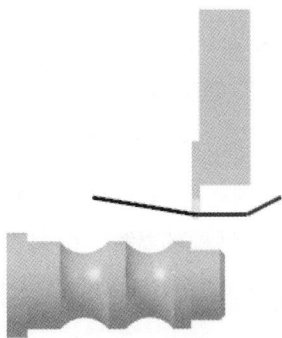

图 16.6.6　显示刀具位置（一）

Stage5．添加进刀/退刀子工序

Step 1 单击"示教模式"对话框子操作区域中 添加新的子工序 右侧的"添加"按钮 ，系统弹出"创建子工序"对话框。在类型下拉列表中选择 进刀设置 选项，设置如图 16.6.7 所示的参数，单击 确定 按钮，返回到"示教模式"对话框，此时在图形区中显示出图 16.6.8 所示的刀具位置。

Step 2 单击"示教模式"对话框子操作区域中 添加新的子工序 右侧的"添加"按钮 ，系统弹出 "创建子工序"对话框，在类型下拉列表中选择 退刀设置 选项，设置如图 16.6.9 所示的参数，单击"创建子工序"对话框中的 确定 按钮，系统返回到"示教模式"对话框，此时"示教模式"对话框子操作区域显示如图 16.6.10 所示。

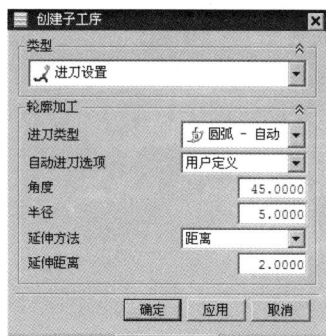

图 16.6.7 "创建子工序"对话框

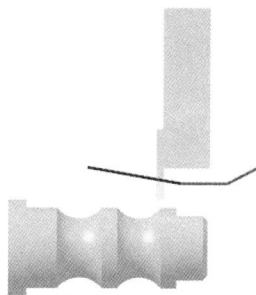

图 16.6.8 显示刀具位置（二）

图 16.6.9 "创建子工序"对话框

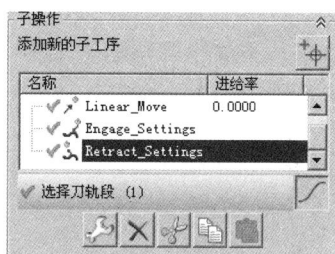

图 16.6.10 "子操作"区域

Stage6. 添加轮廓移动子工序（一）

Step 1 单击"示教模式"对话框 子操作 区域中 添加新的子工序 右侧的"添加"按钮 ，系统弹出"创建子工序"对话框，在 类型 下拉列表中选择 轮廓移动 选项，在 驱动几何体 下拉列表中选择 新驱动曲线 选项，此时对话框显示如图 16.6.11 所示。

Step 2 在"创建子工序"对话框中单击"指定驱动边界"按钮 ，系统弹出图 16.6.12 所示的"选择驱动几何体"对话框，采用默认的参数设置，选取图 16.6.13 所示的轮廓曲线，单击 确定 按钮返回到"创建子工序"对话框。

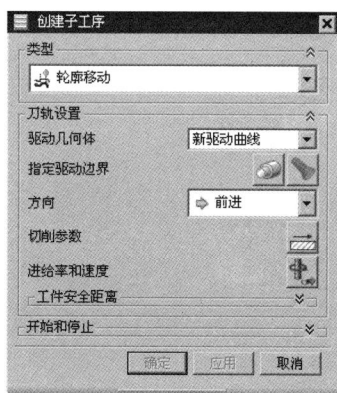

图 16.6.11 "创建子工序"对话框

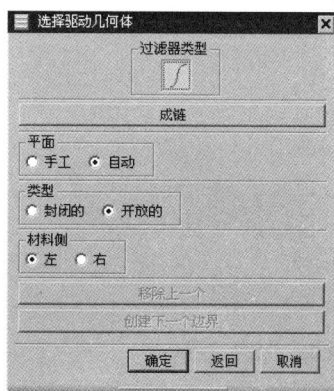

图 16.6.12 "选择驱动几何体"对话框

Step 3 在"创建子工序"对话框中单击 **确定** 按钮返回到"示教模式"对话框，此时图形区显示如图 16.6.14 所示的刀具位置。

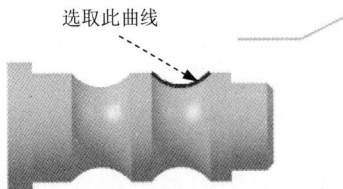

图 16.6.13　定义驱动曲线（一）

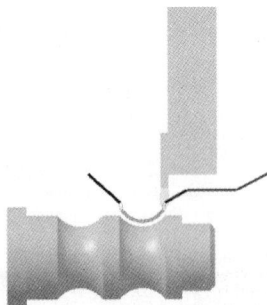

图 16.6.14　显示刀具位置（三）

Stage7．添加轮廓移动子工序（二）

参照上面 Stage6 的操作步骤，添加图 16.6.15 所示的轮廓曲线作为轮廓移动的驱动曲线，返回到"示教模式"对话框，此时图形区显示如图 16.6.16 所示的刀具位置。

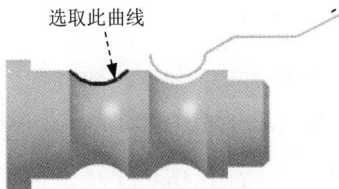

图 16.6.15　定义驱动曲线（二）

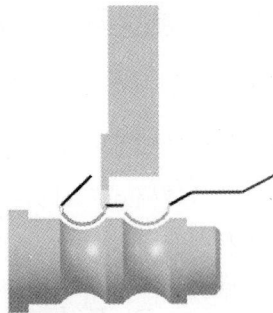

图 16.6.16　显示刀具位置（四）

Task4．生成刀路轨迹并仿真

在"示教模式"对话框中单击"生成"按钮 ，生成的刀路轨迹如图 16.6.17 所示；进行 3D 动态仿真加工后的模型如图 16.6.18 所示。

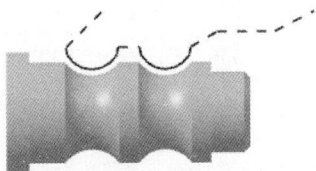

图 16.6.17　刀路轨迹

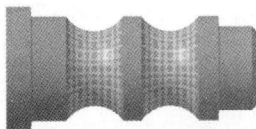

图 16.6.18　3D 仿真结果

Task5．保存文件

选择下拉菜单 文件(F) ➡ 保存(S) 命令，保存文件。

16.7　车削加工综合应用

本应用讲述的是一个轴类零件的完整车削加工过程，如图 16.7.1 所示，其中包括车端面、粗车外形、精车外形等加工内容，在学完本节后，希望读者能够举一反三，灵活运用前面介绍的车削操作，熟练掌握 UG NX 中车削加工的各种方法。下面介绍该零件车削加工的操作步骤。

a）部件几何体　　　　b）毛坯几何体　　　　　c）加工结果

图 16.7.1　车削加工

Task1. 打开模型文件并进入加工模块

Step 1 打开文件 D:\ug85nc\work\ch16\ch16.07\turning_mold.prt。

Step 2 选择下拉菜单 开始 → 加工(N)... 命令，系统弹出"加工环境"对话框，在"加工环境"对话框 要创建的 CAM 设置 列表中选择 turning 选项，单击 确定 按钮，进入加工环境。

Task2. 创建几何体（一）

Stage1. 创建机床坐标系

Step 1 在工序导航器中调整到几何视图状态，双击节点 MCS_SPINDLE，系统弹出"MCS主轴"对话框。在图形区捕捉图 16.7.2 所示圆边线的圆心，其余参数采用默认设置，单击 确定 按钮，完成机床坐标系的创建。

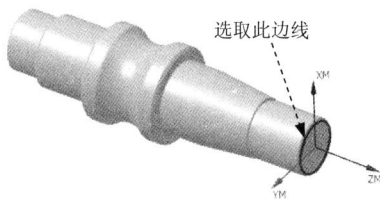

选取此边线

图 16.7.2　创建机床坐标系

Stage2. 创建部件几何体

Step 1 在工序导航器中双击 MCS_SPINDLE 节点下的 WORKPIECE，系统弹出"工件"对话框。单击"工件"对话框中的 按钮，系统弹出"部件几何体"对话框，选取整个零件为部件几何体。

Step 2 依次单击"部件几何体"对话框和"工件"对话框中的 确定 按钮，完成部件几何体的创建。

Stage3. 创建车削工件

Step 1 显示部件边界。在工序导航器中的几何视图状态下双击 WORKPIECE 节点下的子菜

503

单节点 ⊚ TURNING_WORKPIECE ，系统弹出"车削工件"对话框。单击"车削工件"对话框 指定部件边界 右侧的 ✎ 按钮，在图形区显示图 16.7.3 所示的部件边界。

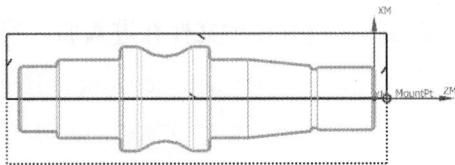

Step 2 指定毛坯边界。

（1）单击"车削工件"对话框中的"指定毛坯边界"按钮 ⊙ ，系统弹出"选择毛坯"对话框。确认"棒料"按钮 ⊡ 被选择，在 点位置 区域选择 ⊙ 远离主轴箱 单选按钮，单击 选择 按钮，系统弹出"点"对话框。

（2）在"点"对话框的 参考 下拉列表中选择 WCS 选项，然后在 XC 文本框中输入值 10.0，在 YC 文本框中输入值 0.0，在 ZC 文本框中输入值 0.0，单击 确定 按钮，返回到"选择毛坯"对话框。

（3）在"选择毛坯"对话框的 长度 文本框中输入值 300.0，在 直径 文本框中输入值 100.0，单击 确定 按钮，在图形区中显示毛坯边界，如图 16.7.4 所示。

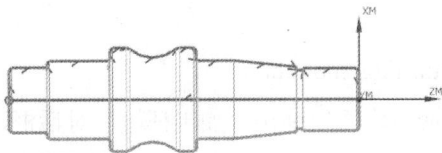

图 16.7.3 部件边界

图 16.7.4 毛坯边界

Step 3 单击"车削工件"对话框中的 确定 按钮，完成车削工件的定义。

Stage4．创建避让几何体

Step 1 选择下拉菜单 插入(S) ➡ 📐 几何体(G)... 命令，系统弹出"创建几何体"对话框。

Step 2 在"创建几何体"对话框 几何体子类型 区域中单击 AVOIDANCE 按钮 🖳（图 16.7.5 所示），在 位置 区域 几何体 下拉列表中选择 TURNING_WORKPIECE 选项，采用系统默认的名称，单击"创建几何体"对话框中的 确定 按钮，系统弹出图 16.7.6 所示的"避让"对话框。

Step 3 定义避让参数。

（1）定义出发点。在 出发点 (FR) 区域 点选项 下拉列表中选择 指定 选项，单击 指定点 右侧的 ⬩ 按钮，系统弹出"点"对话框。在"点"对话框的 参考 下拉列表中选择 WCS 选项，然后在 XC 文本框中输入值 50.0，在 YC 文本框中输入值 70.0，在 ZC 文本框中输入值 0.0，单击 确定 按钮，返回到"避让"对话框。

（2）定义运动起点。在 运动到起点 (ST) 区域 运动类型 下拉列表中选择 直接 选项，单击此区域的 指定点 右侧的"点对话框"按钮 ⬩ ，系统弹出"点"对话框。在"点"对话框的 参考 下拉列表中选择 WCS 选项，然后在 XC 文本框中输入值 20.0，在 YC 文本框中输入值 50.0，在 ZC 文本框中输入值 0.0，单击 确定 按钮，返回到"避让"对话框。

图 16.7.5 "创建几何体"对话框

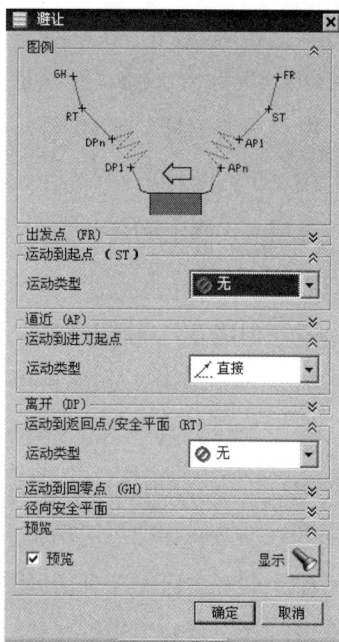

图 16.7.6 "避让"对话框

（3）定义返回点。在 运动到返回点/安全平面（RT） 区域的 运动类型 下拉列表中选择 径向 -> 轴向 选项，单击此区域的 指定点 右侧的"点对话框"按钮 ，系统弹出"点"对话框。在"点"对话框的 参考 下拉列表中选择 WCS 选项，然后在 XC 文本框中输入值 20.0，在 YC 文本框中输入值 50.0，在 ZC 文本框中输入值 0.0，单击 确定 按钮，返回到"避让"对话框。

（4）定义径向安全平面。在"避让"对话框中展开 径向安全平面 区域，设置图 16.7.7 所示的参数。

Step 4 单击"避让"对话框中的 按钮，在图形区显示如图 16.7.8 所示，单击 确定 按钮，完成避让几何体的定义。

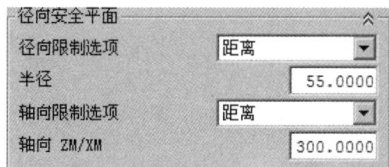

图 16.7.7 定义安全平面

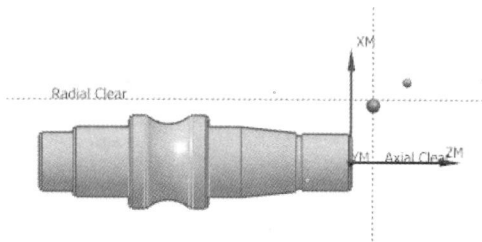

图 16.7.8 显示避让几何体

Task3. 创建刀具

Stage1. 创建 80° 外圆车刀

Step 1 选择下拉菜单 插入 (S) ➡ 刀具 (T)... 命令，系统弹出"创建刀具"对话框。

Step **2** 在"创建刀具"对话框 **类型** 下拉列表中选择 **turning** 选项，在 **刀具子类型** 区域中单击 OD_80_L 按钮 **⊚** ，在 **名称** 文本框中输入 OD_80_L，单击 **确定** 按钮，系统弹出"车刀－标准"对话框。

Step **3** 在"车刀－标准"对话框的 **工具** 选项卡中采用系统默认的参数设置，单击 **夹持器** 选项卡，选中 **☑ 使用车刀夹持器** 复选框，此时图形区显示该刀具的预览，如图 16.7.9 所示，单击 **确定** 按钮，完成刀具的创建。

Stage2. 创建 35° 外圆车刀

Step **1** 选择下拉菜单 **插入(S)** ➡ **刀具(T)...** 命令，系统弹出"创建刀具"对话框。

Step **2** 在"创建刀具"对话框 **类型** 下拉列表中选择 **turning** 选项，在 **刀具子类型** 区域中单击 OD_35_L 按钮 **⊚** ，在 **名称** 文本框中输入 OD_35_L，单击 **确定** 按钮，系统弹出"车刀－标准"对话框。

Step **3** 在"车刀－标准"对话框 **工具** 选项卡的 **ISO 刀片形状** 下拉列表中选择 **V（菱形 35）** 选项，其余参数采用默认设置。

Step **4** 单击"车刀－标准"对话框中的 **夹持器** 选项卡，选中 **☑ 使用车刀夹持器** 复选框，在 **(HA) 夹持器角度** 文本框中输入值 90，此时图形区显示该刀具的预览，如图 16.7.10 所示，其余参数采用默认设置，单击"车刀－标准"对话框中的 **确定** 按钮，完成刀具的创建。

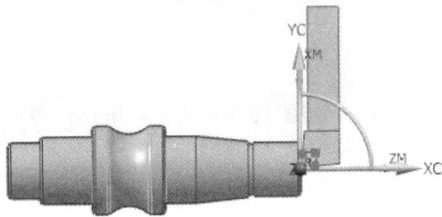

图 16.7.9　创建加工刀具 1

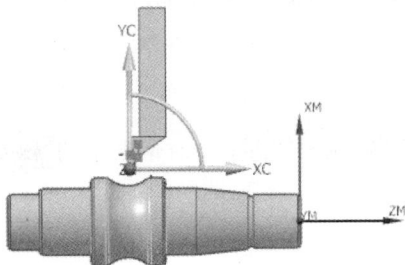

图 16.7.10　创建加工刀具 2

Stage3. 创建 4mm 外沟槽车刀

Step **1** 选择下拉菜单 **插入(S)** ➡ **刀具(T)...** 命令，系统弹出"创建刀具"对话框。

Step **2** 在"创建刀具"对话框 **类型** 下拉列表中选择 **turning** 选项，在 **刀具子类型** 区域中单击 OD_GROOVE_L 按钮 **⊟** ，采用默认名称，单击 **确定** 按钮，系统弹出"槽刀－标准"对话框。

Step **3** 在"槽刀－标准"对话框中单击 **工具** 选项卡，在 **(IW) 刀片宽度** 文本框中输入值 4.0，其余参数采用默认设置。

Step **4** 单击"槽刀－标准"对话框中的 **夹持器** 选项卡，选中 **☑ 使用车刀夹持器** 复选框，其余参数采用默认设置，单击"槽刀－标准"对话框中的 **确定** 按钮，完成刀具的创建。

Stage4. 创建外螺纹车刀

Step 1 选择下拉菜单 插入(S) ➡ 刀具(T)... 命令，系统弹出"创建刀具"对话框。

Step 2 在"创建刀具"对话框 类型 下拉列表中选择 turning 选项，在 刀具子类型 区域中单击 OD_THREAD_L 按钮 ，采用默认的名称，单击 **确定** 按钮，系统弹出"螺纹刀－标准"对话框。

Step 3 在"螺纹刀－标准"对话框 工具 选项卡的 刀片形状 下拉列表中选择 标准 选项，其余参数采用默认设置。单击 **确定** 按钮，完成刀具的创建。

Task4. 创建程序

Step 1 选择下拉菜单 插入(S) ➡ 程序(P)... 命令，系统弹出"创建程序"对话框。在 名称 文本框中输入程序名称 P-01，单击 **确定** 按钮，在系统弹出的"程序"对话框中单击 **确定** 按钮，完成程序的创建。

Step 2 参照 Step1 的操作方法，创建名称为 P-02 的程序节点。

说明：程序节点 P-01 和 P-02 分别用来放置加工两端的加工工序。

Task5. 创建车端面操作

Stage1. 创建工序

Step 1 选择下拉菜单 插入(S) ➡ 工序(E)... 命令，系统弹出"创建工序"对话框。

Step 2 在"创建工序"对话框 类型 下拉列表中选择 turning 选项，在 工序子类型 区域中单击"面加工"按钮 ，在 程序 下拉列表中选择 P-01 选项，在 刀具 下拉列表中选择 OD_80_L (车刀-标准) 选项，在 几何体 下拉列表中选择 AVOIDANCE 选项，在 方法 下拉列表中选择 LATHE_FINISH 选项。

Step 3 单击"创建工序"对话框中的 **确定** 按钮，系统弹出"面加工"对话框。

Stage2. 设置切削区域

Step 1 单击"面加工"对话框 切削区域 右侧的"编辑"按钮 ，系统弹出"切削区域"对话框。

Step 2 在"切削区域"对话框 轴向修剪平面 1 区域的 限制选项 下拉列表中选择 距离 选项，在 轴向 ZM/XM 文本框中输入值 0，单击"显示"按钮 ，显示出切削区域如图 16.7.11 所示。

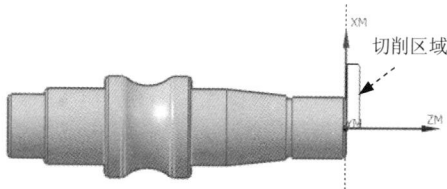

图 16.7.11 定义切削区域

Step 3 单击 **确定** 按钮，系统返回到"面加工"对话框。

Stage3. 设置切削参数

在"面加工"对话框 步进 区域的 切削深度 下拉列表中选择 变量平均值 选项，在 最大值 文本框中输入值 2.0。

Stage4. 设置非切削移动参数

采用系统默认的非切削移动参数。

Stage5. 生成刀路轨迹并 3D 仿真

生成的刀路轨迹如图 16.7.12 所示，3D 动态仿真加工后的模型如图 16.7.13 所示。

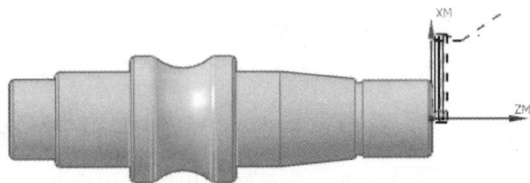

图 16.7.12　刀路轨迹

图 16.7.13　3D 仿真结果

说明：具体操作步骤请参考本章其他小节的介绍，以下不再赘述。

Task6. 创建外侧粗车操作 1

Stage1. 创建工序

Step 1　选择下拉菜单 插入(S) ➡ 工序(E)... 命令，系统弹出"创建工序"对话框。

Step 2　在"创建工序"对话框 类型 下拉列表中选择 turning 选项，在 工序子类型 区域中单击"外侧粗车"按钮，在 程序 下拉列表中选择 P-01 选项，在 刀具 下拉列表中选择 OD_80_L (车刀-标准) 选项，在 几何体 下拉列表中选择 AVOIDANCE 选项，在 方法 下拉列表中选择 LATHE_ROUGH 选项，采用系统默认的名称。

Step 3　单击"创建工序"对话框中的 确定 按钮，系统弹出"外侧粗车"对话框。

Stage2. 显示切削区域

Step 1　单击"面加工"对话框 切削区域 右侧的"编辑"按钮，系统弹出"切削区域"对话框。

Step 2　在"切削区域"对话框 轴向修剪平面 1 区域的 限制选项 下拉列表中选择 点 选项，在图形区中选取图 16.7.14 所示的端点，单击"显示"按钮，显示出切削区域如图 16.7.14 所示。

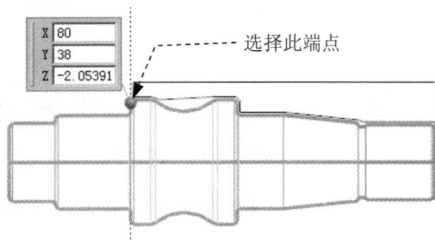

图 16.7.14　定义切削区域

Step 3　单击 确定 按钮，系统返回到"面加工"对话框。

Stage3．设置切削参数

在"面加工"对话框 步进 区域的 切削深度 下拉列表中选择 变量平均值 选项，在 最大值 文本框中输入值 2.0，在 变换模式 下拉列表中选择 省略 选项，其余参数采用默认设置。

Stage4．生成刀路轨迹并 3D 仿真

生成的刀路轨迹如图 16.7.15 所示，3D 动态仿真加工后的模型如图 16.7.16 所示。

图 16.7.15　刀路轨迹

图 16.7.16　3D 仿真结果

Task7．创建外侧粗车操作 2

Stage1．创建工序

Step 1　选择下拉菜单 插入(S) ➡ 工序(E)... 命令，系统弹出"创建工序"对话框。

Step 2　在"创建工序"对话框 类型 下拉列表中选择 turning 选项，在 工序子类型 区域中单击"外侧粗车"按钮 ，在 程序 下拉列表中选择 P-01 选项，在 刀具 下拉列表中选择 OD_35_L (车刀-标准) 选项，在 几何体 下拉列表中选择 AVOIDANCE 选项，在 方法 下拉列表中选择 LATHE_ROUGH 选项，采用系统默认的名称。

Step 3　单击"创建工序"对话框中的 确定 按钮，系统弹出"外侧粗车"对话框。

Stage2．显示切削区域

Step 1　单击"外侧粗车"对话框 切削区域 右侧的"编辑"按钮 ，系统弹出"切削区域"对话框。

Step 2　设置轴向修剪平面。在"切削区域"对话框中 轴向修剪平面 1 区域的 限制选项 下拉列表中选择 点 选项，然后在图形区选取图 16.7.17 所示的边线中点 1；在 轴向修剪平面 2 区域的 限制选项 下拉列表中选择 点 选项，然后在图形区选取图 16.7.17 所示的边线中点 2。

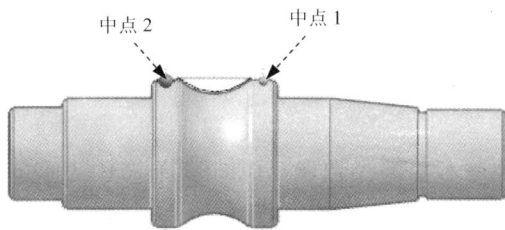

图 16.7.17　显示切削区域

Step 3　单击"切削区域"对话框的"显示"按钮 ，在图形区中显示出切削区域如图

16.7.17 所示。单击 确定 按钮，系统返回到"外侧粗车"对话框。

Stage3．设置切削参数

在"外侧粗车"对话框 切削策略 区域的 策略 下拉列表中选择 单向轮廓切削 选项，步进 区域的 切削深度 下拉列表中选择 恒定 选项，在 深度 文本框中输入值 1.0，其余参数采用默认设置。

Stage4．生成刀路轨迹并 3D 仿真

生成的刀路轨迹如图 16.7.18 所示，3D 动态仿真加工后的模型如图 16.7.19 所示。

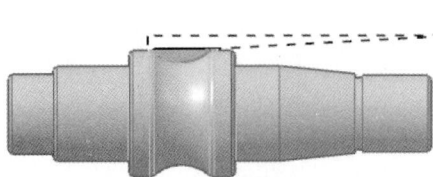

图 16.7.18　刀路轨迹

图 16.7.19　3D 仿真结果

Task8．创建外沟槽车削操作

Stage1．创建工序

Step 1　选择下拉菜单 插入(S) ➡ 工序(E)... 命令，系统弹出"创建工序"对话框。

Step 2　在"创建工序"对话框 类型 下拉列表中选择 turning 选项，在 工序子类型 区域中单击"外侧开槽"按钮，在 程序 下拉列表中选择 P-01 选项，在 刀具 下拉列表中选择 OD_GROOVE_L (槽刀-标准) 选项，在 几何体 下拉列表中选择 AVOIDANCE 选项，在 方法 下拉列表中选择 LATHE_GROOVE 选项，采用系统默认的名称。

Step 3　单击"创建工序"对话框中的 确定 按钮，系统弹出"外侧开槽"对话框。

Stage2．显示切削区域

Step 1　单击"外侧开槽"对话框 切削区域 右侧的"编辑"按钮，系统弹出"切削区域"对话框。

Step 2　设置轴向修剪平面。在"切削区域"对话框中 轴向修剪平面 1 区域的 限制选项 下拉列表中选择 点 选项，然后在图形区选取图 16.7.20 所示的端点 1；在 轴向修剪平面 2 区域的 限制选项 下拉列表中选择 点 选项，然后在图形区选取图 16.7.20 所示的端点 2。

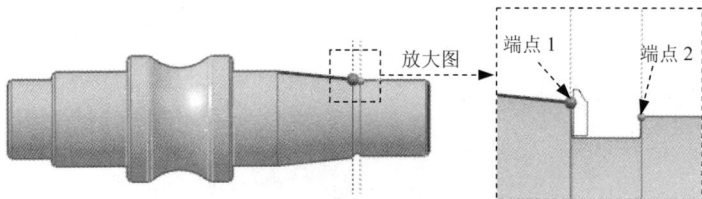

图 16.7.20　显示切削区域

Step 3　单击"切削区域"对话框的"显示"按钮，在图形区中显示出切削区域如图

16.7.20 所示。单击 确定 按钮，系统返回到"外侧开槽"对话框。

Stage3．设置切削参数

Step 1 在"外侧开槽"对话框中 步进 区域的 步距 下拉列表中选择 恒定 选项，在 距离 文本框中输入值 0.5，在其后的单位下拉列表中选择 mm 选项，单击 更多 区域，选中 ☑ 附加轮廓加工 复选框，其他参数采用系统默认设置值。

Step 2 单击"切削参数"按钮 →，系统弹出"切削参数"对话框，单击 策略 选项卡，设置图 16.7.21 所示的参数。

Step 3 单击"切削参数"对话框的 切屑控制 选项卡，设置图 16.7.22 所示的参数。

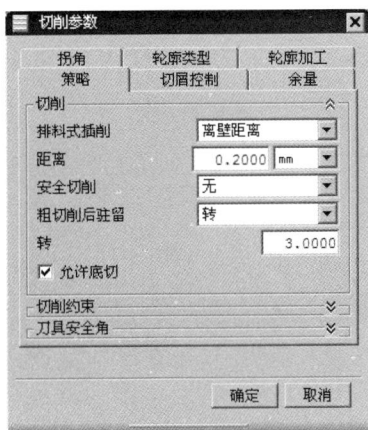

图 16.7.21 "策略"选项卡

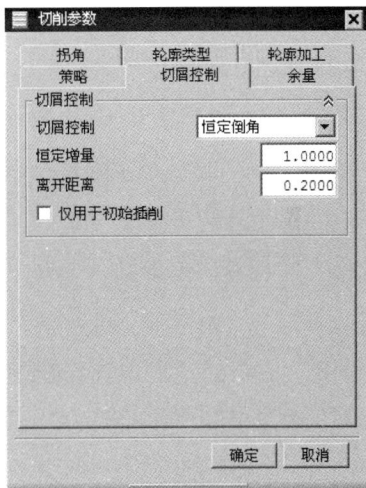

图 16.7.22 "切屑控制"选项卡

Step 4 单击 确定 按钮，完成切削参数的设置。

Stage4．生成刀路轨迹并 3D 仿真

生成的刀路轨迹如图 16.7.23 所示，3D 动态仿真加工后的模型如图 16.7.24 所示。

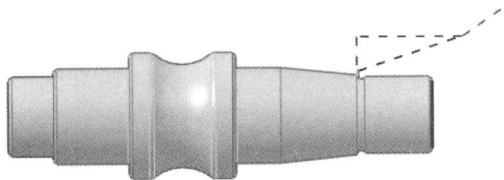

图 16.7.23 刀路轨迹

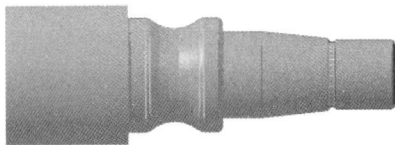

图 16.7.24 3D 仿真结果

Task9．创建外侧精车操作

Stage1．创建工序

Step 1 选择下拉菜单 插入(S) ➡ 工序(E)... 命令，系统弹出"创建工序"对话框。

Step 2 在"创建工序"对话框 类型 下拉列表中选择 turning 选项，在 工序子类型 区域中单击"外侧精车"按钮 📐，在 程序 下拉列表中选择 P-01 选项，在 刀具 下拉列表中选择

OD_35_L (车刀-标准)选项，在 几何体 下拉列表中选择 AVOIDANCE 选项，在 方法 下拉列表中选择 LATHE_FINISH 选项。

Step 3　单击"创建工序"对话框中的　确定　按钮，系统弹出"外侧精车"对话框。

Stage2．显示切削区域

Step 1　单击"外侧精车"对话框 切削区域 右侧的"编辑"按钮 🛠，系统弹出"切削区域"对话框。

Step 2　设置轴向修剪平面。在"切削区域"对话框中 轴向修剪平面 1 区域的 限制选项 下拉列表中选择 距离 选项，在 轴向 ZM/XM 文本框中输入值–199，在 区域加工 下拉列表中选择 多个 选项，其余参数采用默认设置。

Step 3　单击"切削区域"对话框的"显示"按钮 🖊，在图形区中显示出切削区域如图 16.7.25 所示。单击　确定　按钮，系统返回到"外侧精车"对话框。

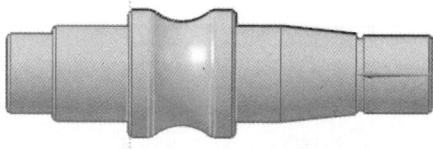

图 16.7.25　显示切削区域

Stage3．设置切削参数

Step 1　单击"外侧精车"对话框中的"切削参数"按钮 ╱，系统弹出"切削参数"对话框，在该对话框中选择 策略 选项卡，然后在 刀具安全角 区域的 首先切削边 文本框中输入值 0.0，其他参数采用默认设置。

Step 2　单击　确定　按钮，完成切削参数的设置。

Stage4．设置非切削参数

Step 1　单击"外侧精车"对话框中的"非切削移动"按钮 ╱，系统弹出"非切削移动"对话框。

Step 2　在"非切削移动"对话框中选择 进刀 选项卡，设置图 16.7.26 所示的参数。

Step 3　在"非切削移动"对话框中选择 退刀 选项卡，设置图 16.7.27 所示的参数。

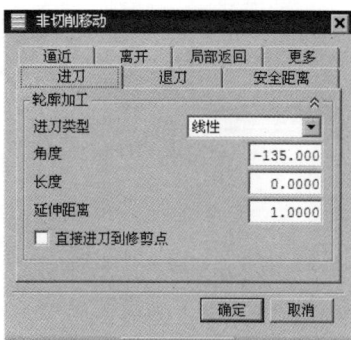

图 16.7.26　"进刀"选项卡　　　　　图 16.7.27　"退刀"选项卡

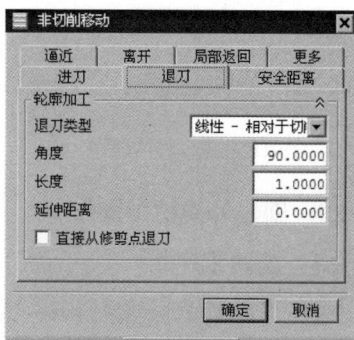

Step 4　单击"非切削移动"对话框中的　确定　按钮，完成非切削参数的设置。

Stage5. 设置进给率和速度

Step 1 单击"外侧精车"对话框中的"进给率和速度"按钮，系统弹出"进给率和速度"对话框。

Step 2 在"进给率和速度"对话框 输出模式 下拉列表中选择 RPM 选项，选中 ☑ 主轴速度 复选框，在其后的文本框中输入值 700.0，在 切削 文本框中输入值 0.15，在其后的下拉列表中选择 mmpr 选项，其他参数采用系统默认设置值。

Step 3 单击"进给率和速度"对话框中的 确定 按钮，完成进给率和速度的设置，系统返回到"外侧精车"对话框。

Stage6. 生成刀路轨迹并 3D 仿真

生成的刀路轨迹如图 16.7.28 所示，3D 动态仿真加工后的模型如图 16.7.29 所示。

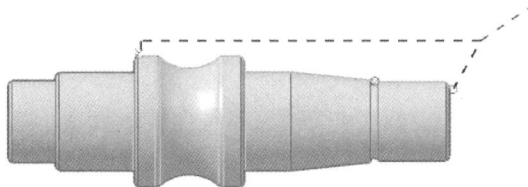

图 16.7.28　刀路轨迹

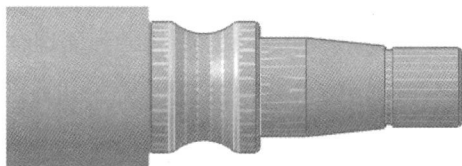

图 16.7.29　3D 仿真结果

Task10. 创建外螺纹精车操作

Stage1. 创建工序

Step 1 选择下拉菜单 插入(S) ➡ 工序(E)... 命令，系统弹出"创建工序"对话框。

Step 2 在"创建工序"对话框 类型 下拉列表中选择 turning 选项，在 工序子类型 区域中单击"外侧螺纹加工"按钮，在 程序 下拉列表中选择 P-01 选项，在 刀具 下拉列表中选择 OD_THREAD_L (螺纹刀-标准) 选项，在 几何体 下拉列表中选择 AVOIDANCE 选项，在 方法 下拉列表中选择 LATHE_THREAD 选项。

Step 3 单击"创建工序"对话框中的 确定 按钮，系统弹出"外侧螺纹加工"对话框。

Stage2. 定义螺纹几何体

Step 1 选取螺纹起始线。单击"外侧螺纹加工"对话框的 * Select Crest Line (0) 区域，在模型上选取图 16.7.30 所示的边线。

Step 2 定义深度。在 深度选项 下拉列表中选择 深度和角度 选项，在 深度 文本框中输入数值 1.085，在 与 XC 的夹角 文本框中输入值 180。

Stage3. 设置螺纹参数

Step 1 单击 偏置 区域使其显示出来，然后设置图 16.7.31 所示的参数。

Step 2 设置刀轨参数。在 切削深度 下拉列表中选择 剩余百分比 选项，在 剩余百分比 文本框中输入值 30.0，在 最大距离 文本框中输入值 0.3，在 最小距离 文本框中输入值 0.1，在

螺纹头数 文本框中输入值 1。

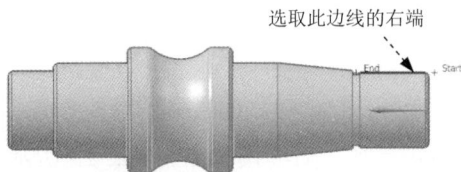

选取此边线的右端

图 16.7.30　显示起点和终点

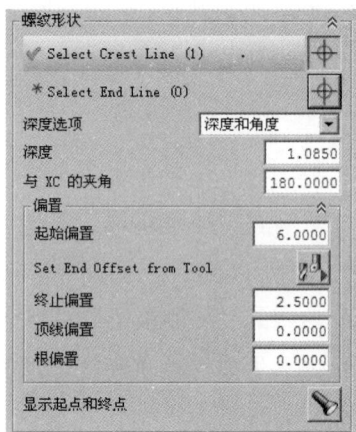

图 16.7.31　设置偏置参数

Step 3　设置螺距参数。单击"外侧螺纹加工"对话框中的"切削参数"按钮 →，系统弹出"切削参数"对话框，选择 螺距 选项卡，然后在 距离 文本框中输入值 2，单击 确定 按钮。

Step 4　设置附加刀路。单击"切削参数"对话框的 附加刀路 选项卡，然后在 刀路数 文本框中输入值 1，在 增量 文本框中输入值 0.05，在 螺纹（螺旋）刀路 文本框中输入值 1，单击 确定 按钮。

Stage4．设置进给率和速度

Step 1　单击"外侧螺纹加工"对话框中的"进给率和速度"按钮 ，系统弹出"进给率和速度"对话框。

Step 2　在"进给率和速度"对话框中选中 ☑ 主轴速度 (rpm) 复选框，然后在其后的文本框中输入值 400.0，在 切削 文本框中输入值 2，在其后的下拉列表中选择 mmpr 选项，其他参数采用系统默认设置值。

Step 3　单击"进给率和速度"对话框中的 确定 按钮，完成进给率和速度的设置，系统返回到"外侧螺纹加工"对话框。

Stage5．生成刀路轨迹并仿真

生成的刀路轨迹如图 16.7.32 所示，3D 动态仿真加工后的模型如图 16.7.33 所示。

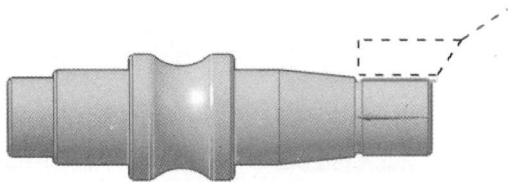

图 16.7.32　刀路轨迹

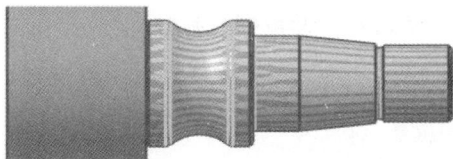

图 16.7.33　3D 仿真结果

Task11. 创建几何体（二）

Stage1. 创建机床坐标系

Step 1　在工序导航器中调整到几何视图状态，选择下拉菜单 插入(S) ➡ 几何体(G)... 命令，系统弹出图 16.7.34 所示的"创建几何体"对话框。

Step 2　在"创建几何体"对话框 几何体子类型 区域中单击 MCS_SPINDLE 按钮，在 位置 区域 几何体 下拉列表中选择 GEOMETRY 选项，采用系统默认名称，单击 确定 按钮，系统弹出 MCS 对话框。

Step 3　在图形区捕捉图 16.7.35 所示的圆边线的圆心，调整坐标系方位如图 16.7.35 所示，其余参数采用默认设置，单击 确定 按钮，完成机床坐标系的创建。

图 16.7.34　"创建几何体"对话框

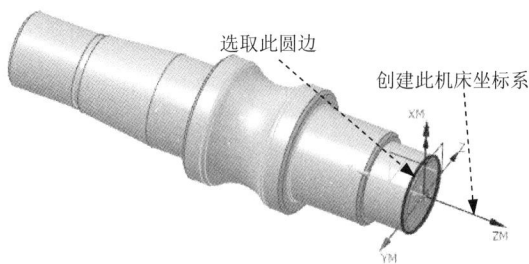

图 16.7.35　创建机床坐标系

Stage2. 创建部件几何体

Step 1　在工序导航器中双击 MCS_SPINDLE_1 节点下的 WORKPIECE_1 节点（图 16.7.36 所示），系统弹出"工件"对话框。单击"工件"对话框中的 按钮，系统弹出"部件几何体"对话框，选取整个零件为部件几何体。

Step 2　依次单击"部件几何体"对话框和"工件"对话框中的 确定 按钮，完成部件几何体的创建。

Stage3. 创建车削工件

Step 1　显示部件边界。在工序导航器中的几何视图状态下双击 WORKPIECE_1 节点下的子节点 TURNING_WORKPIECE_1，系统弹出"车削工件"对话框。单击"车削工件"对话框 指定部件边界 右侧的 按钮，在图形区显示图 16.7.37 所示的部件边界。

Step 2　指定毛坯边界。

（1）单击"车削工件"对话框中的"指定毛坯边界"按钮，系统弹出"选择毛坯"对话框。确认"从工作区"按钮 被选择。

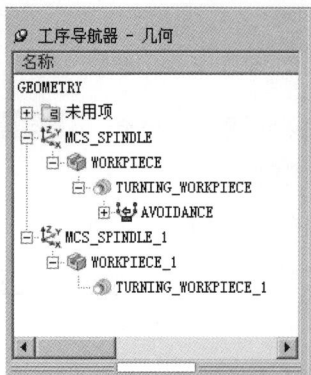

图 16.7.36　工序导航器

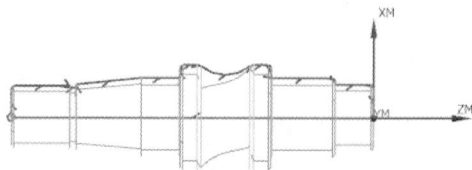

图 16.7.37　部件边界

（2）在"选择毛坯"对话框 参考位置 区域中单击 选择 按钮，然后在系统弹出的"点"对话框 参考 下拉列表中选择 WCS 选项，在 XC 文本框中输入值 0.0，在 YC 文本框中输入值 0.0，在 ZC 文本框中输入值 0.0，单击 确定 按钮，返回到"选择毛坯"对话框。

（3）在"选择毛坯"对话框 目标位置 区域中单击 选择 按钮，然后在系统弹出的"点"对话框 参考 下拉列表中选择 WCS 选项，在 XC 文本框中输入值 0.0，在 YC 文本框中输入值 0.0，在 ZC 文本框中输入值 0.0，单击 确定 按钮，返回到"选择毛坯"对话框。

Step 3　在"选择毛坯"对话框中选中 ☑ 翻转方向 复选框，单击 确定 按钮，完成车削工件的定义。

Stage4．创建避让几何体

Step 1　选择下拉菜单 插入(S) ➡ 几何体(G)... 命令，系统弹出"创建几何体"对话框。

Step 2　在"创建几何体"对话框 几何体子类型 区域中单击 AVOIDANCE 按钮，在 位置 区域 几何体 下拉列表中选择 TURNING_WORKPIECE_1 选项，采用系统默认的名称，单击"创建几何体"对话框中的 确定 按钮，系统弹出"避让"对话框。

Step 3　定义避让参数。

（1）定义出发点。在 出发点 (FR) 区域 点选项 下拉列表中选择 指定 选项，单击 指定点 右侧的 + 按钮，系统弹出"点"对话框。在"点"对话框 参考 下拉列表中选择 WCS 选项，然后在 XC 文本框中输入值 50.0，在 YC 文本框中输入值 70.0，在 ZC 文本框中输入值 0.0，单击 确定 按钮，返回到"避让"对话框。

（2）定义运动起点。在 运动到起点 (ST) 区域 运动类型 下拉列表中选择 直接 选项，单击此区域的 指定点 右侧的"点对话框"按钮 +，系统弹出"点"对话框。在"点"对话框的 参考 下拉列表中选择 WCS 选项，然后在 XC 文本框中输入值 20.0，在 YC 文本框中输入值 50.0，在 ZC 文本框中输入值 0.0，单击 确定 按钮，返回到"避让"对话框。

（3）定义返回点。在 运动到返回点/安全平面 (RT) 区域的 运动类型 下拉列表中选择

径向 -> 轴向 选项，单击此区域的 指定点 右侧的"点对话框"按钮 ↓_，系统弹出"点"对话框。在"点"对话框的 参考 下拉列表中选择 WCS 选项，然后在 XC 文本框中输入值 20.0，在 YC 文本框中输入值 50.0，在 ZC 文本框中输入值 0.0，单击 确定 按钮，返回到"避让"对话框。

（4）定义径向安全平面。在"避让"对话框中展开 径向安全平面 区域，设置图 16.7.38 所示的参数。

Step 4 单击"避让"对话框中的 ◥ 按钮，在图形区显示如图 16.7.39 所示，单击 确定 按钮，完成避让几何体的定义。

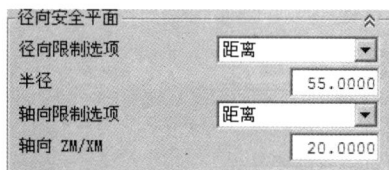

图 16.7.38 定义安全平面

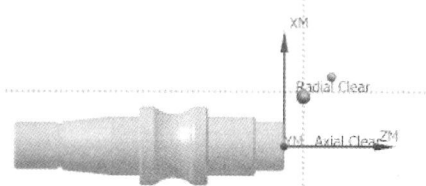

图 16.7.39 显示避让几何体

Task12. 创建车端面操作

Stage1. 创建工序

Step 1 在工序导航器中切换到几何视图，右击 AVOIDANCE 节点下的 ⚠ FACING 节点，在系统弹出的快捷菜单中选择 复制 命令，然后右击 AVOIDANCE_1 节点，在弹出的快捷菜单中选择 内部粘贴 命令。

Step 2 双击刚刚粘贴的 ⊘ FACING_COPY 节点，系统弹出"面加工"对话框。

Stage2. 调整参数

Step 1 在"面加工"对话框 刀具方位 区域中选中 ☑ 绕夹持器翻转刀具 复选框，单击 切削区域 右侧的"显示"按钮 ◥，显示出切削区域如图 16.7.40 所示。

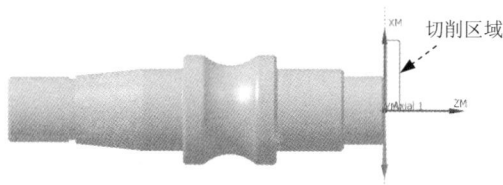

图 16.7.40 定义切削区域

Step 2 在"面加工"对话框中展开 程序 区域，在 程序 下拉列表中选择 P-02 选项，其余参数均保持不变。

Stage3. 生成刀路轨迹并 3D 仿真

生成的刀路轨迹如图 16.7.41 所示，3D 动态仿真加工后的模型如图 16.7.42 所示。

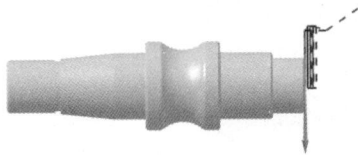

图 16.7.41　刀路轨迹

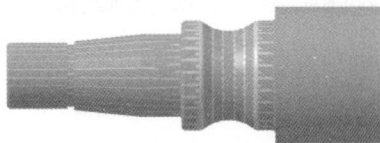

图 16.7.42　3D 仿真结果

Task13．创建外侧粗车操作

Stage1．创建工序

Step 1 在工序导航器中切换到几何视图，右击 AVOIDANCE 节点下的 ROUGH_TURN_OD 节点，在系统弹出的快捷菜单中选择 复制 命令，然后右击 AVOIDANCE_1 节点，在弹出的快捷菜单中选择 内部粘贴 命令。

Step 2 双击刚刚粘贴的 ROUGH_TURN_OD_COPY_1 节点，系统弹出"外侧粗车"对话框。

Stage2．调整参数

Step 1 在"外侧粗车"对话框 刀具方位 区域中选中 ☑ 绕夹持器翻转刀具 复选框，单击 切削区域 右侧的"编辑"按钮 ，系统弹出"切削区域"对话框。

Step 2 在"切削区域"对话框 轴向修剪平面 1 区域的 限制选项 下拉列表中选择 点 选项，在图形区选取图 16.7.43 所示的端点，单击"显示"按钮 ，显示出切削区域如图 16.7.44 所示。单击 确定 按钮，返回到"外侧粗车"对话框。

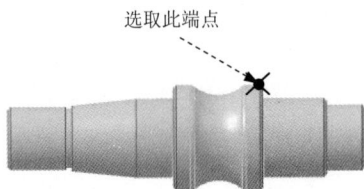

选取此端点

图 16.7.43　定义轴向修剪平面 1

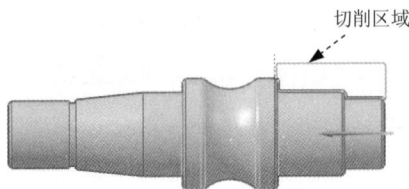

切削区域

图 16.7.44　定义切削区域

Step 3 在"外侧粗车"对话框中展开 程序 区域，在 程序 下拉列表中选择 P-02 选项，其余参数均保持不变。

Stage3．生成刀路轨迹并 3D 仿真

生成的刀路轨迹如图 16.7.45 所示，3D 动态仿真加工后的模型如图 16.7.46 所示。

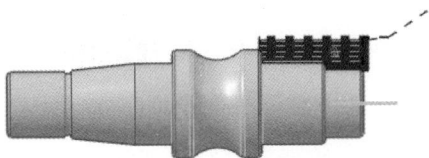

图 16.7.45　刀路轨迹

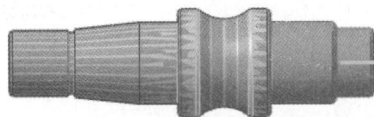

图 16.7.46　3D 仿真结果

16
Chapter

Task14. 创建外侧精车操作

Stage1. 创建工序

Step 1 在工序导航器中切换到几何视图，右击 <kbd>AVOIDANCE</kbd> 节点下的 <kbd>FINISH_TURN_OD</kbd> 节点，在系统弹出的快捷菜单中选择 <kbd>复制</kbd> 命令，然后右击 <kbd>AVOIDANCE_1</kbd> 节点，在弹出的快捷菜单中选择 <kbd>内部粘贴</kbd> 命令。

Step 2 双击刚刚粘贴的 <kbd>FINISH_TURN_OD_COPY</kbd> 节点，系统弹出"外侧精车"对话框。

Stage2. 调整参数

Step 1 在"外侧精车"对话框 <kbd>刀具方位</kbd> 区域中选中 <kbd>☑ 绕夹持器翻转刀具</kbd> 复选框。

Step 2 在"外侧精车"对话框中展开 <kbd>程序</kbd> 区域，在 <kbd>程序</kbd> 下拉列表中选择 <kbd>P-02</kbd> 选项。

Step 3 单击"外侧精车"对话框中 <kbd>切削区域</kbd> 右侧的"编辑"按钮 🔧，系统弹出"切削区域"对话框。在"切削区域"对话框 <kbd>轴向修剪平面 1</kbd> 区域的 <kbd>限制选项</kbd> 下拉列表中选择 <kbd>点</kbd> 选项，在图形区选取图 16.7.47 所示的端点，单击"显示"按钮 🔍，显示出切削区域如图 16.7.48 所示。

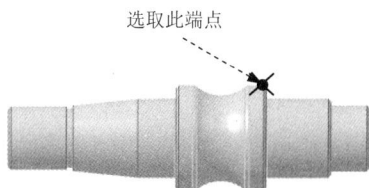

图 16.7.47 定义轴向修剪平面 1

图 16.7.48 定义切削区域

Step 4 其余各项参数均保持不变。

Stage3. 生成刀路轨迹并 3D 仿真

生成的刀路轨迹如图 16.7.49 所示，3D 动态仿真加工后的模型如图 16.7.50 所示。

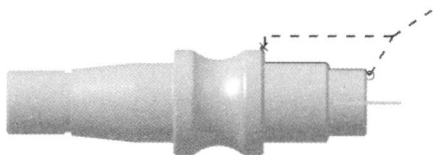

图 16.7.49 刀路轨迹

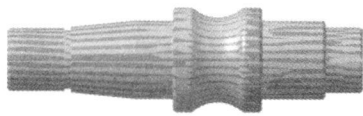

图 16.7.50 3D 仿真结果

Task15. 保存文件

选择下拉菜单 <kbd>文件(F)</kbd> ➡ <kbd>保存(S)</kbd> 命令，保存文件。

16
Chapter

17

线切割加工

17.1 概述

本章将介绍线切割的加工方法，其中包括线切割加工概述、两轴线切割加工和四轴线切割加工，学习完本章之后，希望读者能够熟练掌握这两种线切割加工方法。

电火花线切割加工简称线切割加工。它是利用一根运动的细金属丝（$\phi 0.02 \sim \phi 0.3\text{mm}$ 的钼丝或铜丝）作工具电极，在工件与金属丝间通以脉冲电流，靠火花放电对工件进行切削加工。在 NC 加工中，线切割主要有两轴加工和四轴加工。

电火花线切割的加工原理如图 17.1.1 所示。工件上预先打好穿丝孔，电极丝穿过该孔后，经导向轮由储丝筒带动作正、反向交替移动。放置工件的工作台按预定的控制程序，在 X、Y 两个坐标方向上作伺服进给移动，将工件切割成形。加工时，需在电极和工件间不断浇注工作液。

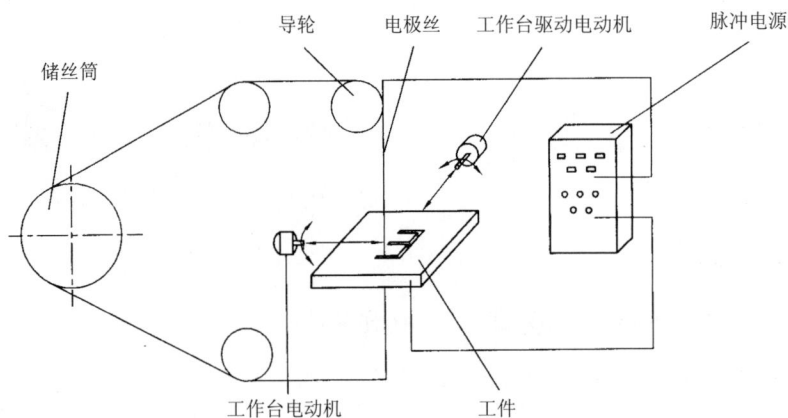

图 17.1.1　电火花线切割加工原理

　　线切割加工的工作原理和使用的电压、电流波形与电火花穿孔加工相似，但线切割加工不需要特定形状的电极，缩短了生产准备时间，比电火花穿孔加工生产率高、加工成本低，加工中工具电极损耗很小，可获得高的加工精度。小孔、窄缝，凸、凹模加工可一次完成，多个工件可叠起来加工，但不能加工盲孔和立体成型表面。由于电火花线切割加工具有上述特点，其在国内外发展都较快，已经成为一种高精度和高自动化的特种加工方法，在成型刀具与难切削材料、模具制造和精密复杂零件加工等方面得到广泛应用。

　　电火花加工还有其他许多方式的应用。如用电火花磨削，可磨削加工精密小孔、深孔、薄壁孔及硬质合金小模数滚刀；用电火花共轭回转加工可加工精密内、外螺纹环规，精密内、外齿轮等；此外还有电火花表面强化和刻字加工等。

　　进入加工模块后，选择下拉菜单 插入(S) ➡ 工序(E)... 命令，系统弹出 "创建工序"对话框。在"创建工序"对话框 类型 下拉列表中选择 wire_edm 选项，此时对话框显示如图 17.1.2 所示，出现线切割加工的 6 种子类型。

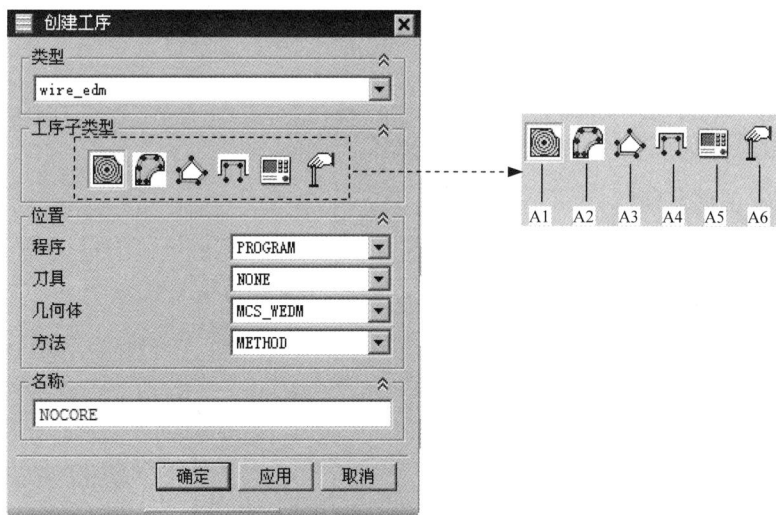

图 17.1.2　"创建工序"对话框

图 17.1.2 所示的"创建工序"对话框各选项的说明如下：

- A1 ◉（NOCORE）：无芯加工。
- A2 ⬡（INTERNAL_TRIM）：内部线切割。
- A3 △（EXTERNAL_TRIM）：外部线切割。
- A4 ⬚（OPEN_PROFILE）：开放轮廓线切割。
- A5 ▦（WEDM_CONTROL）：机床控制。
- A6 ⌐（WEDM_USER）：用户自定义方式。

17.2 两轴线切割加工

两轴线切割加工可以用于任何类型的二维轮廓切割，加工时刀具（钼丝或铜丝）沿着指定的路径切割工件，在工件上留下细丝切割所留下的轨迹线，从而使工件和毛坯分离开来，得到需要的零件。

Task1. 打开模型文件并进入加工模块

Step 1　打开模型文件 D:\ug85nc\work\ch17\ch17.02\wired_02.prt。

Step 2　进入加工环境。选择下拉菜单 开始 ➡ 加工(N)... 命令，在系统弹出的"加工环境"对话框 要创建的 CAM 设置 列表框中选择 wire_edm 选项，单击 确定 按钮，进入加工环境。

Task2. 创建外部线切割工序

Stage1. 创建机床坐标系

在工序导航器中调整到几何视图状态，双击 MCS_WEDM 节点，系统弹出图 17.2.1 所示的"MCS 线切割"对话框，并在图形区中显示出当前的机床坐标系，采用默认的坐标系设置，单击 确定 按钮，完成机床坐标系的定义。

Stage2. 创建几何体

Step 1　在工序导航器中右击 MCS_WEDM 节点，在系统弹出的快捷菜单中选择 插入 ➡ 几何体 命令，系统弹出"创建几何体"对话框。

Step 2　在图 17.2.2 所示的"创建几何体"对话框中单击 SEQUENCE_EXTERNAL_TRIM 按钮，单击 确定 按钮，系统弹出图 17.2.3 所示的"顺序外部修剪"对话框。

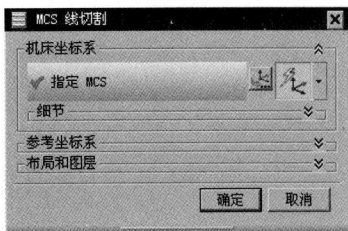

图 17.2.1　"MCS 线切割"对话框　　　　图 17.2.2　"创建几何体"对话框

Step 3　单击"顺序外部修剪"对话框 几何体 区域中的 按钮，系统弹出图 17.2.4 所示的"线切割几何体"对话框。

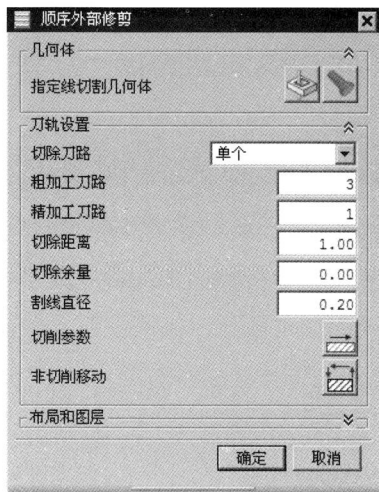

图 17.2.3　"顺序外部修剪"对话框

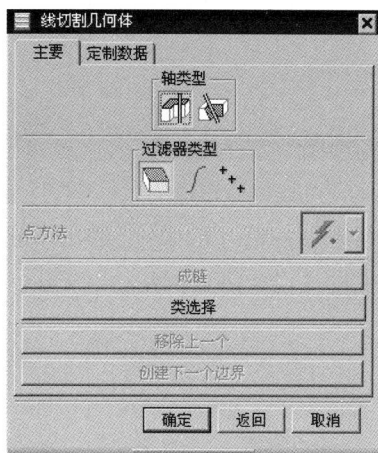

图 17.2.4　"线切割几何体"对话框

图 17.2.3 所示的"顺序外部修剪"对话框部分选项的说明如下：

- 几何体 区域：用于选择线切割的对象模型，也就是几何模型。

- 刀轨设置 区域：可在该区域的 切除刀路 下拉列表中选择 单个 、 多个 - 区域优先 和
  多个 - 切除优先 三种刀具路径。

  ☑ 粗加工刀路 ：该文本框用于设置粗加工走刀的次数。

  ☑ 精加工刀路 ：该文本框用于设置精加工走刀的次数。

  ☑ 割线直径 ：该文本框用于设置电极丝的直径。

说明：图 17.2.4 所示的"线切割几何体"对话框 主要 选项卡中的 轴类型 区域包括线切割的两种类型，即 📐（2 轴线切割加工）和 📐（4 轴线切割加工），2 轴线切割加工多用于规则的模型和 Z 轴垂直的模型，而 4 轴线切割加工可以用于有倾斜角度的加工。

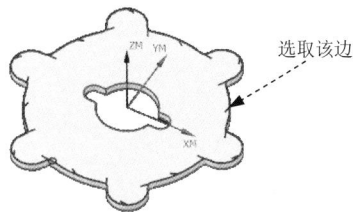

选取该边

图 17.2.5　定义曲线边界

Step 4　在"线切割几何体"对话框 主要 选项卡的 轴类型 区域中单击"2 轴"按钮 📐，在 过滤器类型 区域选择"曲线边界"按钮 ∫，选取图 17.2.5 所示的边线，单击 确定 按钮，返回到"顺序外部修剪"对话框。

Step 5　在"顺序外部修剪"对话框 几何体 区域中单击 📐 按钮，系统弹出"编辑几何体"对话框。

Step 6　在"编辑几何体"对话框中单击 控制点 按钮，系统弹出图 17.2.6 所示的"控制点"对话框，在 前导点 区域的 点选项 下拉列表中选择 指定 选项，单击 指定点 右侧的"点对话框"按钮，系统弹出"点"对话框，设

17
Chapter

523

置如图 17.2.7 所示的参数并选取图 17.2.8 所示的模型边线，单击 确定 按钮返回到"控制点"对话框。

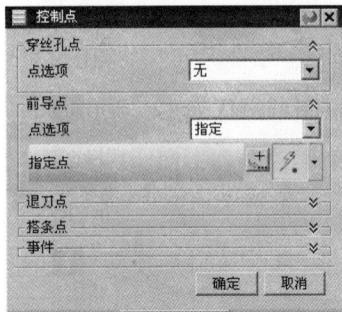

图 17.2.6 "控制点"对话框　　　图 17.2.7 "点"对话框　　　图 17.2.8 定义前导点

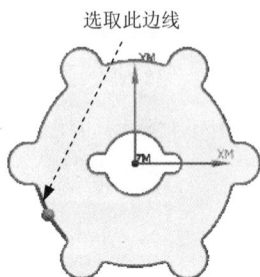

Step 7 再次单击 确定 按钮两次，返回到"顺序外部修剪"对话框。

Stage3．设置切削参数

Step 1 在"顺序外部修剪"对话框 粗加工刀路 文本框中输入值 1，单击"切削参数"按钮，系统弹出"切削参数"对话框（一）。

Step 2 在"切削参数"对话框（一）中设置图 17.2.9 所示的参数。

Step 3 单击"切削参数"对话框（一）中的 拐角 选项卡，系统弹出图 17.2.10 所示的"切削参数"对话框（二），采用系统默认参数设置值，单击 确定 按钮，系统返回"顺序外部修剪"对话框。

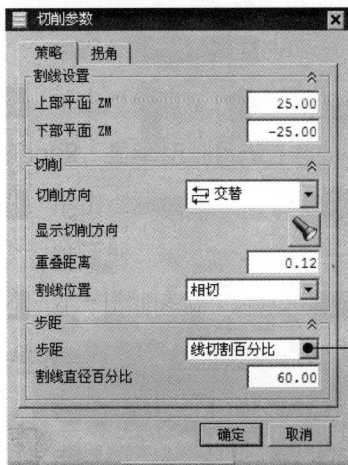

图 17.2.9 "切削参数"对话框（一）　　　图 17.2.10 "切削参数"对话框（二）

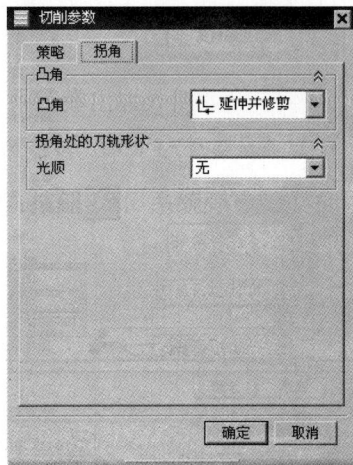

图 17.2.9 所示的"切削参数"对话框（一）各选项的说明如下：

● 割线设置 区域：包括两个文本框，分别介绍如下：

☑ 　上部平面 ZM ：用于定义电极丝上端距参考平面的距离。

☑ 　下部平面 ZM ：用于定义电极丝下端距参考平面的距离，通过上下平面可以确定电极丝的长度。

● 切削 区域：用于定义电极丝沿零件的加工方向，在 切削方向 下拉列表中共提供了 交替 、 顺时针 、 逆时针 三种方式。其中 交替 为混合方式的加工方向， 顺时针 为顺时针方向加工； 逆时针 为逆时针方向加工。

● 步距 区域：表示步进的类型，有以下几种选项可以选择。

☑ 恒定 ：用步长大小来表示，即相邻步长之间的距离。

☑ 多个 ：在存在多个刀具路径时，可以定义每次刀具路径步长的大小。

☑ 线切割百分比 ：用电极丝的直径值的百分比来定义步进的距离。

☑ 每条刀路的余量 ：利用毛坯和零件之间的距离来定义步进的距离，根据不同需要，可以设定每条刀路不同的加工余量。

Stage4．设置非切削移动参数

Step 1　在"顺序外部修剪"对话框中单击"非切削移动"按钮，系统弹出"非切削移动"对话框，设置图 17.2.11 所示的进刀参数。

Step 2　指定出发点。在"非切削移动"对话框中选择 避让 选项卡，在 出发点 区域 点选项 的下拉列表中选择 指定 选项，单击 ＋ 按钮，系统弹出"点"对话框，在"点"对话框的 参考 下拉列表中选择 WCS 选项，然后在 XC 文本框中输入值-50.0，在 YC 文本框中输入值-30.0，在 ZC 文本框中输入值 0.0，单击 确定 按钮，返回到"非切削移动"对话框，同时在图形区中显示出"出发点"，如图 17.2.12 所示。

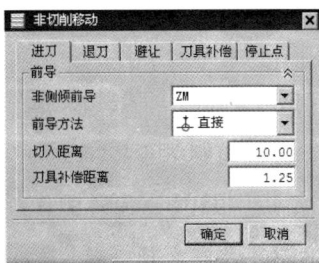

图 17.2.11　"非切削移动"对话框

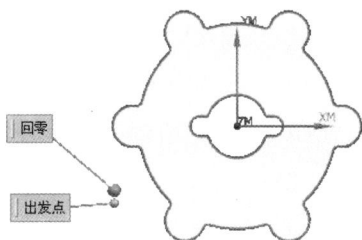

图 17.2.12　定义出发点和回零点

Step 3　指定回零点。在"非切削移动"对话框中选择 避让 选项卡，在 回零点 区域的 点选项 下拉列表中选择 指定 选项，单击 ＋ 按钮，系统弹出"点"对话框，在"点"对话框的 参考 下拉列表中选择 WCS 选项，然后在 XC 文本框中输入值-50.0，在 YC 文本框中输入值-25.0，在 ZC 文本框中输入值 0.0，单击 确定 按钮，返回到"非切削移动"对话框。

Step 4 定义刀具补偿。在"非切削移动"对话框中选择 刀具补偿 选项卡，设置图 17.2.13 所示的参数。

Step 5 在"非切削移动"对话框中单击 确定 按钮，返回到"顺序外部修剪"对话框；在"顺序外部修剪"对话框中单击 确定 按钮，完成设置。

Task3．生成刀路轨迹

Stage1．生成第一个刀路轨迹

Step 1 在工序导航器中展开 SEQUENCE_EXTERNAL_TRIM 节点，可以看到三个刀路轨迹，双击 EXTERNAL_TRIM_ROUGH 节点，系统弹出图 17.2.14 所示的 External Trim Rough 对话框。

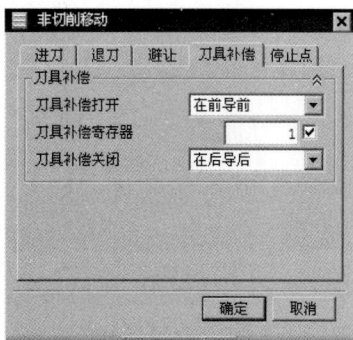

图 17.2.13　定义刀具补偿

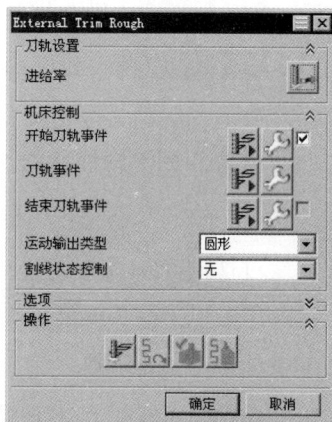

图 17.2.14　External Trim Rough 对话框

Step 2 在 External Trim Rough 对话框中单击"生成"按钮 ，生成的刀路轨迹如图 17.2.15 所示。

Step 3 在 External Trim Rough 对话框中单击"确定"按钮 ，系统弹出"刀轨可视化"对话框，调整动画速度后单击"播放"按钮 ，即可观察到动态仿真加工。

Step 4 分别在"刀轨可视化"对话框和 External Trim Rough 对话框中单击 确定 按钮，完成刀轨轨迹的演示。

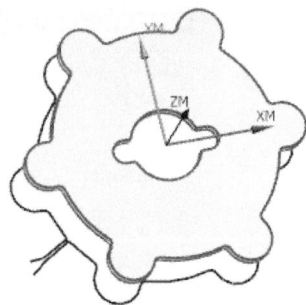

图 17.2.15　刀路轨迹

Stage2．生成第二个刀路轨迹

Step 1 在工序导航器中双击 EXTERNAL_TRIM_CUTOFF 节点，系统弹出图 17.2.16 所示的 External Trim Cutoff 对话框。

Step 2 在 External Trim Cutoff 对话框中单击"生成"按钮 ，生成的刀路轨迹如图 17.2.17 所示。

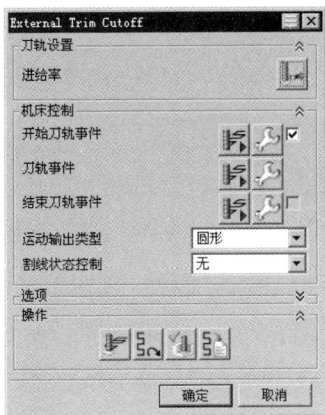

图 17.2.16　External Trim Cutoff 对话框

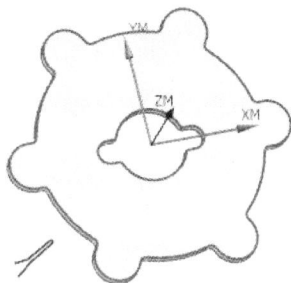

图 17.2.17　刀路轨迹

Step 3 在 External Trim Cutoff 对话框中单击"确定"按钮🔩，系统弹出"刀轨可视化"
对话框，调整动画速度后单击"播放"按钮▶，即可观察到动态仿真加工。

Step 4 分别在"刀轨可视化"对话框和 External Trim Cutoff 对话框中单击 确定 按钮，
完成刀路轨迹的演示。

Stage3. 生成第三个刀路轨迹

Step 1 在工序导航器中双击⊘⤴ EXTERNAL_TRIM_FINISH 节点，系统弹出图 17.2.18 所示的
External Trim Finish 对话框。

Step 2 在 External Trim Finish 对话框中单击"生成"按钮▶，在图形区生成的刀路轨迹
如图 17.2.19 所示。

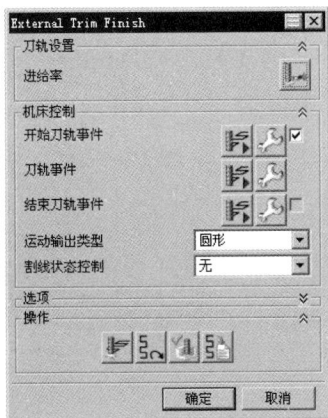

图 17.2.18　External Trim Finish 对话框

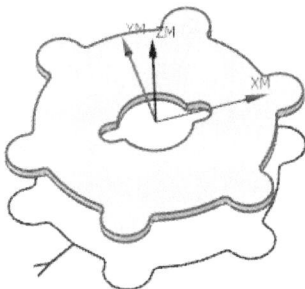

图 17.2.19　刀路轨迹

Step 3 在 External Trim Finish 对话框中单击"确定"按钮🔩，系统弹出"刀轨可视化"
对话框，调整动画速度后单击"播放"按钮▶，即可观察到动态仿真加工。

Step 4 分别在"刀轨可视化"对话框和 External Trim Finish 对话框中单击 确定 按钮，
完成刀路轨迹的演示。

Task4. 创建内部线切割工序

Stage1. 创建几何体

Step 1 在工序导航器中调整到几何视图状态，选中 ┦MCS_WEDM 节点，右击，在系统弹出的快捷菜单中选择 插入 ▶ ➡ ▩几何体 命令，系统弹出"创建几何体"对话框。

Step 2 在图 17.2.20 所示的"创建几何体"对话框 几何体子类型 区域中单击 SEQUENCE_INTERNAL_TRIM 按钮▧，单击 确定 按钮，系统弹出图 17.2.21 所示的"顺序内部修剪"对话框。

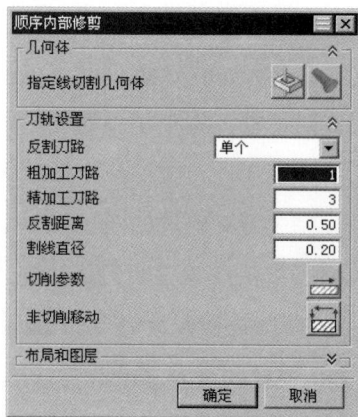

图 17.2.20 "创建几何体"对话框 　　　图 17.2.21 "顺序内部修剪"对话框

Step 3 单击"顺序内部修剪"对话框 几何体 区域中的◈按钮，系统弹出"线切割几何体"对话框。

Step 4 在"线切割几何体"对话框 主要 选项卡的 轴类型 区域中单击"2 轴"按钮▥，在 过滤器类型 区域选择"曲线边界"按钮 ∫，选取图 17.2.22 所示的边线，单击 确定 按钮，系统返回到"顺序内部修剪"对话框。

Step 5 在"顺序内部修剪"对话框 几何体 区域中单击◈按钮，系统弹出"编辑几何体"对话框。

Step 6 在"编辑几何体"对话框中单击 控制点 按钮，系统弹出"控制点"对话框，在 穿丝孔点 区域的 点选项 下拉列表中选择 指定 选项，单击 指定点 右侧的"点对话框"按钮，系统弹出"点"对话框，选取图 17.2.23 所示的圆弧圆心点；在 前导点 区域的 点选项 下拉列表中选择 指定 选项，单击 指定点 右侧的"点对话框"按钮，系统弹出"点"对话框，选取图 17.2.24 所示的端点，单击 确定 按钮返回到"控制点"对话框。

Step 7 单击 确定 按钮两次，返回到"顺序内部修剪"对话框。

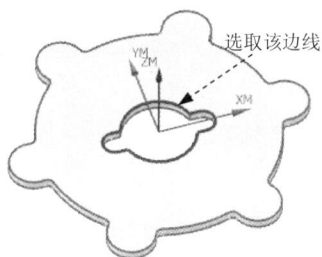

图 17.2.22 定义边界　　　　图 17.2.23 定义穿孔点　　　　图 17.2.24 定义前导点

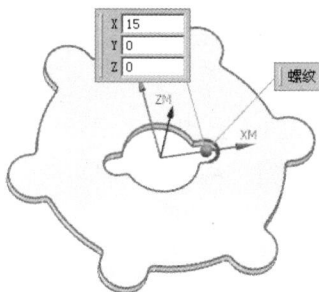

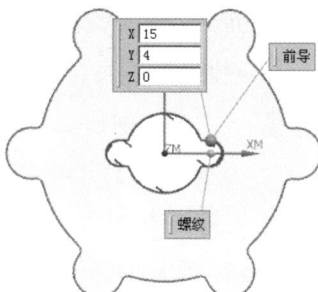

Stage2. 设置切削参数

Step 1 在"顺序内部修剪"对话框 **粗加工刀路** 文本框中输入值 1，单击"切削参数"按钮，系统弹出"切削参数"对话框。

Step 2 在"切削参数"对话框中，设置图 17.2.25 所示的参数，单击 **确定** 按钮，完成切削参数的设置，并返回到"顺序内部修剪"对话框。

Stage3. 设置非切削移动参数

Step 1 在"顺序内部修剪"对话框中单击"非切削移动"按钮，弹出图 17.2.26 所示的"非切削移动"对话框。

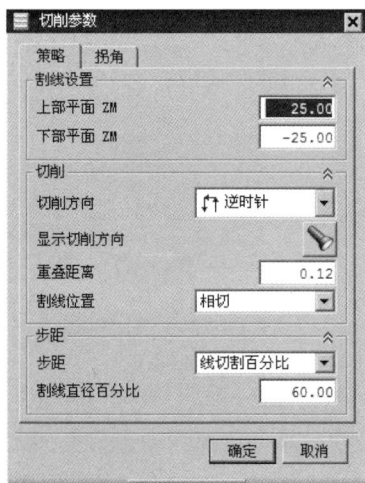

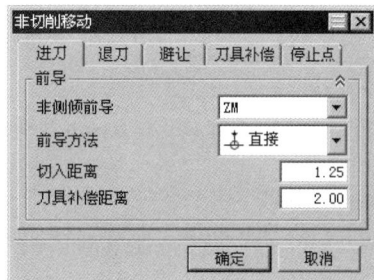

图 17.2.25 "切削参数"对话框　　　　图 17.2.26 "非切削移动"对话框

Step 2 指定出发点。在"非切削移动"对话框中选择 **避让** 选项卡，在 **出发点** 区域的 **点选项** 下拉列表中选择 **指定** 选项，单击 **+** 按钮，系统弹出"点"对话框，在"点"对话框的 **参考** 下拉列表中选择 **WCS** 选项，然后在 **XC** 文本框中输入值 15.0，在 **YC** 文本框中输入值 0.0，在 **ZC** 文本框中输入值 0.0，单击 **确定** 按钮，返回到"非切削移动"对话框。

Step 3 定义刀具补偿。在"非切削移动"对话框中选择 刀具补偿 选项卡，设置图 17.2.27 所示的参数。

Step 4 在"非切削移动"对话框中单击 确定 按钮，系统返回到"顺序内部修剪"对话框，单击 确定 按钮，完成参数设置。

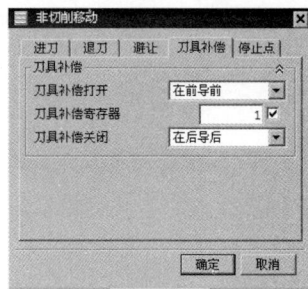

图 17.2.27　定义刀具补偿

Task5. 生成刀路轨迹

Stage1. 生成第一个刀路轨迹

Step 1 在工序导航器中展开节点 ⊟ SEQUENCE_INTERNAL_TRIM，可以看到三个刀路轨迹，双击节点 INTERNAL_TRIM_ROUGH，系统弹出图 17.2.28 所示的 Internal Trim Rough 对话框。

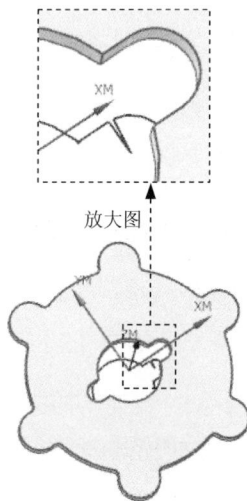

Step 2 在 Internal Trim Rough 对话框中单击"生成"按钮，生成的刀路轨迹如图 17.2.29 所示。

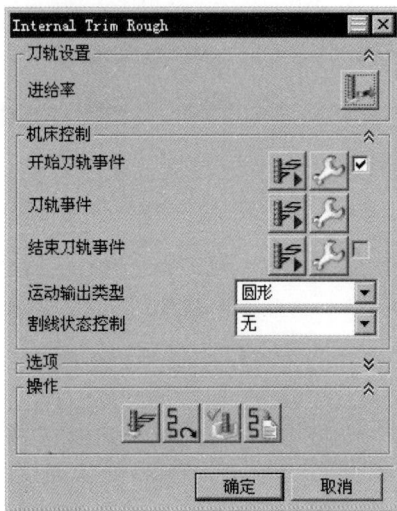

图 17.2.28　Internal Trim Rough 对话框

图 17.2.29　刀路轨迹

Step 3 在 Internal Trim Rough 对话框中单击"确定"按钮，系统弹出"刀轨可视化"对话框，调整动画速度后单击"播放"按钮 ▶，即可观察到动态仿真加工。

Step 4 分别在"刀轨可视化"对话框和 Internal Trim Rough 对话框中单击 确定 按钮，完成刀路轨迹的演示。

Stage2. 生成第二个刀路轨迹

Step 1 在工序导航器中双击节点 INTERNAL_TRIM_BACKBURN，系统弹出图 17.2.30 所示的 Internal Trim Backburn 对话框。

Step 2 在 Internal Trim Backburn 对话框中单击"生成"按钮，在图形区生成的刀路轨迹如图 17.2.31 所示。

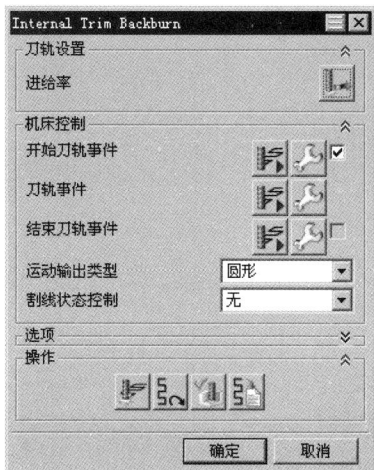

图 17.2.30　Internal Trim Backburn 对话框

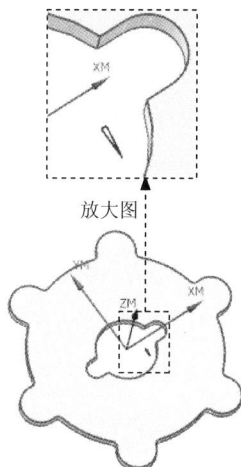

图 17.2.31　刀路轨迹

Step 3 在 Internal_Trim_Backburn 对话框中单击"确定"按钮，系统弹出"刀轨可视化"对话框，调整动画速度后单击"播放"按钮 ，即可观察到动态仿真加工。

Step 4 分别在"刀轨可视化"对话框和 Internal_Trim_Backburn 对话框中单击　确定　按钮，完成刀路轨迹的演示。

Stage3．生成第三个刀路轨迹

Step 1 在工序导航器中双击节点 ⊘ INTERNAL_TRIM_FINISH，系统弹出图 17.2.32 所示的 Internal Trim Finish 对话框。

Step 2 在 Internal Trim Finish 对话框中单击"生成"按钮 ，在图形区生成的刀路轨迹如图 17.2.33 所示。

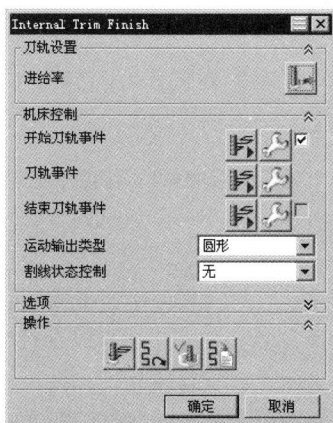

图 17.2.32　Internal Trim Finish 对话框

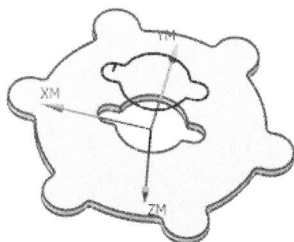

图 17.2.33　刀路轨迹

Step 3 在 Internal Trim Finish 对话框中单击"确认"按钮 ，系统弹出"刀轨可视化"对话框，调整动画速度后单击"播放"按钮 ，即可观察到动态仿真加工。

17
Chapter

Step 4 分别在"刀轨可视化"对话框和 Internal Trim Finish 对话框中单击 确定 按钮，完成刀路轨迹的演示。

Task6. 保存文件

选择下拉菜单 文件(F) ➡️ 🖫 保存(S) 命令，保存文件。

17.3 四轴线切割加工

四轴线切割是线切割加工中比较常用的一种加工方法，选择四轴线切割加工方式后，可以通过选择过滤器中的顶面或者侧面来确定要进行线切割的上下两个面的边界形状，从而完成切割。

Task1. 打开模型文件并进入加工模块

Step 1 打开模型文件 D:\ug85nc\work\ch17\ch17.03\wired_04.prt。

Step 2 选择下拉菜单 🕑 开始 ➡️ 🔧 加工(N)... 命令，在系统弹出的"加工环境"对话框 要创建的 CAM 设置 列表框中选择 wire_edm 选项，单击 确定 按钮，进入加工环境。

Task2. 创建工序

Stage1. 创建机床坐标系

在工序导航器中调整到几何视图状态，双击 ⭡MCS_WEDM 节点，系统弹出"MCS 线切割"对话框。在"MCS 线切割"对话框 机床坐标系 区域中单击"CSYS 对话框"按钮 ⬚，系统弹出 CSYS 对话框。采用默认的参数设置，单击 确定 按钮，系统返回到"MCS 线切割"对话框，再次单击 确定 按钮，完成机床坐标系的创建，如图 17.3.1 所示。

Stage2. 创建几何体

Step 1 在工序导航器中选中 ⭡MCS_WEDM 节点右击，在系统弹出的快捷菜单中选择 插入 ▶ ➡️ 🖈 工序... 命令，系统弹出图 17.3.2 所示的"创建工序"对话框。

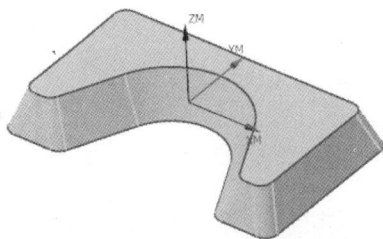

图 17.3.1 创建机床坐标系

图 17.3.2 "创建工序"对话框

17 Chapter

Step 2 在"创建工序"对话框类型下拉列表中选择wire_edm选项，在工序子类型区域中单击 EXTERNAL_TRIM 按钮，在程序下拉列表中选择PROGRAM选项，在刀具下拉列表中选择NONE选项，在几何体下拉列表中选择MCS_WEDM选项，在方法下拉列表中选择WEDM_METHOD选项，在名称文本框中输入 EXTERNAL_TRIM。

Step 3 在"创建工序"对话框中单击 确定 按钮，系统弹出图 17.3.3 所示的"外部修剪"对话框。

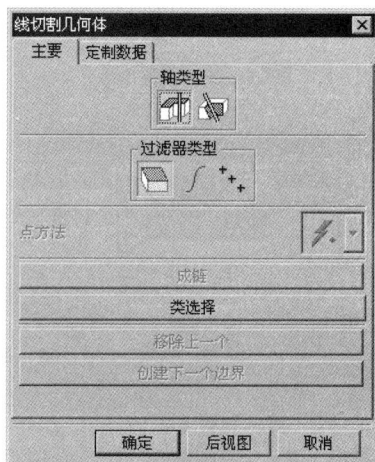

Step 4 在"外部修剪"对话框中单击几何体区域指定线切割几何体右侧的按钮，系统弹出图 17.3.4 所示的"线切割几何体"对话框。

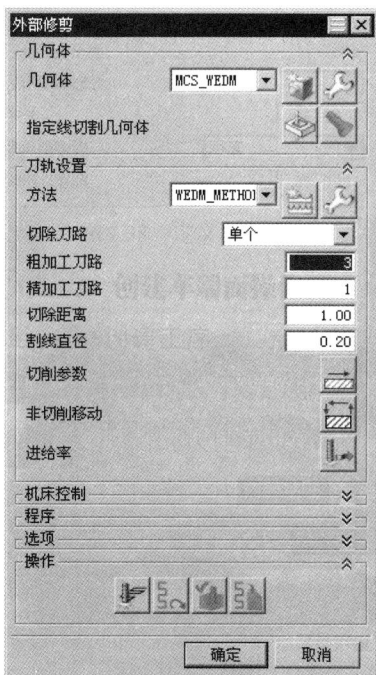

图 17.3.3 "外部修剪"对话框

图 17.3.4 "线切割几何体"对话框

Step 5 在"线切割几何体"对话框轴类型区域中单击"4 轴"按钮，在过滤器类型区域中单击"顶面"按钮，选取图 17.3.5 所示的面，系统生成图 17.3.6 所示的线切割轨迹，单击该对话框中的 确定 按钮，并返回"外部修剪"对话框。

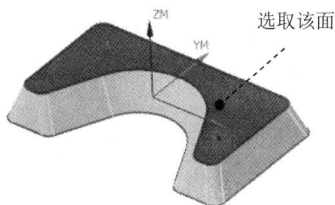

选取该面

图 17.3.5 选取面

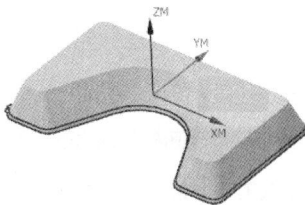

图 17.3.6 线切割轨迹

Stage3．设置切削参数

Step 1　在"外部修剪"对话框 粗加工刀路 文本框中输入值 2，单击"切削参数"按钮 ⤒，系统弹出"切削参数"对话框。

Step 2　在"切削参数"对话框中，设置参数如图 17.3.7 所示，单击 确定 按钮，完成切削参数的定义，并返回到"外部修剪"对话框。

Stage4．设置非切削移动参数

Step 1　在"外部修剪"对话框中单击"非切削移动"按钮 ⎚，系统弹出"非切削移动"对话框。

Step 2　在图 17.3.8 所示的"非切削移动"对话框 前导方法 下拉列表中选择 角度 选项，设置其余参数（图 17.3.8 所示），单击 确定 按钮，系统返回到"外部修剪"对话框。

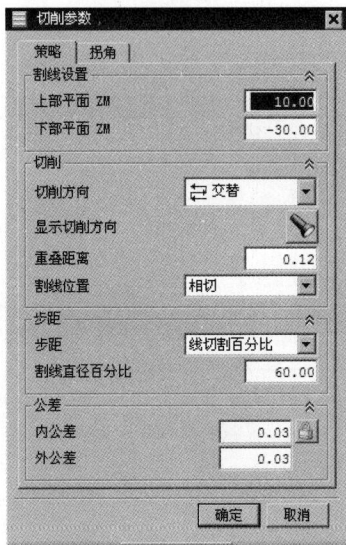

图 17.3.7　"切削参数"对话框　　　　图 17.3.8　"非切削移动"对话框

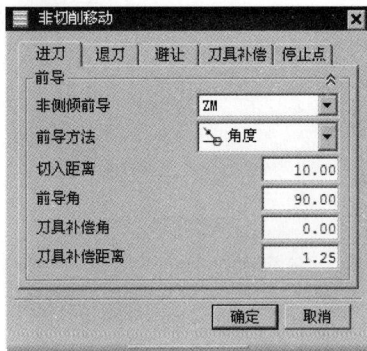

图 17.3.8 所示的"非切削移动"对话框各选项的说明如下：

- 前导方法 下拉列表：用于确定电极进入切割边界时的进刀方式。

- 非侧倾前导 下拉列表：表示当电极进入边界时，电极没有任何侧倾。

- 切入距离 文本框：用于设置电极进入边界时，电极距离边界的距离。

- 前导角 文本框：用于设置当要进入切削边界时，电极丝的倾斜角度。

- 刀具补偿角 文本框：用于设置用电极丝来做补偿的倾斜角度。

- 刀具补偿距离 文本框：用于设置用电极丝来做补偿的半径。

Task3．生成刀路轨迹

Step 1　在"外部修剪"对话框中单击"生成"按钮 ⚡，刀路轨迹如图 17.3.9 所示。

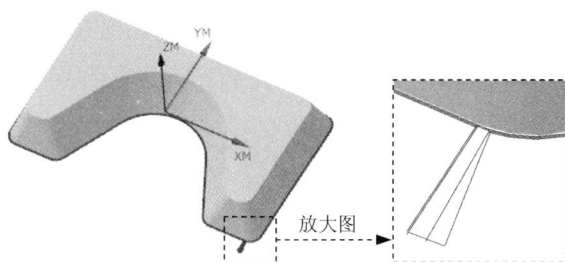

图 17.3.9　刀路轨迹

Step **2**　在图形区通过旋转、平移、放大视图，再单击"重播"按钮 ⟂⟂ 重新显示路径。可以从不同角度对刀路轨迹进行查看，以判断其路径是否合理。

Task4. 动态仿真

Step **1**　在"外部修剪"对话框中单击"确认"按钮 ⟂，系统弹出"刀轨可视化"对话框，调整动画速度后单击"播放"按钮 ▶，即可观察到动态仿真加工。

Step **2**　分别在"刀轨可视化"对话框和"外部修剪"对话框中单击 确定 按钮，完成四轴线切割加工设置。

Task5. 保存文件

选择下拉菜单 文件(F) ➡ 保存(S) 命令，保存文件。

18

UG NX 后置处理

18.1 概述

本章将介绍有关数控后置处理的知识。由于各个厂家机床的数控系统都是不同的，UG NX 生成的刀路轨迹文件并不能被所有的机床识别，因而需要对其进行必要的后置处理，转换成机床可识别的代码文件后才可以进行加工。通过本章的学习，相信读者会了解数控加工的后置处理功能。

在 UG NX 8.5 中，在生成包括切削刀具位置及机床控制指令的加工刀轨文件后，由于刀轨文件不能直接驱动机床，所以必须要处理这些文件，将其转换成特定机床控制器所能接受的 NC 程序，这个处理的过程就是"后处理"。UG NX 软件使用 nxpost 后处理器进行后处理。

NX 后处理构造器（Post Builder）可以通过图形交互的方式创建二轴到五轴的后处理器，并能灵活定义 NC 程序的格式、输出内容、程序头尾、操作头尾以及换刀等每个事件的处理方式。利用后处理构造器建立后处理器文件的过程如图 18.1.1 所示。

18.2 创建后处理器文件

18.2.1 进入 NX 后处理构造器工作环境

Step 1 进入 NX 后处理构造器工作环境。选择菜单 ⏺ 开始 ➡ 🗀 程序(P) ➡ 🗀 Siemens NX 8.5 ➡ 🗀 加工 ➡ 🏭 后处理构造器 命令，启动 NX 后处理构造器，如图 18.2.1 所示。

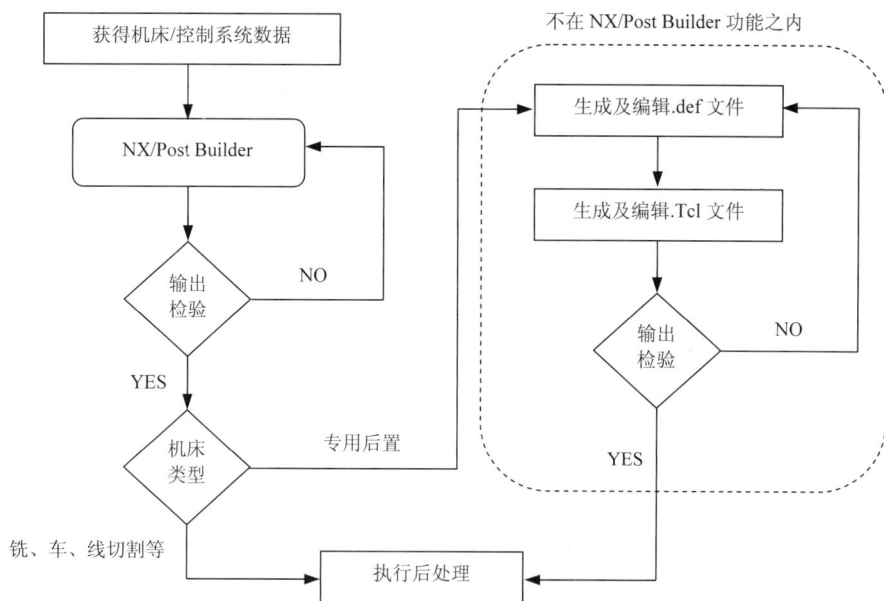

图 18.1.1　NX/Post Builder 建立后处理过程

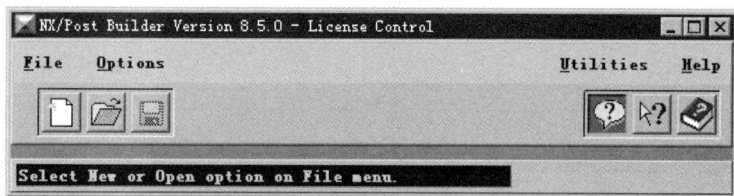

图 18.2.1　NX 后处理构造器工作界面

Step 2　转换语言。在图 18.2.1 所示的 NX 后处理构造器工作界面中选择菜单
Options ➡ Language ▶ ➡ 中文(简体) 命令，结果如图 18.2.2 所示。

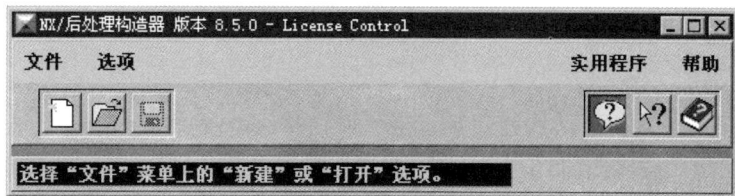

图 18.2.2　"NX/后处理构造器"工作界面

18.2.2　新建一个后处理器文件

Step 1　选择"新建"命令。进入 NX 后处理构造器后，选择下拉菜单 文件 ➡ 新建...
命令（或单击工具条中的 □ 按钮），系统弹出图 18.2.3 所示的"新建后处理器"
对话框，用户可以在该对话框中设置后处理名称、输出单位、机床类型和控制器类型等内容。

图 18.2.3 　"新建后处理器"对话框

Step 2 定义后处理名称。在"新建后处理器"对话框 **后处理名称** 文本框中输入 Mill_3_Axis。

Step 3 定义后处理类型。在"新建后处理器"对话框中选择 ◉ **主后处理** 单选按钮。

Step 4 定义后处理输出单位。在"新建后处理器"对话框 **后处理输出单位** 区域中选择 ◉ **毫米** 单选按钮。

Step 5 定义机床类型。在"新建后处理器"对话框 **机床** 区域中选择 ◉ **铣** 单选按钮，在其下面的下拉列表中选择 **3 轴** 选项。

Step 6 定义机床的控制类型。在"新建后处理器"对话框 **控制器** 区域中选择 ◉ **一般** 单选按钮。

Step 7 单击 **确定** 按钮，完成后处理器的机床及控制系统的选择。

图 18.2.3 所示的"新建后处理器"对话框中各选项的说明如下：

● **后处理名称** 文本框：用于输入后处理器的名称。

● **描述** 文本框：用于输入描述所创建的后处理器的文字。

- ● **主后处理**单选按钮: 用于设定后处理器的类型为主后处理, 一般应选择此类型。

- ● **仅单位副处理** 单选按钮: 用于设定后处理器的类型为仅单位后处理, 此类型仅用来改变输出单位和数据格式。

- ● **后处理输出单位**区域: 用于选择后处理输出的单位。

  - ☑ **英寸**单选按钮: 选择该单选按钮表示后处理输出单位为英制英寸。

  - ☑ **毫米**单选按钮: 选择该单选按钮表示后处理输出单位为公制毫米。

- ● **机床**区域: 用于选择机床类型及机床的结构配置。

  - ☑ **铣**单选按钮: 选择该单选按钮表示选用铣床类型。

  - ☑ **车**单选按钮: 选择该单选按钮表示选用车床类型。

  - ☑ **线切割**单选按钮: 选择该单选按钮表示选用线切割类型。

  - ☑ **3 轴** 下拉列表: 用于选择机床的结构配置。

- ● **控制器**区域: 用于选择机床的控制系统类型。

  - ☑ **一般**单选按钮: 选择该单选按钮表示选用通用控制系统。

  - ☑ **库**单选按钮: 选择该单选按钮表示从后处理构造器提供的控制系统列表中选择。

  - ☑ **用户**单选按钮: 选择该单选按钮表示选择用户自定义的控制系统。

18.2.3 机床的参数设置值

当完成以上操作后, 系统进入后处理器编辑窗口, 如图 18.2.4 所示。此时系统默认显示为 **机床**选项卡, 该选项卡用于设置机床的行程限制、回零坐标及插补精度等参数。

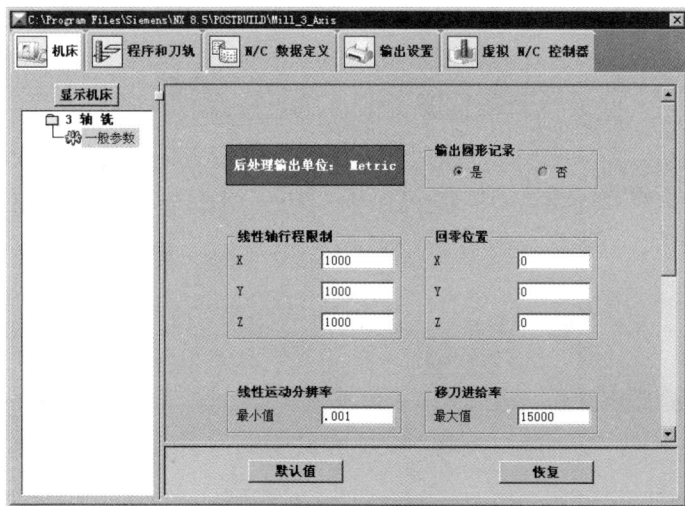

图 18.2.4 "机床"选项卡

图 18.2.4 所示的"机床"选项卡中各选项的说明如下：

- **输出圆形记录** 区域：用于确定是否输出圆弧指令，选择 ⊙ 是单选按钮，表示输出圆弧指令，选择 ⊙ 否单选按钮，表示将圆弧指令全部改为直线插补输出。

- **线性轴行程限制** 区域：用于设置机床主轴 X、Y、Z 的极限行程。

- **回零位置** 区域：用于设置机床回零坐标。

- **线性运动分辨率** 区域：用于设置直线插补的精度值，机床控制系统的最小控制长度。

- **移刀进给率** 区域：用于设置机床快速移动的最大速度。

- **初始主轴** 区域：用于设置机床初始的主轴矢量方向。

- **显示机床**：单击该按钮可以显示机床的运动结构简图。

- **默认值**：单击该按钮后，此对话框页面的所有参数将恢复默认值。

- **恢复**：单击该按钮后，此对话框页面的所有参数将变成本次编辑前的设置。

18.2.4 程序和刀轨参数的设置

1. "程序"选项卡

进入 ⬚ **程序和刀轨** 选项卡后，系统默认显示 **程序** 子选项卡，如图 18.2.5 所示，该选项卡用于定义和修改程序起始序列、操作起始序列、刀轨事件（机床控制事件、机床运动事件和循环事件）、操作结束序列以及程序结束序列。

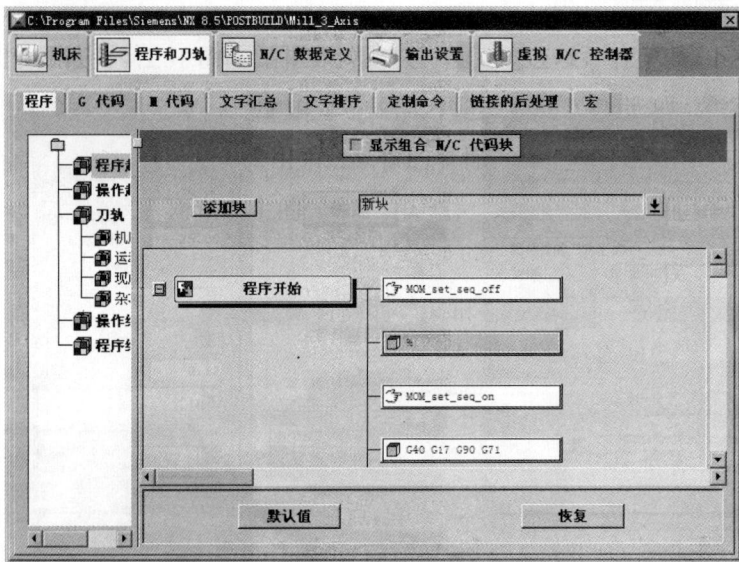

图 18.2.5 "程序"选项卡

在 **程序** 子选项卡中有两个不同的窗口，左侧是组成结构，右侧是相关参数。在左侧的结构树中选择一个节点，右侧则会显示相应的参数。每一个 NC 程序都是由在左侧的窗口中显示的 5 种序列（Sequence）组成，而序列在右侧的窗口中又被细分为标记（marker）和程序行（block）。在 NX 后处理构造器中预定义的事件，如换刀、主轴转、进刀等，用黄色长条表示，就是标记的一种。在每个标记下又可以定义一系列的输出程序行。

图 18.2.5 所示的**程序**选项卡部分选项的说明如下：

● 　左侧的组成结构中包括 NC 程序中的五个序列和刀轨运动中的四种事件。

● 　**程序起始序列**：用来定义程序头输出的语句，程序头事件是所有事件之前的。

● 　**操作起始序列**：用来定义操作开始到第一个切削运动之间的事件。

● 　**刀轨**：用于定义机床控制事件、加工运动、钻循环等事件。

　　☑ 　**机床控制**：主要用于定义进给、换刀、切削液、尾架、夹紧等事件，也可以用于模式的改变，如输出是绝对或相对等。

　　☑ 　**运动**：用于定义后处理如何处理刀位轨迹源文件中的 GOTO 语句。

　　☑ 　**现成循环**：用于定义当进行孔加工循环时，系统如何处理这类事件，并定义其输出格式。

　　☑ 　**杂项**：用于定义子操作刀轨的开始和结束事件。

● 　**操作结束序列**：用于定义退刀运动到操作结束之间的事件。

● 　**程序结束序列**：用于定义程序结束时需要输出的程序行，一个 NC 程序只有一个程序结束事件。

2. "G 代码"选项卡

进入 **程序和刀轨** 选项卡后，单击 **G 代码** 选项卡，结果如图 18.2.6 所示，该选项卡用于定义后处理中所用到的所有 G 代码。

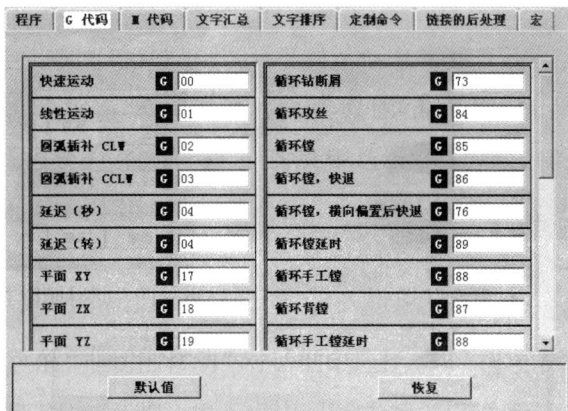

图 18.2.6　"G 代码"选项卡

3. "M 代码"选项卡

进入 **程序和刀轨** 选项卡后，单击 **M 代码** 选项卡，结果如图 18.2.7 所示，该选项卡用于定义后处理中所用到的所有 M 代码。

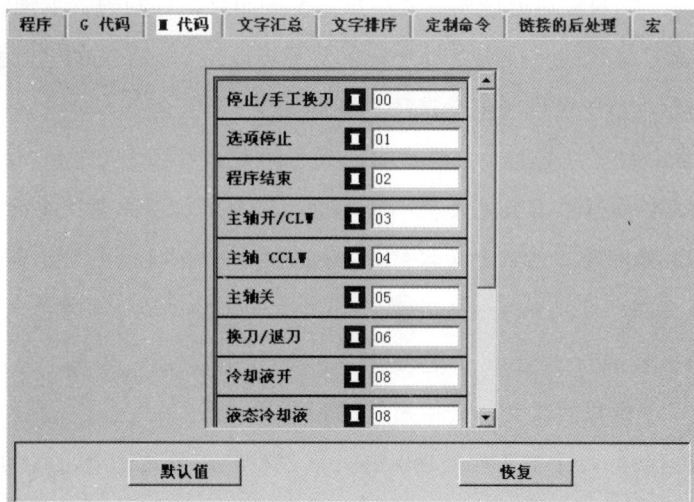

图 18.2.7 "M 代码"选项卡

4. "文字汇总"选项卡

进入 程序和刀轨 选项卡后，单击 **文字汇总** 选项卡，结果如图 18.2.8 所示，该选项卡用于定义后处理中所用到的字地址，但只可以修改格式相同的一组字地址或格式，若要修改一组里某个字地址的格式，要在 N/C 数据定义 选项卡中的 **格式** 子选项卡中进行修改。

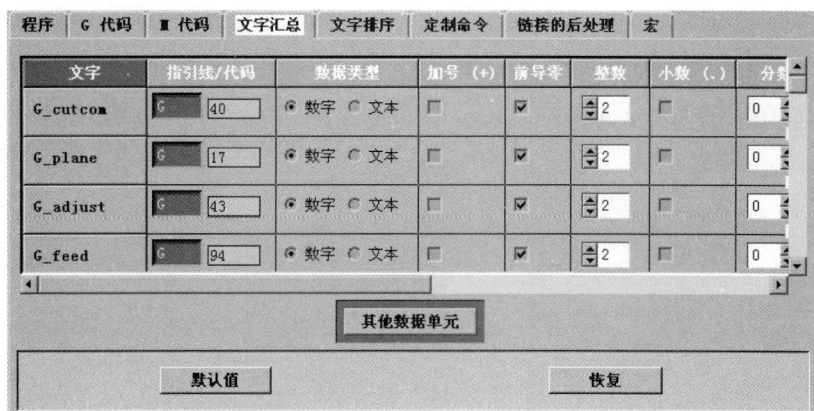

图 18.2.8 "文字汇总"选项卡

图 18.2.8 所示的 文字汇总 选项卡中有如下参数可以定义：

- 文字 ：显示 NC 代码的分类名称，如 G_plane 表示圆弧平面指令。
- 指引线/代码 ：用于修改字地址的头码，头码是字地址中数字前面的字母部分。
- 数据类型 ：可以是数字和文本。若所需代码不能用字母加数字实现时，则要用"文字"类型。

- **加号 (+)**: 用于定义正数的前面是否显示"+"号。
- **前导零**: 用于定义是否输出前零。
- **整数**: 用于定义整数的位数。在后处理时，当数据超过所定义的位数时则会出现错误提示。
- **小数 (.)**: 用于定义小数点是否输出。当不输出小数点时，前零和后零则不能输出。
- **分数**: 用于定义小数的位数。
- **后置零**: 用于定义是否输出后零。
- **模态?**: 用于定义该指令是否为模态指令。

5. "文字排序"选项卡

进入 **程序和刀轨** 选项卡后，单击**文字排序**选项卡，结果如图18.2.9所示，该选项卡显示功能字输出的先后顺序，可以通过鼠标拖动进行调整。

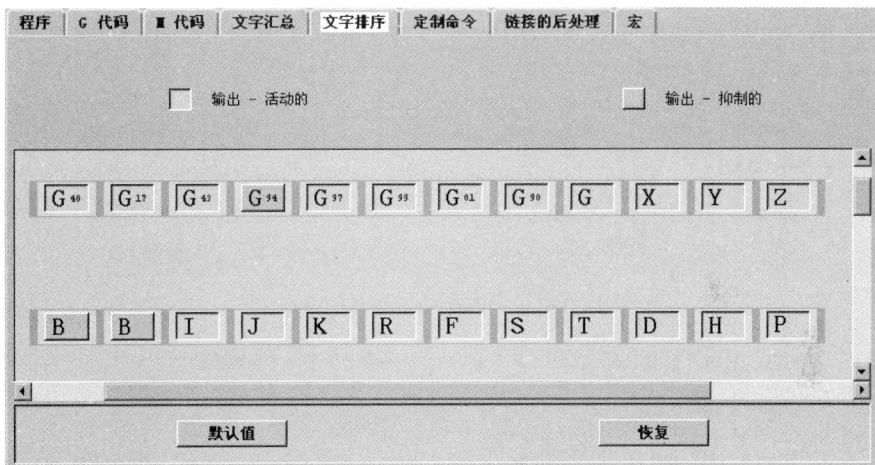

图18.2.9 "文字排序"选项卡

6. "定制命令"选项卡

进入 **程序和刀轨** 选项卡后，单击**定制命令**选项卡，结果如图 18.2.10 所示，该选项卡可以让用户加入一个新的机床命令，这些指令是用 TCL 编写的程序，并由事件处理执行。

7. "链接的后处理"选项卡

进入 **程序和刀轨** 选项卡后，单击**链接的后处理**选项卡，结果如图18.2.11所示，该选项卡用于链接其他后处理程序。

8. "宏"选项卡

进入 **程序和刀轨** 选项卡后，单击**宏**选项卡，结果如图18.2.12所示，该选项卡用于定义宏或循环等功能。

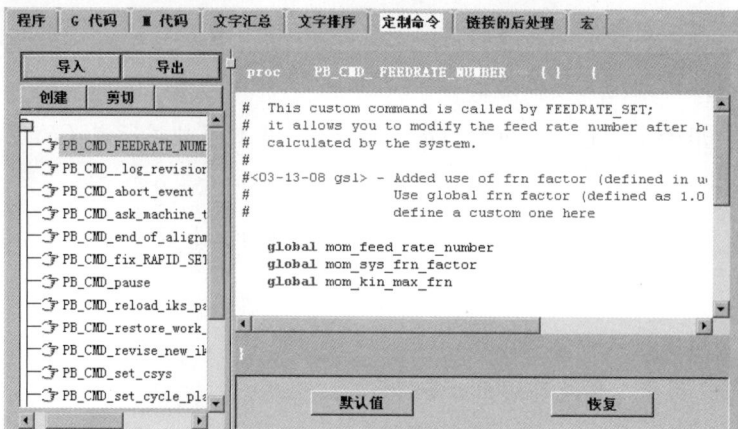

图 18.2.10　"定制命令"选项卡

图 18.2.11　"链接的后处理"选项卡

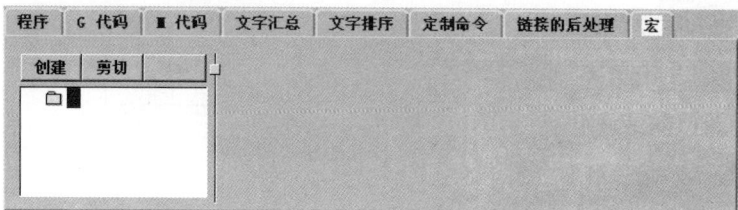

图 18.2.12　"宏"选项卡

18.2.5　NC 数据定义

进入 N/C 数据定义选项卡，该选项卡中包括四个子选项卡，可以定义 NC 数据的输出格式。

1."块"选项卡

进入 N/C 数据定义选项卡后，单击**块**选项卡，结果如图 18.2.13 所示，该选项卡用于定义表示机床指令的程序中输出哪些字地址，以及地址的输出顺序。行由词组成，词由字和数组成。

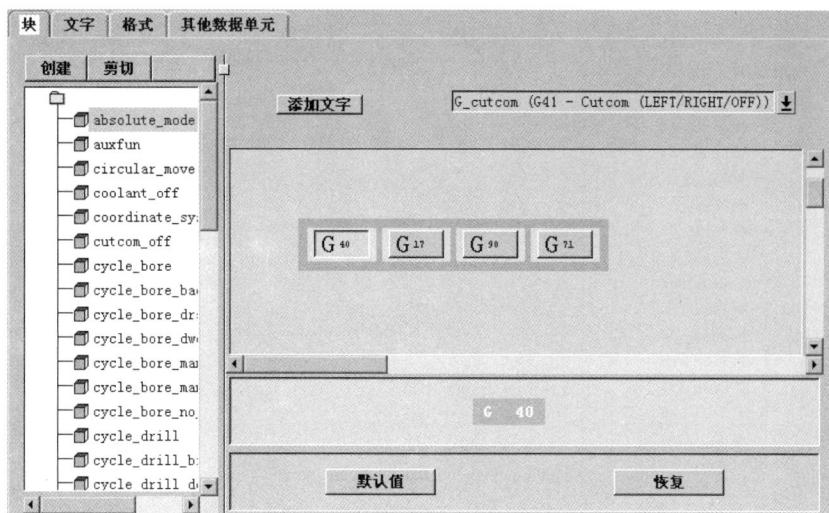

图 18.2.13   "块"选项卡

2. "文字"选项卡

进入 选项卡后，单击**文字**选项卡，结果如图 18.2.14 所示，该选项卡用于定义词的输出格式。包括字头和后面的参数的格式、最大值、最小值、模态、前缀及后缀字符等。

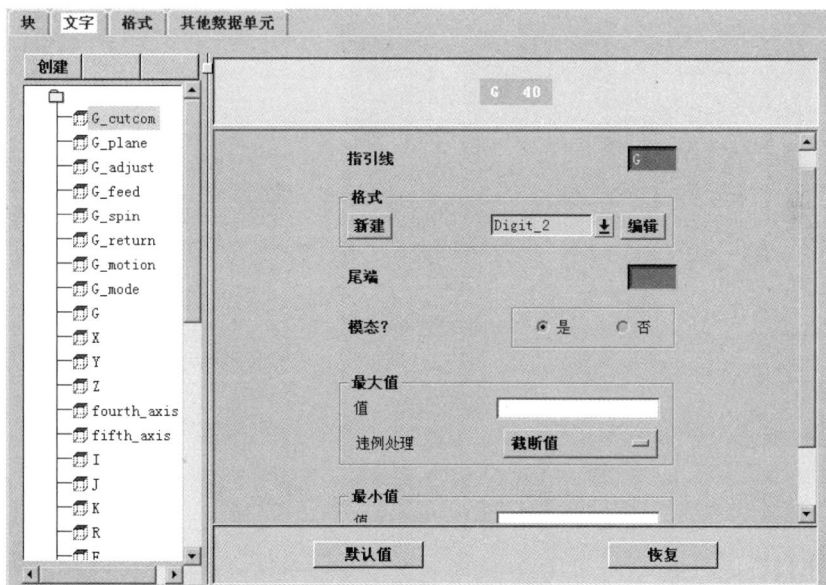

图 18.2.14   "文字"选项卡

3. "格式"选项卡

进入 选项卡后，单击**格式**选项卡，结果如图 18.2.15 所示，该选项卡用于定义数据输出是整数或字符串。

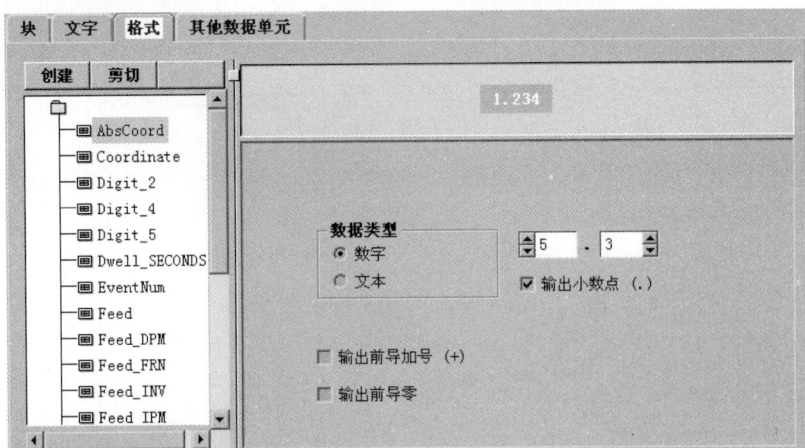

图 18.2.15 "格式"选项卡

4. "其他数据单元"选项卡

进入 [图标] N/C 数据定义 选项卡后，单击**其他数据单元**选项卡，结果如图 18.2.16 所示，该选项卡用于定义程序行序列号和文字间隔符、行结束符、消息始末符等数据。

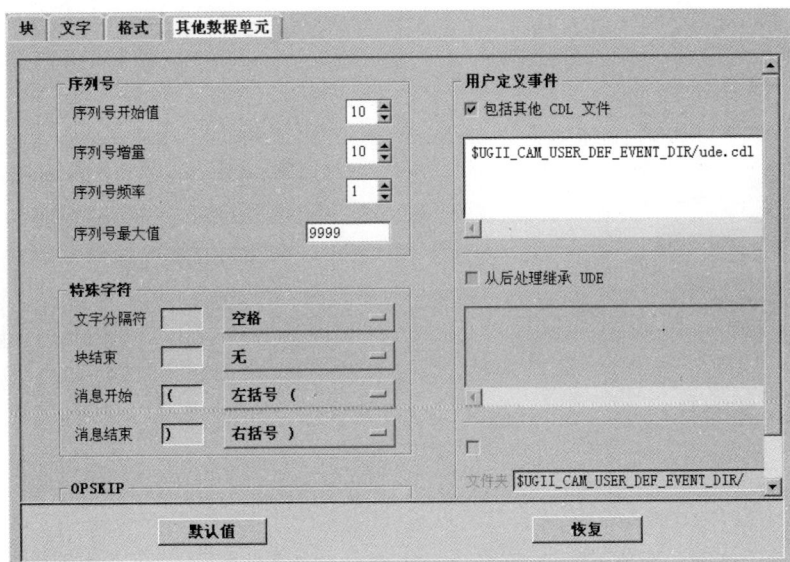

图 18.2.16 "其他数据单元"选项卡

18.2.6 输出设置

单击 [图标] **输出设置**，进入"输出设置"选项卡，该选项卡中包括三个子选项卡，用于定义 NC 程序输出的相关参数。

1. "列表文件"选项卡

单击**列表文件**选项卡，结果如图 18.2.17 所示，该选项卡用于控制列表文件输出的内容，输出的内容有 X、Y、Z 坐标值，第 4、5 轴的角度值，还有转速及进给。默认的列表文件的扩展名是 lpt。

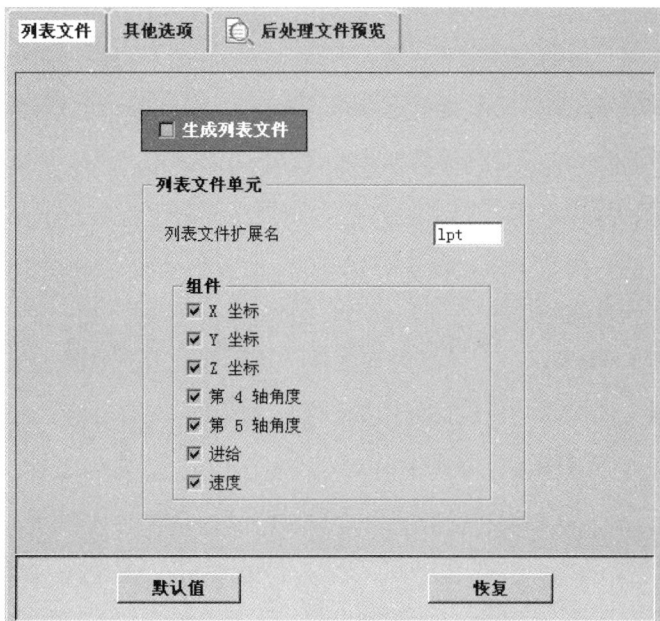

图 18.2.17　"列表文件"选项卡

2. "其他选项"选项卡

单击**其他选项**选项卡，结果如图 18.2.18 所示，默认的 NC 程序的文件扩展名是 ptp。

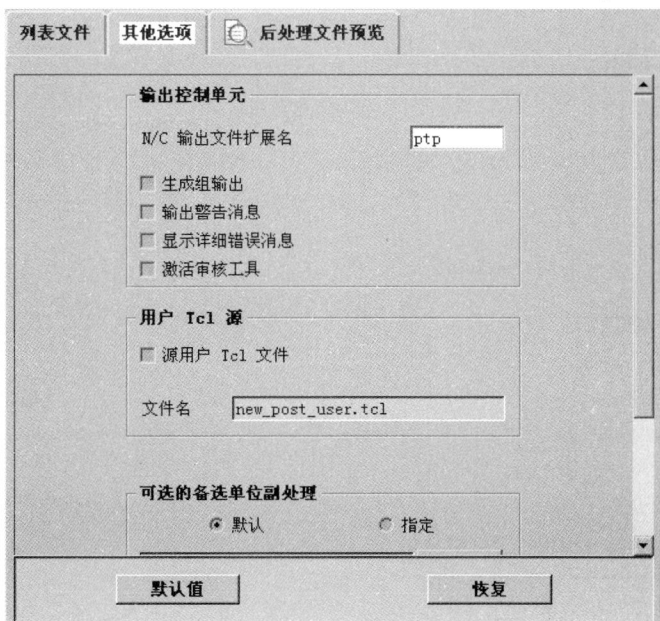

图 18.2.18　"其他选项"选项卡

图 18.2.18 所示的**其他选项**选项卡部分选项的说明如下：

- ☑ 生成组输出：选中该复选框后，则表示输出多个 NC 程序，它们以程序组进行分割。
- ☑ 输出警告消息：选中该复选框后，系统会在 NC 文件所在的目录中产出一个在后处理过程中形成的错误信息。
- ☑ 显示详细错误消息：选中该复选框后，则可以显示详细的错误信息。
- ☑ 激活审核工具：该功能用于调试后处理。
- ☑ 源用户 Tcl 文件：选中该复选框后，则可以在其下方的文本框中选择一个 TCL 源程序。

3. "后处理文件预览"选项卡

单击 ![icon] 后处理文件预览，进入"后处理文件预览"选项卡，如图 18.2.19 所示，该选项卡可以在后处理器文件保存之前对比修改的内容，最新改动的文件内容在右上侧窗口中显示，旧的文件内容在右下侧窗口中显示。

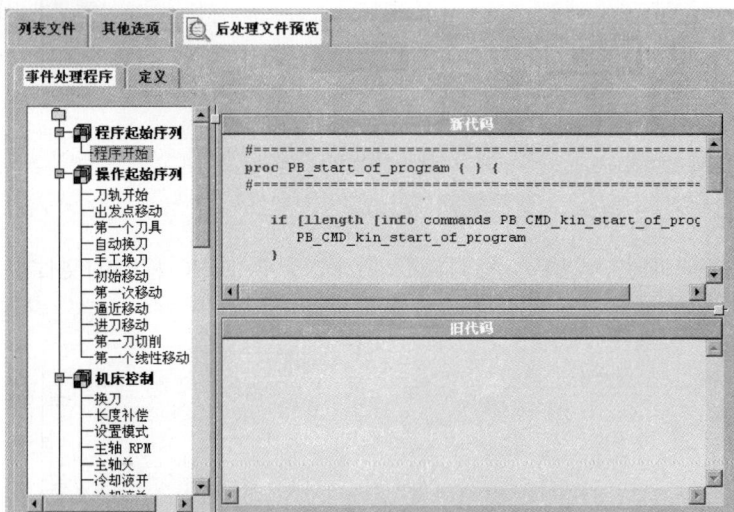

图 18.2.19 "后处理文件预览"选项卡

18.2.7 虚拟 N/C 控制器

单击 ![icon] 虚拟 N/C 控制器，进入"虚拟 N/C 控制器"选项卡。该选项卡可综合仿真与检查，系统会生成另外一个*_vnc.tcl 文件。

18.3 定制后处理器综合范例

本节用一个范例介绍定制后处理器的一般步骤，最后用一个加工模型来验证后处理器的正确性。对于目标后处理器的要求为：

（1）铣床的控制系统为：FANUC。

（2）在每一单段程序前加上相关的工序名称和工序类型，便于机床操作人员识别。

（3）在每一单条程序结尾处将机床主轴 Z 方向回零，主轴停转，冷却关闭，便于检测加工质量。

（4）在每一单段程序结束显示加工时间，便于分析加工效率。

（5）机床的极限行程为 X：1500.0，Y：1500.0，Z：1500.0，其他参数采用系统默认设置值。

Task1. 进入后处理构造器工作环境

选择下拉菜单 开始 ➡ 程序(P) ▶ ➡ Siemens NX 8.5 ▶ ➡ 加工 ▶ ➡ 后处理构造器 命令。

Task2. 新建一个后处理器文件

Step 1 选择"新建"命令。进入 NX/后处理构造器后，选择下拉菜单 文件 ➡ 新建... 命令，系统弹出"新建后处理器"对话框。

Step 2 定义后处理名称。在 后处理名称 文本框中输入 my_post。

Step 3 定义后处理类型。在"新建后处理器"对话框选择 ⦿ 主后处理 单选按钮。

Step 4 定义后处理输出单位。在"新建后处理器"对话框 后处理输出单位 区域中选择 ⦿ 毫米 单选按钮。

Step 5 定义机床类型。在"新建后处理器"对话框 机床 区域中选择 ⦿ 铣 单选按钮，在其下面的下拉列表中选择 3 轴 ⏷ 选项。

Step 6 定义机床的控制类型。在"新建后处理器"对话框 控制器 区域中选择 ⦿ 库 单选按钮，然后在其下拉列表中选择 fanuc_6M 选项。

Step 7 单击 确定 按钮，完成后处理的机床及控制系统的选择，此时系统进入后处理编辑窗口。

Task3. 设置机床的行程

在 机床 选项卡中设置图 18.3.1 所示的参数，其他参数采用系统默认的设置。

Task4. 设置程序和刀轨

Stage1. 定义程序的起始序列

Step 1 选择命令。在后处理器编辑窗口中单击 程序和刀轨 选项卡，结果如图 18.3.2 所示。

Step 2 设置程序开头。在图 18.3.2 中的 程序开始 的分支区域中右击 MOM_set_seq_on 选项，在弹出的快捷菜单中选择 删除 命令。

Step 3 修改程序开头命令。

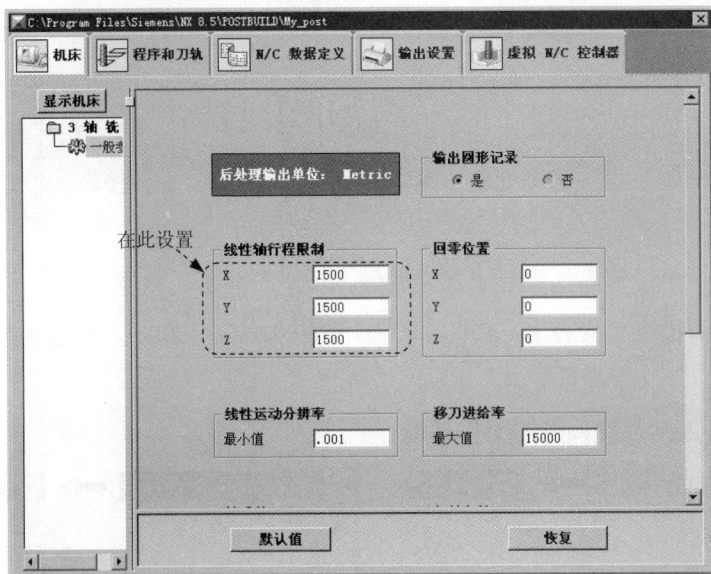

图 18.3.1　"机床"选项卡

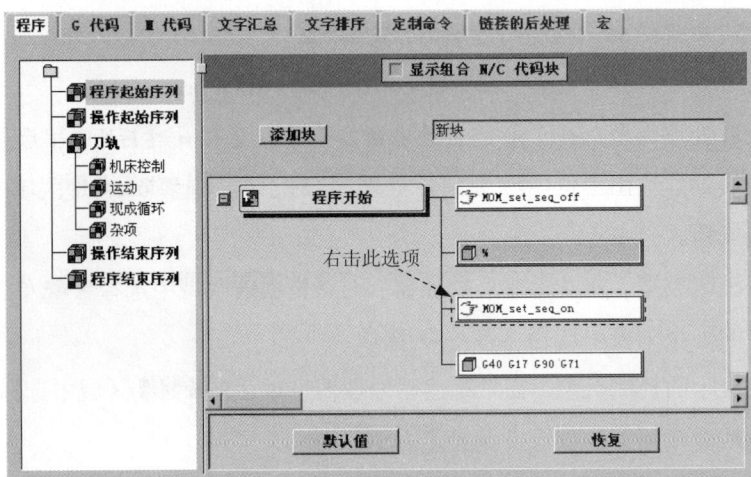

图 18.3.2　"程序和刀轨"选项卡

（1）选择命令。在图 18.3.2 中的 ▣ 程序开始 分支中单击 ▣ G40 G17 G90 G71 选项，此时系统弹出图 18.3.3 所示的"Start of Program - 块：absolute_mode"对话框（一）。

（2）删除 G71。在图 18.3.3 所示的"Start of Program - 块：absolute_mode"对话框（一）中右击 G 71 按钮，在弹出的快捷菜单中选择 删除 命令。

（3）添加 G49。在图 18.3.3 所示的"Start of Program - 块：absolute_mode"对话框（一）中单击 ⬇ 按钮，在下拉列表中选择 G_adjust▶ ➡ G49-Cancel Tool Len Adjust 命令，然后单击 添加文字 按钮不放，拖动到 G 90 后面，此时会显示出新添加的 G49，系统会自动排序，结果如图 18.3.4 所示。

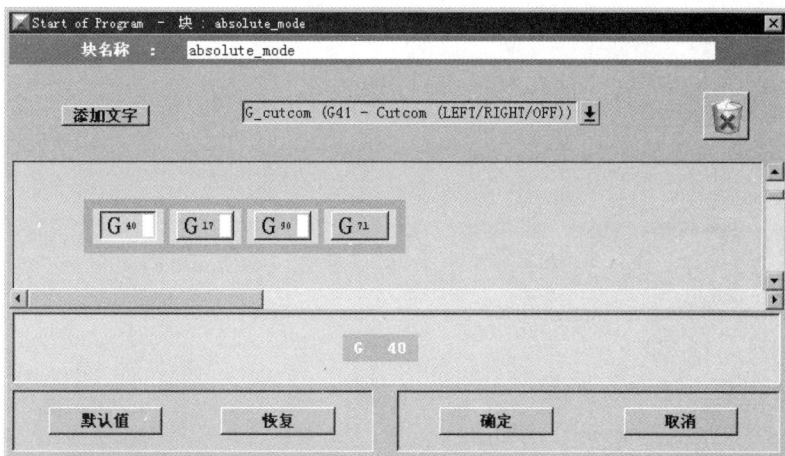

图 18.3.3　"Start of Program - 块：absolute_mode"对话框（一）

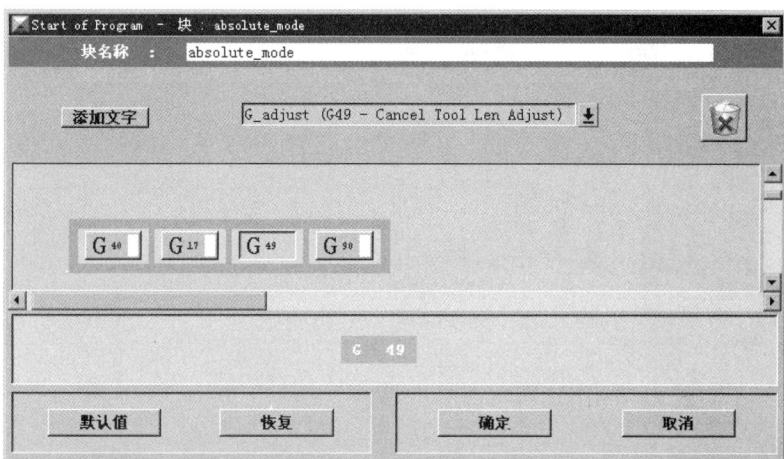

图 18.3.4　"Start of Program - 块：absolute_mode"对话框（二）

（4）添加 G80。在图 18.3.4 所示的"Start of Program - 块：absolute_mode"对话框（二）中单击 ▼ 按钮，在下拉列表中选择 **G_motion▶** ➡ **G80-Cycle Off** 命令，然后单击 **添加文字** 按钮不放，将其拖动到 G⁹⁰ 后面，此时会显示出新添加的 G80，系统会自动排序，结果如图 18.3.5 所示。

（5）添加 G 代码中 G_MCS。在图 18.3.5 所示的"Start of Program - 块：absolute_mode"对话框（三）中单击 ▼ 按钮，在下拉列表中选择 **G ▶** ➡ **G-MCS Fixture Offset (54 ~ 59)** 命令，然后单击 **添加文字** 按钮不放，此时会显示出新添加的 G 程序，然后将其拖动到 G⁹⁰ 后面，结果如图 18.3.6 所示。

Step 4　定义新添加的程序开头程序。

（1）设置 G49 为强制输出。在图 18.3.6 中右击 G⁴⁹，在弹出的快捷菜单中选择 **强制输出** 命令。

图 18.3.5   "Start of Program - 块：absolute_mode"对话框（三）

图 18.3.6   "Start of Program - 块：absolute_mode"对话框（四）

（2）设置 G80 为强制输出。在图 18.3.6 中右击 G⁸⁰ ，在弹出的快捷菜单中选择 **强制输出** 命令。

（3）设置 G 为选择输出。在图 18.3.6 中右击 **G** ，在弹出的快捷菜单中选择 **可选** 命令。

Step 5   然后在"Start of Program - 块：absolute_mode"对话框（四）中单击 **确定** 按钮，系统返回到"程序"选项卡，如图 18.3.7 所示。

Stage2．定义操作的起始序列

Step 1   选择命令。在图 18.3.7 所示的"程序"选项卡中单击 **操作起始序列** 节点，此时系统会显示如图 18.3.8 所示的界面。

Step 2   添加操作头信息块，显示操作信息。

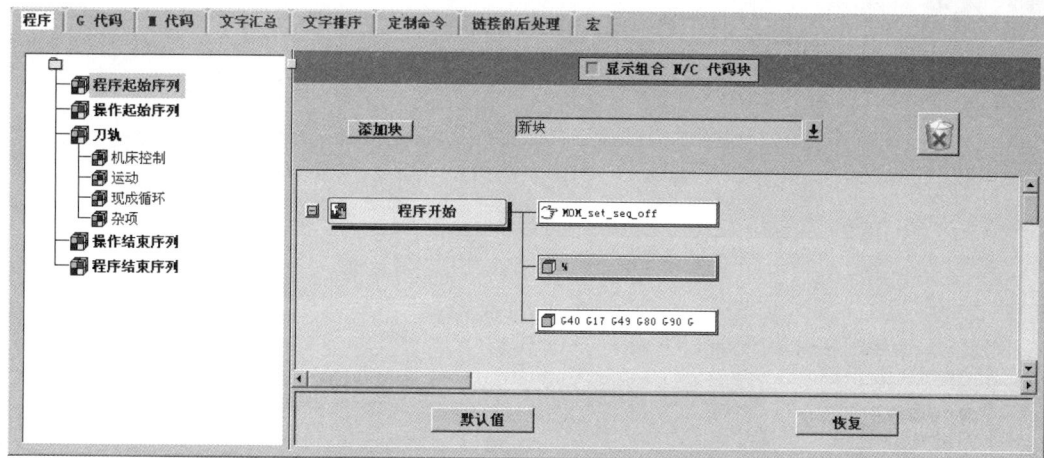

图 18.3.7　"程序"选项卡

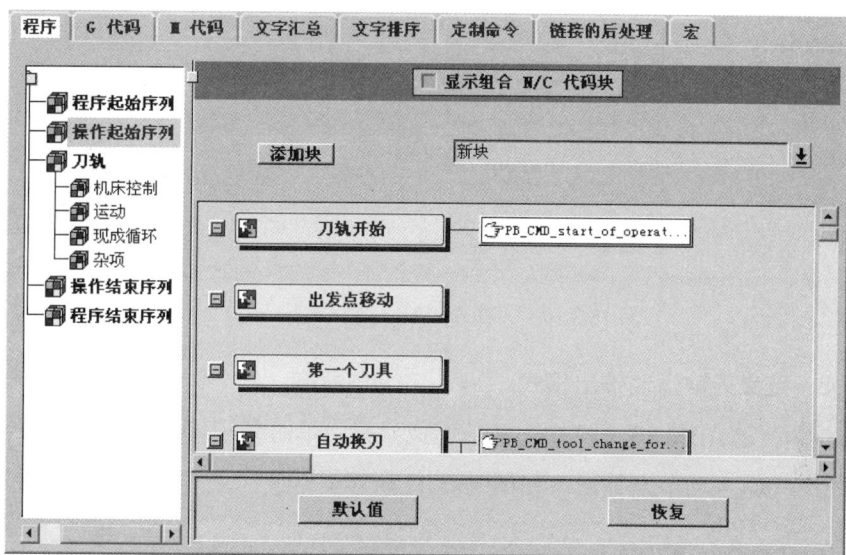

图 18.3.8　"操作起始序列"节点（一）

（1）在图 18.3.8 所示的"操作起始序列"节点（一）中右击 `PB_CMD_start_of_operat...` 选项，在弹出的快捷菜单中选择 **删除** 命令。

（2）在图 18.3.8 所示的"操作起始序列"节点（一）中单击 按钮，然后在下拉列表中选择 **运算程序消息** 命令，然后单击 **添加块** 按钮不放，此时显示出新添加的 **运算程序消息** ，然后将其拖动到 **刀轨开始** 后面，此时系统弹出"运算程序消息"对话框。

（3）在"运算程序消息"对话框中输入$mom_operation_name, $mom_operation_type 字符，如图 18.3.9 所示，然后单击 **确定** 按钮，完成操作的起始序列的定义，结果如图 18.3.10 所示。

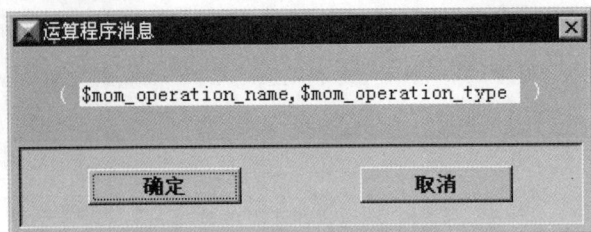

图 18.3.9 "运算程序消息"对话框

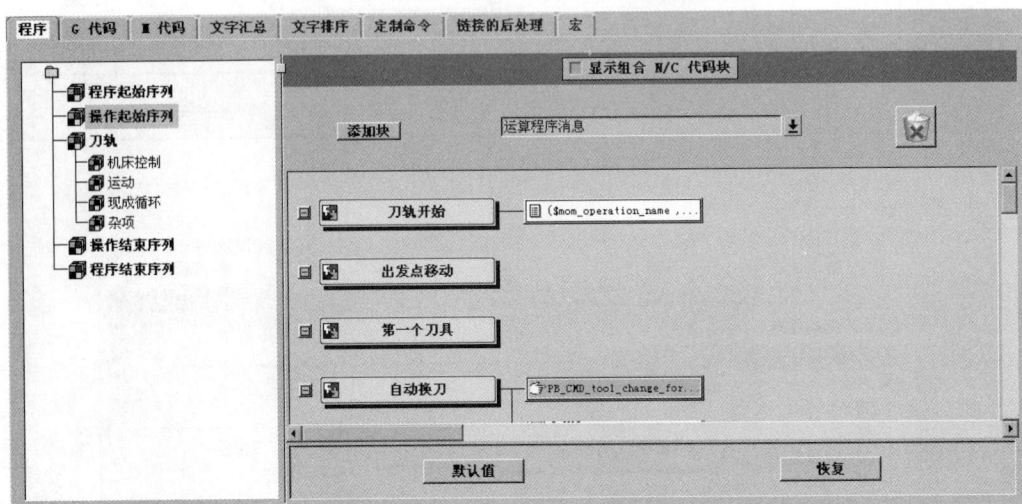

图 18.3.10 "操作起始序列"节点（二）

Stage3．定义刀轨运动输出格式

Step 1 选择命令。在图 18.3.10 中左侧的组成结构中单击 🔲 **刀轨** 节点下的 🔲 **运动**节点，进入刀轨运动节点界面，如图 18.3.11 所示。

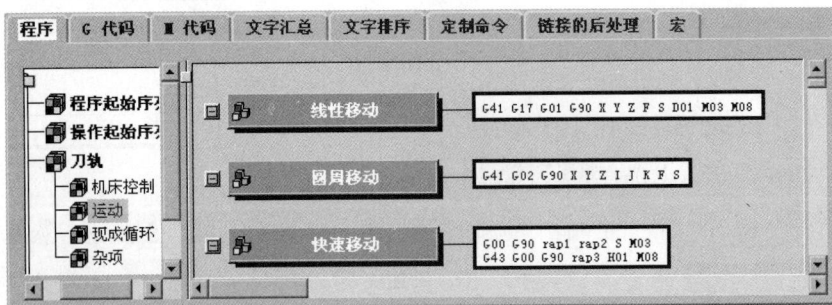

图 18.3.11 "运动"节点（一）

Step 2 修改线性移动。

（1）选择命令。在图 18.3.11 中单击 🔲 **线性移动** 按钮，此时系统弹出图 18.3.12 所示的"事件：线性移动"对话框。

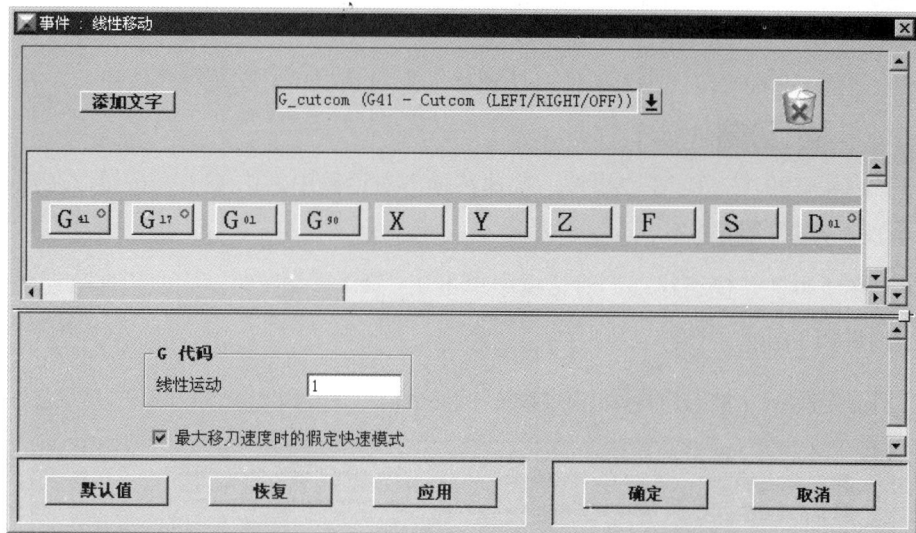

图 18.3.12　"事件：线性移动"对话框

（2）删除 G17。在图 18.3.12 所示的"事件：线性移动"对话框中右击 **G¹⁷°** 按钮，在弹出的快捷菜单中选择 **■删除** 命令。

（3）删除 G90。在图 18.3.12 所示的"事件：线性移动"对话框中右击 **G⁹⁰** 按钮，在弹出的快捷菜单中选择 **■删除** 命令。

（4）在图 18.3.12 所示的"事件：线性移动"对话框中单击 **确定** 按钮，完成线性移动的修改，同时系统返回到"运动"节点界面。

Step 3 修改圆周移动。

（1）选择命令。在"运动"节点界面中单击 **圆周移动** 按钮，此时系统弹出"事件：圆周移动"对话框。

（2）删除 G90。在"事件：圆周移动"对话框中右击 **G⁹⁰** 按钮，在弹出的快捷菜单中选择 **■删除** 命令。

（3）添加 G17。在"事件：圆周移动"对话框中单击 **↓** 按钮，在下拉列表中选择 **G_plane ▶** ➡ **G17-Arc Plane Code (XY/ZX/YZ)** 命令，然后单击 **添加文字** 按钮不放，此时会显示出新添加的 G17，然后将其拖动到 **G⁰²°** 前面，系统会自动排序。

（4）定义圆形记录方式。在"事件：圆周移动"对话框中的 **图形记录** 区域中选择 **⊙象限** 单选按钮。

（5）在"事件：圆周移动"对话框中单击 **确定** 按钮，完成圆周移动的修改，同时系统返回到"运动"节点界面。

Step 4 修改快速移动。

（1）选择命令。在"运动"节点界面中单击 **快速移动** 按钮，此时系统弹出

"事件：快速移动"对话框。

（2）删除 G90（一）。在"事件：快速移动"对话框中右击 $G^{90\circ}$ 按钮，在弹出的快捷菜单中选择 ▇删除▇ 命令。

（3）删除 G90（二）。在"事件：快速移动"对话框中右击 G^{90} 按钮，在弹出的快捷菜单中选择 ▇删除▇ 命令。

（4）在"事件：快速移动"对话框中单击 确定 按钮，完成快速移动的修改，结果如图 18.3.13 所示。

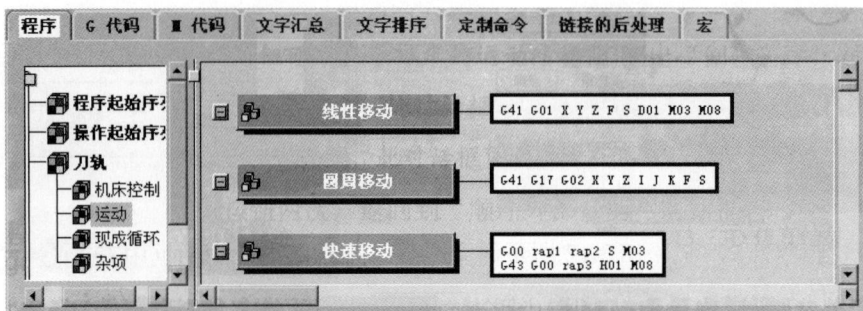

图 18.3.13　"运动"节点（二）

Stage4．定义操作结束序列

Step 1 选择命令。在图 18.3.13 中左侧的组成结构中单击 操作结束序列 节点，进入"操作结束序列"节点界面，如图 18.3.14 所示。

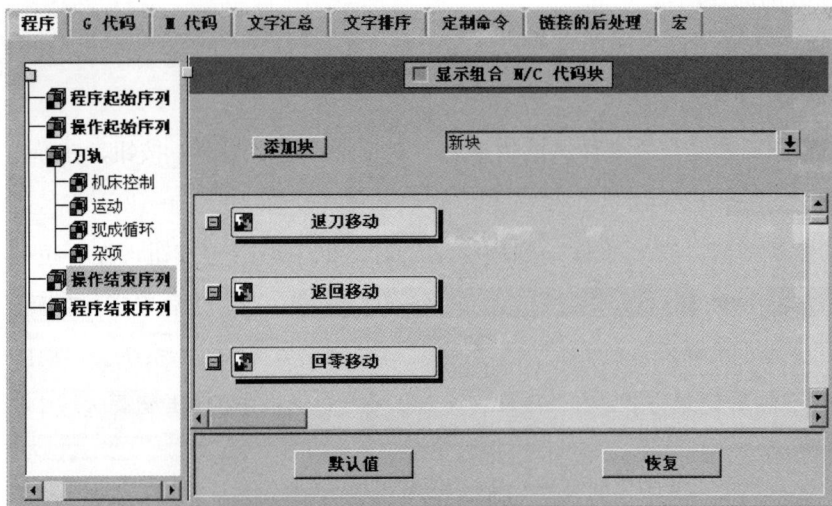

图 18.3.14　"操作结束序列"节点（一）

Step 2 添加切削液关闭命令。

（1）选择命令。在图 18.3.14 所示的"操作结束序列"节点（一）对话框中单击 添加块

按 钮 不 放 ， 此 时 显 示 出 新 添 加 的 [⬜ 新块]，然 后 将 其 拖 动 到
[▦ 刀轨结束]后面，此时系统弹出图 18.3.15 所示的"End of Path - 块：end_of_path_1"
对话框。

（2）添加 M09 辅助功能。在图 18.3.15 所示的 "End of Path - 块：end_of_path_1" 对
话 框 中 单 击 [▼] 按 钮 ， 在 下 拉 列 表 中 选 择 [More ▶] ➡ [M_coolant ▶] ➡
[M09-Coolant Off] 命令，然后单击 [添加文字] 按钮不放，此时会显示出新添加的 M09
辅助功能，然后将其拖动到图 18.3.15 所示的插入点的位置。

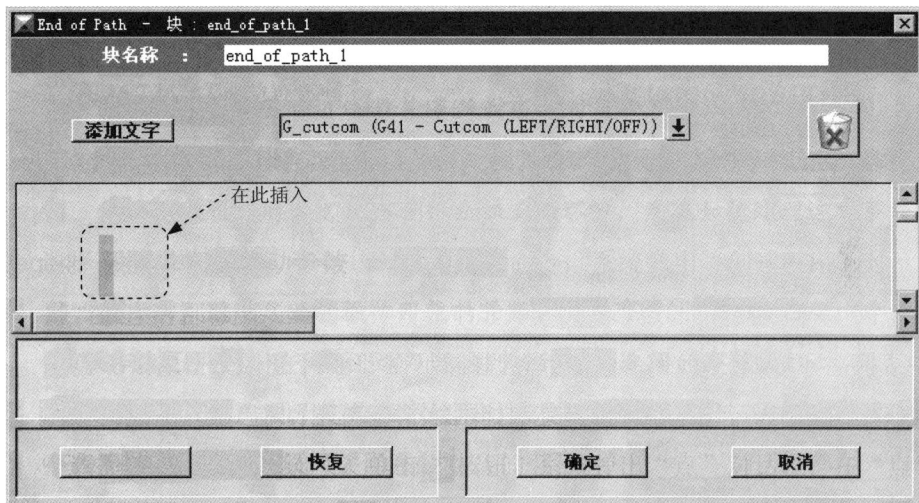

图 18.3.15　"End of Path - 块：end_of_path_1" 对话框

（3）在图 18.3.15 所示的"End of Path - 块：end_of_path_1"对话框中单击 [确定]
按钮，完成刀轨结束分支处添加块 1 的创建，结果如图 18.3.16 所示。

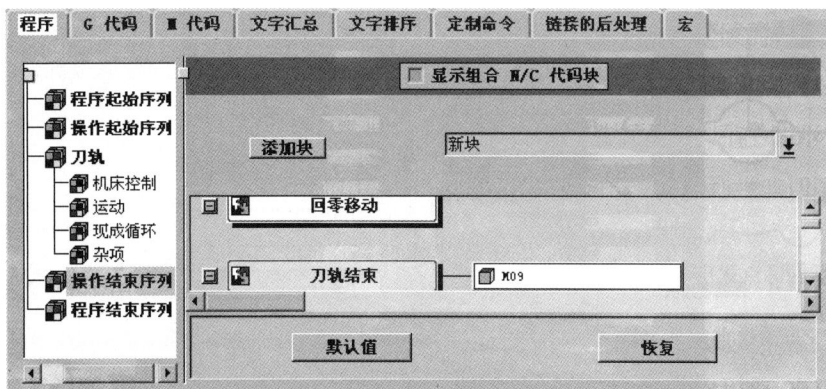

图 18.3.16　"操作结束序列"节点（二）

Step 3　添加主轴停止。

（1）选择命令。在图 18.3.16 所示的"操作结束序列"节点（二）对话框中单击 [添加块]

按 钮 不 放， 此 时 显 示 出 新 添 加 的 □ 新块 ， 然 后 将 其 拖 动 到 ■ 刀轨结束 后松开鼠标，此时系统弹出"End of Path - 块：end_of_path_2"对话框。

（2）添加 M05 辅助功能。在"End of Path - 块：end_of_path_2"对话框中单击 ↓ 按钮，在下拉列表中选择 ■ore ▶ ➡ ■_spindle ▶ ➡ ■05-Spindle Off 命令，然后单击 添加文字 按钮不放，此时会显示出新添加的 M05 辅助功能，然后将其拖动到插入点的位置。

（3）在"End of Path - 块：end_of_path_2"对话框中单击 确定 按钮，完成刀轨结束分支处添加块 2 的创建，结果如图 18.3.17 所示。

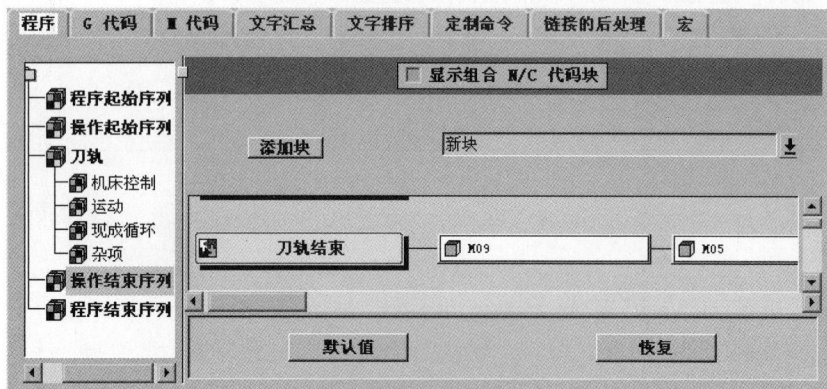

图 18.3.17   "操作结束序列"节点（三）

（4）移动新添加的 M05 辅助功能。在图 18.3.17 所示的"操作结束序列"节点（三）对话框中将 □ M05 拖动至 □ M09 下部区域松开鼠标，结果如图 18.3.18 所示。

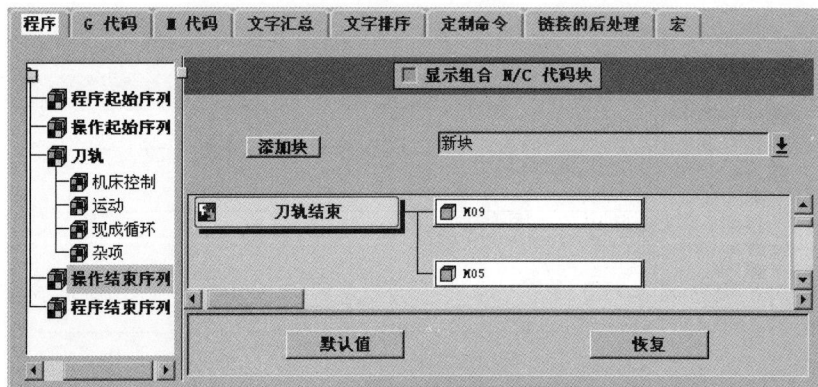

图 18.3.18   "操作结束序列"节点（四）

Step 4   添加可选停止命令。

（1）选择命令。在图 18.3.18 所示的"操作结束序列"节点（四）对话框中单击 添加块按钮不放，此时显示出新添加的 ▢ 新块 ，然后将其拖动到 ▢ M05 下方松开鼠标，此时系统弹出"End of Path - 块：end_of_path_3"对话框。

（2）添加 M01 辅助功能。在"End of Path - 块：end_of_path_3"对话框中单击 ↧ 按钮，在下拉列表中选择 More ▸ ⟶ M ▸ ⟶ M01-Optional Stop 命令，然后单击 添加文字 按钮不放，此时会显示出新添加的 M01 辅助功能，然后将其拖动到插入点的位置。

（3）在"End of Path - 块：end_of_path_3"对话框中单击 确定 按钮，完成刀轨结束分支处添加块 3 的创建，结果如图 18.3.19 所示。

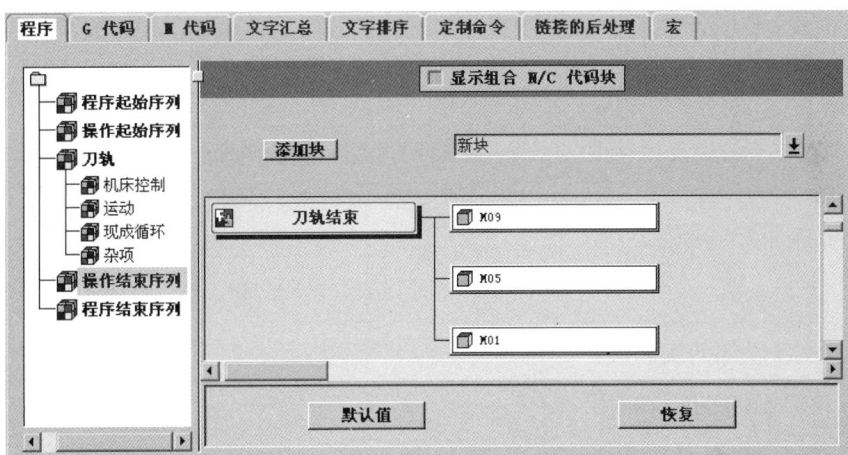

图 18.3.19 "操作结束序列"节点（五）

Step 5 添加回零命令。

（1）选择命令。在图 18.3.19 所示的"操作结束序列"节点（五）中单击 添加块 按钮不放，此时显示出新添加的 ▢ 新块 ，然后将其拖动到 ▢ M05 下方松开鼠标，此时系统弹出"End of Path - 块：end_of_path_4"对话框。

（2）在块 4 中添加 G 程序。

① 添加 G91。在"End of Path - 块：end_of_path_4"对话框中单击 ↧ 按钮，在下拉列表中选择 G_mode ▸ ⟶ G91-Incremental Mode 命令，然后单击 添加文字 按钮不放，此时会显示出新添加的 G91，然后将其拖动到插入点的位置。

② 添加 G28。在"End of Path - 块：end_of_path_4"对话框中单击 ↧ 按钮，在下拉列表中选择 G ▸ ⟶ G28-Return Home 命令，然后单击 添加文字 按钮不放，此时会显示出新添加的 G28，然后将其拖动到 G 91 后面。

③ 添加 Z0.。在"End of Path - 块：end_of_path_4"对话框中单击 ↧ 按钮，在下拉列

表中选择 **Z** ▶ ➡ **Z0.-Return Home Z** 命令，然后单击 **添加文字** 按钮不放，此时会显示出新添加的 Z0.，然后将其拖动到 **G 28** 后面。

（3）在"End of Path - 块：end_of_path_4"对话框中单击 **确定** 按钮，完成刀轨结束分支处添加块 4 的创建，结果如图 18.3.20 所示。

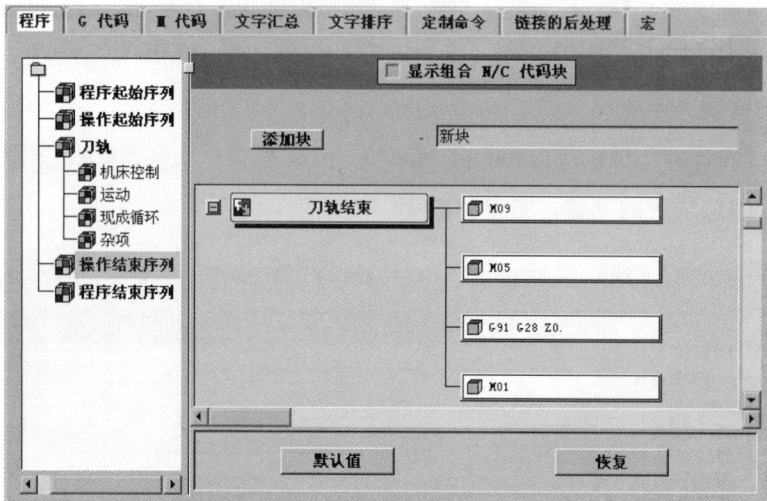

图 18.3.20 "操作结束序列"节点（六）

Step 6 定义新添加的块属性。

（1）设置 M09 为强制输出。

① 选择命令。在图 18.3.20 中右击 **M09** 分支，在弹出的快捷菜单中选择 **强制输出** 命令，此时系统弹出图 18.3.21 所示的"强制输出一次"对话框。

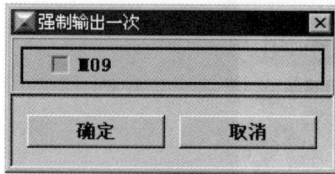

图 18.3.21 "强制输出一次"对话框

② 在弹出的"强制输出一次"对话框中选中 **☑ M09** 复选框，然后单击 **确定** 按钮。

（2）设置 M05 为强制输出。在图 18.3.20 中右击 **M05** ，在弹出的快捷菜单中选择 **强制输出** 命令，然后在弹出的"强制输出一次"对话框中选中 **☑ M05** 复选框，单击 **确定** 按钮。

（3）设置 G91、G28、Z0.为强制输出。在图 18.3.20 中右击 **G91 G28 Z0.** ，在弹出的快捷菜单中选择 **强制输出** 命令，然后在弹出的"强制输出一次"对话框中分别选中 **☑ G91**、**☑ G28** 和 **☑ Z0.** 复选框，单击 **确定** 按钮。

（4）设置 M01 为强制输出。在图 18.3.20 中右击 **M01** ，在弹出的快捷菜单中选择 **强制输出** 命令，然后在弹出的"强制输出一次"对话框中选中 **☑ M01** 复选框，

单击 **确定** 按钮。

Stage5. 定义程序结束序列

Step 1　选择命令。在图 18.3.20 中左侧的组成结构中单击 **程序结束序列** 节点，进入"程序结束序列"节点界面，如图 18.3.22 所示。

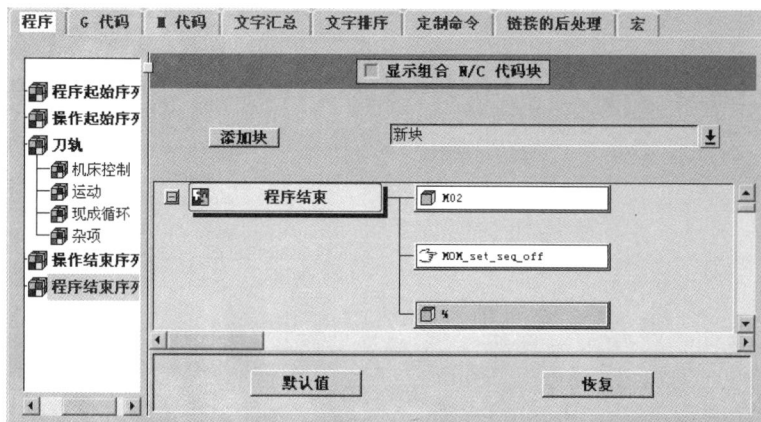

图 18.3.22　"程序结束序列"节点

Step 2　设置程序结束序列。在图 18.3.22 中的 **程序结束** 的分支区域中右击 **MOM_set_seq_off**，在弹出的快捷菜单中选择 **删除** 命令。

Step 3　定制在程序结尾处显示加工时间。

（1）选择命令。在图 18.3.22 中单击 ± 按钮，在下拉列表中选择 **定制命令** 命令，然后单击 **添加块** 按钮不放，此时会显示出新添加 **定制命令**，然后将其拖动到 **M02** 下方，此时系统弹出"定制命令"对话框。

（2）输入代码。在系统弹出的"定制命令"对话框中输入 global mom_machine_time MOM_output_literal "；(Total Operation Machine Time:[format "%.2f" $mom_machine_time] min)"，结果如图 18.3.23 所示。

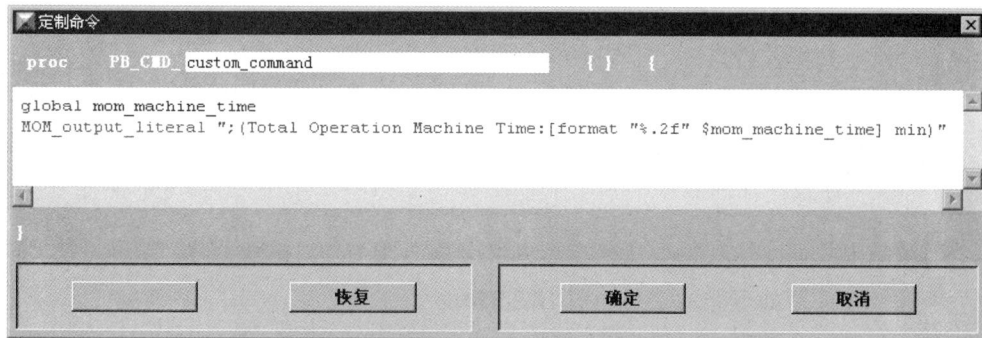

图 18.3.23　"定制命令"对话框

（3）在图 18.3.23 所示的"定制命令"对话框中单击 　　确定　　 按钮，系统返回至"程序结束序列"节点界面。

Stage6．定义输出扩展名

Step 1 　选择命令。单击 🖻 输出设置选项卡，进入"输出设置"选项卡，然后单击 **其他选项** 选项卡，如图 18.3.24 所示。

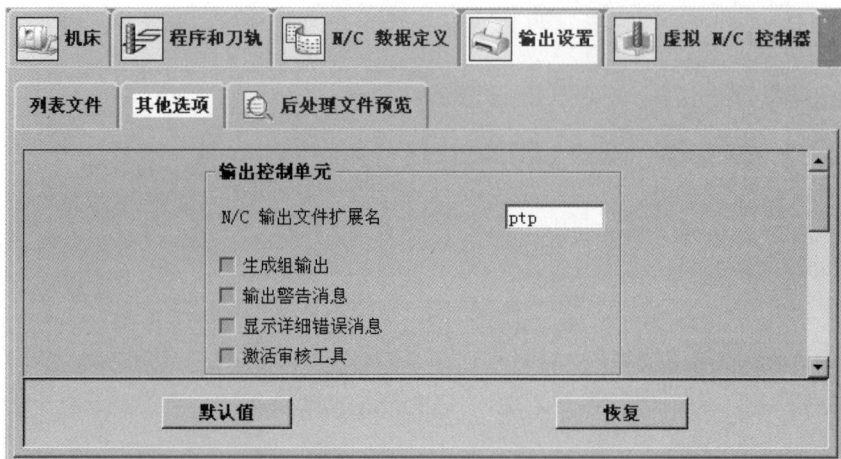

图 18.3.24 　"输出设置"选项卡

Step 2 　设置文件扩展名。在图 18.3.24 中的 N/C 输出文件扩展名 文本框中输入 NC。

Stage7．保存后处理文件

Step 1 　选择命令。在 NX 后处理构造器界面中选择下拉菜单 文件 ➡ 保存 命令，系统弹出"另存为"对话框。在 保存在(I): 下拉列表中选择保存路径为 D:\ug85nc\work\ch18\ch18.03，单击 保存(S) 按钮，完成后处理器的保存。

Stage8．安装并验证后处理器文件

Step 1 　启动 UG NX 8.5，并打开文件 D:\ug85nc\work\ch18\ch18.03\core_ok.prt，进入加工环境。

Step 2 　选择下拉菜单 工具(T) ➡ 安装 NC 后处理器(P)... 命令，系统弹出"选择后处理器"对话框，选择 Stage7 中保存在 D:\ug85nc\work\ch18\ch18.03 下的后处理文件 my_post.pui。

Step 3 　单击"选择后处理器"对话框中的 　OK　 按钮，系统弹出图 18.3.25 所示的"安装后处理器"对话框，在 描述 文本框中输入文本 my_post，然后单击 　确定　 按钮，完成后处理器的安装（图 18.3.25）。

Step 4 　对程序进行后处理。

（1）将工序导航器调整到几何视图，然后选中 CAVITY_MILL 节点，然后单击"操作"

工具栏中的"后处理"按钮🔧，系统弹出"后处理"对话框。

（2）在"后处理"对话框中的列表框中选择 Step3 中安装的 my_post 后处理器，其余采用系统默认参数。

（3）单击"后处理"对话框中的 ▣确定▣ 按钮，系统弹出"信息"对话框，并在模型文件所在的文件夹中生成一个名为 core_ok.NC 的文件，此文件即后处理完成的程序代码文件。

Step 5 检查程序。用"记事本"打开 NC 程序文件 core_ok.NC，可以看到后处理过的程序开头和结尾处增加了新的代码，并在程序结尾显示加工时间，如图 18.3.26 所示。

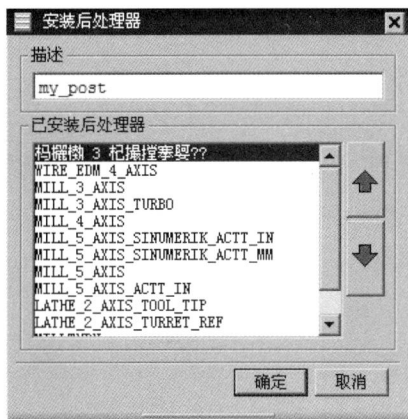

图 18.3.25　"安装后处理器"对话框

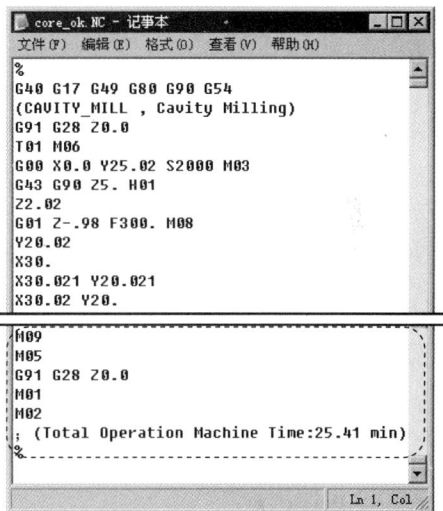

图 18.3.26　查看 NC 程序

19

UG NX 其他数控加工与
编程功能

本章主要介绍 UG NX 数控加工与编程中的其他重要功能，包括 NC 助理、刀轨平行生成、刀轨过切检查、报告最短刀具、刀轨批量处理和刀轨变换等，详细介绍了上述命令的主要操作过程及应用。在学习完本章后，读者应深刻领会到各种命令的用法，并结合本书其他章节的内容，做到举一反三，灵活运用。

19.1   NC 助理

在编制加工程序前，需要对模型零件的型腔深度、拐角、圆角、拔模等参数进行必要的了解，这样才能较准确地选择合适刀具、选择加工策略等。除去常用的各种测量工具外，这里介绍在加工模块中常用的 NC 助理命令，它可以比较方便的完成必要的参数测量和分析工作。

下面以模型 nc_assistant.prt 为例，来说明使用 NC 助理的一般操作步骤。

Step 1   打开文件 D:\ug85nc\work\ch19\ch19.01\nc_assistant.prt，系统进入加工环境。

Step 2   选择下拉菜单 分析(L) ➡ NC 助理 命令，系统弹出图 19.1.1 所示的"NC 助理"对话框，此时系统自动选取了模型的所有表面。

图 19.1.1 所示的"NC 助理"对话框中部分选项的说明如下：

● 分析类型 区域：用来定义要分析的参数类型。选择 层 选项后，通常需要指定一个参考矢量和参考平面，此时将分析沿参考矢量测量的与参考平面平行的平面的距离数值；选择 拐角 选项后，通常需要指定一个参考平面，将分析拐角半径参数；选择 🔲 圆角 选项后，指定一个参考矢量，将分析圆角半径参数；选择 🔹 拔模 选项后，通常需要指定一个参考矢量作为拔模方向，此时将分析所选面的拔模角度数值。

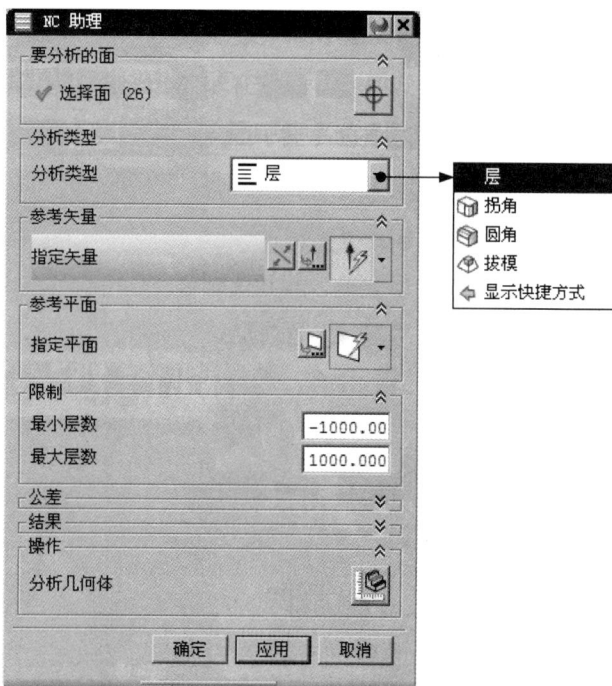

图 19.1.1　"NC 助理" 对话框

- 参考矢量 区域：用于定义一个矢量方向，在分析层参数时，其用于确定测量距离的方向；在分析圆角参数时，其用于确定测量圆角的轴线方向；在分析拔模参数时，其用于确定拔模方向。

- 参考平面 区域：用于定义一个平面基准，在分析层参数时，其用于确定测量距离的 0 值（基准零点）；在分析拐角参数时，其用于确定测量拐角的测量平面。

- 限制 区域：用于确定各个测量类型的最大和最小范围值。

- 公差 区域：用于确定测量结果的公差数值。

- 结果 区域：用于设置对测量结果的处理。

- ☑ 退出时保存面颜色 复选框：用于确定是否将测量结果的面颜色进行保存。选中该复选框后，单击 确定 按钮，模型中将保留测量结果的颜色，以方便用户进行识别。

Step 3　定义层分析参数。在 "NC 助理" 对话框 分析类型 下拉列表中选择 层 选项，单击 参考平面 区域的 指定平面 按钮，然后选取图 19.1.2 所示的模型顶面，采用默认的距离值为 0。

Step **4** 　在"NC 助理"对话框中单击"分析几何体"按钮![icon]，此时模型上以不同颜色显示与参考平面平行的区域，如图 19.1.3 所示。

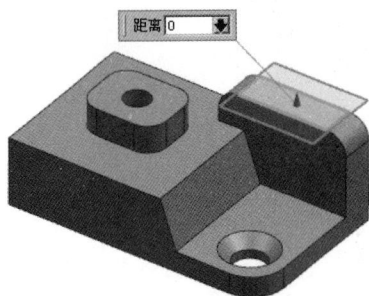

<table>
<tr><td>图 19.1.2 　定义参考平面</td><td>图 19.1.3 　分析结果（一）</td></tr>
</table>

Step **5** 　在"NC 助理"对话框中单击"信息"按钮![icon]，系统弹出图 19.1.4 所示的"信息"窗口（一），从中可以了解各个不同颜色所对应的深度数值，例如深蓝色表示在参考平面下方 60mm 的位置。

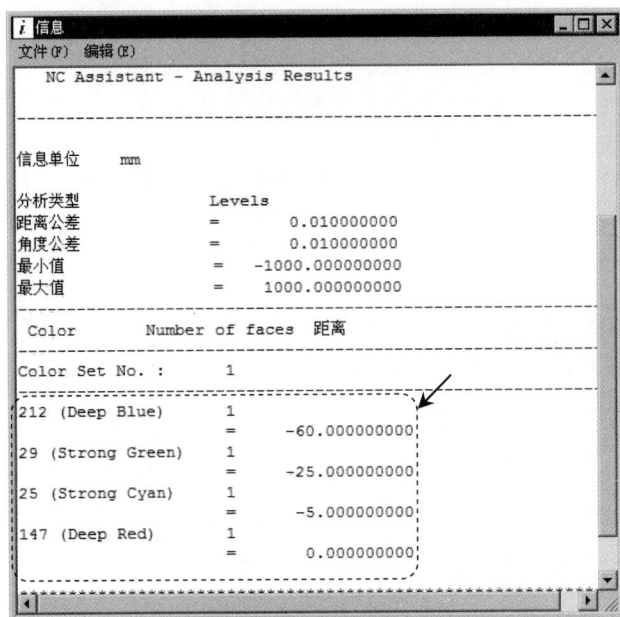

图 19.1.4 　"信息"窗口（一）

Step **6** 　分析拐角参数。在"NC 助理"对话框 分析类型 下拉列表中选择 ![icon] 拐角 选项，单击"分析几何体"按钮![icon]，此时模型上以不同颜色显示拐角区域，如图 19.1.5 所示。

Step **7** 　在"NC 助理"对话框中单击"信息"按钮![icon]，系统弹出图 19.1.6 所示的"信息"窗口（二），从中可以了解各个不同颜色所对应的数值，例如深蓝色表示拐角半径为 25mm，深红色表示拐角半径为 12.5mm。

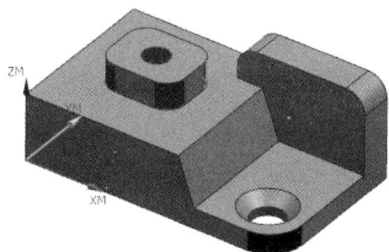

图 19.1.5　分析结果（二）　　　　　　　图 19.1.6　"信息"窗口（二）

Step 8　分析圆角参数。在"NC 助理"对话框**分析类型**下拉列表中选择 🔲 **圆角** 选项，单击
　　　　"分析几何体"按钮 🖾，此时模型上以不同颜色显示圆角区域，如图 19.1.7 所示。

Step 9　在"NC 助理"对话框中单击"信息"按钮 **i**，系统弹出图 19.1.8 所示的"信息"
　　　　窗口（三），从中可以了解深蓝色对应的圆角半径为 15mm。

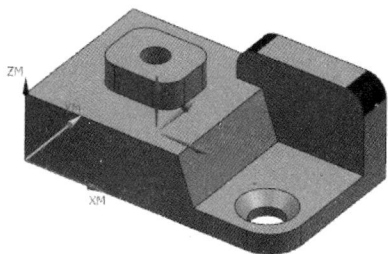

图 19.1.7　分析结果（三）　　　　　　　图 19.1.8　"信息"窗口（三）

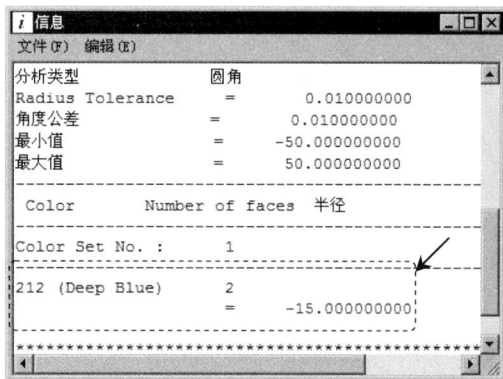

Step 10　分析拔模参数。在"NC 助理"对话框**分析类型**下拉列表中选择 ⚫ **拔模** 选项，采用
　　　　系统默认的拔模方向矢量，单击"分析几何体"按钮 🖾，此时模型上以不同颜色
　　　　显示拔模区域，如图 19.1.9 所示。

Step 11　在"NC 助理"对话框中单击"信息"按钮 **i**，系统弹出图 19.1.10 所示的"信
　　　　息"窗口（四），从中可以了解深蓝色对应的拔模角度为 45°。

Step 12　在"NC 助理"对话框中单击 **确定** 按钮，关闭对话框。

19 Chapter

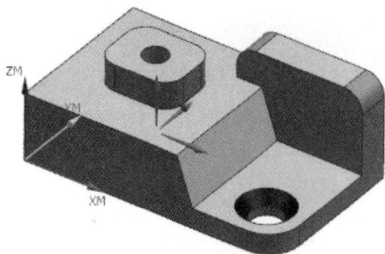

图 19.1.9　分析结果（四）

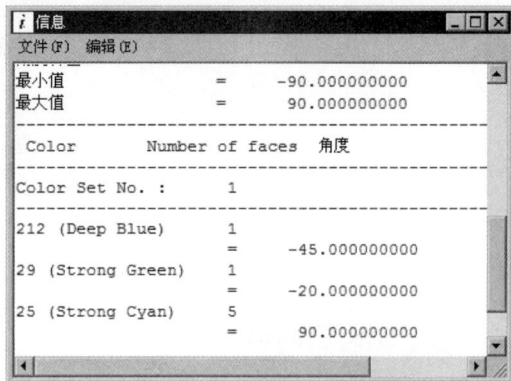

图 19.1.10　"信息"窗口（四）

19.2　刀轨平行生成

在编制加工程序时，有时经常需要调整各种刀路参数，有时一些复杂的刀路轨迹生成的速度会比较慢，UG NX 提供了刀轨平行生成的功能来处理这一问题。通过使用该命令，用户可以让计算机在后台去计算所需要的一个或若干个刀路轨迹，同时用户在前台继续进行其他的操作，这样可以充分地发挥当前计算机中多核处理器的处理优势，即便是过去的配置较低的单核处理器计算机，也可以避免等待系统长时间计算复杂刀轨。需要注意的是选择了"平行生成"命令后，该部件文件不能被关闭，否则平行生成将被终止，此时用户可以继续操作该部件，也可以操作其他部件文件。

下面以模型 parallel_generate.prt 为例，来继续说明刀轨平行生成的一般操作步骤。

Step 1 打开文件 D:\ug85nc\work\ch19\ch19.02\parallel_generate.prt，系统进入加工环境。

Step 2 将工序导航器切换到程序顺序视图，双击 FIXED_CONTOUR 节点，系统弹出"固定轮廓铣"对话框。

Step 3 调整步距参数。在"固定轮廓铣"对话框中，单击 驱动方法 区域的 按钮，系统弹出"边界驱动方法"对话框，在此对话框中设置图 19.2.1 所示的参数。完成后单击 确定 按钮，系统返回到"固定轮廓铣"对话框。

Step 4 在"固定轮廓铣"对话框中单击 确定 按钮，此时工序导航器显示如图 19.2.2 所示，说明刚刚修改的工序需要重新生成。

Step 5 在工序导航器中双击 CONTOUR_AREA 节点，系统弹出"轮廓区域"对话框。

Step 6 调整步距参数。在"轮廓区域"对话框中，单击 驱动方法 区域的 按钮，系统弹出"区域铣削驱动方法"对话框，在此对话框中设置图 19.2.3 所示的参数。完成后单击 确定 按钮，系统返回到"轮廓区域"对话框。

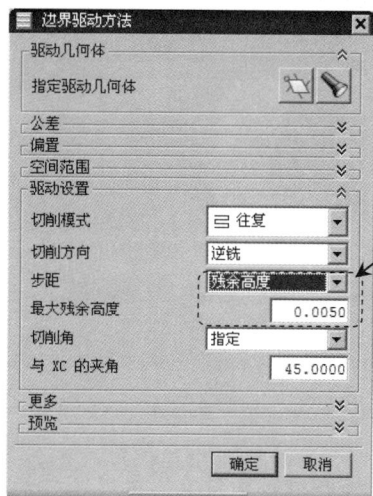

图 19.2.1   "边界驱动方法"对话框

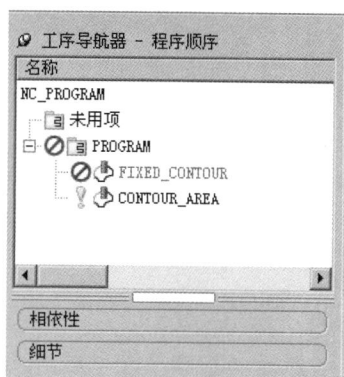

图 19.2.2   工序导航器(一)

Step 7   在"轮廓区域"对话框中单击 [确定] 按钮,此时工序导航器显示如图 19.2.4 所示,说明刚刚修改的工序需要重新生成。

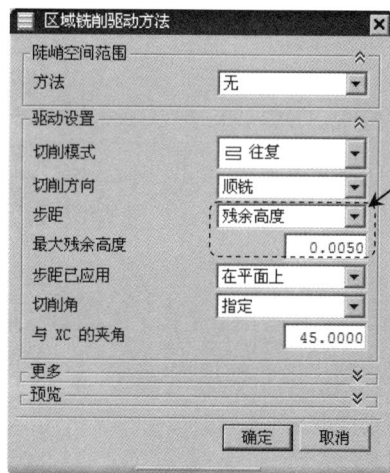

图 19.2.3   "区域铣削驱动方法"对话框

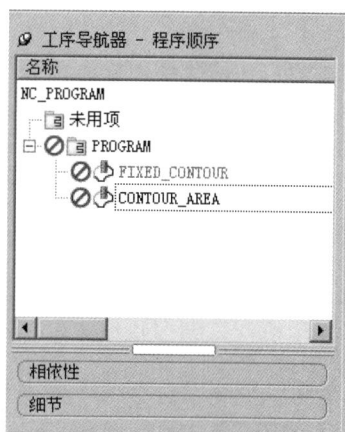

图 19.2.4   工序导航器(二)

Step 8   在工序导航器中右击 ⊘📄 **PROGRAM** 节点,在系统弹出的快捷菜单中选择 📠 **平行生成** 命令(也可在"操作"工具栏中单击 📠 按钮),此时工序导航器显示如图 19.2.5 所示,系统开始在后台重新计算刀路轨迹。

Step 9   用户可继续进行其他操作,稍等片刻后,系统完成刀路轨迹计算,此时工序导航器显示如图 19.2.6 所示。

说明:

● 选择"平行生成"命令后,工序节点的状态将显示为挂起 🕐 或平行生成 ⌛,系统后台计算完成后,节点状态将更改为重新后处理 💡。

19
Chapter

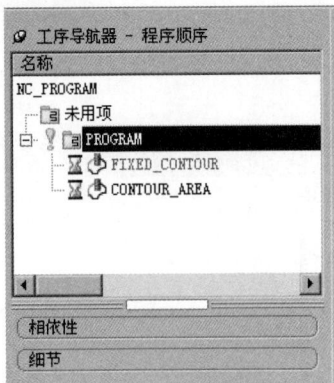

图 19.2.5　工序导航器（三）　　　　　　图 19.2.6　工序导航器（四）

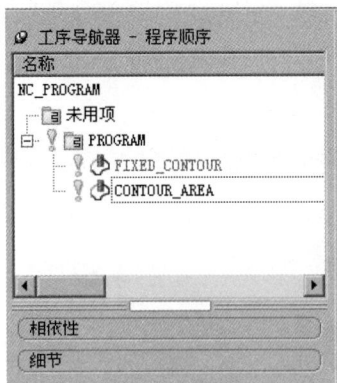

- 对于工序顺序有先后要求的工序节点，应同时对其进行平行生成或者逐一按其先后顺序进行平行生成。
- 对于工序顺序没有先后要求的，可以同时对其进行平行生成，计算结果不受影响。

19.3　刀轨过切检查

在编制加工程序后，应及时对刀轨的正确性进行检查，UG NX 提供了比较方便的命令，除去常见的 3D 动态和 2D 动态等确认刀轨的检查命令外，用户也可以使用"过切检查"命令，选择一个或若干个刀路轨迹来检查是否存在过切或碰撞情况，这样可以避免切换操作多个不同的刀轨。在进行过切检查时，系统将以选定的颜色来显示过切，如果用户选择了"暂停"选项，系统将停止在过切检测处，显示对话框以指示范围，关闭对话框后，系统将继续检查直到刀轨结束，最后会显示信息窗口，列出所有的检测结果。下面以模型 gouge_check.prt 为例，来继续说明进行过切检查的一般操作步骤。

Step 1　打开文件 D:\ug85nc\work\ch19\ch19.03\gouge_check.prt，系统进入加工环境。

Step 2　将工序导航器切换到程序顺序视图，右击 ZLEVEL_PROFILE_COPY 节点，在系统弹出的快捷菜单中选择 刀轨 ▶ ➡ 过切检查... 命令，系统弹出图 19.3.1 所示的"过切和碰撞检查"对话框。

Step 3　在"过切和碰撞检查"对话框中选中 ☑ 第一次过切或碰撞时暂停 复选框，取消选中 ☐ 达到限制时停止 复选框，单击 确定 按钮，系统弹出图 19.3.2 所示的"过切检查"对话框。

图 19.3.1 所示的"过切和碰撞检查"对话框中部分选项的说明如下：

- ☑ 检查刀具和夹持器 复选框：用来确定是否进行刀具夹持器的碰撞检查。选择该复选框后，将进行刀具夹持器的碰撞检查，注意此时需要设置必要的夹持器参数，否则不能得到正确的结果。

- ☐ **第一次过切或碰撞时暂停** 复选框：选中该复选框，系统在检查到第一次过切或碰撞后将停止继续检测。

- ☑ **达到限制时停止** 复选框：选中该复选框，在其下出现的 **最大限制数** 文本框中输入一个数值，当系统检查到的过切或碰撞次数达到该数值后，将停止继续检查。

- **最大限制数** 文本框：用于确定停止检查时允许过切或碰撞的最大数值。

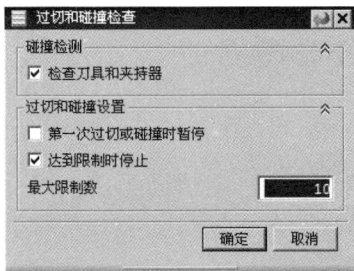

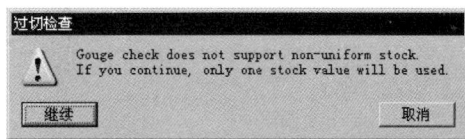

图 19.3.1　"过切和碰撞检查"对话框　　　　图 19.3.2　"过切检查"对话框

说明：在过切检查时，如果系统检查到不一致的余量、不一致的部件偏置、部件偏置值大于刀具半径或刀具不是铣刀或钻刀的情况，将会弹出相应的对话框让用户进行确认，此时可单击 **继续** 按钮继续检查。图 19.3.2 所示的内容即为检测到不一致的余量设置。

Step 4　在"过切检查"对话框中单击 **继续** 按钮，此时系统弹出图 19.3.3 所示的"过切警告"对话框，同时图形区中将以指定的过切颜色显示过切的刀路轨迹（图 19.3.4 所示）。

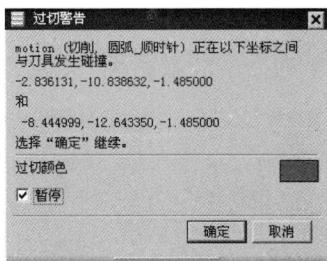

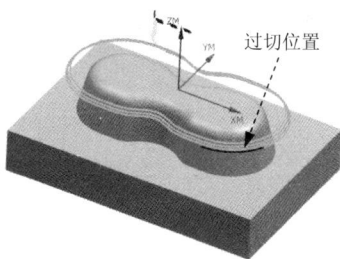

图 19.3.3　"过切警告"对话框　　　　图 19.3.4　显示过切刀路（一）

Step 5　在"过切警告"对话框中取消选中 ☑ **暂停** 复选框，单击 **确定** 按钮，系统将不再逐一显示每一处过切，并在图形区显示图 19.3.5 所示的所有过切位置，同时系统弹出图 19.3.6 所示的信息窗口，其中列出了检查过切的结果。

Step 6　关闭信息窗口，在工序导航器中右击 PROGRAM_1 节点，在系统弹出的快捷菜单中选择 **刀轨** ▶ ➡ **列出过切...** 命令，系统弹出图 19.3.7 所示"信息"窗口，详细显示每一处过切的运动类型和坐标数值。

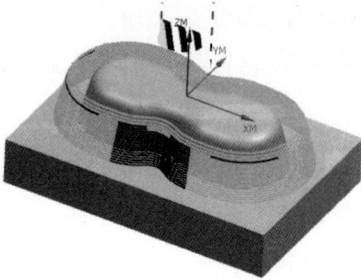

图 19.3.5 显示过切刀路（二）

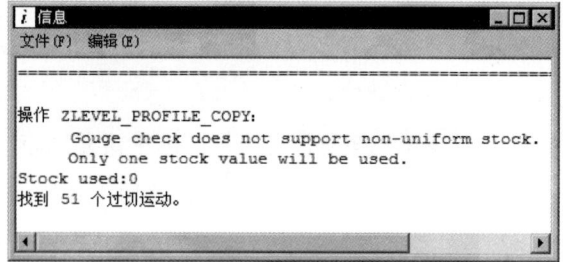

图 19.3.6 过切检查结果信息

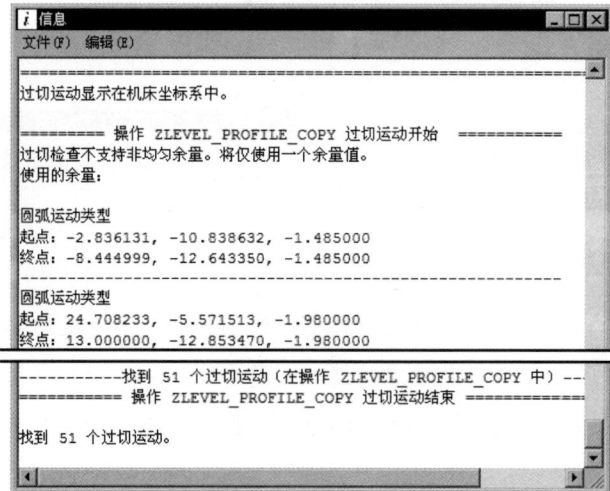

图 19.3.7 列出过切信息

说明：过切和碰撞检查的结果依赖于工序中所设置的安全距离、内外公差、部件偏置或部件余量的具体数值，要消除过切的刀路轨迹，需要仔细调整该工序的各个加工参数，本例中的过切仅为演示该命令的用法，正常计算刀路轨迹时的过切较少出现。

19.4 报告最短刀具

在加工深腔部件或者考虑刀具刚度因素时，通常会选择尽可能短的刀具，在 UG NX 中用户可以使用"报告最短刀具"命令，从而计算出不发生碰撞时该工序所能使用的刀具的最小长度数值。在计算最短刀具长度时，系统会综合部件几何体、毛坯几何体和检查几何体的具体参数来进行计算，但需要用户给刀具设定一个刀柄或者夹持器，否则，将不能进行计算。需要注意的是这里确定的刀具最小长度是一个近似的建议数值，如果用户设定的刀具过短而发生碰撞，则必须编辑刀具长度或者更换为更长的刀具。下面以模型 shortest_tool.prt 为例，来说明使用"报告最短刀具"命令的一般操作步骤。

Step 1 打开文件 D:\ug85nc\work\ch19\ch19.04\shortest_tool.prt，系统进入加工环境。

Step 2 将工序导航器切换到程序顺序视图，右击![]PLUNGE_MILLING 节点，在系统弹出的快捷菜单中选择 刀轨 ▶ ➡ ![]报告最短刀具 命令，系统弹出图 19.4.1 所示的 "报告最短刀具错误" 对话框，单击 确定 按钮。

说明：必须设定刀柄或夹持器参数才能计算最短刀具长度，否则将出现此报警窗口。

图 19.4.1 "报告最短刀具错误" 对话框

Step 3 将工序导航器切换到机床视图，双击 ![]D10 节点，系统弹出"铣刀-5 参数"对话框，单击 刀柄 选项卡，勾选 ☑定义刀柄 复选框，此时对话框显示如图 19.4.2 所示，图形区显示刀柄的预览效果，如图 19.4.3 所示。

Step 4 在"铣刀-5 参数"对话框中采用默认的参数设置，单击 确定 按钮，完成刀柄的定义。

说明：刀柄具体数值应按实际情况输入，此处默认数值仅为示意，如有必要也可设定夹持器参数，具体操作参照其他章节的介绍。

Step 5 在工序导航器中右击 ⊘![]PLUNGE_MILLING 节点，在系统弹出的快捷菜单中选择 ![]生成 命令，系统开始重新计算刀路轨迹，计算完成后节点显示为 ![]PLUNGE_MILLING。

Step 6 在工序导航器中右击 ![]PLUNGE_MILLING 节点，在系统弹出的快捷菜单中选择 刀轨 ▶ ➡ ![]报告最短刀具 命令，系统弹出图 19.4.4 所示的 PLUNGE_MILLING 对话框，显示最短刀具的长度数值为 43.942mm，单击 确定(0) 按钮，完成最短刀具计算。

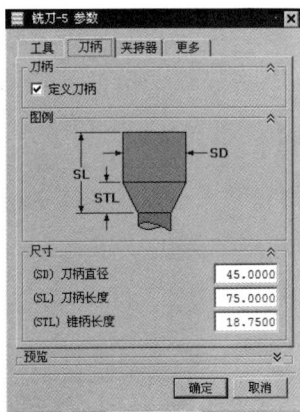

图 19.4.2 "铣刀-5 参数"对话框

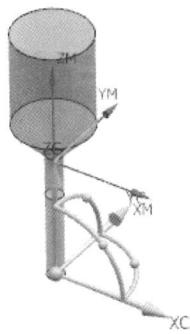

图 19.4.3 预览刀柄

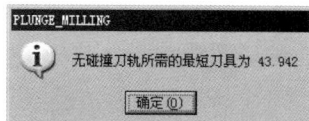

图 19.4.4 报告最短刀具结果

19
Chapter

19.5　刀轨批量处理

刀轨批量处理是指对一个或多个加工工序节点同时进行生成刀轨、后处理、生成车间文档的操作，用户可以选择在前台或后台进行处理，在处理完成后系统会自动保存部件文件。如果在处理未完成时退出 UG NX，系统将终止批处理。批处理时，系统会自动产生一个日志文件，记录工序信息、开始时间、结束时间，以及处理是否成功，用户可以查看该 log 文件，以了解批处理的状态。下面来介绍进行刀轨批量处理的一般操作步骤。

Step 1　打开文件 D:\ug85nc\work\ch19\ch19.05\ batch.prt，系统进入加工环境。

Step 2　将工序导航器切换到程序顺序视图，选中 ✔ PROGRAM 节点，在"操作"工具条中选择"批处理"命令，系统弹出图 19.5.1 所示的"批处理器"对话框。

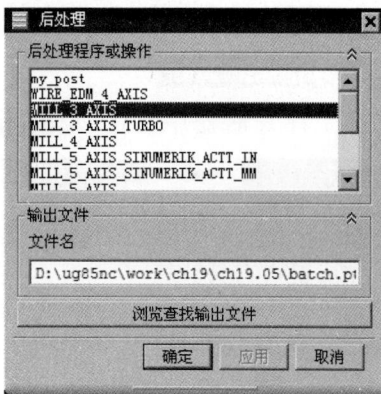

Step 3　在"批处理器"对话框中取消选中 □ 生成刀轨 复选框，选中 ☑ 后处理程序或操作 复选框，单击 选择后处理器 按钮，系统弹出图 19.5.2 所示的"后处理"对话框。

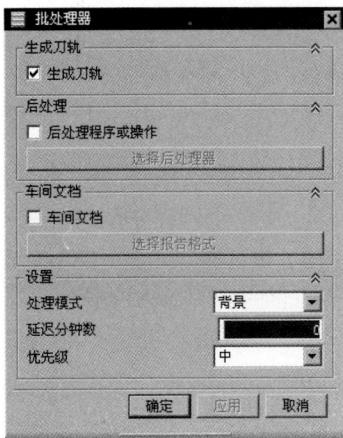

图 19.5.1　"批处理器"对话框　　　图 19.5.2　"铣刀-5 参数"对话框

图 19.5.1 所示的"批处理器"对话框中部分选项的说明如下：

● 生成刀轨 区域：用于定义是否对所选工序节点或组重新计算并生成刀路轨迹。
● 后处理 区域：用于定义是否对所选工序节点或组进行后处理操作。
● 车间文档 区域：用于定义是否对所选工序节点或组生成车间文档。
● 设置 区域：用于设置批处理的相关参数。
　☑ 处理模式 下拉列表：用于定义批处理的模式。选择 背景 选项后，系统将在后台进行批处理，此时可进行其他操作；选择 前景 选项后，系统将以交互方式进行后处理，此时不能进行其他操作。

☑ 延迟分钟数 文本框: 用于指定希望延迟处理的分钟数, 系统将在指定的分钟数
后才开始批处理作业。

☑ 优先级 下拉列表: 用于设定批处理作业的优先级别。当 NX 系统中同时存在
多个批处理任务时, 会优先处理级别高的任务。

Step 4 在"后处理"对话框中采用图中所示的参数设置, 单击 确定 按钮, 系统返回到
"批处理器"对话框。

说明: 如果想使用用户自定义的后处理器, 需要提前进行后处理的安装操作, 具体操
作参照其他章节的介绍。

Step 5 在"批处理器"对话框中选中☑ 车间文档复选框, 然后单击 选择报告格式
按钮, 系统弹出图 19.5.3 所示的"车间文档"对话框, 采用图中所示的参数设置,
单击 确定 按钮, 系统返回到"批处理器"对话框。

Step 6 在"批处理器"对话框的 设置 区域采用默认的参数设置, 单击 确定 按钮, 系
统弹出图 19.5.4 所示的"消息"对话框, 单击 确定(O) 按钮, 完成批处理的提交
工作。

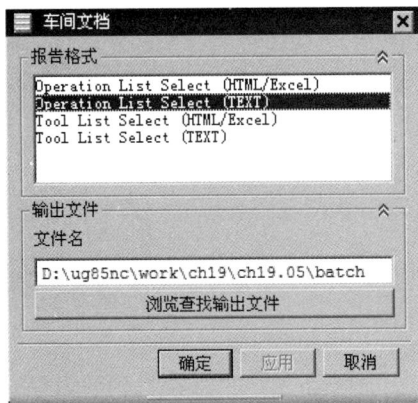

图 19.5.3　"车间文档"对话框　　　　图 19.5.4　"消息"对话框

Step 7 关闭当前打开的部件文件, 注意不要进行保存, 等待系统批处理完成后, 将在指
定目录下生成所需要的批处理结果。

注意: 如果继续对已提交后台批量处理作业的部件文件进行操作, 可能得不到正确的
结果, 因此正确操作是提交批处理作业后, 关闭部件文件但不要保存。

19.6　刀轨变换

刀轨变换类似于建模中的特征变换功能, 通常用于将刀轨复制到部件的其他区域, 从

而快速产生一个或者一组新的工序，或者用于调整原先生成的刀轨，以便取得更好的加工
效果。UG NX 提供了多种变换参数的设置方式，可以非常方便地按照线性或角度的重定
位方式得到所需要的刀轨。下面分别举例说明刀轨变换中各个变换类型的一般操作步骤。

19.6.1　平移

平移类型用于将选定的刀轨从参考点移动到目标点，或者沿工作坐标系的方位进行增
量移动，下面介绍刀轨平移的一般操作步骤。

Step 1　打开文件 D:\ug85nc\work\ch19\ch19.06\01\01-translate.prt，系统进入加工环境。

Step 2　将工序导航器切换到程序顺序视图，右击 FACE_MILLING 节点，在系统弹出的快
捷菜单中选择 对象 ➡ 变换... 命令，系统弹出图 19.6.1 所示的"变换"
对话框。

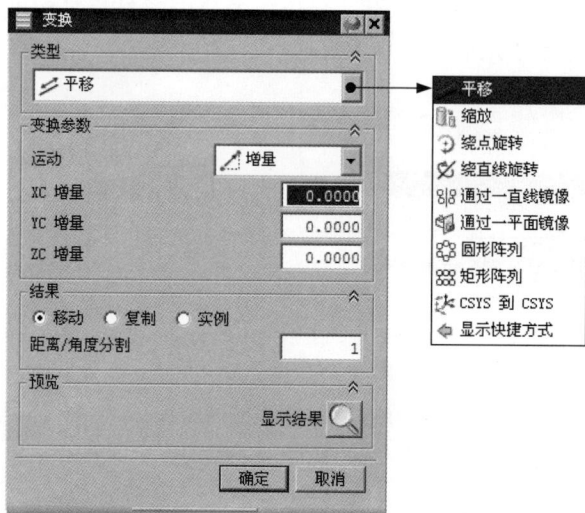

图 19.6.1　"变换"对话框

图 19.6.1 所示的"变换"对话框中部分选项的说明如下：

结果 区域：用于对变换结果进行定义。

- 移动：用于将选定的刀轨移动到新的位置，工序名称保持不变。

- 复制：用于根据工序的参数来创建一个或若干个新的刀轨，原始刀轨仍保留在
原来的位置上，新的刀轨被重新命名并附上_copy 的后缀，此时新刀轨不与原刀
轨有关联，同时会激活 非关联副本数 文本框。

- 实例：用于根据工序的参数创建一个或若干个新的相关联的刀轨，原始刀轨仍
保留在原来的位置上，此时新的刀轨被重新命名并附上_instance 的后缀，同时会
激活 实例数 文本框。

- 距离/角度分割 文本框: 用于设定在指定的距离或角度内分割成几个相等的份数, 当选择移动类型时, 结果将出现在第一份的位置上。
- 非关联副本数 文本框: 用于设定非关联的刀轨副本数量。
- 实例数 文本框: 用于设定有关联的刀轨实例的数量。

Step 3　设置变换参数。

(1) 在"变换"对话框的 类型 下拉列表中选择 平移 选项, 在 运动 下拉列表中选择 至一点 选项, 然后选择图 19.6.2 所示的点 1 作为参考点, 选择图 19.6.2 所示的点 2 作为终止点。

说明: 如果选择"增量"方式进行平移, 需要按照工作坐标系 WCS 的方位来输入合适的增量数值。

(2) 在 结果 区域中选中 实例 单选按钮, 在 实例数 文本框中输入值 2, 其余参数采用默认设置, 单击 确定 按钮, 完成刀轨变换操作, 结果如图 19.6.3 所示。

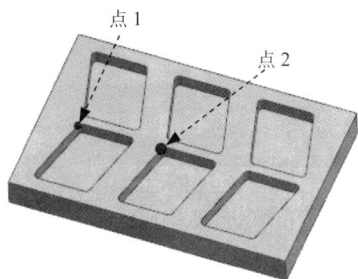

图 19.6.2　选择参考点和终止点　　　图 19.6.3　刀轨变换结果(一)

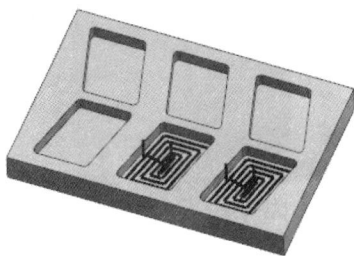

19.6.2　缩放

缩放类型用于将选定的刀轨从参考点以指定的比例因子进行缩放, 注意缩放后新刀轨的坐标值将统一乘以比例因子。下面介绍刀轨缩放的一般操作步骤。

Step 1　打开文件 D:\ug85nc\work\ch19\ch19.06\02\02-scale.prt, 系统进入加工环境。

Step 2　将工序导航器切换到程序顺序视图, 右击 FACE_MILLING_AREA 节点, 在系统弹出的快捷菜单中选择 对象 ▶ → 变换... 命令, 系统弹出"变换"对话框。

Step 3　设置变换参数。

(1) 在"变换"对话框的 类型 下拉列表中选择 缩放 选项, 此时对话框显示如图 19.6.4 所示。

(2) 单击 指定参考点 右侧的"点对话框"按钮, 系统弹出"点"对话框, 设置图 19.6.5 所示的参数, 单击 确定 按钮, 系统返回到"变换"对话框。

说明: 这里选择 Z 坐标值为 40, 保持与原刀轨的 Z 值一致。

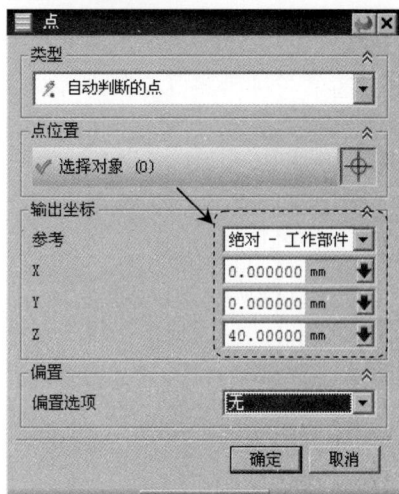

图 19.6.4 "变换"对话框   图 19.6.5 "点"对话框

（3）在图 19.6.4 所示对话框的 比例因子 文本框中输入值 2，选中 ⊙ 复制 单选按钮，在 距离/角度分割 和 非关联副本数 文本框中均输入值 1，单击 确定 按钮，完成刀轨缩放操作，结果如图 19.6.6 所示。

a）缩放前   b）缩放后

图 19.6.6 刀轨变换结果（二）

19.6.3 绕点旋转

绕点旋转类型用于将选定的刀轨绕参考点以指定的角度进行旋转，系统默认的参考轴线与 ZC 轴平行且通过指定的参考点。下面介绍刀轨绕点旋转的一般操作步骤。

Step 1 打开文件 D:\ug85nc\work\ch19\ch19.06\03\03-rotate_point.prt，系统进入加工环境。

Step 2 将工序导航器切换到程序顺序视图，右击 ⚠ FACE_MILLING 节点，在系统弹出的快捷菜单中选择 对象 ▶ ➡ 变换... 命令，系统弹出"变换"对话框。

Step 3 设置变换参数。

（1）在"变换"对话框的 类型 下拉列表中选择 绕点旋转 选项，此时对话框显示如图 19.6.7 所示。

（2）激活 **指定枢轴点 区域，选取图 19.6.8 所示的圆心点，在 角方法 下拉列表中选择
指定 选项，在 角度 文本框中输入值 90，选中 实例 单选按钮，在 实例数 文本框中输入
值 3，单击 确定 按钮，完成刀轨绕点旋转操作，结果如图 19.6.9 所示。

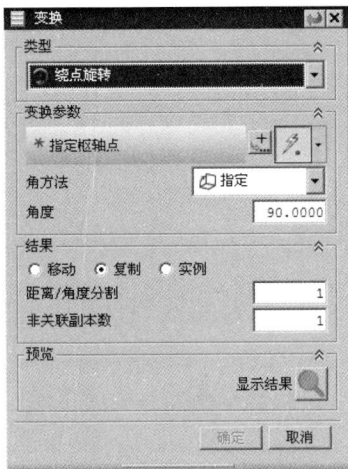

图 19.6.7　"变换"对话框

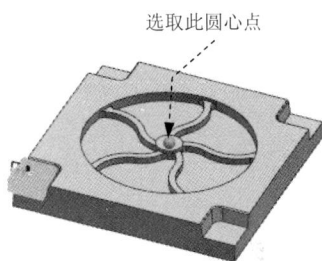

选取此圆心点

图 19.6.8　选择枢轴点

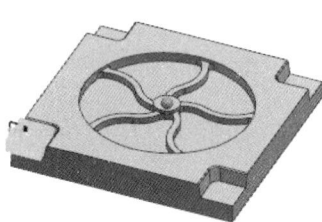

a）绕点旋转前

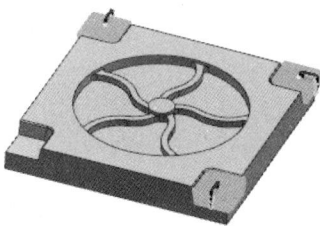

b）绕点旋转后

图 19.6.9　刀轨变换结果（三）

　　说明：系统默认的参考线总是平行于 ZC 轴且通过所选择的枢轴点，如有必要，用户
需要提前调整 WCS 的方位，也可使用绕直线旋转来得到正确位置的新刀轨。

19.6.4　绕直线旋转

　　绕直线旋转类型用于将选定的刀轨绕任意参考线以指定的角度进行旋转，从而得到新
位置的刀轨。下面介绍刀轨绕直线旋转的一般操作步骤。

Step 1　打开文件 D:\ug85nc\work\ch19\ch19.06\04\04-rotate_line.prt，系统进入加工环境。

Step 2　将工序导航器切换到程序顺序视图，右击 FACE_MILLING 节点，在系统弹出的快
捷菜单中选择 对象 ▶ ➡ 变换... 命令，系统弹出"变换"对话框。

Step 3　设置变换参数。

　　（1）在"变换"对话框的 类型 下拉列表中选择 绕直线旋转 选项，在 直线方法 下拉列表

中选择 点和矢量 选项，此时对话框显示如图 19.6.10 所示。

（2）单击 ＊指定点 右侧的"点对话框"按钮，系统弹出"点"对话框，设置图 19.6.11 所示的参数，选取图 19.6.12 所示的模型斜面，单击 确定 按钮，系统返回到"变换"对话框。

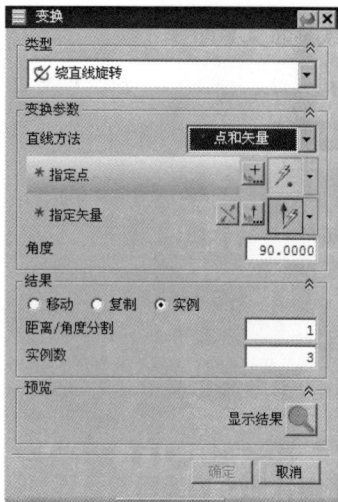

图 19.6.10　"变换"对话框

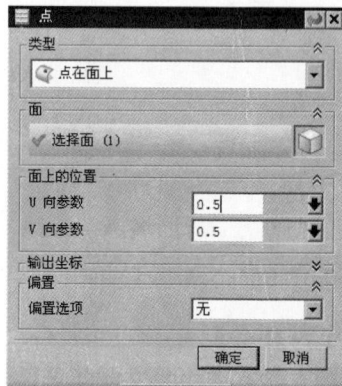

图 19.6.11　定义点参数

（3）激活 ＊指定矢量 区域，确认其后的下拉列表中为 选项，选取图 19.6.12 所示的面来定义矢量方向，此时图形区显示如图 19.6.13 所示。

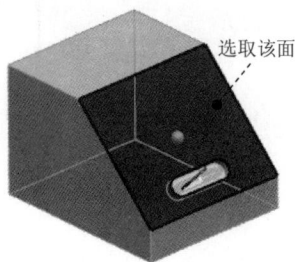

图 19.6.12　选择参考面

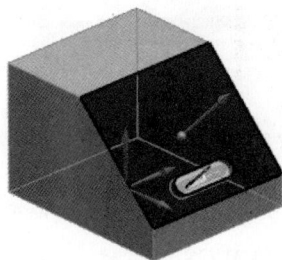

图 19.6.13　定义矢量方向

（4）在 角度 文本框中输入值 120，选中 实例 单选按钮，在 实例数 文本框中输入值 2，单击 确定 按钮，完成刀轨绕直线旋转操作，结果如图 19.6.14b 所示。

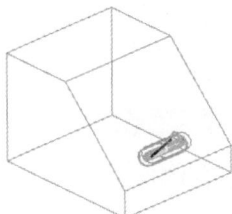

a）绕直线旋转前

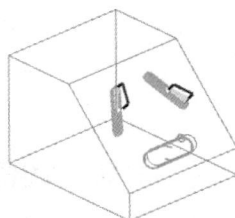

b）绕直线旋转后

图 19.6.14　刀轨变换结果（四）

说明：确定直线的方法有 3 种，一是提前创建直线，然后直接选择；二是指定起点和终点来确定直线；三是选择一个点和一个矢量方向来确定。

19.6.5　通过一直线镜像

通过一直线镜像类型用于将选定的刀轨在选定的参考线的另一侧产生镜像刀轨，此时刀轨中对应点到参考直线的距离是相等的，需要注意的是，镜像后的刀轨将由顺铣切换为逆铣，同时镜像是在 WCS 的 XC-YC 平面内完成的，因此有时有必要调整 WCS 的方位，或者选择通过一平面镜像来得到所需要的镜像刀轨。下面介绍刀轨通过一直线镜像的一般操作步骤。

Step 1　打开文件 D:\ug85nc\work\ch19\ch19.06\05\05-mirror_line.prt，系统进入加工环境。

Step 2　将工序导航器切换到程序顺序视图，右击 FACE_MILLING 节点，在系统弹出的快捷菜单中选择 对象 ▶ ➡ 变换... 命令，系统弹出"变换"对话框。

Step 3　设置变换参数。

（1）在"变换"对话框的 类型 下拉列表中选择 通过一直线镜像 选项，在 直线方法 下拉列表中选择 两点 选项，此时对话框显示如图 19.6.15 所示。

（2）激活 指定起点 区域，在图形区捕捉图 19.6.16 所示的边线 1 的中点，系统自动激活了 指定终点 区域，然后在图形区捕捉图 19.6.16 所示的边线 2 的中点。

图 19.6.15　"变换"对话框

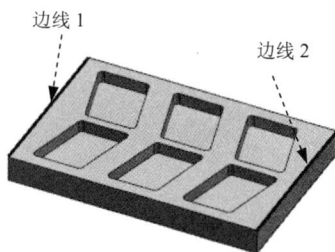

图 19.6.16　定义两点

（3）在"变换"对话框中选中 实例 单选按钮，在 距离/角度分割 文本框中输入值 1，单击 确定 按钮，完成刀轨通过一直线镜像操作，结果如图 19.6.17b 所示。

a）通过一直线镜像前　　　　　　　　　　　b）通过一直线镜像后

图 19.6.17　刀轨变换结果（五）

19.6.6　通过一平面镜像

通过一平面镜像类型用于将选定的刀轨在选定的参考平面的另一侧产生镜像刀轨，此时刀轨中对应点到参考平面的距离是相等的，需要注意的是，镜像后的刀轨将由顺铣切换为逆铣。下面介绍刀轨通过一平面镜像的一般操作步骤。

Step 1 打开文件 D:\ug85nc\work\ch19\ch19.06\06\06-mirror_plane.prt，系统进入加工环境。

Step 2 将工序导航器切换到程序顺序视图，右击 ⚠️🔧 **FACE_MILLING** 节点，在系统弹出的快捷菜单中选择 **对象** ▶ ➡ 🔩 **变换...** 命令，系统弹出"变换"对话框。

Step 3 设置变换参数。

（1）在"变换"对话框的 **类型** 下拉列表中选择 🔩 **通过一平面镜像** 选项，此时对话框显示如图 19.6.18 所示。

（2）激活 ＊ **指定平面** 区域，确认其后方下拉列表中为"自动判断"类型 🗔，在图形区依次选取图 19.6.19 所示的两个模型侧面，此时出现图 19.6.19 所示的平分平面。

图 19.6.18　"变换"对话框

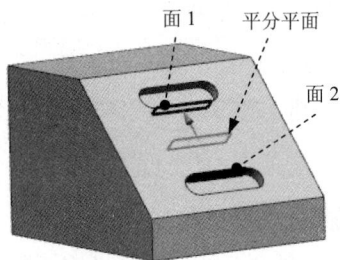

图 19.6.19　定义平面

（3）在"变换"对话框中选中 ⦿ **实例** 单选按钮，在 **距离/角度分割** 文本框中输入值 1，单击 **确定** 按钮，完成刀轨通过一平面镜像操作，结果如图 19.6.20b 所示。

a）通过一平面镜像前   b）通过一平面镜像后

图 19.6.20   刀轨变换结果（六）

19.6.7 圆形阵列

圆形阵列类型用于复制选定的刀轨并在新的指定位置上创建一个圆形图样的刀轨组。在阵列时，用户需要指定参考点、阵列原点、阵列半径等参数。需要注意的是，阵列后的刀轨将保持原始方位不变。下面介绍刀轨圆形阵列的一般操作步骤。

Step 1 打开文件 D:\ug85nc\work\ch19\ch19.06\07\07-circle.prt，系统进入加工环境。

Step 2 创建辅助草图。选择下拉菜单 插入(S) ➡️ 在任务环境中绘制草图(V)... 命令，系统弹出"创建草图"对话框。采用默认设置，单击 确定 按钮，进入草图环境，绘制图 19.6.21 所示的草图，绘制完成后退出草图环境。

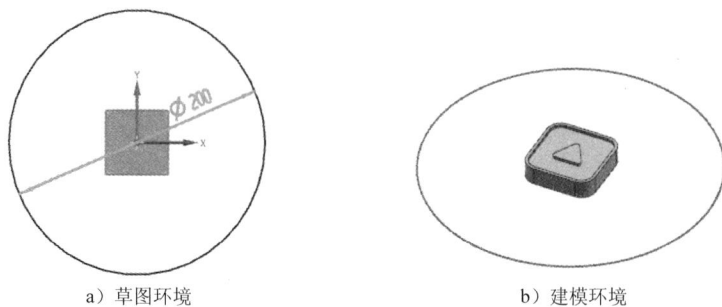

a）草图环境   b）建模环境

图 19.6.21   辅助草图

说明：这里绘制辅助草图是为了便于和后面的阵列参数做对照，以方便读者理解各个参数的含义。

Step 3 将工序导航器切换到程序顺序视图，右击 PLANAR_MILL 节点，在系统弹出的快捷菜单中选择 对象 ▶ ➡️ 变换... 命令，系统弹出"变换"对话框。

Step 4 设置变换参数。

（1）在"变换"对话框的 类型 下拉列表中选择 圆形阵列 选项，此时对话框显示如图 19.6.22 所示。

（2）定义参考点。单击 指定参考点 右侧的"点对话框"按钮 ➕，系统弹出"点"对话框，确认其坐标值为绝对零点，单击 确定 按钮，返回到"变换"对话框。

583

（3）定义阵列原点。单击 ＊ 指定阵列原点 右侧的"点对话框"按钮，系统弹出"点"对话框，确认其坐标值为绝对零点，单击 确定 按钮，返回到"变换"对话框。

（4）输入变换参数。输入图 19.6.23 所示的变换参数。

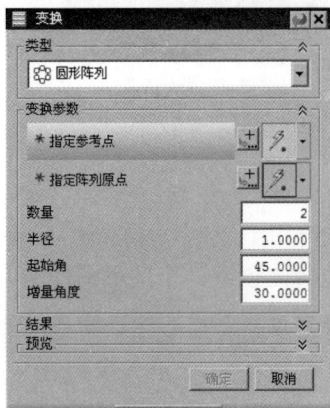

图 19.6.22 "变换"对话框

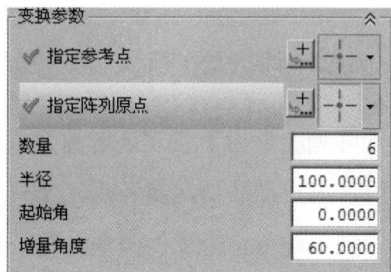

图 19.6.23 定义参数

（5）在"变换"对话框中选中 ⊙ 实例 单选按钮，在 距离/角度分割 文本框中输入值 1，单击 确定 按钮，完成刀轨图形陈列操作，结果如图 19.6.24b 所示。

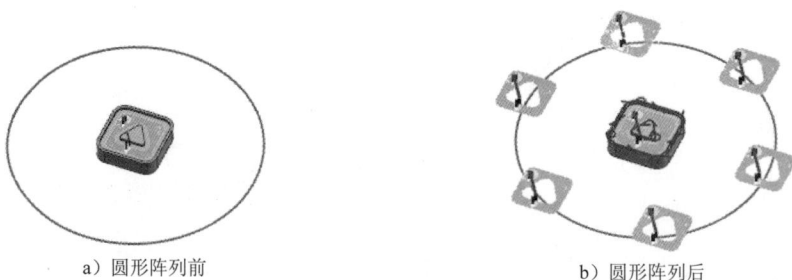

a）圆形阵列前　　　　　　　　　　b）圆形阵列后

图 19.6.24 刀轨变换结果（七）

19.6.8 矩形阵列

矩形阵列类型用于复制选定的刀轨并在新的指定位置上创建一个矩形图样的刀轨组。在阵列时，用户需要指定参考点、阵列原点、阵列角度等参数。需要注意的是，阵列后的刀轨将保持原始方位不变。下面介绍刀轨矩形阵列的一般操作步骤。

Step 1 打开文件 D:\ug85nc\work\ch19\ch19.06\08\08-rectangular.prt，系统进入加工环境。

Step 2 创建辅助草图。选择下拉菜单 插入(S) ➡ 品 在任务环境中绘制草图(V)... 命令，系统弹出"创建草图"对话框。采用默认设置，单击 确定 按钮，进入草图环境，绘制图 19.6.25 所示的草图，绘制完成后退出草图环境。

说明：这里绘制辅助草图是为了便于和后面的阵列参数做对照，以方便读者理解各个参数的含义。

a）草图环境　　　　　　　　　　b）建模环境

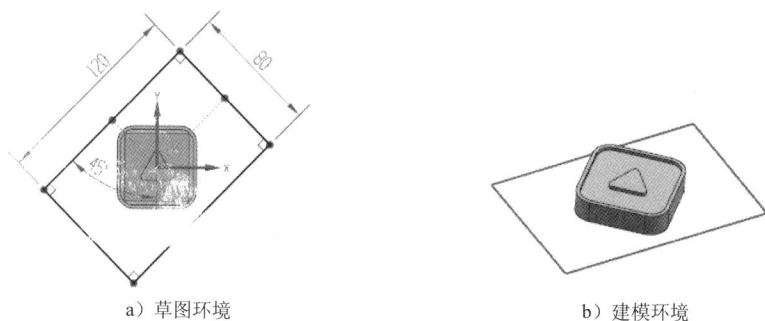

图 19.6.25　辅助草图

Step 3 将工序导航器切换到程序顺序视图，右击 PLANAR_MILL 节点，在系统弹出的快捷菜单中选择 对象 ▶ → 变换... 命令，系统弹出"变换"对话框。

Step 4 设置变换参数。

（1）在"变换"对话框的 类型 下拉列表中选择 矩形阵列 选项，此时对话框显示如图 19.6.26 所示。

（2）定义参考点。单击 * 指定参考点 右侧的"点对话框"按钮 ，系统弹出"点"对话框，确认其坐标值为绝对零点，单击 确定 按钮，返回到"变换"对话框。

（3）定义阵列原点。激活 * 指定阵列原点 区域，在图形区捕捉图 19.6.27 所示的端点。

（4）输入变换参数。输入图 19.6.28 所示的变换参数。

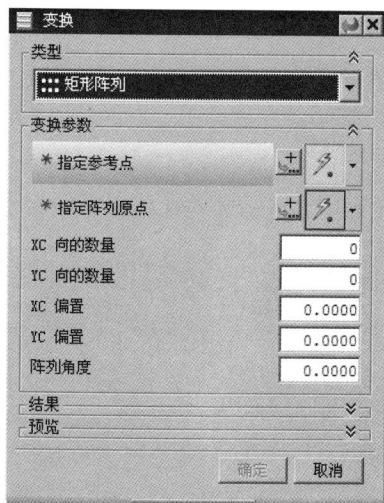

图 19.6.26　"变换"对话框

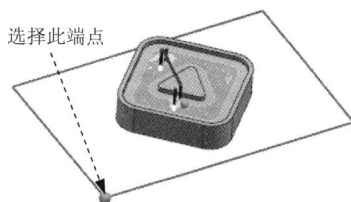

选择此端点

图 19.6.27　定义阵列原点

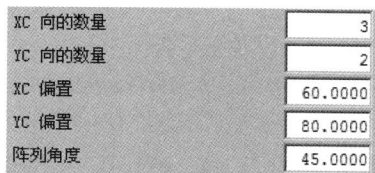

XC 向的数量	3
YC 向的数量	2
XC 偏置	60.0000
YC 偏置	80.0000
阵列角度	45.0000

图 19.6.28　定义参数

（5）在"变换"对话框中选中 ⊙ 移动 单选按钮，在 距离/角度分割 文本框中输入值 1，单击 确定 按钮，完成刀轨矩形阵列操作，结果如图 19.6.29b 所示。

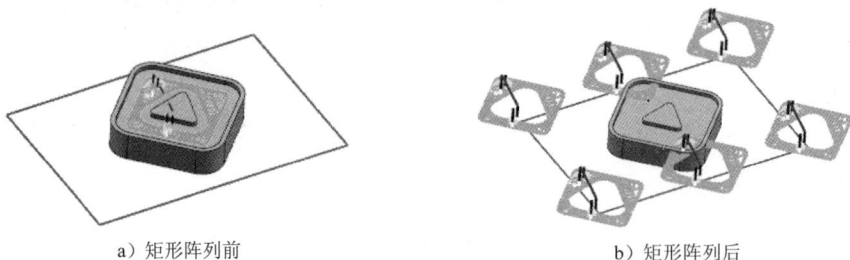

a）矩形阵列前　　　　　　　　　　　b）矩形阵列后

图 19.6.29　刀轨变换结果（八）

19.6.9　CSYS 到 CSYS

　　CSYS 到 CSYS 类型用于复制或移动选定的刀轨从一个 CSYS 到另一个指定的 CSYS 中。在变换后，新的刀轨将保持与原始坐标系中的方位相同。下面介绍刀轨从 CSYS 到 CSYS 的一般操作步骤。

Step 1　打开文件 D:\ug85nc\work\ch19\ch19.06\09\09-csys_2_csys.prt，系统进入加工环境。

Step 2　将工序导航器切换到程序顺序视图，右击 FACE_MILLING_AREA 节点，在系统弹出的快捷菜单中选择 对象 ▶ 变换... 命令，系统弹出"变换"对话框。

Step 3　设置变换参数。

　　（1）在"变换"对话框的 类型 下拉列表中选择 CSYS 到 CSYS 选项，此时对话框显示如图 19.6.30 所示。

　　（2）定义起始坐标系。激活 指定起始 CSYS 区域，在图形区捕捉图 19.6.31 所示的基准坐标系 1。

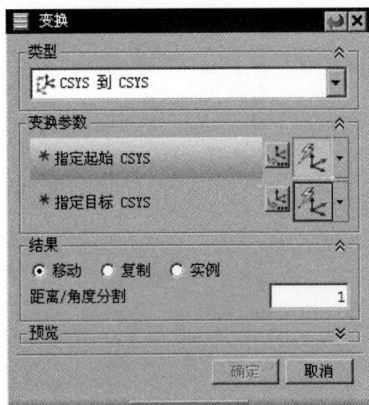

图 19.6.30　"变换"对话框

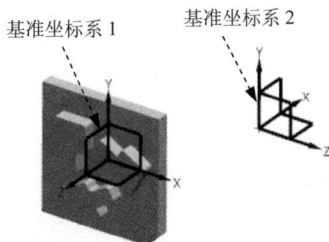

图 19.6.31　定义阵列坐标系

　　（3）定义目标坐标系。激活 指定目标 CSYS 区域，在图形区捕捉图 19.6.31 所示的基准坐标系 2。

（4）在"变换"对话框中选中 ⊙ 复制 单选按钮，在 距离/角度分割 文本框中输入值 1，在 非关联副本数 文本框中输入值 1，单击 确定 按钮，完成刀轨 CSYS 到 CSYS 操作，结果如图 19.6.32b 所示。

a）变换前　　　　　　　　　　　　　　　b）变换后

图 19.6.32　刀轨变换结果（九）

20

UG NX 数控加工与编程实际综合应用

20.1 应用 1——含多孔与凹腔的底板加工与编程

20.1.1 应用概述

在机械零件的加工中，加工工艺的制定是十分重要的，一般先进行粗加工，然后再进行精加工。粗加工时，刀具进给量大，机床主轴的转速较低，力求快速地切除大量的多余材料，提高加工效率。精加工时，刀具的进给量小，主轴的转速较高，以保证达到零件加工精度的要求。在本应用中，将以底板模型的加工为例，介绍在多工序加工中粗、精加工工序的安排及相关加工刀路的编制。在学习本应用时，应注意体会工序的合理安排，同时应该注意设置好每个工序的余量，以免影响零件的精度。

20.1.2 工艺分析及制定

初步分析本应用中要加工的零件，其主要由直壁腔体和直孔组成，上下表面平行，形状方正，毛坯为方形坯料且六面已见光，除厚度上有 5mm 的余量，其余各面均已加工到位。因此根据数控加工的"先粗后精"工艺原则，制定其加工工艺内容如图 20.1.1 所示，加工路线如图 20.1.2 所示。

顶面粗加工 ──── 采用底面壁加工方法，分层往复走刀，加工零件顶面，留量 0.2mm

型腔粗加工 ──── 采用底面壁加工方法，分层跟随部件走刀，加工各直壁腔体，底面留量 0.2mm，侧壁留量 0.3mm

孔加工（一） ──── 分别采用定心钻、标准钻加工方法，加工螺孔到精度。采用铣削孔的加工方法，加工其余孔留量 0.2mm

平面精加工 ──── 采用底面壁加工方法，单向走刀，加工零件中顶面及各个型腔底面和侧壁到精度

孔加工（二） ──── 采用铣削孔的加工方法，加工孔到精度

文本加工 ──── 采用平面文本加工零件编号

图 20.1.1　加工工艺路线（一）

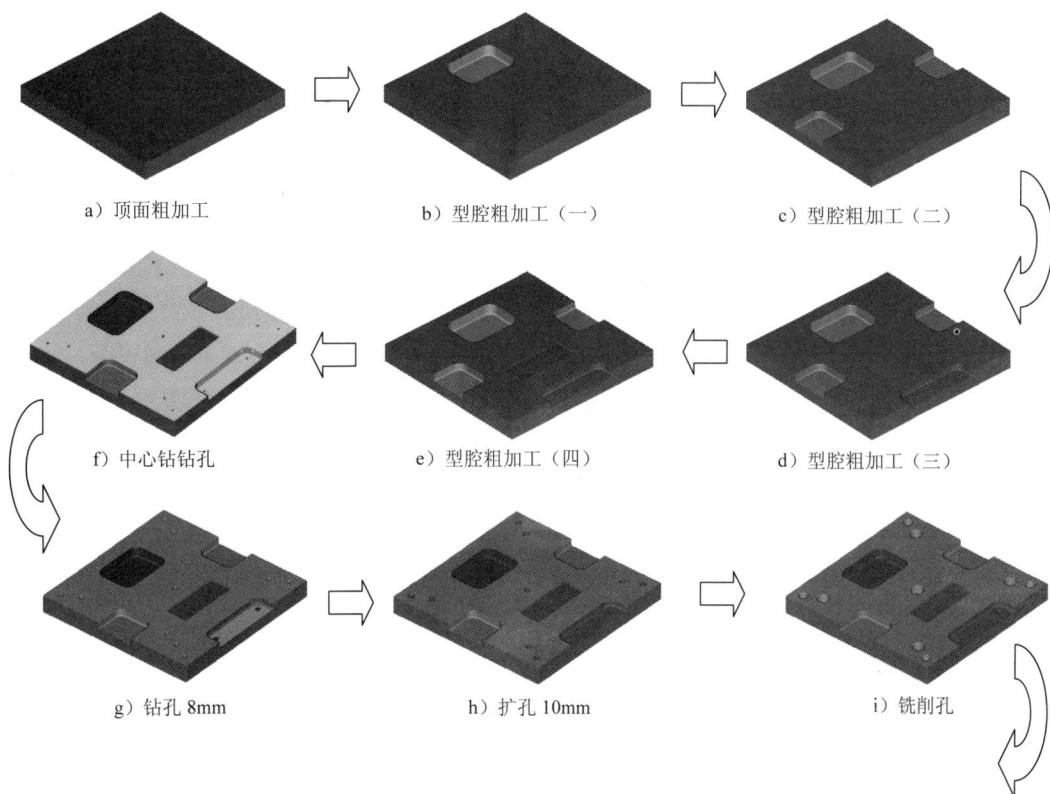

a）顶面粗加工　　　　b）型腔粗加工（一）　　　　c）型腔粗加工（二）

f）中心钻钻孔　　　　e）型腔粗加工（四）　　　　d）型腔粗加工（三）

g）钻孔 8mm　　　　h）扩孔 10mm　　　　i）铣削孔

图 20.1.2　加工工艺路线（二）

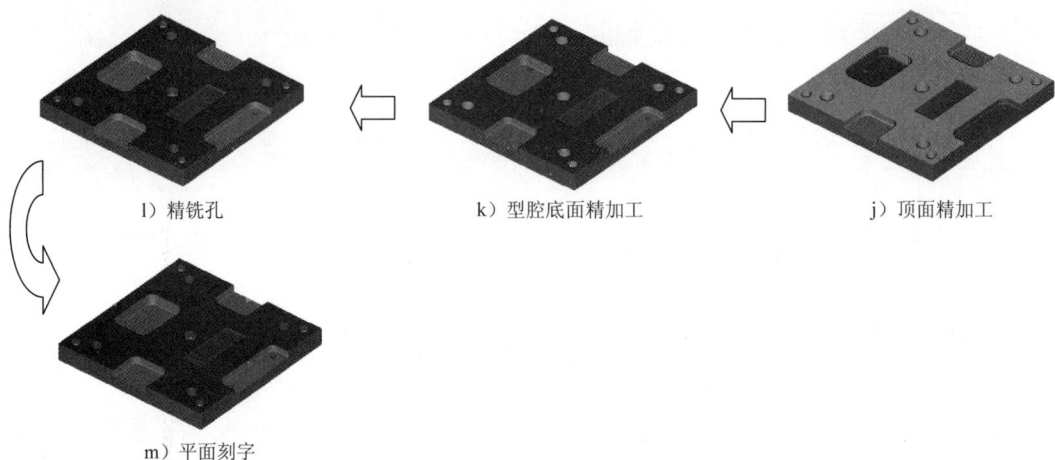

l）精铣孔　　　　　　　　k）型腔底面精加工　　　　　　j）顶面精加工

m）平面刻字

图 20.1.2　加工工艺路线（二）（续图）

20.1.3　加工准备

Step 1　打开模型文件 D:\ug85nc\work\ch20\ch20.01\bottom_board.prt。

Step 2　方位调整。在图形区中可以观察到当前模型方位摆放符合加工要求，因此不需要对模型进行调整。

Step 3　进入加工环境。

（1）选择下拉菜单 ☒ 开始▾ ━━➤ ☒ 加工(N)... 命令，系统弹出"加工环境"对话框。

（2）在"加工环境"对话框的 CAM 会话配置 列表框中选择 cam_general 选项，在 要创建的 CAM 设置 列表框中选择 mill_planar 选项，单击 确定 按钮，进入加工环境。

Step 4　模型测量。选择下拉菜单 分析(L) ━━➤ ☒ NC 助理 命令，系统弹出"NC 助理"对话框。通过对该对话框中的选项进行设置，可对其模型的图形大小及关键部位的尺寸、拐角（圆角）半径和拔模角度等参数进行分析，具体操作方法这里不再赘述，请参照视频录像进行操作。

20.1.4　创建工序参数

Task1.　创建几何体

Stage1.　创建机床坐标系

Step 1　将工序导航器调整到几何视图，双击节点 ⊞ ☒ MCS_MILL，系统弹出"MCS 铣削"对话框，在"MCS 铣削"对话框的 机床坐标系 区域中单击"CSYS 对话框"按钮 ☒，系统弹出 CSYS 对话框。

Step 2　在图形区选取图 20.1.3 所示的圆环边线的圆心点，此时机床坐标原点移动至该点。

Step **3**　单击 CSYS 对话框中的 [确定] 按钮，此时系统返回至 "MCS 铣削" 对话框，完成机床坐标系的创建。

Stage2．创建安全平面

Step **1**　在 "MCS 铣削" 对话框 安全设置 区域 安全设置选项 下拉列表中选择 自动平面 选项，并在 安全距离 文本框中输入值为 30。

Step **2**　单击 "MCS 铣削" 对话框中的 [确定] 按钮。

Stage3．创建部件几何体

Step **1**　在工序导航器中双击 ⊞🔏 MCS_MILL 节点下的 ⚙ WORKPIECE，系统弹出 "工件" 对话框。

Step **2**　选取部件几何体。在 "工件" 对话框中单击 🔗 按钮，系统弹出 "部件几何体" 对话框。

Step **3**　在图形区中框选整个零件为部件几何体，如图 20.1.4 所示，单击 [确定] 按钮，完成部件几何体的创建，同时系统返回到 "工件" 对话框。

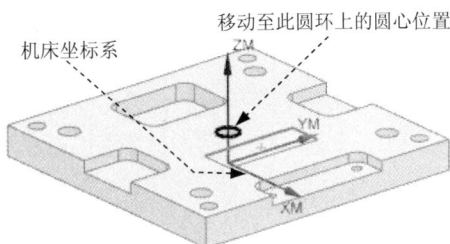

图 20.1.3　创建机床坐标系

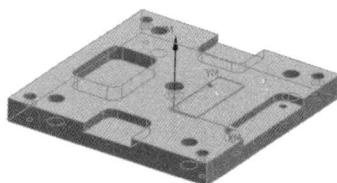

图 20.1.4　部件几何体

Stage4．创建毛坯几何体

Step **1**　在 "工件" 对话框中单击 ⬡ 按钮，系统弹出 "毛坯几何体" 对话框。

Step **2**　在 "毛坯几何体" 对话框的 类型 下拉列表中选择 📦 包容块 选项，在 限制 区域的 ZM+ 文本框中输入值 5.0。

Step **3**　单击 "毛坯几何体" 对话框中的 [确定] 按钮，系统返回到 "工件" 对话框，完成图 20.1.5 所示毛坯几何体的创建。

Step **4**　单击 "工件" 对话框中的 [确定] 按钮。

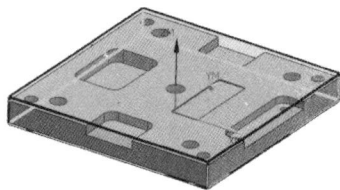

图 20.1.5　毛坯几何体

Task2．创建刀具

技巧提示：按照工艺安排和模型测量的结果，一次性创建本模型中所有用到的加工刀具，可以方便后面工序直接选用。

Stage1．创建刀具（一）

Step **1**　将工序导航器调整到机床视图。

Step 2 选择下拉菜单 插入(S) ➡️ 刀具(T)... 命令，系统弹出"创建刀具"对话框。

Step 3 在"创建刀具"对话框 类型 下拉列表中选择 mill_planar 选项，在 刀具子类型 区域中单击 MILL 按钮 ，在 位置 区域的 刀具 下拉列表中选择 GENERIC_MACHINE 选项，在 名称 文本框中输入 D30R2，然后单击 确定 按钮，系统弹出"铣刀-5 参数"对话框。

Step 4 在 (D) 直径 文本框中输入值 30.0，在 (R1) 下半径 文本框中输入值 2.0，在 刀具号 文本框中输入值 1，在 补偿寄存器 文本框中输入值 1，在 刀具补偿寄存器 文本框中输入值 1，其他参数采用系统默认设置值，单击 确定 按钮，完成刀具的创建。

Stage2. 创建刀具（二）

设置刀具类型为 mill_planar 选项，在 刀具子类型 区域中单击 MILL 按钮 ，刀具名称为 D5，刀具 (D) 直径 为 5.0，刀具号 为 2，补偿寄存器 为 2，刀具补偿寄存器 为 2；具体操作方法参照 Stage1。

Stage3. 创建刀具（三）

设置刀具类型为 drill 选项，在 刀具子类型 区域中单击 SPOTDRILLING_TOOL 按钮 ，刀具名称为 SP3，刀具 (D) 直径 为 3.0，刀具号 为 3，补偿寄存器 为 3；其他参数采用系统默认设置值。

Stage4. 创建刀具（四）

设置刀具类型为 drill 选项，在 刀具子类型 区域中单击 DRILLING_TOOL 按钮 ，刀具名称为 DR8，刀具 (D) 直径 为 8.0，刀具号 为 4，补偿寄存器 为 4。

Stage5. 创建刀具（五）

设置刀具类型为 drill 选项，在 刀具子类型 区域中单击 DRILLING_TOOL 按钮 ，刀具名称为 DR10，刀具 (D) 直径 为 10.0，刀具号 为 5。

Stage6. 创建刀具（六）

设置刀具类型为 mill_planar 选项，在 刀具子类型 区域中单击 MILL 按钮 ，刀具名称为 D12，刀具 (D) 直径 为 12.0，刀具号 为 6。

Stage7. 创建刀具（七）

设置刀具类型为 mill_planar 选项，在 刀具子类型 区域中单击 BALL_MILL 按钮 ，刀具名称为 B1.2，刀具 (D) 球直径 为 1.2，(B) 锥角 为 3.0，刀具号 为 7。

Task3. 创建程序

Stage1. 创建程序（一）

Step 1 将工序导航器调整到程序顺序视图。

Step 2 选择下拉菜单 插入(S) ➡️ 程序(P)... 命令，系统弹出"创建程序"对话框。

Step 3 定义其参数如图 20.1.6 所示，单击 确定 按钮，系统弹出"程序"对话框。

Step 4 单击 确定 按钮，完成程序的创建。

Stage2.创建程序（二）

参照 Stage1 的操作创建程序（二），其结果如图 20.1.7 所示。

图 20.1.6　"创建程序"对话框

图 20.1.7　创建结果

20.1.5　创建型腔粗加工刀路

Task1.创建底面壁操作（一）

技巧提示：因为机床坐标系建立在模型顶面，所以通常将毛坯顶面进行粗加工，预留较小的余量，从而可以确定整个加工的 Z 向原点。

Stage1.创建工序

Step 1 将工序导航器调整到程序顺序视图。

Step 2 选择下拉菜单 插入(S) ➡ ⬚ 工序(E)... 命令，在"创建工序"对话框 类型 下拉列表中选择 mill_planar 选项，在 工序子类型 区域中单击"底面和壁"按钮 ⬚，在 程序 下拉列表中选择 PROGRAM 选项，在 刀具 下拉列表中选择前面设置的刀具 D30R2 (铣刀-5 参数) 选项，在 几何体 下拉列表中选择 WORKPIECE 选项，在 方法 下拉列表中选择 MILL ROUGH 选项，使用系统默认的名称。

Step 3 单击"创建工序"对话框中的 确定 按钮，系统弹出"底面壁"对话框。

Stage2.指定切削区域

Step 1 单击"底面壁"对话框 几何体 区域中的"选择或编辑切削区域几何体"按钮 ⬚，系统弹出"切削区域"对话框。

Step 2 选取图 20.1.8 所示的面为切削区域，在"切削区域"对话框中单击 确定 按钮，完成切削区域的创建，同时系统返回到"底面壁"对话框。

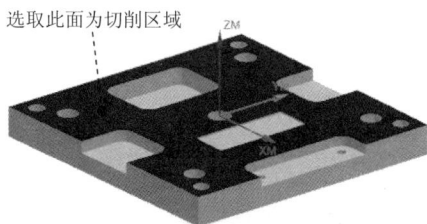

图 20.1.8　指定切削区域

20
Chapter

593

Stage3．设置刀具路径参数

Step 1　设置切削模式。在 刀轨设置 区域 切削模式 下拉列表中选择 往复 选项。

Step 2　设置步进方式。在 步距 下拉列表中选择 刀具平直百分比 选项，在 平面直径百分比 文本框中输入值 75.0，在 底面毛坯厚度 文本框中输入值 5.0，在 每刀深度 文本框中输入值 1.0。

Stage4．设置切削参数

Step 1　在 刀轨设置 区域中单击"切削参数"按钮 ，系统弹出"切削参数"对话框。

Step 2　在"切削参数"对话框中单击 策略 选项卡，在 切削顺序 下拉列表中选择 顺铣 选项，其他参数采用系统默认设置值。

Step 3　在"切削参数"对话框中单击 余量 选项卡，在 最终底面余量 文本框中输入值 0.2，其他参数采用系统默认设置值。

Step 4　在"切削参数"对话框中单击 空间范围 选项卡，在 切削区域 区域 简化形状 下拉列表中选择 最小包围盒 选项，其他参数采用系统默认设置值。

Step 5　单击"切削参数"对话框中的 确定 按钮，系统返回到"底面壁"对话框。

Stage5．设置非切削移动参数

Step 1　单击"底面壁"对话框 刀轨设置 区域中的"非切削移动"按钮 ，系统弹出"非切削移动"对话框。

Step 2　单击"非切削移动"对话框中的 转移/快速 选项卡，在 区域内 区域 转移类型 下拉列表中选择 前一平面 选项，并在 安全距离 文本框中输入 1.0。

Step 3　其余参数采用默认设置，单击 确定 按钮，完成非切削移动参数的设置。

Stage6．设置进给率和速度

Step 1　单击"底面壁"对话框中的"进给率和速度"按钮 ，系统弹出"进给率和速度"对话框。

Step 2　选中"进给率和速度"对话框 主轴速度 区域中的 ☑ 主轴速度（rpm）复选框，在其后的文本框中输入值 600.0，按 Enter 键，然后单击 按钮，在 进给率 区域的 切削 文本框中输入值 60.0，按 Enter 键，然后单击 按钮，其他参数采用系统默认设置值。

Step 3　单击 确定 按钮，完成进给率和速度的设置，系统返回"底面壁"对话框。

Stage7．生成刀路轨迹并仿真

生成的刀路轨迹如图 20.1.9 所示，2D 动态仿真加工后的模型如图 20.1.10 所示。

Task2．创建底面壁操作（二）

Stage1．创建工序

Step 1　选择下拉菜单 插入(S) ➞ 工序(E)... 命令，系统弹出"创建工序"对话框。

Step 2　在"创建工序"对话框 类型 下拉列表中选择 mill_planar 选项，在 工序子类型 区域中单

击"底面和壁"按钮 ，在 程序 下拉列表中选择 PROGRAM 选项，在 刀具 下拉列表中选择前面设置的刀具 D30R2（铣刀-5 参数）选项，在 几何体 下拉列表中选择 WORKPIECE 选项，在 方法 下拉列表中选择 MILL ROUGH 选项，使用系统默认的名称。

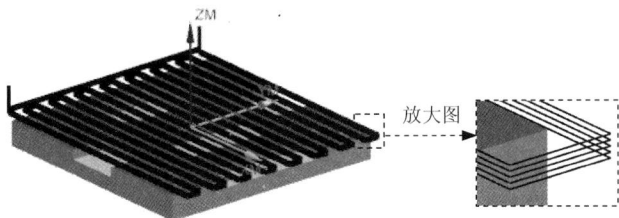

图 20.1.9　刀路轨迹　　　　　　　图 20.1.10　2D 仿真结果

Step 3　单击"创建工序"对话框中的 确定 按钮，系统弹出"底面壁"对话框。

Stage2．指定切削区域

Step 1　单击"底面壁"对话框 几何体 区域中的"选择或编辑切削区域几何体"按钮 ，系统弹出"切削区域"对话框。

Step 2　选取图 20.1.11 所示的面为切削区域，在"切削区域"对话框中单击 确定 按钮。

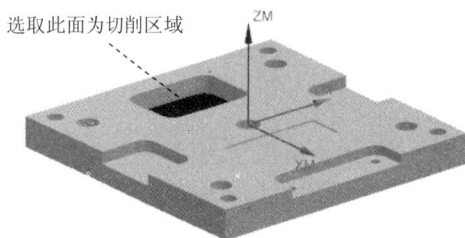

Step 3　在"底面壁"对话框 几何体 区域中选中 ☑ 自动壁 复选框。

图 20.1.11　指定切削区域

Stage3．设置刀具路径参数

Step 1　设置切削模式。在 刀轨设置 区域 切削模式 下拉列表中选择 跟随部件 选项。

Step 2　设置步进方式。在 步距 下拉列表中选择 刀具平直百分比 选项，在 平面直径百分比 文本框中输入值 60.0，在 底面毛坯厚度 文本框中输入值 18.0，在 每刀深度 文本框中输入值 1.0。

Stage4．设置切削参数

Step 1　在 刀轨设置 区域中单击"切削参数"按钮 ，系统弹出"切削参数"对话框。

Step 2　在"切削参数"对话框中单击 策略 选项卡，在 切削顺序 下拉列表中选择 顺铣 选项，其他参数采用系统默认设置值。

Step 3　在"切削参数"对话框中单击 余量 选项卡，在 壁余量 文本框中输入值 0.3，在 最终底面余量 文本框中输入值 0.2，其他参数采用系统默认设置值。

Step 4　单击"切削参数"对话框中的 确定 按钮，系统返回到"底面壁"对话框。

Stage5．设置非切削移动参数

Step 1　单击"底面壁"对话框 刀轨设置 区域中的"非切削移动"按钮 ，系统弹出"非切削移动"对话框。

Step 2 单击"非切削移动"对话框中的 进刀 选项卡，在 封闭区域 区域 斜坡角 文本框中输入 5.0。

Step 3 单击 转移/快速 选项卡，在 区域内 区域 转移类型 下拉列表中选择 前一平面 选项，并在 安全距离 文本框中输入 3.0，单击 确定 按钮，完成非切削移动参数的设置。

Stage6．设置进给率和速度

Step 1 单击"底面壁"对话框中的"进给率和速度"按钮 🐾，系统弹出"进给率和速度"对话框。

Step 2 选中"进给率和速度"对话框 主轴速度 区域中的 ☑ 主轴速度（rpm）复选框，在其后的文本框中输入值 500.0，按 Enter 键；然后单击 📓 按钮，在 进给率 区域的 切削 文本框中输入值 200.0，按 Enter 键，然后单击 📓 按钮；在 更多 区域的 进刀 文本框中输入值 50.0；其他参数采用系统默认设置值。

Step 3 单击 确定 按钮，完成进给率和速度的设置，系统返回"底面壁"对话框。

Stage7．生成刀路轨迹并仿真

生成的刀路轨迹如图 20.1.12 所示，2D 动态仿真加工后的模型如图 20.1.13 所示。

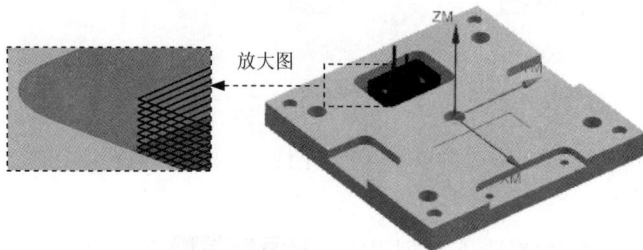

图 20.1.12　刀路轨迹

图 20.1.13　2D 仿真结果

Task3．创建底面壁操作（三）

Stage1．创建工序

Step 1 复制平面铣操作。在图 20.1.14 所示的工序导航器的程序顺序视图中右击 🔔 FLOOR_WALL_1 节点，在弹出的快捷菜单中选择 复制 命令，然后右击 🔔 PROGRAM 节点，在弹出的快捷菜单中选择 内部粘贴 命令，此时工序导航器界面如图 20.1.15 所示，右击 FLOOR_WALL_1_COPY 选项，在系统弹出的快捷菜单中选择 重命名 选项，并命名为 FLOOR_WALL_2。

图 20.1.14　工序导航器界面（一）

Step 2 双击 FLOOR_WALL_2 节点，系统弹出"底面壁"对话框。

说明：通过复制并粘贴操作，可以快速地对类似加工区域产生相似刀路，注意此时

需要修改并调整必要的几何参数、刀具参数和切削参数等，使新生成的刀路轨迹符合加工要求。

Step 1 在 几何体 区域中单击"选择或编辑切削区域几何体"按钮 ，系统弹出"切削区域"对话框。

Step 2 单击"切削区域"对话框中的 ✕ 按钮，选取图 20.1.16 所示的面（共 2 个面）为切削区域，在"切削区域"对话框中单击 确定 按钮，完成切削区域的创建，同时系统返回到"底面壁"对话框。

图 20.1.15　工序导航器界面（二）

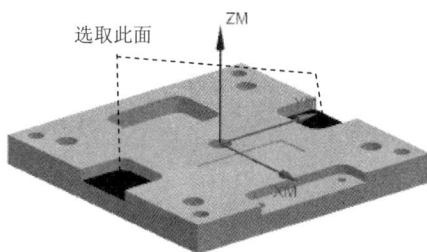

图 20.1.16　指定切削区域

Stage2．指定切削区域

Stage3．设置刀具路径参数

在 底面毛坯厚度 文本框中输入值 12.0，其他参数采用系统默认设置值。

Stage4．设置切削参数

Step 1 在 刀轨设置 区域中单击"切削参数"按钮 ，系统弹出"切削参数"对话框。

Step 2 在"切削参数"对话框中单击 连接 选项卡，在 开放刀路 下拉列表中选择 变换切削方向 选项，其他参数采用系统默认设置值。

Step 3 单击"切削参数"对话框中的 确定 按钮，系统返回到"底面壁"对话框。

Stage5．设置非切削移动参数

Step 1 单击"底面壁"对话框 刀轨设置 区域中的"非切削移动"按钮 ，系统弹出"非切削移动"对话框。

Step 2 单击"非切削移动"对话框中的 进刀 选项卡，在 开放区域 区域的 高度 文本框中输入值 0，并选中 ☑ 修剪至最小安全距离 复选框；单击 转移/快速 选项卡，在 区域之间 区域的下拉列表中选择 毛坯平面 选项，在 区域内 区域 转移类型 下拉列表中选择 直接 选项，其他参数均保持不变。

Step 3 单击 确定 按钮，完成非切削移动参数的设置。

Stage6．设置进给率和速度

进给率和速度参数均保持不变。

Stage7．生成刀路轨迹并仿真

生成的刀路轨迹如图 20.1.17 所示，2D 动态仿真加工后的模型如图 20.1.18 所示。

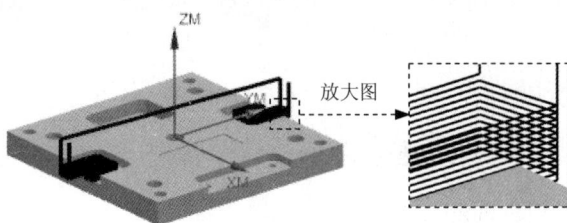

图 20.1.17　刀路轨迹

图 20.1.18　2D 仿真结果

Task4．创建底面壁操作（四）

Stage1．创建工序

Step 1　复制平面铣操作。在工序导航器的程序顺序视图中右击 ⚬ FLOOR_WALL_2 节点，在弹出的快捷菜单中选择 复制 命令，然后右击 ⚬ PROGRAM 节点，在弹出的快捷菜单中选择 内部粘贴 命令。

Step 2　右击 ⊘ FLOOR_WALL_2_COPY 选项，在系统弹出的快捷菜单中选择 重命名 选项，并命名为 FLOOR_WALL_3。

Step 3　双击 ⊘ FLOOR_WALL_3 节点，系统弹出"底面壁"对话框。

Stage2．指定切削区域

Step 1　在 几何体 区域中单击"选择或编辑切削区域几何体"按钮 ，系统弹出"切削区域"对话框。

Step 2　单击"切削区域"对话框中的 ✕ 按钮，选取图 20.1.19 所示的面为切削区域，在"切削区域"对话框中单击 确定 按钮，完成切削区域的创建，同时系统返回到"底面壁"对话框。

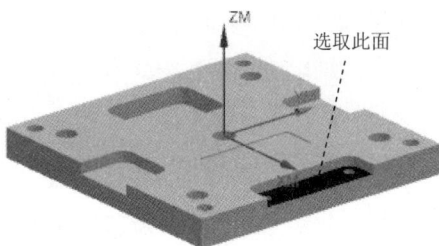

图 20.1.19　指定切削区域

Stage3．设置刀具路径参数

在 底面毛坯厚度 文本框中输入值 10.0，其他参数均保持不变。

Stage4．生成刀路轨迹并仿真

生成的刀路轨迹如图 20.1.20 所示，2D 动态仿真加工后的模型如图 20.1.21 所示。

Task5．创建底面壁操作（五）

Stage1．创建工序

Step 1　复制平面铣操作。在工序导航器的机床视图中右击 ⚬ FLOOR_WALL_1 节点，在弹出

的快捷菜单中选择 ![复制] 命令，然后右击 ![D5] 节点，在弹出的快捷菜单中选择
![内部粘贴] 命令。

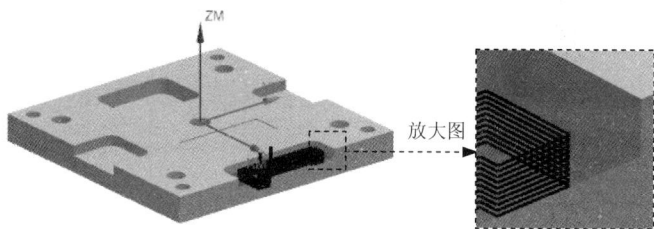

图 20.1.20　刀路轨迹

图 20.1.21　2D 仿真结果

Step 2 右击 ![FLOOR_WALL_1_COPY] 选项，在系统弹出的快捷菜单中选择 ![重命名] 选项，并命名为 FLOOR_WALL_4。

Step 3 双击 ![FLOOR_WALL_4] 节点，系统弹出"底面壁"对话框。

Stage2．指定切削区域

Step 1 在 ![几何体] 区域中单击"选择或编辑切削区域几何体"按钮 ![图标]，系统弹出"切削区域"对话框。

Step 2 单击"切削区域"对话框中的 ![X] 按钮，选取图 20.1.22 所示的面为切削区域，在"切削区域"对话框中单击 ![确定] 按钮，完成切削区域的创建，同时系统返回到"底面壁"对话框。

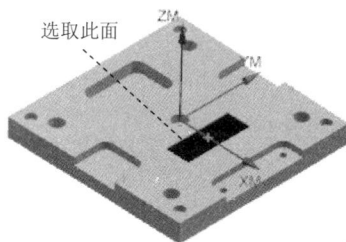

图 20.1.22　指定切削区域

Stage3．设置刀具路径参数

在 ![底面毛坯厚度] 文本框中输入值 2.0，其他参数均保持不变。

Stage4．设置进给率和速度

Step 1 单击"底面壁"对话框中的"进给率和速度"按钮 ![图标]，系统弹出"进给率和速度"对话框。

Step 2 选中"进给率和速度"对话框 ![主轴速度] 区域中的 ![主轴速度 (rpm)] 复选框，在其后的文本框中输入值 2000.0，按 Enter 键；然后单击 ![图标] 按钮，在 ![进给率] 区域的 ![切削] 文本框中输入值 600.0，按 Enter 键，然后单击 ![图标] 按钮；其他参数采用系统默认设置值。

Step 3 单击 ![确定] 按钮，完成进给率和速度的设置，系统返回"底面壁"对话框。

Stage5．生成刀路轨迹并仿真

生成的刀路轨迹如图 20.1.23 所示，2D 动态仿真加工后的模型如图 20.1.24 所示。

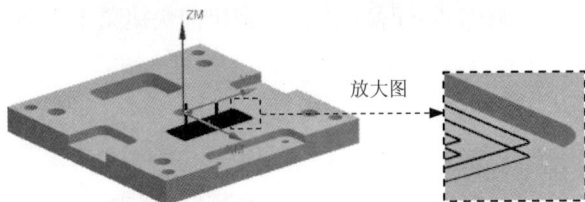

图 20.1.23　刀路轨迹　　　　　　　图 20.1.24　2D 仿真结果

20.1.6　创建孔粗加工刀路

Task1．创建定心钻操作（一）

Stage1．创建工序

Step 1　选择下拉菜单 插入(S) ➡ 工序(E)... 命令，系统弹出"创建工序"对话框。

Step 2　在"创建工序"对话框 类型 下拉列表中选择 drill 选项，在 工序子类型 区域中选择"定心钻"按钮，在 程序 下拉列表中选择 PROGRAM_1 选项，在 刀具 下拉列表中选择前面设置的刀具 SP3 (钻刀) 选项，在 几何体 下拉列表中选择 WORKPIECE 选项，在 方法 下拉列表中选择 DRILL_METHOD 选项，使用系统默认的名称。

Step 3　单击"创建工序"对话框中的 确定 按钮，系统弹出"定心钻"对话框。

Stage2．指定定位孔点

Step 1　指定定位孔点。

（1）单击"定心钻"对话框 指定孔 右侧的 按钮，系统弹出图 20.1.25 所示的"点到点几何体"对话框，单击 选择 按钮，系统弹出图 20.1.26 所示的"点位选择"对话框（一）。

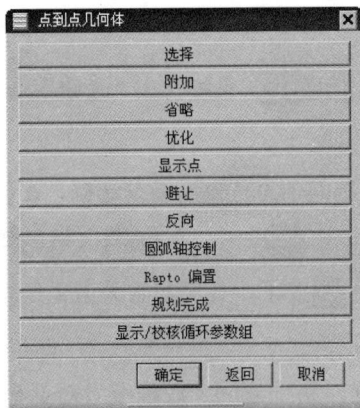

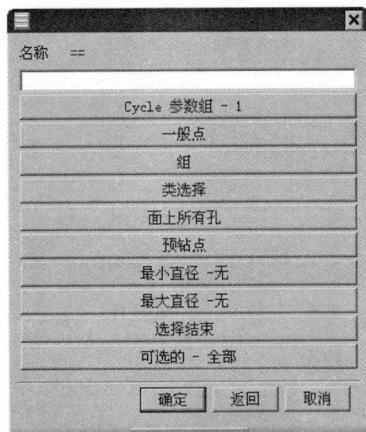

图 20.1.25　"点到点几何体"对话框　　　图 20.1.26　"点位选择"对话框（一）

（2）在"点位选择"对话框（一）中单击 面上所有孔 按

钮，此时系统弹出图 20.1.27 所示的"点位选择"对话框（二）；在图形区选取图 20.1.28 所示的模型表面，单击 确定 按钮，直至返回到"点到点几何体"对话框。

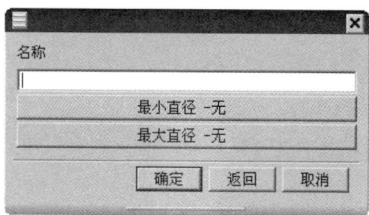

图 20.1.27　"点位选择"对话框（二）

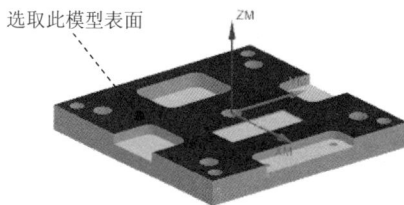

选取此模型表面　ZM

图 20.1.28　选取面

Step **2**　定义优化设置。

（1）在"点到点几何体"对话框中单击 优化 按钮，此时系统弹出图 20.1.29 所示的"优化点"对话框。

（2）单击 最短刀轨 按钮，系统弹出图 20.1.30 所示的"优化参数"对话框。

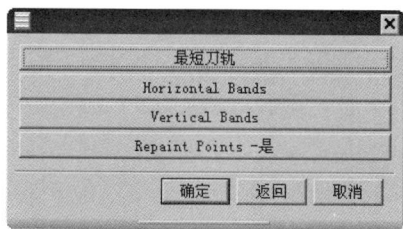

图 20.1.29　"优化点"对话框

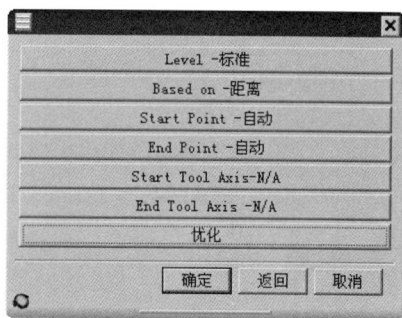

图 20.1.30　"优化参数"对话框

（3）单击 优化 按钮，系统弹出图 20.1.31 所示的"优化结果"对话框。

（4）单击 接受 按钮，返回"点到点几何体"对话框，单击 确定 按钮，返回"定心钻"对话框。

Step **3**　指定顶面。

（1）单击"定心钻"对话框中 指定顶面 右侧的 按钮，系统弹出"顶面"对话框。

（2）在"顶面"对话框中的 顶面选项 下拉列表中选择 面 选项，然后选取图 20.1.28 所示的面。

（3）单击"顶面"对话框中的 确定 按钮，返回"定心钻"对话框。

Stage3．设置循环控制参数

Step **1**　在"定心钻"对话框 循环类型 区域的 循环 下拉列表中选择 标准钻... 选项，单击"编辑参数"按钮 ，系统弹出图 20.1.32 所示的"指定参数组"对话框。

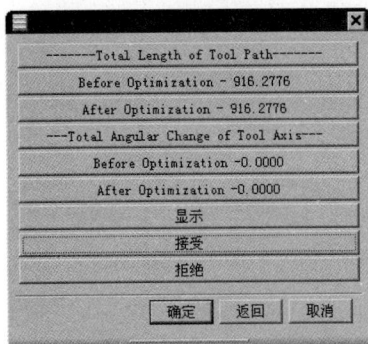

图 20.1.31　"优化结果"对话框

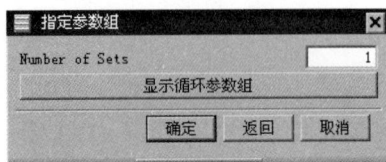

图 20.1.32　"指定参数组"对话框

Step **2**　在"指定参数组"对话框中采用系统默认的参数组序号 1，单击 确定 按钮，系统弹出图 20.1.33 所示的"Cycle 参数"对话框，单击 Depth (Tip) - 0.0000 按钮，系统弹出图 20.1.34 所示的"Cycle 深度"对话框。

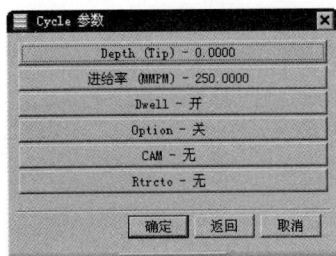

图 20.1.33　"Cycle 参数"对话框

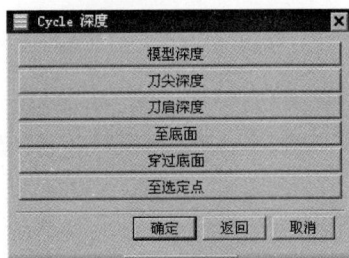

图 20.1.34　"Cycle 深度"对话框

Step **3**　在"Cycle 深度"对话框中单击 刀尖深度 按钮，系统弹出图 20.1.35 所示的"深度"对话框，在 深度 文本框中输入值 5.0，并返回"Cycle 参数"对话框。

图 20.1.35　"深度"对话框

Step **4**　单击"Cycle 参数"对话框中的 Rtrcto - 无 按钮，系统弹出图 20.1.36 所示的"安全高度设置类型"对话框。单击 距离 按钮，系统弹出图 20.1.37 所示的"退刀"对话框，在 退刀 文本框中输入值 5.0，单击 确定 按钮，系统返回"Cycle 参数"对话框。

Step **5**　在"Cycle 参数"对话框中单击 确定 按钮，系统返回"定心钻"对话框。

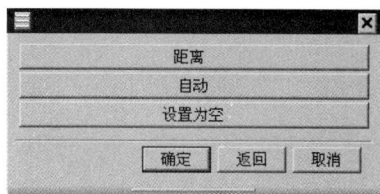

图 20.1.36　"安全高度设置类型"对话框

图 20.1.37　"退刀"对话框

Stage4. 设置一般参数

设置最小安全距离。在 最小安全距离 文本框中输入值 3.0。

Stage5. 避让设置

Step 1　单击"定心钻"对话框中的"避让"按钮，系统弹出图 20.1.38 所示的"避让几何体"对话框。

Step 2　单击"避让几何体"对话框中的 Clearance Plane -无 按钮，系统弹出图 20.1.39 所示的"安全平面"对话框。

图 20.1.38　"避让几何体"对话框

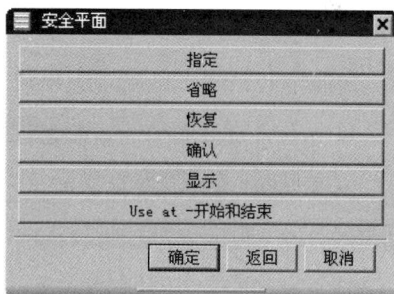

图 20.1.39　"安全平面"对话框

Step 3　单击"安全平面"对话框中的 指定 按钮，系统弹出"平面"对话框，选取图 20.1.40 所示的平面为参照，然后在 偏置 区域的 距离 文本框中输入值 20.0，单击 确定 按钮，系统返回"安全平面"对话框。

Step 4　单击"安全平面"对话框中的 确定 按钮，返回"避让几何体"对话框，然后单击"避让几何体"对话框中的 确定 按钮，完成安全平面的设置，返回"定心钻"对话框。

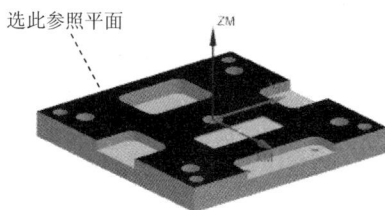

选此参照平面

图 20.1.40　选取参照平面

Stage6. 设置进给率和速度

Step 1　单击"定心钻"对话框中的"进给率和速度"按钮，系统弹出"进给率和速度"对话框。

Step **2** 在"进给率和速度"对话框中选中 ☑ 主轴速度 (rpm) 复选框，然后在其后的文本框
中输入值 2200.0，按 Enter 键，然后单击 按钮，在 切削 文本框中输入值 120.0，
按 Enter 键，然后单击 按钮，其他选项采用系统默认设置值，单击 确定 按钮。

Stage7. 生成刀路轨迹并仿真

生成的刀路轨迹如图 20.1.41 所示，2D 动态仿真加工后的模型如图 20.1.42 所示。

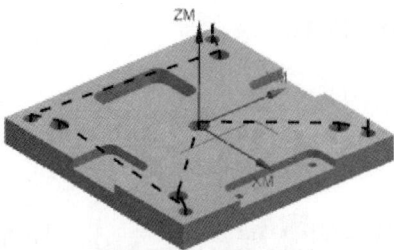

图 20.1.41 刀路轨迹

图 20.1.42 2D 仿真结果

Task2. 创建定心钻操作（二）

Stage1. 创建工序

Step **1** 复制定心钻操作。在工序导航器的程序顺序视图中右击 SPOT_DRILLING 节点，在
弹出的快捷菜单中选择 复制 命令，然后右击 PROGRAM_1 节点，在弹出的快捷
菜单中选择 内部粘贴 命令。

Step **2** 右击 SPOT_DRILLING_COPY 选项，在系统弹出的快捷菜单中选择 重命名 选项，并
命名为 SPOT_DRILLING_1。

Step **3** 双击 SPOT_DRILLING_1 节点，系统弹出"定心孔"对话框。

Stage2. 指定定位孔点

Step **1** 指定定位孔点。

（1）单击"定心钻"对话框 指定孔 右侧的 按钮，系统弹出"点到点几何体"对话
框，单击 选择 按钮，在系统弹出的对话框中单击
是 按钮，系统弹出"点位选择"对话框（一）。

（2）在"点位选择"对话框（一）中单击 面上所有孔 按
钮，此时系统弹出"点位选择"对话框（二）；在图
形区选取图 20.1.43 所示的模型表面，单击 确定 按
钮，直至返回到"定心钻"对话框。

Step **2** 指定顶面。

（1）单击"定心钻"对话框中 指定顶面 右侧的
按钮，系统弹出"顶面"对话框。

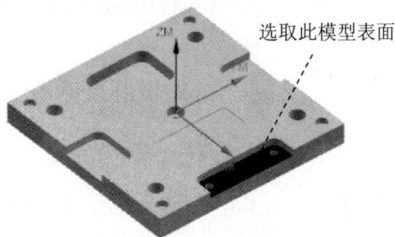

选取此模型表面

图 20.1.43 选取面

（2）在"顶面"对话框中的 顶面选项 下拉列表中选择 面选项，然后选取图 20.1.43 所示的面。

（3）单击"顶面"对话框中的 确定 按钮，返回"定心钻"对话框。

Stage3．设置循环控制参数

Step 1　在"定心钻"对话框 循环类型 区域的 循环 下拉列表中选择 标准钻… 选项，单击"编辑参数"按钮 ，系统弹出"指定参数组"对话框。

Step 2　在"指定参数组"对话框中采用系统默认的参数组序号 1，单击 确定 按钮，系统弹出"Cycle 参数"对话框，单击 Rtrcto - 5.0000 按钮，系统弹出"安全高度设置类型"对话框。

Step 3　单击 距离 按钮，系统弹出"退刀"对话框，在文本框中输入值 15.0，单击 确定 按钮，系统返回"Cycle 参数"对话框。

Step 4　在"Cycle 参数"对话框中单击 确定 按钮，系统返回"定心钻"对话框。

Stage4．生成刀路轨迹并仿真

生成的刀路轨迹如图 20.1.44 所示，2D 动态仿真加工后的模型如图 20.1.45 所示。

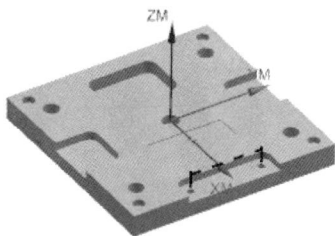

图 20.1.44　刀路轨迹

图 20.1.45　2D 仿真结果

Task3．创建钻孔操作（一）

Stage1．创建工序

Step 1　复制定心钻操作。在工序导航器的机床视图中右击 SPOT_DRILLING 节点，在弹出的快捷菜单中选择 复制 命令，然后右击 DR8 节点，在弹出的快捷菜单中选择 内部粘贴 命令。

Step 2　右击 SPOT_DRILLING_COPY 选项，在系统弹出的快捷菜单中选择 重命名 选项，并命名为 DRILLING。

Step 3　双击 DRILLING 节点，系统弹出"定心钻"对话框。

Stage2．设置循环控制参数

Step 1　在"定心钻"对话框 循环类型 区域的 循环 下拉列表中选择 标准钻… 选项，单击"编辑参数"按钮 ，系统弹出"指定参数组"对话框。

Step 2 在"指定参数组"对话框中采用系统默认的参数组序号 1，单击 确定 按钮，系统弹出"Cycle 参数"对话框，单击 Depth (Tip) - 5.0000 按钮，系统弹出"Cycle 深度"对话框。

Step 3 在"Cycle 深度"对话框中单击 模型深度 按钮，系统自动计算实体中孔的深度，并返回"Cycle 参数"对话框。

Step 4 在"Cycle 参数"对话框中单击 确定 按钮，系统返回"定心钻"对话框。

Stage3．设置进给率和速度

Step 1 单击"定心钻"对话框中的"进给率和速度"按钮 ，系统弹出"进给率和速度"对话框。

Step 2 在"进给率和速度"对话框中选中 ☑ 主轴速度 (rpm) 复选框，然后在其后的文本框中输入值 850.0，按 Enter 键，然后单击 按钮，在 切削 文本框中输入值 50.0，按 Enter 键，然后单击 按钮，其他选项采用系统默认设置值，单击 确定 按钮。

Stage4．生成刀路轨迹并仿真

生成的刀路轨迹如图 20.1.46 所示，2D 动态仿真加工后的模型如图 20.1.47 所示。

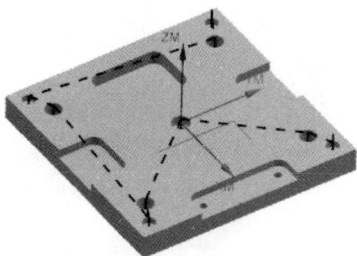

图 20.1.46　刀路轨迹　　　　图 20.1.47　2D 仿真结果

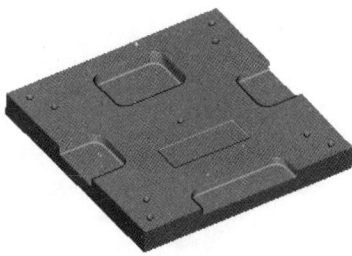

Task4．创建钻孔操作（二）

Stage1．创建工序

Step 1 复制定心钻操作。在工序导航器的机床视图中右击 SPOT_DRILLING_1 节点，在弹出的快捷菜单中选择 复制 命令，然后右击 DR8 节点，在弹出的快捷菜单中选择 内部粘贴 命令。

Step 2 右击 SPOT_DRILLING_1_COPY 选项，在系统弹出的快捷菜单中选择 重命名 选项，并命名为 DRILLING_1。

Step 3 双击 DRILLING_1 节点，系统弹出"定心钻"对话框。

Stage2．设置循环控制参数

Step 1 在"定心钻"对话框 循环类型 区域的 循环 下拉列表中选择 标准钻... 选项，单击"编辑参数"按钮 ，系统弹出"指定参数组"对话框。

Step 2 在"指定参数组"对话框中采用系统默认的参数组序号 1，单击 确定 按钮，系统弹出"Cycle 参数"对话框，单击 Depth (Tip) - 5.0000 按钮，系统弹出"Cycle 深度"对话框。

Step 3 在"Cycle 深度"对话框中单击 模型深度 按钮，系统自动计算实体中孔的深度，并返回"Cycle 参数"对话框。

Step 4 在"Cycle 参数"对话框中单击 确定 按钮，系统返回"定心钻"对话框。

Stage3．设置进给率和速度

Step 1 单击"定心钻"对话框中的"进给率和速度"按钮，系统弹出"进给率和速度"对话框。

Step 2 在"进给率和速度"对话框中选中 ☑ 主轴速度 (rpm) 复选框，然后在其文本框中输入值 850.0，按 Enter 键，然后单击 按钮，在 切削 文本框中输入值 50.0，按 Enter 键，然后单击 按钮，其他选项采用系统默认设置值，单击 确定 按钮。

Stage4．生成刀路轨迹并仿真

生成的刀路轨迹如图 20.1.48 所示，2D 动态仿真加工后的模型如图 20.1.49 所示。

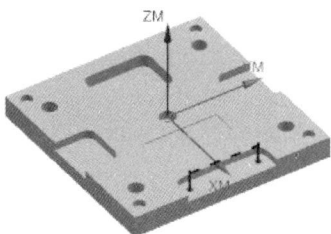

图 20.1.48　刀路轨迹　　　　图 20.1.49　2D 仿真结果

Task5．创建钻孔操作（三）

Stage1．创建工序

Step 1 复制定心钻操作。在工序导航器的机床视图中右击 DRILLING 节点，在弹出的快捷菜单中选择 复制 命令，然后右击 DR10 节点，在弹出的快捷菜单中选择 内部粘贴 命令。

Step 2 右击 DRILLING_COPY 选项，在系统弹出的快捷菜单中选择 重命名 选项，并命名为 DRILLING_2。

Step 3 双击 DRILLING_2 节点，系统弹出"定心钻"对话框。

Stage2．设置钻孔参数

保持原工序中的孔位几何体、循环控制参数等不变。

Stage3．设置进给率和速度

Step 1 单击"定心钻"对话框中的"进给率和速度"按钮，系统弹出"进给率和速度"

对话框。

Step 2 在"进给率和速度"对话框中选中 ☑ 主轴速度 (rpm) 复选框，然后在其后的文本框中输入值 800.0，按 Enter 键，然后单击 🔲 按钮，在 切削 文本框中输入值 100.0，按 Enter 键，然后单击 🔲 按钮，其他选项采用系统默认设置值，单击 确定 按钮。

Stage4. 生成刀路轨迹并仿真

生成的刀路轨迹如图 20.1.50 所示，2D 动态仿真加工后的模型如图 20.1.51 所示。

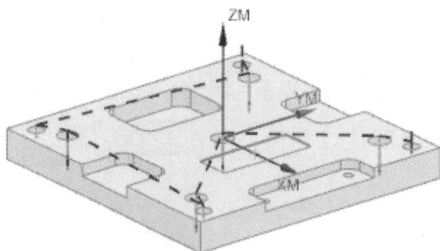

图 20.1.50 刀路轨迹

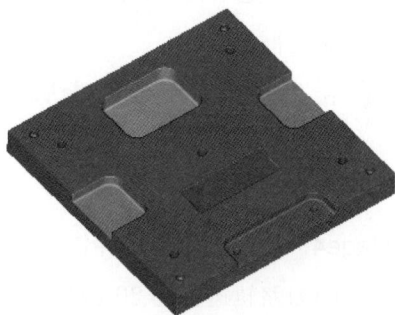

图 20.1.51 2D 仿真结果

Task6. 创建铣削孔操作（一）

说明：采用铣削孔的加工方法可以减少定值刀具的数量，其加工的适应性比较好。

Stage1. 创建工序

Step 1 选择下拉菜单 插入(S) ➡️ 工序(E)... 命令，系统弹出"创建工序"对话框。

Step 2 在"创建工序"对话框 类型 下拉列表中选择 drill 选项，在 工序子类型 区域中选择"铣削孔"按钮 🔲，在 程序 下拉列表中选择 PROGRAM_1 选项，在 刀具 下拉列表中选择前面设置的刀具 D12 (铣刀-5 参数) 选项，在 几何体 下拉列表中选择 WORKPIECE 选项，在 方法 下拉列表中选择 MILL_SEMI_FINISH 选项，使用系统默认的名称。

Step 3 单击"创建工序"对话框中的 确定 按钮，系统弹出"铣削孔"对话框。

Stage2. 指定加工点

Step 1 指定加工点。

（1）单击"铣削孔"对话框 指定孔或凸台 右侧的 🔲 按钮，系统弹出"孔或凸台几何体"对话框。

（2）在对话框的 类型 区域下拉列表中选择 🔲 孔 选项；在图形区中依次选取图 20.1.52 所示的圆柱孔面，被选择的九个孔被自动编号；在 序列 区域 优化 下拉列表中选择 最短刀轨 选项，并单击"重新排序列表"按钮 🔄，单击 确定 按钮，返回"铣削孔"对话框。

Stage3. 设置一般参数

在"铣削孔"对话框的 刀轨设置 区域中设置参数如图 20.1.53 所示。

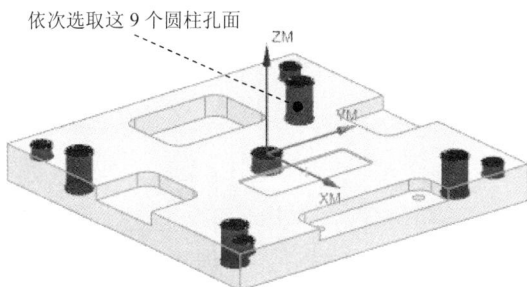

依次选取这 9 个圆柱孔面

图 20.1.52　指定孔

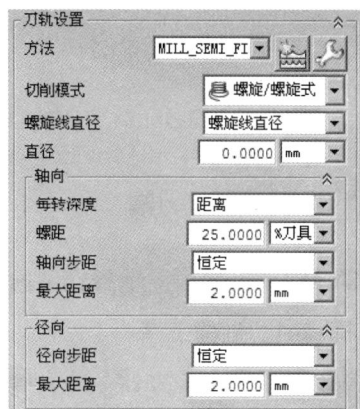

图 20.1.53　刀轨设置参数

Stage4. 设置切削参数

Step 1　单击"铣削孔"对话框中的"切削参数"按钮 ，系统弹出"切削参数"对话框。

Step 2　在"切削参数"对话框中单击 余量 选项卡，在 余量 区域的 部件侧面余量 文本框中输入值 0.2，其他参数采用系统默认设置值。

Step 3　单击"切削参数"对话框中的 确定 按钮，完成切削参数的设置，系统返回到"铣削孔"对话框。

Stage5. 设置非切削移动参数

Step 1　单击"铣削孔"对话框 刀轨设置 区域中的"非切削移动"按钮 ，系统弹出"非切削移动"对话框。

Step 2　单击"非切削移动"对话框中的 进刀 选项卡，在 进刀 区域 进刀类型 下拉列表中选择 螺旋 选项，其他采用系统默认设置值。

Step 3　单击 确定 按钮，完成非切削移动参数的设置。

Stage6. 设置进给率和速度

Step 1　单击"铣削孔"对话框中的"进给率和速度"按钮 ，系统弹出"进给率和速度"对话框。

Step 2　在"进给率和速度"对话框中选中 ☑ 主轴速度（rpm）复选框，然后在其后的文本框中输入值 1200.0，按 Enter 键，然后单击 按钮，在 切削 文本框中输入值 500.0，按 Enter 键，然后单击 按钮，其他选项采用系统默认设置值，单击 确定 按钮。

Stage7. 生成刀路轨迹并仿真

生成的刀路轨迹如图 20.1.54 所示，2D 动态仿真加工后的模型如图 20.1.55 所示。

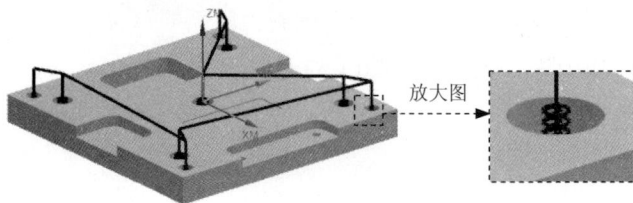

图 20.1.54   刀路轨迹   图 20.1.55   2D 仿真结果

20.1.7   创建精加工刀路

Task1. 创建底面壁操作（六）

Stage1. 创建工序

Step 1　选择下拉菜单 插入(S) ➡ 工序(E)… 命令，系统弹出"创建工序"对话框。

Step 2　在"创建工序"对话框 类型 下拉列表中选择 mill_planar 选项，在 工序子类型 区域中单击"底面和壁"按钮 ，在 程序 下拉列表中选择 PROGRAM_2 选项，在 刀具 下拉列表中选择前面设置的刀具 D30R2 (铣刀-5 参数) 选项，在 几何体 下拉列表中选择 WORKPIECE 选项，在 方法 下拉列表中选择 MILL_FINISH 选项，使用系统默认的名称。

Step 3　单击"创建工序"对话框中的 确定 按钮，系统弹出"底面壁"对话框。

Stage2. 指定切削区域

Step 1　单击"底面壁"对话框 几何体 区域中的"选择或编辑切削区域几何体"按钮 ；系统弹出"切削区域"对话框。

图 20.1.56   指定切削区域

Step 2　选取图 20.1.56 所示的面为切削区域，在"切削区域"对话框中单击 确定 按钮，完成切削区域的创建，同时系统返回到"底面壁"对话框。

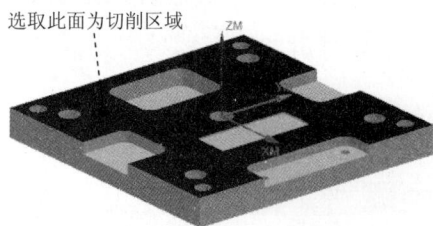

Stage3. 设置刀具路径参数

Step 1　设置切削模式。在 刀轨设置 区域 切削模式 下拉列表中选择 单向 选项。

Step 2　设置步进方式。在 步距 下拉列表中选择 刀具平直百分比 选项，在 平面直径百分比 文本框中输入值 75.0，在 底面毛坯厚度 文本框中输入值 0.3。

Stage4. 设置切削参数

Step 1　在 刀轨设置 区域中单击"切削参数"按钮 ，系统弹出"切削参数"对话框。

Step 2　在"切削参数"对话框中单击 连接 选项卡，在 切削顺序 下拉列表中选择 优化 选项，在 跨空区域 区域的 运动类型 下拉列表中选择 移刀 选项，在 最小移刀距离 文本框中输入值 20.0；其他参数采用系统默认设置值。

Step 3 单击"切削参数"对话框中的 确定 按钮，系统返回到"底面壁"对话框。

Stage5．设置非切削移动参数

Step 1 单击"底面壁"对话框 刀轨设置 区域中的"非切削移动"按钮 ，系统弹出"非切削移动"对话框。

Step 2 单击"非切削移动"对话框中的 转移/快速 选项卡，在 区域内 区域 转移类型 下拉列表中选择 前一平面 选项，并在 安全距离 文本框中输入 3.0。

Step 3 单击 确定 按钮，完成非切削移动参数的设置。

Stage6．设置进给率和速度

Step 1 单击"底面壁"对话框中的"进给率和速度"按钮 ，系统弹出"进给率和速度"对话框。

Step 2 选中"进给率和速度"对话框 主轴速度 区域中的 ☑ 主轴速度 (rpm) 复选框，在其后的文本框中输入值 1300.0，按 Enter 键；然后单击 按钮，在 进给率 区域的 切削 文本框中输入值 800.0，按 Enter 键，然后单击 按钮；其他参数采用系统默认设置值。

Step 3 单击 确定 按钮，完成进给率和速度的设置，系统返回到"底面壁"对话框。

Stage7．生成刀路轨迹并仿真

生成的刀路轨迹如图 20.1.57 所示，2D 动态仿真加工后的模型如图 20.1.58 所示。

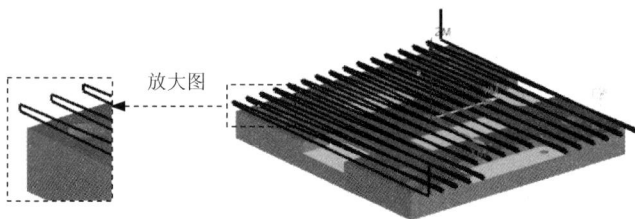

图 20.1.57　刀路轨迹

Task2．创建底面壁操作（七）

Stage1．创建工序

Step 1 选择下拉菜单 插入(S) ➡ 工序(E)... 命令，系统弹出"创建工序"对话框。

Step 2 确定加工方法。在"创建工序"对话框 类型 下拉列表中选择 mill_planar 选项，在 工序子类型 区域中单击"带 IPW 的底面和壁"按钮 ，在 程序 下拉列表中选择 PROGRAM_2 选项，在 刀具 下拉列表中选择 D12 (铣刀-5 参数) 选项，在 几何体 下拉列表中选择 WORKPIECE 选项，在 方法 下拉列表中选择 MILL_FINISH 选项，采用系统默认的名称。

Step 3 单击"创建工序"对话框中的 确定 按钮，系统弹出"底面壁 IPW"对话框。

Stage2．指定切削区域

Step 1 指定底面。单击"底面壁 IPW"对话框中的"选择或编辑切削区域几何体"按钮，系统弹出"切削区域"对话框。在图形区中选取图 20.1.59 所示的 4 个面；然后单击 确定 按钮，返回到"底面壁 IPW"对话框。

图 20.1.58　2D 仿真结果

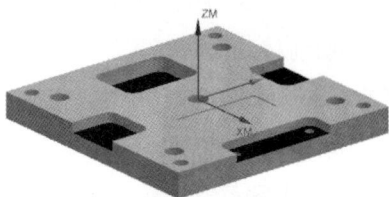

图 20.1.59　指定底面

Step 2 显示自动壁。在"底面壁 IPW"对话框中的 几何体 区域中确认 ☑ 自动壁 复选框被选中，然后单击 指定壁几何体 右侧的 按钮，此时在模型中显示壁几何体。

Stage3．设置刀具路径参数

Step 1 设置切削模式。在"底面壁 IPW"对话框中 刀轨设置 区域的 切削模式 下拉列表中选择 跟随部件 选项。

Step 2 设置步进方式。在 步距 下拉列表中选择 刀具平直百分比 选项，在 平面直径百分比 文本框中输入值 75.0，在 每刀深度 文本框中输入值 0.0。

Stage4．设置切削参数

Step 1 单击"底面壁 IPW"对话框中的"切削参数"按钮 ，系统弹出"切削参数"对话框。

Step 2 在"切削参数"对话框中单击 策略 选项卡，在 切削方向 下拉列表中选择 顺铣 选项，在 精加工刀路 区域中选中 ☑ 添加精加工刀路 复选框。

Step 3 单击 空间范围 选项卡，在 毛坯 区域的 毛坯 下拉列表中选择 厚度 选项，在 底面毛坯厚度 文本框中输入值 0.2，在 壁毛坯厚度 文本框中输入值 0.3。

Step 4 单击 余量 选项卡，在 内公差 和 外公差 文本框中均输入值 0.01。

Step 5 其他选项卡参数采用系统默认设置值，单击 确定 按钮，返回到"底面壁 IPW"对话框。

Stage5．设置非切削移动参数

Step 1 单击"底面壁 IPW"对话框 刀轨设置 区域中的"非切削移动"按钮 ，系统弹出"非切削移动"对话框。

Step 2 单击"非切削移动"对话框中的 进刀 选项卡，在 开放区域 区域的 进刀类型 下拉列表中选择 圆弧 选项，并选中 ☑ 修剪至最小安全距离 复选框，其他参数采用系统默认设置值。

Step 3 单击 确定 按钮，完成非切削移动参数的设置。

Stage6．设置进给率和速度

Step 1　单击"底面壁 IPW"对话框中的"进给率和速度"按钮 ，系统弹出"进给率和速度"对话框。

Step 2　选中"进给率和速度"对话框 主轴速度 区域中的 ☑ 主轴速度 (rpm) 复选框，在其后的文本框中输入值 1500.0，按 Enter 键；然后单击 按钮，在 进给率 区域的 切削 文本框中输入值 400.0，按 Enter 键，然后单击 按钮；其他参数采用系统默认设置值。

Step 3　单击 确定 按钮，完成进给率和速度的设置，系统返回"底面壁 IPW"对话框。

Stage7．生成刀路轨迹并仿真

生成的刀路轨迹如图 20.1.60 所示，2D 动态仿真加工后的模型如图 20.1.61 所示。

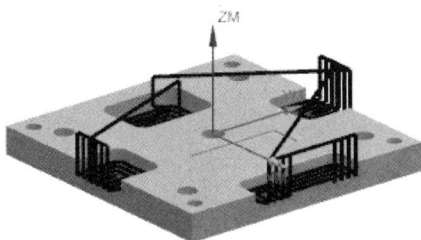

图 20.1.60　刀路轨迹　　　　　　　　　　图 20.1.61　2D 仿真结果

Task3．创建底面壁操作（八）

Stage1．创建工序

Step 1　复制操作。在工序导航器的程序顺序视图中右击 FLOOR_WALL_4 节点，在弹出的快捷菜单中选择 复制 命令，然后右击 PROGRAM_2 节点，在弹出的快捷菜单中选择 内部粘贴 命令。

Step 2　右击 FLOOR_WALL_4_COPY 选项，在系统弹出的快捷菜单中选择 重命名 选项，并命名为 FLOOR_WALL_6。

Step 3　双击 FLOOR_WALL_6 节点，系统弹出"底面壁"对话框。

Stage2．指定切削刀具

"平面铣"操作中指定的切削区域未发生变化，这里不做调整。

Stage3．设置刀具路径参数

在"底面壁"对话框 刀轨设置 区域的 方法 下拉列表中选择 MILL_FINISH 选项，在 每刀深度 文本框中输入值 0.0，其他参数均未改变。

Stage4．设置切削参数

Step 1　在 刀轨设置 区域中单击"切削参数"按钮 ，系统弹出"切削参数"对话框。

Step 2　在"切削参数"对话框中单击 余量 选项卡，在 余量 区域的 壁余量 文本框中输入值 0.0，在 最终底面余量 文本框中输入值 0.0。

Step 3 在对话框中单击 空间范围 选项卡，在 毛坯 区域的 毛坯 下拉列表中选择 厚度 选项，在 底面毛坯厚度 文本框中输入值 0.2，在 壁毛坯厚度 文本框中输入值 0.3。

Step 4 单击"切削参数"对话框中的 确定 按钮，系统返回到"底面壁"对话框。

说明：其余参数均不需要调整，故这里不再赘述。

Stage5. 生成刀路轨迹并仿真

生成的刀路轨迹如图 20.1.62 所示，2D 动态仿真加工后的模型如图 20.1.63 所示。

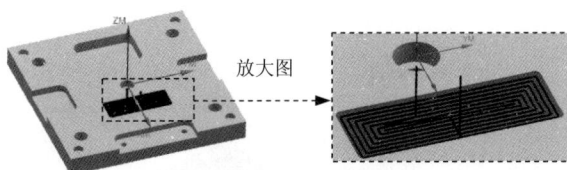

图 20.1.62　刀路轨迹　　　　　　　　图 20.1.63　2D 仿真结果

Task4. 创建精铣削孔操作（一）

Stage1. 创建工序

Step 1 复制铣削孔操作。在工序导航器的程序顺序视图中右击 HOLE_MILLING 节点，在弹出的快捷菜单中选择 复制 命令，然后右击 PROGRAM_2 节点，在弹出的快捷菜单中选择 内部粘贴 命令。

Step 2 右击 HOLE_MILLING_COPY 选项，在系统弹出的快捷菜单中选择 重命名 选项，并命名为 HOLE_MILLING_1。

Step 3 双击 HOLE_MILLING_1 节点，系统弹出"铣削孔"对话框。

Stage2. 指定加工点

"铣削孔"操作中指定孔的对象均未发生变化，这里不做调整。

Stage3. 设置一般参数

Step 1 在"铣削孔"对话框 刀轨设置 区域的 方法 下拉列表选择 MILL_FINISH 选项。

Step 2 在 刀轨设置 区域的 切削模式 下拉列表中选择 螺旋 选项；在 径向 区域的 径向步距 下拉列表选择 恒定 选项，在 最大距离 文本框中输入值 0.0，其他参数采用系统默认设置值。

Stage4. 设置切削参数

Step 1 单击"铣削孔"对话框中的"切削参数"按钮，系统弹出"切削参数"对话框。

Step 2 在"切削参数"对话框中单击 余量 选项卡，在 余量 区域的 部件侧面余量 文本框中输入值 0.0，在 内公差 和 外公差 文本框中均输入值 0.01。

Step 3 单击"切削参数"对话框中的 确定 按钮，完成切削参数的设置，系统返回到"铣削孔"对话框。

Stage5. 设置非切削移动参数

非切削移动参数均保持不变。

Stage6. 设置进给率和速度

Step 1 单击"铣削孔"对话框中的"进给率和速度"按钮，系统弹出"进给率和速度"对话框。

Step 2 在"进给率和速度"对话框中选中 ☑ 主轴速度 (rpm) 复选框，然后在其后的文本框中输入值 1800.0，按 Enter 键，然后单击 按钮，在 切削 文本框中输入值 500.0，按 Enter 键，然后单击 按钮，其他选项采用系统默认设置值，单击 确定 按钮。

Stage7. 生成刀路轨迹并仿真

生成的刀路轨迹如图 20.1.64 所示，2D 动态仿真加工后的模型如图 20.1.65 所示。

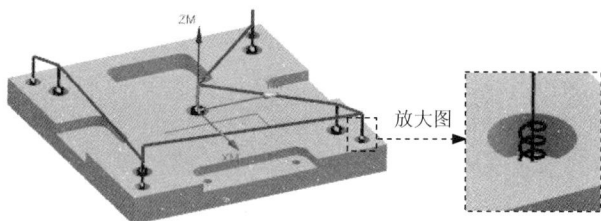

图 20.1.64　刀路轨迹

图 20.1.65　2D 仿真结果

Task5. 创建精铣削孔操作（二）

Stage1. 创建工序

Step 1 复制孔铣削操作。在工序导航器的程序顺序视图中右击 HOLE_MILLING_1 节点，在弹出的快捷菜单中选择 复制 命令，然后右击 PROGRAM_2 节点，在弹出的快捷菜单中选择 内部粘贴 命令。

Step 2 右击 HOLE_MILLING_1_COPY 选项，在系统弹出的快捷菜单中选择 重命名 选项，并命名为 HOLE_MILLING_2。

Step 3 双击 HOLE_MILLING_2 节点，系统弹出"铣削孔"对话框。

Stage2. 指定加工点

Step 1 指定加工点。

（1）单击"铣削孔"对话框 指定孔或凸台 右侧的 按钮，系统弹出"孔或凸台几何体"对话框。

Step 2 单击"孔或凸台几何体"对话框中的 X 按钮，直至所有对象被删除；在图形区选取图 20.1.66 所示的圆柱孔面，

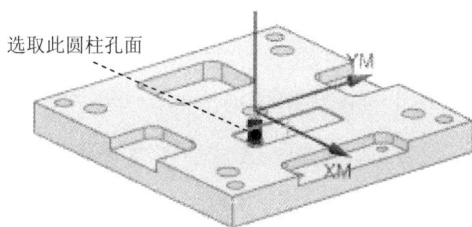

选取此圆柱孔面

图 20.1.66　指定孔

单击 确定 按钮，返回"铣削孔"对话框。

说明：其余加工参数均不需要调整，故此不再赘述。

Stage3．生成刀路轨迹并仿真

生成的刀路轨迹如图 20.1.67 所示，2D 动态仿真加工后的模型如图 20.1.68 所示。

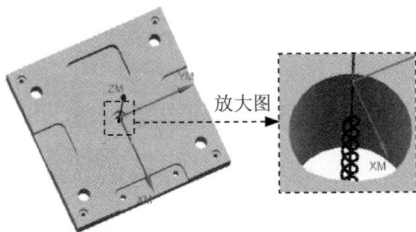

图 20.1.67　刀路轨迹

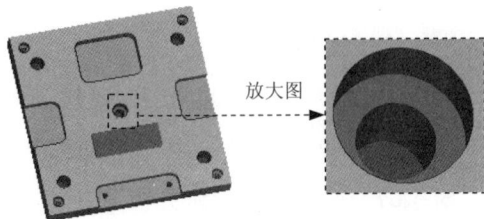

图 20.1.68　2D 仿真结果

Task6．创建平面文本铣操作

Stage1．创建注释文本

Step 1　选择命令。选择下拉菜单 插入(S) ➡ Ａ 注释(N)...命令，系统弹出"注释"对话框。

Step 2　定义文本内容。在文本框中输入图 20.1.69 所示文字内容。

Step 3　定义文本样式。在对话框中单击"样式"按钮 ᴬA，对其文本样式进行编辑，具体操作参见视频录像。

Step 4　指定位置。在对话框 锚点 下拉列表中选择 中心 选项，并选取图 20.1.70 所示的点，其结果如图 20.1.69 所示。

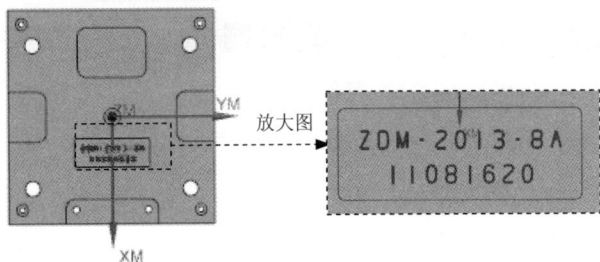

图 20.1.69　指定位置

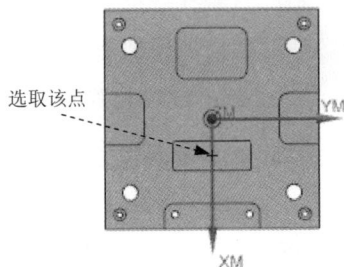

图 20.1.70　编辑后的样式

Stage2．插入工序

Step 1　选择下拉菜单 插入(S) ➡ 工序(E)...命令，系统弹出"创建工序"对话框。

Step 2　确定加工方法。在"创建工序"对话框 类型 下拉列表中选择 mill_planar 选项，在 工序子类型 区域中单击"平面文本"按钮 ᴬ，在 程序 下拉列表中选择 PROGRAM_2 选项，在 刀具 下拉列表中选择 B1.2 (铣刀-球头铣) 选项，在 几何体 下拉列表中选择 WORKPIECE 选项，在 方法 下拉列表中选择 MILL_FINISH 选项，采用系统默认的名称。

Step 3　在"创建工序"对话框中单击 确定 按钮，系统弹出"平面文本"对话框。

Stage3．指定几何体

Step 1 指定制图文本。

（1）在 几何体 区域中单击 指定制图文本 右侧的 A 按钮，系统弹出"文本几何体"对话框。

（2）选取图 20.1.69 所示的注释为选取对象，单击"文本几何体"对话框中的 确定 按钮，返回"平面文本"对话框。

Step 2 定义底面。

（1）在"平面文本"对话框中单击 按钮，系统弹出"平面"对话框，在 类型 下拉列表中选择 自动判断 选项。

（2）在模型上选取图 20.1.71 所示的模型表面，单击 确定 按钮，完成底面的指定。

Stage4．创建刀具路径参数

在 刀轨设置 区域的 文本深度 文本框中输入值 0.5，在 每刀深度 文本框中输入值 0.1，其他参数采用系统默认设置值。

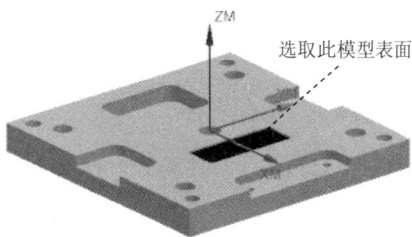

图 20.1.71　指定底面

Stage5．设置切削参数

Step 1 单击"平面文本"对话框 刀轨设置 区域中单击"切削参数"按钮 ，系统弹出"切削参数"对话框。

Step 2 在"切削参数"对话框中单击 策略 选项卡，在 切削 区域的 切削顺序 下拉列表框中选择 深度优先 选项，其他参数采用系统默认设置值。

Step 3 单击"切削参数"对话框中的 确定 按钮，系统返回到"平面文本"对话框。

Stage6．设置非切削移动参数。

Step 1 单击"平面文本"对话框 刀轨设置 区域中的"非切削移动"按钮 ，系统弹出"非切削移动"对话框。

Step 2 单击"非切削移动"对话框中的 进刀 选项卡，在 封闭区域 区域 斜坡角 文本框中输入 2.0；单击 转移/快速 选项卡，在 区域内 区域 转移类型 下拉列表中选择 毛坯平面 选项，其他参数均保持不变。

Step 3 单击 确定 按钮，完成非切削移动参数的设置。

Stage7．设置进给率和速度

Step 1 单击"平面文本"对话框中的"进给率和速度"按钮 ，系统弹出"进给率和速度"对话框。

Step 2 在"进给率和速度"对话框中选中 ☑ 主轴速度 (rpm) 复选框，然后在其后的文本框中输入值 15000.0，按 Enter 键，然后单击 按钮，在 切削 文本框中输入值 1000.0，按 Enter 键，然后单击 ▤ 按钮，其他选项采用系统默认设置值，单击 确定 按钮。

Stage8. 生成刀路轨迹并仿真

生成的刀路轨迹如图 20.1.72 所示，2D 动态仿真加工后的模型如图 20.1.73 所示。

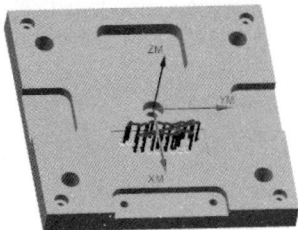

图 20.1.72 刀路轨迹

图 20.1.73 2D 仿真结果

Task7. 保存文件

选择下拉菜单 文件(F) ➡ 🖫 保存(S) 命令，保存文件。

20.2 应用 2——含多组叶片的泵轮加工与编程

20.2.1 应用概述

在机械零件的加工中，加工工艺的制定十分重要。应根据加工零件的结构特点来采用合适的加工工序，一般先进行粗加工，力求刀路简洁清晰，能快速地切除大量的多余材料，提高加工的效率。精加工时，针对零件中要求较高的曲面部分，生成连续切削的刀路轨迹，避免刀路的跳跃，从而提高表面的加工质量。在本应用中，将以泵轮模型叶片部分的加工为例，介绍平面铣和型腔铣综合加工刀路的编制。在学习本应用时，应注意体会每个加工工序的应用范围，合理地安排各种工序的先后顺序。

20.2.2 工艺分析及制定

初步分析本应用中要加工的零件，其主要由 5 等分的弧面叶片、回转体表面等组成，其中存在较多的平面区域，毛坯为圆形坯料，且主体外形和中心孔已车削完成，采用中心轴定位进行装夹。本例中仅完成叶片部分的加工，考虑其结构特点，采用平面铣方法开粗，剩余铣二次开粗，固定轴轮廓铣加工曲面，深度加工叶片侧面，因此制定其加工工艺内容如图 20.2.1 所示，加工路线如图 20.2.2 所示。

20.2.3 加工准备

Step 1 打开模型文件 D:\ug85nc\work\ch20\ch20.02\pump_wheel.prt。

模型粗加工	采用底面壁方式开粗，留量 1mm；采用剩余铣方式，分别使用 6mm 和 4mm 球刀进行二次开粗，留量 0.5mm
平面铣削（一）	采用平面铣削方式，铣削零件的平面部分，半精加工留量 0.2mm
清理角部	采用清根驱动方法，指定参考刀具，清理指定区域中的较多余料，半精加工
半精加工侧壁	采用等高方式加工，半精加工叶片的侧面壁
平面铣削（二）	采用平面铣削方式，精加工叶片根部的平面区域
曲面铣削	采用固定轴区域铣削方式，精加工叶片根部的曲面区域
精加工叶片侧壁	采用流线铣削方式，精加工叶片侧面
平面铣削（三）	采用平面铣削方式，精加工叶片顶面的平面

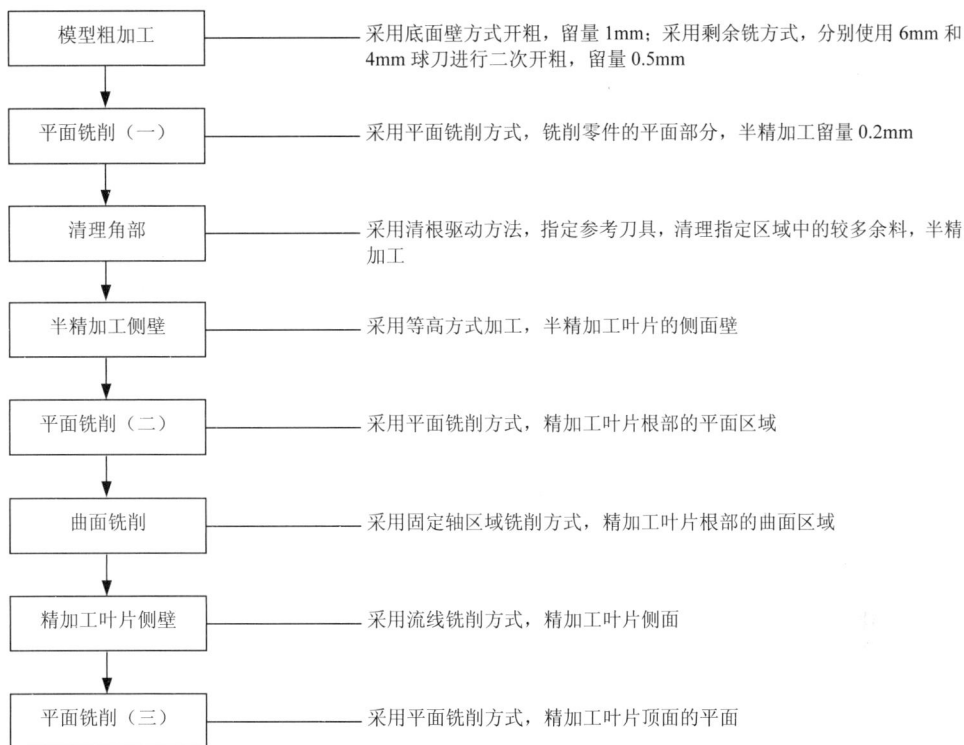

图 20.2.1　加工工艺路线（一）

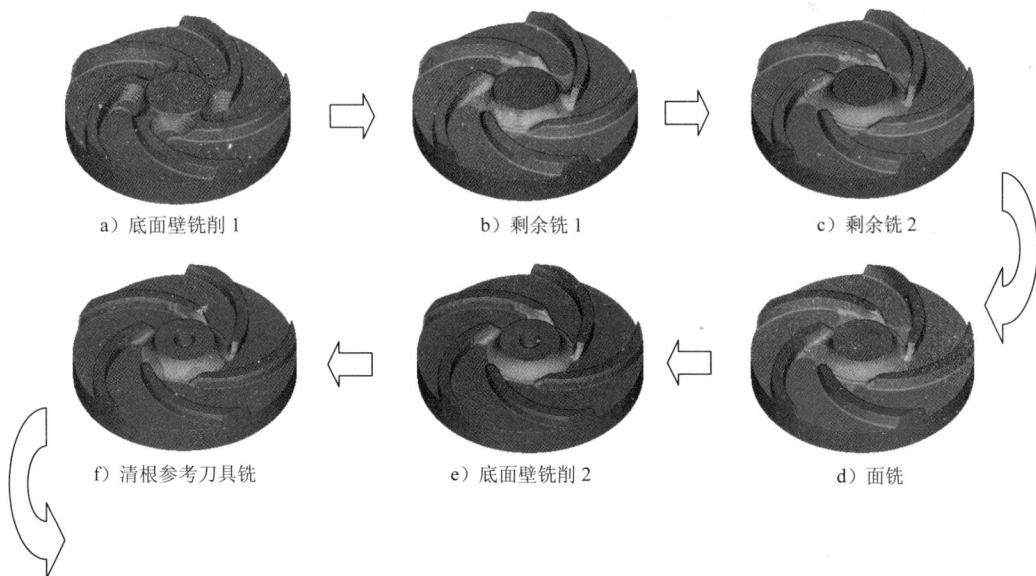

a）底面壁铣削 1　　　　b）剩余铣 1　　　　c）剩余铣 2

f）清根参考刀具铣　　　　e）底面壁铣削 2　　　　d）面铣

图 20.2.2　加工工艺路线（二）

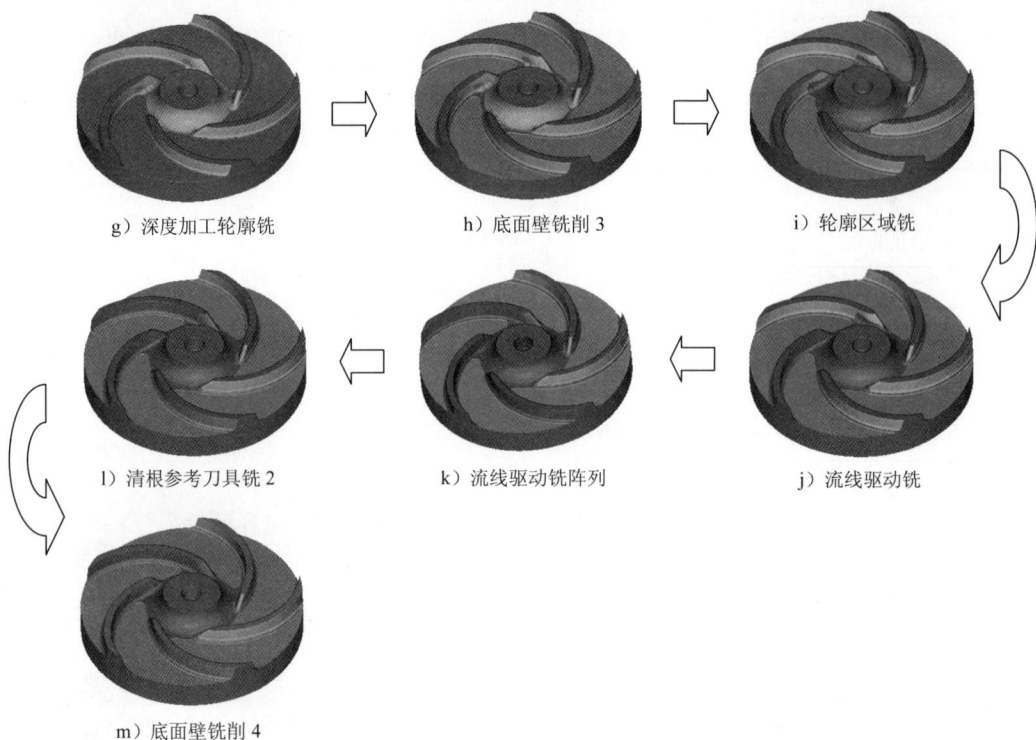

g）深度加工轮廓铣   h）底面壁铣削 3   i）轮廓区域铣

l）清根参考刀具铣 2   k）流线驱动铣阵列   j）流线驱动铣

m）底面壁铣削 4

图 20.2.2　加工工艺路线（二）（续图）

Step 2 方位调整。在图形区中可以观察到当前模型方位摆放符合加工要求，因此不需要对模型方位进行调整。

Step 3 进入加工环境。

（1）选择下拉菜单 🔆 开始 ➡ 📄 加工(N)... 命令，系统弹出"加工环境"对话框。

（2）在"加工环境"对话框的 CAM 会话配置 列表框中选择 cam_general 选项，在 要创建的 CAM 设置 列表框中选择 mill_planar 选项，单击 确定 按钮，进入加工环境。

Step 4 模型测量。选择下拉菜单 分析(L) ➡ 📄 NC 助理 命令，系统弹出"NC 助理"对话框。通过对该对话框中的选项进行设置，可对其模型的图形大小及关键部位的尺寸、拐角（圆角）半径和拔模角度等参数进行分析，具体操作方法这里不再赘述，请参照视频录像进行操作。

20.2.4　创建工序参数

Task1．创建几何体

Stage1．创建机床坐标系

Step 1 将工序导航器调整到几何视图，双击节点 ⊟ 🔧 MCS_MILL，系统弹出"MCS 铣削"对话框，在"MCS 铣削"对话框的 机床坐标系 选项区域中单击"CSYS 对话框"按钮📌，系统弹出 CSYS 对话框。

Step 2 在模型中选取图 20.2.3 所示的圆环边线上的圆心点，此时机床坐标原点移动至该点。

Step 3 单击对话框中的 确定 按钮，此时系统返回至"MCS 铣削"对话框，完成机床坐标系的创建。

Stage2. 创建安全平面

Step 1 在"MCS 铣削"对话框 安全设置 区域 安全设置选项 下拉列表中选择 自动平面 选项，并在 安全距离 文本框中输入值为 30。

Step 2 单击"MCS 铣削"对话框中的 确定 按钮。

Stage3. 创建部件几何体

Step 1 在工序导航器中双击⊞ MCS_MILL 节点下的 WORKPIECE，系统弹出"工件"对话框。

Step 2 选取部件几何体。在"工件"对话框中单击 按钮，系统弹出"部件几何体"对话框。

Step 3 在"部件几何体"对话框中单击✕按钮，在图形区中框选整个零件为部件几何体，如图 20.2.4 所示。

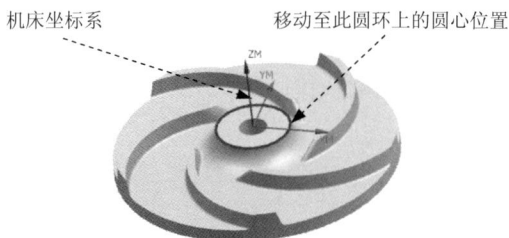

图 20.2.3　创建机床坐标系　　　　图 20.2.4　部件几何体

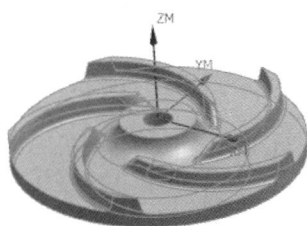

Step 4 在"部件几何体"对话框中单击 确定 按钮，完成部件几何体的创建，同时系统返回到"工件"对话框。

Stage4. 创建毛坯几何体

Step 1 在"工件"对话框中单击 按钮，系统弹出"毛坯几何体"对话框。

Step 2 在"毛坯几何体"对话框的 类型 下拉列表中选择 包容圆柱体 选项。

Step 3 单击"毛坯几何体"对话框中的 确定 按钮，系统返回到"工件"对话框，完成图 20.2.5 所示毛坯几何体的创建。

Step 4 单击"工件"对话框中的 确定 按钮。

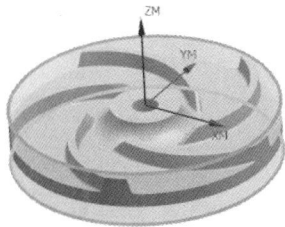

图 20.2.5　毛坯几何体

Task2. 创建刀具

Stage1. 创建刀具（一）

Step 1 将工序导航器调整到机床视图。

Step 2 选择下拉菜单 插入(S) ➡ 刀具(T)... 命令，系统弹出"创建刀具"对话框。

Step 3 在"创建刀具"对话框 类型 下拉列表中选择 mill_planar 选项，在 刀具子类型 区域中单击MILL按钮 ，在 位置 区域的 刀具 下拉列表中选择 GENERIC_MACHINE 选项，在 名称 文本框中输入 D12R1，然后单击 确定 按钮，系统弹出"铣刀-5 参数"对话框。

Step 4 系统弹出"铣刀-5 参数"对话框，在 (D) 直径 文本框中输入值 12，在 (R1) 下半径 文本框中输入值1，在 刀具号 文本框中输入值1，在 补偿寄存器 文本框中输入值1，在 刀具补偿寄存器 文本框中输入值1，其他参数采用系统默认设置值，单击 确定 按钮，完成刀具的创建。

Stage2. 创建刀具（二）

设置刀具类型为 mill_contour 选项，刀具子类型 单击选择 BALL_MILL 按钮 ，刀具名称为B6，刀具 (D) 直径 为 6，刀具号 为 2，补偿寄存器 为 2，刀具补偿寄存器 为 2；具体操作方法参照 Stage1。

Stage3. 创建刀具（三）

设置刀具类型为 mill_contour 选项，刀具子类型 单击选择 BALL_MILL 按钮 ，刀具名称为B4，刀具 (D) 直径 为 3，刀具号 为 3，补偿寄存器 为 3；其他参数采用系统默认设置值。

Stage4. 创建刀具（四）

设置刀具类型为 mill_contour 选项，刀具子类型 单击选择 MILL 按钮 ，刀具名称为 D5，刀具 (D) 直径 为 4，刀具号 为 4，补偿寄存器 为 4。

Stage5. 创建刀具（五）

设置刀具类型为 mill_contour 选项，刀具子类型 单击选择 BALL_MILL 按钮 ，刀具名称为B2，刀具 (D) 直径 为 5，刀具号 为 5，补偿寄存器 为 5。

Task3. 创建程序

Step 1 将工序导航器调整到程序顺序视图。

Step 2 右击 ✔ PROGRAM 节点，在弹出的快捷菜单中选择 重命名 命令，重新命名为 L-01。

Step 3 选择下拉菜单 插入(S) ➡ 程序(P)... 命令，创建其余的两个程序节点，结果如图 20.2.6 所示。

```
NC_PROGRAM
 ├ 未用项
 ├✔ L-01
 ├✔ L-02
 └✔ L-03
```

图 20.2.6 创建结果

20.2.5 创建粗加工刀路

Task1. 创建底面壁操作（一）

说明：本步骤是为了粗加工毛坯，应尽可能选用直径较大的铣刀。创建工序时应注意优化刀轨，减少不必要的抬刀和移刀，并设置较大的每刀切削深度值，提高开粗效率。另外还需要留有一定余量用于半精加工和精加工。

Stage1．创建工序

Step 1　将工序导航器调整到程序顺序视图。

Step 2　选择下拉菜单 插入(S) ➡ ┢ 工序(E)... 命令，在"创建工序"对话框 类型 下拉列表中选择 mill_planar 选项，在 工序子类型 区域中单击"底面和壁"按钮 ﹂，在 程序 下拉列表中选择 L-01 选项，在 刀具 下拉列表中选择前面设置的刀具 D12R1 (铣刀-5 参数) 选项，在 几何体 下拉列表中选择 WORKPIECE 选项，在 方法 下拉列表中选择 MILL ROUGH 选项，使用系统默认的名称。

Step 3　单击"创建工序"对话框中的 确定 按钮，系统弹出"底面壁"对话框。

Stage2．指定切削区域

Step 1　在"底面壁"对话框 几何体 区域中单击"指定切削区底面"按钮 ﹙﹚，系统弹出"切削区域"对话框。

Step 2　选取图 20.2.7 所示的面为切削区域，在"切削区域"对话框中单击 确定 按钮，完成切削区域的创建，同时系统返回到"底面壁"对话框。

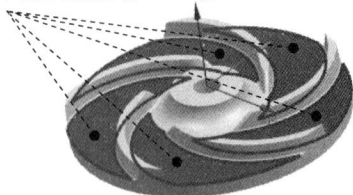

选取这 5 个面为切削区域

图 20.2.7　指定切削区域

Step 3　选中 ☑ 自动壁 复选框，系统自动指定壁几何体。

Stage3．设置刀具路径参数

Step 1　设置切削模式。在 刀轨设置 区域 切削区域空间范围 下拉列表中选择 壁，在 切削模式 下拉列表中选择 ▢ 跟随周边 选项。

Step 2　设置步进方式。在 步距 下拉列表中选择 刀具平直百分比 选项，在 平面直径百分比 文本框中输入值 60.0，在 每刀深度 文本框中输入值 1。

Stage4．设置切削参数

Step 1　在 刀轨设置 区域中单击"切削参数"按钮 ﹃，系统弹出"切削参数"对话框。

Step 2　在"切削参数"对话框中单击 策略 选项卡，在 刀路方向 下拉列表框中选择 向内 选项，其他参数采用系统默认设置值。

Step 3　在"切削参数"对话框中单击 余量 选项卡，在 壁余量 文本框中输入 1，在 最终底面余量 文本框中输入值 0.5，其他参数采用系统默认设置值。

Step 4　在"切削参数"对话框中单击 空间范围 选项卡，在 毛坯 下拉列表中选择 毛坯几何体 选项，在 切削区域 区域中的 将底面延伸至 下拉列表中选择 部件轮廓 选项，在 刀具延展量 文本框中输入 100，选中 ☑ 精确定位 复选框。

Step 5 单击"切削参数"对话框中的 确定 按钮，系统返回到"底面壁"对话框。

Stage5. 设置非切削移动参数

非切削移动参数采用系统默认设置值。

Stage6. 设置进给率和速度

Step 1 单击"底面壁"对话框中的"进给率和速度"按钮 🕭，系统弹出"进给率和速度"对话框。

Step 2 勾选 主轴速度 区域中的 ☑ 主轴速度 (rpm) 复选框，在其后的文本框中输入值 1500，按 Enter 键，然后单击 🔲 按钮，在 进给率 区域的 切削 文本框中输入值 300，按 Enter 键，然后单击 🔲 按钮，其他参数采用系统默认设置值。

Step 3 单击 确定 按钮，完成进给率和速度的设置，系统返回至"底面壁"对话框。

Stage7. 生成刀路轨迹并仿真

生成的刀路轨迹如图 20.2.8 所示，2D 动态仿真加工后的模型如图 20.2.9 所示。

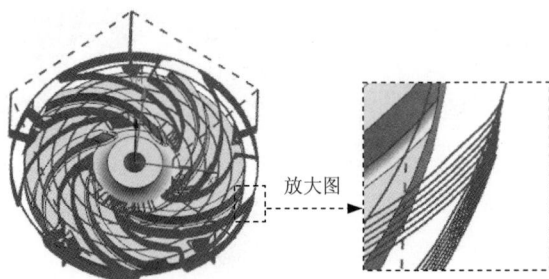

图 20.2.8　刀路轨迹

图 20.2.9　2D 仿真结果

Task2. 创建剩余铣操作（一）

Stage1. 创建工序

Step 1 选择下拉菜单 插入(S) ➡️ 工序(E)... 命令，系统弹出"创建工序"对话框。

Step 2 在"创建工序"对话框 类型 下拉列表中选择 mill_contour 选项，在 工序子类型 区域中单击"剩余铣"按钮 🔧，在 程序 下拉列表中选择 L-01 选项，在 刀具 下拉列表中选择前面设置的刀具 B6 (铣刀-球头铣) 选项，在 几何体 下拉列表中选择 WORKPIECE 选项，在 方法 下拉列表中选择 MILL ROUGH 选项，使用系统默认的名称。

Step 3 单击"创建工序"对话框中的 确定 按钮，系统弹出"剩余铣"对话框。

　　技巧提示：本工序属于二次开粗，因为材料残留的区域较为平坦，因此采用剩余铣的加工方式。如果采用拐角粗加工的加工方式，其切削效果会有所区别，读者可自行创建其刀路进行比较。

Stage2. 指定切削区域

Step 1 在"剩余铣"对话框 几何体 区域中单击"指定切削区域"按钮 ；系统弹出"切削区域"对话框。

Step 2 选取图 20.2.10 所示的面为切削区域（共71 个面），在"切削区域"对话框中单击 确定 按钮。

选取此面为切削区域

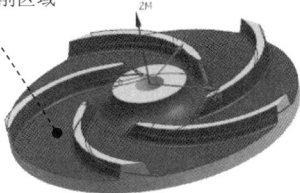

图 20.2.10　指定切削区域

Stage3. 设置刀具路径参数

Step 1 设置切削模式。在 刀轨设置 区域 切削模式 下拉列表中选择 跟随部件 选项。

Step 2 设置步进方式。在 步距 下拉列表中选择 刀具平直百分比 选项，在 平面直径百分比 文本框中输入值 20.0，在 最大距离 文本框中输入值 0.5。

Stage4. 设置切削参数

Step 1 在 刀轨设置 区域中单击"切削参数"按钮 ，系统弹出"切削参数"对话框。

Step 2 在"切削参数"对话框中单击 策略 选项卡，在 切削顺序 下拉列表框中选择 深度优先 选项，其他参数采用系统默认设置值。

Step 3 在"切削参数"对话框中单击 余量 选项卡，在 余量 区域中取消选中 使底面余量与侧面余量一致 复选框，在 部件底面余量 文本框中输入值 0.5，其他参数采用系统默认设置值。

Step 4 在"切削参数"对话框中单击 拐角 选项卡，在 圆弧上进给调整 区域中的 调整进给率 下拉列表中选择 在所有圆弧上 ，在 拐角处进给减速 区域中的 减速距离 下拉列表中选择 当前刀具 选项，在 减速百分比 文本框中输入 20，在 步数 文本框中输入 2，其他参数采用系统默认设置值。

Step 5 在"切削参数"对话框中单击 连接 选项卡，在 开放刀路 下拉列表中选择 变换切削方向 选项，其他参数采用系统默认设置值。

Step 6 在"切削参数"对话框中单击 空间范围 选项卡，在 毛坯 区域中的 最小材料移除 文本框中输入 1，在 参考刀具 区域中的 重叠距离 文本框中输入 1，其他参数采用系统默认设置值。

Step 7 单击"切削参数"对话框中的 确定 按钮，系统返回到"剩余铣"对话框。

Stage5. 设置非切削移动参数

Step 1 单击"剩余铣"对话框 刀轨设置 区域中的"非切削移动"按钮 ，系统弹出"非切削移动"对话框。

Step 2 单击"非切削移动"对话框中的 转移/快速 选项卡，在 区域内 区域的 转移类型 下拉列

20
Chapter

表中选择 毛坯平面 选项，并在 安全距离 文本框中输入 3.0。

Step 3 单击 确定 按钮，完成非切削移动参数的设置。

Stage6．设置进给率和速度

Step 1 单击"剩余铣"对话框中的"进给率和速度"按钮 💠 ，系统弹出"进给率和速度"对话框。

Step 2 勾选 主轴速度 区域中的 ☑ 主轴速度 (rpm) 复选框，在其后的文本框中输入值 3000，按 Enter 键，然后单击 🔲 按钮，在 进给率 区域的 切削 文本框中输入值 600，按 Enter 键，然后单击 🔲 按钮，其他参数采用系统默认设置值。

Step 3 单击 确定 按钮，完成进给率和速度的设置，系统返回至"剩余铣"对话框。

Stage7．生成刀路轨迹并仿真

生成的刀路轨迹如图 20.2.11 所示，2D 动态仿真加工后的模型如图 20.2.12 所示。

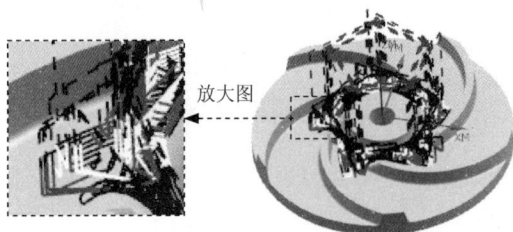

图 20.2.11　刀路轨迹

图 20.2.12　2D 仿真结果

Task3．创建剩余铣操作（二）

Stage1．复制剩余铣操作

Step 1 在图 20.2.13 所示的工序导航器的程序顺序视图中右击 🔧 REST_MILLING 节点，在弹出的快捷菜单中选择 🔧 复制 命令，然后右击 📁 L-01 节点，在弹出的快捷菜单中选择 内部粘贴 命令，此时工序导航器界面如图 20.2.14 所示。

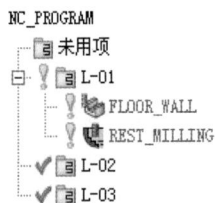

图 20.2.13　工序导航器界面（一）

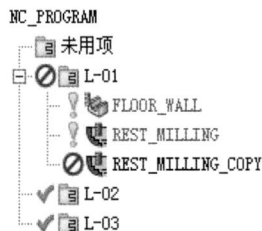

图 20.2.14　工序导航器界面（二）

Step 2 双击 ⊘🔧 REST_MILLING_COPY 节点，系统弹出"剩余铣"对话框。

说明：本工序属于三次开粗，采用直径 4mm 的球刀，对凹角部分进一步清理。在进行多次开粗工序时，应注意对切削区域进行必要的控制，如指定修剪边界，调整切削层参数等，以减少不必要刀路的产生。

Stage2．指定修剪边界

Step 1   在 几何体 区域中单击"指定修剪边界"按钮 ☒，系统弹出"修剪边界"对话框。

Step 2   在"修剪边界"对话框中 过滤器类型 区域中单击 ∫ 按钮，选择 修剪侧 区域的 ⦿ 外部 单选按钮，其他参数采用系统默认设置值，在图形区选取图 20.2.15 所示的模型边线。

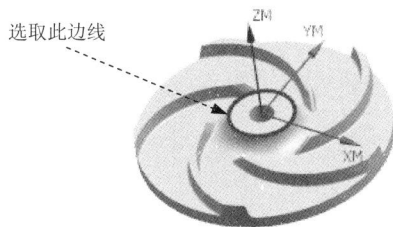

图 20.2.15   指定修剪边界

Step 3   单击 定制数据 选项卡，选中 定制边界数据 区域中的 ☑ 余量 复选框，在相应的文本框中输入–10。

Step 4   单击 确定 按钮，系统返回到"剩余铣"对话框。

技巧提示：在指定修剪边界时，通过调整余量参数，可以控制该边界的大小。

Stage3．设置刀具

在 工具 区域中的 刀具 下拉列表中选择刀具 B4 (铣刀-球头铣) 选项。

Stage4．设置切削参数

Step 1   在 刀轨设置 区域中单击"切削参数"按钮 ▦，系统弹出"切削参数"对话框。

Step 2   在"切削参数"对话框中单击 余量 选项卡，在 余量 区域中取消选中 ☐ 使底面余量与侧面余量一致 复选框，在 部件侧面余量 文本框中输入值 0.5，其他参数采用系统默认设置值。

Step 3   单击"切削参数"对话框中的 确定 按钮，系统返回到"剩余铣"对话框。

Stage5．设置进给率和速度

Step 1   单击"剩余铣"对话框中的"进给率和速度"按钮 ✚，系统弹出"进给率和速度"对话框。

Step 2   勾选 主轴速度 区域中的 ☑ 主轴速度 (rpm) 复选框，在其后的文本框中输入值 3500，按 Enter 键，然后单击 ▤ 按钮，在 进给率 区域的 切削 文本框中输入值 800，按 Enter 键，然后单击 ▤ 按钮，其他参数采用系统默认设置值。

Step 3   单击 确定 按钮，完成进给率和速度的设置，系统返回至"剩余铣"对话框。

Stage6. 生成刀路轨迹并仿真

生成的刀路轨迹如图 20.2.16 所示，2D 动态仿真加工后的模型如图 20.2.17 所示。

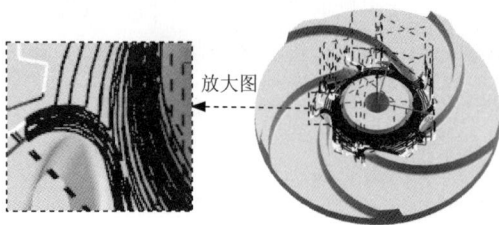

图 20.2.16　刀路轨迹

图 20.2.17　2D 仿真结果

20.2.6　创建半精加工刀路

Task1. 创建表面铣削操作

Stage1. 创建工序

Step 1　选择下拉菜单 插入(S) ➡ 工序(E)... 命令，系统弹出"创建工序"对话框。

Step 2　在"创建工序"对话框 类型 下拉列表中选择 mill_planar 选项，在 工序子类型 区域中单击"使用边界面铣削"按钮，在 程序 下拉列表中选择 L-02 选项，在 刀具 下拉列表中选择前面设置的刀具 D5 (铣刀-5 参数) 选项，在 几何体 下拉列表中选择 WORKPIECE 选项，在 方法 下拉列表中选择 MILL_SEMI_FINISH 选项，使用系统默认的名称。

Step 3　单击"创建工序"对话框中的 确定 按钮，系统弹出"面铣"对话框。

Stage2. 指定面边界

Step 1　在"面铣"对话框 几何体 区域中单击"指定面边界"按钮；系统弹出"指定面几何体"对话框。

Step 2　选取图 20.2.18 所示的面（共 5 个面），单击 确定 按钮。

Stage3. 设置刀具路径参数

Step 1　设置切削模式。在 刀轨设置 区域 切削模式 下拉列表中选择 跟随周边 选项。

Step 2　设置步进方式。在 最终底面余量 文本框中输入值 0.2。

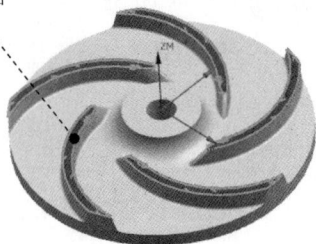

选取这 5 个面

图 20.2.18　指定面边界

Stage4. 设置切削参数

Step 1　在 刀轨设置 区域中单击"切削参数"按钮，系统弹出"切削参数"对话框。

Step 2　在"切削参数"对话框中单击 策略 选项卡，在 切削 区域中的 刀路方向 下拉列表框中选择 向内 选项，在 切削区域 区域中的 刀具延展量 文本框中输入 60，其他参数采用系统默认设置值。

Step 3 单击"切削参数"对话框中的 确定 按钮，系统返回到"面铣"对话框。

Stage5. 设置进给率和速度

Step 1 单击"面铣"对话框中的"进给率和速度"按钮 ，系统弹出"进给率和速度"对话框。

Step 2 在 主轴速度 区域中的 ☑ 主轴速度 (rpm) 复选框，在其后的文本框中输入值 4000，按 Enter 键，然后单击 按钮，在 进给率 区域的 切削 文本框中输入值 1000，按 Enter 键，然后单击 按钮，其他参数采用系统默认设置值。

Step 3 单击 确定 按钮，完成进给率和速度的设置，系统返回至"面铣"对话框。

Stage6. 生成刀路轨迹并仿真

生成的刀路轨迹如图 20.2.19 所示，2D 动态仿真加工后的模型如图 20.2.20 所示。

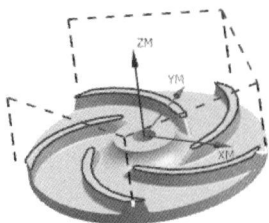

图 20.2.19 刀路轨迹

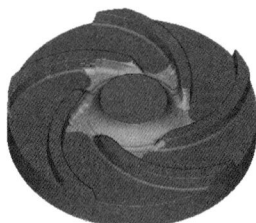

图 20.2.20 2D 仿真结果

Task2. 创建底面壁操作（二）

Stage1. 复制平面铣操作

Step 1 在工序导航器的程序顺序视图中，右击 FLOOR_WALL 节点，在弹出的快捷菜单中选择 复制 命令，然后右击 L-02 节点，在弹出的快捷菜单中选择 内部粘贴 命令。右击 FLOOR_WALL_COPY 选项，在系统弹出的快捷菜单中选择 重命名 选项，并命名为 FLOOR_WALL_1。

Step 2 双击 FLOOR_WALL_1 节点，系统弹出"底面壁"对话框。

Stage2. 设置刀具

在 工具 区域中的 刀具 下拉列表中选择刀具 D5 (铣刀-5 参数) 选项。

Stage3. 设置刀具路径参数

Step 1 在 几何体 区域中取消选中 □ 自动壁 复选框。

Step 2 设置切削模式。在 刀轨设置 区域 切削区域空间范围 下拉列表中选择 底面，在 切削模式 下拉列表中选择 跟随周边 选项。

Step 3 设置步进方式。在 步距 下拉列表中选择 刀具平直百分比 选项，在 平面直径百分比 文本框中输入值 75.0，在 底面毛坯厚度 文本框中输入值 3.0，在 每刀深度 文本框中输入值 0。

Stage4．设置切削参数

Step 1　在 刀轨设置 区域中单击"切削参数"按钮 ，系统弹出"切削参数"对话框。

Step 2　在"切削参数"对话框中单击 余量 选项卡，在 部件余量 文本框中输入 1，在 壁余量 文本框中输入 0，在 最终底面余量 文本框中输入值 0.2，其他参数采用系统默认设置值。

Step 3　在"切削参数"对话框中单击 连接 选项卡，在 开放刀路 下拉列表中选择 变换切削方向 选项，其他参数采用系统默认设置值。

Step 4　在"切削参数"对话框中单击 空间范围 选项卡，在 毛坯 下拉列表中选择 厚度 选项，在 切削区域 区域中选中 ☑ 延伸壁 复选框，取消选中 ☐ 精确定位 复选框。

Step 5　单击"切削参数"对话框中的 确定 按钮，系统返回到"底面壁"对话框。

Step 6　在"底面壁"对话框 刀轨设置 区域中的 底面毛坯厚度 文本框中输入 1。

Stage5．设置非切削移动参数

Step 1　单击"底面壁"对话框 刀轨设置 区域中的"非切削移动"按钮 ，系统弹出"非切削移动"对话框。

Step 2　单击"非切削移动"对话框中的 转移/快速 选项卡，在 区域内 区域的 转移类型 下拉列表中选择 毛坯平面 选项，并在 安全距离 文本框中输入 3.0。

Step 3　单击 确定 按钮，完成非切削移动参数的设置。

Stage6．设置进给率和速度

Step 1　单击"底面壁"对话框中的"进给率和速度"按钮 ，系统弹出"进给率和速度"对话框。

Step 2　单击 主轴速度 区域中的 ☑ 主轴速度 (rpm) 复选框，在其后的文本框中输入值 2000，按 Enter 键，然后单击 按钮，在 进给率 区域的 切削 文本框中输入值 300，其他参数采用系统默认设置值。

Step 3　单击 确定 按钮，完成进给率和速度的设置，系统返回至"底面壁"对话框。

Stage7．生成刀路轨迹并仿真

生成的刀路轨迹如图 20.2.21 所示，2D 动态仿真加工后的模型如图 20.2.22 所示。

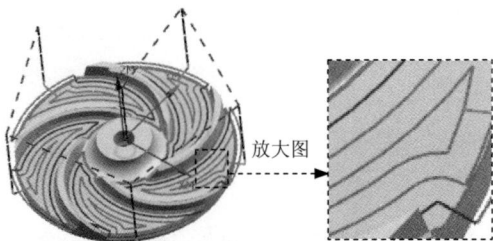

图 20.2.21　刀路轨迹

图 20.2.22　2D 仿真结果

Task3. 创建清根参考刀具操作

Stage1. 创建工序

Step 1　选择下拉菜单 插入(S) ➡ 工序(E)... 命令，系统弹出"创建工序"对话框。

Step 2　确定加工方法。在"创建工序"对话框 类型 下拉列表中选择 mill_contour 选项，在 工序子类型 区域中单击 FLOWCUT_REF_TOOL 按钮，在 程序 下拉列表中选择 L-02 选项，在 刀具 下拉列表中选择 B4 (铣刀-球头铣) 选项，在 几何体 下拉列表中选择 WORKPIECE 选项，在 方法 下拉列表中选择 MILL_SEMI_FINISH 选项，单击 确定 按钮，系统弹出"清根参考刀具"对话框。

说明：清根刀路用于清除叶片根部较多余料，为后面半精加工做准备。

Stage2. 指定切削区域

Step 1　在"清根参考刀具"对话框 几何体 区域中单击"指定切削区域"按钮，系统弹出"切削区域"对话框。

Step 2　选取图 20.2.23 所示的面为切削区域（共 71 个面），在"切削区域"对话框中单击 确定 按钮。

Stage3. 指定修剪边界

Step 1　在 几何体 区域中单击"选择或编辑修剪边界"按钮，系统弹出"修剪边界"对话框。

Step 2　在"修剪边界"对话框中 过滤器类型 区域中单击 ∫ 按钮，选择 修剪侧 区域的 ⊙外部 单选按钮，其他参数采用系统默认设置值，在图形区选取图 20.2.24 所示的模型边线。

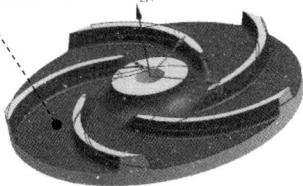

图 20.2.23　指定切削区域

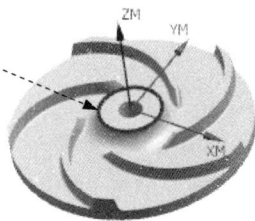

图 20.2.24　指定修剪边界

Step 3　单击 定制数据 选项卡，选中 定制边界数据 区域中的 ☑余量 复选框，在其后的文本框中输入值-10。

Step 4　单击 确定 按钮，系统返回到"清根参考刀具"对话框。

技巧提示：指定修剪边界时，添加负值的余量相当于改变了边界的大小范围。如果模型中没有合适的边线来创建修剪边界，用户也可以预先绘制适当的图形。

Stage4．定义参考刀具

Step 1 在 驱动方法 区域中单击"编辑"按钮 🔧，系统弹出"清根驱动方法"对话框。

Step 2 在 参考刀具 区域中的 参考刀具 下拉列表中选择刀具 B8 （铣刀-球头铣）。

Step 3 单击 确定 按钮，系统返回到"清根参考工具"对话框。

Stage5．设置切削参数

Step 1 在 刀轨设置 区域中单击"切削参数"按钮 ⬛，系统弹出"切削参数"对话框。

Step 2 在"切削参数"对话框中单击 余量 选项卡，在 部件余量 文本框中输入 0.2，其他参数采用系统默认设置值。

Step 3 单击"切削参数"对话框中的 确定 按钮，系统返回到"清根参考刀具"对话框。

Stage6．设置非切削移动参数

Step 1 单击"清根参考刀具"对话框 刀轨设置 区域中的"非切削移动"按钮 ⬛，系统弹出"非切削移动"对话框。

Step 2 单击"非切削移动"对话框中的 转移/快速 选项卡，在 区域之间 区域展开 移刀 区域，在 安全设置选项 下拉列表中选择 平面 选项，单击"平面对话框"按钮 ⬛，选择图 20.2.25 所示的面，在"平面"对话框中的 距离 文本框中输入 15，单击 确定 按钮，系统返回至"非切削移动"对话框。

Step 3 单击 确定 按钮，完成非切削移动参数的设置。

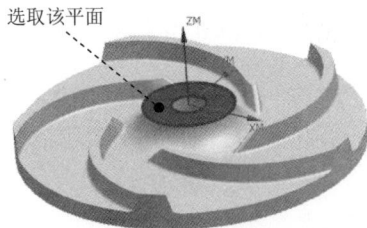
图 20.2.25　定义移刀平面

Stage7．设置进给率和速度

Step 1 单击"清根参考刀具"对话框中的"进给率和速度"按钮 ⬛，系统弹出"进给率和速度"对话框。

Step 2 选中"进给率和速度"对话框 主轴速度 区域中的 ☑ 主轴速度（rpm）复选框，在其后的文本框中输入值 5000，按 Enter 键，然后单击 ⬛ 按钮，其他参数采用系统默认设置值。

Step 3 单击 确定 按钮，完成进给率和速度的设置，系统返回至"清根参考刀具"对话框。

Stage8．生成刀路轨迹并仿真

生成的刀路轨迹如图 20.2.26 所示，2D 动态仿真加工后的模型如图 20.2.27 所示。

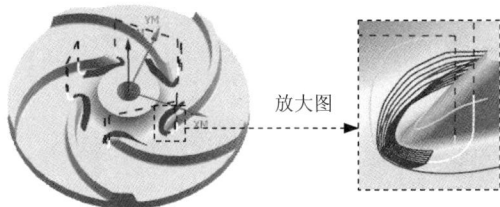

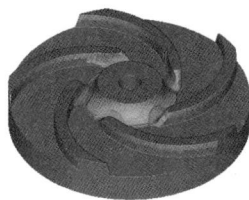

图 20.2.26　刀路轨迹　　　　　　　　　　　　图 20.2.27　2D 仿真结果

Task4. 创建深度加工轮廓操作

Stage1. 创建工序

Step 1　选择下拉菜单 插入(S) ➡️ 🔧 工序(E)... 命令，系统弹出"创建工序"对话框。

Step 2　确定加工方法。在"创建工序"对话框 类型 下拉列表中选择 mill_contour 选项，在 工序子类型 区域中单击 ZLEVEL_PROFILE 按钮 🔧，在 刀具 下拉列表中选择 B4 (铣刀-球头铣) 选项，在 几何体 下拉列表中选择 WORKPIECE 选项，在 方法 下拉列表中选择 MILL_SEMI_FINISH 选项，单击 确定 按钮，系统弹出"深度加工轮廓"对话框。

Stage2. 指定切削区域

Step 1　在"深度加工轮廓"对话框 几何体 区域中单击"指定切削区域"按钮 🍴，系统弹出"切削区域"对话框。

Step 2　选取图 20.2.28 所示的面为切削区域（共 71 个面），在"切削区域"对话框中单击 确定 按钮。

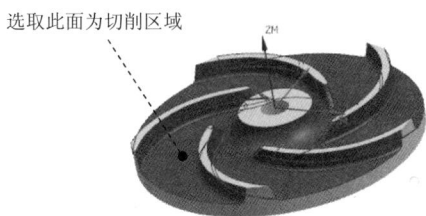

选取此面为切削区域

图 20.2.28　指定切削区域

Stage3. 设置切削层参数

Step 1　在 刀轨设置 区域中单击"切削层"按钮 🗐，系统弹出"切削层"对话框。

Step 2　在 范围 区域中的 最大距离 文本框中输入 0.3，在 范围 1 的顶部 区域中的 ZC 文本框中输入 6，在 范围定义 区域中的 范围深度 文本框中输入 6，在 每刀的深度 文本框中输入 0.3。

Step 3　单击 确定 按钮，系统返回到"深度加工轮廓"对话框。

技巧提示：控制切削层参数可以有效的控制刀路轨迹。

Stage4. 设置切削参数

Step 1　在 刀轨设置 区域中单击"切削参数"按钮 ➡️，系统弹出"切削参数"对话框。

Step 2　在"切削参数"对话框中单击 策略 选项卡，在 切削 区域中的 切削方向 下拉列表中选择 混合 选项，在 切削顺序 下拉列表框中选择 始终深度优先 选项，在 延伸刀轨 区域中选中 ☑ 在边上延伸 复选框，其他参数采用系统默认设置值。

Step 3　在"切削参数"对话框中单击 余量 选项卡，在 余量 区域中的 部件侧面余量 文本框中输入值 0.2，其他参数采用系统默认设置值。

Step 4 在"切削参数"对话框中单击 连接 选项卡，在 层之间 区域中的 层到层 下拉列表中选择 直接对部件进刀 选项，其他参数采用系统默认设置值。

Step 5 单击"切削参数"对话框中的 确定 按钮，系统返回到"深度加工轮廓"对话框。

Stage5．设置非切削移动参数

Step 1 单击"深度加工轮廓"对话框 刀轨设置 区域中的"非切削移动"按钮 ⬜，系统弹出"非切削移动"对话框。

Step 2 单击"非切削移动"对话框中的 转移/快速 选项卡，在 区域之间 区域的 转移类型 下拉列表中选择 最小安全值 Z 选项，并在 安全距离 文本框中输入 3.0。在 区域内 区域中的 转移类型 下拉列表中选择 最小安全值 Z 选项，并在 安全距离 文本框中输入 3.0，其他参数采用系统默认设置值。

Step 3 单击 确定 按钮，完成非切削移动参数的设置。

Stage6．设置进给率和速度

Step 1 单击"深度加工轮廓"对话框中的"进给率和速度"按钮 🕂，系统弹出"进给率和速度"对话框。

Step 2 勾选 主轴速度 区域中的 ☑ 主轴速度 (rpm) 复选框，在其后的文本框中输入值 5000，按 Enter 键，然后单击 🔳 按钮，在 进给率 区域的 切削 文本框中输入值 1000，按 Enter 键，其他参数采用系统默认设置值。

Step 3 单击 确定 按钮，完成进给率和速度的设置，系统返回至"深度加工轮廓"对话框。

Stage7．生成刀路轨迹并仿真

生成的刀路轨迹如图 20.2.29 所示，2D 动态仿真加工后的模型如图 20.2.30 所示。

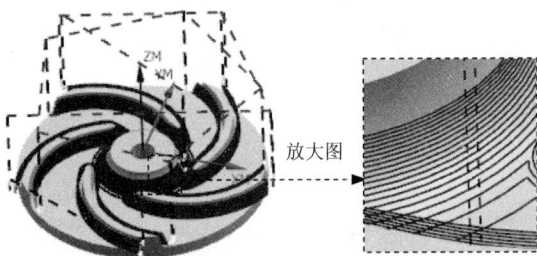

图 20.2.29　刀路轨迹

图 20.2.30　2D 仿真结果

20.2.7　创建精加工刀路

Task1．创建底面壁操作（三）

Stage1．复制操作

Step 1 在工序导航器的机床视图中右击 ⚠️ FLOOR_WALL_1 节点，在弹出的快捷菜单中选择

复制 命令，然后右击 ▌□L-03 节点，在弹出的快捷菜单中选择 内部粘贴 命令。

右击⊘▓ FLOOR_WALL_1_COPY 选项，在系统弹出的快捷菜单中选择 ▓ 重命名 选项，并命名为 FLOOR_WALL_2。

Step 2 双击⊘▓ FLOOR_WALL_2 节点，系统弹出"底面壁"对话框。

Stage2．设置刀具路径参数

Step 1 在 几何体 区域中选中 ☑ 自动壁 复选框；在 刀轨设置 区域中的 方法 下拉列表中选择 MILL_FINISH 选项。

Step 2 设置步进方式。在 步距 下拉列表中选择 刀具平直百分比 选项，在 平面直径百分比 文本框中输入值 60，在 底面毛坯厚度 文本框中输入值 1，在 每刀深度 文本框中输入值 0。

Stage3．设置切削参数

Step 1 在 刀轨设置 区域中单击"切削参数"按钮 ➡，系统弹出"切削参数"对话框。

Step 2 在"切削参数"对话框中单击 余量 选项卡，在 部件余量 文本框中输入 0，在 壁余量 文本框中输入 0.5，最终底面余量 文本框中输入值 0，其他参数采用系统默认设置值。

Step 3 在"切削参数"对话框中单击 空间范围 选项卡，在 切削区域 区域中的 将底面延伸至 下拉列表中选择 无，其他参数采用系统默认设置值。

Step 4 单击"切削参数"对话框中的 确定 按钮，系统返回到"底面壁"对话框。

Stage4．设置非切削移动参数

Step 1 单击"底面壁"对话框 刀轨设置 区域中的"非切削移动"按钮 ▦，系统弹出"非切削移动"对话框。

Step 2 单击"非切削移动"对话框中的 转移/快速 选项卡，在 区域之间 区域 转移类型 下拉列表中选择 毛坯平面 选项，并在 安全距离 文本框中输入 3.0。

Step 3 单击 确定 按钮，完成非切削移动参数的设置。

Stage5．设置进给率和速度

Step 1 单击"底面壁"对话框中的"进给率和速度"按钮 ♣，系统弹出"进给率和速度"对话框。

Step 2 勾选 主轴速度 区域中的 ☑ 主轴速度 (rpm) 复选框，在其后的文本框中输入值 4200，按 Enter 键，然后单击 □ 按钮，在 进给率 区域的 切削 文本框中输入值 1200，按 Enter 键，然后单击 □ 按钮，其他参数采用系统默认设置值。

Step 3 单击 确定 按钮，系统返回至"底面壁"对话框。

Stage6．生成刀路轨迹并仿真

生成的刀路轨迹如图 20.2.31 所示，2D 动态仿真加工后的模型如图 20.2.32 所示。

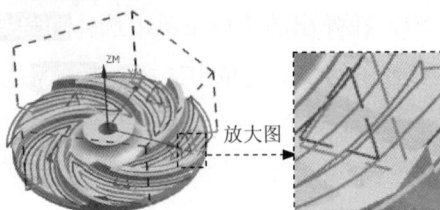

图 20.2.31　刀路轨迹

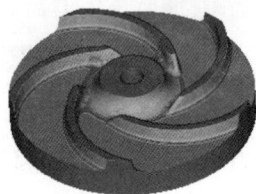

图 20.2.32　2D 仿真结果

Task2.　创建轮廓区域铣操作

Stage1.　创建工序

Step 1　选择下拉菜单 插入(S) ➡️ 工序(E)... 命令，在"创建工序"对话框 类型 下拉列表中选择 mill_contour 选项，在 工序子类型 区域中单击 CONTOUR_AREA 按钮，在 程序 下拉列表中选择 L-03 选项，在 刀具 下拉列表中选择 B4 (铣刀-球头铣) 选项，在 几何体 下拉列表中选择 WORKPIECE 选项，在 方法 下拉列表中选择 MILL_FINISH 选项，使用系统默认的名称 CONTOUR_AREA。

Step 2　单击"创建工序"对话框中的 确定 按钮，系统弹出"轮廓区域"对话框。

Stage2.　指定切削区域

Step 1　在 几何体 区域中单击"选择或编辑切削区域几何体"按钮，系统弹出"切削区域"对话框。

Step 2　选取图 20.2.33 所示的面（共 7 个面）为切削区域，在"切削区域"对话框中单击 确定 按钮，完成切削区域的创建，同时系统返回到"轮廓区域"对话框。

Stage3.　指定修剪边界

Step 1　在 几何体 区域中单击"选择或编辑修剪边界"按钮，系统弹出"修剪边界"对话框。

Step 2　在"修剪边界"对话框中 过滤器类型 区域中单击 ∫ 按钮，选择 修剪侧 区域的 ⊙ 外部 单选按钮，其他参数采用系统默认设置值，在图形区选取图 20.2.34 所示的模型边线。

选取此面为切削区域

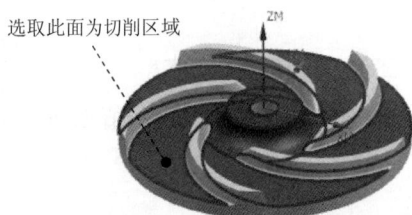

图 20.2.33　指定切削区域

选取此边线

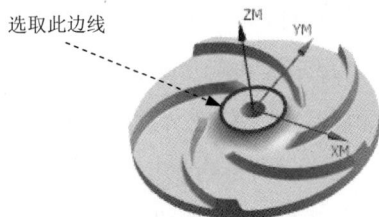

图 20.2.34　指定修剪边界

Step 3　单击 定制数据 选项卡，选中 定制边界数据 区域中的 ☑ 余量 复选框，在相应的文本框中输入–10。

Step 4 单击 主要 选项卡，单击 ▎▎▎▎▎▎▎▎ 创建下一个边界 ▎▎▎▎▎▎ 按钮，在对话框中 过滤器类型 区域中单击 ∫ 按钮，选择 修剪侧 区域的 ⊙ 内部 单选按钮，其他参数采用系统默认设置值，在图形区选取图20.2.34所示的模型边线。

Step 5 单击 定制数据 选项卡，选中 定制边界数据 区域中的 ☑ 余量 复选框，在相应的文本框中输入1。

Step 6 单击 确定 按钮，系统返回到"轮廓区域"对话框。

说明：这里使用同一条边线创建了两个修剪边界，一个用来修剪内部，一个用来修剪外部，从而有效的控制刀路轨迹。

Stage4．设置驱动方法

Step 1 在"轮廓区域"对话框 驱动方法 区域的下拉列表中选择 区域铣削 选项，系统弹出"区域铣削驱动方法"对话框（或单击 驱动方法 区域的"编辑"按钮 ）。

Step 2 在"区域铣削驱动方法"对话框中设置图20.2.35所示的参数，然后单击 确定 按钮，系统返回到"轮廓区域"对话框。

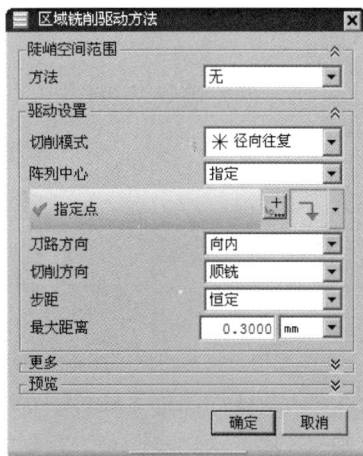

Stage5．设置刀轴

刀轴选择系统默认的 +ZM 轴 。

图20.2.35　"区域铣削驱动方法"对话框

Stage6．设置切削参数

Step 1 在 刀轨设置 区域中单击"切削参数"按钮 ，系统弹出"切削参数"对话框。

Step 2 在"切削参数"对话框中单击 余量 选项卡，在 公差 区域中的 内公差 文本框中输入0.01，在 外公差 文本框中输入0.01，其他参数采用系统默认设置值。

Step 3 单击"切削参数"对话框中的 确定 按钮，系统返回到"轮廓区域"对话框。

Stage7．设置非切削移动参数。

采用系统默认的非切削移动参数。

Stage8．设置进给率和速度

Step 1 在"轮廓区域"对话框中单击"进给率和速度"按钮 ，系统弹出"进给率和速度"对话框。

Step 2 选中"进给率和速度"对话框 主轴速度 区域中的 ☑ 主轴速度 (rpm) 复选框，在其后的文本框中输入值5000.0，按 Enter 键，然后单击 按钮，在 进给率 区域的 切削 文本框中输入值800.0，按 Enter 键，然后单击 按钮，其他参数采用系统默认设置值。

Step 3 单击 确定 按钮，完成进给率和速度的设置，系统返回"轮廓区域"对话框。

Stage9．生成刀路轨迹并仿真

生成的刀路轨迹如图 20.2.36 所示，2D 动态仿真加工后的模型如图 20.2.37 所示。

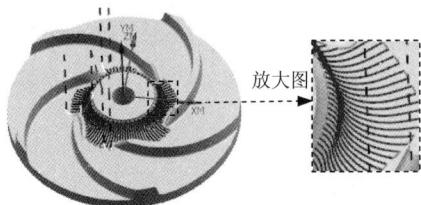

图 20.2.36　刀路轨迹

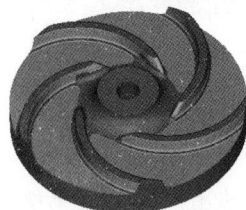

图 20.2.37　2D 仿真结果

Task3．创建流线铣操作

Stage1．创建工序

Step 1 选择下拉菜单 插入(S) ➡ 工序(E)... 命令，在"创建工序"对话框 类型 下拉列表中选择 mill_contour 选项，在 工序子类型 区域中单击 STREAMLINE 按钮 ，在 程序 下拉列表中选择 L-03 选项，在 刀具 下拉列表中选择 B2 (铣刀-球头铣) 选项，在 几何体 下拉列表中选择 WORKPIECE 选项，在 方法 下拉列表中选择 MILL_FINISH 选项，使用系统默认的名称 STREAMLINE。

Step 2 单击"创建工序"对话框中的 确定 按钮，系统弹出"流线"对话框。

Stage2．指定切削区域

Step 1 在 几何体 区域中单击"选择或编辑切削区域几何体"按钮 ，系统弹出"切削区域"对话框。

Step 2 选取图 20.2.38 所示的面（共 13 个面）为切削区域，在"切削区域"对话框中单击 确定 按钮，完成切削区域的创建，同时系统返回到"流线"对话框。

Stage3．设置流线驱动方法

Step 1 在"流线"对话框 驱动方法 区域中单击"编辑"按钮 ，系统弹出"流线驱动方法"对话框。

Step 2 在 切削方向 区域中单击"指定切削方向"按钮 ，选择图 20.2.39 所示的箭头。

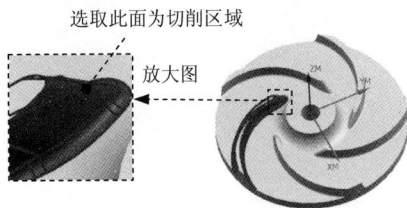

图 20.2.38　指定切削区域

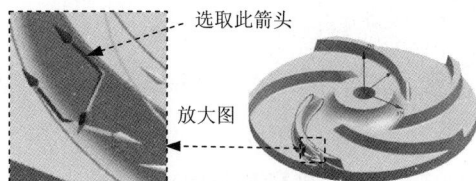

图 20.2.39　指定切削方向

Step 3   在"流线驱动方法"对话框中的 修剪和延伸 区域中的 起始步长 % 文本框中输入 5，在
结束步长 % 文本框中输入 90。在 驱动设置 区域中的 刀具位置 下拉列表中选择 接触 选项，
在 步距数 文本框中输入 30。

Step 4   单击 确定 按钮，系统返回至"流线"对话框。

Step 5   在"流线"对话框的 投影矢量 区域中的 矢量 下拉列表中选择 垂直于驱动体 选项。

Stage4．设置切削参数

Step 1   在 刀轨设置 区域中单击"切削参数"按钮 ，系统弹出"切削参数"对话框。

Step 2   在"切削参数"对话框中单击 余量 选项卡，在 公差 区域中的 内公差 文本框中输入 0，
在 外公差 文本框中输入 0.02，其他参数采用系统默认设置值。

Step 3   单击"切削参数"对话框中的 确定 按钮，系统返回到"流线"对话框。

Stage5．设置非切削移动参数。

Step 1   单击"流线"对话框 刀轨设置 区域中的"非切削移动"按钮 ，系统弹出"非切
削移动"对话框。

Step 2   单击"非切削移动"对话框中的 进刀 选项卡，在 开放区域 区域的 进刀类型 下拉列表
中选择 圆弧 - 垂直于刀轴 选项。

Step 3   单击 确定 按钮，完成非切削移动参数的设置。

Stage6．设置进给率和速度

Step 1   在"流线"对话框中单击"进给率和速度"按钮 ，系统弹出"进给率和速度"
对话框。

Step 2   选中"进给率和速度"对话框 主轴速度 区域中的 ☑ 主轴速度 (rpm) 复选框，在其后的
文本框中输入值 10000，按 Enter 键，然后单击 按钮，在 进给率 区域的 切削 文本
框中输入值 1200，按 Enter 键，然后单击 按钮，其他参数采用系统默认设置值。

Step 3   单击 确定 按钮，完成进给率和速度的设置，系统返回"流线"对话框。

Stage7．生成刀路轨迹并仿真

生成的刀路轨迹如图 20.2.40 所示，2D 动态仿真加工后的模型如图 20.2.41 所示。

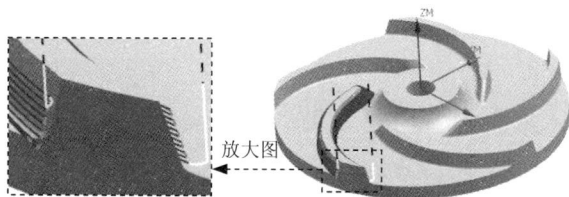

图 20.2.40   刀路轨迹   图 20.2.41   2D 仿真结果

Stage8．对流线铣进行阵列操作

Step 1   在程序视图中右击 STREAMLINE 节点，在系统弹出的快捷菜单中选择 对象

➡️ 🔧 变换... 命令。

Step 2 在 类型 下拉菜单中选择 ⟳ 绕点旋转，选择图 20.2.42 所示的点，在 角度 文本框中输入 72；在 结果 区域中选择 ⦿ 实例 单选按钮，在 实例数 文本框中输入 4，其余参数保持默认设置。

Step 3 单击 确定 按钮，结果如图 20.2.43 所示。

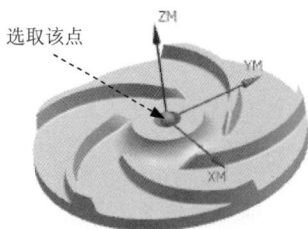

图 20.2.42 选取旋转中心点　　　　图 20.2.43 流线铣阵列

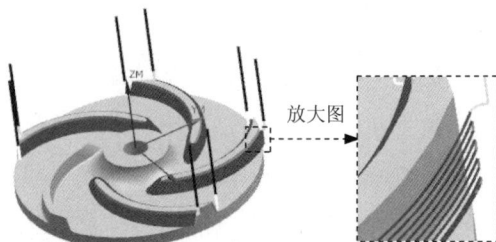

Task4. 创建清根参考刀具操作（二）

Stage1. 复制清根参考刀具操作

Step 1 在工序导航器的程序顺序视图中右击 ⚠️🔧 FLOWCUT_REF_TOOL 节点，在弹出的快捷菜单中选择 ✂️ 复制 命令，然后右击 ⚠️🗐 L-03 节点，在弹出的快捷菜单中选择 内部粘贴 命令。右击 ⊘🔧 FLOWCUT_REF_TOOL_COPY 选项，在系统弹出的快捷菜单中选择 🔤 重命名 选项，并命名为 FLOWCUT_REF_TOOL_1。

Step 2 双击 ⊘🔧 FLOWCUT_REF_TOOL_1 节点，系统弹出"清根参考刀具"对话框。

Stage2. 移除修剪边界

Step 1 在 几何体 区域中单击"清根参考刀具"按钮 ⊠，系统弹出"修剪边界"对话框。

Step 2 在"修剪边界"对话框中单击 移除 按钮。

Step 3 单击 确定 按钮，系统返回到"清根参考刀具"对话框。

Stage3. 定义刀具参数

Step 1 在 工具 区域中的 刀具 文本框中选择刀具 B2 (铣刀-球头铣) 选项。

Stage4. 定义参考刀具

Step 1 在 驱动方法 区域中单击"编辑"按钮 🔧，系统弹出"清根驱动方法"对话框。

Step 2 在 非陡峭切削 区域中的 顺序 下拉列表中选择刀具 先陡，在 参考刀具 区域中的 参考刀具 下拉列表中选择刀具 B4 (铣刀-球头铣)，在 重叠距离 文本框中输入 0。

Step 3 单击 确定 按钮，系统返回到"清根参考刀具"对话框。

Stage5. 设置切削参数

Step 1 在 刀轨设置 区域中单击"切削参数"按钮 ⤚，系统弹出"切削参数"对话框。

Step 2 在"切削参数"对话框中单击 余量 选项卡，在 部件余量 文本框中输入 0，在 公差 区

域中的 内公差 文本框中输入 0，在 外公差 文本框中输入 0.02，其他参数采用系统默认设置值。

Step 3　单击"切削参数"对话框中的 确定 按钮，系统返回到"清根参考刀具"对话框。

Stage6．设置非切削移动参数。

采用系统默认的非切削移动参数。

Stage7．设置进给率和速度

Step 1　单击"清根参考刀具"对话框中的"进给率和速度"按钮🕂，系统弹出"进给率和速度"对话框。

Step 2　勾选 主轴速度 区域中的 ☑ 主轴速度 (rpm) 复选框，在其后的文本框中输入值 10000，按 Enter 键，然后单击🔳按钮，在 进给率 区域的 切削 文本框中输入值 1000，按 Enter 键，然后单击🔳按钮，其他参数采用系统默认设置值。

Step 3　单击 确定 按钮，完成进给率和速度的设置，系统返回至"清根参考刀具"对话框。

Stage8．生成刀路轨迹并仿真

生成的刀路轨迹如图 20.2.44 所示，2D 动态仿真加工后的模型如图 20.2.45 所示。

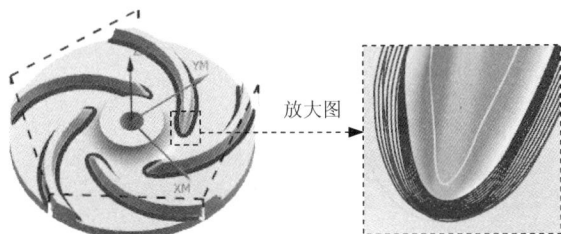

图 20.2.44　刀路轨迹　　　　　　　　　　图 20.2.45　2D 仿真结果

Task5．创建底面壁操作（四）

Stage1．复制底面壁操作

Step 1　在工序导航器的机床视图中右击 FLOOR_WALL_2 节点，在弹出的快捷菜单中选择 复制 命令，然后右击 L-03 节点，在弹出的快捷菜单中选择 内部粘贴 命令。右击 FLOOR_WALL_2_COPY 选项，在系统弹出的快捷菜单中选择 重命名 选项，并将其命名为 FLOOR_WALL_3。

Step 2　双击 FLOOR_WALL_3 节点，系统弹出"底面壁"对话框。

Stage2．指定切削区域

Step 1　在 几何体 区域中单击"选择或编辑切削区域几何体"按钮🔖，系统弹出"切削区域"对话框。

Step 2 单击"切削区域"对话框中的 ✕ 按钮，然后选取图 20.2.46 所示的面（共 5 个面）为切削区域，在"切削区域"对话框中单击 确定 按钮，完成切削区域的创建，同时系统返回到"底面壁"对话框。

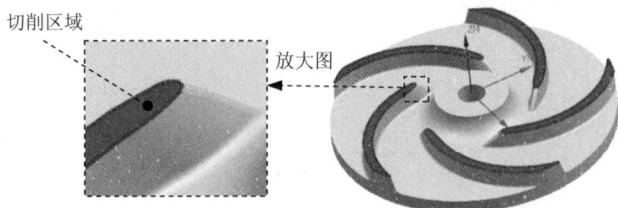

图 20.2.46　指定切削区域

Stage3．设置刀具路径参数

在 几何体 区域中取消选中 □ 自动壁 复选框。

Stage4．设置切削参数

Step 1 在 刀轨设置 区域中单击"切削参数"按钮 ⇥，系统弹出"切削参数"对话框。

Step 2 在"切削参数"对话框中单击 空间范围 选项卡，在 切削区域 区域中的 刀具延展量 文本框中输入 70，其他参数采用系统默认设置值。

Step 3 单击"切削参数"对话框中的 确定 按钮，系统返回到"底面壁"对话框。

Stage5．生成刀路轨迹并仿真

生成的刀路轨迹如图 20.2.47 所示，2D 动态仿真加工后的模型如图 20.2.48 所示。

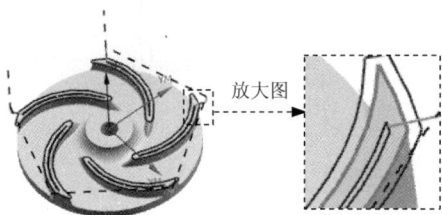

图 20.2.47　刀路轨迹

图 20.2.48　2D 仿真结果

Task6．保存文件

选择下拉菜单 文件(F) ➡ 保存(S) 命令，保存文件。

20.3　应用 3——某造型复杂的玩具模具加工与编程

20.3.1　概述

模具加工是数控加工中常见的加工内容，其中注塑模的加工占相当多的比例。对于

注塑模具的加工来说，应该充分了解该零件的加工要求和工艺特点，特别注意模具的材料和加工精度，依此来制定合理的工序。在创建加工工序时，应注意加工区域的选择，尽可能一次性选择相邻且相似的曲面，避免选择过多的不同区域进行加工。同时应特别注意设置每次切削的余量，避免过切或余量不足。另外要注意刀轨参数设置值是否正确，以免影响加工质量。

20.3.2　工艺分析及制定

本应用讲述的是一款玩具的模具加工，在学习本应用时，应注意体会各个工序的加工目的，进而掌握该类模型的一般加工方法。

初步分析本应用中要加工的后模零件，其主要由较平坦曲面、小拔模角度陡壁和直壁等组成，底面形状方正，毛坯为方形坯料且六面已见光，除厚度上留有适当余量，其余各面均已加工到位，装夹可采用平口虎钳来定位。

在创建刀路轨迹时，应充分考虑较深的零件内拐角对加工的不利影响，合理设置加工工序的切削参数。对于零件中需要进行电极加工的柱位，可以通过"修补开口"或"同步建模"命令来提前进行修补，这样可以保证加工区域的连续，避免刀路的跳跃。因此制定其加工工艺内容如图 20.3.1 所示，加工工艺路线如图 20.3.2 所示。

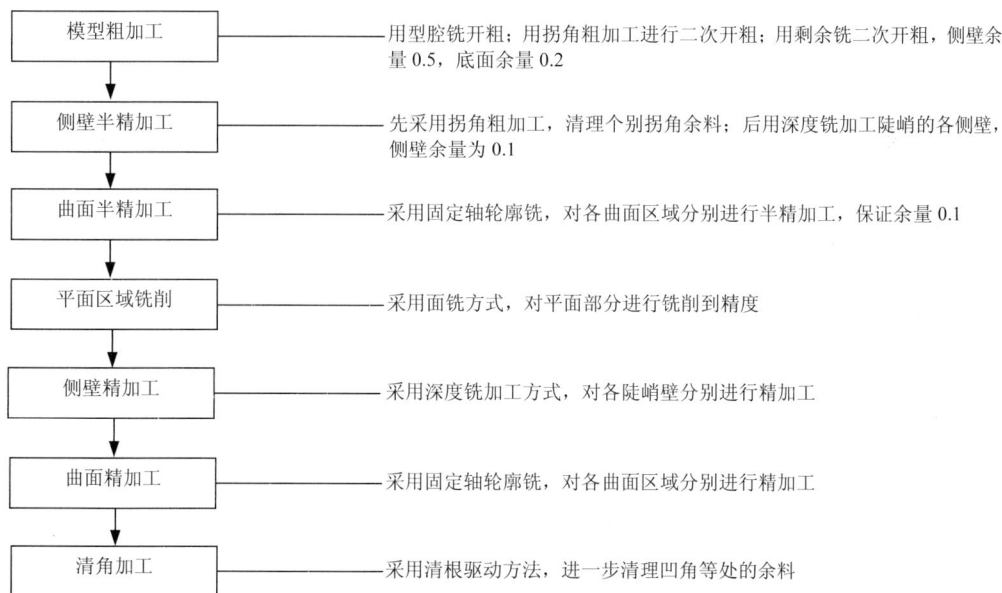

模型粗加工	—— 用型腔铣开粗；用拐角粗加工进行二次开粗；用剩余铣二次开粗，侧壁余量 0.5，底面余量 0.2
侧壁半精加工	—— 先采用拐角粗加工，清理个别拐角余料；后用深度铣加工陡峭的各侧壁，侧壁余量为 0.1
曲面半精加工	—— 采用固定轴轮廓铣，对各曲面区域分别进行半精加工，保证余量 0.1
平面区域铣削	—— 采用面铣方式，对平面部分进行铣削到精度
侧壁精加工	—— 采用深度铣加工方式，对各陡峭壁分别进行精加工
曲面精加工	—— 采用固定轴轮廓铣，对各曲面区域分别进行精加工
清角加工	—— 采用清根驱动方法，进一步清理凹角等处的余料

图 20.3.1　加工工艺内容

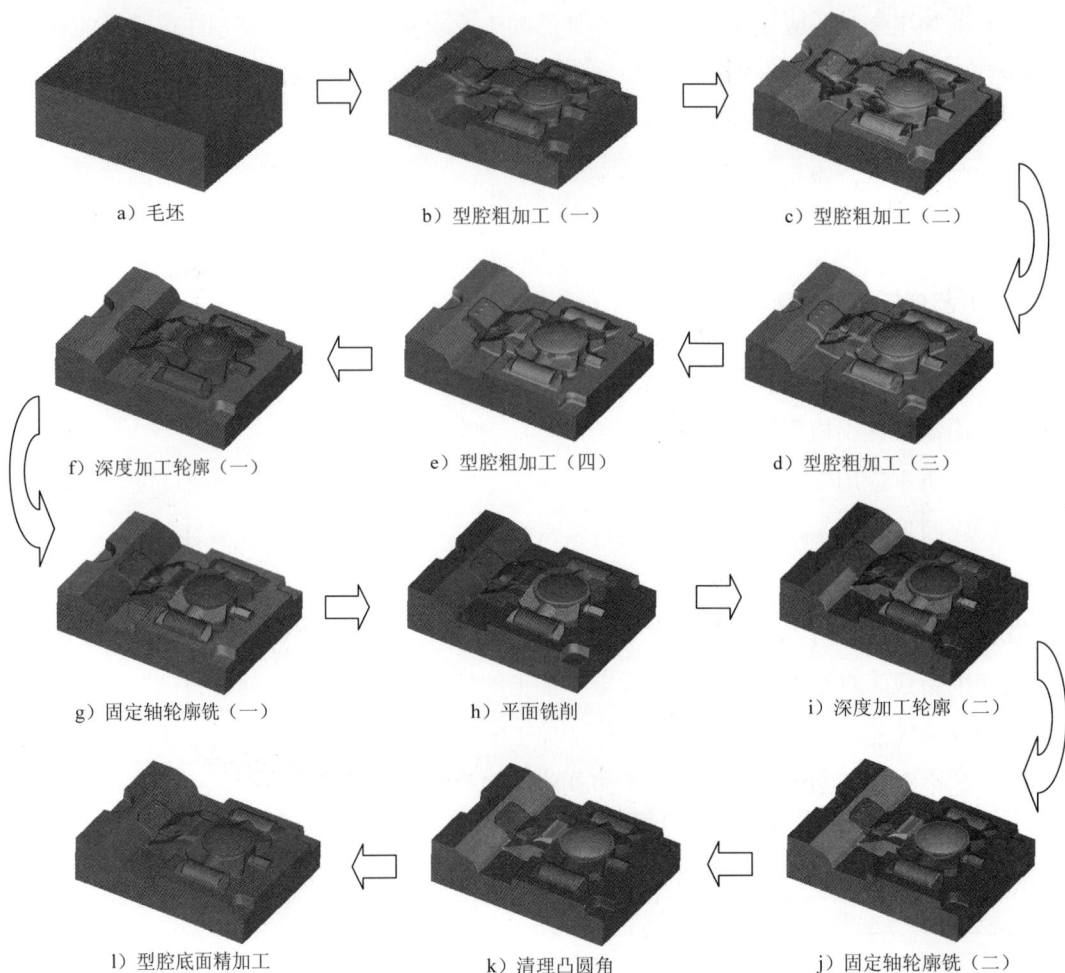

a）毛坯　　　　　　　b）型腔粗加工（一）　　　　　　c）型腔粗加工（二）

f）深度加工轮廓（一）　　　　e）型腔粗加工（四）　　　　d）型腔粗加工（三）

g）固定轴轮廓铣（一）　　　　h）平面铣削　　　　i）深度加工轮廓（二）

l）型腔底面精加工　　　　k）清理凸圆角　　　　j）固定轴轮廓铣（二）

图 20.3.2　加工工艺路线

20.3.3　加工准备

　　在创建加工工序前，应首先检查模型的摆放方位，要尽可能地将参考坐标系、机床坐标系、绝对坐标系统一到同一位置。通常会将坐标原点放置在模型顶面的中心，以方便加工时对刀及工件找正等。为了方便模型的移动和旋转等操作，一般可将模型另存后，去除参数，然后使用"移动对象"命令进行相应的调整。

Step 1　打开模型文件 D:\ug85nc\work\ch20\ch20.03\ttb_mold.prt。

Step 2　方位调整。

　　（1）选择下拉菜单 编辑(E) ➡ 移动对象(O)... 命令，系统弹出"移动对象"对话框。

　　（2）定义对象。在模型树中选取"体1"和"体2"为对象。

　　（3）定义变换属性。在 变换 区域的 运动 下拉列表中选择 距离 选项，选取 Z 轴为指定矢量，并在 距离 文本框中输入-65。

（4）其他选项采用系统默认设置，单击 < 确定 > 按钮完成创建，其结果如图 20.3.3b 所示。

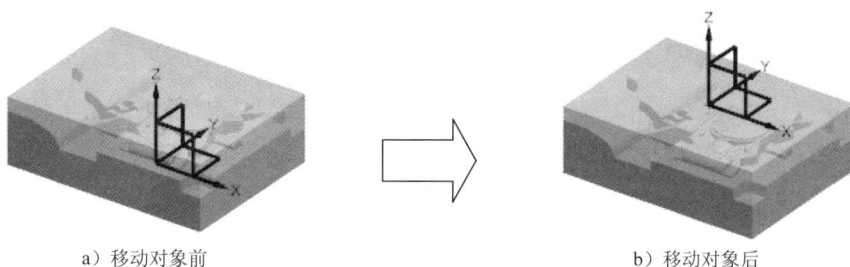

a）移动对象前　　　　　　　　　　　　　　b）移动对象后

图 20.3.3　方位调整

说明：

● 移动的距离数值由毛坯高度决定，该数值需提前测量。用户也可以选择 点到点 的移动方式，分别选取毛坯的角点，对零件和毛坯进行位置的移动。

● 创建合适的毛坯几何体后，便于观察模型的整体尺寸，尤其是模型的最高点；同时在将加工模型进行位置移动后，也便于观察机床坐标系的原点位置。

● 在本例中仅是调整了模型的 Z 向高度，因为此时原点已经位于顶面中心，所以 X 向和 Y 向均不需调整。

Step 3　进入加工环境。

（1）选择下拉菜单 开始 ▾ ➡ 加工(N)... 命令，系统弹出"加工环境"对话框。

（2）在"加工环境"对话框的 CAM 会话配置 列表框中选择 cam_general 选项，在 要创建的 CAM 设置 列表框中选择 mill_contour 选项，单击 确定 按钮，进入加工环境。

Step 4　创建修补开口（隐藏"体 2"）。

（1）单击"几何体"工具栏中的"修补开口"按钮，系统弹出"修补开口"对话框。

（2）定义修补类型。在 类型 区域的下拉列表中选择 已拼合的补片 选项。

（3）定义修补对象。选取图 20.3.4 所示的模型表面为要修补的面；选取图 20.3.5 所示的模型边线为要修补的开口。

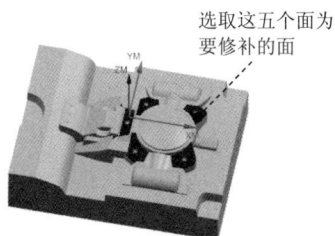

选取这五个面为要修补的面

图 20.3.4　定义要修补的面

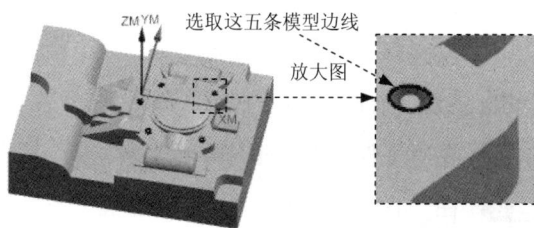

选取这五条模型边线

放大图

图 20.3.5　定义要修补的开口

（4）单击 确定 按钮，完成修补开口的创建。

技巧提示：在模具加工中通常需要首先对模型进行必要的修补处理，这里所用的"修补开口"命令非常实用，用户可仔细体会该命令的用法。

Step 5 模型测量。选择下拉菜单 分析(L) ➡ NC 助理命令，系统弹出"NC 助理"对话框。通过对该对话框中的选项进行设置，可对其模型的图形大小及关键部位的尺寸、拐角（圆角）半径和拔模角度等参数进行准确的分析，依照此分析数据，来选定合适的刀具半径和刀角半径。

说明：具体操作方法请参照操作视频录像。

20.3.4　创建工序参数

Task1．创建几何体

Stage1．创建机床坐标系

Step 1 将工序导航器调整到几何视图，双击节点 MCS_MILL，系统弹出"MCS 铣削"对话框，在"MCS 铣削"对话框的机床坐标系区域中单击"CSYS 对话框"按钮，系统弹出 CSYS 对话框。

Step 2 采用系统默认的原点位置，单击 确定 按钮，此时系统返回至"MCS 铣削"对话框，完成机床坐标系的创建。

Stage2．创建安全平面

Step 1 在"MCS 铣削"对话框安全设置区域安全设置选项下拉列表中选择自动平面选项，并在安全距离文本框中输入值为 30。

Step 2 单击"MCS 铣削"对话框中的 确定 按钮。

Stage3．创建部件几何体

Step 1 在工序导航器中双击 MCS_MILL 节点下的 WORKPIECE，系统弹出"工件"对话框。

Step 2 选取部件几何体。在"工件"对话框中单击 按钮，系统弹出"部件几何体"对话框。在图形区中选取"体 1"以及修补开口创建的 5 个面为部件几何体，如图 20.3.6 所示。

Step 3 在"部件几何体"对话框中单击 确定 按钮，完成部件几何体的创建，同时系统返回到"工件"对话框。

Stage4．创建毛坯几何体

Step 1 在"工件"对话框中单击 按钮，系统弹出"毛坯几何体"对话框。

Step 2 在"毛坯几何体"对话框的类型下拉列表中选择 几何体选项，选取图 20.3.7 所示的"体 2"为毛坯几何体。单击"毛坯几何体"对话框中的 确定 按钮，系统返

回到"工件"对话框。

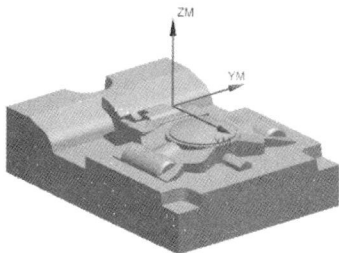

图 20.3.6   部件几何体

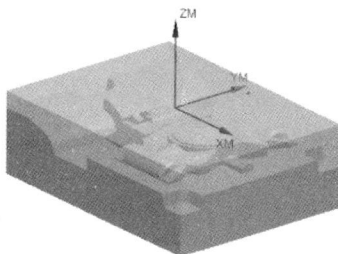

图 20.3.7   毛坯几何体

Step 3   单击"工件"对话框中的 [确定] 按钮，完成工件创建。

Task2. 创建刀具

Stage1. 创建刀具（一）

Step 1   将工序导航器调整到机床视图。

Step 2   选择下拉菜单 插入(S) ➡ 刀具(T)... 命令，系统弹出"创建刀具"对话框。

Step 3   在"创建刀具"对话框 类型 下拉列表中选择 mill_contour 选项，在 刀具子类型 区域中单击 MILL 按钮 ，在 位置 区域的 刀具 下拉列表中选择 GENERIC_MACHINE 选项，在 名称 文本框中输入 D16R0.8，然后单击 [确定] 按钮，系统弹出"铣刀-5 参数"对话框。

Step 4   在 (D) 直径 文本框中输入值 16.0，在 (R1) 下半径 文本框中输入值 0.8，在 刀具号 文本框中输入值 1，在 补偿寄存器 文本框中输入值 1，在 刀具补偿寄存器 文本框中输入值 1，其他参数采用系统默认设置值，单击 [确定] 按钮，完成刀具（一）的创建。

Stage2. 创建刀具（二）

设置刀具类型为 mill_contour 选项，刀具子类型 单击选择 MILL 按钮 ，刀具名称为 D8，刀具 (D) 直径 为 8.0，刀具号 为 2，补偿寄存器 为 2，刀具补偿寄存器 为 2；具体操作方法参照 Stage1。

Stage3. 创建刀具（三）

设置刀具类型为 mill_contour 选项，刀具子类型 单击选择 BALL_MILL 按钮 ，刀具名称为 B5，刀具 (D) 球直径 为 5.0，刀具号 为 3。

Stage4. 创建刀具（四）

设置刀具类型为 mill_contour 选项，刀具子类型 单击选择 MILL 按钮 ，刀具名称为 D3，刀具 (D) 直径 为 3.0，刀具号 为 4。

Stage5. 创建刀具（五）

设置刀具类型为 mill_contour 选项，刀具子类型 单击选择 MILL 按钮 ，刀具名称为 D10，刀具 (D) 直径 为 10.0，刀具号 为 5。

Stage6. 创建刀具（六）

设置刀具类型为 `mill_contour` 选项，刀具子类型 单击选择 BALL_MILL 按钮 🔧，刀具名称为 B3，刀具 (D) 球直径 为 3.0，刀具号 为 6。

Stage7. 创建刀具（七）

设置刀具类型为 `mill_contour` 选项，刀具子类型 单击选择 BALL_MILL 按钮 🔧，刀具名称为 B2，刀具 (D) 球直径 为 2.0，刀具号 为 7。

Task3. 创建程序

说明：对于较复杂的模具类零件的加工，设置合理的程序节点，可以有效的区分各个加工阶段，同时便于数控程序的后处理。

Stage1. 创建程序（一）

Step 1 将工序导航器调整到程序顺序视图。右击 ✔🗎 PROGRAM 节点，在系统弹出的快捷菜单中选择 🔄 重命名 选项，并命名为 P-01。

Stage2. 创建程序（二）

Step 1 选择下拉菜单 插入(S) ➡ 🗎 程序(P)... 命令，系统弹出"创建程序"对话框。

Step 2 定义其参数如图 20.3.8 所示，单击 确定 按钮，系统弹出"程序"对话框。

Step 3 单击 确定 按钮，完成程序的创建。

Stage3. 创建程序（三）

参照 Stage2 操作创建程序（三）。

Stage4. 创建程序（四）

参照 Stage2 操作创建程序（四）。

Stage5. 创建程序（五）

参照 Stage2 操作创建程序（五），其结果如图 20.3.9 所示。

图 20.3.8 "创建程序"对话框

图 20.3.9 创建结果

20.3.5　创建粗加工刀路

Task1. 创建型腔铣操作（一）

Stage1. 创建工序

Step 1　将工序导航器调整到程序顺序视图。

Step 2　选择下拉菜单 插入(S) ➡ 工序(E)... 命令，在"创建工序"对话框 类型 下拉列表中选择 mill_contour 选项，在 工序子类型 区域中单击"型腔铣"按钮，在 程序 下拉列表中选择 P-01 选项， 在 刀具 下拉列表中选择前面设置的刀具 D16R0.8 (铣刀-5 参数) 选项，在 几何体 下拉列表中选择 WORKPIECE 选项，在 方法 下拉列表中选择 MILL ROUGH 选项，使用系统默认的名称。

Step 3　单击"创建工序"对话框中的 确定 按钮，系统弹出"型腔铣"对话框。

Stage2. 指定修剪边界

Step 1　在"型腔铣"对话框中单击 几何体 区域 指定修剪边界 右侧的 按钮，系统弹出"修剪边界"对话框。

Step 2　在"修剪边界"对话框中单击 主要 选项卡，并在 过滤器类型 区域中单击"面边界"按钮；在 修剪侧 区域选中 ⦿ 外部 单选按钮；选取图 20.3.10 所示的面为修剪边界，在对话框中单击 确定 按钮，完成修剪边界的创建，同时系统返回到"型腔铣"对话框。

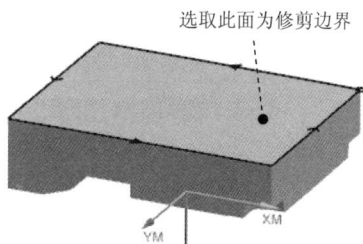

选取此面为修剪边界

图 20.3.10　指定修剪边界

Stage3. 设置刀具路径参数

Step 1　设置切削模式。在 刀轨设置 区域 切削模式 下拉列表中选择 跟随部件 选项。

Step 2　设置步进方式。在 步距 下拉列表中选择 刀具平直百分比 选项，在 平面直径百分比 文本框中输入值 60.0，在 每刀的公共深度 下拉列表中选择 恒定 选项，在 最大距离 文本框中输入值 0.5。

Stage4. 设置切削参数

Step 1　在 刀轨设置 区域中单击"切削参数"按钮，系统弹出"切削参数"对话框。

Step 2　在"切削参数"对话框中单击 策略 选项卡，在 切削顺序 下拉列表框中选择 深度优先 选项，其他参数采用系统默认设置值。

Step 3　在"切削参数"对话框中单击 连接 选项卡，在 开放刀路 下拉列表框中选择 变换切削方向 选项，其他参数采用系统默认设置值。

Step 4　在"切削参数"对话框中单击 余量 选项卡，取消选中 ☐ 使底面余量与侧面余量一致 复选框，在 部件底面余量 文本框中输入值 0.5，其他参数采用系统默认设置值。

Step 5 在"切削参数"对话框中单击 空间范围 选项卡，在 碰撞检测 区域选中 ☑ 检查刀具和夹持器 复选框，在 小面积避让 区域的 小封闭区域 下拉列表中选择 忽略 选项，其他参数采用系统默认设置值。

Step 6 单击"切削参数"对话框中的 确定 按钮，系统返回到"型腔铣"对话框。

Stage5．设置非切削移动参数

Step 1 单击"型腔铣"对话框 刀轨设置 区域中的"非切削移动"按钮，系统弹出"非切削移动"对话框。

Step 2 单击"非切削移动"对话框中的 进刀 选项卡，在 开放区域 区域的 最小安全距离 文本框中输入 60.0；单击 转移/快速 选项卡，在 区域之间 区域的 转移类型 下拉列表中选择 前一平面 选项，并在 安全距离 文本框中输入 3.0，在 区域内 区域的 转移类型 下拉列表中选择 前一平面 选项，并在 安全距离 文本框中输入 3.0。

Step 3 单击 确定 按钮，完成非切削移动参数的设置。

Stage6．设置进给率和速度

Step 1 单击"型腔铣"对话框中的"进给率和速度"按钮，系统弹出"进给率和速度"对话框。

Step 2 选中"进给率和速度"对话框 主轴速度 区域中的 ☑ 主轴速度 (rpm) 复选框，在其后的文本框中输入值 1200.0，按 Enter 键，然后单击按钮，在 进给率 区域的 切削 文本框中输入值 600.0，按 Enter 键，然后单击按钮，其他参数采用系统默认设置值。

Step 3 单击 确定 按钮，完成进给率和速度的设置，系统返回至"型腔铣"对话框。

Stage7．生成刀路轨迹并仿真

生成的刀路轨迹如图 20.3.11 所示，2D 动态仿真加工后的模型如图 20.3.12 所示。

图 20.3.11　刀路轨迹

图 20.3.12　2D 仿真结果

Task2．创建拐角粗加工操作（一）

Stage1．创建工序

Step 1 选择下拉菜单 插入(S) → 工序(E)... 命令，系统弹出"创建工序"对话框。

Step 2 在"创建工序"对话框 类型 下拉列表中选择 mill_contour 选项，在 工序子类型 区域中
单击"拐角粗加工"按钮 ，在 程序 下拉列表中选择 P-01 选项，在 刀具 下拉列
表中选择前面设置的刀具 D8 (铣刀-5 参数) 选项，在 几何体 下拉列表中选择 WORKPIECE
选项，在 方法 下拉列表中选择 MILL ROUGH 选项，使用系统默认的名称。

Step 3 单击"创建工序"对话框中的 确定 按钮，系统弹出"拐角粗加工"对话框。

Stage2．设置参考刀具

在对话框 参考刀具 区域的 参考刀具 下拉列表中选择 D16R0.8 (铣刀-5 参数) 选项。

Stage3．设置刀具路径参数

Step 1 设置陡峭角。在 刀轨设置 区域 陡峭空间范围 下拉列表中选择 仅陡峭的 选项，并在 角度 文
本框中输入值 65.0。

Step 2 设置切削模式。在 刀轨设置 区域 切削模式 下拉列表中选择 跟随部件 选项。

Step 3 设置步进方式。在 步距 下拉列表中选择 刀具平直百分比 选项，在 平面直径百分比 文本框
中输入值 20.0，在 每刀的公共深度 下拉列表中选择 恒定 选项，在 最大距离 文本框中输
入值 0.3。

Stage4．设置切削参数

Step 1 在 刀轨设置 区域中单击"切削参数"按钮 ，系统弹出"切削参数"对话框。

Step 2 在"切削参数"对话框中单击 策略 选项卡，在 切削顺序 下拉列表框中选择 深度优先 选
项，其他参数采用系统默认设置值。

Step 3 在"切削参数"对话框中单击 余量 选项卡，取消选中 使底面余量与侧面余量一致 复选
框，在 部件底面余量 文本框中输入值 0.5，其他参数采用系统默认设置值。

Step 4 在"切削参数"对话框中单击 空间范围 选项卡，在 毛坯 区域的 最小材料移除 文本框中
输入值 1.0，在 碰撞检测 区域选中 检查刀具和夹持器 复选框，在 小面积避让 区域的
小封闭区域 下拉列表中选择 忽略 选项，其他参数采用系统默认设置值。

Step 5 单击"切削参数"对话框中的 确定 按钮，系统返回到"拐角粗加工"对话框。

Stage5．设置非切削移动参数。

Step 1 单击"拐角粗加工"对话框 刀轨设置 区域中的"非切削移动"按钮 ，系统弹出
"非切削移动"对话框。

Step 2 单击"非切削移动"对话框中的 进刀 选项卡，在 开放区域 区域的 最小安全距离 文本框
中输入 6.0，并在其后的下拉列表中选择 mm 选项；单击 转移/快速 选项卡，在 区域内
区域的 安全距离 文本框中输入 1.0，其他参数采用系统默认设置值。

Step 3 单击 确定 按钮，完成非切削移动参数的设置。

说明：拐角粗加工中刀路轨迹的计算是基于参考刀具的，这里要注意设置足够的进刀

最小安全距离，以防止产生碰撞的轨迹。也可以通过创建一把虚拟的参考刀具的方式，从而改变刀具的加工范围，以生成合适的刀路轨迹。

Stage6. 设置进给率和速度

Step 1 单击"拐角粗加工"对话框中的"进给率和速度"按钮 ，系统弹出"进给率和速度"对话框。

Step 2 选中"进给率和速度"对话框 主轴速度 区域中的 ☑ 主轴速度 (rpm) 复选框，在其后的文本框中输入值 2200.0，按 Enter 键；然后单击 按钮，在 进给率 区域的 切削 文本框中输入值 500.0，按 Enter 键，然后单击 按钮；其他参数采用系统默认设置值。

Step 3 单击 确定 按钮，完成进给率和速度的设置，系统返回至"拐角粗加工"对话框。

Stage7. 生成刀路轨迹并仿真

生成的刀路轨迹如图 20.3.13 所示，2D 动态仿真加工后的模型如图 20.3.14 所示。

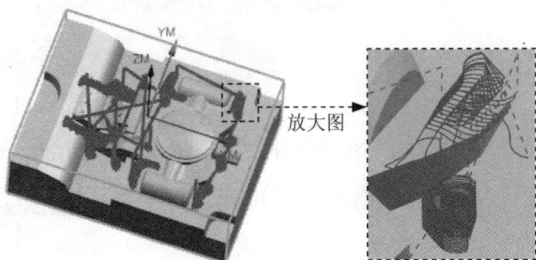

放大图

图 20.3.13　刀路轨迹

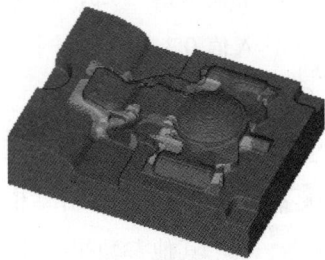

图 20.3.14　2D 仿真结果

注意：在进行拐角粗加工的刀路轨迹确认时，需要注意是否存在碰撞报警，一旦出现报警，一定要及时调整进刀参数，直至刀路合理再进行后续的操作。

Task3. 创建剩余铣操作（一）

Stage1. 创建工序

Step 1 选择下拉菜单 插入(S) ➡ 工序(E)... 命令，系统弹出"创建工序"对话框。

Step 2 在"创建工序"对话框 类型 下拉列表中选择 mill_contour 选项，在 工序子类型 区域中单击"剩余铣"按钮 ，在 程序 下拉列表中选择 P-01 选项，在 刀具 下拉列表中选择前面设置的刀具 B5 (铣刀-球头铣) 选项，在 几何体 下拉列表中选择 WORKPIECE 选项，在 方法 下拉列表中选择 MILL_SEMI_FINISH 选项，使用系统默认的名称。

Step 3 单击"创建工序"对话框中的 确定 按钮，系统弹出"剩余铣"对话框。

Stage2. 指定修剪边界

Step 1 在"剩余铣"对话框中单击 几何体 区域 指定修剪边界 右侧的 按钮，系统弹出"修剪边界"对话框。

Step 2 在"修剪边界"对话框中单击 主要 选项卡，并在 过滤器类型 区域中单击"面边界"
按钮🔲；在 修剪侧 区域选中 ⊙ 外部 单选按钮；
选取图 20.3.15 所示的面为修剪边界，单击
⬛ 确定 ⬛ 按钮，完成修剪边界的创建，同时系
统返回到"剩余铣"对话框。

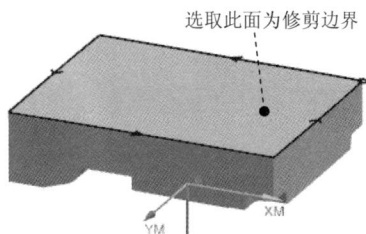

图 20.3.15 指定修剪边界

Stage3．设置刀具路径参数

Step 1 设置切削模式。在 刀轨设置 区域 切削模式 下拉列
表中选择▤ 跟随部件 选项。

Step 2 设置步进方式。在 步距 下拉列表中选择 刀具平直百分比 选项，在 平面直径百分比 文本框
中输入值 40.0，在 每刀的公共深度 下拉列表中选择 恒定 选项，在 最大距离 文本框中输
入值 0.3。

Stage4．设置切削参数

Step 1 在 刀轨设置 区域中单击"切削参数"按钮➡，系统弹出"切削参数"对话框。

Step 2 在"切削参数"对话框中单击 策略 选项卡，在 切削顺序 下拉列表框中选择 深度优先 选
项，其他参数采用系统默认设置值。

Step 3 在"切削参数"对话框中单击 连接 选项卡，在 开放刀路 下拉列表框中选择
变换切削方向 选项，其他参数采用系统默认设置值。

Step 4 在"切削参数"对话框中单击 余量 选项卡，取消选中 □ 使底面余量与侧面余量一致 复选
框，在 部件侧面余量 文本框中输入值 0.5，在 部件底面余量 文本框中输入值 0.2，其他
参数采用系统默认设置值。

Step 5 在"切削参数"对话框中单击 空间范围 选项卡，在 毛坯 区域的 最小材料移除 文本框中输
入值 1.0，在 碰撞检测 区域选中 ☑ 检查刀具和夹持器 复选框，在 小面积避让 区域的 小封闭区域
下拉列表中选择 忽略 选项，其他参数采用系统默认设置值。

Step 6 单击"切削参数"对话框中的 ⬛ 确定 ⬛ 按钮，系统返回到"剩余铣"对话框。

Stage5．设置非切削移动参数

Step 1 单击"剩余铣"对话框 刀轨设置 区域中的"非切削移动"按钮▦，系统弹出"非
切削移动"对话框。

Step 2 单击"非切削移动"对话框中的 进刀 选项卡，在 封闭区域 区域的 斜坡角 文本框中输
入 3.0；单击 转移/快速 选项卡，在 区域之间 区域的 转移类型 下拉列表中选择 毛坯平面 选
项，并在 安全距离 文本框中输入 3.0，在 区域内 区域的 转移类型 下拉列表中选择 前一平面
选项，并在 安全距离 文本框中输入 3.0。

Step 3 单击 ⬛ 确定 ⬛ 按钮，完成非切削移动参数的设置。

Stage6. 设置进给率和速度

Step 1 单击"剩余铣"对话框中的"进给率和速度"按钮 🔧，系统弹出"进给率和速度"对话框。

Step 2 选中"进给率和速度"对话框 `主轴速度` 区域中的 `☑ 主轴速度 (rpm)` 复选框，在其后的文本框中输入值 3500.0，按 Enter 键，然后单击 🔲 按钮，在 `进给率` 区域的 `切削` 文本框中输入值 800.0，按 Enter 键，然后单击 🔲 按钮，其他参数采用系统默认设置值。

Step 3 单击 `确定` 按钮，完成进给率和速度的设置，系统返回至"剩余铣"对话框。

Stage7. 生成刀路轨迹并仿真

生成的刀路轨迹如图 20.3.16 所示，2D 动态仿真加工后的模型如图 20.3.17 所示。

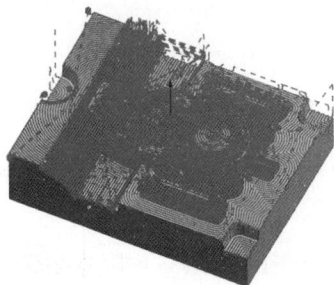

图 20.3.16　刀路轨迹

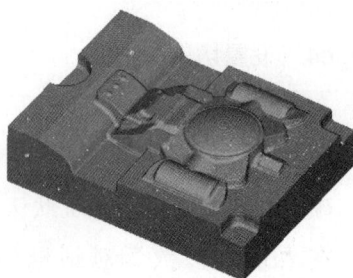

图 20.3.17　2D 仿真结果

20.3.6　创建半精加工刀路（一）

Task1. 创建拐角粗加工操作（二）

Stage1. 创建工序

Step 1 选择下拉菜单 `插入(S)` ➡ `⯈ 工序(E)...` 命令，系统弹出"创建工序"对话框。

Step 2 在"创建工序"对话框 `类型` 下拉列表中选择 `mill_contour` 选项，在 `工序子类型` 区域中单击"拐角粗加工"按钮 🔩，在 `程序` 下拉列表中选择 `P-02` 选项，在 `刀具` 下拉列表中选择前面设置的刀具 `D3 (铣刀-5 参数)` 选项，在 `几何体` 下拉列表中选择 `WORKPIECE` 选项，在 `方法` 下拉列表中选择 `MILL_SEMI_FINISH` 选项，使用系统默认的名称。

Step 3 单击"创建工序"对话框中的 `确定` 按钮，系统弹出"拐角粗加工"对话框。

Stage2. 设置参考刀具

在对话框 `参考刀具` 区域的 `参考刀具` 下拉列表中选择 `D8 (铣刀-5 参数)` 选项。

Stage3. 设置刀具路径参数

Step 1 设置陡峭角。在 `刀轨设置` 区域 `陡峭空间范围` 下拉列表中选择 `仅陡峭的` 选项，并在 `角度` 文本框中输入值 65.0。

Step **2**　设置切削模式。在 刀轨设置 区域 切削模式 下拉列表中选择 跟随部件 选项。

Step **3**　设置步进方式。在 步距 下拉列表中选择 刀具平直百分比 选项，在 平面直径百分比 文本框中输入值 40.0，在 每刀的公共深度 下拉列表中选择 恒定 选项，在 最大距离 文本框中输入值 0.2。

Stage4．设置切削参数

Step **1**　在 刀轨设置 区域中单击 "切削参数" 按钮 ，系统弹出 "切削参数" 对话框。

Step **2**　在 "切削参数" 对话框中单击 策略 选项卡，在 切削顺序 下拉列表框中选择 深度优先 选项，其他参数采用系统默认设置值。

Step **3**　在 "切削参数" 对话框中单击 连接 选项卡，在 开放刀路 下拉列表框中选择 变换切削方向 选项，其他参数采用系统默认设置值。

Step **4**　在 "切削参数" 对话框中单击 余量 选项卡，取消选中 使底面余量与侧面余量一致 复选框，在 部件底面余量 文本框中输入值 0.2，其他参数采用系统默认设置值。

Step **5**　在 "切削参数" 对话框中单击 空间范围 选项卡，在 毛坯 区域的 最小材料移除 文本框中输入值 0.2，在 碰撞检测 区域选中 检查刀具和夹持器 复选框，其他参数采用系统默认设置值。

Step **6**　在 "切削参数" 对话框中单击 拐角 选项卡，在 拐角处进给减速 区域的 减速距离 下拉列表中选择 当前刀具 选项，其他参数采用系统默认设置值。

Step **7**　单击 "切削参数" 对话框中的 确定 按钮，系统返回到 "拐角粗加工" 对话框。

技巧提示：在拐角加工时，需要注意进给速度要适当减速，以保护刀具。

Stage5．设置非切削移动参数

Step **1**　单击 "拐角粗加工" 对话框 刀轨设置 区域中的 "非切削移动" 按钮 ，系统弹出 "非切削移动" 对话框。

Step **2**　单击 "非切削移动" 对话框中的 进刀 选项卡，在 开放区域 区域的 半径 文本框中输入 50.0，在 高度 文本框中输入 1.0，在 最小安全距离 文本框中输入 5.0，并在其后的下拉列表中选择 mm 选项，并选中 修剪至最小安全距离 复选框。

Step **3**　单击 转移/快速 选项卡，在 区域之间 区域的 转移类型 下拉列表中选择 毛坯平面 选项，并在 安全距离 文本框中输入 3.0，在 区域内 区域的 转移类型 下拉列表中选择 最小安全值 Z 选项，并在 安全距离 文本框中输入 1.0，其他参数采用系统默认设置值。

Step **4**　单击 确定 按钮，完成非切削移动参数的设置。

Stage6．设置进给率和速度

Step **1**　单击 "拐角粗加工" 对话框中的 "进给率和速度" 按钮 ，系统弹出 "进给率和速度" 对话框。

Step **2** 选中"进给率和速度"对话框 主轴速度 区域中的 ☑ 主轴速度 (rpm) 复选框，在其后的文本框中输入值 3200.0，按 Enter 键；然后单击 按钮，在 进给率 区域的 切削 文本框中输入值 600.0，按 Enter 键，然后单击 按钮；其他参数采用系统默认设置值。

Step **3** 单击 确定 按钮，完成进给率和速度的设置，系统返回至"拐角粗加工"对话框。

Stage7．生成刀路轨迹并仿真

生成的刀路轨迹如图 20.3.18 所示，2D 动态仿真加工后的模型如图 20.3.19 所示。

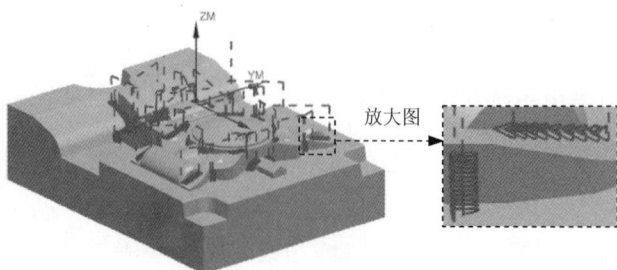

图 20.3.18　刀路轨迹

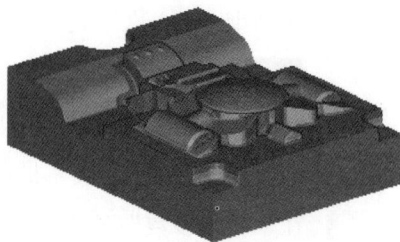

图 20.3.19　2D 仿真结果

注意：在刀路轨迹确认时，注意是否存在碰撞报警。

Task2．创建深度加工轮廓操作（一）

Stage1．创建工序

Step **1** 选择下拉菜单 插入(S) ➡ 工序(E)... 命令，系统弹出"创建工序"对话框。

Step **2** 在"创建工序"对话框 类型 下拉列表中选择 mill_contour 选项，在 工序子类型 区域中单击"深度加工轮廓"按钮 ，在 程序 下拉列表中选择 P-02 选项，在 刀具 下拉列表中选择前面设置的刀具 D3 (铣刀-5 参数) 选项，在 几何体 下拉列表中选择 WORKPIECE 选项，在 方法 下拉列表中选择 MILL_SEMI_FINISH 选项，使用系统默认的名称。

Step **3** 单击"创建工序"对话框中的 确定 按钮，系统弹出"深度加工轮廓"对话框。

Stage2．指定切削区域

Step **1** 单击"深度加工轮廓"对话框 指定切削区域 右侧的 按钮，系统弹出"切削区域"对话框。

Step **2** 在图形区中选取图 20.3.20 所示的切削区域（共 160 个面），单击 确定 按钮，系统返回到"深度加工轮廓"对话框。

图 20.3.20　指定切削区域

说明：这里选取的加工区域主要为拔模角度面和曲面，其中多选的平面区域不会影响最终刀路的生成。

Stage3．设置刀具路径参数和切削层

Step 1　设置刀具路径参数。在"深度加工轮廓"对话框的 合并距离 文本框中输入值 3.0。在 最小切削长度 文本框中输入值 1.0。在 每刀的公共深度 下拉列表中选择 恒定 选项，然后在 最大距离 文本框中输入值 0.2。

Step 2　设置切削层。单击"深度加工轮廓"对话框中的"切削层"按钮 ，采用系统默认参数，单击 确定 按钮，系统返回到"深度加工轮廓"对话框。

Stage4．设置切削参数

Step 1　单击"深度加工轮廓"对话框中的"切削参数"按钮 ，系统弹出"切削参数"对话框。

Step 2　单击"切削参数"对话框中的 策略 选项卡，在 切削方向 下拉列表中选择 混合 选项，在 切削顺序 下拉列表中选择 深度优先 选项。

Step 3　在"切削参数"对话框中单击 连接 选项卡，在 层到层 下拉列表框中选择 直接对部件进刀 选项，其他参数采用系统默认设置值。

Step 4　在"切削参数"对话框中单击 余量 选项卡，在 部件侧面余量 文本框中输入值 0.1，在 内公差 和 外公差 文本框中均输入值 0.01，其他参数采用系统默认设置值。

Step 5　在"切削参数"对话框中单击 空间范围 选项卡，在 毛坯 区域选中 检查刀具和夹持器 复选框，其他参数采用系统默认设置值。

Step 6　单击"切削参数"对话框中的 确定 按钮，系统返回到"深度加工轮廓"对话框。

Stage5．设置非切削移动参数

Step 1　单击"深度加工轮廓"对话框 刀轨设置 区域中的"非切削移动"按钮 ，系统弹出"非切削移动"对话框。

Step 2　单击"非切削移动"对话框中的 进刀 选项卡，在 开放区域 区域的 半径 文本框中输入 50.0；在 高度 文本框中输入 1.0；在 最小安全距离 文本框中输入 2.0，并在其后的下拉列表中选择 mm 选项；选中 修剪至最小安全距离 复选框，其他参数采用系统默认设置值。

Step 3　单击 确定 按钮，完成非切削移动参数的设置。

Stage6．设置进给率和速度

Step 1　单击"深度加工轮廓"对话框中的"进给率和速度"按钮 ，系统弹出"进给率和速度"对话框。

Step 2　选中"进给率和速度"对话框 主轴速度 区域中的 主轴速度 (rpm) 复选框，在其后的文本框中输入值 3500.0，按 Enter 键；然后单击 按钮，在 进给率 区域的 切削 文本框中输入值 800.0，按 Enter 键，然后单击 按钮；其他参数采用系统默认设置值。

Step 3 单击 确定 按钮，完成进给率和速度的设置，系统返回至"深度加工轮廓"对话框。

Stage7．生成刀路轨迹并仿真

生成的刀路轨迹如图 20.3.21 所示，2D 动态仿真加工后的模型如图 20.3.22 所示。

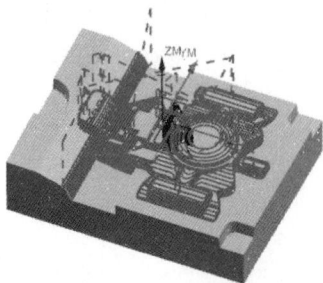

图 20.3.21　刀路轨迹

图 20.3.22　2D 仿真结果

Task3．创建深度加工轮廓操作（二）

Stage1．创建工序

Step 1 复制深度加工轮廓操作。在工序导航器的程序顺序视图中右击 ZLEVEL_PROFILE 节点，在弹出的快捷菜单中选择 复制 命令，然后右击 P-02 节点，在弹出的快捷菜单中选择 内部粘贴 命令。

Step 2 右击 ZLEVEL_PROFILE_COPY 节点，在系统弹出的快捷菜单中选择 重命名 选项，并命名为 ZLEVEL_PROFILE_1。

Step 3 双击 ZLEVEL_PROFILE_1 节点，系统弹出"深度加工轮廓"对话框。

Stage2．指定切削区域

Step 1 在 几何体 区域中单击"选择或编辑切削区域几何体"按钮 ，系统弹出"切削区域"对话框。

Step 2 单击"切削区域"对话框中的 按钮，选取图 20.3.23 所示的面（共 2 个面）为切削区域，在"切削区域"对话框中单击 确定 按钮，完成切削区域的创建，同时系统返回到"深度加工轮廓"对话框。

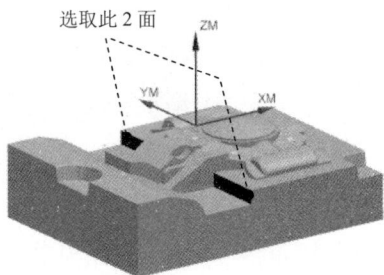

图 20.3.23　指定切削区域

说明：这里选取的加工区域为直壁面，因此采用不同的加工参数。

Stage3．设置刀具及路径参数

Step 1 设置刀具。在"深度加工轮廓"对话框 工具 区域的 刀具 下拉列表中选择 D10 (铣刀-5 参数) 选项。

Step 2 设置刀具路径参数。在"深度加工轮廓"对话框的 合并距离 文本框中输入值 3.0，在 最小切削长度 文本框中输入值 1.0，在 每刀的公共深度 下拉列表中选择 恒定 选项，然后在 最大距离 文本框中输入值 0.5。

Stage4. 设置非切削移动参数

Step 1 单击"深度加工轮廓"对话框 刀轨设置 区域中的"非切削移动"按钮 ⟦⟧，系统弹出"非切削移动"对话框。

Step 2 单击"非切削移动"对话框中的 进刀 选项卡，在 开放区域 区域取消选中 ☐ 修剪至最小安全距离 复选框，其他参数均保持不变。

Step 3 单击 确定 按钮，完成非切削移动参数的设置。

Stage5. 设置进给率和速度

Step 1 单击"深度加工轮廓"对话框中的"进给率和速度"按钮 🖥️，系统弹出"进给率和速度"对话框。

Step 2 选中"进给率和速度"对话框 主轴速度 区域中的 ☑ 主轴速度 (rpm) 复选框，在其后的文本框中输入值 1200.0，按 Enter 键；然后单击 🖥 按钮，在 进给率 区域的 切削 文本框中输入值 350.0，按 Enter 键，然后单击 🖥 按钮；其他参数采用系统默认设置值。

Step 3 单击 确定 按钮，完成进给率和速度的设置，系统返回至"深度加工轮廓"对话框。

Stage6. 生成刀路轨迹并仿真

生成的刀路轨迹如图 20.3.24 所示，2D 动态仿真加工后的模型如图 20.3.25 所示。

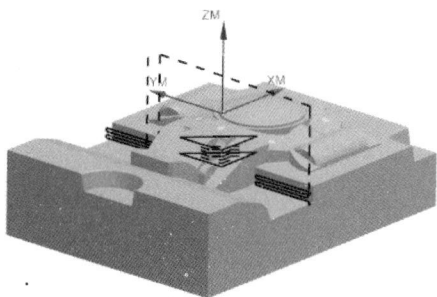

图 20.3.24　刀路轨迹

图 20.3.25　2D 仿真结果

Task4. 创建深度加工轮廓操作（三）

Stage1. 创建工序

Step 1 复制深度加工轮廓操作。在工序导航器的程序顺序视图中右击 ⚠️ 🔧 ZLEVEL_PROFILE_1 节点，在弹出的快捷菜单中选择 📋 复制 命令，然后右击 ⚠️ 🗅 P-02 节点，在弹出的快捷菜单中选择 内部粘贴 命令。

Step 2 右击⊘⊾ZLEVEL_PROFILE_1_COPY选项，在系统弹出的快捷菜单中选择⊡ 重命名选项，并命名为 ZLEVEL_PROFILE_2。

Step 3 双击⊘⊾ZLEVEL_PROFILE_2节点，系统弹出"深度加工轮廓"对话框。

Stage2. 指定切削区域

Step 1 在几何体区域中单击"选择或编辑切削区域几何体"按钮◥，系统弹出"切削区域"对话框。

Step 2 单击"切削区域"对话框中的✕按钮，选取图 20.3.26 所示的面为切削区域，在"切削区域"对话框中单击 确定 按钮，完成切削区域的创建，同时系统返回到"深度加工轮廓"对话框。

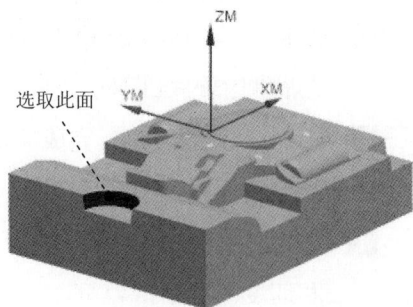

图 20.3.26 指定切削区域

Stage3. 设置刀具路径参数和切削层

Step 1 设置刀具路径参数。在最大距离文本框中输入值 0.5，其他参数均保持不变。

Step 2 设置切削层。单击"深度加工轮廓"对话框中的"切削层"按钮▤，系统弹出"切削层"对话框，在范围 1 的顶部区域中单击⊕按钮，选取图 20.3.27 所示的模型表面；在范围定义区域中单击⊕按钮，选取图 20.3.28 所示的模型表面；单击 确定 按钮，完成切削层的创建。

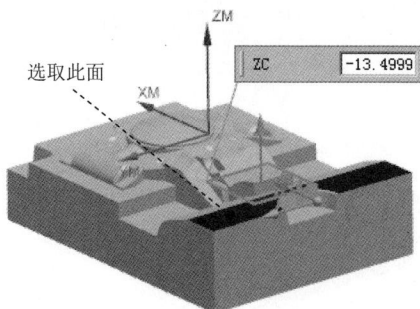

图 20.3.27 指定范围 1 的顶部　　　　图 20.3.28 指定范围定义对象

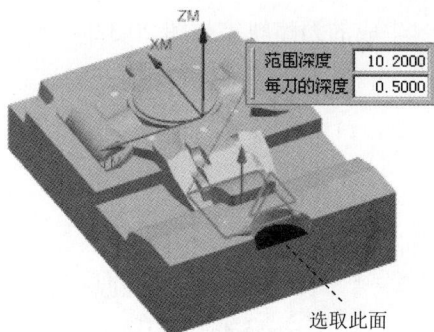

说明：这里调整切削层深度参数，可以较好的控制刀路轨迹，也是数控加工经常采用的方式。

Stage4. 设置切削参数

Step 1 单击"深度加工轮廓"对话框中的"切削参数"按钮⇒，系统弹出"切削参数"对话框。

Step 2　单击"切削参数"对话框中的 策略 选项卡，选中 ☑ 在边上延伸 复选框，其他参数均不做调整。

Step 3　单击"切削参数"对话框中的 确定 按钮，系统返回到"深度加工轮廓"对话框。

Stage5. 设置进给率和速度

Step 1　单击"深度加工轮廓"对话框中的"进给率和速度"按钮 ，系统弹出"进给率和速度"对话框。

Step 2　选中"进给率和速度"对话框 主轴速度 区域中的 ☑ 主轴速度 (rpm) 复选框，在其后的文本框中输入值 1500.0，按 Enter 键；然后单击 按钮。

Step 3　单击 确定 按钮，完成进给率和速度的设置，系统返回至"深度加工轮廓"对话框。

Stage6. 生成刀路轨迹并仿真

生成的刀路轨迹如图 20.3.29 所示，2D 动态仿真加工后的模型如图 20.3.30 所示。

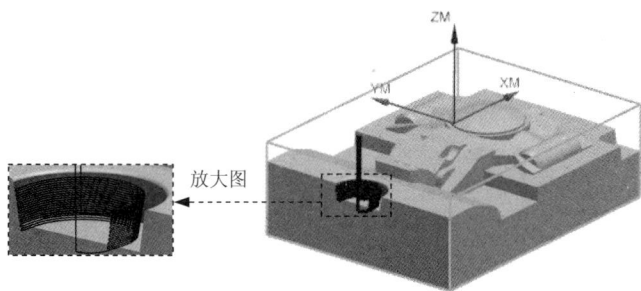

图 20.3.29　刀路轨迹　　　　　　　　　图 20.3.30　2D 仿真结果

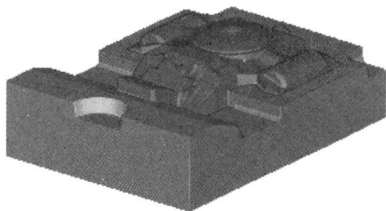

Task5. 创建深度加工轮廓操作（四）

Stage1. 创建工序

Step 1　复制深度加工轮廓操作。在工序导航器的程序顺序视图中右击 ZLEVEL_PROFILE_2 节点，在弹出的快捷菜单中选择 复制 命令，然后右击 P-02 节点，在弹出的快捷菜单中选择 内部粘贴 命令。

Step 2　右击 ZLEVEL_PROFILE_2_COPY 选项，在系统弹出的快捷菜单中选择 重命名 选项，并命名为 ZLEVEL_PROFILE_3。

Step 3　双击 ZLEVEL_PROFILE_3 节点，系统弹出"深度加工轮廓"对话框。

Stage2. 指定切削区域

Step 1　在 几何体 区域中单击"选择或编辑切削区域几何体"按钮 ，系统弹出"切削区域"对话框。

Step 2　单击"切削区域"对话框中的 按钮，选取图 20.3.31 所示的面（共 6 个面）为

切削区域，在"切削区域"对话框中单击
[确定]按钮，完成切削区域的创建，同时
系统返回到"深度加工轮廓"对话框。

Stage3．设置刀具路径参数和切削层

[Step 1] 设置刀具路径参数。在[最大距离]文本框中输入值 0.5，其他参数均保持不变。

[Step 2] 设置切削层。单击"深度加工轮廓"对话框中的"切削层"按钮[≣]，系统弹出"切削层"对话框，在[范围 1 的顶部]区域中单击[✛]按钮，选取图 20.3.32 所示的模型表面；在[范围定义]区域单击[✛]按钮，选取图 20.3.33 所示的模型表面；单击[确定]按钮，完成切削层的创建。

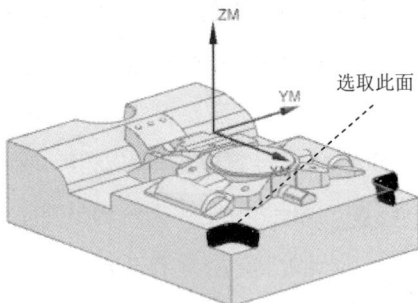

图 20.3.31　指定切削区域

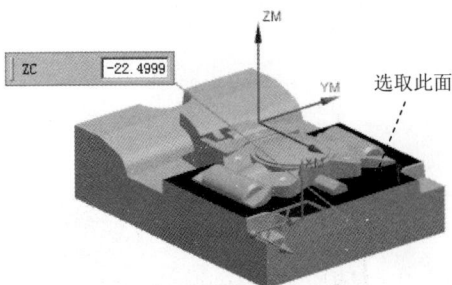

图 20.3.32　指定范围 1 的顶部

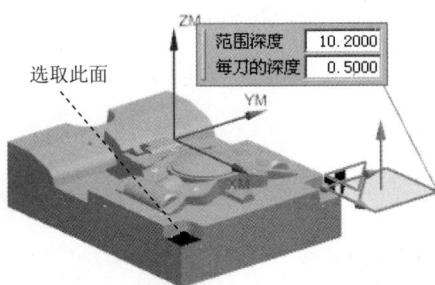

图 20.3.33　指定范围定义对象

Stage4．生成刀路轨迹并仿真

生成的刀路轨迹如图 20.3.34 所示，2D 动态仿真加工后的模型如图 20.3.35 所示。

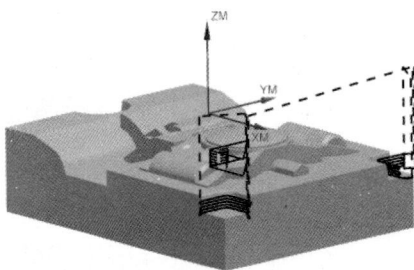

图 20.3.34　刀路轨迹

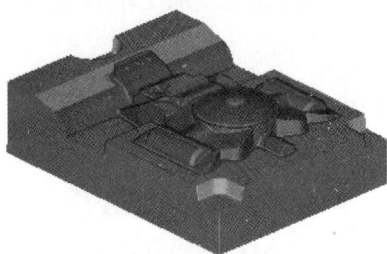

图 20.3.35　2D 仿真结果

20.3.7　创建半精加工刀路（二）

Task1．创建轮廓区域操作（一）

Stage1．创建工序

[Step 1] 选择下拉菜单[插入(S)] ➡ [工序(E)...]命令，系统弹出"创建工序"对话框。

Step 2　在"创建工序"对话框 类型 下拉列表中选择 mill_contour 选项，在 工序子类型 区域中单击"轮廓区域"按钮 🔄，在 程序 下拉列表中选择 P-03 选项，在 刀具 下拉列表中选择前面设置的刀具 B3 (铣刀-球头铣) 选项，在 几何体 下拉列表中选择 WORKPIECE 选项，在 方法 下拉列表中选择 MILL_FINISH 选项，使用系统默认的名称。

Step 3　单击"创建工序"对话框中的 确定 按钮，系统弹出"轮廓区域"对话框。

Stage2. 指定切削区域

Step 1　单击"轮廓区域"对话框 指定切削区域 右侧的 🔍 按钮，系统弹出"切削区域"对话框。

Step 2　在图形区中选取图 20.3.36 所示的模型表面为切削区域，单击 确定 按钮，系统返回到"轮廓区域"对话框。

Stage3. 设置驱动方式

Step 1　在"轮廓区域"对话框 驱动方法 区域中单击"编辑"按钮 🔧，系统弹出"区域铣削驱动方法"对话框。

Step 2　在对话框中设置图 20.3.37 所示的参数。完成后单击 确定 按钮，系统返回到"轮廓区域"对话框。

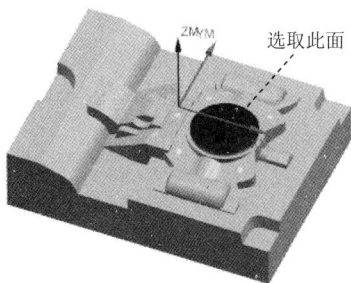

图 20.3.36　指定切削区域

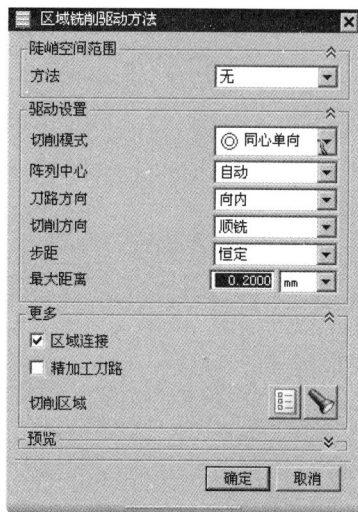

图 20.3.37　设置参数

技巧提示：这里采用对不同的切削区域分别创建半精加工的固定轴轮廓铣削工序，其目的是可以根据各个切削区域的结构特点，选取更合理的切削模式，取得更好的切削效果。要注意对不同切削模式的理解和应用，并选取合理的曲面组合，生成简洁高效的刀路轨迹。

Stage4. 设置切削参数

Step 1　单击"轮廓区域"对话框中的"切削参数"按钮 ⟶，系统弹出"切削参数"对话框。

Step 2　在"切削参数"对话框中单击 余量 选项卡，在 部件余量 文本框中输入值 0.1，在 内公差

和 外公差 文本框中均输入值 0.01，其他参数采用系统默认设置值。

Step 3 在"切削参数"对话框中单击 空间范围 选项卡，在 碰撞检测 区域选中 ☑ 检查刀具和夹持器 复选框，其他参数采用系统默认设置值。

Step 4 单击"切削参数"对话框中的 确定 按钮，系统返回到"轮廓区域"对话框。

Stage5. 设置进给率和速度

Step 1 在"轮廓区域"对话框中单击"进给率和速度"按钮，系统弹出"进给率和速度"对话框。

Step 2 选中"进给率和速度"对话框 主轴速度 区域中的 ☑ 主轴速度 (rpm) 复选框，在其后的文本框中输入值 6000.0，按 Enter 键；然后单击 按钮，在 进给率 区域的 切削 文本框中输入值 800.0，按 Enter 键，然后单击 按钮；其他参数采用系统默认的设置值。

Step 3 单击 确定 按钮，完成进给率和速度的设置，系统返回至"轮廓区域"对话框。

Stage6. 生成刀路轨迹并仿真

生成的刀路轨迹如图 20.3.38 所示，2D 动态仿真加工后的模型如图 20.3.39 所示。

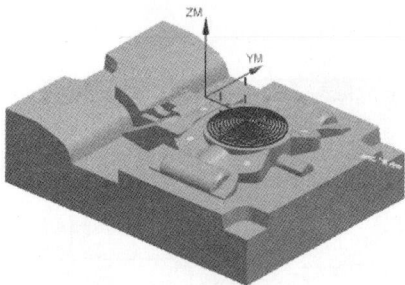

图 20.3.38 刀路轨迹   图 20.3.39 2D 仿真结果

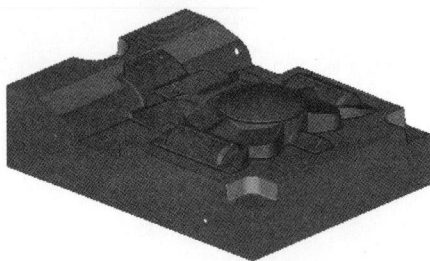

Task2. 创建轮廓区域操作（二）

Stage1. 创建工序

Step 1 复制轮廓区域操作。在工序导航器的程序顺序视图中右击 CONTOUR_AREA 节点，在弹出的快捷菜单中选择 复制 命令，然后右击 P-03 节点，在弹出的快捷菜单中选择 内部粘贴 命令。

Step 2 右击 CONTOUR_AREA_COPY 选项，在系统弹出的快捷菜单中选择 重命名 选项，并命名为 CONTOUR_AREA_1。

Step 3 双击 CONTOUR_AREA_1 节点，系统弹出"轮廓区域"对话框。

Stage2. 指定切削区域

Step 1 在 几何体 区域中单击"选择或编辑切削区域几何体"按钮，系统弹出"切削区域"对话框。

Step 2 单击"切削区域"对话框中的 ✗ 按钮，选取图 20.3.40 所示的面（共 6 个面）为切削区域，在"切削区域"对话框中单击 确定 按钮，完成切削区域的创建，同时系统返回到"轮廓区域"对话框。

Stage3．设置驱动方式

Step 1 在"轮廓区域"对话框 驱动方法 区域中单击"编辑"按钮 🔧，系统弹出"区域铣削驱动方法"对话框。

Step 2 在对话框中设置图 20.3.41 所示的参数。完成后单击 确定 按钮，系统返回到"轮廓区域"对话框。

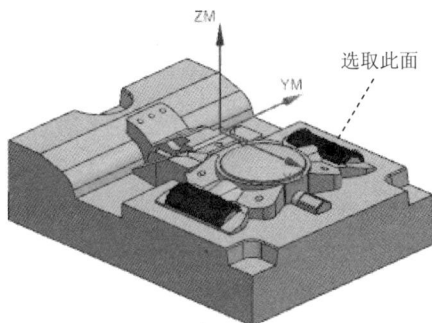

图 20.3.40　指定切削区域

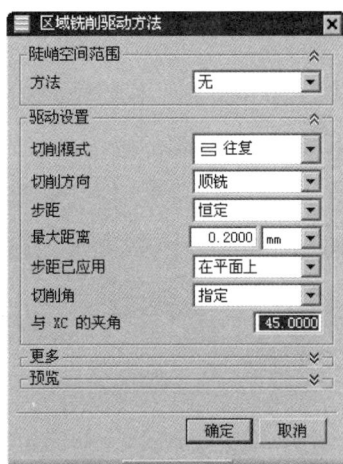

图 20.3.41　设置参数

Stage4．生成刀路轨迹并仿真

生成的刀路轨迹如图 20.3.42 所示，2D 动态仿真加工后的模型如图 20.3.43 所示。

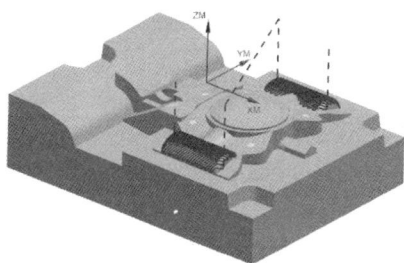

图 20.3.42　刀路轨迹

图 20.3.43　2D 仿真结果

Task3．创建轮廓区域操作（三）

Stage1．创建工序

Step 1 复制轮廓区域操作。在工序导航器的程序顺序视图中右击 ⚡ CONTOUR_AREA_1 节点，在弹出的快捷菜单中选择 复制 命令，然后右击 ⚡ P-03 节点，在弹出的快捷菜单中选择 内部粘贴 命令。

Step 2 右击 ⊘⚙ CONTOUR_AREA_1_COPY 选项，在系统弹出的快捷菜单中选择 🔲 重命名 选项，并命名为 CONTOUR_AREA_2。

Step 3 双击 ⊘⚙ CONTOUR_AREA_2 节点，系统弹出"轮廓区域"对话框。

Stage2．指定切削区域及修剪边界

Step 1 在 几何体 区域中单击"选择或编辑切削区域几何体"按钮 📖，系统弹出"切削区域"对话框。

Step 2 单击"切削区域"对话框中的 ✕ 按钮，选取图 20.3.44 所示的面（共 22 个面）为切削区域，在"切削区域"对话框中单击 确定 按钮，完成切削区域的创建，同时系统返回到"轮廓区域"对话框。

Step 3 在 几何体 区域中单击"选择或编辑修剪边界"按钮 ⊠，系统弹出"修剪边界"对话框。

Step 4 在"修剪边界"对话框中单击 主要 选项卡，并在 过滤器类型 区域中单击"面边界"按钮 🔲；在 修剪侧 区域选中 ⊙ 内部 单选按钮；选取图 20.3.45 所示的面为修剪边界，单击 确定 按钮，完成修剪边界的创建，同时系统返回到"轮廓区域"对话框。

图 20.3.44　指定切削区域　　　　　　　　　图 20.3.45　指定修剪边界

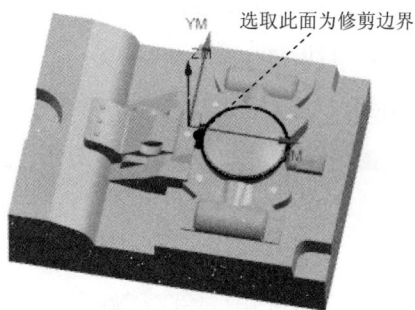

Stage3．设置驱动方式

Step 1 在"轮廓区域"对话框 驱动方法 区域中单击"编辑"按钮 🔧，系统弹出"区域铣削驱动方法"对话框。

Step 2 在对话框中 切削模式 下拉列表中选择 🔲 跟随周边 选项，其余参数保持不变，单击 确定 按钮，系统返回到"轮廓区域"对话框。

Stage4．生成刀路轨迹并仿真

生成的刀路轨迹如图 20.3.46 所示，2D 动态仿真加工后的模型如图 20.3.47 所示。

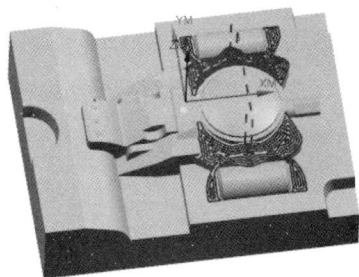

图 20.3.46　刀路轨迹

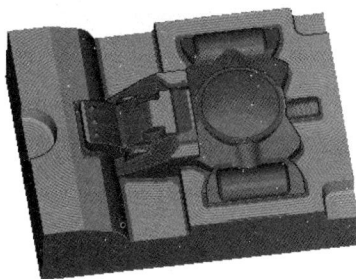

图 20.3.47　2D 仿真结果

Task4. 创建轮廓区域操作（四）

Stage1. 创建工序

Step 1 复制轮廓区域操作。在工序导航器的程序顺序视图中右击 ⚠ ⏻ CONTOUR_AREA_1 节点，在弹出的快捷菜单中选择 🔖 复制 命令，然后右击 ⚠ 🗎 P-03 节点，在弹出的快捷菜单中选择 内部粘贴 命令。

Step 2 右击 ⊘⏻ CONTOUR_AREA_1_COPY 选项，在系统弹出的快捷菜单中选择 🔖 重命名 选项，并命名为 CONTOUR_AREA_3。

Step 3 双击 ⊘⏻ CONTOUR_AREA_3 节点，系统弹出"轮廓区域"对话框。

Stage2. 指定切削区域

Step 1 在 几何体 区域中单击"选择或编辑切削区域几何体"按钮 📎，系统弹出"切削区域"对话框。

Step 2 单击"切削区域"对话框中的 ✖ 按钮，选取图 20.3.48 所示的面（共 18 个面）为切削区域，在"切削区域"对话框中单击 确定 按钮，完成切削区域的创建，同时系统返回到"轮廓区域"对话框。

Stage3. 设置驱动方式

Step 1 在"轮廓区域"对话框 驱动方法 区域中单击"编辑"按钮 🔧，系统弹出"区域铣削驱动方法"对话框。

Step 2 在对话框中设置图 20.3.49 所示的参数。完成后单击 确定 按钮，系统返回到"轮廓区域"对话框。

Stage4. 生成刀路轨迹并仿真

生成的刀路轨迹如图 20.3.50 所示，2D 动态仿真加工后的模型如图 20.3.51 所示。

Task5. 创建轮廓区域操作（五）

Stage1. 创建工序

Step 1 复制轮廓区域操作。在工序导航器的程序顺序视图中右击 ⚠ ⏻ CONTOUR_AREA_1 节点，在弹出的快捷菜单中选择 🔖 复制 命令，然后右击 ⚠ 🗎 P-03 节点，在弹出的快捷菜

单中选择 内部粘贴 命令。

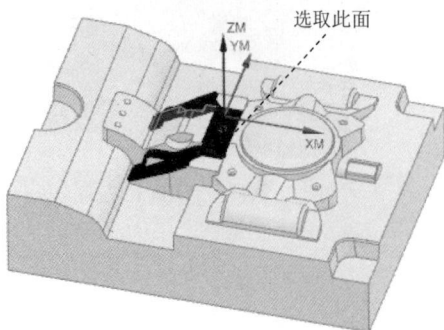

选取此面

图 20.3.48　指定切削区域

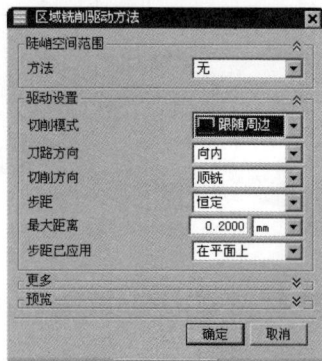

图 20.3.49　设置参数

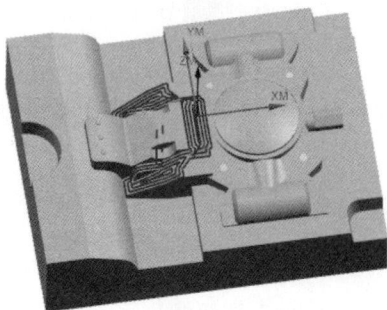

图 20.3.50　刀路轨迹

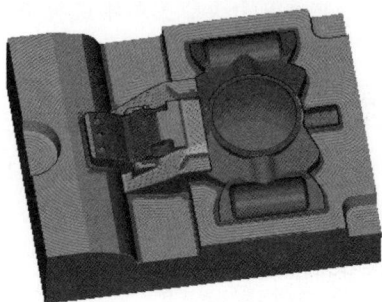

图 20.3.51　2D 仿真结果

Step 2　右击 CONTOUR_AREA_1_COPY 选项，在系统弹出的快捷菜单中选择 重命名 选项，并命名为 CONTOUR_AREA_4。

Step 3　双击 CONTOUR_AREA_4 节点，系统弹出"轮廓区域"对话框。

Stage2．指定切削区域

Step 1　在 几何体 区域中单击"选择或编辑切削区域几何体"按钮 ，系统弹出"切削区域"对话框。

Step 2　单击"切削区域"对话框中的 按钮，选取图 20.3.52 所示的面（共 2 个面）为切削区域，在"切削区域"对话框中单击 确定 按钮，完成切削区域的创建，同时系统返回到"轮廓区域"对话框。

Stage3．设置切削参数

Step 1　单击"轮廓区域"对话框中的"切削参数"按钮 ，系统弹出"切削参数"对话框。

Step 2　在"切削参数"对话框中单击 策略 选项卡，在 延伸刀轨 区域选中 ☑ 在边上延伸 复选框；在 距离 文本框中输入值 1.0，并在其后的下拉列表中选择 mm 选项。

选取此面

放大图

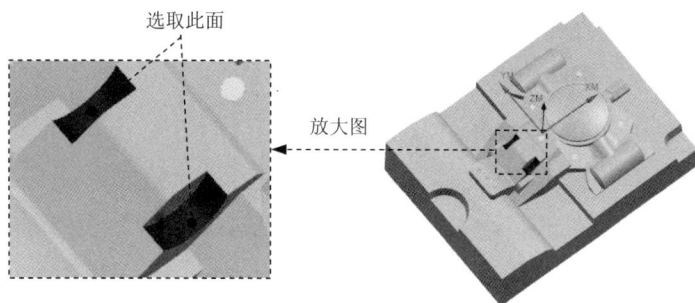

图 20.3.52   指定切削区域

Step 3   单击"切削参数"对话框中的 ▢确定 按钮，系统返回到"轮廓区域"对话框。

Stage4. 生成刀路轨迹并仿真

生成的刀路轨迹如图 20.3.53 所示，2D 动态仿真加工后的模型如图 20.3.54 所示。

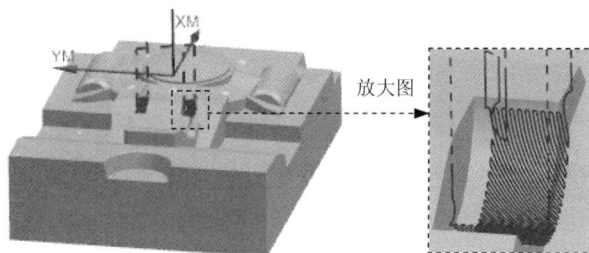

XM

YM

放大图

图 20.3.53   刀路轨迹   图 20.3.54   2D 仿真结果

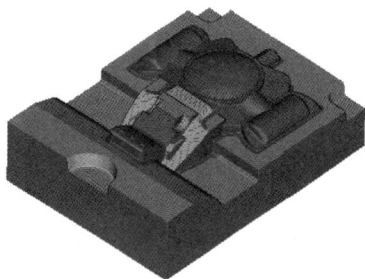

Task6. 创建轮廓区域操作（六）

Stage1. 创建工序

Step 1   复制轮廓区域操作。在工序导航器的程序顺序视图中右击 ⚠ ↺CONTOUR_AREA_4 节点，
在弹出的快捷菜单中选择 ⧉复制 命令，然后右击 ⚠ ▤P-03 节点，在弹出的快捷菜
单中选择 内部粘贴 命令。

Step 2   右击 ⊘↺CONTOUR_AREA_4_COPY 选项，在系统弹出的快捷菜单中选择 ⧉重命名 选项，并
命名为 CONTOUR_AREA_5。

Step 3   双击 ⊘↺CONTOUR_AREA_5 节点，系统弹出"轮廓区
域"对话框。

选取此面

ZM

YM

Stage2. 指定切削区域

Step 1   在 几何体 区域中单击"选择或编辑切削区域几何
体"按钮 ⬚，系统弹出"切削区域"对话框。

Step 2   单击"切削区域"对话框中的 ✖ 按钮，选取图
20.3.55 所示的面（共 7 个面）为切削区域，在

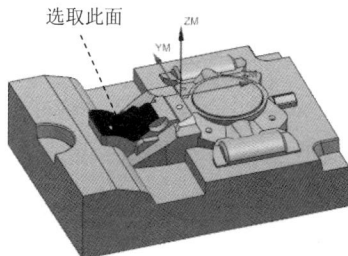

图 20.3.55   指定切削区域

"切削区域"对话框中单击 确定 按钮，完成切削区域的创建，同时系统返回到"轮廓区域"对话框。

Stage3．生成刀路轨迹并仿真

生成的刀路轨迹如图 20.3.56 所示，2D 动态仿真加工后的模型如图 20.3.57 所示。

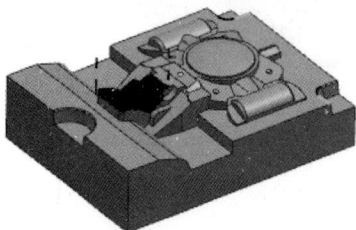

图 20.3.56　刀路轨迹

图 20.3.57　2D 仿真结果

Task7．创建轮廓区域操作（七）

Stage1．创建工序

Step 1　复制轮廓区域操作。在工序导航器的程序顺序视图中右击 CONTOUR_AREA_5 节点，在弹出的快捷菜单中选择 复制 命令，然后右击 P-03 节点，在弹出的快捷菜单中选择 内部粘贴 命令。

Step 2　右击 CONTOUR_AREA_5_COPY 选项，在系统弹出的快捷菜单中选择 重命名 选项，并命名为 CONTOUR_AREA_6。

Step 3　双击 CONTOUR_AREA_6 节点，系统弹出"轮廓区域"对话框。

Stage2．指定切削区域

Step 1　在 几何体 区域中单击"选择或编辑切削区域几何体"按钮，系统弹出"切削区域"对话框。

Step 2　单击"切削区域"对话框中的 X 按钮，选取图 20.3.58 所示的面（共 5 个面）为切削区域，在"切削区域"对话框中单击 确定 按钮，完成切削区域的创建，同时系统返回到"轮廓区域"对话框。

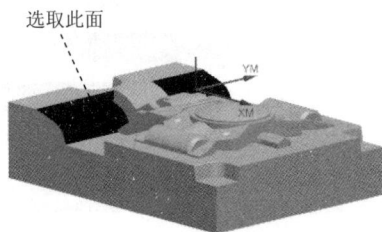

图 20.3.58　指定切削区域

Stage3．生成刀路轨迹并仿真

生成的刀路轨迹如图 20.3.59 所示，2D 动态仿真加工后的模型如图 20.3.60 所示。

Task8．创建轮廓区域操作（八）

Stage1．创建工序

Step 1　复制轮廓区域操作。在工序导航器的程序顺序视图中右击 CONTOUR_AREA_6 节点，

在弹出的快捷菜单中选择 ⬚ 复制 命令，然后右击 ❗⬚ P-03 节点，在弹出的快捷菜单中选择 内部粘贴 命令。

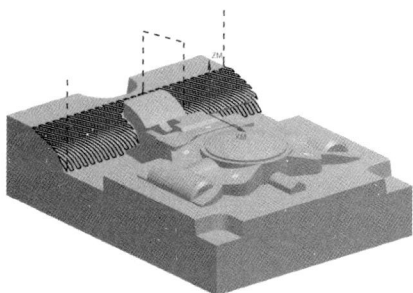

<table>
<tr><td>图 20.3.59　刀路轨迹</td><td>图 20.3.60　2D 仿真结果</td></tr>
</table>

Step 2 右击 ⊘⬚ CONTOUR_AREA_6_COPY 选项，在系统弹出的快捷菜单中选择 ⬚ 重命名 选项，并命名为 CONTOUR_AREA_7。

Step 3 双击 ⊘⬚ CONTOUR_AREA_7 节点，系统弹出"轮廓区域"对话框。

Stage2.　指定切削区域

Step 1 在 几何体 区域中单击"选择或编辑切削区域几何体"按钮 ⬚，系统弹出"切削区域"对话框。

Step 2 单击"切削区域"对话框中的 ✖ 按钮，选取图 20.3.61 所示的面（共 25 个面）为切削区域，在"切削区域"对话框中单击 确定 按钮，完成切削区域的创建，同时系统返回到"轮廓区域"对话框。

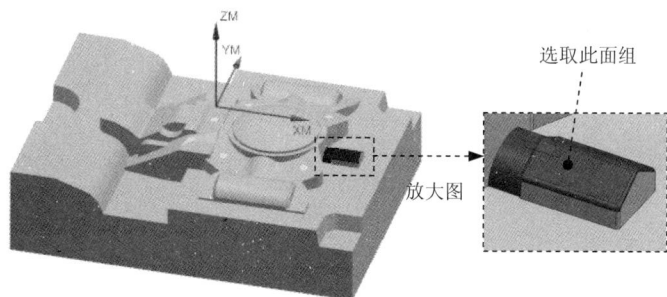

图 20.3.61　指定切削区域

Stage3.　设置切削参数

Step 1 单击"轮廓区域"对话框中的"切削参数"按钮 ⬚，系统弹出"切削参数"对话框。

Step 2 在"切削参数"对话框中单击 策略 选项卡，在 延伸刀轨 区域取消选中 □ 在边上延伸 复选框，其他参数均保持不变。

Step 3 在"切削参数"对话框中单击 安全设置 选项卡，在 检查安全距离 文本框中输入值 0.1，其他参数均保持不变。

Step 4 单击"切削参数"对话框中的 确定 按钮，系统返回到"轮廓区域"对话框。

Stage4. 生成刀路轨迹并仿真

生成的刀路轨迹如图 20.3.62 所示，2D 动态仿真加工后的模型如图 20.3.63 所示。

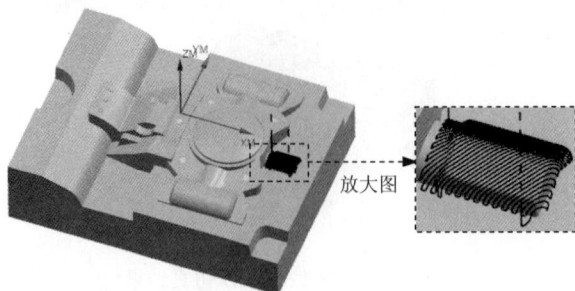

图 20.3.62　刀路轨迹

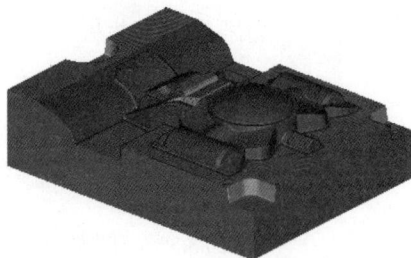

图 20.3.63　2D 仿真结果

20.3.8　创建精加工刀路（一）

Task1. 创建平面铣操作（一）

Stage1. 创建工序

Step 1 选择下拉菜单 插入(S) ➡ 工序(E)... 命令，系统弹出"创建工序"对话框。

Step 2 在"创建工序"对话框 类型 下拉列表中选择 mill_planar 选项，在 工序子类型 区域中单击"使用边界面铣削"按钮 ，在 程序 下拉列表中选择 P-04 选项，在 刀具 下拉列表中选择前面设置的刀具 D10 (铣刀-5 参数) 选项，在 几何体 下拉列表中选择 WORKPIECE 选项，在 方法 下拉列表中选择 MILL_SEMI_FINISH 选项，使用系统默认的名称。

Step 3 单击"创建工序"对话框中的 确定 按钮，系统弹出"面铣"对话框。

Stage2. 指定面边界

Step 1 单击"面铣"对话框 几何体 区域中的"选择或编辑面几何体"按钮 ，系统弹出"指定面几何体"对话框。

Step 2 在"指定面几何体"对话框中单击 主要 选项卡，并在 过滤器类型 区域中单击"面边界"按钮 ，选取图 20.3.64 所示的面（共 10 个面）为指定面边界，在对话框中单击 确定 按钮，完成指定面边界的创建，同时系统返回到"面铣"对话框。

选取此面组

图 20.3.64　指定面边界

说明：这里选取的面均为模型中的平面区域，采用面铣加工方式更加方便快捷。

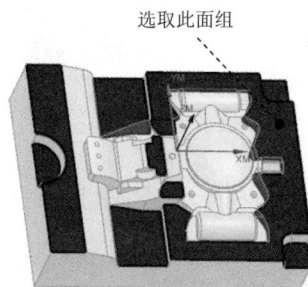

Stage3. 设置刀具路径参数

Step 1 设置切削模式。在 刀轨设置 区域 切削模式 下拉列表中选择 跟随周边 选项。

Step 2 设置步进方式。在 步距 下拉列表中选择 刀具平直百分比 选项，在 平面直径百分比 文本框中输入值 50.0，在 毛坯距离 文本框中输入值 0.5。

Stage4．设置切削参数

Step 1 在 刀轨设置 区域中单击"切削参数"按钮 ，系统弹出"切削参数"对话框。

Step 2 在"切削参数"对话框中单击 策略 选项卡，在 切削方向 下拉列表框中选择 顺铣 选项，在 刀路方向 下拉列表框中选择 向内 选项，在 壁 区域选中 ☑ 岛清根 复选框、在 切削区域 区域的 刀具延展量 文本框中输入值 60.0，其他参数采用系统默认设置值。

Step 3 在"切削参数"对话框中单击 余量 选项卡，在 部件余量 文本框中输入值 0.20，在 内公差 和 外公差 文本框中均输入值 0.01，其他参数采用系统默认设置值。

Step 4 在"切削参数"对话框中单击 空间范围 选项卡，在 毛坯 区域选中 ☑ 检查刀具和夹持器 复选框。

Step 5 单击"切削参数"对话框中的 确定 按钮，系统返回到"面铣"对话框。

Stage5．设置非切削移动参数

Step 1 单击"面铣"对话框 刀轨设置 区域中的"非切削移动"按钮 ，系统弹出"非切削移动"对话框。

Step 2 单击"非切削移动"对话框中的 进刀 选项卡，在 封闭区域 区域 斜坡角 文本框中输入 5.0，在 高度 文本框中输入 1.0；在 开放区域 区域的 最小安全距离 文本框中输入值 55.0，并选中 ☑ 修剪至最小安全距离 复选框；其他参数采用系统默认设置值。

Step 3 单击 确定 按钮，完成非切削移动参数的设置。

Stage6．设置进给率和速度

Step 1 单击"面铣"对话框中的"进给率和速度"按钮 ，系统弹出"进给率和速度"对话框。

Step 2 选中"进给率和速度"对话框 主轴速度 区域中的 ☑ 主轴速度 (rpm) 复选框，在其后的文本框中输入值 2500.0，按 Enter 键；然后单击 按钮，在 进给率 区域的 切削 文本框中输入值 500.0，按 Enter 键，然后单击 按钮；其他参数采用系统默认设置值。

Step 3 单击 确定 按钮，完成进给率和速度的设置，系统返回至"面铣"对话框。

Stage7．生成刀路轨迹并仿真

生成的刀路轨迹如图 20.3.65 所示，2D 动态仿真加工后的模型如图 20.3.66 所示。

Task2．创建平面铣操作（二）

Stage1．创建工序

Step 1 复制平面铣操作。在工序导航器的程序顺序视图中右击 FACE_MILLING 节点，在

弹出的快捷菜单中选择 🗒 **复制** 命令，然后右击 📍 🗀 **P-04** 节点，在弹出的快捷菜单中选择 **内部粘贴** 命令。

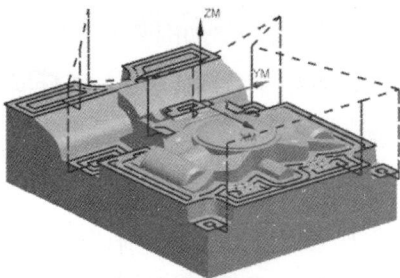

图 20.3.65　刀路轨迹

图 20.3.66　2D 仿真结果

Step 2　右击 ⊘🗒 **FACE_MILLING_COPY** 选项，在系统弹出的快捷菜单中选择 🗒 **重命名** 选项，并命名为 FACE_MILLING_1。

Step 3　双击 ⊘🗒 **FACE_MILLING_1** 节点，系统弹出"面铣"对话框。

Stage2.　指定面边界

Step 1　单击"面铣"对话框 **几何体** 区域中的"选择或编辑面几何体"按钮 ⬥，系统弹出"指定面几何体"对话框。

Step 2　在"指定面几何体"对话框中单击 **全部重选** 按钮，系统弹出"全部重选"对话框，单击 **确定(0)** 按钮，重新指定面边界。

Step 3　在"指定面几何体"对话框中单击 **附加** 按钮；单击 **主要** 选项卡，并在 **过滤器类型** 区域中单击"面边界"按钮 ▢，选取图 20.3.67 所示的面为指定面边界，单击两次 **确定** 按钮，完成指定面边界的创建，同时系统返回到"面铣"对话框。

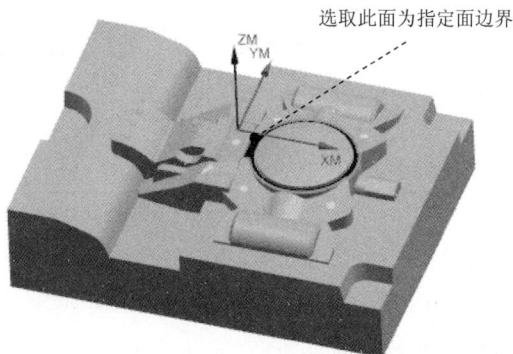

选取此面为指定面边界

图 20.3.67　指定面边界

Stage3.　设置刀具

在"面铣"对话框 **工具** 区域的 **刀具** 下拉列表中选择 **D3 (铣刀-5 参数)** 选项。

Stage4．设置切削参数

Step 1 在 刀轨设置 区域中单击"切削参数"按钮 ，系统弹出"切削参数"对话框。

Step 2 在"切削参数"对话框中单击 余量 选项卡，在 部件余量 文本框中输入值 0.0，其他参数均保持不变。

Step 3 单击"切削参数"对话框中的 确定 按钮，系统返回到"面铣"对话框。

Stage5．设置非切削移动参数。

Step 1 单击"面铣"对话框 刀轨设置 区域中的"非切削移动"按钮 ，系统弹出"非切削移动"对话框。

Step 2 单击"非切削移动"对话框中的 起点/钻点 选项卡，在 区域起点 区域中激活 指定点 区域，选取图 20.3.68 所示的指定点为起点；其他参数采用系统默认设置值。

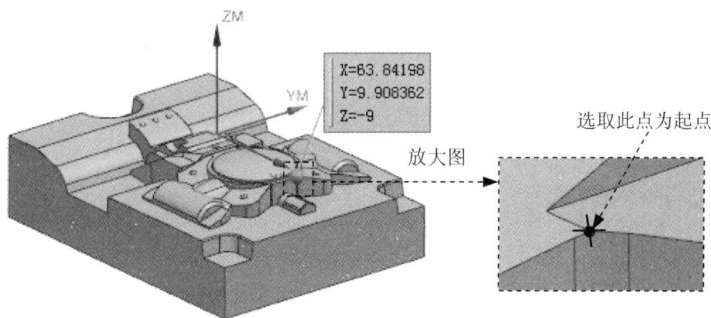

图 20.3.68 指定面边界

Step 3 单击 确定 按钮，完成非切削移动参数的设置。

Stage6．设置进给率和速度

Step 1 单击"面铣"对话框中的"进给率和速度"按钮 ，系统弹出"进给率和速度"对话框。

Step 2 选中"进给率和速度"对话框 主轴速度 区域中的 ☑ 主轴速度 (rpm) 复选框，在其后的文本框中输入值 6500.0，按 Enter 键；然后单击 按钮，在 进给率 区域的 切削 文本框中输入值 1200.0，按 Enter 键，然后单击 按钮；其他参数采用系统默认设置值。

Step 3 单击 确定 按钮，完成进给率和速度的设置，系统返回至"面铣"对话框。

Stage7．生成刀路轨迹并仿真

生成的刀路轨迹如图 20.3.69 所示，2D 动态仿真加工后的模型如图 20.3.70 所示。

Task3．创建深度加工轮廓操作（五）

Stage1．创建工序

Step 1 选择下拉菜单 插入(S) ➡ 工序(E)... 命令，系统弹出"创建工序"对话框。

Step 2 在"创建工序"对话框 类型 下拉列表中选择 mill_contour 选项，在 工序子类型 区域中单击"深度加工轮廓"按钮，在 程序 下拉列表中选择 P-04 选项，在 刀具 下拉列表中选择前面设置的刀具 D3（铣刀-5 参数）选项，在 几何体 下拉列表中选择 WORKPIECE 选项，在 方法 下拉列表中选择 MILL_FINISH 选项，使用系统默认的名称。

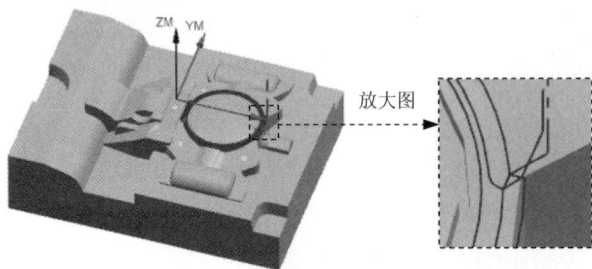

放大图

图 20.3.69　刀路轨迹　　　　　　　图 20.3.70　2D 仿真结果

Step 3　单击"创建工序"对话框中的 确定 按钮，系统弹出"深度加工轮廓"对话框。

Stage2．指定切削区域

Step 1　单击"深度加工轮廓"对话框 指定切削区域 右侧的按钮，系统弹出"切削区域"对话框。

Step 2　在图形区中选取图 20.3.71 所示的切削区域（共 2 个面），单击 确定 按钮，系统返回到"深度加工轮廓"对话框。

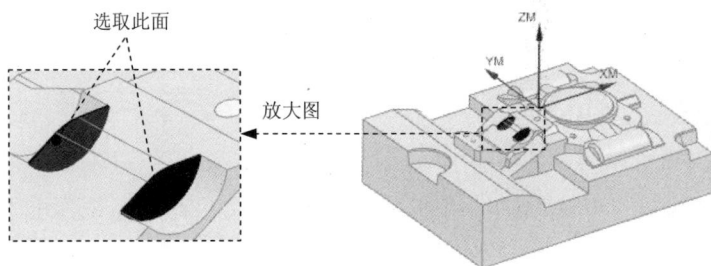

选取此面

放大图

图 20.3.71　指定切削区域

Stage3．设置刀具路径参数

在"深度加工轮廓"对话框的 合并距离 文本框中输入值 5.0。在 最小切削长度 文本框中输入值 1.0；在 每刀的公共深度 下拉列表中选择 恒定 选项，然后在 最大距离 文本框中输入值 0.1。

Stage4．设置切削参数

Step 1　单击"深度加工轮廓"对话框中的"切削参数"按钮，系统弹出"切削参数"对话框。

Step 2　单击"切削参数"对话框中的 策略 选项卡，在 切削方向 下拉列表中选择 混合 选项，在 切削顺序 下拉列表中选择 深度优先 选项。

Step 3　在"切削参数"对话框中单击 连接 选项卡，在 层到层 下拉列表框中选择 直接对部件进刀选项，其他参数采用系统默认设置值。

Step 4 在"切削参数"对话框中单击 余量 选项卡，在 内公差 和 外公差 文本框中均输入值 0.01，其他参数采用系统默认设置值。

Step 5 在"切削参数"对话框中单击 空间范围 选项卡，在 毛坯 区域选中 ☑ 检查刀具和夹持器 复选框，其他参数采用系统默认设置值。

Step 6 单击"切削参数"对话框中的 确定 按钮，系统返回到"深度加工轮廓"对话框。

Stage5．设置进给率和速度

Step 1 单击"深度加工轮廓"对话框中的"进给率和速度"按钮 ✚，系统弹出"进给率和速度"对话框。

Step 2 选中"进给率和速度"对话框 主轴速度 区域中的 ☑ 主轴速度（rpm）复选框，在其后的文本框中输入值 5500.0，按 Enter 键；然后单击 按钮，在 进给率 区域的 切削 文本框中输入值 800.0，按 Enter 键，然后单击 按钮；其他参数采用系统默认设置值。

Step 3 单击 确定 按钮，完成进给率和速度的设置，系统返回至"深度加工轮廓"对话框。

Stage6．生成刀路轨迹并仿真

生成的刀路轨迹如图 20.3.72 所示，2D 动态仿真加工后的模型如图 20.3.73 所示。

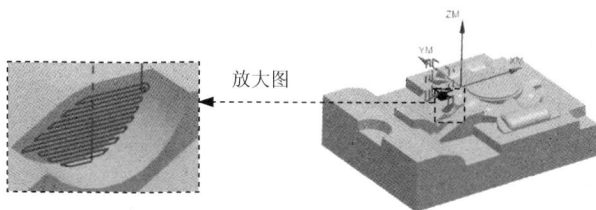

图 20.3.72　刀路轨迹

图 20.3.73　2D 仿真结果

Task4．创建深度加工轮廓操作（六）

Stage1．创建工序

Step 1 复制深度加工轮廓操作。在工序导航器的程序顺序视图中右击 ⚠ 🔩 ZLEVEL_PROFILE_4 节点，在弹出的快捷菜单中选择 🔩 复制 命令，然后右击 ⚠ 🖪 P-04 节点，在弹出的快捷菜单中选择 内部粘贴 命令。

Step 2 右击 ⊘🔩 ZLEVEL_PROFILE_4_COPY 选项，在系统弹出的快捷菜单中选择 🔩 重命名 选项，并命名为 ZLEVEL_PROFILE_5。

Step 3 双击 ⊘🔩 ZLEVEL_PROFILE_5 节点，系统弹出"深度加工轮廓"对话框。

Stage2．指定切削区域

Step 1 在 几何体 区域中单击"选择或编辑切削区域几何体"按钮 🔩，系统弹出"切削区

域"对话框。

Step 2 单击"切削区域"对话框中的 **X** 按钮，选取图 20.3.74 所示的面为切削区域，在"切削区域"对话框中单击 **确定** 按钮，完成切削区域的创建，同时系统返回到"深度加工轮廓"对话框。

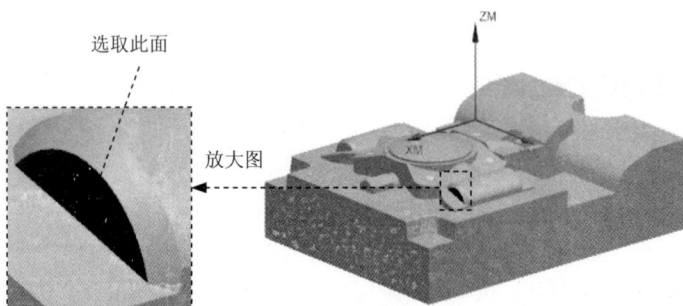

选取此面

放大图

ZM

XM

图 20.3.74　指定切削区域

技巧提示：分别选取不同的陡峭壁进行加工，可以有效地控制刀路轨迹，使得生成的刀路轨迹清晰，便于检查和修改。

Stage3．设置切削参数

Step 1 单击"深度加工轮廓"对话框中的"切削参数"按钮 ，系统弹出"切削参数"对话框。

Step 2 单击"切削参数"对话框中的 策略 选项卡，在 切削方向 下拉列表中选择 混合 选项，在 切削顺序 下拉列表中选择 始终深度优先 选项；在 延伸刀轨 区域选中 ☑ 在边上延伸 和 ☑ 在刀具接触点下继续切削 复选框，在 距离 文本框中输入值 0.2，并在其后的下拉列表中选择 mm 选项，其他参数均保持不变。

Step 3 单击"切削参数"对话框中的 **确定** 按钮，系统返回到"深度加工轮廓"对话框。

Stage4．设置非切削移动参数

Step 1 单击"深度加工轮廓"对话框 刀轨设置 区域中的"非切削移动"按钮 ，系统弹出"非切削移动"对话框。

Step 2 单击"非切削移动"对话框中的 转移/快速 选项卡，在 区域内 区域的 转移类型 下拉列表中选择 前一平面 选项，并在 安全距离 文本框中输入 3.0，其他参数采用系统默认设置值。

Step 3 单击 **确定** 按钮，完成非切削移动参数的设置。

Stage5．生成刀路轨迹并仿真

生成的刀路轨迹如图 20.3.75 所示，2D 动态仿真加工后的模型如图 20.3.76 所示。

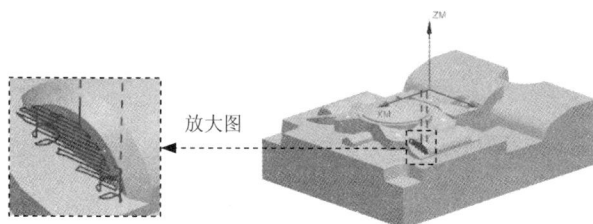

图 20.3.75　刀路轨迹

图 20.3.76　2D 仿真结果

Task5.　创建深度加工轮廓操作（七）

Stage1.　创建工序

Step 1　复制深度加工轮廓操作。在工序导航器的程序顺序视图中右击 ⓘ 🔩 ZLEVEL_PROFILE_5 节点，在弹出的快捷菜单中选择 🔩 复制 命令，然后右击 ⓘ 🗐 P-04 节点，在弹出的快捷菜单中选择 内部粘贴 命令。

Step 2　右击 ⊘🔩 ZLEVEL_PROFILE_5_COPY 选项，在系统弹出的快捷菜单中选择 🔩 重命名 选项，并命名为 ZLEVEL_PROFILE_5.1。

Step 3　双击 ⊘🔩 ZLEVEL_PROFILE_5.1 节点，系统弹出"深度加工轮廓"对话框。

Stage2.　指定切削区域

Step 1　在 几何体 区域中单击"选择或编辑切削区域几何体"按钮 🔩，系统弹出"切削区域"对话框。

Step 2　单击"切削区域"对话框中的 ✕ 按钮，选取图 20.3.77 所示的面为切削区域，在"切削区域"对话框中单击 确定 按钮，完成切削区域的创建，同时系统返回到"深度加工轮廓"对话框。

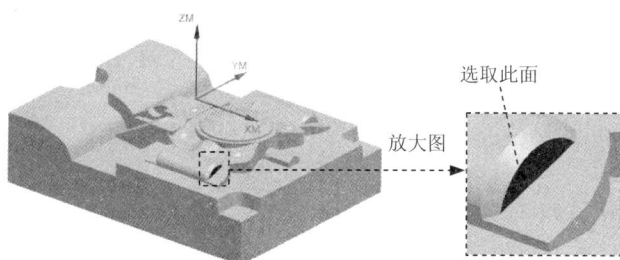

图 20.3.77　指定切削区域

Stage3.　生成刀路轨迹并仿真

生成的刀路轨迹如图 20.3.78 所示，2D 动态仿真加工后的模型如图 20.3.79 所示。

Task6.　创建深度加工轮廓操作（八）

参照 Task5 的操作，完成工序 ZLEVEL_PROFILE_5.2 的创建，其切削区域如图 20.3.80 所示，生成的刀路轨迹如图 20.3.81 所示。

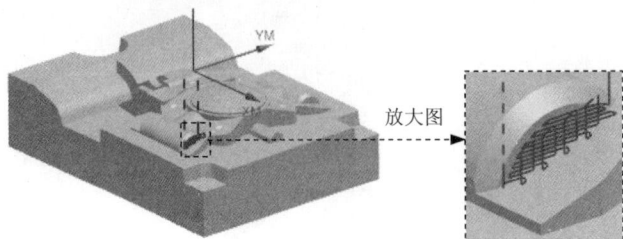

图 20.3.78　刀路轨迹

图 20.3.79　2D 仿真结果

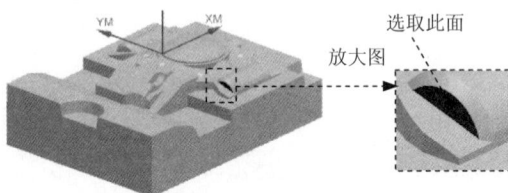

图 20.3.80　指定切削区域

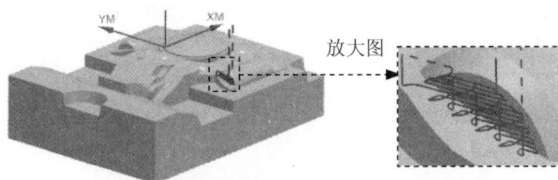

图 20.3.81　刀路轨迹

Task7.　创建深度加工轮廓操作（九）

参照 Task5 的操作，完成工序 ZLEVEL_PROFILE_5.3 的创建，其切削区域如图 20.3.82
所示，生成的刀路轨迹如图 20.3.83 所示。

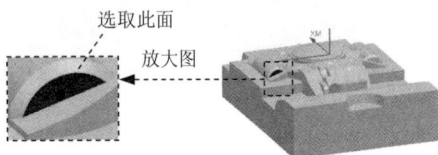

图 20.3.82　指定切削区域

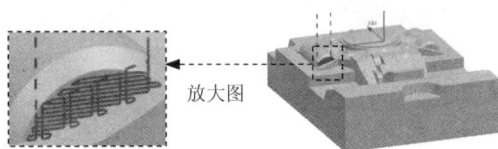

图 20.3.83　刀路轨迹

Task8.　创建深度加工轮廓操作（十）

Stage1.　创建工序

Step 1　复制深度加工轮廓操作。在工序导航器的程序顺序视图中右击 ⛖ ⛝ ZLEVEL_PROFILE_5
节点，在弹出的快捷菜单中选择 ⛁ 复制 命令，然后右击 ⛝ ⛝ P-04 节点，在弹出的
快捷菜单中选择 内部粘贴 命令。

Step 2　右击 ⊘⛝ ZLEVEL_PROFILE_5_COPY 选项，在系统弹出的快捷菜单中选择 ⛁ 重命名 选项，
并命名为 ZLEVEL_PROFILE_6。

Step 3　双击 ⊘⛝ ZLEVEL_PROFILE_6 节点，系统弹出"深度加工轮廓"对话框。

Stage2. 指定切削区域

Step 1 在 几何体 区域中单击"选择或编辑切削区域几何体"按钮 ⬛ ，系统弹出"切削区域"对话框。

Step 2 单击"切削区域"对话框中的 ✖ 按钮，选取图 20.3.84 所示的面为切削区域（共31 个面），在"切削区域"对话框中单击 确定 按钮，完成切削区域的创建，同时系统返回到"深度加工轮廓"对话框。

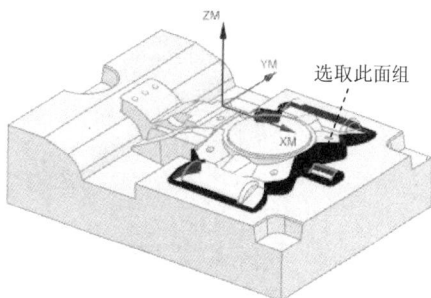

选取此面组

图 20.3.84   指定切削区域

Stage3. 设置刀具路径参数

Step 1 设置陡峭角。在 刀轨设置 区域 陡峭空间范围 下拉列表中选择 仅陡峭的 选项，并在 角度 文本框中输入值 65.0。

Step 2 设置参数。在"深度加工轮廓"对话框的 合并距离 文本框中输入值 10.0。在 最小切削长度 文本框中输入值 1.0；在 每刀的公共深度 下拉列表中选择 恒定 选项，然后在 最大距离 文本框中输入值 0.1。

Stage4. 设置切削参数

Step 1 单击"深度加工轮廓"对话框中的"切削参数"按钮 ⬛ ，系统弹出"切削参数"对话框。

Step 2 单击"切削参数"对话框中的 策略 选项卡，在 切削方向 下拉列表中选择 混合 选项，在 切削顺序 下拉列表中选择 始终深度优先 选项；在 延伸刀轨 区域取消选中 ☐ 在边上延伸 复选框，其他参数均保持不变。

Step 3 单击"切削参数"对话框中的 确定 按钮，系统返回到"深度加工轮廓"对话框。

Stage5. 设置非切削移动参数

Step 1 单击"深度加工轮廓"对话框 刀轨设置 区域中的"非切削移动"按钮 ⬛ ，系统弹出"非切削移动"对话框。

Step 2 单击"非切削移动"对话框中的 进刀 选项卡，在 封闭区域 区域的 高度 文本框中输入1.0；其他参数均保持不变。

Step 3 单击 确定 按钮，完成非切削移动参数的设置。

Stage6. 生成刀路轨迹并仿真

生成的刀路轨迹如图 20.3.85 所示，2D 动态仿真加工后的模型如图 20.3.86 所示。

Task9. 创建深度加工轮廓操作（十一）

Stage1. 创建工序

Step 1 复制深度加工轮廓操作。在工序导航器的程序顺序视图中右击 ⬛ ZLEVEL_PROFILE_6

节点，在弹出的快捷菜单中选择 复制 命令，然后右击 P-04 节点，在弹出的快捷菜单中选择 内部粘贴 命令。

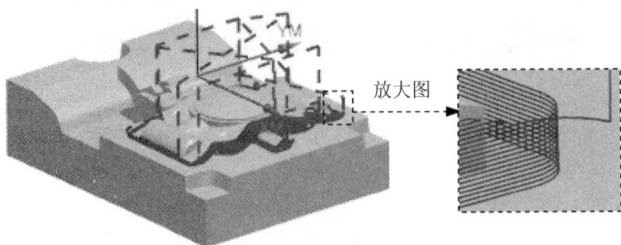

图 20.3.85　刀路轨迹

图 20.3.86　2D 仿真结果

Step 2 右击 ZLEVEL_PROFILE_6_COPY 选项，在系统弹出的快捷菜单中选择 重命名 选项，并命名为 ZLEVEL_PROFILE_7。

Step 3 双击 ZLEVEL_PROFILE_7 节点，系统弹出"深度加工轮廓"对话框。

Stage2．指定切削区域

Step 1 在 几何体 区域中单击"选择或编辑切削区域几何体"按钮，系统弹出"切削区域"对话框。

Step 2 单击"切削区域"对话框中的 ✗ 按钮，选取图 20.3.87 所示的面为切削区域（共 5 个面），在"切削区域"对话框中单击 确定 按钮，完成切削区域的创建，同时系统返回到"深度加工轮廓"对话框。

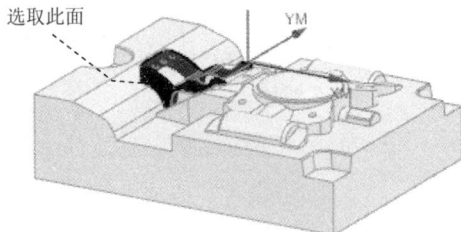

图 20.3.87　指定切削区域

Stage3．设置刀具路径参数

在 刀轨设置 区域 陡峭空间范围 下拉列表中选择 无 选项；其他参数均保持不变。

Stage4．生成刀路轨迹并仿真

生成的刀路轨迹如图 20.3.88 所示，2D 动态仿真加工后的模型如图 20.3.89 所示。

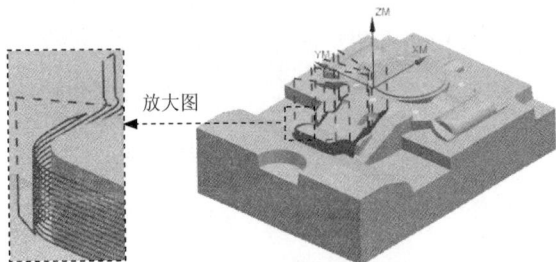

图 20.3.88　刀路轨迹

图 20.3.89　2D 仿真结果

Task10. 创建深度加工轮廓操作（十二）

Stage1. 创建工序

Step 1 复制深度加工轮廓操作。在工序导航器的程序顺序视图中右击 ⚠️ 🔩ZLEVEL_PROFILE_7 节点，在弹出的快捷菜单中选择 📋 复制 命令，然后右击 ⚠️ 📁P-04 节点，在弹出的快捷菜单中选择 内部粘贴 命令。

Step 2 右击 ⊘🔩ZLEVEL_PROFILE_7_COPY 选项，在系统弹出的快捷菜单中选择 🔤 重命名 选项，并命名为 ZLEVEL_PROFILE_8。

Step 3 双击 ⊘🔩ZLEVEL_PROFILE_8 节点，系统弹出"深度加工轮廓"对话框。

Stage2. 指定切削区域

Step 1 在 几何体 区域中单击"选择或编辑切削区域几何体"按钮 📖，系统弹出"切削区域"对话框。

Step 2 单击"切削区域"对话框中的 ❌ 按钮，选取图 20.3.90 所示的面为切削区域，在"切削区域"对话框中单击 确定 按钮，完成切削区域的创建，同时系统返回到"深度加工轮廓"对话框。

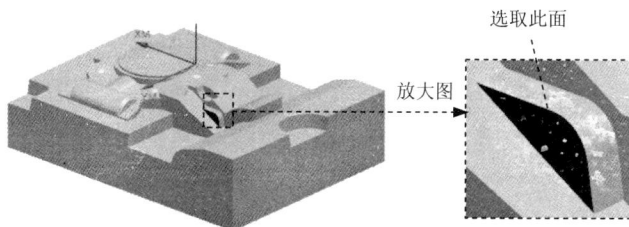

图 20.3.90　指定切削区域

Stage3. 生成刀路轨迹并仿真

生成的刀路轨迹如图 20.3.91 所示，2D 动态仿真加工后的模型如图 20.3.92 所示。

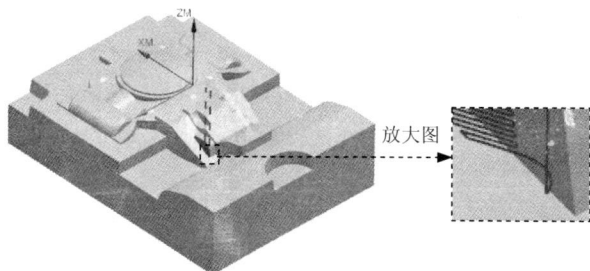

图 20.3.91　刀路轨迹　　　　图 20.3.92　2D 仿真结果

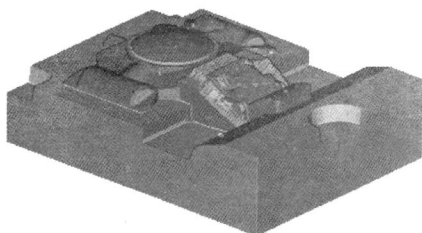

Task11. 创建深度加工轮廓操作（十三）

参照 Task10 的操作，完成工序 ZLEVEL_PROFILE_8.1 的创建，其切削区域如图 20.3.93

所示，生成的刀路轨迹如图 20.3.94 所示。

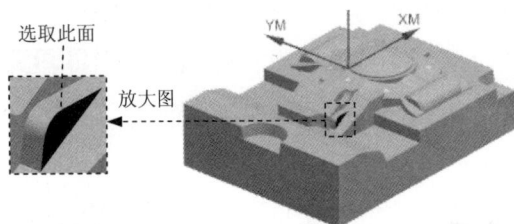

图 20.3.93　指定切削区域　　　　　　图 20.3.94　刀路轨迹

Task12. 创建深度加工轮廓操作（十四）

Stage1. 创建工序

Step 1　复制深度加工轮廓操作。在工序导航器的程序顺序视图中右击 ⓘ🔩 ZLEVEL_PROFILE_8.1 节点，在弹出的快捷菜单中选择 🔩复制 命令，然后右击 ⓘ🗀 P-04 节点，在弹出的快捷菜单中选择 内部粘贴 命令。

Step 2　右击 ⊘🔩 ZLEVEL_PROFILE_8.1_COPY 选项，在系统弹出的快捷菜单中选择 🔩重命名 选项，并命名为 ZLEVEL_PROFILE_9。

Step 3　双击 ⊘🔩 ZLEVEL_PROFILE_9 节点，系统弹出"深度加工轮廓"对话框。

Stage2. 指定切削区域

Step 1　在 几何体 区域中单击"选择或编辑切削区域几何体"按钮 🔩，系统弹出"切削区域"对话框。

Step 2　单击"切削区域"对话框中的 ✖ 按钮，选取图 20.3.95 所示的面组 1（共 2 个面）为切削区域，在"切削区域"对话框中单击"添加新集"按钮 ✚，选取图 20.3.95 所示的面 2 为切削区域；在 定制数据 区域中选中 ☑ 余量 复选框，并在 最终余量 文本框中输入值 0.1；单击 确定 按钮，完成切削区域的创建，同时系统返回到"深度加工轮廓"对话框。

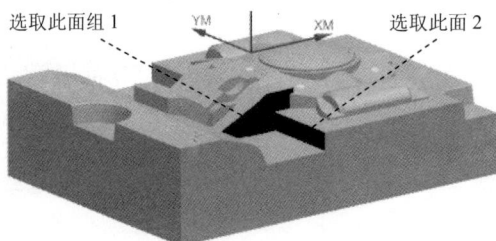

图 20.3.95　指定切削区域

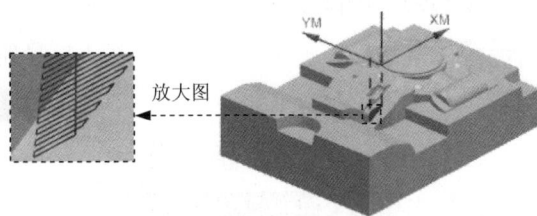

技巧提示：这里分别选取不同的陡峭壁进行分组，并设置不同的加工余量，可以防止过切局部壁，同时减少刀具的切削压力。

Stage3．生成刀路轨迹并仿真

生成的刀路轨迹如图 20.3.96 所示，2D 动态仿真加工后的模型如图 20.3.97 所示。

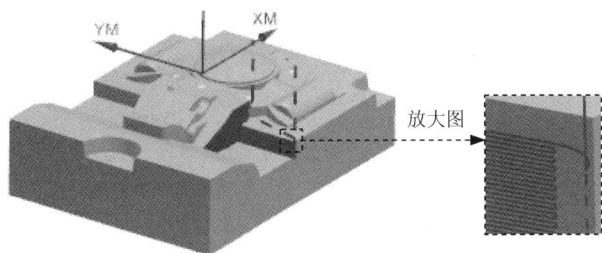

图 20.3.96　刀路轨迹

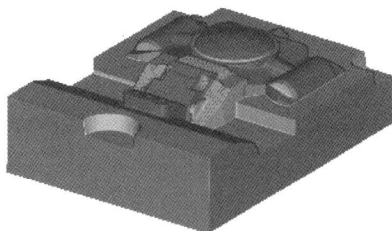

图 20.3.97　2D 仿真结果

Task13．创建深度加工轮廓操作（十五）

参照 Task12 的操作，完成工序 ZLEVEL_PROFILE_9.1 的创建，其切削区域如图 20.3.98 所示，生成的刀路轨迹如图 20.3.99 所示。

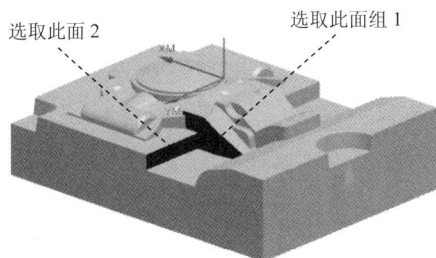

图 20.3.98　指定切削区域

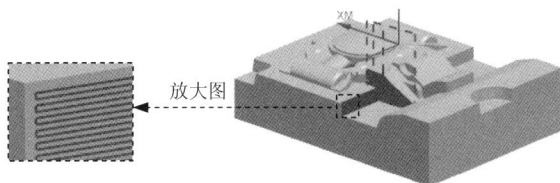

图 20.3.99　刀路轨迹

Task14．创建深度加工轮廓操作（十六）

参照 Task13 的操作，完成工序 ZLEVEL_PROFILE_10 的创建，其切削区域如图 20.3.100 所示，生成的刀路轨迹如图 20.3.101 所示。

说明：本工序是为了去除前面两个工序中在直壁上留下的 0.1mm 的余量。

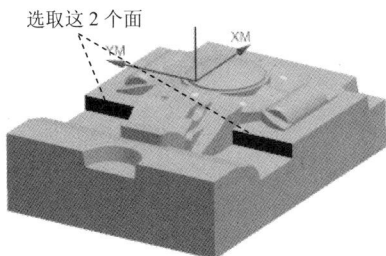

图 20.3.100　指定切削区域

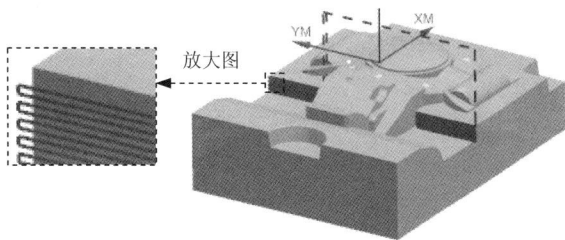

图 20.3.101　刀路轨迹

Task15．创建深度加工轮廓操作（十七）

参照 Task14 的操作，完成工序 ZLEVEL_PROFILE_11 的创建，其切削区域如图 20.3.102 所示，生成的刀路轨迹如图 20.3.103 所示。

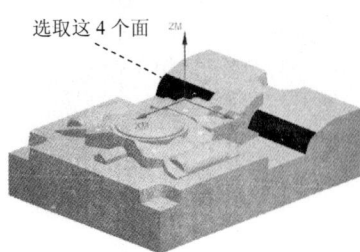

图 20.3.102　指定切削区域　　　　　　　　图 20.3.103　刀路轨迹

Task16．创建深度加工轮廓操作（十八）

Stage1．创建工序

Step 1 复制深度加工轮廓操作。在工序导航器的程序顺序视图中右击 ⬛ ⬛ ZLEVEL_PROFILE_11 节点，在弹出的快捷菜单中选择 ⬛ 复制 命令，然后右击 ⬛ ⬛ P-04 节点，在弹出的快捷菜单中选择 内部粘贴 命令。

Step 2 右击 ⊘⬛ ZLEVEL_PROFILE_11_COPY 选项，在系统弹出的快捷菜单中选择 ⬛ 重命名 选项，并命名为 ZLEVEL_PROFILE_12。

Step 3 双击 ⊘⬛ ZLEVEL_PROFILE_12 节点，系统弹出"深度加工轮廓"对话框。

Stage2．指定切削区域

Step 1 在 几何体 区域中单击"选择或编辑切削区域几何体"按钮 ⬛ ，系统弹出"切削区域"对话框。

Step 2 单击"切削区域"对话框中的 ⬛ 按钮，选取图 20.3.104 所示的面（共 7 个面）为切削区域，在"切削区域"对话框中单击 确定 按钮，完成切削区域的创建，同时系统返回到"深度加工轮廓"对话框。

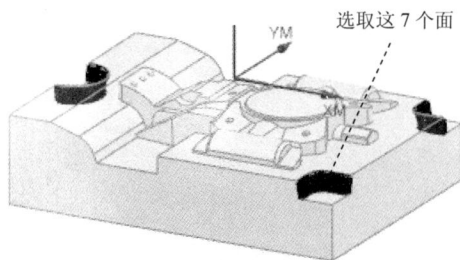

图 20.3.104　指定切削区域

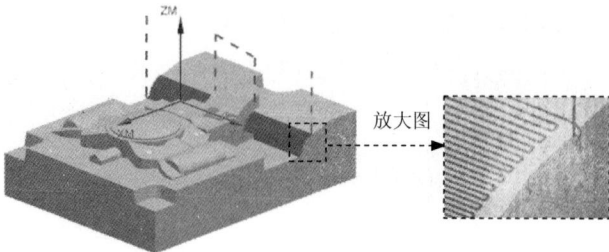

Stage3．设置刀具

在"深度加工轮廓"对话框 工具 区域的 刀具 下拉列表中选择 B3（铣刀-球头铣）选项，其他参数均保持不变。

Stage4．生成刀路轨迹并仿真

生成的刀路轨迹如图 20.3.105 所示，2D 动态仿真加工后的模型如图 20.3.106 所示。

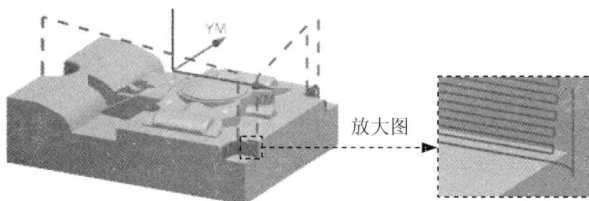

图 20.3.105　刀路轨迹

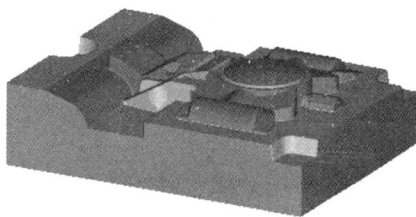

图 20.3.106　2D 仿真结果

20.3.9　创建精加工刀路（二）

Task1．创建轮廓区域操作（九）

Stage1．创建工序

Step 1　复制轮廓区域操作。在工序导航器的程序顺序视图中右击 CONTOUR_AREA 节点，在弹出的快捷菜单中选择 复制 命令，然后右击 P-05 节点，在弹出的快捷菜单中选择 内部粘贴 命令。

Step 2　右击 CONTOUR_AREA_COPY 选项，在系统弹出的快捷菜单中选择 重命名 选项，并命名为 CONTOUR_AREA_8。

Step 3　双击 CONTOUR_AREA_8 节点，系统弹出"轮廓区域"对话框。

Stage2．设置驱动方式

Step 1　在"轮廓区域"对话框 驱动方法 区域中单击"编辑"按钮 ，系统弹出"区域铣削驱动方法"对话框。

Step 2　在 最大距离 文本框中输入值 0.1，其余参数保持不变，单击 确定 按钮，系统返回到"轮廓区域"对话框。

　技巧提示：在精加工时，如果后模型面要求精度较高，可以将步距设为"残留高度"选项，并设定合理的"最大残留高度"数值，可以取得较好的切削效果。

Stage3．设置切削参数

Step 1　单击"轮廓区域"对话框中的"切削参数"按钮 ，系统弹出"切削参数"对话框。

Step 2　在"切削参数"对话框中单击 策略 选项卡，在 延伸刀轨 区域选中 在边上延伸 复选框；在 距离 文本框中输入值 0.5，并在其后的下拉列表中选择 mm 选项，其他参数均保持不变。

Step 3　在"切削参数"对话框中单击 余量 选项卡，在 余量 区域的 部件余量 文本框中输入值 0.0，其他参数均保持不变。

Step 4　在"切削参数"对话框中单击 更多 选项卡，在 倾斜 区域选中 优化刀轨 复选框，并取消选中 应用于步距 复选框，其他参数均保持不变。

Step 5 单击"切削参数"对话框中的 确定 按钮，系统返回到"轮廓区域"对话框。

Stage4．设置进给率和速度

Step 1 单击"轮廓区域"对话框中的"进给率和速度"按钮 ，系统弹出"进给率和速度"对话框。

Step 2 选中"进给率和速度"对话框 主轴速度 区域中的 ☑ 主轴速度 (rpm) 复选框，在其后的文本框中输入值 8500.0，按 Enter 键；然后单击 按钮，在 进给率 区域的 切削 文本框中输入值 1000.0，按 Enter 键，然后单击 按钮。

Step 3 单击 确定 按钮，完成进给率和速度的设置，系统返回至"轮廓区域"对话框。

Stage5．生成刀路轨迹并仿真

生成的刀路轨迹如图 20.3.107 所示，2D 动态仿真加工后的模型如图 20.3.108 所示。

图 20.3.107　刀路轨迹　　　　　　　　　　图 20.3.108　2D 仿真结果

Task2．创建轮廓区域操作（十）

Stage1．创建工序

Step 1 复制轮廓区域操作。在工序导航器的程序顺序视图中右击 CONTOUR_AREA_1 节点，在弹出的快捷菜单中选择 复制 命令，然后右击 P-05 节点，在弹出的快捷菜单中选择 内部粘贴 命令。

Step 2 右击 CONTOUR_AREA_1_COPY 选项，在系统弹出的快捷菜单中选择 重命名 选项，并命名为 CONTOUR_AREA_9。

Step 3 双击 CONTOUR_AREA_9 节点，系统弹出"轮廓区域"对话框。

技巧提示：在精加工时，采用与半精加工相似的加工策略，通过复制粘贴命令得到基本刀路，然后需要注意要修改的参数，关键是余量、公差、进给速度、刀具等参数的调整。

Stage2．设置驱动方式

Step 1 在"轮廓区域"对话框 驱动方法 区域中单击"编辑"按钮 ，系统弹出"区域铣削驱动方法"对话框。

Step 2 在对话框中设置图 20.3.109 所示的参数。完成后单击 确定 按钮，系统返回到"轮

廓区域"对话框。

技巧提示：采用区域铣削驱动方法时，对于平坦区域
选择步距已应用在平面上，可以提高计算刀路轨迹的速度；
对于较陡峭的区域则选择步距已应用在部件上，可以取得
更好的切削质量。

Stage3．设置切削参数

Step **1** 　单击"轮廓区域"对话框中的"切削参数"按钮，
系统弹出"切削参数"对话框。

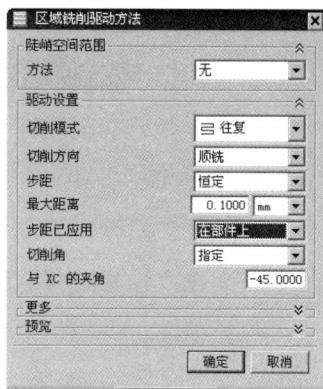

图 20.3.109 　设置参数

Step **2** 　在"切削参数"对话框中单击 余量 选项卡，在 余量
区域的 部件余量 文本框中输入值 0.0，其他参数均保持不变。

Step **3** 　单击"切削参数"对话框中的 确定 按钮，系统返回到"轮廓区域"对话框。

Stage4．设置进给率和速度

Step **1** 　单击"轮廓区域"对话框中的"进给率和速度"按钮，系统弹出"进给率和速
度"对话框。

Step **2** 　选中"进给率和速度"对话框 主轴速度 区域中的 ☑ 主轴速度 (rpm) 复选框，在其后的
文本框中输入值 8500.0，按 Enter 键；然后单击 按钮，在 进给率 区域的 切削 文
本框中输入值 1000.0，按 Enter 键，然后单击 按钮。

Step **3** 　单击 确定 按钮，完成进给率和速度的设置，系统返回至"轮廓区域"对话框。

Stage5．生成刀路轨迹并仿真

生成的刀路轨迹如图 20.3.110 所示，2D 动态仿真加工后的模型如图 20.3.111 所示。

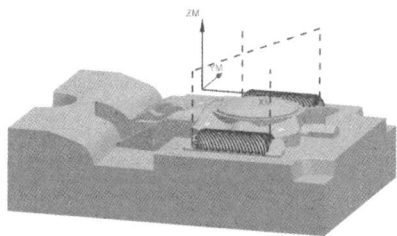

图 20.3.110 　刀路轨迹 　　　　　　　　　　　　图 20.3.111 　2D 仿真结果

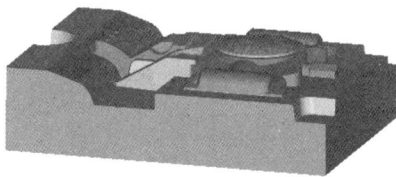

Task3．创建轮廓区域操作（十一）

Stage1．创建工序

Step **1** 　复制轮廓区域操作。在工序导航器的程序顺序视图中右击 CONTOUR_AREA_9 节点，
在弹出的快捷菜单中选择 复制 命令，然后右击 P-05 节点，在弹出的快捷菜
单中选择 内部粘贴 命令。

Step **2** 　右击 CONTOUR_AREA_9_COPY 选项，在系统弹出的快捷菜单中选择 重命名 选项，并

命名为 CONTOUR_AREA_10。

Step 3 双击 CONTOUR_AREA_10 节点，系统弹出“轮廓区域”对话框。

Stage2. 指定切削区域

Step 1 在 几何体 区域中单击“选择或编辑切削区域几何体”按钮，系统弹出“切削区域”对话框。

Step 2 单击“切削区域”对话框中的按钮，选取图 20.3.112 所示的面为切削区域(共 7 个面)，在“切削区域”对话框中单击 确定 按钮，完成切削区域的创建，同时系统返回到“轮廓区域”对话框。

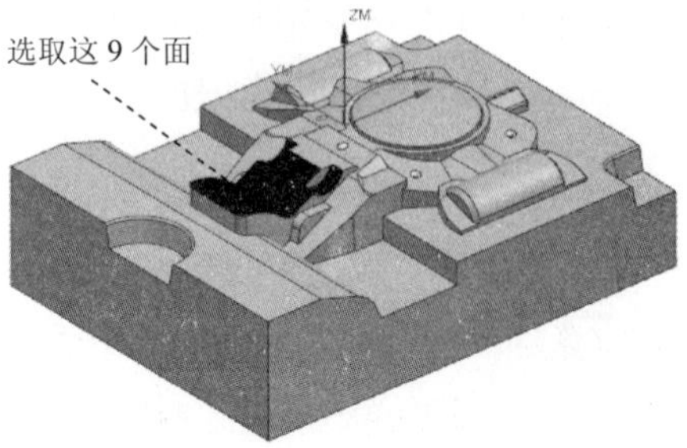

图 20.3.112　指定切削区域

Stage3. 设置切削参数

Step 1 单击“轮廓区域”对话框中的“切削参数”按钮，系统弹出“切削参数”对话框。

Step 2 在“切削参数”对话框中单击 策略 选项卡，在 延伸刀轨 区域选中 ☑ 在边上延伸 复选框；在 距离 文本框中输入值 0.2，并在其后的下拉列表中选择 mm 选项，其他参数均保持不变。

Step 3 单击“切削参数”对话框中的 确定 按钮，系统返回到“轮廓区域”对话框。

Stage4. 生成刀路轨迹并仿真

生成的刀路轨迹如图 20.3.113 所示，2D 动态仿真加工后的模型如图 20.3.114 所示。

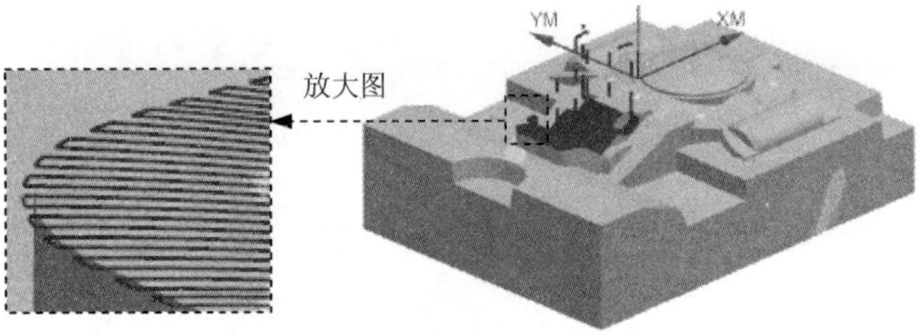

图 20.3.113　刀路轨迹

图 20.3.114　2D 仿真结果

Task4. 创建轮廓区域操作（十二）

Stage1. 创建工序

Step 1 复制轮廓区域操作。在工序导航器的程序顺序视图中右击 CONTOUR_AREA_3 节点，在弹出的快捷菜单中选择 复制 命令，然后右击 P-05 节点，在弹出的快捷菜单中选择 内部粘贴 命令。

Step 2 右击 CONTOUR_AREA_3_COPY 选项，在系统弹出的快捷菜单中选择 重命名 选项，并命名为 CONTOUR_AREA_11。

Step 3 双击 ⊘🕐 `CONTOUR_AREA_11` 节点，系统弹出"轮廓区域"对话框。

Stage2．设置驱动方式

Step 1 在"轮廓区域"对话框 驱动方法 区域中单击"编辑"按钮 🔧，系统弹出"区域铣削驱动方法"对话框。

Step 2 在对话框中设置图 20.3.115 所示的参数。完成后单击 确定 按钮，系统返回到"轮廓区域"对话框。

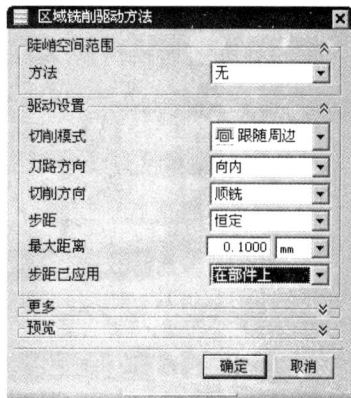

Stage3．设置切削参数

Step 1 单击"轮廓区域"对话框中的"切削参数"按钮 ⟹，系统弹出"切削参数"对话框。

Step 2 在"切削参数"对话框中单击 策略 选项卡，在 延伸刀轨 区域选中 ☑ 在边上延伸 复选框；在 距离 文本框中输入值 0.2，并在其后的下拉列表中选择 mm 选项，其他参数均保持不变。

Step 3 在"切削参数"对话框中单击 余量 选项卡，在 余量 区域的 部件余量 文本框中输入值 0.0，其他参数均保持不变。

Step 4 单击"切削参数"对话框中的 确定 按钮，系统返回到"轮廓区域"对话框。

图 20.3.115　设置参数

Stage4．设置进给率和速度

Step 1 单击"轮廓区域"对话框中的"进给率和速度"按钮 ⬆，系统弹出"进给率和速度"对话框。

Step 2 选中"进给率和速度"对话框 主轴速度 区域中的 ☑ 主轴速度 (rpm) 复选框，在其后的文本框中输入值 8500.0，按 Enter 键；然后单击 🔲 按钮，在 进给率 区域的 切削 文本框中输入值 1000.0，按 Enter 键，然后单击 🔲 按钮。

Step 3 单击 确定 按钮，完成进给率和速度的设置，系统返回至"轮廓区域"对话框。

Stage5．生成刀路轨迹并仿真

生成的刀路轨迹如图 20.3.116 所示，2D 动态仿真加工后的模型如图 20.3.117 所示。

Task5．创建轮廓区域操作（十三）

Stage1．创建工序

Step 1 复制轮廓区域操作。在工序导航器的程序顺序视图中右击 ❓⊘🕐 `CONTOUR_AREA_2` 节点，在弹出的快捷菜单中选择 🔲 复制 命令，然后右击 ✔🔲 `P-05` 节点，在弹出的快捷菜单中选择 内部粘贴 命令。

Step 2 右击 ⊘🕐 `CONTOUR_AREA_2_COPY` 选项，在系统弹出的快捷菜单中选择 🔲 重命名 选项，并命名为 CONTOUR_AREA_12。

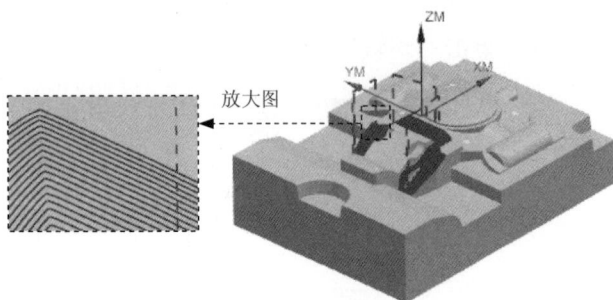

图 20.3.116　刀路轨迹　　　　　　　　图 20.3.117　2D 仿真结果

Step 3　双击 ⊘⇩ **CONTOUR_AREA_12** 节点，系统弹出"轮廓区域"对话框。

Stage2．定义修剪边界

Step 1　在"轮廓区域"对话框 **几何体** 区域中单击"选择或编辑修剪边界"按钮 **⊠**，系统弹出"修剪边界"对话框。

Step 2　在"修剪边界"对话框中单击 **全部重选** 按钮，系统弹出"全部重选"对话框，单击 **确定 (O)** 按钮，移除指定的修剪边界。

Step 3　在"修剪边界"对话框中单击 **确定** 按钮，系统返回到"轮廓区域"对话框。

Stage3．设置驱动方式

Step 1　在"轮廓区域"对话框 **驱动方法** 区域中单击"编辑"按钮 **🔧**，系统弹出"区域铣削驱动方法"对话框。

Step 2　在 **最大距离** 文本框中输入值 0.1，其余参数保持不变，单击 **确定** 按钮，系统返回到"轮廓区域"对话框。

Stage4．设置切削参数

Step 1　单击"轮廓区域"对话框中的"切削参数"按钮 **⇉**，系统弹出"切削参数"对话框。

Step 2　在"切削参数"对话框中单击 **策略** 选项卡，在 **延伸刀轨** 区域选中 ☑ **在边上延伸** 复选框；在 **距离** 文本框中输入值 0.2，并在其后的下拉列表中选择 **mm** 选项，其他参数均保持不变。

Step 3　在"切削参数"对话框中单击 **余量** 选项卡，在 **余量** 区域的 **部件余量** 文本框中输入值 0.0，其他参数均保持不变。

Step 4　单击"切削参数"对话框中的 **确定** 按钮，系统返回到"轮廓区域"对话框。

Stage5．设置进给率和速度

Step 1　单击"轮廓区域"对话框中的"进给率和速度"按钮 **🔧**，系统弹出"进给率和速度"对话框。

Step 2 选中"进给率和速度"对话框 主轴速度 区域中的 ☑ 主轴速度 (rpm) 复选框，在其后的
文本框中输入值 8500.0，按 Enter 键；然后单击 圖 按钮，在 进给率 区域的 切削 文
本框中输入值 1000.0，按 Enter 键，然后单击 圖 按钮。

Step 3 单击 确定 按钮，完成进给率和速度的设置，系统返回至"轮廓区域"对话框。

Stage6．生成刀路轨迹并仿真

生成的刀路轨迹如图 20.3.118 所示，2D 动态仿真加工后的模型如图 20.3.119 所示。

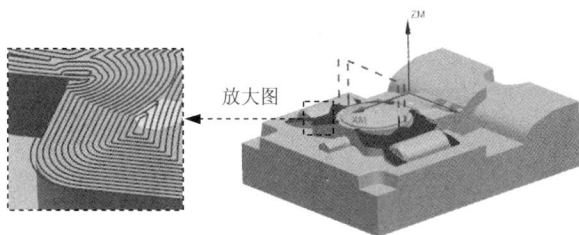

图 20.3.118　刀路轨迹　　　　　图 20.3.119　2D 仿真结果

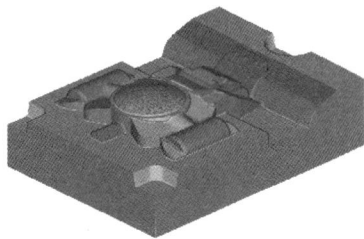

Task6．创建轮廓区域操作（十四）

Stage1．创建工序

Step 1 复制轮廓区域操作。在工序导航器的程序顺序视图中右击 CONTOUR_AREA_6 节点，
在弹出的快捷菜单中选择 复制 命令，然后右击 P-05 节点，在弹出的快捷菜
单中选择 内部粘贴 命令。

Step 2 右击 CONTOUR_AREA_6_COPY 选项，在系统弹出的快捷菜单中选择 重命名 选项，并
命名为 CONTOUR_AREA_13。

Step 3 双击 CONTOUR_AREA_13 节点，系统弹出"轮廓区域"对话框。

Stage2．设置驱动方式

Step 1 在"轮廓区域"对话框 驱动方法 区域中单击"编
辑"按钮 ，系统弹出"区域铣削驱动方法"
对话框。

Step 2 在对话框中设置图 20.3.120 所示的参数。完
成后单击 确定 按钮，系统返回到"轮廓区
域"对话框。

Stage3．设置切削参数

Step 1 单击"轮廓区域"对话框中的"切削参数"按
钮 ，系统弹出"切削参数"对话框。

图 20.3.120　设置参数

Step 2 在"切削参数"对话框中单击 策略 选项卡，在 延伸刀轨 区域的 距离 文本框中输入值

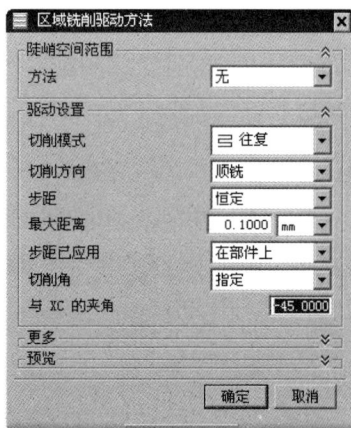

0.2，其他参数均保持不变。

Step 3　在"切削参数"对话框中单击 余量 选项卡，在 余量 区域的 部件余量 文本框中输入值 0.0，其他参数均保持不变。

Step 4　在"切削参数"对话框中单击 更多 选项卡，在 倾斜 区域选中 ☑ 优化刀轨 复选框，其他参数均保持不变。

Step 5　单击"切削参数"对话框中的 确定 按钮，系统返回到"轮廓区域"对话框。

Stage4．设置进给率和速度

Step 1　单击"轮廓区域"对话框中的"进给率和速度"按钮 ，系统弹出"进给率和速度"对话框。

Step 2　选中"进给率和速度"对话框 主轴速度 区域中的 ☑ 主轴速度 (rpm) 复选框，在其后的文本框中输入值 8500.0，按 Enter 键；然后单击 按钮，在 进给率 区域的 切削 文本框中输入值 1000.0，按 Enter 键，然后单击 按钮。

Step 3　单击 确定 按钮，完成进给率和速度的设置，系统返回至"轮廓区域"对话框。

Stage5．生成刀路轨迹并仿真

生成的刀路轨迹如图 20.3.121 所示，2D 动态仿真加工后的模型如图 20.3.122 所示。

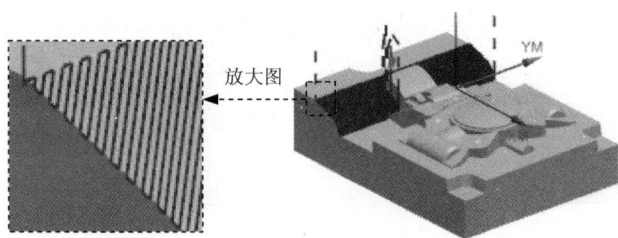

图 20.3.121　刀路轨迹　　　　　图 20.3.122　2D 仿真结果

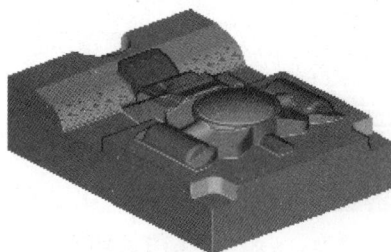

Task7．创建轮廓区域操作（十五）

Stage1．创建工序

Step 1　复制轮廓区域操作。在工序导航器的程序顺序视图中右击 CONTOUR_AREA_13 节点，在弹出的快捷菜单中选择 复制 命令，然后右击 P-05 节点，在弹出的快捷菜单中选择 内部粘贴 命令。

Step 2　右击 CONTOUR_AREA_13_COPY 选项，在系统弹出的快捷菜单中选择 重命名 选项，并命名为 CONTOUR_AREA_14。

Step 3　双击 CONTOUR_AREA_14 节点，系统弹出"轮廓区域"对话框。

Stage2．指定切削区域

Step 1　在 几何体 区域中单击"选择或编辑切削区域几何体"按钮 ，系统弹出"切削区

域"对话框。

Step 2 单击"切削区域"对话框中的 ✖ 按钮，选取图 20.3.123 所示的面为切削区域（共 23 个面），在"切削区域"对话框中单击 确定 按钮，完成切削区域的创建，同时系统返回到"轮廓区域"对话框。

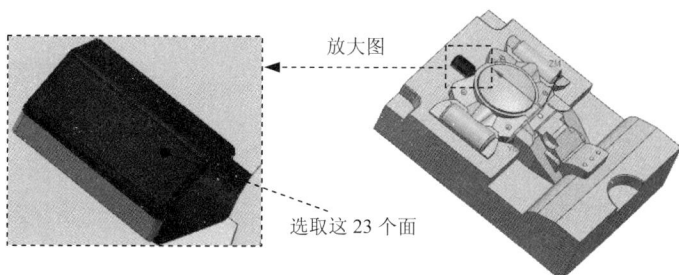

放大图

选取这 23 个面

图 20.3.123　指定切削区域

Stage3. 生成刀路轨迹并仿真

生成的刀路轨迹如图 20.3.124 所示，2D 动态仿真加工后的模型如图 20.3.125 所示。

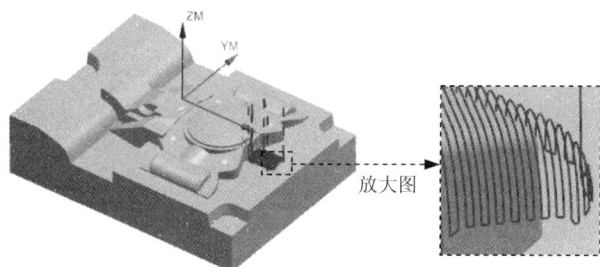

放大图

图 20.3.124　刀路轨迹

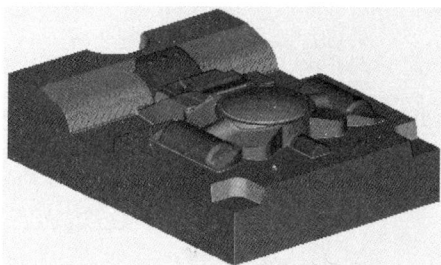

图 20.3.125　2D 仿真结果

Task8. 创建固定轮廓铣操作（一）

Stage1. 创建工序

Step 1 选择下拉菜单 插入(S) ➡ 工序(E)... 命令，系统弹出"创建工序"对话框。

Step 2 在"创建工序"对话框 类型 下拉列表中选择 mill_contour 选项，在 工序子类型 区域中单击"固定轮廓铣"按钮 ，在 程序 下拉列表中选择 P-05 选项，在 刀具 下拉列表中选择前面设置的刀具 B3 (铣刀-球头铣) 选项，在 几何体 下拉列表中选择 WORKPIECE 选项，在 方法 下拉列表中选择 MILL_FINISH 选项，使用系统默认的名称。

Step 3 单击"创建工序"对话框中的 确定 按钮，系统弹出"固定轮廓铣"对话框。

Stage2. 指定切削区域

Step 1 在 几何体 区域中单击"选择或编辑切削区域几何体"按钮 ，系统弹出"切削区域"对话框。

Step 2 在图形区中选取图 20.3.126 所示的模型表面为切削区域（共 7 个面），单击 确定按钮，完成切削区域的创建，同时系统返回到"固定轮廓铣"对话框。

Stage3．设置驱动方式

Step 1　在"固定轮廓铣"对话框 驱动方法 区域的 方法 下拉列表中选择 径向切削 选项，系统弹出"驱动方法"对话框，单击 确定(O) 按钮，此时弹出图 20.3.127 所示的"径向切削驱动方法"对话框。

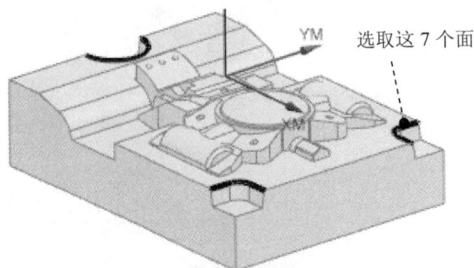

图 20.3.126　选取切削区域

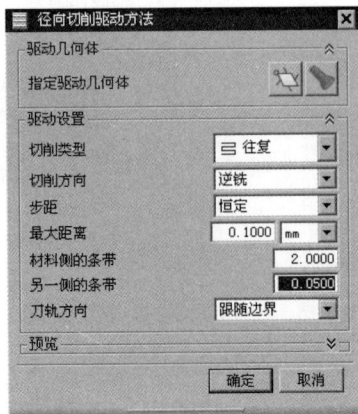

图 20.3.127　"径向铣削驱动方法"对话框

Step 2　在对话框 驱动几何体 区域中单击"选择或编辑驱动几何体"按钮 ，系统弹出"临时边界"对话框，在 类型 下拉列表中选择 开放的 选项，并选取图 20.3.128 所示的模型边界 1；单击 创建下一个边界 按钮，选取图 20.3.128 所示的模型边界 2；单击 创建下一个边界 按钮，选取图 20.3.128 所示的模型边界 3；单击 确定 按钮，完成临时边界的创建，同时系统返回到"径向切削驱动方法"对话框。

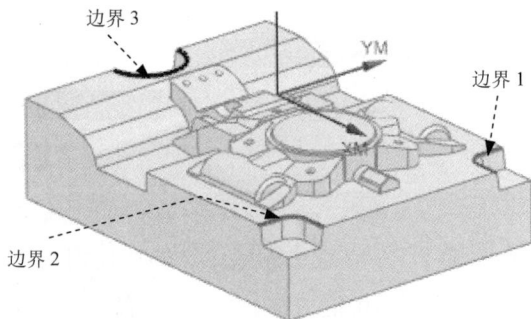

图 20.3.128　创建临时边界

技巧提示：在定义边界几何体时，应注意所选取的曲线位置，确保曲线的起点一致，都遵循顺时针或逆时针的规律，这样才能使得材料侧一致，否则将不能得到正确的刀路轨迹。具体操作请看视频操作录像。

Step **3** 在对话框中设置图 20.3.127 所示的参数，完成后单击 确定 按钮，系统返回到"轮廓区域"对话框。

Stage4. 设置切削参数

Step **1** 单击"轮廓区域"对话框中的"切削参数"按钮 ，系统弹出"切削参数"对话框。

Step **2** 在"切削参数"对话框中单击 策略 选项卡，在 延伸刀轨 区域选中 ☑ 在边上延伸 复选框；在 距离 文本框中输入值 0.2，并在其后的下拉列表中选择 mm 选项，其他参数均保持不变。

Step **3** 在"切削参数"对话框中单击 更多 选项卡，在 倾斜 区域选中 ☑ 优化刀轨 复选框，其他参数均保持不变。

Step **4** 单击"切削参数"对话框中的 确定 按钮，系统返回到"轮廓区域"对话框。

Stage5. 设置进给率和速度

Step **1** 单击"轮廓区域"对话框中的"进给率和速度"按钮 ，系统弹出"进给率和速度"对话框。

Step **2** 选中"进给率和速度"对话框 主轴速度 区域中的 ☑ 主轴速度 (rpm) 复选框，在其后的文本框中输入值 6500.0，按 Enter 键；然后单击 按钮，在 进给率 区域的 切削 文本框中输入值 1000.0，按 Enter 键，然后单击 按钮。

Step **3** 单击 确定 按钮，完成进给率和速度的设置，系统返回至"轮廓区域"对话框。

Stage6. 生成刀路轨迹并仿真

生成的刀路轨迹如图 20.3.129 所示，2D 动态仿真加工后的模型如图 20.3.130 所示。

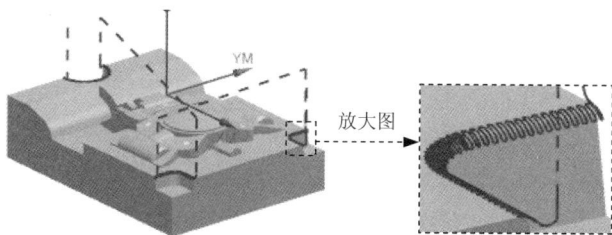

图 20.3.129　刀路轨迹

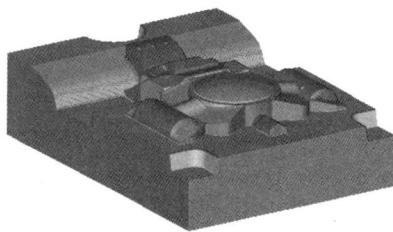

图 20.3.130　2D 仿真结果

Task9. 创建清根参考刀具操作（一）

Stage1. 创建工序

Step **1** 选择下拉菜单 插入(S) ➡ 工序(E)... 命令，系统弹出"创建工序"对话框。

Step **2** 在"创建工序"对话框 类型 下拉列表中选择 mill_contour 选项，在 工序子类型 区域中单击"清根参考刀具"按钮 ，在 程序 下拉列表中选择 P-05 选项，在 刀具 下拉列表中选择前面设置的刀具 B2 (铣刀-球头铣) 选项，在 几何体 下拉列表中选择

WORKPIECE 选项，在 方法 下拉列表中选择 MILL_FINISH 选项，使用系统默认的名称。

Step 3 单击"创建工序"对话框中的 确定 按钮，系统弹出"清根参考刀具"对话框。

Stage2．指定切削区域

Step 1 在 几何体 区域中单击"选择或编辑切削区域几何体"按钮🔯，系统弹出"切削区域"对话框。

Step 2 在图形区选取图 20.3.131 所示的切削区域（共 24 个面），单击 确定 按钮，系统返回到"清根参考刀具"对话框。

Stage3．设置驱动方式

Step 1 在"轮廓区域"对话框 驱动方法 区域中单击"编辑"按钮🔧，系统弹出"清根驱动方法"对话框。

Step 2 在对话框中 参考刀具 区域的 参考刀具 下拉列表中选择 B3（铣刀-球头铣）选项，其他参数设置如图 20.3.132 所示。完成后单击 确定 按钮，系统返回到"清根参考刀具"对话框。

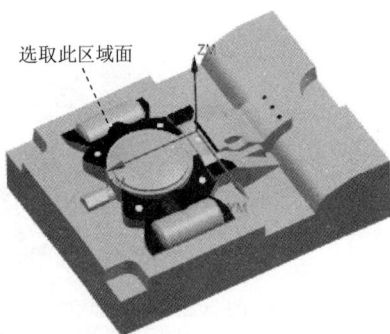

图 20.3.131 选取切削区域

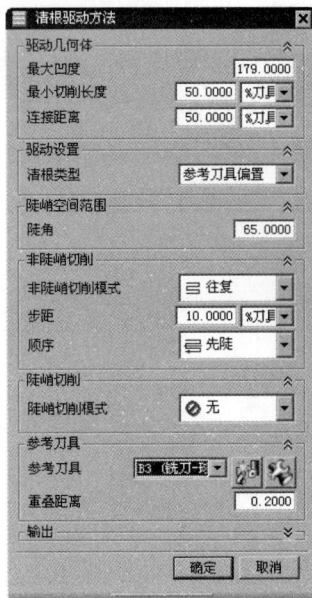

图 20.3.132 设置参数

Stage4．设置切削参数

Step 1 单击"清根参考刀具"对话框中的"切削参数"按钮🖼，系统弹出"切削参数"对话框。

Step 2 在"切削参数"对话框中单击 余量 选项卡，在 内公差 和 外公差 文本框中均输入值 0.01，其他参数采用系统默认设置值。

Step **3** 单击"切削参数"对话框中的 确定 按钮，系统返回到"清根参考刀具"对话框。

Stage5．设置进给率和速度

Step **1** 单击"清根参考刀具"对话框中的"进给率和速度"按钮 ，系统弹出"进给率和速度"对话框。

Step **2** 选中"进给率和速度"对话框 主轴速度 区域中的 ☑ 主轴速度 (rpm) 复选框，在其后的文本框中输入值 9000.0，按 Enter 键；然后单击 按钮，在 进给率 区域的 切削 文本框中输入值 800.0，按 Enter 键，然后单击 按钮。

Step **3** 单击 确定 按钮，完成进给率和速度的设置，系统返回至"清根参考刀具"对话框。

Stage6．生成刀路轨迹并仿真

生成的刀路轨迹如图 20.3.133 所示，2D 动态仿真加工后的模型如图 20.3.134 所示。

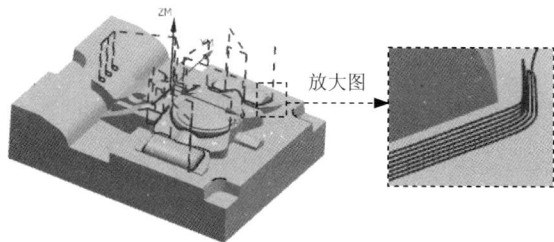

图 20.3.133　刀路轨迹

图 20.3.134　2D 仿真结果

Task10. 保存文件

选择下拉菜单 文件(F) ➡ 保存(S) 命令，保存文件。

20.4 应用 4——含复杂曲面的导流轮加工与编程

20.4.1 概述

复杂曲面加工是数控加工中常见的加工内容，其中要用到多轴数控机床来完成复杂轮廓的精加工。对于此类结构复杂的零件的加工来说，应该充分了解该零件的各个部位的加工要求，特别注意控制表面质量和加工精度，在创建粗加工工序时，采用固定轴铣削方式可以获得更高的加工效率，但同时应注意加工区域的选择和限制，尽可能选择符合固定轴加工的部位，避免重复加工相同的区域。精加工时应特别注意设置每次切削的余量，避免过切或余量不足。另外要注意刀轨参数设置值是否正确，以免影响加工质量。

20.4.2　工艺分析及制定

　　本应用讲述的是导流轮加工工艺，初步分析本应用中要加工的零件，其主要由螺旋曲面的叶片构成，毛坯为圆柱形坯料且已经过车削加工。考虑到加工效率，在粗加工时采用分角度定轴铣削的方法，先去除较多的余料；然后使用分角度定轴深度铣削方法，进一步去除叶片上的余料，采用流线铣削方法去除柱面的余料，保证精加工前余料尽可能均匀；在精加工时采用流线铣削，控制步距和切削的连续；最后对局部细节进行精加工。因此制定其加工工艺内容如图 20.4.1 所示，加工路线如图 20.4.2 所示。

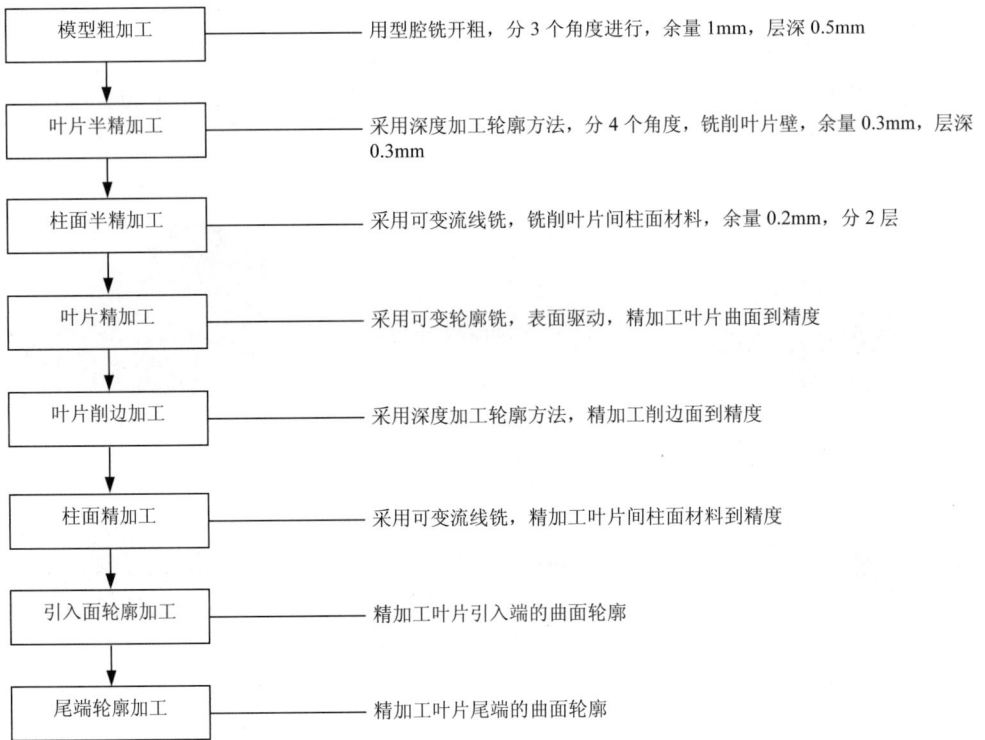

模型粗加工	用型腔铣开粗，分 3 个角度进行，余量 1mm，层深 0.5mm
叶片半精加工	采用深度加工轮廓方法，分 4 个角度，铣削叶片壁，余量 0.3mm，层深 0.3mm
柱面半精加工	采用可变流线铣，铣削叶片间柱面材料，余量 0.2mm，分 2 层
叶片精加工	采用可变轮廓铣，表面驱动，精加工叶片曲面到精度
叶片削边加工	采用深度加工轮廓方法，精加工削边面到精度
柱面精加工	采用可变流线铣，精加工叶片间柱面材料到精度
引入面轮廓加工	精加工叶片引入端的曲面轮廓
尾端轮廓加工	精加工叶片尾端的曲面轮廓

图 20.4.1　加工工艺路线（一）

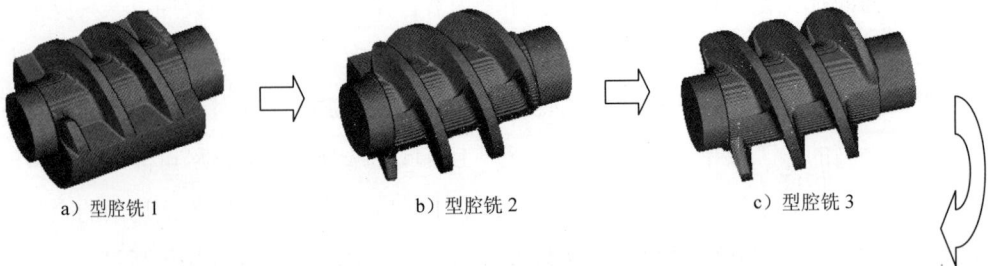

a）型腔铣 1　　　　　　b）型腔铣 2　　　　　　c）型腔铣 3

图 20.4.2　加工工艺路线（二）

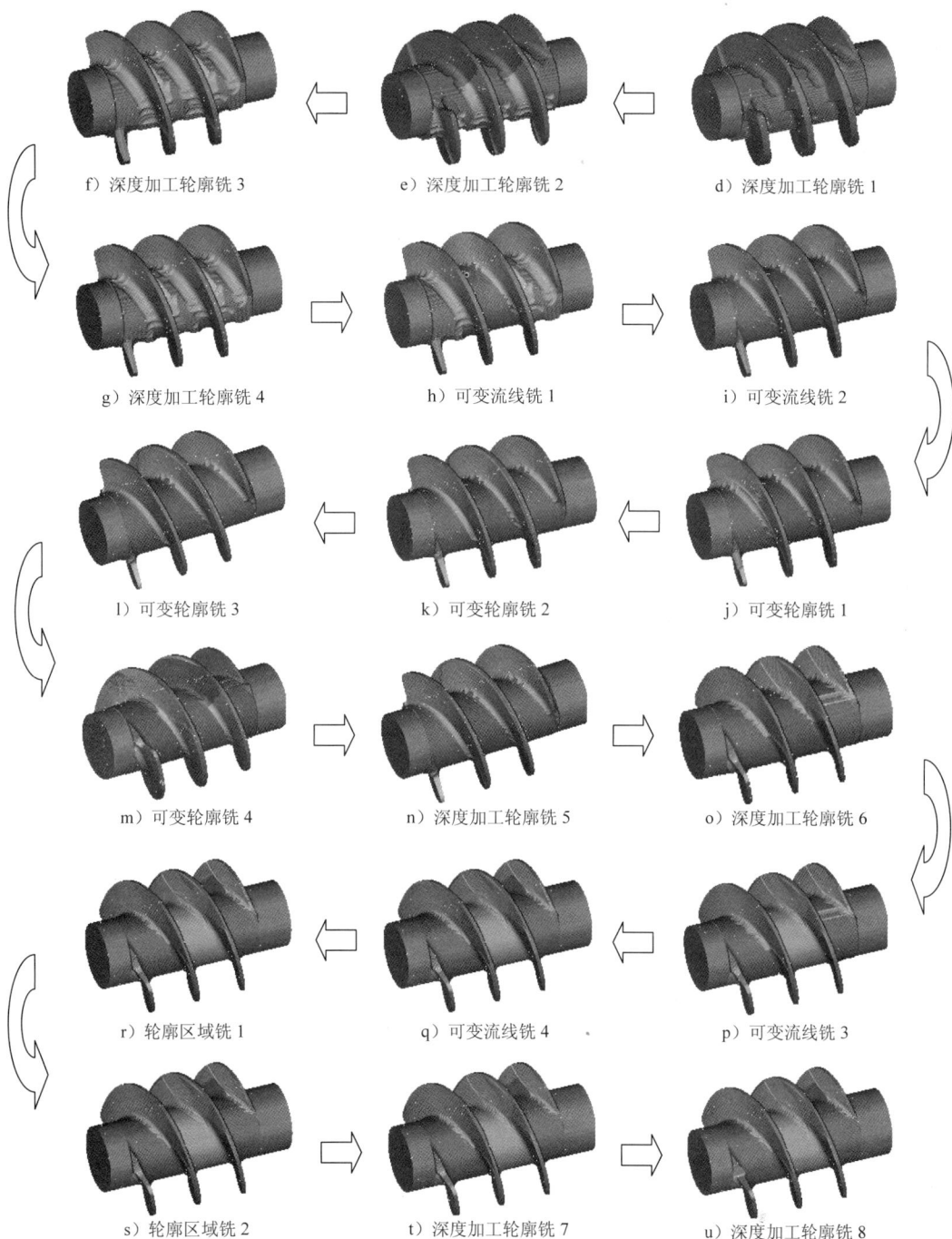

f）深度加工轮廓铣 3　　　　e）深度加工轮廓铣 2　　　　d）深度加工轮廓铣 1

g）深度加工轮廓铣 4　　　　h）可变流线铣 1　　　　i）可变流线铣 2

l）可变轮廓铣 3　　　　k）可变轮廓铣 2　　　　j）可变轮廓铣 1

m）可变轮廓铣 4　　　　n）深度加工轮廓铣 5　　　　o）深度加工轮廓铣 6

r）轮廓区域铣 1　　　　q）可变流线铣 4　　　　p）可变流线铣 3

s）轮廓区域铣 2　　　　t）深度加工轮廓铣 7　　　　u）深度加工轮廓铣 8

图 20.4.2　加工工艺路线（二）（续图）

20.4.3　加工准备

为了方便模型的移动和旋转等操作，一般可将模型另存后，去除参数，然后使用"移动对象"命令进行相应的调整，要尽可能地将参考坐标系、机床坐标系、绝对坐标系统一到同一位置。

Stage1. 整理模型

Step **1** 打开模型文件 D:\ug85nc\work\ch20\ch20.04\diveraxes.prt。

Step **2** 选择下拉菜单 文件(F) ➡️ 🖫 另存为(A)...命令，将文件命名为 diveraxes-nopara。

Step **3** 切换至建模环境。选择 🕐 开始▾ ➡️ 🖺 建模(M)...命令，系统切换至建模环境。

Step **4** 选择下拉菜单 编辑(E) ➡️ 特征(F) ➡️ ⚒ 移除参数(V)...命令，选择整个模型作为移除参数的对象，单击 确定 按钮，在弹出的"移除参数"对话框中单击 是 按钮，完成参数的移除。

Step **5** 选择命令。选择下拉菜单 插入(S) ➡️ 同步建模(Y) ➡️ ⚒ 删除面(A)...命令。

Step **6** 选择图 20.4.3 所示的面（共 10 个面）作为删除面。

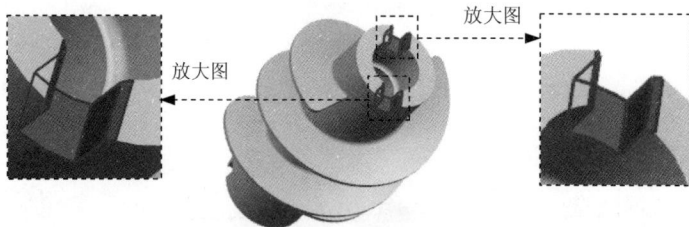

放大图　放大图

图 20.4.3　定义删除面 1

Step **7** 单击 应用 按钮，选择图 20.4.4 所示的面（共 6 个面）作为删除面。

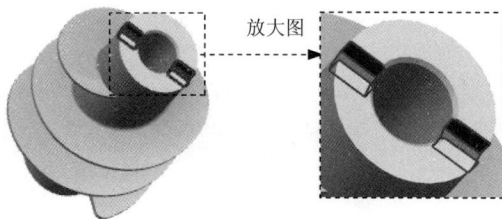

放大图

图 20.4.4　定义删除面 2

Step **8** 选择下拉菜单 文件(F) ➡️ 🖫 保存(S)命令，保存文件。

说明：删除本次加工中不要的部位可以避免产生多余的刀路。

Stage2. 新建加工文件

Step **1** 选择下拉菜单 文件(F) ➡️ 🗋 新建(N)...命令。系统弹出"新建"对话框。

Step **2** 选择"新建"对话框中的 加工 选项卡，在 过滤器 区域中的 关系 下拉列表中选择 引用现有部件 选项，模板类型选择 🖺 常规设置。单击 确定 按钮，进入加工环境。

技巧说明：采用新建加工文件的方式，可以进入装配下的加工模板，其与直接由建模环境切换到加工环境有一定的区别。这种方式下加工程序与模型文件是分开存放，独立存在的，比较适合需要添加毛坯部件和工装夹具的加工模式。

Step 3 调整模型方位。

（1）选择命令。选择下拉菜单 装配(A) ➡ 组件位置(P) ➡ 移动组件(E)...，系统弹出"移动组件"对话框。

（2）选择要移动的部件。在图形区选取整个部件作为要移动的部件。

（3）定义移动类型及参数。在 变换 区域中的 运动 下拉列表中选择 角度 选项，在图形区选择 Y 轴作为旋转轴，在 角度 文本框中输入 90，按 Enter 键，效果如图 20.4.5 所示。

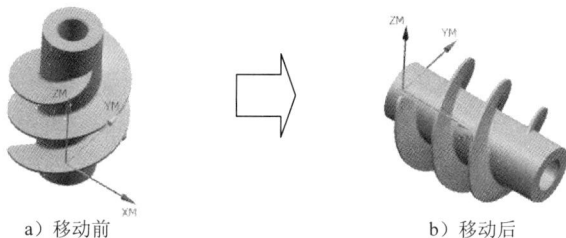

a）移动前   b）移动后

图 20.4.5   移动部件

（4）单击 确定 按钮，完成部件的移动。

Step 4 添加毛坯部件。

（1）引入毛坯零件。选择下拉菜单 装配(A) ➡ 组件(C) ➡ 添加组件(A)...命令，系统弹出"添加组件"对话框。单击"打开"按钮，双击选择零件 diveraxes_blank，单击"添加组件"对话框中的 确定 按钮，该部件被引入至图形区。

（2）更改毛坯颜色及透明度。具体操作参看视频录像。

（3）移动毛坯零件。参照 Step1 的操作方法将毛坯进行旋转，结果如图 20.4.6 所示。

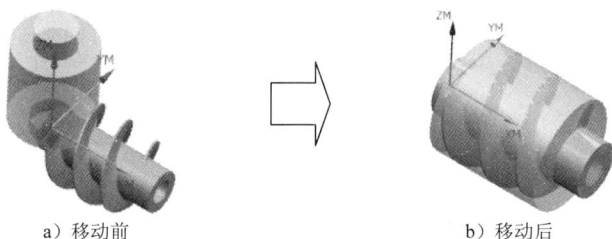

a）移动前   b）移动后

图 20.4.6   移动部件

20.4.4   创建工序参数

Task1. 创建程序

Step 1 将工序导航器调整到程序顺序视图。

Step 2 右击程序顺序视图中的 1234 节点，选择 重命名 命令，将名称更改为 C-01。

Step 3 右击 C-01 节点，选择 复制 命令，再次右击 C-01 节点，选择 粘贴 命令。参照 Step2 的方法将 C-01_COPY 节点重命名为 C-02。

Step 4 参考 Step3 的操作方法，创建其他的程序节点，结果如图 20.4.7b 所示。

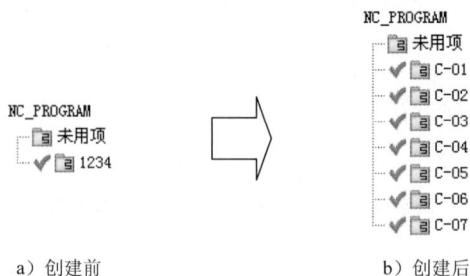

a）创建前　　　　　　　　　　b）创建后

图 20.4.7　创建程序

Task2. 创建几何体

Stage1. 创建安全平面

Step 1 将工序导航器调整到几何视图，双击节点⊞ MCS_MILL，系统弹出"MCS 铣削"对话框，采用默认的坐标系位置，在"MCS 铣削"对话框 安全设置 区域 安全设置选项 下拉列表中选择 自动平面 选项，并在 安全距离 文本框中输入值为 30。

Step 2 单击"MCS 铣削"对话框中的 确定 按钮。

Stage2. 创建部件几何体

Step 1 在工序导航器中双击⊞ MCS_MILL 节点下的 WORKPIECE，系统弹出"工件"对话框。

Step 2 选取部件几何体。在"工件"对话框中单击 按钮，系统弹出"部件几何体"对话框。在图形区中框选部件作为几何体，如图 20.4.8 所示，单击 确定 按钮，完成部件几何体的创建，同时系统返回到"工件"对话框。

Stage3. 创建毛坯几何体

Step 1 在"工件"对话框中单击 按钮，系统弹出"毛坯几何体"对话框。

Step 2 在"毛坯几何体"对话框的 类型 下拉列表中选择 几何体 选项，在图形区中选取图 20.4.9 所示的几何体，单击 确定 按钮，系统返回到"工件"对话框，完成图 20.4.9 所示毛坯几何体的创建。

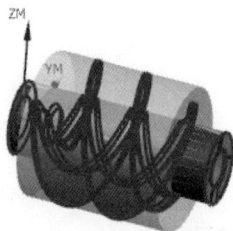

图 20.4.8　部件几何体　　　　图 20.4.9　毛坯几何体

Step 3 单击"工件"对话框中的 确定 按钮。

说明：设置工件后，将毛坯几何体隐藏以方便后面的选取。

Task3. 创建刀具

Stage1. 创建刀具（一）

Step 1　将工序导航器调整到机床视图。

Step 2　选择下拉菜单 插入(S) ➡️ 🔧 刀具(T)... 命令，系统弹出"创建刀具"对话框。

Step 3　在"创建刀具"对话框 类型 下拉列表中选择 mill_planar 选项，在 刀具子类型 区域中单击 MILL 按钮 🔧，在 位置 区域的 刀具 下拉列表中选择 POCKET_01 选项，在 名称 文本框中输入 D4R0.5，然后单击 确定 按钮，系统弹出"铣刀-5 参数"对话框。

Step 4　系统弹出"铣刀-5 参数"对话框，在 (D) 直径 文本框中输入值 4，在 (R1) 下半径 文本框中输入值 0.5，其他参数采用系统默认设置值，单击 确定 按钮，完成刀具的创建。

Stage2. 创建刀具（二）

设置刀具类型为 mill_contour 选项，刀具子类型 单击选择 BALL_MILL 按钮 🔧，在 位置 区域的 刀具 下拉列表中选择 POCKET_02 选项，刀具名称为 B4，刀具 (D) 直径 为 4，具体操作方法参照 Stage1。

Stage3. 创建刀具（三）

设置刀具类型为 mill_planar 选项，刀具子类型 单击选择 MILL 按钮 🔧，在 位置 区域的 刀具 下拉列表中选择 POCKET_03 选项，刀具名称为 D4R1，刀具 (D) 直径 为 4，(R1) 下半径 为 1。

Stage4. 创建刀具（四）

设置刀具类型为 mill_contour 选项，刀具子类型 单击选择 MILL 按钮 🔧，刀具名称为 D2，刀具 (D) 直径 为 2。

20.4.5　创建粗加工刀路

Task1. 创建型腔铣操作（一）

Stage1. 创建工序

Step 1　将工序导航器调整到程序顺序视图。

Step 2　选择下拉菜单 插入(S) ➡️ 📄 工序(E)... 命令，系统弹出"创建工序"对话框。

Step 3　在"创建工序"对话框 类型 下拉列表中选择 mill_contour 选项，在 工序子类型 区域中单击"型腔铣"按钮 🔩，在 程序 下拉列表中选择 C-01 选项，在 刀具 下拉列表中选择前面设置的刀具 D4R0.5 (铣刀-5 参数) 选项，在 几何体 下拉列表中选择 WORKPIECE 选项，在 方法 下拉列表中选择 MILL ROUGH 选项，使用系统默认的名称。

Step 4　单击"创建工序"对话框中的 确定 按钮，系统弹出"型腔铣"对话框。

Stage2．设置刀具路径参数

在 刀轨设置 区域的 最大距离 文本框中输入 0.5。

Stage3．设置切削层参数

Step 1 在 刀轨设置 区域中单击"切削层"按钮 ，系统弹出"切削层"对话框。

Step 2 在 范围定义 区域中的 范围深度 文本框中输入 15，在 每刀的深度 文本框中输入 0.5。

Step 3 单击 确定 按钮，系统返回到"型腔铣"对话框。

Stage4．设置切削参数

Step 1 在 刀轨设置 区域中单击"切削参数"按钮 ，系统弹出"切削参数"对话框。

Step 2 在"切削参数"对话框中单击 策略 选项卡，在 切削顺序 下拉列表框中选择 深度优先 选项，在 延伸刀轨 区域中的 在边上延伸 文本框中输入 2，其他参数采用系统默认设置值。

Step 3 在"切削参数"对话框中单击 连接 选项卡，在 开放刀路 下拉列表中选择 变换切削方向 选项，其他参数采用系统默认设置值。

Step 4 在"切削参数"对话框中单击 拐角 选项卡，在 圆弧上进给调整 区域中的 调整进给率 下拉列表中选择 在所有圆弧上 选项。在 拐角处进给减速 区域中的 减速距离 下拉列表中选择 当前刀具 ，在 减速百分比 文本框中输入 30，在 步数 文本框中输入 2。

Step 5 单击"切削参数"对话框中的 确定 按钮，系统返回到"型腔铣"对话框。

Stage5．设置非切削移动参数

Step 1 单击"型腔铣"对话框 刀轨设置 区域中的"非切削移动"按钮 ，系统弹出"非切削移动"对话框。

Step 2 单击"非切削移动"对话框中的 转移/快速 选项卡，在 区域内 区域的 转移类型 下拉列表中选择 毛坯平面 选项，并在 安全距离 文本框中输入 3.0。

Step 3 单击 确定 按钮，完成非切削移动参数的设置。

Stage6．设置进给率和速度

Step 1 单击"型腔铣"对话框中的"进给率和速度"按钮 ，系统弹出"进给率和速度"对话框。

Step 2 勾选 主轴速度 区域中的 ☑ 主轴速度 (rpm) 复选框，在其后的文本框中输入值 3500，按 Enter 键，然后单击 按钮，在 进给率 区域的 切削 文本框中输入值 800，按 Enter 键，然后单击 按钮，其他参数采用系统默认设置值。

Step 3 单击 确定 按钮，完成进给率和速度的设置，系统返回至"型腔铣"对话框。

Stage7．生成刀路轨迹并仿真

生成的刀路轨迹如图 20.4.10 所示，2D 动态仿真加工后的模型如图 20.4.11 所示。

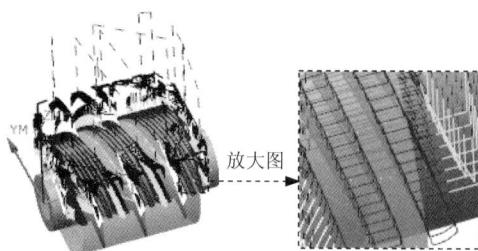

图 20.4.10　刀路轨迹

图 20.4.11　2D 仿真结果

Task2. 创建型腔铣操作（二）

Stage1. 复制型腔铣操作

Step 1 在工序导航器的机床视图中右击 ⛔🔧**CAVITY_MILL** 节点，在弹出的快捷菜单中选择 📋**复制** 命令，然后右击 ⛔📄**C-01** 节点，在弹出的快捷菜单中选择 **内部粘贴** 命令。右击 ⊘🔧**CAVITY_MILL_COPY** 选项，在系统弹出的快捷菜单中选择 📇**重命名** 选项，并命名为 CAVITY_MILL_1。

Step 2 双击 ⊘🔧**CAVITY_MILL_1** 节点，系统弹出"型腔铣"对话框。

Stage2. 调整刀轴

Step 1 在"型腔铣"对话框 **刀轴** 区域的 **轴** 下拉列表中选择 **动态** 选项。

Step 2 在图形区中选取图 20.4.12a 所示动态手柄上的控制球，在弹出的动态输入框中输入角度值 –120，并按 Enter 键，调整后的刀轴如图 20.4.12b，在弹出的"警告"对话框中单击 **确定(O)** 按钮。

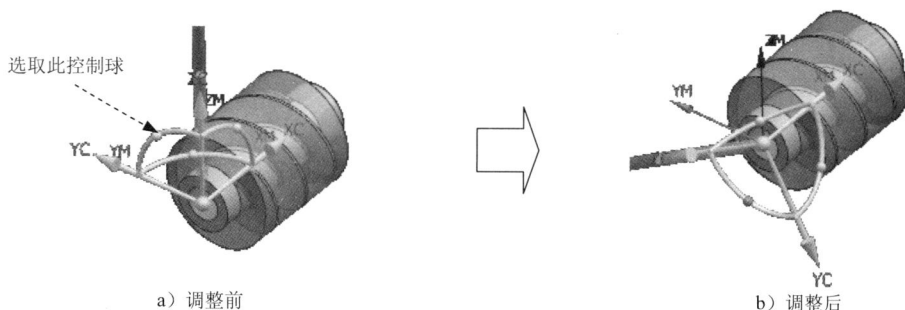

a）调整前

b）调整后

图 20.4.12　调整刀轴

说明：这里将刀轴方向调整了 120°，应根据模型的具体结构来确定分几个角度进行粗加工。

Stage3. 设置切削层参数

Step 1 在 **刀轨设置** 区域中单击"切削层"按钮 📊，系统弹出"切削层"对话框。

Step 2 在 **范围 1 的顶部** 区域中的 **ZC** 文本框中输入 –40，在 **范围定义** 区域中的 **范围深度** 文本框中输入 15。

Step 3 单击 确定 按钮，系统返回到"型腔铣"对话框。

说明：控制切削层的深度避免产生过低的刀路，这里要注意几个开粗刀路的衔接，避免留下多余材料。

Stage4．设置切削参数

Step 1 在 刀轨设置 区域中单击"切削参数"按钮 ，系统弹出"切削参数"对话框。

Step 2 在"切削参数"对话框中单击 空间范围 选项卡，在 毛坯 区域中的 处理中的工件 下拉列表中选择 使用 3D 选项，在 最小材料移除 文本框中输入 1，其他参数采用系统默认设置值。

Step 3 单击"切削参数"对话框中的 确定 按钮，系统返回到"切削参数"对话框。

说明：处理中的工件使用 3D 可以有效地识别上一个粗加工的加工范围，避免在已经加工过的区域产生刀路。

Stage5．生成刀路轨迹并仿真

生成的刀路轨迹如图 20.4.13 所示，2D 动态仿真加工后的模型如图 20.4.14 所示。

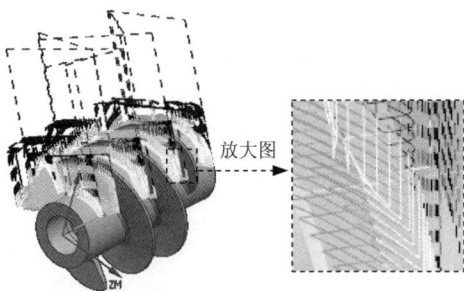

图 20.4.13　刀路轨迹

图 20.4.14　2D 仿真结果

Task3．创建型腔铣操作（三）

Stage1．复制型腔铣操作

Step 1 在工序导航器的机床视图中右击 CAVITY_MILL_1 节点，在弹出的快捷菜单中选择 复制 命令，然后右击 C-01 节点，在弹出的快捷菜单中选择 内部粘贴 命令。右击 CAVITY_MILL_1 选项，在系统弹出的快捷菜单中选择 重命名 选项，并命名为 CAVITY_MILL_2。

Step 2 双击 CAVITY_MILL_2 节点，系统弹出"型腔铣"对话框。

Stage2．设置刀轴

Step 1 在"型腔铣"对话框 刀轴 区域的 轴 下拉列表中选择 动态 选项。

Step 2 在图形区中选取图 20.4.15 所示动态手柄上的控制球，在弹出的动态输入框中输入角度值 120，按 Enter 键，在弹出的"警告"对话框中单击 确定(0) 按钮。

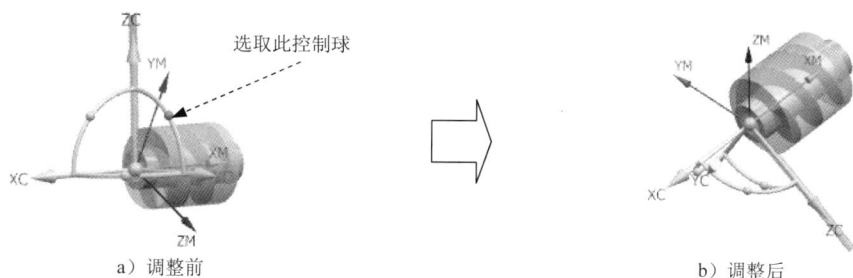

a) 调整前   b) 调整后

图 20.4.15   调整刀轴

注意：调整后刀轴方向应指向未加工的材料区域。

Stage3. 设置切削层参数

Step 1   在 刀轨设置 区域中单击"切削层"按钮 🗐，系统弹出"切削层"对话框。

Step 2   在 范围 1 的顶部 区域的 范围定义 区域中的 范围深度 文本框中输入 15。

Step 3   单击 确定 按钮，系统返回到"型腔铣"对话框。

Stage4. 生成刀路轨迹并仿真

生成的刀路轨迹如图 20.4.16 所示，2D 动态仿真加工后的模型如图 20.4.17 所示。

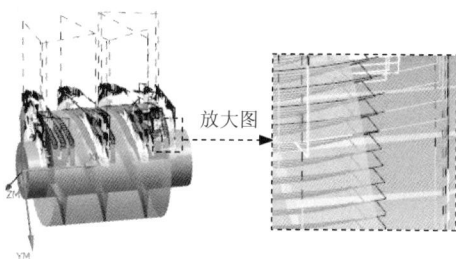

图 20.4.16   刀路轨迹

图 20.4.17   2D 仿真结果

20.4.6   创建半精加工刀路（一）

Task1. 创建深度加工轮廓操作

Stage1. 创建工序

Step 1   选择下拉菜单 插入(S) ➡ 工序(E)... 命令，系统弹出"创建工序"对话框。

Step 2   在"创建工序"对话框 类型 下拉列表中选择 mill_contour 选项，在 工序子类型 区域中单击 ZLEVEL_PROFILE 按钮 📲，在 程序 下拉列表中选择 C-02 选项，在 刀具 下拉列表中选择 B4 (铣刀-球头铣) 选项，在 几何体 下拉列表中选择 WORKPIECE 选项，在 方法 下拉列表中选择 MILL_SEMI_FINISH 选项，单击 确定 按钮，系统弹出"深度加工轮廓"对话框。

Stage2. 指定切削区域

Step 1   在"深度加工轮廓"对话框 几何体 区域中单击"指定切削区域"按钮 🔲，系统弹出"切削区域"对话框。

Step 2　选取图 20.4.18 所示的面为切削区域（共 10 个面），在"切削区域"对话框中单击 确定 按钮。

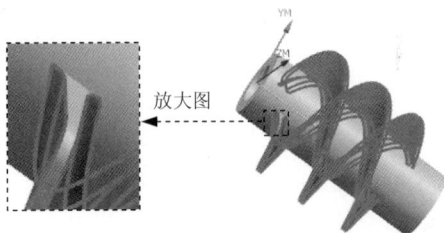

图 20.4.18　指定切削区域

Stage3．设置切削层参数

Step 1　在 刀轨设置 区域中单击"切削层"按钮🔲，系统弹出"切削层"对话框。

Step 2　在 范围 区域的 最大距离 文本框中输入 0.3；在 范围 1 的顶部 区域中的 ZC 文本框中输入 22；在 范围定义 区域中的 范围深度 文本框中输入 22，在 每刀的深度 文本框中输入 0.3。

Step 3　单击 确定 按钮，系统返回到"深度加工轮廓"对话框。

Stage4．设置切削参数

Step 1　在 刀轨设置 区域中单击"切削参数"按钮，系统弹出"切削参数"对话框。

Step 2　在"切削参数"对话框中单击 策略 选项卡，在 切削区域 中的 切削方向 下拉列表中选择 混合 选项，在 切削顺序 下拉列表框中选择 始终深度优先 选项，在 延伸刀轨 区域中选中 ☑ 在边上延伸 复选框，在 距离 文本框中输入 55，其他参数采用系统默认设置值。

Step 3　在"切削参数"对话框中单击 连接 选项卡，在 层之间 区域中的 层到层 下拉列表中选择 直接对部件进刀 选项，其他参数采用系统默认设置值。

Step 4　单击"切削参数"对话框中的 确定 按钮，系统返回到"深度加工轮廓"对话框。

Stage5．设置非切削移动参数

Step 1　单击"深度加工轮廓"对话框 刀轨设置 区域中的"非切削移动"按钮，系统弹出"非切削移动"对话框。

Step 2　单击"非切削移动"对话框中的 转移/快速 选项卡，在 区域之间 区域的 转移类型 下拉列表中选择 毛坯平面 选项，并在 安全距离 文本框中输入 3.0。在 区域内 区域中的 转移类型 下拉列表中选择 毛坯平面 选项，并在 安全距离 文本框中输入 3.0。其他参数采用系统默认设置值。

Step 3　单击 确定 按钮，完成非切削移动参数的设置。

Stage6．设置进给率和速度

Step 1　单击"深度加工轮廓"对话框中的"进给率和速度"按钮，系统弹出"进给率

和速度"对话框。

Step 2 勾选 主轴速度 区域中的 ☑ 主轴速度 (rpm) 复选框，在其后的文本框中输入值 3200，按 Enter 键，然后单击 🔲 按钮，在 进给率 区域的 切削 文本框中输入值 800，按 Enter 键，其他参数采用系统默认设置值。

Step 3 单击 ┃ 确定 ┃ 按钮，完成进给率和速度的设置，系统返回至"深度加工轮廓"对话框。

Stage7. 生成刀路轨迹并仿真

生成的刀路轨迹如图 20.4.19 所示，2D 动态仿真加工后的模型如图 20.4.20 所示。

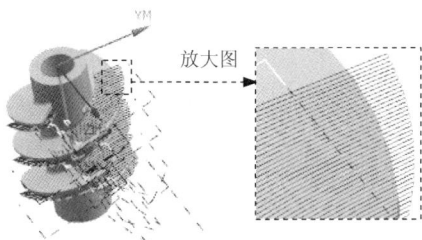

图 20.4.19   刀路轨迹   图 20.4.20   2D 仿真结果

Task2. 创建深度加工轮廓操作（二）

Stage1. 复制深度加工轮廓操作

Step 1 在工序导航器的程序顺序视图中，右击 🔋🔲 ZLEVEL_PROFILE 节点，在弹出的快捷菜单中选择 📋 复制 命令，然后右击 🔋🗎 C-02 节点，在弹出的快捷菜单中选择 内部粘贴 命令。右击 ⊘🔲 ZLEVEL_PROFILE_COPY 选项，在系统弹出的快捷菜单中选择 🗺 重命名 选项，并命名为 ZLEVEL_PROFILE_1。

Step 2 双击 ⊘🔲 ZLEVEL_PROFILE_1 节点，系统弹出"深度加工轮廓"对话框。

Stage2. 设置刀轴

Step 1 在"深度加工轮廓"对话框 刀轴 区域的 轴 下拉列表中选择 动态 选项。

Step 2 在图形区中选取图 20.4.21 所示动态坐标系上的控制球，在弹出的动态输入框中输入角度值 90，按 Enter 键，在弹出的"警告"对话框中单击 确定 (0) 按钮。

注意：调整刀轴方向时注意应指向未加工的材料区域。

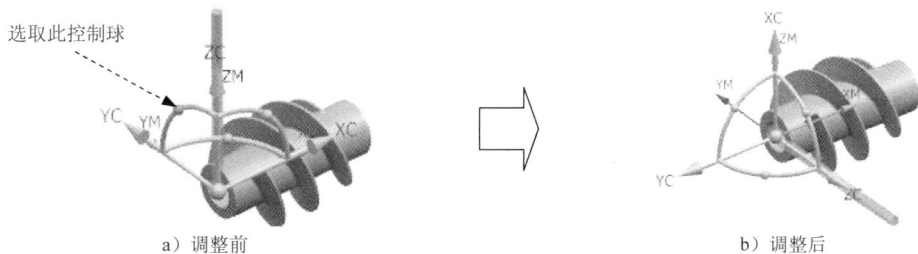

a）调整前   b）调整后

图 20.4.21   调整刀轴

Stage3．设置切削层参数

Step 1　在 刀轨设置 区域中单击"切削层"按钮 ，系统弹出"切削层"对话框。

Step 2　在 范围定义 区域中的 范围深度 文本框中输入 20，单击 确定 按钮，系统返回到"深度加工轮廓"对话框。

Stage4．生成刀路轨迹并仿真

生成的刀路轨迹如图 20.4.22 所示，2D 动态仿真加工后的模型如图 20.4.23 所示。

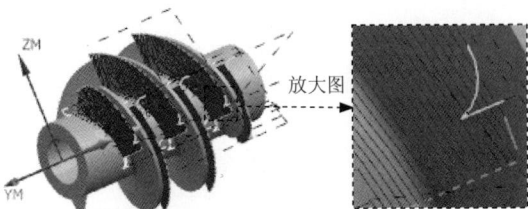

图 20.4.22　刀路轨迹

图 20.4.23　2D 仿真结果

Task3．创建深度加工轮廓操作（三）

Stage1．复制深度加工轮廓操作

Step 1　在工序导航器的机床视图中右击 ZLEVEL_PROFILE_1 节点，在弹出的快捷菜单中选择 复制 命令，然后右击 C-02 节点，在弹出的快捷菜单中选择 内部粘贴 命令。右击 ZLEVEL_PROFILE_1_COPY 选项，在系统弹出的快捷菜单中选择 重命名 选项，并命名为 ZLEVEL_PROFILE_2。

Step 2　双击 ZLEVEL_PROFILE_2 节点，系统弹出"深度加工轮廓"对话框。

Stage2．设置刀轴

Step 1　在"深度加工轮廓"对话框 刀轴 区域的 轴 下拉列表中选择 动态 选项。

Step 2　在图形区中选取图 20.4.24 所示动态手柄上的控制球，在弹出的动态输入框中输入角度值–90，按 Enter 键，在弹出的"警告"对话框中单击 确定(O) 按钮。

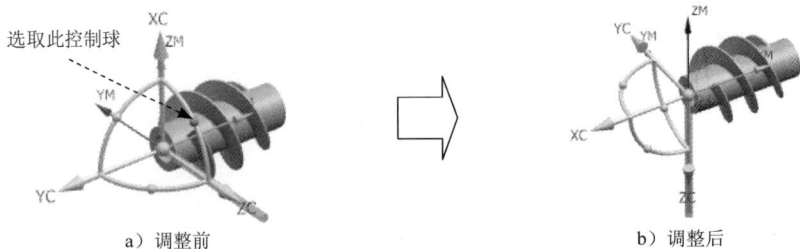

a）调整前　　　　　b）调整后

图 20.4.24　调整刀轴

Stage3．设置切削层参数

Step 1　在 刀轨设置 区域中单击"切削层"按钮 ，系统弹出"切削层"对话框。

Step 2 在 范围定义 区域中的 范围深度 文本框中输入 20。

Step 3 单击 确定 按钮，系统返回到"深度加工轮廓"对话框。

Stage4. 生成刀路轨迹并仿真

生成的刀路轨迹如图 20.4.25 所示，2D 动态仿真加工后的模型如图 20.4.26 所示。

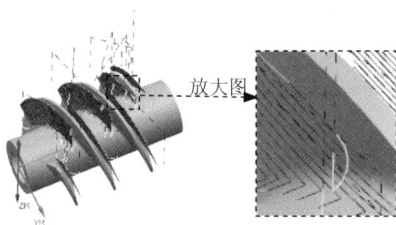

图 20.4.25　刀路轨迹

图 20.4.26　2D 仿真结果

Task4. 创建深度加工轮廓操作（四）

Stage1. 复制深度加工轮廓操作

Step 1 在工序导航器的机床视图中右击 ZLEVEL_PROFILE_2 节点，在弹出的快捷菜单中选择 复制 命令，然后右击 C-02 节点，在弹出的快捷菜单中选择 内部粘贴 命令。右击 ZLEVEL_PROFILE_2_COPY 选项，在系统弹出的快捷菜单中选择 重命名 选项，并命名为 ZLEVEL_PROFILE_3。

Step 2 双击 ZLEVEL_PROFILE_3 节点，系统弹出"深度加工轮廓"对话框。

Stage2. 设置刀轴

Step 1 在"深度加工轮廓"对话框 刀轴 区域的 轴 下拉列表中选择 动态 选项。

Step 2 在图形区中选取图 20.4.27 所示动态坐标系上的控制球，在弹出的动态输入框中输入角度值 90 并按 Enter 键，在弹出的"警告"对话框中单击 确定(O) 按钮。

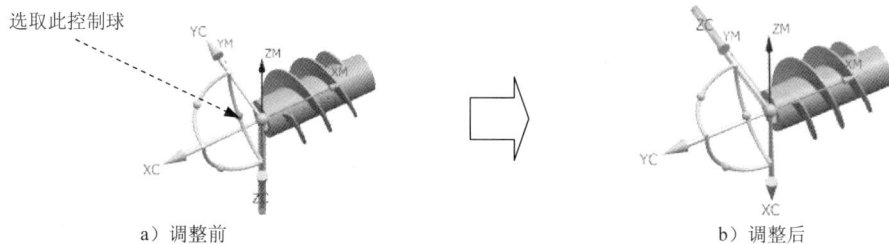

a）调整前

b）调整后

图 20.4.27　调整刀轴

Stage3. 设置切削层参数

Step 1 在 刀轨设置 区域中单击"切削层"按钮 ，系统弹出"切削层"对话框。

Step 2 在 范围定义 区域中的 范围深度 文本框中输入 20。

Step 3 单击 确定 按钮，系统返回到"深度加工轮廓"对话框。

Stage4. 生成刀路轨迹并仿真

生成的刀路轨迹如图 20.4.28 所示，2D 动态仿真加工后的模型如图 20.4.29 所示。

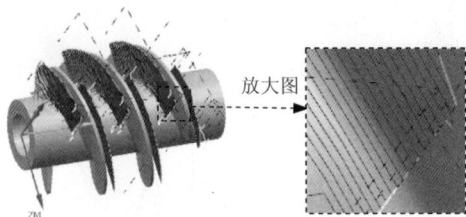

图 20.4.28　刀路轨迹

图 20.4.29　2D 仿真结果

20.4.7　创建半精加工刀路（二）

Task1. 创建可变流线铣操作

Stage1. 阵列曲线

Step 1 切换至装配导航器，右击 ☑⬜ `diveraxes-nopara` 节点，在系统弹出的快捷菜单中选择 `替换引用集` ➡ `整个部件` 命令。

Step 2 选择下拉菜单 `插入(S)` ➡ `关联复制(A)` ➡ `WAVE 几何链接器(W)...` 命令。系统弹出 "WAVE 几何链接器"对话框。

Step 3 在 `类型` 下拉列表中选择 `复合曲线` 选项，在图形区选择图 20.4.30 所示的两条曲线，单击 `确定` 按钮。

Step 4 切换至装配导航器，右击 ☑⬜ `diveraxes-nopara` 节点，在系统弹出的快捷菜单中选择 `替换引用集` ➡ `MODEL` 命令。

Step 5 切换至部件导航器，右击 ☑✔ `链接的复合曲线 (45)` 节点，在系统弹出的快捷菜单中选择 `移动对象(0)...` 命令。

Step 6 选择图 20.4.31 所示的曲线为移动对象，在 `变换` 区域中的 `运动` 下拉列表中选择 `角度` 选项，在图形区选择 X 轴作为旋转轴。单击 `+` 按钮，系统弹出"点"对话框，参数接受系统默认设置，单击 `确定` 按钮，系统返回至"移动对象"对话框。

Step 7 在 `角度` 文本框中输入 20，在 `结果` 区域中选择 ⊙ `复制原先的`，在 `非关联副本数` 文本框中输入 4，单击 `应用` 按钮，结果如图 20.4.32 所示。

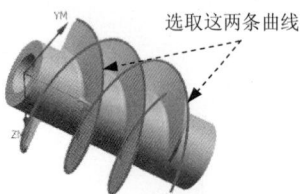

图 20.4.30　选取曲线

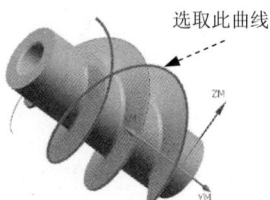

图 20.4.31　选取移动对象

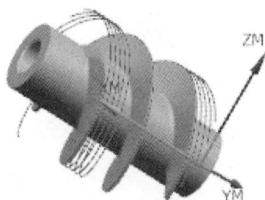

图 20.4.32　移动结果

Step 8　选择图 20.4.33 所示的曲线为移动对象，在 变换 区域中的 运动 下拉列表中选择 角度 选项，在图形区选择 X 轴作为旋转轴。单击 ＋ 按钮，系统弹出"点"对话框，参数接受系统默认设置，单击 确定 按钮，系统返回至"移动对象"对话框。

Step 9　在 角度 文本框中输入–20，在 结果 区域中选择 复制原先的，在 非关联副本数 文本框中输入 4，单击 确定 按钮，结果如图 20.4.34 所示。

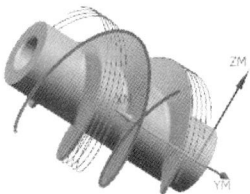

图 20.4.33　选取移动对象　　　　　图 20.4.34　移动结果

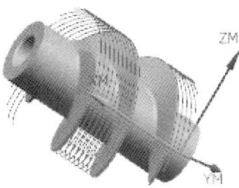

Step 10　在部件导航器中右击 链接的复合曲线 (45) 节点，选择 隐藏(H) 命令，将复合曲线隐藏。

说明：这里将原模型中的曲线进行复制并阵列，是用于创建流线加工中的流曲线。

Stage2. 创建工序

Step 1　选择下拉菜单 插入(S) ➡ 工序(E)... 命令，系统弹出"创建工序"对话框。

Step 2　在"创建工序"对话框 类型 下拉列表中选择 mill_multi-axis 选项，在 工序子类型 区域中单击 VARIABLE_STREAMLINE 按钮，在 程序 下拉列表中选择 C-02 选项，在 刀具 下拉列表中选择 B4 (铣刀-球头铣) 选项，在 几何体 下拉列表中选择 WORKPIECE 选项，在 方法 下拉列表中选择 MILL_SEMI_FINISH 选项，使用系统默认的名称 VARIABLE_STREAMLINE。

Step 3　单击"创建工序"对话框中的 确定 按钮，系统弹出"可变流线铣"对话框。

Stage3. 指定切削区域

Step 1　在 几何体 区域中单击"选择或编辑切削区域几何体"按钮，系统弹出"切削区域"对话框。

Step 2　选取图 20.4.35 所示的柱面（共 1 个面）为切削区域，在"切削区域"对话框中单击 确定 按钮，完成切削区域的创建，同时系统返回到"可变流线铣"对话框。

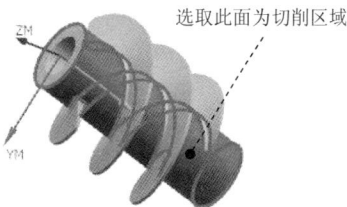

选取此面为切削区域

图 20.4.35　指定切削区域

Stage4. 设置驱动方法

Step 1　在"可变流线铣"对话框 驱动方法 区域中单击"编辑"按钮，系统弹出"流线驱动方法"对话框。

Step 2 在 驱动曲线选择 区域中的 选择方法 下拉列表中选择 指定 选项。

Step 3 在 流曲线 区域中单击 列表 按钮，单击 ✕ 按钮，将系统默认选取的流曲线移除，再在图形区依次选取 8 条曲线作为流曲线（注意每选取 1 条曲线单击 1 次中键）。选取完毕后效果如图 20.4.36 所示。

Step 4 在"流线驱动方法"对话框中的 材料侧 区域中单击"材料反向"按钮 ✕，调整材料方向如图 20.4.37 所示，在 修剪和延伸 区域中的 开始切削 % 文本框中输入 –5，在 结束切削 % 文本框中输入 102，在 起始步长 % 文本框中输入 15，在 结束步长 % 文本框中输入 85。

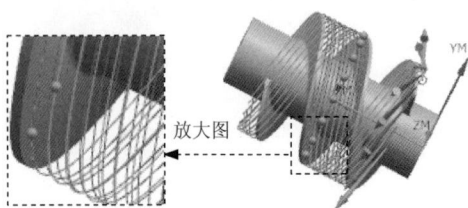

图 20.4.36　定义流曲线　　　　图 20.4.37　材料方向

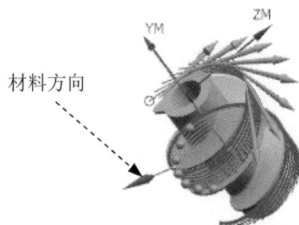

技巧提示：通过调整修剪和延伸的参数，控制刀路的实际切削范围。

Step 5 单击 确定 按钮，系统返回"可变流线铣"对话框。

Step 6 在 刀轴 区域中的 轴 下拉列表中选择 远离直线 选项，系统弹出"远离直线"对话框。在图形区选择 X 轴为投影矢量。单击 确定 按钮，系统返回"可变流线铣"对话框。

Stage5．设置切削参数

Step 1 在 刀轨设置 区域中单击"切削参数"按钮 ➡，系统弹出"切削参数"对话框。

Step 2 在 多重深度 区域中的 部件余量偏置 文本框中输入 1，选中 ☑ 多重深度切削 复选框，在 步进方法 下拉列表中选择 刀路 选项。在 刀路数 文本框中输入 2，其他参数采用系统默认设置值。

Step 3 在"切削参数"对话框中单击 余量 选项卡，在 余量 区域中的 部件余量 文本框中输入 0.2，其他参数采用系统默认设置值。

Step 4 单击"切削参数"对话框中的 确定 按钮，系统返回到"可变流线铣"对话框。

Stage6．设置非切削移动参数

Step 1 单击"可变流线铣"对话框 刀轨设置 区域中的"非切削移动"按钮，系统弹出"非切削移动"对话框。

Step 2 单击"非切削移动"对话框中的 转移/快速 选项卡，在 公共安全设置 区域中的 安全设置选项 下拉列表中选择 圆柱 选项，单击"点对话框"按钮 ＋，在 输出坐标 区域中的 x 文本框中输入 30，单击 确定 按钮。单击 ✓ 指定矢量 按钮，在图形区选取 X 轴作为旋转轴，在 半径 文本框中输入 40，按 Enter 键，在 移刀类型 下拉列表中选择 安全距离 选项。

Step 3 单击 确定 按钮，完成非切削移动参数的设置。

Stage7. 设置进给率和速度

Step 1 在 "可变流线铣" 对话框中单击 "进给率和速度" 按钮 🏵，系统弹出 "进给率和速度" 对话框。

Step 2 选中 "进给率和速度" 对话框 主轴速度 区域中的 ☑ 主轴速度 (rpm) 复选框，在其后的文本框中输入值 4500，按 Enter 键，然后单击 🗐 按钮，在 进给率 区域的 切削 文本框中输入值 800，按 Enter 键，然后单击 🗐 按钮，其他参数采用系统默认设置值。

Step 3 单击 确定 按钮，完成进给率和速度的设置，系统返回 "可变流线铣" 对话框。

Stage8. 生成刀路轨迹并仿真

生成的刀路轨迹如图 20.4.38 所示，2D 动态仿真加工后的模型如图 20.4.39 所示。

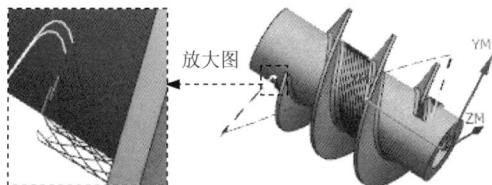

图 20.4.38   刀路轨迹

图 20.4.39   2D 仿真结果

Stage9. 变换刀轨

Step 1 在程序视图中右击 ⚠ 🗁 VARIABLE_STREAMLINE 节点，在系统弹出的快捷菜单中选择 对象 ➞ 🗗 变换 命令。

Step 2 在 "变换" 对话框 类型 下拉菜单中选择 🗗 绕直线旋转，在 变换参数 区域中的 直线方法 下拉列表中选择 🗗 点和矢量 选项，单击 "点对话框" 按钮 ⁺，参数接受系统默认设置，单击 确定 按钮，系统返回 "变换" 对话框。单击 "矢量对话框" 按钮 🗒，在 类型 下拉菜单中选择 XC 轴，单击 确定 按钮，在 角度 文本框中输入 180，在 结果 区域选中 ⦿ 实例 单选按钮，在 实例数 文本框中输入 1。

Step 3 单击 确定 按钮，完成刀轨的变换。

20.4.8 创建精加工刀路（一）

Task1. 创建可变轮廓铣操作（一）

Stage1. 创建工序

Step 1 选择下拉菜单 插入(S) ➞ 🗗 工序(E)... 命令，系统弹出 "创建工序" 对话框。

Step 2 在"创建工序"对话框 **类型** 下拉列表中选择 **mill_multi-axis** 选项，在 **工序子类型** 区域中单击"可变轮廓铣"按钮 ⬙，在 **程序** 下拉列表中选择 **C-03** 选项，在 **刀具** 下拉列表中选择 **D4R1 (铣刀-5 参数)** 选项，在 **几何体** 下拉列表中选择 **MCS_MILL** 选项，在 **方法** 下拉列表中选择 **MILL_FINISH** 选项，使用系统默认的名称 VARIABLE_CONTOUR。

Step 3 单击"创建工序"对话框中的 **确定** 按钮，系统弹出"可变轮廓铣"对话框。

Stage2．指定检查几何体

Step 1 在 **几何体** 区域中单击"选择或编辑检查几何体"按钮 ◼，系统弹出"检查几何体"对话框。

Step 2 选取图 20.4.40 所示的柱面（共 1 个面），单击 **确定** 按钮，完成检查几何体的创建，同时系统返回到"可变轮廓铣"对话框。

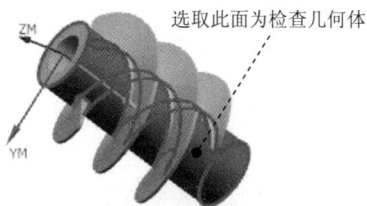

图 20.4.40 指定检查几何体

技巧提示：这里要加工的面为叶片侧面，因此将柱面作为检查体，避免刀路过切。

Stage3．设置驱动方法

Step 1 在"可变轮廓铣"对话框 **驱动方法** 区域中的 **方法** 下拉列表中选择 **曲面** 选项，单击"编辑"按钮 🔧，系统弹出"曲面区域驱动方法"对话框。

Step 2 单击"选择或编辑驱动几何体"按钮 ◈，系统弹出"驱动几何体"对话框，选取图 20.4.41 所示的面，单击 **确定** 按钮，系统返回至"曲面区域驱动方法"对话框。

Step 3 单击"切削方向"按钮，选取图 20.4.42 所示的箭头。

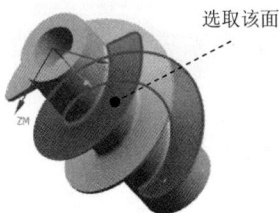

图 20.4.41 定义驱动几何体

图 20.4.42 指定切削方向

Step 4 单击"材料反向"按钮 ✖，调整材料方向如图 20.4.43 所示。

Step 5 在 **驱动设置** 区域 **步距数** 文本框中输入 20，在 **更多** 区域 **第一刀切削** 文本框中输入 200，在 **最后一刀切削** 文本框中输入 200。单击 **预览** 区域中的"显示"按钮，效果如图 20.4.44 所示。单击 **确定** 按钮，系统返回至"可变轮廓铣"对话框。

Step 6 在 **投影矢量** 区域的 **矢量** 下拉列表中选择 **垂直于驱动体** 选项。

Step 7 在 **刀轴** 区域中的 **轴** 下拉列表中选择 **远离直线** 选项，系统弹出"远离直线"对话框。在图形区选择 X 轴为投影矢量。单击 **确定** 按钮，系统返回至"可变轮廓铣"对话框。

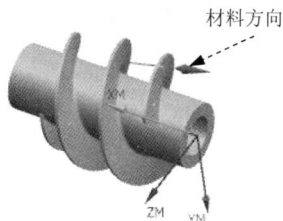

图 20.4.43　定义材料方向

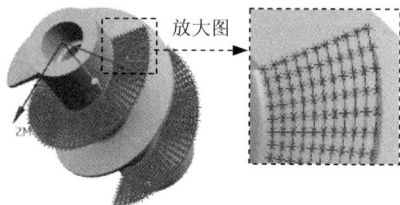

图 20.4.44　驱动方法设置结果

Stage4．设置切削参数

Step 1　在 刀轨设置 区域中单击"切削参数"按钮 ，系统弹出"切削参数"对话框。

Step 2　在"切削参数"对话框中单击 余量 选项卡，在 余量 区域中的 检查余量 文本框中输入 0.02，其他参数采用系统默认设置值。

Step 3　在"切削参数"对话框中单击 安全设置 选项卡，在 检查几何体 区域中的 检查安全距离 文本框中输入 0.02，其他参数采用系统默认设置值。

Step 4　单击"切削参数"对话框中的 确定 按钮，系统返回到"可变轮廓铣"对话框。

Stage5．设置非切削移动参数

Step 1　单击"可变轮廓铣"对话框 刀轨设置 区域中的"非切削移动"按钮 ，系统弹出"非切削移动"对话框。

Step 2　在"非切削移动"对话框中单击 退刀 选项卡，在 开放区域 区域中的 退刀类型 下拉列表中选择 抬刀 ，其他参数采用系统默认设置值。

Step 3　单击"非切削移动"对话框中的 转移/快速 选项卡，在 公共安全设置 区域中 安全设置选项 下拉列表中选择 圆柱 选项，单击"点对话框"按钮 ，在 输出坐标 区域中的 X 文本框中输入 30，单击 确定 按钮。单击 指定矢量 按钮，在图形区选取 X 轴作为旋转轴，在 半径 文本框中输入 40，按 Enter 键，在 移刀类型 下拉列表中选择 安全距离 选项。

Step 4　单击 确定 按钮，完成非切削移动参数的设置。

Stage6．设置进给率和速度

Step 1　在"可变轮廓铣"对话框中单击"进给率和速度"按钮 ，系统弹出"进给率和速度"对话框。

Step 2　选中"进给率和速度"对话框 主轴速度 区域中的 ☑ 主轴速度 (rpm) 复选框，在其后的文本框中输入值 4500，按 Enter 键，然后单击 按钮，在 进给率 区域的 切削 文本框中输入值 800，按 Enter 键，然后单击 按钮，其他参数采用系统默认设置值。

Step 3　单击 确定 按钮，完成进给率和速度的设置，系统返回至"可变轮廓铣"对话框。

Stage7．生成刀路轨迹并仿真

生成的刀路轨迹如图 20.4.45 所示，2D 动态仿真加工后的模型如图 20.4.46 所示。

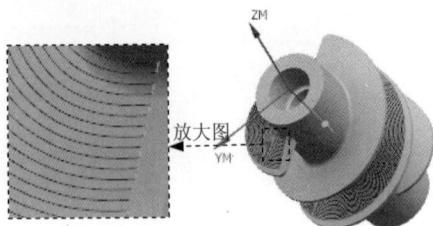

图 20.4.45　刀路轨迹　　　　　　　　　　图 20.4.46　2D 仿真结果

Stage8．变换刀轨

Step 1　在程序视图中右击 ⚙ STREAMLINE 节点，在系统弹出的快捷菜单中选择 对象 ➡ 变换… 命令。

Step 2　在 类型 下拉列表中选择 绕直线旋转，在 变换参数 区域中的 直线方法 下拉列表中选择 点和矢量 选项，单击"点对话框"按钮 ，参数接受系统默认设置，单击 确定 按钮，系统返回"变换"对话框。单击"矢量对话框"按钮 ，在 类型 下拉列表中选择 XC 轴，单击 确定 按钮，在 角度 文本框中输入 180，在 结果 区域选中 ⊙ 实例 单选按钮，在 实例数 文本框中输入 1。

Step 3　单击 确定 按钮，完成刀轨的变换。

Task2．创建可变轮廓铣操作（二）

Stage1．复制可变轮廓铣操作

Step 1　在工序导航器的程序顺序视图中右击 ⚙ VARIABLE_CONTOUR 节点，在弹出的快捷菜单中选择 复制 命令，然后右击 ⊘ C-04 节点，在弹出的快捷菜单中选择 内部粘贴 命令，右击 ⊘ VARIABLE_CONTOUR_COPY 选项，在系统弹出的快捷菜单中选择 重命名 选项，并命名为 VARIABLE_CONTOUR_1。

Step 2　双击 ⊘ VARIABLE_CONTOUR_1 节点，系统弹出"可变轮廓铣"对话框。

Stage2．设置驱动方法

Step 1　在"可变轮廓铣"对话框 驱动方法 区域中的 方法 下拉列表中选择 曲面 选项，单击"编辑"按钮 ，系统弹出"曲面区域驱动方法"对话框。

Step 2　单击"选择或编辑驱动几何体"按钮 ，系统弹出"驱动几何体"对话框，展开 列表 按钮，单击 ✕ 按钮，将系统默认选取的面移除，选取图 20.4.47 所示的面，单击 确定 按钮，系统返回"曲面区域驱动方法"对话框。

Step 3　单击"切削方向"按钮 ，选取图 20.4.48 所示的箭头。

Step 4　单击"材料反向"按钮 ，调整材料方向如图 20.4.49 所示。

Step 5　在 驱动设置 区域 步距数 文本框中输入 20，在 更多 区域 第一刀切削 文本框中输入 200，在 最后一刀切削 文本框中输入 200。单击 预览 区域中的"显示"按钮 ，效果如图

20.4.50 所示。

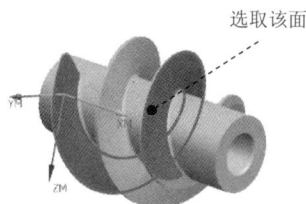

图 20.4.47　定义驱动几何体

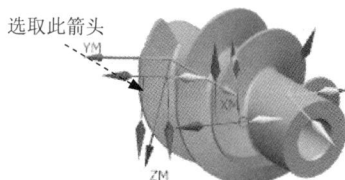

图 20.4.48　指定切削方向

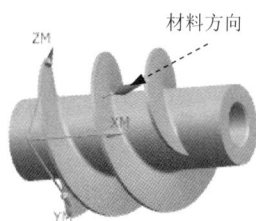

图 20.4.49　定义材料方向

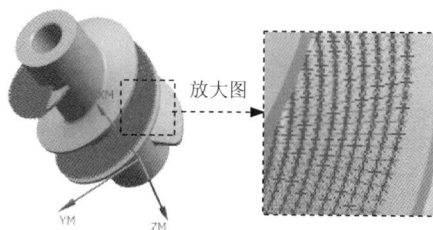

图 20.4.50　驱动方法设置结果

Step 6　单击 确定 按钮，系统返回至"可变轮廓铣"对话框。

Stage3．生成刀路轨迹

生成的刀路轨迹如图 20.4.51 所示。

Stage4．变换刀轨

Step 1　在程序视图中右击 VARIABLE_CONTOUR 节点，在系统弹出的快捷菜单中选择 对象 ➡ 变换 命令。

Step 2　在类型下拉菜单中选择 绕直线旋转，在变换参数区域中的直线方法下拉列表中选择 点和矢量选项，单击"点对话框"按钮，参数接受系统默认设置，单击 确定 按钮，系统返回"变换"对话框。单击"矢量对话框"按钮，在类型下拉列表中选择 XC 轴，单击 确定 按钮，在角度文本框中输入 180，在结果区域选中 ⊙ 实例单选按钮，在实例数文本框中输入 1。

Step 3　单击 确定 按钮，结果如图 20.4.52 所示。

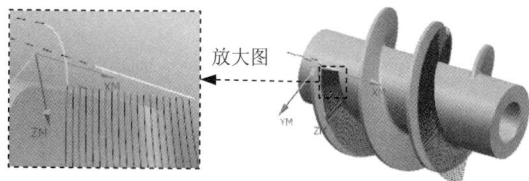

图 20.4.51　刀路轨迹

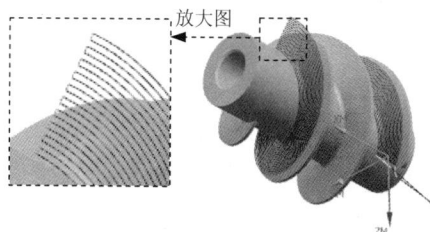

图 20.4.52　刀路轨迹

Task3. 创建深度加工轮廓操作

Stage1. 创建工序

Step 1 选择下拉菜单 插入(S) ➡️ ⼯序(E)... 命令，系统弹出"创建工序"对话框。

Step 2 确定加工方法。在"创建工序"对话框 类型 下拉列表中选择 mill_contour 选项，在 工序子类型 区域中单击 ZLEVEL_PROFILE 按钮 ，在 程序 下拉列表中选择 C-05 选项，在 刀具 下拉列表中选择 D2 (铣刀-5 参数) 选项，在 几何体 下拉列表中选择 MCS_MILL 选项，在 方法 下拉列表中选择 MILL_FINISH 选项，单击 确定 按钮，系统弹出"深度加工轮廓"对话框。

Stage2. 指定部件

Step 1 在"深度加工轮廓"对话框 几何体 区域中单击"指定部件"按钮 ，系统弹出"部件几何体"对话框。

Step 2 选取图 20.4.53 所示的曲面，在"部件几何体"对话框中单击 确定 按钮。

Stage3. 指定检查

Step 1 在"深度加工轮廓"对话框 几何体 区域中单击"选择或编辑检查几何体"按钮 ，系统弹出"检查几何体"对话框。

Step 2 选取图 20.4.54 所示的柱面，在"检查几何体"对话框中单击 确定 按钮。

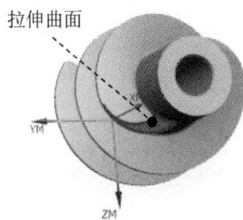

图 20.4.53　指定部件　　　　　　　图 20.4.54　指定检查区域

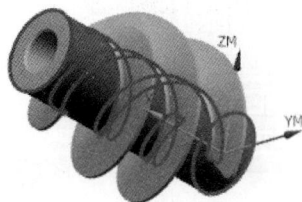

Stage4. 设置刀轴

Step 1 在"深度加工轮廓"对话框 刀轴 区域的 轴 下拉列表中选择 动态 选项。

Step 2 在图形区中选取图 20.4.55 所示动态手柄上的控制球，在弹出的动态输入框中输入角度值–30，按 Enter 键，此时刀轴如图 20.4.55b 所示。

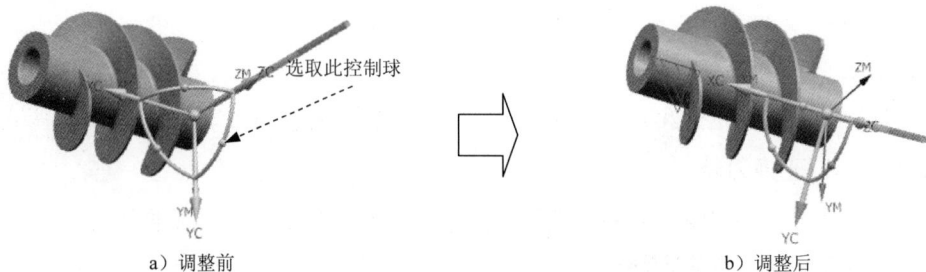

a）调整前　　　　　　　　　　　　　b）调整后

图 20.4.55　调整刀轴

Stage5．设置切削层参数

Step **1** 在 刀轨设置 区域中单击"切削层"按钮 ，系统弹出"切削层"对话框。

Step **2** 在 范围 区域中的 最大距离 文本框中输入 0.5；在 范围 1 的顶部 区域中的 ZC 文本框中输入 18；在 范围定义 区域中的 范围深度 文本框中输入 6.5，在 每刀的深度 文本框中输入 0.3。

Step **3** 单击 确定 按钮，系统返回到"深度加工轮廓"对话框。

Stage6．设置切削参数

Step **1** 在 刀轨设置 区域中单击"切削参数"按钮 ，系统弹出"切削参数"对话框。

Step **2** 在"切削参数"对话框中单击 策略 选项卡，在 切削 区域中的 切削方向 下拉列表中选择 混合 选项。

Step **3** 在"切削参数"对话框中单击 连接 选项卡，在 层之间 区域中的 层到层 下拉列表中选择 直接对部件进刀 选项，其他参数采用系统默认设置值。

Step **4** 单击"切削参数"对话框中的 确定 按钮，系统返回到"深度加工轮廓"对话框。

Stage7．设置非切削移动参数。

Step **1** 单击"深度加工轮廓"对话框 刀轨设置 区域中的"非切削移动"按钮 ，系统弹出"非切削移动"对话框。

Step **2** 单击"非切削移动"对话框中的 转移/快速 选项卡，在 区域内 区域中的 转移类型 下拉列表中选择 前一平面 选项，并在 安全距离 文本框中输入 3.0，其他参数采用系统默认设置值。

Step **3** 单击 确定 按钮，完成非切削移动参数的设置。

Stage8．设置进给率和速度

Step **1** 单击"深度加工轮廓"对话框中的"进给率和速度"按钮 ，系统弹出"进给率和速度"对话框。

Step **2** 勾选 主轴速度 区域中的 ☑ 主轴速度 (rpm) 复选框，在其后的文本框中输入值 9000，按 Enter 键，然后单击 按钮，在 进给率 区域的 切削 文本框中输入值 1500，按 Enter 键，其他参数采用系统默认设置值。

Step **3** 单击 确定 按钮，完成进给率和速度的设置，系统返回至"深度加工轮廓"对话框。

Stage9．生成刀路轨迹并仿真

生成的刀路轨迹如图 20.4.56 所示，2D 动态仿真加工后的模型如图 20.4.57 所示。

Stage10．变换刀轨

Step **1** 在程序视图中右击 ZLEVEL_PROFILE_4 节点，在系统弹出的快捷菜单中选择 对象 ➞ 变换 命令。

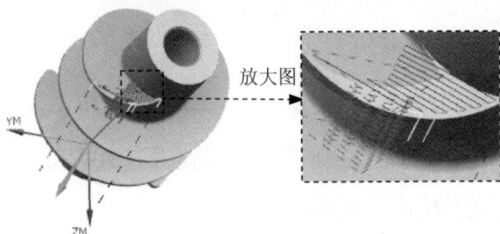

图 20.4.56　刀路轨迹　　　　　　　　图 20.4.57　刀路轨迹

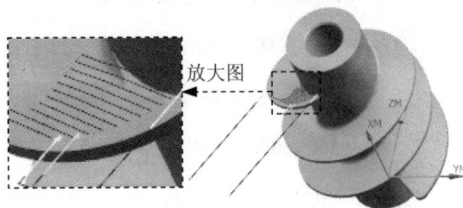

Step 2　在 类型 下拉菜单中选择 绕直线旋转 ，在 变换参数 区域中的 直线方法 下拉列表中选择 点和矢量 选项，单击"点对话框"按钮 ，参数接受系统默认设置，单击 确定 按钮，系统返回"变换"对话框。单击"矢量对话框"按钮 ，在 类型 下拉列表中选择 XC 轴 ，单击 确定 按钮，在 角度 文本框中输入 180，在 结果 区域选中 ⊙ 实例 单选按钮，在 实例数 文本框中输入 1。

Step 3　单击 确定 按钮，结果如图 20.4.57 所示。

Task4. 创建可变流线铣操作（二）

Stage1. 复制可变流线铣操作

Step 1　在工序导航器的程序顺序视图中右击 VARIABLE_STREAMLINE 节点，在弹出的快捷菜单中选择 复制 命令，然后右击 C-06 节点，在弹出的快捷菜单中选择 内部粘贴 命令，右击 VARIABLE_STREAMLINE_COPY 选项，在系统弹出的快捷菜单中选择 重命名 选项，并命名为 VARIABLE_STREAMLINE_1。

Step 2　双击 VARIABLE_STREAMLINE_1 节点，系统弹出"可变流线铣"对话框。

Stage2. 设置驱动方法

Step 1　在"可变流线铣"对话框 驱动方法 区域中单击"编辑"按钮 ，系统弹出"流线驱动方法"对话框。

Step 2　在 驱动设置 区域的 步距数 文本框中输入 30。

Step 3　单击 确定 按钮，系统返回至"可变流线铣"对话框。

Stage3. 设置刀具路径参数

在 刀轨设置 区域中的 方法 下拉列表中选择 MILL_FINISH 选项。

Stage4. 设置切削参数

Step 1　在 刀轨设置 区域中单击"切削参数"按钮 ，系统弹出"切削参数"对话框。

Step 2　在"切削参数"对话框中单击 多刀路 选项卡，在 部件余量偏置 对话框中输入 0，取消选中 □ 多重深度切削 复选框。

Step 3　在"切削参数"对话框中单击 余量 选项卡，在 余量 区域的 部件余量 文本框中输入 0。

Step 4　单击"切削参数"对话框中的 **确定** 按钮，系统返回到"可变流线铣"对话框。

Stage5．生成刀路轨迹

生成的刀路轨迹如图 20.4.58 所示。

Stage6．变换刀轨

Step 1　在程序视图中右击 ⚠ 🖳 **VARIABLE_STREAMLINE_1** 节点，在系统弹出的快捷菜单中选择 **对象** ➡ 🖳 **变换** 命令。

Step 2　在 **类型** 下拉列表中选择 **绕直线旋转**，在 **变换参数** 区域中的 **直线方法** 下拉列表中选择 **点和矢量** 选项，单击"点对话框"按钮 ⬦，参数接受系统默认设置，单击 **确定** 按钮，系统返回"变换"对话框。单击"矢量对话框"按钮 ⬦，在 **类型** 下拉列表中选择 **XC 轴**，单击 **确定** 按钮，在 **角度** 文本框中输入 180，在 **结果** 区域选中 ⊙ **实例** 单选按钮，在 **实例数** 文本框中输入 1。

Step 3　单击 **确定** 按钮，结果如图 20.4.59 所示。

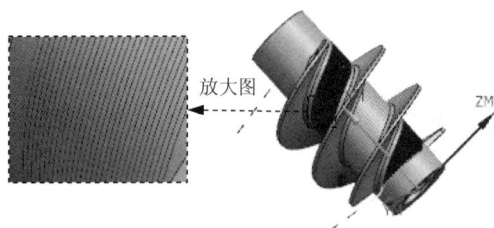

图 20.4.58　刀路轨迹　　　　　　图 20.4.59　刀路轨迹

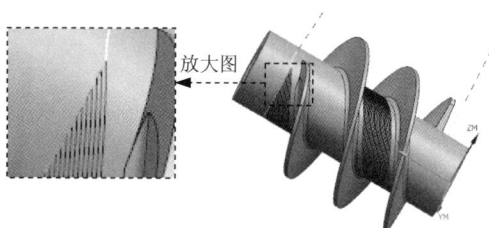

20.4.9　创建精加工刀路（二）

Task1．创建轮廓区域铣操作

Stage1．创建工序

Step 1　选择下拉菜单 **插入(S)** ➡ **工序(E)...** 命令，系统弹出"创建工序"对话框。

Step 2　在"创建工序"对话框 **类型** 下拉列表中选择 **mill_contour** 选项，在 **工序子类型** 区域中单击"轮廓区域"按钮 ⬥，在 **程序** 下拉列表中选择 **C-07** 选项，在 **刀具** 下拉列表中选择前面设置的刀具 **D4R0.5 (铣刀-5 参数)** 选项，在 **几何体** 下拉列表中选择 **WORKPIECE** 选项，在 **方法** 下拉列表中选择 **MILL_FINISH** 选项，使用系统默认的名称。

Step 3　单击"创建工序"对话框中的 **确定** 按钮，系统弹出"轮廓区域"对话框。

Stage2．指定切削区域

Step 1　在 **几何体** 区域中单击"选择或编辑切削区域几何体"按钮 ⬥，系统弹出"切削区域"对话框。

Step 2　选取图 20.4.60 所示面(共 1 个面)为切削区域,在"切削区域"对话框中单击 **确定**

按钮，完成切削区域的创建，同时系统返回到"轮廓区域"对话框。

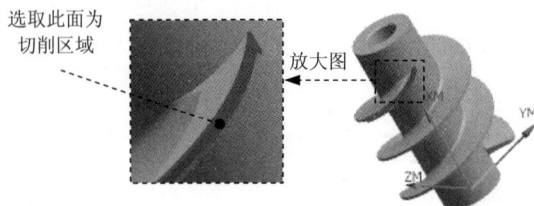

图 20.4.60　指定切削区域

Stage3．设置驱动方法

Step 1 在"轮廓区域"对话框 驱动方法 区域中单击"编辑"按钮 🔧，系统弹出"区域铣削驱动方法"对话框。

Step 2 在 驱动设置 区域的 步距 下拉列表中选择 恒定 选项，在 最大距离 文本框中输入 0.25，在 切削角 下拉列表中选择 指定 选项。

Step 3 单击 确定 按钮，系统返回至"轮廓区域"对话框。

Stage4．设置切削参数

Step 1 在 刀轨设置 区域中单击"切削参数"按钮 ⬛，系统弹出"切削参数"对话框。

Step 2 在"切削参数"对话框中单击 策略 选项卡，勾选 延伸刀轨 区域中的 ☑ 在边上延伸 复选框，在 距离 文本框中输入 0.5，在下拉列表中选择 mm 选项，其他参数采用系统默认设置值。

Step 3 单击"切削参数"对话框中的 确定 按钮，系统返回到"轮廓区域"对话框。

Stage5．设置进给率和速度

Step 1 单击"轮廓区域"对话框中的"进给率和速度"按钮 ⬛，系统弹出"进给率和速度"对话框。

Step 2 勾选 主轴速度 区域中的 ☑ 主轴速度 (rpm) 复选框，在其后的文本框中输入值 4500，按 Enter 键，然后单击 ▣ 按钮，在 进给率 区域的 切削 文本框中输入值 1000，按 Enter 键，然后单击 ▣ 按钮，其他参数采用系统默认设置值。

Step 3 单击 确定 按钮，完成进给率和速度的设置，系统返回"轮廓区域"对话框。

Stage6．生成刀路轨迹并仿真

生成的刀路轨迹如图 20.4.61 所示，2D 动态仿真加工后的模型如图 20.4.62 所示。

Stage7．变换刀轨

Step 1 在程序视图中右击 ⚠️🔘 CONTOUR_AREA 节点，在系统弹出的快捷菜单中选择 对象 ➡️ 🔧 变换... 命令。

Step 2 在 类型 下拉列表中选择 绕直线旋转，在 变换参数 区域中的 直线方法 下拉列表中选择

▓ 点和矢量 选项，单击 "点对话框" 按钮 ┼，参数接受系统默认设置，单击 确定

按钮，系统返回 "变换" 对话框。单击 "矢量对话框" 按钮 ↑，在 类型 下拉列表

中选择 ▓ XC 轴，单击 确定 按钮，在 角度 文本框中输入 180，在 结果 区域选中

⊙ 实例 单选按钮，在 实例数 文本框中输入 1。

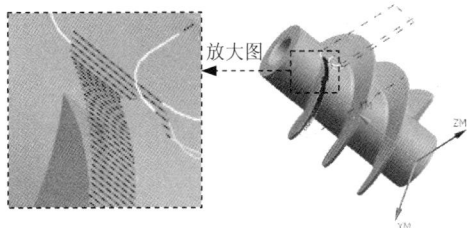

图 20.4.61　刀路轨迹

图 20.4.62　2D 仿真结果

Step 3 　单击 确定 按钮，结果如图 20.4.63 所示。

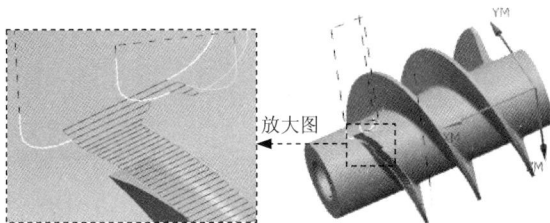

图 20.4.63　刀路轨迹

Task2. 创建深度加工轮廓操作

Stage1. 创建工序

Step 1 　选择下拉菜单 插入(S) ➡ ├ 工序(E)... 命令，系统弹出 "创建工序" 对话框。

Step 2 　确定加工方法。在 "创建工序" 对话框 类型 下拉列表中选择 mill_contour 选项，在

工序子类型 区域中单击 ZLEVEL_PROFILE 按钮 ▙，在 程序 下拉列表中选择 C-07 选

项，在 刀具 下拉列表中选择 D4R0.5 (铣刀-5 参数) 选项，在 几何体 下拉列表中选择

WORKPIECE 选项，在 方法 下拉列表中选择 MILL_FINISH 选项，单击 确定 按钮，系统

弹出 "深度加工轮廓" 对话框。

Stage2. 指定切削区域

Step 1 　在 几何体 区域中单击 "选择或编辑切削区域几何体" 按钮 ◈，系统弹出 "切削区

域" 对话框。

Step 2 　选取图 20.4.64 所示面(共 2 个面)为切削区域,在 "切削区域" 对话框中单击 确定

按钮，完成切削区域的创建，同时系统返回到 "深度加工轮廓" 对话框。

Stage3. 设置刀轴

Step 1 　在 "深度加工轮廓" 对话框 刀轴 区域的 轴 下拉列表中选择 动态 选项。

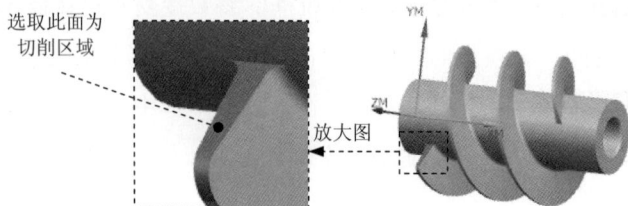

图 20.4.64　指定切削区域

Step **2**　在图形区中选取图 20.4.65 所示动态手柄上的控制球，在弹出的动态输入框中输入角度值 45，按 Enter 键，此时刀轴如图 20.4.65b 所示。

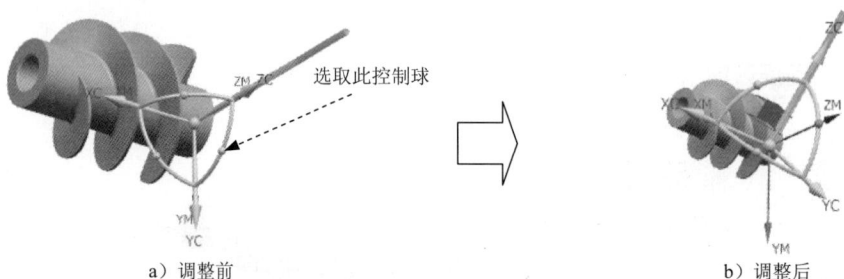

a）调整前　　　　　　　　　　　　　　　　b）调整后

图 20.4.65　调整刀轴

Stage4．设置刀具路径参数

Step **1**　在 刀轨设置 区域的 最大距离 文本框中输入 0.5。

Stage5．设置切削参数

Step **1**　在 刀轨设置 区域中单击"切削参数"按钮 ，系统弹出"切削参数"对话框。

Step **2**　在"切削参数"对话框中单击 策略 选项卡，在 切削 区域中的 切削方向 下拉列表中选择 混合 选项，勾选 延伸刀轨 区域中的 ☑ 在边上延伸 复选框，在 距离 文本框中输入 0.5，在下拉列表中选择 mm 选项，其他参数采用系统默认设置值。

Step **3**　在"切削参数"对话框中单击 连接 选项卡，在 层之间 区域中的 层到层 下拉列表中选择 直接对部件进刀 选项，其他参数采用系统默认设置值。

Step **4**　单击"切削参数"对话框中的 确定 按钮，系统返回到"深度加工轮廓"对话框。

Stage6．设置进给率和速度

Step **1**　单击"深度加工轮廓"对话框中的"进给率和速度"按钮 ，系统弹出"进给率和速度"对话框。

Step **2**　勾选 主轴速度 区域中的 ☑ 主轴速度 (rpm) 复选框，在其后的文本框中输入值 4500，按 Enter 键，然后单击 按钮，在 进给率 区域的 切削 文本框中输入值 1000，按 Enter 键，其他参数采用系统默认设置值。

Step **3** 单击 确定 按钮，完成进给率和速度的设置，系统返回至"深度加工轮廓"对话框。

Stage7. 生成刀路轨迹并仿真

生成的刀路轨迹如图 20.4.66 所示，2D 动态仿真加工后的模型如图 20.4.67 所示。

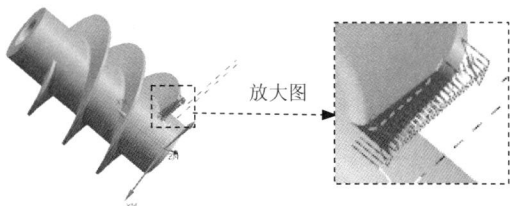

图 20.4.66　刀路轨迹

图 20.4.67　2D 仿真结果

Stage8. 变换刀轨

Step **1** 在程序视图中右击 ⌿ ZLEVEL_PROFILE_4 节点，在系统弹出的快捷菜单中选择 对象 ➡ 变换.. 命令。

Step **2** 在 类型 下拉菜单中选择 绕直线旋转 ，在 变换参数 区域中的 直线方法 下拉列表中选择 点和矢量 选项，单击"点对话框"按钮 + ，参数接受系统默认设置，单击 确定 按钮，系统返回"变换"对话框。单击"矢量对话框"按钮 ↑ ，在 类型 下拉列表中选择 XC 轴 ，单击 确定 按钮，在 角度 文本框中输入 180，在 结果 区域选中 ⊙ 实例 单选按钮，在 实例数 文本框中输入 1。

Step **3** 单击 确定 按钮，完成刀轨的变换。

Task3. 保存文件

选择下拉菜单 文件(F) ➡ 保存(S) 命令，保存文件。

读者意见反馈卡

尊敬的读者：

感谢您购买中国水利水电出版社的图书！

我们一直致力于 CAD、CAPP、PDM、CAM 和 CAE 等相关技术的跟踪，希望能将更多优秀作者的宝贵经验与技巧介绍给您。当然，我们的工作离不开您的支持。如果您在看完本书之后，有好的意见和建议，或是有一些感兴趣的技术话题，都可以直接与我联系。

策划编辑：杨庆川、杨元泓

注：本书的随书光盘中含有该"读者意见反馈卡"的电子文档，您可将填写后的文件采用电子邮件的方式发给本书的责任编辑或主编。

E-mail：展迪优 zhanygjames@163.com；杨元泓：yyhletter@126.com。

请认真填写本卡，并通过邮寄或 E-mail 传给我们，我们将奉送精美礼品或购书优惠卡。

书名：《UG NX 数控工程师宝典（适合 8.5/8.0 版）》

1. 读者个人资料：

姓名：_____ 性别：____ 年龄：____ 职业：_____ 职务：_____ 学历：____

专业：_____ 单位名称：_____ 电话：_____ 手机：_____

邮寄地址：_____ 邮编：_____ E-mail：_____

2. 影响您购买本书的因素（可以选择多项）：

☐内容　　　　　　　　　☐作者　　　　　　　　　☐价格

☐朋友推荐　　　　　　　☐出版社品牌　　　　　　☐书评广告

☐工作单位（就读学校）指定　☐内容提要、前言或目录　☐封面封底

☐购买了本书所属丛书中的其他图书　　　　　　　　☐其他_____

3. 您对本书的总体感觉：

☐很好　　　　　　☐一般　　　　　　☐不好

4. 您认为本书的语言文字水平：

☐很好　　　　　　☐一般　　　　　　☐不好

5. 您认为本书的版式编排：

☐很好　　　　　　☐一般　　　　　　☐不好

加微信即可获取电子版
读者意见反馈卡

6. 您认为 UG 其他哪些方面的内容是您所迫切需要的？

_____

7. 其他哪些 CAD/CAM/CAE 方面的图书是您所需要的？

_____

8. 您认为我们的图书在叙述方式、内容选择等方面还有哪些需要改进的？

如若邮寄，请填好本卡后寄至：

北京市海淀区玉渊潭南路普惠北里水务综合楼 401 室　中国水利水电出版社万水分社

杨元泓（收）　邮编：100036　联系电话：（010）82562819　传真：（010）82564371

如需本书或其他图书，可与中国水利水电出版社网站联系邮购：

http://www.waterpub.com.cn　　咨询电话：（010）68367658。